Simulationstechnik

10. Symposium in Dresden, September 1996

Fortschritte in der Simulationstechnik
im Auftrag der Arbeitsgemeinschaft Simulation (ASIM)
herausgegeben von G. Kampe und D. Möller

Simulationstechnik

10. Symposium in Dresden, September 1996

Tagungsband

Herausgegeben von
Wilfried Krug

Herausgeber der Reihe im Auftrag der Arbeitsgemeinschaft Simulation (ASIM):
Prof. Dr.-Ing. G. Kampe, Esslingen
Prof. Dr. D. Möller, Clausthal

Veranstalter des Symposiums:
ASIM-Fachausschuß 4.5 Simulation der Gesellschaft für Informatik (GI),
DUAL ZENTRUM GmbH, Dresden
Mitveranstalter sind HTW (FH) Dresden, IMACS, SCS, ESPRIT-CLUB Sachsen e.V., VDI

Programmkomitee:

I. Bausch-Gall (München)
F. Breitenecker (Wien)
H. Fuß (Bonn)
B. Gottwald (Freiburg)
R. Grützner (Rostock)
H. J. Halin (Zürich)
V. Hrdliczka (Zürich)
H. Hummeltenberg (Hamburg)
I. Husinsky (Wien)

G. Kampe (Esslingen)
W. Krug (Dresden)
A. Kuhn (Dortmund)
R. Lehnert (Dresden))
D. Möller (Clausthal)
K. H. Münch (Braunschweig)
P. Schwarz (Dresden)
P. Schäfer (Ulm)
H. Szczerbicka (Bremen)

Tagungssekretariat:
D. Henze (Dresden)
H. Krug (Dresden)

ISSN   0945-6465
ISBN-13: 978-3-528-06889-9   e-ISBN-13: 978-3-322-86541-0
DOI: 10.1007/978-3-322-86541-0

Vorwort

Die Simulationstechnik gewinnt eine herausragende Bedeutung zur Bewältigung der vielfältigsten Forschungs-, Entwicklungs- und Applikationsaufgaben in allen Branchen der Reproduktionsprozesse. So ist beispielsweise die Planung einer prognostischen Lösung oder Vorschau eines wirtschaftlichen Prozesses künftig ohne Szenarienuntersuchungen undenkbar. Dies gilt auch für die Planung und Realisierung komplexer organisatorischer Prozesse und Verkehrssysteme sowie industrieller Komplexe. Fortschritte der Simulationstechnik sind deshalb zielgerichtet in allen wissenschaftlichen Einrichtungen, Universitäten und Hochschulen, Instituten und Softwarehäusern zu forcieren. Die Industrie und Wirtschaft sind ebenfalls aktiv an den bedarfsgerechten Weiterentwicklungen der systematischen Methoden zur Modellbildung und Simulation zu beteiligen. Das 10. Symposium Simulationstechnik der Arbeitsgemeinschaft Simulation (ASIM) ist als Jubiläumsveranstaltung vom 16. bis 19.September 1996 dazu berufen, das breite Spektrum der progressiven Ideen und Lösungsmethoden in über 100 Plenar-, Übersichts- und Fachbeiträgen begleitend mit nahezu 20 Fachausstellern und Produktanbietern sowie Anwendergruppenmeetings und Tutorials zu diskutieren und einen ergiebigen Erfahrungsausstausch zwischen Wissenschaftler, Entwickler und Anwender des deutschsprachigen Raums und darüberhinaus zu führen.

Dieses Anliegen soll durch den vorliegenden Tagungsband während des Symposiums und auch noch danach unterstützt werden. Der erfolgreichen Tradition der bisherigen ASIM-Symposien folgend, wurden bewährte Arbeitsfelder aufgenommen und neue Fachgebiete kreiert, wobei über 70 % der Fachbeiträge anwendungsorientiert sind und etwa 20 % bis 30% neue theoretischbasierte Aussagen insbesondere zu Modellierungsmethodologien und Simulationssprachen mit praxisbezogenen Pilotanwendungen beinhalten. Im Folgenden sollen zu den einzelnen Fachgebieten wichtige Highlights aufgeführt werden:

A: Simulation in der Produktionstechnik und von Geschäftsprozessen

In über 10 Beiträgen werden moderne Methodologien zur ganzheitlichen Modellierung von Unternehmensstrukturen und Produktionsprozessen dargestellt und an realen Systemen erprobt. Der direkte Weg vom Produkt zum Prozess und zur Fabrik mit Hilfe leistungsfähiger Werkzeuge der Simulation und Optimierung ist ein wesentlicher Schwerpunkt mehrerer Vorträge.

Schließlich zielen einige Fachdiskussionen darauf ab, effizientere Lösungen in der Produktions-Planung und Steuerung mit Hilfe der Simulation zu erzielen.

B: Simulation von Kommunikations-und Multi-Media-Systemen

Die Behandlung dieser relativ neuen Fachproblematik im Rahmen der Simulationstechnik wird in einem Übersichtsvortrag und mehreren speziellen Beiträgen tiefgründig behandelt. Dabei wird davon ausgegangen, daß der Sprung in die vernetzte Informations-und Kommunikationsgesellschaft ganz am Anfang steht. Im Organismus der Informationsgesellschaft stellen die Kommunikationsnetze die Nevenstränge dar, und die Menschen können mit Hilfe einer Vielzahl von Medien und Diensten miteinander auf Verlangen kommunizieren. In den Beiträgen werden dafür interessante Methoden der Leistungsmodellierung bei der verteilten mobilen Informationsverarbeitung hervorgehoben, sowie simulative Untersuchungen eines offenen Dienstemarktes und Teleworking-Szenarien diskutiert. Weiterhin werden neuartige Aspekte bei der Simulation und Optimierung von Kommunikationssystemen bezüglich der Kriterien Kosten, Performance und Sicherheit dargestellt.

C: Simulation von Verkehrs-und Transportsystemen

Dieses Fachgebiet ist neu in das Spektrum der Symposien der ASIM aufgenommen worden, so daß vorerst nur wenige Beiträge zu Buche stehen. Aber es ist damit eine gute Grundlage für die Diskussion in diesen Feldern auf dem Symposium gegeben . Interessant ist die Vorstellung moderner Werkzeuge zur Verkehrsmodellierung und -simulation, die eine effektivere Planung und Projektierung von zukunftsträchtigen Verkehrsnetzen in nah und fern erlauben.

D: Simulation technischer und wirtschaftlicher Systeme

Erwartungsgemäß behandelt der überwiegende Teil der Beiträge die Simulation technischer Systeme, wobei nicht zu verkennen ist, daß mehr und mehr auch wirtschaftliche Betrachtungen in die Modellierung einbezogen werden. Das Spektrum der untersuchten Branchen erstreckt sich von der Elektrotechnik und Mikroelektronik über die Fahrzeug- und Regelungstechnik bis hin zur Modellierung und Simulation in der Ökonomie.

E: Simulation in Umwelt, Biologie und Verfahrenstechnik

In den letzten Jahren hat sich insbesondere hier die Simulation in der Umwelt als tragende Säule herauskristallisiert. Ein Plenarvortrag und mehrere Übersichts- sowie Fachbeiträge behandeln einerseits die Möglichkeiten und Chancen zum effektiven Einsatz von Modellierungsmethoden und Simulationswerkzeugen für ein breites Spektrum von Umweltproblemstellungen . Andererseits werden in einigen Teilbereichen konkrete Lösungen, wie z.B. die Modellierung und Simulation von Grundwasserprozessen, Energie-und Umweltsystemen u.a., beschrieben. Die Simulation und Optimierung von biologischen und verfahrenstechnischen Systemen ist mit weiteren interessanten Beiträgen präsent.

F: Modellierungsmethoden und Simulationstechniken

Zum Jubiläumssymposium ist es besonders erfreulich, daß die Methoden und Techniken einen breiten Raum in Form hochinteressanter Beiträge einnehmen. Das Feld der Plenar- und Fachaufsätze erstreckt sich dabei von modernen Modellierungsmethoden über neue Simulationsumgebungen, Multiagentensystemen bis hin zu Problemstellungen der verteilten und parallelen Simulation sowie der Fuzzy-Logik in technischen und nichttechnischen Anwendungen. Einen weiteren Part bilden Modellspezifikationssprachen im Vergleich, die heute und in Zukunft eine enorme Bedeutung für leistungsfähige Simulationstechniken haben.

Im Auftrag der Arbeitsgemeinschaft Simulation wurde das 10. Symposium vom 16.bis 19.9.96 vom DUAL ZENTRUM Dresden mit wesentlicher Unterstützung von H. Worm, St. Krug, J.Liebelt, R.Heidenreich, F.Brauer und D.Henze zusammen mit der HTW (FH) Dresden von H.Neumann, W.Schubert und W.Nestler organisiert. Weiterhin haben der VDI-Bezirksverein Dresden und der ESPRIT-CLUB Sachsen das Symposium unterstützt.

Für die Programmgestaltung waren außerdem die folgenden Damen und Herren verantwortlich:

I.Bausch -Gall (München), F.Breitenecker (Wien), H.Fuss (Bonn), B. Gottwald (Freiburg), R.Grützner (Rostock), H.J.Halin (Zürich),V.Hrdliczka (Zürich), H.Szczerbicka (Bremen), G.Kampe (Esslingen), W.Krug (Dresden), A.Kuhn (Dortmund), D.Möller (Clausthal), K.H. Münch (Braunschweig), Schäfer (Ulm), P. Schwarz (Dresden), I. Husinsky (Wien), H.Hummeltenberg (Hamburg).

Das Gelingen einer Konferenz hängt ganz wesentlich von der aktiven Mit-und Zusammenarbeit aller Beteiligten ab. Hierzu zählen natürlich neben den Tagungsteilnehmern in erster Linie die Autoren und Koautoren der Tagungsbeiträge; deren Namen sich an den entsprechenden Stellen dieses Buches befinden.

Als Herausgeber des Tagungsbandes des Jubiläumssymposiums Simulationstechnik der ASIM in Dresden wünschen wir allen an diesem Gebiet Interessierten eine angeregte Lektüre der nachfolgenden Tagungsbeiträge. Nicht zuletzt sei dem Lektor Herrn Klementz vom Verlag Vieweg für die drucktechnische Gestaltung und rechtzeitige Fertigstellung gedankt.

Im September 1996   W.Krug

INHALT

PLENARVORTRÄGE

A: Simulation in der Produktionstechnik und von Geschäftsprozessen

Modellierung und Simulation von Fertigungsprozessen

Simulation von Materialfluß- und Logistiksystemen

VIII

C: Simulation von Verkehrs- und Transportsystemen

D: Simulation technischer und wirtschaftlicher Systeme

Simulation und Logistik für die Europäische Industrie in Organisation, Distribution und Transport

Ronald Mackay
EUROPÄISCHE KOMMISSION DG III INDUSTRY ESPRIT IIM
Brussels, Rue de la Loi 200

Abstract: Die europäische Union hat seit 1980 Projekte auf dem Gebiet der Computer-Integrated Manufacturing ausgeschrieben und bearbeitet. Dabei sind hervorragende Lösungen für die Europäische Industrie erarbeitet worden, die auch in den KMU einen enormen Wettbewerbsvorsprung gegenüber Japan und USA erbrachten. Von Programm zu Programm wurden die modernsten Informationstechnologien in Projekten einbezogen und als Pilotprojekte abgeschlossen. In Special Action-Projekten erfolgte eine schnelle Umsetzung der Integrierten Informationstechniken in die produzierenden Unternehmen. Ab 1994 hat die Kommission aus den Erfahrungen und Expertengesprächen wesentlich stärker die Organisation, Distribution und den Transport in die Ausschreibungen aufgenommen und dabei die ganzheitliche Betrachtungsweise der Unternehmensprozesse hervorgehoben. Ohne modernste Werzeuge der Modellierung und Simulation sowie Logistik sind diese komplexen Systeme nicht zufriedenstellend lösbar.

1 Herausforderungen der Europäischen Industrie

Die Europäische Industrie steht heute vor völlig neuen Aufgaben bei der Bewältigung des Marktes in der Industrie- und Informationsgesellschaft. Der Weltmarkt hat sich enorm erweitert, was insbesondere durch einige Asiatische Länder, wie Thailand, Taiwan, Singapur u.a. recht anschaulich wird. Dadurch kommt es gerade in der Elektronischen Industrie zu völlig neuen Ansprüchen bezüglich der innovativen Produktansprüche und der Produktionstechniken selbst.

Ein weiterer Aspekt ergibt sich durch das Lohngefälle von West nach Ost, so daß Know How-intensive Industriepotentiale zu erschließen sind. Es genügt beispielweise nicht nur die Automobilindustrie in Europa auf höchstem innovativen Niveau zu erhalten und auszubauen, sondern neue Produktionszweige, die die Informationsgesellschaft künftig benötigt, sind in aktive Programme der Europäischen Union einzuordnen. Dies ist z.B. das ganze Feld von MULTIMEDIA und der daran angrenzenden neuen Technologien.

Nicht zuletzt sind die Proportionen von Grundlagenforschung, Forschung und Entwicklung sowie Applikation entscheidend zu verändern, um recht schnell mit neuen innovativen Produkten auf dem umkämpften Weltmarkt zu gelangen. D.h. man muß schneller als alle Anderen sein. Dieses Kunststück muß die Europäische Union künftig mit ihren neuen Programmen meistern. Dazu gehören natürlich gute Proposals und sehr gute Projektlösungen, die unkompliziert praxiswirksam gestaltet werden müssen.

2 Bedeutung von Organisation,Distribution und Transport

Die Europäische Union ist in den letzten Jahren stark angewachsen, so daß sowohl die wirtschaflichen als ach gesellschaftlichen Räume komplexer geworden sind. Hinzu kommen weiterhin die größer gewordenen Märkte. Die Europäische Industrie muß daher neue Formen der Organisation, Distribution und des Transports für die Erzeugnisse, Materialien und Stoffe u.a. finden.

Schließlich darf nicht vergessen werden, daß die Arbeitsteilung weltweit voran schreitet und damit die Komplexität der Produktion und Dienstleistungen weiter anwächst. Derartige vermaschte Systeme sind nur durch ausgiebige systemanalytische Untersuchungen und Szenarien zu ergründen und praxisrelevant umzusetzen.

3 Aspekte der Simulation und Logistik

Die Theorien zur Modellierung komplexer Systeme sind hinreichend bekannt, doch fehlt es an Methodologien zur ganzheitlichen Modellierung der vermaschten organisatorischen und distributatorischen Prozesse, wenn sie noch dazu mit den Transportprozessen überlagert sind. Hier müssen die unterschiedlichsten Fachdisziplinen in Projektbearbeitungen zusammengeführt werden.

Dies ist eine neue Herausforderung für die Europäische Union, wenn es um die Gestaltung von europaweiten Projektkonsortien geht. Die Europäische Industrie ist in diesen Prozess zu integrieren, auch wenn dies schwer fällt.

Eine weitere Komponente der ganzheitlichen Modellierung ist durch das konsequente Recycling der industriellen Produkte bedingt, und es ist dabei der komplexe Produktlebenszyklus neben den organisatorischen Gegebenheiten abzubilden.

Im 4.Rahmenprogramm wurden Programme zu Business Reengineering bearbeitet, die auch komfortable Werkzeuge der Simulation und Logistik hervorgebracht haben. Damit ist es möglich, die ganzheitlichen Unternehmensprozesse komplex zu untersuchen. Mit diesen Tools konnten Fragen zur Gestaltung schlanker Unternehmen sowie fraktaler Fabrikstrukturen ergründet werden.

Die entwickelten Simulatoren sind leider innerhalb und außerhalb der Industrie Europas noch nicht genügend praxiswirksam eingesetzt worden, so wie das z.B. in der Industrie in den USA konsequent der Fall ist. Simulation und Logistik müssen eine Einheit bei der Untersuchung komplexer Industrieller Unternehmungen bilden und dürfen nicht losgelöst von globalen Zielstellungen des Marktes eingesetzt werden.

Das künftige ESPRIT-Programm wird den Herausforderungen und Aspekten von weitestgehender Übereinstimmung in Organisation, Distribution und Transport für eine gesunde leistungsstarke Industrie in Europa gepaart mit der Simulation und Logistik maximal gerecht werden müssen.

4 Literatur

Mackay, R. et. al.:   CIME Reaches a Turning Point, INDUSTRY VIEW, 1995
Mackay, R. et. al.:   EU PROGRAM SHIFTS FOCUS TO USERS,
Interview by Peter Horner, ESPRIT REPORT, Spring 1996

Direkte Wege zur Simulation und Optimierung von Geschäftsprozessen - Prozeßorientierte Produktoptimierung

Hans Grabowski - Claus Schmid
Institut für Rechneranwendung in Planung und Konstruktion
Technische Universität Karlsruhe
76131 Karlsruhe

Abstract: Die Geschäftsprozeßmodellierung ist anerkanntes Mittel für die Dokumentation und Reorganisation von betrieblichen Abläufen. Für die optimale Auslegung von Prozessen reicht es jedoch nicht, die Reihenfolgen von Prozeßbearbeitungsschritten und die hierfür notwendigen Informationen, personellen Zuständigkeiten oder Ressourcen zu kennen. Wesentliches Kriterium ist darüber hinaus das Verhalten modellierter Abläufe unter dynamischen Gesichtspunkten hinsichtlich Zeiten einzelner Prozeßschritte, aus denen sich die Durchlaufzeit des gesamten Prozesses und dessen Kosten errechnen lassen. Am Beispiel des Unternehmensmodellierungswerkzeuges PRISMA-Tool soll vorgestellt werden, wie vor der Realisierung von neu konzipierten Abläufen eine zeitorientierte Optimierung durchgeführt werden kann. Ein in der graphischen Notation von Flußdiagrammen dargestellter Geschäftsprozeß wir hierzu in ein simulationsfähiges Petri-Netze transformiert. Aus Gründen der Transparenz werden die Simulationsergebnisse in Vorgangsknoten-Netzen und Gantt-Diagrammen dargestellt.

1 Einführung

Die Modellierung von Geschäftsprozessen /Neus-95/ wird in der Regel aus zwei Motiven heraus durchgeführt, entweder vorwärts gerichtet als Planungsmethode für die Entwicklung neuer Konzepte oder rückwärtsgerichtet als Hilfsmittel für die Dokumentation real existierender Unternehmensabläufe. Während die Dokumentation von existierenden Geschäftsprozessen vor allem für die Beschreibung von Qualitätsmanagement-Systemen /Roth-94/ von Bedeutung ist, findet die planerische Geschäftsprozeßmodellierung bei der Konzeption von Informationssystemen (z.B. Workflow Management Systeme, Produktionsplanungs- und Steuerungs System) oder neuen betrieblichen Abläufen breite Anwendung /Sche-91/. Werden für die Unternehmensorganisation völlig neue Geschäftsprozesse ohne Berücksichtigung der aktuellen Situation entwickelt, so hängt das Ergebnis dieser Neuplanung wesentlich von den dynamischen Eigenschaften (z.B. Durchlaufzeit, Prozeßkosten) des Geschäftsprozesses ab. Kommerzielle Werkzeuge /ZWF-95/, die diesen Planungsvorgang unterstützen, erreichen aber genau dann ihre Grenzen, wenn die Geschäftsprozesse komplex werden und deren dynamisches Verhalten nur durch den Einsatz von Simulationsverfahren /Schu-92/ ermittelt werden kann.

Dieser Beitrag hat daher zum Ziel, am Beispiel der Auftragsabwicklung eines Automobilzulieferers aufzuzeigen, welche methodischen Schwierigkeiten bei der Geschäftsprozeßmodellierung und einer anschließenden dynamischen Untersuchung auftreten können. Umgesetzt wird das beschriebene Konzept durch das Modellierungswerkzeug PRISMA-Tool /GrSK-92/, welches seit 1989 am Forschungszentrum Informatik an der Universität Karlsruhe entwickelt wird und als Forschungsprototyp bereits in zahlreichen Unternehmen eingesetzt wurde.

2 Modellierung von Geschäftsprozessen

Zur Erleichterung des Verständnisses und zur Erhöhung der Transparenz von Geschäftsprozessen eignet sich die graphische Notation von Erweiterten Flußdiagrammen (EFD, nach /DIN-83/). Bild 1 zeigt im linken Bereich den Geschäftsprozeß der Auftragsbearbeitung eines Automobil-Zulieferers. Der Prozeß ist gekennzeichnet durch graphische Symbole für Prozeßstart, Prozeßende, Tätigkeiten (Funktionen), Strukturelemente (UND, ODER, EXC./ODER, vgl. Bild 3) und gerichtete Pfeile zur Kennzeichung der Prozeßflußrichtung. Aus Platzgründen nicht dargestellt sind die für die Tätigkeiten zuständigen Organisationseinheiten, notwendigen Ressourcen und Eingangs- und Ausgangsinformationen. Trotz Transparenz und Übersichtlichkeit ist dieser Prozeß jedoch nicht bearbeitbar bzw. ablauffähig. Nach der Funktion <Auftrag bestätigen> wird geprüft, ob die entsprechenden Artikel vorrätig sind oder angefertigt werden müssen. Im ersten Fall werden drei Tätigkeiten (<Reservierung durchführen>, <Artikel auslagern> und <Artikel verbuchen>) ausgeführt, im anderen Fall zwei (<Produktionsauftrag anlegen>, <Produktionsauftrag überwachen>). Beide Teilprozesse werden alternativ durchgeführt, also entweder der eine oder der andere. Am Ende werden beide Teilprozesse wieder zusammengeführt (in der Darstellung von Bild 2 durch eine Raute mit einem &-Symbol in der oberen Hälfte gekennzeichnet). Dieses Symbol verlangt jedoch, daß alle voranstehenden Teilprozesse abgearbeitet sein müssen, bevor die Folgeprozesse ausgelöst werden können. Dieser Fall kann jedoch niemals eintreten, wodurch der dargestellte Prozeß nicht bis zum Ende durchgeführt werden kann. Da solche Modellierungsfehler erst unter dynamischer Betrachtung erkennbar werden, zeigt dieses Beispiel auf, daß für die Verifizierung von Geschäftsprozessen eine dynamische Betrachtung unumgänglich ist.

Die Simulation von Geschäftsprozessen ermöglicht neben der Überprüfung der Ablauffähigkeit des Prozesses aber auch die Berechnung von wesentlichen Prozeßeigenschaften, z.B. Prozeßkosten und Prozeßdurchlaufzeit. Die Prozeßkosten entstehen durch Zuordnung von technischen Ressourcen (z.B. Software, Hardware, Maschinen) oder Mitarbeitern zu den Prozeßteilschritten (Funktionen). Diese Ressourcen sind während der Aktivierungszeit (Rüstzeit und Bearbeitungszeit, vgl. Bild 2) durch die Funktion gebunden. Über die Aktivierungszeit und die Kostensätze der gebundenen Ressourcen lassen sich die einzelnen Funktionskosten und die kumulierten Prozeßkosten errechnen.

Die gesamte Durchlaufzeit eines Prozesses berechnet sich aus den Zeitaufwänden zur Bearbeitung einzelner Teilprozesse oder Funktionen. Deren Durchlaufzeiten können jedoch nicht einfach summiert werden, sondern die Gesamtdurchlaufzeit eines Prozesses kann nur während einer dynamischen Simulation aus den variierenden Zeitanteilen (Durchlaufzeiten) der einzelnen Funktionen errechnet werden.

Die Durchlaufzeit eines Prozesses wird darüber hinaus auch durch dessen statische Struktur beeinflußt, die während einer dynamischen Simulation durchlaufen werden kann. Die Prozeßstruktur ist hierbei durch sequentielle, alternative, parallele oder rekursive Teilprozesse zusammengesetzt (vgl. Bild 2). Wie oft ein rekursiver Teilprozeß in einem Simulationsvorgang durchlaufen wird, wird durch die Wahrscheinlichkeitsverteilung W(k) an den Ausgängen des ODER-Elementes (vgl. Beispiel in Bild 3) bestimmt, die mit der Zahl der bereits durchlaufenen Iterationen variieren kann (die Summe der Eintrittswahrscheinlichkeiten an den Ausgängen muß aber

4

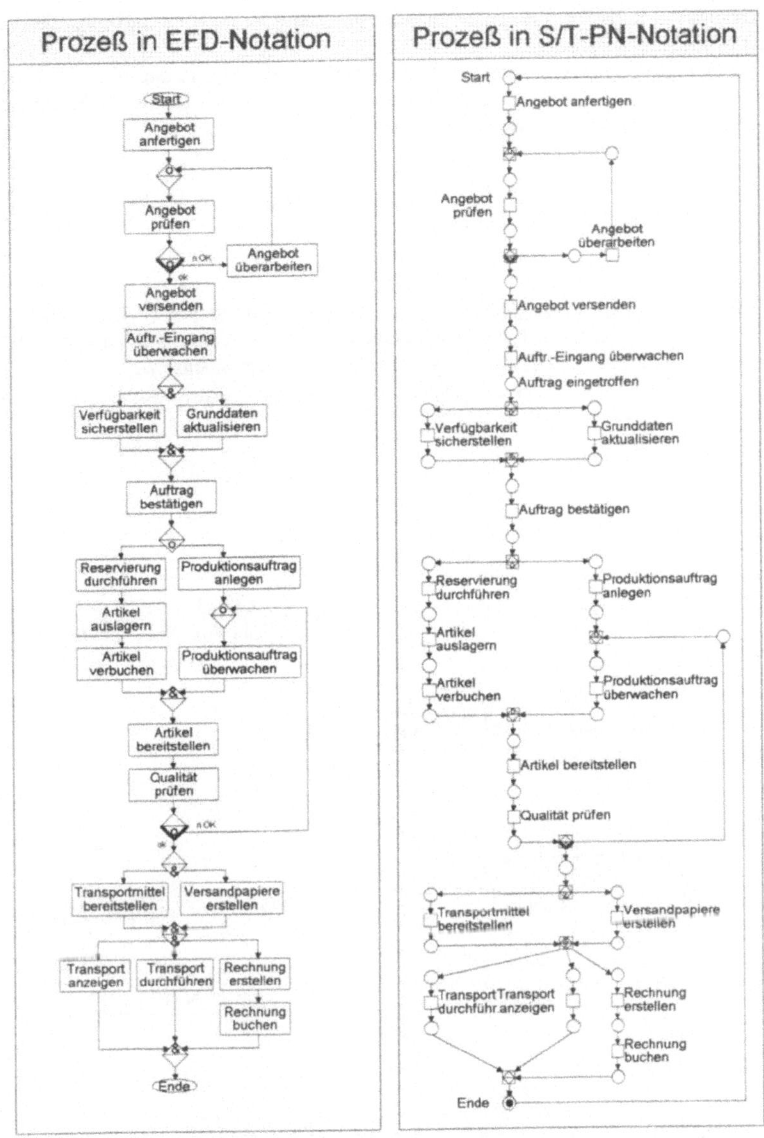

Bild 1: Darstellung des Geschäftsprozeß der Auftragsbearbeitung zwei Notationen

immer 100% betragen). Die Durchlaufzeit einer einzelnen Funktion $t_{DLZ\ F(i)}$ ist vor allem vom Anteil der reinen Bearbeitungszeit $t_{B(i)}$ abhängig. Alle anderen Zeitanteile (Übergangszeit und Rüstzeit) einer Funktion sind innerhalb einer vorgegebenen stochastischen Verteilung auch bei

Wiederholungen konstant. Ziel einer Prozeßoptimierung ist es unter anderem, diese Zeitanteile auf ein Minimum zu reduzieren.

Formal ausgedrückt, setzt sich die Durchlaufzeit eines Teilprozesses oder einer Funktion aus einer Übergangszeit und einer Aktivierungszeit zusammen, in der die für die Funktionsdurchführung benötigten Ressourcen gebunden sind (vgl. Bild 2):

$$t_{DLZ}F(i) = t_{Ln(i-1)} + t_{T(i-1;i)} + t_{Lv(i)} + t_{R(i)} + t_{B(i)}; \quad i \in N \tag{1}$$

Die Durchlaufzeit <u>sequentieller</u> Teilprozesse DLZ_S ergibt sich folglich aus der Summe der Durchlaufzeiten jeder einzelnen Funktion:

$$DLZ_S = \sum_{I=1} t_{DLZ}F(i); \quad i \in N \tag{2}$$

Durch die <u>alternative Exclusiv/Oder</u> - Verzweigung von Prozessen entstehen Teilprozesse, deren Gesamtdurchlaufzeit DLZ_A sich aus der Summe der mit der Wahrscheinlichkeit ihres Eintretens w(k) multiplizierten Zeiten der alternativen Teilprozesse zusammensetzt:

$$DLZ_A = \sum_{k=1} w(k) \cdot t_{DLZ}F(i); \quad i,k \in N \tag{3}$$

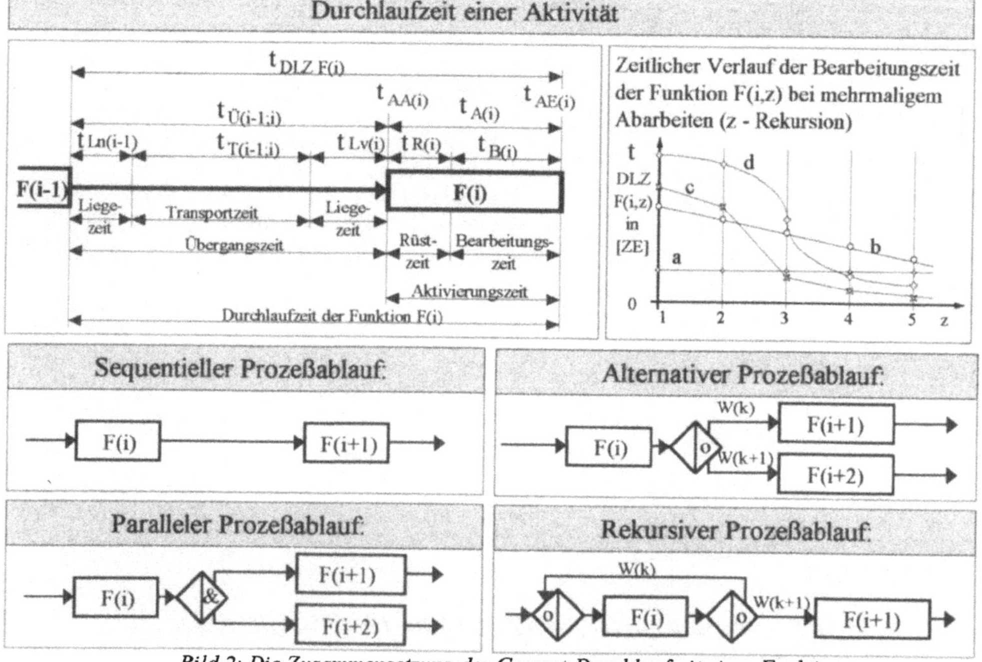

Bild 2: Die Zusammensetzung der Gesamt-Durchlaufzeit einer Funktion

Die Durchlaufzeit von parallelen bzw. alternativen Und/Oder - Teilprozessen DLZ_P wird bestimmt durch den Teilprozeß mit der höchsten Durchlaufzeit:

$$DLZ_P = \max\{t_{DLZ}F(i)\}; \quad i \in N \tag{4}$$

Dadurch, daß sich ein Geschäftsprozeß aus sequentiellen, parallelen und alternativen Teilprozessen zusammensetzt, entsteht eine geschachtelte Prozeßstruktur. Deren gesamte Durchlaufzeit läßt sich ebenfalls durch Schachtelung der Formeln (2),(3) und (4) berechnen.

Wie bereits angesprochen, kann die statische Prozeßstruktur Rekursionsschleifen enthalten, wodurch die Berechnung von Prozeß-Durchlaufzeiten unter dynamischen Verhältnissen erfolgen muß. In vielen Fällen wird eine solche Rekursion durch Prüfschritte (z.B. Angebot prüfen und Qualität prüfen, vgl. Bild 1) ausgelöst, wenn bereits durchlaufene Prozeßschritte wiederholt werden müssen. Rekursionen wirken sich wesentlich auf die Bearbeitungszeit von Funktionen aus. Konnte bisher die Bearbeitungszeit $t_{b(i)}$ einer Funktion F(i) als konstant angesehen werden, so stellt sich bei mehrmaligem Durchlaufen der Funktion ein sogenanntes Lernverhalten ein:

$$t_{b(i)} := t_{B(i;z)} \tag{5}$$

Die Variable z in Formel (5) steht für die Anzahl bereits durchgeführter Rekursionen. Im Prozeß der Auftragsbearbeitung (Bild 1) bedeutet dies, daß z.B. der Vorgang „Angebot prüfen" beim zweiten Durchlauf erheblich kürzer ist als beim ersten Mal (Übergangszeit und Rüstzeit bleiben angenähert konstant). Grund hierfür ist, daß beim zweiten Mal nicht mehr alle Angaben des Angebotes geprüft werden müssen, sondern nur noch diejenigen, die durch die veranlaßte Überarbeitung geändert wurden. Der Verlauf der Bearbeitungszeit bei mehrmaligem Abarbeiten ist zeitlich abnehmend und kann entweder durch mathematischen Funktionen oder durch fest vorgegeben Zeiten ausgedrückt werden (vgl. Bild 2, Funktion a, b, c und d).

Generelles Problem der Prozeßsimulation stellt die Festlegung der Funktionsdauern fest, wenn berücksichtigt werden muß, daß im Planungsstadium einer Geschäftsprozeßmodellierung nur ungenaue Werte für die Durchlaufzeiten einzelner Tätigkeiten verfügbar sind. Zudem besteht eine komplexe zeitliche Abhängigkeit der Bearbeitungsdauer von der Art der für die Funktionsdurchführung eingesetzten Ressourcen. Deren Verfügbarkeit wirkt sich auf die Liege- bzw. Wartezeit vor der Funktionsdurchführung aus, personelle Ressourcen beeinflussen zusätzlich die Bearbeitungsdauer (z.B. durch Tagesform der Mitarbeiter, Tageszeit der Funktionsausführung). Ziel einer Prozeßoptimierung muß es vor allem sein, die indirekten Zeitanteile der Übergangszeiten durch entsprechende Ressourcen-Kapazitätsplanung oder computerunterstützte Technologien zu minimieren. Die Ergebnisse einer zeit-orientierten Simulation von Geschäftsprozessen sind daher immer in direkter Abhängigkeit zur Qualität der Simulationseingangsdaten zu sehen.

3 Simulation von Geschäftsprozessen

Vor der Durchführung von Simulationen ist die Simulationsfähigkeit des Prozeßmodells sicherzustellen. Dies kann vorbeugend geschehen, indem bei jedem Modellierungsschritt das Prozeßmodell auf Ablauffähigkeit geprüft wird. Da dies ein sehr zeitaufwendiger Vorgang ist, ist eine Überprüfung nach Fertigstellung des Prozeßmodells sinnvoller. Im Gegensatz zur EFD-Methode existiert eine mathematische Berechenbarkeit der Ablauffähigkeit bei Petri-Netzen /Abel-90/ und wird dort als Lebendigkeitsnachweis für diskrete Prozesse geführt. Nun könnte die Prozeßmodellierung direkt in Petri-Netzen erfolgen, der Nachteil dieser Methode ist jedoch, daß sie wie in Bild 1 dargestellt für die Beschreibung desselben Prozesses mehr Elemente benötigt als EFD und daher schnell unübersichtlich werden kann. Das Planungswerkzeug PRISMA-Tool geht daher den Weg, die Geschäftsprozeßmodellierung zunächst mit der EFD-Methode durchzuführen und im Anschluß das Prozeßmodell automatisch in ein Stellen/Transitions-Petri-Netz (S/T-PN) zu überführen. Vor der eigentlichen Simulation kann somit die Ablauffähigkeit des Geschäftsprozesses mathematisch nachgewiesen werden oder im negativen Fall diejenige Position im Prozeß festgestellt werden, an der es während einer Simulation zu einer sog. Verklemmung kommen kann, also einer Situation, in der der Prozeß nicht weiter abgearbeitet werden kann.

Während die rechteckigen Funktionssymbole der EFD direkt in die quadratischen Transitionssymbole von S/T-PN transformiert werden können, erfolgt die Umsetzung der UND-, ODER- und EXCL.ODER-Elemente über vorgegebene Transformationsregel. Bild 3 zeigt diese Regeln in Abhängigkeit der Verknüpfungsvorschrift der Eingangs- und Ausgangssteuerflüsse.

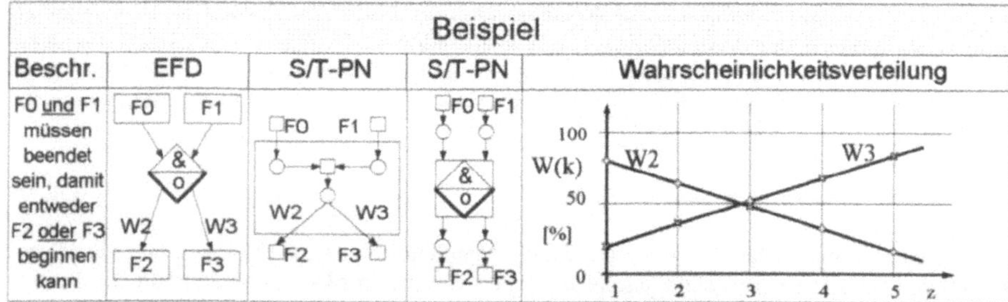

Bild 3: Transformationsregeln für die Prozeßstrukturierungselemente

4 Optimierung von Geschäftsprozessen

Unter Optimierung von Geschäftsprozessen ist ihre Auslegung auf vorgegebene Ziele zu verstehen, mit anderen Worten: ohne Zielvorgabe kann keine Prozeßoptimierung erfolgen. Grund hierfür sind die widersprüchlichen Auswirkungen von gesetzten Randbedingungen und Zielvorgaben. Steht beispielsweise die Auslastung der am Prozeß beteiligten Ressourcen im Mittelpunkt einer Optimierung, so kann sich dies negativ auf die Durchlaufzeit eines Auftrages auswirken. Umgekehrt resultiert aus einer konsequenten Durchlaufzeitoptimierung möglicherweise eine schlechte Auslastung von Maschinen. Letztendlich muß ein akzeptabler Kompromiß gefunden werden, der alle Zielvorgaben unterstützt. Wesentlicher Ansatzpunkt für eine Prozeßoptimierung ist hierfür zunächst die statische Prozeßstruktur:

- Aufhebung sequentieller Prozeßschritte zugunsten einer Parallelisierung ($DLZ_S \gg DLZ_P$, vgl. Formel (2) und (4));
- Beseitigung oder Minimierung der Wahrscheinlichkeit des Durchlaufens einer Rekursion (vgl. Formel (3) und (4)).

Weitere Optimierungen können dann nur noch an den Zeitanteilen der Teilprozesse oder Funktionen erzielt werden (vgl. Bild 2 und Formel (1)):

- Reduzierung der Übergangszeiten durch Optimierung von Material- und Informationsfluß (Logistik und durchgängiger, rechnerunterstützter Informationssysteme);
- Vermeidung überflüssiger Rüstzeiten (z.B. durch Auftragsfolgeplanung);
- Verringerung der Bearbeitungszeiten (z.B. durch Automatisierung, Methodenplanung).

Die aufgeführten Optimierungsstrategien folgen einer evolutionären Vorgehensweise, wie sie durch das Total Quality Managment /StFr-96/ verwirklicht werden können (Denkweisen des Business Process Reengineering versuchen im Gegensatz dazu, betriebliche Abläufe revolutionär durch Infragestellung ganzer Prozeßsegmente in den Griff zu bekommen /HaCh-95/). Der geforderte Kompromiß kann aber nicht durch vereinzelte Veränderung von Prozeßparametern gefunden werden. Vielmehr ist die Durchführen einer Vielzahl von Simulationsexperimenten erforderlich, bis sich das gewünschte, dynamische Prozeßverhalten einstellt.

Wann sich durch die Simulationsexperimente akzeptable SOLL-Geschäftsprozesse einstellen, hängt von der Interpretation der Simulationsergebnisse durch den Planer ab. Hierfür benötigt er eine anschauliche Darstellung dieser Ergebnisse (z.B. Durchlaufzeiten einzelner Teilprozesse, gesamte Prozeßdurchlaufzeit). Als besonders geeignete Methode sind Vorgangsknoten-Netze nach der Metra Potential Method (MPM) und Zeitpläne (Gantt-Diagramme) anzusehen (/Kleh-93/, vgl. Bild 4). Die Vorteile der Vorgangsknoten-Netze liegen in der Reduzierung von Abläufen auf einfache Vor- und Nachfolgeverhältnisse von Vorgängen (Funktionen) und in der graphischen Darstellbarkeit eines Kritischen Pfades (bestimmt durch die hintereinander liegenden Vorgänge mit der Gesamtpufferzeit 0). Durch die Angabe von Startzeit, Endzeit, Vorgangsdauer kann über die gegenseitigen Abhängigkeiten der Vorgänge die vorhandenen Pufferzeiten berechnet werden und anschaulich in Gantt-Diagrammen abgebildet werden. Nachteil dieser Methode ist die Nicht-Darstellbarkeit von Rekursionen und die Verknüpfungsbedingungen von Teilprozessen (z.B. alternativ, parallel).

An dieser Stelle ist wieder eine automatische Umsetzung der Ergebnisse der Geschäftsprozeß-Simulation in die graphische Notation von Vorgangsknoten-Netze erforderlich. Problematisch ist lediglich die Auflösung der Rekursionen, dies wird jedoch durch die dynamische Ablaufbetrachtung gelöst. Wie in Bild 4 zu sehen ist, wurde die erste Rekursionsschleife der Angebotsüberarbeitung (Bild 1) genau einmal durchlaufen. Im Gegensatz dazu wurde die Qualitätsprüfung der Artikel mit einem positiven Ergebnis abgeschlossen und die Rekursion nicht durchlaufen. In der

Reihenfolge, wie in der dynamischen Simulation die Funktionen abgearbeitet werden, müssen sie auch in Vorgangsknoten-Netz dargestellt werden. Der Vorgang <Angebot prüfen> daher ist im Vorgangsknoten-Netz zweimal mit unterschiedlichen Zeiten aufgeführt. Alle weiteren gegenseitigen Abhängigkeiten (daß z.B. die Funktion <Transportmittel bereitstellen> Vorgänger der Funktionen <Transport anzeigen>, <Transport durchführen> und <Rechnung erstellen> ist) werden aus der statischen Struktur des Geschäftsprozesses aus Bild 1 übernommen. Nach Übernahme der in der Simulation berechneten Übergangszeiten einzelner Funktionen läßt sich durch die Abhängigkeiten im Vorgangsknoten-Netz nach bekannten Vorschriften (z.B. /Kien-93/), der Kritische Pfad und das Gantt-Diagramm ermitteln (Bild 4). Der Planer sieht nun auf einfache Weise, welche Teilprozesse während der Simulation aufgrund von Rekursionen zusätzlich durchlaufen wurden und welche Zeiten berechnet wurden.

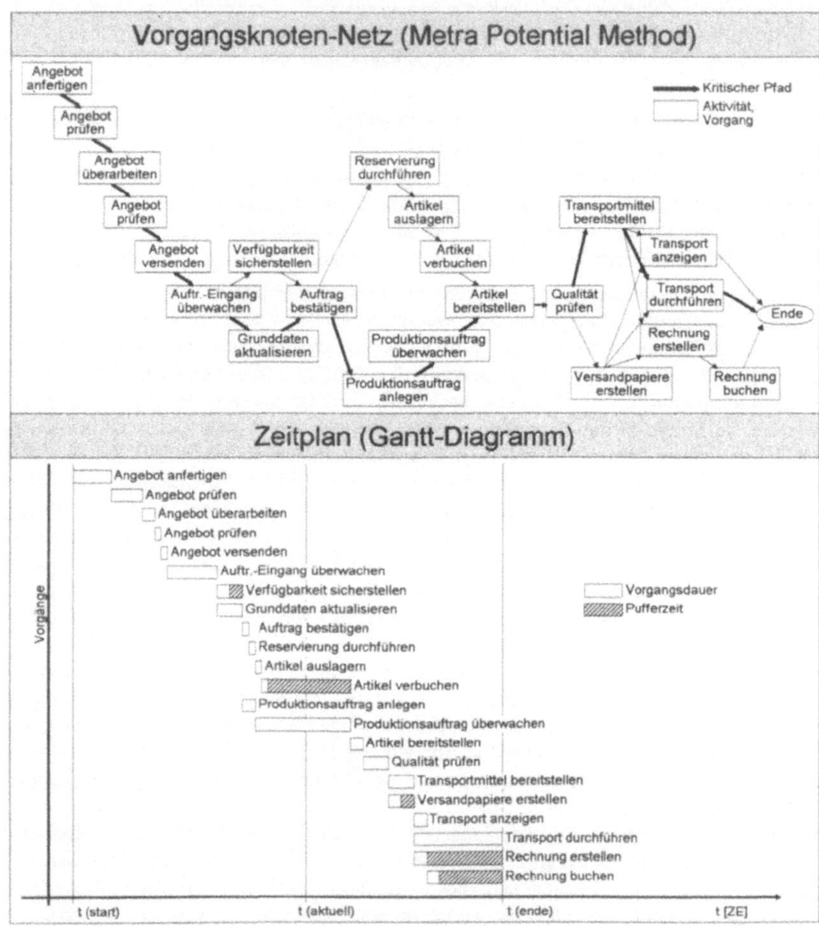

Bild 4: Vorgangsknoten-Netz und Gantt-Diagramm eines Geschäftsprozesses

Der Kritische Pfad gibt ihm Aufschluß über die zeitlich optimierbaren Funktionen oder Vorgänge. Wurden die für den Prozeßablauf benötigten Ressourcen in die Simulation miteinbezogen, so kann deren Kapazitätsauslastung ebenfalls angezeigt werden (an dieser Stelle wird darauf nicht weiter eingangen).

5 Zusammenfassung und Ausblick

In diesem Beitrag wurde in Beispielen gezeigt, daß die statischen Strukturen und Modelle von Geschäftsprozessen einer dynamischen Betrachtung unterzogen werden müssen, um sie verifizieren zu können. Nur dadurch entsteht als Ergebnis der Planungstätigkeit ein konsistenter und ablauffähiger Geschäftsprozeß. Die Berechnung der Durchlaufzeit eines Prozesses kann aufgrund von unterschiedlichen Strukturierungsmöglichkeiten (sequentiell, alternativ, parallel und rekursiv) und von nicht konstanten Durchlaufzeiten von Teilprozessen oder Funktionen ebenfalls nur durch eine Simulation ermittelt werden. Am Beispiel des am Forschungszentrum Informatik an der Universität Karlsruhe entwickelten Unternehmensmodellierungswerkzeug PRISMA-Tool wurden die während einer Geschäftsprozeßmodellierung zu lösenden Aufgabenstellungen aufgezeigt. Hierbei wurden unterschiedliche Modellierungs- und Darstellungsmethoden entsprechend ihrer Vorteile eingesetzt.

Wie aufgezeigt wurde, ist eine Geschäftsprozeßmodellierung nur dann zielorientiert und effizient durchzuführen, wenn der Anwender über umfangreiche methodische und problemorientierte Qualifikationen verfügt. Die Durchführung einer Geschäftsprozeßmodellierung alleine löst keine Problemstellungen, sondern ist lediglich als Hilfsmittel auf dem Weg der Problemlösung zu verstehen.

Um dem Anwender in Zukunft weitere Unterstützung durch Software-Werkzeuge zu bieten, müssen diese von ihrer Seite her Lösungsvorschläge unterbreiten können. Die derzeitigen Möglichkeiten (z.B. Referenzmodelle) reichen alleine nicht aus, da sie allesamt auf die unternehmensspezifischen Anforderungen übertragen werden müssen. Neue Lösungsansätze sind vor allem in der Technologie von wissensbasierten Systemen zu erwarten. Basierend auf strukturiert abgelegtem Wissen und Verknüpfungsregeln sind solche Systeme in der Lage, dem Anwender sogenanntes Expertenwissen anzubieten und ihn auf seiner Lösungssuche zu unterstützen /Krau-93/.

Für die Nutzung der Ergebnisse einer Geschäftsprozeßmodellierung ergeben sich derzeit mit dem Internet und der World Wide Web-Technologie (WWW, /Tolk-95/) neue Dimensionen. Aufbau- und Ablauforganisationen von Unternehmen können nach einer Modellierung über geeignete Prozessoren in ein für das WWW verständliche Datenformat überführt werden /GFRS-96/. Dadurch kann die Grundlage für ein auf WWW gestütztes innerbetriebliche Informationssystem (Intra Net) gelegt werden, in dem sich die Mitarbeiter informieren (z.B. über Abläufe, Zuständigkeiten) oder Informationen bzw. Dokumente besorgen können (z.B.: Urlaubs- und Reiseanträge, Auftrags- und Bestellformulare).

6 Literatur

/Abel-90/   Abel, Dirk: Petri-Netze für Ingenieure; Modellbildung und Analyse diskret gesteuerter Systeme; Springer Verlag; 1990

/DIN-83/   DIN 66001: Informationsverarbeitung: Sinnbilder und ihre Anwendung; Beuth Verlag GmbH; 1983

/GrSK-92/   Grabowski, Hans; Schäfer, Helmut; Krzepinski, Alexander: PRISMA - Methodisch unterstützte Planung und Integration von CAD/CAM-Verfahrensketten; CIM-Management; R.Oldenbourg Verlag; 6/1991, 1+2/1992

/GFRS-96/   Grabowski, Hans; Furrer, Markus; Renner, Dirk; Schmid, Claus: Geschäftsprozeßmodellierung im World Wide Web; Erscheint in: Industrie Management; GITO-Verlag; Ausgabe 5; 1996

/HaCh-95/   Hammer, Michael; Champy, James: Business Reengineering - Die Radikalkur für das Unternehmen; Campus Verlag; 1995

/Kien-93/   Kiener, Stefan: Produktionsmanagement: Grundlagen der Produktionsplanung und -steuerung; R.Oldenbourg Verlag; 1993

/Krau-93/   Krauth, Johannes; Simulation und künstliche Intelligenz - Ein Überblick; it + ti, Informationstechnik und Technische Informatik; R.Oldenburg Verlag; Ausgabe 6; 1993

/Neus-95/   Neuscheler, Frank: Ein integrierter Ansatz zur Analyse und Bewertung von Geschäftsprozessen; Dissertation; Forschungszentrum Karlsruhe GmbH, Karlsruhe 1995

/Roth-94/   Rothery, Brian: Der Leitfaden zur ISO 9000; Carl Hanser Verlag; 1994

/Sche-91/   Scheer, August-Wilhelm: Architektur integrierter Informationssysteme: Grundlagen der Unternehmensmodellierung; Springer Verlag; 1991

/Schu-92/   Schuler, Joachim: Konzept für ein rechnerunterstütztes Simulationsmodell zur Bewertung der Wirtschaftlichkeit von Lösungsalternativen bei der Planung einer integrierten technischen Informationsverarbeitung; Dissertation, VDI-Fortschrittsberichte, Reihe 20; Rechnerunterstützte Verfahren, Düsseldorf, 1992

/StFr-96/   Stauss, Bernd; Friege, Christian: Zehn Lektionen in TQM; Havard Business Manager; Ausgabe 2; 1996

/Tolk-95/   Tolksdorf, R.: Die Sprache des Web: HTML 3; dpunkt, Verlag für digitale Technologie; Heidelberg 1995

/ZWF-95/   N.N.: Marktstudie BPR-Werkzeuge - wichtige BPR-Tools im Überblick; ZWF, Zeitschrift für wirtschaftlichen Fabrikbetrieb; Ausgabe 7-8; Carl Hanser Verlag, München 1995

Umweltsimulation - Möglichkeiten und Chancen

Rolf Grützner
Universität Rostock, Fachbereich Informatik
Lehrstuhl Modellierung/Simulation
Albert-Einstein-Str. 21, 18059 Rostock
email: gruet@informatik.uni-rostock.de

1. Einleitung

Der Zustand der Umwelt verändert sich durch das menschliche Einwirken bedrohlich. Eine Besserung ist nur durch Anwendung innovativer wissenschaftlicher Methoden erreichbar, dazu gehören Modellbildung und Simulation. Unter Umwelt sei die auf die Humansphäre - die Menschen - bezogene und mit ihr in Wechselwirkung stehende Umgebung verstanden. Sie besteht aus biotischen, abiotischen und geographischen Komponenten, die durch vielfältige Wechselwirkungen verknüpft sind.

Die Modellbildung und Simulation von Umweltsystemen ist ein methodischer Ansatz, der in das Gebiet der Umweltinformatik eingeordnet wird. *Umweltinformatik ist eine Teildisziplin der Angewandten Informatik, die mit Methoden und Techniken der Informatik diejenigen Informationsverarbeitungsverfahren analysiert, unterstützt und mitgestaltet, die einen Beitrag zur Untersuchung, Behebung, Vermeidung oder Minimierung von Umweltbelastungen leisten können,* [PAHI94].

Umweltinformatik versteht sich nicht als Hilfswissenschaft, die den anderen Fachgebieten nur Werkzeuge in die Hand geben kann. Vielmehr bietet sie das ganze theoretisch-methodische Spektrum der Informatik, insbesondere den *Bereich Systemanalyse* und seinen *systemtheoretischen Hintergrund* zur Unterstützung der interdisziplinären Aufgaben im Umweltbereich an. Es existieren zwei unterschiedliche Einsatzgebiete der Modellbildung und Simulation:

- die Erforschung von Umweltsystemen, der Kausalrelationen und Verhaltensgesetze.

- die Anwendung von Modellen zur Untersuchung und Abschätzung von anthropogenen Einwirkungen auf die Umwelt.

Beide Gebiete beeinflussen sich, so daß der interdisziplinäre Einsatz von Wissenschaftlern zur Erstellung von Anwendungsmodellen erforderlich ist.

Anwendungen umfassen die Bereiche Prognose, Bewertung, Planung und Entscheidungsfindung, z.B. Projektierung von Umweltschutzmaßnahmen, Errichtung von Bauwerken mit Umweltbeeinflussung, Gestaltung von Prozessen, Einführung neuer Technologien, Werkstoffe, Substanzen und Produkte. Planungen im Bereich der Stadt-, Regional- und Landesentwicklung sind heute ohne Simulation zur Bestimmung der Umweltbeeinflussung nicht mehr vorstellbar, [GROS92], [ODUM93], [GREB96].

Hinzu kommen die Erstellung von Gutachten im Umweltbereich, der Einsatz bei den gesetzlich vorgeschriebenen Umweltverträglichkeitsprüfungen (UVP), die Ermittlung von Maßnahmen gegen Havarien u.a..

Anthropogene Einwirkungen haben neben den lokalen zunehmend auch globale Auswirkungen auf die ganze Erde (z.B. Klima, Ozon, Schadstofftransport). Die Modellbildung und Simulation im Umweltbereich wird deshalb auf beide Bereiche gleichermaßen angewandt werden.

2. Umweltsysteme - Stand und Entwicklung

Zunächst stellt sich die Frage nach dem Entwicklungsstand. Dabei werden die Umweltsysteme vom systemtheoretischen Standpunkt aus betrachtet.

2.1. Stand der Entwicklung

Bisher hat sich die Umweltinformatik darauf konzentriert, Daten vor allem für Aufgaben der öffentlichen Hand zu sammeln, zu speichern, auszuwerten und darzustellen. Das war und ist eine Zustandserfassung.

Damit erfolgt vorwiegend eine Abbildung der vorhandenen Umweltbelastung. Die Umweltinformatik ist durch den »*Museumsansatz der Umweltinformatik*« (d.h. Beobachten, Beschreiben, Einordnen, Darstellen) gekennzeichnet, [BOSS94]. Eine nachhaltige Verbesserung der Umweltsituation ist aber nur durch einen *systemtheoretischen Ansatz* möglich, so daß ihm eine steigende Bedeutung zukommt. Eine Alternative existiert nicht. Sein Grundprinzip ist die Priorität der Modellerstellung und die ausschließliche Erfassung der für Modelle notwendigen Daten.

2.2. Entwicklungstendenzen

Aus der Intensivierung der systemtheoretischen Umweltbetrachtung resultieren zwei Aufgabenkomplexe mit dem Ziel, strukturadäquate und objektorientierte Systemmodelle zu entwickeln. Die beiden Komplexe sind:

a) Untersuchung der Transformationsprozesse, d.s. die Prozesse, wo Energieformen umgewandelt werden, wo Abfälle und nutzbare Produkte bzw. Leistungen entstehen

b) Überwindung der Verständnislücke über das Verhalten komplexer dynamischer Prozesse. Es existieren nur geringe Fähigkeiten zum sicheren Umgang mit dynamischen Systemen. Dazu existieren zwar wissenschaftliche Methoden, aber ihre Anwendung ist selbst in der Wissenschaft selten, sie werden kaum in der Ausbildung behandelt und sind Politikern und Entscheidungsträgern nicht geläufig, [BOSS94], [GRUE95].

2.2.1 Stoffstromanalyse und -bewertung

Im Mittelpunkt steht das Erkennen und Bewerten der Auswirkungen des menschlichen Handelns (durch Transformationsprozesse) auf die Umwelt. Dazu gehört die Gewinnung von Informationen über Stoff- und Energieströme auf den Ebenen: Produktionsprozeß, Betrieb, Industriezweig, Lebenszyklen von Produktgruppen (d.i. die gesamte Periode von der Produktion eines Produktes über seinen Gebrauch bis zum Recycling - der »life-cycle«) und Gesamtgesellschaft. Hier ordnet sich auch die umweltbezogene Analyse von Logistik- und Verkehrskonzepten ein.

Es ergeben sich zunächst Aufgaben zur Erfassung der Stoff- und Energieströme. Auf der Grundlage dieser Daten ist die Wirkung der Stoffströme auf die Umwelt abzuschätzen und zu bewerten (Öko-Diskurs), das sind Bewertungen, die letztendlich zur ökologischen Gestaltung von Produktions-, Dienstleistungs- und Konsumprozessen führen müssen (Öko-Design).
Zur Realisierung dieser Aufgabe sind Modelle auf der Basis geeigneter Beschreibungsmittel (z.B. erweiterte Petrinetze: [SIES96], [TUHA95]) sowie Analyse- und Simulationswerkzeuge notwendig, um Stoff- und Energieströme zu beschreiben und ihr dynamisches Verhalten zu analysieren. Darauf aufbauend werden zuverlässige Ökobilanzen, Öko-Audits (ein Bewertungsinstrument des betrieblichen Umweltmanagments) oder umweltorientierte Produktionsplanungssysteme (Öko-PPS) entwickelt.

2.2.2 Handhabung komplexer dynamischer Systeme

Die nachhaltige Verbesserung des Umweltzustandes verlangt die Untersuchung des Systemverhaltens sowohl in der Vergangenheit, als auch in der Zukunft. Dazu sind strukturadäquate Modelle nötig, die alle Teilsysteme sowie deren Interaktionen abbilden.

Diese Teilsysteme gehören häufig unterschiedlichsten Systembereichen an, d.s. biotische, abiotische, soziale, ökonomische, technologische und politische Bereiche. Modelle mit dieser Komplexität heißen: *ökologisch- sozioökonomisch..* Sie spiegeln die Relationen zwischen Ökologie, Ökonomie und dem Sozialverhalten der Menschen wider. Der Ansatz erfordert die Lösung zweier unabhängiger Aufgaben: die Entwicklung strukturadäquater Modelle und die Berücksichtigung der zeitlich evolutionären Strukturveränderung der Systeme.

Daraus folgt, daß sich der Schwerpunkt künftiger Forschung auf die Formulierung strukturadäquater Modelle aus dem ökologischen, ökonomischen und sozialen Bereich orientieren muß.

Die Erfassung evolutionärer Veränderungen bereitet Schwierigkeiten. Grundsätzlich existieren geogen und anthropogen bedingte Veränderungen, [BEJA93]. Zur Erkennung solcher Strukturveränderungen und ihrer Ursache sind bestimmte Voraussetzungen notwendig, um das Systemverhalten, das sich aus der Überlagerung beider Effekte zusammensetzt, genau analysieren zu können. Diese Voraussetzungen sind:

- geeignete Hypothesen über den Mechanismus der Interaktion zwischen Zustandsgrößen.

- eine genügend genaue Auflösung der räumlichen Variabilität oder der biologischen Diversität in den Beziehungen zwischen den Systemen bzw. ihren Komponenten.

- eine ausreichende Auflösung und Genauigkeit der Meßinstrumente zur Beobachtung des Systemverhaltens.

3. Klassifikation: Anwendungsbereiche der Simulation

3.1. Anwendungsbereiche

Neben der Klassifikation nach Einsatzgebieten (s.Abschn.1) lassen sich Umweltmodelle auch nach ihrem Anwendungsgebiet einteilen. Danach kennen wir:

- Modelle zur Nachbildung der räumlichen Ausbreitung von Schadstoffen und Energie in Umweltmedien ausgehend von Emissionsquellen (*Ausbreitungsmodelle*),

- Modelle zur Nachbildung und Bewertung von Immissionen (*Belastungsmodelle*),

- Modelle zu Nachbildung von Wirkungsketten (z.B. Nahrungsketten) und der Dynamik in Ökosystemen (*Ökosystemmodelle*),

- Modelle zur Bestimmung der Schadwirkungen auf Lebewesen auf biologisch/medizinischer Ebene (*biologisch/medizinische Modelle, physiologische Modelle, toxikologische Modelle*),

- Modelle zur Untersuchung von klimatischen Vorgängen und deren Beeinflussung durch den Menschen (*Klimamodelle*)

- Modelle zur Nachbildung der Nutzung und Belastung von Ressourcen, z.B. Wasser, Boden, Nahrung (*wasserwirtschaftliche Modelle, Ressourcenmodelle*),

- Modelle zur Nachbildung der Wechselwirkungen zwischen Umwelt und Ökonomie (*umweltökonomische* und *sozio-ökonomische Modelle*),

- Modelle zur Analyse von technischen Prozessen und deren gezielte Beeinflussung zur Minimierung von Ressourcenverbrauch und Emissionen (*Prozeßmodelle*),

- Modelle für übergreifende Untersuchungen in den genannten Anwendungsgebieten, z.B. Ausbreitungsmodelle in Verbindung mit Ökosystemmodellen zur Nachbildung der Auswirkung von Emissionen auf Ökosysteme (*integrierte Umweltmodelle*),
- Modelle zur Nachbildung von regionalen Entwicklungsprozessen - *Entwicklungsmodelle* (z.B. Siedlungs-, Industrie- und Landschaftsentwicklungen), [BADE69], [BATX94].

Neben den Simulationsmodellen existieren auch analytische Modelle (d.s. Berechnungsmodelle). Eines davon ist das Gauß-Modell zur Schadstoffausbreitung in der Luft, das im Genehmigungsverfahren nach TA-Luft eingesetzt wird. Wegen der Komplexität der Umweltsysteme, die sich mit analytischen Modellen nur schlecht abbilden läßt, ist ihre Bedeutung außerhalb von Genehmigungsverfahren gering.

3.1.1 Die klassischen Einsatzgebiete

In einer Studie der Gesellschaft für Mikroelektronik (GME) des VDI/VDE ([ANHI91], [PAGE91]) sind Ausbreitungsmodelle, wasserwirtschaftliche Modelle, technische Prozeßmodelle und Ökosystemmodelle als die wichtigsten Modellklassen im Umweltbereich genannt. Wir bezeichnen sie als klassische Einsatzgebiete.

Ausbreitungsmodelle

Bei zahlreichen Umweltschutzaufgaben ist die Bestimmung der Immissionen, die durch umweltrelevante Emissionen verursacht werden, eine zentrale Aufgabenstellung. Die meisten Umweltprobleme werden durch Emissionen von Schadstoffen verursacht, die sich in den Medien Luft, Wasser und Boden nach unterschiedlichen Gesetzmäßigkeiten ausbreiten. Auch die Emission von Energie (z.B. Abwärme, Lärm, Erschütterungen) und ihre Ausbreitung besitzt erhebliche Bedeutung für die Umwelt.

Ausbreitungsmodelle bestimmen die von der Emissionsquelle verursachte räumliche Ausbreitung der Schadstoffe oder der Energie im jeweiligen Medium. Sie ermitteln die resultierenden orts- und zeitabhängigen Immissionen. Die Schadstoffe könnne dabei gasförmig, flüssig, chemisch resistent oder aktiv sowie radioaktiv sein.

Nach [PILL89] lassen sich Ausbreitungsmodelle entsprechend der Zielrichtung unterscheiden:

- Ersatz von Immissionsmeßstellen: die Immission wird an den Stellen berechnet, an denen keine Meßstationen verfügbar sind. Vorhersage der zu erwartenden Immissionen, z.B. von Sommersmog.
- Rückschlüsse auf erhöhte/unerlaubte Emissionen: bei der Registration von erhöhten Meßwerten kann mit Ausbreitungsrechnungen auf den Ort der Emission geschlossen werden.
- Standort- und Genehmigungsplanungen.
- Katastrophenvorsorge: Simulation von Störfällen und Berechnung der resultierenden Immissionen sowie Berechnung der aktuellen Belastung bei einem akuten Störfall.

Einen guten Überblick über den Stand der Ausbreitungsmodelle geben [ZANN90], [WROB91], [MELL93] sowie die Tagungsberichte zu den Symposien »Informatik für den Umweltschutz«.

Wasserwirtschafliche Modelle

Die Verschmutzung des Wassers, der steigende Verbrauch von qualitativ hochwertigem Wasser und die verstärkte Nutzung der begrenzten Wasserreservoire führen zu schwerwiegenden Umweltschäden. Neben Ausbreitungsmodellen, die auch in diesem Bereich eine große Rolle spielen, werden auch andere Modelle bei wasserwirtschaftlichen Untersuchungen eingesetzt. Dazu gehören:

- *quantitative Grundwassermodelle*: Untersuchungen der Menge und der Strömung des Grundwassers.

16

– *Modelle des Bodenwasserhaushaltes*: Untersuchung des Wassergehaltes und der Wasserbewegung in der oberen , teilweise ungesättigten Bodenschicht. Der Einfluß der Atmosphäre (z.B. Niederschläge) muß explizit berücksichtigt werden. Untersucht werden Fragen der Bodenerosion, der Grundwasserneubildung und die Notwendigkeit von Be- und Entwässermaßnahmen.

– *Entsorgungsmodelle*: Untersuchungen zur Abwasserentsorgung und der Planung von Kanalnetzen, Dimensionierung von Entsorgungssystemen bei vorgebener Belastung.

Der Deutsche Verband für Wasserwirtschaft und Kulturbau (DVWK) hat einen Überblick über die in der Bundesrepublik eingesetzten wasserwirtschaftlichen Modelle veröffentlicht, [DVWK87].

Prozeßmodelle

Wesentliche Teile der Umweltprobleme werden von technischen Prozessen verursacht. Ansatzpunkte zur Minimierung der Umweltbelastung ist die Prozeßleittechnik, die zur Steuerung und Regelung der Prozesse eingesetzt wird. Die modellgestützte Prozeßleittechnik trägt wesentlich zur umweltorientierten Prozeßoptimierung bei. Auf der Basis mathematischer Modelle werden die technischen Prozesse simuliert, [GRHP95].
Anwendungsgebiete der Prozeßsimulation sind vor allem:

– chemische Verfahrenstechnik

– Energierzeugung in Kraftwerken

– Steuerung der Verbrennung und Abgasreinigung in Müllverbrennungsanlagen, [KELL95]

– Abwasserreinigung in Kläranlagen.

Ökosystemmodelle

Ökosystemmodelle beschreiben das Verhalten von Ökosystemen und die Wirkung von Schadstoffen auf biologische Objekte. Simulative Untersuchungen beziehen sich vornehmlich auf Teilgebiete, das sind beispielsweise Lebensgemeinschaften in Gewässern, im Boden, im Wald, den Wald selbst, aber auch Stoffhaushalte (z.B. Stickstoff-Haushalt im Boden, Phosphor im Sediment). Im Vordergrund der Untersuchungen stehen die Stabilität bzw. die Elastizität des Ökosystems, das ist die Fähigkeit zur Aufnahme von Schadstoffen ohne Beeinträchtigung des ökologischen Gleichgewichtes.
Zwei Modellierungsansätze werden unterschieden:

– *der kompartimentorientierte Ansatz*
  aus der Vielfalt der physikalischen, chemischen, biotischen u.a. Objekte eines Raumausschnittes werden bestimmte Teilmengen ausgewählt und als Kompartimente des Systems definiert. Wesentlich ist, daß verschiedene Individuen (z.B. die zu einer Population gehörenden Organismen einer Art) zu einer Gesamtheit zusammengefaßt werden. Es wird vom Individuum abstrahiert und das Kompartiment als Ganzes hinsichtlich quantitativer Veränderungen analysiert, z.B. durch die Lotka-Volterra Gleichungen. Die Grenzen zeigen sich, wenn Effekte untersucht werden, die aus der Interaktion einzelner Individuen resultieren, wenn die ökologische Variabilität bedeutsam ist, bei kleinen Populationen und bei der Untersuchung von Besiedelungsstrategien.

– *der individuenorientierte Ansatz*
  beruht darauf, daß jedes Individuum einer Population in Interaktion mit anderen Individuen (Fressen, Paarung, Verdrängung) modelliert wird. Die Individuen verändern ihren Zustand durch die unterschiedliche Wahrnehmung der Umwelt und ihres biologischen Ablaufes. Die Dynamik des Systems ergibt sich somit aus den Interaktionen der Individuen, ihren Aktio-

nen und ihrem Zustand. Mit diesem Ansatz untersucht [WOLF95] das Verhalten von Watvögeln. Er erlaubt die simulative Untersuchung in Bereichen, die nur schwer einer Formalisierung durch Kompartimente zugänglich sind, z.B. kleine Populationen, Nischenbesiedlung. Ein Individuum entspricht einem künstlichen Agenten, [HARO95].

Für künftige Untersuchungen ist die Kopplung des individuenorientierten mit dem Kompartimentansatz von Bedeutung, um die Vorteile beider Konzepte zu nutzen.

3.2. Fortgeschrittene Einsatzgebiet

In diesem Abschnitt werden moderne Einsatzgebiete und Modellansätze vorgestellt. Sie verfolgen das Ziel, das Kausalgefüge der Systeme in weiten Systemgrenzen darzustellen, das Verhalten möglichst vollständig zu erfassen und optimale Lösungen für den ganzen Systembereich zu finden.

ökologisch-sozioökonomische Modelle

Die Tätigkeitsfelder des Menschen umfassen die Ökonomie, den Verkehr und Transport, den Finanz- und Steuerbereich, die Landnutzung sowie die wesentlichen Sphären des menschlichen Lebens, wie Bevölkerungsentwicklung, Arbeit, Wohnen, Ernährung, Gesundheit, Freizeit - Tourismus, Kultur, Politik (Krieg, Menschenrechte). Alle diese Bereiche stehen in engem Zusammenhang und beeinflussen die Umwelt einschließlich einer Rückkopplung. Abhängig vom Modellziel werden die Schwerpunktbereiche variiert, d.h. weniger relevante eleminiert und relevante ins Modell einbezogen. Sie werden für Aufgaben der Simulation und Planung genutzt, z.B. in der Stadt-, Regional- oder Landesplanung, [GROS91], [ODUM93]. Von [GREB93], [GREB96] wurde das System RegioPlan$^+$ entwickelt. Die Modellansätze basieren auf Zustandsgleichungen - dem *System Dynamics Ansatz*. Sie gehen von Daten der Vergangenheit aus und prognostizieren damit die zukünftige Entwicklung. Da die Parameter zur Bestimmung der Änderungsraten in der Regel zeitabhängig sind, ist eine sehr sorgfältige Prüfung der Resultate nötig.

Ein weiterer Nachteil dieses Ansatzes ist der fehlende Raumbezug. Bevölkerung, Industrie und Verkehrswege, die Einkaufs- und Siedlungsgebiete sowie die Wirkung auf die Umwelt einschließlich der geographischen Eigenschaften sind räumlich heterogen verteilt. Die Einbeziehung des räumlichen Effektes steht bei derartigen Untersuchungen erst am Anfang. Hier sind zellulare Automaten ([BADE96], [BATX94]) und individuenorientierte Modellkonzepte (jede Person oder Gruppe von Personen - eine Familie, die Gesamtheit der Angehörigen einer sozialen Schicht - werden einzeln als Individuum in ihrem dynamischen Verhalten modelliert) denkbar.

Die notwendigen geographischen Daten werden bei allen Umweltanwendungen von einem »Geographischen Informationssystem« (GIS) bereitgestellt. Die Kopplung von GIS mit Simulationssystemen ist Gegenstand intensiver Forschung, [GRPH95].

Globalmodelle

Globalmodelle dienen zur Untersuchung von weltumspannenden - globalen - Prozessen. Eines der markantesten Globalmodelle aus dem Bereich der ökologisch-sozioökonomischen Modelle ist das FUGI-Projekt (**FU**tures of **G**lobal **I**nterdependence) von [ONIS95], [ONIS94], [ONIS93]. Es ermittelt die globale wirtschaftliche Entwicklung von 180 Staatengruppen , z.B. von 1991 bis zum Jahr 2000. Berücksichtigt werden Umwelteinflüsse, ökonomische, soziale und politische Faktoren. Weitere wesentliche Anwendungsbereiche von globalen Umweltmodellen sind:

- Änderungen von Klima (z.B. globale Erwärmung) und Atmosphäre (auch in den Abhängigkeiten: Klima mit Meereszirkulation, tropischen Wald, Versteppung, Energieverbrauch u.a.).

- Entwicklung der CO_2-Emission (z.B. IEA/ORAU Long-Term Global Energy CO_2 Model zur Ermittlung der CO_2 Emission für unterschiedliche Energienutzungsszenarien, [BRUT95]).

- Ozonabbau, Ausbreitung und Bewegung von Ozonlöchern, [SCHÖ94].

- globale Schadstoffausbreitung in Medien, z.B. Flugzeugabgase [BUDA94].

- die globale Ernährungsbasis (Umwelteinflüssen, Ökonomie) s. Agrarinfosystem [MAYK96].

4. Abschlußbemerkung

Mit diesem Beitrag sei ein kurzer Überblick über die Probleme und Arbeitsgebiete der Umweltsimulation gegeben. Inhaltlich wird sie durch die Arbeitsgruppe 5 »Werkzeuge der Modellbildung und Simulation in Umweltanwendungen« des GI - FA 4.6.1 »Informatik im Umweltschutz« vertreten. Eine Zusammenarbeit mit der ASIM wird angestrebt.

Literatur

ANHI91   Angerer, G.; H.Hiessl: Umweltschutz durch Mikroelektronik. Anwendungen, Chancen, Forschungs- und Entwicklungsbedarf. Gesellschaft für Mikroelektronik (GME) des VDI/VDE. Berlin: VDE-Verlag. 1991.

BADE96   Batty,M.; Densham, P.J.: Decision Support, GIS, and Urban Planning. Research Report of the Centre for Advanced Spatial Analysis, University College London, 1-19 Torrington Place. January 1996. (email: mbatty@geog.ucl.ac.uk)

BATX94   Batty, M.; Xie,Y.: Urban Analysis in a GIS Environment: Population Density Modeling Using ARC/INFO, in: FotheringhamA.S.; Rogerson,P.A. (Eds.): Spatial Analysis and GIS. London: Taylor and Francis, 1994. pp.:189-219

BEJA93   Beck,M.B.; Jakeman,A.J.; McAleer,M.J.: Construction and Evaluation of Models of Environmental Systems. in: Beck,M.B.; Jakeman,A.J.; McAleer,M.J (eds.): Modelling Change in Environmental Systems. Chichester: John Wiley & Sons, 1993, pp. 3-35

[BOSS94]   Bossel,H.: Understanding Dynamic Systems: Shifting the Focus from Data to Structure. in: Hilty.L.M.; Jaeschke,A.; Page,B.; Schwabl,A.: Informatik für den Umweltschutz. Band I, 8.Symposium, Hamburg. Marburg: Metropolis Verlag, 1994, S.63-75

[BRUT95]   Bruton,A.B.; Sprague,C.; Dietrich,W.: A Review of the Edmonds and Reilly IEA/ORAU Long-Term Global Energy CO_2 Model. Simulation, 65(2) 1995, pp.: 151-152

[BUDA94]   Budahn,H.: Numerische Realisierung eines globalen zweidimensionalen Ausbreitungsmodells für Schadstoffe in der Atmosphäre. Universität Rostock, FB Informatik, Lehrstuhl Modellierung/Simulation: Diplomarbeit, März 1994

[DVWK87]   Deutscher Verband für Wasserwirtschaft und Kulturbau e.V. (DVWK): In der Bundesrepublik Deutschland angewandte wasserwirtschaftliche Simulationsmodelle. DVWK-Mitteilungen, Heft 12. Bonn: DVWK, 1987

[GREB93]   Grebe,N.: Das übertragbare Regionalplanungsmodell REGIOPLAN$^+$. in: Sydow, A. (Hrsg.): Fortschritte in der Simulationstechnik. Braunschweig: Fried. Vieweg Verlag. 1993

[GREB96]   Grebe,N.: Anwendung des Simulationsmodells RegioPlan auf die Region Oberengadin. in: Keller,H.B.; Grützner,R.; Hohmann,R.: 6. Arbeitstreffen des AK5 »Werkzeuge für die Modellbildung und Simulation in Umweltanwendungen«. Forschungsberichte des Forschungszentrums Karlsruhe, im Druck. 1996

[GRUE95]   Grützner,R.: Umweltinformatik - Chance oder Feigenblatt. Universität Rostock, Rostocker Informatik Berichte ,Fachbereich Informatik, RIB-Heft 18. 1995, S. 19-30.

[GRHP95]   Grützner, R.; Häuslein, A.; Page, B. : Softwarewerkzeuge für die Umweltmodellierung und -

simulation. in: Page,B.; Hilty, L.M. (Hrsg.): Umweltinformatik. Handbuch der Informatik. München, Wien: Oldenbourg Verlag, 1995, S.: 191-218.

[GROS92]   Grossmann, W.D.: Regionales Tourismus-Managment - Tools für die Entwicklung eines Konzeptes zum »Sanften Tourismus«. FBU Östereichisches Forschungs-und Beratungszentrum für Umweltangelegenheiten, 1992

[HAYE95]   Hayes-Roth, B.: An Architecture for Adaptive Intelligent Systems. Artificial Intelligence, Vol. 72 (1,2), 1995, pp.:329-365.

[KELL95]   Keller, H.B.: Learning Rules for Modelling Dynamic Systems Behavior. EUROSIM'95, Wien, Elsevier Science Publisher, 1995. pp.: 1205-1210.

[MELL92]   Melli, P.; Zannetti, P. : Environmental Modelling. Southampton: Computational Mechanics Publications, Elsevier Applied Science, 1992.

[MAYK96]   Mayer-Kress, G.: The Internet as Global Brain, Project 2050, an Implications for Sustainable Development. Simulation,66(1), 1996. pp.: 65-67

[PAGE91]   Page,B.; Häuslein,A.; Hilty,L.M.; Schwabl,A.: Ein Beitrag der Mikroelektronik zum Umweltschutz. Teil D.3: Informations- und Kommunikationstechniken. Studie im Auftrag des Bundesministers für Forschung und Technologie. Forschungsbericht des Fraunhofer-Instituts für Systemtechnik und Innovationsforschung, Karlsruhe 1991, (Kurzfassung in [ANHI91]).

[PAHI94]   Page, B. ; Hilty,L.M.: Umweltinformatik - Informatikmethoden für Umweltschutz und Umweltforschung. Vol. 113: Handbuch der Informatik. München, Wien: Oldenbourg Verlag, 1994.

[ODUM94]   Odum, H.T.: Ecological and General Systems - An Introduction to Systems Ecology. Colorado University Press, 1994.

[ONIS93]   Onishi, A.: FUGI Global Model 7.0 A New Frontier Science of Global Economic Modelling. Economic & Financial Computing, Vol. 3 (1), pp.:3-67, 1993.

[ONIS94]   Onishi, A.: Global Model Simulation: A New Frontier of Economics and Systems Science. Soka University, Insitute for System Science, Hachioji-shi, Tokyo. 1994, pp.: 1-252.

[ONIS95]   Onishi, A.: Global model Simulation A New frontier of Economics and System Sciences. Simulation, Vol. 65 (5), pp.:346-352, 1995.

[PILL89]   Pillmann, W.: Luftschadstoff-Prognosemodelle - Stand der Anwendung, Fortentwicklung und operationeller Einsatz. in: Jaeschke,A.; Geiger,W.; Page, B. (Hrsg.): Informatik im Umweltschutz. 4. Symposium, Karlsruhe. Informatik Fachberichte 228, Berlin: Springer Verlag, 1989. S. 110-119

[SCHÖ94]   Schöning,T.: Die Bestimmung barokliner Wellenstrukturen aus 10-jährigen Satellittenmessungen des totalen Ozons mittels einer POP-Analyse. Universität Rostock, FB Informatik, Lehrstuhl Modellierung/Simulation: Diplomarbeit, September 1994.

[SIES96]   Siestrup,G.: Einsatz unscharfer Petrinetze zur Planung und Steuerung von Kreislaufwirtschaftssystemen. in: Keller,H.B.; Grützner,R.; Hohmann,R. (Hrsg.): 6. Arbeitstreffen des AK5 »Werkzeuge für die Modellbildung und Simulation in Umweltanwendungen«. Forschungsberichte des Forschungszentrums Karslruhe, im Druck. 1996

[TUHA94]   Tuma, A. und H.D. Haasis: Real Time Production Scheduling of Environmental Integrated Production Systems - A Comparision of Selected Knowledge-Based Methods and Maschine Learning Algorithms. Informatik für den Umweltschutz, Hamburg, 1994. Umweltinformatik Aktuell, Marburg: Metropolis Verlag. 1994, pp.: 371-378. .

[WOLF95]   Wolff, W.F.: Individuen-orientierte Modelle für Watvögelkolonien in den Everglades: Theorie und Anwendung. Workshop Ökosysteme - Modellierung und Simulation auf den Lausitzer Forschungstagen, Cottbus, 1994. Umweltwissenschaften, Taunusstein: Eberhard Blottner, 1995. pp.: 205-243.

[WROB91]   Wrobel, L.C.; Brebbia,C.A.: Water Pollution: Modelling, Measuring and Prediction. Southampton: Computational Mechanics Publication, 1991.

[ZANN90]   Zannetti,P.: Air Pollution Modelling. Southampton: Computational Mechanics Publ., 1990.

Einheitliche Modellierung mit VHDL-A

Eduard Moser und Reinhard Neul

Robert Bosch GmbH, Corporate Research and Development
Postfach 10 60 50, 70049 Stuttgart, Germany

Kurzfassung: Der Bedarf einer einheitlichen Modellierung ist bereits hinlänglich aufgezeigt worden. Mit IEEE PAR 1076.1, der analogen Erweiterung zu VHDL, erscheint diese Aufgabe lösbar zu sein und eine geeignetet Basis für Anwender und Werkzeugmacher zu liefern. Dies Papier diskutiert die Konzepte der Sprache in Hinblick auf den Entwurf von Steuerungs- und Regelungssystemen.

1. Einführung

Bei der Systementwicklung in der Mechatronik wie auch in der Mikrosystemtechnik wird heute intensiv modelliert und simuliert, dabei werden Sprachen verwendet, die in der Regel mit Rücksicht auf die physikalischen Bereiche und die verfügbaren Tools ausgewählt wurden. Obwohl alle Modelle im wesentlichen auf differentialalgebraischen Beschreibungen aufsetzen, sind diese Beschreibungen aufgrund von werkzeugspezifischen Eigenarten nicht automatisch in einander überführbar. Die Neuanschaffung eines Werkzeugs erfordert aufwendiges Neuschreiben von Bibliotheken und Training von Entwicklern. Der Austausch von Modellen zwischen Bereichen oder auch Firmen erfordert oft Umschreiben der Modelle. All diese Probleme könnten mit einer einheitlichen Modellierungssprache ausgeräumt werden. Die Vorteile eine einheitlichen Modellierung wurden bereits ausführlich in [2][5] ausgeführt.

VHDL ist bereits seit 1987 der anerkannte Standard für digitale Elektronik. Er hat die Entwicklung des Bereichs beachtlich gebündelt und beschleunigt. IEEE PAR 1076.1 (VHDL-A) ist die analoge Erweiterung für zeitkontinuierliche Systeme. Ausgehend von der analogen Elektronik ist ein Standard entstanden, der für viele Bereiche gleichermaßen verwendbar ist. VHDL enthält alle Elemente einer mächtigen Programmiersprache: Datentypen, Daten, Operatoren und Funktionen, darüber hinaus noch Elemente für die Beschreibungen von parallelem Verhalten. Die Sprache ist stark an ADA angelehnt.

Der Anwendungsbereich der einheitlichen Modellierungssprache läßt sich grob als Summe der Anwendungsbereiche der Simulatoren SPICE [7], ACSL [10] und SIMULINK [9] zusammenfassen. Die Sprache wird zeitkontinuierliche wie auch zeitdiskrete Modellierung erlauben (Strecke und Regler). Sie wird entwickelt, um Modellierung und Modellaustausch zu unterstützen.

Als Mitglied von MSR war BOSCH an der Bewertung von VHDL-A als einheitliche Modellierungssprache für Streckenmodelle beteiligt (MSR ist ein gemeinsames Projekt der deutschen Automobilhersteller und -zulieferer) [5].

Der nächste Abschnitt gibt kurz einige Erfahrungen mit vorhandenen Sprache als einheitliche Modellierungssprache wieder. Es folgt eine Übersicht über die Modellierungskonzepte in VHDL-A mit einem anschließenden Vergleich zu anderen Sprachen.

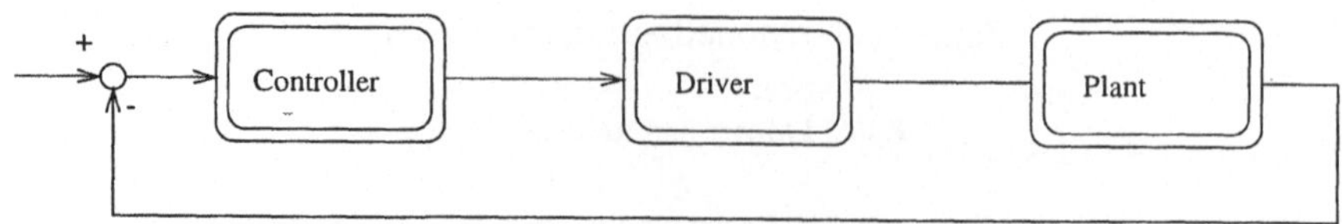

Abbildung 1: Regler und Strecke

2. Einheitliche Modellierung

Bei der Durchsicht gängiger proprietärer Modellierungssprachen wird deutlich, daß die meisten für die Aufgabe als einheitliche Modellierungssprache unzureichend sind. In den meisten Sprachen fehlen wesentliche Konzepte, die dann nachträglich als Trick innerhalb der Sprache angeboten werden.

Als Beispiel sei hier der Schwellwertdurchgang angegeben. Wir fanden in Modellen die folgende Zeile:

```
if ( x * xalt < 0.0 ) then ...
```

Der Simulator kennt keinen Schwellwertdurchgang, deshalb schreibt der Anwender diese if-Abfrage. Diese Lösung setzt bereits voraus, daß die Schrittweite des Modells nicht größer als ein gegebenes ϵ wird. Auch wenn ein zweiter Simulator den Schwellwertdurchgang als Konzept versteht und variable Schrittweite unterstützt, kann dies nicht genutzt werden, da ein Konverter kaum Chancen hat solche Tricks zu erkennen.

Ein anderes Beispiel betraf das Rücksetzen von Integratoren. Da das Rücksetzen in der Modellierung zwar zulässig war, aber nicht richtig behandelt wurde, mußte bei Mehrschrittverfahren im Modell eine entsprechende Kompensation eingebaut werden. Die Kompensation erfordert präzises Wissen über die spezielle Implementierung des Integrationsalgorithmus.

In der Regel werden solche Tricks erforderlich, weil bestimmte Konzepte in der Modellierungssprache nicht zur Verfügung gestellt werden. Um trotzdem die notwendigen Konzepte realisieren zu können, wird Wissen über das individuelle Lösungsverhalten ausgenutzt. Damit sind aber die Modelle nicht mehr konvertierbar.

3. Modellierungskonzepte in VHDL-A

Dieser Abschnitt soll kurz in VHDL-A einführen und die wesentlichen Konzepte vorstellen. Eine Einheit aus Regler und Strecke soll hier als Beispiel dienen (Bild 1). Dabei wird die Strecke durch ein elektrisches Netz aus zwei Transistoren getrieben.

Weitere Information zu VHDL-A sind in [11] zu finden. Die diskreten Modellierungskonzepte (von VHDL) sind bereits ausführlich eingeführt (z.B. [8]).

3.1. Duales Zeitmodell: Kontinuierlich vs. Diskret

VHDL-A basiert auf zwei abhängigen Maschinen, der analogen und der digitalen Maschine. Die analoge Maschine bestimmt den Wert der kontinuierlichen Zustandsvariablen durch Lösen von Differentialalgebraischen Gleichungen. Das Zeitmodell der analogen Maschine ist kontinuierlich - in Realität hat der analoge Rechenkern nur endliche Genauigkeit. Die digitale Maschine besteht aus Ereignissen, die Prozesse anstoßen, die wiederrum nach definierter Zeit Ereignisse auslösen. Das Zeitraster der digitalen Maschine ist diskret.

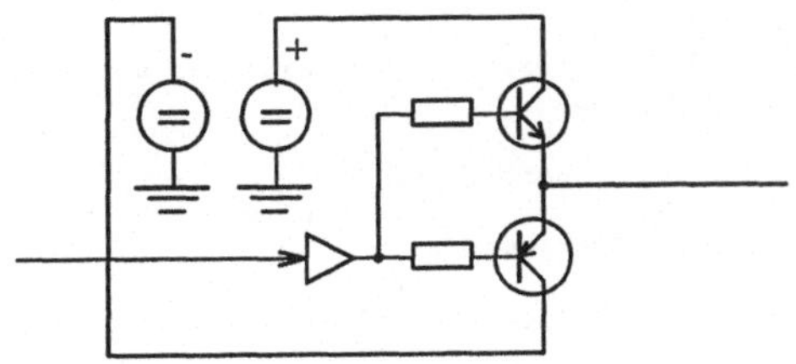

Abbildung 2: Treibertransistoren

3.2. Diskrete Modellierung: VHDL

Die diskrete Modellierung beruht auf VHDL. VHDL bietet als Grundelemente Prozesse und Signale. VHDL wurde entworfen, um digitale Hardware modellieren zu können. Die parallele Aktivität wird durch parallele Prozesse und die Kommunikation über Signale dargestellt. Ein Prozeß ist ein Programmstück, das durch Ereignisse aktiviert werden kann und das sich selbst deaktivieren kann. Ein Signal ist ein Container, der Werte und dessen Eigenschaften speichert. Zu diesen Eigenschaften gehörten auch die Vergangenheit und, wenn bekannt, die Zukunft. Die Änderung eines Signals ist ein Ereignis und kann einen Prozeß aktivieren.

3.3. Strukturelle Dekomposition und Kommunikation

Die Zerlegung von Modellen in kleinere Modelle ist schon in VHDL ausreichend definiert. VHDL-A ergänzt den in VHDL vorhandenen Kommunkationsmechanismus mit Signalen durch Kommunikation mit "QUANTITIES", und zwar in den folgenden Formen:

Signalfluß (nicht konservativ): Die Daten werden gerichtet von einer Einheit zur nächsten geleitet. Der Mechanismus wird zur Darstellung von Blockdiagrammen [3] benötigt und unterstützt eine funktionsorientierte Sicht der Blöcke (wie in SystemBuild [6], SIMULINK [9], etc.).

Energiefluß (konservativ): Zwei Einheiten haben eine physikalische Verbindung, der Energieaustausch zwischen den Einheiten bildet die Kommunikation. Diese physikalische Sicht wird auch Netzwerksicht genannt. Die physikalische Verbindung kann ein Knoten sein, der Spannung und Strom für die elektrische Welt oder Geschwindigkeit und Kraft für die mechanische Welt austauscht. Die Knoten mit Verbindungen zu mehreren Einheiten erfüllen bestimmte Bedingungen, die den physikalischen Gesetzen Rechnung tragen (z.B. Kirchhoffsche Gesetze für Strom und Spannung im Elektrischen). Diese Kommunikation wird von Simulatoren wie SPICE etc. unterstützt. Im Abschnitt 3.8. wird die konservative Kommunikation näher beleuchtet.

Der Regler und die Strecke (Bild 1) verwenden im wesentlichen Signalflußkommunikation. Nur der Treiber und der Anschluß des Treibers an die Elektrik der Strecke ist mit Energieflußkommunikation modelliert, um die Belastung der Transistoren einfach ermitteln zu können (Bild 2, 4).

Bild 3 gibt die Strukturbeschreibung als VHDL-A Code wieder, die Regler, Treiber und Strecke miteinander verbindet.

VHDL-A hat keine Ausdrucksmittel für die graphischen Informationen der strukturellen Dekomposition (Schematic, z.B. SIMULINK). Andere Standards (z.B. EDIF [4]) können hier Abhilfe schaffen.

3.4. Schnittstellen der Modelle

Als Erbe von VHDL hat jede Einheit eine Schnittstellenbeschreibung, in der Parameter sowie Ein- und Ausgänge beschrieben sind. Diese Schnittstelle heißt "ENTITY". Die Schnittstelle enthält alle

```
ENTITY actuator_load IS
    QUANTITY Soll : IN real;        -- external voltage
END ENTITY actuator_load

ARCHITECTURE bsp OF actuator_load IS
   QUANTITY Ist : real;          -- external voltage
   QUANTITY SollMinusIst: real
   QUANTITY UStell: real;        -- StellSpannung
   NODE      Treib: electrical; -- elektrische Verbindung

   SollMinusIst == Soll - Ist;

   regler_inst : regler
     PORT MAP ( Input => SollMinusIst,   -- Eingang Regler;
                Output => UStell);        -- Ausgang Regler;

   treiber_inst : treiber
     PORT MAP ( Input => UStell,         -- Eingang Treiber;
                Output => Treib);     -- Ausgang Treiber (elektrisch);

   strecke_inst : strecke
     PORT MAP ( Input => Treib,          -- Eingang Strecke (elektrisch);
                Output => Ist);          -- Ausgang Strecke;

END ARCHITECTURE bsp;
```

Abbildung 3: Netzliste von Regler und Strecke (VHDL-A code)

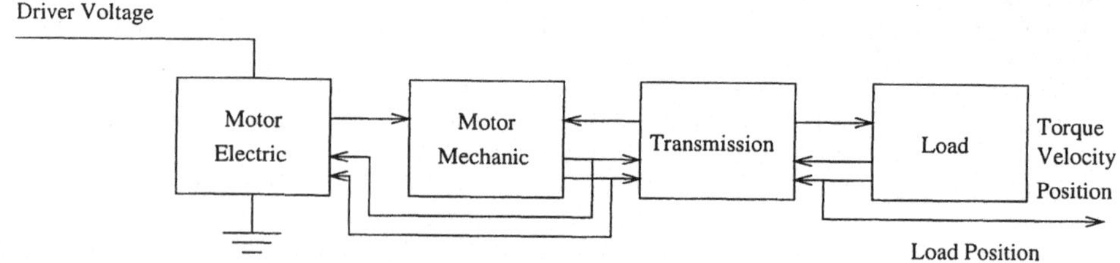

Abbildung 4: Strecke

notwendigen Informationen, um die Einheit in einem größeren Modell integrieren zu können. Für die Simulation muß zu jeder Einheit neben der Schnittstelle auch noch eine Verhaltensbeschreibung, die sogenannte "Architecture" angelegt werden.

Der erste Teil von Bild 5 gibt die Schnittstelle der Mechanik des Elektromotors unseres Beispiels wieder.

3.5. "Zustandsvariablen"

Für ACSL-Benutzer sind Zustandsvariablen, Variablen, deren Werte das Integral eines Ausdrucks sind. VHDL-A-Anwender werden eine QUANTITY als Zustandsvariable bezeichnen, genau genommen ist eine QUANTITY ein Container, dessen Wert durch differentialalgebraische Gleichungen festgelegt ist. Die Quantity hat eine Vergangenheit und ist das einzige Element, dessen Ableitung und Integral definiert ist. Neben einzelnen Diskontinuitäten ist der modellierte Wertverlauf kontinuierlich. Die Quantity wird zum Kommunizieren zwischen analogen Einheiten verwendet.

Ein Signal ist die diskrete Zustandsvariabale in VHDL-A, ihr modellierter Werteverlauf ändert sich nur an diskreten Ereignissen. Er hat eine Vergangenheit und wird zum Kommunizieren zwischen diskreten Einheiten verwendet.

3.6. Differentialalgebraische Gleichungen

VHDL-A erlaubt das Verhalten von kontinuierlichen Zustandsvariablen durch differentialalgebraische Gleichungen (DAE) festzulegen. Die Gleichungen werden dabei als simultane Gleichungen verstanden (alle Gleichungen müssen gleichzeitig erfüllt werden). Zur Vereinfachung der Kodierung können die Gleichungen auch in prozeduraler Form notiert werden. Dieser prozedurale Block wird nacheinander abgearbeitet und dessen Lösung muß ebenfalls die simultanen Gleichungen erfüllen.

Im mechanischen Teil des Elektromotors (Bild 5) besteht das DAE-System aus dem prozeduralen Teil und den beiden simultanen Gleichungen für `position` und `velocity`. Insgesamt werden mit dem DAE-System vier QUANTITIES bestimmt, von denen zwei als Ausgänge herausgeführt sind.

3.7. Interaktionen: Diskontinuitäten

Ein wohldefinierter Satz von Interaktionen regelt die Einwirkungsmöglichkeiten der beiden Simulationsmaschinen (analog und diskret) aufeinander. Der Schwellwertdurchgang einer Quantity kann ein Ereignis in der diskreten Maschine auslösen (einen Prozeß anstoßen).

Ein Prozeß kann den Wert einer Quantity umsetzen und einen Simulatorneustart anstoßen (Arbeitspunkt bestimmen). Die Interaktionsmöglichkeiten sind am besten mit ACSL zu vergleichen.

Das folgende Beispiel soll das Konzept verdeutlichen:

Haft-/Gleitreibung: Der mechanische Teil des Elektromotors (Bild 5) ist modelliert als drehende Masse mit Haft-/Gleitreibung. Wenn sich der Rotor bewegt, dann ist das bewegende Drehmoment die Summe aus dem inneren Drehmoment minus der Gleitreibung, sonst ist es null. Das Drehmoment wird zweimal unter Berücksichtigung des Trägheitsmoments integriert, um die Bewegung des Rotors zu bestimmen (`velocity` und `position`). Die Haft-/Gleitreibung wird mit Hilfe eines endlichen Automaten mit zwei Zuständen modelliert (`isStopped true/false`). Der Automat wird als (digitaler) Prozeß realisiert, er wird durch den Nulldurchgang der Geschwindigkeit, und wenn das Drehmoment die Haftreibung übersteigt, getriggert.

Das BREAK statement erlaubt dem Anwender, die analoge Maschine zur Berechung der Zustandsvariablen am aktuellen Zeitpunkt zu zwingen. Darüberhinaus erlaubt es, QUANTITIES auf neue Werte zu setzen.

```
ENTITY emotme is                              ELSIF ( velocity > 0.0 ) THEN
  GENERIC (                                      t_sum := t - t_slip;
    inertia : real;                            ELSE
    t_damp : real;                               t_sum := t + t_slip;
    t_stick : real;                            END IF;
    t_slip : real);                          END PROCEDURAL
  PORTS (                                    velocity'dot == t_sum/inertia;
    QUANTITY t_inductor : IN real;           position'dot == velocity;
    QUANTITY t_trans : IN real;
    QUANTITY position : OUT real;            -- restart the analog kernel
    QUANTITY velocity : OUT real);           BREAK WHEN isStopped;
END emotme;
                                             -- control stick/slip friction
-- behavioural description of              PROCESS BEGIN
-- ENTITY emotme (see section 3.2)             WAIT until velocity'crossing(0.0)
--                                                     or t'rising(t_stick)
ARCHITECTURE behavioural OF emotme IS                  or t'falling(-t_stick);
  QUANTITY t, t_sum : real;     -- torque      IF isStopped and (t >= t_stick
  SIGNAL isStopped : boolean;                          or t <= -t_stick) THEN
BEGIN                                            isStopped <= false;
  PROCEDURAL -- sequential stats             ELSIF  t < t_stick and
    t == t_inductor - t_trans.a                      -t < t_stick THEN
              - (t_damp * velocity);           isStopped <= true;
    IF ( isStopped ) THEN                      END IF;
      t_sum := 0.0;                         END PROCESS;
                                           END behavioural;
```

Abbildung 5: VHDL-A code of stick/slip-friction

3.8. Konservative Kommunikation

Die konservative Kommunikation wird durch Knoten (sogenannte NODES) realisiert. Knoten besitzen eine sogenannte "NATURE" (z.B. elektrisch, mechanisch) und enthalten eine ACROSS und eine THROUGH QUANTITY, außerdem gibt es zu jeder NATURE einen Bezugspunkt.

Sind mehrere Komponenten an einen Knoten angeschlossen, dann gelten die für die NATURE gültigen Gesetze der Physik. Für die elektrische NATURE ist Spannung die ACROSS-Größe und Strom die THROUGH-Größe. Die Spannungen der an diesen Knoten angeschlossenen Komponenten sind gleich. Die Summe der Ströme, die in diesen Knoten einfließen, ist null. Diese zusätzlichen Bedingungen werden als Gleichungen des die QUANTITIES bestimmenden differentialalgebraischen Gleichungssystems verstanden.

3.9. Selbstdefinierte Umgebungen

"PACKAGES" erlauben die Gestaltung von anwenderdefinierten Umgebungen. Diese Umgebungen können z.B. Datentypen, Konstanten und Funktionen vereinbaren, die dann für eine spezielle Aufgabe zur Verfügung gestellt werden. Neben der individuellen Verwendung von PACKAGES für einzelne Projekte, können auch PACKAGES zwischen Arbeitsgruppen als Basis einer gemeinsamen Modellierung vereinbart werden.

Als Beispiel wurde für die Simulation und Synthese von digitalen Schaltungen ein PACKAGE entwickelt, das eine 9-wertige Logik ("0", "1", "stark 0", "schwach 0", "unbekannt", ...) und die dazu erforderlichen Operationen enthält. Aufbauend auf dieser Logik gibt es dann eine Zahlendarstellung in Bit-Feldern und arithmetische Operationen. Das PACKAGE wurde standardisiert und bildet damit eine Basis zum Aufbau von Standardbibliotheken. Ein weiteres PACKAGE wird zur Zeit für mathematische Funktionen (sin(), rand(), etc.) standardisiert.

Ein ähnliches PACKAGE wäre für die Beschreibung von Streckenmodellen im Automobilbau denkbar. Es könnte Konstanten, Funktionen zur Interpolation von Kennfeldern und andere automobilspezifischen Funktionen enthalten.

3.10. Weitere Informationen

Die Datentypen der SIGNALE und auch der anderen Größen in VHDL (Ausdrücke, Variablen, etc.) bestehen entweder aus einem Satz von Grundtypen (Integer, Bool, Real, Char, etc.) oder sie sind mit Hilfe mächtiger Mechanismen (angelehnt an ADA) zusammengesetzt.

Die für VHDL definierte *foreign function*-Schnittstelle erlaubt es auch Modelle, die als C-Code vorliegen, einzubinden.

4. Vergleich zu anderen Sprachen

Blockorientiertes (SystemBuild, SIMULINK) und komponentenorientiertes Modellieren mit Standardbibliotheken (SPICE), wie auch mit selbstdefinierten Modellen (SystemBuild, SIMULINK, Saber [1]) sind in der VHDL-A möglich. Die gleichungsbasierte Modellierung von ACSL einschließlich ihrer Unterstützung von Unstetigkeiten ist der Beschreibungsstil für nicht weiter strukturierte Modelle. VHDL unterstützt bereits ereignisorientierte und diskrete Modellierung.

Wegen des anwendergetrieben und systematischen Sprachentwurfs ist VHDL-A verglichen mit anderen Modellierungssprachen leicht zu lernen und effizient im Gebrauch.

Außer der graphischen Repräsentation der Netzlisten konnte keine wesentliche Eigenschaft anderer Sprachen gefunden werden, die VHDL-A nicht unterstützt.

Auf der anderen Seite werden zunächst nur wenige Tools den kompletten Sprachumfang von VHDL-A unterstützen, da VHDL-A die komplette Unterstützung von VHDL erforderlich macht. Es erscheint deshalb sinnvoll, für den Austausch von Modellen eine Teilmenge von VHDL-A zu definieren, die für Werkzeuge zum Entwurf von Steuerungen (SIMULINK, SystemBuild, ACSL) geeignet ist. Diese Teilmenge könnte beschränkt sein auf ODEs, Signalfluß-Kommunikation und einfache Prozesse. Diese Teilmenge könnte auch für eine schnelle Simulation in Echtzeitanwendungen genutzt werden.

Die Modellierung von Mehrkörperbeschreibungen erfolgt üblicherweise als drei-dimensionale topologische Beschreibung. VHDL-A bietet dafür keine Unterstützung. Üblicherweise werden die topologischen Beschreibungen mit Hilfe von symbolischen Berechnungen in DAE-Systeme mit einem minimalen Satz von Unbekannten umgewandelt. Diese Modelle können dann mittels VHDL-A ausgetauscht und im Simulator eingehängt werden.

5. Zusammenfassung

Der Bedarf für eine einheitliche Sprache für die Verhaltensmodellierung von Strecke und Steuerung ist aus dem Bedürfnis der Wiederverwendung von Modellen innerhalb der Firma und dem Modellaustausch zwischen Projektpartnern abgeleitet.

VHDL-A wird zur Zeit für die Verhaltensmodellierung von analogen und digitalen Komponenten standardisiert. Es ist als allgemeine Modellierungssprache ausgelegt und unterstützt alle notwendigen Ausdruckselemente. Die Sprache erlaubt klare und lesbare Modelle, die Verhaltenssemantik ist wohldefiniert und eindeutig.

Viele Werkzeuganbieter haben bereits ihre Unterstützung zugesagt.

Für die Steuerungs- und Regelungstechnik könnte eine definierte Teilmenge der Sprache eine hilfreiche Ergänzung darstellen. Insbesondere könnten damit Werkzeuge für die schnelle Simulation mit Echtzeitanforderungen eingebunden werden.

Da VHDL-A der einzige Standard ist, der demnächst eine breite kommerzielle Bedeutung erlangen wird und gleichzeitig die erwarteten Bedürfnisse abdeckt, empfehlen wir, die Sprache als einheitliche Modellbeschreibungssprache für die zeitdiskrete und zeitkontinuierliche Modellierung von Strecken und Regelungseinrichtungen auszuwählen.

Literatur

[1]   Analogy, Inc., P.O. Box 1669, Beaverton OR 97075. *MAST Reference Manual, Release 3.0-3.0*, 1990.

[2]   I. Bausch-Gall. Modellschnittstellen zwischen Simulationsprogrammen. In A. Sydow, editor, *ASIM - Simulationstechnik, 8. Symposium*, Fortschritte in der Simulationstechnik, Band 6, pages 91–94, Berlin, Sep. 1993.

[3]   D'Azzo and Houpis. *Feedback Control for Analysis and Synthesis*. John Wiley & Sons, 1967.

[4]   Using EDIF 2 0 0 for schematic transfer. EIA Publication: EDIF/AG-1, 7 1989.

[5]   E. Hessel. Notwendigkeit einer neutralen Modellaustauschssprache. In *EUROSIM Simulation Congress*. EUROSIM, 1995.

[6]   Integrated Systems Inc., 3260 Jay Street, Santa Clara, CA 95054. *SystemBuild/WS, V2.4 User's Guide*, 1991.

[7]   B. Johnson, T. Quarles, A. Newton, P. Pederson, and A. Sangiovanni-Vincentelli. *SPICE3 Version 3e User's Manual*. UCB, 1991.

[8]   R. Lipsett, C. Schäfer, and C. Ussery. *VHDL: Hardware Description and Design*. KAP, 1989.

[9]   The MathWorks, Inc. *Simulink: Dynamic System Simulation Software - User's Guide*, 1992.

[10] Mitchell & Gauthier Associates. *ACSL Reference Manual*, 10.0 edition, 1991.

[11] A. Vachoux. VHDL-A: Analog and mixed-mode extension to VHDL. In *EUROSIM Simulation Congress*. EUROSIM, 1995.

Fuzzy-Logik in technischen und nichttechnischen Anwendungen

Dietmar P. F. Möller
TU Clausthal, Institut für Informatik
Erzstr. 1
D-38678 Clausthal-Zellerfeld

1 Einleitung

Die sog. Fuzzy-Logik beschäftigt sich mit der subjektiven Unbestimmtheit von Begriffen wie z.B. sehr warm, etwas kalt, zu schnell etc. sowie der Ableitung von Entscheidungen auf Basis derartiger Begriffe. Dabei ist Fuzzy-Logik selbst keine subjektive, unbestimmte Theorie, sondern eine mathematisch fundierte Methode. Das Wort Fuzzy hat seine Wurzeln in dem englischen Wort fuz mit dem der Flaum junger Küken bezeichnet wird. Wörtlich übersetzt heißt Fuzzy soviel wie flaumartig. Hieraus abgeleitet ist die Verwendung des Begriffs für die Bezeichnung Unschärfe bzw. Unbestimmtheit, mit der Menschen umgangssprachlich subjektive Eindrücke formulieren. Mathematisch werden Dinge, die eine bestimmte Eigenschaft aufweisen, in Mengen eingeteilt, wie das nachfolgende weitere Beispiel zeigt, in dem die Menge aller Personen dargestellt werden soll, die mindestens 170 cm groß sind. Versucht man allgemeingültig den Begriff groß hinsichtlich der Körpergröße eines Menschen zu charakterisieren, wird ersichtlich, daß eine gewöhnliche Menge, und damit eine charakteristische Funktion mit dem Wertebereich $\{0,1\}$, zu dessen Repräsentation nicht adäquat ist. In diesem Fall beschreibt das Adjektive groß keine festgelegte Teilmenge der reellen Zahlen. Es ist evident, daß jede Art von Repräsentation in Form einer (scharfen) Menge, einer charakteristischen Funktion oder eines Prädikats, das nur die Werte wahr(1) und falsch(0) annehmen kann, nicht geeignet ist, mit Begriffen wie z.B. groß zu operieren. Durch Festlegung einer scharfen Grenze -etwa für reich ergeben, weil fast identische Objekte -z.B. die Körpergrößen von 169 cm und 170 cm- verschieden behandelt werden.

In der Theorie der Fuzzy-Mengen versucht man, diese Schwierigkeiten zu umgehen, indem man die binäre Sichtweise, bei der ein Objekt entweder Element einer Menge ist oder nicht, verallgemeinert und Zugehörigkeitsgrade zwischen 0 und 1 zuläßt. Der Wert 1 steht dabei für eine volle Zugehörigkeit, während 0 bedeutet, daß ein Objekt überhaupt nicht zu der Menge gehört. Zwischenwerte der Zugehörigkeitsgrade ermöglichen einen gleitenden Übergang von der Eigenschaft, Element zu sein, zur Eigenschaft, nicht Element zu sein. Betrachtet sei eine verallgemeinerte charakteristische Funktion, die das vage Prädikat groß im Kontext erwachsener Mensch für alle Größenangaben aus **R** beschreibt. Jedem Wert x der Körpergröße wird ein Zugehörigkeitsgrad zugeordnet, z.B. der Körpergröße 150 cm der Wert 0.7. Diese Zuordnung besagt, daß die Größe 150 cm auf einer Skala von 0 bis 1 mit dem Zugehörigkeitsgrad 0.7 das Prädikat groß erfüllt. Je näher der Zugehörigkeitsgrad $\mu_{groß}(x)$ bei 1 liegt, desto mehr genügt x dem Prädikat groß. Analoge Beziehungen kann man für die Prädikate klein, sehr groß etc. definieren. Werden sie zusammen in ein Diagramm eingetragen erhält man die Zugehörigkeitsfunktion hier für die variable Körpergröße klein, mittelgroß, groß, sehr groß etc. Zugehörigkeitsfunktion zur Darstellung von Fuzzy-Mengen sind eine wichtige Komponente im Kontext der Methodik der Fuzzy-Logik in technischen und nichttechnischen Anwendungen.

Neben der Möglichkeit zur Verarbeitung unscharfer Informationen durch Fuzzy-Mengen sind im täglichen Umgang mit unscharfen Informationen in technischen und nichttechnischen Anwendungen noch weitere Verarbeitungsmethoden für Unschärfe gebräuchlich, etwa stochastische Unschärfe, die lexikale Unschärfe und die informale Unschärfe.

2 Fuzzy-Logik in technischen und nichttechnischen Anwendungen

Ist **G** eine Grundmenge, so heißt die Abbildung

$$\mu: \mathbf{G} \rightarrow [0,1]$$

Fuzzy-Menge (unschärfe Menge, Fuzzy-Set) in **G**. μ wird als **Zugehörigkeitsfunktion** der Fuzzy-Menge bezeichnet, die jedem Element x **G** den **Zugehörigkeitsgrad** $\mu(x)$ aus dem Intervall [0,1] zuordnet. Hierzu seien die Randbedingungen:
- die Grundmenge **G** war bislang jeweils die Menge **R** der reellen Zahlen,
- Fuzzy-Mengen werden häufig durch Kennfelder beschrieben,
- der Zugehörigkeitsgrad eines Elements x zu einer Fuzzy-Menge bzw. der Erfüllungsgrad der entsprechenden Aussage x ist Element der Fuzzy-Menge hat nichts mit Wahrscheinlichkeit zu tun,
- klassische Mengen sind im Grunde genommen Spezialfälle der Fuzzy-Mengen.

Für praktische Anwendungen gebräuchlich sind trapezförmige Zugehörigkeitsfunktionen, die Spezialfälle der sog. LR-Fuzzy-Sets mit ansteigenden bzw. Abfallenden Flanken sind die über die vier Parameter m_1, m_2, a und b festgelegt werden. LR-Fuzzy-Sets weisen demgegenüber unterschiedliche Funktionen für ansteigende und abfallende Flanken auf. Für den Grenzfall $m_1 = m_2 = m$ gehen die trapezförmigen Fuzzy-Set in dreieckförmige Fuzzy-Sets über. Läßt man die Breite einer Fuzzy-Menge gegen Null gehen, erhält man im Grenzfall einen scharfen Wert. Man bezeichnet die Größe m teilweise auch als Modalwert.

Seien μ_1, μ_2 zwei Fuzzy-Mengen auf der Grundmenge **G**. Dann heißt:

$$\mu_1\ \mu_2: \mathbf{G} \rightarrow [0,1] \text{ mit } (\mu_1\ \mu_2)(x) := \mathbf{MIN}(\mu_1(x),\ \mu_2(x))$$

der Durchschnitt der Fuzzy-Mengen μ_1 und μ_2.
Zur Modellierung der Verknüpfung wird

$$\mu_1\ \mathbf{UND}\ \mu_2$$

verwendet.
Analog zum MIN-Operator kann die ODER Verknüpfung für Fuzzy-Mengen durch den MAX-Operator gebildet werden. Graphisch bedeutet dies, daß die mengentheoretische Vereinigung der Flächen unter den Graphen der Zugehörigkeitsfunktionen gebildet wird.
Seien μ_1; μ_2 zwei Fuzzy-Mengen auf Grundmenge **G**. Dann heißt:

$$\mu_1\ \mu_2: \mathbf{G} \rightarrow [0,1] \text{ mit } (\mu_1\ \mu_2)(x) := \mathbf{MAX}(\mu_1(x),\ \mu_2(x))$$

die Vereinigung der Fuzzy-Mengen μ_1 und μ_2.
Zur Modellierung in technischen und nichttechnischen Anwendungen wird auf Basis der dargestellten Methodik der Einsatz von Fuzzy-Logik im Bereich Speicherprogrammierbare Steuerungen (SPS) in der dezentralen Prozeßautomatisierung und der Erfassung und Steuerung des EEG (Elektroemzephalogramm) für die Narkosetiefesteuerung ausführlich vorgestellt.

Systemleistung und Reservekapazität von Komponenten-
Wieviel Sicherheit muß sein?

Dr. Dieter Ziplies
Mannesmann Demag Fördertechnik AG
Systemtechnik Offenbach
Postfach 160180
D-63033 Offenbach

Die Simulation einer fördertechnischen Gesamtanlage ist bei einem führenden Lieferanten für Fördertechnik oft unverzichtbar um Investitionen in Millionenhöhe für den Kunden abzusichern und ihm die Funktion und Leistung seiner zukünftigen Anlage nachzuweisen. Der Wert einer guten Animation, um dem Kunden seine Anlage vor Augen zu führen, ist hierbei nicht zu unterschätzen. Simulation fördertechnischer Gesamtanlagen bei Mannesmann Demag, das heißt in einem Großteil der Fälle, daß ein automatisches Hochregallager oder aber ein automatisches Kleinteilelager zu simulieren ist, mit einer Vorzone an mindestens einem Ende des Lagers, der anbindenden Fördertechnik, und verschiedenen Funktionseinheiten, wie z.B.:

-       Wareneingang mit I-Punkt (WE)
-       Warenausgang mit Bereitstellung (WA)
-       Unterschiedlichsten Kommissionierzonen (KO)
-       Anbindung an Produktionsprozesse (Prod)

und Andere. Beispiel 1 zeigt eine solche Gesamtanlage.

Beispiel 1:

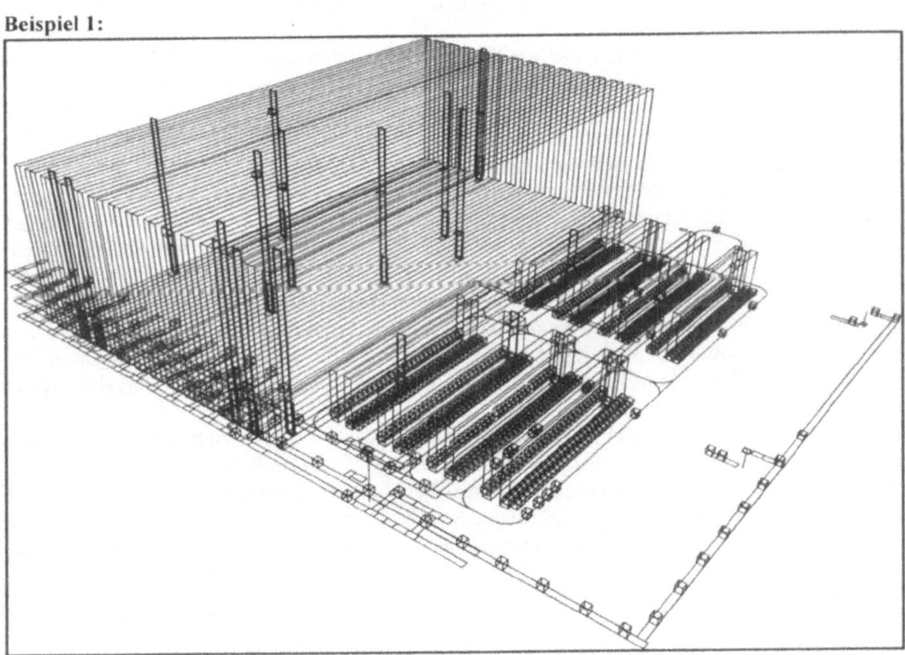

Die Abbildung zeigt das Simulationsmodell einer simulierten und realisierten Anlage. Es handelt sich um ein Warenverteilzentrum. Das Fördergut sind Paletten. Die Kommissionierzone besteht hier aus 8 1-gassigen Hochregallagern, an deren Flanken automatisch Paletten für Kommisionierer bereitgestellt werden, die sich auf Elektrokarren mit ihren Kommissionierpaletten zwischen diesen Moduln bewegen.

Hauptaufgabe der Simulation ist in aller Regel die Leistungsfähigkeit der Gesamtanlage zu überprüfen! Es kann viele weitere Aufgaben geben. Die Leistungsfähigkeit einer Gesamtanlage steht und fällt mit dem Zusammenspiel der Komponenten.
Eine Faustregel für Projekteure lautet: "In einer Gesamtanlage sollten alle Komponenten einzeln zu nicht mehr als 85 % ausgelastet sein, damit beim Zusammenspiel der Komponenten keine Engpässe auftreten!"
An Beispielen soll diskutiert werden, ob und wie eine Simulation diese Regel verbessern kann. Dies wäre insofern wünschenswert, als 15 %ige Reserven in möglicherweise einer Vielzahl von Komponenten das Investitionsvolumen vielleicht unnötig vergrößern.
Im Folgenden soll lediglich eine einzelne Komponente näher betrachtet werden, nämlich der bewährte Funktionsmodul Hochregallager.

Vorraussetzungen für die Simulation eines Hochregallagers sind in der Regel:
-       ein Layout, bzw. Geometriedaten über die Fächerstruktur
-       Leistungsberechnungen nach FEM (Fédération Européenne de la Manutention)
-       Angaben oder Vereinbahrungen zu den Strategien des Lagerverwaltungs- und gegebenenfalls einzelner Materialflußrechner.
Für die Regalbediengeräte stellen die oben erwähnten "FEM-Blätter" die folgenden Kennwerte zur Verfügung:
-       Technische Parameter zu Geschwindigkeiten und Beschleunigungen für Fahren, Heben und Palettenübernahme/ -übergabe.
-       Durchschnittliche Doppelspieldauer
-       Durchschnittliche Einzelspieldauer
-       "Weg-Zeit-Paare" für definierte Bewegungen der Regalbediengeräte.

Die bei MD verwendete Simulationssoftware "AutoMod" der Firma "ASI" verwaltet die Fächer des Lagers und generiert automatisch zufällig gewählte Fachnummern für Ein- und Auslagerungen. Dabei ist die Zonenbildung im Lager genauso möglich, wie die vollständige Übernahme der Fachzuweisung durch einen selbstgenerierten Programmcode.
Die Simulationssoftware erlaubt es derzeit Geschwindigkeit und Beschleunigung für Fahren und Heben anzugeben, sowie Geschwindigkeiten und Entfernungen für sogenannte "Schleichfahrten" bei Fahrt und Hub. Weiter können unterschiedliche Zeiten für Übernahme- und Übergabevorgang eingesetzt werden.
In der Praxis reicht es, die in den FEM-Blättern gegebenen Weg-Zeit-Paare zu benutzen, um bei den gegebenen Geschwindigkeiten für Fahrt und Hub gemittelte Werte für die Beschleunigungen neu zu errechnen. Natürlich differieren diese errechneten Werte untereinander etwas, insbesondere, wenn man Transporte über sehr kurze und sehr weite Strecken vergleicht. Die richtige, evtl. gewichtete Mitelung kann von der Kenntnis der Lagergeometrie und des Gerätetypes und seiner Steuerung beeinflußt werden.
Die reiche Erfahrung mit realisierten Anlagen hat immer wieder gezeigt, daß die Genauigkeit von Simulationsergebnissen bei Hochregallagern sehr hoch ist.

Wird bei Simulationsläufen, über 100 Stunden etwa, eine durchschnittliche Auslastung der Regalbediengeräte von 90 und mehr Prozent gemessen, so wird dies von Seiten der Simulation immer zu einem Warnsignal an den Kunden bzw. den zuständigen Projektmanager im Hause führen! Warum? Wenn etwa ein Simulationsmodell mit einer 98 % igen durchschnittlichen Auslastung der Regalbediengeräte läuft, und das bei 100 Stunden Simulationsdauer, warum sollte dies trotzdem bedenklich sein?

Natürlich wird ein Hochregallager nicht zusammenbrechen, wenn man seine Geräte zu 98 % auslastet. Bei heute schon vertraglich zugesagten Verfügbarkeiten der Geräte von 99 % scheint nicht einmal der Hinweis auf mögliche Störungen eine Erklärung zu bieten.

Nicht die Angst, daß es wegen der hohen Auslastung zu Störungen kommt, spielt hier eine Rolle, sondern das Wissen, daß:

a) Es oft gar nicht möglich sein wird, eine solch hohe Auslastung über längere Zeit aufrecht zuerhalten, weil von Benutzerseite eine dafür erforderliche absolut gleichmäßige Nutzung der Gassen realistischerweise nicht vorrauszusetzen ist.

b) Unregelmäßigkeiten in anderen Systemkomponenten bis hinauf zur kundenseitigen EDV von der Komponente Hochregallager schnell wieder ausgeglichen werden müssen und nicht versucht werden kann auf 98 % noch etwas draufzusetzen!

Es soll vermieden werden, daß der Kunde mit Durchsatzzahlen rechnet, die zwar kurzzeitig erreichbar sind, an deren permanenter Realisierung aber Zweifel bestehen, die sich oft konkretisieren lassen. Siehe dazu die folgenden Beispiele.

Beispiel 2:

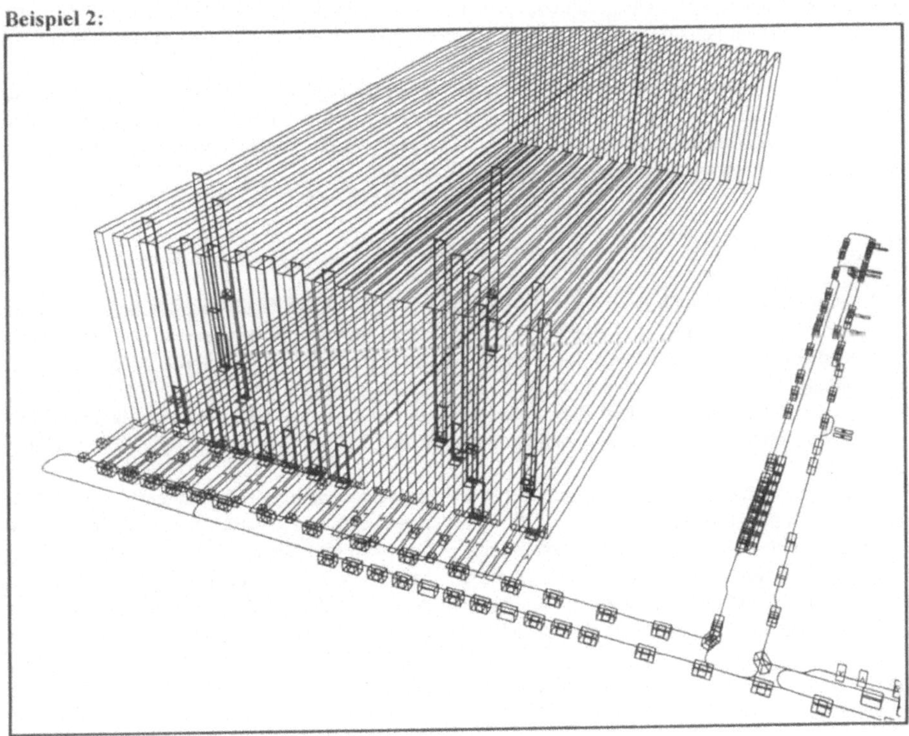

Das Beispiel zeigt ein 16-gassiges Hochregallager, das mittels einer Elektrohängebahn mit Wareneingang einerseits und verschiedenen Kommissionierbereichen andererseits verbunden ist. Hier sollen pro Stunde ca. 340 Paletten eingelagert und etwa ebensoviele zur Abkommissionierung ausgelagert werden. Dies war nur möglich, indem die Fahrzeuge der Elektrohängebahn vor dem Lager zu Zügen mit möglichst 16 Fahrzeugen zusammengestellt werden und dann im Konvoi mit voller Geschwindigkeit ins Lager einfahren. Dort wird die mitgebrachte Ladung an die Gasse übergeben, die der Position des Fahrzeugs im Konvoi entspricht. Eine ausgelagerte Palette aus der gleichen Gasse wird mitgenommen und dann im Konvoi wieder ausgefahren.

Da sich die Kurve hinter dem Lager wegen der geringeren Kurvengeschwindigkeit als zu langsam erwies, den ganzen 16-er Zug abzuziehen, bevor der nächste Zug wieder einfährt, wurden 2 Beipässe gelegt und die Züge werden in drei getrennten Teilen abgezogen.

Die geforderte Durchsatzleistung konnte so erbracht werden. Die Auslastung der Regalbediengeräte lag in der Simulation bei 92 %! Hierbei kommt erschwerend hinzu, daß gewisse Annahmen zu machen waren:

Annahme 1: Alle Artikel sind in "genügend" vielen Gassen vorhanden. Für die Simulation heißt das, daß es niemals nötig ist, eine Palette für einen Auftrag aus einer Gasse zu entnehmen, die bereits eine Warteschlange von 10   Paletten anstehen hat. Ohne diese Annahme hätten vorgegebene Laufzeiten vom Auslagerauftrag bis zur Ankunft in der Kommmissionierung nicht eingehalten werden können!

Annahme 2: Es stehen immer genügend viele Paletten zur Auslagerung an, im Durchschnitt 56 Paletten für alle 16 Gassen. Nur gegen diesen Staudruck können die Regalbediengeräte die Auslagerstrecken so voll halten, daß tatsächlich 93% der ausfahrenden EHB-Fahrzeuge im Lager eine Palette aufnehmen konnten.

Bei dieser Simulation war zunächst der Materialfluß geringer gewesen, ebenso die Auslastung der Regalbediengeräte. Hier wurde entschieden, daß die Reserven der HRL ausreichten, um weitere Transportanforderungen definieren zu können. Die getroffenen Annahmen wurden bestätigt, die hohe Auslastung der Regalbediengeräte allseits akzeptiert.

Beispiel 3:

Bei diesem Beispiel handelt es sich um ein 8-gassiges Hochregallager. Die Besonderheit hier ist die "doppelt tiefe" Lagerung. In jedem Fach des Lagers stehen hintereinander 2 Paletten. Das Regalbediengerät kann diese als Paar greifen oder aber auch nur die vordere oder ggf. die verbliebene hintere Palette entnehmen. Analoges gilt für die Einlagerung.

Hier waren stündlich 280 Ladungen aus Wareneingang und Produktion einzulagern. Etwa ebensoviele Ladungen sind vom Hochregallager in den LKW-Versand bzw. die Bereitstellung auszulagern.

Die durchschnittliche mittlere Auslastung der Regalbediegeräte während 100 Stunden Modelllaufzeit lag bei 90 %. Es wurden hier nur geringe Schwankungen bei einzelnen stündlichen Werten von ca. 9% Spannweite gemessen, so daß kein stündlicher Mittelwert über die 8-Geräte oberhalb 93 % lag. Wichtige Annahmen für diese Ergebnisse waren, daß 50 % der Ladungen als Paare aus einem einzigen Fach entnommen werden, 45 % als Paare gebildet durch Auslagerung aus zwei verschiedenen Fächern bei einer Fahrt des RBG´s und lediglich 5 % als Einzelladungen ausgelagert werden.

Diese Annahmen wurden von Kundenseite als "Schlechter Fall" gewertet, den zu übertreffen man zuversichtlich war.

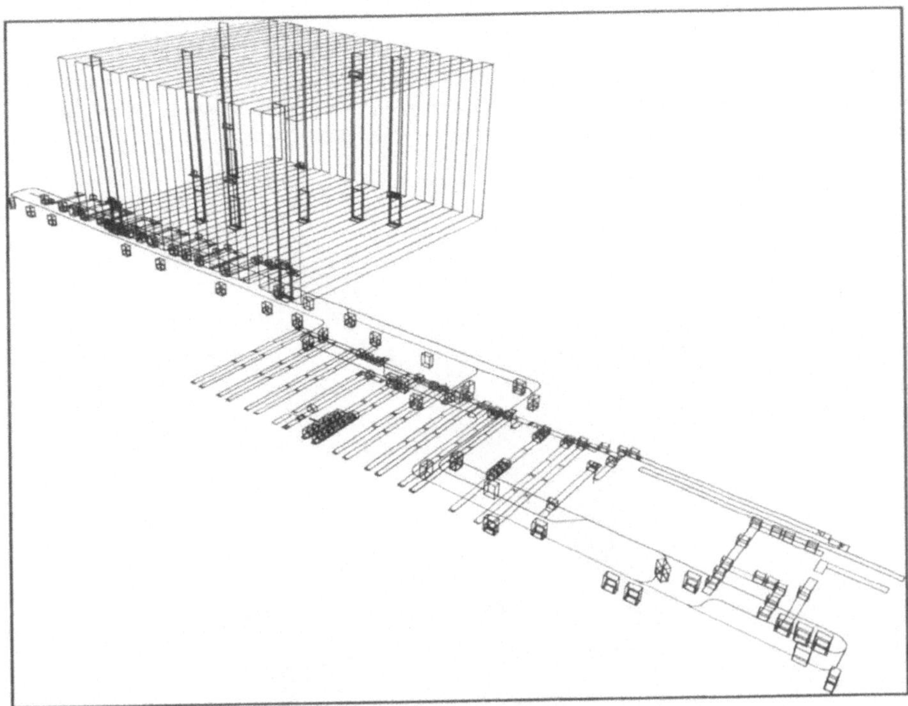

Die Auslagerwarteschlangen summierten sich zu stündlichen Mittelwerten, die sich zwischen 7 und 15 bewegten.

Die Zahl der Paarbildungen bei der Einlagerung war zu ermitteln, da die Zuförderung zunächst keine Paare kennt und diese erst auf der Einlagerstaustrecke gebildet werden. Der Einfluß auf die Auslastung der Regalbediengeräte ist evident.

In diesem Zusammenhang war es natürlich interessant über die Gassenzuweisung bei der Einlagerung nachzudenken. Für die EHB Fahrzeuge ist eine systematischen Gassenzuweisung zyklisch von hinten nach vorn optimal, da so der Stau der EHB-Fahrzeuge vor dem Lager gering gehalten wird. Die Geräte stauen sich, wenn ein Fahrzeug zu einer Gasse will, die in Fahrtrichtung hinter dem Ziel des Vorgängerfahrzeugs liegt. Bei dieser zyklischen Gassenzuweisung besteht allerdings nur eine geringe Wahrscheinlichkeit dafür, daß eine zweite Palette rechtzeitig wieder auf dieselbe Gasse zugewiesen wird. Weist man dagegen zufällig eine Gasse zu, so findet man, daß sich die Paarbildung signifikant erhöht, und im Durchschnitt 87 Paare bei 280 eingelagerten Paletten gebildet werden. Tatsächlich wurde im Modell dann mit einer spezielleren Gassenzuweisung gearbeitet, die annahm, daß jeweils 3 Gassen für die Einlagerung in Frage kommen, von denen dann diejenige gewählt wurde, die für die EHB-Fahrzeug (nicht für die Regalbediengeräte!) optimal war.

Beispiel 4:

In diesem Beispiel ist das Lager ein automatisches Kleinteilelager mit 16 Gassen. Transportiert werden Behälter aus dem Lager zu 14 Kommissionierstationen und in den Versand, sowie umgekehrt Behälter aus Wareneingang und von den Kommissionierern in das Lager.

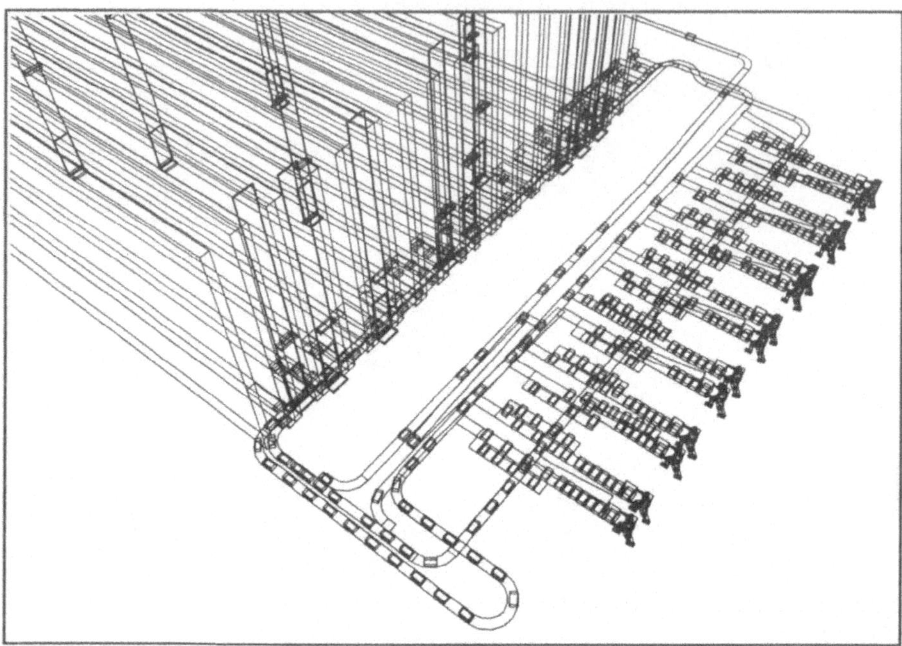

Es sollten ca. 1360 Behälter pro Stunde aus- und ebensoviele eingelagert werden. Ein die Leistung des Lagers hemmendes Element bei der Versorgung von Kommissionierern aus einem Lager ist immer die Auftragsstruktur. Damit nicht ein Behälter eines späteren Kommissionierauftrages, ausgelagert aus einer der "vorderen" Gassen einen Behälter "überholt", der für einen früheren Auftrag aus einer der "hinteren" Gassen ausgelagert wurde, darf mit der Auslagerung von Behältern eines Auftrags erst dann begonnen werden, wenn der letzte Behälter des vorhergehenden Auftrages einen definierten Punkt hinter dem Lager passiert hat. Davon sind natürlich nur Aufträge betroffen, die für die gleiche Kommissionierstation bestimmt sind. Es ist klar, daß unter diesen Umständen den Regalbediengeräten Wartezeiten aufgezwungen werden, die eine hohe Auslastung in der Regel verhindern.

Hier war es in der Tat so, daß nicht nur die Durchmischung verschiedener Aufträge zu verhindern war, sondern sogar die Behälter eines Auftrages in definierter Reihenfolge beim Kommissionierer ankommen sollten. Dies hätte die Leistung des Lagers in unzumutbarer Weise behindert. Deshalb wurde for jedem Kommissionierer ein Sortierkreisel projektiert. Damit gab es für das Lager nur noch das Hemmnis, daß zu jedem Sortierkreisel nicht mehr Ladungen unterwegs sein dürfen, als Platz darin finden (15).

Bei dem hohen geforderten Durchsatz waren die Regalbediengeräte im Simulationsmodell im Mittel zu 93 % ausgelastet! Trotzdem wäre es nicht möglich gewesen den Durchsatz zu erreichen, wenn nicht von Kundenseite einige sehr bedeutsame Vorgaben gemacht worden wären:

1)   Es gibt zwei Zonen im Lager (Zone A umfaßt einen engen Bereich um die Ein-Auslagerpunkte, Zone B ist der Rest des Lagers). Aus Zone A erfolgen 72 % der Auslagerungen, der Rest aus Zone B. Einlagerungen erfolgen unabhängig von der ursprünglichen Zielzone immer in Zone A, wenn nicht das Ziel Zone B ist und die nächste anstehende Auslagerung aus dieser Gasse ebenfalls eine Ladung aus Zone B ist.

2)   Es sollte von einer zufälligen Verteilung auf die Gassen bei der Auslagerung abgewichen werden. Vorgegeben waren Wahrscheinlichkeiten, daß ein auszulagernder Artikel in 12, 7, 5, 3, 2, 1 Gassen vorrätig ist. Stehen für eine Auslagerung dann etwa 7 Gassen zur Verfügung, werden diese im Modell zufällig gewählt und davon die Gasse mit der geringsten Warteschlange dann für die Auslagerung benutzt.

Zusätzlich wurde, abweichend vom Standard, die Freigabe der nächsten Auslagerung erlaubt, wenn ein Regalbediengerät am Auslagerpunkt abgegeben hat, also noch bevor die Abgabeposition physikalisch geräumt ist. Dies kann dazu führen, daß ein Regalbediengerät seine Ladungen nicht abgeben kann, weil die Abgabeposition noch nicht geräumt ist. Wenn dies aufgrund anhaltenden Staus auf der Auslagerstrecke der Fall ist, versäumt das Regalbediengerät höchstens kurzzeitig die Möglichkeit, eine einzulagernde Ladung zu übernehmen und ins Lager zu fahren. Sollte der Grund jedoch ein technischer Defekt auf der Auslagerstrecke sein, wäre das Regalbediengerät praktisch ausgeschaltet. Deshalb ist eine solche Steuerung nur möglich, wenn dieser Fall erkannt und darauf reagiert werden kann.

Daß sich im Lager kein höherer Stau aufbaute, war im Wesentlichen der Tatsache zu verdanken, daß Ladungen erst dann für die Auslagerung disponiert werden können, wenn Platz im entsprechenden Sortierkreisel ist. Die Kundenvorgabe 2) trug ebenfalls dazu bei, indem die Ladungen im Mittel recht gleichmäßig auf die Gassen verteilt wurden.

Natürlich stellen die Kundenvorgaben hier ein erhebliches Risiko da. Leichte Verschiebungen in Art und Umfang der Nachfrage können zu einer neuen Gewichtung der beiden Zonen führen oder zu einer anderen Geometrie der Zone. Auch die wahrscheinliche Anzahl der Gassen, die einen bestimmten Artikel bevorraten, kann sich dabei leicht ändern.
Ein derart "ausgereiztes" System muß einfach eine laute Warnung von Seiten der Simulation auslösen.

Zusammenfassend läßt sich folgendes sagen:

1) Ja, die Simulation kann nachweisen, daß eine Komponente in einer fördertechnischen Anlage mit weniger als 15 % Reserve auskommen kann und trotzdem das System die geforderte Durchsatzleistung erbringt.

2) Vorsicht bei der Anwendung von 1)!
Auch wenn Simulationsläufe die Durchsatzleistung eines Systems absichern, so sollten doch alle Meßwerte, die ein Simulationsmodell liefert, gewürdigt werden und zu einer Abwägung führen, ob evtl. erkennbare Risiken eingegangen werden können oder nicht. Eine solche Abwägung kann in

aller Regel nicht, oder doch nicht allein, durch den Simulationsexperten erfolgen. Hier sind alle Beteiligten gefordert.

Als "erkennbares Risiko" muß eine sehr hohe Auslastung einzelner Komponenten, von denen hier nur das automatische Hoch- bzw. Kleinteilelager behandelt wurde, immer gewertet werden! In jedem Fall sollten im Lichte dieser erkannten Risiken noch einmal alle Eingangsvorraussetzungen bzw. Annahmen für das Simulationsmodell kritisch neubewertet werden. Hinter ihnen verbergen sich oftmals mögliche Schwankungsbreiten, die größer sind als die verbliebenen Restkapazitäten. Hier aber von der Simulation einen Richtwert zu erwarten, etwa: "Ab 95,7 % wird es bedenklich!", ist abwegig!

Bei sehr hohen Auslastungen mit resultierender Warnung durch den Simulationsexperten wird von Seiten der Auftraggeber, seien sie extern oder aus dem eigenen Hause, auch immer wieder ein Zusammenhang vermutet zwischen der Warnung und einer Unsicherheit hinsichtlich der Genauigkeit des Simulationsmodells.

Zweifellos gibt es Ungenauigkeiten in jedem Modell. Es ist Aufgabe des Simulationsexperten zu entscheiden, wo die Genauigkeit hoch sein muß, und wo auch eine weniger genaue Modellierung ausreicht. Für den modelltechnisch einfachen Modul Hochregallager hat die Erfahrung mit realisierten Anlagen immer wieder gezeigt, daß die Genauigkeit hier sehr hoch ist, und in einem Bereich liegt, der von den realen Geräten mit ihren Einstellmöglichkeiten überdeckt wird.

Prozeßkostensimulation

ein wichtiger Schritt zur besseren Entscheidungsfindung

Reinhard Strugalla - Siemens AG
Zentralbereich Technik
Production Engineering
München

Zusammenfassung

Dargestellt wird die Prozeßkostensimulation als Erweiterung der Fertigungsablaufsimulation. Dabei wird, ausgehend von der generellen Problemstellung, der Lösungsansatz hergeleitet und kurz dargestellt. Die Sinnfälligkeit dieser Vorgehensweise wird anhand eines Fallbeispieles erläutert und im Fazit bewertet.

1. Problemstellung

Vor Veränderungen im Fertigungsablauf (Neuplanung, Umorganisation, Investitionen etc.) kann heute mit Hilfe der dynamischen Simulation eine relativ gute Aussage zu den logistischen Leistungsmerkmalen der neuen Fertigung gemacht werden. Die zu erwartenden Durchlaufzeiten, Auslastungen, Bestände werden von den Simulationswerkzeugen in ausreichender Genauigkeit geliefert. (Leider wird schon von dieser Möglichkeit heute noch zu wenig Gebrauch gemacht!) Aber auf die Frage, wohin sich die Fertigungskosten (Gesamt- oder Stückkosten) in der neuen Fertigung entwickeln werden, lassen sich vorher üblicherweise nur sehr unbefriedigende Antworten finden. Die gängigen Simulationswerkzeuge bieten dafür heute noch keine Aussagen.

2. Lösungsansatz

In einer solchen Problemstellung haben wir mit dem von uns entwickelten Ansatz zur **Prozeßkostensimulation (KOSIMO)** (-1-) eine Lücke geschlossen. KOSIMO ermöglicht es, den in einer Ablaufsimulation anfallenden Ressourcenverbrauch zu ermitteln und zu bewerten. Dabei gehen wir bewußt nicht den üblichen Weg der Gemeinkostenzuschlagskalkulation, sondern ordnen die in dem Modell enstandenen Kostenanteile den Aufträgen prozeßorientiert zu;

dabei geht auch die aktuelle Auslastungssituation mit ein. An Kostenarten werden hierbei i.w. Kapital-, Personal-, Bestands-, Transport-, Flächen-, Energie- und Instandhaltungskosten berücksichtigt. Diese Vorgehensweise kann und will nicht die Funktion einer klassischen Kostenrechnung übernehmen, zur Bewertung von Lösungsalternativen bezieht es aber den Kostenaspekt erstmalig in ausreichender Weise mit ein.

Wir haben in verschiedenen Projekten (-2-), (-3-) die Erfahrung gemacht, daß damit Entscheidungen eine neue Qualität bekommen können. Nachfolgendes Fallbeispiel soll dies belegen.

3. Fallbeispiel

In einer mechanischen Vorfertigung bestand die Situation, daß vor allem die Durchlaufzeiten und die Termintreue der einzelnen Werkstattaufträge unbefriedigend waren, ohne daß man sich in der Lage sah, die Ursachen dafür sicher zu benennen und die Mißstände einigermaßen zu quantifizieren. Gesucht wurden Ansatzpunkte, wie die Situation grundsätzlich zu verbessern sei. Aus diesem Grunde wurde der IST-Zustand (I) abgebildet und posthum eine reale 3-Monatsscheibe an Fertigungsaufträgen simuliert. Damit wurde es möglich, die wesentlichen Aussagen bezüglich Kapazitätsauslastung, Durchlaufzeiten, Ausbringung, Werkstattbestände und Kosten zu ermitteln und mit der Realität abzugleichen. Dann wurden drei verschiedene Ansätze zur Verbesserung untersucht:

II	Erhöhung des Kapazitätsangebotes (stellenweise 3. Schicht)
III	Drosselung des Auftragszuflusses (Belastungsschranke)
IV	Splittung großer Lose

Als Letztes wurde eine Kombination (V) aus den beiden erfolgversprechendsten Ansätzen simuliert.

Die verschiedenen Simulationsläufe sollen nun hier nicht im einzelnen dargelegt werden, vielmehr werden die vier Szenarien dem IST-Zustand gegenübergestellt und unter verschiedenen Aspekten (Abb. 1-4) diskutiert. Folgende Erkenntnisse konnten daraus abgeleitet werden:

Durchlaufzeit (Abb.1)

Der IST-Zustand (I) ist mit einer mittleren DLZ aller Aufträge von fast 52 Tagen absolut unbefriedigend, vor allem wenn man weiß, daß über 70% der Aufträge einen Arbeitsinhalt von < 2h haben. Dies hat seine Ursache i.w. in einem zu geringen Kapazitätsangebot und einem durch ungehemmtes Einsteuern von Aufträgen total überhöhten Werkstattbestand.

Eine Erhöhung der Kapazität (II) bewirkt (erwartungsgemäß) eine Reduktion der DLZ.

Eine Drosselung des Auftragszuflusses (III) bewirkt eine noch deutlichere Reduktion der DLZ und bestätigt damit die Richtigkeit eines BOA-Ansatzes (BOA=Belastungsorientierte Auftragsfreigabe) in einer solchen Situation.

Daß auch das Splitten großer Lose (IV) auf die Gesamtdurchlaufzeit einen positiven Einfluß hat, ist erkennbar.

Die Kombination aus II+III erzielt mehr als eine Halbierung der DLZ und gibt damit schon einen deutlichen Hinweis auf die in dieser Situation notwendigen Maßnahmen.

Üblicherweise ist aber hier eine klassische Simulation am Ende und beantwortet die Frage nach der Wirtschaftlichkeit der einzelnen Ansätze nicht. Eine fundierte Aussage erhält man deswegen erst, wenn man sich zusätzlich die Kosten anschaut.

Gesamtkosten (Abb. 2)

Der IST-Zustand (I) ist mit Gesamtkosten von 4133 TDM (für den Simulationszeitraum) definiert.

Eine Erhöhung der Kapazität (II) schlägt sich erwartungsgemäß mit ca.13 % Mehrkosten nieder.

Bei der Drossellösung (III) reduzieren die geringeren Werkstattbestände die Kosten etwas (ca. 1%).

Beim Lossplitting (IV) senken sich die Kosten vor allem deswegen, weil eine Reihe von gesplitteten Fertigungsaufträgen aus dem Simulationsfenster geschoben wurden.

Die Kombilösung (V) schlägt sich als teuerste Lösung nieder (+ 13 %) und stellt damit den DLZ-Erfolg vermeintlich in Frage. Doch nun gilt es aber noch die Ausbringung zu berücksichtigen!

Ausbringung (Abb. 3)

Der IST-Zustand (I) ist mit 445 532 im Simulationszeitraum gefertigten Teilen definiert.

Eine gezielte Kapazitätserhöhung (II) steigert die Ausbringung immerhin um 23 %.

Eine Drosselung des Auftragszuflusses (III) zeitigt die gleiche Ausbringung wie im IST (es werden lediglich die Pufferbestände gesenkt, die Kapazitätsauslastung der Maschinen bleibt konstant).

Das Splitten der großen Lose (IV) verschiebt, wie schon erwähnt, Aufträge nach hinten aus dem Simulationsfenster.

Die Kombilösung (V) zeitigt mit einer Ausbringungssteigerung um ca. 25 % wiederum das beste Ergebnis. Und nun wird auch klar, daß dies der erfolgversprechendste Ansatz ist. Die nachfolgende Stückkostenbetrachtung beweist es.

Stückkosten (Abb. 4)

Eine lange Diskussion erübrigt sich; man erkennt deutlich, vor allem bei der
Kombilösung (V):
- eine angemessene Erhöhung des Kapazitätsangebotes u n d eine
belastungsorientierte Auftragsfreigabe zeitigt die kürzesten Durchlaufzeiten und
die höchste Ausbringung.
- und das bei den geringsten Stückkosten (- 10 %)!.
Damit ist klar, was in einer solchen Situation in einer Fertigung getan werden
muß und daß sich dies auch rechnet.

4. Fazit

Anhand des Fallbeispieles soll nicht die Richtigkeit einer bestimmten
betrieblichen Lösung demonstriert werden. Vielmehr soll deutlich gemacht
werden, daß die Simulation einer zukünftigen Fertigungslösung u n d deren
Kostenbetrachtung erst die notwendige Klarheit und wirtschaftlich fundierte
Entscheidungsbasis schafft. Wie man sehen kann, sind unsere Werkzeuge in der
Lage, dieses Vorgehen wirkungsvoll zu unterstützen.

Literatur:

(-1-) *Meier, K.J.*: Auslastung contra Durchlaufzeit. ZwF 88 (1993/2)

(-2-) *Strugalla,R.*: Prozeßkostensimulation. ZwF 89 (1994)

(-3-) *Mutzke, H. u. Strugalla, R.*: Simulationsge- stützte Planung einer
Elektronikfertigung. ZwF 91 (1996)

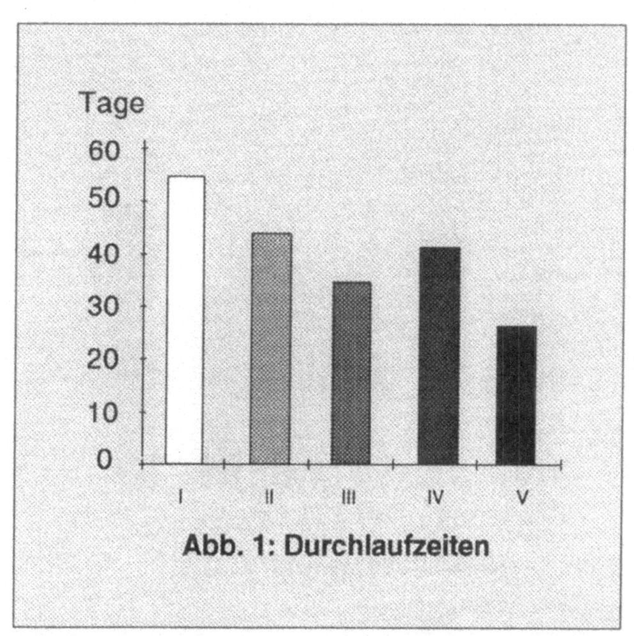

Abb. 1: Durchlaufzeiten

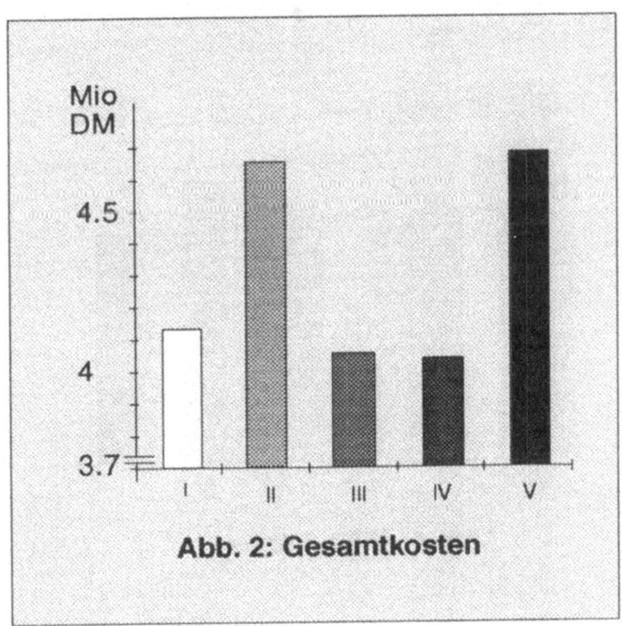

Abb. 2: Gesamtkosten

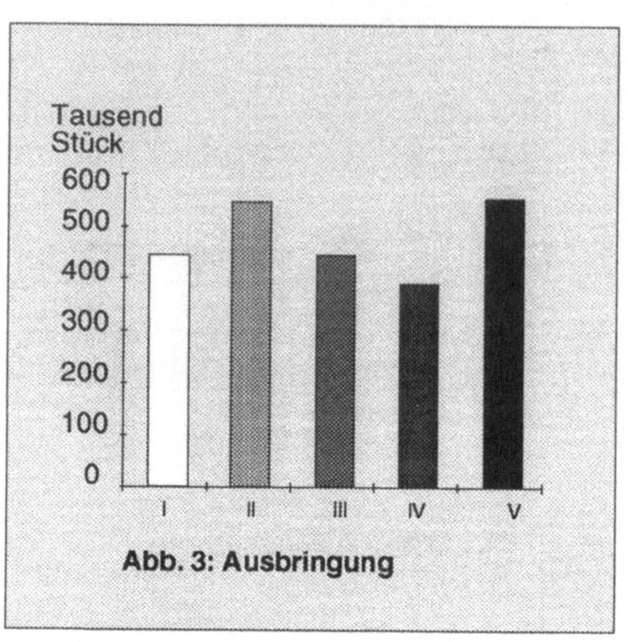

Abb. 3: Ausbringung

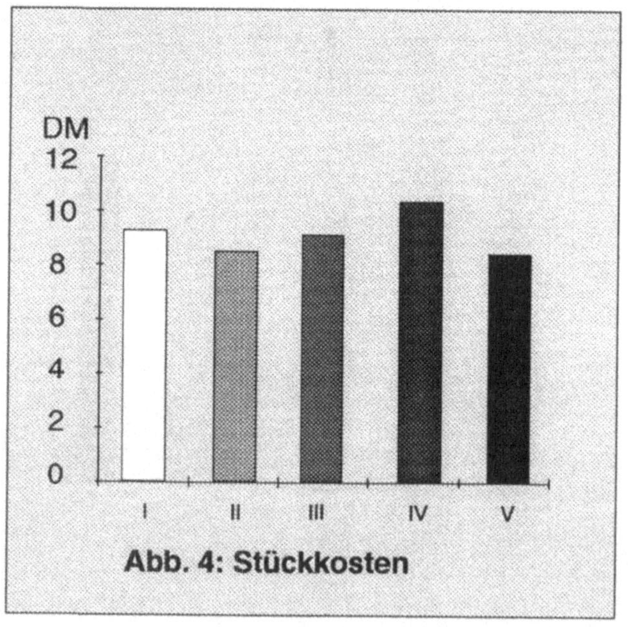

Abb. 4: Stückkosten

44

Modelierung der Formänderung der Walzgutenden im Plan in den Vorwalzgerüsten des Breitbandwalzwerkes

Prof. A. A. Minaev

Technische Universität Donezk

Ukraine 340000 Donezk, Artemstr. 58,

Der Prozeß des Brammwalzens in Vorwalzgerüsten des Breitbandwalzwerkes mit großen Breitabnahmen verursacht wesentliche Querverkürzung auf den Walzgutenden und entsprechend größeren Endenabfall.

Das Ziel dieser Erforschung ist die Betrachtung der Dynamik der Parameter von Walzgutendenform im Plan auf den Stichen in den Senkrechtwalzen (SW) und Waagerechtwalzen (WW) in den Universalvorwalzgerüsten. Man hat den Prozeß der Formänderung der Walzgutenden im Plan auf dem Laboratoriumwalzwerk modelliert. Der Modellierungsmaßstab ist 1:10, Modellierungsmaterial ist niedrieggekohlter Stahl. Man hat die Formänderung der Walzgutenden bei Abnahme in glatten SW und WW in einer Richtung für einen und einigen Stichen und in der Umkehrbetriebsweise untersucht, sowie im System SW-WW und WW-SW des Universalgerüstes.

Auf Grund der Änlichkeits- und Dimensionstheorie kann man die Parameter der Formänderung von Walzgutenden in Abhängigkeit von folgenden Kriterien vorstellen: Bo/Ho, ΔH/Ho, Dw/Ho, ΔB/Bo, Ds/Bo (Ho, Bo - Dicke und Breite des rechtwinkligen Ausgangsbrammes am Eingang auf die Walzen, ΔH/ΔB - Abnahmen in WW und SW; Dw, Ds - Durchmesser von WW und SW).

Die bei der Modellierung verwendeten Maße des Durchschnitts von Mustern, der Durchmesser von Walzen, die Werte von Abnahmen in WW und SW gewährleisteten folgende Anderungsbereiche der Kritärien: Bo/Ho=5...20, ΔH/Ho=0,1...0,4, ΔB/Bo=0,001...0,1, Dw/Ho=4...30, Ds/Bo=0,8...2.

Hauptparameter von der Walzgutendenform im Plan folgende sind: die Ausdehnung des vorderen und hinteren Endes Δ_{vo}^{W}, Δ_{ho}^{W} nach WW; die Verringerung des vorderen und hinteren Endes der Breite nach Δ_{vo}^{S-W}, Δ_{ho}^{S-W} nach SW; Konvexitätspfeil des vorderen und hinteren Walzgutstirnendes F_{vo}^{W}, F_{ho}^{W} nach WW; Einschnürrungspfeil des vorderen und hinteren Walzgutstirnendes F_{vo}^{S-W}, F_{ho}^{S-W} nach SW; die Länge des vorderen und hinteren Walzgutendes mit Wechselbreite L_{vo}^{W}, L_{ho}^{W} nach WW und L_{vo}^{S-W}, L_{ho}^{S-W} nach SW.

Betrachten wir die Methodik der Bestimmung von Formparametern der Walzgutenden für Grundschemen des Walzens in den Universalvorgerüsten des Breitbandwalzwerkes.

1. Das Walzen von rechtwinkligen Ausgangsbrammen in WW und SW für einen Stich.

Nach mathematischer Bearbeitung von Versuchsdaten zu Formparametern der Walzgutenden nach einem Stich in WW und SW hat man kritäriale Abhängigkeiten in folgender Form bekommen:

$$Z_{o}^{W}/Bo = ao(Bo/Ho)^{a1}\,(\Delta H/Ho)^{a2}\,(Dw/Ho)^{a3}; \qquad (1)$$

$$Z_0^{S-W}/Bo = bo(Bo/Ho)^{b1} \, (\Delta B/Bo)^{b2} \, (Ds/Bo)^{b3}; \qquad (2)$$

wo Z_0^{W}, $Z_0^{S-W} = F_V^{W}(h)_0$, $\Delta_V^{W}(h)_0$, $L_V^{W}(h)_0$, $F_V^{S-W}(h)_0$, $\Delta_V^{S-W}(h)_0$, $L_V^{S-W}(h)_0$ - des vorderen (hinteren) Walzgutendes sind
und ao, a1, a2, a3, bo, b1, b2, b3 - Koeffiziente.

Koeffizientwerte der Abhängigkeit (1):

Z_0^{W}/Bo	ao	a1	a2	a3
F_{vo}^{W}/Bo	0,07	-0,527	1,088	0,627
F_{ho}^{W}/Bo	0,095	-0,508	1,091	0,525
Δ_{vo}^{W}/Bo	0,037	-0,529	0,786	0,608
Δ_{ho}^{W}/Bo	0,055	-0,504	0,839	0,540
L_{vo}^{W}/Bo	0,24	-0,492	0,719	0,496
L_{ho}^{W}/Bo	0,38	-0,523	0,802	0,368

Koeffizientwerte der Abhängigkeit (2):

Z_0^{S-W}/Bo	bo	b1	b2	b3
F_{vo}^{S-W}/Bo	0,06	0,412	0,818	-0,977
F_{ho}^{S-W}/Bo	0,006	0,856	0,322	-0,746
Δ_{vo}^{S-W}/Bo	5,52	-1,456	0,674	-0,896
Δ_{ho}^{S-W}/Bo	4,95	-1,567	0,827	-1,039
L_{vo}^{S-W}/Bo	0,05	0,958	0,527	-0,708
L_{ho}^{S-W}/Bo	0,035	0,859	0,530	-0,812

Die Analyse von den Abhängigkeiten (1) und (2) hat gezeigt, daß je höher die Verhältnisse ΔH/Ho, ΔB/Bo und Dw/Ho sind, desto größer sind die Formparameter von Enden Z_0^{W} und Z_0^{S-W}, und je höher ΔB/Bo ist, desto kleiner sind die Formparameter Z_0^{S-W}. Alle Formparameter des hinteren Walzgutendes nach der Abnahme in WW sind größer, als die des vorderen Endes in 1,3...1,8 Male. Nach dem Walzen in SW und nach dem Bügeln in WW ist der Einschnürrungspfeil des hinteren Walzgutendes größer, als der des vorderen in 1,5...2 Male, und die Verringerung der Breite nach und die Länge des der Breite nach verringerten hinteren Endes ist umgekehrt kleiner, als die des vorderen Endes in 1,4...2 Male.

2. Allgemeiner Fall des Walzens in WW und SW von nichtrechtwinkligen im Plan Walzguten.

In wirklichen Walzbedingungen kann nur die Ausgangsbramme im Plan rechtwinklige Form haben. Deswegen hat die Bramme in allen Fällen des Walzens vor jedem Stich, außer dem ersten, nichtrechtwinklige Form im Plan. Die Formparameter der Walzgutenden nach x-beliebigem Stich in WW oder SW kann man dank dem Anlegeprinzip bestimmen als die Summe von zwei Bestandteilen.Der erste Bestandteil ist das Resultat der Deformation des nichtrechtwinkligen Endes, der zweite des angenommenen rechtwinkligen Walzgutes, welches in die Kontur des Walzgutes bis zum Stich eingeschrieben ist. Die Besonderheit der Formänderung der Enden vom eingeschrieben rechtwinkligen Walzgut besteht im Vorhandensein vor denen der nichtvollendeten starren Zonen, die Ungleichmäßigkeit des Metallfließens der Breite nach verringen.

Im allgemeinen Fall nach dem Stich i in WW oder SW kann man die Formparameter des vorderen und hinteren Endes nach der Rekurrentformel bestimmen:

$$Z_i = K_{zi} Z_{i-1} + K_{zoi} Z_{oi}, \qquad (3)$$

wo K_{zi}, K_{zoi} - Koeffiziente der Übertragung von Formparametern im Stich i sind;
Z_{oi} - Formparameter der Enden des eingeschriebenen rechtwinkligen Walzgutes nach dem Stich i.

3. Das Walzen von nichtrechtwinkligen im Plan Walzguten im System WW-SW

Beim Walzen im WW für einige Stiche in einer Richtung oder in einer Umkehrbetriebsweise in einem Gerüst oder in einigen Gerüsten sieht die ausführliche Formel (3) für die Bestimmung der Formparameter des vorderen oder hinteren Endes des Walzgutes nach dem Stich i folgender Weise aus:

$$\left.\begin{aligned}
F_i^W &= \lambda_i F_{i-1}^W + K_{foi}^W F_{oi}^W \\
\Delta_i^W &= \Delta_{i-1}^W + K_{\Delta oi}^W \Delta_{oi}^W \\
L_i^W &= \lambda_i L_{i-1}^W
\end{aligned}\right\} \qquad (4)$$

Hier $K_{\phi\iota}^\omega = K_{\Lambda\iota}^\omega = \lambda_\iota$ $(\lambda_\iota = H_{\iota-1} / H_\iota)$; $K_{\Delta\iota}^\omega = 1$

Koeffiziente K_{foi}^W, $K_{\Delta oi}^W$ hängen vom Verhältnis F_{i-1}^W / I_{Di}^W ab (wo $I_{Di}^W = \sqrt{D_W \Delta H_i / 2}$ -die Länge von Deformationsbereich ist). Die Werte von Koeffizienten K_{foi}^W, $K_{\Delta oi}^W$ kann man nach den Formeln bestimmen

$$K_{foi}^W = 1 - 0,36 \, (F_{i-1}^W / I_{Di}^W); \quad K_{\Delta oi}^W = 1 - 0,55 \, (F_{i-1}^W / I_{Di}^W)$$

Bei $F_{i-1}^W / I_{Di}^W > 2.8$ $K_{foi}^W = 0$; bei $F_{i-1}^W / I_{Di}^W > 1.8$ $K_{\Delta oi}^W = 0$.

4. Das Walzen von nichtrechtwinkligen im plan Walzguten im System WW-SW.

Formparameter der Walzgutenden im Plan nach dem Stich **i** in SW mit Berechnung des Bügelns auf die Ausgangsdicke in WW kann man in Abhängigkeit vom Verhältnis der Abnahmewerte Δ B_i in SW im Stich **i** und Endenverringerung der Breite nach Δ_{i-1}^{s-w} im Stich **i** bestimmen. Betrachten wir folgende Walzensfälle:

Fall 1: $\Delta B_i \leq \Delta_{i-1}^{s-w}$ - $\delta B_{erz\,i-1}$ (wo $\delta B_{erz\,i-1}$ - erzwungene Metallausweitung aus den Kantenaufläufen, die bei der Abnahme des Walzgutes der Breite nach entstehen, nach seinem Bügeln in WW). In diesem Fall wird das rechtwinklige Walzgut, welches in die Kontur des Walzgutes nach dem Stich i-1 eingeschrieben ist, nicht deformiert im Stich i. Grundformel (3) für die Bestimmung der Formparameter kann man so darstellen:

$$\left.\begin{array}{l} F_i^{s-w} = F_{i-1}^{s-w} \\[2mm] \Delta_i^{s-w} = \Delta_{i-1}^{s-w} - (\delta B_{erz\,i-1} + \Delta B_i - \delta B_{erz\,i}) \\[2mm] L_i^{s-w} = (\Delta_i^{s-w} / \Delta_{i-1}^{s-w})\, L_{i-1}^{s-w} \end{array}\right\} \qquad (5)$$

wo $\delta Berz\,i$ - erzwungene Ausweitung in WW im Stich **i** ist.

In der Formel (5) $K_{fi}^{s-w} = 1;\quad K_{li}^{s-w} = \Delta_i^{s-w} / \Delta_{i-1}^{s-w};\quad K_{foi}^{s-w} = K_{\Delta oi}^{s-w} = K_{loi}^{s-w} = 0;$

$K_{foi}^{s-w} = 1 - (\Delta Bi + \delta Berz\,i\text{-}1 - \delta Berz\,i) / \Delta_{i-1}^{s-w}$.

Fall 2: $\Delta Bi > \Delta_{i-1}^{s-w}$ - $\delta Berz\,i\text{-}1$. In diesem Fall bestimmt man die Formparameter der Walzgutenden nach dem Stich i als Resultat von zwei Prozessen - der Formänderung von nichtrechtwinkligen Enden und vom rechtwinkligen eingeschriebenen Walzgut. Schreiben wir die Formel (3) in der Form auf:

$$\left.\begin{array}{l} F_i^{s-w} = F_{i-1}^{s-w} + F_{oi}^{s-w} \\[2mm] \Delta_i^{s-w} = \Delta_{i-1}^{s-w} - (\Delta B_i + \delta B_{erz\,i-1} - \delta B_{erz\,i}) + \Delta_{oi}^{s-w} \\[2mm] L_i^{s-w} = (\Delta_i^{s-w} / \Delta_{i-1}^{s-w})\, L_{i-1}^{s-w} \end{array}\right\} \qquad (6)$$

Hier bestimmt man Koeffiziente K_{fi}^{s-w}, $K_{\Delta i}^{s-w}$, K_{li}^{s-w} wie im Fall 1. Koeffiziente $K_{foi}^{s-w} = K_{\Delta oi}^{s-w} = 1$ und $K_{loi}^{s-w} = 0$. Die Werte F_{oi}^{s-w} und Δ_{oi}^{s-w} bestimmt man nach der Formel (2), dabei muß man beachten, daß

$$\Delta Boi = \Delta Bi - (\Delta_{i-1}^{s-w} - \delta Berz\,i\text{-}1).$$

5. Das Walzen im System SW-WW des Universalvorwalzgerüstes.

Besonderes Merkmal der Formänderung der Walzgutenden beim Walzen im System SW-WW liegt darin, daß das Greifen in WW und der Auswurf durch lokale an der Stirnseitenbreite dreieckige Vorsprünge, die nach der Abnahme in SW entstehen (Abb. 2), gewährleistet wird. Die

Vorsprünge befinden sich auf den Eckbereichen der Walzgutstirnseiten, ihre Höhe ist dem Stirneinschnürrungspfeil gleich.

Experimentell hat man bestimmt, daß die Ausdehnnung von Dreieckvorsprüngen beim Walzen in WW vom Verhältnis $F_{i-1}^{S-W} / I_{\Delta i}^{W}$ und von der Winkelgröße bei der Spitze abhängt. So, beim Winkel kleiner als 90° und $F_{i-1}^{S-W} / I_{Di}^{W}$ weniger als 1, was den wirklichen Bedingungen des Brammwalzens in den Universalvorwalzgerüsten enspricht, bekommen die Eckbereiche der Walzgutenden keine Ausdehnung in WW Formparameter der Walzgutenden bestimmt man nach der Formel (3) folgender Weise:

$$\left.\begin{aligned} F_{i}^{W} &= F_{i-1}^{S-W} - F_{oi}^{W} \\ \Delta_{i}^{W} &= \Delta_{i-1}^{S-W} - \Delta_{oi}^{W} \\ L_{i}^{W} &= \lambda_{i}^{W}\, L_{i-1}^{S-W} \end{aligned}\right\} \qquad (7)$$

Hier $K_{fi}^{W} = K_{\Delta i}^{W} = 1;\quad K_{li}^{W} = \lambda_{i}^{W};\quad K_{foi}^{W} = K_{\Delta oi}^{W} = 1; K_{loi}^{W} = 0.$

6. Das Walzen im System WW-SW des Universalvorwalzgerüstes.

Analogisch, mit der Verwendung von Anlegemethode, hat man die Abhängigkeiten für die Bestimmung der Formparameter von Walzgutenden beim Walzen im System WW-SW bekommen. Das Walzen kann im Universalumkehrgerüst geschehen, sowie in den Universalgerüsten, die sich aufeinanderfolgend auf der Walzstraße befinden. Es sind drei Walzensfälle betrachtet. Fall 1: $\Delta B_i \leq \Delta_{i-1}^{W}$. Dabei werden in SW nur die Ausbreitungen an den Enden abgenommen. Fall 2: $\Delta B_i > \Delta_{i-1}^{W}$ - das Walzgut wird der Breite nach abgenommen auf $\Delta B_{oi} = \Delta B_i - \Delta_{i-1}^{W}$ .Fall 3: $\Delta_{i-1}^{W} = 0$ - das Walzgut hat vor SW konvexive Enden ohne Ausbreitungen. In diesem Fall für die Berechnung von Formparametern wird die relative Endenverringerung der Breite Δ_{i-1}^{W} nach bestimmt ausgehend aus der Differenz zwischen der Walzgutbreite und der Öffnung von SW $B_{si}(\Delta_{i-1}^{W} = B_{i-1} - B_{si})$, sowie dem Konvexitätspfeil der Relativenden , die zu den Stirnseiten des eingeschriebenen rechtwinkligen Walzgutes mit der Breite B_{si} angeschlossen sind. Die Formparameter der Enden berechnet man wie beim Walzen im System SW-WW nach den Formeln (6), dabei muß man aber beachten, daß $\delta B_{erz\ i-1} = 0$ und F_{i-1}^{S-W} das Vorzeichen verändern.

Mit der Anwendung der Abhängigkeiten (1)...(7) für die Parameterberechnung der Form von Walzgutenden in Universalvorwalzgerüsten des Breitbandwalzwerkes sind die Werte des Verhältnisses $_{\Delta}B /_{\Delta} H$ bestimmt, die der rechtwinkligen Form nah sind. Das Optimalverhältnis $_{\Delta}B /_{\Delta} H$ verändert sich in den Universalvorwalzgerüsten von 0.2...0.3 im ersten Gerüst bis 0.5...0.7 im letzten und hängt vom Verhältnis des Walzgutes B/H .

Schlußbemerkungen.

Der Multiregressionskoeffizient des ausgearbeiteten mathematischen Modells beträgt 8.0 ÷ 0.95.
Der Approximationsmittelfehler der Versuchsdaten beträgt bis zu 15 %. Die Resultat der
durchgeführten Untersuchungen ermöglichten die Ausarbeitung von neuen Brammwalzverfahren
in starken Universalvorwalzgerüsten der modernen Breitbandwalzwerke, die auf der optimalen
Verteilung von Abnahmen in SW und WW begründet sind und die die minimale Metalverluste
mit Endabfall garantieren.
Das ausgearbeitete mathematische Modell der Formänderung von Walzgutenden wurde auf dem
Personalcomputer realisiert. Man verwendet das im Unterricht auf dem Lehrstuhl
"Metallbearbeitung durch Druck" an Donezker Staatlichen technischen Universitat.

Simulationsunterstützung bei der Verwendung von CPM/MPM für die Produktionsplanung und -steuerung

Dipl.-Ing. Alptekin Erkollar

Institut für Informatik,Universität Klagenfurt

A-9020 Klagenfurt

email: alp@ifi.uni-klu.ac.at

Tel: +43 463 2700 577

Zusammenfassung: Nichtsimulative Methoden und Werkzeuge der Netzplantechnik verwenden zur Berücksichtigung von Einflußfaktoren Eingabewerte, die für die Berechnung eines Netzplans als konstant angesehen werden. Abweichungen in der Realität (Störungen, Schwankungen etc.) können damit zu Fehlersituationen führen, die aus dem Netzplan nicht unmittelbar ersichtlich sind. Im vorliegenden Beitrag wird vorgeschlagen, Netzpläne durch Simulation zu überprüfen und damit dem Planer Einblick in mögliche Geschehensvarianten zu verschaffen. Den Ausgangspunkt für die Erstellung des Simulationsmodells bildet dabei der jeweilige Netzplan selbst. Der Beitrag diskutiert diese Vorgehensweise anhand des Beispiels der Produktionsplanung, wo insbesondere zeitliche Einflußfaktoren wie Arbeitsgangdauern, Transportzeiten usw. zu berücksichtigen sind.

1. Einführung

Die Planungsmechanismen heutiger PPS-Systeme basieren im wesentlichen auf der Netzplantechnik. Dies bedeutet, daß Einflußfaktoren wie Arbeitsgangdauern, Transportzeiten, Rüstzeiten, Ausfallszeiten usw. durch Eingabewerte beschrieben werden, die in die Berechnung selbst als fixe Größen eingehen, obwohl sie in der Realität natürlich Schwankungen unterworfen sind. Die Netzplantechnik versucht, die sich daraus ergebenden Unsicherheiten dadurch einzuschränken, daß die Größen jeweils aus einem optimistischen, einem pessimistischen und dem Erwartungswert gemittelt werden [Zi87],[Lo92]. Häufig beschränkt man sich aus Gründen der Einfachheit aber auf Durchschnittswerte. Das tatsächlich mögliche Geschehen und die Gefahren, die sich aus Abweichungen in der Realität ergeben, sind dadurch aber nur unzureichend berücksichtigt, der Planer kann nur eingeschränkt Engpässe und Planabweichungen vorhersehen [DSV93].

Auch wenn die reale Dauer eines Vorgangs innerhalb bekannter Grenzwerte liegt, liefern konstante Prozeßdauerwerte aufgrund der in der Realität möglichen Schwankungen nicht immer richtige Ergebnisse. Derartige Abweichungen können sowohl während des Fertigungsablaufs als auch anhand der Endergebnisse (also aus Sollwerten) festgestellt werden. Sie bilden die Grundlage für Anpassungen und Verbesserungen für die nächste Planungsperiode. Durch diese heute übliche schrittweise Vorgehensweise können Verluste an Material, Zeit, Kosten etc. entstehen.

Es bestehen folgende Alternativen zur Vermeidung derartiger Verluste: Verhinderung unerwarteter Zustände während des Fertigungsablaufs bzw. Berücksichtigung möglicher Abweichungen bereits in der Planungsphase (dazu muß man aber natürlich wissen, was während des Produktionsablaufs passieren kann). Die erste Alternative ist nicht realistisch, für die zweite bietet sich die Simulation als Hilfsmittel an. Dies soll im folgenden gezeigt werden.

2. Netzplantechnik in PPS-Systemen

Fast alle PPS-Systeme verwenden heute CPM/MPM (Allgemeine Netzplantechnik) als
Prozeßplanungsverfahren. Die Gründe hierfür sind, daß die Benutzer Netzpläne als Modelle des
Fertigungsablaufes leicht verstehen und die Verbindungen zwischen den Arbeitsgängen richtig
bilden können. Insbesondere kann die Netzplan-Technik auch von kleinen und mittelständischen
Betrieben aufgrund ihrer Einfachheit und der relativ geringen damit verbundenen Kosten direkt
für Planungszwecke verwendet werden.

Abbildung 1 zeigt, wie die o.g. (für die Berechnung fixen) Eingabewerten auf einfache Weise
aus optimistischen und pessimistischen Annahmen sowie dem jeweiligen Erwartungswert
gewonnen werden können.

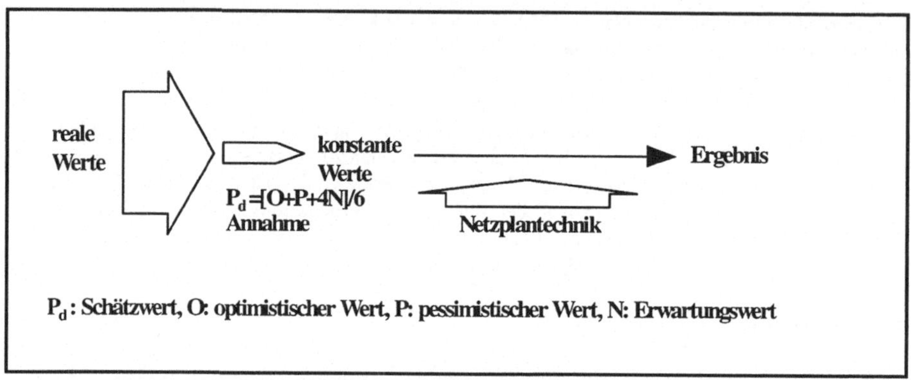

Abbildung 1: Verwendung von konstanten Werten im Netzplan

Probleme ergeben sich nun daraus, daß in dem entstehenden Netz verketteter Prozesse
irgendein Prozeß bzgl. eines oder mehrerer dieser Werte Abweichungen haben kann. Dadurch
können alle Berechnungsergebnisse verfälscht sein; das bedeutet Engpässe, Verspätungen etc.

Ursachen hierfür sind

- die Verkettung von Arbeitsgängen: die Änderung der Prozeßdauer eines Prozesses kann
  dadurch andere Arbeitsgänge beeinflussen,
- während der Berechnungsphase wird angenommen, daß die berechneten Dauern konstant sind,
  d.h. daß die Einflußmöglichkeiten der Vorgänger untereinander nicht berücksichtigt werden.
  In dem aus diesen konstanten Werten berechneten Netz findet sich ein kritischer Weg, wobei
  nur diejenigen Vorgänge als sich gegenseitig beeinflussend berücksichtigt werden, die auf
  diesem kritischen Weg liegen (kritische Vorgänge).

3. Simulation zur Unterstützung des Planers

Zur Bewältigung der genannten Probleme kann die Simulation dem Planer Unterstützung bieten. Hier wird mit Verteilungen für die Eingabewerte gearbeitet, so daß bei hinreichend kleiner Granularität die in der Realität möglichen Schwankungen auch im Simulationsergebnis sichtbar werden. Als Eingabewerte der Simulation dienen die realen Werte vorheriger Perioden, aus denen Verteilungen ermittelt werden. Abbildung 2 veranschaulicht dieses Vorgehen.

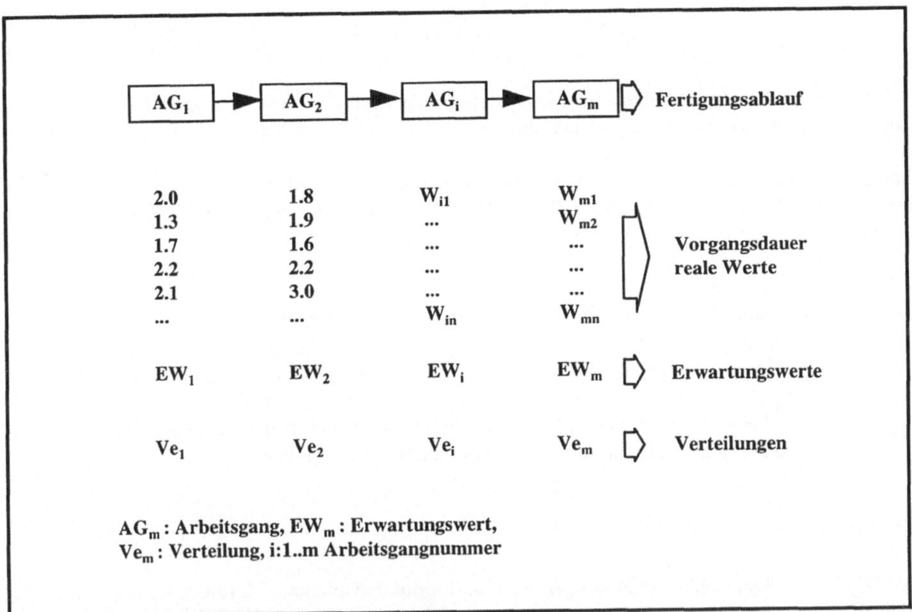

Abbildung 2: Beobachtete Werte, Erwartungswerte und Verteilungen

Wenn man diese Vorgehensweise einschlägt und zuerst das gebildete Netz simuliert, können die Beeinflussungen zwischen den Arbeitsgängen berücksichtigt und   Änderungen für die kritischen Arbeitsgänge festgestellt werden. Zusätzlich ist es auch möglich, durch das Fertigungsnetz und mittels der Simulation den gesamten Fertigungsablauf zu visualisieren, um Engpässe, welche während des Fertigungsablaufs entstehen können, herauszufinden.

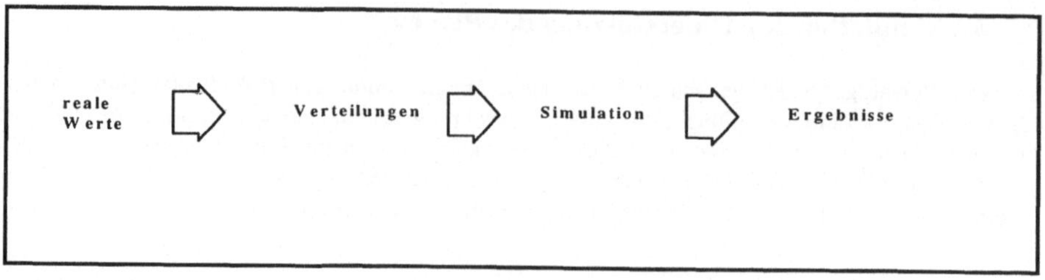

Abbildung 3: Simulationsanwendung

Die oben beschriebene Vorgehensweise hat allerdings auch Nachteile. Der erste Nachteil liegt in der Notwendigkeit, Verteilungen zu etablieren, was in der Praxis keine ganz triviale Aufgabe ist. Zum anderen ist die Simulationsanwendung und insbesondere die Erstellung eines Simulationsmodells mit einem gewissen Aufwand verbunden. Bis zu einem gewissen Grad wird dies jedoch dadurch kompensiert, daß der Netzplan selbst unmittelbar als Modell für die Simulation herangezogen werden kann.

Der Einsatz der Simulation empfiehlt sich also insbesondere dann, wenn große Abweichungen in der Arbeitsgangdauer (z.B. Mitarbeiterfaktor bei geringem Automatisierungsgrad) bestehen. Sind die Abweichungsraten sehr gering (CNC, automatisierte Fertigungsablauf usw.) reicht die Standardmethode meist aus.

Die beschriebene Vorgehensweise wurde in der Praxis für eine handarbeitsintensiven Produktionsbetrieb angewendet (Uhrenarmbänder-Herstellung). Während dieser Arbeit wurde festgestellt, daß die kritischen Vorgänge, welche mit dem Standardverfahren kalkuliert worden waren, denen die durch die Simulation ermittelt wurden, nicht entsprachen.

Literatur

[DSV93]   Domschke, V; Scholl, A; Voß, S.: Produktionsplanung, Springer Verlag, 1993.

[Lo92]   Lowery, G.: Managing Projects with Microsoft Project, VNR Computer Library, 1992.

[Zi87]   Zimmermann, H.-J.: Methoden und Modelle des Operations Research. Vieweg, Braunschweig-Wiesbaden, 1987.

Ereignisorientierte Planung der Werkzeugaufbereitung
mit Hilfe der Simulation

G. Petuelli
Universität GH Paderborn Abt. Soest
FB 12 Maschinenbau - Automatisationstechnik
Steingraben 21
59494 Soest
e-mail: petuel@ibm10.uni-paderborn.de

U. Müller
Gerhard-Mercator-Universität GH Duisburg
FB 7 Werkzeugmaschinen
Lotharstr. 65
47048 Duisburg

Kurzfassung: Das Bestreben, die Fertigungskosten deutlich zu reduzieren, erfordert es, die Produktivität der Fertigungsanlagen zu steigern, um so die Wettbewerbsfähigkeit zu sichern. Dies zwingt die Unternehmen dazu, die bisher nicht in die Betrachtungen zur Erarbeitung von Rationalisierungsmaßnahmen einbezogenen Unternehmensbereiche eingehend im Hinblick auf mögliche Rationalisierungspotentiale zu untersuchen. Untersuchungen im Bereich des Werkzeugwesens ergaben, daß mehr als 50% aller Störungen an Werkzeugmaschinen und damit Unterbrechungen des Produktionsprozesses auf fehlende bzw. falsch aufbereitete Werkzeuge sowie auf deren Verschleiß oder Bruch zurückzuführen sind [KFK90, WU88]. Eine Maßnahme zum Erzielen der gewünschten Rationalisierungserfolge ist die Integration der Werkzeugbereitstellung, d.h. insbesondere die Werkzeugaufbereitung und Werkzeuginstandsetzung in die Planung der Werkstückbearbeitung. Das „Ereignisorientierte Tool-Management" gewährleistet die bedarfsgerechte Planung und Steuerung des Werkzeugflusses in der Fertigung sowie in der Werkzeugaufbereitung und Werkzeuginstandsetzung. Ziel des Systems ist die Optimierung des Werkzeugwesens im Hinblick auf die Reduktion der durch die Werkzeuge insgesamt verursachten Kosten zur Gewährleistung einer wirtschaftlichen Produktion. In diesem Beitrag wird das Planungssystem und seine Anwendung erläutert. Einen Schwerpunkt stellt dabei die Analyse des Planungshorizontes im Hinblick auf die Auslastung der Fertigung dar.

1. Einleitung

Nach wie vor ist davon auszugehen, daß etwa 29% der Investitionssumme in neue Fertigungseinrichtugen zur Beschaffung der erforderlichen Werkzeuge verwendet werden müssen [VIE]. Zusätzlich zu den hier genannten Kosten entstehen Ausgaben für die Ersatzbeschaffungen von Werkzeugen, die Aufbereitung und Instandsetzung der Werkzeuge, die Lagerung und den Transport der Werkzeuge sowie die administrativen Bereiche des Werkzeugwesens. Zur Reduktion der Kosten ist das Werkzeugwesen in die Reorganisation des Fertigungsprozesses einzubeziehen. Zur Zeit werden folgende Strukturmaßnahmen diskutiert:

- Auslagerung der Werkzeugaufbereitung hin zu Dienstleistungsunternehmen,
- Einführung von Werkzeugverwaltungssystemen.

Mit der Auslagerung der Werkzeugaufbereitung und Werkzeuginstandsetzung soll der Abbau unproduktiver Bereiche und die Konzentration auf das Kerngeschäft realisiert werden. Nicht beachtet wird hierbei, daß die Produktivität und die Fertigungsqualität in erheblichem Umfang von der Qualität der Werkzeugaufbereitung und Werkzeuginstandsetzung beeinflußt werden. Weiterhin ist die geforderte Steigerung der Produktivität in der Fertigung ist nur dann zu erreichen, wenn geeignete Maßnahmen in der Organisation der Werkzeugversorgung realisiert werden. Hohe Fertigungsqualitäten und optimierte Fertigungstechnologien bedingen hochwertige Werkzeuge und somit die Werkzeugaufbereitung mit CNC-Werkzeugschleifmaschinen. Dies führt in der Regel zu höheren Aufbereitungskosten, die nur selten akzeptiert werden. Die Kosten können durch den Einsatz von Planungshilfsmitteln zur Organisation der Werkzeugaufbereitung und zur Produktivitätssteigerung der Werkzeugschleifmaschinen kompensiert werden.

Die Einführung von Werkzeugverwaltungssystemen ist als erster Schritt zur Verbesserung der Situation im Werkzeugwesen anzusehen, da hiermit eine einheitliche Datenbasis zur Verfügung gestellt wird. Exemplarische Untersuchungen zeigten, daß damit ca. 20% der Kosten eingespart werden können [HAR93].

Neuere Forschungsarbeiten zielen darauf ab, die Leistungsfähigkeit der Werkzeugverwaltungssysteme durch die Integration von EDV-gestützten Hilfsmitteln zur Planung der Werkzeugflusses in der Fertigung zu steigern. Basierend auf den Vorgaben der Fertigungsplanung wird beispielsweise die Mengen- und Terminplanung für den Werkzeugbedarf durchgeführt, wobei die erneute Bereitstellung der Werkzeuge durch die Werkzeugaufbereitung und -instandsetzung nicht berücksichtigt wird. Demzufolge wird ein überhöhter Werkzeugbedarf bestimmt und somit ein zu großer Werkzeugbestand aufgebaut. Alle Betrachtungen zur Verbesserung der Werkzeugbereitstellung gehen von dem Werkzeuglager aus, die zur Werkzeugaufbereitung bereitgestellten Ressourcen werden nicht in die Planung mit einbezogen [SFB300]. Dies betrifft insbesondere auch die nachschleifbaren Werkzeuge, die zur Aufbereitung erforderlichen Informationen und Arbeitsgänge und -zeiten werden von den Systemen nicht beschrieben oder berücksichtigt [PAU92]

Konsequenterweise ist es notwendig, den Werkzeugfluß im gesamten Unternehmen den Bedürfnissen der Fertigung entsprechend zu planen, insbesondere die Werkzeugaufbereitung und -instandsetzung muß integriert werden. Unter diesem Gesichtspunkt wurde das Konzept zum „Ereignisorientierten Tool-Management" entwickelt [PM94]. Ziel ist es, die Kosten im Werkzeugwesen zu senken und gleichzeitig die durch fehlende bzw. falsch aufbereitete Werkzeuge bedingten Stillstandszeiten der Maschinen zu minimieren.

2. Ereignisorientiertes Tool-Management

Das System zum „Ereignisorientierten Tool-Management" ist ein durchgängiges Hilfsmittel, das einerseits die Neuplanung bzw. die Rekonstruktion des Werkzeugwesens, anderseits die Planung und Steuerung des Werkzeugflusses im Unternehmen ermöglicht (Bild 1). Das System sichert die bedarfsgerechte Planung und Steuerung des Werkzeugeinsatzes, des Werkzeugtransports, der Werkzeuglagerung sowie der Werkzeugaufbereitung und Werkzeuginstandsetzung. Besondere Aufmerksamkeit wurde bei der Systemerstellung der Modellierung der Werkzeugaufbereitung und Werkzeuginstandsetzung geschenkt.

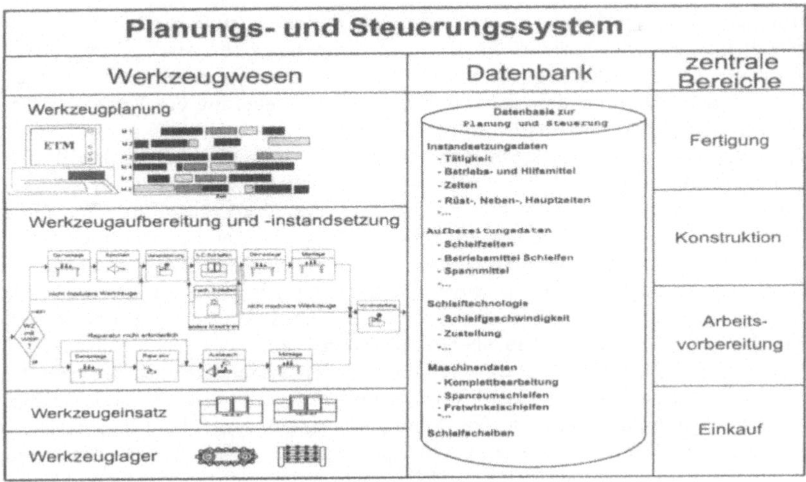

Bild 1: Aufbau des Steuerungs- und Planungssystems

Über eine Datenbank werden die vier Funktionsbereiche des Werkzeugwesens (Werkzeugplanung, Werkzeugaufbereitung und -instandsetzung, Werkzeugeinsatz, Werkzeuglagerung) mit den vier zentralen Bereichen der Unternehmen (Fertigung, Konstruktion, Arbeitsvorbereitung, Einkauf) verknüpft. Das simulationsgestützt arbeitende Steuerungs- und Planungssystem basiert auf dem OPS-Algorithmus (Optimierte Produktionssimulation) und ermöglicht unter anderem die Bestimmung der Reihenfolge der Werkzeugeinlastungen in die Werkzeugaufbereitung und Werkzeuginstandsetzung.

Das „Ereignisorientierte Tool-Management" ist modular aufgebaut und beinhaltet ein Simulationssystem, das in zwei Bereiche gegliedert ist. Im ersten Bereich wird der Werkzeugfluß in der Fertigung, im zweiten der Werkzeugfluß in der Werkzeugaufbereitung und Werkzeuginstandsetzung abgebildet. Die einzelnen Maschinentypen, wie z.B. CNC-Schleifmaschinen und konventionelle Werkzeugschleifmaschinen, sind als eigenständige Module in der Bibliothek des Simulationsystems abgelegt. Die dazugehörigen Daten, wie z.B. Verfahrgeschwindigkeit der einzelnen Achsen der Werkzeugschleifmaschinen, sind in der Datenbank gespeichert bzw. können über Bildschirmmasken eingegeben werden. Der konsequent modulare Aufbau garantiert ein hohes Maß an Wiederverwendbarkeit der erstellten Bausteine, somit ist es durch einfache Kombination der hinterlegten Module möglich, verschiedene Werkzeugaufbereitungen und Werkzeuginstandsetzungen sowie unterschiedliche Fertigungseinrichtungen zu modellieren und deren Verhalten zu simulieren.

3. Strategien zur Planung und Steuerung des Werkzeugflusses

Das hier vorgestellte System bietet die Möglichkeit, den Werkzeugfluß und die Tätigkeiten in allen Unternehmensbereichen zu simulieren und zu optimieren. Im Rahmen dieses Beitrags erfolgt eine Beschränkung der Betrachtungen auf die Planung und

Steuerung des Werkzeugflusses in der Werkzeugaufbereitung und -instandsetzung, bei der grundsätzlich zwei Aufgabenstellungen zu unterscheiden sind. Einerseits kann Planungsziel die Neuplanung bzw. Auslegung der Werkzeugaufbereitung und Werkzeuginstandsetzung, andererseits die Planung und Steuerung des Werkzeugflusses in bestehenden Fertigungseinrichungen sein.

Zur Neuplanung einer Werkzeugaufbereitung und -instandsetzung sollte die in dem Bild 2 dargestellte Systematik angewendet werden. Durch die Analyse der NC-Programme wird der Werkzeugbedarf und die Reihenfolge der Werkzeuge zur Fertigung der Werkstücke bestimmt. Mit Hilfe dieser Werkzeuglisten ist dann zunächst eine statische Auslegung der Werkzeugaufbereitung und Werkzeuginstandsetzung vorzunehmen. Die Anzahl und Technologie der hierzu erforderlichen Montageplätze, Transportmittel, Lagersysteme und Maschinen ist zu bestimmen. Darüber hinaus ist die Anzahl der Mitarbeiter und ihre Zuordnung zu den Aufgabenbereichen festzulegen.

Im nächsten Arbeitsschritt ist zur Betrachtung der Systemdynamik das Simulationsmodell des Werkzeugflusses in der Werkzeugaufbereitung und Werkzeuginstandsetzung sowie der Fertigung zu generieren. Das Simulationsmodell ermöglicht beispielsweise die Analyse des Einflusses verschiedener Transportstrategien oder des Automatisierungsgrades der Werkzeugschleifmaschinen auf die Ausbringung der Fertigungsmaschinen. Zur Minimierung der Rechenzeiten der verschiedenen Simulationsläufe ist es bereits in diesem Stadium der Untersuchungen sinnvoll, den erforderlichen Planungshorizont zu bestimmen und für die folgenden Variationen festzulegen. Da bei dieser Festlegung mit Unsicherheiten zu rechnen ist, inwieweit dieser Planungshorizont für alle Variationen zutreffend ist, sollte nicht der kleinste Wert des Lösungsraumes sondern ein mittlerer Wert definiert werden. Die Größe des Planungshorizontes ist dabei in erster Linie abhängig von der Dynamik der Werkzeugwechsel an den Bearbeitungsmaschinen sowie den Durchlaufzeiten

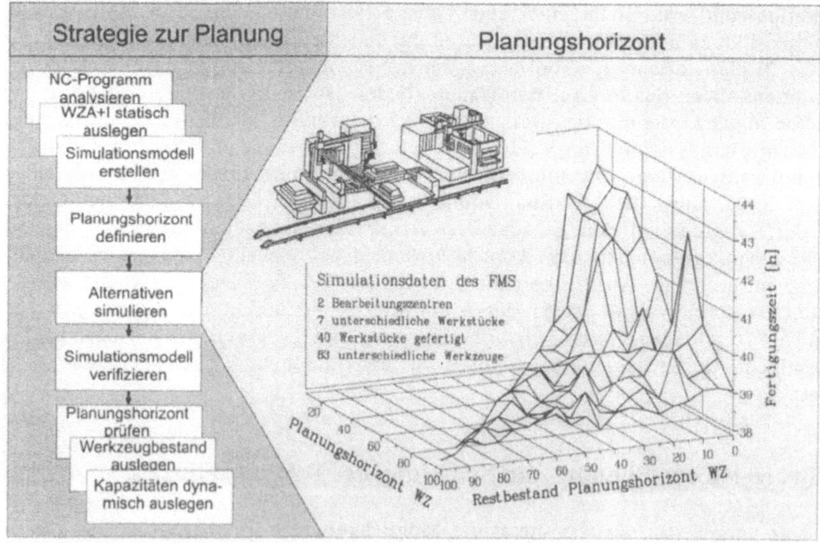

Bild 2: Systematik zur Planung der Werkzeugaufbereitung und Werkzeuginstandsetzung

der Werkzeuge durch die Werkzeugaufbereitung und Werkzeuginstandsetzung.

Im rechten Teil des Bildes 2 ist exemplarisch dargestellt, in welchem Maße die Bearbeitungszeit für ein vorgegebenes Werkstückspektrum, in einem definierten Fertigungssystem, vom Planungshorizont abhängt. Als weitere Größe wurde hierbei der Planungsvorlauf berücksichtigt, d.h. es wurde untersucht, zu welchem Zeitpunkt, der beschrieben werden kann durch die Anzahl der noch nicht eingesetzten Werkzeuge des Planungshorizontes, eine neue Planung eingeleitet werden muß.

Es ist deutlich erkennbar, daß die Summe der Bearbeitungszeiten erheblich ansteigt, wenn der Planungshorizont zu klein gewählt wird. Mit zunehmendem Planungshorizont bildet sich eine Ebene minimaler Bearbeitungszeiten aus, d.h. durch eine weitere Vergrößerung des Planungshorizontes wird es nicht möglich, die Bearbeitungszeiten der Maschinen wesentlich zu verringern. Die Ebene selber wird aus den lokalen Minima und den lokalen Maxima der Bearbeitungszeiten gebildet. Die prozentualen Abweichungen der einzelnen Bearbeitungszeiten, durch welche die Ebene aufgespannt wird, sind relativ gering. Der Planungshorizont, der für die dann folgenden Variationsläufe zur Optimierung der Systemkonfiguration festgelegt wird, sollte also durch die Koordinaten eines repräsentativen Punktes in dieser Ebene bestimmt sein. Mit diesen Parametern ist dann der Simulationsaufwand erheblich zu reduzieren.

Die Rechenzeit, die für einen Planungslauf zur Simulation des Werkzeugflusses benötigt wird, ist in <u>Bild 3</u>, in Abhängigkeit vom Planungshorizont, dargestellt. Der einzelne Simulationslauf selbst erfordert mehrere Planungsläufe. Die Anzahl der Planungsläufe ist abhängig vom gewählten Planungshorizont und Planungsvorlauf. Weitere Einflußgrößen resultieren aus den Vorgaben der Werkstückbearbeitung seitens des PPS-Systems oder des Fertigungsleitrechners. Die Zeit für einen kompletten Simulationslauf, bei optimiertem Planungshorizont von 50 Werkzeugen und Planungsvorlauf von 30 Werkzeugen beträgt etwa 4 Minuten.

Mit Hilfe des zuvor bestimmten Planungshorizontes erfolgt dann die Simulation verschiedener Systemkonfigurationen zur Auswahl eines dann zu optimierenden Systems. Nach Abschluß der Simulationsläufe und Bewertung der Ergebnisse ist gegebenenfalls das Simulationsmodell zu verifizieren. Anschließend ist für die ausgewählte Systemkonfiguration der Planungshorizont erneut zu bestimmen, um zu gewährleisten, daß die weiteren Untersuchungen ebenfalls die geforderte Planungsgüte aufweisen.

Vorrangiges Ziel der nachfolgenden Untersuchungen ist die Bestimmung des optimalen

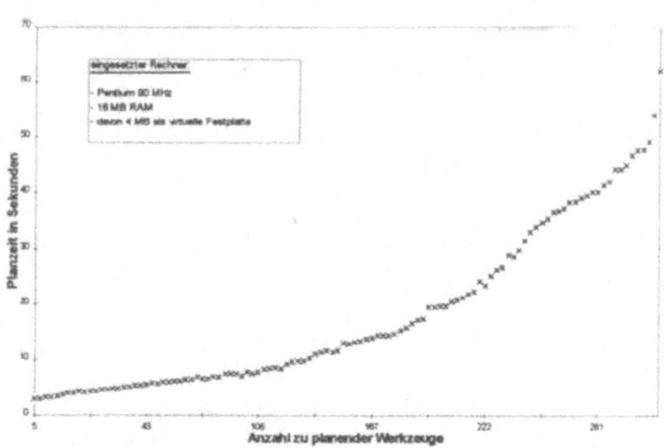

Bild 3: Rechenzeit in Abhängigkeit der zu planenden Werkzeuge

Werkzeugbestandes. Hierzu ist es notwendig, den Werkzeugbestand im Hinblick auf die Fertigungsreihenfolge, Störungen usw. zu untersuchen. Die Bewertung der Simulationsergebnisse kann beispielsweise mit Hilfe der Kostenrechnung erfolgen. Ferner sind die Anzahl der einzelnen Arbeitsplätze, Mitarbeiter, Vorrichtungen usw. in der Werkzeugaufbereitung und Werkzeuginstandsetzung zu bestimmen.

Das Simulationsmodell, das im Rahmen der Neuplanung erstellt wurde, dient dann zur ereignisorientierten Planung des Werkzeugflusses im realisierten System. Die durch die Simulation ermittelten Maschinenbelegungspläne, die auf der vom Leitstand vorgegebenen Werkstückreihenfolge basieren, können dann zur Steuerung der Werkzeugaufbereitung und Werkzeuginstandsetzung verwendet werden.

5. Zusammenfassung und Ausblick

Es wurde ein Planungssystem auf der Basis des „Ereignisorientierten Tool-Management" vorgestellt. Am Beispiel der Planung des Werkzeugflusses in der Werkzeugaufbereitung und -instandsetzung wird erreicht, daß Störungen durch fehlende bzw. falsch aufbereitete Werkzeuge und damit Produktivitätseinbußen in der Fertigung erheblich reduziert werden. Zudem wird damit die Produktivität der Werkzeugaufbereitung und Werkzeuginstandsetzung gesteigert und der zur Produktion benötigte Werkzeugbestand minimiert. Hierdurch ist es möglich, die Kosten im Werkzeugwesen zu reduzieren und gleichzeitig die Produktionssicherheit der Fertigungseinrichtungen zu steigern.
Zur weiteren Verbesserung der Situation im Werkzeugwesen wird geplant, mit dem vorgestellten System systematische Untersuchungen zu Engpaß- und Störungssituationen durchzuführen. Aus den Ergebnissen sollen dann Planungsregeln abgeleitet und in das System integriert werden, die eine weitere Steigerung der Produktionssicherheit der Fertigungseinrichtungen ermöglichen.

Literatur:

[KFK90]   NN.: Sicherung des spanabhebenden Fertigungsprozesses, Forschungsbericht KFK-PFT 154, 1990

[WU88]   Wiendahl. H.-P.; Ullmann, W.: Anforderungen an die Bereitstellungsplanung von Werkzeugen in der Fertigungssteuerung. Werkstatt und Betrieb 121 (1988) Nr. 2, S. 133-135

[HAR93]   Harstorff, M.; Hollemann, Ch.: Kennzahlengestützte Einführung und Bewertung rechnerunterstützten Werkzeugmanagements. VDI_Z Special Werkzeuge (1993), S. 56-62

[VIE]   Viewegener, B.: Wirtschaftliches Toolmanagement bei Bearbeitungszentren mit Ketten- und Casettenmagazinen, Firmeninformation Fritz Werner Werkzeugmaschinen AG Berlin

[PM94]   Petuelli, G.; Müller, U.: Ereignisorientiertes Tool-Management, VDI-Z Special Werkzeuge, Aug. 1994, S. 72-80.

[PAU92]   Pauls, A.: Rechnergestützte Werkzeugverwaltung zur Koordinierung des Werkzeugflusses auf der Werkstattebene. Diss RWTH Aachen, 1992.

Interaktive Kopplung zwischen Fertigungsleitstand und Materialflußsimulator

M. Krieg, M. Völker, T. Geipel
Technische Universität Dresden, Institut für Produktionstechnik

Kurzfassung

Die abstrakte Nachbildung komplexer Produktionssysteme mit Hilfe diskreter Materialflußsimulatoren ist mit einem hohen Zeit- und damit Kostenaufwand verbunden. Die Gestaltung eines ablauffähigen, realitätsnahen Modells erfordert selbst bei der Nutzung moderner Simulatoren der 5. Generation aufwendige Programmier- bzw. Codierarbeiten zur Umsetzung der Steuerung in EDV-verständliche Befehle. Im Rahmen eines Forschungsprojektes an der TU Dresden sollen die in entwickelten Fertigungsleitständen implementierten Steuerstrategien und Optimierungsfunktionen für die Simulation nutzbar gemacht werden. Es wurde ein Kopplungsmodul zwischen Fertigungsleitstand und Materialflußsimulator geschaffen, durch den ein zyklischer Datenaustausch zwischen den Software-Produkten möglich wird. Speziell die Fertigungssteuerung eines Produktionssystems kann mit minimalem Aufwand in den Simulator übernommen bzw. nachgebildet werden. Dieser Kopplungsmodul ist zugleich Arbeitsinstrument zur realitätsnahen Schulung von Fertigungsdisponenten.

1. Einführung

Für die Planung und Steuerung von Produktionsprozessen werden in den Unternehmen zunehmend Software-Tools eingesetzt. Dabei erfolgt meist eine funktionale Trennung zwischen Materialflußsimulatoren und Produktionsplanungs- und -steuerungssystemen(PPS) bzw. Fertigungsleitständen. Mit Hilfe von Materialflußsimulatoren können alle oder ausgewählte Stoffflüsse (Produkte, Werkzeuge, Hilfsstoffe, Abprodukte) in einem Unternehmen oder Unternehmensbereich hinsichtlich ihrer Wechselwirkungen untersucht werden. Speziell die dynamische Simulation ermöglicht eine exakte Beschreibung des zeitlichen Systemverhaltens mit dem Ziel, Planungslösungen für komplexe, meist kostenintensive Produktionssysteme zu bewerten. Neben dem Materialflußmodell und dessen Steuerung muß zugleich die Fertigungssteuerung in ihrer Gesamtheit im Rechner abgebildet werden. Oftmals reichen dafür im Simulator bereitgestellte Regeln und Methoden nicht aus, so daß erheblicher (kostenintensiver) Programmieraufwand entsteht.

Fertigungsleitstände existieren als modulare Bestandteile von PPS-Systemen, aber auch als eigenständige Software-Produkte. Ihre Aufgabe besteht in der kurzfristigen Werkstattsteuerung durch Feinterminierung der von der PPS verwalteten und freigegebenen Aufträge. Eingesetzte Leitstandssysteme zeichnen sich durch hoch entwickelte und flexibel einsetzbare interne Steueralgorithmen aus.

Gegenwärtig kommen Materialflußsimulatoren hauptsächlich für Planungsaufgaben (Planungsphase) und Fertigungsleitstände für Steuerungsaufgaben (Betriebsphase) zum Einsatz. Bei dieser Herangehensweise ist der Anwender gezwungen, im Simulator die Steuerungen für Materialfluß **und** Fertigungsfluß zu programmieren. Die komplexen Funktionalitäten insbesondere der Fertigungssteuerung sind nur mit hohem Aufwand bzw. unvollkommen modellierbar. Im Fertigungsleitstand hinterlegte Prioritätsregeln, Optimierungsfunktionen und Steuerungskonzepte werden lediglich für die reale Produktion genutzt. Zur Reduzierung von Zeit und Kosten bei Durchführung von Simulationsexperimenten sind eine Kopplung von Fertigungsleitstand und Materialflußsimulator und ein Datenabgleich zwischen beiden Produkten zwingend (siehe Bild 1).

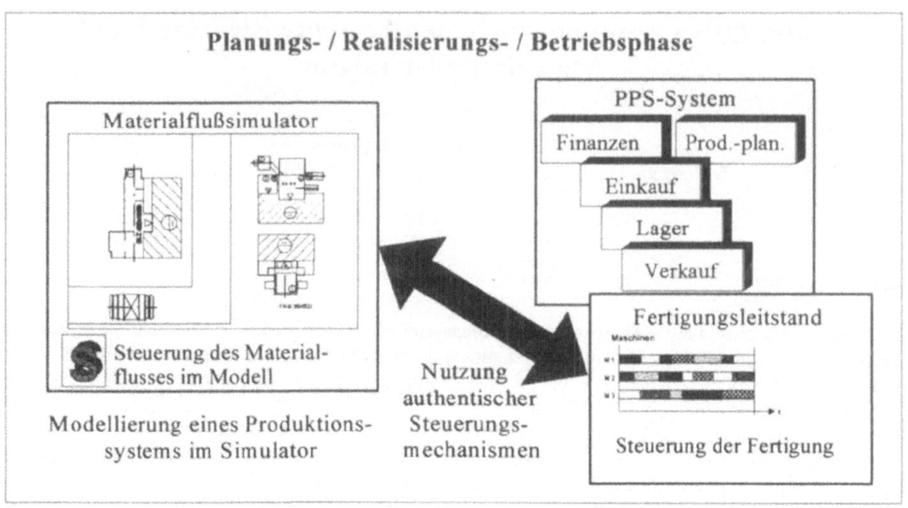

Bild 1: Soll-Zustand in der Unternehmensplanung

2. Projektbeschreibung

Der Ansatz des Forschungsprojektes besteht darin, die Steuerungsintelligenz eines Leitstandes für Simulationsexperimente zu nutzen. Ein Simulator stellt in diesem Fall für den Leitstand das Abbild der realen,
zu steuernden Fabrik dar. Produktionssystemneutrale Steuerungsbausteine wurden erarbeitet und stehen
dem Anwender für die Nachbildung seines spezifischen Anwendungsfalles zur Verfügung (siehe Bild 2).
Die neuentwickelten, in den Simulator implementierbaren Steuerungsmodule besitzen für alle Bereiche
der diskreten Fertigung Allgemeingültigkeit. Auch Klein- und Mittelständische Unternehmen können
aufgrund des geringen Modellierungsaufwandes diese Software einsetzen.

Grundlage für die Gestaltung eines ablauffähigen Modells im Simulator ist ein im Fertigungsleitstand
erzeugtes Maschinenbelegungsdiagramm. Es wird eine terminierte Auftragsreihenfolge gebildet, die in
tabellarischer Form an den Simulator zu übergeben ist. Starttermine der einzelnen Arbeitsgänge finden
anstelle der "Fertigungssteuerung im Simulator" Anwendung. Somit können verschiedenartige Systeme
mit Hilfe einer definierten Anzahl von Steuerungsmethoden nachgebildet werden. Die im Simulator zu
hinterlegenden Methoden betreffen:

- Pausen- und Schichtgestaltung,
- Systemein- und -ausgang (Systemschnittstellen),
- Maschinen und Anlagen bzw. Arbeitsplätze,
- Fördermittel,
- Montage,
- Terminkorrektur.

Um diese allgemeingültigen Steuerungen für ein spezifisches Modell nutzen zu können, werden unterschiedliche, parametrisierbare Tabellen und Listen angesprochen. Damit besteht z.B. die Möglichkeit,
beliebige Pausen- und Schichtregelungen vorzugeben sowie eine flexible Anordnung und Anzahl von
Maschinen und Fördermitteln nachzubilden. Zur Erstellung von Simulationsmodellen ist es notwendig,
ein physisches Modell, des zu untersuchenden Systems, im Rechner zu hinterlegen. Bei der Nutzung
eines bausteinorientierten Simulators wird ein Vorrat von Modellelementen zur Abbildung der einzelnen
Maschinen und Anlagen angeboten, mit denen der Animationsaufbau realisierbar ist. Logische Ver-

knüpfungen im Modell erfolgen über die zuvor beschriebenen Module. Vor der Initialisierung des Simulationsmodells ist durch den Nutzer ein Menü zur Dateneingabe abzuarbeiten. Die hier zu parametrisierenden Tabellen stellen das Bindeglied zwischen allgemeingültigen Steuerungsmoduln und spezifischer Modellsteuerung dar. So können mit Hilfe der Schichtliste Arbeitsschichten sowie einzelne Maschinen aktiv oder inaktiv gesetzt bzw. Schichtzeiten variiert werden. Die Pausenliste ermöglicht es, globale und lokale Pausen zu erzeugen. Zur Abbildung der Ausrüstungen und Arbeitsplätze stehen die Maschinenliste, die Fördermittellisten (stetig und unstetig) sowie die Übergabebereichsliste zur Verfügung. Um den Materialfluß nachzubilden, werden Wegematrix und Arbeitsplatz-Fördermittel-Zuordnung verwendet. Über Verteilungsfunktionen kann das Ausrüstungsstörverhalten im Modell hinterlegt werden. Ablaufbedingte Veränderungen der Arbeitsgang-Starttermine werden hervorgerufen durch
    - Störungen der Maschinen und Anlagen oder
    - Zeiten für Transportvorgänge (im Leitstand nicht abgebildet).
Korrekturmechanismen sollen sicherstellen, daß die Belegungsreihenfolge der Arbeitsplätze beibehalten wird. Reihenfolgeänderungen sind ausschließlich durch den Fertigungsleitstand auslösbar.

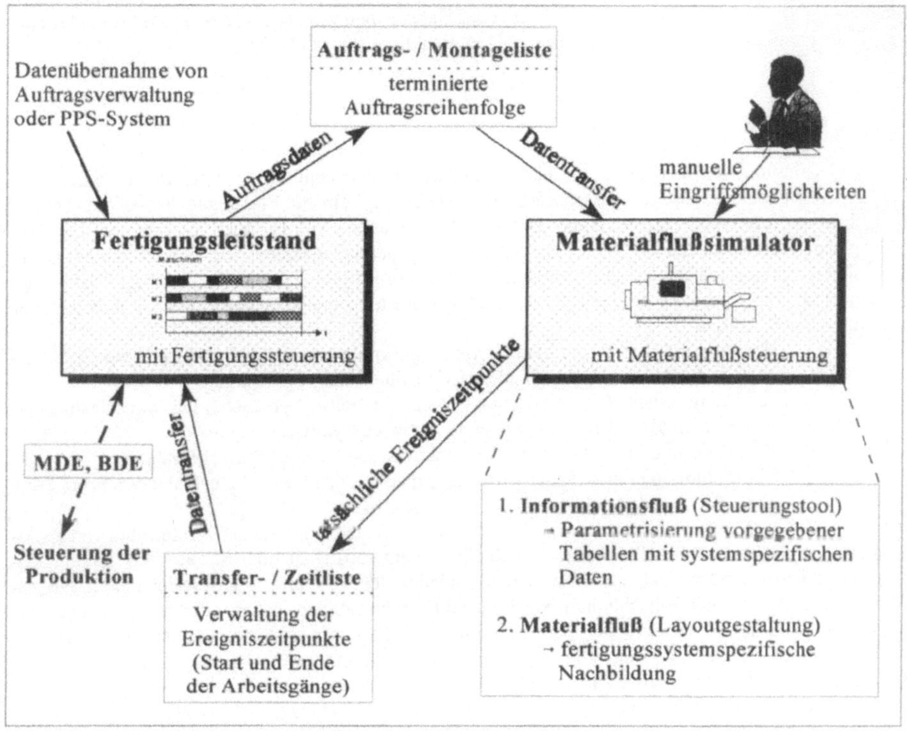

Bild 2: Zyklischer Datenabgleich

3. Schnittstellengestaltung

In festgelegten Zeitintervallen ist es notwendig, die Ereignisse in der Auftragsliste zu aktualisieren. Zu diesem Zweck bietet der Simulator ein Datentransfermenü sowie notwendige Leitstandsschnittstellen an.

Vor Beginn der Simulation wird ein Leitstandslauf, in dessen Ergebnis Start- und Endtermine der einzelnen Arbeitsgänge entstehen, durchgeführt. Aus der leitstandsinternen Datenbank werden relevante Daten (z.B. Arbeitsgang-Nummern, Starttermine, Arbeitsplätze, Rüst- und Ausführungszeiten) herausgelesen und in Form der bereits erwähnten Auftragsliste für den Materialflußsimulator bereitgestellt. Eine Montageliste wird erzeugt, in der Einzelteil-Baugruppen Beziehungen aufgeführt sind. Das Ersteinlesen der Tabellen in den Simulator erfolgt über die Initialisierung des Simulationsmodells.

Im Laufe der Simulation kann es zu Terminverschiebungen kommen. Tatsächliche Start- und Endzeiten der Simulationsereignisse werden in eine Transferliste eingetragen. Diese Liste stellt eine Art Logbuch der Fertigung dar. Zur Aktualisierung der Auftragsreihenfolge sind die Transfer- und eine Zeitliste (Zeitsynchronisation zwischen Simulator und Leitstand) vom Simulator an den Leitstand zu übergeben. Diese Funktion wird über Menüschalter ausgeführt. Ein Vergleich zwischen tatsächlichen und geplanten Terminen erfolgt mit Hilfe der Historiefunktion des Leitstandes. Ein erneuter Leitstandslauf wird durchgeführt. Im Ergebnis entsteht ein neues, aktualisiertes Maschinenbelegungsdiagramm. Die erzeugten Daten (Arbeitsgang-Starttermine) werden über eine Schnittstellendatei dem Simulator zugeführt und in der simulatorinternen Auftragsliste abgelegt. Ein Menütableau bietet die Funktion des Einlesens an. Im Modell bereits erzeugte Teile oder Baugruppen werden mit den neuen Daten der Auftragsliste abgeglichen (z.B. Alternativarbeitspläne, Reaktionen auf Störungen ...).

4. Anwendung

Durch Verbindung der Werkzeuge Simulator und Leitstand wird eine neue Methodik zur simulativen Planung von Produktionsstätten geschaffen. Als Ergebnis ist ein für Planungs-, Realisierungs- und Betriebsphase multivalent anwendbares Hilfsmittel zur Planung von Produktionssystemen, zur Ausbildung von Disponenten und zur Steuerung von Fertigungsbereichen entstanden. Die fertigungssystemneutrale Gestaltung von Steuerungsmethoden im Simulator ermöglicht, verschiedenartige Fertigungssysteme innerhalb festgelegter Restriktionen mit geringem Aufwand nachzubilden. Folgende Ziele können realisiert werden:
- Vereinfachung der Systemmodellierung im Simulator mit gleichzeitig höherer Ergebnisqualität durch Verwendung authentischer Steuerungsalgorithmen,
- Schaffung eines Arbeitsinstruments zur realitätsnahen Schulung von Fertigungsdisponenten über den gesamten Werkstattlebenszyklus,
- Visualisierung und Bewertung der Funktionalität von Fertigungsleitständen,
- Beurteilung geplanter Rationalisierungsmaßnahmen parallel zur laufenden Produktion (unter Verwendung aktueller Produktionsdaten).

Mit Hilfe der kurzfristigen simulativen Planung sind z.B. vor und während der Ausführung von Rationalisierungsmaßnahmen Entscheidungen durch die Verantwortlichen überprüfbar. Ein Training im Umgang mit Fertigungsleitständen erfordert eine Simulation der Fertigung. Damit sollen die vielfältigen Situationen, die zu einer Entscheidung am Leitstand führen können, quasi unter realitätsnahen Bedingungen nachgebildet werden. Ein Vergleich mit dem Einsatz eines Flugsimulators bei der Pilotenausbildung ist durchaus gegeben. Die beschriebenen Softwaremodule sind sowohl von Leitstandsherstellern und -anwendern sowie Planungsbüros als auch in Lehre und Forschung einsetzbar.

Zum Nachweis der Funktionsfähigkeit des leitstandsunterstützenden Steuerungstools wurde die Software an den Simulator "SIMPLE++" der Fa. AESOP angepaßt. Hierbei handelt es sich um einen bausteinorientierten Simulator, der aufgrund seiner Programmierfähigkeit günstige Voraussetzungen für den Einsatz bietet. Als Fertigungsleitstand kommt das System "PROVISOR" der Fa. PRO DV zur Anwendung. Die zuvor beschriebenen Schnittstellendateien basieren auf der Kopplung dieser beiden Produkte. Mit Hilfe künftiger Arbeiten soll es möglich werden, weitere Leitstände und Simulatoren unter Nutzung des leitstandsunterstützenden Steuerungstools über spezifische Schnittstellendateien zu verbinden.

Entwicklung eines simulationsgestützten Arbeitsplatzes für den Produktionsplaner

Uwe Gumpert
Leitner & Gumpert Softwareentwicklung OEG, Wien

Michael Ritzschke
Humboldt-Universität zu Berlin, Institut für Informatik
email: ritzschk@informatik.hu-berlin.de

Kurzfassung

Vorgestellt wird ein auf einem Simulator basierendes Analysewerkzeug (Manufacturing Process Analyzer), mit dem es möglich ist, Produktionsprozesse beliebiger Größe in einem Modell nachzubilden und in ihrem dynamischen Verhalten zu untersuchen. Bei bisher vogestellten Systemen war die Ankopplung eines Simulators an bestehende PPS-Systeme „maßgeblich von der Qualifikation und Erfahrung der an der Modellerstellung und -anpassung beteiligten Fachleute abhängig" /1/. Im Unterschied dazu ist es bei diesem Arbeitsplatz möglich, ohne programmiertechnische Kenntnisse ein vollständiges Abbild des gesamten Produktionsprozesses zu generieren. Das bedeutet, daß durch die direkte Ankopplung des Modellgenerators an das PPS-System alle Informationen über den Produktionsprozeß automatisch im Simulationsmodell berücksichtigt werden. Ein weiterer Untersuchungsschwerpunkt ist die automatisierte Auswertung der gewonnenen Simulationsrohdaten. Mit dem realisierten Auswertetool steht ein erster Prototyp zur Verfügung. Perspektivisch zeichnet sich das Erfordernis der Schaffung von Standards für Ergebnisfiles ab, um eine Auswertung unabhängig vom genutzten Simulator zu gewährleisten.

1   Einführung

Die Erstellung von Simulationsmodellen und die systematische Auswertung der Simulationsergebnisse stellen den Hauptaufwand beim Einsatz der Simulation in der Produktion dar. Es werden Simulationsexperten benötigt, um ein Abbild der Produktionsanlage im Simulator zu erzeugen. Desweiteren braucht man Experten, die die eigentliche Strategie für die Simulationsstudien festlegen. Die Aufbereitung der Ergebnisdaten aus den unterschiedlichen Simulationsläufen bedeutet ebenfalls einen nicht unerheblichen Aufwand.

Ziel ist es, den Produktionsplaner von diesen aufwendigen peripheren Arbeiten zu entlasten. Genau hier setzt der Manufacturing Process Analyzer an. Mit diesem Werkzeug ist es möglich, Produktionsprozesse beliebiger Größe im Modell nachzubilden. Die Tätigkeit des Produktionsplaners beschränkt sich auf die Definition der zu untersuchenden Parameter und die Auswertung der Ergbnisse.

Der MPA ist für Produktionsanlagen beliebiger Größe konzipiert und wird z.B. als Ergänzung zum PPS-System SAP R/3 angeboten.

Der MPA ist für **Off-Line Planung, On-Line Planung** und die **Steuerung** vorgesehen (siehe Abschnitt 4). In allen drei Anwendungsgebieten werden auf der Basis von Strukturdaten, Produktdaten, Produktionsdaten, Kostendaten und Auftragsdaten Nachbildungen (Modelle) des realen Prozesses erzeugt. An diesen Modellen können beliebige Untersuchungen vorgenommen werden.

2 Aufbau des MPA

2.1 Strukturübersicht

Zentrale Elemente sind eine Datenbank und ein Modell der Fertigung (Bild 1). Zusätzlich wird zum Zwecke der einfacheren Bedienbarkeit eine speziell angepaßte Oberfläche angeboten. Diese Oberfläche macht es dem Anwender leichter, den vollen Funktionsumfang des Manufacturing Process Analyzer zu nutzen.

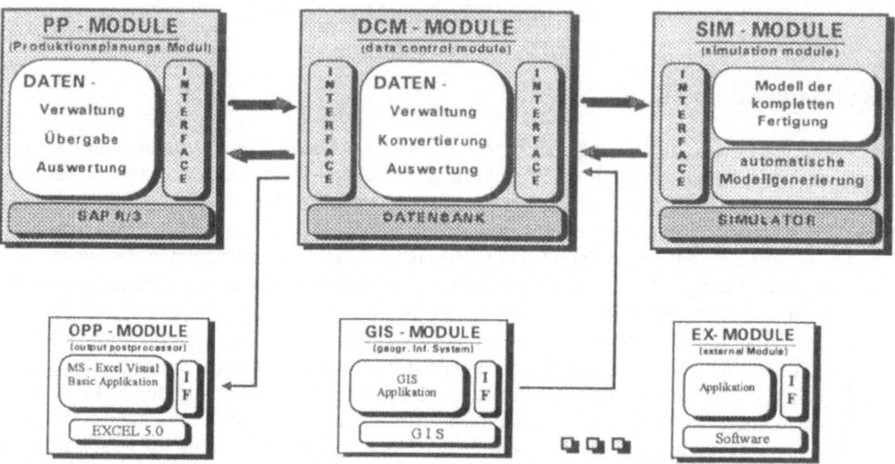

Bild 1: Struktur des Manufacturing Process Analyzer (MPA)

Für den MPA werden unterschiedliche Informationen aus dem PPS-System benötigt:

- Strukturdaten - Alle Informationen, die Maschinen, Anlagen und Anlagengruppen betreffen. Dazu gehören unter anderem auch Anzahl und Art der Anlagen, Leistung, zeitliche Verfügbarkeit sowie ihre räumliche Lage im Produktionssystem.

- Produktionsdaten - Alle Informationen, die für die Produktion der unterschiedlichen Erzeugnisse notwendig sind. Dazu gehören z.B. sämtliche Arbeitspläne mit einer Detaillierung bis zu jedem Vorgang. Außerdem beinhalten die Produktionsdaten Informationen zu Alternativarbeitsplänen sowie Regeln zur Auswahl dieser Alternativen.

- Vorgangsdaten - Informationen, die den Zusammenhang bilden zwischen den Vorgängen und den Maschinen und Anlagen, welche diese Operationen ausführen können. Den einzelnen Operationen werden die exakten Rüstzustände, Rüstzeiten, Bearbeitungszeiten, Beschickungs- und Entnahmezeiten sowie vorgeschriebene Liegezeiten zugeordnet. Diese Zuordnung kann für jede Anlage unterschiedlich sein.

- Kostendaten - Alle fixen und variablen Kosten, welche die Produktion betreffen. Kosten für einzelne Bearbeitungsschritte, statusabhängige Maschinenkosten, Personalkosten, Störungskosten, etc.

- Auftragsdaten - In den Auftragsdaten sind alle Informationen enthalten, welche die Auftragslage beschreiben. Dabei handelt es sich z.B. um Umfang und Art der Aufträge, sowie Einschleuszeitpunkt, Fertigstellungstermin und gegebenenfalls um vorgegebene Ecktermine für festgelegte Fertigungsabschnitte.

Die hier aufgeführten Daten müssen beim Einsatz des MPA nicht alle vom PPS-System zur Verfügung gestellt werden. Vielmehr ist die Aufgabenstellung an den MPA ausschlaggebend für den Datenbedarf. Es ist selbstverständlich möglich, zusätzliche Informationen von anderen Datenquellen einzubinden.

Die in der Datenbank aufbereiteten Daten werden in das Simulation Module (SIM) übertragen. Im SIM erfolgt auf der Basis der übertragenen Daten die automatische Modellgenerierung.

Danach folgt die eigentliche Simulation. Während des Simulationslaufes werden die unterschiedlichen statistischen Daten erfaßt. Welche Daten genau mitgeschrieben werden, hängt von Einstellungen vor dem Simulationslauf ab. Dabei kann es sich sowohl um Prozeßdaten, Anlagendaten als auch Kostendaten handeln. Die anfallende Datenmenge schwankt je nach Unternehmensgröße von einigen hundert bis zu mehreren tausend Dateien. Die gewonnenen Ergebnisdaten werden an das DCM (Data Control Module) zur Auswertung übertragen.

2.2 Simulation Module (SIM)

Mit dem SIM wurde ein Softwarepaket entwickelt, das die realitätsgetreue Nachbildung beliebiger Produktionsprozesse erlaubt. Durch das im Manufacturing Process Analyzer integrierte Simulationstool werden sämtliche produktionsabhängige Vorgänge abgebildet und über einen definierten Zeitraum dynamisch nachvollzogen.

Das Kernstück des MPA stellt die automatische Modellgenerierung dar. Dabei werden die Eingangsdaten maschinell aus dem bestehenden Datenbestand des PPS-Systems übernommen und nach einer Konvertierung dem Modellgenerator übergeben. Dieser erzeugt aus den Daten nach einem speziellen Verfahren /2/ automatisch ein Modell der Fertigung, das alle Anlagen und Anlagengruppen enthält und sofort für Simulationsläufe genutzt werden kann. Die Abbildungsgenauigkeit des Modells entspricht den datentechnischen Vorgaben des PPS-Systems. Es werden alle Tätigkeiten, welche im Zusammenhang mit dem Produktionsprozeß stehen, abgebildet. Dazu gehört z.B. auch jeder einzelne Rüstvorgang. Nach dem Ende des Simulationslaufes werden die Ergebnisdaten für eine Analyse wieder an das aufrufende System zurückgeliefert.

2.3   Data-Control Module (DCM)

Beim Data Control Modul handelt es sich um eine Datenbankanwendung, welche eine zentrale Rolle im MPA übernimmt. Mit Hilfe dieser Datenbank erfolgt sowohl die Datenmanipulation als auch die Konvertierung und Übertragung an die unterschiedlichen Anwendungen.

Das Data-Control Modul übernimmt die vom PPS-System übertragenen Daten, konvertiert diese und bereitet sie für den Simulator auf. Für die Aufbereitung stehen spezielle Komponenten zur Verfügung. Zum einen ist ein Programmteil integriert, mit welchem die übertragenen Daten auf Fehler hin untersucht werden können. Dabei werden unwahrscheinliche bzw. unmögliche Daten dem Anwender angezeigt und zur Korrektur vorgeschlagen. Zum anderen enthält das Data-Control Modul eine Komponente zur automatischen und/oder dialog-unterstützten Datengenerierung und -ergänzung.

Für die Auswertung der vom SIM ermittelten Daten steht eine Data Analyzer Component zur Verfügung. In dieser Component sind Algorithmen für Statistiken ebenso enthalten wie die Möglichkeit zur grafischen Ausgabe von Daten.

3 Anwendung des Systems durch den Produktionsplaner

Die Oberfläche für den Produktionsplaner wird von der Datenbank geliefert. Per Knopfdruck ist die Auslösung der Übertragung der benötigten Daten (Strukturdaten, Produktdaten, Produktionsdaten, Kostendaten und Auftragsdaten) aus dem SAP R/3 möglich. Es besteht die Möglichkeit, diese Daten zu modifizieren bzw. - wenn notwendig - zu ergänzen (z.B. Änderung der Leistungsfähigkeit von Maschinen) oder sie ohne Änderungen an den Simulator zu übergeben. Im letzteren Fall wird das Modell nach Bestätigung durch den Produktionsplaner identisch zur realen Anlage im Simulator generiert (Bild 2).

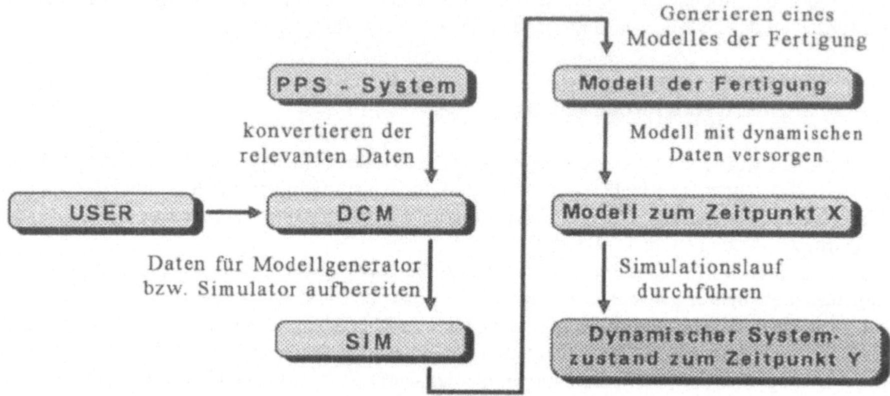

Bild 2:   Arbeitsschritte des Produktionsplaners

Nach erfolgter Modellgenerierung hat der Produktionsplaner die Möglichkeit, Einstellungen am Modell vorzunehmen. Sämtliche Einstellungen am Modell erfolgen dialogunterstützt und beinhalten auch die Möglichkeit, Defaultwerte zu akzeptieren. Durch die Nutzung von Defaultwerten wird die Effektivität des Modellaufbaus, gerade in der Einführungsphase des MPA, verbessert. Dem Produktionsplaner steht jetzt ein Modell zur Verfügung, mit welchem er seine Systemuntersuchung durchführen kann. Abschließend besteht die Möglichkeit, manuell einzelne Parametrierungen vorzunehmen. Dazu gehören Einstellungen wie die Festlegung von Prioritätsregeln oder die Definition von Schwellwerten. Zusätzlich können auch unterschiedliche Statistiken über ein Menü aktiviert bzw. deaktiviert werden.

Wenn die Modelleinstellungen beendet sind, kann der Simulationslauf gestartet werden. Die beim Probebetrieb gewonnen statistischen Daten können mit den integrierten Funktionen oder externen Hilfsmitteln ausgewertet werden.

4 Anwendungsgebiete des MPA

Off-Line

Der Einsatzbereich der Variante "Off-Line" bezieht sich vor allem auf die mittel- und langfristige Planung von Fertigungsanlagen. Dazu gehören "Planspiele" zur Einrichtung oder zum Umbau von komplexen Fertigungen ebenso wie die Bestimmung von optimalen Strategien für einzelne Fertigungsabschnitte oder die gesamte Fertigung.

On-Line
Die Variante "On-Line" befaßt sich mit der kurz- bis mittelfristigen Planung. Der Produktionsplaner benutzt den MPA, um Entscheidungen zu treffen, die den aktuellen Produktionsvorgang
betreffen. Dabei kann er aufsetzend auf der Ist-Situation unterschiedliche Maßnahmen auf ihre
Zielwirksamkeit untersuchen und sich nach mehreren Versuchsläufen für die beste Maßnahme
entscheiden. Diese Entscheidung wird dann vom Produktionsplaner an das PPS-System weitergegeben.

Steuerung
Bei der Variante "Steuerung" wird der Prozeß der Entscheidungsfindung weitgehend automatisiert. Das kann z.B. folgendermaßen aussehen: Das PPS-System stellt fest, daß einzelne Aufträge
im System verspätet sind und damit den vorgeschriebenen Fertigstellungstermin nicht einhalten
können. Daraufhin wird eine Anfrage an den MPA ausgelöst. Der MPA versucht dann mit Unterstützung eines Szenarienmanagers den Gesamtprozeß so zu variieren, daß die vorgesehenen
Termine eingehalten werden können bzw. die Abweichungen von geplanten Terminen minimiert
werden. Die dabei gewonnen Erkenntnisse werden automatisch an das PPS-System zurückgeliefert (z.B. geänderte Auftragsprioritäten).

Verteilte Fertigung
Für die Anwendung in der "verteilten Fertigung" wurde die spezielle Leistungserweiterung Multi
Site - Manufacturing Process Analyzer entwickelt. Mit diesem MS-MPA ist es möglich, dezentrale Produktions- und Lagerstätten unter Berücksichtigung der realen Transportbedingungen in ein
Modell zu integrieren ohne auf die Detaillierung bei der Abbildung der einzelnen Fertigungsabschnitte zu verzichten. Die Analyse kann in diesem Programmsystem sowohl übergreifend für
alle Produktions- und Lagerstandorte erfolgen als auch auf die einzelnen Standorte beschränkt
werden.

5   Automatisierte Datenaufbereitung

Die Auswertung der bei der Simulation (SIM-Modul, Bild 1) erfaßten Ergebnisdaten kann auf
verschiedenen Wegen erfolgen:
1) Im Simulator selbst, wobei die (oft begrenzten) statistischen Auswertemöglichkeiten des Simulators direkt genutzt werden.
2) Im DCM-Modul, wobei eine spezielle Komponente, das Data Analyzer Component (vgl. 2.3),
   programmiert werden muß.
3) Mit Hilfe eines externen Auswertemoduls (OPP-Modul, Bild 1), z.B. mit einem Statistik-
   Programmpaket, einem Tabellenkalkulationsprogramm o.ä.
Untersucht wurden Möglichkeiten einer automatisierten Datenaufbereitung und Auswertung mit
EXCEL 5.0, um die integrierten Statistik- und Anzeigefunktionen direkt für die Datenauswertung zu nutzen. Das als Prototyp realisierte Simulationsrohdaten-Auswerte-Tool /2/ erlaubt es,
beliebige Ergebnisdaten automatisiert in ein einheitliches Datenformat zu konvertieren und die
vom Produktionsplaner benötigte bzw. gewünschte statistische Aufbereitung einschließlich der
tabellarischen oder grafischen Ergebnisausgabe wahlweise automatisiert oder manuell auszuführen. Dazu ist allerdings die Anpassung des Tools an die jeweils konkreten Anforderungen mittels
Visual Basic erforderlich.

Analyseergebnisse
Die Analyse der Ausgabemöglichkeiten verschiedener Simulatoren (u.a. GPSS/H, SLAM II, System Specs, Taylor, Simple++) ergab, daß die ursprünglich angestrebte Einhaltung eines einheitlichen (vorgegebenen) Datenformates gegenwärtig nicht möglich ist. Vielmehr weisen die Aus-

gabefiles trotz der vorhandenen nutzerspezifischen Gestaltungsmöglichkeiten oft einige simulatorbezogene Besonderheiten auf /3/.

Aufbau des Auswertetools

Den Analyseergebnissen wird durch den Aufbau des Auswertetools entsprochen: Vor der eigentlichen Auswertung der Ergebnisdaten erfolgt deren Konvertierung in ein einheitlliches (intern standardisiertes) Format. Implementiert wurde bisher die Konvertierungsmöglichkeit für vier verschiedene Dateiformate, wobei die Daten so belassen werden können, wie sie der jeweilige Simulator liefert (Rohdaten). Vorangestellt ist lediglich ein Kopfteil, in dem ausgewählte Informationen enthalten sind wie

- Umfang des Datenfiles
- Bezeichnung der Daten
- Datum
- Projektnummer
- Kommentar.

Anpassung

Besteht die Möglichkeit, Ausgabefiles eines beliebigen Simulators entsprechend den bereits implementierten Formaten zu strukturieren, ist der Anpassungsaufwand gering; es sind bei Bedarf lediglich weitere statistische Auswertemöglichkeiten anwenderfreundlich verfügbar zu machen. Andernfalls muß ein weiteres Konvertierungsmodul entwickelt und eingebunden werden, was erheblich mehr Arbeitsaufwand erfordert.

Ausblick

Weiterführende Überlegungen gehen dahin, die Datenfiles so zu gestalten, daß das Auswerte-Tool automatisch das jeweils vorliegende Format erkennt und die erforderliche Konvertierung vornimmt. Dazu sollen zusätzlich zu den Simulationsrohdaten Verarbeitungsinformationen in einem speziellen File mitgeliefert werden, auf das im Kopf der Ergebnisfiles verwiesen wird. Das Auswertetool erkennt aufgrund der Verarbeitungsinformationen automatisch, wie die Konvertierung erfolgen muß und welche Art der Datenauswertung gewünscht ist. Damit würde die Flexibilität der Auswertung wesentlich erhöht werden. Zur Umsetzung einer solchen Vorgehensweise sind neben weiteren Analysen von Datenformaten und Auswertewünschen geeignete Standards zu entwickeln.

Literatur

/1/ Prautsch, W.: Kopplung eines PPS-Simulators mit einem PPS-System. In Sydow A. (Hrsg.), Simulationstechnik 9. Symposium in Stuttgart 1994, Reihe Fortschritte in der Simulationstechnik Band 9, S.649-652

/2/ Kraus, N.; Leitner, J.: Automatic Model Generation for Rule-based Strategy Evalution. Proceedings of the 1995 EUROSIM Conference, Hrsg. F. Breitenecker, I. Husinsky, S.1053-1058

/3/ Lehmann, D.: Automatisierte Aufbereitung und Auswertung von Simulationsresultaten zum Vergleich von Simulatoren. Diplomarbeit, Humboldt-Universität zu Berlin, Institut für Elektrotechnik 1996

Ein lernfähiges Simulationssystem zur Planung von flexiblen Fertigungssystemen

Wilfried Sauer, Gerald Weigert, Peter Goerigk
Technische Universität Dresden
Institut für Elektronik-Technologie

Die optimale Ablaufsteuerung komplexer flexibler Fertigungssysteme erfordert Simulationsmethoden zur zuverlässigen Prozeßvorhersage unterschiedlicher Fertigungsszenarios. Die Qualität dieser Prognose bestimmen das Modell der Fertigung und seine Parameter.

Eine prozeßbegleitende Simulation ermöglicht den kontinuierlichen Vergleich der Fertigungsfortschritte des simulierten und des realen Fertigungsprozesses durch einen Online-Prozeßmonitor.[1] Damit kann der Modellzustand jederzeit in Abhängigkeit der berechneten Abweichung der Prozesse synchronisiert werden.

Die vorliegende Arbeit stellt den Ansatz eines lernfähigen Simulationssystems auf dieser Grundlage vor. Es unterscheidet grundsätzlich zwischen dem während der Fertigung konstanten Strukturmodell und variablen Modellparametern, wie den Zeiten jedes Prozeßschrittes, die zum Zeitpunkt der Modellierung oft nur unzureichend bekannt sind.

Mit Hilfe verschiedener Lernalgorithmen können aus den der prozeßbegleitenen Simulation zur Verfügung stehenden Fertigungsdaten derartigen Modellparameter angepaßt werden, um den tatsächlichen Fertigungsablauf im kurzfristigen Bereich wesentlich besser zu prognostizieren. Im folgenden soll diese Methode vorgestellt und mit einem Anwendungsbeispiel aus der Elektronikbranche unterlegt werden.

1. Einführung

Die Forderungen nach einer optimalen Fertigungssteuerung werden heute vor allem durch die erhöhten Ansprüche an Qualität, Kosten und Termintreue hervorgerufen. Im allgemeinen wird das Fertigungssystem dabei mit Hilfe eines Leitstandes gesteuert, in dem alle Informationen zusammenfließen und durch einen sogenannten Prozeßmonitor sichtbar gemacht werden können. Auf der Grundlage der aktuellen Betriebs- und Planungsdaten trifft der zuständige Technologe Entscheidungen für die Steuerung des kurz- bzw. mittelfristigen Fertigungsablaufes. Die Wirkung der Steuerstrategie kann anhand der eintreffenden Betriebs- und Maschinendaten überprüft werden. Es entsteht so der in Bild 1 dargestellte Fertigungsregelkreis.

Die Entscheidungsfindung kann wesentlich durch die Anwendung von Simulationsmethoden unterstützt werden. In dem Simulationsregelkreis laufen die Prozesse dabei stark beschleunigt ab, wodurch man einen Blick in die Zukunft des Fertigungsablaufes gewinnen kann. Allerdings wird diese Prognose sehr wesentlich durch die Genauigkeit des Simulationsmodells bestimmt. Bei einer prozeßbegleitenden Simulation lassen sich Störungen und Ungenauigkeiten des Modells teilweise ausgleichen.[1]Im folgenden wird ein lernfähiges Simulationssystem beschrieben, mit dem es möglich wird, wesentliche Modellparameter (z.B. Fertigungsdauern, Prioritätsregeln) prozeßbegleitend zu ermitteln bzw. anzupassen. Die Fertigungsregelung wird somit um einen Modellierungsregelkreis erweitert.

2. Prinzip der prozeßbegleitende Simulation

Die Aufgabe der Fertigungssteuerung ist eigentlich einfach zu formulieren: Ausgehend
von den zum Zeitpunkt $t = 0$ zur Verfügung stehenden Prozeßdaten ist eine Steuerstrategie zu entwickeln, die den Fertigungsprozeß dahingehend beeinflußt, daß zum Zeitpunkt
t_H (Zeithorizont) der gewünschte Zustand $z(t_H)$ eingenommen wird. Die Steuerstrategie
selbst ist Gegenstand einer Optimierungsaufgabe, der erreichbare Zustand in t_H sollte dem
gewünschten möglichst nahe kommen. Was unter dem Prozeßzustand zu verstehen ist, ist
weitgehend vom Anwendungsfall abhängig.

Der Fertigungsprozeß läuft im Simulationsmodell auf moderner Rechentechnik stark beschleunigt ab. Zur Vereinfachung wird im folgenden die Simulationsdauer gegenüber der
Dauer des realen Fertigungsprozesses vernachlässigt. Der Prozeßzustand $z(t_H)$ kann bereits
zu einem wesentlich früheren Zeitpunkt t'_S, dem Startzeitpunkt der Simulation, vorliegen.
Selbstverständlich handelt es sich dabei nur um eine Schätzung z' des tatsächlichen Zustandes z. Im folgenden werden wir, wie bereits in [1] ausführlich erläutert, den Zeitpunkt der
Information über einen Zustand t' und den Zeitpunkt t des Eintreffens dieses Zustandes
auf getrennten Zeitachsen darstellen. Diese Form der Darstellung ist zwar nicht zwingend,
erleichtert aber das Verständnis der Zusammenhänge wesentlich. So gesehen liefert der
Simulator eine Vorhersage $z'(t_H, t'_S)$ für den Prozeßzustand $z(t_H, t'_H)$.

Das Problem liegt nun in der erreichbaren Genauigkeit der Prozeßvorhersage, die durch
ein Fehlermaß e ausgedrückt wird. Das Fehlermaß wird dabei durch Anwendung einer
Distanzfunktion d gewonnen, die im Falle der Prozeßdauer einfach die Differenz der zu
vergleichenden Zuständen sein kann:

$$e(t, t') = d(z(t), z'(t, t'))$$

Die Wirksamkeit der gewählten Steuerstrategie hängt entscheidend von der Genauigkeit
des Simulationsergebnisses ab, die sich aber erst nach Überschreiten des Zeithorizonts t_H
einschätzen läßt. Eine Einflußnahme auf die Fertigungssteuerung ist dann natürlich nicht
mehr möglich. Dies wird durch die prozeßbegleitende Simulation vermieden, deren Prinzip wie folgt beschrieben weden kann: Die während eines Simulationslaufs anfallenden Ereignisse werden in einer Ereignisliste gespeichert und stehen so für den Vergleich mit dem realen Fertigungsprozeß zur Verfügung. Dadurch kann die Entwicklung des Fehlers $e(t, t')$ bereits während der laufenden Fertigung beobachtet werden. Wird ein zulässiger Wert überschritten, kann die Simulation mit entsprechend korrigierten Betriebsdaten wie in [1] beschrieben erneut angestoßen werden. Wir sprechen dann von einer synchronisierten Simulation. Werden die Betriebsdaten zur Adaption von Modelleigenschaften ausgewertet, sprechen wir von einem lernfähigen Simulationssystem bzw. einer adaptiven Simulation.[3]

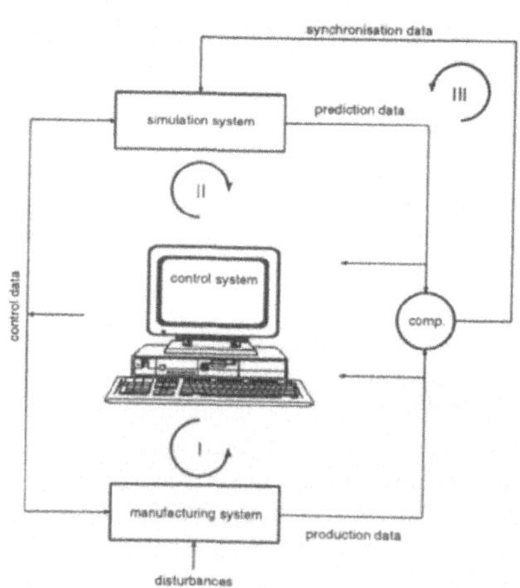

Bild 1. Prozeßbegleitende Simulation – Prinzip

3. Adaption des Simulationsmodells

Da die prozeßbegleitende Simulation über zeitaktuelle Betriebsdaten der realen Fertigung verfügt, wird eine genaue Analyse des Fertigungsablaufes möglich. Über das Monitoring des Fertigungsfortschrittes hinaus kann das Simulationsmodell beobachteten Parametern nachgeführt werden, um die Qualität der Prognosen zu verbessern. Wenn die Optimierung der Ablaufsteuerung auf dem Vergleich verschiedener Fertigungsszenarios durch Simulation beruht, ist der optimierte Ablaufplan in starkem Maße von diesen Prognosen abhängig.

In der Praxis zeigt sich, daß im Gegensatz zur Struktur des Modells die erforderlichen Parameter nur sehr ungenau im voraus bestimmt werden können. Daher werden Lösungen gesucht, die diese Modellparameter direkt aus den aktuellen Betriebsdaten ableiten. Dazu ist ein Datenbanksystem erforderlich, das die erforderlichen Daten zeitaktuell zur Verfügung stellt. Bei Bedarf sind innerhalb kürzester Zeit Modellparameter zu adaptieren, neue Simulationsprognosen zu errechnen und Abläufe zu optimieren. Nach einer hinreichenden Lernphase können damit die Ergebnisse der simulationsgestützten Ablaufoptimierung als auch der Prozeßvorhersage deutlich verbessert werden. Die automatische Erkennung und Reaktion auf Abweichungen zwischen prognostiziertem und realem Fertigungsprozeß (unverhergesehene Ereignisse wie Störungen und Eilaufträge, ungenaue Prognosen durch Ungenauigkeiten im Simulationsmodell oder driftenden Parameter) durch einen Prozeßmonitor, der bereits für die synchronisierte Simulation eingeführt wurde, vervollständigen diesen Ansatz zu einem Leitstandssystem zur Online-Optimierung der Ablaufsteuerung flexibler Fertigungssysteme. Die wesentlichen Vorteile dieser neuen Lösung sind

- Online-Datenerfassung, Prozeß-Überwachung und Vergleich zur Prozeßprognose
- Erkennung von Abweichungen zwischen realen und prognostizierten Fertigungsablauf
- Ablaufoptimierung auf Grundlage des aktuellen Prozeßzustandes (Synchronisation)
- Regelung der Modellparameter durch Auswertung der Betriebsdaten (Adaption)

Ein Prototyp dafür wurde implementiert und in eine Experimentierumgebung integriert.

Nachdem das erforderliche Datenmanagement etabliert wurde, konnten bereits einige einfachen Algorithmen (gleitende Mittelwerte, exponentielle Glättung) zur Adaption von Zeiten einzelner Prozeßschritte untersucht werden. Damit lassen sich systematische Parameterabweichungen weitgehend ausgleichen. Die Parameter der Adaptionsalgorithmen selbst müssen durch Experimente oder besondere Algorithmen ermittelt werden; sie legen die Wichtung der weiter zurückliegenden Meßwerte gegenüber dem letzten Meßwert fest. Diese Wichtung kann linear, logarithmisch oder nach anderen Funktionen bezüglich der Meßzeit jeden Wertes erfolgen. Gegenwärtig wird an der Auswertung praktischer Fertigungsdaten und der Anpassung der Algorithmen an den praktischen Einsatz gearbeitet.

Eine Herausforderung sind Lernalgorithmen für Warte- und Steuerstrategien. Dazu wird der Einsatz von Methoden der künstlichen Intelligenz erforderlich, die auf dem Lernen einer hinreichenden Menge von Beispieldatensätzen beruhen. Auf diese Weise kann ein simulationsgestützter Leitstand die Erfahrungen aus vergangenenen Fertigungsabläufen in die Ablaufoptimierung einbringen, die zahlreichen Restriktionen (Auftragstermine, Losgrößen, Maschinenparameter etc.) unterliegt. Die umfangreiche Literatur zur Ablaufsteuerung untersucht eine große Zahl von Warte- und

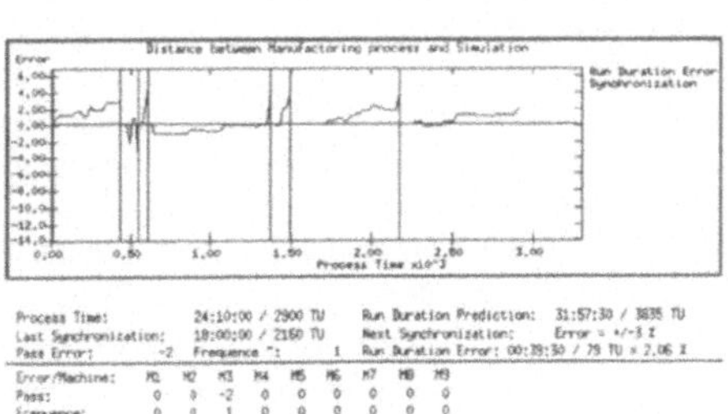

Bild 2. Prozeßmonitor des Prototyps

Steuerstrategien, von denen aber kaum eine direkt in der Praxis anwendbar ist. Wenn also vom Leitstand eine bessere Ablaufplanung erwartet wird, als der erfahrenste Technologe aufstellt, muß der Leitstand mittels künstlicher Intelligenz Erfahrungen sammeln und anwenden lernen. Damit wird eine Lernphase erforderlich, in der lediglich Prozeßdaten gesammelt und ausgewertet werden. Bei ausreichend vorhandenem Datenmaterial kann dieses Anlernen auch offline und prozeßunabhängig erfolgen. Erst nach dieser Lernphase wäre ein nun „wissensbasierter" Leitstand in der Lage, den Fertigungsprozeß optimal zu führen.

Da die Lernalgorithmen in der Ablaufsteuerung von Fertigungsprozessen Schwerpunkt unserer Arbeiten sind, begannen wir, bekannte KI-Lernmethoden auf die Eignung für diese Problematik zu untersuchen. Die Methode des <u>Maschinellen Lernens</u> konzentriert sich auf die Fähigkeit des automatischen Lernens als eine der wichtigsten Eigenschaften intelligenter Systeme. Während des Lernprozesses vertieft das System sein Wissen und seine Fähigkeit, ein oder mehrere Probleme zu lösen. Man unterscheidet zwischen dem deduktiven Lernen: der Bestimmung konkreter Fakten aus allgemeinen Regeln und dem induktiven Lernen: der Bestimmung allgemeiner Regeln aus Daten. Mit letzerem Ansatz sollten sich Ablaufstrategien aus der Prozeßbeobachtung anlernen lassen. Bekannte Klassifizierungsalgorithmen aus der Literatur sind u.a. COWEB, ID3 und ARCH. Aber auch <u>Künstliche Neuronale Netze</u> versprechen die Lernfähigkeit in Bezug auf unser Problem. Diese informationsverarbeitenden Systeme bestehen aus einer stark vernetzten Menge einfacher Bausteine (Neuronen, Zellen), die Informationen über die Aktivierung gerichteter Verbindungen erhalten und weiterleiten. Das Lernen erfolgt über die Modifikation der Wichtung dieser Verbindungen entsprechend verschiedener Algorithmen wie der Hebbschen Lernregel, der Delta Lernregel oder Backpropagation. Charakteristisch sind die erforderliche Lernphase an einer großen Menge von Beispieldaten (Wichtungen nicht durch externe Algorithmen berechenbar), ihre Robustheit und Parallelisierbarkeit. Der Problemlösungsprozeß ist nicht analysierbar; logische Schlußfolgerungen bleiben ihnen verwehrt. Während der letzten Jahre sind künstliche neuronale Netze erfolgreich in Mustererkennung, Sprachverarbeitung und Robotik eingesetzt worden.

4. Praktische Untersuchungen zur Adaption von Modellparametern

Im folgenden werden erste Ergebnisse zur Adaption von Modellparametern dargelegt, die mit unserem Prototyp eines lernfähigen simulationgestützten Leitstandes erzielt wurden. Grundlage ist ein selbstentwickelter ereignisorientierter Simulator, der für Untersuchungen zur Modellierung, Simulation und Optimierung komplexer Fertigungsprozesse entworfen wurde. Darauf baut eine Experimentierumgebung zur prozeßbegleitenden Simulation auf, die ein definiert gestörtes Simulationsmodell (statistisch verteilte Bearbeitungszeiten, Ausfälle etc.) als Imitat des realen Fertigungsprozesses verwendet. Der Prozeßmonitor (Bild 2) läuft als paralleler Prozeß auf dem gleichen Rechner und ist in der Lage, Betriebsdaten des gestörten Simulationslaufs online zu verarbeiten und auf Grundlage des eigenen determinierten Fertigungsmodells auszuwerten. Auf diese Weise kann er Unterschiede im Fertigungsfortschritt beider Prozesse erkennen und bei Bedarf automatisch Synchronisation und Adaption ausführen, um sein internes Modell bestmöglich an das gestörte anzupassen. Darüber hinaus prognostiziert und optimiert er durch Simulation dieses Modells den Fertigungsablauf nach einer vordefinierten Wichtung zwischen Steuerungszielen wie Termineinhaltung, Fertigungsdauer und Maschinenauslastung. Alle durchgeführten Experimente basieren weitestgehend auf realen Fertigungsdaten, die bei Praxispartnern gesammelt oder von diesen zur Verfügung gestellt wurden.

Bisher liegen nur Ergebnisse zur Adaption von Bearbeitungszeiten vor. Nach unseren Erfahrungen sind besonders diese Zeiten in Simulationsmodellen oft nur grob schätzbar, und

74

gleichzeitig ist auch nur schwer abschätzbar, welche Zeiten den Gesamtablauf bestimmen, und welche völlig unkritisch sind. Diese Ungenauigkeiten im Fertigungsmodell wirken sich natürlich nachteilig auf die Simulationsergebnisse aus: schon nach kurzer Zeit entfernt sich der Fertigungsablauf von der simulierten Prognose. Daher müssen sämtliche Bearbeitungszeiten von einem Datenbanksystem gesammelt und zur Adaption des Modells bereitgestellt werden. Damit erhöhen sich allerdings die Komplexität der fertigungsbegleitenden Informationsprozesse und die Anforderungen an die zeitaktuelle Betriebsdatenerfassung.

Die dargestellten Ergebnisse zeigen die Berechnung aller Bearbeitungszeiten des Fertigungsmodells aus den Betriebsdaten der Prozeßvergangenheit von Aufträgen der gleichen Technologie-ID. Die Adaption der Bearbeitungszeiten ist bislang auf einfache statistische Methoden (gleitende Mittelwerte, exponentielle Glättung) mit frei wählbaren Parametern beschränkt. Ausreißer durch Ausfälle werden eliminiert. Die vorgestellten Ergebnisse basieren auf dem Modell einer automatisierten Fertigungslinie zum Bestücken von Leiterplatten mit THT- und SMD- Bauelementen. An einem Tag werden in drei Schichten circa 1500 Platinen von 10 unterschiedlichen Typen bestückt.

Der erste Fall zeigt den Vergleich von simulierten und realen Fertigungsprozeß in einem einfachen theoretischen Experiment: jede reale Bearbeitungszeit ist genau 50 Prozent größer als modelliert. In den Bildern 3 und 4 stellt x die Prozeßzeit t, y die Informationszeit t' und z den Fehler $e(t, t')$, hier die Differenz der Durchlaufzeiten, dar. Die dreidimensionalen Grafiken erstellt die erwähnte Experimentierumgebung über ein kleines Script: zu verschiedene Informationszeiten $t' = 0...t'_n...24$ Stunden wird der Zustand des „realen" Fertigungsprozesses vom gleichen Zeitpunk vom Prozeßmonitor übernommen (Synchronisation). Damit entsteht für $t' = 0$ der unsynchronisierte Fehlergraph $e(t, t' = 0)$, dessen Ablaufprognose nach drei Schichten aufgrund der systematischen Modellfehler um etwa 30 Prozent daneben liegt. Je später erneut synchronisiert wird, desto genauer ist die dann erneuerte Prognose. Es trifft genau das erwartete Ergebnis ein: je größer der Zeithorizont, desto stärker wirken sich die Modellierungsfehler aus (Bild 3, links).

Sobald die vorgestellte Adaption von Modellparametern benutzt wird, wird die Prozeßvergangenheit des „realen" Fertigungsprozesses zur Korrektur der Modellparameter ausgewertet (Bild 3, rechts). Während sich $e(t, t' = 0)$ noch nicht vom nicht adaptierten Fall unterscheidet, werden schon nach kurzem $\Delta t'$ mit zunehmend verfügbaren vergangenen Betriebsdaten deutlich bessere Prognosen ermittelt. Besonders deutlich ist außerdem, daß die Nachbildung der Prozeßvergangenheit nach der Adaption sehr genau erfolgt. Daher empfehlen wir die Verwendung eines Datenbanksystems zur Verwaltung sämtlicher adaptierten Parameter des Fertigungsmodells für künftige offline Modelladaptionen ($e(t, t' = 24)$).

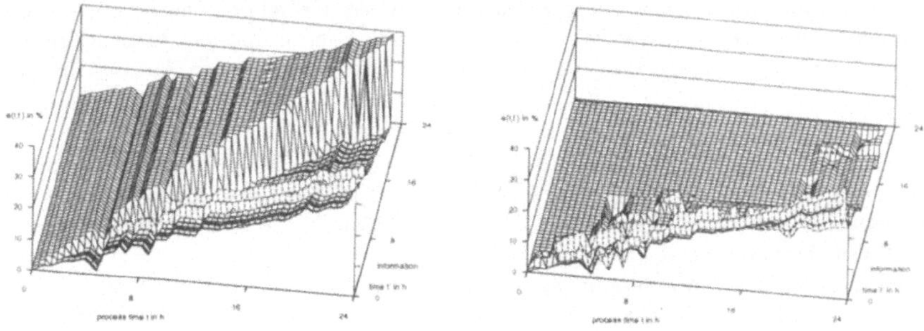

Bild 3. Abstandsmaß-Fehlergebirge, systematische Fehler mit und ohne Adaption

Zwei weitere Experimente (Bild 4) zeigen die Überlagerung systematischer und stochastischer Abweichungen, wie sie schon eher der Realität entsprechen. Bild 4 links zeigt die gemessenen Fehler für das beschriebene Modell mit definierten Abweichungen der Bearbeitungszeiten von systematisch plus 15 Prozent und stochastisch gleichverteilten ± 35 Prozent. Der systematische Anteil dieser Abweichungen kann durch die Adaption kompensiert werden (Bild 4 rechts). Dadurch verringert sich der Prognosefehler nach 24 Schichten im Beispiel von 30 auf etwa 15 Prozent; die gleichverteilten stochastischen Abweichungen bleiben aber bestehen - sie sind gleichverteilt zufällig.

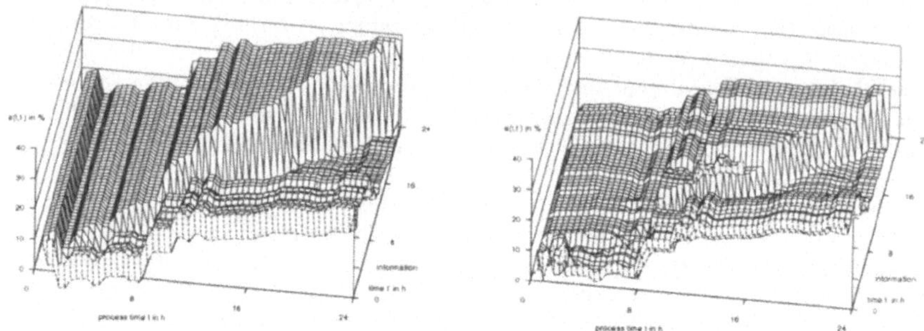

Bild 4. Abstandsmaß-Fehlergebirge, stochastische Fehler mit und ohne Adaption

5. Ausblick

Gegenwärtig arbeiten wir an der Überführung der lernfähigen prozeßbegleitenden Simulation in die Praxis. Es bestehen bereits Kontakte zu interessierten Unternehmen; aufgrund der umfangreichen und unternehmensspezifischen Vorarbeiten bis zu einer integrierten Lösung sind aber längere Anlaufzeiten kaum vermeidbar.

Desweiteren sollen die Untersuchungen zum Einsatz von KI-methoden in der prozeßbegleitend simulationsgestützten Fertigungssteuerung fortgeführt werden. Die wissensbasierte Adaption von Steuer- und Wartestrategien wird wesentlich zur Verbesserung der Fertigungsoptimierung beitragen. Die bekannten mathematischen Ansätze berücksichtigen meist ungenügend die über Jahre in der Fertigungssteuerung gesammelten Erfahrungen und die verschiedenen Restriktionen.

Das für die vorgestellten Untersuchungen entwickelte Experimentiersystem ermöglicht darüber hinaus verschiedenste Untersuchungen auf dem Gebiet der Theorie und Optimierung von Fertigungssystemen, wie sie in Lehre und Forschung an unserem Institut erfolgen. Die gesamte Software und Dokumentation ist frei verfügbar und bei den Autoren erhältlich.

6. Literatur

1. Sauer, W., Weigert, G., Goerigk, P., Real Time Optimization of Manufacturing Processes by Synchronized Simulation, In: 5. International Conference on Flexible Automation and Intelligent Manufacturing. Stuttgart, Juni 1995, S. 271–282
2. Chryssolouris, G., Manufacturing Systems, Springer-Verlag, Berlin, 1992
3. Pinedo, M., Scheduling, Prentice Hall International, Englewood Cliffs, 1995
4. Zell, M., Simulationsgestuetzte Fertigungssteuerung, Oldenburg Verlag, Wien, 1992
5. Kernler, H., PPS der 3. Generation, Huethig Buchverlag, Heidelberg, 1993

Modelling and Simulation for Customer Orders

Leeder, E. Ulrych Z., Votava V.
Department of Industrial Engineering and Management
University of West Bohemia
Czech Republic

Abstract: Creation of the work order routing must be scheduled for the technological department of the industrial company. The technological department prepares the documentation for the manufacturing process. Each new customer order is described by data and is modelled in the simulation system ARENA. As a result, a new work schedule is created for the technological department. Bottlenecks can be discovered and corresponding measures can be taken.

1   Introduction

The task to be solved is as follows. When a new customer order is received, the work must be scheduled. One of the tasks is to schedule the work order routing for the technological department. Current, free department capacity will be used for processing the new order.
In situations where the department does not have free capacity, the formerly scheduled orders or their parts could be rescheduled. Rescheduling depends on many circumstances, e.g. order time consumption, capacity resources, order priority, end time of technology documentation, etc. The modelling of this situation, for one industrial company, is described below.

2   Flow chart

Creating work order routing is one of the standard activities in the department. This activity is described as follows:

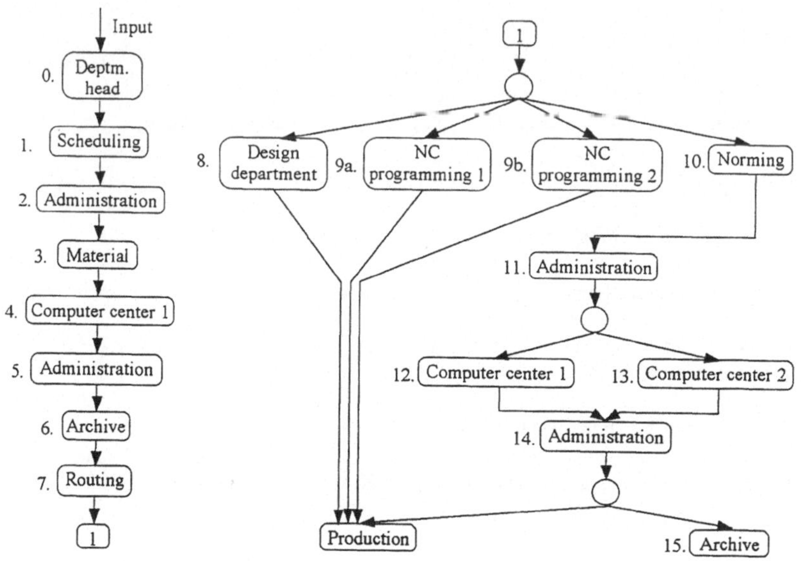

The time consumption for all activities, requirements for different capacity resources, resource parameters, order complexity, etc. are described as attributes of the following data model.

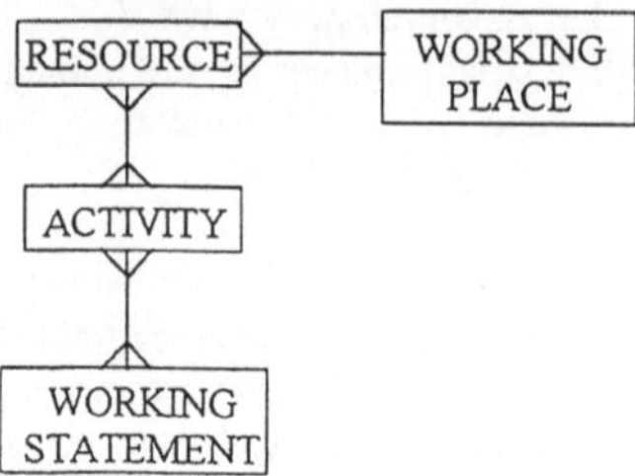

This data model was used for design of the input file structure, which describes all detail about customer orders, department resources, etc.

3   Model in ARENA

The simulation model was derived from the flow chart and built in ARENA, a simulation system. Input data describes how technological documentation will be created in the technological·department. Input data is captured by means of a special program written in Visual Basic.

The ARENA model consists of the following 5 components:
model kernel (flow chart)
model parameters definition
input file reader
output statistics
special outputs (into output file)

4   Conclusions

The above mentioned model is currently being tested in one company of SKODA Plzen. However, similar work scheduling could be used by other industrial companies.

5   References

1. „Siman V Reference Guide", Systems Modelling Corporation, Sewickley, 1994

2. „ARENA Template Reference Guide", Systems Modelling Corporation, Sewickley, 1994

3. Votava V., Ulrich Z.: „Simulace zpracovani zakazek v technicke priprave vyroby", Vyzkumma zprava, ZCU Plzen, 1995

4. Votava v., Ulrich Z.: „Pouziti simulacniho systemu ARENA pro proverovani pruchodnosti zakazek technologickou pripravou vyroby", 30th Spring International Conference - Modelling and System Simulation, Krnov, Czech Republik, 1996

Neue Entwicklungen der Informationstechnik und ihre betriebliche Anwendung

Prof. Dr. A.-W. Scheer, Dipl.-Ing. Th. Allweyer
Institut für Wirtschaftsinformatik an der Universität des Saarlandes
Im Stadtwald, Geb. 14.1, D-66123 Saarbrücken
Tel.: 0681/302-3106, Fax: 0681/302-3696
E-Mail: {scheer | allweyer}@iwi.uni-sb.de

Einleitung

Der Weg in die Informationsgesellschaft scheint unaufhaltsam. Informations- und Kommunikationstechnik sind zu einem festen Bestandteil unseres Lebens geworden, und die sich eröffnenden Möglichkeiten sind schier unermeßlich. Die Bereitstellung von Technologien bestimmt für sich alleine jedoch noch keine wirtschaftlichen, gesellschaftlichen und kulturellen Entwicklungen. Hierfür sind der Gebrauch dieser Technologien und die Entwicklung konkreter Anwendungen und Dienste entscheidend. Insbesondere die Art, wie unsere Unternehmen in Zukunft wirtschaften werden, wie sie ihre Marktbeziehungen und internen Abläufe gestalten werden, wird von diesen Entwicklungen grundlegend beeinflußt.

Im ersten Abschnitt des Beitrags werden aktuelle Trends der Gestaltung von Geschäftsprozessen zusammengefaßt. Eine wesentliche Bedeutung für die Analyse aktueller und die Gestaltung neuer, prozeßorientierter Organisationsstrukturen haben integrierte Geschäftsprozeßmodelle. Stand und Entwicklung der Geschäftsprozeßmodellierung werden im zweiten Abschnitt erläutert. Im dritten Teil des Beitrags wird eine Informationssystemarchitektur vorgestellt, die eine durchgängige Unterstützung aller Phasen des Geschäftsprozeßmanagements ermöglicht, von der Prozeßgestaltung über das Prozeßcontrolling bis hin zur Ablaufsteuerung und der Umsetzung in Anwendungssystemen. Die informationstechnische Unterstützung von Geschäftsprozessen darf sich jedoch nicht ausschließlich auf innerbetriebliche Prozesse beschränken. Überbetriebliche Abläufe im virtuellen Unternehmen stellen neue Herausforderungen dar, die in Abschnitt sechs behandelt werden.

Zum wesentlichen Erfolgsfaktor für die Beherrschung neuer Informations- und Kommunikationstechnologien und die Umsetzung neuer Organisationsstrukturen, in denen dem einzelnen Mitarbeiter ein größerer Handlungsspielraum und Verantwortungsbereich übertragen werden, wird zunehmend die Mitarbeiterqualifikation und ihre ständige Weiterbildung. Hierfür müssen die klassischen Aus- und Weiterbildungsmöglichkeiten um neue Medien und Verbreitungskanäle ergänzt werden, hierfür stehen Ansätze wie Computer Based Training oder die virtuelle Universität. Diese werden im fünften Abschnitt behandelt.

1 Prozeßorientierung als Leitbild der Unternehmensgestaltung

Als wesentliches Gestaltungskriterium für die Ablauforganisation hat sich in den vergangenen Jahren die Ausrichtung der Organisationsstruktur an den Geschäftsprozessen herauskristallisiert. Entsprechende Ansätze sind unter Begriffen wie „Business Process Re-engineering" oder „Geschäftsprozeßoptimierung" bekannt geworden [1][2][3].

"

Gemeinsam ist diesen Ansätzen die Erkenntnis, daß die klassische, funktional gegliederte Aufbauorganisation den effizienten Ablauf von Geschäftsprozessen erschwert. Ein Geschäftsprozeß beschreibt den Ablauf eines für die Wertschöpfung einer Organisation wichtigen Vorganges von seiner Entstehung bis zu seiner Beendigung. Ein solcher Vorgang - etwa die Bearbeitung eines Kundenauftrags von seinem Eintreffen im Unternehmen bis zur Auslieferung des fertigen Produktes - durchläuft häufig eine Vielzahl von verschiedenen Abteilungen. Hierdurch ergeben sich zahlreiche Tätigkeiten, die die eigentliche Vorgangsbearbeitung nicht voranbringen, etwa die Weiterleitung von einer Abteilung zur nächsten, oder die Einarbeitung des nächsten Bearbeiters in den Vorgang. Die Folge sind außerdem lange Liegezeiten, ein hoher Kommunikationsbedarf, Fehleranfälligkeit usw.

Hinzu kommt, daß die einzelnen Funktionsbereiche häufig über ihre eigenen Informationssysteme verfügen, d. h. zu den Organisationsbrüchen bei der Prozeßdurchführung kommen noch Systembrüche. Hieraus resultieren Redundanzen, fehlende Konsistenz, Mehrfacherfassung der gleichen Daten, Probleme der Datenübertragung etc.

Viele Unternehmen versuchen daher, ihre Organisation prozeßorientiert umzugestalten. Anstelle der nach dem Verrichtungsprinzip zusammengefaßten Funktionsbereiche sollen die Strukturen so beschaffen sein, daß die möglichst durchgängige Prozeßdurchführung unterstützt wird. Im Idealfall werden dezentrale, marktnahe Organisationseinheiten geschaffen, die eine kleine Zahl von Geschäftsprozessen möglichst vollständig durchführen. Während bisher in einzelnen Organisationseinheiten nur wenige Bearbeitungsschritte, dafür aber in vielen Geschäftsprozessen, durchgeführt wurden, werden nun möglichst viele Schritte eines Prozesses bearbeitet, aber nur für wenige Prozesse. So können beispielsweise Profit-Center aufgebaut werden, die vollständig für Vertrieb, Beschaffung und Produktion einer abgegrenzten Produktpalette verantwortlich sind.

Es leuchtet ein, daß für die informationstechnische Unterstützung solcher dezentral ausgerichteten Organisationen weder isolierte Insellösungen noch monolithische Großrechneranwendungen geeignet sind, was beides in der Praxis noch zu oft anzutreffen ist. Erst allmählich setzen sich durchgängige betriebliche Informationssysteme auf Grundlage der Client/Server-Architektur durch.

In einigen Unternehmen wurden bereits dezentrale, prozeßorientierte Organisationsstrukturen umgesetzt, allerdings meist nur auf den Fertigungsbereich beschränkt. Hier wurden Fertigungsinseln errichtet, die weitgehend für die vollständige Produktion eines Erzeugnisses verantwortlich sind. Die Mitarbeiter organisieren und koordinieren ihre Aufgaben selbständig. Typische dezentrale Informationssysteme hierfür sind Fertigungsleitstände, mit deren Hilfe Fertigungsaufträge geplant und überwacht werden können. Trotz der hohen Funktionsintegration in den Fertigungsinseln und der daraus resultierenden Reduktion von Interdependenzen mit anderen Organisationseinheiten bleiben aber dennoch gewisse Koordinationsaufgaben zu lösen. Diese lassen sich mit Hilfe einer mehrstufigen Leitstandsorganisation angehen, indem die Fertigungsinseln über eine weitere Ebene koordiniert werden, die über einen Koordinationsleitstand verfügt, um inselübergreifende Aufgaben abstimmen zu können, wogegen die eigentliche Feinplanung innerhalb der Insel durchgeführt wird.

Die der Fertigung vor- und nachgelagerten Bereiche, etwa Einkauf oder Verkauf, sind im Fertigungsinselkonzept noch nicht einbezogen. Das Inselkonzept läßt sich jedoch auf diese indirekt produktiven Bereiche ausdehnen, indem beispielsweise alle Pla-

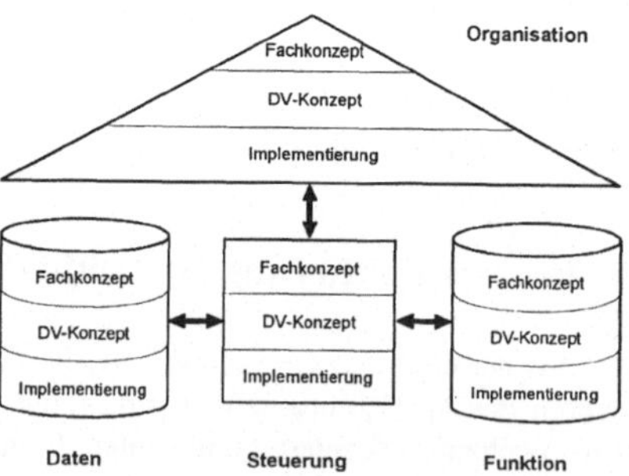

Abb. 1: Architektur integrierter Informationssysteme [4]

nungsaufgaben für ein begrenztes Spektrum von Produkten in Planungsinseln zusammengefaßt werden. Indirekte Bereiche, in denen solche Planungsinseln sinnvoll eingeführt werden können, sind etwa der Vertrieb oder die Entwicklung.

2 Integrierte Geschäftsprozeßmodelle

Eine wichtige Aufgabe für die Analyse und der Reorganisation von Geschäftsprozessen ist die Erfassung und Dokumentation von Abläufen. Hierfür werden toolgestützte Modellierungsmethoden eingesetzt. Als Rahmenkonzept für die Modellierung hat sich in vielen Projekten die Architektur integrierter Informationssysteme (ARIS) bewährt [4]. Wie in Abb. 1 dargestellt, enthält diese Architektur einerseits ein Lifecycle-Konzept zur Entwicklung von Geschäftsprozessen und der unterstützenden Informationssysteme, wobei diese zunächst auf Fachkonzeptebene aus rein betriebswirtschaftlicher Sicht beschrieben werden. In DV-Konzept und Implementierungsebene werden Beschreibungen mit zunehmender Informationssystemnähe und damit konkreter Umsetzbarkeit eingesetzt.

Eine zweite Dimension in ARIS stellt die Aufteilung in vier Sichten dar. In diesen Sichten können die folgenden relevanten Aspekte zur Beschreibung von Geschäftsprozessen dargestellt werden: Funktionen und ihre Dekomposition (hierfür können beispielsweise Funktionsbäume verwendet werden), Datenstrukturen (eine typische Darstellungsmethode hierfür ist das Entity-Relationship-Model, ERM), Organisationsstruktur (z. B. in einem Organigramm) und der Kontrollfluß, d. h. Reihenfolge und Logik, in der die Funktionen in Geschäftsprozessen durchgeführt werden. Eine geeignete Beschreibungsmethode für den Kontrollfluß sind ereignisgesteuerte Prozeßketten (EPK), deren wesentliche Elemente Funktionen und Ereignisse sind (vgl. Abb. 2, die Ereignisse sind dort als Sechsecke und die Funktionen als abgerundete Rechtecke dargestellt).

Die verschiedenen Modelle der einzelnen Sichten stehen nicht isoliert nebeneinander. Über den Kontrollfluß werden sie in der Steuerungssicht integriert. Hierzu werden in der Prozeßkette die in der Funktionssicht definierten Funktionen verwendet, außerdem können für jede Funktion Input- und Output-Daten modelliert und die ausführenden Organisationseinheiten zugeordnet werden, wodurch die Verbindung zu den Modellen der anderen Sichten hergestellt wird (Vgl. Abb. 2). Die verschiedenen Modelle stellen daher lediglich verschiedene Sichtweisen auf ein integriertes Gesamtmodell dar.

Es existieren heute leistungsfähige, benutzerfreundliche Tools, mit deren Hilfe solche integrierten Modelle mit ihren logischen Abhänglgkeiten erstellt und analysiert werden können. Diese enthalten umfangreiche Navigationsfunktionen, mit deren Hilfe sich der Benutzer gezielt durch komplexe, unübersichtliche Modelle bewegen kann.

Die Verwendung von Modellen unterstützt die Neugestaltung betrieblicher Abläufe, indem sie eine umfassende, konsistente Dokumentation der Geschäftsprozesse und ihrer Interdependenzen zur Verfügung stellen. Hierdurch wird ein gemeinsames Verständnis geschaffen, auf dessen Grundlage der systematische Entwurf neuer Prozesse erfolgen kann.

Darüber hinaus existieren zahlreiche Möglichkeiten der Modellanalyse, dem Modellvergleich, dem Abgleich zwischen Geschäftsprozessen und der Funktionalität von Standardsoftware oder die Ableitung von Soll-Modell-Vorschlägen aus branchenspe-

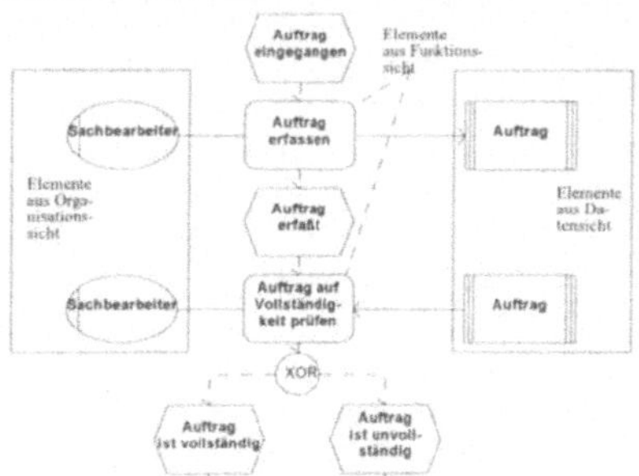

Abb. 2: Ereignisgesteuerte Prozeßkette (EPK)

zifischen Referenzmodellen. Bei der Modellanalyse ist zwischen statischen Methoden (z. B. Ermittlung von Organisations- oder Medienbrüchen in einem Modell) und dynamischen Methoden, d. h. Simulation, zu unterscheiden.

Während der Nutzen der Simulation im Fertigungsbereich, z. B. zur Layout- und Materialflußplanung, wohl außer Frage steht, gibt es unterschiedliche Auffassungen über den Einsatz von Simulation zur Analyse von Ge-

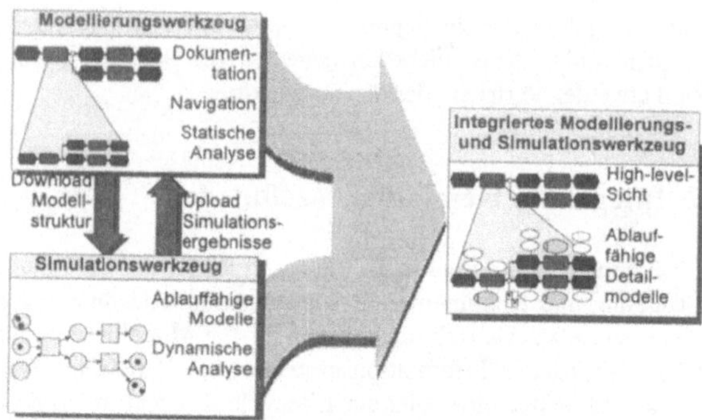

Abb. 3: Integration von Modellierungs- und Simulationstools

schäftsprozessen. Schon aufgrund der strukturellen Ähnlichkeit von Geschäftsprozeßmodellen und Simulationsmodellen (so enstand z. B. die EPK in Anlehnung an Petri-Netze) drängt sich der Gedanke des Einsatzes der Simulation auf. Und ebenso wie bei einem Materialfluß läßt sich auch z. B. bei der Auftragsbearbeitung nur aufgrund statischer Betrachtung nichts über die Auslastung einzelner Bearbeiter oder die tatsächliche Entwicklung von Liege- und Durchlaufzeiten der Aufträge aussagen.

Eine Schwierigkeit hierbei ist allerdings, daß Abläufe im administrativen Bereich wesentlich weniger gut statistisch zu fassen sind. So läßt sich zwar für die Ausfallhäufigkeit einer Maschine häufig in recht guter Näherung eine statistische Verteilung angeben, die tatsächlich benötigten Zeiten oder Bearbeitungsreihenfolgen eines Sachbearbeiters sind dagegen weniger gut zu erfassen, so daß Simulationsergebnisse daher tendenziell an Aussagekraft verlieren. Hinzu kommt, daß Geschäftsprozesse häufig nicht bis ins kleinste Detail der Ablaufsteuerung modelliert werden, da die Modelle das primäre Ziel haben, die Abläufe für Menschen verständlich zu machen, so daß Details auch bewußt weggelassen werden, um den Blick auf das wesentliche nicht zu verstellen. Außerdem erlauben Simulationen zwar Experimente mit einer vorgegebenen Prozeßstruktur, zu deren Detail-Optimierung sicherlich auch Beiträge geleistet werden können, doch ist fraglich, ob das ursprüngliche Ziel des Re-engineering-Ansatzes, das fundamentale und radikale Überdenken bestehender Abläufe, hierdurch gefördert wird, da die Untersuchungsrichtung eher auf eine detaillierte Betrachtung weist. Für den kreativen Prozeß eines grundlegenden Neuentwurfs sind gröbere, aber anschaulichere Modelle höchstwahrscheinlich besser geeignet.

Sobald man sich bei der Konzeption jedoch der Realisierung nähert, ist ein detaillierter Entwurf erforderlich, etwa in Form einer ausführbaren Workflowdefinition. Die entsprechenden Modelle sind damit auch exakt definiert und detailliert genug für eine Simulation. Für die konkret zu implementierenden Abläufe lassen sich somit die Korrektheit verifizieren, Auslastungen testen etc.

Hierzu ist eine Integration von Modellierungs- und Simulationstools anzustreben. Für eine ernstzunehmende Simulationskomponente ist es jedoch nicht ausreichend, einem Modellierungstool einige rudimentäre Simulations- und Animationsfunktionalitäten als verkaufsträchtiges Add-on hinzuzufügen. Stattdessen sollten die Möglichkeiten leistungsfähiger marktgängiger Simulationswerkzeuge genutzt werden. In einem ersten Schritt können diese mit einem Modellierungstool gekoppelt werden, indem die Modelle mit Hilfe einer Schnittstelle vom Simulationstool importiert und in die benötigte Modellierungssprache übersetzt werden. Die Simulationsergebnisse können dann wieder zurückübertragen werden, um sie zusammen mit anderen Analyseergebnissen weiterzuverarbeiten. Ziel sollte es jedoch sein, eine echte Integration zu erreichen, bei der Modellierungs- und Simulationskomponente auf die gleiche Modellbeschreibung zurückgreifen. Mit Hilfe hierarchisch untergliederter Modelle ist es möglich, für den Betrachter verwirrende Details in eine tiefere Ebene zu verlagern (vgl. Abb. 3).

Während die explizite Betrachung und Beschreibung von Abläufen im ad-

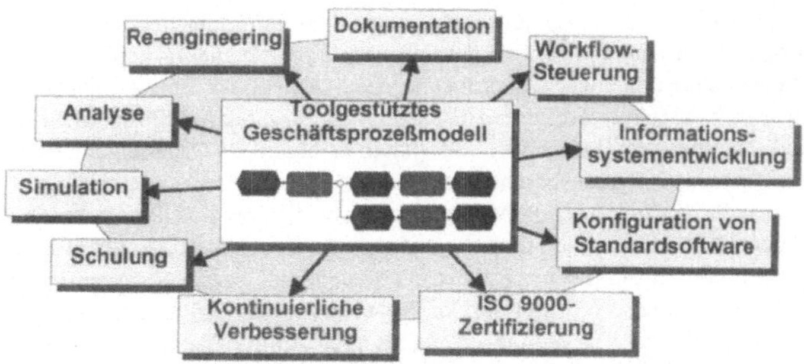

Abb. 4: Einsatzfelder für Geschäftsprozeßmodelle

minstrativen Bereich noch relativ jung ist, sollte nicht vergessen werden, daß dies im Fertigungsbereich bereits seit langem gang und gäbe ist. Die dort verwendeten Arbeitspläne sind nichts anderes als Prozeßbeschreibungen, und viele im Zuge der Geschäftsprozeßdiskussion entwickelten Verfahren, etwa die Prozeßkostenrechnung, haben ihr Pendant in der Fertigung [5].

Generell stellen integrierte Geschäftsprozeßmodelle, die je nach Verwendungszweck um zusätzliche Konstrukte oder Informationen erweitert werden können, die Basis für eine ganze Reihe von Anwendungen dar, neben dem eigentlichen Business Process Re-engineering auch für die Workflow-Steuerung, die Anpassung von Standardsoftware oder die Zertifizierung nach ISO 9000 (vgl. Abb. 4). Auch für die Schulung stellen Prozeßmodelle eine wichtige Grundlage dar, indem z. B. neue Mitarbeiter ein Verständnis für die ablaufenden Prozesse gewinnen können. Werden Geschäftsprozeßmodelle über das Re-engineering hinaus weiter gepflegt und aktuell gehalten, stellen sie außerdem eine ideale Voraussetzung für weitere Verbesserungs- und Anpassungsmaßnahmen im Sinne eines kontinuierlichen Verbesserungsprozesses dar.

3 Informationssystemarchitektur für das Geschäftsprozeßmanagement

Abb. 5 stellt eine Informationssystemarchitektur für ein durchgängiges Geschäftsprozeßmanagement dar. In Ebene 1 wird der Geschäftsprozeß definiert und optimiert. Hierbei können bereits vorliegende Informationen übere die Struktur von Geschäftsprozessen als Ausgangslösung herangezogen werden. Referenzmodelle in Form von empirisch erhobenen Best-Practice-Beispielen können erhebliche Einsparungen bei der optimalen Gestaltung von Abläufen bringen.

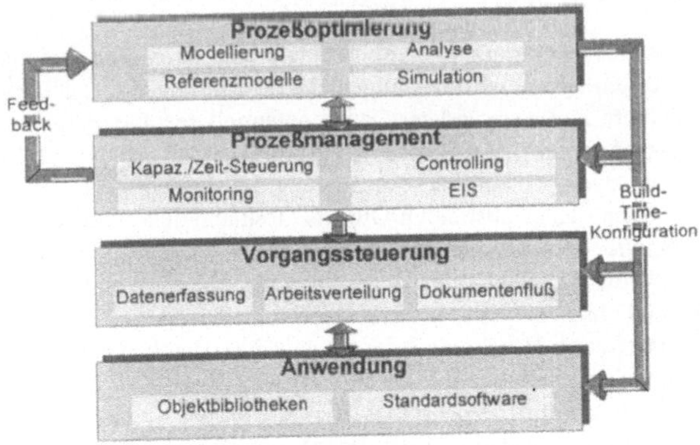

Abb. 5: Vier-Ebenen-Architektur für das Geschäftsprozeßmanagement [5]

Auf der zweiten Ebene analysiert und plant der Geschäftsprozeßeigner die für einen Zeitraum auszuführenden Geschäftsvorfälle. Ähnlich wie dies von Produktionsaufträge aus dem Fertigungsbereich bekannt ist, wird die Durchführung von Geschäftsprozessen zeitlich und kapazitätsmäßig geplant, indem sie den ausführenden Organisationseinheiten zugeordnet werden. Auf dieser Ebene findet auch das Prozeßcontrolling statt, d. h. die Auswertung der tatsächlichen Prozeßdaten hinsichtlich der Erreichung qualitativer und quantitativer Ziele. Diese Aktivitäten erfolgen auf Grundlage der in Form des Prozeßmodells vorliegenden Vorgangsbeschreibungen.

Durch das mitlaufende Monitoring, d. h. die ständige Beobachtung der Prozeßdurchführung können Hinweise auf die Ursache auftretender Probleme oder Verbesserungspotentiale aufgezeigt werden, die im Sinne eines Regelkreises wieder als Feedback in die Prozeßdefinition eingehen, so daß eine ständige Verbesserung der Prozeßstrukturen ermöglicht wird.

Sowohl auf der Definitionsebene, als auch auf der Ebene des Prozeßmanagements läßt sich die Geschäftsprozeßsimulation einsetzen, im ersten Fall zur Analyse aktueller und neu entworfener Geschäftsprozesse, im zweiten Fall zum Testen verschiedener Szenarien der konkreten Prozeßverteilung im Rahmen der Kapazitäts- und Zeitsteuerung. Um in einem solchen Konzept der ständigen Verbesserung eingesetzt werden zu können, genügt es aber nicht, einzelne Simulationsprojekte durchzuführen. Stattdessen muß das verwendete Simulationstool in die skizzierte Architektur voll integriert sein und auf das Geschäftsprozeßmodell zurückgreifen. Die Datenerhebung für die Simulation kann dann automatisch aus dem Informationssystem erfolgen. Hierdurch kann der Aufwand für den einzelnen Simulationslauf deutlich gesenkt werden, so daß eine häufige Anwendung, etwa zum Testen vorgeschlagener Prozeßänderungen oder Einplanungsstrategien möglich wird.

Auf der dritten und vierten Ebene findet schließlich die Prozeßdurchführung statt, aufgeteilt in die logischen Ebenen Vorgangssteuerung (Workflow) und Anwendung, wobei auf der Vorgangssteuerungsebene die Aufgabenverteilung durchgeführt, die notwendigen Informationen zur Verfügung gestellt werden und Bearbeitungsreihenfolge und -logik kontrolliert werden. Hierfür können Workflow-Systeme eingesetzt werden, wobei sich die Workflow-Definition durch die vorliegenden Prozeßmodelle ergibt, so daß Änderungen auf Definitonsebene sofort auf die Ablaufsteuerung durchschlagen können.

Von der Ablaufsteuerung werden schließlich die eigentlichen Anwendungen zur Durchführung operativer Aufgaben angestoßen, beispielsweise für den Vertrieb, die Produktion oder das Rechnungswesen. Hierfür können Anwendungsmoduln unterschiedlicher Standardsoftwaresysteme oder auch Bearbeitungsobjekte aus speziellen Objektbibliotheken eingestzt werden. Die jeweilige Konfiguration, Aufrufparameter etc. dieser Anwendungsmoduln werden ebenfalls durch das Prozeßmodell bestimmt.

Ein Ablauf - z. B. eine Reklamationsbearbeitung - könnte in einem derartigen System folgendermaßen umgesetzt sein: Auf der ersten Ebene wird der allgemeine Prozeß, der für jede Reklamationsbearbeitung gültig ist, modelliert, incl. verwendeter Daten, potentiell geeigneter Sachbearbeiter, aufzurufender Anwendungsmoduln usw. Aus dieser Definition der Typebene wird bei Eintreffen einer Reklamation in Ebene zwei eine konkrete Ausprägung des Ablaufs generiert, d. h. aus der Beschreibung für die Bearbeitung eines abstrakten Objekts „Reklamation" wird eine Beschreibung für die konkrete Reklamation des Kunden Müller vom 20. 9. 1996 abgeleitet (Vgl. [6]). Diese Beschreibung wird durch die Auswahl eines Bearbeiters und die Auswahl eines bestimmten Weges aus alternativen Möglichkeiten weiter konkretisiert.

Mit Hilfe der Vorgangssteuerung (Ebene 3) bekommt der ausgewählte Bearbeiter einen Eintrag in seinen elektronischen Eingangskorb. Selektiert er diese Aufgabe, so wird die für die Reklamation geeignete Anwendungsfunktion mit den zur Reklamation gehörigen Daten aufgerufen, beispielsweise ein Versandinformationssystem mit den Daten der reklamierten Lieferung.

Mit Hilfe einer solchen Informationssystemarchitektur können traditionelle Systeme mit ihren fest vorgegebenen Abläufen abgelöst werden. Vorteile sind insbesondere eine bessere Anpaßbarkeit an die unternehmensspezifischen Abläufe, eine höhere Flexibilität und leichtere Änderbarkeit, sowie die Möglichkeit, gezielt diejenigen Anwendungsmoduln verschiedener Anbieter auszuwählen und zu Gesamtprozessen zu integrieren, die für das Unternehmen geeignet sind.

4 Überbetriebliche Prozesse in virtuellen Unternehmen

Im Zuge der aktuellen Debatte - etwa zum Lean Management - ist einerseits eine Tendenz zu einer verstärkten Dezentralisierung beispielsweise in Form von Profit-Center-Bildung zu verzeichnen, andererseits aber eine verstärkte Integration entlang überbetrieblicher Wertschöpfungsketten, wie dies im virtuellen Unternehmen der Fall ist [7].

Hiermit ist ein zunehmender Verlust der Bedeutung klassischer Unternehmensgrenzen verbunden. Aus Geschäftsprozeßsicht muß es nicht unbedingt einen großen Unterschied geben zwischen einem Großunternehmen mit vielen weltweit verteilten Standorten und mehreren kleinen Firmen, die sich zu einem virtuellen Unternehmen zusammengeschlossen haben. In beiden Fällen hat man es mit einem Verbund kleiner, weitgehend autonomer Einheiten zu tun, über die hinweg übergreifende Geschäftsprozesse zu gestalten und logistisch und informationstechnisch umzusetzen sind.

Besonders für Klein- und Mittelunternehmen ergibt sich durch den Aufbau überbetrieblicher Verbünde die Möglichkeit, gemeinsam größere Märkte zu erschließen, erfolgreich mit größeren Unternehmen zu konkurrieren und dem Kunden ganzheitliche Systemlösungen anstelle einzelner Komponenten anbieten zu können. In einem solchen virtuellen Unternehmen behält jedes Unternehmen seine Selbständigkeit, die Zusammenarbeit beruht meist auf informellen Absprachen, und es ist jederzeit möglich, das virtuelle Unternehmen wieder aufzulösen, wenn beispielsweise der Zweck der Zusammenarbeit wegfällt.

Das World Wide Web (WWW) bietet durch seinen leichten Zugang, erschwingliche Gebühren, steigende Teilnehmerzahlen und eine einheitliche Benutzeroberläche hervorragende Möglichkeiten für die Realisierung und Integration überbetrieblicher Geschäftsprozesse, gerade auch für kleine Unternehmen.

Voraussetzung hierfür ist eine Kopplung der betrieblichen Informationssysteme mit einem WWW-Server, so daß es möglich wird, über die Interaktion im WWW direkt operative Daten zu manipulieren. In Abb. 6 ist ein Beispiel für die Abwicklung einer Bestellung über das WWW dargestellt. Zunächst greift der Kunde auf den multimedialen Produktkatalog des Anbieters zu und wählt dort gewünschte Produkte oder sonstige Leistungen aus. Dieser von ihm zusammengestellten Warenkorb erzeugt, wenn dies vom Kunden gewünscht wird, direkt eine Bestellung beim Lieferanten, die in dessen operativem Informationssystem weiterverarbeitet wird.

In einfachen Fällen können direkt ohne menschliche Eingriffe weitere Schritte, etwa eine Verfügbarkeitsprüfung oder die Erzeugung eines Produktionsauftrages, angestoßen werden. Fällt die Prüfung der Bestellung positiv aus, so wird eine Auftragsbestätigung erzeugt und auf elektronischem Wege an den Kunden versandt. Kompliziertere Bestellungen und Anfragen erfordern die Bearbeitung des Auftrags durch einen Mitarbeiter, wobei dessen Funktion aber im wesentlichen auf Entscheidungen oder nicht formalisierbare Prüfungen beschränkt bleibt.

Solche Möglichkeiten, insbesondere auch die Anbindung an das World Wide Web, werden in Kürze zum unverzichtbaren Bestandteil betrieblicher Standardsoftware gehören.

Die Gestaltung überbetrieblicher Geschäftsprozesse erfordert aber nicht nur technische Voraussetzungen, sie wirft vielmehr auch eine ganze Reihe methodischer Fragestellungen auf, vor allem hinsichtlich der Koordination selbständiger Firmen im virtuellen Unternehmen.

Während es bei der Modellierung und -gestaltung von Prozessen an einem Standort noch relativ leicht möglich ist, daß die Beteiligten des Projektteams sich häufig physisch treffen und so ihre Arbeit koordinieren und ihre Ergebnisse konsolidieren können, ist dies bei - zum Teil weltweit - verteilten Prozessen nicht realisierbar. Herkömmliche Modellierungstools bieten keine Mechanismen für die Koordination verteilter Modellierung an. Dies hat zur Folge, daß ein oft erheblicher Aufwand für den Austausch von Teilmodellen, deren Diskussion und Konsolidierung getrieben werden muß. Außerdem ist es sehr schwierig, sämtliche Änderungen an Modellen durch andere Teammitglieder mitzuvollziehen und hieraus resultierende Konsequenzen zu erkennen. Dieser Problematik kann mit Hilfe spezieller verteilter Modellierungs-Groupware-Tools begegnet werden, die spezielle Möglichkeiten der auf ein gemeinsames Modell bezogenen Kommunikation bieten, die Modellierungsaktivitäten protokollieren und auswerten und die Speicherung von Referenzwissen über das Modell zulassen, sowie die Teammitglieder über durchgeführte Änderungen am gemeinsamen Modell informieren [8].

Bei der Gestaltung gemeinsamer Prozesse über selbständige Unternehmen hinweg ergibt sich das Problem der Gesamtoptimierung der Abläufe. Während es innerhalb eines Unternehmens entsprechend dem Top-Down Ansatz des Business Process Re-engineering zumindest prinzipiell möglich ist, völlig neue Abläufe einzuführen, müssen gleichberechtige, selbständige Unternehmen eine wesentlich schwierigere Abstimmung bzgl. der gemeinsamen Prozesse durchführen, der dadurch noch weiter erschwert wird, daß ein Unternehmen gleichzeitig unterschiedlichen virtuellen Unternehmen angehören kann.

Zur Unterstützung dieses Abstimmungsprozesses können Multi-Agenten-Systeme eingesetzt werden [10]. Jeder Agent in einem entsprechenden verteilten System verfügt über ein Gesamtmodell des überbetrieblichen Prozesses, an dem das Unternehmen beteiligt ist, sowie über ein detailliertes Modell des innerbetrieblichen Teilprozesses. Er bewertet die ihm zugeordneten Prozesse mit Kosten und Erlösen und schlägt darauf aufbauend Maßnahmen zur Restrukturierung der Prozesse vor. Durch Verhandlung der gleichberechtigten Agenten über die Maßnahmen wird erreicht, daß die Interessen aller beteiligten Partner gleichermaßen berücksichtigt werden, und ein für alle akzeptabler - und insgesamt leistungsfähiger - Gesamtprozeß entsteht.

Mit Hilfe der in Abschnitt 2 dargestellten geschäftsprozeßmodellbasierten Simulation könnten die Agenten auch jeweils über ein simulationsfähiges Teilmodell verfügen, so daß die Prozeßbewertung - auch im Hinblick auf nicht-monetäre Zielgrößen - mit Hilfe einer verteilten Simulation erfolgen könnte, wobei die Ausführung des jeweiligen Teilmodells beim jeweiligen Agenten liegt, und die Interaktion zwischen den Teilmodellen entsprechend den überbetrieblichen Schnittstellen entweder zentral oder jeweils bilateral durch Kommunikation zwischen den beteiligten Agenten gesteuert wird. Entsprechend ist es dann möglich, Auswertungen der Simulation sowohl auf der Ebene des Gesamtprozesses (z. B. Gesamauftragsdurchlaufzeiten) als auch intern auf Teilprozeßebene (z. B. Auslastung betrieblicher Ressourcen) durchzuführen.

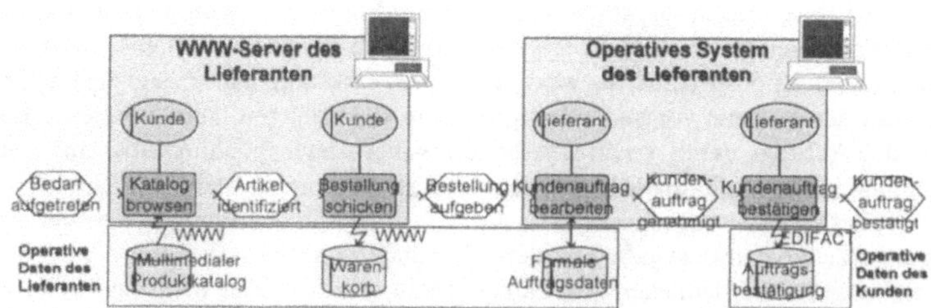

Abb. 6: Unternehmensübergreifende Logistikketten
mit Hilfe des World Wide Web [9]

5 Qualifizierung für die Informationsgesellschaft

Die rasanten Entwicklungen auf dem Weg zur Informationsgesellschaft und die damit verbundene Verkürzung der Halbwertszeit des Wissens erfordern neue Wege der Qualifizierung und der Mitarbeiter, wobei vor allem die ständige Weiterbildung an Bedeutung gewinnt. Traditionelle Methoden der Wissensvermittlung genügen hier nicht mehr aus, sie müssen sinnvoll ergänzt werden durch den Einsatz neuer Technologien und Methoden [11].

Insbesondere die Entwicklung multimedialer Technologien ermöglicht eine effektive Form des Computer Based Training (CBT). Während als Nachteil computergestützten Lernens der fehlende persönliche Kontakt zu einem Lehrer angeführt wird, bietet es andererseits eine Reihe von Vorteilen, wie die Bestimmung des Lerntempos und die Auswahl der interessierenden Themen durch den Lernenden selbst, die Motivierung durch den spielerischen Umgang mit dem System und eine direkte Rückmeldung über den Lernfortschritt, sowie eine anschauliche Darstellung mit Hilfe multimedialer Techniken.

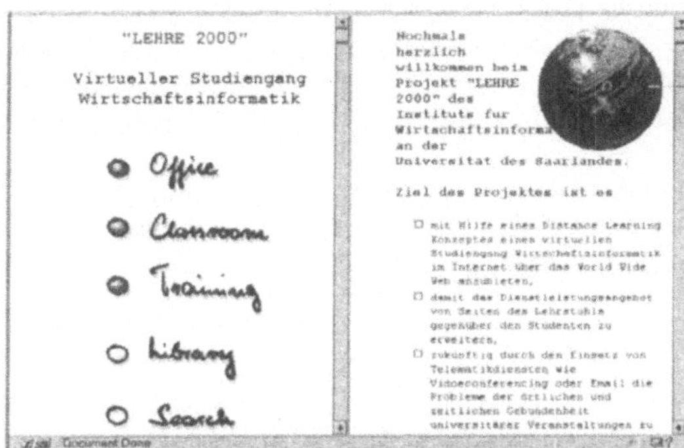

Abb. 7: Virtueller Studiengang im World Wide Web

Abb. 7 zeigt als Beispiel für den Einsatz von CBT in der universitären Erstausbildung die Titelseite eines Prototyps für einen virtuellen Studiengang im World Wide Web. Ein solcher virtueller Studiengang kann einerseits als Begleitung für traditionelle Vorlesungen dienen, indem die Studenten sich gezielt vor- und nachbereiten und ihren Wissenstand überprüfen können. Neben den Vorteilen der multimedialen, interaktiven Darstellung, können die Inhalte im Gegensatz zu Lehrbüchern und Skripten immer aktuell gehalten werden und auf die aktuelle Vorlesung bezug nehmen. Ein weiteres Einsatzfeld ist natürlich der Fernunterricht. Mit solchen Angeboten können Studenten weltweit an den Lehrangeboten internationaler Kapazitäten teilnehmen und sich ihr eigenes Lernprogramm zusammenstellen.

Im Zuge der steigenden Bedeutung von beruflicher Weiterbildung sind neue Qualifikationskonzepte zu entwickeln, die es den Mitarbeitern ermöglichen, ihr Wissen gezielt im Hinblick auf die Bedürfnisse an ihrem Arbeitsplatz zu erweitern. Die häufig theorielastigen traditionellen Seminare und Kurse der beruflichen Weiterbildung verpuffen oft weitgehend wirkungslos, weil es den Teilnehmern nicht gelingt, die erworbenen Kenntnisse in ihrer täglichen Arbeit umzusetzen.

Zur gezielten Vermittlung von PPS-Kenntnissen wurde daher in einem Pilotprojekt ein dreistufiges Qualifizierungskonzept entwickelt [12]. In einer ersten Phase werden die theoretischen Grundlagen in Form von Workshops vermittelt. Anschließend kommt der „PPS-Trainer", ein multimediales Lernsystem, zum Einsatz, mit dessen Hilfe die Teilnehmer die Grundlagen selbständig wiederholen können und mit Hilfe von realitätsnahen, aber in ihrer Komplexität reduzierten Übungen den praktischen Einsatz erlernen. Erst in der dritten Phase wird ein konkret im Unternehmen eingesetztes PPS-System eingesetzt. Die Lücke zwischen Theorie und praktischer Anwendung wird also mit Hilfe eines Lernsystems gezielt geschlossen.

Zusammenfassung und Ausblick

Die Reorganisation der Unternehmen im Sinne einer Ausrichtung auf die Geschäftsprozesse wird auch in Zukunft immer wichtiger werden. Hierfür werden leistungsfähige Methoden und Tools zur Modellierung, Analyse und Simulation benötigt, wobei eine Integration entsprechender Werkzeuge anzustreben ist. Die Entwicklung und praktische Einführung von wirklich prozeßorientierten, adaptierbaren und flexiblen Informationssystemarchitekturen steht erst am Anfang, sie ist jedoch für die Realisierung unternehmensindividueller Geschäftsprozesse unerläßlich.

Während die informations- und kommunikationstechnischen Grundlagen für die Schaffung dezentraler, verteilter Unternehmensnetzwerke heute vorhanden sind, ist die konkrete inhaltliche Ausgestaltung und ihre Unterstützung durch betriebswirtschaftliche Software noch wesentlich weiterzuentwickeln. Wichtigste betriebliche Ressource bleibt aber der selbstverantwortliche Mitarbeiter. Seine ständige Weiterbildung und Qualifizierung läßt sich durch Computer Based Training effektiv unterstützen.

Die gegenwärtigen Veränderungen sind erst der Anfang auf dem Weg zur Informationsgesellschaft, die das gesamte Leben und vor allem die Wirtschaft tiefgreifend verändern werden. Wie unsere Unternehmen diesen Wandel bewältigen, davon hängt die Zukunft des Wirtschaftsstandorts Europa ganz wesentlich ab.

Literatur

[1]   Hammer, M.; Champy, J. (1994): Business Reengineering. Die Radikalkur für das Unternehmen. 2. Auflage. Frankfurt New York 1994.

[2]   Davenport, T. H.: Process Innovation: Reengineering Work Through Information Technology. Boston 1993.

[3]   Scheer, A.-W.: Wirtschaftsinformatik. Referenzmodelle für industrielle Geschäftsprozesse. 6. Auflage. Berlin 1995.

[4]   Scheer, A.-W.: Architektur integrierter Informationssysteme. 2. Auflage. Berlin 1992.

[5]   Scheer, A.-W.: Industrialisierung der Dienstleistungen. In: Scheer, A.-W. (Hrsg.): Veröffentlichungen des Instituts für Wirtschaftsinformatik. Heft 122. Saarbrücken 1995.

[6]   Galler, J.; Scheer, A.-W.: Workflow-Projekte: Vom Geschäftsprozeßmodell zur unternehmensspezifischen Workflow-Anwendung. In: IM Information Management 10 (1995) 1, S. 20-27.

[7]   Hoffmann, W.; Hanebeck, Ch.: Das virtuelle Unternehmen. In: m&c Management & Computer 3 (1995) 1, S. 69-71.

[8]   Galler, J.; Hagemeyer, J.; Scheer, A.-W.: Asynchronous Cooperation Support for Distributed Collaborative Information Modelling. In: Sandkuhl, K.; Weber, H. (Hrsg.): Telekooperations-Systeme in dezentralen Organisationen. Tagungsband zum Workshop der GI-Fachgruppe 5.5.1 „CSCW in Organisationen". Dortmund 1996, S. 67-79.

[9]   Loos, P.; Krier, O.; Schimmel, P.; Scheer, A.-W.: WWW-gestützte überbetriebliche Logistik - Konzeption des Prototyps WODAN zur Kopplung von Beschaffungs- und Vertriebssystemen. In: Scheer, A.-W. (Hrsg.): Veröffentlichungen des Instituts für Wirtschaftsinformatik. Heft 126. Saarbrücken 1996.

[10] Hirschmann, P.: Betriebsübergreifendes Geschäftsprozeßmanagement. In: Huber-Wäschle, F.; Schauer, H.; Widmayer, P. (Hrsg.): GISI 95 - Herausforderungen eines globalen Informationsverbundes für die Informatik. Berlin et al. 1995, S. 245-252.

[11] Sander, J.; Stehle, S.; Galler, J.; Scheer, A.-W.: Multimediale Lerntechnologien - Bildung 2000. In: IM Information Management 9 (1994) 4, S. 6-10.

[12] Sander, J.; Scheer, A.-W.: Computergestützte Weiterbildung im virtuellen Klassenzimmer. In: Proceedings zur Tagung "Neue Wege in der IT-Weiterbildung". München 1996.

Vergleich von Simulationsergebnissen verschiedener diskreter Simulatoren anhand fertigungsorganisatorischer Referenzmodelle

Michael Ritzschke
Humboldt-Universität zu Berlin, Institut für Informatik
email: ritzschk@informatik.hu-berlin.de

Kurzfassung

In /1/ wurde begründet, daß es für den Anwender bei der Auswahl eines Simulators zur Lösung einer Problemstellung sinnvoll sein kann, neben dem qualitativen Vergleich der Simulatoreigenschaften anhand einer Checkliste auch einen quantitativen Vergleich anhand der für Referenzmodelle erzielten Simulationsresultate durchzuführen. Für die Klasse der fertigungsorganisatorischen Problemstellungen wurde ein Satz von Referenzmodellen zusammengetragen und mit unterschiedlichen diskreten Simulatoren modelliert.

Im Vortrag sollen an ausgewählten Beispielen die Vorgehensweise erläutert und die gewonnenen Ergebnisse diskutiert werden. Ein weiterer Schwerpunkt ist die automatisierte Aufbereitung, Auswertung und Verwaltung der Simulationsergebnisse, da nur auf diesem Wege umfangreichere Vergleiche beherrschbar bleiben und Interessenten zugänglich gemacht werden können.

1 Einführung

Der Vergleich von Simulatoren anhand von Referenzmodellen ist in mehrfacher Hinsicht von Interesse und kann z.B. zur Klärung folgender Fragen beitragen:

- Läßt sich die Problemstellung mit dem gewählten Simulator lösen und wie groß ist der erforderliche Aufwand.
- Stimmen die Simulationsergebnisse mit Ergebnissen, die mit anderen Simulatoren erzielt werden, überein oder weichen sie ab. Welche Abweichungen sind zulässig.
- Ist es möglich, solche Referenzmodelle zu finden, die das Leistungsvermögen und wesentliche Eigenschaften der Simulatoren verdeutlichen.

Neben der Beschäftigung mit solchen - auch aus wissenschaftlicher Sicht - interessanten Fragestellungen liegt ein weiterer Aspekt darin, potentiellen Anwendern bei der Simulatorauswahl Unterstützung zu geben. Das könnte beispielsweise durch Bereitstellung folgender Unterlagen geschehen:

- Eine (eindeutige) Beschreibung der ausgewählten Referenzmodelle incl. der Zielstellung der jeweiligen Simulationsexperimente,
- Lösungsbeispiele für die Modellierung der Referenzmodelle mit verschiedenen Simulatoren,
- Simulationsergebnisse, die bisher je Referenzmodell und Simulator vorliegen,
- Ein Werkzeug zum Vergleich der Simulationsergebnisse untereinander.

2 Referenzmodelle

Für die wichtigen Aufgabe der Auswahl/Vorgabe geeigneter Referenzmodelle für eine betrachtete Problemklasse bieten sich drei Wege an /1/:

1. Ableitung aus der Praxis, indem Spezialkenntnisse zur Formulierung relevanter Problemstellungen genutzt werden.
2. Ableitung aus Ausschreibungen und Veröffentlichungen. Hier wird an die vielen in der Simulationsliteratur enthaltenen Beispiele gedacht, die in Lehrbüchern oder auch in Fachzeitschriften (Comparisons der Eurosim News) enthalten sind. Tabelle 1 zeigt eine Auswahl von solchen Modellen, die zum Vergleich von Simulatoren anhand erzielter Simulationsergebnisse veröffentlicht wurden.
3. Entwicklung spezieller Referenzmodelle, die zur Untersuchung besonderer Aspekte der Leistungsfähigkeit (z.B. Rechenzeitbedarf = f (Modellgröße)) der Simulatoren geeignet sind

Literaturquelle	Vergleich der Simulatoren	Testmodell
/Ab2-85/	GPSS/H, SLAM, SIMSCRIPT	Job-Shop (6, 12 bzw. 18 Maschinen-Modell)
/Ban-85/	GPSS/H, SIMAN, SIMSCRIPT, SLAM	Maschinenausfall (Widget-Problem)
/Reg-89/	GPSS V/6000, SLAM II	Bedienungsystem M/M/1
/Son-91/	SIMPC, TOMAS/16	Reihenfertigung Prozeß mit Störung (Widget-Problem)
/SNE-91/, /Brei-93/, /Mey-93/	17 diskrete Fertigungssimulatoren	Flexibles Montage System (Comparison 2)
/Krä-93/	DOSIMIS-3, SIMPLE++, NET, TAYLOR II, WITNESS	Flexibles Montage System (mit 5 Stationstypen)
/Lan-93/	SLAMSYSTEM, TAYLOR II	Bedienungsystem M/M/1 Reihenfertigung

Tabelle 1: Testmodelle zum quantitativen Vergleich von Simulatoren (aus /2/)

Basierend auf umfangreichen Literaturrecherchen und unter Einbeziehung einiger Modelle aus Tabelle 1 wurde in /2/ ein erster Satz von 8 fertigungsorganisatorischen Referenzmodellen (Tabelle 2) zusammengetragen und beschrieben. Ein wichtiger Punkt war dabei die Erstellung der Testmodelldokumentation, die nach einer einheitlichen Gliederung erfolgte (Abschnitt 3).

Bezeichnung Referenzmodell	Zielstellung/Modellierungsziel
Fertigungszelle	Einfache Grundstrukturen, Vergleich mit analytischen Lösungen
Reihenfertigung	Fertigungsgrundstruktur, Blockierungseffekte
Maschinenstörung	Gestörte Systeme, Rückführungsschleifen
Mehrmaschinenbedienung	Mehrkanalige Eingangsströme und Bedienungsressourcen in geschlossenen (Bedienungs-)Systemen
Jobshop 1 (Auftragsprioritäten)	Warteschlangenprioritäten
Jobshop 2 (Kapazitätsengpaß)	Ermittlung und Beseitigung von Kapazitätsengpässen, Einfluß von Bearbeitungszeitverteilungen
Fahrerloses Transportsystem	Logistikstrukturen, Auslastungsabstimmung
Flexibles Montagesystem	Logistikstrukturen, Steuerungsstrategien

Tabelle 2: Referenzmodelle für fertigungsorganisatorische Problemstellungen (Übersicht)

3   Modellbeschreibung (Problemstellung)

Für das Referenzmodell „Maschinenstörung" soll in diesem Abschnitt anhand eines Auszuges der Modellbeschreibung der Aufbau der Referenzmodelldokumentation verdeutlicht werden. Bei deren Erarbeitung wurde großer Wert auf die Einheitlichkeit der Darstellung gelegt. Zur Vermeidung von Mißverständnissen muß die Beschreibung eindeutig und nachvollziehbar sein.

Modellierungsziel
Modellierung von Maschinenstörungen und Blockierungseffekten
Problembeschreibung
Dieses Referenzmodell wurde einer Veröffentlichung entnommen (widget-Problem /3/), in der neben der ausführlichen Problembeschreibung auch Modellrealisierungen und Simulationsergebnisse (tw. in Tabelle 3 enthalten) zu finden sind. Fertigungteile werden über ein Förderband einer Maschine A zugeführt und gelangen nach einem ersten Bearbeitungsvorgang über ein begrenztes Pufferlager zur Ausführung eines zweiten Bearbeitungsvorganges an Maschine B. Die Zuverlässigkeit der Maschine B ist begrenzt, Ausfallhäufigkeit und Reparaturdauer sind vorgegeben (Details enthält Bild 1). Neben dem Störungsverhalten sind Blockierungseffekte zu modellieren, die bei gefülltem Pufferlager an Maschine A auftreten. Aus bedienungstheoretischer Sicht handelt es sich um ein gemischtes Warte-Verlustsystem, da ankommende Teile abgewiesen werden, falls das Förderband voll belegt ist. Die Simulationsdauer soll 2 h betragen, das System ist bei Simulationsbeginn leer.

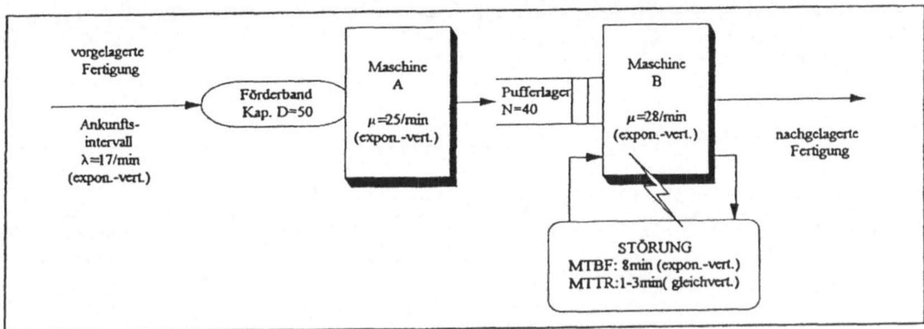

Bild 1: Rcrorenzmodell Maschinenstörung (aus /2/)

Kenngrößen
Anzahl der auftretenden Störungen, Maschinenauslastungen, mittlere Durchlaufzeit, Durchsatz, Zustandswahrscheinlichkeiten.
Experimentierparameter
Pufferkapazität zwischen den beiden Masschinen
Modellparameter
Siehe Bild 1 und /2/ bzw. /3/
Analytische Vorüberlegungen und Abschätzungen
- Maschinenauslastung (Annahme: unbegrenzter Puffer, Förderband nie voll):
$$\rho = \lambda/\mu \text{ --> Maschine A } 68\% \text{, Maschine B } 60{,}7\%$$
- Verfügbarkeit der Maschine B: $V = MTBF/(MTBF+MTTR) = 80\%$
- Anzahl der Störungen an Maschine B: $S = 2h/MTBF = 15$
- Mittlerer Durchsatz: $R = \lambda * 2h = 2040 \text{ Stück}$

4 Simulationsmodellbildung

Da die erstellten Simulationsmodelle Interessenten zum weiteren Experimentieren verfügbar gemacht werden sollen, müssen geeignete Datenträger genutzt werden. Eine schriftliche Dokumentation ist für Diskussionen sicher sinnvoll, erscheint aber insgesamt als zu aufwendig. Bild 2 zeigt als Beispiel einen Auszug aus der Dokumentation des Slamsystem-Simulationsmodells „Maschinenstörung".

Für diese Referenzmodell wurden neben den aus /3/ bekannten Lösungen Simulationsmodelle für die Simulatoren Slamsystem /2/, Simple++ /4/, System Specs /5/, Taylor II /6/ und GPSS/H erstellt.

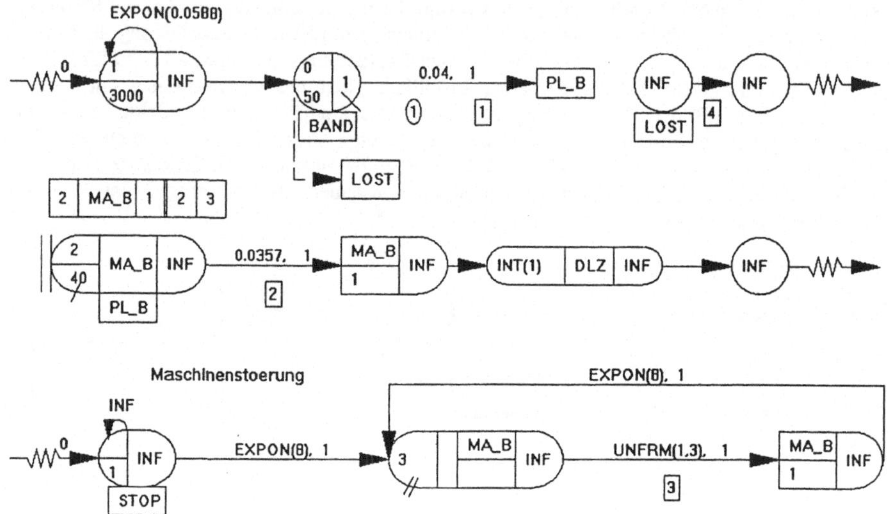

Bild 2: Slamsystem-Netzwerk des Referenzmodells „Maschinenstörung" (aus /2/)

5 Automatisierte Ergebnisauswertung

Auch die Ergebnisauswertung sollte für die Referenzmodelle allgemein verfügbar sein. Anfänglich wurde neben externen Auswertemöglichkeiten auch einige im jeweiligen Simulator implementierten Statistikmodule bzw. Standardausgaben genutzt, so daß zur Weiterverarbeitung manuelle Operationen erforderlich waren. Da ein Ziel der Arbeiten aber gerade im Vergleich der Ergebnisse liegt, überstieg der dazu erforderliche Eingabe-, Anpassungs- und Verwaltungsaufwand schnell die beherschbaren Möglichkeiten. Es kommt deshalb nur eine automatisierte Datenaufbereitung in Frage, wofür in /4/ mit dem Simulationsrohdaten-Auswerte-Tool eine Lösung bereitgestellt wurde.

Mit diesem Tool ist es möglich, in einem ASCII-File ausgegebene Rohdaten beliebigen Formats in ein einheitliches internes Datenformat zu konvertieren und so für Vergleiche vorzubereiten. Voraussetzung ist allerdings die Erstellung eines Konvertierungsmoduls mittels Visual Basic - sofern nicht eines der bisher implementierten vier Rohdatenformate eingehalten werden kann. Die Analyse der Ausgabemöglichkeiten verschiedener Simulatoren (u.a. GPSS/H, SLAM II, System Specs, Taylor, Simple++) ergab nämlich, daß die ursprünglich angestrebte Einhaltung <u>eines</u> einheitlichen (vorgegebenen) Datenformates gegenwärtig nicht möglich ist. Vielmehr weisen die Ausgabefiles trotz der vorhandenen nutzerspezifischen Gestaltungsmöglichkeiten oft einige simulatorbezogene Besonderheiten auf. Weitere Ausführungen zum Auswertetool enthält der Tagungsbeitrag /7/.

Die Ausgabe der Ergebnisse kann dann wahlweise als Tabelle (Tabelle 3) oder Grafik (Bild 3) erfolgen, das nachträgliche Hinzufügen weiterer Ergebnisse, die beispielsweise mit anderen Simulatoren gewonnen werden, ist problemlos möglich, da die bearbeiteten Projekte und die Daten vom Tool verwaltet werden.

Simulationszeit: 2h	SLAMSYST.	GPSS/H	SIMAN	SIMSCRIPT	SLAM	SIMPC	TOMAS/16
Anzahl der Störungen	13	13	10	6	-	9	9
Durchsatz in Stk.	2071	1957	-	2028	2097	2029	2056
Durchlaufzeit in s	57	-	-	-	-	-	-
Arbeitswkt. Ma A	69.8 %	67 %	-	-	62 %	69 %	69 %
Blockierwkt. Ma A	6 %	-	-	-	-	-	-
Leerwkt. Ma A	24.2 %	-	-	-	-	-	-
Arbeitswkt. Ma B	61.6 %	59 %	-	-	61 %	61 %	62 %
Blockierwkt. Ma B	19.4 %	-	-	-	-	-	-
Leerwkt. Ma B	19 %	-	-	-	-	-	-
Förderb.inhalt in Stk.	3.2	8.2	5.5	2.1	4.8	1.2	3.0
Pufferl.-inhalt in Stk.	12.1	16.2	13.3	10.7	11.1	9.6	14.8

Tabelle 3: Beispiel für tabellarischen Ergebnisvergleich (Referenzmodell Maschinenstörung), Ergebnisse aus /2/ und /3/

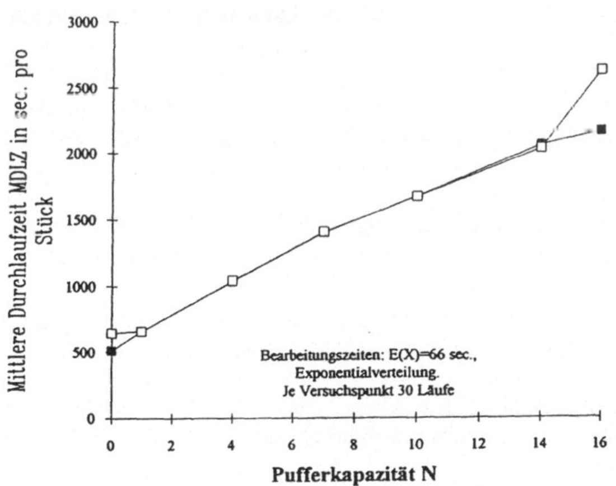

Bild 3: Beispiel für grafischen Ergebnisvergleich zwischen den Simulatoren GPSS/H und Simple++ (Referenzmodell Reihenfertigung) /4/

6   Ausblick

Zunächst können mit dem vorgestellten Referenzumodellsatz weitere Erfahrungen gesammelt werden, da noch längst nicht alle Simulationsmodelle erstellt sowie die Experimente und Ergebnisvergleiche durchgeführt wurden. Für die Präsentation der Referenzmodelldokumentationen und der Vergleichsergebnisse ist ein Präsentations-Tool in Arbeit, so daß zukünftig vielleicht alle gewonnenen Ergebnisse papierlos dokumentierbar werden. Interessant - aber auch schwierig - erscheint die Interpretation der Ergebnisse, Fragen nach zulässigen oder simulatorbedingten Abweichungen erfordern u.U. weitergehende Untersuchungen.

Beispielsweise zeigen die in Tabelle 3 erfaßten Ergebnisse, daß die von den Autoren in /3/ vorgegebene Simulationsdauer für einen quantitativen Ergebnisvergleich nicht ausreichend ist, da das Störungsverhalten der Maschine B nicht statistisch gesichert erfaßt werden kann. Es müssen also weitere Experimente zur Ermittlung einer sinnvollen Simulationsdauer durchgeführt oder die Ergebnisse durch mehrere Simulationsläufe vergleichbar gemacht werden. Für die in Bild 3 ermittelten Abweichungen der mittleren Durchlaufzeit von Teilen in einer Reihenfertigung mit begrenzten Zwischenpuffern konnte dagegen richtigerweise ein Modellierungsfehler vermutet werden, da die Kurven aus 30 Läufen über je 8 h Simulationsdauer entstanden sind und zufällige Einflüsse somit ausschließbar waren. Das ist auch ein Ergebnis, das ohne den Datenvergleich vielleicht nicht festgestellt worden wäre.

Literatur

/1/   Ritzschke, M.: Entwicklung von Benchmarktests zum Vergleich diskreter Simulatoren. Tagungsband zum 9. Symposium Simulationstechnik, Stuttgart 1994, S. 217-222

/2/   Grassow, Th: Entwicklung von fertigungsorganisatorischen Testmodellen zum Vergleich diskreter Simulatoren. Diplomarbeit, Humboldt-Universität zu Berlin, Institut für Elektrotechnik 1995

/3/   Banks, J.; Carson, J.S.: Process-interaction languages. Journal Simulation 44(1985)5, S..225-235

/4/   Lehmann, D.: Automatisierte Aufbereitung und Auswertung von Simulationsresultaten zum Vergleich von Simulatoren. Diplomarbeit, Humboldt-Universität zu Berlin, Institut für Elektrotechnik 1996

/5/   Drogi, I.: Leistungsanalyse von Fertigungssystemen mit dem Petri-Netz-Simulator „System Specs 2.1“. Diplomarbeit, Humboldt-Universität zu Berlin, Institut für Elektrotechnik 1996

/6/   Mielke, C.: Simulation und Animation von Fertigungsprozessen mit dem Simulator Taylor II. Diplomarbeit, Humboldt-Universität zu Berlin, Institut für Elektrotechnik 1996

/7/   Gumpert, U.; Ritzschke, M.: Entwicklung eines simulationsgestützten Arbeitsplatzes für den Produktionsplaner. 10. Symposium Simulationstechnik, Dresden 1996, angenommen.

Kai Mertins, Markus Rabe, Reiner Friedland:

Referenzmodell Fertigungssysteme - Effizientere Simulation bei größerem Nutzen

1 Einführung

Von Fertigungssystemen wird heute nicht nur erwartet, daß sie Produkte in vorgegebener Stückzahl und Qualität herstellen. Vielmehr zwingt der zunehmende Konkurrenzdruck zu minimalem Aufwand. Übersetzt in Ziele für Fertigungssysteme heißt das nach Bild 1, hohe Termintreue bei niedrigen Durchlaufzeiten und Beständen sowie hoher Auslastung zu gewährleisten [1].

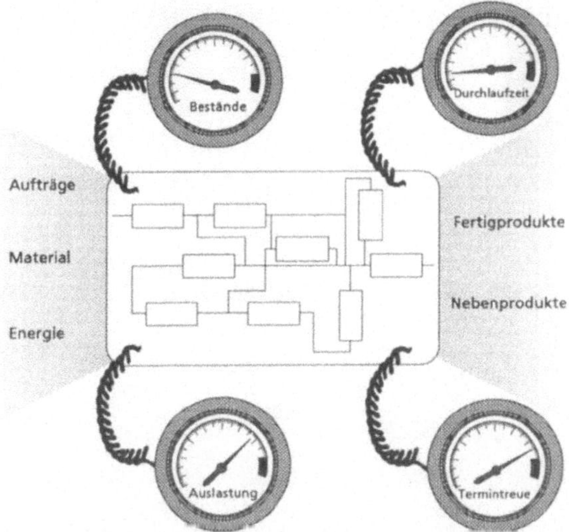

Bild 1 : Ziele von Fertigungssystemen

Externe Veränderungen, wie Marktschwankungen, technischer Fortschritt, und politische Entwicklungen stellen die Erfüllung dieser Ziele ständig infrage und zwingen Unternehmen zu interner Reaktion. Nur Unternehmen, die sich mit der Bereitschaft zur Innovation diesem Zwang offensiv stellen, können langfristig bestehen.

So unerläßlich dieser Ansatz ist, so risikoreich und teuer ist er. Eine Bewertung umgestalteter Fertigungssysteme im „Einsatz vor dem Einsatz" kann nur mit Hilfe der Simulation erfolgen [2]. Obwohl sie seit Jahren schon Stand der Technik ist, scheuen vor allem kleine und mittlere Unternehmen (kmU) den für sie schwer überschaubaren Aufwand und die damit verbundenen Kosten. Simulationsmodelle kleinerer Unternehmen sind nicht unbedingt weniger komplex als die größerer. Die Wirtschaftlichkeit eines Fertigungssystems hängt von den gleichen Einflußgrößen ab. Die Senkung des Aufwands der Simulation bei breiter Berücksichtigung der Einflußgrößen erschließt daher neue Potentiale auch für kmU.

2 Referenzmodelle - Basis effektiver Simulation

Mit dem Ziel, die Simulation für kmU attraktiver zu machen, entwickeln neun Fraunhofer-Institute gemeinsam Simulations-Referenzmodelle, in denen das Know-How über einen Kompetenzbereich, wie z.B. Auftragsdurchlauf, Distribution oder Personal dokumentiert ist [3]. Diese Referenzmodelle enthalten auch vorgefertigte Simulationsbausteine, die sowohl das Wissen aus zahlreichen Simulationsprojekten als auch den Stand der Forschung umfassen. In diesem Rahmen wird am Institut für Produktionsanlagen und Konstruktionstechnik Berlin (IPK) das Referenzmodell Fertigungssysteme entwickelt [4].

Es bildet ein Reservoir allgemeiner Strukturen und Parameter, aus denen in konkreten Simulationsstudien effektiv Modelle erstellt werden. Damit setzt die Arbeit eines Modellierers ähnlich der eines Konstrukteurs auf vorhandenem Wissen auf. Welche Analogien zwischen Konstruktion und Simulation bestehen, zeigt auszugsweise Bild 2.

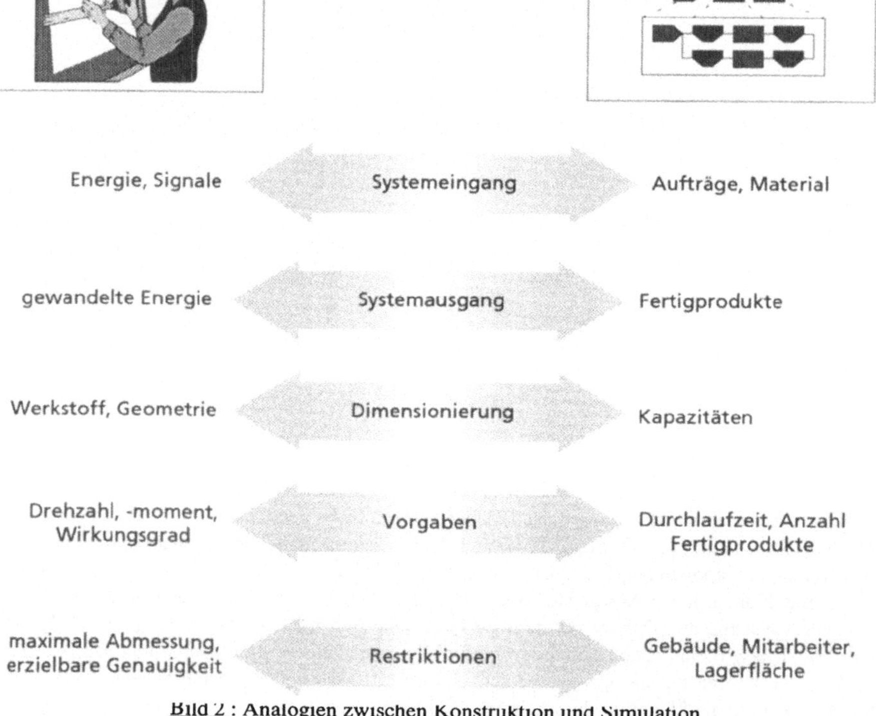

Bild 2 : Analogien zwischen Konstruktion und Simulation

3 Referenzmodell Fertigungssysteme

Ein Konstrukteur nutzt Kataloge mit Normteilen, Baugruppen und vorhandenen Lösungen. Das Referenzmodell Fertigungssysteme bildet dementsprechend einen Katalog für die Simulation. Dieser enthält, wie <u>Bild 3</u> zeigt,

- für Fertigungssysteme typische Ausrüstungen,
- häufig vorzufindende Strukturen und
- Einflußgrößen der Fertigungssteuerung.

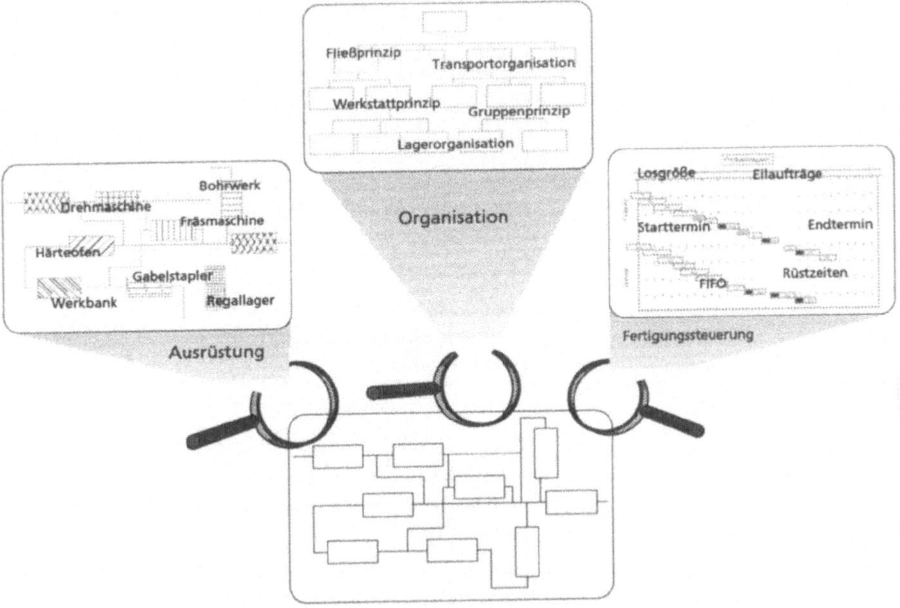

<u>Bild 3 :</u> Bestandteile des Referenzmodell Fertigungssysteme

Typische Ausrüstungen sind z.B. Werkzeugmaschinen, Handarbeitsplätze, Transportgeräte oder Prüfplätze. Sie bilden das Gerüst eines Fertigungssystems und damit für ein Simulationsmodell. Häufig vorzufindende Strukturen verknüpfen die Ausrüstungen organisatorisch miteinander. Im Referenzmodell Fertigungssysteme sind die am meisten verbreiteten Organisationsformen [1] von Fertigungssystemen enthalten :

- Werkstattfertigung zur Repräsentation verrichtungsorientierter Organisation,
- Fertigungsinseln für Produktorientierung ohne Taktung und feste Arbeitsgangreihenfolge und
- Fließfertigung als Vertreter getakteter Stationen mit Aufstellung in Reihenfolge des Fertigungsfortschritts.

Der erfolgreiche Einsatz eines Fertigungssystems wird wesentlich von seiner Steuerung bestimmt. Sie muß viele Einflußgrößen berücksichtigen, deren Komplexität und wechselseitige Abhängigkeiten mit analytischen Methoden kaum beherrschbar sind [5]. <u>Tabelle 1</u> listet wichtige Einflußgrößen auf.

Einflußgröße	Beschreibung
Auftragsfreigabe	
Auftragsverteilung	Streuung von Auftragsgröße und Termin
Steuerungsverfahren	
Schiebeprinzip	BOA [6], OPT [1]
Ziehprinzip	Verbrauchsteuerung über Bestellbestand, KANBAN [7]
Prioritätsregeln	
klassische Prioritätsregeln	FIFO, KOZ, Slack [8, 9]
individuelle Prioritäten	Kundenauftrag vor Lagerauftrag, Optimierung nach Rüstreihenfolge, Eilaufträge, u.a.
Losgröße	
Streuung von Arbeitsinhalten	lt. Warteschlangen-Theorie gilt : gleiche Arbeitsinhalte ergeben kurze Durchlaufzeiten [10]
Streuung Ankunftszeit	lt. Warteschlangen-Theorie gilt : gleiche Ankunftsintervalle ergeben kurze Durchlaufzeiten [10]
Splittung von Losen	zur Harmonisierung von Arbeitsinhalten und Ankunftszeiten; zum Weitertransport vor Fertigstellung des gesamten Loses
Zusammenfassung von Losen	zur Harmonisierung von Arbeitsinhalten und Ankunftszeiten; zur Rüst- und Transportminimierung

<u>Tabelle 1 :</u> Einflußgrößen der Fertigungssteuerung

Herkömmliche Simulationsansätze betrachten immer nur einen Ausschnitt von Einflußgrößen. Durch Integration in ein Referenzmodell sind die Parameter für jede Simulationsstudie verfügbar. In Simulationsszenarien ermittelte Wirkungen liefern zuverlässige Aussagen darüber, wie einzelne Einflußgrößen für ein Unternehmen einzustellen sind.

In konkreten Simulationsstudien dienen die drei Bestandteile des Referenzmodells einer effektiven, fehlerarmen Modellierung. Diese Vorgehensweise ist mit dem Einsatz von Konstruktionskatalogen vergleichbar. Das Referenzmodell Fertigungssysteme bedient sich noch einer weiteren Anleihe aus der Konstruktion. Ist das methodische Konstruieren bewährter Stand der Technik [11], sind solche Ansätze im Bereich Simulation weniger bekannt. Zum Referenzmodell Fertigungssysteme gehört ein Leitfaden, der das Vorgehen zur Modellierung, Validierung und Auswertung erläutert. Der Leitfaden beschreibt durchgängig Vorgehensweisen, angefangen von der Datenerfassung bis hin zu möglichen Lösungsansätzen.

4 Einsatz des Referenzmodells Fertigungssysteme

Der Einsatz des Referenzmodells Fertigungssysteme wird anhand einer Simulationsstudie für eine Pumpenfertigung demonstriert. Vier Pumpenvarianten und ihre Komponenten werden in sechs Werkstätten spanend bearbeitet, geprüft und montiert. Aufgabe der Simulation war die Ermittlung der günstigsten Losgrößen.

Zuerst wurden die Daten über Ressourcen, Produktionsprogramm und Arbeitspläne erfaßt. Die Modellierung der Ressourcen erfolgte im Simulationssystem MOSYS [12, 13] mit Hilfe der Referenzbausteine. Aus dem Reservoir der Strukturen wurden die passenden ausgewählt und konfiguriert. Alle Strukturen bestehen letztendlich aus Kombination der fünf Grundbausteine von MOSYS. Ihre Anpassung stellt daher an den Modellierer keine grundsätzlich neuen Anforderungen. Er benutzt vorgefertigte Strukturen bekannter Grundbausteine, die aufgrund ihrer Komplexität zwar Aufwände reduzieren, jedoch frei anpaßbar sind.

Nach Anpassung der Referenzbausteine erfolgt die Auswahl der relevanten Einflußgrößen. In der simulierten Pumpenfertigung stand die Variation der Losgrößen im Mittelpunkt. Daraus resultierten mehrere Simulationsläufe. Als Ergebnis ließ sich feststellen, daß die existierende Fertigung optimal bei hohen Losgrößen arbeitet. Marktanforderungen, hohe Bestände und Durchlaufzeiten stehen dem jedoch entgegen. Aus diesem Grund wurde das Fertigungskonzept grundlegend verändert und drei produktorientierte Fertigungsinseln gebildet. Dafür liegen ebenfalls Referenzbausteine vor, deren Anwendung die Modellierung beschleunigt.

Mehrere Simulationsläufe wiesen Vorteile der neuen Fertigungsinseln gegenüber der herkömmlichen Werkstattfertigung bei gleicher Produktionsleistung nach. Die gebildeten Fertigungsinseln ermöglichen kleine Losgrößen bei niedrigeren Beständen und Durchlaufzeiten.

5 Zusammenfassung

Eine permanent hohe Zielerfüllung von Fertigungssystemen ist nur durch ständige Innovation erreichbar. Eine hervorragende Methode zur praxisnahen Bewertung von Alternativen zur Umgestaltung bildet die Simulation. Herkömmliche Simulationsstudien sind jedoch oft für kleine und mittlere Unternehmen zu kostspielig. Aufwand und Kosten von Simulationsprojekten lassen sich durch Nutzung von Referenzmodellen reduzieren.

Das Referenzmodell Fertigungssysteme bildet ein Reservoir allgemeiner Strukturen und Parameter aus denen in konkreten Simulationsstudien effektiv Modelle erstellt werden. Es enthält ähnlich einem Konstruktionskatalog vorgefertigte Bausteine typischer Ausrüstungen, häufiger Organisationsformen und Einflußgrößen der Fertigungssteuerung.

In konkreten Simulationsstudien dienen diese allgemeinen Bausteine zur beschleunigten Modellerstellung. Die effektive, fehlerarme Modellierung wird durch einen Modellierungsleitfaden unterstützt. Nach der Grobmodellierung erfolgt die Auswahl der relevanten Einflußgrößen. Auf diese Weise ist eine umfassende Berücksichtigung aller Einflußgrößen gegeben. Die Simulation kann in mehr und breiter angelegten Szenarien erfolgen. Die hohe Transparenz der Wirkungszusammenhänge zwischen Technik, Organisation und Fertigungssteuerung gewährleistet eine hohe Entscheidungssicherheit.

Das Referenzmodell Fertigungssysteme ermöglicht, Simulationsstudien schneller und damit kostengünstiger durchzuführen. So können auch weniger finanzkräftige Unternehmen ihre Innovation mit Hilfe der Simulation absichern.

6 Literatur

[1]   Spur, G.; Stöferle, Th. :   Handbuch der Fertigungstechnik, Band 6 - Fabrikbetrieb. Carl Hanser Verlag München Wien 1994

[2]   Spur, G. :   Informations- und Kommunikationstechnik in der Produktion. ZWF 91 (1996) 3

[3]   Kuhn, A. :   FhG-Verbund unterstützt Anwender - Virtuelle Fabriken. Ingenieur Digest 1-2/1994

[4]   Mertins, K.; Rabe, M.; Könner, S. :   Reference Models for simulation in the planning of factories. Vortrag IMACS '95. Magdeburg 1995

[5]   Graf, K.-R. :   Systematische Untersuchung von Einflußgrößen einer Fertigungssteuerung nach dem Zieh- und Schiebeprinzip. ifab Karlsruhe 1991

[6]   Wiendahl, H.-P. :   Belastungsorientierte Fertigungssteuerung. Carl Hanser Verlag, München Wien 1987

[7]   Wildemann, H. :   Flexible Werkstattsteuerung durch Integration von KANBAN-Prinzipien. CW-Publikation, München 1984

[8]   Beier, H. ; Schwall, E. :   Fertigungsleittechnik. Carl Hanser Verlag, München Wien 1991

[9]   Dulger, A. :   Prioritätsregeln für die industrielle Werkstattfertigung. Universität Regensburg 1991

[10]   Zimmermann, G. :   PPS-Methoden auf dem Prüfstand : was leisten sie, wann versagen sie? verlag moderne industrie, Landsberg/Lech 1987

[11]   VDI-Richtlinie 2221 Methodik zum Entwickeln und Konstruieren technischer Systeme. VDI-Verlag, Düsseldorf 1986

[12]   Mertins, K.; Furgac, I.; Rabe, M. :   Planungssicherheit durch Simulation. Technica 42 (1993) 9

[13]   Wieneke-Toutaoui, B. :   Rechnerunterstütztes Planungssystem zur Auslegung von Fertigungsanlagen. Carl Hanser Verlag München Wien 1987

Effiziente Simulation in der Fabrikplanung durch adaptive Kopplung von Planungstools

S. Wirth, A. Kobylka

TU Chemnitz-Zwickau, Institut für Betriebswissenschaften und Fabriksysteme
Lehrstuhl Fabrikplanung und Fabrikbetrieb
Erfenschlager Str. 73
09125 Chemnitz
Tel.: (0371) 531 53 58   Fax: (0371) 531 53 27
E-mail: andrea.kobylka@mb2.tu-chemnitz.de

Zusammenfassung

Im Beitrag werden die methodischen Grundlagen und spezifischen Problemstellungen der projektneutralen adaptiven Kopplung statischer und dynamischer Planungssoftware dargestellt, die zur Effektivierung des Fabrikplanungs- und -steuerungsprozesses beiträgt. Dieser neue methodische Ansatz soll helfen, die in der Praxis vorhandene Akzeptanzschwelle für einen planungsbegleitenden Simulationseinsatz zu senken. Er ermöglicht im Investitions- und permanenten Planungsprozeß ein schnelles Reagieren auf Situationsänderungen im Umfeld des Unternehmens.
Die Anwendungsfelder der adaptiven Kopplung sowie die durch ihren Einsatz erreichbaren Vorteile im Planungsprozeß werden aufgezeigt.

1 Simulation in der Fabrikplanung

Im Bereich der Fabrikplanung hat sich in den letzten Jahren die Simulation unumstritten als wichtiges, wirkungsvolles und ansprechendes Werkzeug zur Verifizierung und Optimierung von Planungslösungen erwiesen. Problematisch ist jedoch auch heute noch der hohe zeitliche Aufwand, der mit ihrem Einsatz verbunden ist, so daß oft, besonders bei kleinen Projektvolumina, auf planungsbegleitende, -unterstützende und /oder verifizierende Simulationsuntersuchungen verzichtet wird. Aus diesem Grund werden stets neue Entwicklungen angestrebt, die den Aufwand zur Modellerstellung senken (z. B. /Harder, Lehmann-94/) oder aber die Durchführung von Variantenuntersuchungen und die Systemoptimierung unterstützen (/Hader-94/). In diese Reihe der Forschungen gliedern sich auch die Untersuchungen zur adaptiven Kopplung vorhandener Planungstools ein.

Es existieren zwei prinzipielle Planungsvorgehen, um ausgehend von einer Planungsaufgabe zur angestrebten Planungslösung zu gelangen. Dies ist zum einen die Nutzung statischer Planungstools, die neben der Prüfung und Vervollständigung der Eingangsdaten u. a. eine effiziente Ressourcendimensionierung und -strukturierung sowie eine schnelle Variantenerstellung und Systemoptimierung erlauben. Zum anderen ist es der Einsatz dynamischer Planungstools, deren Vorteile z. B. in der realitätsnahen Abbildung des Zeitverhaltens und der Erhöhung der Transparenz der modellierten Prozesse sowie in der mittels Animation erreichbaren hohen Ergebnisakzeptanz zu sehen sind.

In Abhängigkeit von der betrieblichen Aufgabenstellung, der vorhandenen Planungswerkzeuge und der Kenntnisse, Erfahrungen und auch persönlichen Vorlieben des Planers wurden entweder statische oder dynamische Planungstools eingesetzt. Häufig sind auch mit statischen Planungstools erzielte Planungslösungen im Anschluß mit Hilfe von Simulationsexperimenten verifiziert worden.

Durch die Kopplung statischer und dynamischer Planungstools sollen die Vorteile beider Vorgehensweisen verbunden werden und ein Planungswerkzeug entstehen, bei dem der Aufwand zur Simulationsmodellerstellung und -variation auf ein Minimum reduziert wird. Dies ermöglicht, daß im permanenten Planungsprozeß schnell auf Situationsänderungen im Umfeld des Unternehmens reagiert werden kann und daß in kurzer Zeit Ergebnisse vorliegen, die den Entscheidungsprozeß umfassend unterstützen.

2 Adaptive Kopplung statischer und dynamischer Planungstools

Sowohl statische als auch dynamische Planungstools verfügen heute über sehr hohe Komplexität und Funktionalität. Die Forderungen nach guter Handhabbarkeit von Planungstools und kurzen Einarbeitungszeiten bestimmen das Ziel, die Komplexität eines einzelnen Systems (z. B. durch Integration weiterer Funktionen) nicht weiter zu erhöhen und die umfassende Funktionalität der Einzeltools mit allen damit verbundenen Vorteilen zu erhalten. Somit ergibt sich als definierte Grundbedingung bei der Kopplung statischer und dynamischer Planungstools der Erhalt der Autonomie der einzelnen Systeme.
Die Realisierung der Kopplung erfolgt aufgrund dieser Überlegungen über die Entwicklung eines Adaptionstools, in das aber neben den allgemeinen Funktionen von Adaptionstools, dem Selektieren und Strukturieren von Daten weitere Funktionen zu integrieren sind. Damit kann es dann den speziellen Ansprüchen dieser Kopplung gerecht werden.

Die im Adaptionstool zu realisierenden Funktionen sind in **Bild 1** zusammenfassend dargestellt.

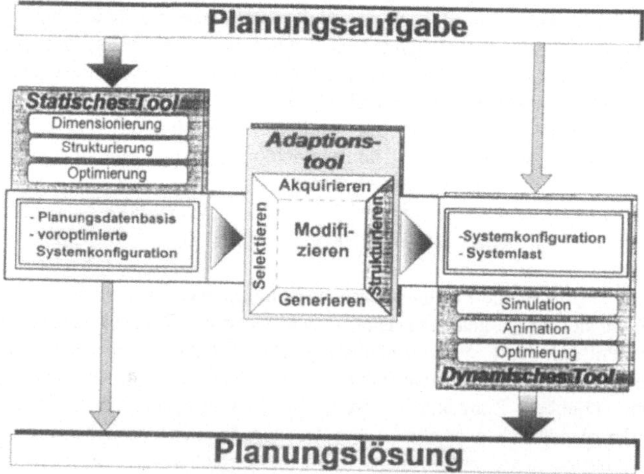

Bild 1:   Funktionen des Adaptionstools bei der Kopplung statischer und dynamischer Planungssoftware

Sie umfassen:

♦ Das Selektieren der für die Simulationsstudie benötigten Daten aus der statischen Planungslösung sowie den bereits aufbereiteten Planungsdaten,

♦ Das Modifizieren zur Erzeugung simulationsspezifischer Daten,

♦ Das Akquirieren noch nicht erfaßter oder nicht mittels Modifizierung ermittelbarer simulationsspezifischer Daten,

♦ Das Generieren nicht beschaffbarer Daten, d. h. von Daten, die nicht in der betrieblichen Planungsdatenbasis vorhanden sind.

Diese vier Funktionen dienen der Datenbereitstellung, ist diese abgeschlossen folgt

♦ das Strukturieren aller dann verfügbaren Daten in die für das Simulationmodell erforderlichen Datenstrukturen.

Durch das Adaptionstool wird auf die Datenstrukturen des statischen Planungstools zugegriffen und in die Datenstruktur des dynamsichen Planungstools eingegriffen, die Autonomie der einzelnen Tools wird dabei aber nicht beeinträchtigt, ihre Funktionalität bleibt vollständig erhalten und nutzbar.

Der ebenfalls im Bild verdeutlichte prinzipielle Ablauf der Planung wäre dann, daß ausgehend von der Planungsaufgabe mit Hilfe des statischen Tools die für diesen Planungsschritt benötigte Planungsdatenbasis aufbereitet, kontrolliert und vervollständigt wird sowie die Erzeugung einer voroptimierten Basislösung erfolgt. Die dann vorhandenen sowie zusätzlich zu akquirierende Daten werden im Adaptionstool über die o. g. Funktionen der Datenstruktur des Simulationssystems angepaßt. Es erfolgt eine weitgehend automatische Modellierung und Parametrierung des Simulationsmodells.

3   Anwendung der Kopplung zur planungsbegleitenden Simulation

Im Verlauf eines Planungsprojektes von der Vorstudie bis zur Realisierung nimmt die Beeinflußbarkeit der Planungslösung stetig ab, wobei die Kosten bei einer Veränderung extrem steigen. Dieses in **Bild 2** aufgezeigte Kostenverhalten verdeutlicht die Notwendigkeit eines möglichst frühen Einsatzes der Simulation zur Verifizierung von Planungsentscheidungen.

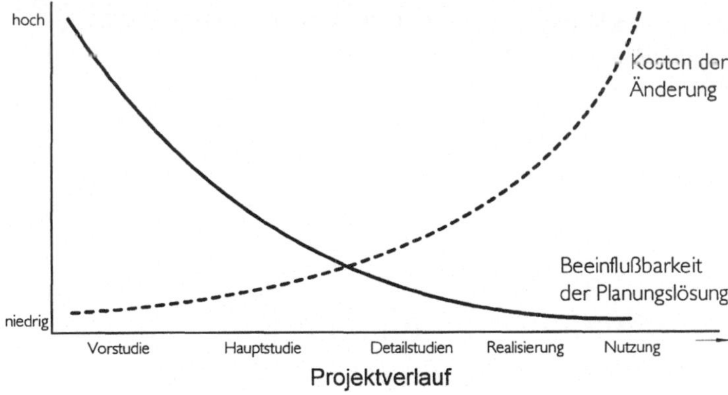

Bild 2: Kostenverhalten bei der Änderung von Planungsentscheidungen (schematisch)

Simulationsuntersuchungen in frühen Planungsphasen führen gleichzeitig zu einem deutlichen Kenntniszuwachs über das geplante System, wodurch wiederum die Planungsqualität steigt /Acél-94/.

In den einzelnen Planungsphasen sind Entscheidungen unterschiedlichster Art, von sehr global in der Phase der Vorstudie bis hin zu stark spezialisiert in den Detailstudien, zu treffen. Dies bedingt die Entwicklung von Simulationsmodellen, die der jeweiligen Problemstellung hinsichtlich der benötigten Aussagegenauigkeit angepaßt sind. Hinzu kommt, daß zu Beginn der Planung Quantität und Qualität der zur Verfügung stehenden Daten meist sehr gering sind und mit diesen Daten lediglich Simulationsmodelle mit relativ hohem Abstraktionsgrad generiert werden können. Für Entscheidungen im Rahmen von Vorstudien ist dies aber in den meisten Fällen ausreichend und liefert planungsunterstützende Informationen. Wird das am Anfang sehr abstrakte Simulationsmodell planungsbegleitend mit zunehmender Datengenauigkeit (Datenumfang und Datenqualität) weiter detailliert, sind effiziente Simulationsstudien in jeder Planungsphase möglich. Eventuelle Planungsfehler können frühzeitig erkannt und vermieden werden.

Die Kopplung von statischen und dynamischen Planungstools unterstützt planungsbegleitende Simulationsstudien durch die Möglichkeit der Generierung von Simulationsmodellen unterschiedlichster Abstraktion in Abhängigkeit der Genauigkeit der zur Verfügung stehenden Planungsdaten.

Da der Begriff der Abstraktion von Simulationsmodellen sehr umfassend ist, muß er für eine Nutzung zur Generierung von Simulationsmodellen eingegrenzt werden und eindeutig beschreibbar sein. Für Simulationsmodelle aus dem Bereich der Fabrikplanung, kann in die **funktionale Abstraktion** und die **visuelle Abstraktion** unterschieden werden.

Die *visuelle Abstraktion* beschreibt die Exaktheit der Animation des modellierten Prozesses, z. B. entspricht die Darstellung eines Prozesses mit sinnbildlichen Icons einem hohen visuellen Abstraktionsgrad, eine hohe Detailtreue und damit ein niedriger visueller Abstraktionsgrad werden mit einer maßstabgerechten 3-D-Darstellung des Prozesses erreicht.

Die *funktionale Abstraktion* beschreibt die Genauigkeit der modellierten Systemkonfiguration und Systemlast des zu simulierenden Prozesses und ist damit entscheidend für die mittels Simulation zu ermittelnden Planungskenngrößen. Einflußgrößen des funktionellen Abstraktionsgrades sind

- die Zahl der modellierten Komponenten der Systemkonfiguration (z. B. Maschinen, Speicher, Transport, ...),
- der Umfang der modellierten Systemlast (z. B. Werkstückfluß, Werkzeugfluß, ...),
- die Genauigkeit der Eingangsdaten (sowohl der Systemkonfiguration, als auch der Systemlast).

(siehe **Bild 3**)

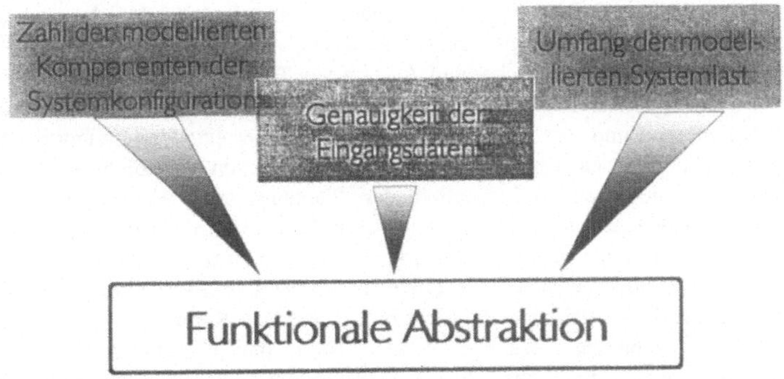

Bild 3: Komponenten der funktionalen Abstraktion

Die funktionale Abstraktion eines Simulationsmodells muß dem Simulationsziel und der zur Verfügung stehenden Datengenauigkeit angepaßt sein. Die visuelle Abstraktion ist weitgehend unabhängig von der funktionalen Abstraktion und hat keinen Einfluß auf die Planungsergebnisse.

Werden die Funktionen des Adaptionstools "Modifizieren" und "Generieren" auf Basis dieser Beschreibung der Abstraktion implementiert, ist es möglich, daß der Planer interaktiv den Abstraktionsgrad des zu generierenden Modells bestimmt und ihn der aktuellen Planungsphase und den Eingangsdaten anpaßt.

4 Anwendungsfelder der Kopplung

Am Lehrstuhl Fabrikplanung und Fabrikbetrieb der Technischen Universität Chemnitz-Zwickau wird im Rahmen eines von der DFG unterstützten Forschungsvorhabens prototypisch ein Adaptionstool entwickelt, das das statische Fabrikplanungssystem CAD-FAIF /CAD-FAIF-95/ mit dem Simulationssystem Taylor II /Taylor-94/ koppelt.

Erste Ergebnisse der Forschungen zur Kopplung statischer und dynamischer Planungstools flossen ein in:

♦ "Akquisitionstool für Flexible Fertigungssysteme" (vorgestellt in /Wirth, Fischer-95/; /Kobylka-94/)

♦ Effiziente Werkstättensimulation "EWS" (vorgestellt in /Wirth, Kobylka-96/; /EWS-96/)

In beiden Projekten wurde eine adaptive Kopplung statischer und dynamischer Planungssoftware realisiert. Während das Akquisitionstool auf einer modellgebundenen Kopplung basiert, stellt "EWS" bereits eine projektneutrale Kopplungsvariante zur Planung von Werkstätten dar.

Weitere Forschungen zu Möglichkeiten der Generierung von Planungsdaten und zum Zusammenhang von Simulationsziel, Eingangsdaten und Abstraktionsgrad des Simualtionsmodells sollen den weiteren Ausbau der automatischen projektneutralen Generierung und Parametrierung von Simulationsmodellen ermöglichen.

Durch die hier beschriebene Kopplung wird es möglich, aufwandsarm und variantenreich zu simulieren. Es lassen sich sehr effizient Untersuchungen durchführen, die zur Dimensionierung der Fertigungsplätze, Speicherplätze und Transporteinrichtungen sowie der Bestimmung und Optimierung des spezifischen Werkereinsatzes dienen. Die Optimierung von Einschleusstrategien und Speicherstrategien (total dezentrale / total zentrale / kombinierte Speicherung) wird ebenso unterstützt wie Experimente zur Optimierung von Produktionsprogrammen.

Die gekoppelte Anwendung statischer und dynamischer Planungssoftware führt zu Vorteilen, die sich bei den bereits realisierten Projekten schon bestätigt haben. So wird der Aufwand zur Variierung von Systemkonfiguration und -last minimiert, wodurch entweder eine Verkürzung der Planungszeit oder aber die Durchführung einer größeren Zahl von Experimenten ermöglicht wird. Letzteres kann zur Erhöhung der Sicherheit und Qualität der Planungslösung ebenso beitragen wie die Objektivierung der Modellerstellung durch die weitgehend automatische Modellgenerierung. Die im Adaptionstool implementierten Methoden garantieren, daß dem Nutzer entsprechend seiner Angaben ein funktionsfähiges Simulationsmodell für effiziente Simulationsexperimente zur Verfügung steht, die Modellierung und Parametrierung ist nicht primär von den Kenntnissen und Erfahrungen des jeweiligen Nutzers abhängig. Weitere Vorteile sind die Minimierung der Kosten für Simulationsstudien sowie die hohe Präsentationswirkung. Die Akzeptanzschwelle für den planungsbegleitenden Simulationseinsatz kann erheblich gesenkt werden.

Literatur:

Acél-94:	Lehrschrift zur Vorlesung „Simulation in der Produktion". ETH Zürich, 1994.
CAD-FAIF-95:	Rechnergestütztes Fabrikplanungs- und Projektierungssystem. Dokumentation zur Einsatzcharakteristik, TU Chemnitz-Zwickau, 1995.
EWS-95:	Effiziente Werkstättensimulation. Handbuch, TU Chemnitz-Zwickau, 1995.
Hader-94:	Regelbasierte Optimierung von Produktionssystemen. In: Fortschritte in der Simulationstechnik Band 9, Verlag Vieweg, 1994.
Harder,Lehmann-94	Kopplung von CAD und Ablaufsimulation für die Materialflußplanung. In: ZwF 89 (1994) 9, S.442-444.
Kobylka-94:	Modellgebundene Kopplung der Softwaretools CAD-FAIF und Taylor II. Zwischenbericht, TU Chemnitz-Zwickau, 1994.
Taylor 94:	Taylor II Simulationssoftware für Produktion und Logistik. Handbuch, F&H Logistics and Automation B.V. Tilburg, 1994.
Wirth , Fischer-95:	Kundenspezifische Vorparametrierung eines präsentativen Simulationsmodells für die Akquisition von Fertigungssystemen.Tagungsunterlagen, Fachtagung „Integration von Bild, Modell und Text", Magdeburg, 2./3.3.1995.
Wirth, Kobylka-96:	Schnell, variantenreich und aufwandsarm simulieren mit der Effizienten Werkstättensimulation „EWS". Tagungsunterlagen, Fachtagung "Simulation und Animation", Magdeburg, 29.2./1.3.1996.

Strukturierung von Fertigungssystemen mittels Genetischer Algorithmen

JENS ARNOLD

Fakultät für Informatik
Technische Universität Chemnitz
Lehrstuhl Modellierung und Simulation
09107 Chemnitz
E-Mail: jarn@informatik.tu-chemnitz.de

ANJA NESTLER

Institut für Betriebswissenschaften und
Fabriksysteme
Technische Universität Chemnitz
Lehrstuhl Fabrikplanung und -betrieb
09107 Chemnitz

1. Motivation - Das Problem der Fertigungsstrukturierung

Für eine hohe Wirtschaftlichkeit und Flexibilität von Unternehmen des Maschinenbaus ist die Optimierung der Fertigungsgestaltung elementare Voraussetzung. Ideales Ziel einer Strukturverbesserung sind „Gegenstandsspezialisierte Fertigungssysteme", in denen die Teilearten möglichst vollständig bearbeitet werden können. Transporte zwischen Fertigungssystemen verursachen Kosten, erhöhen die Durchlaufzeiten und sind daher so gering wie möglich zu halten. Dem gegenüber stehen Steuerungs- und Logistikprobleme mit wachsender Größe und Komplexität der Fertigungssysteme. Die entscheidende Fragestellung bei der Fertigungsstrukturierung ist demnach die, zwischen welchen beiden Extrema »alle Maschinen bilden *ein* Fertigungssystem« bzw. »jede Maschine bildet ein separates Fertigungssystem« die optimale Anzahl und Größe der Fertigungssysteme für ein gegebenes Produktionsprogramm (Menge von Teilearten) liegt? In Abbildung 1 seien einige bisher angewandte und daher als „klassisch" bezeichnete Methoden und Verfahren zur Strukturierung von Fertigungssystemen aufzeigt und systematisiert.

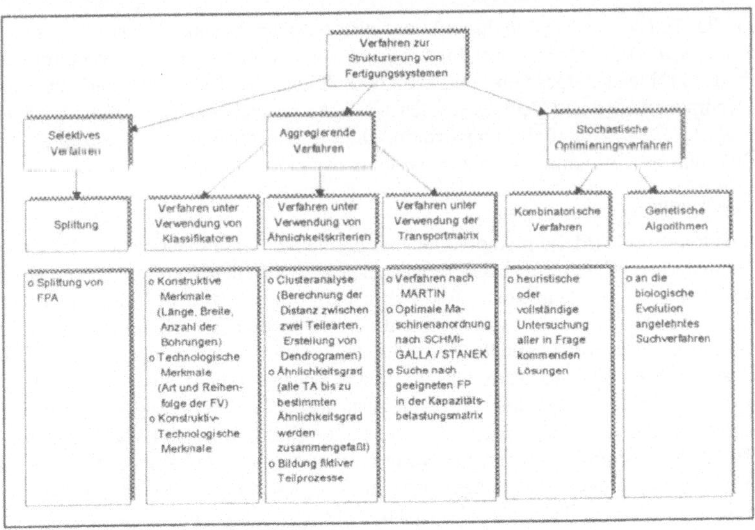

Abbildung 1: Verfahren zur Strukturierung von Fertigungssystemen

2. Ein Genetischer Algorithmus zur Fertigungsstrukturierung

Mit jedem der in Abschnitt 1 aufgeführten (klassischen) Verfahren der Analytik und Kombinatorik wird bei praxisrelevanten Dimensionen der frei veränderbaren Parameter jeweils nur ein Teilproblem (Reihenfolge, Gruppierung, Zuordnung) gelöst und der Widerspruch zwischen hoher Kooperation der Fertigungssysteme und der Maximierung ihrer Autonomie dabei stets auf eine Seite zuungunsten der anderen verschoben, ohne mathematisch begründbare Optimalitätskriterien definieren zu können. Da die Anzahl der möglichen Lösungen exponentiell zu den vorhandenen Fertigungsplätzen und Teilearten ansteigt, ist deren vollständige Durchmusterung nicht möglich. „Gewünscht sind daher Optimierungsalgorithmen, die in Abhängigkeit von einem vom Benutzer zu definierenden Ziel die Ergebnisse eines Simulationslaufes interpretieren und daraus automatisch Schlußfolgerungen für die Veränderung der Eingangsparameter des nächsten Simulationslaufes ableiten" (SCHULTE und BECKER: „Optimierung in der Werkstattsteuerung: Simulation und genetische Algorithmen" in [SYDO93]).

Die stochastische Optimierung mittels Genetischer Algorithmen (GA) beruht auf dem biologischen Prinzip der Evolution: »Gute« Individuen (Lösungen) überleben und geben ihre Gene (Variablen) an die nächste Generation (Lösungsmenge) durch Rekombination und Mutation weiter. Die theoretische Fundierung der Konvergenz eines solchen Iterationsprozesses wurde bereits in den siebziger Jahren gezeigt ([HOLL75]) und in zahlreichen Anwendungen als praktikabel anerkannt ([SCHA89], [FORR93], [ARNO95]). „Aus der Sicht des Mathematikers, Informatikers und Ingenieurs stellt die Evolution ein extrem leistungstarkes Optimierungsverfahren dar." [SCHÖ94]. Im folgenden soll ein Verfahren zur Strukturierung von Fertigungssystemen auf der Basis Genetischer Algorithmen nach [NEST96] näher beschrieben werden.

2.1. Codierung der Individuen

$$P = \{I \in S : I \text{ ist eine gültige Lösung in } S\} \tag{1}$$

bezeichnet die Teilmenge P (*Population*), der alle gültigen Lösungen I (*Individuen*) aus der Menge S (*Suchraum*) angehören. Der Suchraum S wird von den Parametervektoren (*Chromosomensatz*) des Problems aufgespannt und kann deshalb auch als Parameterraum bezeichnet werden. Die Komponenten eines Vektors werden als *Gene* bezeichnet. Ihre möglichen Wertebelegungen sind die *Allele*. Eine Fertigungsstruktur kann durch folgende drei Vektoren beschrieben werden, die somit als Chromosomen ein Individuum codieren:

• Reihenfolgevektor:

In diesem Chromosom wird die topologische Anordnung der Maschinen codiert. Es repräsentiert also das Reihenfolgeproblem. Steht der Fertigungsplatz A vor dem Fertigungsplatz B im Chromosom, so kommt der Fertigungsplatz A vor dem Fertigungsplatz B in Flußrichtung der Fertigungsstruktur. Ein Gen besteht aus der Art und der Nummer des Fertigungsplatzes, die Gruppennummer bestimmt die eventuelle Zugehörigkeit zu einem zuvor festgelegten Fertigungssystem. First und Last sind Verweise auf die diesem Fertigungsplatz zugewiesenen Fertigungsvorgänge. Die Auslastung ist eine reelle Zahl zwischen 0 (kein Fertigungsvorgang zugeordnet) und 1 (Fertigungsplatz ist voll ausgelastet). Die Länge dieses Vektors (Anzahl der Gene) entspricht der durch die statische Dimensionierung bestimmten minimal zur Fertigung des gegebenen Produktionsprogrammes notwendigen Anzahl Fertigungsplätze plus ein Viertel dieser Anzahl. Damit kann die Optimierung 25% mehr Fertigungsplätze hinzufügen, falls die damit verbundene Einsparung an Transportaufwand den Gesamtaufwand senkt.

• Gruppierungsvektor:

Die Gene dieses Chromosoms korrespondieren in ihrer Position mit denen des Reihenfolgevektors und können nur die diskreten Allele 0 und 1 annehmen. Eine 0 bedeutet, dieser und der im Reihenfolgevektor unmittelbar nachfolgende Fertigungsplatz gehören zu einem Fertigungssystem. Eine 1 gibt an, daß dieser Fertigungsplatz der letzte Fertigungsplatz eines Fertigungssystems (in Flußrichtung) ist und der im Reihenfolgevektor unmittelbar folgende Fertigungsplatz als erster (in Flußrichtung) in einem neuen Fertigungssystem steht.

• Fertigungsvorgangsvektor:

Die Länge dieses Vektors entspricht der Anzahl aller Fertigungsvorgänge. Jeder Fertigungsvorgang wird durch eine eindeutige Nummer (Allel) bestimmt. Fertigungsvorgänge des gleichen Typs stehen hintereinander, ebenso innerhalb dieser „Typgruppen" die Fertigungsvorgänge, welche dem selben Fertigungsplatz zugeordnet sind. Das Gen des ersten und des letzten Fertigungsvorganges einer so zugeordneten Menge wird durch die im Reihenfolgevektor beschriebenen Verweise First und Last referenziert. Um bei der Erzeugung neuer Individuen das Einhalten bestimmter Nebenbedingungen garantieren zu können, müssen jedem Individuum noch ein Vektor für die Speicherung der maximal zulässigen und aktuellen Anzahl der Fertigungsplätze einer jeden Art sowie die für zusätzlich aufgenommene Fertigungsplätze getätigte Investitionssumme zugeordnet werden.

Der Aufwand enthält den Zielfunktionswert (*Fitneß*) für eine konkrete Lösung (*Individuum*). Wie bei jeder Optimierungsaufgabe kann die Zielfunktion

$$f : S \rightarrow R^1 \tag{2}$$

als Abbildung aus dem Suchraum S in die Menge der reellen Zahlen R^1 beschrieben werden. Generiert der evolutionäre Optimierungsprozeß ungültige Lösungen, also Individuen, die nicht zur Population P gehören, so erhalten diese Individuen einen überproportional hohen Aufwandswert (*Strafenfitneß*). Auf die Berechnung der Fitneßwerte wird im folgenden Abschnitt 3 eingegangen. Eine Teilmenge $G_i \subset P$ wird als i-te *Generation* bezeichnet. Alle in ihr enthaltenen Individuen werden gewissermaßen parallel untersucht und konkurrieren direkt.

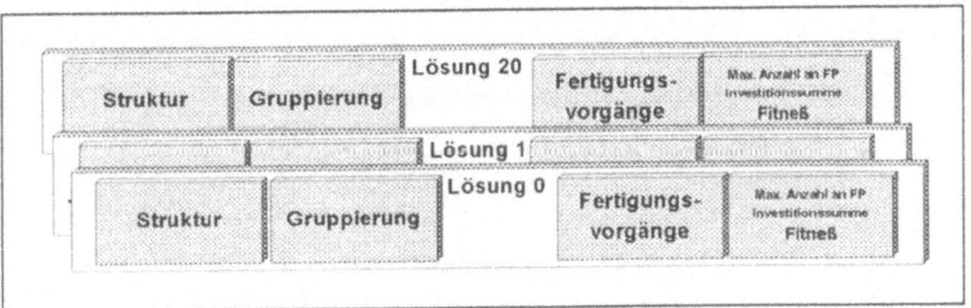

Abbildung 2: Bestandteile einer Generation

Die in der Literatur als sinnvoll angegebenen Werte für die Wahl der Generationsgröße (Anzahl der Individuen in einer Generation) haben sich in vielen Experimenten als Durchschnittswerte bewährt (N=30 [SCHA89], N=50 [SCHÖ94], N>50 [KINN94]), sind aber für praxisrelevante Dimensionen der Fertigungsstrukturierung aus Gründen des Speicher- und Rechenzeitaufwandes nicht praktikabel. Mit der Beschränkung der Generationsgröße auf N=21 Individuen ist ein guter Kompromiß zwischen Konvergenzgeschwindigkeit der Fitneßwerte gegen das Optimum und dem Speicher- und Rechenzeitaufwand für Personalcomputer gefunden worden.

Die 21 Individuen einer Generation setzen sich aus 6 Eltern und den von ihnen erzeugten 15 Kindern zusammen. Das Verhältnis 6/15 von Eltern zu Kindern hat sich als besonders günstig für den *Selektionsdruck* erwiesen. Ein hoher Selektionsdruck vergrößert die Konvergenzgeschwindigkeit, senkt aber die Wahrscheinlichkeit, das globale Optimum zu finden und vergrößert die Gefahr, in einem lokalen Optimum „hängenzubleiben".

2.2. Der evolutionäre Optimierungsalgorithmus

Der iterativ ablaufende, evolutionäre Optimierungsalgorithmus ist in Abbildung 3 dargestellt. Zur Beschleunigung der Konvergenz des Evolutionsprozesses wird im Schritt 1 eine (suboptimale) Anfangslösung mit dem Aggregationsverfahren aus Abschnitt 1 berechnet und an den Algorithmus übergeben. Die Auswahl der 5 Eltern im Schritt 6 erfolgt nach dem *Roulette-Verfahren*. Da eine Minimierungsaufgabe vorliegt (Aufwand für den Transport und die Fertigungsplätze sollen minimal werden), wird der schlechteste Fitneßwert der Generation (höchster Aufwand) von den Fitneßwerten der anderen Individuen dieser Generation subtrahiert. Die „neuen" Fitneßwerte der einzelnen Lösungen bestimmen die Sektorgrößen der Individuen auf dem Roulette-Rad. Die Wahrscheinlichkeit, daß eine zufällig geworfene „Kugel" in einen „großen" Sektor fällt, also ein „gutes" Individuum überlebt, ist demzufolge höher, als daß ein „schlechtes" Individuum seine Gene weitervererben kann. Ist die absolute Differenz der Fitneßwerte zwischen dem besten und dem schlechtesten Individuum einer Generation kleiner als 20, wird jedem Individuum, unabhängig von seiner tatsächlichen Fitneß, eine Fitneß zugeordnet, die direkt proportional zu seiner Rangordnung in der Generation ist. Dieses *Lineare Ranking*-Verfahren erhöht den Selektionsdruck und damit die Konvergenzgeschwindigkeit gegen das tatsächliche Optimum in seiner vermutlich bereits gefundenen, suboptimalen Umgebung.

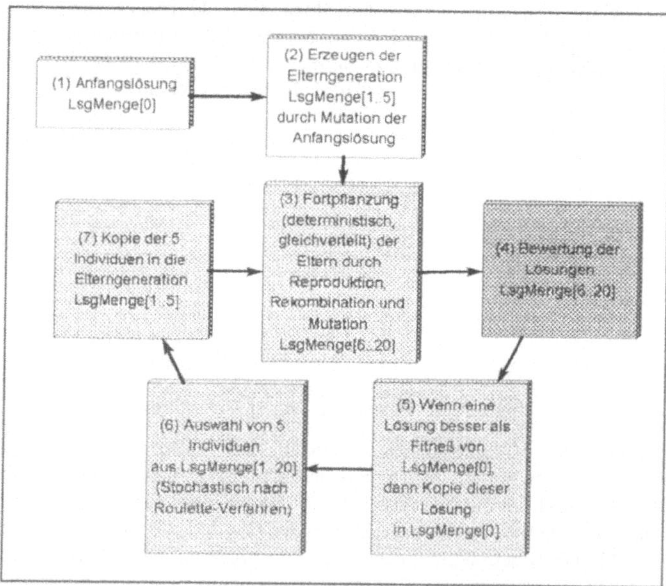

Abbildung 3: Der evolutionäre Optimierungsalgorithmus

Für die Wahl des Abbruchzeitpunktes liefert uns die Natur keinen Hinweis. Die biologische Evolution ist ein (möglicherweise unendlich) fortdauernder Prozeß ohne erkennbares *End*-Ziel. Der Grund liegt im Sinn der Evolution: Anpassung der Lebewesen an sich permanent ändernde Umweltbedingungen. Da unsere zu optimierenden künstlichen Systeme aber ein konkret definiertes, funktionales Verhalten in einer mehr oder weniger bekannten „Umwelt" zeigen, sollte der Suchprozeß nach dem Auffinden eines/des Optimums terminieren. Deshalb kann der Nutzer jederzeit den Evolutionsprozeß unterbrechen. Ansonsten beendet das Programm nach einer vorgebbaren maximalen Anzahl Generationen seit der letzten Fitneßverbesserung automatisch die Optimierung.

2.3. Die genetischen Operatoren

Für jedes der drei Chromosomen müssen eigene genetische Operatoren entworfen werden. Die *Reproduktion* ist die ständige Erneuerung und Wiederholung der genetischen Informationen. Die Chromosomen werden einfach von den Eltern übernommen. Die Reproduktion läuft deshalb bei allen Chromosomen gleich ab. Die Reproduktion garantiert die Stabilität der Lösungen, damit der Algorithmus nicht zu sehr im Suchraum „springt". *Rekombinationen* sind Prozesse, die zu einer Umgruppierung der genetischen Informationen führen. Durch die Rekombination werden genetische Informationen zwischen den Individuen (sexuelle Rekombination) und innerhalb der Chromosomen eines Individuums (Selbstrekombination) ausgetauscht. Die *Mutation* ist der Zufall der Evolution und für die Anpassungsfähigkeit einer Population an sich ändernde Umweltbedingungen unverzichtbar. Die Mutation ist dafür verantwortlich, daß lokale Optima (suboptimal angepaßte Individuen) wieder verlassen werden können und in andere Bereiche des Suchraumes „gesprungen" wird.

Die Problematik der genetischen Operatoren besteht darin, daß durch ihre Ausführung oft die Konsistenz der neuen Lösung zerstört wird und ein relativ hoher Aufwand getätigt werden muß, um die Menge der ungültigen Lösungen gering zu halten. Dabei mußte ein „sinnvoller" Kompromiß zwischen der für die Evolution unverzichtbaren Stochastik und den stark gekoppelten Nebenbedingungen gefunden werden. Insbesondere die effiziente Implementation der Rekombinationsoperatoren und die Hinzu- bzw. Wegnahme von Fertigungsplätzen durch Mutationen erforderte relativ komplexe Algorithmen.

3. Die Bewertung

Vom Genetischen Algorithmus werden weitestgehend konsistente Lösungen zur Bewertung übergeben. Trotzdem ist es möglich, daß bestimmte Restriktionen nicht eingehalten wurden. Diese Lösungen erhalten einen extrem hohen Aufwandswert (*Strafenfitneß*). Die Evolution erkennt dadurch solche ungültigen Lösungen und läßt sie im weiteren Verlauf „aussterben".

Wurden alle Restriktionen eingehalten, werden über das gesamte Produktionsprogramm die Anzahl der Transporte in Flußrichtung, entgegen der Flußrichtung und einen Systemwechsel erfordernde Transporte gezählt. Weiterhin werden noch die Anzahl der nichtbelegten Fertigungsplätze gezählt. Diese Transporte werden nun mit den jeweiligen, vom Nutzer definierten Aufwänden multipliziert. Die Summe des Aufwandes für die Transporte und die Summe des Aufwandes der nichtbelegten Fertigungsplätze ergeben die strukturbedingten Kosten. Zu diesen Kosten werden die Abschreibungen für die Fertigungsplätze addiert. Diese Gesamtkosten ergeben nun den Aufwand der Lösung (*Fitneß*). Dieser Aufwand wird für jede Lösung berechnet und danach erneut die Optimierung aufgerufen.

4. Ergebnisse

Die Versuche haben gezeigt, daß mit den Genetischen Algorithmen bessere Strukturen erzielt werden als mit den herkömmlichen Verfahren. Nach 60.000 bewerteten Lösungen liegt die Verbesserung des Gesamtaufwandes für große Produktionsprogramme (ca. 100 Fertigungsplätze, über 100 Fertigungslose) im Mittel bei etwa 20%. Es hat sich als günstig erwiesen, die Individuen der ersten Generation (Urgeneration) mit Hilfe eines oder mehrerer „klassischer" Verfahren zu erzeugen. Weitere Untersuchungen sollen Aufschluß über die Wirkung der Aufwandsfaktoren und deren Relationen, insbesondere auf das Strukturierungsziel bringen. Mit einer verbesserten Feineinstellung der Ausführungswahrscheinlichkeiten für die genetischen Operatoren ist eine schnellere Konvergenz des evolutionären Optimierungsprozesses zu erwarten.

Literatur

[ARNO95] Arnold, J.:
Die Verwendung von Evolutionären Algorithmen bei der Optimierung von Fertigungssystemen. Diplomarbeit an der TU Chemnitz-Zwickau, Fakultät für Informatik, Chemnitz 1995

[FORR93] Forrest, S. (Hrsg.):
Proceedings of the fifth international conference on Genetic Algorithms. Morgan Kaufmann Publishers, Inc., San Mateo 1993

[HOLL75] Holland, J.H.:
Adaptation in natural and artifical systems. The University of Michigan Press, Ann Arbor 1975

[KINN94] Kinnebrock, W.:
Optimierung mit genetischen und selektiven Algorithmen. R. Oldenbourg Verlag GmbH, München 1994

[NEST96] Nestler, A.:
Rechnergestützte Strukturierung von Fertigungssystemen auf der Basis ähnlicher Vorgangsfolgen mittels Genetischer Algorithmen. Diplomarbeit an der TU Chemnitz-Zwickau, Institut für Betriebswissenschaften und Fabriksysteme, Chemnitz 1996

[SCHA89] Schaffer, J.D. (Hrsg.):
Proceedings of the 3rd International Conference of Genetic Algorithms & Applications, Arlington 1989

[SCHÖ94] Schöneburg, E., Heinzmann, F. und Feddersen, S:
Genetische Algorithmen und Evolutionsstrategien. Addison-Wesley, Bonn, Paris 1994

[SYDO93] Sydow, A: (Hrsg.):
Simulationstechnik - 8. Symposium in Berlin, September 1993. Tagungsband, Friedr. Vieweg & Sohn Verlagsgesellschaft mbH, Braunschweig, Wiesbaden 1993

Wie vereinfacht man Modelle mit komplexer Steuerung?

J. Krauth
Carl-Goerdeler-Str.115, 28327 Bremen
R. Splanemann
Degussa AG, VT-FA, Postfach 1345, 63403 Hanau

Zusammenfassung: Anhand eines Fallbeispiels wird untersucht, wie Systeme modelliert werden können, deren Steuerung überwiegend von den Mitarbeitern im laufenden Geschehen bestimmt wird. Der vorgestellte Ansatz, beruht auf einer starken Vereinfachung der Steuerung. Dadurch müssen nach den Simulationsläufen die Ergebnisse geeignet interpretiert werden, und es ist zu prüfen, ob die Vereinfachungen gerechtfertigt waren. Dieser Ansatz wird mit anderen Ansätzen zur Modellierung menschlichen Verhaltens verglichen.

1. Einführung

Die rechnergestützte Simulation von Fertigungs- und Montageprozessen hat ihren Nutzen für die Planung in einer Vielzahl von Anwendungen bewiesen. Die wachsende Mächtigkeit moderner Simulatoren und die immer einfachere Modellerstellung verführen allerdings dazu, Modelle von zu großer Komplexität zu bauen.

Aber auch der Rechner braucht genaue Anweisungen, wie er mit der Komplexität umgehen soll, mit der wir selber nicht mehr klarkommen. Und genau da liegt oft der schwierigste Punkt.

Komplexität kann einerseits durch die Anzahl der Elemente im System entstehen, andererseits aber auch durch die Fülle der Beziehungen und Abhängigkeiten. Schon ein System mit wenigen physikalischen Elementen kann sehr komplex sein, wenn die Regeln, die sein Verhalten beschreiben, entsprechend kompliziert sind. Und das ist häufig dann der Fall, wenn menschliches Verhalten eine wichtige Rolle spielt. Wie kann das modelliert werden?

2. Bekannte Ansätze zur Modellierung menschlichen Verhaltens

Die frühesten Versuche, das Verhalten von Mitarbeitern in Fertigungssystemen abzubilden, basierten auf der Annahme, daß. Mitarbeiter als besondere Betriebsmittel gesehen werden können; die Besonderheit beschränkte sich meist darauf, daß die Arbeitszeiten von Teil zu Teil stochastisch schwankten und daß evtl. öfter Pausen eingelegt werden mußten. Dieser Ansatz wird auch heute noch oft verwendet, es hat allerdings eine Reihe von Weiterentwicklungen gegeben, die das Verhalten der Mitarbeiter genauer beschreiben, etwa abhängig von ihrer Qualifikation, ihrem Leistungsgrad oder ihrer Belastung [Ohse93]. Dieser Ansatz ist sinnvoll, wenn der Entscheidungsspielraum der Mitarbeiter auf das Arbeitstempo bzw. die Wahl der Pausen beschränktz ist.

Ein gänzlich anderer Ansatz wird dann eingesetzt, wenn Mitarbeiter flexibel und kreativ situationsbezogene Entscheidungen treffen, die von keinem Simulator adäquat nachgebildet werden können. Simulationen laufen hier interaktiv ab, der Benutzer wird jedesmal aufgefordert, die Entscheidung zu treffen, diese Entscheidung wird in die laufende Simulation übernommen, und das Modell läuft weiter bis zur nächsten solchen Situation [Bull85]. Dieses Vorgehen ist sehr zeitaufwendig, daher sind nur wenige Simulationen möglich.

3. Ein Beispiel und ein neuer Ansatz

Das im folgenden beschriebene Projekt ist ein Beispiel für eine Aufgabe, die mit keinem der genannten Ansätze sinnvoll gelöst werden kann. Die Simulation wurde hier eingesetzt zur Abstimmung von werksinternen und werksübergreifenden Transportprozessen bei der Deutschen Airbus GmbH.

Das Hauptproblem der Modellierung bestand darin, die Steuerung der Fahrzeuge zu modellieren. In Wirklichkeit wurde über ihren Einsatz vor Ort situationsbedingt von den Mitarbeitern entschieden. Ihr Entscheidungsspielraum war deutlich zu groß für die Verwendung des ersten Ansatzes. Andererseis enthielt das Modell mehrere zufallsabhängige Größen, so daß für aussagekräftige Ergebnisse eine größere Zahl von Simulationen durchgeführt werden mußte. Deswegen verbot sich der zweite Ansatz. Es mußte also ein Weg gefunden werden, die Entscheidungen der Mitarbeiter so zu modellieren, daß das Modell mit vertretbarem Aufwand erstellt und ausgewertet werden konnte. Diese Vereinfachungen mußten dann bei der Interpretation der Ergebnisse berücksichtigt werden.

3.1   Das zu modellierende System

Im Werk Bremen der Deutschen Airbus GmbH werden die Tragwerke für verschiedene Airbus-Typen ausgerüstet. Die Flügel werden vom Werk Chester nach Bremen geflogen, wobei sie auf Transportgestellen (TrG) fixiert sind. Die weiteren Abläufe sind schematisch in Bild 1 dargestellt. Die TrG werden am Flughafen mit einem Scherenhubwagen (SHW) aus dem Flugzeug vom Typ Super-Guppy (SG) herausgehoben und auf einen Thielewagen (TW) umgesetzt. In Begleitung des SHW fährt der TW anschließend mit beladenem Transportgestell in die Verladehalle (VH) auf dem Gelände der Deutschen Airbus GmbH Bremen, wo die Flügel vom TrG auf Taktgestelle (TG) umgesetzt werden. Das leere TrG wird vom TW zum Puffer gefahren und dort auf einer Rampe abgelegt, das beladene TG wird aus der VH mit einem U-Wagen (UW) in die Montagehallen (MH) 20 bzw. 20a gefahren bzw., sofern dort kein Platz ist, zunächst in einem TG-Puffer zwischengelagert. Während der Montage verbleibt der Flügel auf dem TG. Ist er in der MH fertig montiert, so bringt der UW ihn entweder auf einen der Pufferplätze oder wieder zur VH, wo er auf ein TrG gesetzt wird. Hierfür muß ein TW rechtzeitig ein leeres TrG vom TrG-Puffer zur VH bringen. Beladene TrG werden ihrerseits mit dem TW entweder zu einer Rampe transportiert und dort zwischengelagert oder direkt zum Flughafen zum Verladen in eine SG gefahren. Die SG fliegt sie dann zur Endmontage ins Werk nach Toulouse. Der Transport leerer TG aus der VH oder in die VH kann vom UW oder einem anderen Fahrzeug durchgeführt werden.

Auf dem Gelände des Deutschen Airbus befinden sich also zwei unterschiedliche Puffer: einer für leere oder beladene TrG, ein zweiter für beladene TG. Leere TG werden irgendwo auf der Freifläche des Werksgeländes abgestellt. Hierfür ist kein eigener Pufferbereich vorgesehen.

Soweit möglich, soll eine ankommende SG ent- und gleich wieder beladen werden. Deshalb fährt i. a. der SHW mit einem beladenen und einem leeren TW zum Flugplatz. Zunächst setzt er das TrG aus der SG auf den leeren TW, sodann das TrG vom beladenem TW in die SG.

Bei der Fahrt zum und vom Be-/ Entladen der SG müssen SHW und TW die Rollbahn des Flughafens überqueren. Dazu ist eine Freigabe vom Kontrollturm erforderlich, was jeweils Wartezeiten bis zu 45 Min. erfordern kann.

Der Flugplan für die SG wird von übergeordneter Stelle festgelegt. Die tatsächlichen Flugzeiten können sich aber gegenüber den geplanten verzögern. Bei ungünstigem Wetter kann es vorkommen, daß acht Tage lang kein Tragwerk geliefert oder abgeholt wird. Um den dadurch entstandenen Stau abzubauen, müssen bis zu 3 SG an einem Tage abgefertigt werden. Die Funktion der Puffer besteht darin, diese Unregelmäßigkeiten abzufangen und in den Montagehallen ein getaktetes Arbeiten zu ermöglichen.

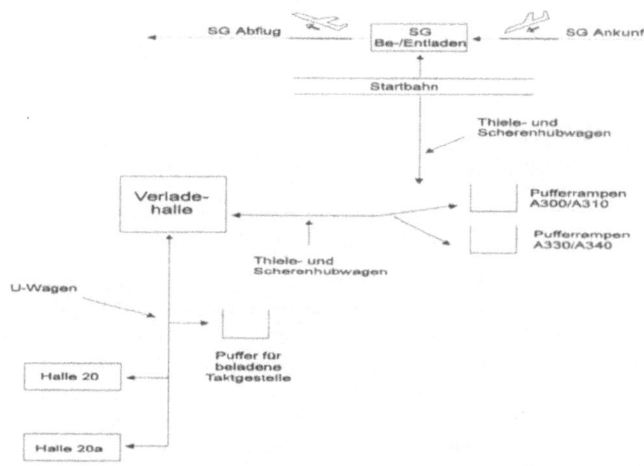

Abbildung 1: Struktur des Simulationsmodells

Der Deutsche Airbus erwartete seinerzeit eine Steigerung der Produktion: um etwa 50%. Es sollte untersucht werden, wie viele Fahrzeuge, Gestelle und Pufferplätze in Zukunft zusätzlich benötigt werden würden.

3.2 Modellierung, Simulation und Interpretation der Ergebnisse

Erhebliche Schwierigkeiten bereitete die Modellierung der Fahrzeugsteuerung. Der Grund hierfür ist allerdings weniger im verwendeten Werkzeug (Witness) zu sehen als vielmehr in der Tatsache, daß es keine festen Regeln gibt, nach denen die verschiedenen Fahraufträge abgearbeitet werden. Von Fall zu Fall muß vor Ort entschieden werden, ob z.B. erst ein fertiger Flügel aus der MH in den TG-Puffer oder einer aus dem TG-Puffer in die VH transportiert werden soll. Im Modell aber müssen die Fahrzeuge nach festen Regeln gesteuert werden, die nicht in allen Situationen optimal, manchmal sogar schlicht falsch sind, so daß u.U. das Modell nicht lauffähig ist.

In beschriebenen Projekt wurde anfangs versucht, mit mehreren Regeln von zunehmender Komplexität zu arbeiten. Jedoch konnte auf diesem Wege auch nach zwei Monaten Modellierung kein lauffähiges Modell erreicht werden. Es traten immer wieder Situationen auf, die zwar für das Personal vor Ort leicht lösbar gewesen wären, von den starren Regeln des Modells aber nicht erfaßt waren, so daß die Simulation einfach stehenblieb. Meist waren leere oder volle Puffer der Grund dafür. Fehlerfreie Simulationen über einen längeren Zeitraum wurden erst dadurch möglich, daß alle Sonderfälle außer Acht gelassen, alle Pufferbeschränkungen fallengelassen und auch negative Pufferbestände zugelassen wurden. Wir wollen an zwei Beispielen erläutern, wie die Ergebnisse vor dem Hintergrund der Vereinfachungen interpretiert wurden.

Auslastung der Fahrzeuge und der Verladehalle (gemittelt über 18 Monate):	
U-Wagen	56,53 %
1. Thielewagen	20,98 %
2. Thielewagen	24,06 %
1. Scherenhubwagen	64,73 %
2. Scherenhubwagen	58,52 %
Verlagehalle	89,83 %
davon Umladevorgänge	52,98 %
reserviert	36,85 %
Wartezeiten gelandeter SG auf Be/Entladung	
durchschnittlich in 18 Monaten	163 min.
maximal	732 min.

Tabelle 1: Ergebnisse der Simulation

Trotz der nur mäßigen Auslastung der Fahrzeuge ergaben sich relativ hohe Wartezeiten für die SG auf dem Bremer Flughafen. Sie könnten allerdings durch eine flexiblere Fahrzeugsteuerung vermindert werden. Eine Möglichkeit besteht z.B. darin, daß angelieferte TrG mit unbearbeiteten Flügeln nicht sofort in die VH, sondern ausnahmsweise in den TrG-Puffer gebracht werden, der regulär der Pufferung fertiger Flügel und der Lagerung leerer TrG vorbehalten war. Dadurch würde das Entladen erheblich abgekürzt, der TrG-Puffer würde dennoch nicht überlaufen, da ja jeder außerplanmäßigen Einlagerung eines Gestells auch eine außerplanmäßige Entnahme entsprechen würde. Die gesamte Auslastung der Fahrzeuge würde dadurch geringfügig steigen (statt direkter Fahrt von der SG zur VH jetzt vereinzelt zunächst Fahrt zum Puffer und später vom Puffer zur VH), in den kritischen Zeiten aber sogar sinken (statt der längeren Fahrzeit zur VH und der längeren Umladung jetzt kürzere Fahrzeit und kürzere Entladung). Eine zweite Möglichkeit bestünde in der Nutzung der Zeit, in der die VH für die Abfertigung eben eintreffender SGs „reserviert" ist, ohne daß sie wirklich genutzt wird. Hier könnten noch solche internen Umladungen (d.h. Verladungen fertig montierter Flügel vom TG auf TrG) durchgeführt werden können, die in der Zeit bis zum Eintreffen eines neu gelieferten Tragwerkes in der VH möglich sind. Entsprechende zusätzliche Steuerregeln wurden jedoch nach anfänglichen Versuchen wieder aus der Fahrzeugsteuerung gestrichen, da sie eine ganze Reihe von weiteren Sonderregeln bedingen würden.

Typ A330/340 unbearbeitet		Typ A330/340 bearbeitet	
Bestand	Häufigkeit	Bestand	Häufigkeit
-3	2	-2	5
-2	5	-1	17
-1	41	0	36
....		....	
2	70	4	43
3	37	5	17
4	9	6	3
5	0	7	1

Tabelle 2: Häufigkeit von Belegungen im TG Puffer in 18 Monaten

Auch die Ermittlung der wirklich erforderlichen Anzahl an Pufferplätzen aus den Simulationsergebnissen bedurfte einiger einfacher Überlegungen Es wurde gezählt, wie oft in 18 Monaten negative oder extrem hohe Pufferbestände auftraten (Tabelle 2). Nimmt man an, daß ein Über- oder Unterschreiten der oberen oder unteren Puffergrenze im Modell bis zu ca. einmal monatlich je Puffer vom Personal vor Ort vermieden werden kann, so lassen sich die wirklich benötigten Pufferplätze leicht aus den Simulationsergebnissen ermitteln.

Daraus ergab sich ein Bedarf von fünf Pufferplätzen (Pufferstände -1 bis 3) für TG mit unbearbeiteten und von fünf (Pufferstände 0 bis 4) für TG mit bearbeiteten Flügeln.

Ob diese reduzierten Puffergrößen ausreichen würden, wurde noch auf folgende Weise überprüft: Einige der Situationen, die zu negativen oder extrem hohen Pufferbeständen geführt hatten, wurden detailliert untersucht, und es konnte jeweils festgestellt werden, daß sie hätten vermieden werden können. Häufig wäre dabei die oben genannte „Reservezeit" der VH benutzt worden, um interne Umladungen von einem Puffer in einen anderen auszuführen und dadurch rechtzeitig einem Über- oder Unterschreiten der zulässigen Pufferbelegungen vorzubeugen.
Die Annahme daß eine Überschreitung der Puffergrenzen im Monat vertretbar sei, ist willkürlich. Evtl. wären auch zwei vertretbar gewesen, und die Puffer hätten kleiner ausfallen können. Man hätte allerdings zur Überprü-fung etwa die dreifache Zahl „unerlaubter" Situationen untersuchen müssen. Daran war der Auftraggeber nicht interessiert.
Im Ergebnis zeigte sich, daß die zur Bewältigung der erwarteten Stückzahlsteigerung erforderlichen zusätzlichen Fahrzeuge, Gestelle und Pufferplätze weit weniger sein würden als zunächst befürchtet: Ein zusätzlicher SHW würde ausreichen. Insofern hat sich hier wieder einmal bestätigt, daß die Simulation vor der Realisierung zu erheblichen Einsparungen führen kann.

4. Bewertung des Ansatzes

Durch dieses Projekt wurde darüber hinaus gezeigt, daß auch Systeme, in denen Mitarbeiter spontan und situationsbedingt handeln müssen, im Computer nachgebildet und simuliert werden können. Durch Vereinfachungen im Modell wird zwar das Abbild der Realität etwas verzerrt, aber bei entsprechender Interpretation der Ergebnisse können trotzdem zuverlässige Aussagen gewonnen werden.

Sowohl von der Aufgabenstellung als auch vom Aufwand her ist dieses Vorgehen ein Mittelweg zwischen den in der Einführung genannten zwei bekannten Ansätzen zur Modellierung menschlichen Verhaltens:

1. Die Mitarbeiter sind hier - im Gegensatz zum ersten Ansatz - keine Maschinen mit stochastisch verteilten Arbeitszeiten. Sie sind in der Lage, weiterreichende Entscheidungen zu fällen, ihr Spielraum ist aber beschränkt auf die Auswahl von einer aus sechs (in Sonderfällen acht) möglichen Fahrten.

2. Das Verhalten der Mitarbeiter wird nicht - wie im zweiten Ansatz - in jedem Falle vom Benutzer definiert. Andererseits darf man auch nicht - wie im ersten Ansatz - der im Modell implementierten Beschreibung ihres Verhaltens folgen. Vielmehr muß in bestimmten Situationen (bei Erreichen unzulässiger Pufferstände) überprüft werden, ob die zugrundeliegenden Annahmen über ihr Verhalten auch gerechtfertigt sind. In unserem Beispiel ist dabei ironischerweise jeweils nachzuweisen, daß das modellierte Verhalten eigentlich falsch ist: So wie im Modell abgebildet, würden sich die Mitarbeiter gerade nicht verhalten.

3. Wie in Ansatz 1 läuft das Modell ohne Benutzereingriffe, man kann also eine große Zahl von Simulationen durchführen und statistisch zuverlässige Daten erzeugen. Die prinzipiell erforderliche Überprüfung, ob alle „unerlaubten" Situationen auch vermeidbar gewesen wären, kann aber nur an einer begrenzten Zahl von Simultanen vorgenommen werden.

Das wirft die Frage nach der Zulässigkeit des Vorgehens bzw. der Glaubwürdigkeit der Ergebnisse auf. Einen formalen Beweis für die Korrektheit können wir nicht liefern. Es scheint plausibel anzunehmen, daß unerlaubte Pufferstände prinzipiell vermeidbar sind, wenn man sie in einer ausreichenden Zahl von Situationen hat vermeiden können. Was aber ist eine „ausreichende Zahl von Situationen"? Statistische Techniken, mit denen diese Zahl bestimmt werden könnte, sind uns nicht bekannt.

Ähnliche Glaubwürdigkeitsprobleme aber gibt es auch mit den bereits etablierten beiden Ansätzen: Ansatz 1 geht davon aus, daß die Arbeitszeiten und die Verteilzeiten von Pausen durch Wahrscheinlichkeitsverteilungen beschrieben werden können. Dabei werden Umwelteinflüsse außer Acht gelassen. Gerade bei der Bestimmung von Puffergrößen kann das zu schlechten Ergebnissen führen, denn z.B. wird ein Mitarbeiter in einer Monta-gelinie, der einen vollen Puffer vor sich und einen leeren hinter sich hat, dazu neigen, etwas schneller zu arbeiten, bis dieser Zustand beendet ist. Ansatz 2 kann mit zufällig auftretenden Störungen so gut wie gar nicht umgehen. Entweder werden sie ignoriert, oder es werden wegen des hohen Aufwandes zu wenige Situationen durchgespielt, die Ergebnisse sind also auch hier nur begrenzt glaubwürdig.

5. Schlußbemerkung

In dieser Arbeit wurde versucht, einen neuen Ansatz zur Abbildung menschlichen Verhaltens in Modellen von Fertigungs- und Transportsystemen zu entwickeln. Er kann gesehen werden als ein Mittelweg zwischen den beiden bisher bekannten Vorgehensweisen, die Mitarbeiter entweder als besondere Maschinen abbilden oder den Benutzer auffordern, das Verhalten der Mitarbeiter in relevanten Situationen interaktiv zu bestimmen. Er ist geeignet, wenn einerseits der Spielraum der Mitarbeiter zu groß ist, um den ersten Ansatz zu verwenden, andererseits stochastischen Einflüsse eine große Zahl von Simulationen erfordern und dadurch der zweite Ansatz ausgeschlossen ist.

Das angesprochene Problem scheint an Bedeutung zu gewinnen. Neuere Theorien gehen davon aus, daß die Leistungsfähigkeit von Fertigungssystemen deutlich gesteigert werden kann, wenn den Mitarbeitern größere Entscheidungssspielräume eingeräumt und mehr Verantwortung übertragen wird. Ihre Fähigkeit, in unvorhergesehenen Situationen sinnvoll zu handeln, die die Simulation so schwierig macht, ist gerade die Eigenschaft, die es im wirklichen System stärker zu nutzen gilt.

Wird dadurch der Nutzen der Simulation für solche Systeme in Frage gestellt? Wir neigen aber eher zu der Ansicht, daß dieser Trend zu höherer Flexibilität auch für die Simulation neue Anwendungsmöglichkeiten erschließen wird - Anwendungen, in denen die Mitarbeiter nicht mehr nur Modellbestandteile sind, sondern die Simulation selber einsetzen, um ihre größer werdenden Spielräume kompetent nutzen zu können. Inwieweit sie sich dann selber noch modellieren wollen oder müssen, ist nicht vorhersagbar. Aufgabe der Wissenschaft kann es nur sein, Möglichkeiten dafür bereitzustellen und deren Vor- und Nachteile zu untersuchen.

Literatur:

[Bull85]   Bullinger, H.-J.; Schweitzer, W: Interaktive Simulation von Montagesystemen.wt-Z. ind. Fertigung 75 (1985) 7, S. 421 - 424.

[Ohse93]   Ohse, M., Gebhardt, H., Ehrhardt, I. und C. Vornholt (1993): Anwendungen der Simulation in der Arbeitsgestaltung. In: Kuhn, A., Reinhardt, A., Wiendahl, H. P.: Handbuch Simulationsanwendungen in Produktion und Logistik, Vieweg Verlag, 1993, S. 109 - 140.

Projektierung und Simulation von hybriden Arbeitssystemen der Montage und Demontage

G.Binger; V.Flemming
Technische Universität Dresden
IPT / Montage- und Handhabungstechnik

Abstract:

In Verbindung mit den aus den gegenwärtigen wie künftigen Herausforderungen werden Lösungsansätze und Arbeitsergebnisse vorgestellt, die mit verschiedenen Simulationsverfahren bei der Projektierung bzw. und Rationalisierung hybrider Arbeitssysteme der Montage erreichbar sind. Dieses ganzheitliche Vorgehen ist in den konkreten Planungsprozeß integriert.

1   Herausforderungen

Die Herausforderungen ergeben sich aus den wirtschaftlichen wie gesellschaftlichen Bedingungen und der Nutzung der Möglichkeiten aus der wiss.techn. Entwicklung für innovative Lösungen!
Unternehmen mit starkem Bezug zur Montage / Demontage, und nicht nur diese, sind veranlaßt ihre Positionen und Produktionsphilosophie zu überdenken und die erforderlichen Entscheidungen abzuleiten!

Ausgewählte Folgerungen sind u.a.:
(1) Gewährleistung einer höheren Transparenz der Zielstrategien und Ergebnisbilanzen für alle Mitarbeiter des Unternehmens bei berechenbarer Kompromißbereitschaft! - Bild 1!
Der Menschen muß in seinen dynamischen und von der Entwicklung sehr unterschiedlich geprägten Verhaltensformen einbezogen werden. Maxima und Minima sind gefragt, Optima letztlich sind durch Kompromisse mit Wirkung, Stabilität und Effizienz zu realisieren, auf der Basis der Einheit von Simulation und Optimierung.
(2) Innovative Nutzung aufeinander abgestimmter, ggf. modularer, multimedialer Hilfsmittel, mit denen ganzheitlich entwickelte und ganzheitlich wirkende Organisationseinheiten der Montage und Demontage realisiert und im Arbeitsprozeß weiterentwickelt werden können bzw. sich in unterschiedlichen Formen einer Selbstorganisation entwickeln können!

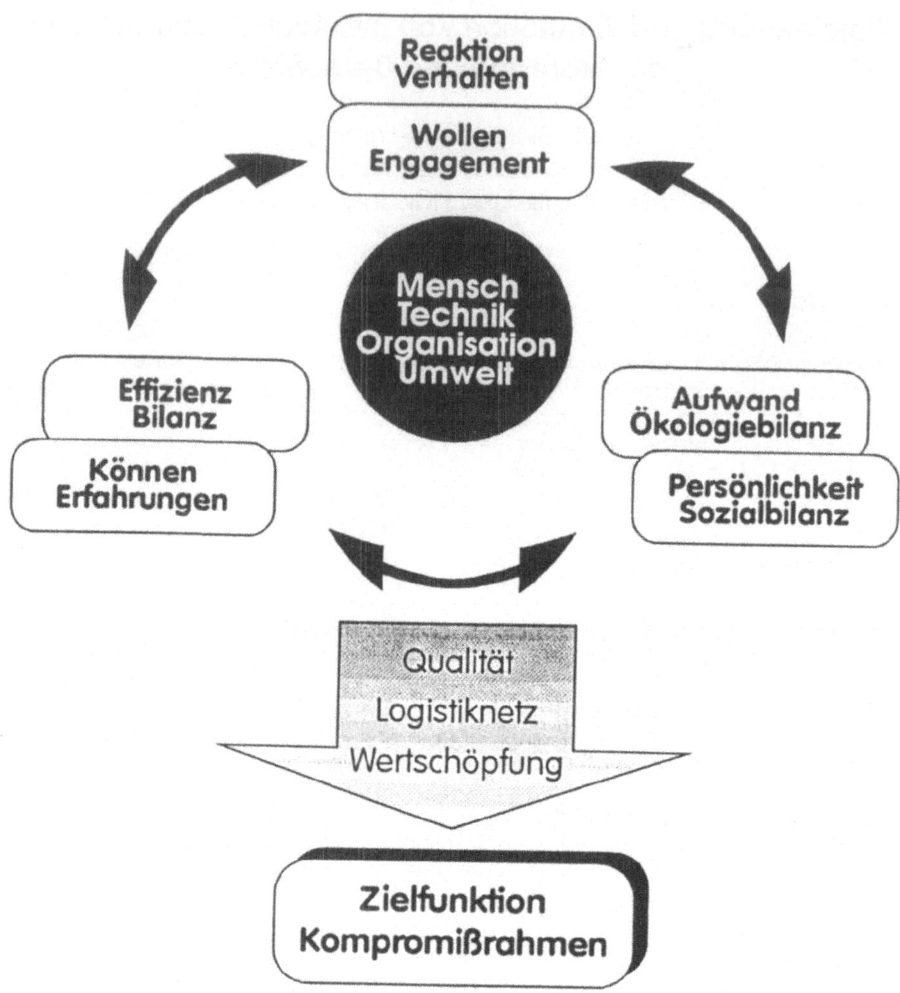

Bild 1:Ganzheitlich ausgeprägte Zielformulierung

(3) Ausprägung und Umsetzung ganzheitlicher Ökobilanzen, auch aus der Sicht der Demontage, die alle Phasen des Lebenszyklus eines Produktes enthalten - von der Realisierung erster Ideen zum Produkt (Funktionsstruktur) bis zum Recycling und der zu deponierenden Rest- wie Schadstoffe. Hier ist der objektive zahlenmäßige Ausweis im konkreten Beziehungsfeld von Ökonomie und Ökologie zu bestimmen! Getragen wird dieser gleichermaßen von der Qualität der Ökobilanzen und - profile sowie komplexer ökonomischer Berechnungssysteme - Bild 2.

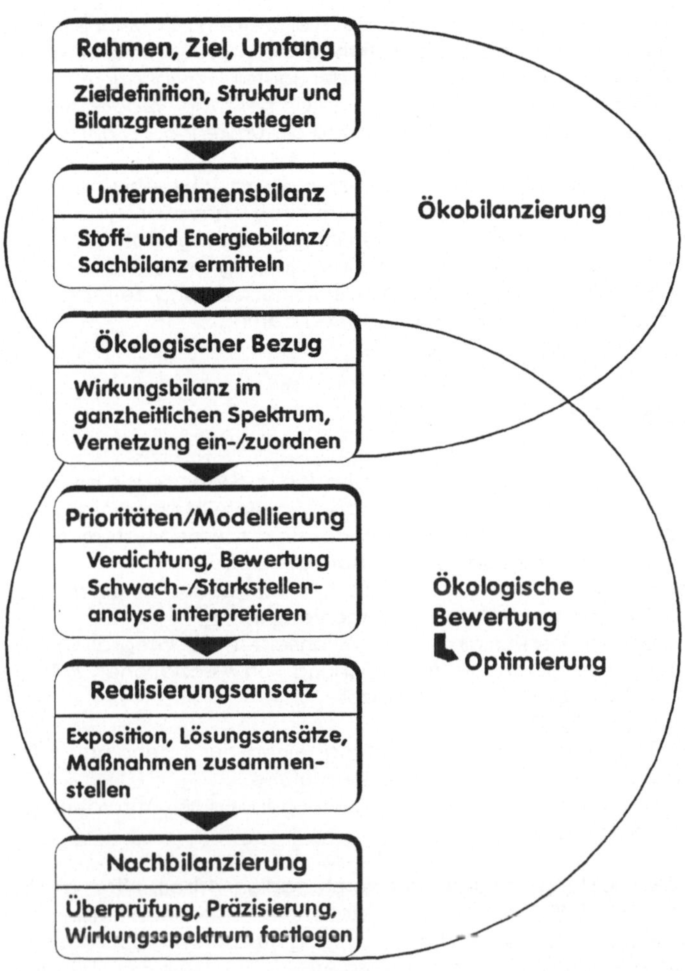

Bild 2: Arbeitsbereiche und globales Vorgehen einer Ökobilanzierung

Die Voraussetzungen hierzu werden mit der Konstruktion, der Auswahl der Verfahren und Betriebsmittel sowie Fixierung der Prozeßcharakteristik gelegt. Hierbei sind alle Schritte zu beachten, einzelne Prozesse auf die Einzelteilanalyse bezogen einzuordnen, spezifische Daten der Zulieferanten und Verarbeiter einzubinden. Dieses gilt für standortbezogene, für regionale und überregionale Bilanzen und ist ein weites Feld für die Simulation!

(4) Flexible und dynamische Systemlösungen mit technisch-organisatorischen und sozialen Gestaltungsformen manueller, automatisierter sowie kombinierter Arbeits-

systeme der Montage / Demontage. Hier werden z.Zt. sehr interessante unterschiedliche Struktur- und Organisationsformen herausgebildet, so u.a. Kombination der Montage mit Arbeitsplätzen der Bauteil - Fertigung.
Kombination von Montage und Demontage - *jedoch nicht
gleichzusetzen mit Demontage die Umkehr der Montage.*

Die strategische Entwicklung der Arbeitssysteme wird sich mehr und mehr vom reinen
Produktionssystem zu einem zielgruppenorientierten Innovationssystem vollziehen. D.h.
dieses System ist mit einer höheren internen Intelligenz ausgestattet- rechnerunterstützt
oder/und mit geschulten Moderatoren, bei Nutzung multimedialer Hilfsmittel, eines
schnellen virtuellen Prototypings im Sinne der Zeitreduzierung, Termintreue im Zeitraum
von der Auftragsannahme bis zur Auftragsrealisierung!

2 Voraussetzungen

Effektive Nutzung rechnerunterstützter Methoden·und Werkzeuge bei der Planung der
Montage/Demontage bedingt die durchgängige Bereitstellung, Verwaltung relevan-
ter Informationen, die das Produkt, den Prozeß, das Arbeitssystem, die Organisation
und das sich aufbauende Logistiknetz charakterisieren.
Diese Informationen werden im Verlauf des Vorgehens zu einem ganzheitlichen
Modell der Montage bzw. der Demontage vereint.
Die Modularität wird über Partialmodelle gewährleistet, ihre Integration in ein ganzheit-
liches Modell erfolgt durch die Verwirklichung von Assoziationen zwischen den einzelnen Informationsobjekten dieser Modelle.
Dieses Vorgehen schafft
    eine redundanzfreie Datenverwaltung, einen durchgängigen Informationsfluß
    und eine Reduzierung der Informationsdefizite.
Die objektorientierte Datenhaltung erfüllt weitgehend die Anforderungen der kom-
plexen Datenmodellierung!

Eines der sehr leistungsfähigen und komfortablen Arbeitsmittel ist das modulare
Programmsystem ERGOPLAN. Das relationale Datenbank-Managementsystem
ORACLE vereint die Module zu einer mehrseitig nutzbaren Arbeitsbasis.
Die Module des Programmsystems widerspiegeln die engen Beziehungen zur Logistik,
Selbstorganisation, durchgängigen QS (Produktkonstruktion, -nutzung, -recycling) und
zur Steuerung des Arbeitsprozesses.

Bei dem Herausbilden alternativer hybrider Arbeitssysteme wie bei der Gestaltung von
Systemen aller Art ist die dynamische Bewertung des Bewegungsverhaltens des
Menschen am Arbeitsplatz, von Arbeitsmitteln im Arbeitsraum am und mit dem Objekt
wie auch des Prozeß- und Systemverhaltens komplexer Arbeitssysteme von sehr oft
entscheidender Bedeutung. Für die Simulation stehen u.a. mit ERGOMAN,
IGRIP, SIMAN/CINEMA und ARENA sehr leistungsfähige Programmsysteme zur Verfügung. Z. B. Handling-/Bewegungs-Applikationen im Arbeitsraum eines Roboters. Über
die Animation zur Präsentation, Detaillierung, Strukturierung und Dimensionierung
letztlich zur Offline-Programmierung - Bild 3.

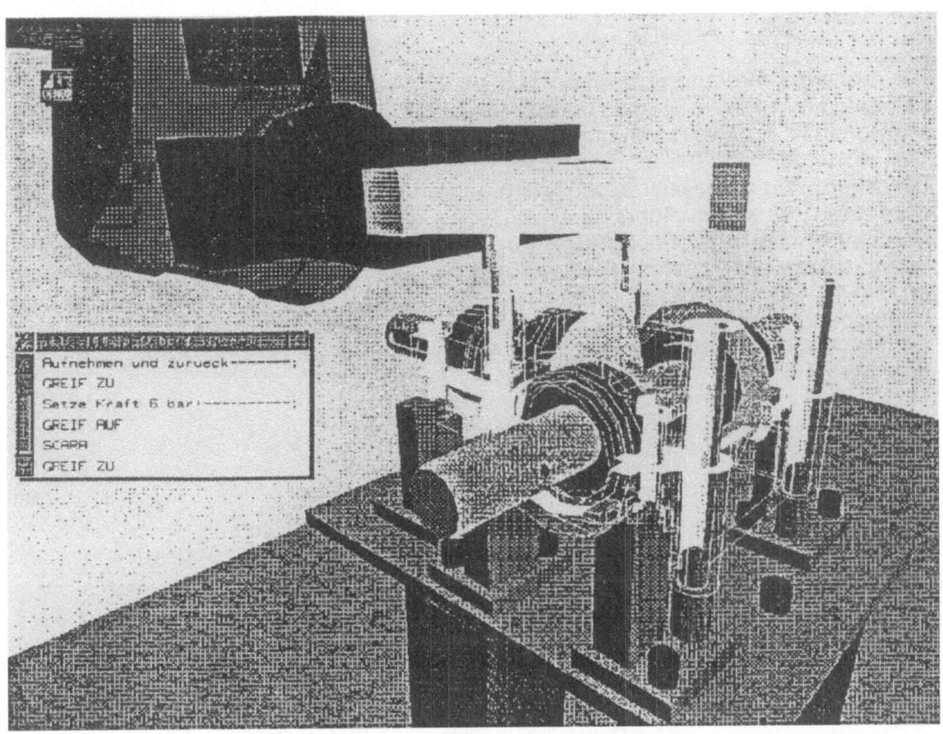

Bild 3:   3D-Modellierung von Mechnismen

Die am Lehrstuhl MHT durchgeführten Arbeiten orientieren auf den durchgängigen Arbeitsprozeß von Projektierung - Simulation - Optimierung!

Die Simulationsuntersuchungen haben grundlegende Aufschlüsse über die Beziehungen zwischen Durchlaufzeit bzw.Durchsatz, Auslastung der personellen Ressourcen und der beteiligten Sachkomponenten in Verbindung mit dem im Arbeitssystem montierten Produktspektrum. Eingeordnet ist die Untersuchung des Systemverhaltens bei definierten und prophylaktischen Störungen.

3 Ausblick

Die manuelle wie automatisierte Montage und Demontage stellen hohe und dazu wandelbare Anforderungen an die mentale und motorische Leistungsbereitschaft des Menschen im Arbeitsprozeß, aber auch in Planung, Steuerung und Regelung!
Die ganzheitliche Betrachtung von Produkt, Produktion, Nutzung und Entsorgung/Recyclingist eines der wesentlichen Grundprinzipien der umwelt- und recyclingegerechten Prozeßgestaltung.
Das Ziel ist die konstruktive Unterstützung der Recyclingkreisläufe in den Lebenszyklusphasen eines Produktes. Gegenwärtig gewinnen Wiederverwendungsstrategien an Einfluß. Von besonderer Bedeutung hierbei ist die Aufarbeitung (Bild 4). Sie erfolgt heute bereits bei einem breiten Produktspektrum. Das betrifft den Automobil- und Nutzfahrzeugbau. Dazu kommen Monitore, Bankautomaten, Werkzeugmaschinen und Roboter.

Bild 4: Arbeitsschritte der Produktaufarbeitung!

Die Montage ist ein wertvolles und zugleich zentrierendes Orientierungsfeld für die ganzheitliche Simulation und Optimierung relevanter Funktionen eines Arbeitssystems hinsichtlich seiner internen und externen Beziehungen im Unternehmen! Nutzen wir diese Basis und Chance, um im berechenbaren Kompromißbereich maximal Erreichbares zu erzielen!

Simulationsgestützte Analyse und Konfiguration von PPS-Parametern

Jörg Dittrich

Bayerisches Forschungszentrum für Wissensbasierte Systeme (FORWISS)

Am Weichselgarten 7, D-91058 Erlangen, E-mail: dittrich@forwiss.uni-erlangen.de

Zusammenfassung: Standardsoftware im Bereich der Produktionsplanung und -steuerung zeichnet sich häufig durch flexible Möglichkeiten zur individuellen Anpassung an betriebliche Gegebenheiten aus. Das "Customizing" der einzelnen Funktionen des Systems erfolgt mit Hilfe einer Vielzahl von dispositiven Stellgrößen (den Parametern), die Einfluß auf das Systemverhalten nehmen. Das Ziel unserer Forschungen ist es, ein PPS-System mit einem Simulator zu koppeln, um die Auswirkungen unterschiedlicher Parameterkonfigurationen untersuchen zu können. Die gewonnenen Erkenntnisse sollen dazu genutzt werden, konkrete Konfigurationsregeln abzuleiten, welche es dem Disponenten erlauben, gezielt und optimierend in den Planungsablauf eines PPS-Systems einzugreifen.

1 Einführung

Die Leistungsfähigkeit von PPS-Systemen hängt direkt von der zur Verfügung stehenden Funktionalität ab. Je größer die Freiheitsgrade eines derartigen Systems sind, desto größer sind auch die Möglichkeiten, Optimierungsaufgaben wahrzunehmen. Die derzeitige Situation in vielen Unternehmen sieht jedoch oftmals so aus, daß zwar ein funktionsreiches PPS-System vorhanden ist, dieses jedoch nur unzureichend genutzt wird. Viele sinnvolle Funktionen werden aus Unkenntnis über die Wirkungen oder wegen zu hoher Konfigurationskomplexität ignoriert. Verbesserungen der Produktionsplanung und -steuerung lassen sich mit derartigen Systemen nicht erreichen.

Parameter werden in den großen Standard-PPS-Systemen dazu eingesetzt, Funktionen auszuwählen, zu aktivieren und ihren Ablauf zu beeinflussen. Die Parameterkonfiguration bestimmt beispielsweise, welche Dispositionsstrategien eingesetzt werden (plangesteuerte versus stochastische Disposition) oder welche Losgrößen-, Prognose- und Terminierungsverfahren zum Einsatz kommen. Konfigurationsprobleme entstehen u.a. aus der großen Anzahl an Stellgrößen. So beinhaltet allein der Materialstamm ca. 40 Parameter. Ein Betrieb mit nur 5.000 Stammdatensätzen hat also bereits 200.000 teilespezifische Parameter zu pflegen. Bedenkt man zudem, daß viele Parameter eine ganze Reihe möglicher Eingabewerte besitzen, so wird die große Komplexität von Parameterkonfigurationen deutlich.

Simulationen können dazu dienen, mehr Transparenz in die Effekte der einzelnen PPS-Parameter zu bringen. Mit Hilfe von Simulationsstudien kann man herausfinden, welche Parameter unter welchen Voraussetzungen besonders stark wirken und welche Systemgrößen in ihrer Wirkung nicht signifikant sind. Außerdem lassen sich - über theoretische Überlegungen hinaus - Interaktionen zwischen einzelnen Parametern erkennen.

2 Aufbau der PPS-Simulationsumgebung

Detaillierte Wirkungsänalysen von Parametern erfordern eine Kopplung von Simulator und PPS-System. Bei diesem Simulationstypus handelt es sich dann um einen sogenannten Probebetrieb (im Gegensatz zu PPS-System-intern durchgeführten Proberechnungen, zur Unterscheidung vgl. Wien90). Für die hier vorgestellte Simulationsumgebung wurde als PPS-System das Produktionsplanungsmodul PP (Production Planning) der Standardsoftware R/3 von SAP herangezogen. Zur Erstellung des Simulationsmodells verwendeten wir das Werkzeug FACTOR/AIM der Pritsker Corporation.

Die Simulationsumgebung unterteilt sich in zwei getrennte Funktionsbereiche: Die Konfigurations- und Clusterkomponente INSPECT und die Simulationskomponente SZENMAN (vgl. Abbildung 1). INSPECT (**I**ntegriertes **P**arametereinstellungs- und -controlling-**T**ool) wurde als ein Add-on des PPS-Systems konzipiert. Seine Hauptaufgabe besteht darin, die Konfigurationskomplexität zu verringern, indem man insbesondere die zahlreichen Stammdaten in Clustern zusammenfaßt. Parametereinstellungen erfolgen daher z.B. nicht mehr für jeden Teilestamm separat, sondern es werden einheitliche Parameterwerte für ganze Teilecluster vergeben. Hiermit reduzieren sich die konfigurationsrelevanten PPS-Objekte, und die Anzahl der Simulationsexperimente kann auf ein erträgliches Maß verringert werden (vgl. Ditt/Mert95). Die Überprüfung unter-

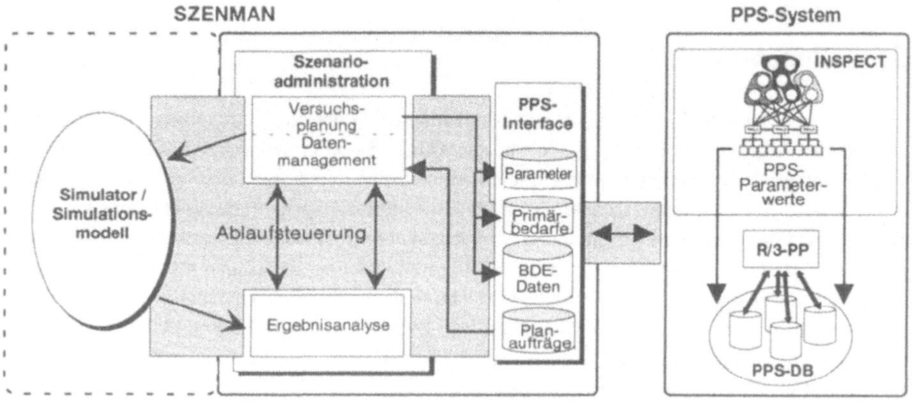

Abbildung 1:   Komponenten der PPS-Simulationsumgebung

schiedlicher Parametereinstellungen auf Wirtschaftlichkeit ist Aufgabe der Simulationskomponente SZENMAN (**Szenioman**ager). Sie besteht aus insgesamt drei Teilmodulen. Die Szenarioadministration verwaltet die einzelnen Simulationsexperimente. Dies beinhaltet sowohl die Versuchsplanung und die Pflege der einzelnen Simulationsszenarien als auch die Analyse und Dokumentation der Ergebnisdaten von Simulationsläufen. Als Verbindungsglied zum PPS-System dient ein Interface, das Datenkommunikations-Verbindungen zum PP-Modul von R/3 aufbaut. Das dritte Modul wird durch den Simulator und das in ihm enthaltene Modell gebildet. Unter Verwendung echter Daten, die uns der Nürnberger Zweiradhersteller Hercules-Werke GmbH zur Verfügung stellte, entstand zunächst ein Modellbetrieb, den wir anschließend in ein Simulationsmodell überführten. Der modellierte Produktionsbereich entspricht einer realen Fertigung mit 39

126

Betriebsmittelgruppen. Seine Produktpalette umfaßt sieben Fahrradmodelle mit insgesamt 49 Varianten. Sämtliche Stammdaten sind auch noch einmal im angekoppelten PPS-System abgelegt.

In die Simulationsumgebung wurde außerdem eine Ablaufsteuerung integriert. Sie hat die Aufgabe, den Austausch von Daten sowohl zwischen den einzelnen Funktionsmodulen von SZENMAN als auch zwischen der Simulationsumgebung und dem PPS-System zu synchronisieren. Während eines Simulationslaufs überwacht und steuert sie hierbei folgende Phasen:

(1) Zu Beginn einer Simulationsstudie legt man eine bestimmte Fertigungssituation (Szenario) entweder neu an oder wählt ein vorhandenes Szenario aus. In dieser Phase erfolgt auch die Versuchsplanung, welche die simulationsrelevanten Parameter und Parameterwerte definiert.

(2) Die Szenariodaten (insbesondere Primärbedarfe, Bestandsinformationen und Parameterwerte) werden anschließend durch das PPS-Interface zum PPS-System übertragen.

(3) Das PPS-Interface überspielt die Kunden-/Planprimärbedarfe und die aktuellen Bestandsdaten der Periode automatisch in die PPS-Datenbank und konfiguriert die übergebenen Parameter. Die (evtl. in der Vergangenheit liegenden) Auftragstermine des Szenarios werden in die aktuelle Systemzeit des PPS-Systems umgerechnet. Außerdem lassen sich die Werkskalender und Schichtenmodelle bei Bedarf automatisch anpassen.

(4) Danach startet das Interface im Hintergrund den Dispositionslauf. Hierbei werden unter Beachtung der aktuellen Parametereinstellungen und der übertragenen Bestandsdaten aus den Primärbedarfen der zu simulierenden Periode terminierte Planaufträge abgeleitet.

(5) Nach Ablauf des Dispositionslaufs werden die PPS-Planaufträge ausgelesen, die Auftragstermine den Szenariovorgaben angepaßt und automatisch zurück an die Szenarioadministration geschickt.

(6) Die Szenarioadministration puffert die Planaufträge, leitet sie in aufbereiteter Form an das Simulationsmodell weiter und startet die Simulationsläufe.

(7) Nach Ablauf eines Simulationslaufs werden die Ergebniskennzahlen (z.B. Auftragsdurchlaufzeiten oder Bestände) in den Szenariodatenstrukturen abgelegt, um sie für weiterführende Untersuchungen verfügbar zu halten.

Anhand der beschriebenen Systemarchitektur und des Simulationsablaufs lassen sich einige bedeutende Unterschiede und Weiterentwicklungen zu den bisher in der Literatur geschilderten PPS-Simulator-Kopplungen aufzeigen (vgl. Klassifikation von PPS-Simulationssystemen in Günz93). Die Besonderheiten des hier vorgestellten Systems liegen zunächst darin, daß es an einem betrieblich einsetzbaren PPS-System beliebige Parameterkonfigurationen erlaubt. Somit lassen sich nicht nur die in zahlreichen Veröffentlichungen geschilderten klassischen Feinplanungsparameter untersuchen (vgl. z.B. Wien94), sondern auch sehr viele Stellgrößen der Zeit- und Materialwirtschaft, inklusive MRP II-Parameter. Durch die hochentwickelte Szenariodatenverwaltung lassen sich beliebige Produktionsszenarien - auch solche aus der Vergangenheit - durchspielen. Man ist daher nicht darauf beschränkt, nur die gerade aktuell vorliegende Auftragssituation zu simulieren. Eine weitere Besonderheit des Systems liegt in seinem Automationsgrad. Der Benutzer der Simulationsumgebung kommt nicht mehr direkt mit dem komplizierten PPS-System in Berührung. Sämtliche Manipulationen am PPS-System, die für derartige Simulationen erforderlich sind, konnten automatisiert werden. Sowohl das Einspielen der Primärbedarfe, Materialzu- und -abbuchungen, Parameterkonfigurationen, Zeitumrechnungen, das Umstellen der Werkskalender/Schichtenmodelle sowie das Einplanen und Starten der Dispositionsläufe erfolgen vollautomatisch im Hintergrund und sind für den Benutzer transparent.

3   Simulationsstudien zur Analyse von PPS-Parametern

Mit Hilfe des beschriebenen Systems wurden bereits erste Simulationsstudien durchgeführt. Die folgenden Abschnitte sollen die erzielten Ergebnisse darstellen und die benutzten Analysemethoden erläutern.

In die Simulationsumgebung sind zunächst "klassische" statistische Verfahren integriert, die Hypothesentests durchführen und eine Grobauswahl der besonders stark wirkenden Parameter erlauben (Random Balance als Screeningverfahren, Varianzanalyse und Multiple Classification Analysis). Derartige Methoden sind jedoch kaum in der Lage, Anhaltspunkte für neue Hypothesen aus den Simulationsergebnissen zu generieren. Maschinelle Lernverfahren (wie z.B. Regelinduktionsalgorithmen) hingegen ermöglichen es, Parameterwirkungswissen nicht nur zu bestätigen oder abzulehnen, sondern auch neues Wissen zu erzeugen. Anhand von vier ausgewählten Terminierungsparametern soll exemplarisch gezeigt werden, welche Aussagen sich mit PPS-Simulationen erzielen lassen und wie sich mit Hilfe von Regelinduktionsverfahren Konfigurationsregeln aus den Simulationsergebnissen ableiten lassen. Die untersuchten Stellgrößen beeinflussen die Eck- und Durchlaufterminierung von Planaufträgen und sind wie folgt definiert:

- Parameter Vorgriffszeit: Anzahl von Arbeitstagen, die einen Puffer zwischen dem Eckstarttermin und dem gemäß Durchlaufterminierung berechneten Produktionsstart bilden.
- Parameter Sicherheitszeit: Anzahl von Arbeitstagen, die als Puffer zwischen dem Eckendtermin und dem Produktionsende geplant sind.
- Parameter Reduzierungsfaktor: Prozentsatz, um den die Übergangszeiten und Auftragspuffer maximal reduziert werden dürfen.
- Parameter Terminierungsart: Vorwärts- oder Rückwärtsterminierung.

Mit den vorgestellten Parametern wurde ein Versuchsplan erstellt, in dem die Vorgriffs- und Sicherheitszeit zwischen null und drei Tagen variierten. Die Faktorstufen des Reduzierungsfaktors betrugen 5, 10, 15, 30, 60 und 100 Prozent. Die Stellgröße Terminierungsart veränderten wir auf zwei Stufen. Während der Simulationsläufe führten wir als Ergebniskennzahlen die Kapitalbindungskosten der Werkstattbestände, den Durchsatz an Endprodukten sowie die Terminabweichung der Kundenaufträge mit und bewerteten die Resultate gemäß dem Schulnotenschema. Eine "1" für den Endproduktdurchsatz bedeutet demgemäß, daß die zugrundeliegende Parameterwertkombination sehr gute Wirkungen auf den Endproduktdurchsatz zeigte. Eine "6" steht für stark negative Effekte. Mit Hilfe des ID3-Algorithmus (vgl. Quin86) konnten dann Entscheidungsregeln bzw. Entscheidungsbäume abgeleitet werden. In Abbildung 2 sind Parametereinstellungen, die als nicht ausreichend benotet wurden (sie enthalten eine oder mehrere Benotungen, die schlechter als eine "4" sind), schraffiert dargestellt.

Man erkennt, daß sich der Entscheidungsbaum in zwei Teilbereiche gliedern läßt. Ist die Sicherheitszeit kleiner oder gleich 1,5 Tage, so erhält man bis auf zwei Ausnahmen sehr gute bis ausreichende Ergebnisse. Ein relativ robustes und wirtschaftliches Modellverhalten ist also in diesem Fall bereits mit einem einzelnen Parameter zu erreichen. Ist die Sicherheitszeit jedoch größer als 1,5 Tage, so erhöhen sich die Anforderungen für eine zielgerichtete Konfiguration. Sie ist nur unter Einbeziehung weiterer Kriterien möglich. Die Komplexität erhöht sich dadurch zwangsläufig. Außerdem ist die Sensitivität der Einstellungen höher. Nimmt man als Beispiel den ganz rechts in Abbildung 2 gestrichelt gekennzeichneten Bereich, so erkennt man, daß sich oberhalb der 80 %-Grenze des Parameters Reduzierungsfaktor recht gute Ergebnisse erreichen lassen (Benotung 1,3,1), wohingegen schon ein leichtes Unterschreiten dieser Grenze eine signifikante Verschlechterung der Terminabweichung bedeutet (Benotung 6,1,1 - die erste Ziffer "6" steht für die Terminabweichung).

Aus dem generierten Entscheidungsbaum läßt sich daher zunächst folgern, daß der Parameter Sicherheitszeit ganz wesentlich die Robustheit und Güte der Konfigurationen bestimmt. Er unterteilt den Baum in einen einfach handhabbaren, robusten Ast mit lediglich zehn Entscheidungsknoten und in einen komplexen, sensitiven Ast mit 19 Knoten. Auf Seiten des robusteren linken Astes fällt noch eine weitere Besonderheit auf: Die Stellgröße Terminierungsart verursacht in zwei Fällen starke Variationen der Ergebnisgrößen (vgl. die im rechten Teil von Abbildung 2 gestrichelt gekennzeichneten Bereiche). Man erkennt dort, daß die Rückwärtsterminierung (Parameterwert 2) zu jeweils besseren Ergebniswerten führt als die Vorwärtsterminierung (Parameterwert 1).

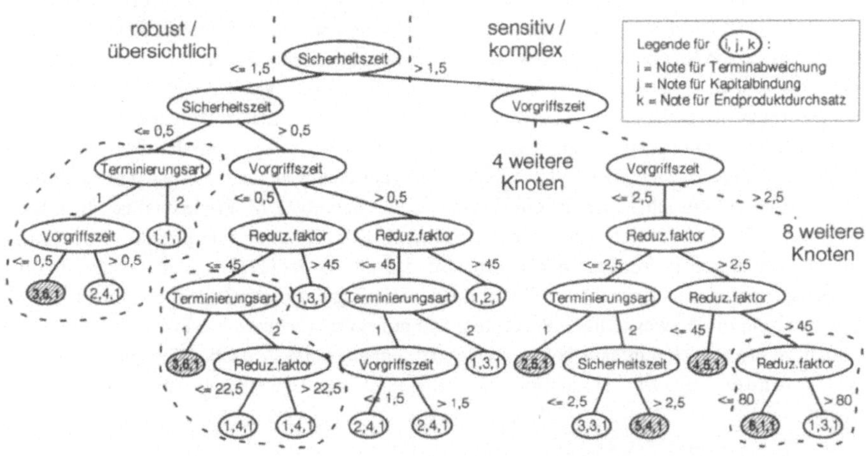

Abbildung 2:   Entscheidungsbaum für Terminierungsparameter

Die induktiv erzeugten Regeln konnten mit Hilfe von nachgeschalteten statistischen Verfahren im wesentlichen bestätigt werden. Nachdenklich machten lediglich die beobachteten unterschiedlich starken Effekte der Parameter Vorgriffszeit und Sicherheitszeit, da sich in der SAP-Dokumentation keinerlei Hinweise auf evtl. Wirkungsunterschiede fanden. Im PPS-System wurden deshalb verschiedene Dispositionsläufe mit einem einzelnen Kundenauftrag durchgeführt, um die Beobachtungen erklären zu können. Die Untersuchungen zeigten, daß bei der Vorgriffszeit im Gegensatz zur Sicherheitszeit keine Puffer zwischen den Produktionsterminen der einzelnen Dispositionsstufen gebildet wurden. Dies bedeutet, daß die Vorgriffszeit lediglich auf der untersten Dispositionsstufe planerisch wirksam wird. Nur dort erfolgt eine Zeitverschiebung. Die Pufferwirkung der Sicherheitszeit entfaltet sich hingegen auf allen Dispositionsstufen. Die bereits aufgrund der Regeln vermuteten unterschiedlichen Wirkungsweisen der beiden Stellgrößen konnten somit bestätigt werden.

4 Bedeutung der Ergebnisse

Die prinzipielle Bedeütung derartiger Simulationsstudien wird klar, wenn man sich vor Augen hält, daß in der Dokumentation von SAP R/3 keine klaren Hinweise auf etwaige Wirkungsunterschiede der beiden Parameter Vorgriffs- und Sicherheitszeit existieren. Eine Beobachtung, die wir auch bei anderen Stellgrößen machten. Stehen dem Planer jedoch keine detaillierten Wirkungsinformationen zur Verfügung, so kann er diese auch nicht bei seinen Dispositionen berücksichtigen. Verbesserungen der PPS-Planungen sind in diesem Fall erst dann möglich, wenn über Simulationen die unterschiedlichen Parameterwirkungen transparent gemacht werden und sich alternative Einstellvorschläge am Modell erarbeiten und testen lassen. Das Beispiel verdeutlicht auch, daß es mit Hilfe von maschinellen Lernverfahren möglich ist, sich relativ schnell einen Überblick über unterschiedliche Parameterwirkungen zu verschaffen. Damit gelingt es, eine möglichst kleine Teilmenge an besonders stark wirkenden Parametern auszuwählen und zielgerichtet einzustellen. In unserem Szenario würde der Disponent lediglich zwei Parameter auswählen und einstellen. Die Sicherheitszeit sollte dabei kleiner als 1,5 Tage sein, und als Terminierungsart wäre die Rückwärtsterminierung vorzuziehen. Die Rekonfiguration weiterer Parameter ist im vorliegenden Fall unnötig. Die ökonomische Tragweite falscher oder suboptimaler Parameterkonfigurationen läßt sich an den absoluten und relativen Zielgrößenveränderungen ablesen. In den Simulationsexperimenten ergaben sich beispielsweise Kapitalbindungskosten der Bestände zwischen 674.000 DM und 1.100.000 DM (bei einem angenommenen Zinssatz von 10 % und bezogen auf ein Jahr). Dies ist eine Differenz von 426.000 DM. Prozentual gesehen, lassen sich damit die Kosten des durch Bestände gebundenen Kapitals über eine gezielte Variation der Terminierungsparameter im besten Fall um bis zu 38 % reduzieren. Auch beim Endprodukturchsatz ergaben sich erhebliche Unterschiede. Hier lag das Optimierungspotential bei ca. 27 %. Rechnet man diese zweistelligen Prozentbeträge auf höherwertigere Produkte als Fahrräder es sind hoch, so lassen sich durchaus beträchtliche und lohnenswerte Wirtschaftlichkeitssteigerungen durch die Anwendung von Simulation als Hilfsmittel zur Einstellung von PPS-Parametern erreichen.

5 Literatur

Ditt/Mert95   Dittrich, J. und Mertens, P., A Framework for MRP-Simulation, in: DalCin, M., Herzog, U., Bolch, G. und Kaylan, A.R. (Hrsg.), European Simulation Symposium 1995 - ESS' 95, Erlangen-Nürnberg 26-28 Oktober, Istanbul 1995, S. 591 - 595.

Günz93   Günzel, U. M., Entwicklung und Einsatz eines Simulationsverfahrens für operative und strategische Probleme der Produktionsplanung und -steuerung, München u.a. 1993, S. 13 ff.

Quin86   Quinlan, J. R., Induction of Decision Trees, Machine Learning 1 (1986) 1, S. 81 ff.

Wien94   Wiendahl, H.-P., Scholtissek, P. und Fastabend, H., Simulationsgestützte Wissensvermittlung mit einem Trainingssystem für die Fertigungssteuerung, in: Albach, H. und Mertens, P. (Hrsg.), Hochschuldidaktik und Hochschulökonomie, ZfB Ergänzungsheft 2/94, Wiesbaden 1994, S. 151 ff.

Wien 90   Wiendahl, H.-P., Simulationsmodelle in der Produktionsplanung und -steuerung, ZwF 85 (1990) 3, S. 137 ff.

Effekte bei der Kapazitätsplanung und Simulation in der Österreichischen Industrie

K. Heinz Weigl
ESLA
A-1190 Wien, Österreich

Kurzfassung

Anhand von zwei durchgeführten Simulationsstudien sollen der Aufwand und der industrielle Nutzen diskutiert werden. Die erste industrielle Anwendung zeigt ein hybrides System, das den kombinierten Einsatz des Simulationswerkzeuges ARENA mit dem Scheduling Werkzeug PREACTOR in der Montage eines Möbelherstellers demonstriert. Die zweite Anwendung diskutiert in kurzer Form den Einsatz der Computersimulation bei der Planung eines großen Lager- und Verteilzentrums für eine Brauerei mit 7600 Palettenstellplätzen. In beiden Fällen waren die Betreiber der Anlagen vor Beginn des jeweiligen Projektes vom Nutzen der Simulation überzeugt,- eine wesentliche Voraussetzung für die erfolgreiche Durchführung einer Simulationsstudie.

1 Einleitung

Obwohl international erfolgreiche Studien den sinnvollen Einsatz der Computersimulation in verschiedensten Anwendungsbereichen beweisen, ist der heutige Marktdurchdringungsgrad in Europa noch immer bei ca. 3% [KU95]. Es gibt dafür mit Sicherheit, wie allen bekannt, mehrere Ursachen, jedoch zeigt die Praxis, daß einer der Hauptgründe für die weitverbreitete Ablehnung von Simulationswerkzeugen in der Ausbildung unserer Entscheidungsträger liegt. Zusätzlich ist die Erwartungshaltung dieses Personenkreises zu hoch, - die in den meisten Fällen noch immer glauben, daß eine Simulationsstudie das Chaos ihrer Fertigungsstätten eliminiert oder ignoriert. Vergleichsweise wird auch der Grundstein für den mangelhaften oder ineffizienten Einsatz von PPS- Systemen schon bei der Systemeinführung gelegt. Es kann auch hier nicht sinnvoll sein, neue Hilfsmittel auf alte, historisch gewachsene Abläufe aufzusetzen oder das vorhandene Chaos nachzubilden. Hilfsmittel der EDV im Bereich der Fertigungstechnik, wie z.B. PPS oder Simulation sind nur dann sinnvoll einsetzbar, wenn Systeme einfach gehalten werden. Man versuche daher vorher Ordnung in die Daten- und Systemwelt zu bringen, Abläufe zu vereinfachen und Systeme zu segmentieren.
In den meisten Fällen wird beklagt, daß der Einsatz der Simulation durch den sehr hohen Aufwand in Frage gestellt wird. Die Ursachen für den hohen Aufwand sind aber fast immer in einer sehr schlechten Datenqualität, im Unverständnis der Systemabläufe, in einer falschen Problem- und Zieldefinition oder von seitens des Kunden in einem zu hohen anspruchsvollen Umfang zu suchen. All diese Ursachen, verantwortlich für eine aufwendige Simulationsstudie, sind aber nicht nur simulationsspezifisch zu sehen, sondern erschweren jede Art von Projekten bei der Durchführung. Obwohl heute noch sehr viele Entscheidungsträger glauben, auf das Instrument der Computersimulation verzichten zu können, muß klar verdeutlicht werden:
Nur die Simulation kann komplexe Wirkzusammenhänge erklärbar und verständlich machen. „Aha Erlebnisse" sind am Computer kostengünstiger als in der Realität, wo eventuell notwendige Umbauten oder ineffiziente Anlagenkonfigurationen hohe System-/Betriebskosten verursachen können.

Ebenso ist die geeignete Auswahl der Simulationssoftware eine wesentliche Voraussetzung für eine erfolgreiche Durchführung einer Simulationsstudie. Bei der Auswahl sollte größter Wert auf folgende Kriterien gelegt werden:

- Hohe Flexibilität und Konfigurierbarkeit, dadurch Detaillierungsgrad frei beeinflußbar
- Hohe Transparenz der Module, entscheidend für die Analyse der Resultate
- Kurze Simulationslaufzeiten, sie sollten einen Bruchteil der Realzeiten sein
- Hervorragende statistische Leistungsmerkmale für die Dateninput- und -outputanalyse
- Animation hauptsächlich als Kommunikationshilfsmittel und nicht für „Showeffekte"
- Einsatz eines jahrelang bewährten und daher ausgereiften Simulationssystems

In den folgenden zwei industriellen Anwendungsbeispielen wird auch ein Simulationswerkzeug vorgestellt, das diese Anforderungen erfüllt.

2   Kapazitätsplanung und Simulation

Bei einem österreichischen Büromöbelhersteller hat man es sich zur Aufgabe gemacht, ein völlig neues Organisationskonzept vorerst im Bereich Endmontage einzuführen: *„Die fraktale Fabrik"* [WAR92].

Fraktal bedeutet, daß sich alle Strukturen auf verschiedenen Ebenen wiederholen. Mit diesem Organisationskonzept sollen Kreativität, Verantwortungsbewußtsein und Freude an der Arbeit gefördert werden. Als erster Schritt wurde die Reorganisation und Umstruktuierung der gesamten Endfertigung in zehn gleich große und überschaubare Einheiten, den sogenannten „FIFs" durchgeführt. FIF bedeutet „Fabrik in der Fabrik" die ihrerseits verantwortungsbewußte und selbständige Gruppenarbeit bei vermehrter Identifikation mit den Produkten ermöglichen soll. Für das Unternehmen gab es mehrere Ziele und Visionen:

- Die Lieferzeit ist eine konstante Größe und soll ständig kürzer werden
- Nicht das Unternehmen, sondern der Kunde steuert die Fabrik
- Absolute Auftrags- und Containerreihenfolge soll eingehalten werden
- Rechtzeitiges Erkennen von Engpässen und Integrationseffekte in der „Vorzeitigkeit" aufzeigen und reagieren können
- Eliminieren von Defiziten im logischen Systemdenken
- Planungsfehler aufgrund von deterministischen Denkweisen vermeiden
- Schulung des ganzheitlichen Blicks und Erkennen von Wechselbeziehungen fördern
- Reduzierung von Komplexitäten und Vereinfachungen anstreben

Um diese Ziele zu erreichen, wurde die gegenwärtige Produktion neu überdacht und diese in eine prognosegestützte Vorfertigung und in eine auftragsbezogene Zwischen- und Endfertigung unterteilt. Tragende Säulen dieses umzusetzenden Konzeptes [WE94] sind die fraktalen Produktionsbereiche der Endfertigung, genannt „FIFs". Für die Reorganisation und Umstrukturierung der gesamten Endfertigung war man für verschiedene Aufgabenbereiche auf der Suche nach geeigneten Planungs- und Analysewerkzeugen in entsprechenden Umsetzungsphasen. Man erkannte in diesem Unternehmen sehr bald, daß Korrekturen an den vorhandenen, historisch gewachsenen Strukturen nicht mehr zielführend sind und deshalb neue kreative Ansätze aus geänderten Denkweisen heraus benötigt werden.

In der sogenannten Machbarkeitsphase wurde erkannt, daß trotz einfachem, strukturell überschaubarem Layout, die Komplexität der Wechselbeziehungen einzelner Anlagenteile und die Anzahl der erforderlichen Planungs- und Anlagenparameter relativ hoch ist.

Die Beantwortung folgender Fragen waren z.B. im Rahmen dieser Projektstudie von Interesse:

- Gibt es bei der Umsetzung der Vision „FIF" unbekannte, den Fertigungsablauf beeinflussende Integrationseffekte, die ein Neuüberdenken vor der Inbetriebnahme auslösen können ?
- Welche wichtige Erfahrungen können durch das Experimentieren mit einem Simulationswerkzeug gewonnen werden ?
- Ist es möglich, die Produkte in Kundenreihenfolge direkt in die Container zu verladen ?
- Wie wirken sich Containerreihenfolgen auf die Leistungsbilanz des Gesamtsystems und einzelner FIFs aus ?
- Kann die termingerechte Verladung unter Beibehaltung der kundenabhängigen Bedingungen erfüllt werden ?
- Gibt es stauverursachende Rückwirkungen auf die einzelnen FIFs bei 100% Mengenverfügbarkeit an den Übergabe- oder Nahtstellen ?
- Sind die vorgesehenen Pufferstrecken in den einzelnen FIFs ausreichend ?
- Wie wirken sich Umreihungen der täglichen Containerfolgen auf die Leistungsausschöpfung des Gesamtsystems aus ?
- Gibt es durch Umreihungen von Containerfolgen Optimierungsmöglichkeiten in Form von Personaleinsparungen und erhöhter Systemleistung ?
- Gibt es Situationen, die extreme Staus auf der Hauptrollenbahn verursachen ?
- Ist der Plazierung der einzelnen FIFs im Gesamtsystem besonderes Augenmerk zu widmen ?
- Welche „Durchlaufzeiten" werden für die Container erzielt ?
- Welche Maßnahmen müssen bei Auftreten unvorhersehbarer Ereignisse (Ausfall von Personal, zusätzliche Eilaufträge, geänderte Liefertermine, Nacharbeit etc.) kurzfristig getroffen werden, um Kundenforderungen einzuhalten ?

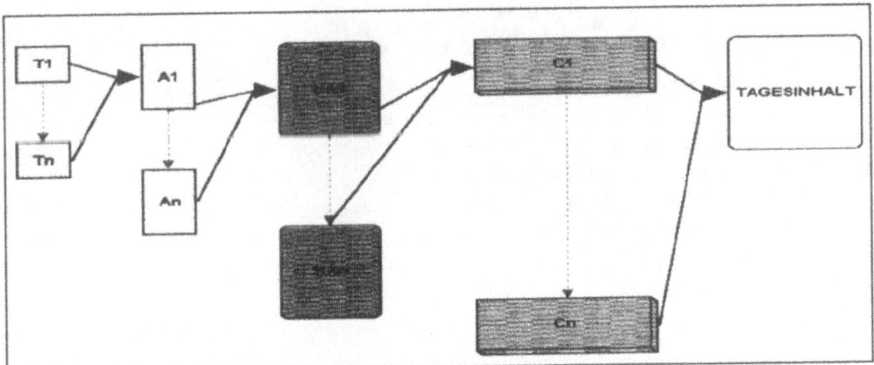

Bild 1: Teile/Auftragshierarchie Realsystem

Bild 1 zeigt die Teile/Auftragsstruktur mit Einzelteilen T1..Tn deren Anzahl sich zwischen 1500 und 5000 bewegen, Artikel A1..An wie Tische, Schränke etc., Kundenaufträge KA1..KAn und Container C1..Cn. Nach erfolgter System- und Datenanalyse, wurde ein Modellkonzept mit

Hilfe der strukturierten Analysetechnik IDEF0 und ein Computermodell mit dem weltweit erfolgreichsten Simulationssystem ARENA entwickelt.

3   Das Simulationswerkzeug ARENA

ARENA ist ein objektbasiertes, graphisches Simulationssystem, das den Anwender befähigt, alle möglichen Betriebsabläufe aus sämtlichen Wirtschaftszweigen modellhaft abzubilden. ARENA stellt eine komplette Simulationsumgebung zur Verfügung, die alle grundlegenden Schritte einer durchzuführenden Simulationsstudie unterstützt. Das ARENA System beinhaltet Werkzeuge zur Input- Datenanalyse, Modellbildung, interaktiven Durchführung von Experimenten, Animation und Output- Datenanalyse. ARENA ist ein graphisches Modellwerkzeug mit anwendungsspezifischen Bibliotheken (Templates) aus den Bereichen Produktion, Montage, Wafer Produktion, Business Process Reengineering, Krankenhäuser, Transport etc. Anwender können selbst entsprechend ihrer spezifischen Anwendungen Modulkonstrukte auf der Basis der Simulationssprache SIMAN entwickeln. Die Schlüsselidee von ARENA ist ein Konzept zur Verfügung zu stellen, um entsprechend des Anwendungsgebietes, maßgeschneiderte Module für die Modellierung einsetzen und selbst entwickeln zu können. Die Einsatzmöglichkeiten von ARENA werden dadurch nicht wie bei anderen Simulationssystemen durch vordefinierte Modulkonstrukte eingeschränkt.

Das anwendungsorientierte Template Konzept von ARENA erfüllt die Anforderungen der Industrie und Wirtschaft wie Flexibilität, rasche Modellentwicklung durch anwenderspezifische Reduktion des Abstraktionsgrades und Benützerfreundlichkeit auch bei statistischen Analysen.

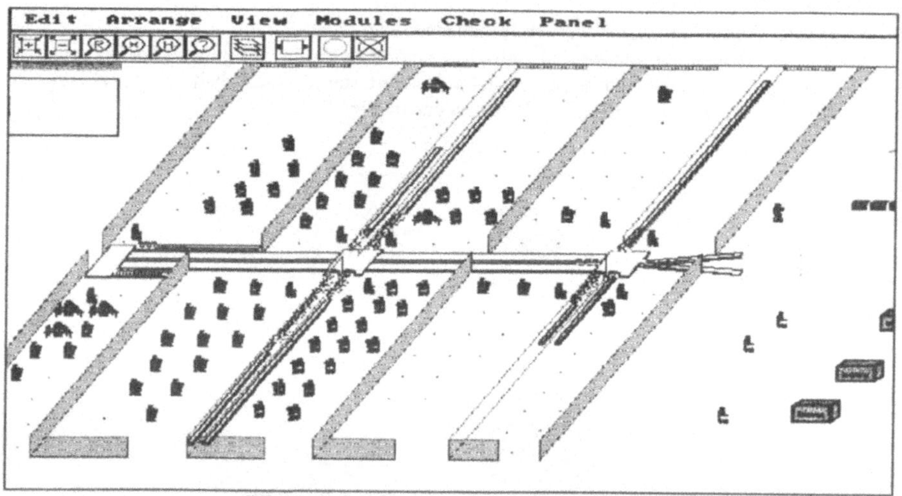

Bild 2: Animationslayout des Montagebereiches

4   Simulation und Scheduling als tägliche Planungswerkzeuge

Um täglich die bestmögliche Containerreihenfolge für eine termingerechte Verladung bei gleichzeitig optimaler Auslastung der Systemressourcen zu bestimmen, wurde das

134

Simulationsmodell mit dem Schedulingwerkzeug PREACTOR gekoppelt. PREACTOR [TCC95] ist ein einfaches, auf PC lauffähiges Schedulingsystem, das sehr viele Leistungsmerkmale für jene Anwender anbietet, die für die Teilefertigung oder andere Fertigungsverfahren verantwortlich sind. Es ist ein sehr ausgereiftes dialogfähiges, menüorientiertes System. PREACTOR bietet eine Reihe von Möglichkeiten, wie Kapazitätsplanungsmodule, Schnittstellen zur Bedarfsermittlung (MRP), Kundenauftragsverwaltung (SOP), Betriebsdatenerfassung (BDE) und Erweiterungen des Grundmoduls an.

PREACTOR ermittelt durch Vorwärts- oder Rückwärsterminierung die End- und Startzeiten der zu verladenen Container in Hinblick auf die Einhaltung des Ecktermines für die Bahnverladung. Die von PREACTOR vorgeschlagene, bestmögliche Lösungsvariante [WEI95] und der sich daraus ergebenden individuellen Containerzeiten, muß besonders dann durch die Simulation überprüft werden, wenn der Ecktermin trotz bestmöglicher Containerreihung gerade noch eingehalten wird. PREACTOR liefert zur Beurteilung des Gesamtsystems Mindestdurch-laufzeiten und Mindestauslastungsgrade des Personals, wobei keine dynamischen Wechselwirkungen zwischen einzelnen Anlagenkomponenten berücksichtigt werden. Diese Wechselwirkungen können zu Verzögerungen bei der Montage oder der Übergabe auf den Hauptrollenförderer führen. Folgende Fragen sollen von der Simulation beantwortet werden.

- Können trotz eingeschränkter Pufferkapazität und Integrationseffekte des Systems, die von PREACTOR ermittelten Termine eingehalten werden ?

- Gibt es stauverursachende Situationen auf dem Hauptrollenförderer, die das kontinuierliche Übernehmen der Aufträge verhindern ?

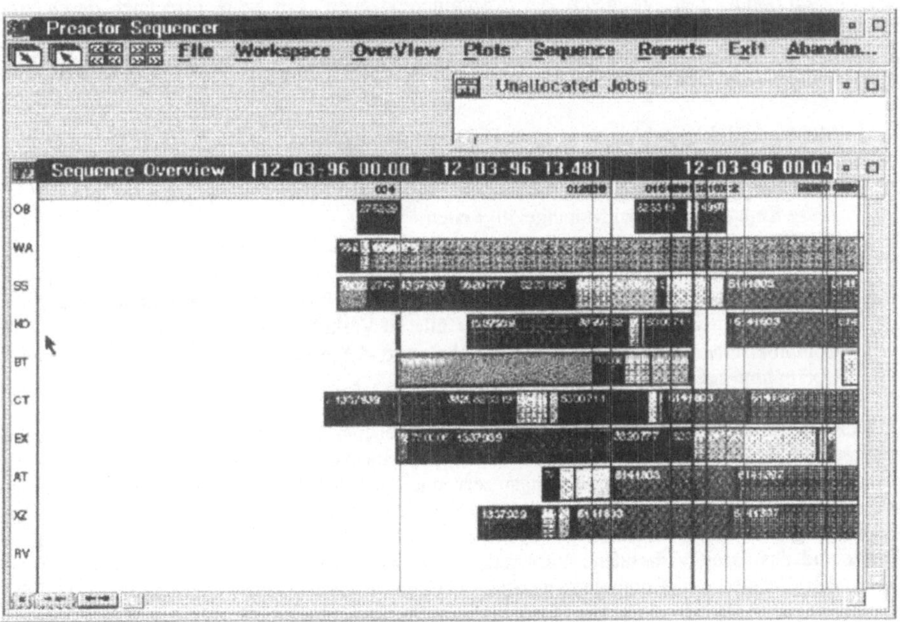

Bild 3: Containerreihenfolge/FIF

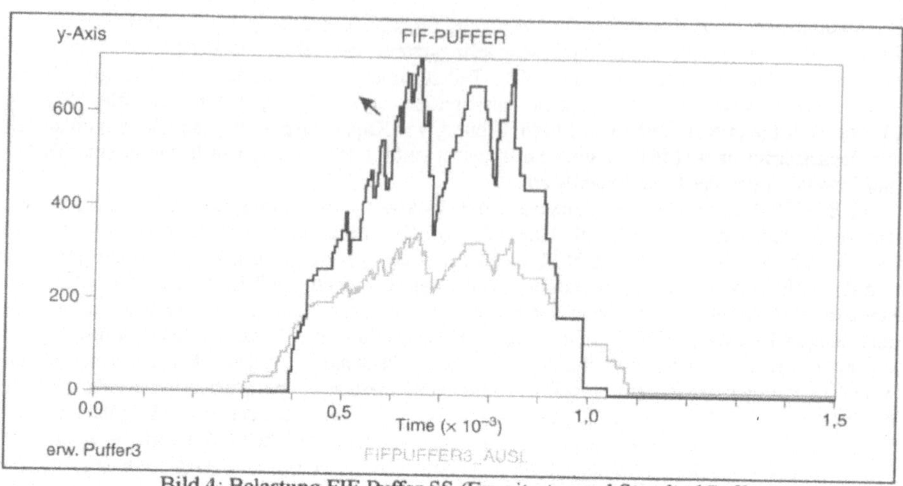

Bild 4: Belastung FIF-Puffer SS (Erweiterter und Standard Puffer)

Bild 4 zeigt die Belastung eines FIF-Puffers, dessen Kapazität bei manchen Produktemixes einen Engpaß darstellen und somit den gesamten Ablauf auf dem Hauptrollenförderer beeinflussen kann. Der Vergleich der Containerendzeiten, einerseits errechnet durch das Scheduling System PREACTOR, andererseits durch die Simulation unter Berücksichtigung aller dynamischen Wirkzusammenhänge ermittelt, stellt ein gutes Maß für die Beurteilung von Auswirkungen sogenannter Integrationseffekte dar. So können Verspätungen auftreten durch:

- Montagetätigkeiten können in einer FIF nicht durchgeführt werden, da der FIF-Puffer voll ist
- Das Übergabepersonal (Dynamisches Personal) ist mit Übergabetätigkeiten ausgelastet. Diese Kapazität fehlt bei Montagetätigkeiten
- Das Übernahmepersonal (Dynamische Verlader) ist mit Übernahmetätigkeiten ausgelastet. Diese Kapazität fehlt bei Verladetätigkeiten
- FIF-Puffer können nicht entleert werden, da dies vom überfüllten Hauptrollenförderer verhindert wird. Hauptrollenförderer überfüllt, da Verladepersonal unterbesetzt
- Containerreihenfolge hat durch Arbeitsinhalt und -folge Einfluß auf eine kontinuierliche Übernahme auf den Hauptrollenförderer

Der Einsatz der Simulation stellte im gesamten Lebenszyklus der neu konzipierten Anlage eine absolute Bereicherung für das Unternehmen und seine Mitarbeiter dar. In der Planungsphase gab sie Auskunft über eventuelle Leistungsreserven und die damit verbundene Notwendigkeit von Investitionen,- in der Trainingsphase war die Simulation ein wichtiger Bestandteil im Evaluierungsprozeß von verschiedensten Strategien. Die Umsetzung des Konzeptes der fraktalen Fabrik und das damit verbundene Verständnis aller beteiligten Mitarbeiter wurde maßgeblich durch den Einsatz der Computersimulation beeinflußt. Sehr bald wurde erkannt, daß die Simulation, trotz aller anfänglichen personellen und technischen Probleme, einen sehr wichtigen Beitrag im täglichen Entscheidungsprozeß für eine optimale Systemauslastung liefern kann.

Kunde, Generalunternehmer und Ausrüster der Automatisierungstechnik erkannten bei der Planung und Konzeption eines neuen Lager- und Verteilzentrums einer Brauerei sehr bald den Nutzen der Simulationstechnik als **das** Planungs- und Analysewerkzeug.

Auf einer Fläche von 3900m^2 und einer Höhe von 20m bewegt eine ausgeklügelte Fördertechnik mit Hilfe von 150 Antrieben über 5 Ebenen und 250 m Förderlänge täglich mehrere hundert Paletten mit Getränkegebinden in und aus einem Hochregallager.

Mit Hilfe eines leistungsstarken Simulationswerkzeuges sollte man frühzeitig Planungsfehler und die damit verbundenen möglichen Engpässe rechtzeitig aufdecken und das Leistungsvermögen der Anlage überprüfen können. Obwohl der wirtschaftliche Nutzen der Simulation vor dem Start sehr schwierig zu bewerten ist, war insbesonders der Betreiber der Anlage von der möglichen Aussagekraft der Simulationsergebnisse und der damit erzielbaren Planungssicherheit überzeugt

Das Lager- und Verteilzentrum hat die Aufgabe, Getränke ab Produktion, Bahn und LKW einzulagern und die Kommissionierung und Auslieferung über Bahn und LKW. Herzstück des Verteilzentrums ist die über fünf Ebenen konzipierte Förderanlage, die bis zu 800 verschiedene Artikel in und aus dem 6400 Paletten fassenden Hochregallager und 1200 Paletten fassenden Kommissionierlager transportiert. Vier automatische Regalbediengeräte werden in zwei Regalgängen eingesetzt, die ca. 300 Paletten pro Stunde bewegen. 10 Waggons und 30 Lkws werden täglich abgefertigt.

Nur mit Hilfe der Simulation kann Einblick in das dynamische Systemverhalten einer Anlage gewonnen werden. Keine andere Methode erfaßt das dynamische Wechselspiel zwischen einzelnen Systemkomponenten im Normalbetrieb und Störbetrieb so exakt, wie ein Simulationsmodell. Ziel der Simulationsstudie war die Durchführung einer Leistungsanalyse mit folgenden Schwerpunkten:

- Ermittlung der Anlagenauslastung und einzelner Komponenten wie Senkrechtförderer, Querverschiebwagen, Regalbediengeräte etc.
- Lokalisierung eventueller Engpässe
- Analyse der Integrationseffekte
- Feststellen der auftretenden Staugrade auf den einzelnen Abschnitten des Fördersystems
- Strategiefindung für den Wareneingang um Doppelspiele der Regalbediengeräte zu fördern
- Durchführung von Störfallszenarien
- Erkennen von funktionalen Wechselbeziehungen zwischen Subsystemen der neuen und unbekannten Anlage

Artikelspektrum, Warenbewegungen, Anlagendimensionen, exakte Leistungsdaten der Fördermittel wie Geschwindigkeiten, Beschleunigungen, Lastabgabe- und Aufnahmezeiten und Kreuzungslogiken wurden genauestens analysiert. Das Modellkonzept wurde mit folgenden Modellierungsvorgaben entwickelt:

- Exakte Abbildung der Kreuzungslogiken mit Lastaufnahme- und Abgabestationen an den Förderstrecken
- Genaue Abbildung des Identifikationspunktes (I-Punkt) und Logik für optimale Mischverhältnisse der Paletten
- Ein-/Auslagerstrategien für optimale und kontinuierliche Systemauslastung
- Detaillierte Abbildung des Hochregallagers und der 3-dimensionalen RBG- Bewegungen
- Störfallmodule für Transportmittel wie Senkrechtförderer und Regalbediengeräte

Auch hier wurde für die Durchführung der Simulationsstudie die US- Software ARENA
eingesetzt. Mit ARENA konnten alle noch so detaillierten Problemstellungen, wie einzelne
Lastauf- und abgabestrategien, intelligente Kreuzungslogiken, Dynamiken der Regalbediengeräte, die komplexe Entscheidungslogik am I-Punkt, etc. mühelos abgebildet werden.

Die Ergebnisse der Simulationsstudie waren für den Generalunternehmer und den Anlagen-
betreiber mehr als überraschend. Es wurden unter verschiedensten Einstellungen ca. 500
Simulationsläufe mit sehr wertvollen Ergebnissen durchgeführt. Die Anlage zeigte sich jedoch
als äußerst flexibel und robust gegen Lastschwankungen. Die aufgedeckten und zuerst unge-
ahnten Engpässe waren aber nach einer weiteren Analyse einleuchtend und somit beherr-schbar.
Rechtzeitig konnte der Generalunternehmer nach Vorliegen der Ergebnisse das Anlagenlayout
und die davon betroffenen Komponenten ohne Mehraufwand und Kosten modifizieren. Die
Simulationsergebnisse wurde bei der Inbetriebnahme der Anlage zu 100% bestätigt.

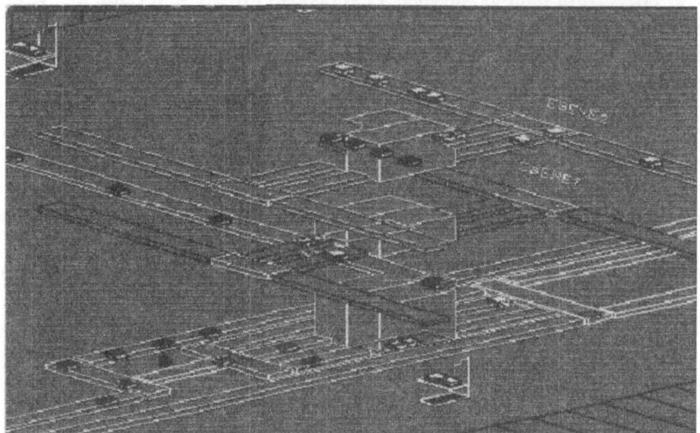

Bild 5: Ausschnitt der zentralen Fördertechnik

Literatur

[KU95]   A. Kuhn, C. Vornholt: *Kosten reduzieren Risiken minimieren*, Jahrbuch der Logistik,
          Verlagsgruppe Handelsblatt, 1995.

[WAR92] H.J. Warnecke: *Die Fraktale Fabrik*, Springer Verlag, 1992

[TCC95] PREACTOR *Configuration Guide*, The CIMulation Centre, UK, 1995

[WEI95] K.H. Weigl: *Combining Simulation and Scheduling: An Application in the office
         furniture Industry using ARENA and PREACTOR*, Proceedings of the 1995 Winter
         Simulation Conference, Washington DC

[WEI94] E. Weichselbaum: *„Die Nahtstellenorganisation löst den
         Gordischen Knoten: steigende Produktvielfalt konstante Kurzlieferzeit
         geringe Kosten"*, Dormunder Gespräche, 1993, Verlag Praxiswissen.

Simulationsbasierte Fertigungssteuerung -
Theorie und Praxis dargelegt an einem industriellen Beispiel

Peter Rachinger
Technische Universität Wien
Institut für Fertigungstechnik
Karlsplatz 13
A-1040 Wien

1. Einleitung

Die Ziele waren in vergangen Tagen durch die Optimierung der Auslastung der einzelnen Ressourcen geprägt. Die steigenden Anforderungen des Marktes nach erhöhter Liefertreue und Qualität führten bei der Durchführung von Simulationsstudien zu einer Verschiebung der Aufgabenstellungen und Zielsetzungen. Es ist zu bemerken, daß bei verschiedensten Unternehmen Fragestellungen bezüglich optimaler Strategien für Durchlaufzeitreduktion den Schwerpunkt aktueller Untersuchungen bilden. Der Schwerpunkt des Simulationseinsatzes lag ursprünglich auf der Planungsabsicherung. Zunehmend wird die Simulation durchgängig in allen Phasen des Planungs- und Realisierungsprozesses genutzt und findet auch Anwendung in der Fertigungssteuerung während des Betriebes. Die Bedeutung der Simulation wird auf Grund der unbestreitbaren Vorzüge in Zukunft weiter zunehmen.

Der Einsatz der Simulation in der Produktionsprogrammplanung, der Fertigungsprogrammplanung und Werkstattsteuerung scheint notwendig, weil die mathematisch-analytischen Methoden durch die Vielzahl von zeit- und zufallsabhängigen Systemgrößen und die zu erfassenden komplexen Wirkzusammenhänge nicht ausreichen, bzw. ihre Grenzen sehr schnell überschritten werden. Mit Hilfe der Simulation hingegen kann das zeitliche Verhalten beliebig komplexer technischer Systeme ohne Einschränkungen untersucht und beurteilt werden. Es ist vorstellbar, daß die Simulation während der Betriebsphase eines dynamischen Systems
- die vorausschauende Untersuchung zweckmäßiger Strategien und Reaktionen auf Störungen und Veränderungen (z.B. Produktmix) und langfristiger Entwicklungstrends (**Produktionsprogrammplanung**),
- die vergleichende Bewertung mittelfristiger Ablaufvarianten und die Unterstützung der Arbeitsvorbereitung (**Fertigungsprogrammplanung**) und
- die Erzeugung von Maschinenbelegungsplänen auf Werkstattebene (**Werkkstattsteuerung**) erlaubt.

2. Die Idee (Theorie)

Derzeit werden von einigen Simulationssystemen klassische PPS-Leitstandstrukturen übernommen, wobei einfach der herkömmliche Leitstand durch einen simulationsgestützten Leitstand ersetzt wird. Vom simulationsgestützten Leitstand werden Auftragsdaten, wie z.B. das Einlastdatum, Losgröße, Arbeitsplan usw., aus dem übergeordneten PPS übernommen. Anschließend können Varianten, die sich durch Einstellung verschiedener Parmeter ergeben (Warteschlangenregel, Puffergrößen, Verfügbarkeit der Ressourcen, usw.), getestet werden. Dazu ist es notwendig, das bestehende System sehr detailliert abzubilden, was zu langen

Rechenzeiten führen kann. Um diese Rechenzeiten entsprechend zu reduzieren, wird derzeit am Institut für Fertigungstechnik ein hierarchische Simulationsstruktur untersucht, bei der bereichsspezifische, dezentrale Simulatoren mit unterschiedlichem Detaillierungsgrad zum Einsatz kommen sollen.

Es werden folgende drei Hierarchiebenen eingerichtet
> Vertriebs- beziehungsweise Verkaufsebene
> Produktionsplanungsebene
> Meister- beziehungsweise Werkstattebene

Auf Vertriebsebene wird ein Simulator mit geringem Detaillierungsgrad verwendet, um dem Verkäufer in kurzer Zeit mit der nötigen Information über einen abgesicherten Liefertermin zu versorgen. Der Simulator auf dieser Ebene muß gänzlich anders ausgerichtet sein, als die darunter liegenden AV- und Meistersimulatoren. Der geprüfte und bestätigte Auftrag wird zusammen mit dem Liefertermin und den Produktionsplanungssimulator übergeben.

Im Produktionsplanungssimulator werden bereits einzelne Maschinengruppen berücksichtigt. Ziel dieses Simulators ist es, die Aufträge mit Start- und Eckterminen zu versehen. Dabei sollen die oben beschriebenen Funktionalitäten abgedeckt werden, das heißt nicht nur die allgemeinen Leitstandfunktionen, wie z.B. Datenübernahme und -verwaltung, Maschinenbelegungsplanerstellung usw., sondern auch die unterstützenden Hilfsfunktionen zur Auswahl und Bewertung von Alternativen. Für diese Ebene wird der größte Rechenaufwand notwendig.

Auf Werkstatt-Ebene wird mit sehr fein detaillierten Simulatoren gearbeitet, allerdings wird der gesamte Produktionsbereich auf mehrere Simulationsmodell aufgeteilt, wodurch man wiederum eine Reduktion der Rechenzeit erreicht und außerdem die Meister oder Anwender nur mit den ihnen bekannten Bereichen und Problemen konfrontiert werden.

3. Die Realisierung (Praxis)

3.1. Die Ausgangssituation

Das für einen österreichischen, stahlverarbeitenden Betrieb geplante, simulationsgestützte Planungssystem fügt sich zwischen den Bereich der Fertigungsplanung und -steuerung sowie der Fertigung ein.

Die Funktionen der Fertigungssteuerung werden zur Zeit durch einen konventionellen Terminverfolger abgewickelt und beschränken sich auf das Freigeben der Werkstattaufträge, das Ausdrucken der Werkstattpapiere und eine punktuelle Terminkontrolle über die zentrale EDV.

Die eigentliche Steuerung der Fertigung wird vom Terminverfolger mit Unterstützung von Meistern und Vorarbeitern durchgeführt. Diese verfügen jedoch nicht über die für die Durchführung dieser Aufgabe erforderlichen aktuellen Informationen über das Werkstattauftragsvolumen und der Terminsituation, da der Informationsfluß für den Austausch von Steuer- und Betriebsdaten ausschließlich auf Papier abgewickelt wird.

Ziel soll die Herstellung eines durchgängigen Informationsflußes von der Planung über die Feinsteuerung bis hin zum Werker an der Maschine sein, so daß durch die Realisierung kurzfristiger Regelkreise eine Verbesserung der Fertigungssteuerung und -überwachung erzielt werden kann.

Durch Integration der organisatorischen und technischen Steuerdaten kann dabei ein **Optimum an Termintreue und Minimum an Durchlaufzeit** bei **gleichzeitig hohem Nutzungsgrad** der Betriebsmittel erzielt werden. Der Aufbau eines rechnergestützten, auf Simulation basierenden Planungssystems ist erforderlich, um die Kapazitätsfeinabstimmung und Reihenfolgeplanung aufgrund des aktuellen Systemzustandes unter Berücksichtigung fertigungstechnischer Details zu ermöglichen. Dabei werden vom vorhandenen übergeordneten Planungssystem die grob verplanten Aufträge mit den zugesagten Lieferterminen übernommen und in einem mittelfristigen Planungslauf (10 Wochen) durch ein detailliertes Simulationsmodell mit Start- und Eckterminen versehen. In einem weiteren Schritt wird die betriebliche, kurzfristige Feinplanung durchgeführt, wobei ein feiner detailliertes Simulationsmodell die Ablauffolge festlegt und die Einhaltung der Ecktermine gewährleistet -also die kurzfristigen Planungsdaten (2-5 Tage)- ermittelt.

Ziel soll die **EDV-unterstützte** Fertigung sein, in der der Mensch Entscheidungen trifft und sich dabei auf aktuelle, umfassende und in geeigneter Art und Weise aufbereitete Informationen stützen kann bzw. die Auswirkungen seiner Entscheidungen vom EDV-System mitgeteilt bekommt.

3.2. Das neue System

Den Kern des Fertigungsleitsystems bildet ein auf Computersimulation basierendes Werkzeug zur Kapazitätsterminierung und Reihenfolgeplanung, welches sowohl mittelfristige als auch kurzfristige Planungen erlaubt. Ein Datenbankmanagementsystem sorgt im Werkstattbereich für die Versorgung mit aktuellen Planungsergebnissen.

Die Teilfunktion "Fertigungsaufträge übernehmen" übernimmt die von der vorgelagerten Planung für den Fertigungsbereich freigegebene Fertigungsaufträge, bzw. Änderungsinformationen zu bereits vorhandenen Aufträgen in das Datenbankmanagementsystem und prüft, ob die empfangenen Informationen verarbeitet werden dürfen.

Die Übernahme der Auftragsdaten wird über Filetransfer aus der bestehenden EDV in das Datenbankmanagementsystem übernommen und dort dem Simulationsmodell zur Verfügung gestellt. Der Filetransfer stellt die am häufigsten eingesetzte Schnittstellenverbindung dar. Die miteinander kommunizierenden Systeme werden durch die übertragenen Dateien, die einen protokollierbaren Wiederaufsetzpunkt darstellen, entkoppelt. Der Anstoß der Übertragung wird in der ersten Phase (Systemeinführung) einmal wöchentlich durchgeführt und kann in weiterer Folge einmal täglich oder ereignisorientiert angestoßen werden. Um die Rechenzeit des Simulationsmodells in Grenzen zu halten, wurde für die verwendete Simulationsprache "ARENA-SIMAN" ein Datenverwaltungsmodul "PREACTOR" geschaffen, der neben der Datenbereitstellung (im Hauptspeicher) auch verschiedenste Darstellungs- und Auswertemöglichkeiten bietet.

PREACTOR ist ein Produkt, das im Rahmen des EUREKA-Projektes FORCAST (<u>F</u>lexible <u>O</u>perational <u>R</u>eal-time <u>C</u>ontrol <u>A</u>nd <u>S</u>cheduling <u>T</u>ools) von der englischen Firma "The CIMulation Centre" entwickelt wurde.

Aus der bestehenden EDV werden Auftragsdaten mit Start- und/oder Endtermin oder bereits einzelne, gegebenenfalls terminierte Arbeitsgänge an die Fertigung übergeben.

Für jeden Arbeitsgang sind der mögliche Start- bzw. Endtermin unter Rücksichtnahme aller technologischen, kapazitiven und logischen Randbedingungen zu errechnen. Die Ermittlung der möglichen Start- und Endtermine erfolgt über eine Berechnung durch ein Simulationsmodell, wobei ausgehend vom geplanten Fertigstellungstermin des Werkstattauftrages die Arbeitsgänge unter Berücksichtigung der Vorgabezeiten und etwaiger Transport- und Liegezeiten durch die einzelnen Ressourcen laufen. Die Planungsqualität steht bei dieser Methode in unmittelbarem Zusammenhang mit dem Detaillierungsgrad des Simulationsmodells.

Die Reihenfolgeplanung wird im Rahmen des Simulationsmodells erfolgen, wobei die in der Warteschlange einer Kapazität auf die Bearbeitung wartenden Aufträge nach vorgegebenen Abfertigungsregeln gereiht werden können.

Neben den verschiedenen Warteschlangenstrategien können natürlich auch noch andere Modellparameter geändert werden, wie z.B. die Einlaststrategie, Schichtzeiten, Puffergrößen und andere, systembestimmende Größen. Vorerst wird bei diesem Projekt im "Offline"-Modus eine optimale Einstellung dieser Parameter gesucht, indem verschiedenste Varianten und Kombinationen getestet und hinsichtlich der strategischen Ziele (Durchlaufzeitreduktion, Erhöhung der Liefertreue) bewertet werden. Natürlich kann das nur eine sehr grobe Einstellung sein, die nach und nach durch die Erfahrungen des Arbeitsvorbereiters laufend verfeinert werden muß.

Die durch die Simulation ermittelten Planungsergebnisse werden an das Datenbankmanagementsystem wieder mittels Filetransfer übergeben und von diesem für die Durchsetzung des Produktionsprogramms bereitgestellt.

Bei vorausgehender detaillierter Reihenfolgeplanung der Fertigungsaufträge besteht die Aufgabe der Programmdurchsetzung lediglich in der Freigabe der Fertigungsaufträge bzw. deren Arbeitsgänge in der von der Planung vorgegebenen Reihenfolge.

4. Zusammenfassung

Es zeigte sich, daß durch die Simulation bezüglich der errechneten Termine und Kapazitätsbelegungen eine erhöhte Planungsqualität im mittel- und kurzfristigen Bereich erreicht wird. Beliebig komplexe müssen nur in ihrem dynamischen Verhalten abgebildet; das Entwickeln eines Rechenalgorithmus zur Bestimmung der Reihenfolge ist nicht notwendig.

Es muß aber an dieser Stelle darauf hingewiesen werden, daß durch ein Simulationsmodell lediglich Konsequenzen einer Disposition aufgezeigt werden können. Eine Optimierung kann durch ein Simulationsmodell von sich aus nicht erreicht werden.

Um trotzdem zu guten Planungsergebnissen zu gelangen, können entweder Simulationsläufe mit verschiedenen Varianten im "Offline"-Modus durchgeführt werden oder man verknüpft das simulationsbasierte Planungswerkzeug mit einem Expertensystem, welches automatisch aus einer Wissensbasis Vorschläge für die anzuwendenden Strategien liefert und damit die Erreichung der Ziele ermöglicht. Dies stellt eine Aufgabe zukünftiger Forschung dar.

Der Einsatz der Computersimulation im Bereich der Fertigungsplanungs- und steuerung stellt eine zielführende Möglichkeit dar, die derzeitigen Probleme bezüglich der Durchlaufzeit und Liefertermintreue aufgrund einer verbesserten mittel- und kurzfristigen Planungsqualität zu beheben.

Die Computersimulation wird sowohl bei den konventionellen Anwendungen der Auslegungsplanung als auch bei den neueren Methoden der simulationsbasierten Fertigungsplanung das dominierende Werkzeug nächster Jahrzehnte sein.

Simulation - ein unentbehrliches Hilfsmittel für die Produktionsplanung und -steuerung

Wolfgang Jetschny
Technische Universität Dresden
Fakultät Maschinenwesen
CIMTT-Zentrum für Produktionstechnik und Organisation
Mommsenstraße 13
01062 Dresden

Einleitung

Konkurrenzfähige Unternehmen stehen vor den Problemen hoher Lieferbereitschaft, Termintreue, kurzer Durchlauf- und Beschaffungszeiten, niedriger Lagerbestände, hoher Kapazitätsauslastung, schneller Reaktionsfähigkeit und das natürlich mit minimalem Aufwand.

Diese Anforderungen widersprechen sich derart, daß es schwierig ist, eindeutige und optimale Entscheidungen zu treffen. Der Bewältigung dieser Probleme dienen rechnerunterstützte Systeme der Produktionsplanung und -steuerung (PPS). Diese PPS-Systeme sind zwar in der Lage, Elemente des Produktionsprozesses von Angebotserarbeitung bis Auslieferung des Produktes organisatorisch zu integrieren (s. Bild 1) und koordinierend zu wirken, aber optimale Entscheidungen treffen sie nicht. Erschwerend wirken sich gleichfalls notwendige zyklische Arbeitsweisen, das Arbeiten mit Varianten und Unbekannten sowie ständig mögliche planabweichende Zustände aus.
Die Simulation könnte an dieser Stelle ein Werkzeug sein, um angedachte Strategien, mögliche Reaktionen auf Prozeßzustände oder Teilprozeßvarianten auf Auswirkungen zu testen, zu vergleichen.
Das gilt sowohl für langfristige Planungen als auch im prozeßnahen Bereich. Simulation sollte hier nicht verselbständigt betrachtet sein, sondern unmittelbar integriertes Werkzeug im durchgängigen Geschäftsablauf sein.

Modellaufbau und Simulation

Die PPS besitzt die Fähigkeiten, in Form von Stammdaten objektorientierte Informationen des Unternehmens aufzunehmen und zu verwalten, z.B. Personalangaben, Daten zu Maschinen, Transportmitteln, Lagern, Kostenstellen,...
Zugleich stellen Angaben zum Produkt und Auftrag dynamische Informationen dar, die für einen begrenzten Zeitraum gültig sind. D.h. die PPS repräsentiert Stuktur und Parameter des Produktionsprozesses und steht als Experimentierfeld für Parameterveränderungen zur Verfügung.
Das bedeutet, die PPS ist in der Lage, ein Modell des Unternehmens abzubilden und für die Produktionsdurchführung zur Verfügung zu stellen. Es bietet sich an, an diesem Modell einerseits vor Produktionswirksamkeit, andererseits unter Produktionsbedingungen Simulationsexperimente durchzuführen, wenn die Auswirkungen von Entscheidungen nicht

klar absehbar sind. Der Regelkreis Produktionsvorbereitung-Produktionsdurchführung ist auf diese Weise simulativ umsetzbar.
Erst die optimale Strategie ist als Stellgröße in den realen Produktionsprozeß einzubinden (s. Bild 1).
Es können im Ergebnis der Simulation Aussagen getroffen werden hinsichtlich
- räumlicher, gestalterischer Komponenten
- planerischer, organisatorischer und steuerungstechnischer Komponenten.

Validierung und Simulation

Das Ergebnis einer Planungsaufgabe ist auf zwei Wegen hinsichtlich Richtigkeit, Vollständigkeit, Machbarkeit, Kollisionsfreiheit überprüfbar:
- durch direkte Übertragung in das reale System, wobei bestenfalls
  die Richtigkeit und Vollständigkeit einer Teilfunktion festgestellt werden können
- durch simulative Überprüfung in Varianten, bis über Vergleich und / oder
  Korrektur des Modells durch den Bearbeiter eine Optimumsnähe erreicht wird.
Letzte Möglichkeit hat den Vorzug, daß Betrachtungen von Varianten, Auswirkungen, Vergleiche, Bewertungen bereits vor Produktionswirksamkeit möglich sind; leistungsfähige PPS-Systeme bieten ansatzweise derartige Möglichkeiten an, s. Bild 2.

Datenbanken und Simulation

Ein häufiger Hinderungsgrund, eine Simulation anzusetzen, ist der nicht unerhebliche Aufwand der Datenbereitstellung sowie die Unsicherheit/Ungenauigkeit der Daten. Es ergibt sich nun die Frage, die erforderlichen Daten in Verbindung mit PPS, d.h. der Produktionsvorbereitung und -durchführung zu sehen. Das aufzubauende Modell des Unternehmens enthält im Ergebnis alle Daten, die für die Realisierung der PPS, also auch für die Produktion selbst und somit auch für Simulationsexperimente erforderlich sind. Stamm- und Bewegungsdaten, wie Maschinendaten, Produktangaben, Auftragsarbeitspläne, Kapazitäten, Termine, Verfügbarkeiten u.a. stehen somit durchgängig für alle Aufgaben der Planung und Steuerung und somit der Simulation zur Verfügung. Das bedeutet, das Datenbankkonzept unter den Aspekten PPS, Fabrikplanung, realer Prozeß und Simulationsmöglichkeit als Bezugspunkt zu gestalten und umzusetzen. Diese Datenbank hat daher die Möglichkeit, die Struktur und Parameter des Produktionsprozesses redundanzfrei, vollständig und aktuell zu beschreiben und den befugten Nutzern zur Verfügung zu stellen.

Simulationsansätze in der PPS am Beispiel von Disposition und Leitstand

In der Planungs- und Produktionsphase der Auftragsbearbeitung sind vielfältige Aufgaben zu bewältigen, die nicht eindeutig klärbar und beurteilbar sind. Hier treffen sich das Anliegen der PPS und die Möglichkeit des Werkzeuges Simulation, nämlich den Prozeß ganzheitlich zu betrachten und die Auswirkungen einer speziellen Maßnahme oder Parameterveränderung hinsichtlich
- Ablauforganisation im Unternehmen und
- Dimensionierung und Strukturierung der Betriebsanlage

zu verfolgen. Die Zukunft gehört dem PPS-System, das die Simulation als Handwerkszeug beinhaltet. Mögliche Simulationsaspekte sind exemplarisch im Bild 2 angeführt. Praktische Projektarbeiten und Untersuchungen in Unternehmen, die sich mit dem Einsatz von PPS-Systemen beschäftigen bzw. wo sie bereits im Einsatz sind, zeigen zunehmenden Bedarf an Simulationsroutinen insbesondere zur Disposition bei der Planung und unmittelbaren Steuerung z.B. am Leitstand.

Der Leitstand ist Bestandteil der PPS, da er die Schnittstelle darstellt zwischen der Produktionsplanung/-vorbereitung einerseits und der Produktionsdurchführung/-steuerung andererseits. Hier gilt es, die kleinen Regelkreise innerhalb des Produktionsprozesses und die großen Regelkreise in Richtung Produktionsplanung zu aktivieren. Unter Beachtung von gemeldeten Prozeßgrößen, Fortschrittsmeldungen, Störgrößen u.a. sind entweder Prozeßparameter zu korrigieren oder Plangrößen zu aktualisieren bzw. verändern. Hier ist momentan ein großer Bedarf an Simulationsaktivitäten in PPS-Systemen (und zwar nicht nur in Form eines Probierens) vorhanden. Der Planer oder Disponent, der ständig um Einhaltung von Lieferterminen und Kostenminimierung ringt, ist in die Lage zu versetzen, Strategien des Mengen-, Zeit- und Kapazitätsabgleichs zu simulieren und die Auswirkung auf Liefertermin und Kosten bewerten zu können (s. Bild 3), z.B. :

- Ist eine zeitliche Verlagerung des Auftrages oder einzelner Arbeitsgänge möglich?
  Können Aufträge in ihrer Priorität verändert, vertauscht werden?
- Kann eine Kapazitätserhöhung durch Überstunden, zusätzliche Schichten, zusätzliche
  Arbeitskräfte und Maschinen den Liefertermin retten?
- Ist eine Lossplittung auf mehrere gleichzeitig arbeitende, ähnliche Maschinen oder
  Handarbeitsplätze unter Beachtung höherer Aufwendungen sinnvoll?
- Können aufeinanderfolgende Arbeitsgänge zeitlich überlappt werden in Form einer
  Weitergabe von Teillosen (Parallelbearbeitung)?
- Ist der Kunde evtl. mit einer Vorablieferung eines Teils des Auftrages zufriedenzustellen,
  der Rest wird nachgeliefert?
- Kann mit dem Kunden ein neuer Liefertermin vereinbart werden?
- Wenn all diese Maßnahmen nicht ausreichend sind, stellt sich die Frage, ob der Auftrag
  oder Teile davon über Zukauf, Fremdarbeit oder Verlagerung realisierbar sind?
- Stellen sich langfristige Kapazitätsprobleme ein, ist über Neuinvestitionen zu entscheiden;
  wie verhalten sich Kapazitäts- und Kostenfunktionen? Erinnert sei nur an die Erkenntnis,
  daß eine Erhöhung der Transportmittelanzahl nicht zur Reduzierung von Transportzeiten
  führen muß!

Die Effekte dieser möglichen Maßnahmen sind infolge Komplexität und gegenseitiger Abhängigkeit nicht überschaubar. Es gibt sowohl eine unmittelbare Auswirkung auf externe Gegebenheiten des Produktionsprozesses als auch auf gleichfalls mögliche Maßnahmen (ein quadratisches Optimierungsproblem!). Das wird am Beispiel der Lossplittung deutlich, wo zugunsten einer Durchlaufzeitverringerung der organisatorische Aufwand , gleichfalls die Logistikkosten, Maschinen- und Werkerverfügbarkeit, Rüstaufwendungen, evtl. Qualitätsunterschiede u.a. beeinflußt werden. Auch eine Veränderung von Prioritäten ist nur unter Beachtung bereits eingelasteter Aufträge möglich und zieht eine völlige Neuordnung,

Terminierung, Werkereinsatz und Maschinenbelegung nach sich. Da auch eine Kombination von Maßnahmen üblich ist, z.B. Kapazitätserhöhung durch zusätzliche Schichten und Parallelbearbeitung, erhöht sich der schwer nachvollziehbare organisatorische Aufwand und die Notwendigkeit, durch integrierte Simulation mögliche Varianten durchzugestalten, zu bewerten und die günstige, praktikable auszuwählen.

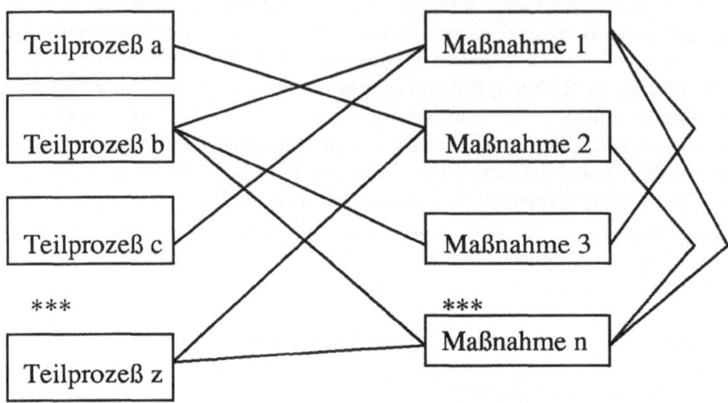

Simulation und Anwenderfreundlichkeit

Ein PPS-System ist anwenderfreundlich, wenn es bewährte Denk- und Arbeitsweisen der Beteiligten unterstützt. D.h. auf der Grundlage geeigneter Maskengestaltung, grafischer Ein- und Ausgabemöglichkeit, Dialoggestaltung, Auswertungsunterstützung, Trend-, Auswerteanzeige usw. soll es dem Bearbeiter möglich sein, Varianten zu erstellen, auf Auswirkungen zu überprüfen, zu bewerten. Das Reagieren auf plötzliche, mögliche Ereignisse (Losgößenerhöhung, Arbeitsplanvariante im mehrdeutigen Prozeßgraphen, ...) können simuliert werden. Und das sollte auf der Ebene des Bearbeiters erfolgen, in seiner Sprache und mit der Möglichkeit, die Ergebnisse zu verstehen und nachzuvollziehen.
Zur Anwenderfreundlichkeit gehört weiterhin, den Prozeß der Einsatzvorbereitung von PPS-Vorhaben zu unterstützen. Zu dieser Problematik wurde mit multimedialen Werkzeugen eine Lern- und Präsentationssoftware fertiggestellt (s. Bild 4). Der Interessent oder kunftige Nutzer eines PPS-Systems hat hier die Möglichkeit, wesentliche Fragen der Vorbereitung des Einsatzes, wie
- Formulierung der Zielstellung
- IST-Prozeßanalyse
- Soll-Prozeßfixierung und -Ablauforganisation
- PPS-System- und -Modulauswahl, Pflichtenhefterstellung
- PPS-Einführung
zu bearbeiten und an einer Vielzahl von praktischen Beispielen nachzuvollziehen. Hier wird der künftige mögliche PPS-Einsatz präsentiert, trainiert und im weitesten Sinne simuliert.

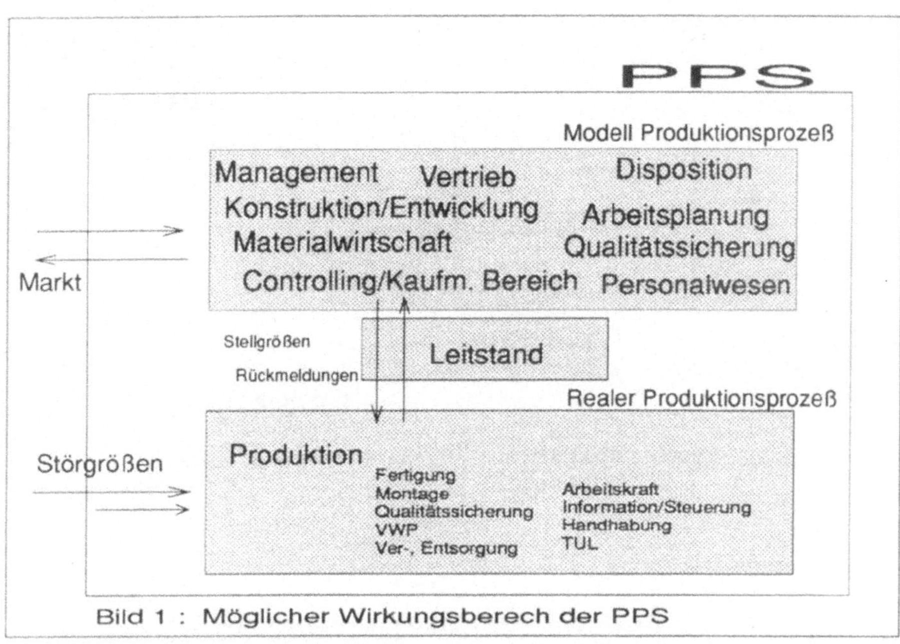

Bild 1 : Möglicher Wirkungsberech der PPS

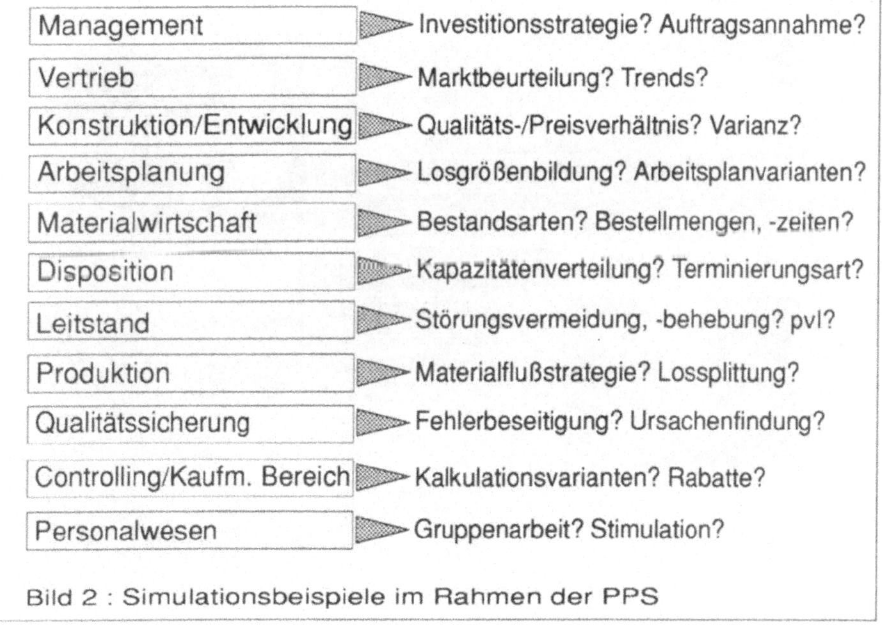

Bild 2 : Simulationsbeispiele im Rahmen der PPS

147

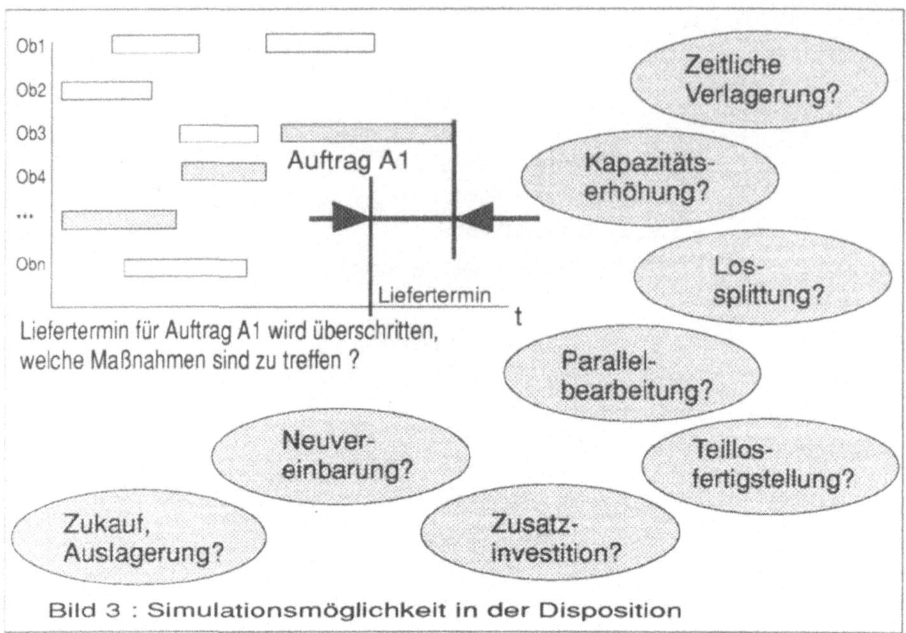

Bild 3 : Simulationsmöglichkeit in der Disposition

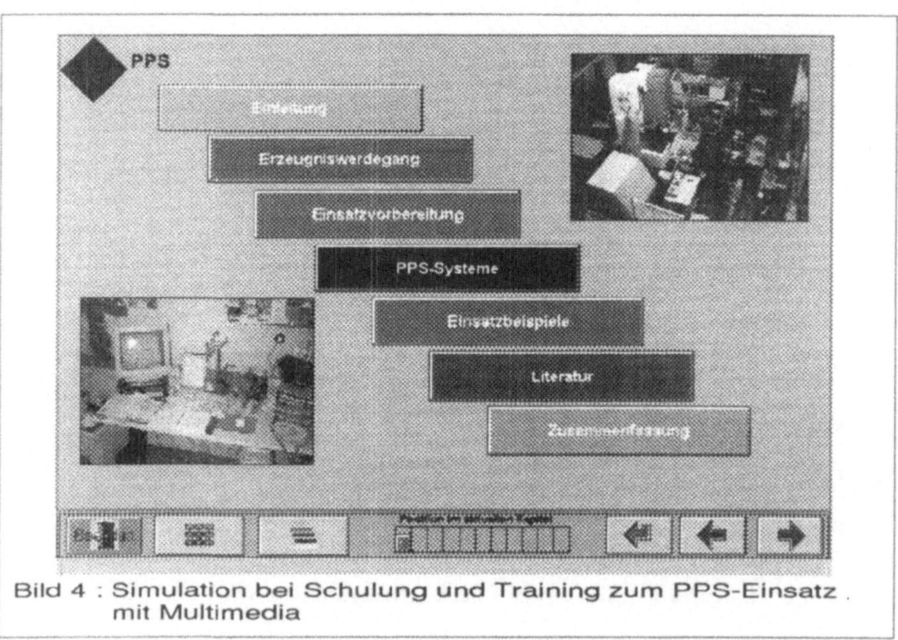

Bild 4 : Simulation bei Schulung und Training zum PPS-Einsatz mit Multimedia

Produktionsplanung und Simulation von rezeptgesteuerten Mehrproduktanlagen

Martin Fritz, Mario Stobbe und Sebastian Engell[1]

Lehrstuhl für Anlagensteuerungstechnik
Fachbereich Chemietechnik
Universität Dortmund
44221 Dortmund
Email: {martin, mario, engell}@ast.chemietechnik.uni-dortmund.de

Zusammenfassung:

Die Produktionsplanung von verfahrenstechnischen Mehrproduktanlagen ist ein erheblich komplexeres Problem als in der Fertigungstechnik, da eine große Zahl von Randbedingungen zu berücksichtigen ist. Es ist daher sinnvoll, die Zulässigkeit und Effizienz eines am Rechner erstellten Produktionsplans durch den Einsatz von Simulation zu überprüfen und zu bewerten. Dazu müssen geeignete Modelle der Anlage und des Produktionsablaufs vorhanden sein. An einem Beispiel wird das Zusammenspiel des Produktionsplanungs-Tools SchedMan und des Simulationspaketes BaSiP erläutert.

Einleitung

Verfahrenstechnische Mehrprodukt-Batchanlagen, in denen sequentiell oder parallel mehrere Produkte hergestellt werden können, erfahren eine zunehmende Verbreitung, da sie eine flexible und rasch an die Marktanforderungen anpassungsfähige Produktion ermöglichen. Allerdings ist die hohe Komplexität solcher Anlagen nur über eine weitreichende Automatisierung in den Griff zu bekommen. Das Konzept der rezeptgesteuerten Produktion bietet hierfür eine geeignete Plattform, indem die Herstellungsvorschriften für die verschiedenen Produkte (die Grundrezepte) unabhängig von der Anlage, auf der diese hergestellt werden, betrachtet werden [NAM92].

Grundrezepte beschreiben die Herstellung eines bestimmten Produktes als sequentielle und parallele Folge von Grundoperationen (die wiederum aus Grundfunktionen zusammengesetzt sind), ohne diesen konkrete Apparate der Anlage zuzuordnen. Grundrezepte können in Teilrezepte gegliedert werden, an deren Anfang bzw. Ende jeweils definierte Stoffströme vorhanden sind. Vor und während der Produktion einer Charge wird aus dem Grundrezept ein Steuerrezept abgeleitet, indem die Mengenangaben des Grundrezepts auf die Batchgröße skaliert werden und den Teilrezepten konkrete Technische Funktionen der Anlage zugeordnet werden.

Zu den zahlreichen Aufgaben, die beim Betrieb und der Planung von Batchanlagen auftreten und zur effizienten Bearbeitung Rechnerunterstützung benötigen, gehören:

- Erstellen und Verwalten von Grundrezepten, Grundfunktionen und -operationen,
- Generieren von ausführbaren Steuerrezepten,
- Chargenverwaltung und -dokumentation und
- langfristige und dispositive Produktionsplanung.

---

[1]Projekt gefördert von der Volkswagen-Stiftung im Rahmen des Schwerpunkts „Modellierung komplexer Systeme der Verfahrenstechnik", Az. I/68 860.

"

Das Programmpaket BaSiP

Mit der Modellierungs- und Simulationsumgebung BaSiP (Batch Simulation Package) können
Mehrproduktanlagen und Grundrezepte modelliert und der Produktionsablauf simuliert werden
[Wöl95]. BaSiP ermöglicht eine vollgraphische Modelleingabe, bei der Anlage und Rezepte aus
vorgefertigten Standardkomponenten zusammengesetzt werden und nur noch parametriert
werden müssen. BaSiP-Modelle entsprechen den gängigen Standards der rezeptgesteuerten
Produktion (NAMUR-Empfehlung NE 33 [NAM92] bzw. ISA S88 [SP88]) und ermöglichen so
auch dem Anwender ohne spezifische Simulationskenntnisse eine einfache Bedienung des
Programms.
　　Die Modellblöcke wie Anlagenteile oder Technische Funktionen (operationale Möglichkeiten
der Anlage) werden intern durch Differentialgleichungen beschrieben, aus denen dann
dynamisch das Simulationsmodell erzeugt und während der Simulation numerisch gelöst wird.
Dabei ist zu beachten, daß das Gesamtsystem einen hybriden Charakter aufweist, da es neben der
kontinuierlichen Dynamik auch ein ereignisdiskretes Verhalten durch die sequentielle
Ablaufsteuerung im Rezept und Modellunstetigkeiten besitzt. Daher ist eine exakte und effiziente
Ereigniserkennung und Modellumschaltung notwendig.
　　Die von der Simulation erzeugten Ergebnisse können online in den entsprechenden
graphischen Modelldarstellungen animiert und später in graphischer oder tabellarischer Form
visualisiert werden.

Produktionsplanung

Aufgabe der Produktionsplanung ist es, eine Anzahl gegebener Produktionsaufträge innerhalb
eines Anlagenverbundes so einzuplanen, daß alle Aufträge ausgeführt werden können. Dies ist
die Minimalforderung, die an ein Produktionsplanungstool zu stellen ist. Eine Möglichkeit,
Aussagen über die Durchführbarkeit treffen zu können, ist die Simulation des Produktionsplans,
wie sie mit BaSiP möglich ist. Es ist jedoch sinnvoll, dieses Minimalkriterium durch
weitergehende Kriterien oder Anforderungen zu ergänzen. Hier sind Aspekte wie Termintreue,
Minimierung der Leerlaufzeiten oder Maximierung des Gewinns zu nennen.
　　Um diese Aufgabe für einen Anlagenverbund der Prozeßindustrie zu bearbeiten, eignen sich
die bekannten MRP oder MRPII Ansätze nicht [Jän94], da sie nicht in der Lage sind, die
produktspezifischen Kapazitäten und die in der Prozeßindustrie auftretenden Nebenprodukte
befriedigend in ein Planungskonzept einzubeziehen. Die Aufgabe wird durch für die
Prozeßindustrie spezifische Probleme bei der Produktionsplanung wie ressourcenspezifische
Prozeßparameter und Ausführungszeiten vieler Grundoperationen, das Auftreten instabiler
Zwischenprodukte und reihenfolgeabhängige Umrüst- und Reinigungsoperationen weiter
verkompliziert.
　　Die Rezeptfahrweise gemäß NAMUR [NAM92] bzw. ISA S88 [SP88] ermöglicht eine
angemessene Beschreibung und Handhabung dieser verfahrensrelevanten Restriktionen.
Zahlreiche für die Produktionsplanung relevante Aspekte werden dort allerdings nur
unzureichend abgedeckt [EFSW95]. In Ergänzung zu diesen Standards wird in diesem Beitrag
unter einem *Produktionsrezept* die Konkretisierung eines möglichst anlagenneutral zu
formulierenden Grundrezepts und unter einem *Steuerrezept* ein Produktionsrezept, das über
einen definierten Startzeitpunkt und einen zugeordneten Produktionsauftrag verfügt, verstanden.
Die im Rezept enthaltenen Informationen können um die Angabe erweitert werden, ob ein Stoff
nach der Abarbeitung eines Schrittes direkt weiterverarbeitet werden muß, oder ob er für eine
bestimmte Zeit bei bestimmten Umgebungsbedingungen zwischengelagert werden darf [Wöl95].

Um die reihenfolgeabhängigen Restriktionen in den Griff zu bekommen, können zum einen Beziehungen zwischen Steuerrezepten, zum anderen Beziehungen zwischen Produktionsaufträgen definiert werden. Für Steuerrezepte bereitgestellte Beziehungen wie „folgt später als" oder „folgt direkt auf" öffnen dem Benutzer die Möglichkeit, sein Wissen über die Anlage und die Produktionsabläufe festzuhalten und einem Rechnerprogramm zur Verfügung zu stellen. Damit kann die Einplanung von Nebenprodukten als Einsatzstoffe für weitere Prozesse gehandhabt werden. Reinigungs- und Umrüstaktionen sind nicht nur reihenfolgeabhängig, sondern auch kostenintensiv. Ziel der Berücksichtigung dieser Restriktionen kann also eine Kostenminimierung sein, wobei die Kampagnenplanung gute Dienste leisten kann.

Bei der Umsetzung der genannten Anforderungen in ein rechnergestütztes Werkzeug zur Produktionsplanung muß insbesondere auf eine geeignete graphische Repräsentation der Informationen Wert gelegt werden. Informationen über die Apparatebelegung durch Steuerrezepte können dabei vorteilhaft in Gantt-Diagrammen dargestellt werden, wobei dies durch zusätzliche textuelle Informationen unterstützt werden kann. In diesem Kontext können alternativ zur Verfügung stehende Produktionsrezepte unter verschiedenen Aspekten miteinander verglichen und die Belegung der Betriebsmittel visuell gut erfaßt werden.

In [ALS94] wird zusätzlich die Problematik der Realisierung von Produktionsaufträgen auf separaten Einheiten eines Anlagenverbundes eingegangen, die jeweils über eine separate Produktionsplanung verfügen. Dabei können sich jedoch Planungsentscheidungen innerhalb einer Einheit innerhalb des Anlagenverbundes fortsetzen, so daß eine übergeordnete Koordinierung, mindestens jedoch eine Visualisierung dieser Effekte nötig ist.

Zur Durchführung einer rechnerunterstützten Planung ist in das Programmpaket BaSiP das Tool SchedMan integriert, das eine Produktionsplanung basierend auf dem Konzept des Leitstands realisiert.

SchedMan

Das Programm SchedMan kann aus einem gegebenen Grundrezept und einer gegebenen Anlagenbeschreibung alle unter bestimmten Restriktionen ausführbaren Produktionsrezepte ermitteln. Dazu wird das Rezept als gerichteter Graph betrachtet, in welchem die Kanten Stoffströme und die Knoten Teilrezepte darstellen. Jedes Teilrezept wird dabei jeweils von einer „Umfülloperation" begonnen und beendet, die dafür sorgt, daß die im Rezept angegebenen Stoffströme auch auf die Anlage abgebildet werden können.
Zu jedem Teilrezept kann nun ermittelt werden, welche Technischen Funktionen der Anlage ihm zugeordnet werden können. Damit ist bekannt, welche Apparate zur Umsetzung eines Teilrezeptes genutzt werden, so daß hier Restriktionen in bezug auf die technische Eignung berücksichtigt werden können. Mit der Kenntnis der möglicher Apparatezuordnungen kann nun auch überprüft werden, ob sich die im Rezept spezifizierten Stoffströme auf die gewählte Anlage abbilden lassen. Dazu muß es jeweils für miteinander verbundene Knoten eine Technische Funktionen vom Typ „Umfüllen" geben, die angibt, wie ein in einem Teilrezept hergestellter Stoff zu einem möglichen Startpunkt des nächsten Teilrezeptes zu transportieren ist. Alle einem Teilrezept zugeordneten Technischen Funktionen, für die mindestens eine Verbindung zu einem nachfolgenden Teilrezept nicht zu verifizieren ist, werden aus dem Graph entfernt. Letztendlich werden so alle ausführbaren Produktionsrezepte ermittelt.

Diese Produktionsrezepte können dann Produktionsaufträgen zugeordnet und in einem Gantt-Diagramm als Belegung von Betriebsmitteln über der Zeit dargestellt werden. Die so entstandenen Steuerrezepte können nun am Bildschirm per Maus gegeneinander verschoben werden, so daß eine Produktionsplanung komfortabel durchgeführt werden kann. Nach jeder Benutzeraktion wird der resultierende Produktionsplan auf zulässige Nutzung von

Betriebsmitteln überprüft. Dabei kann sowohl festgestellt werden, ob eine Ressource nicht in der Lage ist, die an sie gestellten quantitativen Anforderungen zu erfüllen, aber auch, ob die Ressource zu einem bestimmten Zeitpunkt schon exklusiv belegt ist.

BaSiP kann nun dazu genutzt werden, die Ausführbarkeit der von SchedMan generierten Produktionspläne zu testen, um so Aussagen über die sichere Ausführung von Produktionsrezepten treffen zu können. Die bei der Simulation gewonnenen Erkenntnisse können dann wieder in die Planung übernommen werden. Daraus erwächst die Möglichkeit, Alternativen bei der Verknüpfung von Rezepten vergleichend zu betrachten und damit während der Produktionsplanung zu bewerten.

Beispiel

Das Zusammenspiel von SchedMan und BaSiP soll an einem einfachen Beispiel verdeutlicht werden. Die betrachtete Anlage ist ein Praktikumsversuch, wo in einer Mini-Batch-Anlage aus Vorlagebehältern für Wasser und Salz eine Salzlösung bestimmter Konzentration angesetzt wird. Diese wird über einen Pufferbehälter in einen Verdampfer abgelassen, wo das Gemisch erhitzt wird und Wasserdampf über einen Kühler in einen anderen Behälter kondensiert, bis die verbleibende Salzlösung wieder eine gewisse Konzentration überschreitet. Wasser und Salzlösung können dann wieder in ihre jeweiligen Vorratsbehälter zurückgepumpt werden.

Das Planungsproblem bestehe nun darin, drei identische Aufträge für die Anlage zu planen. Inhalt der Aufträge ist der oben dargestellte Salz-/Waserkreislauf in einer bestimmten Menge. Ziel des Planungsvorganges soll hier die Ausführung aller drei Aufträge in einem möglichst kurzen Zeitabschnitt sein. Gegeben ist hierzu ein Grundrezept, das den Herstellungsvorgang beschreibt.

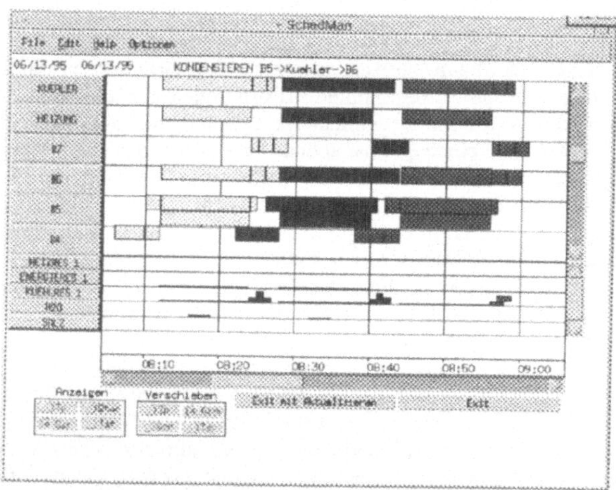

Abbildung 1: Bildschirmkopie des SchedMan

Dieses Grundrezept muß nun als erstes in ein anlagenspezifisches Produktionsrezept abgebildet werden, welches dann den einzelnen Aufträgen zugeordnet werden kann. Entsprechend der Spezifikationen in den Aufträgen wird das Produktionsrezept nun so skaliert, daß damit die erforderliche Menge an Endprodukt hergestellt werden kann. Dann können die Startzeiten der Rezepte festgelegt werden.

Alle beschriebenen Schritte werden mit Hilfe des Programmes SchedMan durchgeführt und liefern schließlich die Darstellung des Produktionsplanes als Gantt-Diagramm (Abb. 1). Die Dauern der einzelnen Rezeptschritte basieren hier auf im Grundrezept enthaltenen Schätzungen, die auf die zu produzierende Menge nach einer frei definierbaren Funktion skaliert werden. In diesem Diagramm können nun die einzelnen Steuerrezepte zeitlich verschoben werden, wobei das Programm überprüft, ob es dadurch zu Verstößen gegen festgelegte Restriktionen kommt. Im Falle eines solchen Verstoßes wird der Benutzer über die Art des Verstoßes informiert und der letzte zulässige Zustand des Produktionsplanes wird wieder eingenommen.

Für das genannte Beispiel ist in Abb. 1 der gewählte Produktionsplan dargestellt. Die Startzeiten sind so gewählt worden, daß Überschneidungen in den Ressourcenbelegungen und damit die Vermischung von Chargen gerade vermieden wird. Es ist deutlich zu erkennen, daß die begrenzende Komponente hier der Behälter B6 ist.

Der erstellte Produktionsplan wird nun mit BaSiP simuliert. Dazu wird dem Simulator als Eingabe neben der Anlagen- und Rezeptbeschreibung die Information übergeben, zu welchen Zeitpunkten welche Steuerrezepte gestartet werden sollen. Eine mögliche Darstellung der Simulationsergebnisse ist ein der SchedMan-Darstellung ähnliches Gantt-Diagramm, in dem die Belegung ausgewählter Apparate der Anlage durch die verschiedenen Rezepte bzw. deren einzelne Schritte über der Zeit dargestellt ist (siehe Abb. 2).

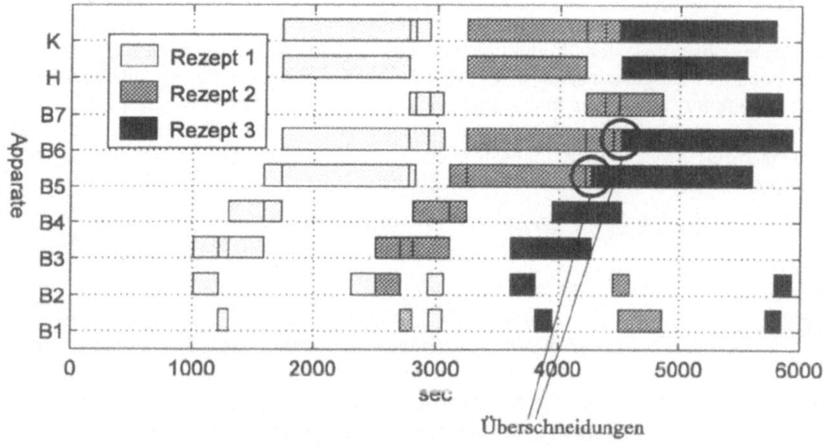

Abbildung 2: Simulation des Produktionsplans

Zu erkennen ist hier, daß zwischen Rezept 1 und Rezept 2 keine Konflikte auftreten, wohingegen sich die Rezepte 2 und 3 bei den Apparaten B5 und B6 (in denen die Kondensation stattfindet) überschneiden, d. h. eine Vermischung der Chargen stattfindet. Eine entsprechende Warnung wird auch schon während der Simulation ausgegeben. Zu erklären ist die unterschiedliche Dauer der Rezepte durch den veränderten Anlagenzustand: Vor der Ausführung des 2. bzw. 3. Rezepts ist der Füllstand in den Puffer- und Vorratsbehältern anders und die bei der Kondensation aufgeheizten Behälter sind noch nicht wieder auf Umgebungstemperatur abgekühlt, wodurch sich die Laufzeiten der Rezeptschritte ändern.

Aus den Simulationsergebnissen läßt sich die maximale Dauer der Überschneidung berechnen. Mit diesen Informationen kann nun ein Re-Scheduling des Produktionsplans stattfinden. Durch iterative Vorgehensweise kann so ermittelt werden, daß der Start von Rezept 3 um 200 s nach hinten verschoben werden muß, um einen konfliktfreien Plan zu erhalten.

Schon dieses einfache Beispiel zeigt, daß es aufgrund der komplexen Dynamik der Abläufe in einer Mehrproduktanlage nicht möglich ist, nach rein statischen Regeln einen zulässigen oder gar optimalen Produktionsplan zu ermitteln. Am Leitstand entwickelte Pläne müssen durch Simulation überprüft werden. Dabei muß das Simulationsmodell hinreichend genau sein, um auch Effekte der kontinuierlichen Dynamik der Anlage und der Einsatzstoffe berücksichtigen zu können.

Ausblick

Die Produktionsplanung von verfahrenstechnischen Mehrproduktanlagen ist eine komplexe Aufgabe. Heuristiken und das automatische Überwachen von Randbedingungen können dem Benutzer helfen, zunächst einen zulässigen Plan zu erstellen und dann schrittweise zu verbessern. Weitergehende Ansätze versuchen, die Erstellung des Produktionsplans inklusive der Randbedingungen als Optimierungsproblem zu formulieren und zu lösen, und so einen nach gewissen Kriterien optimierten Produktionsplan zu erhalten [SE96].

Unabhängig davon können durch eine Simulation noch Fehler im Produktionsplan gefunden werden, die durch die Dynamik der Anlage verursacht werden.Welche Fehler auch durch eine rein diskrete Simulation (d. h. ohne explizites Lösen von Differentialgleichungen) aufgedeckt werden können, wird zur Zeit untersucht.

Zur Automatisierung der Produktionsplanung müssen die verwendeten Tools integriert werden. Dazu ist eine gemeinsame, strukturierte Datenbasis notwendig, auf die Simulation und Scheduler zugreifen und somit ihre Daten auch direkt untereinander austauschen können. Im Rahmen unserer Arbeiten wird eine Gesamtarchitektur entwickelt, in der die einzelnen Komponenten wie Modellbeschreibungsformen, Simulationskerne oder Visualisierungselemente einfach hinzugefügt und ausgetauscht werden können.

Literatur

[ALS94]   T. Allweyer, P. Loos und A.-W. Scheer: *An Empirical Study on Scheduling in the Process Industries*, Veröffentlichungen des Instituts für Wirtschaftsinformatik, Heft 109, 1994.

[EFSW95]   S. Engell, M. Fritz, C. Schulz und K. Wöllhaf: *Unterstützung der Planung und des Betriebs von Mehrproduktanlagen durch Rechnersimulation*, VDI-Fachtagung „Prozeß- und Betriebsführung mit verfahrenstechnischen und automatisierungstechnischen Methoden", Merseburg, 1995.

[Jän94]   W. Jänicke: Planung der Kuppelproduktion in Systemen von chemischen Mehrzweckanlagen, Chem.-Ing. Tech. 66, Nr. 6, S. 819-824, 1994.

[NAM92]   NAMUR: *NE 33: Anforderungen an Systeme zur Rezeptfahrweise*, 1992.

[SE96]   C. Schulz und S. Engell: *Mathematical Modelling for On-Line Optimization of a Multiproduct Plant*, I-CIMPRO '96, Eindhoven, Niederlande, 1996.

[SP88]   ISA S88.01: *Batch Control, Part 1: Models and Terminology, Draft 12*, 1994.

[Wöl95]   K. Wöllhaf: *Objektorientierte Modellierung und Simulation verfahrenstechnischer Mehrproduktanlagen*. Dissertation, Fachbereich Chemietechnik, Universität Dortmund, 1995.

Simulation von Kommunikationssystemen

F. Brauer und H. Löffler,
DUAL ZENTRUM GmbH
Gillestraße 2
D-01219 Dresden

Abstract: Kommunikationsprozesse sind in der Regel sehr komplex. Diskrete Simulation bietet die Möglichkeit, komplizierte dynamische Prozesse und Systeme, z. B. Kommunikationssysteme, zu untersuchen. Die Kopplung mit einer Optimierung unterstützt die Ablösung der 'Handexperimente' durch fundierte, mathematische Verfahren bei der Suche nach optimalen Lösungen im Hinblick auf entstehende Kosten, Performance und Netzwerkverfügbarkeit. Im Vortrag werden Erfahrungen mit dem Toolset TURBOLINE vorgestellt.

1.   Herkömmliche Planungsmethoden für lokale Netze

Die Planung und Installation von Netzen bringt hohe Kosten mit sich. Im folgenden werden einige Gesichtspunkte genannt, die bei der Planung und Entscheidungsfindung wesentlich sind.

❑   Skalierbarkeit
Da das Anforderungsprofil in vielen Unternehmen und Einrichtungen starkem, nicht vorausberechenbarem Wachstum unterliegt, ist eine etappenweise Erweiterbarkeit, die ohne grundlegende Veränderungen des Netzes ermöglicht wird, von enormen Vorteil.
❑   Modularität
Modularität gewährleistet die Migration neuer Techniken im Netzwerkbereich, ohne daß bei jedem Schritt die gesamte Technik oder eine Gruppe von Geräten ersetzt werden muß. Eine Veränderung kann somit kostengünstig in kleinen Schritten durchgeführt werden.
❑   Lebenszyklus des Netzes
Die Nutzungsdauer des geplanten Netzes trägt wesentlich zu der Mittelvergabe bei. Einer Planungsstrategie, die z.B. die vollständige Substitution des logischen Netzes mit Beibehaltung der derzeitigen Infrastruktur zuläßt, ist deshalb zu bevorzugen.

Die Planung für lokale Netzwerke erfolgt in den Schritten:

1. Neuplanung eines noch nicht existierenden Netzwerkes
2. Erweiterung eines Netzes

Im ersten Fall basiert die Planung auf Befragung sowie Hypothesen und mathematischen Analysemodellen über die Netzbelastung und das zu erwartenden Verhalten des Netzes. Dabei werden im allgemeinen Erfahrungen und Richtwerte verwendet. Die Planung zukünftiger Netzlasten sowie deren Auswirkungen sind nur mit breitem Konfidenzintervall angebbar.

In beiden Fällen werden Schätz- und Erfahrungswerte verwandt, die nicht oder nur mit vertretbarem Aufwand verifiziert werden können. Diese Werte werden sowohl für funktionale Eigenschaften als auch die zu erwartenden Systemlasten für jeden Arbeitsplatz eingesetzt.

Die bekannten Planungsverfahren sind statisch, heuristisch und in der Regel mit hohen Überdimensionierungen behaftet, ohne daß diese garantiert werden können. Damit gehen Kosten und Installationsaufwände einher, die in vielen Fällen falsch proportioniert sind, und die im Netz erreichbare Performance kann nicht ausgenutzt werden.

2.   Planungsmethode bei TURBOLINE

Das Toolset TURBOLINE wurde von der DUAL-ZENTRUM GmbH entwickelt. Dabei werden künftige, zu erweiternde bzw. zu optimierende Netze zusätzlich zu den heute üblichen Planungsmaßnahmen simuliert und maschinell optimiert. Als Simulationstool wird derzeit ARENA verwendet und Template-Philosophie zur Entwicklung von netzwerkrelavanten Submodellen genutzt. Das Optimierungstool ist aber offen, so daß es auch mit anderen Simulatoren wie Optnet oder BONeS zusammenarbeiten kann, sofern diese die zu optimierenden Größen in einem ASCII-File zur Verfügung stellen können.

Die Planung eines Netzwerkes im Rahmen eines TURBOLINE-Projektes bietet gegenüber den herkömmlichen Planungsmethoden eine höhere Entscheidungssicherheit. Die Veränderungen können im Vorfeld der Realisierung mit verhältnismäßig geringem Aufwand auf ihre Auswirkungen auf den gesamten Netzbetrieb und die Wirksamkeit der Maßnahmen im Hinblick auf die gewünschte Wirkung untersucht und optimiert werden. Die Optimierung nutzt die Simulation zur Bestimmung der relevanten Zielwerte und übergibt interaktiv neue Netzwerkstrukturen zur Bewertung an den Simulator. Damit findet nicht mehr nur eine Variantenrechnung statt, sondern unter Nutzung mathematischer Algorithmen werden gezielt optimale Lösungen gesucht. Außerdem bietet die Simulation zusätzlich eine Planungsunterstützung durch Visualisierung der Prozesse in Form sich verändernder Darstellungen, wo sonst nur nüchterne Datentabellen und feste Bilder zur Verfügung stehen.

Es können drei mögliche Szenerien unterschieden werden:
1.   Neuplanung eines Netzwerkes mit Angaben über die zukünftigen Performancereserven, Kosten für Installation und Betrieb sowie die Verfügbarkeit der einzelnen Komponenten
2.   Erweiterung eines bestehenden Netzes mit vorhersagbarem Netzverhalten
3.   Optimierung eines Netzes bei gleichbleibenden Anforderungen aus Sicht der Anwendungen und Anzahl der Teilnehmer

In allen genannten Fällen ist eine sehr genaue Abbildung der realen Netzwerkkomponenten mittels Simulation möglich. Die Relevanz der aus den Simulationsläufen erhaltenen Ergebnisse ist von der Qualität der Modelle der Komponenten und der Güte der eingegeben Lastprofile für die einzelnen Computerarbeitsplätze abhängig. Um die Datenmenge, die durch Messungen an realen Netzen anfällt zu begrenzen, sollen Arbeitsplätze nach der erzeugten Last klassifiziert werden. In einer groben Form ist das möglich, indem man eine Matrix bildet. Die Zeilen der Matrix stehen für unterschiedliche mittlere Lastwerte und die Spalten für die Streuung der Last, die vom jeweiligen Computer erzeugt wird. Diese Matrix kann durch Hinzunahme weiterer Dimensionen, zum Beispiel für das Zeitverhalten, weiter verfeinert werden. [ENT95]

	σ=0..2 kbit/s	σ=2..4 kbit/s	σ=4..6 kbit/s
μ=0..3 kbit/s	3,5	10,1	18
μ=3..6 kbit/s	12,13	2,14,17	4,7,9
μ=6..9 kbit/s	15	8,11	6,16

Abbildung 1   Beispiel für eine einfache Klassifizierungsmatrix für die Arbeitsplätze 1 bis 18

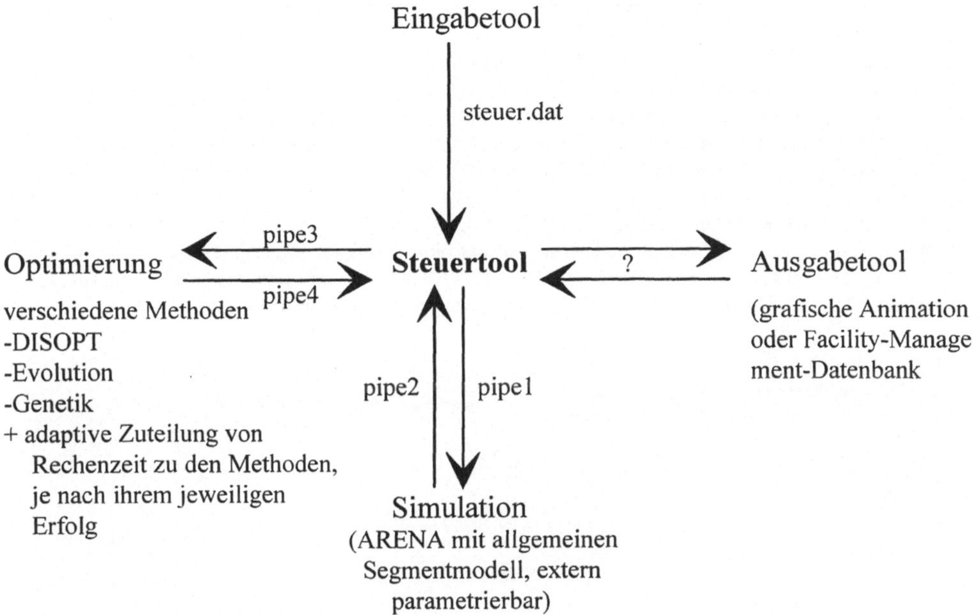

Abbildung 2 Prinzipskizze der Zusammenarbeit Simulation und Optimierung

3. Modellierung der Netzwerkkomponenten unter Berücksichtigung der Template-Philosophie

Die Simulation auf zwei Gründlichkeitsniveaus erfolgen:

1.   Feinsimulation: Hierbei werden alle Komponenten mit möglichst hoher funktionaler Genauigkeit modelliert und in einem Modell mit einem Simulationszeitschritt von einer Mikrosekunde verwendet. Diese Modellelemente, wie Quellen(Rechner), Netzwerkkarten, Kabel, Repeater und Bridges sollen als Ergebnis als Template in ARENA vorliegen. Da die Simulation mit diesem Modell sehr zeitaufwendig ist, sollen nur Simulationen am Anfang zur Validierung des Ist-Zustandes und am Ende zur Kontrolle des Optimierungsergebnisses mit diesem Modell durchgeführt werden. Ein Zusammenspiel mit der Optimierung ist nicht vorgesehen.

2.   Die Grobsimulation dient dem Zusammenspiel mit der Optimierung, die für jede Zielwertberechnung Simulationsläufe initiiert. Da hier eine zeitliche Balance zwischen den Hauptkomponenten Simulation und Optimierung notwendig ist und erwartet werden kann, daß mehrere hundert oder gar tausende Optimierungsschritte, und damit jedes mal eine Reihe von Simulationsläufen, notwendig sind, ist das Feinmodell zur Lösung dieser Aufgabe ungeeignet. Vielmehr soll ein entsprechend gröberes Modell des LAN oder WAN, z.B. mit einer zeitlichen Auflösung von einer Sekunde (LAN) oder Minute (WAN), die Zielwerte für die Optimierungsstrategie liefern.

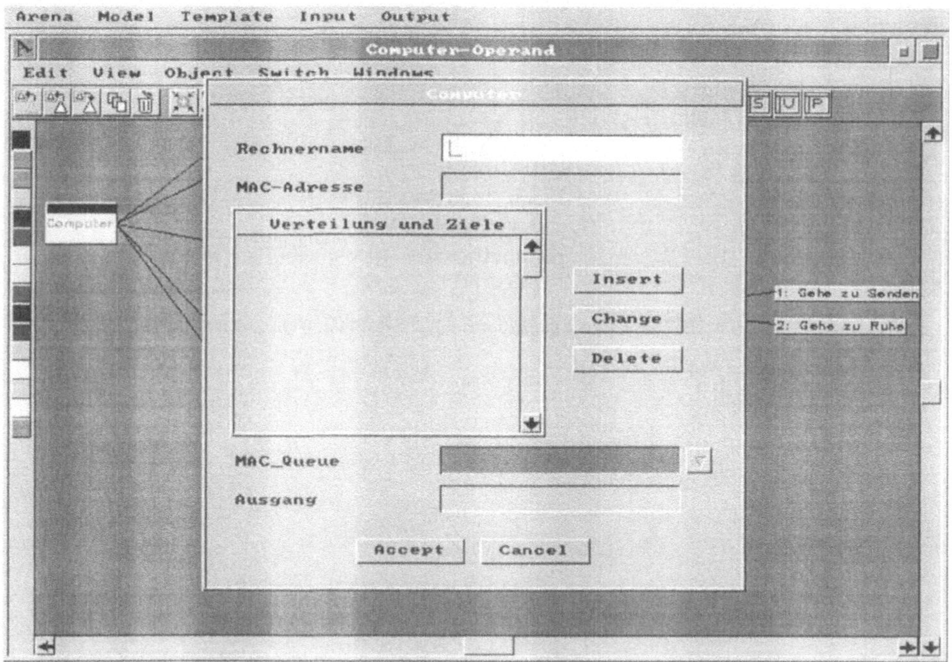

Abbildung 3 Beispeil des neuen Moduls Datenquelle

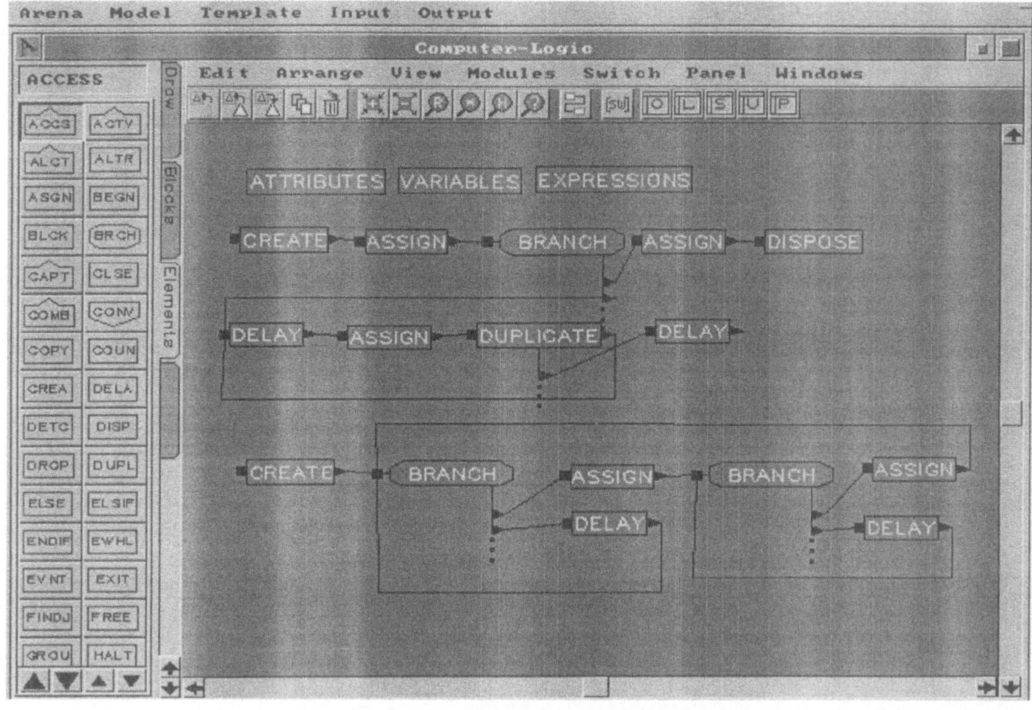

Abbildung 4 Logisches Modell der Datenquelle

4.   Optimierung

4.1. Optimierungsmodell

Zur Optimierung ist ein diskretes Modell des Problems notwendig. Ist dieses vorhanden, können verschiedene Optimierungsstrategien auf dieses Problem angewendet werden. Im konkreten Fall bieten sich Evolutions- bzw. genetische, graphentheoretische und probalistische Algorithmen zur Optimierung an. Eine Enumeration (Berechnung aller Möglichkeiten) oder eine reine Monte-Carlo-Strategie können aufgrund des enormen Zeitaufwandes, der dann zur Lösung des Problems benötigt würde, im allgemeinen nicht genutzt werden. Im folgenden werden bereits implementierte Algorithmen und die Strategien zu deren automatischen Steuerung beschrieben.
Implementierte Optimierungsstrategien:
DISOPT   diskrete Gradientenmethode
EVOL   Evolutionsstrategie
GEN   genetischer Algorithmus
Weiterhin stehen die Enumeration und die klassische Monte Carlo Methode zur Verfügung.

4.2. Lernalgorithmus

Analog zur kontinuierlichen Parameteroptimierung stellt man häufig bei der diskreten Optimierung fest, daß bekannte Optimierungsstrategien bei unterschiedlichen Aufgabenstellungen versagen. Leider ist derzeit nicht abzusehen, ob es ein universales Optimierungsverfahren jemals geben wird. Die Entscheidung, welches Verfahren das erfolgreichste ist, stellt selbst eine Optimierungsaufgabe dar. Um sie objektiv beantworten zu können, muß eine Zielfunktion formuliert werden, anhand der sich entscheiden läßt, welches von zwei Verfahren, gemessen an ihren Ergebnissen, das bessere ist. Deshalb wurde ein Lernalgorithmus auf der Basis des Verfahrens des Vorschlages von Krug und Schönfeld entwickelt und erprobt. [KRU81]

Eine Lernstrategie wird eingesetzt, um adaptiv unter den zur Verfügung stehenden Optimierungsverfahren das 'beste' bezüglich einer Gütefunktion zu bevorzugen.

5. Zusammenfassung und Ausblick

Mit der wachsenden Leistungsfähigkeit der Rechentechnik werden sich die heutigen Probleme, wie die benötigte extensive Rechenzeit, mit Sicherheit verringert. Die intensiven theoretischen und simulativen Untersuchungen von ATM und die Einführung von Breitband-ISDN werden eine Verbreiterung der theoretischen Basis für paketorientierte Dienste bewirken. Die Entwicklung in Richtung einer Informationsgesellschaft mit immer neuen Kommunikationsbedürfnissen fordert geradezu eine fundierte Planung der zugrunde liegenden Netze. Dabei ist sowohl die physikalische als auch die logische Vernetzung unter den Gesichtspunkten Kosten, Performance, Verfügbarkeit und Schutz gegen unbefugte oder mißbräuchliche Nutzung von großem Interesse. Mit der Liberalisierung des Kommunikationsmarktes 1998 kommen auf den Bereich Netzwerkplanung neue Aufgaben zu. Wenn nur ein Teil dessen, was heute als Zukunftschancen für den Kommunikationsbereich vorhersagt wird, Wirklichkeit wird, so ist ein Wachstum von Computernetzen zu erwarten, welches alle heute definierten Grenzen zwischen LAN, MAN und WAN verwischen wird. Legt man dies als Tatsache zugrunde, ist eine handhabbare Methodik, die hohe Aussagesicherheit bietet, eine unabdingbare Voraussetzung.

Mit dem heutigen Stand der Technik können fast alle Wünsche bedient werden, wenn auch an dieser Stelle ökonomische Erwägungen an Gewicht gewinnen. Eine Bestimmung von Burstiness, Burstabstand, Burstdauer und der mittleren Last zur Charakterisierung des Quellverhaltens eines Rechner erzeugt, führt oft zu einer realistischeren Beschreibung des Verhaltens.

Die Simulatoren wie Automod, SIMPLE++ oder ARENA bieten viele Ansätze, die bisher sehr schwer abbildbaren Verknüpfungen einzelner Komponenten und Prozeßabläufe, elegant zu simulieren. Das in ARENA enthaltene Template-Konzept bietet viele Möglichkeiten sowohl einen guten Nutzerkomfort zu erreichen, als auch eine notwendige Flexibilität zu erhalten, die meines Wissens von keinem anderen Simulator derzeit geboten wird. Die erstellbaren Statistiken und die Auswertemöglichkeiten sind sehr umfassend, so daß nur in Ausnahmefällen auf spezielle Statistikprogramme zurückgegriffen werden muß.

[ENT95]   Entwicklungunterlagen Projekt TURBOLINE, DUAL-ZENTRUM GmbH 1995
[KRU81]   W. Krug, S. Schönfeld; Rechnergestützte Optimierung für Ingenieure
           Verlag der Technik, Berlin 1981

Simulation eines offenen Dienstemarktes in großen mobilen verteilten Systemen

Klaus Richter / Steffen Rudolf / Klaus Irmscher
TU Bergakademie Freiberg, Institut für Informatik
Bernhard-von-Cotta-Straße 1, D-09596 Freiberg
E-Mail: [richter I rudolf I irmscher]@informatik.tu-freiberg.de; Fax: +49-(0)3731-39 26 45

Abstract:. In der vorliegenden Arbeit werden zunächst die Architektur eines großen heterogenen mobilen verteilten Systems mit mobilen Clienten, Servern, einem Trader und mehreren Mediatoren vorgestellt und das Zusammenwirken der Instanzen erläutert. Schwerpunkte der vorliegenden Arbeit bilden die Entwicklung eines Simulationsmodells für diesen offenen Dienstemarkt und die simulative Bewertung der Architektur. Außerdem wird die simulative Leistungsbewertung eines neuer Traderdienst für die optimale Auswahl von konkurrierenden Servern und Mediatoren für Diensteanforderungen mobiler Clienten diskutiert.

1. Einleitung

In den letzten Jahren hat sich in verteilten Systemen ein schnell wachsender offener Dienstemarkt entwickelt. Das dabei am meisten verwendete Strukturparadigma bildet das Client/Server-Modell, in dem Dienstnutzer (Clienten) die Erbringung eines Dienstes bei einem Dienstanbieter (Server) anfordern (s. [SPAN94]). Aufgrund der entstandenen Vielfalt von Dienstangeboten und der Dynamik dieser Angebote hat sich die Einführung einer Traderinstanz für die Verwaltung der Diensttyp- und Dienstschnittstellen als zweckmäßig erwiesen, wodurch ein Client/Server/Trader-Modell entsteht (s. [SPAN94], [IRMS94], [MITT94]).

Die in der Praxis meist vorzufindenden heterogenen Hardware- und Software-Plattformen erfordern zunehmend die Untersuchung heterogener verteilter Systeme. Eine weitere aktuelle Anwendungsanforderung stellt die Einbeziehung mobiler Stationen in solche Systeme dar (s. [HAAS95], [SCHI95]). Unter *mobilen verteilten System* sollen hier verteilte Systeme verstanden werden, die auf „Fest"-Netze aufsetzen und mobile Stationen enthalten.

In Kapitel 2 werden zunächst ein Szenario zur Einbeziehung mobiler Clienten in die Client-Server-Kooperationen großer heterogener verteilter Systeme vorgestellt und das Zusammenwirken der Instanzen erläutert. Dabei sind Probleme zu beachten, die mit den besonderen Bedingungen bei der Dienstevermittlung für mobile Clienten auftreten, wobei stets von einem Austausch größerer Mengen von Eingangs- und Resultatdaten zwischen mobilen Clienten und Servern ausgegangen wird. Den praktischen Hintergrund für diese Aufgaben bilden mobile heterogene verteilte Systeme in Gebieten wie Geologie und Bergbau. In diesen wie in zahlreichen anderen Anwendungen ist auf den mobilen Übertragungsstrecken von deutlich verminderten Quality-of-Service (QoS)-Parametern gegenüber dem Festnetz auszugehen. Als Beispiele sollen die im Mobilbereich bei geologischen Feldarbeiten festzustellenden höheren Fehlerraten bei der Übertragung sowie die begrenzte Verfügbarkeit der Mobilstationen genannt werden. Aus diesen Gründen wird das Client/Server/Trader-Modell durch sogenannte *Mediatoren* als zusätzliche Instanzen des Festnetzes erweitert, die in erster Linie die definierte Übertragung der Daten für mobile Clienten vermitteln. Da Mediatoren spezielle Serverdienste anbieten, werden auch ihre Interfaces folgerichtig durch den Trader verwaltet. Mediatordienste wurden durch die Autoren in [RUDO95], [RICH95] und [RICH96] eingeführt.

Schwerpunkte der vorliegenden Arbeit bilden die Entwicklung eines Simulationsmodells für diesen offenen Dienstemarkt und dessen simulative Bewertung. Im Vordergrund steht dabei die Leistungsbewertung der eingeführten Mediatorinstanz. Abschließend wird ein neuer intelligenter Traderdienst für die optimale Auswahl von konkurrierenden Servern und Mediatoren für die Diensteanforderungen mobiler Clienten vorgestellt und simulativ bewertet.

2. Architektur eines mobilen verteilten Systems

Im folgenden wird stets davon ausgegangen, daß mobile Clienten über einen Trader Dienste eines oder mehrerer geeigneter Server anfordern, dazu Eingangsdaten an die Server übermitteln und Resultatdaten von den Servern zurückerhalten.

Aufgrund der in der Einleitung erläuterten deutlich verminderten QoS-Parameter in der mobilen Region gegenüber dem Festnetz werden Mediatoren als zusätzliche Instanzen des Festnetzes eingeführt. In großen mobilen verteilten Systemen werden zahlreiche parallele Dienstanforderungen mobiler Clienten an lokal weit verteilte Server gerichtet und umfangreiche Datenmengen über große Entfernungen übertragen. Aus diesem Grunde werden mehrere lokal verteilte Mediatoren in das Festnetz integriert. In der Arbeit wird mittels simulativer Bewertungen gezeigt, daß diese Maßnahme zu einer deutlichen Leistungszunahme führt, die sowohl auf die parallele Arbeitslastverteilung auf verschieden Mediatoren (Arbeitslastoptimierung) als auch auf die Möglichkeit der Wahl optimierter Übertragungswege im WAN (Übertragungswegoptimierung) zurückzuführen ist.

Mediatoren bieten mobilen Clienten vor allem drei wichtige Dienste an (s. [RUDO95], [RICH96]):

- erstens kontrollieren Mediatoren die Übertragung der Eingangs- und Resultatdaten zwischen den mobilen Clienten und den gewählten Servern (*Vermittlungsdienst*)

- zweitens ermöglichen sie eine definierte Fortsetzung der Tasks nach einem vorzeitigen Verbindungsabbruch zwischen mobilem Client und Mediator bzw. nach einer zeitweiliger Nichtverfügbarkeit des mobilen Clienten (*Fehlerbehebungsdienst*) und

- drittens sichern sie eine geschützte Übertragung der Eingangs- und Resultatdaten (*Sicherheitsdienst*).

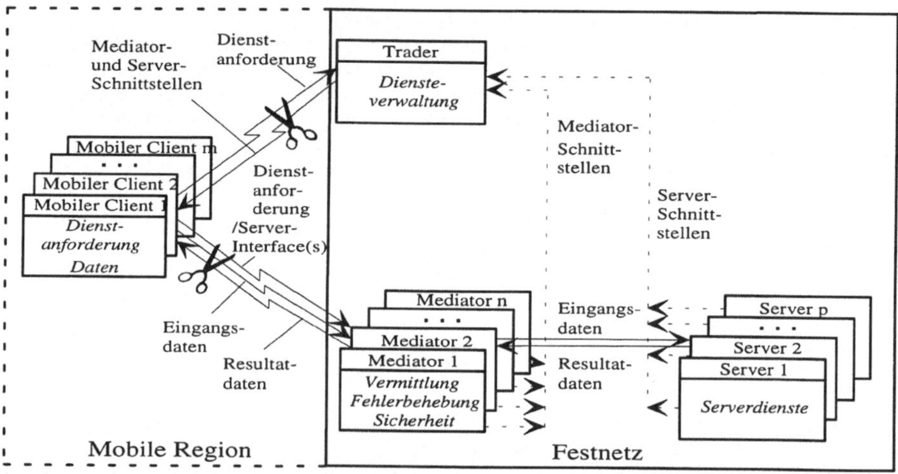

Abb.1:Architektur eines verteilten Systems mit mobilen Clienten, Servern, Trader und Mediatoren

Der Arbeit liegt die in Abb.1 dargestellte Architektur eines mobilen verteilten Systems zugrunde. Das Szenario besteht im Festnetzbereich aus einem Trader, n Mediatoren und p Servern sowie im mobilen Netzbereich aus m mobilen Clienten und den fehleranfälligen Übertragungsstrecken zwischen mobilen Clienten und dem Festnetz. Außerdem enthält Abb.1 die für die Funktionalität des Mediators wesentlichen Datenströme und Funktionen der Architekturinstanzen.

Für die heterogene Betriebssystemplattform der einzelnen Stationen wird vorausgesetzt, daß sie über kompatible Remote Procedure Calls als wesentliche Systemdienste zur Kommunikation verfügt. In den vorliegenden und den sich in Entwicklung befindenden Prototyp-Implementationen werden verschiedene UNIX-Derivate (im Festnetz) sowie Windows NT (für die mobilen Stationen) genutzt. Von besonderer Bedeutung ist dabei der Einsatz von unterstützenden Systemplattformen (Middleware) wie DCE oder CORBA, die eine Menge von integrierten Diensten wie Threads, RPC's, Verzeichnis-, Sicherheits- und verteilten Dateisystemdienst für verteilte Anwendungen bereitstellen (s. [SPAN94]). In der Arbeit wird von einem Namensraum, der auch globale Ausdehnung besitzen kann, ausgegangen. Die Kommunikation zwischen den mobilen Stationen und dem Festnetz erfolgt über Drahtverbindungen (z.B. Modemverbindung), Mobilfunknetze (z.B. GSM, MODACOM) oder Satellitennetze.

Abb.2 zeigt die wesentlichen Datenströme für die Funktionalität der Instanzen in Abhängigkeit von der Zeit. Dabei ist deutlich die Aufteilung der Funktionalität zu erkennen, nämlich das Interface-Handling durch den Trader und das Daten-Handling durch die Mediatoren.

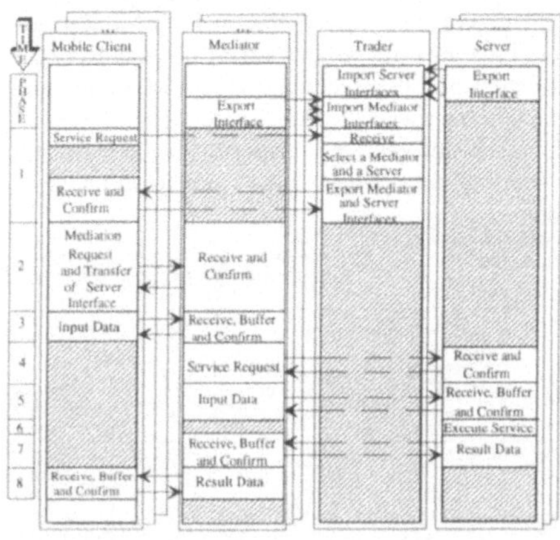

Abb.2: Zusammenwirken der Instanzen des offenen Dienstemarktes aus Abb.1 und Einteilung in acht Phasen
(Wesentliche Datenströme für die Funktionalität der Instanzen)

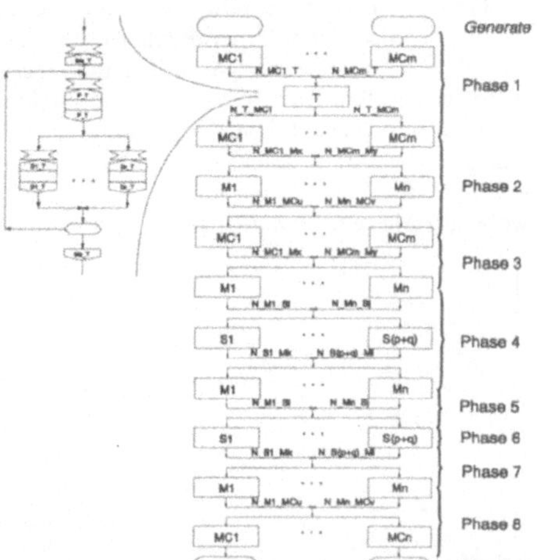

Abb.3: Struktur des Forderungslaufplanes für die Architektur aus Abb.1
(MC-mobiler Client, S - Server, M - Mediator, T - Trader, N - Netzverbindung, Me - Hauptspeicher, D - Festplatte, P - Prozessor)

3. Simulationsmodell und simulative Bewertung

Für ein tieferes Verständnis und eine detaillierte Bewertung der eingeführten Mediatorinstanz einerseits und des gesamten offenen Dienstemarkt-Szenarios auf der anderen Seite sind umfangreiche Experimente notwendig. Systemexperimente sind eine Möglichkeit dafür. Allerdings erweisen sich Systemexperimente oft als unerwünschte Störungen realer Netzwerke oder führen zu hohen Kosten. Andererseits verfälscht der reale Verkehr in Weitverkehrsnetzen die Resultate eventueller Systemexperimente.

Deshalb wurde ein detailliertes Simulationsmodell für den vorgestellten offenen Dienstemarkt entwickelt. Dabei ist die Modellierung durch eine hohe Komplexität gekennzeichnet, da verteilte

Systeme sowohl Kommunikationsprozesse als auch verteilte Steuerprozesse und Anwendungsprozesse einschließen. Das entwickelte diskrete Simulationsmodell bildet den Forderungenlauf in der in Abb.1 dargestellten Architektur sowie die Funktionalität der Mediatoren und anderen Netzinstanzen entsprechend den 8 Kooperationsphasen zwischen den Instanzen gemäß Abb.2 nach. In Abb.3 ist das erhaltene große sequentiell-parallele Bedienungsnetz in einer prozeßorientierten Sicht dargestellt. Die notwendige zeitaufwendige Parametrisierung des Simulationsmodells erfolgte auf der Basis umfangreicher Systemmessungen an einer vorhandenen Prototyp-Implementation. Die vorgenommene Validierung führte auf eine gute Übereinstimmung von Modell- und Systemdaten. Die Autoren verwendeten GPSS/H für die Simulation und PROOF für die Animation des offenen Dienstemarktes.

Für die folgenden Simulationsexperimente wurde ein Anwendungsszenario aus dem Gebiet der Geologie genutzt. Dabei werden in der mobilen Region periodisch große Datenmengen in Form von Datentripeln erzeugt. Für die Verarbeitung dieser Daten sind Serverkapazitäten einschließlich Datenbankzugriff im Festnetz erforderlich. Eingangs- und Resultatdaten wurden vom gleichen Umfang gewählt, um eine bessere Vergleichbarkeit der Resultate zu gewährleisten. Neben den Simulationsexperimenten wurden Systemmessungen an einer prototypischen Implementation der Architektur aus Abb.1 durchgeführt, um eine Validierung der Simulationsdaten zu ermöglichen.

Ein Ziel des ersten Experiments ist die simulative Untersuchung des Verhaltens der Mediatoren im Fall von Unterbrechungen in der mobilen Region, d.h. für eine beschränkte Verfügbarkeit der mobilen Clienten. Dazu wurde eine Architektur mit einem mobilen Clienten, einem Mediator und einem Server gewählt. Die Verfügbarkeit des mobilen Clienten wurde in konstanten Zeitintervallen von 20 bzw. 40 s unterbrochen. Nach jeder solchen Unterbrechung erfolgte ein Restart des Clienten. Abb.4 zeigt den erhaltenen Verlauf der Übertragung der Eingangs- und Resultatdaten, wobei die Messungen am Client vorgenommen wurden.

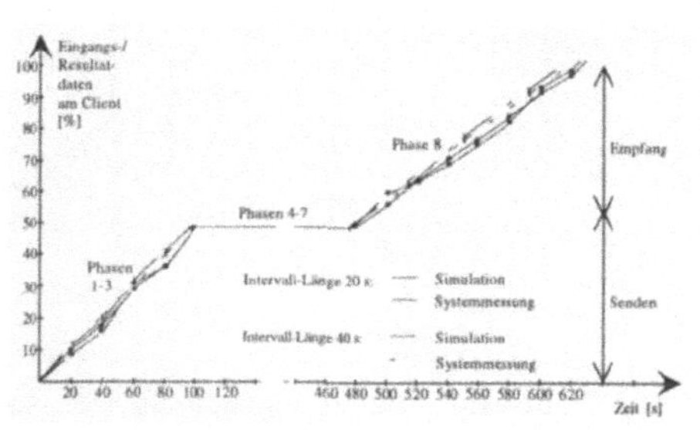

Anzahl		Anzahl der Server (gemessene Werte / *simulierte Werte*)					Struktur (am Beispiel von 2 Servern)
M	MC	1	2	3	10	15	
1	1	218 /203	160 / 163	153 / 149	%	%	MC –M< S S
	2	305 /299	223 / 245	209 / 222	%	%	MC MC >M< S S
	3	392 /386	375 / 370	334 / 317	%	%	MC MC –M < S S MC
2	2	227 /234	173 / 174	163 / 161	%	%	MC – M – S MC – M – S
3	3	238 /220	180 / 188	172 / 159	%	%	MC –M MC –M < S S MC –M
10	10	-/ 329	-/ 272	-/ 258	-/ 233	%	MC –M ! ! ! ! < S S MC –M
15	15	-/ 375	-/ 323	-/ 294	-/ 280	-/ 256	MC –M ! ! ! ! < S S MC –M

Abb.4: Prozentualer Anteil der übertragenen Eingangs- bzw. Resultatdaten am Client in konstanten Verfügbarkeitsintervallen von 20 bzw. 40 Sekunden (Phasen: siehe Abb.2)

Tab.1: Gemessene / simulierte Taskbearbeitungszeiten für verschiedene Anzahl von Mediatoren (M), mobilen Clienten (MC) und Servern (S)   [in Sek.]

Abb.4 erlaubt die folgenden Schlußfolgerungen:

- Aus den geringen Differenzen zwischen den Simulationsresultatreihen für 20 bzw. 40 s kann gefolgert werden, daß die Summe der erforderlichen Zeitintervalle nur zu einem sehr geringen Maße von der Länge der Verfügbarkeitsintervalle abhängt. Folglich ist der Einsatz von Mediatoren auch in Anwendungen mit stark beschränkter Verfügbarkeit der mobilen Stationen ökonomisch sinnvoll. Eine Begründung für dieses Ergebnis findet sich in [RUDO95], wo nachgewiesen wird, daß der Overhead in den Datenübertragungsphasen sehr gering und fast unabhängig vom Umfang der übertragenen Daten ist.

- Die Phasen 4-7, d.h. die Verarbeitung der Daten im Festnetz, nimmt eine lange Zeitperiode in Anspruch. Eine zweite praktisch wichtige Schlußfolgerung ist, daß die kritischen mobilen Netzverbindungen während dieser Zeit abgeschaltet werden können. Auf diese Art können im Falle gemieteter Leitungen hohe Kosten eingespart werden.

- Für die simulierte Länge der Verfügbarkeitsintervalle ist eine vollständige Taskbearbeitung in Architekturen ohne Mediator(en) nicht möglich.

In einem zweiten Simulationsexperiment wird die Architektur auf n Mediatoren, m mobile Clienten und p Server (n, m, p = 1, 2, 3, 10, 15) erweitert. Eine unterbrechungsfreie Taskbearbeitung mit ständiger Verfügbarkeit der Clienten wurde simuliert. Jeder Client sendet und jeder Server erhält das gesamte Volumen der Eingangsdaten. Andererseits erzeugt jeder der p Server nur den 1/p-ten Teil der Resultatdaten. Tab.1 enthält die simulierten (n, m, p = 1, 2, 3, 10, 15) und gemessenen (n, m, p = 1, 2, 3) Taskbearbeitungszeiten für verschiedene Architekturvarianten.

Drei Schlußfolgerungen ergeben sich aus Tab.1:

- Die Taskbearbeitungszeiten fallen für eine steigende Anzahl von Servern, da jeder Server nur den 1/p-ten Teil der Resultatdaten erzeugt.

- Falls nur ein Mediator existiert, so führt eine steigende Anzahl mobiler Clienten (d.h. eine Zunahme paralleler Serveranforderungen) zu deutlich höheren Bearbeitungszeiten.

- Als wichtigstes Resultat zeigen die Simulationsergebnisse eine starke Leistungszunahme, wenn im Falle mehrerer mobiler Clienten auch mehrere Mediatoren eingesetzt werden.

4. Simulation eines neuen Traderdienstes zur Auswahl von Server- und Mediatorschnittstellen

Der Trader übernimmt das Handling der Interfaces und Typen aller in der Architektur aus Abb.1 angebotenen Dienste, d.h. aller Server- und Mediatordienste. Wie in Abb.2 dargestellt, wendet sich ein mobiler Client zuerst an den Trader, der die Interfaces eines Mediators und eines Servers (oder mehrerer Server, falls erforderlich) auswählt und an den Client sendet. Für das ständig steigende Diensteangebot in großen verteilten Systemen ist eine optimale Auswahl dieser Interfaces, die bisher in der Literatur noch nicht behandelt wurde, von großer ökonomischer Bedeutung.

Eine solche Auswahl hängt sowohl von der Performance und der aktuellen Arbeitslast der Server und Mediatoren als auch von der Bandbreite und der aktuellen Auslastung der Übertragungsstrecken ab. Andererseits ist es notwendig, die Kosten für die Taskbearbeitung in die Problemlösung einzubeziehen. Aus diesem Grunde wird das folgende Optimierungsproblem betrachtet: die totale Taskbearbeitungszeit ist zu minimieren unter der Nebenbedingung, daß die totalen Kosten kleiner oder gleich einer vom mobilen Client an den Trader übermittelten oberen Kostenschranke sind. Dabei erweisen sich sowohl die totale Taskbearbeitungszeit als auch die totalen Kosten als Summe über die entsprechenden Teilwerte für die Dienstausführungen und Übertragungen. Diese Teilzeiten bzw. Teilkosten sind Zufallsgrößen und werden auf der Basis von historischen bzw. aktuellen Managementdaten geschätzt. Eine ausführliche Darstellung des Auswahlverfahrens erfolgt im Vortrag. Erste simulative Vergleiche dieses optimalen Auswahlverfahrens mit anderen, nichtoptimalen Auswahlmöglichkeiten führten für spezielle Anwendungsszenarien auf eine Durchsatzsteigerung um 14 bis 73 Prozent. Auf die Resultate der laufenden Untersuchungen wird im Vortrag eingegangen.

5. Schlußfolgerungen und Ausblick

In der Arbeit wurde die Architektur eines offenen Dienstemarktes mit mobilen Clienten, Trader, Mediatoren und Servern vorgestellt. Die Modellierung dieser großen mobilen verteilten Systeme führt auf große sequentiell-parallele Bedienungsnetze, deren Behandlung nur simulativ möglich ist. Die simulative Bewertung zeigte, daß die Mediatoren die mit der Einführung dieser Instanzen verbundenen Ziele erfüllen. Mediatoren lösen das Daten-Handling für die mobilen Clienten in einer effektiven Weise und mit einem geringen Overhead, der fast unabhängig vom Volumen der übertragenen Daten ist. Der Einsatz mehrerer Mediatoren führt im Falle mehrerer mobilen Clienten zu einer deutlichen Leistungssteigerung.

Der neue Traderdienst zur optimalen Auswahl der Mediator- und Serverschnittstellen ist ein Beitrag zum intelligenten Networking, da er zu einer höheren Intelligenz der Traderinstanz führt. Erste simulative Bewertungen des Verfahrens zeigen, daß die Dienstanforderungen mobiler Clienten auf dieser Basis weit ökonomischer bearbeitet werden können.

Gegenwärtig werden in der Arbeitsgruppe der Autoren weitere und komfortablere Prototypen zur Architektur aus Abb.1 entwickelt, die auf Middleware-Plattformen wie CORBA und DCE aufsetzen. Außerdem wird die Managementunterstützung für solche mobilen verteilten Systeme erweitert. Die Simulation erweist sich auch hier als der einzige praktische Weg, um notwendige Leistungsbewertungen in diesen laufenden Untersuchungen vorzunehmen.

Literatur

[HAAS95]   Z.J.Haas / R.Alonso / D.Duchamp / B.Gopinath / N.K.Cheung: *Mobile and Wireless Computing Networks*; IEEE Journal on Selected Areas in Communications 13(1995)5, 836-837

[IRMS94]   K.Irmscher: *Simulation eines erweiterten Trader-Konzepts zur Dienstevermittlung in verteilten Systemen*; in: G.Kampe / M.Zeitz (Hrsg.), Simulationstechnik, 9.Symposium in Stuttgart (ASIM94), Oktober 1994, Vieweg Verlag, Braunschweig/Wiesbaden, 253-258, 1994

[MITT94]   Ch.Mittasch / K.Irmscher: *On the Way to Competitive Market of Services in Heterogeneous Networks*; in: Proceedings of the 13th World Computer Congress 94, Vol.2 (Hamburg, 28.08.-02.09.94), Elsevier, Amsterdam, 57-62, 1994

[RICH93]   K.Richter: *Modellierung und Simulation von Client-Server-Rechnernetzen mit Blockierungen*; in: A.Sydow (Hrsg.), Simulationstechnik, 8.Symposium in Berlin (ASIM93), Sept. 1993, Vieweg Verlag, Braunschweig/Wiesbaden, 417-420, 1993

[RICH95]   K.Richter / St.Rudolf: *Client-Server Networks: Modelling, Simulation, Measurement, and Analytical Solution*; in: F.Breitenecker / I.Husinsky (Eds.), Proceedings of the 1995 EUROSIM Conference, EUROSIM'95, Vienna, Austria, 11-15 September 1995, Elsevier, Amsterdam, 511-516, 1995

[RICH96]   K.Richter / St.Rudolf / K.Irmscher: *Mediator Services for Mobile Clients*; in: A.Schill et al. (Eds.), Proceedings of the IFIP/IEEE Intern. Conference on Distributed Platforms (ICDP'96), Dresden, Febr. 27 - March 1, 1996, Industrial Stream / Poster Session, 257-262, Dresden, 1996

[RUDO95]   St.Rudolf / K.Richter / K.Irmscher: *Handling mobiler Clienten in heterogenen verteilten Systemen*; in: Ch.Mittasch (Hrsg.), Anwendungsunterstützung für heterogene Rechnernetze; Tagungsband des Workshops an der TU Bergakademie Freiberg, 30.-31.03.95, Freiberg, 135-144, 1995

[SCHI95]   A.Schill / S.Kümmel: *Design and Implementation of a Support Platform for Distributed Mobile Computing*; Distrib. Syst. Engng. 2 (1995), 128-141

[SPAN94]   O.Spaniol / D.Popien / B.Meyer: *Dienste und Dienstvermittlung in Client/Server-Systemen;* Intern. Thomson Publ., Bonn, 1994.

Einsatz und Modellierung von Mobile Computing in Teleworking-Szenarien

K. Irmscher; M. Hesselmann; K. Richter
TU Bergakademie Freiberg
Institut für Informatik
09596 Freiberg
[irmscher|hesselm|richter]@informatik.tu-freiberg.de
URL: http://www.informatik.tu-freiberg.de/html.index

Zusammenfassung

Gegenstand des Beitrages sind Einsatzszenarien im Bereich des Mobile Computing, ihre Modellierung und Bewertung für Anwendungen des Teleworking mit mobilen Stationen. Die Komponenten des Mobile Computing und ausgewählte Anwendungsdisziplinen werden vorgestellt. Basis der Untersuchungen bildet die Architektur heterogener verteilter Systeme mit integrierten mobilen Stationen (Mobile Distributed Computing). Einen besonderenen Aspekt im Mobile Computing stellt das Nutzerverhalten dar, das maßgeblich die Systemleistung bestimmt. Die Gestaltung der Nutzungsabläufe ist ein wichtiger Faktor für die Akzeptanz des Teleworkings auf der Basis mobiler verteilter Systeme. Die praktischen Erprobungen und Untersuchungen erfolgen im Telematik-Labor am Lehrstuhl Betriebssysteme und Kommunikationstechnologien der Technischen Universität Bergakademie Freiberg.

1. Mobilität und Modellierung

Multimedia, Hochleistungskommunikation und Mobilität (Mobile Computing) stellen die entscheidenden Innovationen beim Aufbau der künftigen Informationsgesellschaft dar. Durch Integration des Mobile Computing in verteilte Systeme kann auf die in verteilten Systemen bereitgestellten Dienste zurückgegriffen werden (Mobile Distributed Computing). Mobile Computing wird in zunehmenden Maße die Arbeits- und Nutzungsweisen sowohl im Bereich des Teleworking als auch im privaten Bereich bei Umgang mit Online-Diensten bestimmen. Die Mobilität schafft die Voraussetzungen zur Überbrückung von Raum und Zeit und sichert somit eine umfassende Informationsversorgung, unabhängig von einer verkabelten Infrastruktur. Dabei sind auch die positiven und negativen Aspekte einer allseitigen und ständigen Erreichbarkeit zu berücksichtigen, so daß sowohl Untersuchungen zur Leistungsfähigkeit und Funktionalität erforderlich als auch Fragen der Akzeptanz, der Wahrung der persönlichen Sphäre und der Sicherheit zu beantworten sind /DiHe95, FoZa94/. Die Modellierung wird sich diesen Anforderungen stellen müssen. In diesem Beitrag wird die Modellierung der Einsatz- und Nutzungsszenarien in den Modellierungsprozeß integriert und deren Einfluß bewertet /Irms95/.

2. Mobile Computing

Die Komponenten des Mobile Computings sind mobile Computer (Endgeräte) und die Mobilkommunikation. Die Mobilkommunikation sichert den Zugriff von beliebigen Orten und zu beliebiger Zeit über drahtlose Verbindungen (Mobilnetze) oder Modemanschlüsse an Datennetze (Telefon bzw. ISDN). Der ortsunabhängige Zugriffs erfolgt im terrestrischen Weitverkehrsbereich über Paketfunk- oder Mobilfunknetze (u.a. Datenpaketfunknetze Modacom/Deutschland, Mobitex/UK, Ardis/USA, Zellularfunknetze D1, D2 im GSM-Standard/Europa bzw. E+ im DCS1800-Standard/weltweit) bzw. in dünn besiedelten Gebieten oder bei zeitweiligen Verbindungen über Satellitenkommunikation. Im lokalen bzw. nahen Bereich kommen Funk-LAN, Infrarot bzw. serielle Kabelverbindungen (serial links) zum Einsatz. Ein Überblick über mögliche Anschlußszenarien ist in Abbildung 1 dargestellt.

Gegenwärtig besitzen die Mobilfunksysteme noch niedrige Übertragungsraten (i.allg. 9.6 Kbit/s bzw. 2 Mbit/s bei lokalen Funknetzen). Allerdings zeichnet sich ein Trend zu Mobilkommunikation im Hochfrequenzbereich mit Übertragungsraten über 100 Mbit/s ab, z.B. MBS (Mobile Broadband System) für drahtlose WAN und FPLMT-IMT-2000 (Future Public Land and Mobile Telecommunications System - International Mobile Telecommunications 2000).

Die Mobilkommunikation ist gegenüber der Festnetzkommunikation (öffentliche Datennetze, Internet, In-House-Netze) durch besondere Merkmale gekennzeichnet. Die Beweglichkeit der portable Computer bewirkt infolge der ständigen Änderung von Topologie und Zustand eine dynamische Systemkonfiguration. Hinzu kommen geringere Leistungsparameter, u.a. niedrigere und wechselnde Übertragungsraten, eingeschränkte Dienstgüte der Übertragung (Quality-of-Service), höhere Fehlerraten, häufige Verbindungsunterbrechung. Die Teilnehmer sind nicht ständig erreichbar, müssen aber lokalisierbar sein. Ebenso sind Fragestellungen der Datenkonsistenz, des Zugriffs und der Sicherheit zu beantworten.

Die mobilen Computer sind leichte, tragbare, leistungsfähige Endgeräte mit z.T. neuartigen Bedienoberflächen (Stift, Sprache), geringem Energieverbrauch und proprietären Betriebssystemen. Bekannte Mobilrechnerversionen sind Notebook, Notepad, Personal Digital Assistant (PAD), Personal Integrated Computer (PIC) bis hin zu Pocket Computer (sog. Palmtop). Mit Hilfe spezifischer Einsteckkarten (PCMCIA) werden Modemanschlüsse für verschiedene Mobilkommuniaktionsformen bereitgestellt, z.B. für Mobilfunknetz, Funk-LAN bzw. Infrarot /IrRi95, Katz94, WaDe93/.

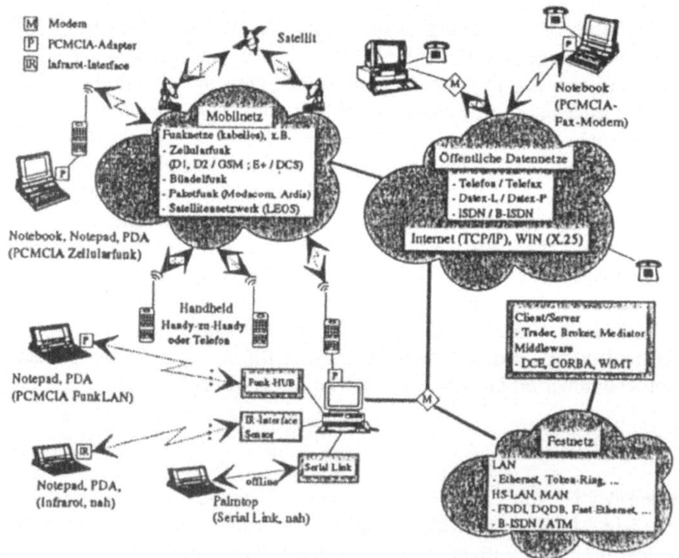

Abbildung 1: Anschlußszenarien für Mobile Distributed Computing (Auswahl)

Durch Integration der mobilen Stationen über Mobilkommunikation in Festnetzkooperationen
(auf der Basis von Ethernet, High-Speed-Networks wie FDDI, DQDB, Fast-Ethernet bis hin zu
B-ISDN / ATM) erfolgt der Anschluß an die Dienste, die in verteilten Systemen angeboten werden (Mobile Distributed Computing). Von besonderem Interesse sind dabei die Kooperationen in
heterogenen verteilten Systemen auf Basis der Verteilungsplattformen (Middleware) des OSF
DCE (Open Software Foundation, Distributed Computing Environment) und OMG CORBA
(Object Management Group, Common Object Request Broker Architecture). Die bekanntesten
Kooperationen beruhen auf dem Client/Server-Prinzip. Zur Unterstützung der Dienstevermittlung werden Trader- bzw. Broker-Architekturen eingesetzt. Mit Hilfe dieser Kooperationen sowie Föderationen zwischen verschiedenen Kooperationen lassen sich ein allgemeiner, offener
Dienstemarkt und neue Verarbeitungsformen wie die Vorgangsbearbeitung (Workflow Management) gestalten /HlrK95, LoMi96, RiIr96, ScKü95/.

3. Teleworking-Applikationen mit Mobile Computing

Mit Hilfe des mobile Computing lassen sich neue Anwendungsszenarien gestalten. Die Nut-
zungsformen basieren generell auf dem Prinzip des CSCW (Computer Supported Cooperative
Work). Das Teleworking mit mobilen Einrichtungen erschließt neue Nutzungscharakteristiken.
Der Anwender arbeitet mit mobilen Computern, die über Mobilkommunikation verbunden (z.B.
Handy-zu-Handy oder Modem) bzw. an eine Festnetzkooperation angeschlossen sind. Auf diese
Weise lassen sich die Ressourcen von entfernten und beliebigen Stellen aus erschließen, auf
Daten und Nutzerinformationen von entfernter Stelle, von Zuhause oder während der Reise zugreifen. Neben dem interaktiven online-Kontakt zur Dienststelle kann beispielsweise über Internet auf Informationsdatenbestände zugegriffen werden. Bekannte Anwendungsformen von Teleworking mit mobilen Computern sind u.a.
- mobiler Service-Ingenieur (siehe Abbildung 2),
- mobiles Schreibbüro,
- mobile Arbeitsplätze (Haus, Reise),
- mobiler Zugriff zu Informations- und Bestellsystemen,
- mobiler Service im Handel, Dienstleistung, Reparatur,
- mobile Nutzungsformen für Shopping, Banking,
- mobiler Informationszugriff bei Teleteaching,
- mobile Datenerfassung und -auswertung (z.B. geologische Anwendungen).

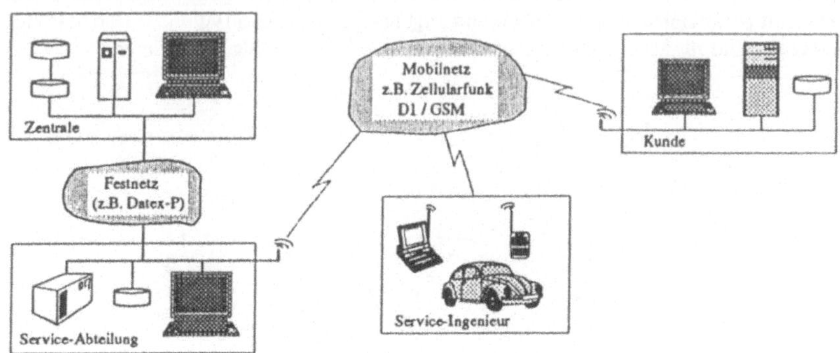

Abbildung 2: Einsatzszenarium eines mobilen Service-Ingenieurs

Unter Nutzung der Netzwerk-Teledienste können verteilte Anwendungen einbezogen werden. Im Rahmen unserer Arbeiten wird für Teleworking-Anwendungen ein Workflow-basiertes verteiltes objektorientiertes System mit mobilen Stationen entwickelt und im Bereich der Institutsverwaltung (Büroautomatisierung) eingesetzt /Jabl95, LoMi96/. Zur Sicherung des Anschlusses mobiler Stationen in der Client/Server-Architektur wurde die Instanz Datenvermittler (Mediator) eingeführt, die auch bei erhöhter Störanfälligkeit im mobilen Übertragungsbereich eine kontrollierte Eingangs- und Resultatdatenübertragung sichert. Ein Dienstevermittler (Trader) verwaltet die Schnittstellen und Diensttypen der angebotenen Dienste. Dabei werden die verfügbaren Mediatoren in Analogie zu den Servern vom Trader verwaltet. Die Funktionalität der Mediatoren beinhaltet u.a. /Irms94, RiRu95, RiIr96/

- Vermittlungsdienst (kontrollierte Datenübertragung zwischen Client und Server),
- Fehlerbehebungsdienst (definierte Weiterführung nach Verbindungsunterbrechung),
- Sicherheitsdienst,
- Übertragungssteuerung (Daten-Caching, Management von QoS-Parametern (Quality-of-Service), Skalierung von Übertragungsparametern),
- Kostenoptimierte Bearbeitung verteilter Anwendungen.

Die Implementation eines prototypischen Systems für heterogene verteilte Rechnersysteme mit mobilen Stationen erfolgt auf verschiedenen UNIX-Workstations und Windows-NT-Clienten unter Nutzung von RPC-Mechanismen, objektorientierter Plattformen (CORBA-Produkte, z.B. Orbix) und objektorientierter Tools (z.B. Object Store, Rational Rose).

4. Modellierung von mobilen Teleworking-Anwendungen

Verteilte System mit mobilen Stationen und darauf ablaufende Applikationen sind durch eine hohe Komplexität gekennzeichnet, da sowohl die Kommunikationsprozesse als auch die Abläufe in den Verteilungsplattformen und Anwendungsprozessen einzuschließen sind. Die Modellierung basiert auf einem mehrschichtigen Modell, deren Schichten über Interfaces verbunden sind. Die Granularität ist weitgehend durch den Entwicklungsfortschritt in den einzelnen Schichten bestimmt. Für die unterste Schicht (Kommunikationsinfrastruktur) kann auf vorliegende Untersuchungsergebnisse zurückgegriffen werden. Die mittlere Schicht beschreibt die Mobilkommunikation bei interaktivem Zugriff und die Verteilungsplattform. Spezifisch für die verschiedenen Anwendungsfelder sind die Modelle der obersten Schicht, die die Nutzungsszenarien im Mobile Computing beschreiben. Die darin ablaufenden Bearbeitungsvorgänge sind sequentialisierte Prozesse mit parallelelen Teilvorgängen und zugehörigen Synchronisationen. Das unterliegende Basisanschlußbild für Mobile Distributed Computing soll Abbildung 3 skizzieren.

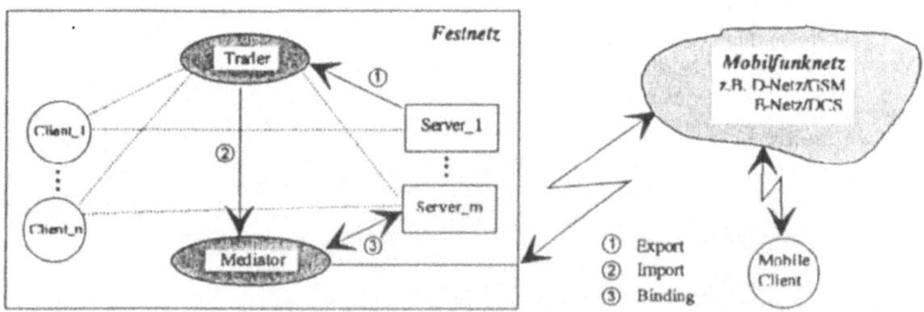

Abbildung 3: Anschlußbild für Mobile Distributed Computing

Zur Bewertung dienen i.allg. statistische und wahrscheinlichkeitstheoretische Modelle und Tools (Warteschlangensysteme bzw. stochastische Petri-Netze; Berechnungsalgorithmen, zeitdiskrete digitale Simulation, Systemmesssungen mit statistischen und operational-analytischen Auswertungen). Die Experimente werden auf der Basis dedizierter Modelle für verschiedene Einsatzszenarien und variierenden Kommunikationsparametern (Skalierung der Übertragungsraten) durchgeführt. Grundlage der Modellparameter bilden Systemwerte, die an prototypischen Implementationen gemessen bzw. aus Netzwerkmanagement-Informationen abgeleitet werden. Abbildung 4 zeigt ein generisches Basismodell für Mobile Distributed Computing unter Berücksichtigung von Verteilungsplattformen mit zusätzlicher Dienstvermittlung und Mediating, das bereits erfolgreich für ähnliche Untersuchungen eingesetzt wurde /Irms94, Irms95/.

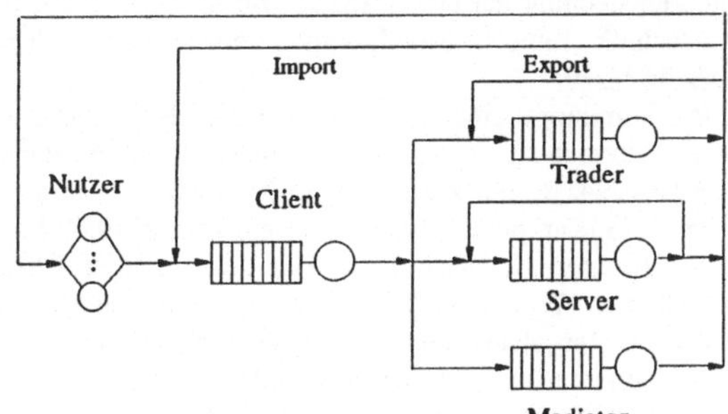

Abbildung 4: Generisches Basismodell für Mobile Distributed Computing

Warteschlangenmodelle eignen sich vorteilhaft zur Ermittlung des Leistungsverhaltens. Dabei können verschiedene Nutzerklassen, Klassenwechsel, Synchronisationen, Blockierungen, unterschiedliche Schedulingstrategien und verschiedene Verteilungsfunktionen berücksichtigt werden. Die Analyse erfolgt dabei sowohl mit analytischen Verfahren als auch mit Hilfe der zeitdiskreten digitalen Simulation, wobei verschiedene Tools für Warteschlangensysteme (und stochastische Petri-Netze) zur Anwendung gelangen, u.a. BNETD, GPSS, RESQ, GreatSPN, SLAM.

In Fortsetzung zu vorhergehenden Arbeiten /Irms94, Irms95/ wird der Einfluß der Mobilität von Client-Stationen in den Einsatzszenarien untersucht. Die verringerten QoS-Parameterwerte beeinträchtigen Durchsatz, Verweilzeiten und Zuverlässigkeit. Mit Hilfe von Thread-Mechanismen lassen sich parallele Prozesse gestalten, die eine Leistungserhöhung bewirken. Allerdings machen die gegenwärtigen Übertragungsraten im mobilen Weitverkehrsbereich (z.B. Mobilfunk) die multimedialen Datenstrukturen noch nicht realistisch. Hierbei ist vorerst auf abgesetzte Übertragungsszenarien zurückzugreifen. Im Bereich der mobilen Einsatzszenarien sind vor allem die subjektiven Faktoren bestimmend, die eine Generalisierung erschweren. Die im Rahmen unserer Untersuchungen erzielten Ergebnisse werden im Vortrag dargestellt.

Eine große Zahl von Nutzungsszenarien kann durch eine Vorgangsmodellierung beschrieben werden, die als Basis das Workflow-Modell und zugehörige Prototypen nutzt. Das Workflow-Management-System stellt die zur Zeit wichtigste Anwendungsform verteilter Abläufe und Systemanwendungen dar. Das in Abbildung 4 skizzierte Modell beschreibt im Rahmen des Mobile Distributed Computing die Integration mobiler Stationen in Festnetz-Verteilungsplattformen sowie die vorgangsgesteuerte automatisierte Abarbeitung der Prozesse. Zusätzlich zur Leistungsanalyse auf der Basis von Warteschlangenmodellen kommen dabei auch Petri-Netz-Beschreibungen und Petri-Netz-gesteuerte Ablaufgestaltungen zur Anwendung, über die an anderer Stelle zu berichten ist.

Literatur

/DiHe95/ Diehl, N.; Held, A.: Mobile Computing. International Thomson Publishing, TAT 3. Bonn, 1995

/FoZa94/ Forman, G.H.; Zahorjan, J.: The challenges of mobile computing. IEEE Computer, April 1994, pp. 38-47

/HIrK95/ Hesselmann, M.; Irmscher, K.; Kulke, M.: Management mobiler Stationen. 2. Arbeitstreffen GI/ITG: Entwicklung und Management verteilter Anwendungssysteme EMVA '95. Univ. Dortmund, Fachbereich Informatik, Lehrstuhl IV, 9.-10.10.1995. In: Tagungsband zum 2. Arbeitstreffen EMVA`95 (Hrsg.: H. Krumm), S. 171-178

/Irms93/ Irmscher, K.: Modellierung und Analyse Verteilter Systeme. Proc. of the 8. Symposium Simulationstechnik der GI, ASIM´93, Berlin Sept. 1993. In: Fortschritte in der Simulationstechnik. Band 6: Simulationstechnik (Hrsg.: A. Sysdow). Vieweg-Verlag, 1993, S. 567-570

/Irms94/ Irmscher, K.: Simulation eines erweiterten Trader-Konzepts zur Dienstevermittlung in verteilten Systemen. 9. Symposium Simulationstechnik der GI, ASIM'94. Stuttgart, 11.-13.10.1994. In: Fortschritte in der Simulationstechnik, Band 9: Simulationstechnik (Hrsg.: G. Kampe, M. Zeitz), Vieweg-Verlag, 1994, S. 253- 258

/IrRi95/ Irmscher, K.; Richter, K.; Rudolf, S.: Handling mobiler Clienten in heterogenen verteilten Systemen. Workshop "Anwendungsunterstützung für heterogene Rechnernetze" an der TU Bergakademie Freiberg. Veranstalter: TU Bergakademie Freiberg, Fakultät für Mathematik und Informatik und TU Dresden, Fakultät für Informatik. Freiberg, 30.-31.03.1995. In: Tagungsband, "Anwendungsunterstützung für heterogene Rechnernetze" (Hrsg.: C. Mittasch), Freiberg, März 1995, S. 135-144

/Irms95/ Irmscher, K.: Stochastic Modelling of Mobile Distributed Systems. EUROSIM'95 Simulation Congress. TU Vienna. Vienna, 11.-15.09.95. In: Proceedings of the 1995 EUROSIM Conference, EUROSIM`95 (Eds.: F. Breitenecker; I. Husinsky), Elsevier Science B.V.,1995, pp 553-558.

/Jabl95/ Jablonski, S.: Prozeßinnovation durch Workflow-Management-Systeme. In: Pietsch, H.; Steinbauer, D. (Hrsg.): Reengineering und Wirtschaftlichkeit. Springer Verlag, Berlin 1995

/Katz94/ Katz, R.H.: Adaption and Mobility in Wireless Information Systems. IEEE Personal Communications, Vol. 1, No. 1, 1994, pp. 6-17.

/LoMi96/ Lodderstedt, T.; Mittasch, Ch.; Irmscher, K.; Müller, St.; Sommerfeld, K.: User Services in BPA Frame, a Framework for Workflow-Mangement-Systems. 1996 World Conference Advanced IT Tools. 14th World Computer Congress IFIP`96. Canberra (Australia), 02-06 Sept. 1996. Accepted Paper, to be published.

/RiRu95/ Richter, K.; Rudolf, S.: Mediatoren zur Vermittlung von Serverdiensten für mobile Clienten. 40. Internationales Wissenschaftliches Kolloquium der TU Ilmenau, Fakultät für Elektrotechnik und Informationstechnik. Ilmenau, 18.-21.09.95. In: Proceedings 40. Int. Wiss. Kolloquium (Hrsg.: D. Schipanski), 1995, Band 1, S. 188-193

/RiIr96/ Richter, K.; Rudolf, S.; Irmscher, K.: Mediating Services for Mobile Clients. IFIP/IEEE International Conference on Distributed Platforms (ICDP`96). TU Dresden, 27.02.-01.03.96. In: Proc. of the ICDP'96 Conference, Industrial Stream / Poster Session (Hrsg.: Schill / Spaniol / Mittasch / Popien). TU Freiberg, pp. 257-262

/ScKü95/ Schill, A.; Kümmel, S.: Design and implementation of a support platform for distributed mobile computing. Distributed System Engineering, 2 (1995), pp. 128-141

/WaDe93/ Walke, B.; Decker, P.: Mobile Datenkommunikation - Eine Übersicht. it+ti, Heft 5/93, S. 13 - 25

Modellierung mobiler Kommunikationsnetze
unter multimedialer Last

Jürgen Schindler
TU-Dresden, Informatik, IBDR
Hans-Grundig-Str. 25

Abstract: Zur Bewertung der Leistungsfähigkeit und zur Erkennung von Leistungsengpässen werden die entscheidenden Komponenten mobiler Netze und deren Zusammenspiel modelliert. Hierbei werden die Modellansätze erörtert und das Modellierungswerkzeug BONeS Designer vorgestellt.

Schwerpunktmäßig werden die Modellierung von GSM-, DECT- und 802.11-Netzen unter multimedialer Last behandelt. Dazu wurden Kanalmodelle erstellt, welche die Eigenschaften des Funkkanals (Dämpfung, Mehrwegeausbreitung, Signalverzögerung,...) nachbilden. Auf diesen Kanalmodellen sitzen Protokollmodelle auf, welche die Funktionen der unteren OSI-Schichten (Paketierung, Ressourcenreservierung, ...) dieser Netze nachbilden. Darauf wiederum werden die Modellierungen von multimedialen Datenströmen (Audioströme, MPEG-Ströme, Datenverbindungen, ...) übertragen.

Anhand dieser Modelle werden die Auswirkungen von Modifikationen der einzelnen Komponenten mobiler Netze auf die Einhaltung geforderter Qualitätsparameter (Durchsatz, Zuverlässigkeit, Jitter, ...) untersucht. Die erhaltenen Lastkurven werden anschließend diskutiert und durch Berechnungen verifiziert.

1. Motivation

Die Telekommunikation auf Festnetzen ist derzeit durch zunehmende Multimedia-Datenströme geprägt. Auch auf mobilen Netzen wird dieser Trend Einzug halten. Es wird neben der Übertragung von Sprache zunehmend auch die Übertragung von Daten und Bewegtbildern gefordert.

Die Anforderungen an die Übertragung dieser beiden Gruppen sind unterschiedlich. Daten sollen möglichst zuverlässig, vollständig und fehlerfrei übertragen werden. Sprach- oder Bildübertragungen tolerieren Datenverluste bis zu einem gewissen Grad, verlangen jedoch eine kontinuierliche Übertragung von Daten mit garantierter, möglichst geringer Ende-zu-Ende-Verzögerung und möglichst geringem Jitter. Das Kommunikationsnetz sollte in der Lage sein, die Einhaltung dieser Qualitätsparameter beim Aufbau einer Verbindung zu garantieren.

Heute existiert in Form der GSM-Netze ein in vielen Ländern nahezu flächendeckendes Netz zur mobilen Sprachkommunikation. Die Eignung dieser Netze zur Übertragung multimedialer Datenströme ist u.a. aufgrund der zur Datenübertragung verfügbaren Bandbreite von 9600 Bit/s äußerst begrenzt.

Im Indoor-Bereich bieten drahtlose Lokale Netze (Wireless LANs) z.B. nach dem IEEE 802.11 Standard zwar Datenraten von einigen Mbit/s, jedoch können die für Multimedia-Anwendungen erforderlichen hochbitratigen isochronen Datenströme nicht zufriedenstellend realisiert werden.

Neue Systeme wie z.B. UMTS (flächendeckend, 2Mbit/s) und MBS (Indoor-Bereich, 150Mbit/s) werden derzeit mit dem Ziel entworfen hochbitratige multimediale mobile Kommunikation zu ermöglichen.

2. Simulationsansatz und Vorstellung des Modellierungswerkzeugs

Die ISO-Norm /ISO7498/, die auch als OSI-Referenzmodell bezeichnet wird, teilt das komplexe Problem der Datenkommunikation durch die Aufgliederung in Schichten in kleine Teilprobleme. Für die Simulation mobiler Kommunikationsnetze wurden die Funktionen der relevanten Schichten nachgebildet und auch typische multimediale Datenströme modelliert (→ Abb. 1). Der modulare Aufbau erhöht nicht nur die Übersichtlichkeit, sondern garantiert auch eine hohe Wiederverwertbarkeit der Module.

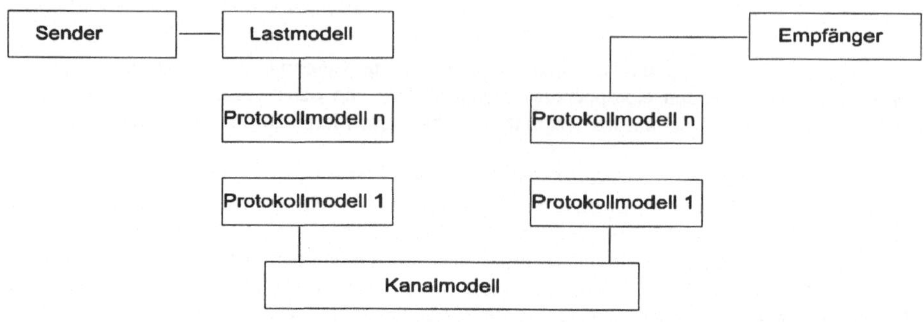

Abbildung 1: Simulationsaufbau

Als Modellierungswerkzeug wurde BONeS Designer verwendet. Es handelt sich hierbei um einen grafischen, blockorientierten, ereignisgesteuerten Simulator der Firma Comdisco.

3. Modellierung des Funkkanals (Kanalmodelle)

Bei Festnetzen gewährleistet das physikalische Übertragungsmedium eine im Normalfall permanent verfügbare, äußerst zuverlässige Verbindung mit sehr geringen Bitfehlerraten. Bei mobilen Netzen hingegen treten Unterbrechungen der Funkverbindungen relativ häufig auf, die Verfügbarkeit des Netzes ist also erheblich geringer als bei Festnetzen. Hinzu kommen noch weitere Übertragungsstörungen des Funkkanals.

Während bei Festnetzen die Signalausbreitung nur durch Rauschen (Thermisches Rauschen und Hintergrundstrahlung) oder Dämpfung (Abschwächung des Signalpegels) gestört wird, kommen in mobilen Netzen noch Mehrwegeausbreitung (durch Reflexionen erfahren ankommende Signale eine zeitliche Dehnung ihres Leistungsdichtespektrums), Fading (Phasenverschiebung durch Phasensprung bei Reflexion und Weglängendifferenzen) und Intersymbol-Interferenz (von jedem gesendeten Signal erhält der Empfänger quasi eine Impulsantwort) hinzu. Die Signallaufzeiten des Funkkanals können aufgrund der geringen Zellgrößen mobiler Netze (bis zu 80km) vernachlässigt werden. Die verfügbaren Kanalbitraten hängen von der Bandbreite pro Kanal und dem verwendeten Leitungscode ab.

Diese Eigenschaften von Funkkanälen müssen bei der Simulation auf die Kanalmodelle abgebildet werden. Da die meisten Funknetze ein Festnetz als Backbone verwenden, muß zur Modellierung des Funkkanals auch noch das Festnetz modelliert werden. Da jedoch im allgemeinen die Funkstrecke der limitierende Faktor ist, ist die Modellierung des Festnetzes zur Leistungsbewertung des mobilen Kommunikationsnetzes in den meisten Fällen nicht ausschlaggebend.

174

4. Modellierung der Kommunikationsprotokolle (Protokollmodelle)

Die Protokolle der höheren Schichten müssen aufgrund der beschriebenen unzuverlässigen Funkverbindungen darauf angepaßt sein, daß die Verfügbarkeit des Netzes wesentlich geringer ist als bei Festnetzen.

Verschiedene Zugriffsverfahren in der MAC-Schicht (Media Access Control Layer, Schicht 2a) entscheiden mitunter ob Echtzeitanforderungen, also vor allem garantierte Reaktionszeiten eingehalten werden können. Bei Funknetzen teilen sich mehrere Stationen dasselbe Übertragungsmedium. In der MAC-Schicht müssen also Mechanismen greifen, die ein gleichzeitiges Senden mehrerer Stationen verhindern. Der Zugriff auf das Medium erfolgt mit Raum- (SDMA), Zeit- (TDMA) und Frequenzmultiplexverfahren (FDMA) (GSM: Mischung aus TDMA- und FDMA-Verfahren). TDMA-Verfahren werden weiterhin in synchrone und asynchrone Zugriffsverfahren aufgeteilt. Die synchronen Zugriffsverfahren genügen Echtzeitanforderungen, da sie zyklisch jedem Kanal eine Zeitscheibe zuordnen. Sie sind somit zwar kollisionsfrei, bieten aber auch eine schlechte Performance, da auch die nicht sendewilligen Stationen Zugriff auf das Medium erhalten. Asynchrone Zugriffsverfahren genügen keinen Echtzeitanforderungen und regeln den Zugriff der sendewilligen Stationen auf das Medium mit speziellen Verfahren zur Kollisionserkennung bzw. -vermeidung (z.B. CSMA, CSMA/CA).

Durch Einsetzen eines Ressourcenmanagements in der Vermittlungsschicht (Schicht3) kann eine Garantie von Diensten entsprechend der individuellen Anwendungsanforderungen bei einer gleichzeitigen effizienten Auslastung der vorhandenen Ressourcen gewährleistet werden. Um einen Ende-zu-Ende-Dienst garantieren zu können, müssen die Dienstanforderungen der Anwendungen auf real existierende Ressourcen des Netzes abgebildet werden. Dabei stehen eine Reihe von Qualitätsparametern wie z.B. Durchsatz, Verzögerung, Zuverlässigkeit und Jitter zur Verfügung.

5. Modellierung der Datenströme (Lastmodelle)

Die nachzubildenden Datenströme können entweder aus Messungen repräsentativer Daten, sogenannter Spurverfolgungsdaten, von realen Beispieldatenströmen erhalten werden oder aus künstlichen Eingabedaten generiert werden. Da künstliche Nachbildungen der Datenströme ausreichend realitätsnah realisiert werden können, ihre Eigenschaften vollständig definiert sind und Veränderungen der Datenströme, wie z.B. die Variation der Zwischenankunftszeiten modifiziert werden können, werden sie statt der Spurverfolgungsdaten zur Lastmodellierung verwendet.

Zur Lastmodellierung wurden parametrisierte Sprachdatenströme, MPEG-Datenströme und typische Datenströme beim Dateitransfer generiert.

6. Leistungsbewertung mobiler Kommunikationsnetze

Die qualitätsgerechte Übertragung multimedialer Daten ist von der strikten Einhaltung der für die Übertragung der jeweilige Lastart notwendigen Güteparameter abhängig ($\rightarrow$ Abb. 2).

Vom Sender ($\rightarrow$ Abb. 1) werden Datenströme über die jeweiligen Protokollmodelle an das Kanalmodell weitergeleitet, anschließend werden die Daten über die empfangsseitigen Protokollmodelle an den Empfänger weitergeleitet. Dabei werden die Modelle der Netzkomponenten an das real zu simulierende Netz angepaßt (DECT, GSM, 802.11). Es werden die einzelnen Datenpakete der Datenströme beim Senden mit Zeitstempeln versehen und nach Erhalt der Pakete die Zeitdifferenz gemessen. Des weiteren werden Paketfehlerraten und die durch Paketwiederholungen verursachten Verzögerungen bestimmt, Puffergrößen berechnet, Lastkurven erstellt, Engpässe aufgezeigt und weitere Durchsatzanalysen angestellt.

Qualitätspara- meter	Max. Ver- zögerung [s]	Jitter [ms]	mittlere Daten- rate [Mbit/s]	mittlere Bit- fehlerrate	mittlere Paket- fehlerrate
Sprache	0,25	10	0,064	$< 10^{-1}$	$< 10^{-1}$
komprimiertes Video	0,25	1	2-10	10^{-6}	10^{-9}
Daten	1	-	2-100	0	0
Echtzeit-Daten	0,001-1	-	< 10	0	0

Abbildung 2: Güteparameter ausgewählter Datenströme

7. Ausblick

Ziel der Entwicklung mobiler Netze ist sicherlich, daß der Benutzer an jedem Ort ausreichende Netzleistung zur Verfügung hat um seine Kommunikationsanforderungen zu befriedigen. Heutige Systeme bieten zwar auf begrenztem Raum (802.11-Netze) relativ hohe Übertragungsleistungen, im flächendeckenden Bereich (GSM) jedoch nur unzureichende Möglichkeiten. Mit der Einführung neuer Systeme (→ Abb. 3) werden innerhalb der nächsten 5-10 Jahre breitbandige mobile Netze verfügbar sein.

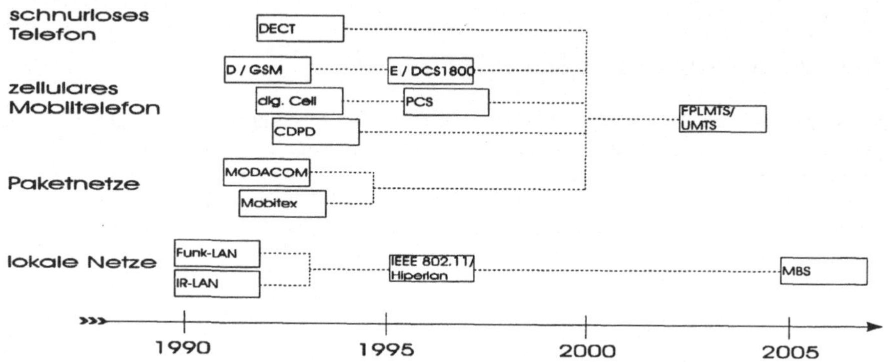

Abbildung 3: Entwicklung ausgewählter Mobilfunksysteme

Systeme wie UMTS und MBS befinden sich heute bereits in der Entwurfsphase. Durch eine starke Anlehnung dieser Funknetze an die Übertragungstechnik von ATM-Festnetzen wird eine Einhaltung garantierter Dienstgüteparameter und somit die qualitätsgerechte Übertragung von Multimediadatenströmen möglich.

176

Leistungsmodellierung der verteilten Verarbeitung

Gerhard Bergholz, Freiberg

Dieser Beitrag befaßt sich mit der Leistungsmodellierung der verteilten Verarbeitung. Er ist auf die parallele Verarbeitung in lose gekoppelten Rechnersystemen, vor allem auf die verteilte Verarbeitung in Workstation-Clustern orientiert. Im Mittelpunkt des Beitrags stehen einige begriffliche Grundlagen der Leistungsmodellierung, die Modellbildung und die Leistungsanalyse der verteilten Verarbeitung. Ausgangspunkt der Modellbildung ist die getrennte Betrachtung des Arbeitslastmodells und des Konfigurationsmodells. Dem Arbeitslastmodell liegt das SPMD-Programmiermodell zu Grunde. Die Modellstruktur, die auch als Grundlage für die Simulation dient, wird als Forderungslaufplan angegeben. Dieser Modellstuktur werden geeignet Arbeitslastkenngrößen, Konfigurationsparameter und als Leistungsbewertungsgröße der Beschleiunigungsfaktor zugeordnet. Mit Hilfe der Simulation erfolgt die Leistungsanalyse, wobei sowohl die Einflüsse der Arbeitslastparameter, als auch der Konfigurationsparameter auf den Beschlleunigungsfaktor betrachtet werden. Am Schluß erfolgt eine Modellvalidierung.

1 Einführung

Traditionell ist die Hochleistungs-Datenverarbeitung (HPC - High-performance computing) mit dem Einsatz von Vektor- und Parallelrechnern verbunden, die mehrere Millionen Dollar kosten (s. [1]). Die jüngsten Fortschritte der Mikroprozessorleistung und der Netzwerkbandbreite haben das Bild der HPC-Umgebungen radikal verändert (s. [2]). Es wurden massiv parallele Rechnersysteme entwickelt, die aus einer großen Zahl (100-1000) von Prozessoren bestehen können und durch Message-Passing-Kommunikation charakterisiert sind. .Daneben wurde im letzten Jahrfünft in breitem Umfang die parallele Verarbeitung in Workstation-Clustern mit Kommunikation über Hochgeschwindigkeits-Netzwerke untersucht und die entsprechende Software entwickelt (s. [3], [4]).

Die Leistungsbewertung ist unmittelbarer Bestandteil der Untersuchungen zur verteilten Verarbeitung, weil das Ziel der verteilten Verarbeitung in der Leistungsverbesserung besteht. Um geeignete Leistungsvorhersagen treffen zu können, ist die Modellierung mit Hilfe von Leistungsverhaltensmodellen erforderlich.

Für die verteilte Verarbeitung wurden, ausgehend von den Algorithmen, eine Reihe von deterministischen und stochastischen mathematischen Modellen entwickelt, die eine grobe Leistungsbewertung gestatten (s. z.B. [5]). Der Nachteil solcher Modelle für die verteilte Verarbeitung ist häufig ihre Spezialisierung auf bestimmte Anwendungen (Algorithmen), die unzureichende strukturelle und parametrische Trennung zwischen Arbeitslast und Konfiguration und die Ausklammerung der Einflüsse der vor der Kommunikations-Ressource und an den Synchronisationsstellen auftretende Warteschlangen.

Zur Beseitung dieser Nachteile sind einerseits eine begriffliche Klärung der Zusammenhänge zwischen Arbeitslast, Systemkonfiguration und Leistungsverhaltensmodell für die verteilte Verarbeitung (s. [6]) und andererseits die Entwicklung von praktikablen synchronisierenden Warteschlangenmodellen für Fork-Join-Systeme erforderlich. In der Vergangenheit wurden verschiedene Lösungen der Modellierung von Fork-Join-Systemen vorwiegend unter Nutzung von Markov-Ketten (s.[7]) aber auch anderer mathematischer Mittel (s. [8]) vorgestellt. Leider ist es sehr schwierig diese Methoden auf die verteilte Verarbeitung in Workstation-Clustern und die parallele Verarbeitung in massiv parallelen Systemen anzuwenden. Die Zahl der in einem solchen System gleichzeitig exisitierende Tasks ist sehr groß, was bei der Zahl der Zustände und der Gleichungssysteme zu einem exponentiellen Anstieg führt. Durch diese Zustandsexplosion (s. [9]) wird praktisch eine Lösung verhindert.

In diesem Vortrag wird die Leistungsmodellierung der verteilten Verarbeitung mit Hilfe von stochastischen Simulationsmodellen behandelt. Dabei wird von den bei der Leistungsmodellierung üblichen Grundbegriffen ausgegangen. Auf dieser Grundlage erfolgt die Beschreibung eines Modells der verteilten Verarbeitung, das sich durch eine klare begriffliche Trennung von Arbeitslastmodell, Konfigurationsmodell und Leistungsverhaltensmodell auszeichnet. Davon ausgehend, wird ein stochastisches Simulationsmodell aufgestellt, das alle wesentlichen Eigenschaften berücksichtigt. Die stochastische Simulation wurde, im Gegensatz zur Verwendung der analytischen Warteschlangentheorie gewählt, weil zum gegenwärtigen Zeitpunkt nur mit Hilfe der Simulation die Erfassung aller wesentlichen Einflüsse bei einer großen Parallelität der Aufträge möglich scheint. Im Gegensatz zu den Modellvorstellungen für die verteilte Verarbeitung, die nicht von Fork- Join-Warteschlangensystemen ausgehen, werden die an den Ressourcen und den Synchronisationstellen auftretenden Behinderungen in Form von Wartezeiten in diesem Modell berücksichtigt. Mit diesem Modellansatz können auch Systeme mit Arbeitslasten, die eine große Taskanazahl enthalten, erfolgreich behandelt werden .

Damit wird, im Vergleich zu den meisten in der Literatur vorhandenen Leistungsverhaltensmodellen der verteilten Verarbeitung (s. [5], [7]), ein Weg beschritten, der für die Leistungsmodellierung der verteilten Verarbeitung geeigneter ist (s.auch [9]), als die bekannten Lösungen.

2 Arbeitslast- und Konfigurationsmodell der verteilten Verarbeitung

Ein Leistungsverhaltensmodell stellt wesentliche Zusammenhänge zwischen unabhängigen Einflußgrößen und Leistungsbewertungsgrößen her. Wir gehen davon aus, daß ein Rechnersystem die Aufträge eines Benutzers oder einer Benutzergemeinschaft ausführt. Die *Benutzer* wirken in Form einer *Arbeitslast* auf die *Rechnerkonfiguration* ein und die Rechnerkonfiguration stellt den Benutzern eine *Netzleistung* zur Verfügung. Dabei nehmen wir an, daß Rechnerkonfiguration aus der Rechner- und Kommunikationshardware, dem Betriebssystem und der Kommunikationssoftware besteht. Die Arbeitslast wird durch dei Aufträge der Benutzer repräsentiert. Im Bild 1 wird als Blockschaltbild das entsprechende *Leistungsverhaltensmodell* eingeführt. Dabei stellt die Modellkonfiguration den mathematischen Zusammenhang zwischen den *unabhängigen Einflußgrößen* und den *Leistungsbewertungsgrößen B* her. Als unabhängige Einflußgrößen treten hier die *Arbeitslastkenngrößen A* und die *Konfigurationsparameter K* auf. Es gilt dabei der Zusammenhang

$$B=B(A,K) \qquad (1)$$

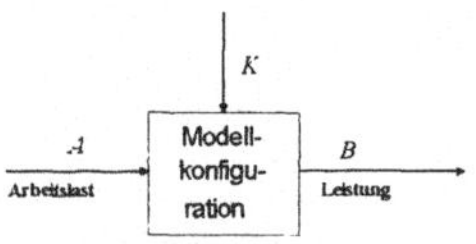

Bild 1: Leistungsverhaltensmodell

Wir führen jetzt allgemein eine Reihe von Arbeitslastobjekten ein. Als kleinste sequentielle Arbeitslasteinheit wird die *Operation* verwendet. Beispiele hierfür sind die Verarbeitungs- und Übertragungsoperationen. Als nächstes ühren wir die *Task* als Arbeitslastobjekt ein. Dabei ist die Task die größte sequentielle Arbeitslasteinheit. Sie besteht aus einer Operationsfolge. Die größte Arbeitslasteinheit ist der *Auftrag*. Der Auftrag ist das natürliche Arbeitslastobjekt des Benutzers. Wir unterscheiden sequentielle und Parallelaufträge Ein *sequentielle Auftrag* enthält nur eine Task. Ein *Parallelauftrag* enthält eine Reihe von Tasks und damit mehrere Operationsfolgen, die parallel zueinander ausgeführt werden können. Bei der verteilten Verarbeitung haben wir es mit Parallelaufträgen zu tun.

Es wird jetzt spezieller das *Arbeitslastmodell* der verteilten Verarbeitung betrachtet. Um eine eindeutige skalierbare Struktur der Arbeitslast zu erhalten, gehen wir hier vom SPMD-Programmiermodell (*SPMD - single program multiple data*) aus. Beim SPMD-Programmiermodell ist das gleiche Programm in jedem Verarbeitungs-Knoten des verteilten Systems geladen. Das SPMD-Programmiermodell findet breite Anwendung in Systemen mit einer großen Taskzahl (s. auch [5]). Das sind Systeme der massiv parallen und der verteilten Verarbeitung. Es erlaubt eine eindeutige und vor allem skalierbare Strukturierung der Arbeitslast. Es ermöglicht die Realisierung und Modellierung von Anwendungen mit hundert und tausend gleichzeitig verarbeitungsbereiten Tasks.

Für ein allgemeines SPMD-Programmiermodell kann ein Task-Präzedenzgraph entsprechend Bild 2 angegeben werden. Dieser Graph besteht aus L+1 Schritten der sequentiellen und L Schritten Al (l=1,2,...,L) der parallelen Verarbeitung, die sich abwechseln. Außerdem sind in den parallelen Schritten Kommunikationen vorhanden, die den Pfeilen zugeordnet werden können. Dabei sind dieTasks Tlm_l als Knoten gekennzeichnet, wobei wir mit m_l die Anzahl der Tasks im Parallelschritt Al bezeichnen.

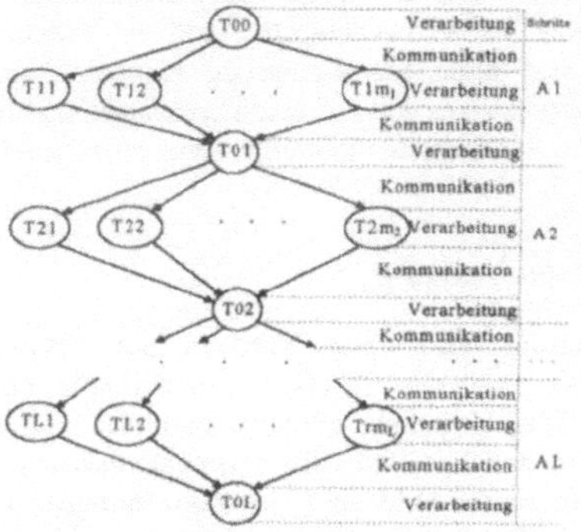

Bild 2: Task-Präzedenzgraph einer SPMD-Last

Jedem Task-Knoten ist ein sequentieller Verarbeitungsalgorithmus und jedem Pfeil eine Kommunikations-Operation zugeordnet. Wenn wir mit m die Taskzahl des Auftrags und mit n die Gesamtzahl der sequentiellen und parallelen Schritte bezeichnen, dann ergeben sich folgende Zusammenhänge

$$m = L + 1 + \sum_{l=1}^{L} m_l \qquad (2)$$

$$n = L + 1 + L. \qquad (3)$$

Auf dieser Grundlage kann jetzt der *Parallelitätsgrad* P der Arbeitslast als Verhältnis der Taskzahl m des Auftrags zur Gesamtzahl n der sequentiellen und parallelen Auftragsschritte

$$P = m/n \qquad (4)$$

definiert werden.

Die *Task-Verarbeitungszeit* wird als stetige Zufallsgröße Θ_{bVT}, mit den Realisierungen τ_{bVTj} und dem Mittelwert T_{bVT}, betrachtet. Dabei kann anhand des Bildes 2 der Mittelwert mit

$$T_{bVT} = \frac{1}{L} \sum_{l=1}^{L} \left(\frac{1}{m_l} \sum_{j=1}^{m_l} \tau_{bVTj} + \tau_{bVT0} \right) \qquad (5)$$

ermittelt werden. Die mittlere *Auftragsverarbeitungszeit* T_{bVJ} kann aus der mittleren Verarbeitungszeit der Tasks mit Hilfe von

$$T_{bVJ} = \frac{1}{m} \sum_{j}^{m} \tau_{bVTJ} = m T_{bVT} \qquad (6)$$

bestimmt werden.

Die beiden jeder parallelen Task zugeordneten Kommunikationszeiten werden zu einer *Task-Kommunikationszeit* Θ_{bKT} zusammengefaßt, wobei für diese stetige Zufallsgröße die Realisierungen mit τ_{bKTj} und der Mittelwert mit T_{bKT} bezeichnet werden. Wir betrachten die beiden Fälle eine endlichen und einer unendlichen Zahl von Parallelitätsschritten. Bei einer endlichen Zahl von Parallelitätsschritten wird für die Taskzahl in jedem Parallelschritt ein deterministische Größe m_l angenommen. Wenn die Zahl der Parallelschritte mit $L \to \infty$ angesetzt wird, dann nehmen wir für die Taskzahl eine diskrete Zufallsgröße Φ mit den Größen m_l als Realisierungen und dem Mittelwert

$$M = \frac{1}{L} \sum_{l=1}^{L} m_l. \qquad (7)$$

Für diese Zufallsgröße wird der Bestimmtheit halber eine Poissonverteilung angenommen. Für den Parllelitätsgrad erhalten wir mit dem Grenzübergang $L \to \infty$

$$P = (M + 1)/2. \qquad (8)$$

Wir führen jetzt den *Granularitätsgrad* G als Verhältnis der mittleren Verarbeitungszeit zur mittleren Kommunikationszeit einer parallelen Task mit

$$G = T_{bVT}/T_{bKT} \qquad (9)$$

ein.

Als Konfiguration betrachten wir ein lose gekoppeltes Rechnersystem, das aus vielen Prozessoren mit lokalem Speicher und entsprechenden Netzkommunikationsressourcen für das Message-Passing besteht. Dabei kommen in den Netzwerken Busstrukturen, Schalter, Punkt-zu-Punkt-

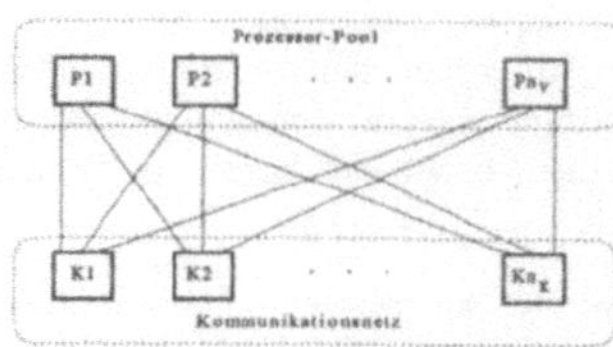

Bild 3: Konfigurationsmodell

Verbindungen in Betracht. Zur Einengung der Vorstellungen betrachten wir massiv parallele Rechnersysteme und Workstation-Cluster, wobei die letzteren als Grundlage für die verteilte Verarbeitung im Vordergrund stehen. Als *Konfigurationsmodell* betrachten wir eine allgemeine Struktur, die dem Bild 3 entspricht. Dabei werden die Prozessoren zu einem Pool als eine Mehrkanalressource mit n_V Kanälen zusammengefaßt und auch das Kommunikationsnetzwerk wird als Mehrkanalressource mit n_K Kanälen angesehen. Im Bedarfsfall kann die Struktur des Kommunikationsnetzwerks als Warteschlangennetz erweitert werden.

3 Leistungsverhaltenmodell der verteilten Verarbeitung

Das Leistungsverhaltensmodell der verteilten Verarbeitung wird unter Nutzung des Arbeitslastmodells und des Konfigurationsmodells aufgestellt. Das Ergebnis ist eine graphische Darstellung in der Form des Forderungslaufplanes in Bild 4. In dieses Bild sind die Zuordnungen der Ressourcen (VER - Verarbeitungsressource mit n_V Kanälen; KOM - Kommunikationsressource mit n_K Kanälen) und die entsprechenden mittleren Verarbeitungszeiten T_{bVT} und mittleren Kommunikationszeiten T_{bKT} der Tasks eingetragen. Außerdem werden im Forderungslaufplan die Verarbeitungswartezeiten mit den Mittelwerten T_{wVT}, die Kommunikationswartezeiten mit den Mittelwerten T_{wVT} und die Synchronisationswartezeiten mit den Mittelwerten T_{wST} berücksichtigt.

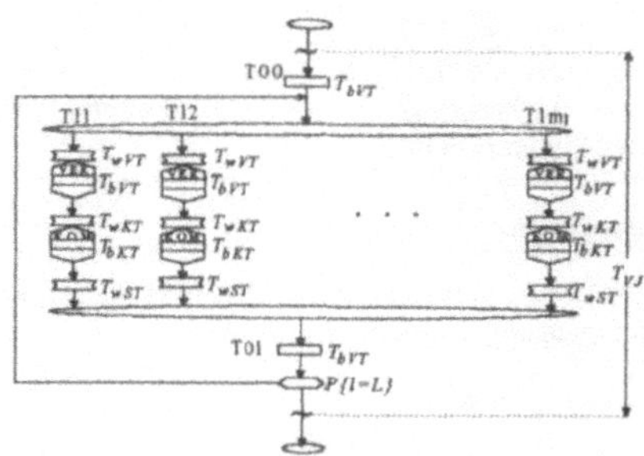

Bild 4: Forderungslaufplan des Simulationsmodells

Die Rechnerleistung wird durch Leistungs- bewertungsgrößen ausgedrückt. Man kann allgemein als Hauptrichtungen der Leistungsbewertung das Durchsatzverhalten, das Verweilzeitverhalten und das Auslastungsverhalten ansehen. Dabei kann das *Durchsatzverhalten* durch die Anzahl der Arbeitslastobjekte, die in der Zeiteinheit durch das System abgefertigt wird, charakterisiert werden. Das *Verweilzeitverhalten* kann durch die mittlere Verweilzeit eines Arbeitslastobjekts in der Kongiguration erfaßt werden. Das *Auslastungsverhalten* wird durch die Auslastungsgrade der verschiedenen Konfigurations- komponenten (Ressourcen) bewertet. In diesem Beitrag können wir uns auf die Betrachtung des Durchsatzverhaltens beschränken, weil es direkt mit den Verweilzeitverhalten der Aufträge zusammenhängt. Wir führen jetzt den Beschleunigungsfaktor (Speedup) S als dimensionslose Leistungsbewertungsgröße des Durchsatzverhaltens mit

$$S = T_{bVJ}/T_{VJ} \qquad (10)$$

ein. Das Bild 4 enthält die Eintragung der mittleren Auftragsverweilzeit T_{VJ}, die als dimensions behaftete Leistungsbewertungsgröße die Grundlage für die Bestimmung des Beschleunigungsfaktors bildet.

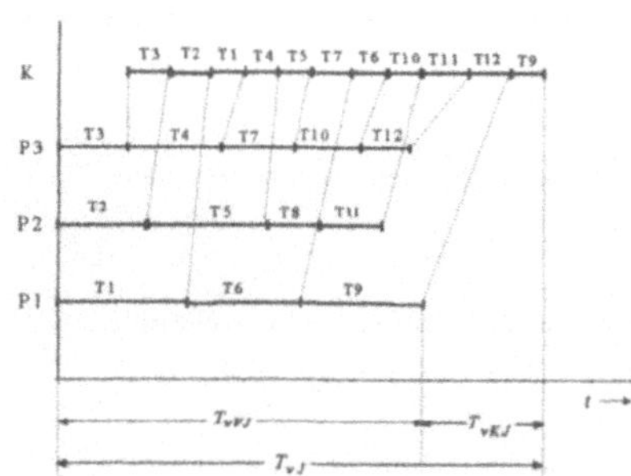

Bild 5: Gantt-Diagramm der Taskbedienzeiten
Beispiel: 12 Tasks; 3 Prozessoren: P1, P2, P3;
1 Kommunikationskanal. K

Im Bild 5 ist ein entsprechendes Gantt-Diagramm für ein Beispiel mit 12 Tasks, 3 Prozessoren und einem Kommunikationskanal angegeben. Dabei

180

wird außerdem angenommen, daß die Kommunikationsressource die Schwachstelle des Systems ist. Daß die Kommunikationsressource die Schwachstelle ist, zeigt sich im Bild 5 dadurch, daß am Ende der Auftragsabfertigung nach der Beendigung aller Task-Verarbeitungszeiten noch mehrere Task-Kommunikationszeiten vorhanden sind. Dieses Bild zeigt die Parallelarbeit zwischen den einzelnen Prozessoren und zwischen den Prozessoren und dem Kommunikationskanal. Wenn mehrere Kommunikationskanäle vorhanden sind, dann gibt es auch noch eine Parallelarbeit zwischen den Kommunikationsressourcen.

Das Leistungsverhaltensmodell enthält die Abhängigkeit des Beschleunigungsfaktors S von den Arbeitslastkenngrößen P und G und den Konfigurationsparametern n_V und n_K

$$S = S(P, G, n_V, n_K). \tag{11}$$

In massiv parallelen Systemen wird meist angenommen, daß die Zahl der Prozessoren ausreichend für die gleichzeitige Bedienung aller zu einem Zeitpunkt rechenbereiten Tasks ist. Im Modell kann das durch die Annahme

$$n_V = Max\{m_l; l = 1, ..., L\} \tag{12}$$

gesichert werden. Ein Modell mit dieser Eigenschaft bezeichnen wir als *Modell der massiv parallelen Verarbeitung*. In diesem Fall besteht ein direkter Zusamenhang zwischen den Parametern Paralelitätsgrad und Prozessorzahl. Im Gegensatz dazu kann in (11) angenommen werden, daß der Parallelitätsgrad und die Prozessorzahl unabhängig voneinander sind. Ein solches Modell nennen wir *Modell der verteilten Verarbeitung*. Das Modell der verteilten Verarbeitung ist typisch für Workstation-Clustern.

Schwerpunkt unserer Betrachtungen ist die verteilte Verarbeitung in Workstation-Clustern. Die entwickelten Modellvorstellungen sind aber auch für die Verarbeitung in massiv parallelen Rechnersystemen geeignet.

4 Leistungsanalyse mit Hilfe der Simulation

Der Forderungslaufplan des Bildes 4 bildet die Grundlage für die Simulation. Die bei der direkten Simulation im Zusammenhang mit den vielen parallel existierenden Tasks auftretenden Rechenzeitprobleme konnten durch geeignete Maßnahmen beseitigt werden.

Mit Hilfe des Simulationsmodells wird der Zusammenhang zwischen unabhängigen Einflußgrößen und dem Beschleunigungsfaktor untersucht. Dabei wurden für wichtige Systemklassen die Einflüsse des Parallelitätsgrades, der Prozessoranzahl, des Granularitätsgrades und der Kanalzahl einer Mehrkanal- Kommunikationsressource untersucht.

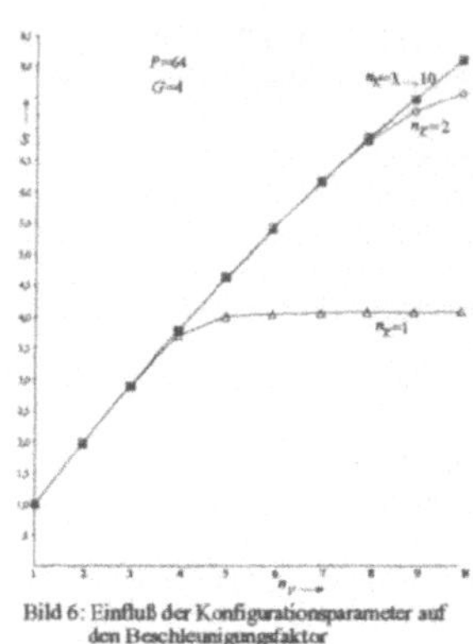

Bild 6: Einfluß der Konfigurationsparameter auf den Beschleunigungsfaktor

Wir müssen uns hier aus Platzgründen auf zwei Diagramme beschränken. Im Bild 6 ist der Einfluß der Prozessorzahl auf den Beschleunigungsfaktor für verschiedene Kanalzahlen der Kommunikationsressource dargestellt. Dabei werden die Werte der Arbeitlastparameter bei $P=64$ und $G=4$ festgehalten. Hier zeigt sich deutlich, daß große Granularitätsgrade den Kommunikationseinfluß klein werden lassen. Dabei gibt es von einem bestimmten Granularitätsgrad an überhaupt keine Erhöhung des Beschleunigungsfaktors. Diese Grenzen verschieben sich natürlich mit der Veränderung der anderen Parameter. Aus diesem Bild ist weiter erkennbar, daß bei vorgegebenen Arbeitslastparametern ein günstiges Leiatungsverhalten durch eine Zuordnung zwischen den Kanalzahlen der Verarbeitungs- und Kommunikationsressource erreichbar ist. In unserem Beispiel gilt die Zuordnung

$$1 \leq n_V \leq 4 \text{ für } n_K = 1,$$
$$5 \leq n_V \leq 8 \text{ für } n_K = 2, \tag{13}$$
$$9 \leq n_V \text{ für } n_K = 3, ..., 10.$$

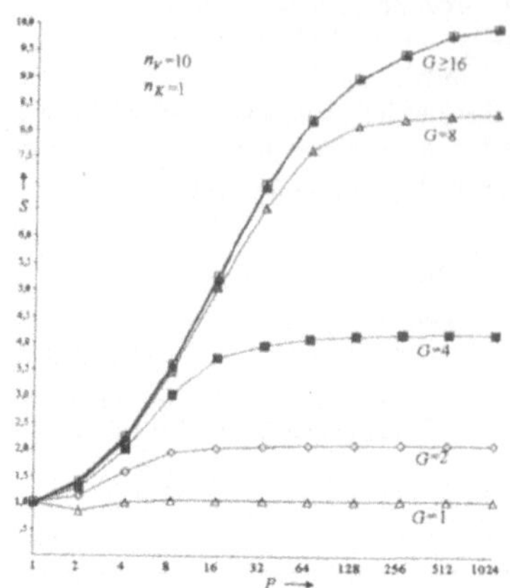

Bild 7: Einfluß des Parallelitätsgrades und des Granularitätsgrades auf den Beschleunigungsfaktor

Bild 7 enthält die Abhängigkeit des Beschleunigungsfaktors vom Parllelitätsgrad bei verschiedenen Granularitätsgraden. Dabei wurden die Konfigurationsparameter festgehalten. Aus diesem Bild ist erkennbar, daß es ein unterschiedliches Verhalten für

$$G \leq n_V/n_K \qquad (14)$$

und für

$$G > n_V/n_K \qquad (15)$$

gibt. Dieser Unterschied ergibt sich aus der Tatsache, daß die Kommunikationsressource bei $G \leq n_V/n_K$ zur Schwachstelle wird. Dieser Fall muß vermieden werden, wenn ein relativ großer Beschleunigungsfaktor erreicht werden soll. Außerdem ergibt sich bei $P \to \infty$ unter den betrachteten Bedingungen für S ein asymptotisches Verhalten. Es gilt für diesen Grenzwert

$$S = \begin{cases} G \cdot n_K & \text{für } G \leq n_V/n_K \\ n_V & \text{für } G > n_V/n_K \end{cases} \qquad (16)$$

Diese Formel kann zur Abschätzung de Beschleunigungsfaktors bei großen Parallelitätsgraden genutzt werden, und man kann in diesem Fall auf die Simulation verzichten.

5 Validierung

Am Schluß wird anhand eines einfachen praktischen Beispiels das Modell validiert. Beim Beispiel handelt es sich um die Abarbeitung eines parallelen Makefiles, für die in der Literatur (s. [3]) entsprechende Meßergebnisse vorliegen. Bild 7 enthält die Vergleichskurven der Simulation und der Messung für die Abhängigkeit des Beschleunigungsfaktors von der Prozessorzahl bei gleichem Parallelitätsgrad und Granularitätsgrad. Es zeigt sich eine gute Übereinstimmung.

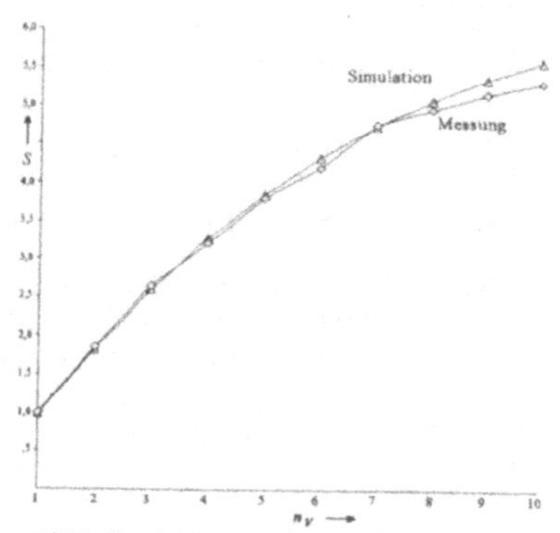

Bild8: Vergleich der Simulation mit der Messung

6 Literatur

[1] Hertweck, F.: Vektor- und Parallel-Rechner: Vergangenheit, Gegenwart, Zukunft. it 1/89 S. 5 -22.

[2] Turcotte, L.: Cluster Computing. In Zomaya, A. Y.(Editor) Parallel & Distributed Computing Handbook McGraw-Hill (1996)

[3] Langendörfer, H. und B Schnor: Verteilte Systeme. Carl Hanser Verlag München - Wien (1994)

[4] Tavangarian, D. u.a.: Hochleistungs-Datenverarbeitung in Workstation-Clustern. it+ti 1/95 S. 29-37

[5] Brehm, J. u.a.: PrePreT - A Performance Prediction Tool for Massively Parallel Systems. In Beilner/Bause (Eds.) Quantitative Evaluation of Computing and Communication Systems Sept. (1995) S. 284-298

[6] Klar, R. et al.: Messung und Modellierung paralleler und verteilter Rechensysteme B G Teubner, Stuttgart (1995)

[7] Duda, A. Czachorski, T.: Performance Evaluation of Fork and Join Synchronisation Primitives. Acta Infortmatica Vol. 24 pp. 525-553, 1987

[8] Bergholz, G.: Zur Verweilzeitanalyse von Systemen mit Parallelkopplungen. Workshop Parallelverarbeitung Lessach (Österreich) Sept,. 1992. In Ecker , K., Hirschberg, R. (Hrsg.) Informatik-Bericht 93/5 TU Clausthal S. 1- 18

[9] Herzog, U; Klar, R.: Leistungsbewertung von Parallelsystemen. In Waldschmidt, K. (Hrsg.) Parallelrechner Teubner-Verlag (1995)

Topologie von skalierbaren Rechensystemen

G.M. Luzkyj - Nationale Technische Universität
der Ukraine "KPI"
Prospekt Peremogy, 37, 252056, Kyiv, Ukraine

1. Einleitung

Das Konzept der Parallelverarbeitung wird schon mehr als 20 Jahre entwickelt, aber in Praxis haben a,m meistens die Pipeline-, Matrix- und Multiprozessorganisation der Systeme einen Einsatz gefunden. Jede von diesen Organisationen hat die wesentliche Beschränkungen im Sinne der Leistungssteigerung. Darüber hinaus braucht der Entwicklung des Superrechners mit der entsprechenden Organisation die große Investition für die Konstruktion der Hardware mit der Berücksichtigung der kleine Produktionsserie und der Notwendigkeit die neueste Technologie zu benutzen, maximale Netzwerk-Bandbreiten sicherzustellen und moderne Software zu erstellen. In diesem Zusammenhang bekommen die homogene Rechensysteme eine zunehmende Bedeutung, die auf dem Modell der Rechnermenge mit theoretisch unbegrenzten Leistungsmöglichkeiten basieren und die dynamische Erweiterungsmöglichkeiten voraussetzen. Solche Strukturorganisationen bezeichnet man als skalierbare Strukturen.

2. Problemstellung

In diesem Beitrag werden die Topologieaufgaben sowie die Fragen der Planung und der Aufgabenverteilung mit Berücksichtigung der entsprechenden Topologien, die zu wichtigsten Problemen der Realisierung und Organisation der skalierbaren Rechensysteme gehoren, betrachtet.

3. Die vorgeschlagene Losungen

Bei der Analyse der skalierbaren Systeme wird eine ganze Reihe von topologischen Charakteristiken, die die Qualitat der Systemstruktur widerspiegeln, benutzt. Diese sind der Durchmesser (D) und der mittlere Durchmesser der Strukturen, ein Knotengrad (S), die Knotenbündigkeit, die Topologiewechselsfähigkeit, die Lebensfähigkeit und der Nennwert. Unter Berücksichtigung dieser Paremeter sei es die Qualität der existierten Grundtopologien der Rechensystem bewertet und die Wege ihrer Entwicklung sowohl für die Systemen mit der fixierten Topologie, als auch für die Systemen mit der rekonfigurierten Topologie festgestellt. Zu den Grundtopologien zählt man lineare-, ring-, star-, baum-, gitterformige , geschlossene gitterformige, kubische- und hyperkubische Topologien, Topologien mit kubisch- oder hyperkubischverbundenen Ringen, verallgemeinerte hyperkubische Topologien oder Topologien mit dem vollständigen Kreuzsystem der Verbindungen. Die Mehrheit der Topologien, die betrachtet sind, werden überall benutzt und, folglich, sind gut untersucht. So ist es für die lineare Topologien D=N-1, S=2; für die ringformige Topologien - D=$\lfloor$N/2$\rfloor$, S=2; für die starformige - D=2, S=N-1; für die baumformige Topologien - D=2log((N+1)/2), S=3; für die gitterformige Topologie - D=2(($\sqrt{}$ N)-1), S=4; für die geschlossene gitterformige Topologie - D=2$\lfloor$($\sqrt{}$N)/2$\rfloor$, S=4; für die hyperkubische Topologien -D=logN, S=logN; für die vollständigverbundene Topologie - D=1, S=N-1. Die Forschung der hyperkubisch-verbundenen Ringe und verallgemeinerten hyperkubischen Topologien beginnt jetzt im Sinne von ihrer Anwendung am Aufbau der skalierbaren Rechensystemen. In diesem Zusammenhang muß man ihre Besonderheiten betrachten.

Das elementare Beispiel für die hyperkubisch-verbundene Ringe (cube connected cycle) sind 3-kubisch-verbundene Ringe. Im Vergleich zu 3-Kubik in gegebenen Bedeutungen der Potenz (S=3) ist die Scheitelpunktzahl in dreimal vermehrt. Jedoch wird solche Erhöhung der Scheitelpunktzahlen mit der verdoppelten Erhöhung eines Durchmessers (D=6) verbunden. Aber mit Hilfe gegebenen Topologien wird gewissermaßen die Aufgabe der Reduzierung der Potenz von Elementen der skalierbaren Rechensystemen gelöst. Diese Lösung gründet sich auf die Kombination der Topologien verschiedenen Arten mit gegenüberliegenden Exponenten der Werten des Durchmessers und der Potenz.

Der Entwicklung der CCC-Topologien sind die verallgemeinerten CCC-Topologien, in deren jeder Scheitelpunkt des Hyperwürfels nicht mit den 3-scheitelpunkten Ringen, sondern mit den vielscheitelpunktenoder mit den hyperkubischen Topologien des zweiten Standes identifiziert sind, zu nennen. Die Entwicklung des Ringes auf einen Scheitelpunkt gibt die Möglichkeit, die Zahl N der Scheitelpunkten in derselben Werten der Potenz zu verdoppeln. Und die Entwicklung des Hyperwürfels gibt gleichen Effekt solange,bis seine Dimension wird vermehrt werden, danach wächst die Potenz pro Einheit [1].

Lassen wir, daß $N_1=2^r$- die Scheitelpunktzahl im Hyperwürfel des ersten Standes ist, und r=2^p- die Scheitelpunktzahl im Hyperwürfel des zweite Standes ist. Dann wird die Gesamtzahl der Scheitelpunkten in der verallgemeinernten CCC-Topologien gleich N<=2↑(2^p+p), der Knotengrad wird gleich S<=p+1, und der Durchmesser der Topologie wird gleich D<=2^{p+1}.

Auf solche Weise, erlauben die verallgemeinernte CCC-Topologien im bedeutensten Maße das Wachstumstempo der Potenz der Scheitelpunkten bei der Erhöhung der Scheitelpunktzahl zu vermindern. Die Bedeutungen des Durchmessers werden dabei wesentlich vermehrt. In diesem Zusammenhang sind die Topologien von besonderem Interesse, die nach dem Exponent des Durchmessers zu deren Bedeutungen nah sind, die die Topologien mit dem vollständigen (kreuz-) System der Verbindungen gekennzeichnet sind. Dabei muß es darauf hingewiesen werden, daß die verallgemeinerten CCC-Topologien gründen sich auf das hyperkubische Verbindungsystem, dessen Hauptdefekt eine große Dimension k-Würfels , die in der logarithmischen Abhängigkeit von der Zahl der Elementen zunimmt, ist. Deshalb sind die Fragen der Ermäßigung des Durchmessers mit den Fragen der Dimensionverminderung der Topologien verbunden. Mit diesem Zweck, gemeinsam mit den hyperkubischen Topologien mit der binären Basis sehen wir die hyperkubische Topologien mit der gemischtem Basis durch [2].

Lassen wir, daß N - Scheitelpunktzahl in dem Graf eines Systems ist,wobei

$$N = \prod_{i=1}^{r} m_i \, ,$$

wo m_i - die Basis des Rechensystems für i-Kategorie ist.

So kann die Zahl *P*, wo *0<=P<=(N-1)*, durch n-type *(p_r , p_{r-1}, ... , p_1* vertreten kann, wo *0 <=p_i <= (m_i -1)*,d.h.

$$P = \sum_{i=1}^{r} p_i \prod_{j=0}^{i-1} m_j$$

für alle i, $0 <= i <= r$.

Hieraus folgt ,daß zum Unterschied von einem gewöhnlichen doppelten Hyperwürfel, wo $m_i=2$ ist, kann m_i in der hyperkubischen Topologien mit der gemischten Basis verschiedene Bedeutungen annehmen. Das heißt,daß im Rahmen   geringen Bedeutungen der Dimension der Hyperwürfeln die Zahl der Knotenelementen in solchen Topologien größere Bedeutungen annehmen kann. So, bei der gleichen, aber hohen Basen der gegebenen Topologien,hängt der Durchmesser von der Scheitelpunktzahl N nicht ab, er bestimmt nur durch die Gemessenheit r-Topologie,und der Scheitelpunktgrad ist gleich. $S=\sum_{i=1}^{r} (m_i -1)$. Auf solche Weise, wird hier die Basiskombination der topologischen Strukturen vertreten, auf deren Basis die Entscheidungen bei der Aufbau der skalierbaren Rechensystemen annehmen werden. Dabei sind viele aus den betrachteten Topologien gegenüberliegend vom Standpunkt der Parameter der Qualität der topologischen Strukturen, deshalb ist im betrachteten Aspekt die Recherche verschiedenen Kombinationsvarianten der Besonderheiten unterschiedlichen Topologien in der einzigen Organisationsstruktur eine Grundsache der Forschung. In der vorliegenden Arbeit wird für die Lösung dieser Aufgabe eine klassische Operation des Produktes der graphischen Darstellungen der Topologien benutzt.

Das Produkt der zweier nichtorientierten Grafen mit den Nebenmatrizen ist

$$M_1 = \begin{bmatrix} a_{11} & a_{12} & a_{13} & \cdots & a_{1n} \\ a_{21} & a_{22} & a_{23} & \cdots & a_{2n} \\ a_{31} & a_{32} & a_{33} & \cdots & a_{3n} \\ \cdots & \cdots & \cdots & \cdots & \cdots \\ a_{n1} & a_{n2} & a_{n3} & \cdots & a_{nn} \end{bmatrix} \quad \text{und} \quad M_2 = \begin{bmatrix} b_{11} & b_{12} & b_{13} & \cdots & b_{1k} \\ b_{21} & b_{22} & b_{23} & \cdots & b_{2k} \\ b_{31} & b_{32} & b_{33} & \cdots & b_{3k} \\ \cdots & \cdots & \cdots & \cdots & \cdots \\ b_{k1} & b_{k2} & b_{k3} & \cdots & b_{kk} \end{bmatrix}$$

Die Dimension n x n, k x k bzw. ist ein Graf mit der Nebenmatrix M_n der Dimension (nxk)*(nxk) so, daß die Nebenmatrix des Grafes M_n nach folgendem Algorithmus gebaut wird

$$Mn = \begin{bmatrix} C_{11} & C_{12} & C_{13} & \cdots & C_{n*k} \\ C_{21} & C_{22} & C_{23} & \cdots & C_{n*k} \\ C_{31} & C_{32} & C_{33} & \cdots & C_{n*k} \\ \cdots & \cdots & \cdots & \cdots & \cdots \\ C_{n*k} & C_{n*k} & C_{n*k} & \cdots & C_{(n*k)(n*k)} \end{bmatrix},$$

$$C_{i,j} = \begin{cases} M_1, if\ i = j \\ J, if\ (i \neq j)\ and\ (b_{i,j} = 1) \\ Z, if\ (i \neq j)\ and\ (b_{i,j} = 0) \end{cases}, \quad Z = \begin{bmatrix} 0 & 0 & \cdots & 0 \\ 0 & 0 & \cdots & 0 \\ \cdots & \cdots & \cdots & \cdots \\ 0 & 0 & \cdots & 0 \end{bmatrix}, \quad J = \begin{bmatrix} 1 & 0 & \cdots & 0 \\ 0 & 1 & \cdots & 0 \\ \cdots & \cdots & \cdots & \cdots \\ 0 & 0 & \cdots & 1 \end{bmatrix}.$$

Die Operation des Produktes des Grafes hat folgende Eigenschaften:

1.Das Produkt von zwei Grafen ist kommutativ

$$G_1 \otimes G_2 = G_2 \otimes G_1.$$

2.Bei der iterativen Rechnung.

$$G_1 \otimes G_2 = G_{n1}, \; G_{n1} \otimes G_2 = G_{n2}, \; G_{n2} \otimes G_2 = G_{n3}.$$

3.Der Scheitelpunktgrad des Grafproduktes wächst auch linear entspechend der Formel
$Sn_i = Sn_{i-1} + S_2$.

4.Der Grafsdurchmesser des Produktes Dп wächst auch linear entsprechend der Formel
$Dn_i = Dn_{i-1} + D_2$.

5.Die Scheitelpunktzahl des Grafes des Produktes bei jedem Iteration vermehrt in k Malen.

Bei der Forschung der unterschiedlichen großmaßstabigen topologischen Konfigurationen ein besonderes Interesse geben die verschiedene Modifikationen der Operation des Grafproduktes. In diesem Zusammenhang kann man folgende Varianten unterstreichen.

1.Die Veränderung der Anordnung der Einsen der einzelnen J-Matrix, die an der Bildung der Nebenmatrix des Grafproduktes teilnimmt (die Anordnung der Einsen stammt nicht auf der Hauptdiagonale, sondern irgendwie anders). Es wird den Charakter der Aufbau der Verbindungen zwischen den Grafen der Art G_1 verändern, die an der Bildung des Grafproduktes teilnehmen.

2.Die Reduzierung der Zahl der Einsen der einzelnen J-Matrix, die an der Bildung der Nebenmatrix des Grafproduktes teilnimmt (das begrenzte Produkt). Nicht alle Scheitelpunkte der Grafen $.G_1$ und G_2 werden an der Operation des Produktes in jeder ihrer Iteration teilnehmen (es geht um den Zyklus aus mehreren Multiplikationen $G_1 x G_2$). In diesem Fall ist es möglich ein mehr schnelles Anwachsen des Durchmessers, als im Fall des klassischen vollständigen Produktes der Grafen. Das gibt die Möglichkeit die erworbene Grafen in den nächsten Interationen solcher modifizierten Produktoperation mit dem mehr langsamen Anwachsen des Scheitelpunktgrades des Grafen weiter zu benutzen.

3.Die Erhöhung der Zahl der Einsen der einzelnen J-Matrix, die an der Bildung der Nebenmatrix des Grafproduktes teilnimmt (das überflüssige Produkt). Solche Algorithmusveränderung der Operation des vollständigen Grafesproduktes kann die Verbindung der einzelnen Fragmenten des Grafesproduktes mit Hilfe der Einfuhrung der gewissen überflüssigen Verbindungen zwischen den Grafen der Art G_1,die an der Bildung des Grafproduktes teilnehmen, erhöhen.

Auf solche Weise, wenn wir mit der j-Nebenmatrix variieren werden, kann man verschiedene Matrizen M_n der Nebenmatrix bekommen und auf ihrem Grund die vollständige Charakteristikkombination der ergebnisgebenden Topologie bestimmen.

Auf dem Grund der Analyse der verschiedenen Netztopologien machen wir die Zusammenfassung, daß letzten Endes die Eigenschaft der Topologie wird mit Hilfe der ersten zwei Exponenten definiert, und alle anderen Exponenten sind von den gegebenen Eigenschaften abgeleitet. Deshalb soll die Suche der optimalen topologischen Entscheidungen auf dem Grund der multiplikativen Merkmalen der Optimierung ausführen, demensprechend das Produkt des Grades und des Durch- messerss der Minimierung unterliegt. In der Arbeit wird gezeigt, daß die Bedeutung der Produkten D*S für die hyperkubische Topologien mit der hohen Basis für r = 3 in einem Bereich $0 < N <= 2^{12}$ weniger als für die doppelten hyperkubischen und für die verallgemeinerten CCC-Topologien ist. Dieser Bereich erweitert sich wesentlich mit der Erhöhung r und dabei erweitern sich auch die Möglichkeiten der Ausnutzung der gegebenen Netzen für den Aufbau von skalierbaren Rechensystemen. Aber die wesentliche Erhöhung des Exponenten des Grades, die in gegebenen Topologien stattfindet, ist nicht zulässig in diesem Zusammenhang ist es notwendig, die Möglichkeit der Kombination der vorliegenden Topologien zu den anderen Hilfstopologien zu erforschen. Diese würden erlauben, bei der verhältnismäßig nicht großen Änderungen des Durchmessers in die Seite der Zunahme in bedeutendem Maße ihr Grad zu vermindern.

Vor allem sehen wir als Beispiel der Hilfstopologie den Ring für den Fall an, wenn die Grundlinie m_i der Grungtopologie gleich 4 ist, und die Zahl von Modulen im Ring ist n gleich. Zwei Grades jedes Ringmoduls werden auf die Organisation des Ringes benutzt und, folglich bleiben in jedem Modul nur zwei Grade ungenutzt. Deshalb ist es nötig für solche Netzorganisation mit der Bedeutung des Grades S=6 - n=3, von S=9 - n=5, und im allgemeinem Fall für jede S ist n=$\lceil$S$\rceil$/2 . Der Durchmesser der gegebenen Topologie für verschiedene Werten der Dimension des topologieschen Netzes wird gleichen D_c=r*(r+1)-1 sein.

Auf solche Weise, das erhaltene im Ergebnis des anfänglichen hyperkubischen Netzes mit m_i=4 durch die Ringorganisationen kombinierte Nezt durch den Durchmesser charakterisieren wird, der bei S=4 in (r+1) Malen den Durchmesser des anfänglichen Netzes erhohen wird. Jedoch soll es hier berücksichtigen, das der Wert r für den gegebenen Fall zweimal weniger als der Wert r für die dualen hyperkubische Topologien ist.

In dem betrachtenden Kontext stellen die Starkonfigurationen der Netzen ein besonderes Interesse dar. Die charakterisieren sich durch sehr wenige Bedeutungen des Durchmessers (D=2) und durch die minimale Bedeutungen der Potenz (S=1= für die n-1 Scheitelpunkten und, folglich durch die maximale Anzahl von freien Scheitelpunkten für die Organisation der erforderlicher Zusammenwirkung. Dabei sind die Fragen des niedrigen Ezponenten der Versagenfestigkeit im bestimmten Maße durch die bedeutenden Exponenten der Verbindungen der Grundtopologie zu kompensieren. Bei der Ausnutzung als Hilfstopologie fordert der Übergang von einer Dimension in eine andere - 3 Steigungen, und folglich wird für m_i =4 der Durchmesser D_z=3*r ,d.h. der Durchmesser der gegebenen kombinierten Topologie wird um 3 Male den Durchmesser der anfänglichen Grundtopologie erhöhen.

Auf solche. Weise, sind die betrachteten hierarhische Topologien mit der Basis 4 mit den vorgegebenen Einschränkungen der Potenz, die S=4 gleich ist, mehr bevorzugt als die populärste Varianten der hyperkubischen Topologien mit zwei Niveaus. Aber die effektvollste Ausnutzung der letzten Veriante, bei dem dem natürlichen Bild die Einschränkungen der Transputer in Betracht gezogen sind, wird mit dem Gebiet der Veränderung N von 4 bis 1280 Modulen verbunden. Für die weitere Erweiterung der Anzahl von Modulen braucht man die Erhöhung der Qualität der Hilfselementen und, demgemäß die Entscheidung der Fragen der Erhöhung der Potenz des Hauptelementen.

Die hyperkubische Topologien mit der gemischten Basis haben, auf solche Weise, ganz bestimmte Vorteile zu den betrachteten früher Topologien, auf deren Basis liegt zweimeßbaren Würfel. Die vorliegende topologische Varianten sind zu betrachten, wie einige von den Einstellungen zum Aufbau der Topologien des gegebenen Typus, und in diesem Prinzip können viele mehr effektvollste Lösungen vorgeschlagen werden. Die Hauptaufgabe der vorliegenden Arbeit besteht aber in der Suche mehr annehmbaren Lösungen, auf deren Grund diese Forschungen liegen. Und diese Lösungen sind mit der rekonfigurierten Topologien verbunden.
Die Rekonfiguration der Netztopologie wird mit der Veränderung des Systems der Verbindungen zwischen den Modulen des Netzes verbunden, die mit der Hilfe der verschiedenen Arte kommunierten Elementen entschieden wird. Dabei unterscheidet man statistische und dynamische Rekonfiguration. Die erste Variante der Rekonfiguration wird bis zur Etappe der Erledigung der entsprechenden angewandten Aufgabe gelöst, und die erhaltene Variante der Rekonfiguratin bleibt im Laufe der ganzen Periode der Erfüllung der Aufgabe stabil. Bei der dynamischen Rekonfiguration verwirklicht man die Umgestaltung der Verbindungen während der Lösung der

Aufgabe, falls es dabei solche Notwendigkeit entstanden wird. Oft bestimmt man irgendeine Mittelvariante der Rekonfiguration die sogennante Etappenvariante, bei der im Algorithmus eine Reihe von Punkten bestimmt wird, die den Algorithmus in die entsprechende Etappenzahl aufteilen. Nach dem absoluten Beendigung jeder von den Etappen wird die notwendige Umgestaltung der Verbindungen verwirklicht. Auf solche Weise werden sich die Voraussetzungen für die mehr vollständige Koordinierung der Topologie mit der Aufgabestruktur herausgebildet. Die Fragen der Rekonfiguration werden dabei auf dieselbe Art und Weise , die wir bei der statistischen Rekonfiguration hatten.

Das wichtigste Moment des transputerischen Setzen von Modulen ist das Vorhandensein darin einer speziellen Kommutator der Verbindungen - Dimension 32*32 ,der in vollem Maße mit allen Besonderheiten des Transputers koordiniert ist und kann ohne irgendeinige übereinstimmende Bestandteilen, durch den unmittelbaren Einschaltung zu den transputerischen Bindungen (engl. link) angewandt sein. So werden die Voraussetzungen für die wirksame Realisierung der rekonfigurierten Netztopologien geschaffen. Die Geschwindigkeit der Übertragung der Angaben durch die Kommutator wird mit dem Tempo Linkenaustausch und ist 10 oder 20 Mbit/s in der Abhängigkeit davon, welcher Austausch (in einer Richtung oder gleichzeitig in beiden Richtungen) realisiert wird.

Wenn wir in der Topologievariante, die hyperkubische Konfiguration mit der Ringkonfiguration kombiniert hat, den Kommutator mit dem jeden Ring verbinden werden, so kann man ohne Schaden für den Wert des Topologiedurchmessers die Ringorganisation bis zu 32 Modulen erweitern. Ein Kanal in solchem Netz wird für die sVerbindung mit dem umgestalteten Modul benutzt, zwei Kanäle werden für die Organisation des Ringes benutzt, und nur ein Kanal kann für die Erweiterung des Netzes benutzt werden. Auf solche Weise, gibt es für die Netzerweiterung in solcher Topologie 32 Linken. Das heißt, daß für m_i=4 bei S=4 mit Hilfe des gegebenen Elementen das Netz mit $N=3*4^{10}$ $=3*2^{20}$ Modulen zu bilden ist, daß für alle angewandten Aufgaben annehmbar ist. Dabei wird der Durchmesser solcher Topologie D=2*r gleich, wo $r= \log_4$ (N/32), folglich für $N=2^{20}$ D=20, d.h. diese Große entspricht dem Exponenten für die duale hyperkubische Struktur, aber bei der Potenz 4,statt 20.

Wenn wir die Basis der Topologie der gegebenen Art bis auf die Größe m =8 erhöhen werden, so wird die Dimension der Topologie den Wert r= $\log_8$(N/32) haben und, folglich ihr gemäß wird der Durchmesser vermindert. Und die Anzahl von Elementen der gegebenen Topologie bei m =8 kann die Größe $N= 6*8^4$ $=6*2^{12}$ erreichen. Das ist eine genügend bedeutende Größe, bei der die Bedeutung des Durchmessers wird gleich D=8. Auf solche Weise, vergliechen mit der binären hyperkubischen Struktur in der gegebenen Variante bei m =8 und S=4 ist der Durchmesser in 1,5 Mal minder.

Die weitere Erhöhung der Dimension der Netztopologie schränkt die Anzahl der zugelassenen für die gegebene Konfiguration Modulen bis auf die Größe $N=3*16^2$ ein,was stellt relativ nicht großen Wert dar, und darum hat diese Variante kein Interesse für die skalierbaren Topologien. Auf solche Weise, ist die maximale Bedeutung m_i für die gegebene Topologie 8 gleich. Jedoch und bei diesen Bedeutungen sind die Parameter des Netzes wesentlich verbessert und für alle Anwendungen annehmbar.

Für die weitere Erhöhung der Dimension der hyperkubischen Topologien mit der gemischten Basis sei es die zweite Variante der Topologie betrachtet, die die Kombination der hyperkubischen Topologie mit der starformigen Konfiguration darstellt. Mit jedem Scheitelpunkt des Hyperwürfels mit der gemischten Basis wird hier die vollverbundene Konfiguration mit 32 Scheitelpunkten identifiziert. Soweit in diesem Fall einmalverbundenes konfigurirendes Netz vertreten ist, wird jede Einheit solches Netzes 3 Potenzen haben, die für die Erweiterung des

188

Netzes benutzt werden können. Daher wird mit jedem umschaltenden Elementen eine Menge von Modulen mit 96 Verbindungskanäle für die Erweiterung des Netzes verbunden werden. Hieraus folgt, daß die Möglichkeiten der Erhöhung der Dimension der gegebenen Topologie hier wesentlich höher, als in der vorhergehender Topologie ist. So, bei $m_i = 16$ die Anzahl von Modulen die Größe $N = 7*16^6 = 7*2^{24}$ erreicht werden kann. Dabei wird der Topologiedurchmesser für $N = 2^{20}$ gleich $D = 10$ unter den allen gleichen Werten. Bei $m_i = 32$ kann die Anzahl von Modulen im Netz die Größe $N = 32^3 = 2^{15}$ erreicht werden, und der Topologiedurchmesser für die gegebene Größe wird 6 gleich.

Sowohl die erste, als auch die zweite Netzkonfiguration, auf solche Weise, haben hohe Angaben der Qualität und können für die breite Ausnutzung bei der Projizierung der skalierbaren Rechensystemen. Bei der Untersuchung der Topologien mit dem statistisch-rekonfigurierenden System der Verbindungen wurde ein bedeutender Effekt im Vergleich zu die Topologien mit dem fixierten System der Verbindungen im Sinne der wesentlichen Verbesserung der topologischen Charakteristiken der skalierbaren Rechensystem erhalten. Die Fragen der Umgestaltung der Verbindungen werden hier aber nur aus der Initiative des führenden Transputer entschieden. D.h., daß auf der Basis der eines führenden Elementen alle Fragen der Auslastung, der Festigung, der Steuerung, der Rekonfiguration der Verbindungen usw. entschieden werden sollen. Für die große skalierbare topologiesche Netzen ist solcher Rauminhalt kaum zu entscheiden. Außerdem kann die statistische Planung aller Fragen des Durchgehen der Angaben im Rechensystem unter den Bedingungen der totalen Unparallelung nicht effektiv entschieden werden. In diesem Zusammenhang ist das Problem der Aufbau der dynamisch-rekonfigurierten Rechensystem eine der aktuellsten Aufgaben der Aufbau der skalierbaren Rechensystemen.

Eine der Grundbesonderheiten der dynamisch-rekonfigurierten Topologien ist, auf solche Weise, die Möglichkeit der Initiirung der Übertragungen zwischen allen Elementen der topologischen Organisation auf dem jedes ausführlichen Moduls des Systems. Die vorliegenden Fragen, als auch viele anderen Fragen werden nur im Falle der direkten Wechselwirkung jeder Moduls mit dem führenden Modul des Rechensystems effektiv entschieden werden. Die Lösung dieser Aufgabe wird dadurch verwickelt, daß die Fragen der Steuerung mit den kommutativen Modulen nur im fuhrenden Modul konzentriert sind. Ebendeshalb wirkt keiner ausführliche Modul bei der Entscheidung der Fragen der Rekonfiguration des Netzes nicht mit. Für die Entscheidung der Fragen der dynamischen Rekonfiguration der Verbindungen gebrauche man die Fragen der Steuerung des gegebenes Typus zwischen den ausführlichen Modulen verteilen. Dabei soll jeder ausführliche Modul den direkten Zutritt zu den führenden Modul haben.

Die Aufnahmefähigkeit der transputerischen Modulen durch den jeden Verbindungskanal ist 10 Mbit/s gleich, dabei ist dieser Wert für die Transputer der verschiedenen Generationen ein Standdart. Eigentlich, ist das gegebene Tempo der Übertragung für viele Elementen des betrachtenden Typus in der Überrechnung auf ein Bit. Die Frequenz bitischer Übertragung der Information ist 100 Ns. gleich. Wenn wir das fließbandige Mittel der Informationsübertragung sogar ohne Statistik des sistolischen Herangehen an ihr Realisierung betrachten werden, kann das Tempo ihrer Funktionierung in Einheiten der Nanosekunden betrachtet werden. Hieraus folgt die Möglichkeit der effektiven Ausnutzung der fließbandigen Methoden der Informationsbearbeitung für die Entscheidung der Problemen der Informationsübertragung zwischen den Modulen der großmaßstabigen Rechensystemen, die die totale Unparallelung der Rechenprozessen verwirklichen.

Darunter ist gemeint, daß es bei der fließbandigen Organisation der Übertragung die Ausnutzung eines Fließbandes für alle Modulen unmöglich ist. Deshalb werden wir auch weiter auf dieselbe hyperkubische Konfigurationen mit hoheren Basen, wo sich mit jeder Dimension sein eigenes System der Fließbänder verbunden wird, orientieren.

Lassen wir, daß der Makrotakt (die Periode des Durchgehens der Information durch alle Schichte des Fließbandes) der Arbeit des eindimensionenden 1 schichlichen Fließbandes T= l*τ ist, wo τ - das Tempo des Inputes und des Outputes der Datenprogrammangaben in das Fließband ist. d.h. -die Taktenfrequenz der Arbeit des Fließbandes wird durch die Periode der Bearbeitung von Datenprogrammangaben auf einer Schicht. Dann soll den Wert T mit der Periode der bitischen Übertragung den Angaben mit Hilfe einer Bindung (engl.link) von Transputer in einer Richtung koordiniert sein,d.h., daß T=100 Ns. gleich ist. Dann muß man den nötigen Wert m_i , auf denen Grund es bei der minimalen Bedeutungen der Strukturdimension möglich wäre, die Werte der Größe N in weiteren Grenzwerten zu verändern. In der vorliegenden Arbeit, wie es schon früher hervorgehoben wurde, als einen annehmbaren Bereich der Werten sind die Größe N, die vom Werte 2^5 bis zum Werte 2^{20} verändern können. Hieraus folgt, daß bei 1=32 und bei m_i =4, mit der Berücksichtigung auf die Ausnutzung der gemischten Basis, sind die Topologien mit den verschiedenen Werten N aus diesem Bereich, die den Wert 32 teilbar sind, zu bilden. Die Taktenfrequenz wird dabei τ=T/32 $\approx$ 34 Ns. gleich.   Die Durchführung des Fließbandes mit der gegebenen Taktenfrequenz hat heute keine technische Schwierigkeiten. Das Hindernis solcher fließbändiger Kommutator der Verbindungen wird 1 Bit gleich.

Die Organisation der dynamischen Rekonfiguration kann auf der Basis der linearen und geschlossenen Fließbänder entschieden werden sein. In beiden Fällen bei der angenommenen Einschränkungen in die Potenz der Modulen ist der Durchmesser der Topologie ohne der Berücksichtigung der Hindernisse auf die Übertragung der Angaben durch das Fließband 1 Bit gleich, D=r. Der Wert dieses Durchmessers wird dadurch bestimmt, daß der Übergang von einer Dimension in eine andere Dimension mit Hilfe des entsprechenden Transputer entschieden wird. Die weitere Erhöhung der Effektivität der Zusammenwirkung kann auf der Grundlage der Ausnutzung viel dimensionen fließbändigen Organisationen für die Entscheidung der Fragen der Kommutation gelöst werden. Dabei wird die Übertragung der Angaben zwischen transputerischen Modulen ohne Ausnutzung diesen Modulen entschieden werden. Der Begriff vom Durchmesser wird dabei ausgeschlossen. Und in diesem Fall kann es die Rede nur um das Hindernis auf dem Fließband gehen.

Literaturverzeichnis

1. Briggs D. Communication and matrix Communication on large message. Parallel Computing, vol. 15, 1990, № 1-3. - p. 27-40.
2. Lee M. C., Tan G.L. Product of quasi-group grafus as interconnection network topologies. - High speed computing, vol. 1, № 3, 1989. - p. 449-463.

A Simulation Environment For the Real-time Testing of Telecommunication Algorithms

J. Bleiers, I. Zavadska and N. Veselis
Riga Technical University
Environment Modelling Centre
9 Ausekla Street, Riga
LV -1010, Latvia

Abstract: The paper deals with debugging and testing of telecommunication algorithms. The development system based on TMS320C5x DSPs is described. A method of successive design and evaluation of DSP algorithms and the control of data transfer procedures is discussed. The data transfer is realized between various ports of a simple processor and between two processors by the use of the serial port communications. The DSP Starter Kit or Evaluation Module as a system hardware is employed. The software includes the library of signal processing modules, DSP debugger, visual environment and transfer noise emulator. Some synchronization problems in two modules' configurations are considered.

1. Introduction

The use of digital signal processors (DSPs) is growing rapidly in telecommunication applications: wire-line and wireless telephony, high-speed modem products, mobile communication services etc. [TEXA95, FRER94]. One of significant problems in designing the multiprocessor systems based on DSPs for processing telecommunication signals is debugging and evaluation of algorithms in the real time mode apart from the complex system. The simplest solution of this problem is the creation of the debugging complex by implementing DSP evaluation boards.

This article presents the complex of standalone software/hardware tools for the research and the evaluation of the telecommunication functions, e.g., the generation and the recognition of the call progress tone and telephone number, digital filtering, signal compounding, transmission or reception of the digital or the analog data via communication lines.

2. Principal design stages

The design process can consist of the following principal stages:
   1) preparation and the compilation of basic algorithms to form a program library;
   2) creation of the environment for common investigation of multiple algorithms;
   3) simulation of transmit/receive procedures via communication lines;
   4) integration of simulation results in a telecommunication system.

The first step is the creation of independent software modules proposed for various signal type generation and signal processing (sine wave generation, data compression, expansion and filtering functions). It is sufficient to use, for this step, general debugging tools for DSP devices - software simulators, evaluation boards with a full-screen debugger.

The second step is the testing of multiple designed algorithms by using two or more serial ports of the DSP evaluation module. Here the simple DSP module is employed for both generator-transmitter of source signal and receiver-signal processing device.

To calculate the time for the execution of a current program, a special method using the on-chip DSP timer is proposed. The timer is a down counter that can be used to generate processor interrupts or periodical pulses for external devices. The timer operation is controlled via the timer control register. As the timer counter is a memory mapped device, that content can be read by corresponding instruction.

When the timer register is set to "0", the state of the counter will change after every clock cycle. The timer starts at the starting point of a program and stops when this program is completed. When the number of clock cycles is fixed, the program execution time can be found. Using these data, the average execution time and the deviation of program execution time can be calculated.

The following step includes the simulation of transmit/receive procedures between two DSP modules. Consider these modules' functions in case when pulse-code modulation (PCM) signals are transferred [ZAVA95].

The first module is operated in the role of the simulator and the transmitter of the source signal and can execute the following functions:

- to generate the call progress tone defined in accordance with the standard protocols;
- to compress this signal to create a 8-bit sample in μ-law format;
- to place the signal in one of slots of PCM frame;
- to transmit the PCM signal with the frequency 2 MHz through the serial port of DSP.

The other module is meant for reception and processing of the destination signal, i. e.:

- to receive the PCM signal and select from of the given channel;
- to expand the signal to 14-bit length;
- to decode and identify.

For the realization of the functions mentioned above, the software modules created in the first step of the design process are used. These subroutines are called from the library of object modules by the instruction CALL.

It is important for the testing of the signal transfer between the two devices to emulate the transfer noise presented in the actual communication channels. For this purpose, the noise emulation routine to the primary program module is added.

3. Development system

A base of the system are two evaluation boards oriented to fixed-point TMS320C5x DSPs of Texas Instruments. As evaluation tools, the 'C50 DSP Starter Kit (DSK) or 'C50 Evaluation Module and Analog Interface Board can be applied. The central structure of the development system is shown in Figure 1.

The system hardware includes:

- personal computer PC with average power configuration;
- module EVM1 - transmitter;
- module EVM2 - receiver;
- synchronization network SYNC;
- interface line commutation tools CT.

The commutation tools provide the interprocessor connections and use the following lines: transmit/receive serial data signal, clock and framing synchronization.

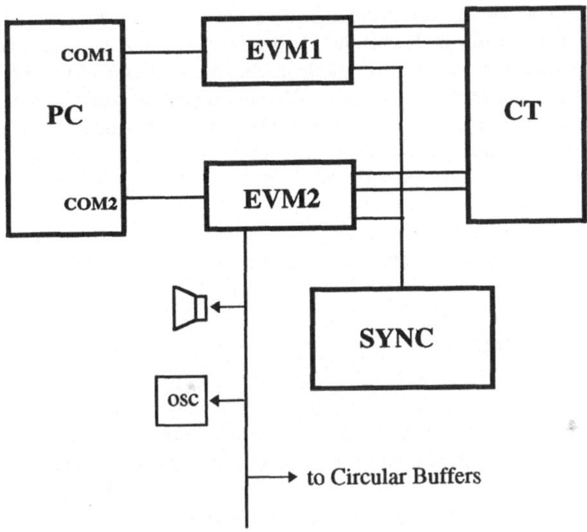

Figure 1. Structure of Development System

The system software consists of:
- modules of the program library;
- transfer noise emulator;
- DSP Debugger;
- Visual Development Environment.

Visual Development Environment is graphic oriented debugging environment designed for TMS32320C50 DSP Starter Kit.

Consider the transmitter and receiver cooperation when data are presented in PCM format. The TMS320C5x DSPs serial port allows the multiple transmit and the synchronization modes. When the serial port is operated in the external synchronization mode, the transmitter idles until the clock (2 MHz/8 MHz) and frame (8 kHz) synchronization pulses will be supplied by SYNC network. The serial port is operated in the continuous mode - frame pulse is associated only with the first word and initiates continuous transmission. If the clock frequency of the PCM frame is 2/8 MHz, the frame includes 16/64 DSP words. One DSP word is represented by two PCM slots. Here with the "real-time mode" is meant that current received data sample must be processed during the frame interval - 125 μs.

The transmitter is loaded by the continuously running program to generate the required signal. While the receiver executes the processing of the the current transmission, the examined signal can be observed using direct communications between the receiver module and various output devices (e.g., audio/video or registration hardware).

The system functions in the PC environment of WINDOWS. Each of DSP modules has a personal window.

The TMS320C5x supports two circular buffers operating via the auxiliary registers. The maximum size for each buffer is determined by the actual resources of the on-chip or external memory. After separate steps or after the whole debugging process is finished, some results can be read from these circular buffers of receiver DSP and then analyzed [ZAVA94]. For example, in the first buffer the data of periodical input signal are loaded, but in the second buffer the output data for the next evaluation are saved. Operations with the circular buffers do not require the large size of DSP memory and provide the exploration of complex states at various stages of the development process.

The system allows to use the transmitter-receiver modules for common operation with real PCM devices to test the dedicated algorithms and data transfer lines.

4. Concluding remarks

The design and development system described in this article permits the research, timing, evaluation and training of different signal processing algorithms in the real time mode. For this purpose, the minimum of additional hardware and software tools is required. As the debugging process can be executed and completed in DEBUGGER environment of DSP modules, there is no necessity to create a particular program for driving of this process.

As basic debugging tools in the development system the TMS320C5x DSP internal resources and standard evaluation boards predominate: serial ports, timer, circular buffers, evaluation boards, Debugger and Visual Development Environment.

The system was developed in Latvian University and has been used for the design and testing of the signal processing algorithms proposed to be implemented in the wireless local loop station.

References

[TEXA89]   *Digital signal processing applications with the TMS320 Family*, Texas Instruments, 1986; Englewood Cliffs, NJ: Prentice-Hall, Inc., 1987.

[FRER94]   Marvin E. Frerking: *Digital Signal Processing in Communication Systems*, VNB, New York, 1994.

[TEXA95]   *Telecommunications Applications With the TMS320C5x DSPs. Application Book*, Texas Instruments Incorporated, 1995.

[ZAVA94]   I. Zavadska, N. Veselis: *Testing of systems based on digital signal processor TMS320CXX family*, Proceedings of Latvian - Danish seminar on Groundwater and Geothermal Energy, Riga, 1994, p. 345 - 351.

[ZAVA95]   I. Zavadska, N. Veselis: *Real-time testing of digital signal processing algorithms*, Boundary Field Problems and Computers. Proceedings of International Seminar on Environment Modelling, Riga, 1995, p. 291 - 296.

Simulation und Verifikation von ATM-Quellenmodellen

Matthias Baumann und Torsten Müller
Lehrstuhl Telekommunikation
Technische Universität Dresden, 01062 Dresden
Email: {baumann,muellert}@ifn.et.tu-dresden.de

Kurzfassung: Der Beitrag stellt in einer Fallstudie verschiedene ATM-Quellenmodelle für eine Multimedia-Anwendung mit Audio- und Videokomponenten gegenüber. Die Modelle sind durch ON/OFF- und GMDP-Strukturen auf verschiedenen Kommunikationsebenen gekennzeichnet. Vergleich und Bewertung erfolgen anhand der zeitlichen Eigenschaften der durch die Anwendung und die Modelle erzeugten Zellströme sowie durch Ermittlung der Zellverlustwahrscheinlichkeiten, die diese Verkehrsströme in einem Peak Rate Shaper und einem statistischen Multiplexer erleiden.

1 Einleitung

Verfahren der diskreten ereignisgesteuerten Simulation gewinnen zunehmende Bedeutung für die Untersuchung und Dimensionierung von Bestandteilen eines Breitband-ISDN-Netzes auf der Basis des Asynchronen Transfer Modes (ATM). Das Hauptproblem bei der Anwendung simulativer Methoden besteht darin, daß Prozesse mit extrem unterschiedlichen Zeitkonstanten und Ereignisse mit sehr geringen Wahrscheinlichkeiten erfaßt werden müssen. So ist z.B. die typischerweise geforderte Zellverlustwahrscheinlichkeit von 10^{-9} bis auf wenige Ausnahmen (Anwendung varianzreduzierender Verfahren wie RESTART [1]) nur mit den Mitteln der analytischen Modellbildung und Bewertung direkt zugänglich. Andererseits stoßen die mit der Entwicklung des ATM-Verfahrens zu neuer Blüte gelangten analytischen Methoden [3,5] erneut an ihre Grenzen: Komplexe Quellen, deren Verkehrscharakteristiken vor allem durch Abläufe in höheren Protokollschichten bestimmt werden, lassen sich ebenso wie reagierende Flußsteuerungsprozeduren nur sehr unvollkommen erfassen.

Die vorliegende Fallstudie beschäftigt sich mit dem für analytische und simulative Untersuchungen gleichermaßen wichtigen Problem der Quellenmodellierung. Während die Beeinflussung der Zelltransfergüte im Netzinneren und bei Anwendung des sogenannten blinden statistischen Multiplexens offensichtlich nur von wenigen Schlüsselparametern abhängt [2], sind die detaillierten Quelleneigenschaften wesentlich bei der Bewertung des Verhaltens von Zugangsnetzen mit weniger ausgeprägten statistischen Effekten. Für die Untersuchung von reagierenden Flußsteuerungsverfahren wie ABR (Available Bit Rate) ist es wesentlich, daß die Modelle Ansatzpunkte für das Einwirken von Protokollabläufen besitzen. Dadurch wird die mögliche Abstraktion wie z.B. die Zusammenfassung von Quellenzuständen eingeschränkt.

Im Beitrag werden unterschiedlich genaue Modelle für eine Multimedia-Anwendung, die im Experimentalnetz des ACTS-Projektes EXPERT (Platform for Engineering Research and Trials) in Basel zur Verfügung stand, entwickelt und bewertet. Basis der Modellierung und der Vergleiche sind Aufzeichnungen der Zellzwischenankunftszeiten während einer Sitzung mit ca. 12 Minuten Dauer. Zur Entwicklung der Modelle werden Kenntnisse über die Arbeitsweise der Anwendung und aus der Aufzeichnung abgeleitete statistische Verteilungen benutzt. Die Bewertung erfolgt in zwei Schritten. Zunächst wird die Wiedergabe der Zellzwischenankunftszeit-Verteilungen und Zählprozeß-Korrelationen durch die Modelle gegenübergestellt. Dann werden die gemessene Zellsequenz und die durch die Modelle erzeugten Verkehrsströme als Last für Simulationsmodelle eines Peak Rate Shapers und eines statistischen Multiplexers benutzt, um die sich einstellenden Zellverlustraten zu vergleichen.

2   Entwicklung der Quellenmodelle

Die Multimedia-Anwendung ISABEL integriert für eine Punkt-zu-Punkt-Verbindung interaktives Audio und Video sowie Dokumententransfer. Für die Aufzeichnung des Referenzverkehrsstromes, der nur Audio- und Videokommunikation enthält, wurden die beiden Multimediaterminals über einen ATM-Switch und ein ATM-Meßgerät verbunden. Die Anwendung stützt sich für die Übertragung der Audio- und Videosignale auf das Internet-Protokoll UDP (User Datagram Protocol) und eine ATM-Anpassungsschicht (ATM Adaptation Layer) vom Typ AAL5 ab. Der Videoteil verwendet hierbei eine konstante Bitrate: aus jeweils 172 Zellen bestehende AAL5-Rahmen werden in einem Abstand (erste bis erste Zelle) von 41148 Zeitschlitzen generiert. Die Audiokomponente enthält eine relativ träge Pausenunterdrückung, die kurze Pausen zwischen Wörtern noch nicht erkennt. Im Aktivitätszustand werden AAL5-Rahmen (172 Zellen) mit einem Rahmenabstand von 31272 Zeitschlitzen ausgesandt. Daraus wurden die im folgenden erläuterten Quellenmodelle abgeleitet.

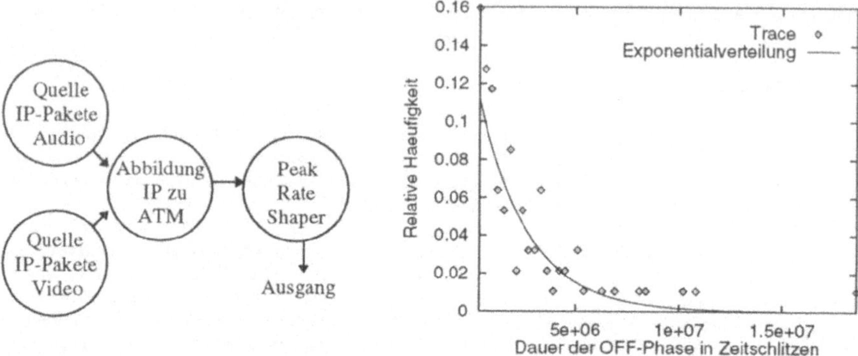

Abb. 1: Struktur des Referenz-Quellenmodells   Abb. 2: Verweildauer im Audio-OFF-Zustand

Referenzmodell: Das intuitiv abgeleitete Referenzmodell ist in Abb. 1 dargestellt. Die Video-Paketquelle generiert alle 41148 Zeitschlitze eine IP-Sendeforderung, die als ON/OFF-Quelle modellierte Audio-Quelle löst im ON-Zustand aller 31272 Zeitschlitze eine Anforderung aus. Die Verteilungen der Verweilzeiten in den beiden Zuständen wurden aus dem aufgezeichneten Zellstrom ermittelt, indem die Zeitachse in Abschnitte zu je 300000 Zeitschlitze (ca. 0.84 s) eingeteilt und die Zellankünfte pro Abschnitt gezählt wurden. Abb. 2 zeigt die Verteilung der Dauer der OFF-Perioden im Vergleich mit einer angepaßten Exponentialverteilung. Da sich auch die Dauer der ON-Perioden gut mit einer Exponentialverteilung approximieren läßt, wurden beiden Verweildauern geometrische Verteilungen zugrunde gelegt. Die mittlere Paketzahl pro Audio-ON-Phase ist 164, die mittlere Dauer der OFF-Phase beträgt $3.78 \cdot 10^6$ Zeitschlitze. Die IP-Anforderungen werden in der folgenden Stufe in Sequenzen von je 172 Zellen umgesetzt, wobei eine Warteschlange Konflikte im Umsetzer auflöst. Die in den Multimediaterminals verwendeten ATM-Karten benutzen ein TAXI-Interface mit einer Bitrate von 100 Mbit/s, der Verkehr wurde jedoch an einer Schnittstelle ATM-in-SDH (Bitrate 149,76 Mbit/s) aufgezeichnet. Im Modell wird dieser Übergang mit einem abschließenden Peak Rate Shaper (siehe Abschnitt 4) mit einem effektiven Zellabstand von 1.4976 Zeitschlitzen erfaßt. Dieser Shaper erzwingt am Ausgang Zellabstände von einem bzw. zwei Zeitschlitzen (im richtigen Verhältnis), indem er Zellen bei Bedarf in einem Puffer mit 500 Plätzen speichert.

Modell mit verkürzten Audio-Zustandsverweildauern („Kurzzeitmodell"): Wegen der im Sekundenbereich liegenden Zustandsverweildauern der Audio-IP-Quelle wird der stationäre Systemzustand bei der Simulation erst sehr spät erreicht. Andererseits liegen die Verweilzeiten wesentlich über den durch Puffergrößen und Laufzeiten bestimmten Zeitkonstanten von ATM-Systemen. Das läßt erwarten, daß die Prozesse auf ATM-Ebene während einer Nutzer-Aktivitätsphase einen quasistationären Zustand erreichen. In diesem Falle wären für die Vorgänge auf ATM-Ebene nur noch die Aufenthaltswahrscheinlichkeiten der Nutzerebene wesentlich. Um die Vermutung zu überprüfen, wurden die mittleren Zustandsdauern des Audioteils auf ein Zehntel der ursprünglichen Werte verringert. Dies entspricht einer mittleren Zahl von

16.4 Paketen pro ON-Zustand (Paketabstand unverändert) und einer mittleren Inaktivitätsdauer von 3.78 · 10^5 Zeitschlitzen. Alle anderen Modellparameter bleiben unverändert.

GMDP-Modell mit determinierten Paketlängen („GMDP-1"): GMDP-Modelle (Generally Modulated Deterministic Process) stellen eine leistungsfähige Klasse von stochastischen Prozessen dar, die bereits vielfach für die Beschreibung von ATM-Verkehrsströmen verwendet wurde (zur Einführung siehe z.B. [4]). Zur Modellierung wird hier ähnlich wie beim Referenzmodell vorgegangen. Die Quellen für Video und Audio erzeugen allerdings die IP-Pakete direkt, so daß sich die Umsetzung IP-ATM in Abb. 1 zu einem Multiplexer reduziert. Der Ankunftsprozeß Video wird wieder als ON/OFF-Quelle (siehe Abb. 4), der Audioteil jedoch als GMDP-Quelle mit 3 Zuständen modelliert (Abb. 3). Sowohl Audio- als auch Videoquelle senden im Zustand 0 in jedem Zeitschlitz eine Zelle, alle anderen Bitraten sind 0. Die Verweilzeit der Videoquelle im Zustand 0 ist auf konstant $TX_0=172$ (IP-Paketlänge) eingestellt, die Verweilzeit im OFF-Zustand ist dagegen geometrisch um den Mittelwert $E[TX_1]=40976$ (Pause zwischen Videopaketen: 41148-172) verteilt. Die Audio-Verweildauer im Zustand 0 ist wieder $TX_0=172$, TX_1 repräsentiert die Pause zwischen IP-Paketen und wird durch eine geometrische Verteilung mit Mittelwert $E[TX_1]=31100$ bestimmt. Zustand 2 modelliert die Länge einer Sprachpausenunterdrückung, daher wird TX_2 als geometrisch verteilt (Mittelwert $E[TX_2]=3'781'057$) angenommen.

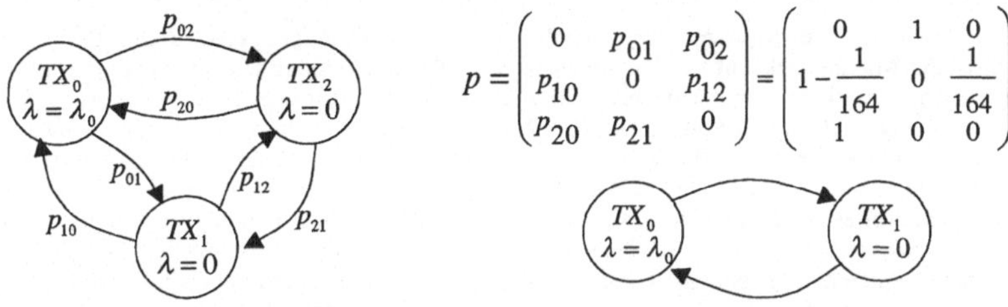

$$p = \begin{pmatrix} 0 & p_{01} & p_{02} \\ p_{10} & 0 & p_{12} \\ p_{20} & p_{21} & 0 \end{pmatrix} = \begin{pmatrix} 0 & 1 & 0 \\ 1-\dfrac{1}{164} & 0 & \dfrac{1}{164} \\ 1 & 0 & 0 \end{pmatrix}$$

Abb. 3: GMDP-Modell mit 3 Zuständen   Abb. 4: ON/OFF Modell

Durch die Wahl der Zustandsübergangswahrscheinlichkeiten wird die Länge der Sprachaktivitätsphase eingestellt (164 IP-Pakete). Dabei sind aufgrund der Bernoulli-Entscheidung über einen Zustandswechsel nur geometrisch verteilte ON-Phasen modellierbar.

GMDP-Modell mit geometrisch verteilten Paketgrößen („GMDP-2"): Dieses Modell ergibt sich durch Variation des Modells GMDP-1. Die Verweilzeiten der Videoquelle sind sowohl für den ON- als auch den OFF-Zustand geometrisch verteilt (Mittelwerte $E[TX_0]=172$ und $E[TX_1]=40976$). Die Paketlänge der Audioquelle wird ebenfalls als geometrisch verteilt (Mittelwert $E[TX_0]=172$) angenommen.

Vereinfachte Modellierung der Paketebene („ON/OFF-1"): Die Modellierung der IP-Ebene wird gegenüber dem Referenzmodell vereinfacht, indem nur noch die Verteilung der Zwischenankunftszeiten der IP-Sendeanforderungen (Überlagerung von Audio und Video) nachgebildet wird. Dabei gehen die Korrelationen zwischen den Anforderungs-Zwischenankunftszeiten verloren. Die Zwischenankunftszeiten der Anforderungen wurden durch Auswertung der AAL5-Rahmenende-Kennungen im gemessenen Verkehrsstrom ermittelt.

Weiter vereinfachte Modellierung der Paketebene („ON/OFF-2"): Das ON/OFF Modell wird weiter vereinfacht, indem die Anforderungs-Zwischenankunftszeiten mit einer geometrischen Verteilung modelliert werden.

3   Verkehrscharakteristik

Die Verkehrscharakteristik wird in den Bereichen bis 1000 und bis 50000 Zeitschlitze getrennt dargestellt. Abb. 6 vergleicht die Kurzzeitkorrelationen des Zählprozesses über 10 Zeitschlitze für einige Modelle und den Trace. Es ist zu erkennen, daß sich der Trace, das Referenzmodell und das Modell GMDP-1 in diesem Bereich ähnlich verhalten. Die starke Korrelation im Bereich bis etwa 250 Zeitschlitze resultiert aus der starren Umsetzung eines IP-Pakets in einen Burst von 172 Zellen und dem nachfolgenden Shaping mit $\Delta=1.49$. Das Modell GMDP-2 nähert die Burstlänge durch eine geometrische Verteilung mit Mittelwert 172 an, was gut zu erkennen ist.

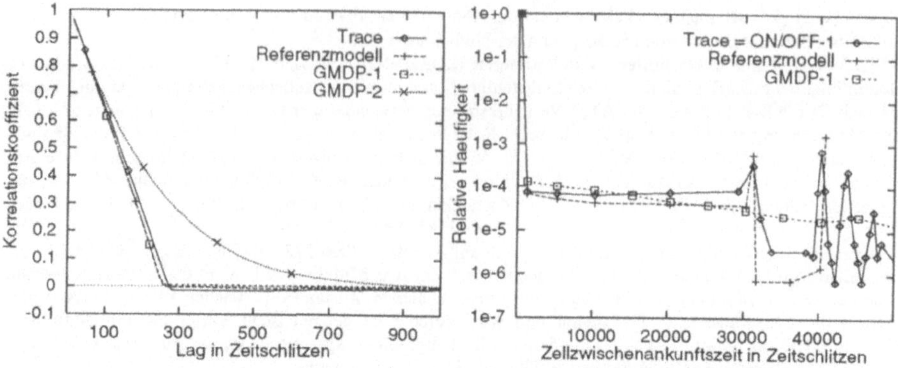

Abb. 6: Korrelation des Zählprozesses

Abb. 7: Zellzwischenankunftszeiten

In Abb. 7 sind die Histogramme der Zwischenankunftszeiten aufgetragen. Beim Trace sind drei charakteristische Maxima erkennbar: Der Zellabstand im IP-Paket äußert sich im Maximum nahe 1, der Abstand zwischen Audiopaketen (letzte bis erste Zelle) beträgt 31600 und die Zwischenankunftszeit der Videopakete schlägt sich in den Spitzen bei 40100 und 44000 nieder (diese Aufteilung in zwei Bereiche konnte nicht erklärt werden). Das Histogramm verdeutlicht die unterschiedlichen Modell-Genauigkeiten. So sind das Referenzmodell und das ON/OFF-Modell (angepaßter Paketabstand) recht gut in der Lage, die Zwischenankunftszeiten nachzubilden. Daß das Modell GMDP-1 hier bereits versagt, ist mit den als geometrisch verteilt modellierten IP-Paketabständen zu erklären. Die durch die Paketabstände hervorgerufenen Spitzen sind ebenfalls charakteristisch für die Langzeitkorrelationen (Abb. 8 und 9). Das Verhalten wird durch das Referenzmodell befriedigend, durch Modelle mit geometrisch verteilten Paketabständen hingegen gar nicht nachgebildet. Interessant erscheinen die angedeuteten Korrelationsmaxima beim ON/OFF-Modell mit angepaßter Paketabstandsverteilung. Die Verteilung gibt zwar eine gewisse Wahrscheinlichkeit für lokal periodisches Verhalten vor, ein Systemgedächtnis, das das Verhalten über längere Zeit fixieren könnte, fehlt jedoch.

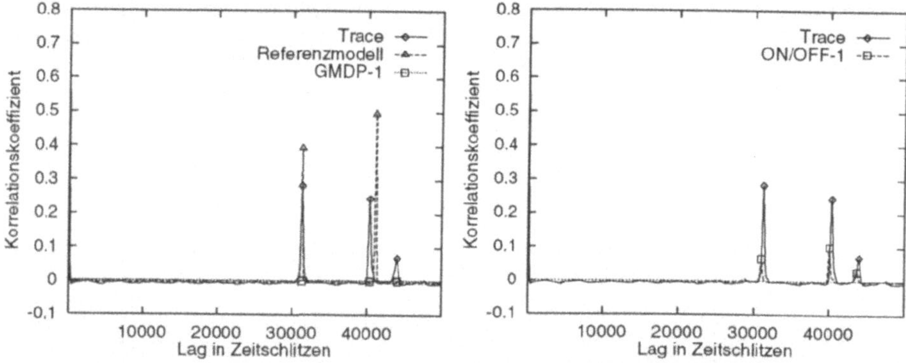

Abb. 8 und 9: Langzeitkorrelationen der Anzahl der Ankünfte pro 100 Zeitschlitze

4 Verlustverhalten

Aufgabe eines Shapers ist es, die Charakteristik des dem Netz angebotenen oder nach dem Durchlauf durch mehrere Knoten stark veränderten Verkehrsstromes so anzupassen, daß Überlastsituationen vermieden werden und der Multiplexgewinn maximiert wird. Ein einfacher Peak Rate Shaper garantiert dabei an seinem Ausgang einen Mindestzellabstand, indem er bei Bedarf eine begrenzte Zellzwischenpufferung vornimmt. Ist die Puffergröße durch Verzögerungsanforderungen der zu übertragenden Dienste vorgegeben, so soll in der Regel der maximale noch verlustfreie Zellabstand ermittelt werden. Der Vergleich von Quellenmodellen anhand des Verlustverhaltens in einem Peak Rate Shaper (oder dem bezüglich der Verluste äquivalenten Leaky Bucket Algorithmus) liefert sehr genaue Aussagen über die Güte der Modellierung, da ausgleichende statistische Effekte wie z.B. beim Multiplexen mehrerer Quellen fehlen. Abb. 10 zeigt die Verlustraten, die sich mit dem aufgezeichneten Verkehr und den Strömen der unterschiedlichen Modelle in einem Shaper mit einer Puffergröße von 500 Zellen einstellen. Der Trace sowie das Referenz- und das Kurzzeitmodell passieren den Shaper ab einem Zellabstand von 103 Zeitschlitzen ohne Verluste. Dieser Abstand entspricht der Zellrate bei gleichzeitiger Aktivität von Audio und Video. Wird der durch den Shaper erzwungene Zellabstand auch nur geringfügig erhöht, steigt die Verlustrate schlagartig an, da der Puffer im Vergleich zur ON-Zeit der Audiokomponente sehr klein ist. Die Verringerung der Zeitkonstanten beim Kurzzeitmodell schlägt sich erst im Bereich inakzeptabel hoher Verlustraten nieder. Alle anderen Modelle bilden Periodizität auf der IP-Ebene nicht nach, was zu einem starken Ansteigen der Verluste führt, da bereits eine zufällige Zusammenballung von mehr als 2 IP-Paketen einen Pufferüberlauf hervorruft.

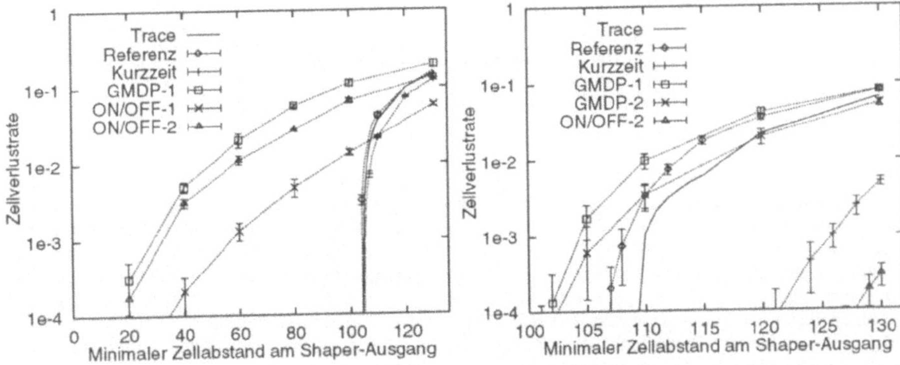

Abb. 10: Verluste im Shaper (Puffergröße 500)   Abb. 11: Verluste im Shaper (Puffergröße 9200)

Eine wesentliche Änderung der Verhältnisse ergibt sich erst bei unrealistisch großen Puffern wie in Abb. 11 (Die Puffergröße von 9200 entspricht bei einem Zellabstand von 100 Zeitschlitzen und einer Bitrate von 155 Mbit/s einer Verzögerung von 2.5 s). An der leichten Erhöhung des Zellabstandes – für den aufgezeichneten Verkehr von 103 auf 108 Zeitschlitze – erkennt man, daß jetzt ein Teil der in den Audio-Aktivitätsphasen überschüssigen Zellen zwischengepuffert werden kann. Damit gewinnt die exakte Verteilung der Phasendauern an Bedeutung, und die Genauigkeit des Referenzmodells, das hierfür geometrische Verteilungen benutzt, wird etwas schlechter. Andererseits resultieren die zu kurzen Phasendauern des Kurzzeitmodells jetzt in einer Unterschätzung der Verluste. Die fehlende IP-Ebenen-Synchronität der GMDP-Modelle wird mit steigender Puffergröße unwesentlicher, so daß die Verlustüberschätzung abnimmt. Interessant ist die Umkehrung der Verhältnisse bei den ON/OFF-Modellen (das ON/OFF-Modell mit angepaßter Rahmenabstandsverteilung erlitt im dargestellten Bereich keine Verluste). Wie bei den GMDP-Modellen, werden zufällige Ballungen von IP-Paketen jetzt vom Puffer aufgenommen. Da ein ausgeprägter Zustand mit einer mittlere Zellrate oberhalb der Ausgangsrate des Shapers fehlt, treten jedoch nur wenige Verluste auf.

Zur Bewertung des Multiplexverhaltens wurden jeweils 30 Quellen des gleichen Typs in Multiplexern mit Puffergrößen zwischen 100 und 600 überlagert. Die aus den Messungen stammende Zellsequenz wurde dabei ebenfalls mit sich selbst, jedoch mit einer zeitlichen Versetzung der Einzelströme, gemultiplext. Die für den gemessenen Strom angegebenen Vertrauensintervalle ergeben sich aus 5 Versuchen mit unterschiedlichen zeitlichen Verschiebungen zwischen den Einzelströmen. Die Abb. 12 und 13 zeigen, daß die Länge eines IP-Paketes den bestimmenden Einfluß auf das Multiplexverhalten ausübt: lediglich durch das Modell GMDP-2, das geometrisch verteilte Paketlängen verwendet, werden die Verluste wesentlich überschätzt. Alle anderen Modelle geben Paketlänge und -ankunftsrate richtig wieder. Der beim Shaper-

Experiment beobachtete Unterschied zwischen streng periodischer und stochastischer Generierung der Pakete wird durch die zufällige Überlagerung der 30 Verkehrsströme nahezu ausgeglichen.

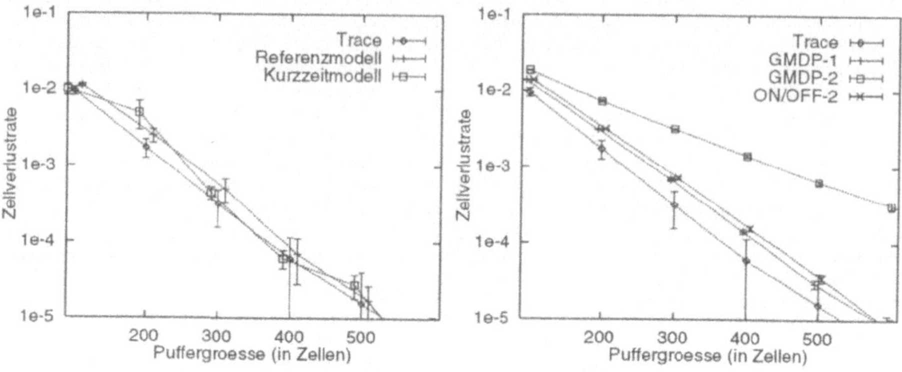

Abb. 12 und 13: Zellverlustraten in einem Multiplexer

5 Zusammenfassung

Die Untersuchungen zeigen, daß die Nachbildung der Eigenschaften des Originalverkehrsstromes besonders dann kritisch ist, wenn der Einfluß statistischer Effekte beim Durchlauf durch einzelne Netzkomponenten gering und gleichzeitig das Systemgedächtnis sehr groß ist. Sehr deutlich konnte das am Beispiel eines Peak Rate Shapers demonstriert werden. In den meisten Fällen ist bei Modellierung aller Schichten eine Skalierung der Zeitkonstanten auf der obersten Ebene zulässig. Wird das Verhalten von tiefer im Netz gelegenen Komponenten bewertet, so läßt der Einfluß der höheren Ebenen der Verkehrsquelle zumindest bei blindem statistischen Multiplexen stark nach. Die Überlagerungseffekte verdecken sowohl Unterschiede auf mittlerer Ebene (Verteilung der Paketabstände) als auch die konkreten Verteilungen der Nutzeraktivitätsphasen. Die Untersuchungen zu den Zellabstandsverteilungen und den Korrelationen der momentanen Bitrate zeigen, daß insbesondere der letzte Parameter bereits relativ gute Aussagen über die Brauchbarkeit eines Quellenmodells zuläßt. Wie am Beispiel der ON/OFF-Quelle mit angepaßter Verteilung der Paketabstände deutlich wurde, sind allerdings auch bei der Gegenüberstellung von Korrelationseigenschaften und Verlustverhalten Diskrepanzen nicht auszuschließen.

Danksagung
Die Autoren danken den Partnern im Projekt EXPERT für die Zusammenarbeit bei den Messungen und die gewinnbringende Diskussion der Ergebnisse.

Literatur
[1] Manuel Villen-Altamarino, Jose Villen-Altamarino: *RESTART: A method for accelerating rare event simulation.* Queueing Performance and Control in ATM, pp. 71-76. Elsevier Science Publishers B.V., June 1991
[2] R. Grünenfelder, S. Robert: *Which Arrival Law Parameters are Decisive for Queueing System Performance.* Proc. ITC-14, Elsevier, pp. 377-386, June 1994
[3] H. Kröner, T. Theimer, U. Briem: *Queueing Models for ATM Systems – A Comparison.* Proc. 7th ITC Specialist Seminar, Morristown, Oct. 1990, paper 9.1
[4] E.P. Rathgeb: *Verkehrsflüsse in ATM-Netzen – Modellierung und Analyse von Verkehrsquellen und Quellflußkontrollverfahren.* 51. Bericht über verkehrstheoretische Arbeiten, Universität Stuttgart, IND, 1991
[5] Edited by J.W. Roberts: *COST 224 Final Report – Performance Evaluation and Design of Multiservice Networks.* Office for Publications of the CEC, Luxembourg, 19992

200

Validierung von Simulationsmodellen durch Simulated Annealing

Harald Narloch, Robert Hoyer
Institut für Automation und Kommunikation e.V. Magdeburg
Steinfeldstraße 3
39179 Barleben

Zusammenfassung

Im folgenden Beitrag wird die Anwendung des selektiven Optimierungsalgorithmus Simulated Annealing auf Validierungsprobleme vorgestellt, wie sie die Einstellung der Parameter von Modellen zur einzelfahrzeugbezogenen Simulation des Straßenverkehrs nach sich zieht. Mit Blick auf die speziellen Gegebenheiten solcher Modelle wird dazu eine Zielfunktion hergeleitet. Danach erfolgt eine kurze Einführung in das eingesetzte Optimierungsverfahren. Abschließend zeigt eine Anwendung die Wirksamkeit des Vorgehens.

1. Einleitung

Modellierung und Simulation sind geeignete Mittel, das Verhalten von Systemen und Prozessen auf fundierter Basis zu untersuchen. Die Durchführbarkeit und Akzeptanz von simulativen Untersuchungen hängt in hohem Maße von der zeiteffizienten Sicherstellung einer geforderten Modellgenauigkeit sowie von der Zuverlässigkeit der getroffenen Prognosen ab. Insbesondere solche Systeme und Prozesse, deren Modelle eine hohe Anzahl von Parametern aufweisen, erfordern eine aufwendige Validierung.

Mit Validierung soll in diesem Beitrag ein Vorgang bezeichnet werden, bei dem die Parameter eines Modells so eingestellt werden, daß sich ausgewählte Simulationsergebnisse (Validierungsgrößen) den real beobachteten größtmöglich annähern.

Hochdetaillierte Modelle, wie z.B. mikroskopische Verkehrsablaufmodelle, bei denen sich Einzelfahrzeuge in einem Verkehrsnetz bewegen, vermitteln bei guter Animation einen fehlerfreien Eindruck. Die praktischen Arbeiten der Verfasser zeigten jedoch, daß eine ausreichend gute Nachbildung des Ist-Zustandes einen Validierungsaufwand im o.g. Sinne erfordert, der weit über den der Modellstrukturierung und Anfangskalibrierung hinausgeht. Allein dieser Umstand birgt die Gefahr in sich, daß mit wenig Aufwand unzureichend validierte Modelle das in sie gesetzte Vertrauen enttäuschen und den Etablierungsprozeß von Simulationstechniken insbesondere auf dem Verkehrsgebiet wesentlich erschweren.

2. Mikroskopische Simulation des Straßenverkehrs

In zunehmendem Maße etablieren sich Verkehrssimulatoren als Werkzeuge für die Entscheidungsunterstützung bei der Verkehrsplanung und zum Entwurf von verkehrsabhängigen Lichtsignalanlagen. Bei der Simulation von mikroskopischen Verkehrsablaufmodellen werden der Bewegungszustand und die Position jedes einzelnen Fahrzeuges i.d.R. in äquidistanten Zeitschritten berechnet [WIE-74]. Mikroskopische Modelle zeichnen sich dadurch aus, daß sie durch eine visuelle Darstellung von Einzelfahrzeugen sehr detaillierte und plausible Erkenntnisse über Phänomene des Verkehrsablaufes vermitteln können. Erst durch die Berücksichtigung von Einzelfahrzeugen im Modell können z.B. die Interaktionen zwischen elektronischer Verkehrsinfrastruktur und Fahrer bzw. Fahrzeug modelliert und somit die Auswirkungen von kollektiven und individuellen Verkehrsbeeinflussungsmaßnahmen umfassend analysiert werden.

Die Detailliertheit der mikroskopischen Verkehrsablaufmodellierung stellt auf Grund der vielen einstellbaren, oft nicht praktikabel meßbaren Parameter eine Herausforderung für die Modellvalidierung dar. Zum einen müssen Parameter für die Fahrer-Fahrzeug-Nachbildung (z.B. Anfahrbeschleunigung, Fahrzeugfolgeparameter oder Aufstellabstände), auf der anderen Seite ortsspezifische Parameter (z.B. Zuflußganglinien, Zeitlücken- und Geschwindigkeitsverteilungen, Routenwahl sowie Weg- und Zeitlücken für die Vorfahrtsgewährung) eingestellt werden. Fehlerhaft kalibrierte Parameter führen u.U. nicht nur zu quantitativ, sondern auch zu qualitativ falschen Simulationsergebnissen. Als Beispiel dafür sei die Blockierung einer Einmündung durch einen Rückstau, der nur wenige Fahrzeuge zu lang ist, genannt.

Die erreichte Modellgüte wird über Validierungsgrößen bewertet, die aus der Simulation in Abhängigkeit der eingestellten Parameter resultieren. Erst wenn sich in der Simulation an ausgewählten Netzabschnitten mit der Realität weitgehend übereinstimmende makroskopische Verkehrskenngrößen (makroskopische Verkehrskenngrößen sind die Verkehrsstärke, die Verkehrsdichte und die mittlere Geschwindigkeit) ergeben, kann das Modell Ausgangspunkt für die Untersuchung weiterer Szenarien sein.

Ein Beispiel: An Hand der Abflußverkehrsstärke während einer Grünphase an einem signalisierten Knoten wird die Modellgüte an diesem Ort bestimmt. Beeinflußt werden kann die Abflußverkehrsstärke u.a. durch die Anfahrbeschleunigung, den Aufstellabstand, das Fahrzeugfolgeverhalten und die aufgelaufene Staulänge. Diese wiederum hängt von der Geschwindigkeitsverteilung der vorgelagerten Strecke, vom ggf. unsignalisierten Einbiegerverkehr und damit von den Weg- und Zeitlückenparametern für die Vorfahrtsgewährung ab. Dieses kleine Beispiel vermittelt einen Eindruck von der Komplexität der Zusammenhänge und der Schwierigkeit, durch manuelles Verstellen von Parametern im gesamten Netz zu einem guten Modellabgleich zu gelangen.

Ziel der automatisierten Validierung soll es sein, durch heuristisches Verstellen einer Auswahl von Parametern das Modell innerhalb eines Toleranzbereiches effizient mit der Realität in Übereinstimmung zu bringen. Hierfür soll ein selektiver Algorithmus verwendet werden. Prinzipiell ist die Benutzung selektiver Algorithmen für ähnliche Validierungsprobleme auch in anderen Bereichen der Simulationsanwendung denkbar. Dabei sollte jedoch berücksichtigt werden, daß die Validierungsproblematik sehr komplex und einzelfallbezogen ist, und ggf. auch weiterführende Überlegungen einzubeziehen sind. Für die Validierungsprozedur wird folgendes vorgeschlagen:

1.) Die Parameter werden zu einem m-Tupel, bezeichnet mit x, zusammengefaßt. Anzumerken ist, daß natürlich nur solche dort eingehen, für die keine realen Werte ermittelt werden können (z.B. Zeitlücken, die wartepflichtige Fahrzeuge zur Fortsetzung ihrer Fahrt benötigen).

2.) Es werden geeignete Validierungsgrößen spezifiziert, für die reale Vergleichswerte vorliegen. Bei einzelfahrzeugbezogener Verkehrssimulation ist es möglich, die Position sowie die Geschwindigkeit und Beschleunigung jedes Fahrzeugs in jedem Zeitschritt auszugeben. Daraus können die o.g. makroskopischen Verkehrskenngrößen gewonnen werden. In der Realität dagegen ist die Erfassung der entsprechenden Verkehrskenngrößen weitaus schwieriger. Einzig die Verkehrsstärke q kann in Zeitintervallen an ausgewählten Querschnitten relativ einfach und genau ermittelt werden. Die Verkehrsstärke q gibt an, wieviel Fahrzeuge in einem Zeitintervall einen Meßquerschnitt passiert haben. Je kleiner dabei das betrachtete Zeitintervall gewählt wird, und je mehr Querschnitte betrachtet werden, desto sicherer läßt sich eine Aussage über die Validität des Modells treffen.

3.) Es ist ein n-Tupel von simulierten Verkehrsstärken q^{sim} mit dem entsprechenden realen n-Tupel q^{real} zu vergleichen. Zur Bewertung des Vergleichs wird eine Funktion c, die den hier mit

Π bezeichneten Raum der möglichen Parametereinstellungen in die mit R bezeichnete Menge der reellen Zahlen abbildet, folgender Gestalt eingeführt:

$$c: \Pi \to R \text{ definiert gemäß } x \to d[q^{sim}(x), q^{real}]\qquad(1)$$

Das Symbol $d(.,.)$ steht hier für eine geeignet zu wählende Metrik zur Beschreibung des Abstandes zweier Vektoren der Länge n. Eine Rückkehr zur Neueinstellung der Parameter erfolgt solange, bis die Funktion c ihr Minimum erreicht hat.

Zufällige Ergebnisse sind durch Aufnahme erforderlicher Zufallszahlen in die Parametermenge oder durch Festsetzung derselben auszuschließen. Ohne diese Vereinbarung kann c nicht als Funktion betrachtet werden, weil die Zuordnung einer reellen Zahl zu einer Parametereinstellung noch von den Startzufallszahlen abhängen würde.

Der schwierigere Weg, die Startzufallszahlen als stochastische Parameter von c zu behandeln, wird hier nicht gewählt. Die Startzufallszahlen repräsentieren verschiedene Verkehrssituationen und können daher in die Parametermenge aufgenommen werden.

Ein zusätzliches Problem besteht in der Herstellung eines geeigneten Ausgangszustandes für die Validierung. Im Gegensatz zur Realität ist das nachgebildete Verkehrsnetz bei Simulationsbeginn völlig leer. Daher sind z.B. durch eine dem Validierungszeitraum vorzuschaltende Simulationszeit der Realität annähernd entsprechende Ausgangsbedingungen herzustellen.

Im Ergebnis dieses Abschnitts liegt nun eine Funktion vor, die jeder Parametereinstellung eine nichtnegative reelle Zahl zuordnet. Das Validierungsproblem ist somit überführt in ein Optimierungsproblem für die Zielfunktion c. Optimiert wird über dem Raum der möglichen Parametereinstellungen Π, welcher im Raum der m-dimensionalen reellen Vektoren enthalten ist oder diesem entspricht.

In der Praxis sind dabei oft suboptimale Parametereinstellungen durchaus hinreichend, denn auch bei Unterschreitung eines gewissen Abweichungsniveaus kann das Modell als validiert angesehen werden. Eine 100%-ige simulative Nachbildung des realen Verkehrsflusses ist ohnehin nicht erreichbar.

3.   Simulated Annealing

Zur Lösung der Optimierungsaufgabe bieten sich nun in natürlicher Weise selektive Algorithmen an. Dafür spricht deren leichte Implementierbarkeit, besonders im vorliegenden Fall. Die spätere Beschreibung dieser Algorithmen wird zeigen, daß es lediglich einer geringfügigen Ergänzung einer Ablaufsteuerung für den Simulator bedarf, um eine selektive Auswahl der besten Parametereinstellung durchzuführen. Außerdem sind im Ergebnis einer selektiven Auswahl stets zumindest suboptimale Parametereinstellungen erhältlich.

Selektive Algorithmen basieren auf einer einfachen lokalen Minimumsuche. Bei dieser wird, angewandt auf die vorliegende Optimierungsaufgabe, für ein Startelement, indiziert mit i, aus dem Definitionsbereich der Zielfunktion c der Funktionswert $c(x^i)$ berechnet. Ein weiteres Element aus einer Umgebung von i, bezeichnet mit j, wird nach einem Zufallsprinzip generiert. Hat dieses einen geringeren Zielfunktionswert $c(x^j)$, tritt es an die Stelle des Elements i, ansonsten bleibt dieses gespeichert. Nun werden sukzessive bis zum Abbruch weitere Elemente aus der Umgebung des gespeicherten Elements zufallsbasiert erzeugt und deren Zielfunktionswerte $c(x^j)$ mit $c(x^i)$, dem Zielfunktionswert des gespeicherten Elements, verglichen. Ist ein $c(x^j)$ kleiner als $c(x^i)$ erfolgt ein Austausch des Speicherinhalts.

Nun ließen sich in einer erweiterten Suchumgebung unter gewissen Umständen auch Parametereinstellungen, welche höhere Werte für die Zielfunktion c ergeben, akzeptieren bzw. anstelle der bisher gespeicherten setzten, z.B. wenn $c(x^j)$ den Wert $c(x^i)$ zwar überschreitet, aber nur sehr geringfügig (Treshhold-Accepting). Stellvertretend für diese Algorithmen, vgl. [KIN-94], soll hier nun Simulated Annealing (SA) näher betrachtet werden.

Die Akzeptanz einiger, zunächst schlechterer Parametereinstellungen kann in Optimierungsaufgaben mit unüberschaubarem Verhalten der Zielfunktion von Vorteil sein. Bezogen auf die betrachtete Problematik ist ein solches Verhalten selbst bei kleineren Verkehrsnetzen schon zu beobachten.

Diese Vorgehensweise ist vergleichbar mit der Inkaufnahme eines gewissen Risikos zur Erlangung der besten Position in einem Spiel. Diese ist auch nicht immer durch die fortlaufende Wahl der für den Augenblick besten Position erreichbar. Natürlich können auch nicht ständig schlechtere Parametereinstellungen akzeptiert werden.

Beim Simulated Annealing wird anhand einer Akzeptanzwahrscheinlichkeit über die Annahme einer generierten Parametereinstellung entschieden. Die Idee dafür bzw. die nähere Gestalt dieser Akzeptanzwahrscheinlichkeit beruht auf einer physikalischen Analogie. Annealing bedeutet dort das Erhitzen von Festkörpern bis zum Erreichen ihres flüssigen Zustandes. Der darauf folgende Abkühlungsprozeß soll durch behutsame Temperaturverringerungen ein Minimum der freien Energie und somit eine reine Kristallstruktur liefern. Die Rolle der Energie übernimmt in Optimierungsproblemen die Zielfunktion, die Rolle der Temperatur die hier als Kontrollparameter bezeichnete endliche, monotonfallende Folge nichtnegativer reeller Zahlen $\{T_k\}^l_{k=0}$. Bezeichnet x eine mögliche Parametereinstellung, also einen m-dimensionalen Vektor reeller Zahlen, dann hat der SA-Algorithmus folgende Gestalt:

1.) wähle eine zu x^i benachbarte Parametereinstellung x^j
2.) wenn $\Delta c(x^i, x^j) := c(x^j) - c(x^i) < 0$, dann $x^i = x^j$
3.) wenn $\Delta c(x^i, x^j) > 0$ und $exp(-\Delta c(x^i, x^j)/T_k) > p$, p Zufallszahl aus $[0,1)$, dann:
 - $x^i = x^j$
 - $k = k + 1$
 - wähle ein T_k mit der Eigenschaft $T_k < T_{k-1}$
4.) wiederhole die Schritte bis eine Abbruchbedingung erfüllt ist

Dieser Algorithmus ist nun noch durch eine Reihe von mitunter stark problemabhängigen Entscheidungen zu ergänzen. Dazu gehören die Explizierung einer endlichen, nichtnegativen, monotonfallenden Folge reeller $\{T_k\}^l_{k=0}$ sowie ein Abbruchkriterium. Für den Startwert T_0 sollte dabei ein großer Wert gewählt werden.

An dieser Stelle bietet sich ein Ansatzpunkt für eine von der physikalischen Analogie losgelöste Interpretation von SA. Eine Verringerung von T_k ausgehend von einem großen Wert bewirkt eine Verminderung der möglichen Akzeptanz von Parametereinstellungen mit schlechteren Zielfunktionswerten. Wird die Zielfunktion geeignet normiert, so ergibt sich für den Exponentialausdruck anfangs ein Wert nahe 1, der mit hoher Wahrscheinlichkeit die Zufallszahl p übertrifft. Im Verlauf des Algorithmus wird der Exponentialausdruck dann gegen 0 konvergieren und die Zufallszahl p nur noch selten oder überhaupt nicht mehr übertreffen.

Die Folge der Kontrollparameter $\{T_k\}^l_{k=0}$ wird in der Regel durch Multiplikation des aktuellen Kontrollparameters mit einem Wert zwischen 0 und 1 erzeugt. Da in der physikalischen Analogie eine behutsame Abkühlung zum Erreichen des absoluten Minimums der freien Energie ratsam ist, sollte der Wert nicht zu klein sein. In den Anwendungen wird häufig ein Wert in der Größenordnung von 0.85 gewählt.

Wie schon weiter oben ausgeführt, kann bei Validierungsproblemen als Abbruchkriterium die Unterschreitung eines vorgegebenen Abweichungsniveaus fungieren. Das Erreichen eines solchen Abbruchkriteriums ist dann natürlich nicht immer möglich. Allgemein existieren auch durch die physikalische Analogie motivierte Abbruchkriterien, z. B. gemäß [ROA-93].

Zur Generierung neuer Parametereinstellungen bestehen ebenso vielfältige Möglichkeiten. Die verbreitetste Vorgehensweise berechnet die neue Parametereinstellung nach der Formel

$$x^j = x^i + az_s \, .\tag{2}$$

z_s ist dabei ein Vektor von Zufallszahlen, s zählt die Anzahl der Schritte der Routine. Die Elemente des Vektors sind in der Regel Zufallszahlen aus dem Intervall [-1,1]. Mit Hilfe der positiven reellen Zahl a kann dann die Schrittweite im Raum der möglichen Parametereinstellungen bestimmt werden. Es bietet sich an, über a anfangs eine größere Schrittweite zuzulassen und diese nach und nach zu verringern.

Da die Möglichkeit eines Übergangs auf ein höheres Zielfunktionswertniveau besteht, sollte gewährleistet sein, daß anfangs Parametereinstellungen des gesamten möglichen Bereichs ausgewählt werden können und erst später eine Konzentration auf die Umgebung der gespeicherten Parametereinstellungen erfolgt. Sonst besteht die Gefahr, ein zur Starteinstellung naheliegendes lokales Minimum als optimale Lösung zu erhalten, ohne entferntere, möglicherweise weitaus bessere Parametereinstellungen zu berücksichtigen.

Die Größenordnung von a und die Vorschrift zur seiner Verringerung sind wiederum stark problemabhängig, insbesondere von der Größe des Raumes der möglichen Parametereinstellungen Π. Mitunter kann es auch notwendig sein, jede Zufallszahl mit einem anderen Faktor zu multiplizieren bzw. eine Normierung des Raumes der möglichen Parametereinstellungen vorzunehmen.

Dieser Fall tritt ein, falls die Elemente des Vektors der Parametereinstellungen unterschiedlicher Größenordnung sind. Bei Verkehrssimulationsmodellen kann es sich beispielsweise einerseits um Geschwindigkeiten zwischen der Schrittgeschwindigkeit von 5 km/h und hohen Geschwindigkeiten von mehr als 130 km/h, andererseits um Zeitlücken, die wartepflichtige Fahrzeuge zur Fortsetzung ihrer Fahrt benötigen, zwischen 2.0 und 6.0 Sekunden handeln.

4. Beispiel einer automatischen Validierung durch SA

In diesem Abschnitt sollen nun Ergebnisse einer automatischen Validierung mittels SA, angewendet auf eine simulierte konkrete Verkehrssituation, vorgestellt werden. Die Menge der Parameter wurde zunächst vereinfachend auf die Zeitlücken reduziert, die wartepflichtige Fahrzeuge zur Einfädelung oder Querung benötigen.

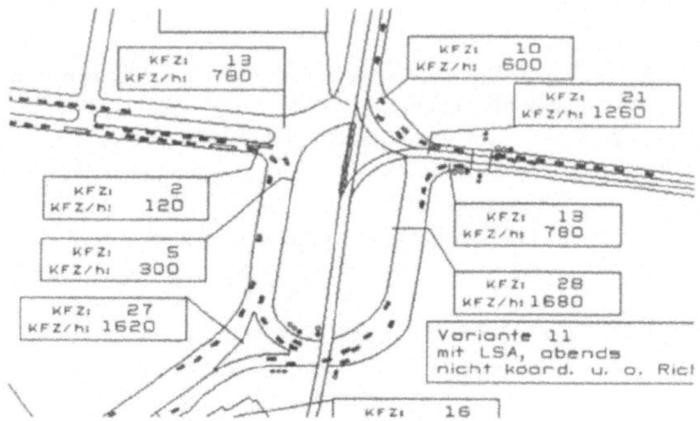

Bild 1: Simulierte Verkehrssituation

Bild 1 zeigt die betrachtete Verkehrssituation, den Universitätsplatz in Magdeburg, einen mehrspurigen Kreisverkehr mit je 4 zweispurigen Zu- und Abfahrten. Die in den Kreisverkehr einfahrenden Fahrzeuge müssen Vorfahrt gewähren. Sie benötigen daher als Modellparameter einen Zeitlückenwert, bei dessen abzusehender Überschreitung durch herannahende und kreuzende Fahrzeuge in den Kreis eingefahren wird. Weiter verkehren auf der Nord-Süd-Achse sowie der Ost-Süd-Achse Straßenbahnen. Diese sind grundsätzlich vorfahrtsberechtigt. Somit müssen auch Zeitlücken für die Querung der Straßenbahngleise eingestellt werden. Außerdem regelt eine auf Straßenbahnanmeldungen reagierende Lichtsignalanlage deren Bevorrechtigung in der Südkurve des Platzes. Diese Verkehrssituation ist hinsichtlich ihrer Modellierung und Simulation offensichtlich nicht trivial.

Die Ermittlung der real vorliegenden Zeitlücken gestaltet sich nicht nur äußerst schwierig, sie sind zudem noch unüberschaubaren Schwankungen unterworfen. So benötigen die Fahrzeuge aufgrund von praktizierter Reißverschlußeinfädelung bei dichtem Verkehr zeitweise sehr geringe Zeitlücken, wenig später jedoch kommt es in einer vergleichbaren Situation durch unkooperatives Verhalten der bevorrechtigten Fahrzeuge zu langen Wartezeiten auf den Zufahrten.

Dieses und weitere Phänomene gilt es nun durch geeignete Einstellung der Zeitlücken zu berücksichtigen. Zur Validierung wurden alle 16 Zu- und Abflußverkehrsstärken ermittelt. Tabelle 1 enthält die Resultate der automatischen Validierung durch SA.

Startabweichung [%]	28,64
Schrittanzahl	321
Endabweichung [%]	11,81
Kontrollparameter	$T_k=0{,}75T_{k-1}$, $T_0=100$

Tabelle 1: Validierungsergebnisse

Die aufgeführten Abweichungen beschreiben als Zielfunktionswert die maximale Abweichung einer simulierten Verkehrsstärke vom zugehörigen realen Wert, hier durch die Angabe in Prozent normiert.

Zusammenfassend kann festgestellt werden, daß selbst bei der auf die Zeitlücken reduzierten Eingangsparametermenge eine wesentliche Verbesserung der Modellgüte hinsichtlich der eingeführten Zielfunktion erzielt werden konnte.

5. Literatur

[KIN-94] Kinnebrock, W.: *Optimierung mit genetischen und selektiven Algorithmen.* München, Wien: Oldenburg Verlag, 1994.
[ROA-93] Rodrigues, M.; Anjo, A.: *On Simulating Thermodynamics.* In: [VID-93], S. 45-60.
[VID-93] Vidal, R. (Ed.): *Applied Simulated Annealing.* Berlin u. a.: Springer Verlag, 1993.
[WIE-74] Wiedemann, R.: *Simulation des Verkehrsflusses.* Karlsruhe: Schriftenreihe des Instituts für Verkehrswesen der Universität Karlsruhe, Heft 8, 1974.

Die in diesem Beitrag skizzierte Methodik ist ein Teilergebnis eines mit Mitteln des Bundesministeriums für Forschung und Technologie unter dem Förderkennzeichen 19 K 9510 geförderten Vorhabens.

Verkehrsmodellierung und -simulation mit ARTIST

Wolfgang Krautter
Robert Bosch GmbH
Abt. FV/FLI
Postf. 10 60 50
70049 Stuttgart

1. Motivation

Bei einer Vielzahl von neuen Produkten und Marktsegmenten im Umfeld des Kraftfahrzeugs reicht die eingeschränkte Betrachtungsweise eines Fahrzeugs allein nicht aus. Dies bezieht sich sowohl auf Anwendungen im Bereich der Verkehrsleittechnik als auch auf Produkte, die zwar fahrzeuggebunden sind, aber mit ihrer Umwelt interagieren. Ein Beispiel dafür ist die „Adaptive Cruise Control" (ACC), die die Geschwindigkeit des Fahrzeugs in Abhängigkeit von Abstand und Relativgeschwindigkeit des Vordermanns regelt. In Ergänzung zum Bau von Prototypen und der Durchführung von Feldversuchen bietet sich die Simulationstechnik als kostengünstiges Werkzeug zur Auslegung und Validierung von Systemen an. Bei Bosch wurde für diesen Zweck das Simulationssystem ARTIST erstellt, das bereits für unterschiedliche Fragestellungen entwicklungsunterstützend eingesetzt wird.

2. Aufbau des Simulators

An den Simulator wurden die folgenden Anforderungen gestellt:
* flexibler Einsatz für unterschiedlichste Fragestellungen, Einsatz unterschiedlicher Modellansätze (makro-, mikro-, mesoskopisch)
* Verwendung hierarchisch aufgebauter Modelle mit wiederverwendbaren Modellteilen
* Modellierung der Umgebung mit ihrer Infrastruktur
* Einbindung von Steurgerätecode
* Erstellung und Wiederverwendung ganzer Verkehrsszenarien
* Auswertung der Simulationsergebnisse mit statistischen Verfahren und Visualisierung

Der Simulator wurde mit Hilfe der objektorientierten Entwicklungsumgebung KEE[1] implementiert und läuft auf Workstations unter UNIX. Sein Aufbau ist in Abb. 1 schematisch dargestellt. Er bietet dem Benutzer drei verschiedene „Desktops":

Straßeneditor. Mit ihm wird die erforderliche Umgebung modelliert. Dazu gehören Straßen und Spuren mit ihren Eigenschaften (Abmessungen, Höchstgeschwindigkeiten, Überholverbot etc.). Straßen können über Knoten zu Straßennetzen verbunden werden. Die Knoten enthalten auch Informationen über erlaubte Abzweigungen und Vorfahrtsregelung.

Komponenteneditor. Komponenten sind die aktiven Teile der Simulation, sie werden als Objektklassen erstellt und abgespeichert. Komponenten können Teile des zu simulierenden Modells (z.B. Fahrzeuge, Induktionsschleifen) darstellen, aber auch abstrakte Bestandteile der Simulationsumgebung (z.B. Fahrzeuggeneratoren, Protokollierer). Daher kann das Simulationswerkzeug mit Hilfe seines eigenen Komponentenkonzepts erweitert werden.

---

1. KEE ist eingetragenes Warenzeichen der Fa. IntelliCorp, Inc.

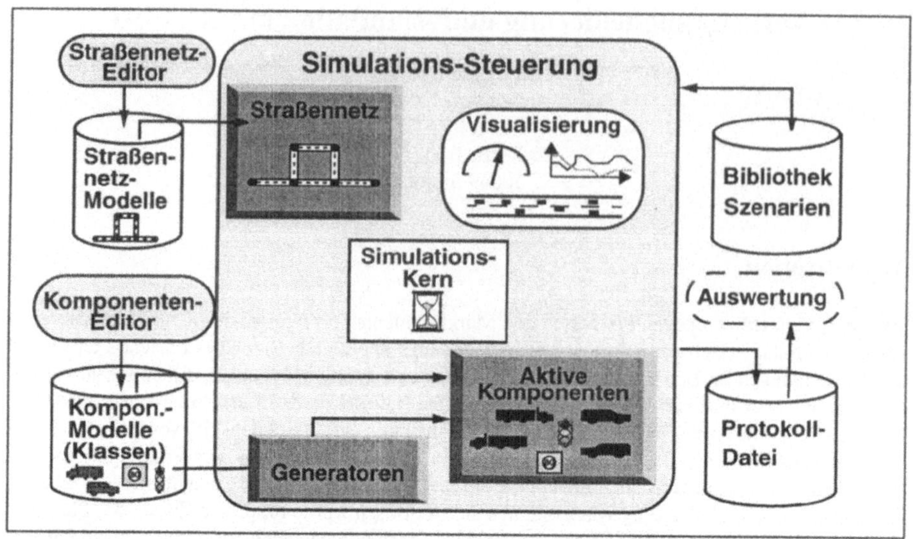

Abb. 1: Schematischer Aufbau von ARTIST

Komponenten haben einen Datenpool aus lokalen Parametern und Variablen sowie einen Satz von Prozessen, die die eigenen Daten oder die anderer Komponenten verändern können. Prozesse werden in der Programmiersprache Lisp formuliert. Aus einzelnen Komponenten kann ein Komponentenbaum aufgebaut werden. Jede Hierarchiestufe ist modular als eigenständiges Modell lebensfähig. Dies ermöglicht z.B. auf einfache Weise den Austausch eines Fahrermodells innerhalb eines Fahrzeugs.

Damit die Subkomponenten Daten austauschen können, wurde das Konzept sogenannter Coreferenzen verwendet, mit dem Parameter und Variablen gewissermaßen „verdrahtet" werden können. Zwei lokale Variablen von verschiedenen Komponenten sind wertgleich, wenn sie durch eine Coreferenz (Abb. 2) verbunden sind. Die Coreferenz stellt eine ungerichtete Verbindung dar, sowohl die lokalen Prozesse der einen wie der anderen Komponente können auf solche Variablen lesend und schreibend zugreifen. Um der hierarchischen Modellierung Rechnung zu tragen, sind direkte Coreferenzen nur zwischen Komponenten mit gleicher Oberkomponente bzw. zwischen einer Komponente und ihren direkten Unterkomponenten möglich. Wertepropagation über mehrere Hierarchieebenen hinweg ergeben sich durch die transitive Hülle aller Coreferenzen im Komponentenbaum. Dadurch kann jeder Teilbaum selbst wieder als eigenständige Komponente verwendet werden (Kopieren, Abspeichern, Einsetzen). Die Modelle werden als Objektklassen in der Modellbibliothek abgelegt, die während der Simulation beliebig oft instanziierbar sind.

Simulationssteuerung. Hier werden die Simulationsläufe durchgeführt. Der Benutzer erstellt ein Szenario, indem er ein Straßennetz lädt und Modelle aus der Komponentenbibliothek plaziert. Als Simulationskern wird eine Ereignissteuerung verwendet, da neben zeitkontinuierlichen Prozessen (z.B. Fahrdynamik) auch ereignisgesteuerte Prozesse auftreten (Signalanlagen oder Aktionsentscheidungen des Fahrers). Ein Ereignis hat einen festen Eintrittszeitpunkt und bewirkt auch zu einem festen Zeitpunkt eine Zustandsänderung. Zeitkontinuierliche Vorgänge werden durch zyklische Prozesse dargestellt, deren Zykluszeit so klein ist, wie es die gewünschte Genauigkeit erfordert. Ein Ereignis kann andere Ereignisse auslösen, die Ereignisse werden durch eine globale

208

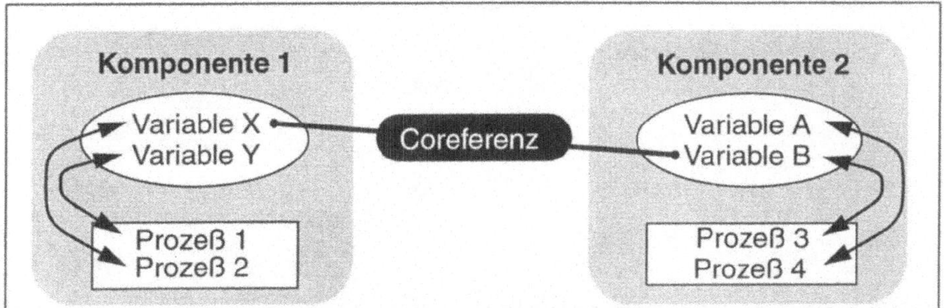

Abb. 2: Verbindung von lokalen Variablen einzelner Komponenten durch Coreferenzen

Warteschlange verwaltet. Die Ereignisse sind in der Warteschlange bezüglich ihrer Aktivierungs-zeitpunkte geordnet. Durch das Abarbeiten der Ereignisse wird die Simulationszeit weitergeschal-tet.

Das Konzept der Ereignissteuerung hat sich für den Einsatz in der Verkehrssimulation als sehr flexibel erwiesen. Es lassen sich dadurch sowohl mikroskopische als auch makroskopische Model-lierung des Verkehrsflusses sowie Mischformen (mesoskopisch) realisieren. Die Methode wird also nicht vom Simulator vorgegeben, sondern durch die vom Benutzer erstellten Modelle ausgedrückt. Modelle technischer Komponenten als auch Teile der Simulationssteuerung (z.B. die Protokollie-rung von Ergebnissen) werden durch das selbe Konzept dargestellt. Verschiedene Komponenten können mit unterschiedlicher Zykluszeit simuliert werden.

Die Auswertung der Simulationsläufe geschieht teils durch ARTIST selbst (einfache Kompo-nenten für Visualisierung und Statistik), teils durch kommerziell verfügbare Software (Statistik- und Mathematiksoftware, Animation).

3. Anwendungen

Mit ARTIST wurden bereits entwicklungsbegleitende Untersuchungen durchgeführt:

Adaptive Cruise Control (ACC): der ACC regelt die Geschwindigkeit des Fahrzeugs in Abhän-gigkeit von der Wunschgeschwindigkeit des Fahrers und dem Abstand und der Relativgeschwindig-keit des Vordermanns. In der Simulation wurde der C-Code des Reglers direkt eingebunden. Untersucht wurde die Auswirkung unterschiedlicher Ausrüstungsgrade auf den umgebenden Ver-kehr, so z.B. das Verhalten von Geschwindigkeit und Beschleunigung der Einzelfahrzeuge in Kolonnen. Es konnte gezeigt werden, daß eine gemischte Ausrüstung einer Kolonne mit ACC-Fahr-zeugen zur Vergleichmäßigung des Geschwindigkeitsverlaufs und zur Verringerung des Kraftstoff-verbrauchs beiträgt. Für diese Fragestellungen werden mikroskopische Verkehrsmodelle eingesetzt, es werden detaillierte Fahrermodelle für Fahrzeugfolgen und Spurwechsel verwendet (z.B. nach Wiedemann [1] und Sparmann [2]).

Verkehrsleittechnik: bei Linienbeeinflussungsanlagen wird mit Sensoren die Verkehrsstärke gemessen und bei Bedarf mittels Wechselverkehrszeichen Tempolimits, Überholverbote und Stau-warnschilder angezeigt. Mit Hilfe der Simulationstechnik können hier die Steuerungsalgorithmen bestehender Anlagen für beliebige Verkehrzustände untersucht werden. Für geplante Anlagen kön-nen nicht nur die Algorithmen, sondern auch Anzahl und Standort der benötigten Sensoren und Wechselverkehrszeichen optimiert werden. Feldversuche sind hier nur eingeschränkt möglich. Für

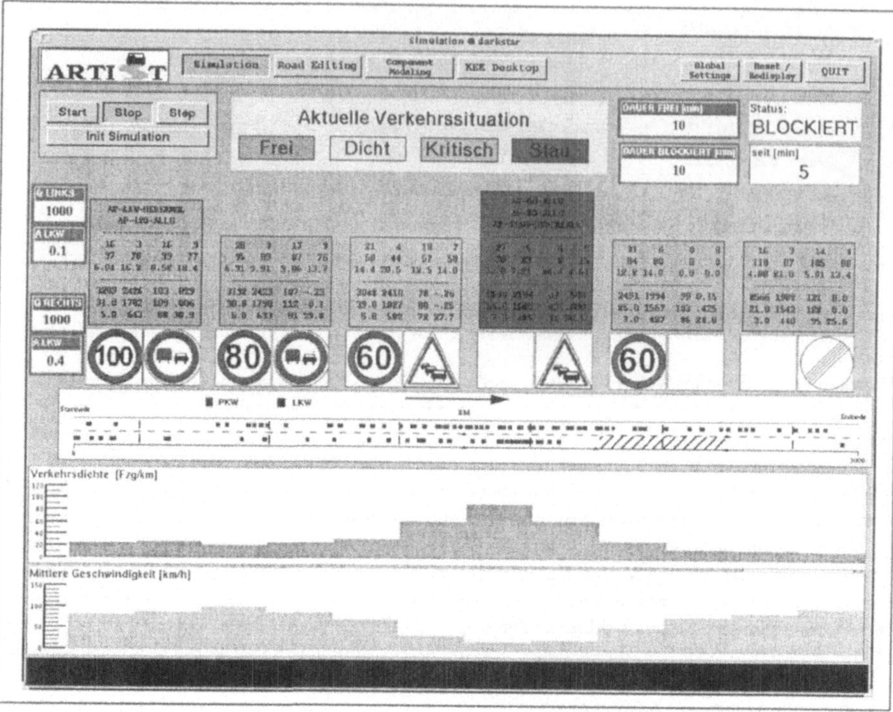

Abb. 3: Simulation einer Linienbeeinflussungsanlage

diese Fragestellungen werden aus Rechenzeitgründen makroskopische Modelle (z.B. nach Cremer [3]) oder mesoskopische Modelle verwendet. Bei letzteren werden zwar Einzelfahrzeuge betrachtet (LKWs und PKWs werden unterschieden), ein Fahrzeug berechnet seine Geschwindigkeit aber nicht durch (rechenzeitintensive) Regelung auf den Vordermann, sondern entsprechend der Verkehrsdichte im nächsten Straßensegment. Abb. 3 zeigt den Bildschirm während der Simulation. Über der schematisierten Darstellung der Straße sind die momentanen Schaltungen der Wechselverkehrszeichen und die Meß- und Prognosewerte der Steuerung abgebildet. Mit Hilfe sogenannter „Active Images" (ein Konzept von KEE) kann jede Variable der Simulation textuell oder graphisch angezeigt und interaktiv geändert werden.

Literatur

[1]   Wiedemann, R.: *Simulation des Straßenverkehrsflusses.* Schriftenreihe des IfV der Universität Karlsruhe, 1974.

[2]   Sparmann, U.: *Spurwechselvorgänge auf zweispurigen BAB-Richtungsfahrbahnen.* Forschung Straßenbau und Straßenverkehrstechnik, Heft 263.

[3]   Cremer, M: *Der Verkehrsfluß auf Schnellstraßen - Modelle, Überwachung, Regelung.* Berlin: Springer-Verlag, 1979

Modellierung und Simulation komplexer, heterogener Systeme

Peter Schwarz
Fraunhofer-Institut für Integrierte Schaltungen, Außenstelle EAS Dresden
Zeunerstraße 38, D - 01069 Dresden
Tel. / Fax (0351) 4640-730 / -703, email: schwarz@eas.iis.fhg.de

Heterogene Systeme sind durch das Zusammenwirken von Teilsystemen und Komponenten aus verschiedenen Domänen (Mechanik, Elektronik, Optik, ...), unterschiedliche Formen der Informations- und Signalverarbeitung oder des Materialflusses sowie eine entsprechend große Vielfalt der Modelle, Beschreibungsmittel und Simulationsmöglichkeiten charakterisiert. Konstruktion, Modellierung und Simulation sind die wichtigsten Felder der Rechnerunterstützung (CAD) beim Entwurf heterogener Systeme in der Nachrichtentechnik, Meß- und Automatisierungtechnik, Mikrosystemtechnik, Fahrzeugtechnik und im Maschinenbau. Eine Vielzahl leistungsfähiger Simulatoren steht zur Verfügung:

- Matlab/Simulink, $MATRIX_x$, ACSL, ... allgemeine kontinuierliche Systeme
- Statemate, Speedchart; PETRI-Netz-Simulatoren, ... allgemeine diskrete Systeme
- DYMOLA, ADAMS, ANSYS, ITI-SIM, ... mechanische Systeme
- COSSAP, SPW, DSPStation, ... Nachrichtentechnik
- Verilog, QuickSim, diverse VHDL-Simulatoren, ... digitale Elektronik
- SPICE, ELDO, Saber, SPECTRE, ... analoge Elektronik, ...

Bewährt haben sich *Multi-Level*-Simulatoren (bei denen unterschiedliche Abstraktions- und Modellierungsebenen verwendet werden) und *Mixed-Mode*-Simulatoren (die analoge und digitale, allgemeiner: kontinuierliche und diskrete Signale zulassen).

Trotz bedeutender Fortschritte auf dem Gebiet der Simulationstechnik gibt es noch viele, bisher unbefriedigend gelöste Probleme. Bei heterogenen Systemen gelangt man schnell an die Leistungsgrenzen von Standardsimulatoren. Auch aktuelle Entwicklungen auf dem Gebiet der Beschreibungsmittel (z.B. "VHDL-Analog" in der Elektronik und Mechatronik) werden längst nicht alle Erfordernisse abdecken können. Es erscheint aussichtslos, von *einem* Simulator, *einem* Modellierungsansatz und *einem* Beschreibungsmittel die Behandlung aller Probleme zu erwarten. Zwei Ansätze haben sich als vielversprechende, gegenseitig ergänzende Wege herausgestellt:

 a) Modellierung: Zusammenführung verschiedener Modellansätze, Modelltransformation
 b) Simulatorkopplung.

Im Abb. 1 sind die beiden Wege veranschaulicht. In verschiedenen Disziplinen (so z. B. in der Mikrosystemtechnik) ist es nötig, zwei- und dreidimensionale Komponentenbeschreibung und die Lösung partieller Differentialgleichungen einzubeziehen.

Zunächst wird man versuchen, durch geeignete **Modellbildung** (dazu gehören die Abstraktion von Details und der Übergang zu Beschreibungen auf den "oberen" Ebenen) mit *einem* Simulator auszukommen. Modellierung für heterogene Systeme ist ein komplizierter und aufwendiger Prozeß, der kaum automatisiert werden kann. Zwar sind für einzelne Systemklassen effiziente Algorithmen entwickelt worden [1], so z. B.

- Approximationsverfahren für die Übertragungsfunktionen linearer Netzwerke im Frequenz- und Zeitbereich (Filterberechnung),
- Identifikation linearer Systeme im Zeit- und Frequenzbereich, mit und ohne Einfluß stochastischer Störungen (Regelungstechnik),
- Optimierungs- und Approximationsverfahren für die Parametrisierung nichtlinearer statischer und dynamischer Modelle,

- Ordnungsreduktion großer linearer Systeme,
- Neuronale Netze für statische nichtlineare Systeme mit mehreren Eingangs- und Ausgangssignalen.

Sie können bei heterogenen Systemen für deren Teilsysteme eingesetzt werden. Die ersten Etappen der Modellbildung aber, nämlich die Wahl der Modellstruktur und des Modellansatzes bzw. bei heterogenen Systemen der zu kombinierenden Ansätze, die Partitionierung in Teilmodelle und deren Kopplung sowie die Festlegung der Beschreibungsmittel, bleiben weitgehend der Intuition und Erfahrung der Techniker und Naturwissenschaftler überlassen.

Bei der Verwendung nur eines Simulators wird es nötig sein, unterschiedliche Modellformen durch **Modelltransformation** in die Eingabesprache des Simulators zu überführen. Bei der Vielfalt heterogener Systeme wäre es zuviel verlangt, in allen Fällen eine *automatische* Transformation (Übersetzung) zu erwarten. Die zahlreichen Modellierungsansätze, auch die unterschiedlichen Anforderungen an die Modellierungsgenauigkeit, können zunächst durch manuelle Umsetzungen unterstützt werden. Die gegenwärtige Vielzahl an Beschreibungsmitteln wird sich hoffentlich verringern, wenn die Standardisierungsarbeiten zu VHDL-AMS (VHDL, erweitert um Analog- und Mixed-Signal-Beschreibungen) abgeschlossen sind und diese Sprache durch viele Simulatoren unterstützt wird. Solche Sprachen können auch als "softwareneutraler Zwischencode" [2] benutzt werden, in die von anderen Beschreibungen her transformiert wird und an die sich verschiedene Simulatoren anschließen lassen. So läßt sich auch ein Modellaustausch unterstützen.

Ist die Modellbildung zu aufwendig oder sind die Systeme so heterogen, daß eine einheitliche Beschreibung und Simulation nicht möglich ist, bleibt als Ausweg die **Simulatorkopplung**. Dafür werden - insbesondere in der Elektronik - zunehmend kommerziell verfügbare Lösungen für Standardsimulatoren angeboten. Es lassen sich aber auch über C-Schnittstellen, die eigentlich für das Einbringen neuer Modelle gedacht sind, Simulatoren durch den Anwender miteinander koppeln. Leider ist die Simulatorkopplung ebenfalls mit Problemen behaftet:
- der mühsame Umgang mit mehreren Beschreibungsmitteln, Kommandosprachen und Ausgabetools,
- die Organisation ders Datentransfers (bei selbstprogrammierten Kopplungen),
- algorithmische Probleme bei eng gekoppelten Teilsystemen.

Letztere sind durch unterschiedliche Integrationsalgorithmen und -schrittweiten, Iterationen zur Behandlung "algebraischer Schleifen" beim Lösen von nichtlinearen Gleichungen über mehrere Simulatoren hinweg, evt. notwendiges zeitliches Zurücksetzen u.dgl. bedingt. Sie können vom Anwender schwer erkannt und meist nur durch Modellumformungen beeinflußt werden. Standardisierte Koppelprinzipien fehlen und die Hoffnungen auf Standardisierung im Rahmen von CFI (CAD Framework Initiative) in Form einer "simulation backplane" scheinen sich nicht oder zumindest nicht bald zu erfüllen. Trotzdem bleibt der Vorteil des Einsatzes jeweils optimal geeigneter Simulatoren für die Teilsysteme und der wesentlich kleinere Modellierungsaufwand.

Diese Ansätze (Modelltransformation, Simulatorkopplung, Multi-Level-, Mixed-Mode-Simulation) lassen sich zu einem gemeinsamen Konzept der **Multi-Language-Simulation** zusammenfassen. Abb. 2 skizziert dieses Konzept. Die Teilsysteme werden jeweils mit problemangepaßten Beschreibungsmitteln modelliert; gekoppelte Simulatoren und die zugehörigen, ebenfalls problemspezifischen Visualisierungsmöglichkeiten sorgen für die Flexibilität, die bei heterogenen Systemen erforderlich ist. Der Vorteil des Ansatzes besteht darin, daß der Anwender nicht gezwungen wird, sämtliche Teilsystem-Beschreibungen in nur einer Sprache vorzunehmen, die der Heterogenität des Gesamtsystems nicht angepaßt ist. Ein Nachteil liegt darin, daß dieses Vorgehen in den üblichen Entwurfssysstemen - vom Schematic Entry über die Datenmodellierung und -verwaltung bis hin zur Ergebnisauswertung - nicht genügend unterstützt wird.

Diese recht allgemeinen Bemerkungen zur Modellierung und Simulatorkopplung sollen an **Beispielen komplexer, heterogener Systeme** aus verschiedenen Anwendungsgebieten illustriert werden, die in unserem Institut bearbeitet wurden. Dabei wurde neben einigen der o.g. Simulatoren auch der selbstentwickelte Simulator KOSIM (Abb. 3) eingesetzt. Er wurde ursprünglich für gemischt analog-digitale Schaltungen und Systeme entwickelt [3]. Nichtelektrische Komponenten - die durch Differentialgleichungen modelliert werden - können über eine dafür konzipierte Schnittstelle eingebunden werden [4]. Ähnliche Schnittstellen existieren auch für digitale / zeitdiskrete Modelle und für die Kopplung mit anderen Simulatoren, z.B. mit VHDL-Simulatoren.

1.   In der **Mikrosystemtechnik** konnte durch die Kopplung [5] eines FEM-Simulators (ANSYS) mit einem Schaltungssimulator (KOSIM) das Verhalten eines "gefesselten" Beschleunigungssensors simuliert werden (Abb. 4). Die kapazitiv gemessene Auslenkung der an Biegebalken aufgehängten Masse bewirkt über einen Regler eine elektrostatische Gegenkraft. Daher ist die Wechselwirkung zwischen elektrostatischem Feld und bewegten mechanischen Komponenten zu simulieren. Für diese und andere Simulatorkopplungen wurden verschiedene Arten des Datentransfers erprobt: TCP/IP, Filetransfer und die public-domain-Software pvm (parallel virtual machine). Damit war es vergleichsweise einfach, auch über größere Entfernungen hinweg eine *verteilte Simulation* vorzunehmen (ANSYS in Chemnitz bzw. München, KOSIM in Dresden). Bei in-house-Simulatorkopplungen wird vor allem das sehr schnelle TCP/IP eingesetzt.

2.   Bei einer Simulatorkopplung für **nachrichtentechnische Anwendungen** mußte berücksichtigt werden, daß häufig eine gemeinsame System- und Schaltungssimulation [6] erforderlich ist (Gesamtsystemsimulation, schrittweise Verfeinerung des schaltungstechnischen Entwurfs, Umgebungssimulation, ...). Es wurden Standardsimulatoren für die jeweiligen Aufgabenklassen eingesetzt (Abb. 6). Probleme bei der Kopplung lagen einerseits in der Entwicklung einer weitgehend simulator-unabhängigen Koppelsoftware, andererseits in der Synchronisation von Simulatoren mit unterschiedlichen Zeitablaufsteuerungen (datenstromorientiert / getaktet / zeitkontinuierlich). Die Behandlung heterogener Systeme der Nachrichtentechnik durch geeignete Modellbibliotheken und Multi-Level-Simulation mit nur *einem* Simulator ist in [7] behandelt.

3.   Besonders einfach wird die Simulation heterogener Systeme, wenn der einzusetzende Simulator bereits mehrere gekoppelte Simulationsalgorithmen besitzt und verschiedene Eingabesprachen zuläßt. Mit dem in-house Simulator KOSIM konnte so eine **Druckwalzensteuerung** problemangepaßt modelliert (PETRI-Netze für die Steuerung / Differentialgleichungen für Mechanik / Blockschaltbild für Regler) und simuliert werden. Dieser Ansatz entspricht der Mehrebenen-Betrachtung in der **Automatisierungstechnik** [8], [9].

4.   Für die **Performance-Analyse** von Bus-Systemen werden oft bedienungstheoretische Methoden verwendet. Für Monte-Carlo-Analysen läßt sich ein VHDL-Simulator verwenden, wenn geeignete Bus-Modelle verfügbar sind. Ein zusätzlicher Vorteil besteht in der wesentlich höheren Modellierungsgenauigkeit, da das Verhalten der am Bus angeschlossenen Stationen, datenabhängige Signalverarbeitungszeiten u.dgl. berücksichtigt werden können. Für Feldbusse (CAN, PROFIBUS, ...) wurde eine Modellierungs- und Simulationsumgebung geschaffen [10].

5.   Bei der Simulation eines **kamerageführten Fahrzeuges** erwies sich der Leistungsumfang von analog/digitalen Schaltungs- und Systemsimulatoren wie Saber, ELDO oder KOSIM ausreichend, da diese über Schnittstellen zum Einbringen neuer Modelle verfügen [11]. Es handelt sich um ein typisches Anwendungsbeispiel für moderne Hardwarebeschreibungssprachen wie VHDL-AMS und Multi-Level-, Mixed-Mode-Simulatoren. Wird das (vereinfachte) Modell des Fahrzeuges bei der Simulation eines vollständigen **automatisierten Transportsystems** verwendet, ist die Einbeziehung von PETRI-Netz-Modellen zweckmäßig [12]. Vorteilhaft waren Simulatorerweiterungen zur Visualisierung der Fahrspurmarkierungen in der Lernphase des für die Fahrzeugsteuerung eingesetzten neuronalen Netzes.

6. Bei der Simulation räumlich verteilter Systeme muß nicht immer ein teurer FEM-Simulator mit seinen sehr großen Rechenzeiten benutzt werden. Vor allem bei homogenen oder schwach inhomogenen geometrischen Anordnungen bewährt sich auch die **Diskretisierung partieller Differentialgleichungen** und ihre Lösung mit Schaltungssimulatoren. Die Approximation durch gewöhnliche DG und ihre Darstellung als Verhaltensmodelle oder durch Netzwerke kann mittels Präprozessoren erfolgen. Ein Beispiel in der Elektronik sind verlustbehaftete Leitungen[13], das gleiche Vorgehen bewährt sich auch in der Mikrosystemtechnik [14] und Mechatronik.

Die Beispiele sollten zeigen, daß sich *Modellierung* und *Simulatorkopplung* beim Entwurf heterogener Systeme gut ergänzen. Die Entwicklung standardisierter Beschreibungssprachen wie VHDL-AMS wird diesen Prozeß deutlich unterstützen, problemspezifische Beschreibungsmittel aber nicht überflüssig machen. Das Konzept einer *Multi-Language-Simulation* wird der Komplexität und Heterogenität von Systemen gerecht. Die Arbeiten wurden teilweise von der DFG im Rahmen des Sonderforschungsbereiches 358 "Automatisierter Systementwurf" gefördert.

Literatur:

[1]   Johansson, R.: System modeling and identification. Prentice-Hall, Englewood Cliffs 1993

[2]   Bausch-Gall, I.: Modellaustausch zwischen Simulationsprogrammen. In: G. Kampe, M. Zeitz (Hrg.): 9. ASIM-Symposium Simulationstechnik. Vieweg, Stuttgart 1994, S. 23-28

[3]   Schwarz, P.; Clauß, C.; Donath, U.; Haufe, J.; Kurth, G.; Trappe. P.: KOSIM - ein Mixed-Mode, Multi-Level-Simulator. In: Informatik-Fachbericht 255 (Hrg.: B. Reusch), Springer, Berlin 1990, S. 207-220

[4]   Clauß, C. u.a.: Anwendung des Multi-Level-Simulators KOSIM für die Simulation von Mikrosystemen. 2. Statusseminar des Verbundprojektes METEOR, Karlsruhe 1994, S. 191 - 198

[5]   Clauß, C.; Gruschwitz, R.; Schwarz, P.; Wünsche, S.: Simulation mikrosystemtechnischer Aufgaben mit gekoppelten Simulatoren. 2. Fachtagung Mikrosystemtechnik , Chemnitz 1995, S. 92-101

[6]   Einwich, C.; Schwarz, P.; Trappe, P.; Zojer, H.: Simulatorkopplung für den Entwurf komplexer Schaltkreise der Nachrichtentechnik. 7. ITG-Fachtagung Mikroelektronik für die Informationstechnik, Chemnitz 1996, S. 139-144

[7]   Engelmann, F.; Jentschel, H.-J; Schwarz, P. (Hrg.): Modellierung und Simulation in der Nachrichtentechnik. Proc. Workshop zum Abschluß des BMFT-Projektes, Dresden 1995

[8]   Kluwe, M.; Krebs, V.; Lunze, J.; Richter, H.: Beratungssystem für die operative Prozeßführung. atp - Automatisierungstechnische Praxis 36(1994)8, S. 11-16

[9]   Donath, U.; Haufe, J.; Schwarz, P.: Mehr-Ebenen-Simulation automatisierungstechnischer Prozesse und Steuerungen. 4. Tagung Entwurf komplexer Automatisierungssysteme, Braunschweig 1995, S. 543-553.

[10] Altmann, S.; Donath, U.: Konfiguration und Leistungsbewertung verteilter Kommunikationssysteme mittels VHDL-Modellierung und Simulation. 7. ITG-Fachtagung Mikroelektronik für die Informationstechnik, Chemnitz 1996, S. 133-138

[11] Schneider, P.; Schwarz, P.: Systemsimulation unter Einbeziehung Neuronaler Netze. ITG-Fachtagung Mikroelektronik für die Informationstechnik. ITG-Fachbericht 127, Berlin 1994, S. 135-140.

[12] Donath, U.; Haufe, J.; Schneider, P.; Schwarz, P.: Multi-Level-Simulation komplexer Automatisierungssysteme. 4. Zwickauer Automatisierungsforum, Zwickau 1995, S. 29-32

[13] Hölzel, M.; Haase, J.: Simulation nichtlinearer Netzwerke mit Mehrfachleitungen. 3. GME/ITG-Diskussionssitzung Entwicklung von Analogschaltungen mit CAE-Methoden, Bremen 1994, S.105-110

[14] Pelz, G.; Bielefeld, J.; Zappe, F.-J.; Zimmer, G.: MEXEL: simulation of microsystems in a circuit simulator using automatic electromechanical modeling. Micro System Technologies, VDI-Verlag, Berlin 1994, S. 651-657

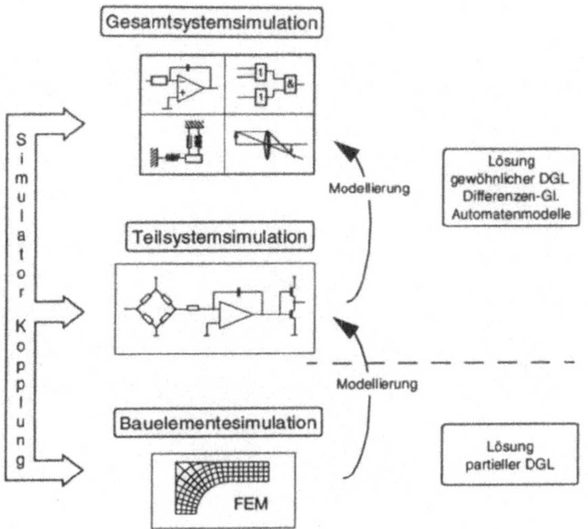

Abbildung 1: Modellierungs- und Simulationsebenen heterogener Systeme

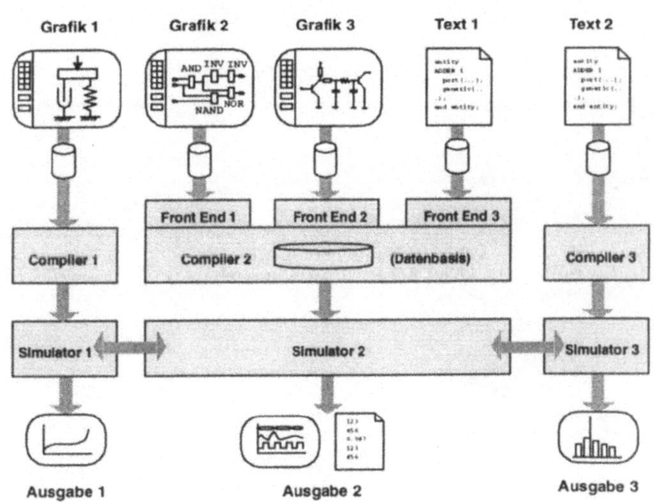

Abbildung 2: Multi-Language-Simulation

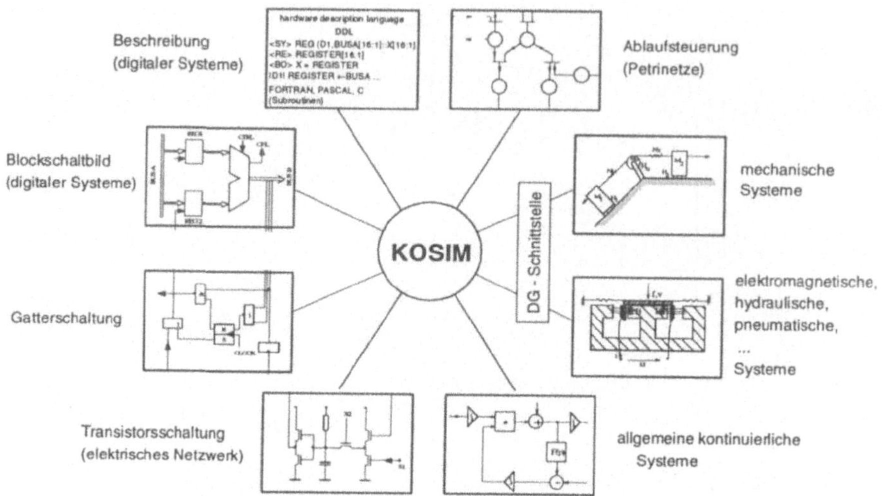

Abbildung 3: Multi-Level-, Mixed-Mode-Simulator KOSIM

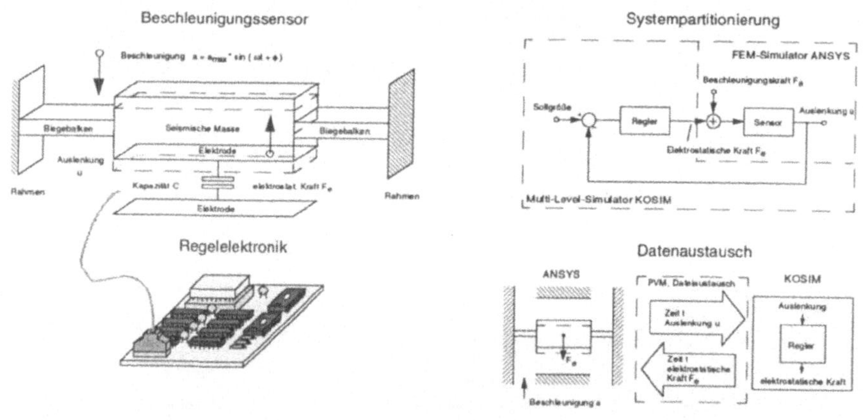

Abbildung 4: Gekoppelte FEM- und Schaltungssimulation eines Beschleunigungssensors

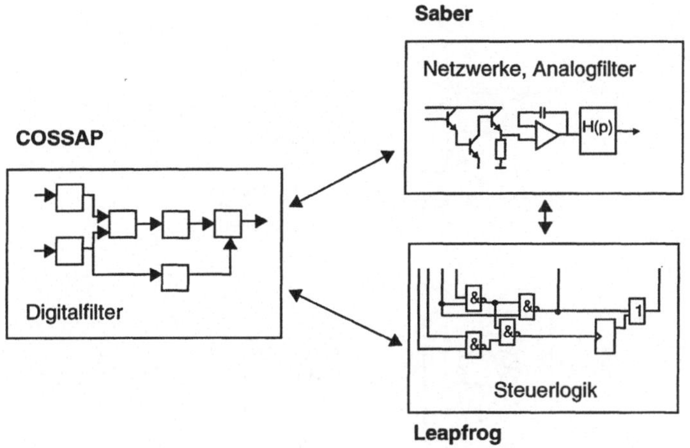

Abbildung 5: Gemischte System- und Schaltungssimulation in der Nachrichtentechnik

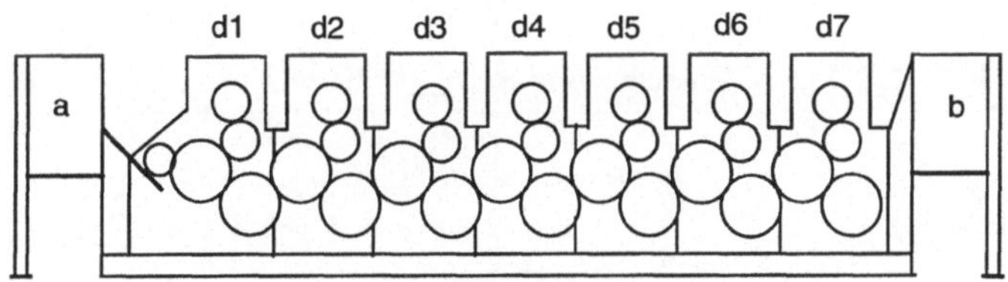

a) Bogen-Offset-Druckmaschine
   a - unbedruckter Stapel, b - bedruckter Stapel
   d1, d2, ... d7 - Druckwerke

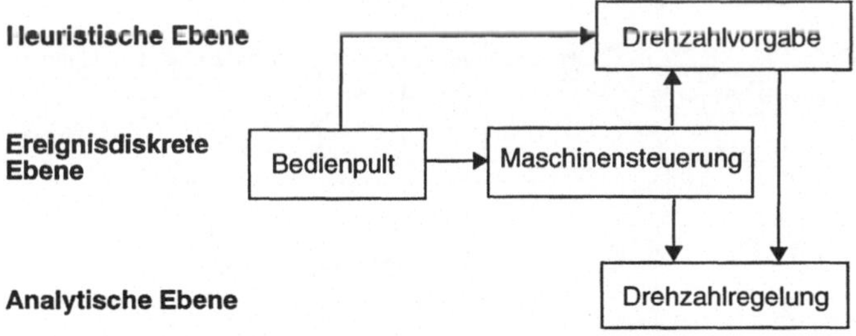

b) Ebenenzuordnung der Teilsystem-Modelle

Abbildung 6: Mehrebenen-Modell einer Druckwalzenanlage

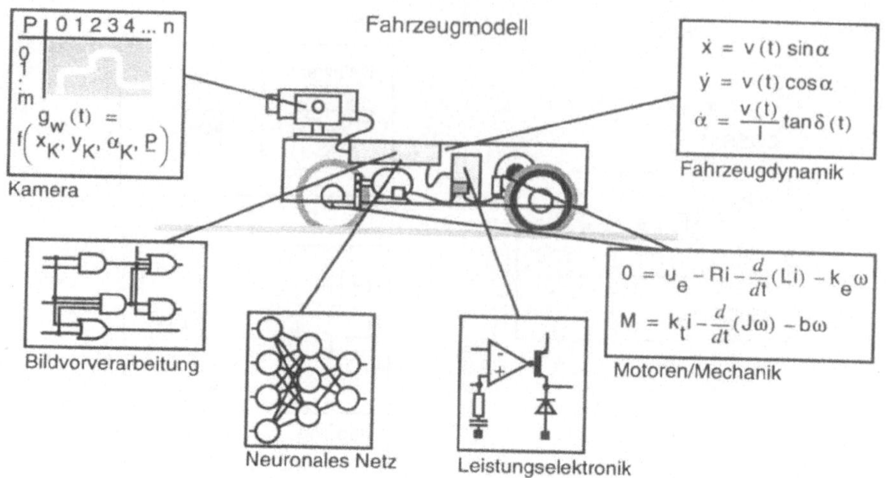

Abbildung 7: Mixed-Mode-Modell eines kamerageführten Fahrzeuges

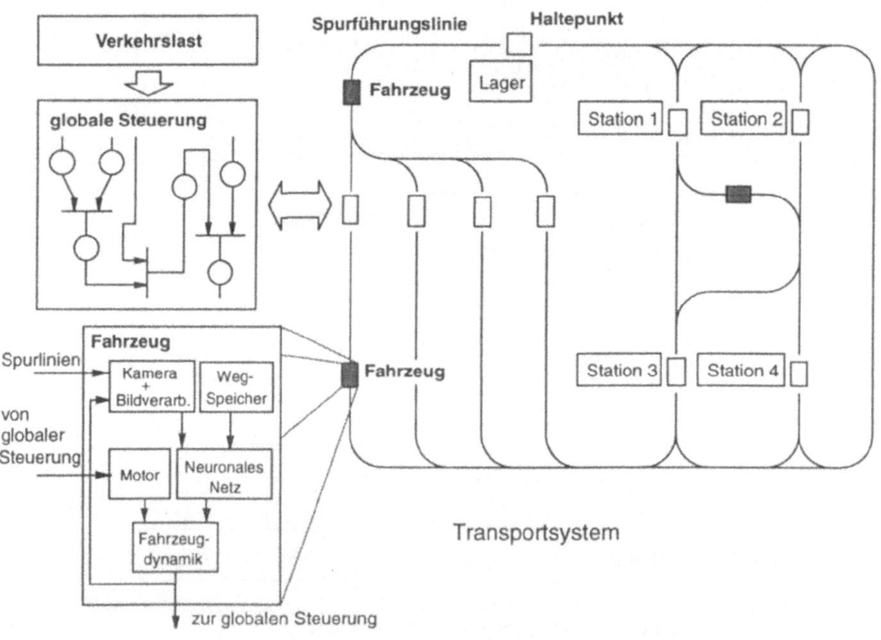

Abbildung 8: Automatisiertes Transportsystem mit kamerageführten Fahrzeugen

218

MECSIM: Ein Werkzeug zur Entwicklung neuer Verfahren für die Simulation elektronischer Schaltungen

P. Schüfer   G. Welsch   A. Bunse-Gerstner   R. Laur

AG Numerik, FB 3   ITEM, FB 1   AG Numerik, FB 3   ITEM, FB 1

Universität Bremen, Postfach 330 440, 28 334 Bremen

Einleitung

Für die Simulation elektronischer Schaltungen existiert bereits eine Reihe von Schaltkreissimulatoren. Für den Entwickler von neuen Verfahren zur Simulation besitzen diese Simulatoren jedoch den Nachteil, daß es nicht möglich ist, neue Algorithmen darin zu implementieren und anhand von verschiedenen Schaltungen zu testen. Aus diesem Grund wird an der Universität Bremen ein Simulator (MECSIM: MATLAB Electronic Circuit Simulator) als Tool für das Programmpaket MATLAB[1] entwickelt. MATLAB ist aufgrund seiner einfachen Handhabbarkeit sehr gut geeignet neue Algorithmen zu entwickeln und zu testen, wie auch insgesamt ein bestehendes Programm zu erweitern. Der Vorteil dieses Tools ist die Möglichkeit für Ingenieure und Mathematiker in Zusammenarbeit existierende Algorithmen mit neuen zu kombinieren, bzw. zu ersetzen. Im Gegensatz zur bisherigen Praxis ist es nun möglich, numerische Methoden direkt an einer Vielzahl von verschiedenen Schaltungen während der Simulation zu testen, ohne daß erst die entsprechenden Simulationsdaten aus einem anderen Simulator extrahiert werden müssen, was i. a. mit einem großen Aufwand verbunden wäre. Damit erhält dieses Tool den Charakter eines Kommunikationswerkzeuges für die interdisziplinäre Forschung und Entwicklung in der Schaltungssimulation.

Simulation elektronischer Schaltungen

Durch die hohen Kosten für Musteranfertigung und Redesign wird die numerische Simulation zunehmend wichtiger für die Entwicklung und Verifikation elektronischer Schaltungen. Das dazu notwendige mathematische Modell entsteht aus der Kirchhoffschen Knotenregel, der Kirchhoffschen Maschenregel und den Bauelementbeziehungen. Benutzt man zur Beschreibung die modifizierte Knotenanalyse, so ergibt sich das folgende Algebro-Differentialgleichungssystem als Modell der elektronischen Schaltung:

$$i(v(t)) + \frac{d}{dt}q(v(t)) + i_S(t) = 0 \tag{1}$$

wobei $i, q : \mathbf{R}^N \to \mathbf{R}^N$ die Ströme bzw. Ladungen beschreiben, $v : \mathbf{R} \to \mathbf{R}^N$ stellt die gesuchten Knotenpotentiale in den N Knoten der Schaltung dar und $i_S : \mathbf{R} \to \mathbf{R}^N$ bezeichnet den Stimulus, das Eingabesignal.

Sehr oft liegt das Interesse bei der Simulation von analogen (mikro-)elektronischen Schaltungen im eingeschwungenen Zustand. Das ist darin begründet, daß im eingeschwungenen Zustand viele Eigenschaften einer Schaltung beurteilt und gemessen werden. Diese sind unter anderen die Transfercharacteristiken, der Klirrfaktor und das Rauschen. Um also schon beim Entwurf einer Schaltung Aussagen über deren Systemeigenschaften machen zu können,

---

[1] MATLAB ist ein Warenzeichen von The MathWorks Inc.

ist es notwendig diesen Zustand in der Simulation nachzuvollziehen. Beim eingeschwungenen Zustand geht man von einem periodischen Stimulus mit Periodenlänge T aus. Die Periodizität der Lösung von (1) kann man garantieren, indem die Bedingung $v(t) = v(t+T)$ zu (1) hinzugenommen wird, so daß ein Randwertproblem entsteht.

Für die Simulation bieten sich verschiedene Verfahren im Zeit- als auch im Frequenzbereich an [5], [1]: Ziel- und Mehrzielmethoden, Finite-Differenzen-Verfahren sowie Variationsmethoden, bei denen ein Lösungsraum unter Verwendung von linear unabhängigen Basisfunktionen aufgespannt wird. Bei dieser Methode werden die Koeffizienten der gewählten Funktionen dermaßen bestimmt, daß diese Funktionen die exakte Lösung in einer bestimmten Fehlernorm am besten approximieren.

Das Verfahren der Harmonischen Balance

Beim Verfahren der Harmonischen Balance [3], das zu den Variationsmethoden zählt, werden die gesuchten Knotenpotentiale in einem $2(K+1)$-dimensionalen Unterraum der periodischen Funktionen mit Periodenlänge T approximiert, K bezeichnet dabei die Anzahl der Harmonischen. Um die Approximation zu bestimmen, verwendet man den Galerkin-Ansatz mit Testfunktionen, durch die das Differentialgleichungssystem (1) in den Frequenzbereich transformiert wird. Da die Fouriertransformation meist nicht exakt berechnet werden kann, verwendet man die diskrete Fouriertransformation mit $2(K+1)$ Stützstellen. Durch diese Transformation in den Frequenzbereich entsteht aus (1) ein nichtlineares algebraisches Gleichungssystem

$$F(V) := I(V) + \Omega Q(V) + I_S = 0 \tag{2}$$

wobei V die unbekannten Koeffizienten und I, Q und I_S die Fourierkoeffizienten der Funktionen i, q bzw. i_S enthalten. Ω ist eine Diagonalmatrix, die beim Übergang in den Frequenzbereich aus der Differentiation entsteht.

Die Lösung des nichtlinearen Gleichungssystems (2) wird nun mit dem Newton-Verfahren bestimmt, dabei muß in jedem Iterationsschritt ein lineares Gleichungssystem mit der Jacobimatrix A gelöst werden. A ist eine $2(K+1)N \times 2(K+1)N$ Matrix, die in der Form $A = G + \Omega C$ geschrieben werden kann. G bzw. C entstehen aus den Ableitungen der Ströme i bzw. der Ladungen q nach den Knotenpotentialen v. Diese beiden Matrizen sind Blockmatrizen, die in der komplexen Formulierung des Verfahrens zirkulante Blöcke enthalten. Insgesamt ist die Matrix A eine große dünn besetzte Blockmatrix, deren Blockstruktur von der Topologie der jeweiligen Schaltung abhängig ist.

Eigenschaften von MECSIM

Im Simulator MECSIM ist eine Arbeitspunktanalyse, eine Kleinsignalanalyse und als Verfahren zur Bestimmung des eingeschwungenen Zustands die Harmonische Balance implementiert worden. Aufgrund des einfachen Aufbaus von MATLAB ist es aber auch möglich andere Verfahren in den Simulator zu integrieren.

Die Eingabe einer Schaltung erfolgt über eine Netzliste, welche sich am Standard des SPICE2G6 orientiert. Folgende Bauelemente werden zur Zeit vom Simulator unterstützt: Widerstände, Kapazitäten, Induktivitäten, Dioden, Bipolartransistoren, sowie unabhängige und gesteuerte Strom- und Spannungsquellen.

Um die in jedem Schritt der Newton-Iteration auftretenden linearen Gleichungssysteme zu lösen, werden in MECSIM neben der Gauß-Elimination die sogenannten Krylov-

Unterraum-Verfahren [2] eingesetzt. Dies sind Iterationsverfahren, bei denen die Lösung in einem bestimmten Unterraum, dem Krylov-Unterraum, approximiert wird und bei denen die Matrix A nur in Form von Matrix-Vektor-Multiplikationen benötigt wird. Im Simulator implementiert sind von diesen Verfahren BiCG, BiCGStab, CGS, GMRES und QMR.

Um die Konvergenz dieser Verfahren zu verbessern, werden die Gleichungssysteme vorkonditioniert, d. h. man geht indirekt zu einem äquivalenten linearen Gleichungssystem über, das bessere Konvergenzeigenschaften besitzt. Die Vorkonditionierer, die in MECSIM zur Verfügung stehen, lassen sich in zwei Gruppen einteilen: Zum einen die Vorkonditionierer, die universell für alle Matrizen benutzbar sind (Unvollständige LU-Zerlegung und „sparse approximate Inverse"), zum anderen die speziell auf die Jacobimatrix des Verfahrens der Harmonischen Balance zugeschnittenen Vorkonditionierer, zu denen die Vorkonditionierung mit den Diagonalen der Blöcke, mit zirkulanten Blöcken und mit der Matrix G gehören.

Außer den Verfahren zum Lösen der linearen Gleichungssysteme und den Vorkonditionierern können auch verschiedene Parameter der Iterationsverfahren wie Startvektor und Abbruchkriterium eingestellt werden.

Die Eingabe der Simulationsparameter (dazu gehören z. B. der Name der Schaltung, der Gleichungslöser und verschiedene Abbruchbedingungen) sowie die Ausgabe der Simulationsergebnisse, die graphisch oder als Tabelle sowohl im Zeit- wie auch im Frequenzbereich ausgegeben werden können, werden über ein Graphical User Interface gesteuert, so daß die Benutzung des Simulators MECSIM sehr einfach ist.

Beispiel für eine Simulation mit MECSIM

Bei dem Beispiel handelt es sich um eine typische Emitter-Verstärker-Schaltung, die zur Verstärkung von Kleinsignalen benutzt wird (siehe [4]). Ein schematisches Diagramm der Schaltung zeigt Abb. 1 links. Die Schaltung wird erregt mit einem Signal der Frequenz 1 MHz und einer Amplitude von 0.1 Volt.

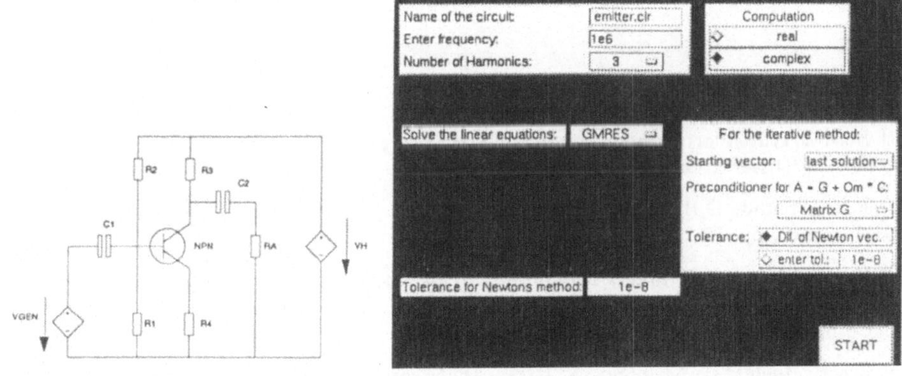

Abbildung 1: Diagramm der Emitter-Schaltung (links) und Eingabefenster von MECSIM (rechts)

In Abb. 1 rechts wird das Eingabefenster für die Simulation mit einer möglichen Wahl von Parametern gezeigt. Mit diesen Parametern wurde die Simulation mit MECSIM anschließend

auch durchgeführt. Abbildung 2 und Tabelle 1 zeigen das Ergebnis dieser Simulation am
Knoten 6, dem Ausgabeknoten der Emitter-Verstärker-Schaltung.

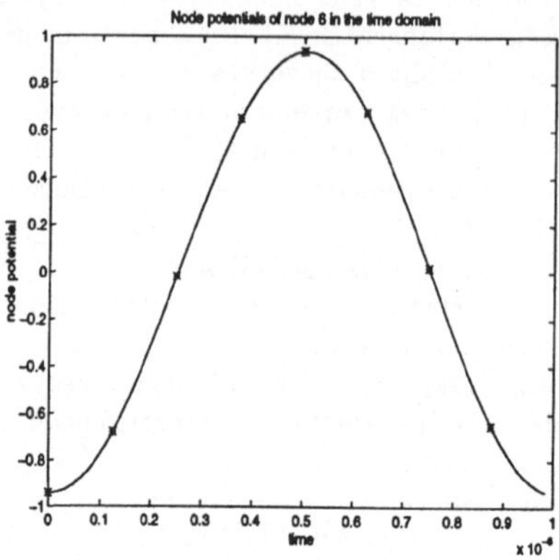

Abbildung 2: Simulationsergebnis am Knoten 6 im Zeitbereich

```
Node potentials of node 6 in the frequency domain
Index    absolute value    phase
  0      1.440819e-21      -40.530
  1      4.708998e-01      -178.792
  2      1.127854e-03      115.498
  3      3.137274e-05      -51.587
  4      3.132516e-21      -42.945
```

Tabelle 1: Simulationsergebnis am Knoten 6 im Frequenzbereich

Literatur

[1] H.G. Brachtendorf, *Simulation des eingeschwungenen Verhaltens elektronischer Schaltungen*, Dissertation, Universität Bremen, 1994.

[2] R.W. Freund, G.H. Golub, N.M. Nachtigal, *Iterative solution of linear systems*, Acta Numerica, pp. 57-100, 1991.

[3] R.J. Gilmore, M.B. Steer, *Nonlinear Circuit Analysis Using the Method of Harmonic Balance - A Review of the Art, Part I and II*, Int. J. of Microwave and Millimeter-Wave Computer-Aided Engineering, Vol. 1, 1991.

[4] E.E.E. Hoefer, H. Nielinger, *SPICE - Analyseprogramm für elektronische Schaltungen*, Springer, 1985.

[5] K.S. Kundert, A. Sangiovanni-Vincentelli and T. Sugawara, *Techniques for finding the periodic steady-state response of circuits*, in T. Ozawa (ed.), *Analog Methods for Computer-Aided Circuit Analysis and Diagnosis*, New York, 1988.

Simulation des eingeschwungenen Zustands von Oszillatoren mit der Harmonischen Balance

G. Welsch, H.G. Brachtendorf, R. Laur
Universität Bremen, FB1, Institut für Theoretische Elektrotechnik und Mikroelektronik
Kufsteiner Straße • Postfach 330 440 • 28334 Bremen
e-mail: welsch@imbe05.zfn.uni-bremen.de • brachtd@imbe05.zfn.uni-bremen.de

Kurzfassung

Dieser Beitrag beschäftigt sich mit der Simulation des eingeschwungenen Zustands autonomer Schaltungen unter Verwendung der Harmonischen Balance. Dabei wird der Oszillator durch das Einfügen eines speziellen Kontrollblocks im Rückkopplungszweig in eine nicht-autonome Schaltung überführt. Durch sukzessive Anwendung der Harmonischen Balance kann somit der eingeschwungene Zustand und die Frequenz der Oszillation bestimmt werden. Somit stellt dieser Ansatz eine Erweiterungsmöglichkeit für schon existierende Simulatoren, in denen die Harmonische Balance implementiert ist, dar.

Einführung

Elektronische Schaltungen werden durch ein System von i.a. nichtlinearen Algebro-Differentialgleichungen erster Ordnung beschrieben, die sich aus den Kirchhoffschen Gleichungen sowie den Elementmodellen ergeben.

Zur Simulation des eingeschwungenen Zustandes eignen sich (Mehr-)Ziel-, Finite-Differenzen- und Ansatzverfahren. Zur Klasse der Ansatzverfahren gehört die Harmonische Balance (HB), die mit trigonometrischen Basisfunktionen arbeitet. Das System von Algebro-Differentialgleichungen wird hierbei in den Frequenzbereich transformiert. Man erhält ein System von i.a. nichtlinearen Gleichungen, welches durch iterative Verfahren (zumeist einem Newton-Verfahren) gelöst werden kann. Die Genauigkeit der Lösung wird von der vorgegebenen Ordnung des verwendeten Fourierpolynoms festgelegt. Ist der Signalverlauf der unbekannten Ströme und Spannungen annähernd sinusförmig, konvergiert die approximierende Lösung schon bei einer geringen Ordnung gegen die Lösung des Problems. Im Falle von autonomen Schaltungen ist die Fundamentalfrequenz des Fourierpolynoms ebenfalls unbekannt.

Die Harmonische Balance

Ausgehend von den Kirchhoffschen Knoten- und Maschenregeln sowie den Bauelementmodellen und unter Verwendung der modifizierten Knotenanalyse kann ein Algebro-Differentialgleichungssystem (Gl. 1) der Dimension N aufgestellt werden:

$$f(y(t),t) \;=\; i(y(t)) + \frac{d}{dt}q(y(t)) + i_S(t) \;=\; 0 \tag{1}$$

Dabei ist t die Zeit. $y(t)$ ist der zusammengesetzte Vektor der Knotenpotentiale $v(t)$ und der Zweigströme $i^*(t)$, die in den Bauelemente fließen, die in Impedanzform beschrieben sind (Gl. 2a). $i(y(t))$ ist der zusammengesetzte Vektor der Ströme, die auf die Knoten zufließen, sowie der

Zweigspannungen die an den Bauelementen anliegen, die in Impedanzform beschrieben sind (Gl. 2b). $q(y(t))$ ist der zusammengesetzte Vektor der elektrischen Ladungen, die einem Knoten zugeordnet sind, und der magnetischen Flüsse die den Zweigen der Bauelemente, die in Impedanzform beschrieben sind, zugeordnet sind (Gl. 2c).

Schließlich ist $i_s(t)$ der Vektor der Stimuli-Ströme, die auf die Knoten zufließen, und der Stimuli-Zweigspannungen, die an Zweigen anliegen.

$$y(t) = \begin{bmatrix} v(t) \\ i^*(t) \end{bmatrix} \quad i(y(t)) = \begin{bmatrix} i(v(t)) \\ v^*(i^*(t)) \end{bmatrix} \quad q(y(t)) = \begin{bmatrix} q(v(t)) \\ \phi(i^*(t)) \end{bmatrix} \quad (2\text{a-c})$$

Die Harmonische Balance transformiert nun aufgrund der trigonometrischen Basisfunktionen das Algebro-Differentialgleichungssystem in den Frequenzbereich. Dabei geht die zeitliche Ableitung im Zeitbereich in eine Multiplikation mit $j\Omega$ im Frequenzbereich über. Es entsteht ein nichtlineares algebraisches Gleichungssystem (Gl. 3).

$$F(Y,\omega) = I(Y) + j\Omega Q(Y) + I_s = 0 \tag{3}$$

Dabei werden die Variablen jeweils aus einer finiten Summe aus den trigonometrischen Basisfunktionen gebildet. Da es sich im Zeitbereich um reelle Funktionen handelt, brauchen im Frequenzbereich nur die positiven Frequenzanteile verwendet werden, da die negativen Frequenzanteile konjugiert komplex zu den positiven sind. Die Variablen können bei Verwendung von $2K$ Koeffizienten folgendermaßen dargestellt werden (Gl. 4):

$$Y = \begin{bmatrix} Y_0 & Y_{1R} & Y_{1I} & Y_{2R} & Y_{2I} & \cdots & Y_{(K-1)R} & Y_{(K-1)I} & Y_{KR} \end{bmatrix}^T \tag{4}$$

Das Gleichungssystem $F(Y,\omega)$, $\omega = const$ kann mit einem Newton-Verfahren gelöst werden (Gl. 5):

$$Y^{(j+1)} = Y^{(j)} - J^{-1} \cdot F(Y^{(j)}) \tag{5}$$

Die Jacobi-Matrix besteht dabei aus den partiellen Ableitungen der Ströme und Ladungen (Gl. 6):

$$J = \frac{\partial}{\partial Y} I(Y) + j\Omega \cdot \frac{\partial}{\partial Y} Q(Y) \tag{6}$$

Da die Bauelementbeziehungen zumeist nichtlinearer Natur sind, muß zwischen Frequenz- und Zeitbereich für die Auswertung der Modelle gewechselt werden. Dies geschieht durch die Verwendung einer DFT. Eine ausführliche Darstellung der Harmonischen Balance findet sich in [Kund86], [Brach94].

Simulation autonomer Schaltungen

Oszillatoren sind autonome Schaltungen, die einen nur mit einem zeitlich konstantem Stimulus angeregt werden. Sie schwingen durch eine Mitkopplung des Eingangs mit dem

Ausgang. Abb. 1 zeigt ein einfaches Modell eines Oszillators.

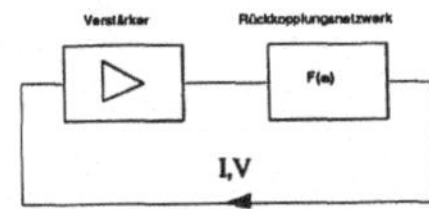

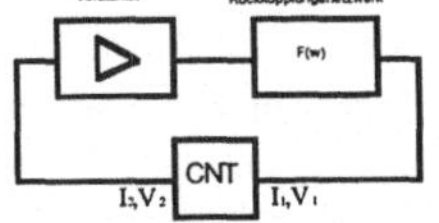

Abb. 1: Modell eines einfachen Oszillators   Abb. 2: Oszillator mit Kontrollblock

Das Modell dieses Oszillators bestehe aus einem nichtlinearem Verstärker und einem linearem Rückkopplungsnetzwerk. Die Frequenz der Oszillation wird von den Eigenschaften der Schaltung festgelegt. Je nach den Dämpfungskonstanten der Schaltung ist es bei einer transienten Simulation notwendig sehr lange zu simulieren, bis der eingeschwungene Zustand erreicht ist (sofern man abschätzen kann wann dieser erreicht ist). Darum ist es sinnvoll, ein Verfahren zu benutzen, welches die Simulation abkürzt. Es ist möglich das Verfahren der Harmonischen Balance dafür zu benutzen.   Da nun die Fundamentalfrequenz der trigonometrischen Ansatzfunktion ebenfalls unbekannt ist, muß diese ebenso berechnet werden. Dazu gibt es verschiedene Wege. Man kann die Fundamentalfrequenz direkt mit in die Liste der Unbekannten aufnehmen und in jeder Iteration der Harmonischen Balance diese mitberechnen oder man formuliert ein zweistufiges Verfahren, indem man den Oszillator in eine nicht-autonome Schaltung überführt und nun sukzessive die Harmonische Balance durchführt, für die man jeweils im vorherein den Stimulus und die Fundamentalfrequenz berechnet. Diesen zweiten Ansatz verfolgt das hier vorgestellte Verfahren. Für die autonome Schaltung muß eine weitere Randbedingung formuliert werden, da die Fundamentalfrequenz ebenfalls eine Unbekannte ist. Diese Randbedingung wird dadurch gewonnen, indem die Schaltung im Rückkopplungszweig aufgetrennt (Abb. 2) und ein spezielles Kontrollelement dafür eingefügt wird. Dieses spezielle Kontrollelement besteht aus zwei Quellen, die jeweils an einen der Schnittenden des Schnittpunktes im Rückkopplungszweig angeschlossen werden. Ziel der Simulation ist es, einen Zustand zu finden, in dem das Kontrollelement entfernbar und der Rückkopplungszweig durch einen Kurzschluß der beiden Schnittenden wiederum verbindbar ist, ohne daß sich die physikalischen Zustände der Schaltung ändern.

Es lassen sich also zwei Randbedingungen formulieren (Gl. 7a,7b):

$$I = I_1 = I_2 \qquad\qquad V = V_1 = V_2 \qquad (7a,\ 7b)$$

Dies bedeutet, daß sowohl die Potentiale an beiden Schnittenden gleich sind, als auch die Ströme, die in beide Schnittenden fließen, identisch bis auf das Vorzeichen sind. Je nach Wahl des Kontrollelements kann eine dieser Bedingungen a priori, die andere jedoch muß in Form eines Gleichungssystems iterativ erfüllt werden. Das Kontrollelement kann auf verschiedene Weisen realisiert werden (Abb. 3-6):

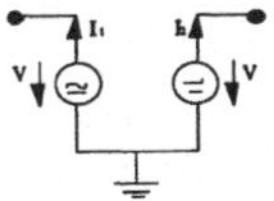

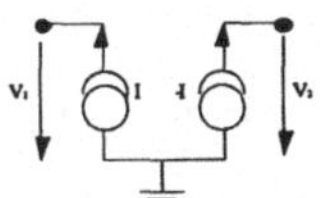

Abb. 3: Zwei Spannungsquellen   Abb. 4: Zwei Stromquellen

Abb. 5: Eine Strom- und eine Spannungsquelle   Abb. 6: Eine Spannungs- und eine Stromquelle

Durch die verschiedenen Realisierungen ergeben sich unterschiedliche Steuerungsformen. Im folgenden wird nur die Realisierung in Form von Abbildung 3 weiter verwendet. Für die anderen Realsierungen gilt eine entsprechende Herleitung. Bei Verwendung von zwei Spannungsquellen mit identisch anliegender Spannung ist also die Potentialbedingung (Gl. 7b) a priori erfüllt. Es muß somit die Strombedingung noch erfüllt werden, was auf folgende Gleichung führt (Gl. 8):

$$H(V,\omega) \;=\; I_1(V,\omega) + I_2(V,\omega) \;\equiv\; 0 \tag{8}$$

wobei V in folgender Weise dargestellt wird (Gl. 9):

$$V = \begin{bmatrix} V_0 & V_{1R} & V_{1I} & V_{2R} & V_{2I} & \cdots & V_{(K-1)R} & V_{(K-1)I} & V_{KR} \end{bmatrix}^T \tag{9}$$

Man erhält ein Gleichungssystem von 2K Gleichungen für 2K+1 Unbekannte. Um dieses unterbestimmte Gleichungssystem lösen zu können ist es demnach notwendig, eine zusätzliche Gleichung zu generieren, oder eine Variable zu eliminieren. Da es sich um einen eingeschwungenen Zustand handeln soll, muß die Periodizitätsbedingung erfüllt werden (Gl. 10).

$$v(t) - v(t + T) \;=\; 0 \tag{10}$$

Da jede um Δt verschobene Lösung ebenfalls eine exakte Lösung der Differentialgleichung ist, kann ohne Beschränkung der Allgemeinheit ein Fourierkoeffizient der Grundwelle zu null gesetzt werden. Hier soll nun der Imaginärteil der Grundwelle von V zu null gesetzt werden (Gl. 11):

$$\tilde{V} = \begin{bmatrix} V_0 & V_{1R} & 0 & V_{2R} & V_{2I} & \cdots & V_{(K-1)R} & V_{(K-1)I} & V_{KR} \end{bmatrix}^T \tag{11}$$

Man erhält somit ein Gleichungssystem für folgende Unbekannte (Gl. 12a,b)

$$\tilde{H}(\tilde{X}) = I_1(\tilde{X}) + I_2(\tilde{X}) \qquad\qquad \tilde{X} = \begin{bmatrix} \tilde{V} \\ \omega \end{bmatrix} \tag{12a, 12b}$$

Eine zusätzliche Gleichung könnte alternativ formuliert werden, indem man fordert, daß der Imaginärteil der Grundwelle von I_1 zu null werden muß: $I_{1I} \equiv 0$. Für diesen Fall erhält man das Gleichungssystem (Gl. 13a,b):

$$\hat{H}(X) \;=\; \left\{ \begin{matrix} I_1(X) + I_2(X) \\ I_{1I}(X) \end{matrix} \right\} \;\equiv\; 0 \qquad\qquad X = \begin{bmatrix} V \\ \omega \end{bmatrix} \tag{13a, 13b}$$

Das so entstandene Gleichungssystem kann mit dem Newton-Raphson-Verfahren gelöst werden. Die Bestimmung der partiellen Ableitungen der Ströme nach dem Knotenpotential und der Kreisfrequenz ω erfolgt über das totale Differential (Gl. 14a,b)

$$\frac{\partial Y}{\partial V} = \left[\frac{\partial F}{\partial Y}\right]^{-1} \cdot \frac{\partial F}{\partial V} \qquad\qquad \frac{\partial Y}{\partial \omega} = \left[\frac{\partial F}{\partial Y}\right]^{-1} \cdot \frac{\partial F}{\partial \omega} \qquad (14a, 14b)$$

Somit wird die Jacobi-Matrix des Gleichungssystems der Harmonischen Balance benötigt. Wenn diese in einer LU-zerlegten Form vorliegt, können die benötigten partiellen Ableitungen effizient berechnet werden.

Wahl der Startwerte

Da das Newton-Verfahren nur über lokale Konvergenz verfügt, ist es unablässig Startwerte zu finden, die möglichst in der Nähe der zu erwarteten Lösung liegen. Hierbei ist es von herausragender Bedeutung die Kreisfrequenz gut abzuschätzen. Dies kann durch zwei Weisen geschehen: Zum einen kann der Benutzer Frequenz und Amplitude der Grundwelle vorgeben, zum anderen kann ein vorgeschaltetes Homotopieverfahren Startwerte liefern. Dazu wird vor dem Simulationslauf der Harmonischen Balance eine Arbeitspunkt- und Kleinsignalanalyse durchgeführt. Bei der Arbeitspunktanalyse wird die vollständige Schaltung ohne den Kontrollblock im Rückkopplungszweig simuliert. In der Kleinsignalanalyse wird der Kontrollblock eingefügt und beidseitig ein Potential eingeprägt. Sodann wird die Frequenz solange variiert bis die Phasen der Ströme durch die Spannungsquellen gleich sind. Kann zu keiner Frequenz die Phasengleichheit erzielt werden, so muß vom Benutzer eine Startfrequenz vorgegeben werden. Die Amplitude der Grundwelle wird zunächst auf einen Standardwert eingestellt. Sollte mit dieser Amplitude keine Konvergenz erreichbar sein, so wird diese sukzessive verkleinert.

Simulationsbeispiele

Im folgenden sind zwei verschiedene Simulationsbeispiele angegeben: Ein Colpittsoszillator und ein Pierce-Quartz-Oszillator. Beide Beispiele zeigen hervorragende Konvergenzeigenschaften.

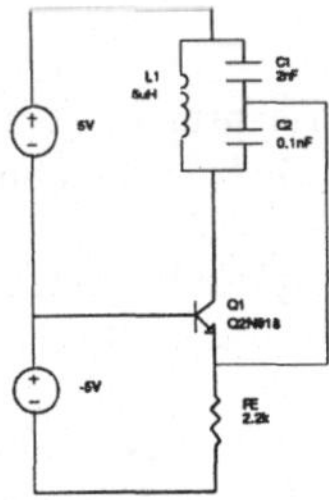

Abb. 7: Colpitts Oszillator

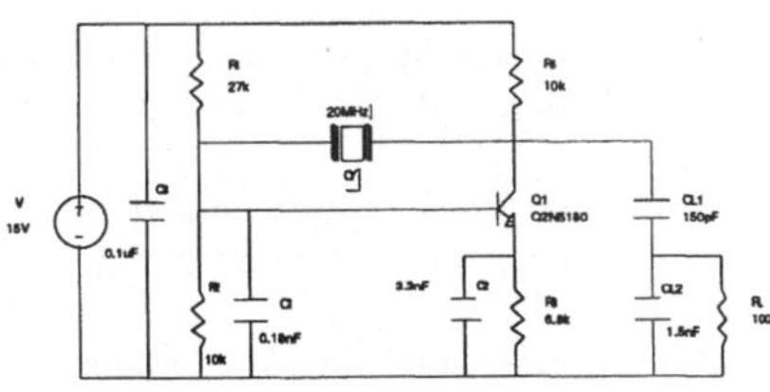

Abb. 8: Pierce Quartz Oszillator

Colpitts-Oszillator

Der Colpitts Oszillator [Hoef85], der in Abb. 7 dargestellt ist, schwingt bei einer Frequenz f = 6.212911985 MHz. Die Tabelle 1 gibt das Spektrum des Kollektorpotentials wider.

Pierce-Oszillator

Die Schwingungsfrequenz des Pierce Oszillators [Frer78], der in Abb. 8 dargestellt ist, beträgt f = 20.00012835 MHz. In Tabelle 2 ist das Spektrum des Spannung am Lastwiderstand RL dargestellt.

Frequenzindex	Betrag	Phase
0	4,998e+0	0
1	3,855e-1	5,46
2	3,020e-2	51,34
3	9,165e-3	-130,55
4	3,448e-3	33,72
5	1,276e-3	-176,09
6	5,521e-4	-43,41
7	5,263e-4	120,53

Tab. 1: Spektrum des Potentials am Kollektor

Frequenzindex	Betrag	Phase
0	1,013e-9	0
1	1,154e-2	71,94
2	1,181e-3	-83,56
3	3,289e-4	-170,64
4	7,485e-5	104,24
5	1,202e-5	23,68
6	8,670e-7	-26,03
7	2,214e-7	1,41

Tab. 2: Spektrum der Spannung an RL

Ergebnis

Das hier vorgestellte Verfahren stellt eine Erweiterung der Simulation nicht-autonomer Schaltungen unter Verwendung der Harmonischen Balance auf die Simulation von autonomen Schaltungen dar. Der Benutzer muß dazu ein spezielles Kontrollelement im Rückkopplungszweig einfügen. Die Konvergenzeigenschaften des Verfahrens sind sehr gut. Das Verfahren eignet sich daher hervorragend als Erweiterung eines bestehenden Harmonischen Balance Simulators.

Literatur

[Hoef85]   E.E.E. Hoefer, H. Nielinger: SPICE Analyseprogramm für elektronische Schaltungen, Springer-Verlag 1985.

[Frer78]   M.E. Frerking: Crystal Oscillator Design and Temperature Compensation, Van Nostrand Reinhold Company, Litton Educational Publication Lim. 1978

[Brach94]   H.G. Brachtendorf: Simulation des eingeschwungenen Verhaltens elektronischer Schaltungen, Dissertation Uni. Bremen, Verlag Shaker 1994.

[Kund86]   K.S. Kundert, A. Sangiovanni-Vincentelli: Simulation of nonlinear circuits in the frequency domain, IEEE Trans. on CAD, CAD-5, pp. 521-535 (1986).

Werkzeug zur rechnergestützten Entwicklung SPICE-kompatibler Makromodelle

Mario Anton, Stephan Bechtold, Rainer Laur
Institut für Theoretische Elektrotechnik und Mikroelektronik
Universität Bremen
Postfach 33 04 40
28 334 Bremen

Übersicht - In diesem Beitrag wird ein Werkzeug zur rechnergestützten SPICE-basierten Entwicklung von Makromodellen mikroelektronischer und mikrosystemtechnischer Schaltungskomponenten vorgestellt. Dieses Werkzeug ermöglicht die Beschreibung, die Parametrisierung sowie die automatische Erstellung von Makromodellen innerhalb einer graphischen Entwicklungsumgebung.

1 Einleitung

Die zunehmende Komplexität und Packungsdichte in der Mikroelektronik und Mikrosystemtechnik erfordern zunehmend den Einsatz der Simulation für den Entwurf, die Verifikation und die Optimierung. Die effiziente Simulation komplexer Systeme ist an die Verfügbarkeit geeigneter Modelle der verwendeten Komponenten gebunden. Insbesondere in der Mikrosystemtechnik können erst durch die Modellierung nichtelektrischer Teilsysteme durch elektrische Ersatzbeschreibungen Gesamtsystemsimulationen mit verfügbaren Simulationswerkzeugen durchgeführt werden.

Durch die Verwendung von Makromodellen wird eine Modellierung auf höherer Hierarchieebene angestrebt [1]. Makromodelle beschreiben das Übertragungsverhalten eines Bauelementes oder einer Systemkomponente unter allen relevanten Betriebsbedingungen. Für die Entwicklung von Makromodellen sind fundierte Kenntnisse über das zu modellierende Element und den Zielsimulator notwendig. Alle für die Simulation relevanten Effekte müssen erfaßt, charakterisiert und unter Beachtung des Funktionsumfanges des Zielsimulators in eine geeignete Modelltopologie umgesetzt werden. Zur Zeit existieren nur wenige rechnergestützte Werkzeuge für die Entwicklung von Makromodellen. Daher ist die Modellentwicklung zeit- und kostenaufwendig.

In diesem Beitrag soll ein Verfahren zur rechnergestützten Entwicklung SPICE-kompatibler Makromodelle vorgestellt und dessen Realisierung in einem CAD-Tool erläutert werden.

2 Modellierungskonzept

Das entwickelte Verfahren zur Modellbeschreibung basiert auf einem strukturfremden blockorientierten Modellierungskonzept [2]. Das Gesamtübertragungsverhalten eines Systems ist ausgehend von den systemcharakterisierenden Daten, die z.B. in Form von Datenblättern, Gleichungen oder Messwerten vorliegen, in Teilsysteme zu separieren. Jedes dieser Teilsysteme beschreibt spezielle Übertragungseigenschaften wie z.B. das Ein- und Ausgangsverhalten oder das statische und dynamische Übertragungsverhalten. Eine solche Separation bietet den Vorteil, daß für die einzelnen Subsysteme gesonderte Synthese- bzw. Approximationsverfahren angewendet werden können. Aus der Verknüpfung der einzelnen Teilsysteme ergibt sich dann das Gesamtübertragungsverhalten des Systems.

3 Modellgenerator *Mage*

Die Beschreibung von Modellen in der graphischen Benutzerschnittstelle (siehe Abbildung 1) erfolgt zunächst durch die Auswahl und das Plazieren von funktionalen Blöcken. Jeder dieser im Anschluß erläuterten funktionalen Blöcke stellt eine vorgegebene Form von Übertragungsverhalten zur Verfügung.

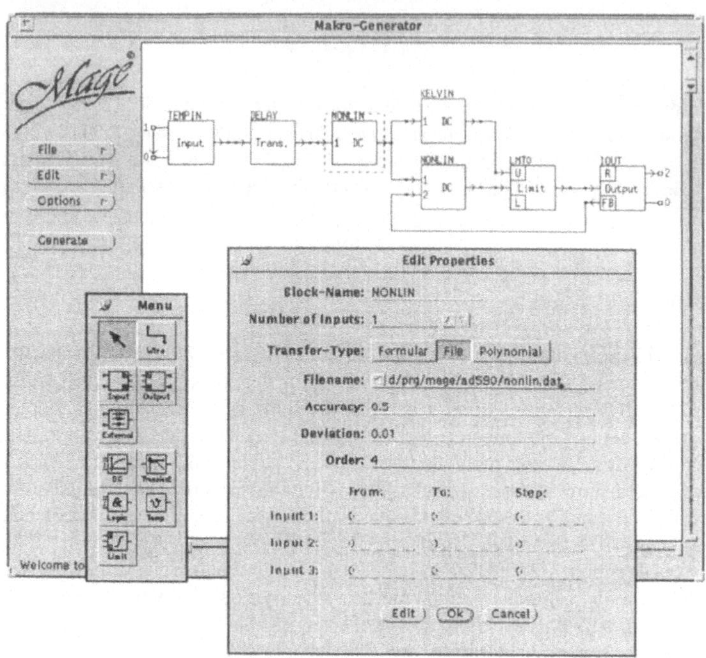

Abbildung 1: Graphical User Interface von *Mage*

    Die implementierten Ein- und Ausgangsblöcke dienen der Nachbildung des Klemmenverhaltens des zu modellierenden Objektes. Sie können Spannungen, Ströme oder Leistungen einlesen und ausgeben und mit reellen, gesteuerten oder komplexen Ein- und Ausgangswiderständen versehen werden. Ferner können Offseteffekte oder Rückkopplungen realisiert werden. Die korrekte Funktion einiger Bauelemente stellt sich erst durch die Beschaltung mit externen Komponenten ein (z.B. Timer, A/D-Umsetzer). Um die Modellierung solcher Bauelemente zu ermöglichen, wurde mit dem External-Block die Möglichkeit gegeben, die Werte modellexterner Induktivitäten, Kapazitäten und Widerstände auszulesen. Bereits vorliegende Subcircuits können über den Netlist-Block in die Modellierung einbezogen werden. Logische Übertragungsfunktionen werden durch Logik-Tabellen oder boolsche Funktionen angegeben und durch gesteuerte Quellen nachgebildet. Ferner existieren z.B. Komponenten zur Realisierung von Begrenzereffekten.

    Mit weiteren Modulen können das statische Übertragungsverhalten (basierend auf Kennlinien oder mathematischen Funktionen) und das dynamische Übertragungsverhalten (ausgehend von Pol/Nullstellen-Kombinationen oder Frequenzgangskennlinien) beschrieben werden. Bei der Beschreibung des statischen und des dynamischen Übertragungsverhaltens kann auf Approximationswerkzeuge zurückgegriffen werden, die in dem Modellgenerator integriert sind. Abbildung 2 zeigt das Approximationstool *Mage-Graph*, das für die Approximation von Funktionen oder Datensätzen mit bis zu zwei Veränderlichen herangezogen werden kann. Nach Durchführung der Approximation, die mit dem Verfahren der kleinsten Fehlerquadrate durchgeführt wird, werden absolute und relative Fehler berechnet und dargestellt. Die Koeffizienten der approximierten Polynomfunktion können dem Hauptprogramm übergeben und später für die Generierung der Netzliste genutzt werden.

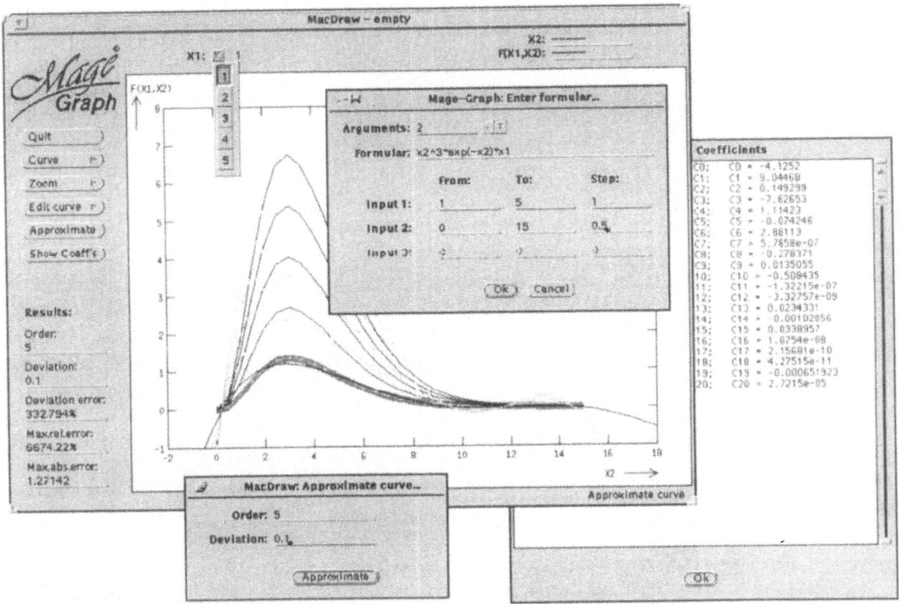

Abbildung 2: *Mage-Graph*

Ein weiterer Bestandteil des Programmpaketes ist das in Abbildung 3 dargestellte Approximationstool *Mage-Frequency*, in dem die Approximation von Frequenzgangskennlinien vorgenommen werden kann. Solche Frequenzgangskennlinien werden in weiten Bereichen der Mikroelektronik (z.B. der Charakterisierung von Operationsverstärkern) und der Mikrosystemtechnik (Beschreibung von Druck- oder Beschleunigungssensoren) immer wieder zur Beschreibung des dynamischen Übertragungsverhaltens herangezogen. Die Approximation der Frequenzgangskennlinien kann entweder mit genetischen Algorithmen oder einem iterativen gewichteten kleinsten Fehlerquadratverfahren durchgeführt werden. Die Approximationsergebnisse in Form der Pole und Nullstellen der Übertragungsfunktion können wiederum dem Hauptprogramm übergeben werden.

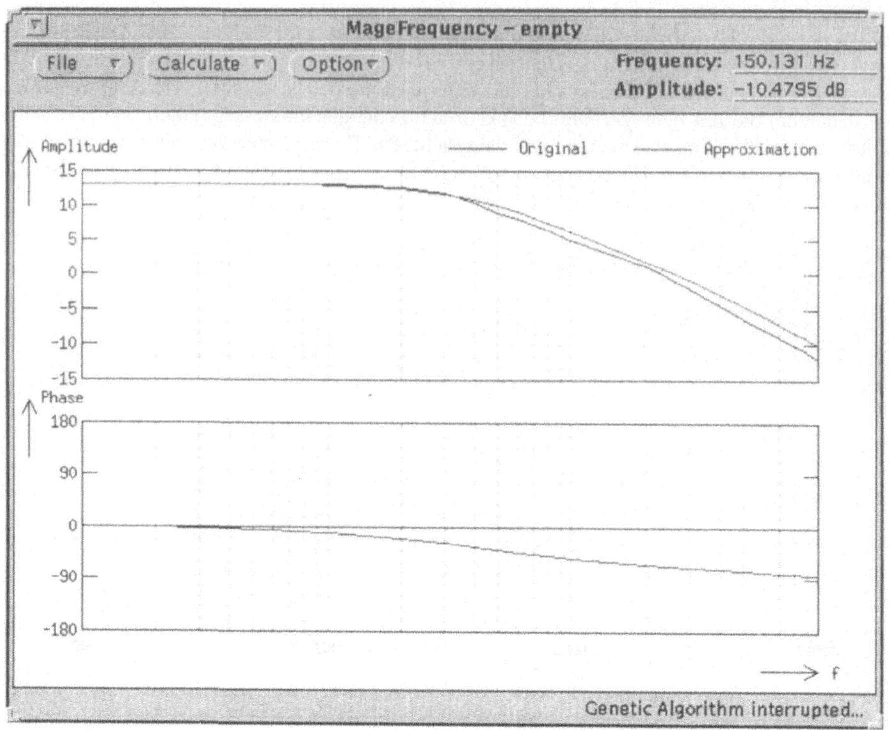

Abbildung 3: *Mage-Frequency*

In Abbildung 4 ist die Struktur des gesamten Programmpaketes dargestellt. Das über das GUI (Graphical User Interface) beschriebene Makromodell wird in einer internen Datenbasis gespeichert. Diese Datenbasis enthält noch keine simulatorspezifischen Informationen. Mit dem *Connector* werden die graphischen Verbindungsinformationen extrahiert und ebenfalls in die Datenbasis eingetragen. Ein *Checker* überprüft die in den Datenstrukturen enthaltenen Informationen auf ihre Konsistenz. Das Abspeichern und Einladen der Modellbeschreibung erfolgt vom *Scanner* und einem *Output*-Modul. Die Modellbeschreibung wird in der Makrosprache MDL abgespeichert. Mit dem *Generator* wird die Datenbasis in die Syntax des Zielsimulators übersetzt und in einen Subcircuit geschrieben. Als Zielsimulatoren stehen die SPICE-Derivate SPICE2G6, SPICE3, HSPICE und PSPICE zur Verfügung. Bei der Generierung der Modelle wird gezielt der Funktionsumfang des gewählten Zielsimulators berücksichtigt. Der Generator übernimmt z.B. eine mathematische Funktion bei der Erzeugung eines HSPICE-Modells direkt in die Beschreibung einer gesteuerten Quelle und bei der Erzeugung eines SPICE2G6-Modells wird die Funktion in ein Polynom approximiert, das dann mit Hilfe einer gesteuerten Quelle in das Modell eingefügt wird.

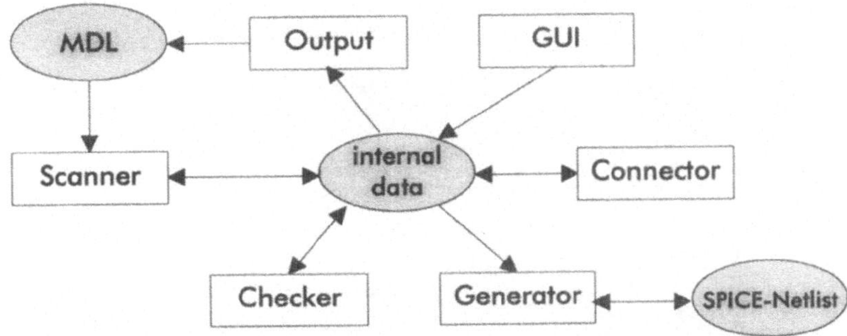

Abbildung 4: Aufbau des Programmpaketes Mage

4 Beispiel

Anhand des Grenzflächen-Temperatursensors AD590 soll ein Makromodell präsentiert werden, das mit dem Modellgenerator entwickelt wurde [3].

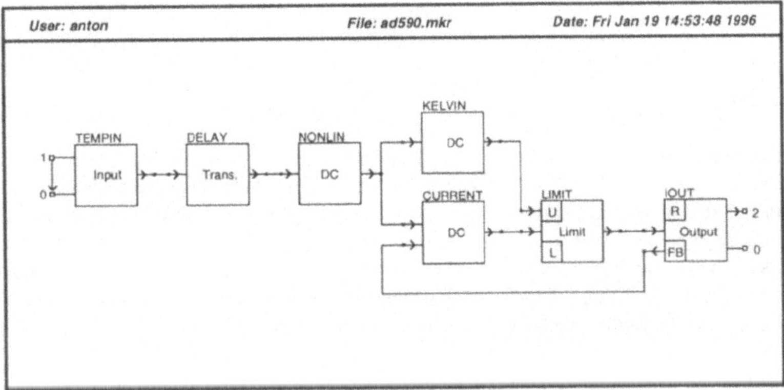

Abbildung 5: Schematic des Temperatursensors AD590

Der Temperatursensor liefert an seinen Ausgangsklemmen einen zur Temperatur proportionalen Strom. Weitere, für die Modellierung relevante Aspekte sind das Einschwingverhalten, der Linearitätsfehler sowie die zusätzliche Abhängigkeit des Ausgangsstromes von der Betriebsspannung. Mit Hilfe des vorgestellten Werkzeuges wurde das in Abbildung 5 dargestellte Blockschaltbild entwickelt. Ein temperaturäquivalentes Eingangssignal wird mit dem Block *Tempin* erzeugt. Die Blöcke *Delay* und *Nonlin* realisieren das Einschwingverhalten und den Linearitätsfehler. Die Verschaltung der Blöcke *Kelvin*, *Limit* und *Current* bildet den Ausgangsstrom in Abhängigkeit der Temperatur und der Betriebsspannung nach. Der Ausgangsstrom wird vom Block *Iout* ausgegeben, wobei die an den Ausgangsklemmen anzulegende Betriebsspannung zurückgekoppelt wird. In Abbildung 6 ist die Netzliste des erstellten Makromodells für den Zielsimulator SPICE2G6 dargestellt.

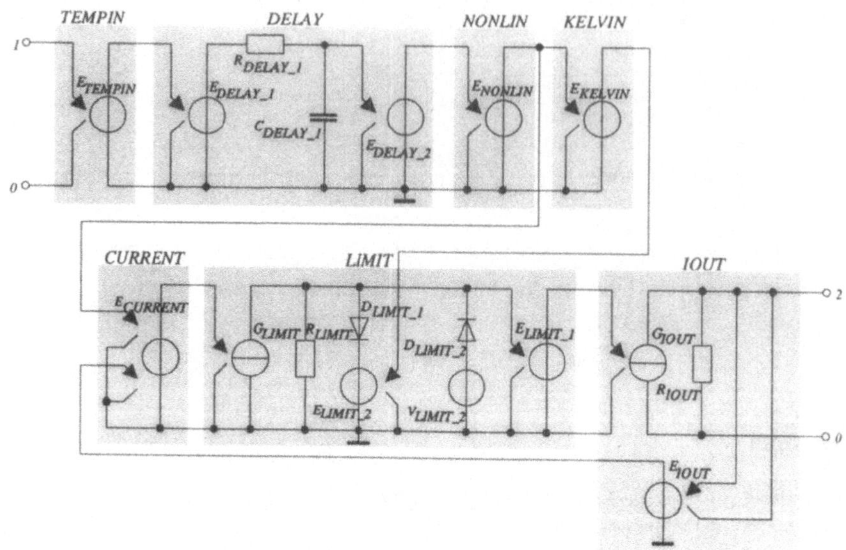

Abbildung 6: Netzliste des Makromodells

5 Ausblick

Der Modellgenerator basiert bisher auf der Realisierung von SPICE-Makromodellen. Weitere Arbeiten befassen sich mit der Unterstützung von Verhaltenssimulatoren wie SABER und ELDO. Durch die Schaffung weiterer funktionaler Blöcke sowie die Implementierung weiterer Approximations- und Syntheseverfahren soll der Leistungsumfang des Modellgenerators erhöht werden. Insbesondere durch die Implementierung flexiblerer Ein- und Ausgangsblöcke, regelungstechnischer Komponenten und der schaltungstechnischen Umsetzung von Differentialgleichungen soll das Werkzeug den Anforderungen der Modellierung und Simulation von Gesamtsystemen gerecht werden.

6 Referenzen

[1]   Heine, M.; Mammen, H.-T.; John, W; Laur, R.: Analoge Makromodellierung. In: Elektronik Journal 12/1994.

[2]   Heine, M.: Synthese von Makromodellen für Informationsverarbeitungssysteme der Mikrosystemtechnik. Dissertation. Shaker Verlag, Aachen 1995.

[3]   Anton, M.; Bechtold, St.: Verfahren zur interaktiven Synthese von analogen Makromodellen. Diplomarbeit, Universität Bremen, 6/1994 (unveröffentlicht).

Simulation unwuchterregter Schwingungen mit ACSL

Falk Merten
Institut für Mechanik
Otto-von-Guericke-Universität Magdeburg
Postfach 4120, 39016 Magdeburg
Fax: +49-391-67-12439; E-mail: falk.merten@mb.uni-magdeburg.de

Kurzfassung

In der vorliegenden Arbeit werden unwuchterregte Schwingungen durch numerische Simulationen mit Hilfe der Simulationssprache ACSL untersucht. Für ausgewählte Systemparameter werden interessante Bewegungsverläufe, wie das Einfangen in den selbstsynchronisierten Bewegungszustand, Sprungeffekte analog dem Sommerfeld-Effekt sowie Bewegungen nach dem Ausschalten eines Rotorantriebes, vorgestellt. Ergebnisse der Simulation stationärer Bewegungszustände werden mit den Resultaten analytischer Näherungslösungen verglichen. Abschließend wird die Eignung verschiedener Integrationsalgorithmen für die durchgeführten Simulationen diskutiert.

1. Einleitung

Schwingungserregung durch unwuchtige Rotoren spielt in vielen Bereichen der Technik eine wichtige Rolle, zum einen als gewünschter Effekt in Vibrationsmaschinen, wie Schwingförderern, Maschinen zur Schüttgutaufbereitung und Beschickungsanlagen von automatischen Maschinen, zum anderen können durch unausgewuchtete rotierende Maschinenteile unerwünschte Schwingungen von Maschinenfundamenten erregt werden.

Im einfachsten Fall kann das mechanische System durch ein schwingungsfähiges Tragsystem mit einem Freiheitsgrad, das durch mehrere separat angetriebene unwuchtige Rotoren erregt wird, modelliert werden. Schon bei einem derartigen System können unter bestimmten Bedingungen infolge der Rückwirkung der Schwingerbewegung auf die Unwuchtrotoren interessante nichtlineare Effekte auftreten. Ist nur ein Unwuchtrotor vorhanden, kann für flache Motorkennlinien in Resonanznähe der sogenannte *Sommerfeld-Effekt*, der in einem sprunghaften Übergang vom Resonanz- in den Nichtresonanzzustand besteht, beobachtet werden. Erfolgt die Erregung des Schwingungssystems durch mehrere Unwuchtrotoren, kann der Effekt der *Selbstsynchronisation* auftreten, der darin besteht, daß sich die Rotoren unter dem Einfluß der Schwingung mit der gleichen mittleren Winkelgeschwindigkeit und einer festen Phasenbeziehung bewegen, obwohl sie bei arretiertem Schwinger mit unterschiedlichen Winkelgeschwindigkeiten rotieren würden.

Ausgangspunkt für die vorgenommenen Untersuchungen zur Selbstsynchronisation sind die von Sperling ([4] und [5]) für den allgemeinen Fall abgeleiteten Existenz- und Stabilitätsbedingungen für selbstsynchronisierte Bewegungen. Während aus der analytischen Näherung Aussagen über die Existenz und die Stabilität bestimmter stationärer Bewegungszustände folgen, liefert die Simulation den konkreten zeitlichen Verlauf sowohl periodischer als auch transienter Bewegungen, so daß Sprungeffekte und das Einfangen in den selbstsynchronisierten Bewegungszustand untersucht werden können.

2. Mechanisches System

Das untersuchte mechanische System (Bild 1) besteht aus einem gedämpften linearen
Schwinger mit einem Freiheitsgrad mit der Gesamtmasse M, der Dämpfungskonstante b
und der Federkonstante c, der von zwei statisch unwuchtigen Rotoren erregt wird. Die
Unwuchten werden als Punktmassen m_i mit den Exzentrizitäten ε_i aufgefaßt. Zusätzlich
können die Rotoren noch unwuchtfreie Massen mit den Massenträgheitsmomenten J_i besitzen. Jeder Rotor wird durch einen separaten Asynchronmotor, dessen Charakteristik als
im Arbeitsbereich linearisierte Kennlinie mit den Parametern L_i^0 und k_i angenommen wird,
angetrieben.

Für das beschriebene System lassen sich die Bewegungsgleichungen

$$(m_1{\varepsilon_1}^2 + J_1)\ddot{\varphi}_1 - m_1\varepsilon_1\ddot{x}\sin\varphi_1 \;=\; L_1^0 - k_1\dot{\varphi}_1 \tag{1}$$

$$(m_2{\varepsilon_2}^2 + J_2)\ddot{\varphi}_2 - m_2\varepsilon_2\ddot{x}\sin\varphi_2 \;=\; L_2^0 - k_2\dot{\varphi}_2 \tag{2}$$

$$M\ddot{x} + b\dot{x} + cx \;=\; \sum_{i=1}^{2} m_i\varepsilon_i(\dot{\varphi}_i{}^2\cos\varphi_i + \ddot{\varphi}_i\sin\varphi_i) \tag{3}$$

mit der Gesamtmasse $M = M_0 + m_1 + m_2$ aufstellen. Diese Bewegungsgleichungen stellen ein
System gekoppelter nichtlinearer Differentialgleichungen dar, das analytisch nicht geschlossen lösbar ist.

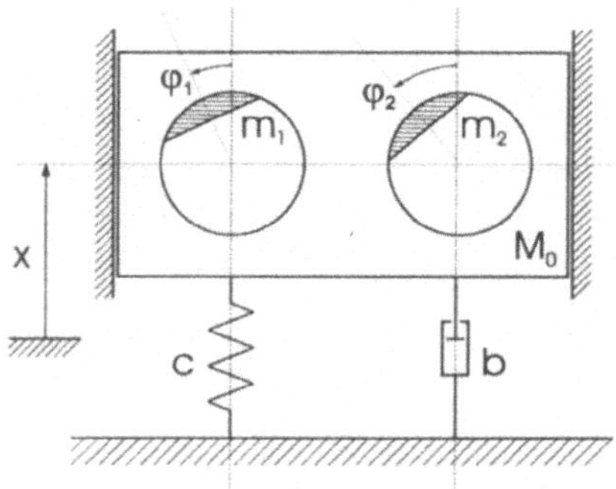

Bild 1: Mechanisches System

3. Existenz- und Stabilitätsbedingungen für selbstsynchronisierte Bewegungen

An dieser Stelle werden die aus den in [4] und [5] entwickelten allgemeinen Bedingungen abgeleiteten Existenz- und Stabilitätsbedingungen für das betrachtete mechanische
System angegeben.

Die analytische Näherungstheorie basiert auf den von Blechman und anderen aus der
Theorie der periodischen Lösungen nach Poincaré und Ljapunov sowie der Theorie der Stabilität einer Bewegung nach Ljapunov entwickelten Verfahren (siehe [1] und [2]). Die Gültigkeit
der analytischen Näherung ist beschränkt auf hinreichende Entfernung vom Resonanzbereich
sowie kleine Unwuchtmassen im Verhältnis zur Gesamtmasse des Schwingungssystem.

Der stationäre Zustand der selbstsynchronisierten Bewegung wird für ein System mit m Unwuchtrotoren durch die sogenannte erzeugende Lösung

$$\varphi_i{}^0 = \sigma_i(\Omega t + \alpha_i) \qquad i = 1(1)m \tag{4}$$

mit der Winkelgeschwindigkeit der synchronen Bewegung Ω beschrieben. Der Faktor σ_i kann dabei je nach Drehrichtung des Rotors die Werte $+1$ oder -1 annehmen. Die erzeugende Lösung hängt noch von den m Nullphasenwinkeln $\alpha_1, ..., \alpha_m$ ab.

Eine selbstsynchronisierte Bewegung ist nur für solche Phasenwinkel α_i möglich, für die die sogenannten Existenzbedingungen erfüllt sind. Für das betrachtete mechanische System bei dem die Schwingungserregung durch zwei statisch unwuchtige Rotoren erfolgt, erhält man mit der Phasendifferenz $\alpha = \alpha_1 - \alpha_2$ die Existenzbedingungen

$$P_1(\alpha)k_1 = \sigma_1 L_1^0 - k_1\Omega - \frac{\Omega^4}{2M\Delta}\left\{2m_1{}^2\varepsilon_1{}^2\delta\Omega + m_1 m_2\varepsilon_1\varepsilon_2[(\omega^2 - \Omega^2)\sin\alpha + 2\delta\Omega\cos\alpha]\right\} = 0 \tag{5}$$

$$P_2(\alpha)k_2 = \sigma_2 L_2^0 - k_2\Omega - \frac{\Omega^4}{2M\Delta}\left\{2m_2{}^2\varepsilon_2{}^2\delta\Omega + m_1 m_2\varepsilon_1\varepsilon_2[-(\omega^2 - \Omega^2)\sin\alpha + 2\delta\Omega\cos\alpha]\right\} = 0 \tag{6}$$

$$\text{mit} \qquad \Delta = (\omega^2 - \Omega^2)^2 + (2\delta\Omega)^2 \qquad \delta = b/2M \qquad \omega^2 = c/M \tag{7}$$

Auf der Ljapunovschen Stabilitätstheorie basierende Entwicklungen liefern eine notwendige Stabilitätsbedingung. Im vorliegenden Fall ergibt sich mit $k_1 = k_2$ die Stabilitätsbedingung

$$(\omega^2 - \Omega^2)\cos\alpha > 0 \tag{8}$$

Aus dieser Relation ist ersichtlich, daß die stabile selbstsynchronisierte Bewegung im unterkritischen Bereich $(\Omega^2 < \omega^2)$ durch den Bereich der Phasenwinkeldifferenz $\alpha = 270°...90°$ und im überkritischen Bereich $(\Omega^2 > \omega^2)$ durch $\alpha = 90°...270°$ bestimmt ist.

Die wichtigste Aufgabe bei der analytischen Untersuchung der Selbstsynchronisation besteht nun in der Bestimmung der den Existenz- und Stabilitätsbedingungen genügenden Phasendifferenz α und der synchronen Winkelgeschwindigkeit Ω.

4. Simulationsergebnisse

Die hier vorgestellten Simulationsergebnisse sind ausgewählte Beispiele systematischer numerischer Untersuchungen zum Sommerfeld-Effekt und zur Selbstsynchronisation. Weitere Ergebnisse sind in der Arbeit [3] enthalten.

Zunächst wird ein System mit nur einem Unwuchtrotor betrachtet, bei dem in Resonanznähe der Sommerfeld-Effekt auftritt. Bild 2 zeigt den Verlauf der Bewegung, den man bei der Simulation mit den Systemparametern $M = 1$ kg, $b = 1,2566$ kg/s, $c = 4\pi^2$ N/m, $m_1 = 0,1M$, $\varepsilon_1 = 0,01$ m, $J_1 = 0$ und $k_1 = 3,0 \cdot 10^{-5}$ Nms erhält. Im linken Teil des Bildes ist der zeitliche Verlauf der Winkelgeschwindigkeit $\dot\varphi_1$ und rechts der Verlauf der Auslenkung x des Schwingers dargestellt. Die langsame Erhöhung des konstanten Anteils des Motormomentes L_1^0 führt zunächst zu einer quasistationären Erhöhung der mittleren Winkelgeschwindigkeit des Unwuchtrotors. In Resonanznähe $(\omega = 2\pi)$ erfolgt ein sprunghafter Übergang in den überkritischen Bereich der Winkelgeschwindigkeit. Die Schwingungsamplitude nimmt dabei ab. Die Rückwirkung des Schwingers auf den Unwuchtrotor ist auch daran zu erkennen, daß dem konstanten Anteil der Winkelgeschwindigkeit noch ein periodischer Anteil überlagert ist. Der Sommerfeld-Effekt konnte auch in umgekehrter Richtung, beim Absenken

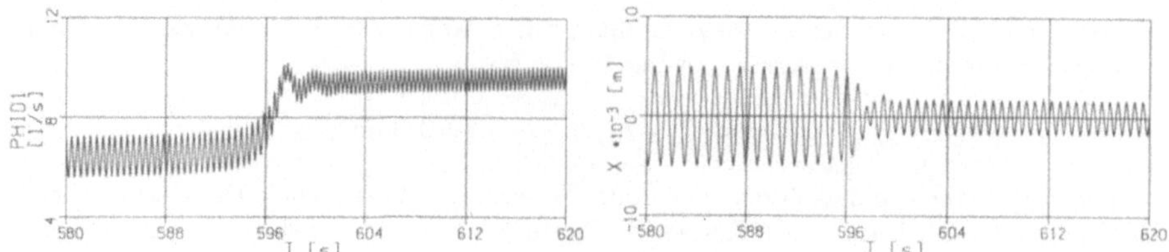

Bild 2: Sommerfeld-Effekt

des Antriebsmomentes, gezeigt werden. Dabei erfolgt im Resonanzbereich eine sprunghafte Verkleinerung der Winkelgeschwindigkeit und eine Vergrößerung der Amplitude.

Im Falle zweier Unwuchtrotoren können bei flachen Motorkennlinien zum Sommerfeld-Effekt analoge Sprungeffekte beobachtet werden. Systematische Simulationen zeigten, daß die Überlagerung dieses Effektes mit der Selbstsynchronisation Instabilitätsgebiete bezüglich des selbstsynchronisierten Bewegungszustandes verursacht, die nicht mit Hilfe der Existenz- und Stabilitätsbedingungen (5), (6) und (8) erklärt werden können.

Bild 3 zeigt den Bewegungsverlauf beim Einfangen in den selbstsynchronisierten Bewegungszustand. Die Simulation erfolgte mit den Rotorparametern $m_1 = m_2 = 0,1M$, $\varepsilon_1 = \varepsilon_2 = 0,01$ m, $J_1 = J_2 = 0$, $k_1 = k_2 = 3,0 \cdot 10^{-4}$ Nms, $L_1^0 = 25,42 \cdot 10^{-4}$ Nm und $L_2^0 = 24,00 \cdot 10^{-4}$ Nm. Zunächst ist der Schwinger arretiert. Die Unwuchtrotoren bewegen sich aufgrund unterschiedlicher Antriebsmomente mit unterschiedlichen Winkelgeschwindigkeiten. Nach der Freigabe des Schwingers stellt sich nach kurzer Einschwingzeit die selbstsynchronisierte Bewegung ein, die durch gleiche mittlere Winkelgeschwindigkeiten der Rotoren ($\Omega = 8,15$ 1/s) und eine feste Phasenbeziehung ($\alpha = 266°$) gekennzeichnet ist. Bei allen durchgeführten Simulationen genügte im selbstsynchronisierten Zustand die ermittelte Phasendifferenz der Stabilitätsbedingung (8). Ist der Unterschied zwischen

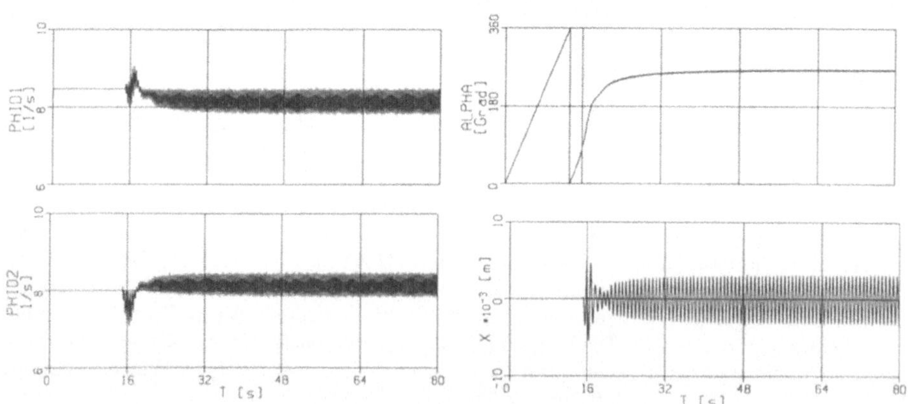

Bild 3: Selbstsynchronisation nach Freigabe des Schwingers

238

den Antriebsmomenten der Rotoren zu groß, so ist nach Freigabe des Schwingers keine Selbstsynchronisation möglich. Die Simulation liefert dann einen schwebungsähnlichen Verlauf der Schwingerbewegung.

Für $k_1 = k_2$ können die Simulationsergebnisse anhand der aus den Existenzbedingungen (5) und (6) folgenden Darstellung von $L_1^0 - L_2^0$ über $L_1^0 + L_2^0$ mit den Resultaten der analytischen Näherung verglichen werden. Die Kurven in Bild 4 sind die Ergebnisse aus der analytischen Näherung für vorgegebene Phasendifferenzen α für ein System mit relativ großen Unwuchtmassen $m_1 = m_2 = 0,1M$. Die Simulationsergebnisse werden durch verschiedene Symbole dargestellt. Jeder Punkt ist das Resultat einer eigenständigen Simulation, bei der L_1^0 solange erhöht wurde, bis die vorgegebene Phasendifferenz erreicht war. Trotz der großen Unwuchtmassen ist eine gute Übereinstimmung zwischen den Simulationsergebnissen und den Resultaten der analytischen Näherung bis in die Nähe des Resonanzbereiches, der durch das Überlappen der Kurven gekennzeichnet ist, zu erkennen. Die gestrichelten Kurvenabschnitte konnten in der Simulation nicht realisiert werden. In diesen Bereichen wurde entweder keine Selbstsynchronisation beobachtet, oder es erfolgten Sprünge im Sinne des Sommerfeld-Effektes. Bei Simulationen mit flachen Motorkennlinien zeigen sich in Resonanznähe noch größere Instabilitätsgebiete infolge des Sommerfeld-Effektes. Wenn sich im Ergebnis der Simulation jedoch eine stabile selbstsynchronisierte Bewegung ergibt, stimmen die Resultate der Simulation auch in diesem Falle gut mit denen der analytischen Näherung überein.

Die Simulationen ermöglichen die Berücksichtigung zusätzlicher Massenträgheitsmomente J_1 und J_2 (vgl. Gl.(1) und (2)), die nicht in die analytische Näherungslösung eingehen. Im Falle quasistationärer Veränderungen stimmen dann die Simulationsergebnisse wiederum gut mit den Resultaten der analytischen Näherung überein. Werden instationäre Bewegungsverläufe simuliert, so zeigen Systeme mit zusätzlichen Massenträgheitsmomenten eine geringere Neigung zur Selbstsynchronisation als Systeme mit $J_1 = J_2 = 0$.

Interessante Bewegungsverläufe erhält man bei der Simulation des Abschalten eines Rotorantriebes im synchronisierten Bewegungszustand. Das Abschalten des Antriebes 1 wurde dabei durch das Nullsetzen von L_1^0 und das Verkleinern von k_1 simuliert. Im unterkritischen Fall ist nach dem Ausfall eines Rotorantriebes die Erhaltung der Rotationsbewegung infolge

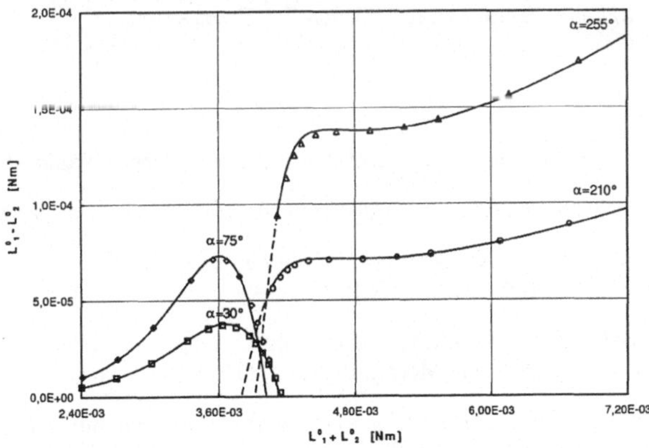

Bild 4: Vergleich zwischen analytischer Nährungslösung und Simulationsergebnissen

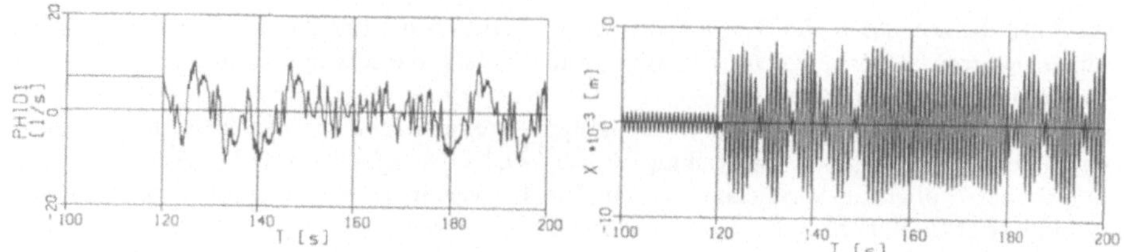

Bild 5: Chaotische Bewegung nach Abschalten eines Rotorantriebes

der Schwingung des Tragsystems möglich, wenn k_1 hinreichend klein ist. Im überkritischen Fall ergibt sich im Ergebnis der Simulation bei kleiner Dämpfung des Tragsystems und hinreichend kleinem k_1 in Resonanznähe ein chaotischer Bewegungsverlauf (Bild 5).

Für die Simulationen wurde im allgemeinen als Integrationsalgorithmus das Runge-Kutta-Fehlberg-Verfahren der Ordnung 5/6 (IALG=9) verwendet. Zur Schrittweitensteuerung wurde für jede Zustandsvariable ein maximaler relativer Fehler von 10^{-6} festgelegt. Die Berechnung der Zustandsvariablen erfolgte mit doppelter Genauigkeit (double precision). Die Genauigkeit der mit diesen Optionen erzielten Simulationsergebnisse erwies sich als ausreichend. Vergleichsrechnungen mit Integrationsalgorithmen mit fester Schrittweite (IALG=5) zeigten, daß die erhaltenen Lösungen numerisch stabil sind. Um zur numerischen Simulation einen Runge-Kutta-Algorithmus anwenden zu können, müssen die Bewegungsdifferentialgleichungen zunächst nach den höchsten Ableitungen aufgelöst werden. Dies kann jedoch für komplexere mechanische Systeme recht kompliziert oder sogar unmöglich sein. Die Simulationssprache ACSL bietet die Möglichkeit, mit Hilfe des DASSL-Algorithmus (IALG=10) das implizit formulierte Modell zu lösen. Vergleichsrechnungen, bei denen die implizit formulierten Bewegungsgleichungen mit dem DASSL-Verfahren gelöst wurden, lieferten völlig analoge Ergebnisse wie die Simulationen mit dem Runge-Kutta-Verfahren, wenn die Berechnungen mit doppelter Genauigkeit erfolgten. In den Rechenzeiten wurden bei der Verwendung von IALG=9 und IALG=10 keine signifikanten Unterschiede festgestellt. Wurden die Simulationen mit IALG=10 nur mit einfacher Genauigkeit ausgeführt, so kam es im Bereich von Unstetigkeiten häufig zum Abbruch des Programms.

Literatur

[1] Blechman, I.I.: *Synchronisation dynamischer Systeme* (russ.). Nauka, Moskau 1971

[2] Blechman, I.I.: *Synchronisation in Natur und Technik* (russ.). Nauka, Moskau 1981

[3] Merten, F.; Sperling, L.: *Numerische Untersuchungen zur Selbstsynchronisation von Unwuchtrotoren.* Technische Mechanik (im Druck)

[4] Sperling, L.: *Selbstsynchronisation statisch und dynamisch unwuchtiger Vibratoren. Teil I: Grundlagen.* Technische Mechanik **14**, 1, (1994), 61 - 76

[5] Sperling, L.: *Selbstsynchronisation statisch und dynamisch unwuchtiger Vibratoren. Teil II: Ausführung und Beispiele.* Technische Mechanik **14**, 2, (1994), 85 - 96

Einsatz von Hardware-in-the-Loop Echtzeitsimulation bei der Entwicklung komplexer Kfz-Steuergeräte

Dipl.-Ing. Markus Plöger - Dipl.-Ing. Harald Schmitz
AFT Atlas Fahrzeugtechnik
Postfach 11 07
58771 Werdohl

1   Einleitung

Die Simulation ist ein Hilfsmittel bei der Entwicklung von geregelten Systemen. Insbesondere die Off-Line-Simulation hat sich seit langer Zeit etabliert. Oftmals werden die Regler für den späteren Einsatz in Steuergeräte (Controller plus I/O-Hardware) implementiert .

Die Komplexität der Software dieser Systeme nimmt insbesondere im Automobil-Bereich durch steigende Anforderungen an Komfort und Sicherheit ständig zu.

Gleichzeitig gestellte Forderungen nach geringen Entwicklungskosten und -zeiten erfordern geeignete Hilfsmittel, um Fehler und Probleme im System frühzeitig zu erkennen. Zu einem immer wichtigeren Entwicklungswerkzeug wird die Verwendung von Echtzeitsimulation der Regelstrecke mit dem Steuergerät als eingebundenes Hardwareteil (Hardware-in-the-Loop, HIL), beispielsweise im Bereich ABS (vgl. [1], [2]) sowie Fahrwerksregelung ([3], [4]). Sogar die Integration von Echtzeitsimulation in automatisierte, datenbankbasierte Funktionstests wurde bereits vorgestellt [5].

Konzept und besondere Probleme beim Aufbau eines kompletten HIL-Systems sollen am Beispiel eines Echtzeitsimulators für ein Steuergerät eines stufenlosen automatischen Getriebes aus dem Antriebsstrang eines PKW aufgezeigt werden.

2   Anforderungen an ein Echtzeitsimulationssystem

Eine der Hauptaufgaben des vorgestellten Systems ist es, dem Fahrzeughersteller die Überprüfung der steuergeräteeigenen Fehlerdiagnose zu erleichtern. Er muß kontrollieren, ob das Steuergerät fehlerhafte Situationen sicher erkennt und entsprechend seiner Spezifikation reagiert.

Für den Einsatz als Diagnosetestsystem scheidet ein reiner Stimulationsbetrieb (Reizung der Eingänge mit Testsignalen ohne Rückkopplung) in Verbindung mit einer eigenen Testsoftware aus. Das Steuergerät muß in seinem normalen Regelungsbetriebmodus auf dem Labortisch betrieben werden. Hieraus ergibt sich die Notwendigkeit, daß dem Steuergerät die zu seinen Ausgangsgrößen passenden Eingangsgrößen vorgegeben werden. Dazu muß die Regelstrecke in Echtzeit simuliert werden. Hierbei ist stets ein guter Kompromiß zwischen Genauigkeit und Geschwindigkeit zu finden.

Im vorgestellten Fall der Prüfung einer Getrieberegelung ist der komplette Antriebsstrang eines Kfz zu simulieren und an das Steuergerät zu koppeln.

Die Reizung von Sensoren, die direkt in das Steuergerät integriert sind, stellt eine besondere Problematik dar. Bei dem vorgestellten System sind das zum Beispiel verschiedene induktive Sensoren sowie zwei Drucksensoren.

Zur Überprüfung der Diagnosefunktionen soll darüber hinaus die Möglichkeit geschaffen werden, sämtliche spezifizierten Fehlersituationen erzeugen zu können.

3 Konzept

Folgende wichtige Punkte bei der Erstellung des Konzeptes waren zu berücksichtigen:

* Modularer Aufbau von Hard-und Software
* schnelle Realisierung
* Standard Industry Design
* Erweiterbarkeit

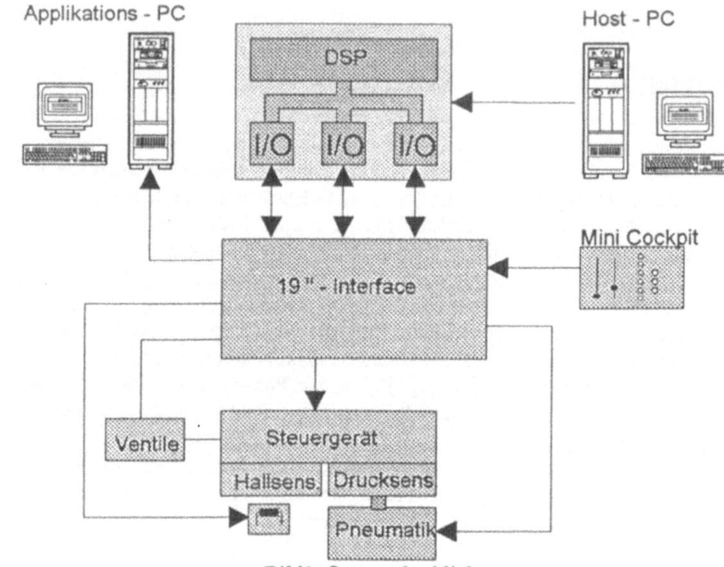

Bild1: Systemüberblick

Bild 1 gibt einen Überblick über den Aufbau des Echtzeitsimulators. Als Plattform für das Simulationsprogramm und die Programme zur Signalgenerierung wurde ein Echtzeitsystem mit DSP- und verschiedenen I/O-Karten der Fa. dSPACE in Paderborn gewählt. Als Entwicklungsrechner für die Software und als Schnittstelle für den Systembediener dient ein IBM-kompatibler Host-PC. Ein zweiter PC gestattet als Applikationsrechner den Blick in die Software des Steuergerätes und dient u.a. dem Auslesen seines Diagnosezustandes. Der Echtzeitrechner wird mit dem Steuergerät über ein modulares Interface-System in 19"- Einschubtechnik verbunden. Das Steuergerät selbst ist in einer mechanischen Aufnahme untergebracht. Sie enthält zusätzlich verschiedene Systeme zur Reizung der im Steuergerät integrierten Sensoren. Für die interaktive Bedienung ist ein Minicockpit mit der hardwaremäßigen Ausführung der wichtigsten Bedienelemente angeschlossen.

4 Software

4.1 Modell

Basis der Simulation ist ein relativ komplexes Simulink-Modell, bestehend aus Motor, Kupplung, Getriebe, Antriebswelle, Rädern, Fahrzeugchassis sowie zugehöriger Aktuatorik. Da diese Modelle für den Einsatz auf der Echtzeithardware in Verbindung mit den Forderungen an die Rechenzeit zu groß sind, muß eine Modellreduzierung vorgenommen werden.

Als Stichworte sind an dieser Stelle zu nennen:

- Anzahl der Massen im Antriebsstrang
- Vereinfachung des Getriebemodells
- Vereinfachung der Aktuatorikmodelle
- Kupplungsmodell

Da der Einsatz von Hardware-in-the-Loop Simulation die Fahrversuche nicht vollständig ersetzen soll und kann, und somit die Reglerfeinabstimmung weiterhin im Fahrzeug stattfindet, können bei den Anforderungen an die Modellierungstiefe Abstriche gemacht werden. Die Modellreduzierung wird zunächst Off-Line vorgenommen und mit den komplexen Modellen abgeglichen. Durch geschickte Wahl der Softwarestruktur gelingt die anschließende Übertragung auf die Echtzeithardware recht schnell (Verwendung derselben Programmodule).

4.2 Simulationssteuerung

Für den effektiven Einsatz des Echtzeitsimulators ist es wünschenswert, über eine rein interaktive Bedienung des Systems (Schalter und Potis am Minicockpit bzw. per Maus auf dem Bildschirm) hinaus den Simulationsablauf automatisch vom PC steuern zu können.

Für einen Einsatz zusammen mit der Echtzeitumgebung von dSPACE wurde ein Konzept entwickelt, welches mit Hilfe der dSPACE-Softwareschnittstellen zu MATLAB (MLIB, MTRACE) die gewünschte Funktionalität bereitstellt:

- rechnergesteuerte Modellkonfigurierung
- automatische Vorgabe von Fahrzyklen
- zeitgestützte Änderung von Simulationsvariablen
- ereignisgestützte Änderung von Simulationsvariablen
- rechnergesteuerte Speicherung von Simulationsvariablen

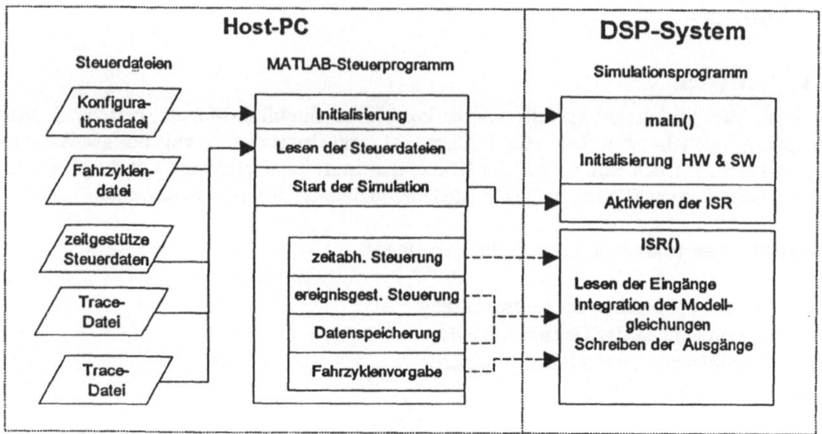

Bild 2: Softwarestruktur

Das Steuerprogramm (vgl. Bild 2, läuft unter MATLAB auf dem Host-PC) initialisiert zu Beginn eines Simulationslaufes sämtliche Parameter des Simulationsprogramms (läuft auf dem DSP-System) mit den Werten aus einer Konfigurationsdatei. Anschließend werden weitere Steuerdateien (Fahrzyklen, zeit- und ereignisabhängige Eingriffe in den Simulationsvariablenpool, aufzuzeichnende Größen) gelesen und ihre Inhalte im Arbeitsspeicher gehalten. Nachdem die Simulation vom MATLAB-Programm gestartet worden ist, wird sie im Rahmen einer ständigen Kommunikation zwischen Host-PC und dem DP-RAM des DSP-Systems nach den Vorgaben aus den verschiedenen Steuerdateien reproduzierbar beeinflußt.

Die Zuordnung der einzelnen Steuerdateien zueinander ist beliebig, so daß es z. B. möglich ist, eine Modellkonfiguration mit unterschiedlichen Fahrzyklen zu speisen oder bei einem festen Fahrzyklus Variationen der Modellkonfiguration vorzunehmen.

Besonders vorteilhaft an diesem Konzept ist, daß

- *keine Neucomiplierungen* notwendig sind,
- sondern sämtliche Änderungen in einfachen *ASCII-.Dateien mit Tabellenstruktur* vorgenommen werden können,
- und daß es durch die Verwendung aufgabenspezifischer Steuerdateien eine *große Variabilität* besitzt.

4.3 Sonstiges

Verschiedenene Drehzahl- bzw. PWM-Signale werden mit hoher Frequenz auf eigenen DSPs berechnet. Die Frequenzen, Tastverhältnisse usw. werden vom Haupt-DSP über Dual-Port-RAM an die Signalgenerator-DSPs übermittelt.

5 Hardware

Die Verbindung zum Steuergerät geschieht über eine modulare, komplexe Interface-Einheit. Ihr fallen viele Aufgaben zu:

(allgemein)

- Anpassung der I/O-Signale des DSP-Systems an die unterschiedlichen Eingangsbeschaltungen im Steuergerät
- Messung und Filterung der elektrischen Ventilströme (Originalbauteile angeschlossen)
- Spezifikationsgemäße Belastung der Steuergeräteausgänge (z. B. niederohmige Lastrelais)
- Erzeugung von Fehlerzuständen bei einzelnen Signalen durch eine Reihe von Bedienungselementen (Leitungsunterbrechungen, Kurzschlüsse, fehlerhafte Massepegel)

Für diese Aufgaben werden weitgehend standardisierte 19"-Einschübe verwendet, die per Jumper in ihrer Ein- bzw. Ausgangsbeschaltung konfigurierbar sind. Das ermöglicht eine schnelle Anpassung des Systems bei Spezifikationsänderungen beim Steuergerät, wie sie im Laufe eines Entwicklungsprozesses immer wieder vorkommen.

Die besondere Aufgabe im vorliegenden Fall, nämlich die Einbeziehung von Originalsensorik in die Echtzeitsimulation, erfordert es, diese Sensoren mit den entsprechenden physikalischen Größen zu beaufschlagen. Im einzelnen sind dies die folgenden:

- Drucksensor:
  Aufgabe des Drucksensors im Fahrzeug ist die Messung eines Hydraulikdruckes. Aus Gründen der Handhabbarkeit (angestrebt war Verzicht auf Umgang mit Hydraulikflüssigkeit) findet im Echtzeitsimulator ein pneumatischer Druck Verwendung. Dazu ist im 19"Interface ein Druckregler eingesetzt, der in einem angeschlossenen Pneumatikkreis mittels schaltender Pneumatikventile den Drucksensor mit dem richtigen Druck beaufschlagt. Seinen Sollwert erhält er in Form einer Analogspannung direkt aus der Simulation.

- Hallsensoren:
  Das Steuergerät nutzt im Fahrzeug Differential-Hall-Sensoren zur Erfassung der Getriebedrehzahlen. Dabei kommen zwei Sensoren zum Einsatz, die bei passender Anordnung über den Zähnen des Zahnrades zwei Rechtecksignale abgeben, die einen Phasenversatz von 90 Grad aufweisen. Das Vorzeichen des Phasenversatzes ist an die Drehrichtung des Zahnrades gekoppelt. Für den Einsatz im Echtzeitsimulator werden die schnell rotierenden Zahnräder durch spezielle Elektromagnete ersetzt, die mit passenden Frequenzsignalen aus dem DSP-System angesteuert werden. Neben der sicheren Funktion wurde eine Möglichkeit ins Pflichtenheft aufgenommen, die Stärke der erzeugten Magnetfelder vom DSP-System aus zu variieren, um Grenzmusteruntersuchungen durchführen zu können. Zur Lösung der Aufgabe wurden spezielle Verstärkerstufen entwickelt, deren prinzipieller Aufbau im Falle der Getriebeausgangsdrehzahl Bild 3 zu entnehmen ist.

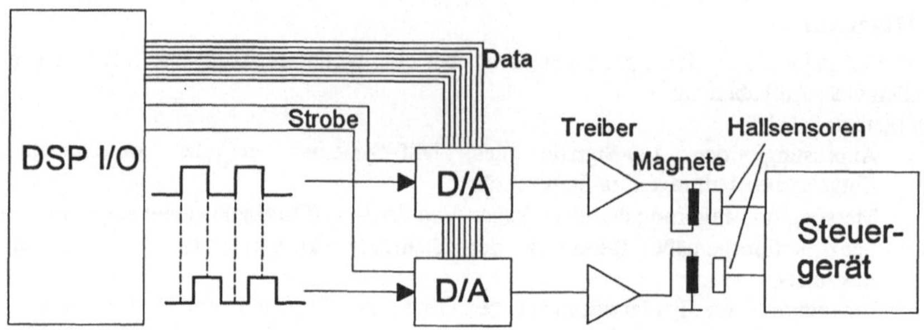

Bild 3: Elektromagnetische Hallsensorreizung

Auf dem DSP-System werden mittels digitaler Signalsynthese zwei Rechtecksignale erzeugt, die in einer festen Phasenbeziehung von 90 Grad stehen. Ihre Frequenz , die sich direkt aus den entsprechenden Drehzahlvariablen des Simulationsprogrammes ergibt, liegt zwischen 0 Hz und ca. 5 kHz . Jedes Rechtecksignal (mit TTL-Pegel) schaltet den Ausgang eines Digital-Analog-Umsetzers ein bzw. aus, wobei der Pegel der Ausgangsspannung über eine 8 Bit Datenleitung und ein Strobesignal eingestellt werden kann. Aus diesem unipolaren Signal variabler Amplitude wird im weiteren ein bipolares Signal erzeugt, das durch Treiber verstärkt wird und dann durch die Magnete fließt.

6 Schlußbetrachtung

Es wurde ein Hardware-in-the-Loop System für ein Getriebesteuergerät vorgestellt, welches dem Fahrzeughersteller im laufenden Steuergerätentwicklungsprozeß an der Schnittstelle zum Steuergeräteentwickler eine Überprüfung der Diagnosefunktionen im Steuergerät ermöglicht. Neben der Möglichkeit der interaktiven Bedienung enthält es Möglichkeiten, in einfacher Form automatische und reproduzierbare Zustände zu erzeugen.

Ein Ausbau des Systems hin zu automatischer Auswertung der Steuergerätereaktionen sowie die Einbeziehung von Datenbankfunktionen lassen einen weiteren Gewinn an Effizienz erwarten.

Literaturverzeichnis

[1]   Th. Bach: *Echtzeitsimulation in der Fahrzeug-ABS-Entwicklung auf Personal Computer Basis* , VDI-Berichte Nr. 974, 1992, Düsseldorf, VDI-Verlag

[2]   U.Sailer; U.Essers: *Modulare Interface-Elektronik zur Kommunikation zwischen einem Echtzeitsimulator und real vorhandenen Bremselektroniken*, VDI-Berichte Nr. 1189, 1995, Düsseldorf, VDI-Verlag

[3]   U.Ochner; D.Henneke: *Realisierung und Anwendung von „hardware in the loop" bei der Entwicklung von Feder-/Dämpfersystemen*, VDI-Berichte Nr. 974, 1992, Düsseldorf, VDI-Verlag

[4]   K.Rieger, W.Schiehlen: *Echtzeitsimulation eines Fahrzeugmodells mit aktiver Federung - Hardware-in-the-Loop Experimente*, VDI-Berichte Nr. 1189, 1995, Düsseldorf, VDI-Verlag

[5]   G. Oswald, W.Altpeter, J-Wieland: *Automatisierter Funktionstest von Steuergeräte-Software unter Einsatz der Echtzeitsimulation zur Steigerung der Entwicklungsqualität*, VDI-Berichte Nr. 1189, 1995, Düsseldorf, VDI-Verlag

Integration der neuen elektropneumatischen Bremsanlage (EPB) als Hardware-in-the-Loop in einen Nutzfahrzeug-Simulator

U. Sailer und G. Baumann
Forschungsinstitut für Kraftfahrzeuge und Fahrzeugmotoren
Stuttgart — FKFS —, Pfaffenwaldring 12, 70569 Stuttgart

Kurzfassung

Am Institut wurde ein Echtzeitsimulator für das fahrdynamische Gesamtfahrverhalten von Nutzfahrzeugen entwickelt [1]. Der Simulator dient als Prüfstand, um nach der Hardware-in-the-Loop-Methode verschiedene Steuerelektroniken von Nutzfahrzeugen zu untersuchen. In der ersten Ausbaustufe wurde mit einer leistungsfähigen, modularen Interface-Elektronik ein ABS/ASR-Steuergerät integriert [2, 3]. In diesem Beitrag wird als weitere Hardware-in-the-Loop-Anwendung die Integration der neuen, von WABCO [4] und Mercedes-Benz [5] entwickelten, elektropneumatischen Bremsanlage (EPB) in den Echtzeitsimulator vorgestellt.

1 Kurze Einführung in die EPB

Die EPB stellt eine neue Generation von Bremssystemen für schwere Nutzfahrzeuge dar (Bild 1). Im Gegensatz zum ABS/ASR-System, das nur in kritischen Fahrsituationen auf die Bremszylinderdrücke des konventionellen, pneumatischen Bremssystems einwirkt, ist die EPB immer aktiv.

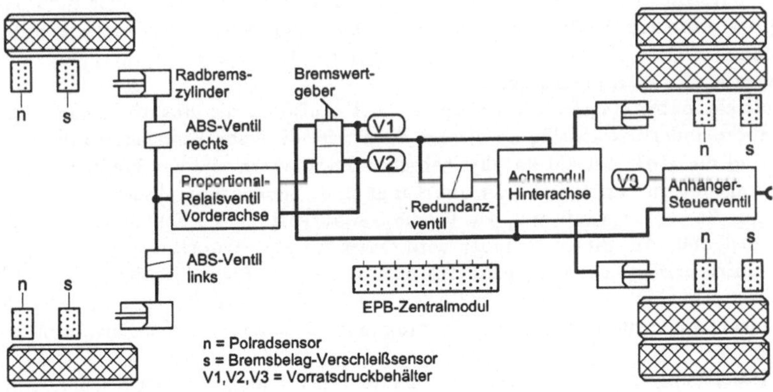

Bild 1: Elektropneumatische Bremsanlage (EPB) für ein 4x2-Nutzfahrzeug

Über das Betriebsbremspedal wird der Bremswertgeber (BWG) betätigt, der den Pedalweg auf elektrischem Wege an das EPB-Zentralmodul weitergibt. Daneben enthält der Bremswertgeber Ventile zur Steuerung eines pneumatischen Vorder- und eines Hinterachsbremskreises. Der Druck des Hinterachsbremskreises wird bei Störungen oder Ausfall der

Elektronik über Wechselventile zu den Radbremszylindern durchgeschaltet (pneumatische Redundanz).

Die Bremskreise für Vorder- und Hinterachse sind unterschiedlich aufgebaut. Der Druck für beide Räder der Vorderachse wird gemeinsam vom EPB-Steuergerät in einem geschlossenen Regelkreis (bestehend aus Proportional-Relaisventil und Drucksensor) kontinuierlich geregelt. In der Leitung zu jedem Radbremszylinder sitzt zusätzlich ein ABS-Regelventil. Im ABS-Fall kann das Zentralmodul mit Hilfe dieses Ventils Druck auf- und abbauen.

Die Drücke für die Bremszylinder der Hinterachse werden unabhängig voneinander geregelt. Das Achsmodul enthält pro Seite einen kompletten Druckregelkreis (Ein- und Auslaßventil, Drucksensor), dessen Dynamik sehr schnelle ABS-Regelungen erlaubt. Weiterhin besitzt das Achsmodul eine eigene Elektronikeinheit. Bei normalen Bremsungen (kein ABS-Fall) werden die Drücke vom Zentralmodul über einen separaten CAN-Bus (Systembus) vorgegeben und vom Achsmodul eingestellt. Im ABS-Fall führt das Achsmodul die Hinterachsbremsung selbständig durch.

Für Anhänger mit konventioneller Bremsanlage existiert ein weiterer, unabhängiger Druckregelkreis, dessen Aufbau im wesentlichen dem Vorderachs-Regelkreis entspricht. Zusätzlich existiert eine genormte Schnittstelle, die für zukünftige Anhängerbaureihen die Ausrüstung mit einer separaten EPB ermöglicht. Durch die lastabhängige Verteilung der Bremskraft zwischen Zugmaschine und Anhänger wird eine Harmonisierung der Bremswirkung von Lastzügen erreicht.

2 Modellierung und Implementierung der EPB-Komponenten

Zur Modellierung von pneumatischen Bremsanlagen können zwei verschiedene Ansätze angewandt werden:

A. Modellierung aufgrund physikalischer Gesetzmäßigkeiten

Dieser Ansatz erfordert die genaue Kenntnis der physikalischen Vorgänge, sowie die dazugehörigen physikalischen Parameter. Im Falle eines pneumatischen Systems muß das Verhalten jedes einzelnen Ventils, jedes Leitungsstücks und jedes Volumens mit Hilfe thermodynamischer Gesetze beschrieben werden. Für die Herleitung der thermodynamischen Grundlagen wird auf [1, 6] verwiesen.

Es entsteht dabei ein Modell, welches je nach Aufwand die Realität mehr oder weniger gut approximiert. Nachteilig an diesem Ansatz ist die hohe Komplexität des erstellten Modells und die große Anzahl an physikalischen Parametern, die aus Meßreihen zum Teil nur sehr ungenau zu bestimmen oder unbekannt sind. Zudem führt dieser Modellansatz zu einem hohen Berechnungsaufwand, was für die Gewährleistung der Echtzeitfähigkeit Zusatzaufwand bedeutet. Aus diesen Gründen wird dieser Ansatz verworfen.

B. Systemidentifikation aufgrund des phänomenologischen Systemverhaltens

Dieser Ansatz benützt zur Beschreibung das Ein-Ausgangsverhalten des Systems. Hierbei werden lineare Elemente in Form von Übertragungsfunktionen mit nichtlinearen Elementen kombiniert.

Die Abweichungen dieses Modells von der Realität sind größer als bei der vorher beschriebenen Methode, jedoch ergibt sich ein wesentlich geringerer Rechenaufwand, wodurch die zwingend notwendige Echtzeitfähigkeit der Simulation auf dem verwendeten Transputer-System eingehalten werden kann. Die vergleichenden Untersuchungen zwischen einer thermodynamischen Modellierung und einer Systemidentifikation mit einem einfachen Modell in [1] begründen diese Vorgehensweise. Deshalb wird dieser Ansatz zur Modellierung der Pneumatik verwendet.

Die einzelnen Komponenten der EPB lassen sich in die zwei einfachen Bauteile Ventile und Rohrleitungsstücke untergliedern:

I. Ventile :

In den meisten Fällen kann ein Ventil mit hinreichender Genauigkeit durch ein PT1-Glied mit anschließendem Totzeitglied beschrieben werden. Der Vorteil ist, daß nur drei Kenngrößen (Verstärkung K, Zeitkonstante τ und Totzeit T_t) benötigt werden. Diese sind entweder vom Hersteller spezifiziert oder müssen experimentell ermittelt werden. Damit ist die Übertragungsfunktion bestimmt zu:

$$G(s) = \frac{K \cdot e^{-sT_t}}{1 + \tau \cdot s}. \tag{1}$$

Dabei müssen der Be- und Entlüftungsvorgang unterschiedlich parametriert werden. Weiterhin haftet einem Ventil ein mehr oder weniger ausgeprägtes Hystereseverhalten an, welches bei der Modellierung zusätzlich zu Gl. (1) beachtet werden muß.

II. Rohrleitungsstücke:

Um die Komplexität des Gesamtsystems überschaubar zu halten, werden nur Rohrleitungsstücke mit beträchtlichem Volumen berücksichtigt. Die Vorgehensweise zur Modellierung erfolgt analog zu den unter I. erwähnten Ventilen mit der Übertragungsfunktion von Gl. (1). Bei geringem Leitungsvolumen wirkt sich jedoch aufgrund der Kompressibilität des Fluids hauptsächlich die Totzeiteigenschaft des Systems aus.

Das Modell der EPB wird wie in <u>Bild 2</u> dargestellt aufgebaut.

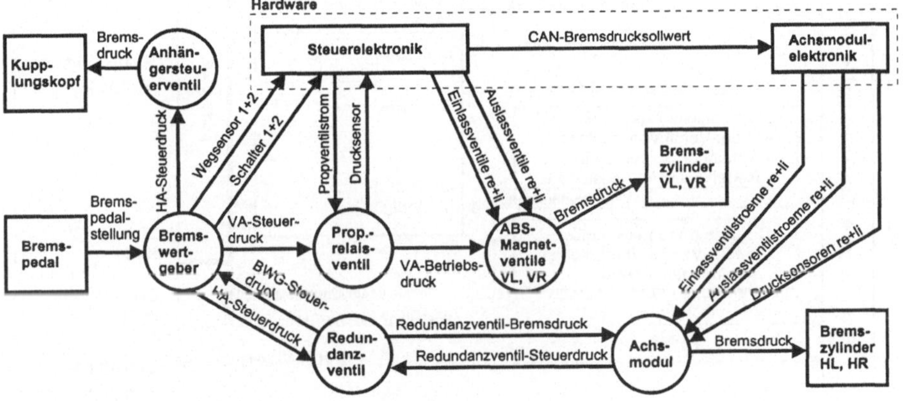

<u>Bild 2:</u> Software-Architektur für die EPB

Die Komponenten (Bremswertgeber, Proportional-Relaisventil Vorderachse, ABS-Magnetregelventil, Redundanzventil, Achsmodul Hinterachse, Anhängersteuerventil) werden als eigenständige Elemente modelliert [7] bzw. weiter zerlegt, bis ihr Verhalten mit PT1- und Totzeitgliedern, kombiniert mit statischen Kennlinien, beschrieben werden kann.

Exemplarisch wird die Modellierung des Proportional-Relaisventils kurz erläutert. Sie erfolgt analog zu seiner physikalischen Realisierung in einem pneumatisch und einem elek-

249

trisch ausgesteuerten Kanal. Beide Kanäle besitzen getrennte Übertragungsfunktionen 1.
Ordnung. Nachgeschaltet wird ein Totzeitglied (Bild 3).

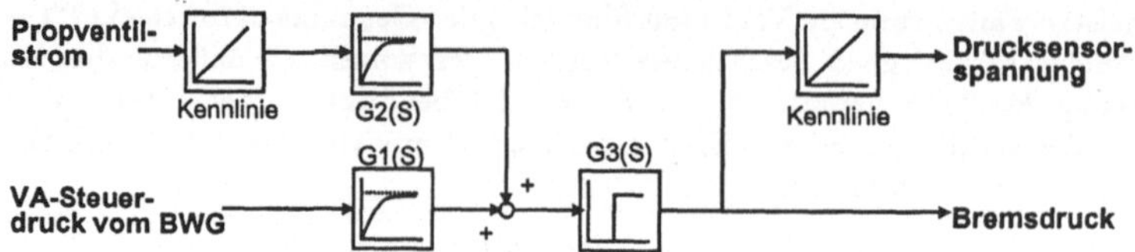

Bild 3: Modell des Proportional-Relaisventils

3 Konzeption der Interface-Elektronik

Das Interface (Bild 4) stellt die elektrische Kopplung zwischen den realen EPB-Komponenten
und dem Simulationsrechner dar.

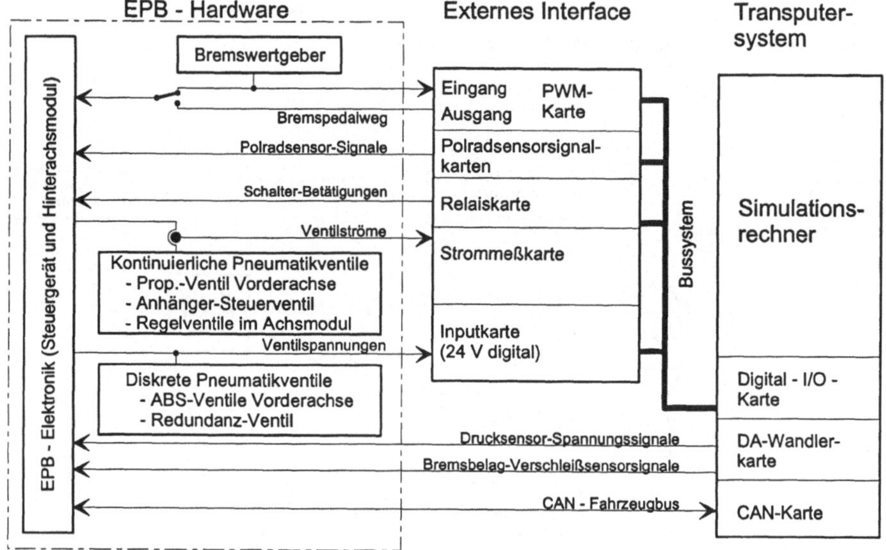

Bild 4: Interface-Elektronik für Hardware-in-the-Loop der EPB

Input-Module erfassen und digitalisieren elektrische Größen, die bei der EPB auftreten
und für die Simulation relevant sind, z.B. Ventilströme und -spannungen. Output-Module
wandeln die vom Simulator errechneten physikalischen Größen (Drücke, Raddrehzahlen
usw.) in elektrische Größen um, die den Sensor-Eingängen der EPB-Elektronik zugeführt
werden. Zur Verhinderung von Störeinstreuungen in den Rechner werden alle Signale galva-
nisch getrennt übertragen. Im folgenden werden die einzelnen I/O-Module bezüglich ihrer
Funktion und ihrer Verwendung beim vorliegenden Simulationsprojekt näher betrachtet.

250

Das Interface gliedert sich in zwei Teile: Der interne Teil besteht aus I/O-Karten des Systemherstellers, die direkt in das Transputer-Netzwerk eingebunden sind:

CAN-Karte [8]:
Die Karte ist mit dem CAN-Anschluß des EPB-Steuergeräts verbunden und ermöglicht das Einlesen der CAN-Nachrichten vom Steuergerät. Des weiteren werden dem Steuergerät simulierte Nachrichten zugeführt, die im realen Fahrzeug von anderen Elektroniken (z.B. Motormanagement) generiert werden.

DA-Wandler-Karte [9]:
Sie führt die von der Simulation errechneten pneumatischen Drücke und die Bremsbelagverschleißwerte den entsprechenden Sensoreingängen der EPB-Elektronik in Form von Spannungssignalen zu.

Der externe Teil des Interface ist modular aufgebaut und wurde speziell für Hardware-in-the-Loop-Anwendungen von Bremselektroniken entwickelt [10], da für einige der I/O-Aufgaben keine Transputer-Karten auf dem Markt verfügbar sind bzw. die Anforderungen bezüglich Wertebereich, Auflösung oder Potentialtrennung nicht erfüllen. Die Module sind als Steckkarten ausgeführt und in einem 19"-Gehäuse untergebracht. Eine Standard-I/O-Karte [11] im Transputer-System übernimmt die digitale Ansteuerung der Karten über einen 8 Bit-Parallelbus. Dieses Konzept garantiert eine hohe Flexibilität. Zusätzliche Karten können problemlos in das Interface integriert werden. Folgende Karten stehen bisher für die EPB zur Verfügung:

PWM-Karte:
Der Betätigungsweg des Bremspedals wird vom Bremswertgeber in Form eines pulsweitenmodulierten (PWM) Signals an das Steuergerät übermittelt. Bei real angeschlossenem und betätigtem Bremswertgeber kann dieser Weg über den PWM-Eingang in den Simulator eingelesen, ausgewertet und sein zeitlicher Verlauf abgespeichert werden. Der PWM-Ausgang erlaubt dagegen eine Simulation des Bremswertgebers, beispielsweise die Wiedergabe eines aufgezeichneten Bremsvorgangs.

Polradsensorsignalkarten:
In der Realität erhält die EPB-Elektronik die Raddrehzahlinformationen durch sinusförmige Signale der Polradsensoren, die durch an der Radnabe montierte Polräder in den Sensoren induziert werden. Die Polradsensorkarten ermöglichen die Synthese dieser Signale, wobei Frequenz und Amplitude jeweils unabhängig voneinander programmiert werden können. Das verwendete Prinzip der direkten digitalen Synthese (DDS) führt zu hoher Freqenzgenauigkeit und Phasentreue.

Relaiskarte:
Die Schalter und Taster, die im Cockpit eines realen Fahrzeugs angeordnet sind (Zündung, ABS-Abschaltung usw.) werden in der Simulation durch Relais ersetzt, die auf der Benutzeroberfläche des Bedienrechners betätigt werden können.

Strommeßkarte:
Einige Ventile der EPB werden von der Elektronik über geregelte Stromausgänge kontinuierlich betätigt (Proportional-Ventile). Für die Simulation des pneumatischen Systems werden die Ventilströme potentialfrei erfaßt.

Inputkarte:
Die Karte erfaßt die Betätigung der diskreten Pneumatikventile (z.B ABS-Ventile der Vorderachse) über die Ventilspannungen.

4 Zusammenfassung und Ausblick

Die Entwicklung eines Hardware-in-the-Loop-Simulators parallel zu der Produktentwicklung ist eine herausfordernde Aufgabe, da die erforderlichen Spezifikationen der Schnittstellen und Signale im Wandel sind oder nur teilweise vorliegen. Weiterhin ist vom physikalischen Verhalten einiger Komponenten (z.B. Achsmodul) nur wenig bekannt. Im Vergleich mit ABS/ASR weist die EPB eine deutlich größere Anzahl von Regelkreisen auf, was einen höheren Aufwand sowohl seitens der Simulation als auch der Schnittstellen mit sich bringt.

Es zeigt sich jedoch als großer Vorteil, schon während der Entwicklung nicht ausschließlich auf Versuchsfahrten angewiesen zu sein. Laboruntersuchungen an Hardwarekomponenten mit exakt reproduzierbaren Fahrzyklen und frei wählbaren Parametern stellen eine ideale Ergänzung zum Fahrversuch dar.

Der derzeitige Simulator ist so konzipiert, daß die Pneumatik vollständig simuliert wird. Zukünftig wäre eine hybride Simulation eine sinnvolle Ergänzung. Dabei könnten Teile der bisherigen Software-Lösung durch die realen Pneumatikelemente (Ventile, Verbindungsstücke, Leitungen) ersetzt und mit realen Drücken versorgt werden.

Die Verfasser danken Rüdiger Klose und Andreas Krüger für die engagierte Mitarbeit an diesen Untersuchungen im Rahmen von studentischen Arbeiten.

5 Literatur

[1] Sailer, U.: *Nutzfahrzeug-Echtzeitsimulation auf Parallelrechnern mit Hardware-in-the-Loop.* Universität Stuttgart, Dissertation, (erscheint voraussichtlich 1996).

[2] Sailer, U.; Essers, U.: *Modulare Interface-Elektronik zur Kommunikation zwischen einem Echtzeitsimulator und real vorhandenen Bremselektroniken.* VDI Berichte (1995), Nr. 1189: 55–69.

[3] Baumann, G.: *Integration eines CAN-fähigen ABS/ASR-Steuergeräts in einen Transputer-Fahrsimulator.* Universität Stuttgart, 2. Semesterarbeit, 1995.

[4] Wiehen, C.; Neuhaus, D.: *Potential of Electronically Controlled Brake Systems.* SAE Paper (1995), No. 952278.

[5] Marwitz, H.; Junghans, H.; Fischer, J.: *Current Positions and Development Trends in Air Brake Systems for Mercedes-Benz Commercial Vehicles.* SAE Paper (1995), No. 952303.

[6] Stephan, K.; Mayinger, F.: *Thermodynamik.* Band 1: Einstoffsysteme. Berlin: Springer, 1986.

[7] Krüger, A.: *Weiterentwicklung eines ABS-Druckluftbremsanlagen-Modells auf den Umfang einer neuen EPB-Bremsanlage.* Universität Stuttgart, Studienarbeit, 1995.

[8] N.N.: *TPM-UCS based Controller Area Network Rev. 1.2 Documentation.* Aachen: Parsytec GmbH, 1992.

[9] Vyskozil, M.: *TPM-DAC: Transputer based Digital-Analog-Conversion Documentation Rev. 1.3.* Aachen: Parsytec GmbH, 1991.

[10] Klose, R.: *Interface zur Kommunikation zwischen einem Fahrzeugsimulator und einem real vorhandenen EPB-Steuergerät.* Universität Stuttgart, Diplomarbeit, 1995.

[11] Denuell, H. J.: *TPM-IO Transputer motherboard for I/O daughterboards - Technical Documentation Rev. 1.2.* Aachen: Parsytec GmbH, 1989.

Konsequenter Einsatz der Simulation
in allen Phasen der
Fahrzeugsystementwicklung

Dipl.-Ing. Harald Schmitz - Dipl.-Ing. Markus Plöger
AFT Atlas Fahrzeugtechnik
Postfach 11 07
58771 Werdohl

1 Abstract

Um zeit- und kostenintensive Entwicklungsschleifen zu vermeiden, wurde bei der Entwicklung des EKM-Systems verstärkt die Simulation eingesetzt.

Mit Hilfe der Off-Line-Simulation wurden die Reglerstruktur und der Basisregler erstellt. Mittels des Control-Prototyping konnte dieser Regler dann modifiziert werden. SIL diente zur Überprüfung des Steuergerätecodes. Mit Hilfe einer HIL-Umgebung wurde anschließend das Gesamtsystem inkl. der Steuergerätehardware getestet.

2 Einleitung

Die hohen Anforderungen an die Entwicklung von Fahrzeugsystemen hinsichtlich Sicherheit, Ökonomie und Komfort können heutzutage nur noch mit Hilfe komplexer Steuergeräte mit intelligenten Regelalgorithmen erfüllt werden. Bei gleichzeitig verkürzten Entwicklungszeiten sowie reduzierten Erprobungskosten erfordert dies angepaßte Entwicklungsmethoden. In Abkehr von der früher ausschließlich eingesetzten Entwicklung und Prüfung im Fahrversuch, wird heutzutage verstärkt die Simulation in allen Phasen der Entwicklung eingesetzt.

3 EKM-System

Dargestellt wird der Einsatz der Simulation in der Entwicklung des EKM (<u>E</u>lektronisches <u>K</u>upplungs<u>m</u>anagement), das von den Firmen AFT in Werdohl und LuK in Bühl entwickelt wurde.

Das EKM dient zur automatisierten Betätigung der Schaltkupplung, u. a. beim Anfahren und Gangwechsel eines mit Schaltgetriebe ausgerüsteten Fahrzeuges. Da dieses System zusätzliche Funktionen, wie Lastwechseldämpfung, ABS/ASR Unterstützung sowie Diagnose und Notlauffunktionen enthält, führt eine ausschließlich auf dem Fahrversuch basierende Entwicklung nicht mehr zum Ziel. Es muß zudem hohen Sicherheitsanforderungen standhalten, da der Fahrer in seinen Steuerfunktionen teilweise ersetzt wird.

Der Systemaufbau ist in Bild 1 ersichtlich. Die Kupplungsbetätigung erfolgt hydraulisch durch einen Nehmerzylinder am Kupplungsausrücksystem und durch ein Proportionalventil. Der Systemdruck wird durch eine externe Pumpe erzeugt. Zu einer komfortablen und sicheren

Kupplungsbetätigung müssen vom Steuergerät die entsprechenden Fahrzustände erfaßt werden. Hier sind z. B. die Fahrgeschwindigkeit, der Gang und die Drosselklappenstellung zu nennen.

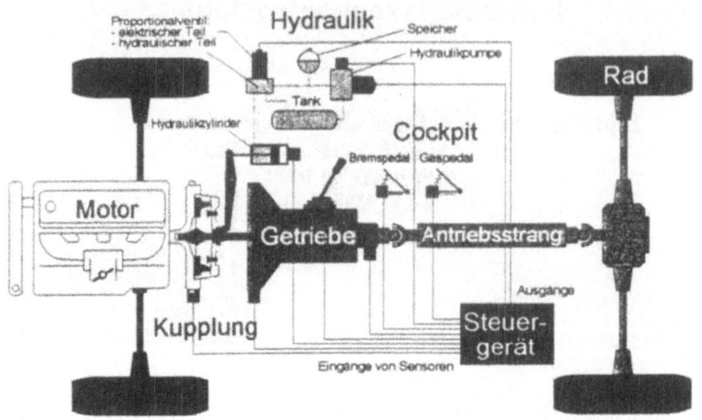

Bild 1: Systemaufbau

4 Einsatz Simulation

Der heutige Einsatz der Simulation während der Entwicklung dieses Systems gliedert sich im wesentlichen in die folgenden 4 Phasen (Bild2):

- Off-Line-Simulation
- Control Prototyping
- SIL - Software in the Loop
- HIL - Hardware in the Loop

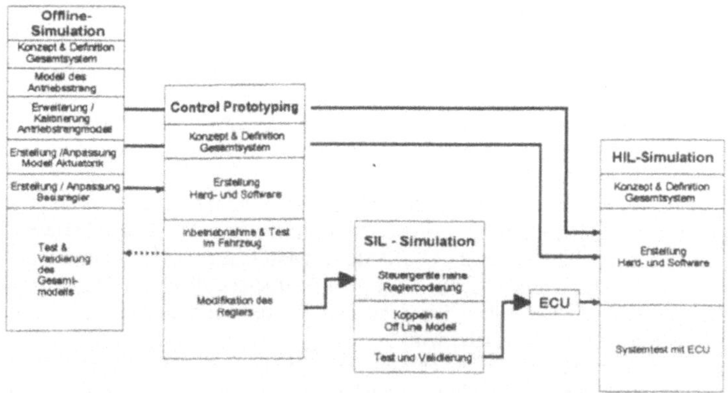

Bild 2: Einsatz der Simulation in den Entwicklungsphasen

Wird die Systementwicklung an Hand dieser Methodik durchgeführt, lassen sich kosten- und zeitaufwendige Entwicklungsschleifen verringern. Zudem können einzelne Entwicklungsabschnitte durchgeführt werden, ohne daß die entsprechende Hardware zur Verfügung steht. Als Beispiel sind hier die Off-Line-Simulation (reale Strecke wird noch nicht benötigt) und das Control Prototyping (Regleroptimierung ohne fertiges Steuergerät) zu nennen.
Im folgenden werden die einzelnen Phasen näher beschrieben.

4.1 Off-Line-Simulation

Mit Hilfe der Off-Line-Simulation wird die Aktuatorik/Sensorik ausgelegt sowie die Reglerstruktur und der -algorithmus erstellt. Hierzu ist ein modular gestaltetes Programm in der Simulationssprache Simulink erstellt worden (Bild 3).

Die Aufteilung der einzelnen Drehmassen ergibt sich zum einen aus den erforderlichen Sensorikschnittstellen, zum anderen aus einer Analyse des Eigenschwingungsverhaltens. Mit Hilfe der Eigenwerte und Eigenvektoren wird die Anzahl der Drehmassen soweit reduziert, daß die im Betriebsdrehzahlbereich befindlichen Eigenfrequenzen keine wesentlichen Verschiebungen erfahren.

Der Antriebsstrang wird daraufhin für den zu Grunde liegenden PKW mit Frontantrieb in folgende Drehmassen und sonstige Massen aufgeteilt: Motor, Kupplungsscheibe, Getriebeein- und -ausgangswelle, Differential, Rad links, Rad rechts sowie die Fahrzeugmasse.

Als Federelemente werden die Torsionsfeder der Kupplungsscheibe, die Steifigkeiten der Getriebe- und der Seitenwellen sowie der beiden Antriebsreifen abgebildet.

Die Momenteneinleitung erfolgt durch den Motor (gebildet aus Drosselklappenstellung und Motordrehzahl), den Fahrwiderständen an der Fahrzeugmasse (gebildet aus dem Luft-, dem Steigungs-, dem Reibungswiderstand und dem Bremsmoment der nicht angetriebenen Räder) und dem Bremsmoment der angetriebenen Räder.

Haft-/ Gleitzustände werden in der Kupplung, der Getriebesynchronisierung sowie im Reifen-/ Fahrbahnkontakt abgebildet. Zusätzlich wird der Einfluß der Fahrzeugnickschwingung auf die Radnormalkraft berücksichtigt.

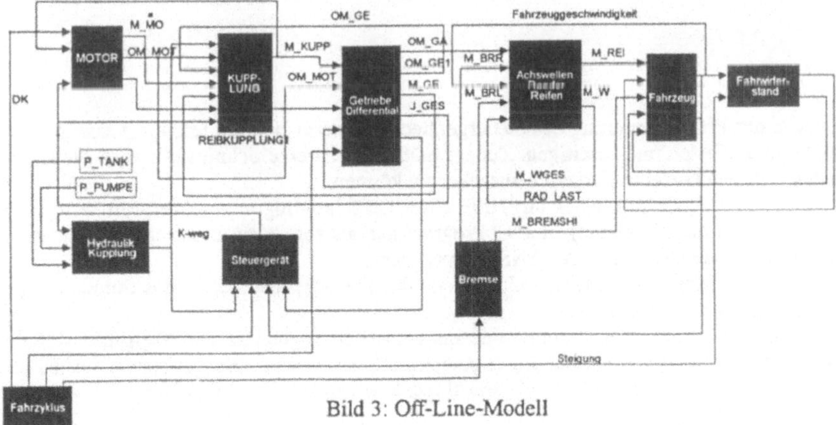

Bild 3: Off-Line-Modell

Neben dem nichtlinearen Antriebsstrang sind die Aktuatorik (Hydraulik) und die Sensorik (Auflösung, Frequenz) modelliert. Die Hydraulikflüssigkeit ist als kompressibles Medium abgebildet. Der Strömungsquerschnitt des Hydraulikventils ist in Kennlinien abgelegt.

Beispielhaft wird im folgenden eine der Schwierigkeiten und deren Lösung dargestellt.

Als problematisch hat sich bei der Modellerstellung z. B. die Abbildung der Haft/Gleitzustände erwiesen. Grundsätzlich muß im Haftfalle das anliegende Moment mit dem maximal übertragbaren Moment verglichen werden, im Gleitfalle die Relativgeschwindigkeit zwischen beteiligten Massen. Erschwerend kommt hinzu, daß Simulink keinen sogenannten 'State Event Finder' besitzt. Dies bedeutet, daß jene Unstetigkeitsstellen nur durch die Schrittweitensteuerung der Integrationsalgorithmen behandelt werden können. Eine Iteration an die Unstetigkeitsstelle (wie bei ACSL möglich) kann hier nicht stattfinden. Durch eine kontinuierliche Prädiktion der Relativgeschwindigkeit und damit deren Nulldurchgang kann eine hinreichend genaue Abbildung dieser Nichtlinearität erzielt werden.

4.2 Control Prototyping

Die mit Hilfe der Off-Line-Simulation entwickelte Reglerstruktur sowie der Regelalgorithmus werden mit diesem Hilfsmittel optimiert. Hierbei wird der Regler in eine Echtzeitumgebung (dSPACE) implementiert und die Systemaktuatorik im realen Fahrzeug angesteuert. Je nach Verfügbarkeit bereits entwickelter Steuergerätehardware können einzelne Funktionen oder ein Großteil des Steuergerätealgorithmus auf dieser Echzeitplattform abgebildet werden.

Der Vorteil an diesem Entwicklungsschritt liegt darin, daß er am realen Fahrzeug durchgeführt wird und damit auch Effekte berücksichtigt werden können, die in der Off-Line-Simulation aufgrund ihrer Komplexität nur schwer abbildbar sind.

Ein weiterer Vorteil liegt in der schnellen Änderungsmöglichkeit des Algorithmus und der weitgehenden Unabhängigkeit von fertiger Steuergerätehardware. Als vorteilhaft hat sich eine Bypasslösung erwiesen. D. h., das AFT Universalsteuergerät übernimmt die Ansteuerung der Endstufen (der A/D-, D/A-Wandler) und des Steuergerätebetriebssystems mit den Hauptfunktionen. Die zu modifizierende Funktion wird auf das dSPACE System ausgelagert. Der Ausgangswert dieses Algorithmus wird anschließend zur Bestimmung der Endstufenansteuerung wieder an das Steuergerät übergeben.

4.3 SIL

Fehler in der Programmierung des Steuergerätecodes lassen sich am fertigen Steuergerät nur sehr mühsam auffinden und beseitigen. Zudem müßte hierzu eine Schnittstelle zum Steuergerät vorhanden sein, um einzelne Variablen ausgeben zu können.

Der Steuergerätecode soll daher mit Hilfe eines Off-Line-Programms überprüft werden. SIMULINK gestattet die Einbindung von 'C' Programmen als sog. 'S-function' in ein Simulationsprogramm. Der Code muß hierzu in 'ANSI C' vorliegen.

Zunächst muß festgelegt werden, welche Teile des Steuergerätecodes in das Simulationsprogramm eingebunden werden sollen.

Grundsätzlich wird der Steuergerätecode mathematisch abgebildet und überprüft. D. h., es können logische Fehler (z. B. falsche Zuweisungen) erkannt werden. Hardwarespezifische Funktionen (A/D-, D/A-Wandler), die Registerarithmetik sowie der 'Realtime Kernel' können nur bedingt überprüft werden.

Nicht zu testen sind Fehler, die sich durch Laufzeitunterschiede oder z. B. durch Hardware-beinflussungen (z. B. Schwankungen des Sensorsignals) ergeben.

Der AFT Steuergerätecode ist modular aufgebaut: Hardwarespezifische Funktionen (I/O-Routinen), Echzeitbetriebssystem (z. B. Timer, Interrupt) und eigentlicher Funktionsalgorithmus.

In die 'S- function' werden folgende Bestandteile des Steuergerätecodes übernommen:
- der Regelalgorithmus
- die Timer
- die Registerarithmetik
- die A/D-, D/A-Auflösung
- die Wertebereiche

Zur Eindung als Simulink 'S-function' müssen einige Anpassungen durchgeführt werden:
- Definition der Input/Output von/nach Simulink
- Parameterübergabe
- Zwischenspeicherung von Variablen

Der Input- bzw. Outputvektor wird im Header der 'S-function' definiert. Gegebenenfalls erfolgt hier auch eine Zuordnung zu Variablen des Steuergerätecodes.

Programmparameter werden über eine externe Datei (z. B. 'Def.h') übergeben. Diese ist in der Regel identisch mit der Parameterdatei des Steuergerätecodes.

Flags oder Variablen in Rekursionsformeln müssen zwischengespeichert werden, da Simulink die 'S-function' bei jedem Integrationsschritt neu aufruft, und die Werte aus dem letzten Aufruf nicht automatisch übergeben werden.

Die 'S-function' des Steuergerätecodes wird in das Simulinkprogramm (s. 4.1) eingebunden. Der Test kann hier anhand von Fahrzyklen (inkl. Anfahren, Gangwechsel, Bremsen ...) oder einzelnen Fahrzuständen durchgeführt werden.

Im Matlab können dann die Simulationsergebnisse weiter analysiert werden, etwa durch ein Gütekriterium der Regelung.

4.4 HIL

Die komplexen Regelkreise der modernen Steuergeräte, insbesondere wenn adaptive Algo-rithmen und Diagnosefunktionen eingesetzt sind, lassen sich im Fahrversuch allein kaum über-prüfen. Aus diesem Grund wird das reale Steuergerät in einer HIL-Umgebung eingesetzt. Die Strecke, bestehend aus dem Antriebsstrang, den Fahrwiderständen, der Akuatorik sowie teilweise der Sensorik, wird dabei simuliert. Als Plattform wird hierbei das Echtzeitsystem der Firma dSPACE eingesetzt. Aufgrund der im Steuergerät vorhandenen Diagnosefunktionen muß die Simulation dem Steuergerät plausible Signale bereitstellen. Weil das Steuergerät mit der im Fahrversuch ermittelten Reglerabstimmung betrieben wird, dürfen sich die dynamischen Eigen-schaften vom Fahrzeug und der Fahrzeugabbildung in der HIL-Umgebung nur geringfügig unter-scheiden.

Da die Abtastfrequenz des Steuergerätes festliegt, muß zur Simulation der Strecke ein Kom-promiß hinsichtlich der benötigten Rechenzeit und der Genauigkeit gefunden werden. Diese Optimierung wird auf Basis des Simulink Off-Line-Programms durchgeführt.

Zur Verringerung der Rechenzeit wird eine Modellreduktion durchgeführt. Die Drehmassen der Kupplungsscheibe werden den benachbarten Massen zugeschlagen. Die beiden Räder werden zu einer Masse zusammengefaßt. Der Einfluß der Nickschwingung wird vernachlässigt.

Mit Hilfe des C-Code Generators kann das für die HIL-Anwendung optimierte Programm auf die Echtzeithardware implementiert werden.

Als Integrationsverfahren kann hier nur ein explizites Verfahren dienen. Aufgrund des begrenzten Speicherplatzes und der Echzeitbedingungen sollen hier Ein-Schrittverfahren mit fester Schrittweite verwendet werden.

Für ein gewähltes Verfahren und eine gewählte Schrittweite wird die benötigte Rechenzeit auf dem DSP bestimmt. In Off-Line wird das Systemverhalten in Verbindung mit den Integrationsparametern aus dem Echtzeitbetrieb mit dem komplexen Off-Line-Simulationsprogramm verglichen. Gegebenenfalls muß noch eine Optimierung der Schrittweite und des Verfahrens erfolgen. Als guter Kompromiß hinsichtlich Genauigkeit (Stabilität) und Rechenzeitbedarf erwies sich das Heun Verfahren 2. Ordnung.

Das Gesamtsystem kann mit Hilfe von Fahrzyklen getestet werden. In den Fahrzyklen sind die Steuerbefehle Drosselklappe, Gang, Bremse sowie als äußere Einflußgrößen die Fahrbahnsteigung sowie der Reibwert zwischen Reifen und Straße. Mit Hilfe dieser Fahrzyklen können auch extreme Fahrzustände (z. B. Reibwert der Fahrbahn bei Wintertests) durchgeführt werden.

Zum gezielten Anfahren bestimmter Fahrsituationen steht jedoch ein 'Mini Cockpit' zur Verfügung, mit dem die obengenannten Steuerbefehle manuell eingegeben werden können.

Als Ergänzung zum SIL-Testverfahren gestattet HIL die Überprüfung der hardwarespezifischen Funktionen sowie die des Echtzeitverhaltens des Steuergerätebetriebssystems.

Als Nachteil ist hier jedoch der höhere Aufwand der Prüfsystemerstellung und die aufwendigere Zugänglichkeit zu Zwischenergebnissen des Steuergerätealgorithmus zu nennen (analog zum Fahrversuch). Als Vorteil erweist sich aber gegenüber dem Fahrversuch die hohe Reproduzierbarkeit und damit die Möglichkeit der Automatisierung der Prüfung.

Literaturverzeichnis

V. Gheorghiu, H. Schmitz: *Echtzeitmodelle für Hardware-in-the-Loop-Systeme,* ASIM Berlin 1993

A. Albers: *Elektronisches Kupplungsmanagement (EKM). Die mitdenkende Kupplung,* 4. Internationales Kolloquium, Baden-Baden 1990

AFT Atlas Fahrzeugtechnik GmbH: *Elektronische Steuerungen für die Mechanik schnell realisiert:Rapid ECU Prototyping,* Sonderdruck Engineering Partners 94/95

V. Gheorghiu, H. Krohm: *Hardware-in-the-Loop-Simulation for an Electronic Clutch Management System,* SAE Paper No. 950420, Detroit 1995

H. Hanselmann: *Hardware-in-the-Loop Simulation as a Standard Approach for Development, Customisation, and Production Test,* SAE International Congress 1993

Hard– und Softwareumgebung zur Simulation und Regelung technischer Prozesse

F. Hecker, A. Piepenbrink, H. Hahn

*Fachgebiet Regelungstechnik und Systemdynamik, Fachbereich Maschinenbau (FB15),
Universität–Gh Kassel, 34109 Kassel, Mönchebergstraße 7,
Tel. 0561-804 32 60, Fax 0561-804 77 68, e-Mail: hahn@hrz.uni-kassel.de*

Abstract: In der vorliegenden Arbeit wird eine im Fachgebiet Regelungstechnik (Maschinenbau) der Universität Kassel konzipierte Hard– und Softwareumgebung zur Untersuchung und Regelung technischer Prozesse beschrieben. Die **Hardwareumgebung** bestehend aus einem Transputernetzwerk mit einem oder mehreren Transputern (T80x) und einem oder mehreren RISC–Prozessoren (INTEL–i860), das die Vorteile des Transputernetzwerks (Flexibilität, Kommunikationsfähigkeit und Parallelisierbarkeit) mit dem Vorteil des RISC–Prozessors (hohe Rechenleistung) vereint. Ein Leistungsvergleich des verwendeten RISC-Prozessors mit anderen Prozessoren (DSP, 486, Pentium) anhand von Regelalgorithmen demonstriert die Eignung und Leistungsfähigkeit der Hardwareumgebung für die vorgesehene Aufgabe. Die **Softwareumgebung** bietet dem Anwender Unterstützung in der Rechnersimulation, beim Reglerentwurf (Linearisierung, Wurzelortskurven, Bodediagramme etc.) und beim Test der Regler in der Rechnersimulation und im Laborexperiment. Anhand der Regelung eines servopneumatischen Antriebs mit verschiedenen zum Teil sehr komplexen (linearen und nichtlinearen) Reglern wird die erfolgreiche **Anwendung** der vorgestellten Entwicklungsumgebung demonstriert.

Einleitung

Eine präzise Regelung komplexer nichtlinearer technischer Prozesse ist im allgemeinen nur mit sehr komplexen Regelalgorithmen möglich (vergleiche Regelalgorithmen basierend auf dem Verfahren der exakten Linearisierung [1], [2], [3]). Die Entwicklung und Implementierung/Anwendung solcher Regelalgorithmen erfordern

- eine sehr gute Systemkenntnis des Prozesses (ausgefeilte theoretische Modellbildung, Identifikation der Modellparameter),

- die Verfügbarkeit einer leistungsfähigen und flexiblen **Softwareumgebung** zur regelungstechnischen Untersuchung (Linearisierung, Wurzelortskurven, Bodediagramme, Parameterstudien, Ableitung umfangreicher nichtlinearer Regelalgorithmen mit symbolischen Sprachen etc.), sowie

- eine leistungsfähige und flexible **Hardwareplattform**, mit der die komplexen Regler in Echtzeit am Prozeß getestet werden können.

Im **ersten Abschnitt** dieser Arbeit wird zunächst das Konzept der im Fachgebiet Regelungstechnik realisierten **Hardwareplattform** vorgestellt. Im **zweiten Abschnitt** werden das Konzept und die Realisierung der **Softwareumgebung** beschrieben. Im **dritten Abschnitt** wird anhand der Regelung eines servopneumatischen Antriebs die erfolgreiche Anwendung der hier vorgestellten Entwicklungsumgebung demonstriert.

1 Hardwareplattform

Der Leistungsbedarf für die Reglerhardware orientiert sich an dem zu erwartenden Rechenaufwand. Dieser ist aufgrund der Komplexität der zu implementierenden Regler [4] sehr

Diese Arbeit wurde gefördert von der Deutschen Forschungsgemeinschaft DFG im Rahmen des Graduierten-kollegs *"Identifikation von Material– und Systemeigenschaften"*

hoch. Weitere **Anforderungen** an die Rechnerplattform sind:

- Analogdatenschnittstelle mit 16 AD–Kanälen und 3 DA–Kanälen (Auflösung je 12 Bit, Samplefrequenz $\geq$ 10 KHz je Kanal),
- Programmierung des Systems in der Hochsprache C (ANSI–C) und
- Standardpersonalcomputer als Programmier– und Datenplattform.

1.1 Konzeption und Realisierung

Anhand der Anforderungsliste wurden verschiedene Rechnerkonzepte mit ihren Vor– und Nachteilen untersucht (vergl. Tabelle 1). Ausgewählt wurde das kombinierte Konzept

Konzept	Performance	Modularität	Programmierbarkeit	Preis
Transputer	– –	+ + +	+ +	+
RISC	+ + +	+	+ + +	+ +
DSP	+ +	+	+	–
Transputer–RISC	+ + +	+ + +	+ + +	+

Bewertung:
– – –   sehr negativ
–   negativ
+   positiv
+ + +   sehr positiv

Tabelle 1: Gegenüberstellung verschiedener Hardwarekonzepte (Stand 1992/93)

Transputer–RISC (vergl. Bild 1(a)) basierend auf einem Transputernetzwerk mit einem (oder mehreren) RISC–Prozessoren (INTEL–i860). Durch dieses Konzept wird die hohe Rechenleistung des RISC–Prozessors mit der Flexibilität und Kommunikationsfähigkeit des Transputernetzes verbunden. Darüberhinaus besteht eine relativ einfache Erweiterbarkeit mittels TRAM-Modulen und Link-Verbindungen.

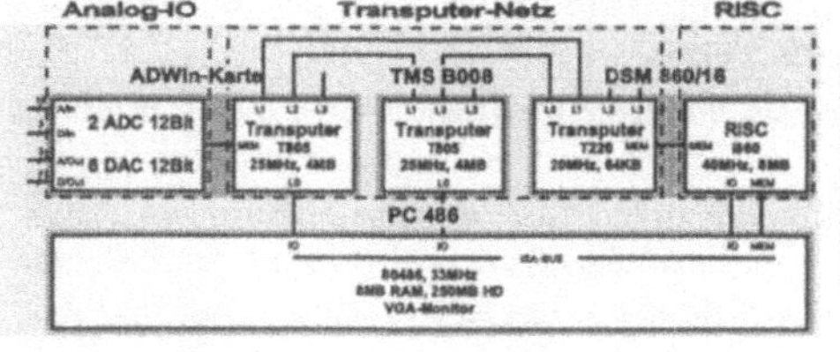

(a) Hardwareplattform

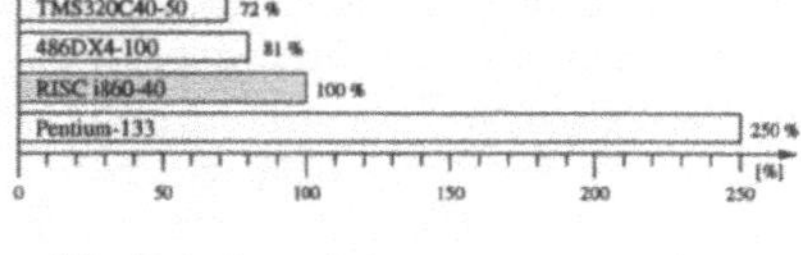

(b) Relativer Leistungsvergleich (Regelschritte/s) verschiedener Prozessoren mit Hilfe einer Reglersimulation (i860 = 100 %)

Bild 1: Schema der Hardware und Leistungsvergleich verschiedener Prozessoren

Die Hardware besteht aus drei PC-Einsteckkarten, die mittels Transputer-Links (Flachbandkabel) untereinander verbunden werden, mit den folgenden **technische Daten**:

- **Transputer:**
    - eine **Transputermeßkarte ADWIN** (JÄGER, T805/25, 4 MB RAM) mit zwei AD–Wandlern (12 Bit, je 8 gemultiplexten Eingangskanälen, programmierbaren Eingangsverstärkungen und 2x100 kHz Summenabtastrate) und sechs DA–Wandlern (12 Bit) zur Analogdatenein– und Ausgabe,
    - eine **Transputerkarte** (T805/25, 4 MB RAM) für Identifikationsaufgaben (o.ä.).
- **RISC-Prozessor:**
    - ein **DSM-860/16-Board** (DSM, i860–40, 8 MB RAM und ein T220/20 als Kommunikationsprozessor).

Die Programmierung erfolgt über den Host-PC in Parallel–C und Assembler (Transputer)
bzw. in Standard–C (i860).

1.2 Leistungsvergleich

Anhand eines in [4] hergeleiteten sehr komplexen Reglers, der mit Hilfe der im Abschnitt 2
beschriebenen Softwareumgebung implementiert wurde, wurde ein Leistungsvergleich unter
vergleichbaren Bedingungen zwischen ausgewählten Prozessoren durchgeführt. Dabei erfolgte die Analogdatenübergabe durch statische Datenfelder. Der Leistungsvergleich zeigt (vergl.
Bild 1(b)), daß der i860–RISC–Prozessor für die Implementierung sehr komplexer (nicht
oder nur sehr eingeschränkt parallelisierbarer) Regelalgorithmen im Vergleich zu modernen
Signalprozessoren eine deutlich höhere Leistung bietet. Erst PC–Prozessoren der neuesten
Generation (z.B. Pentium–133) bieten eine erheblich höhere Rechenleistung. Diese standen
zum Zeitpunkt der Hardwarebeschaffung vor drei Jahren noch nicht zur Verfügung.

2 Softwareumgebung

Aufgabe der hier vorgestellten **Softwareumgebung** ist die Erweiterung des im Fachgebiet Regelungstechnik bereits vorhandenen und eingesetzten Softwarepakets RT–INTEG
(Beschreibung siehe [5]) für den Echtzeitbetrieb im Laborexperiment. Die Realisierung erfolgte weitgehend hardwareunabhängig (ANSI–C), um eine Portierung auf andere (schnellere) Hardwareplattformen zu erleichtern. Daher folgte eine Aufteilung der Software in
ein Analog–IO Modul (alternativ: *Hardware–in–the–loop* Modul) und in ein Reglermodul
(Bild 2).

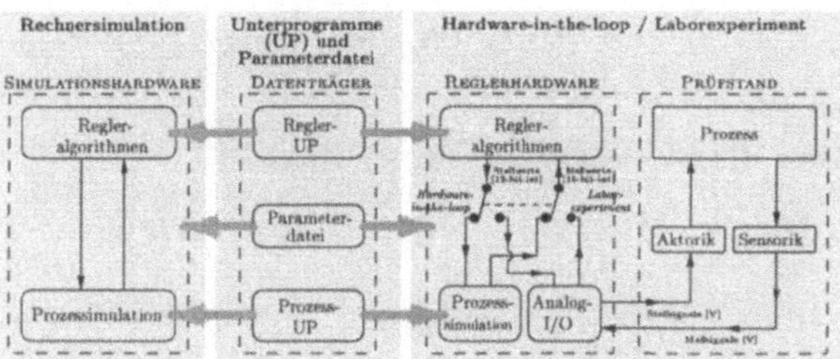

Bild 2: Schema der Softwareumgebung

Das Analog–IO Modul läuft auf der Transputermeßkarte und steuert ausschließlich die
Analog–Schnittstellen (AD/DA). Dabei wird die Eingangssignalverstärkung abhängig vom
Signalpegel dynamisch verändert, so daß die Auflösung bei kleinen Signalpegeln erheblich verbessert wird (bis 15 Bit). Die gemessenen Analogdaten werden (auf 16 Bit skaliert) als (Ganzzahl) int–Werte an das Reglermodul übergeben. Das Analog–IO Modul ist
aus Geschwindigkeitsgründen teilweise in Assembler programmiert. Zur Durchführung einer
Hardware–in–the–loop–Simulation wird dieses Modul gegen ein Streckensimulationsmodul
ausgetauscht.

Das Reglermodul stellt eine Bibliothek für die Implementierung der Regelalgorithmen
zur Verfügung, so daß die mit RT–INTEG untersuchten Regler schnell und effizient (ohne
Änderungen, d.h. identische Regler–Sourcefiles in Rechnersimulation und Laborexperiment)
implementiert werden können. Die von dem Analog–IO Modul kommenden 16 Bit–int–
Werte werden in Spannungswerte umgerechnet und an das Reglerunterprogramm überge-

ben. Dieses enthält die vom Anwender implementierten Regelalgorithmen und errechnet aus den Meßsignalen neue Stellsignale, die dann vom Reglermodul in `int`-Werte umgerechnet und an das Analog–IO Modul zur Ausgabe weitergegeben werden. Die Versuchsparameter (Versuchsdauer, Eingangssignale, abzuspeichernde Meßdaten etc.) werden komplett in der Parameterdatei (`daten.ein`) festgelegt, die vom Reglermodul gelesen und ausgewertet wird.

3 Anwendung

Für einen servopneumatischen Antrieb (Bild 3) wurden verschiedene lineare und nichtlineare Regelalgorithmen entwickelt, implementiert und (**in der Rechnersimulation und im Laborexperiment**) getestet. Das nichtlineare Modell des servopneumatischen Antriebs [6] besteht aus den Teilmodellen des Servoventils, des doppelt wirkenden Arbeitszylinders, den Massenflüssen über die Steuerkanten des Servoventils und dem Zylinderkolben mit Zylinderlast (Bild 3). Die Differentialgleichungen des nichtlinearen Modells des servopneumatischen Antriebs sind im folgenden auszugsweise zusammengestellt (vergl. die Beschreibung der Variablen und Parameter der linearen und nichtlinearen Regelstreckenmodelle und die detaillierte Beschreibung des Reglerentwurfs in [4]):

Servoventil (Magnet und Ventilkolbenmechanik)

$$\dot{F}_v + a_M \cdot F_V = k_M \cdot u \quad , \tag{1}$$

$$\ddot{x}_v + 2 \cdot \zeta_v \cdot \omega_v \cdot \dot{x}_v + \omega_v^2 \cdot x_v = k_v \cdot \omega_v^2 \cdot F_v \quad , \tag{2}$$

Druckaufbau des Arbeitszylinders

$$\dot{p}_I \cdot (V_{0I} + A_I \cdot x_k) = \kappa \cdot [R \cdot T_I \cdot (\dot{m}_2 - \dot{m}_1 - \dot{m}_{BP}) - A_I \cdot \dot{x}_k \cdot p_I] \quad , \tag{3}$$

$$\dot{p}_{II} \cdot (V_{0II} - A_{II} \cdot x_k) = \kappa \cdot [-R \cdot T_{II} \cdot (\dot{m}_4 - \dot{m}_3 - \dot{m}_{BP}) + A_{II} \cdot \dot{x}_k \cdot p_{II}] \quad , \tag{4}$$

Massenflüsse über die Steuerkanten des Servoventils

$$\dot{m}_1 = \alpha_{D1} \cdot A_1 \cdot \psi_0 \cdot \left(\begin{array}{ll} \sqrt{1 - \left(\frac{\frac{p_R}{p_I} - p_{krit}}{1 - p_{krit}}\right)^2} & \text{für} \quad \frac{p_R}{p_I} \geq p_{krit} \\ 1 & \text{für} \quad \frac{p_R}{p_I} < p_{krit} \end{array} \right) \cdot p_I \cdot \sqrt{\frac{2}{R \cdot T_I}}, \quad \dot{m}_2 = \alpha_{D2} \cdot A_2 \cdot \psi_0 \cdot \left(\begin{array}{ll} \sqrt{1 - \left(\frac{\frac{p_I}{p_S} - p_{krit}}{1 - p_{krit}}\right)^2} & \text{für} \quad \frac{p_I}{p_S} \geq p_{krit} \\ 1 & \text{für} \quad \frac{p_I}{p_S} < p_{krit} \end{array} \right) \cdot p_S \cdot \sqrt{\frac{2}{R \cdot T_S}}, \tag{5}$$

$$\dot{m}_3 = \alpha_{D3} \cdot A_3 \cdot \psi_0 \cdot \left(\begin{array}{ll} \sqrt{1 - \left(\frac{\frac{p_{II}}{p_S} - p_{krit}}{1 - p_{krit}}\right)^2} & \text{für} \quad \frac{p_{II}}{p_S} \geq p_{krit} \\ 1 & \text{für} \quad \frac{p_{II}}{p_S} < p_{krit} \end{array} \right) \cdot p_S \cdot \sqrt{\frac{2}{R \cdot T_S}}, \quad \dot{m}_4 = \alpha_{D4} \cdot A_4 \cdot \psi_0 \cdot \left(\begin{array}{ll} \sqrt{1 - \left(\frac{\frac{p_R}{p_{II}} - p_{krit}}{1 - p_{krit}}\right)^2} & \text{für} \quad \frac{p_R}{p_{II}} \geq p_{krit} \\ 1 & \text{für} \quad \frac{p_R}{p_{II}} < p_{krit} \end{array} \right) \cdot p_{II} \cdot \sqrt{\frac{2}{R \cdot T_{II}}}, \tag{6}$$

Zylindermechanik

$$m_k \cdot \ddot{x}_k - p_I \cdot A_I + p_{II} \cdot A_{II} - m_k \cdot g + sign(\dot{x}_k) \cdot d_k + c_k \cdot \dot{x}_k = 0 \quad . \tag{7}$$

Mit der Hard– und Softwareumgebung wurden für das obige Modell folgende **lineare und nichtlineare Regler** in die Reglerhardware implementiert und in Rechnersimulation und Laborexperiment getestet:

- **Lineare Standard Regler** (P–Regler, **P[DT]**₄–Regler und Multi–Sensor–Regler),

- **Lineare Kompensationsregler** (3. Ordnung mit konstantem Arbeitspunkt (**EXL3oNA**) und mit variablem Arbeitspunkt (**EXL3NA**); 6. Ordnung mit variablem Arbeitspunkt (**EXL6o**)) und

- **Nichtlineare Regler** basierend auf dem Verfahren der exakten Linearisierung des nichtlinearen Modells (4. Ordnung (**EXNL4o**) und 5. Ordnung (**EXNL5o**)).

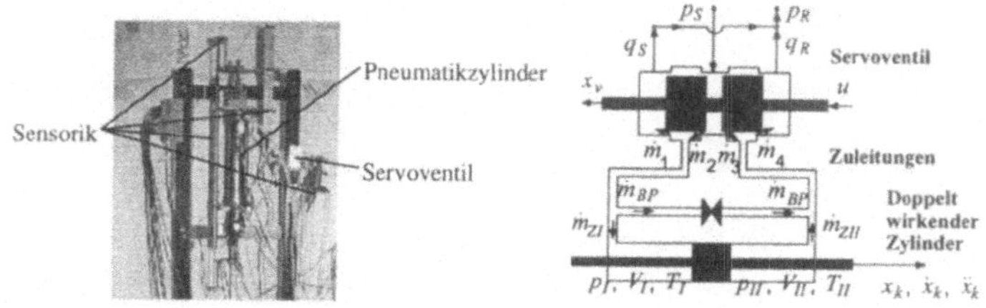

Bild 3: Foto und Wirkschaltbild des servopneumatischen Antriebs

Ausgewählte Ergebnisse der Rechnersimulationen und der Laborexperimente des mit den obigen Reglern geregelten servopneumatischen Antriebs (Kolbenpositionsregelung x_k) sind in dieser Arbeit in den Bildern 4 und 5 dargestellt. Bei kleinen Frequenzen des Führungssignals x_{kd} (vergl. Bild 4) ist das Führungsverhalten der elementaren Standardregler noch ausreichend und das Führungsverhalten der linearen und nichtlinearen Kompensationsregler gut. Bei höheren Frequenzen des Führungssignals x_{kd} (vergl. Bild 5) zeigen nur die nichtlinearen Kompensationsregler noch ausreichend gutes Führungsverhalten.

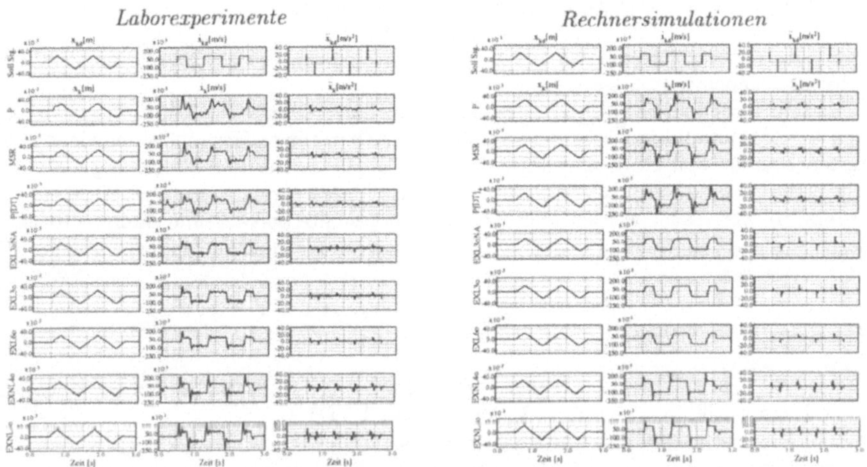

Bild 4: Vergleich zwischen Laborexperimenten und Rechnersimulationen (Zylinderauslenkung x_k, Geschwindigkeit $\dot{x}_k$ und Beschleunigung $\ddot{x}_k$)

Abschluß

Mit der hier vorgestellten Hard- und Softwareumgebung steht dem Anwender eine leistungsfähige und effiziente Entwicklungsumgebung zur Verfügung, die ihn in einem **durchgängigen Entwurfszyklus** von der Rechnersimulation, über den Reglerentwurf, über die Implementierung der Regler auf die Reglerhardware bis hin zum Laborexperiment unterstützt.

Anhand der Regelung eines **servopneumatischen Antriebs** wurde die Effizienz der

263

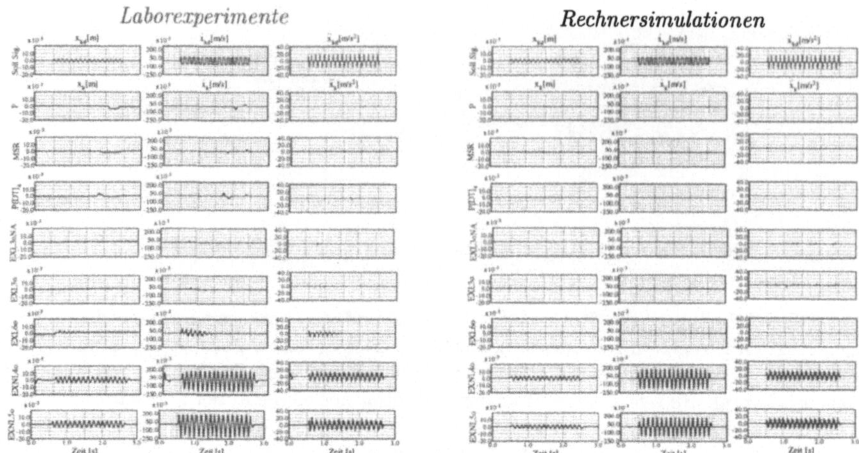

Bild 5: Vergleich zwischen Laborexperimenten und Rechnersimulationen (Zylinderauslenkung x_k, Geschwindigkeit $\dot{x}_k$ und Beschleunigung $\ddot{x}_k$)

vorgestellten Entwicklungsumgebung und der damit implementierten komplexen nichtlinearen Regler demonstriert.

Zur Zeit werden im Fachgebiet Regelungstechnik Algorithmen zur Regelung eines räumlichen servopneumatischen Mehrachsenprüfstandes (bzw. einer Hexapode) entwickelt und getestet. Hierfür wird die Rechenleistung der vorhandenen Hardwareumgebung nicht ausreichen, so daß eine entsprechend leistungsfähigere Hardwareplattform (z.B. DEC–Alpha, PentiumPro) verwendet werden muß. Die hier vorgestellte Softwareumgebung wird dabei jedoch aufgrund der Modularität und Portierbarkeit (nach Anpassungen bzgl. Analog–IO) weiter verwendet.

Literatur

[1] Hahn, H.; Leimbach, K.-D. *Nonlinear Control Systems.* IMAT Bericht RT-18, Fachgebiet Regelungstechnik (Maschinenbau), Universität Kassel, 1995.

[2] Hahn, H. and Piepenbrink, A.; Leimbach, K. D. *Input Output Linearization Control of an Electro Servo-Hydraulic Actuator.* In *Proceedings of the 3rd IEEE Conference on Control Applications,* Glasgow, August 1994. IEEE.

[3] Leimbach, K.-D. *Mathematische Modellbildung und Regelungskonzept eines servohydraulischen räumlichen Mehrachsenprüfstandes.* Fortschrittsberichte VDI, Fachgebiet Regelungstechnik (Maschinenbau), Univerität-Gh Kassel, 1994.

[4] Piepenbrink, A. *Experimentelle Identifikation und Regelung servopneumatischer Antriebe.* Dissertation, Fachgebiet Regelungstechnik (Maschinenbau), Univerität-Gh Kassel, 1996.

[5] Dürrbaum, A. *Implementierung, Weiterentwicklung und Dokumentation regelungstechnischer Basisprogramme auf einem IBM-kompatiblen PC.* Diplomarbeit, Fachgebiet Regelungstechnik (Maschinenbau), Univerität-Gh Kassel, 1993.

[6] Hahn, H. *Mathematisch – physikalisches Modell eines ungeregelten elektro – servopneumatischen Antriebs.* IMAT Bericht RT-2, Fachgebiet Regelungstechnik (Maschinenbau), Universität Kassel, 1988.

Simulationen und Echtzeitexperimente zur Entwicklung neuer Antriebsregelungen für Regalbediengeräte (RBG)

E. Schüll

Institut für Mechanik und Regelungstechnik (IMR)
und Zentrum für Sensorsysteme (ZESS)
Universität GH Siegen
57068 Siegen

Kurzfassung: Regalbediengeräte (RBG) sind relativ biegeweiche mechanische Konstruktionen, die in den Beschleunigungs- und Verzögerungsphasen zu niederfrequenten Schwingungen angeregt werden. Diese Schwingungen werden aktiv gedämpft, wobei stark veränderliche Systemparameter durch eine Adaption der Reglerkoeffizienten berücksichtigt werden. Die Inbetriebnahme wird durch ein Selbstlernverhalten und den Aufbau einer Wissensbasis weitgehend automatisiert. Zur Erprobung wird eine Simulationsumgebung mit automatischer Programmcodegenerierung für On-line-Experimente eingesetzt.

1. Einleitung

Hochregallager werden heute mit Regalhöhen von 10 bis 50 Meter ausgeführt und stellen eine platzsparende Möglichkeit dar, hohe Gutumschlagmengen zu erreichen. Der konstruktive Aufbau der RBG ist stark abhängig von der Regalhöhe, der maximalen Nutzlast, der Art des Ein- und Auslagerungshilfsmittels sowie zusätzlicher Forderungen des Betreibers. Diese führen dazu, daß jedes RBG individuell an die Wünsche des Kunden angepaßt werden muß und daß sowohl unterschiedliche Sensoren und Antriebe als auch verschiedene Steuerungs- und Regelungskonzepte zur Antriebsregelung eingesetzt werden.

RBG sind meist relativ biegeweiche, elastische Stahl- und/oder Aluminiumkonstruktionen, bei denen in den Beschleunigungs- und Verzögerungsphasen unerwünschte mechanische Schwingungen angeregt werden, die zudem stark von zeitveränderlichen Systemparametern, wie der Hubwagenhöhe y_h und dem Gewicht der Nutzlast m_l, abhängen. In Fahrtrichtung sind dies im wesentlichen Transversalschwingungen des Hubmastes und in Hubrichtung Seillängsschwingungen. Problematisch ist, daß die Nutzlast erst in das Regal eingelagert werden kann, wenn diese Schwingungen abgeklungen sind. Bisher wurden deshalb Beruhigungszeiten eingeführt. Bei RBG mit reibschlüssiger Kraftübertragung wird die Leistungsfähigkeit zusätzlich durch Schlupf in den Beschleunigungs- und Verzögerungsphasen eingeschränkt. Der Entwurf und die Inbetriebnahme solcher Antriebsregelungen stellen einen iterativen und oft zeitintensiven Prozeß dar. Zur Lösung wird eine selbstlernende, adaptive Kennfeldregelung vorgeschlagen, wobei das Schlupfverhalten in der Führungsgröße berücksichtigt wird.

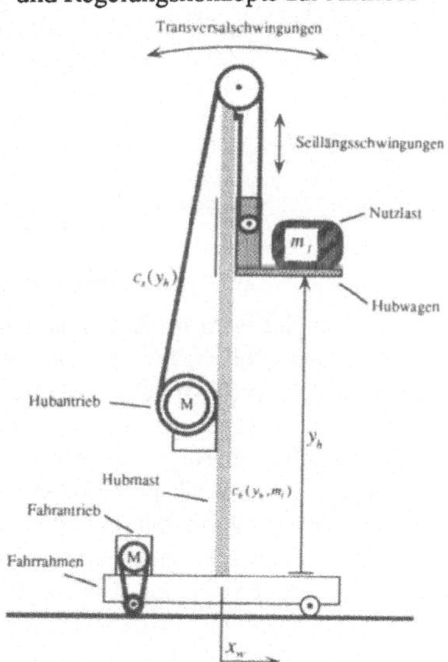

Bild 1: Ersatzmodell

2. Selbsteinstellende Kennfeldregelung

Die am IMR und ZESS entwickelte Antriebsregelung basiert auf einem vereinfachten Zustandsmodell des RBG. Messungen haben gezeigt, daß die Berücksichtigung der niedrigsten Eigenfrequenz der Transversalschwingung (Fahrt) bzw. Seillängsschwingung (Hub) genügt, wenn die Anregung höherer Eigenfrequenzen durch geeignete Führungsgrößen weitgehend vermieden wird. Als Führungsgrößen werden Bahnkurven, basierend auf einem $\sin^2$-verrundeten Beschleunigungsprofil, generiert, wobei eine gewichtete Vorsteuerung der Geschwindigkeit zur Minimierung des Schleppfehlers vorgenommen wird. Da die Geschwindigkeiten und Beschleunigungen, die das RBG erzielt, relativ niedrig sind, wird als mechanisches Modell, das dem Regler- und Beobachterentwurf zugrundeliegt, ein Zweimassenschwinger mit zeitvarianten Koeffizienten zur Berücksichtigung der veränderlichen Systemparameter (y_h, m_l usw.) angesetzt. Die Modellstruktur ist hierbei unabhängig vom konstruktiven Aufbau des RBG (Einmast- Zweimastgerät, Kleinteile- Schwerlastgerät usw.) und sowohl für den Fahr- als auch für den Hubantrieb einsetzbar. Die konstruktiven Eigenschaften finden sich dabei in den zeitvarianten Koeffizienten des Gleichungssystems wieder.

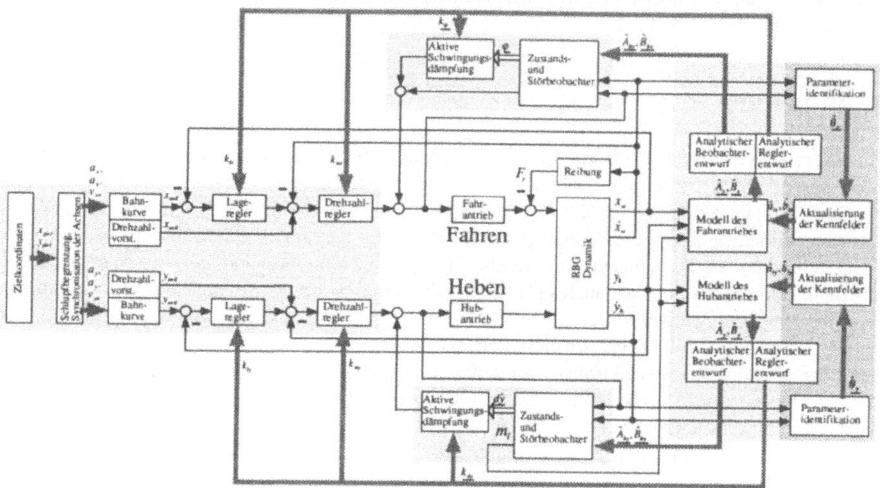

Bild 2: Selbsteinstellende Kennfeldregelung

Der Regler wird im Zustandsraum zeitkontinuierlich durch ein Polvorgabeverfahren entworfen. Die eingesetzte Polvorgabestrategie orientiert sich an den Eigenwerten der Regelstrecke und kann bei der Inbetriebnahme durch einen Reglerfaktor R_f beeinflußt werden. Der Inbetriebnehmer kann hierbei ohne nähere Kenntnis des Entwurfsverfahrens eine stärkere Dämpfung der mechanischen Schwingungen oder eine höhere Positioniergenauigkeit einstellen. Der Regler wird formell in einen Kaskadenregler, bestehend aus der Drehzahl- und Lageregelung, sowie einem zusätzlichen Modul zur aktiven Schwingungsdämpfung aufgespalten (Bild 2).

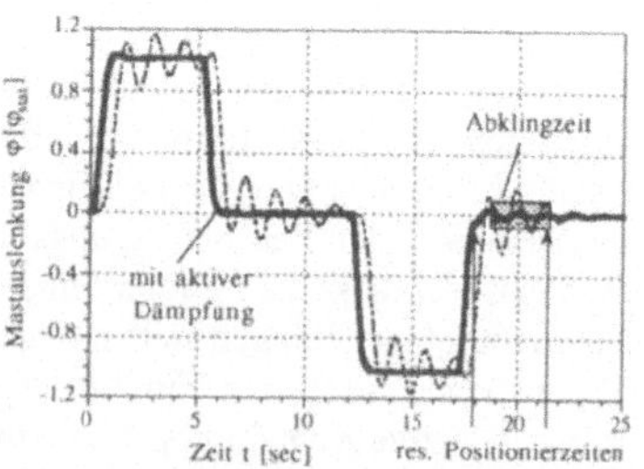

Bild 3: Einfluß der aktiven Dämpfung

Auf diese Weise kann bei der Inbetriebnahme auf Erfahrungswerte für die Einstellung des Kaskadenreglers zurückgegriffen werden, und eine Positionierung des RBG ist immer sichergestellt, unabhängig davon, ob das Modul zur aktiven Schwingungsdämpfung zu- oder abgeschaltet ist (Bild 3).

Um auf zusätzliche Sensoren verzichten zu können, werden fehlende Zustandsgrößen, die insbesondere für die aktive Schwingungsdämpfung benötigt werden, über Zustands- und Störbeobachter gewonnen. Der Beobachterentwurf wird analog dem Reglerentwurf durchgeführt, wobei auch hier ein Beobachterfaktor B_f verwendet wird, um die Beobachterdynamik qualitativ zu

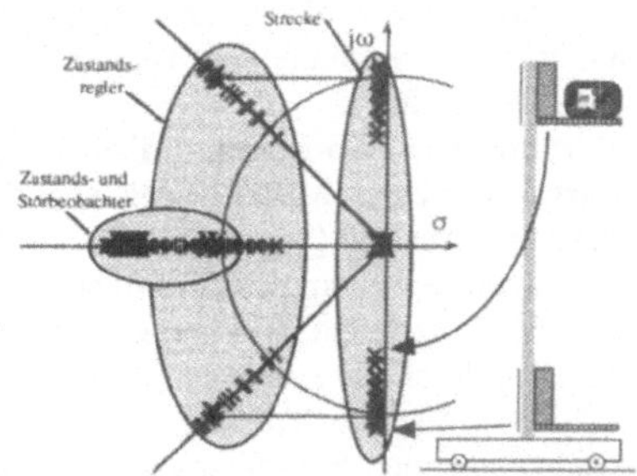

Bild 4: Gesteuerte Adaption

beeinflussen. In Fahrtrichtung liefert der Beobachter eine zusätzliche Zustandsgröße für den aktuellen Fahrwiderstand, der für eine Reibmomentkompensation aufgeschaltet werden kann. In Hubrichtung wird zusätzlich das Gewicht der gerade geladenen Nutzlast geschätzt, das insbesondere für die Adaptionsstrategien benötigt wird.

Bisher wurde nur ein stationärer Arbeitspunkt des RBG betrachtet. Tatsächlich haben aber die Systemparameter, wie die Hubwagenhöhe und das Gewicht der gerade geladenen Nutzlast, einen entscheidenden Einfluß auf die Eigenfrequenzen und Massenträgheiten des RBG. Aus diesem Grund wird eine gesteuerte Adaption der Regler- und Beobachterkoeffizienten vorgenommen, wobei die Abhängigkeit der zeitvarianten Koeffizienten der Regelstrecke von den Systemparametern (y_h, m_l usw.) bei konstruktiv einfachen RBG hinreichend genau durch mathematische Gesetzmäßigkeiten beschrieben wird (Bild 4).

Häufig ist es jedoch zu aufwendig, die zeitvarianten Parameter durch mathematische Gleichungen zu beschreiben oder die Ergebnisse sind zu ungenau, da sich Kenngrößen wie beispielsweise Ersatzsteifigkeiten, Trägheitsmomente, Massenverteilungen usw. nur unzureichend ermitteln lassen. Die Regelung wird daher um ein Modul zur Selbsteinstellung erweitert (Bild 2). Die zeitvarianten Parameter werden nicht mehr durch Gleichungen, sondern durch Kennfelder mit äquidistanten Stützstellen für die veränderlichen Systemparameter (y_h, m_l usw.) beschrieben. Die Kennfelder werden selbstlernend realisiert, d.h. einzelne Punkte des Kennfeldes werden durch eine automatisierte Parameteridentifikation des Antriebsstranges ermittelt. Die Parameteridentifikation wird nur während der Konstantfahrt durchgeführt, weil die Reibungsverhältnisse in dieser Phase nahezu konstant sind. Das System wird während der Identifikation durch ein stochastisches Hilfssignal (PRBS) angeregt (Bild 5). Die Parameteridetifikation wird off-line durchgeführt, wobei die erforderlichen Ableitungen der Meßdaten durch Zustandsvariablenfilter ermittelt werden. Die Gleichwerte werden durch Mittelwertbildung aus den Meßdaten eliminiert, bekannte Prozeßpole der Übertragungsfunktion werden berücksichtigt, und die eigentliche Para-

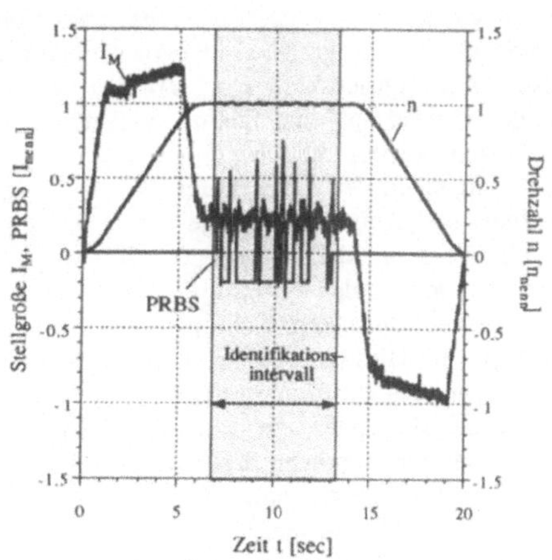

Bild 5: Identifikationsintervall

meteridentifikation wird zur besseren numerischen Stabilität mit einem rekursiven Wurzelfilterverfahren
/Pete93/ durchgeführt.

Der erhaltene Parametersatz dient zur Aktualisierung bzw. Verbesserung der bestehenden Kennfelder.
Da der Systemzustand (y_h, m_l usw.), in dem sich das
RBG während der Parameteridentifikation befindet, innerhalb der Stützstellen liegt, werden die benachbarten
Stützstellen durch ein Interpolationsverfahren aktualisiert (Bild 6). Wichtige Voraussetzung für die Funktion
des selbstlernenden Kennfeldes ist die Aufteilung in
Dreiecksflächen, durch die ein eindeutiges Auslesen

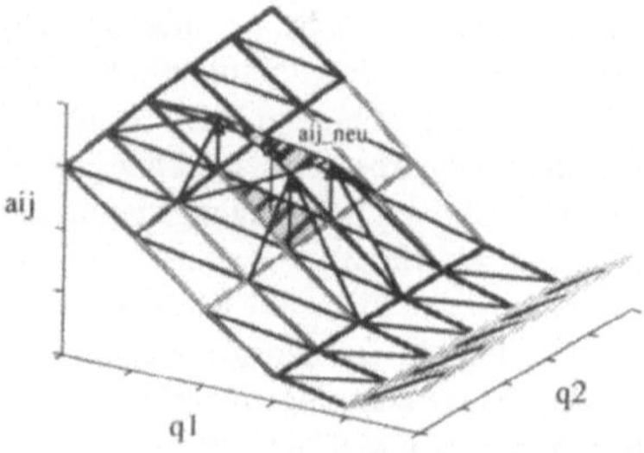

Bild 6: Kennfeldaktualisierung

von Parameterwerten aus dem Kennfeld möglich wird. Die Kennfelder stellen somit die Wissensbasis für die konstruktiven Eigenschaften des jeweiligen RBG dar. Die Lernphase wird vorrangig
während der Inbetriebnahme des RBG durchgeführt. Ein Lernen während des Betriebes ist sinnvoll,
um das "Einlaufverhalten" und "Altern" der mechanischen Komponenten zu berücksichtigen. Die
einzelnen Prozesse Regelung mit aktiver Schwingungsdämpfung, Adaption der Reglerkoeffizienten
und Lernen der Kennfelder durch Parameteridentifikation können getrennt voneinander betrachtet,
schrittweise implementiert und mit unterschiedlichen Abtastzeiten realisiert werden.

3. Anti-Schlupf-Regelung

Die Leistungsfähigkeit von reibschlüssig angetriebenen RBG wird durch das Auftreten von Schlupf
in den Beschleunigungs- und Verzögerungsphasen beschränkt. Vorrangiges Ziel bei der Berücksichtigung des Schlupfverhaltens ist zunächst die Vermeidung von Schlupf. Das vom Antriebsrad maximal übertragbare Moment ist neben dem Reibkoeffizienten μ_0 zwischen Rad und Schiene, dem
Leergewicht des RBG und dem Beladungszustand von weiteren Faktoren abhängig. Die Normalkraft, mit der das Antriebsrad belastet wird, ist davon abhängig, ob das Rad in der Beschleunigungs-
oder Verzögerungsphase be- oder entlastet wird und ob dynamische Kräfte, insbesondere hervorgerufen durch die Transversalschwingungen des Hubmastes, wirken. Schlupf tritt dann auf, wenn die
Antriebskraft $F_a(t)$ größer als die von der Normalkraft $F_n(t)$ des Antriebsrades abhängige maximal
übertragbare Antriebskraft $F_{a\,\max}(t) = \mu_0 F_n(t)$ ist. Die Differenz $\Delta F_a = F_{a\,\max} - F_a$ stellt ein Maß
für den Abstand zur Schlupfgrenze dar (Bild 7).

Bisher werden gleiche Be-
schleunigungen des RBG in der
Anfahr- und Abbremsphase gewählt, die so niedrig sind, daß
auch bei maximaler Entlastung
des Antriebsrades kein Schlupf
auftritt. Im Hinblick auf eine
Verkürzung der Positionierzeiten
ist es aber sinnvoller, die maximalen Beschleunigungen abhängig von der Fahrtrichtung, der
Anfahr- und Abbremsphase und
eventuell dem Beladungszustand

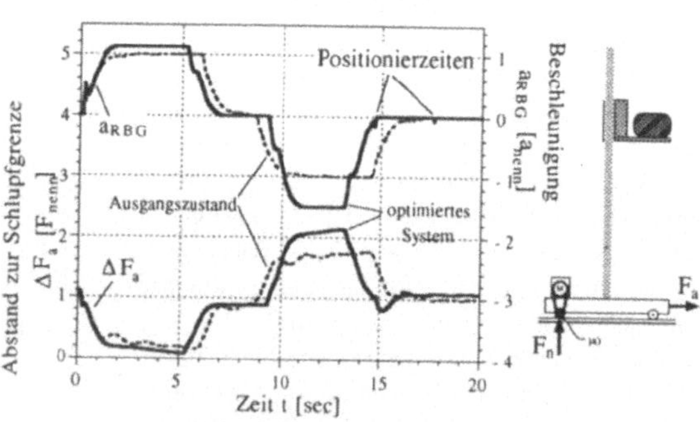

Bild 7: Schlupfgrenze und Beschleunigung

268

zu wählen. Ungünstige dynamische Einflüsse, die durch das Schwingungsverhalten der mechanischen Konstruktion hervorgerufen werden, können hierbei wirkungsvoll durch den Einsatz einer aktiven Schwingungsdämpfung (Kap. 2) vermieden werden (Bild 7).

Neben der Optimierung der Führungsgröße muß sichergestellt werden, daß bei einem Auftreten von Schlupf, beispielsweise durch Schmutz auf der Fahrschiene oder das Herantasten an die Schlupfgrenze, die Funktion der Antriebsregelung gewährleistet bleibt. Das Auftreten von Schlupf kann durch einen sofortigen Drehzahlanstieg erkannt werden.

Nach dem Erkennen von Schlupf besteht ein wesentlicher Unterschied zur Anti-Schlupf-Regelung des Automobilbaus darin, daß als Führungsgröße eine gesteuerte Bahnkurve vorgegeben wird. Eine Begrenzung des Antriebsmomentes reicht nicht aus, da sich die Regeldifferenz vergrößern und der Antrieb lange Zeit in der Begrenzung verweilen würde. Sinnvoller ist ein Eingreifen auf die Führungsgröße durch Reduktion der Beschleunigung, die der Bahnkurve zugrundeliegt, bis wieder Haftung zwischen Antriebsrad und Schiene auftritt.

4. Entwicklungsumgebung zur Erprobung neuer Antriebskonzepte

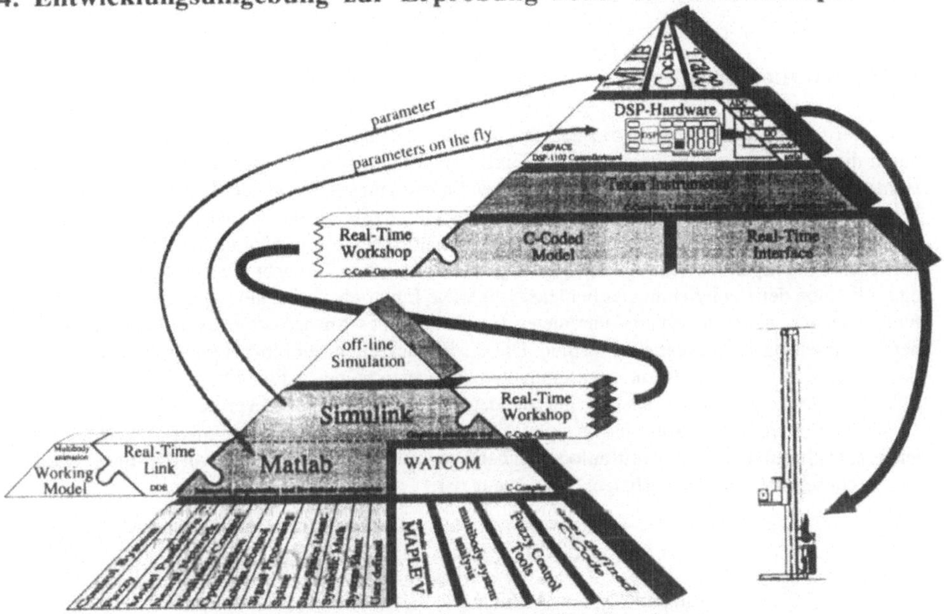

Bild 8: Entwicklungsumgebung für On-line-Experimente

Bevor heute ein neues Regelkonzept eingesetzt wird, ist es üblich, das dynamische Verhalten des geregelten Systems in einer numerischen Simulation zu studieren. Die Simulationsstudie ist die einfachste und kostengünstigste Möglichkeit, unterschiedliche Regelkonzepte miteinander zu vergleichen, die Regelgüte qualitativ zu beurteilen und eine geeignete Regelstrategie für den praktischen Einsatz auszuwählen.

Dieses Werkzeug darf aber nicht darüber hinwegtäuschen, daß die praktische Erprobung eines neuen Reglers mit einem erheblichen Aufwand verbunden ist. Eine frei programmierbare, echtzeitfähige Regler-Hardware wird heute üblicherweise in einer Hochsprache (C, Ada usw.) programmiert. Effiziente Simulationswerkzeuge benutzen häufig grafische, blockorientierte Darstellungen (z.B. *Simulink*) und/oder interpretierende Makroprogrammiersprachen (z.B. *Matlab, MatrixX*). Die Entwickler von Simulationswerkzeugen bieten deshalb zusätzliche Erweiterungen an, die aus dem Simulationsmodell einen maschinenunabhängigen Programmcode in einer Hochsprache generieren (Bild 8).

Zur Erprobung neuer Antriebsregelungen für RBG wird eine solche Entwicklungsumgebung eingesetzt. Sie besteht aus dem Simulationsprogramm *Matlab/Simulink* einschließlich dem *Real-TimeWorkshop* der Fa. *MathWorks* zur automatischen Programmgenerierung sowie einer Signalprozessorkarte der Fa. *dSPACE*. Als vorteilhaft erweist sich, daß der gleiche Regler, der in der numerischen Simulation getestet wurde, direkt im On-line-Experiment erprobt werden kann. Portierungsfehler von der numerischen Simulation zum Echtzeitexperiment können nicht mehr auftreten, und die erforderlichen Iterationsschritte in der Entwicklungsphase zwischen Simulationsstudien und On-line-Experimenten werden stark vereinfacht, wobei auf den kompletten Funktionsumfang der Simulationsumgebung zurückgegriffen werden kann. Grafische Bedien- und Visualisierungsoberflächen gestatten es, auf einfache Weise on-line in den Prozeß einzugreifen und die Regelgüte zu beurteilen.

5. Zusammenfassung

In der vorliegenden Arbeit wird gezeigt, daß die Leistungsfähigkeit von Regalbediengeräten durch die Berücksichtigung mechanischer Einflüsse bei der Antriebsregelung deutlich gesteigert werden kann. Die niederfrequenten mechanischen Schwingungen, die in den Beschleunigungs- und Verzögerungsphasen auftreten, können wirkungsvoll durch eine aktive Schwingungsdämpfung berücksichtigt werden. Die starke Abhängigkeit der dynamischen Eigenschaften des RBG von veränderlichen Systemparametern, wie der Hubwagenhöhe und dem Gewicht der Nutzlast, wird durch eine Adaption der Reglerparameter berücksichtigt. Die Inbetriebnahme und Optimierung der Regelung kann weitgehend durch eine Parameteridentifikation des Antriebsstranges und eine selbstlernende Wissensbasis automatisiert werden. Die Positionierzeiten reibschlüssig angetriebener RBG lassen sich durch gezielte Berücksichtigung des Schlupfverhaltens sowohl bei der Erzeugung der Führungsgröße, der Regelung als auch der Meßdatenaufbereitung deutlich verkürzen.

Zur Erprobung neuer Antriebskonzepte stellt die gewählte Entwicklungsumgebung, basierend auf einem Simulationspaket mit automatischer Programmcodegenerierung für On-line-Experimente, ein sehr flexibles und effizientes Werkzeug dar.

Literatur

/Heis95/   Heiss, M.:
           Kennfelder in der Regelungstechnik
           Automatisierungstechnik at 43 (1995), S. 363-367
/OsKa94/   Oser, J.; Korting, G.:
           Das Schwingungsverhalten eines zugmittelgeführten Leichtregalbediengerätes
           dhf 4/94, S. 66-73
/UnNa95/   Unbehauen, H., Nazaruddin, Y.Y.:
           Adaptive Zustandsregler für Mehrgrößensysteme und ihre praktische Anwendung
           Automatisierungstechnik 43 (1995) 5, S. 236-241
/Pete93/   Peter, K.:
           Parameteradaptive Regelalgorithmen auf der Basis zeitkontinuierlicher Prozeßmodelle
           VDI Fortschrittberichte, Reihe 8, Nr. 348

Objektorientierte Modellierung und Simulation komplexer Automatisierungssysteme

M. S. Hoang, P. Rieger
Institut für Automatisierungstechnik
Technische Universität Dresden

Abstract - Das objektorientierte Paradigma, welches ursprünglich aus dem Bereich des Software-Engineering stammt, findet immer neue Anwendungen. In den letzten Jahren sind diese Ideen in vielen Arbeiten auf dem Gebiet des Computer-Aided Control Systems Engineering (CACSE) zu finden. In dieser Arbeit wird ein Konzept zur Anwendung der modernen Objekttechnologie auf die Modellierung und Simulation komplexer Automatisierungsysteme vorgestellt. Als Methodologie-Basis werden die von Rumbaugh u.a. entwickelte Object Modeling Technique (OMT) und die "de facto" standardisierte Unified Method adoptiert. Es wird diskutiert, welche typischen Problemdomainen dabei für Automatisierungssysteme bestehen und wie sie zu bewältigen sind. Anhand eines praktischen Beispiels wird ein Lösungsmuster vorgeschlagen.

1   Einleitung

Modellierung ist eine der wichtigsten Aufgaben des Computer-Aided Engineering. An Hand von Modellen können weiterführende Aufgaben wie Entwurf, Implementation, Simulation und Inbetriebnahme gelöst werden, wobei die Qualität der Ergebnisse entscheidend von der Güte der Modelle abhängt. Zusammen mit der Simulation bildet die Modellierung den Vorgang, Objekte der realen Welt mit ihren wechselseitigen Beziehungen zu beschreiben und ihre Wirkungen im Gesamtsystem zu beobachten und zu bewerten. Traditionelle, nichtobjektorientierte Modellierungskonzepte haben Schwachpunkte, weil hier die Informationsflüsse statt der Objektbeziehungen im Vordergrund stehen. Günstiger dagegen ist es, von einem objektorientierten Ansatz auszugehen. Hier stehen Objektmodelle im Mittelpunkt, und die Konzepte der realen Welt werden übernommen. Die Komplexität der Beschreibung und auch der Lösung verringert sich, und es ist ein fast beliebig hoher Grad an Abstraktion erreichbar, der gerade zur Bewältigung großer Systeme sehr wichtig ist.

Die meisten Modellierungs- und Simulationstechniken (einschließlich der objektorientierten) basieren auf einem Beschreibungsformalismus, der textuell (z.B. *Dymola* [7] [8], *Omola* [3] [2]) oder graphisch (z.B. *Petrinetz* [16], *Object Petri Net* [4] [12] [13] oder aber auch das gebräuchliche Blockdiagramm) sein kann.

Eine Modellierungs- und Simulationssprache soll Kommunikationscharakter (Mensch-Mensch, Mensch-Maschine) besitzen. Die folgenden Merkmale sollen deshalb unbedingt unterstützt werden:

- guter Kompromiß zwischen einfacher, intuitiver Verständlichkeit und Ausdrucksstärke
- einfache, transparente und reibungslose Übergänge von der Analyse zum Entwurf, zur Simulation und zur Implementation
- mehrere Abstraktionsebenen (durch Komposition / Dekomposition und Generalisierung / Spezialisierung) und
- Modellwiederverwendbarkeit.

Obwohl die Vorteile einer objektorientierten Vorgehensweise vielfach in aktuellen Arbeiten betont werden (siehe z.B. [5] [11]), basieren die z.Z. kommerziell erfolgreichsten Produkte wie SIMU-LINK [10] oder SystemBuild [19] noch auf dem konventionellen Blockdiagramm [14]. Nach Ansicht der Autoren sind dafür folgende Gründe verantwortlich:

- objektorientierte textuelle Modellierungs- und Simulationssprachen sind flexibel und mächtig in der Ausdrucksstärke, meistens aber nicht intuitiv und wenig geeignet für die Mensch-Mensch-Kommunikation im Vergleich zu graphischen Formalismen.
- Petrinetze einschließlich objektorientierter Varianten sind ausdrucksstark für ablauforientierte, aber ausdrucksschwach für kontinuierliche, quantitative Prozesse. Die Tatsache, daß Petrinetze tiefgehende Kenntnisse verlangen, hindert verbreitete industrielle Anwendungen.
- Es gibt noch kein einheitliches Konzept, die Modellierung- und Simulationstechniken in den Gesamtprozeß des objektorientierten CACSE reibungslos einzubetten, so daß die Modelle im Vordergrund stehen und durchgängig in allen Phasen gemeinsam und direkt benutzt werden.

Moderne Automatisierungssysteme sind komplex und hybrid, sie bestehen in der Regel aus mehreren Komponenten, die charakteristisch ganz verschieden sind (Software- und Hardwarekomponenten, zeitkontinuierliche und ereignisdiskrete Systeme, Echtzeit-Systeme, parallele Prozesse). Die von Rumbaugh u.a. entwickelte *Object Modeling Technique* [17] - eine der am meisten geschätzten Methodologien für Modellierung und Entwurf von Softwaresystemen - kann hier nicht ohne weiteres angewendet werden. Das ist dadurch begründet, daß die dort beschriebene Vorgehensweise für komplexe, hybride Steuerungssysteme nicht sehr geeignet ist, eine Strategie zur Dekomposition solcher Systeme wurde kaum behandelt.

Das in den folgenden Abschnitten vorgestellte Konzept hat das Ziel, die OMT und die zusammen von James Rumbaugh und Grady Booch ausgearbeitete *Unified Method*[1) [18] zu einem *Beschreibungsformalismus* zu entwickeln, der den gesamten objektorientierten Engineeringsprozeß durchdringen kann. In diesem Konzept steht die systematische *Systemmodellierung* als Ergänzung zur Objektmodellierung, welche schon in [17] exzellent beschrieben wurde, im Vordergrund.

2 Objektkonzepte im Computer-Aided Control Systems Engineering

2.1 System, Modell und View als fundamentale Objekte

System und Modell sind grundlegende Begriffe der Objektwelten. Ein **System** ist eine Kollektion von Objekten und Prozessen (vgl. Definitionen in [6] und [15]). Es sind zwei Arten von Prozessen - innere Prozesse eines Objekts und Objektinteraktionen - zu unterscheiden. Nach dieser Definition kann ein System in einer rekursiven Beziehung aus mehreren Teilsystemen bestehen, die jeweils ebenfalls eigenständig als **System** bezeichnet werden können. In der Realität ist ein System immer ein Teilsystem eines umgebenden Systems und umgekehrt. Ein System kann z.B. eine technische Anlage, eine Steuerungseinrichtung oder eine Softwarekomponente sein.

Ein **Modell** ist eine vereinfachte Beschreibung eines Systems unter bestimmten Betrachtungen und Einschränkungen und für bestimmte Zwecke. Für eine komplexe Aufgabe wie Entwurf von Automatisierungssystemen können die Anforderungen nur erfüllt werden, wenn das System durch mehrere, meistens komplementäre (orthogonale) Modelle beschrieben wird. Beispiele für ein Modell sind z.B. Datenstrukturen, mathematische Gleichungen, eine Objekthierarchie oder ein Petrinetz.

Views sind Abbildungen eines Modells, z.B. Parametereingabefenster, numerische oder graphische Ausgaben von Simulationsergebnissen oder einfach nur Modellsymbole in einem Diagramm.

System, Modell und View sind die wichtigsten Elemente des Computer-Aided Engineering. **System** ist die Bezeichnung für *reale Objekte*, **Modell** für *konzeptionelle Objekte* und **View** die

---

272

Bezeichnung für *Präsentationsobjekte*. Daß ein Modell durch verschiedene Views repräsentiert werden kann, ist auch genau so wichtig wie die Tatsache, daß ein System durch mehrere Modelle beschrieben wird. Ihre Zusammenhänge werden durch die *Unified Method*-Notation im Bild 1 verdeutlicht. Unsere Betrachtung unterscheidet sich grundlegend von der traditionellen, wo "Prozesse" statt "Systeme" und "Prozeßmodelle " statt "Systemmodelle" im Vordergrund stehen[1] . Sie unterscheidet sich auch von der Klassifikation in [11], wo "System" und "Result" als fundamentale Objekte betrachtet werden.

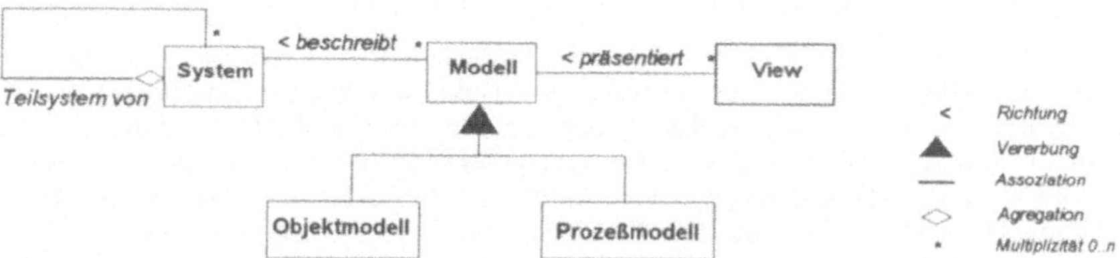

Bild 1 Zusammenhang zwischen System, Modell und View

2.2 Objektmodell und Prozeßmodell für eine umfassende Systembeschreibung

Ein System kann aus verschiedenen Blickwinkeln betrachtet werden, wodurch verschiedene Modellklassen entstehen. In einer guten Modellierungsstrategie sollen sich diese Modelle orthogonal ergänzen, um das Systems anforderungsgemäß zu beschreiben. Nach Ausdrucksfähigkeit der statischen und dynamischen Systemeigenschaften werden Modelle in *Objektmodelle* und *Prozeßmodelle* [2] klassifiziert, wobei einerseits die strukturellen und funktionellen und andererseits die zeitvarianten Systemmerkmale abgedeckt werden. Das Bild 2 soll dies verdeutlichen.

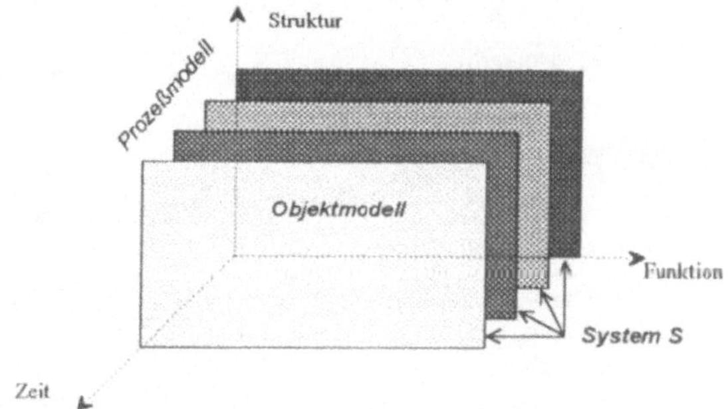

Bild 2 Statische und dynamische Modellierung

Ein Objektmodell beschreibt die statische Datenstruktur und die Funktionaliät von Objekten und ihren Relationen zueinander in einem System, ein Prozeßmodell beschreibt das zeitliche Systemverhalten. Ein Objektmodell wird durch Klassendiagramme ([18]) und ein Prozeßmodell durch

---

[1] In der Regelungstechnik wird eine Regelstrecke oft "Prozeß" genannt, wodurch die prozeßorientierte Betrachtung zum Ausdruck kommt.

[2] Wir verwenden die Bezeichnungen "Prozeßmodell" und "Objektmodell", um Verwechslungen mit den in der Systemtheorie gebräuchlichen Begriffen "dynamisches Modell" (dynamische Systeme) bzw. "statisches Modell" (statische Systeme) zu vermeiden.

Zustandsdiagramme [9] [17] dargestellt. Durch einen hierachischen Aufbau verallgemeinert das hier vorgestellte Objekt- und Prozeßmodell das *Object Model* bzw. das *Dynamic Model* der OMT[1]. Dies wird anhand eines Beispiels im Abschnitt 3 verdeutlicht.

2.3 Abstraktion und Modularität als Schlüsselkonzepte

Die Abstraktion wurde in [17] so definiert :

> "Eine geistige Fähigkeit des Menschen, Probleme der realen Welt mehr oder weniger detailliert zu betrachten, je nach dem aktuellen Kontext des Problems".

Der MENSCH verwendet Abstraktion als die natürliche Methode zur Kommunikation. Im Engineering sind Abstraktion und Modularität zwei Schlüsselkonzepte zur Bewältigung von komplexen Systemen und zur Erhöhung des Wiederverwendungswertes der Modelle bzw. Implementierungen (Software, Hardware). Die *Modellwiederverwendbarkeit* und *Implementierungswiederverwendbarkeit* sind zwei Forderungen, die nicht immer miteinander vereinbar sind. Je höher die Abstraktionsebene liegt, desto besser ist die Modellwiederverwendbarkeit und um so schlechter ist die Implementierungswiederverwendbarkeit. Beide Forderungen können jedoch durch die Modularisierung gleichermaßen besser erfüllt werden.

Es stellt sich die Frage, wie das oben genannte Abstraktions- und Modularitätskonzept in einem objektorientierten Paradigma zum Ausdruck gebracht werden kann. Das Abstraktionskonzept wird durch die Kapselung von Daten und Funktionen zum Objekt zusammen mit Generalisierungs- und Spezialisierungsmechanismen (Vererbung, Polymorphismus, Zustandsgeneralisierung) umgesetzt. Die Modularität wird durch geeignete Kompositionen und Dekompositionen erreicht, wobei die Prinzipien der minimalen Schnittstellen (entsprechend möglichen Objektinteraktionen) und der minimalen Abhängigkeiten (entsprechend möglichen Klassenrelationen) im Vordergrund stehen.

Aus diesen Überlegungen werden in unserem Konzept die Modellierung mit der Top-Down- und die Simulation mit der Bottom-Up-Strategie als iterative Prozesse aufgefaßt, wie im Bild 3 dargestellt.

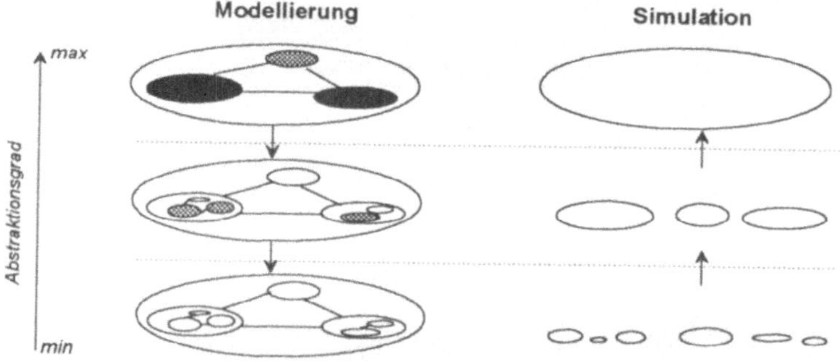

Bild 3 Modellierung und Simulation als iterative Engineeringsprozesse

---

3 Modellierungsprozeß : Top-Down-Strategie

Der Modellierungsprozeß soll am Beispiel einer Aufzugssteuerung für mehrere Aufzüge veranschaulicht werden. Für den Demonstrationszweck werden hier einfachheitshalber nicht alle möglichen Situationen und Anforderungen behandelt.

1. Schritt : Dekomposition des Systems in funktionell abgeschlossene, von einander wenig abhängige Teilsysteme, die sich zu abstrakten Objektklassen gruppieren lassen. In einem typischen Automatisierungssystem sind die Steuerungs- und Regelungseinrichtung, die technische Anlage und das Bediensystem die Hauptkomponenten (siehe Bild 4 für das Beispiel, zweckmäßig werden zunächst die Klassenmethoden ignoriert).

2. Schritt : Analyse des Systemverhaltens, um die gemeinsam benutzten Ereignisse zu identifizieren und die entsprechen Verantwortungen den zu entwerfenden Objektklassen zuzuordnen. Daraus sind Zustandsdiagramme dieser Objektklassen zu konstruieren. Im Bild 5 sind Zustandsdiagramme für die Klassen **Aufzug** und **Steuerung** dargestellt. Es wird angenommen, daß die Etagenbedientafeln als fertige Komponenten zur Verfügung stehen, das Zustandsdiagramm ihrer Klasse muß daher nicht unbedingt mitgezeichnet werden.

3. Schritt : Aktualisierung der Klassendiagramme, indem vorgegebene Schnittstellen (z.B. von einer Etagenbedientafel) und aus Zustandsdiagrammen ersichtliche Aktionen und Aktivitäten als Methoden hinzugefügt werden (Bild 4).

4. Schritt : Identifizierung aktiver Objekte. Jede dieser Objektklassen bekommt eine *Ablauffunktion* zugewiesen, die dem Zustandsdiagramm entspricht. In den meisten Fällen ist es notwendig, hochfrequente bzw. kontinuierliche Prozesse in aktiven Objekten einzukapseln, die später eventuell in eigenen Tasks oder gar auf eigenen Prozessoren laufen, und niederfrequente Prozesse als Objektinteraktionen zu intepretieren[1]. In einem typischen Prozeßleitssystem würde man prozeßnahe Komponenten als aktive Objekte ansehen und daher ihnen z.B. die Regelungsfunktion selbständig überlassen. Im Beispiel werden die Ablauffunktionen generell *process()* genannt.

5. Schritt : Identifizierung elementarer (konkreter) Objektklassen aus dem Objektmodell. Die restlichen Objektklassen werden wieder als Systeme betracht; mit dem 1. Schritt wird wieder neu begonnen. Dabei können die Relationen bzw. Kommunikationsverbindungen im Klassendiagramm so nach unten verschoben werden, daß eine spätere Implementierung effizienter möglich wird. Die verantwortlichen Methoden werden dementsprechend in die unteren Klassen (Teilobjekte) verschoben, die Zustandsdiagramme müssen aktualisiert werden. Andernfalls wird die obere Klasse als Schnittstelle betrachtet, die Services von Teilobjekten aufruft und an die anderen weiterleitet.

Wenn alle elementaren Objektklassen identifiziert wurden, müssen nur noch ihre Attribute hinzugefügt werden. Im Modellierungsprozeß ist es nicht erforderlich, alle Attribute zu finden. Das gleiche gilt auch für implementierungsabhängige Klasssenmethoden.

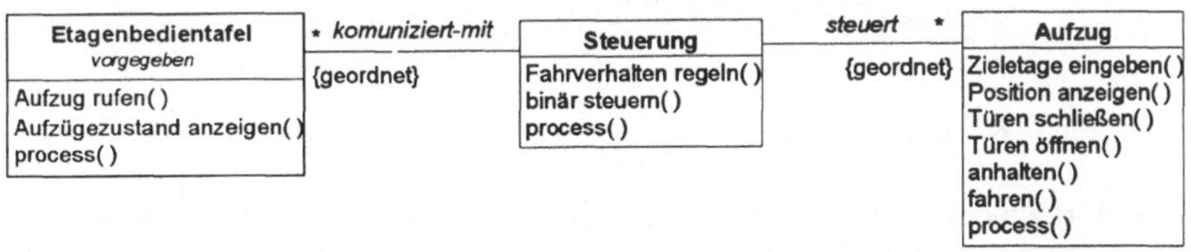

Bild 4 Klassendiagramm des Aufzugssystems auf der 1. Abstraktionsebene

---

[1] Diese Strategie entspricht dem Prinzip "small talk". Die Interkommunikationen werden möglichst im geringen Umfang gehalten.

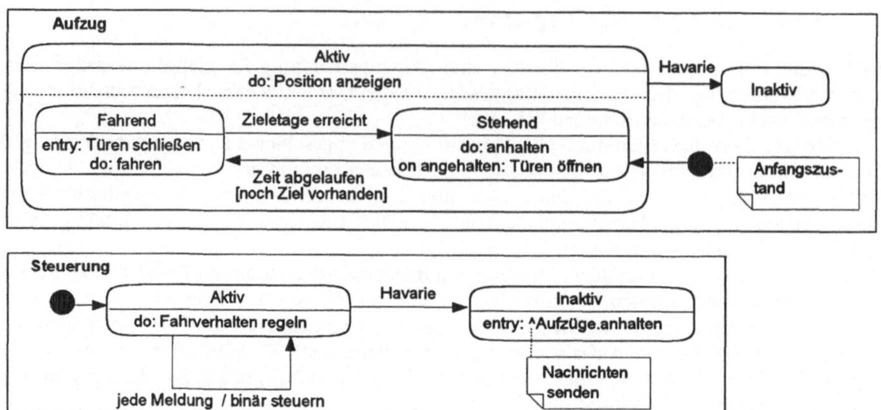

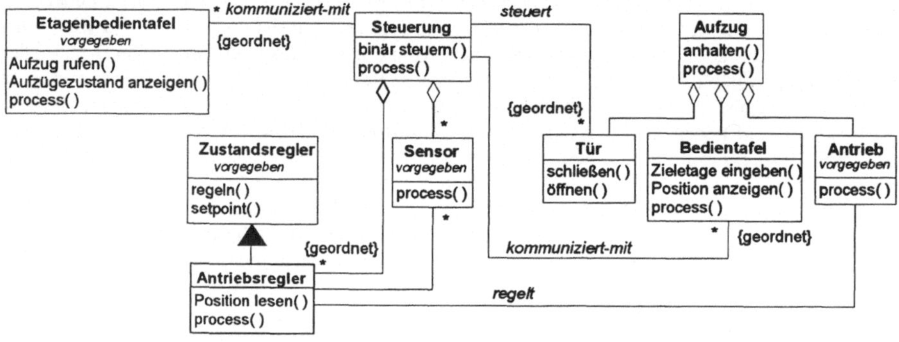

Bild 5 Zustandsdiagramme der Klassen **Aufzug** und **Steuerung** auf der 1. Abstraktionsebene

Im Bild 6 ist das Klassendiagramm des Aufzugssystems nach der zweiten Dekomposition gezeichnet. Die Methoden *Türen schließen()*, *Türen öffnen()* der Klasse **Aufzug** werden an **Tür**, *Zieletage eingeben()* und *Position anzeigen()* an **Bedientafel** verschoben, *fahren()* wird durch *process()* von **Antrieb** ersetzt. Die Kommunikationsverbindung zwischen **Steuerung** und **Aufzug** wird ebenfalls nach unten verlegt. In der Steuerungseinrichtung nehmen **Antriebsregler** und **Sensor** die Verantwortung für *Fahrverhalten regeln()* von **Steuerung**.

Bild 6 Klassendiagramm des Aufzugssystems auf der 2. Abstraktionsebene

Auf der 2. Abstraktionsebene gehören **Antrieb, Bedientafel, Sensor und Antriebsregler** wieder zu aktiven Objektklassen. Jede von ihnen bekommt eine Ablauffunktion *process()* zugewiesen. Im Bild 7 werden das Zustandsdiagramm von **Antriebsregler** und das aktualisierte Zustandsdiagramm von **Steuerung** dargestellt.

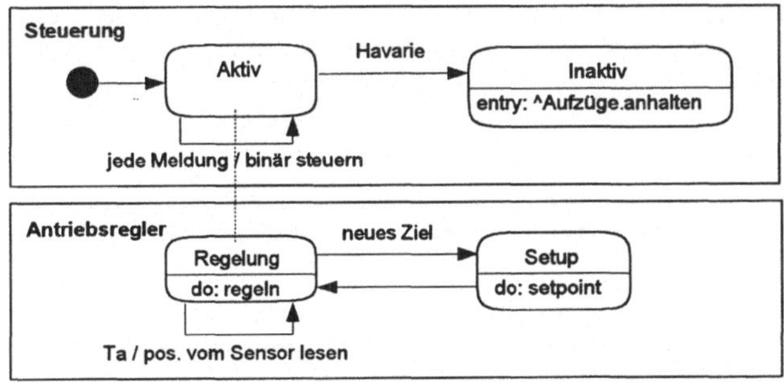

Bild 7 Zustandsdiagramme der Klassen **Steuerung** und **Antriebsregler**

4   Systematische Simulation: Bottom-Up-Strategie

Eine objektorientierte Vorgehensweise ermöglicht reibungslose Übergänge von der Modellierung, Implementation, Simulation bis zur Inbetriebnahme. Wenn der Modellierungsprozeß abgeschlossen ist, kann die Modellimplementierung unter Benutzung vorhandener Bausteine erfolgen. Das Simulationsmodell kann durch Klassendiagramme und Zustandsdiagramme, die im Modellierungsprozeß konstruiert wurden, im Zusammenhang mit einer objektorientierten Hochsprache beschrieben werden. In einer integrierten Umgebung kann man dann mit einem objektorientierten CASE-Tool und einem Compiler ausführbaren Simulationscode erzeugen.

Das Verhalten eines Systems ist vom Verhalten seiner Teilsysteme und deren Interaktionen bestimmt. Systematische Simulationen, die in umgekehrter Reihenfolge der Modellierung durchgeführt werden (Bild 3), ermöglichen eine Bewältigung der Systemkomplexität. Zusammen mit dem Modell-View-Konzept besteht darüber hinaus eine interessante Möglichkeit, und zwar die mehrstufige Simulation im Sinne verschiedenener *Anwenderkreise*. Die Parametrierung und Visualisierung werden durch bereitgestellte View-Bibliotheken unterstützt. Man könnte sich vorstellen, daß sich zwei Anwenderkreise für die Simulation des Aufzugssystems interessieren: Die Entwickler und der Auftraggeber. Die Entwickler würden eher das Verhalten des Reglers oder der binären Steuerung simulieren und die Signalverläufe analysieren, während sich der Auftraggeber wohl für Bedienknöpfe und bewegende Aufzüge bildecht auf dem Bildschirm entscheidet. Man würde zwei Modelle in zwei entsprechenden Abstraktionsebenen zu wählen und dem Interesse nach die Modellsymbole zu kreieren.

Ein weiterer interessanter Ansatz der objektorientierten Simulation besteht darin, daß man im Modellierungsprozeß allen aktiven Objektklassen eine *einheitlich genannte, virtuelle* Ablauffunktion *process()* hinzugefügt hat. Es liegt nahe, eine abstrakte Oberklasse für alle aktiven Simulationsobjekte einzuführen. Dadurch kann man eine Echtzeit-Simulation einfach realisieren, wobei jedes aktive Objekt dank Polymorphismus seine richtige Abarbeitungsfunktion selbständig ausführt und mit anderen Objekten Nachrichten austauscht, ähnlich wie in der realen Welt.

5   Zusammenfassung

Im Beitrag wurde ein Konzept zur objektorientierten Modellierung und Simulation komplexer Automatisierungssysteme vorgestellt. Zusammen mit der *OMT*-Methodologie bzw. *Unified Method* wird dem Ingenieur ein mächtiges Werkzeug in die Hand gegeben. Die Entwicklung einer dieses

Konzept unterstützenden Modellierungs- und Simulationsumgebung ist der Gegenstand unserer weiteren Forschungsarbeiten und steht im Zusammenhang mit der Neugestaltung unseres CAE-Systems AUCADD [1].

Literatur

[1]   AUCADD, "CAE-System für Entwurf, Programmierung, Simulation und Inbetriebnahme von speicherprogrammierbaren Steuer- und Regeleinrichtungen", Handbuch Version 2.0, Institut für Automatisierungstechnik, Technische Universiät Dresden, 1992.

[2]   M. Andersson , "Discrete Event Modelling and Simulation in Omola", Proceedings of the 1992 IEEE Symposium on Computer Aided Control Systems Design, 238-241, Napa, California, 1992.

[3]   M. Andersson, "Omola - An Object-Oriented Language for model representation", Licentiate Thesis. Dept. of Automatic Control, Lund Inst. of Technology, Lund, Sweden, 1990.

[4]   O. Biberstein und D. Buchs, "An Object Oriented Specification Language based on Hierarchical Petri Nets," IS-CORE Workshop (ESPRIT), Amsterdam, September 27-30 1994.

[5]   F.E. Cellier, "Object-Oriented Modeling: Means for Dealing With System Complexity", Proc. 15th Benelux Meeting on Systems and Control, 53-64, Mierlo, The Netherlands, 1996.

[6]   F.E. Cellier, "Continuous System Modeling", Springer-Verlag New York, 1991.

[7]   H. Elmqvist, "A Structured Model Language for Large Continuous Systems", Ph.D. dissertation. Dept. of Automatic Control, Lund Inst. of Technology, Lund, Sweden, 1978.

[8]   H. Elmqvist, "Dymola - User's Manual", Dynasim AB, Research Park Ideon, Lund, Sweden, 1995.

[9]   D. Harel, "Statechart : a visual formalism for complex system", Science of Computer Programming 8, 231-274, 1987.

[10]   Mathworks Inc, "SIMULINK - User Manual", South Natick, MA, 1992.

[11]   C.P. Jobling, P.W. Grant, H.A. Barker und P. Towsend , "Object-oriented Programming in Control System Design: a Survey", 1221-1261, Automatica, Vol. 30, No. 8, 1994.

[12]   C.A. Lakos, "Object Petri Nets - Definition and Relationship to Coloured Petri Nets" Technical Report R94-3, Dept. of Computer Science, University of Tarmania, 1994.

[13]   C.A. Lakos, "The Object Orientation of Object Petri Nets", Workshop on Object-Oriented Languages and Models of Concurrency at the 1995 Petri Nets conference in Torino.

[14]   M. Otter und F.E. Cellier, "Software for Modeling and Simulating Control Systems", The Control Handbook (W.S. Levine, ed.), 415-428, CRC Press, Boca Raton, FL, 1995.

[15]   I. Philippow, R. Burkhardt, "Dynamische Verhaltensmodellierung mit dem Objekt-Prozeß-Modell", Entwurf komplexer Automatisierungssysteme, Fachtagungsband, 109-115, TU Braunschweig, 1995

[16]   W. Reisig, "A Primer in Petri Net Design", Springer-Verlag, 1992

[17]   J. Rumbaugh, M. Blaha, W. Premerlani, F. Eddy und W. Lorensen, "Object-oriented Modeling and Design", Prentice-Hall, 1991.

[18]   J. Rumbaugh, G. Booch, "Unified Method", Draft version 0.8, Rational Software Corporation 1996.

[19]   Integrated Systems Inc., "SystemBuild User's Guide", Version 4.0, Santa Clara, California 1994.

Autorenadresse:

Prof. Dr.-Ing. habil. Peter Rieger, Dipl-Ing. Hoang Minh Son
Lehrstuhl Prozeßleittechnik
Institut für Automatisierungstechnik
Technische Universität Dresden
Mommsenstraße 13
01062 Dresden
Tel. :   0351/4633439 und 4633387
email: rieger@eatns1.et.tu-dresden.de und hoang@eatns1.et.tu-dresden.de

LoDiT - Automatisches Partitionieren von mechatronischen Systemen für die verteilte Simulation

Rolf Naumann, Carsten Homburg
Mechatronik Laboratorium Paderborn (MLaP)
Fachbereich 10 - Automatisierungstechnik
Universität-GH Paderborn, Pohlweg 55, 33098 Paderborn
e-mail: naum@mlap.uni-paderborn.de, homme@mlap.uni-paderborn.de

Kurzfassung: Eine verteilte Simulation mechatronischer Systeme erfordert eine Zuordnung der Teilmodelle auf die Prozessoren. Ausgehend von der Beschreibungssprache DSC werden verschiedene Verfahren zur automatischen Partitionierung für ein heterogenes Rechnernetzwerk vorgestellt. Zum Einsatz kommt dabei das kombinatorische Optimierungsverfahren Simulated Annealing mit den Zielfunktionen *Loss of Parallelism* und *Schedule Length*. Zur Minimierung der Optimierungszeiten wird eine Möglichkeit für die Reduzierung der zu verteilenden Prozeßknoten vorgestellt.

1 Einführung

Mechatronische Systeme setzen sich aus mechanischen, hydraulischen, elektrischen, elektronischen und informationsverarbeitenden Komponenten zusammen. Als typische Beispiele für mechatronische Systeme lassen sich anführen: der Industrieroboter, die elektronische Kraftstoffeinspritzanlage, der Kassenautomat oder die aktive Federung am Fahrzeug.

Zur Beschreibung mechatronischer Systeme wurden am MLaP drei Beschreibungssprachen definiert, die jede eine andere Sicht auf das System erlauben [HAHN94]. *DSS* (Dynamic System Structure) ist eine anwenderfreundliche, objekt-orientierte Beschreibung des topologischen und hierarchischen Aufbaus mechatronischer Systeme. *DSL* (Dynamic System Language) vereinigt die unterschiedlichen Disziplinen zu einer normierenden mathematischen Darstellung. *DSC* (Dynamic System Code) repräsentiert das System in verarbeitungsnaher Form.

Mit **LoDiT** (Load Distribution Tool) steht ein Werkzeug für die automatische Partitionierung mechatronischer Systeme zur Verfügung. Ausgehend von der Systembeschreibung in DSC wird eine Verteilung auf ein Multiprozessornetzwerk unter dem Aspekt minimaler Simulationszeiten durchgeführt. Dabei werden sowohl die Berechnungszeit als auch die Kommunikationszeit für die Verteilung berücksichtigt [HONE94].

2 Lastverteilung

Die Lastverteilung kann abstrakt als Abbildung eines gerichteten Graphen auf einen ungerichteten Graphen betrachtet werden. Die Auswertung eines mechatronischen Systems für einen Simulationszeitschritt kann durch einen gerichteten, azyklischen Graphen beschrieben werden, im folgenden *Prozeßgraph* genannt, bei dem jeder Knoten die Berechnungszeiten (Kosten) für die Evaluierung eines funktionalen Ausdrucks repräsentiert und jede Kante die zwischen zwei Knoten notwendige Kommunikation darstellt. Entsprechend kann das Prozessornetzwerk durch einen ungerichteten Graphen, den *Prozessorgraphen*, abgebildet werden, in dem die Knoten die Prozessoren und die Kanten die Kommunikationskanäle zwischen den Prozessoren darstellen. Folgende Informationen stehen damit für eine Lastverteilung zur Verfügung:

- Prozessorgraph (heterogenes Multiprozessornetzwerk)
  - Topologie
  - Systemressourcen (Prozessortypen, -leistungen)
  - Kommunikationskosten der einzelnen Kommunikationsverbindungen
- Prozeßgraph (Berechnungsgraph des mechatronischen Systems)
  - Topologie
  - Bearbeitungszeiten jedes Berechnungsknotens für jeden im Prozessornetzwerk enthaltenen Prozessortyp
  - evtl. feste Vorgaben zur Plazierung einzelner Knoten auf dem Prozessornetzwerk

Die Qualität der Verteilung hängt wesentlich von der Güte der Abschätzung der Rechen- und Kommunikationslasten ab. Die Kosten der Berechnungsknoten werden durch Akkumulation der anhand von Datenblättern und Messungen ermittelten Befehlslaufzeiten für Grundoperationen berechnet.

Die Lastverteilung kann in die zwei Teilprobleme *Mapping* und *Scheduling* aufgeteilt werden. Unter Mapping wird die Zuordnung von Berechnungsknoten auf Prozessoren verstanden; das Scheduling bestimmt die zeitliche Reihenfolge der Ausführung von Berechnungen auf einem Prozessor. Beide Teilprobleme dürfen nicht unabhängig voneinander betrachtet werden. Je kürzer die Länge des Schedule, desto kleiner ist die Laufzeit der Applikation und desto größer der Speedup des Programms.

Die Suche nach optimalem Schedule und Mapping ist ein *NP*-vollständiges kombinatorisches Problem, d. h. die Laufzeit der Suche steigt exponentiell mit der Anzahl der Prozeßknoten. Daher sucht man für realistische Anwendungen Verfahren, die eine suboptimale Lösung mit vertretbarem Aufwand finden. Deterministische graphentheoretische Verfahren [TOWS86] [BOKH87] existieren nur für bestimmte Arten von Graphen (seriell-parallele Graphen, Baumstrukturen), so daß heuristische Verfahren zur Lösung kombinatorischer Optimierungsprobleme eingesetzt werden müssen. Die Vorgehensweise ist bei den meisten dieser Verfahren ähnlich. Es werden zulässige Lösungen zufällig erzeugt und anhand einer Zielfunktion bewertet. Anhand dieses Wertes entscheidet das Optimierungsverfahren, ob diese Konfiguration behalten wird und somit als Basis für die weiteren Optimierungsschritte dient, oder ob sie verworfen wird. Ziel jedes Verfahrens ist es, ein globales Minimum der Kosten zu finden.

Für die Lastverteilung wird das Verfahren *Simulated Annealing* [LAAR87] eingesetzt, das in der Lage ist, auch bei vorhandenen lokalen Minima das globale Minimum zu finden. Die Konfigurationen bestehen hierbei aus der Zuordnung von Prozeßknoten zu Prozessorknoten. Neue Konfigurationen werden auf der Basis der letzten gültigen Konfiguration durch Migration oder Vertauschung von zufällig ausgewählten Prozessen generiert, d. h. die Änderung neuer Konfigurationen gegenüber vorherigen Konfigurationen ist gering.

Entscheidend für die Qualität der Optimierung ist die Formulierung der Zielfunktion. Hier werden, basierend auf einem Vorschlag von [NAND92], zwei Zielfunktionen eingesetzt, die das Mapping und das Scheduling gleichermaßen berücksichtigen. Die erste Zielfunktion berücksichtigt die Länge des Schedule im Netzwerk, und die zweite Funktion verwendet den Verlust an Parallelität (*Loss of Parallelism*) auf jedem Prozessor als Maß für die Güte der Verteilung.

2.1 Loss of Parallelism

Ziel einer Bearbeitung von abhängigen Prozessen auf einem Prozessornetzwerk ist die Minimierung der Bearbeitungszeiten der Prozesse durch Ausnutzung von parallelen Strukturen des Prozeßgraphen. Mit der Zielfunktion *Loss of Parallelism* wird diese Ausnutzung bei einer vorgegebenen Verteilung und der Kommunikationsaufwand bewertet. Je geringer die Ausnutzung ist, desto größer ist der Verlust an Parallelität und desto schlechter die Konfiguration. Die Funktion besitzt die Ordnung $O(N_{pm}^{3}/N_{p}^{2})$, wobei N_{pm} die Anzahl der Prozeßknoten und N_p die Anzahl der Prozessoren darstellt.

Zur Ermittlung des Verlustes an Parallelität werden die Prozessoren getrennt voneinander betrachtet und somit nur die auf einem Prozessor liegenden Prozeßknoten (Abb. 1). Durch Entfernen der Kanten für die externe Kommunikation ergibt sich für jeden Prozessor ein Subgraph; in dem Beispiel in Abb. 1 sind dies die Knoten *A* bis *F*. Anschließend wird der kritische (längste) Pfad t_{krt} bestimmt, in dem Beispiel der Pfad *A-D* mit den Kosten 30. Da ein Prozessor nur sequentiell die Prozesse bearbeiten kann, setzt sich die wirkliche Rechenzeit t_{seq} für die Bearbeitung der Prozesse aus der Summe der Kosten der Einzelprozesse zusammen. Der Verlust an Parallelität eines Prozessors berechnet sich nun aus der Differenz der sequentiellen Zeit zum kritischen Pfad $t_{loss} = t_{seq} - t_{krt}$. Der Verlust an Parallelität $t_{lossGesamt}$ für das gesamte Netzwerk setzt sich

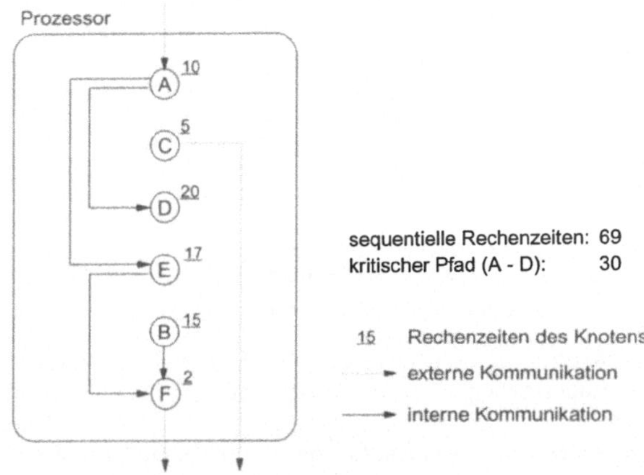

Abbildung 1: Verlust an Parallelität

aus der Summe der Einzelverluste der Prozessoren zusammen. Bei einer idealen Verteilung werden auf jedem Prozessor nur voneinander abhängige Prozeßknoten berechnet, und daraus ergibt sich ein Verlust an Parallelität von $t_{loss} = 0$. Ziel bei einer Optimierung ist also die Minimierung des Verlustes.

Neben der Optimierung der Rechenzeiten der einzelnen Prozessoren sind die Kommunikationszeiten für die Verteilung der Prozeßknoten zu berücksichtigen. Diese ergeben sich aus den externen Kommunikationskanten, die zwischen den Prozessoren verlaufen. Jede Kante stellt die Übertragung eines Wertes für einen Auswertezyklus dar. Die Kosten ergeben sich aus der Anzahl der übertragenen Werte c_{ij} zwischen dem Prozessor i und dem Prozessor j und den Kosten d_{ij} für die Übertragung eines Wertes sowie einer konstanten Zeit k_{ij} zum Aufsetzen der Kommunikation zu $e_{ij}=k_{ij} + c_{ij} * d_{ij}$. Die Kommunikationskosten im gesamten Prozessornetzwerk ergeben sich aus der Summe aller Kommuikationskosten der externen Kanten. Wird die Summe aus den gewichteten Kosten des Verlustes an Parallelität und den gesamten Kommunikationskosten gebildet, ergibt sich die Zielfunktion für *Loss of Parallelism*.

2.2 Berechnung des Schedule

Die Berechnung des Schedule ergibt die Abarbeitungsreihenfolge der Prozeßknoten auf den Prozessoren, ohne daß Verklemmungen auftreten. Mit Hilfe einer Breitensuche über den gesamten Prozeßgraphen werden den Prozeßknoten entsprechend ihrer Abarbeitungsreihenfolge Auswertungsindizes zugewiesen. (Abb. 2). Für jede Kante ist dabei der Auswertungsindex des Quellknotens kleiner als der des Zielknotens. Liegen Prozeßknoten mit gleichem Auswertungsindex auf einem Prozessor, können diese in ihrer Abarbeitungsreihenfolge vertauscht werden. Um diese Reihenfolge unter dem Gesichtspunkt der minimalen Bearbeitungszeit zu bestimmen, werden die Abhängigkeiten zu nachfolgenden Knoten berücksichtigt. Dazu wird ein modifizierter Prozeß-

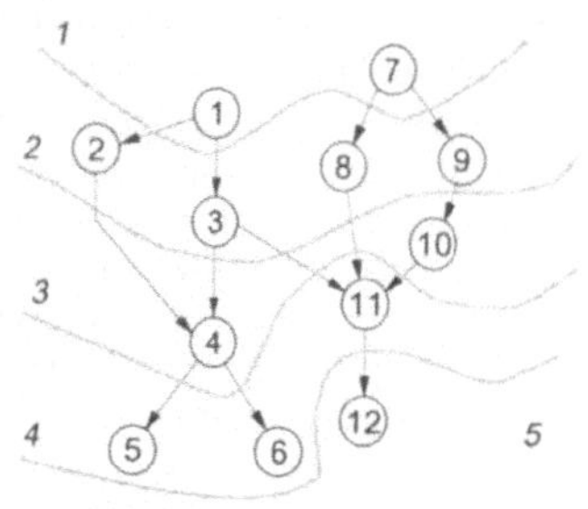

Abbildung 2: Auswertungsindizes

Abbildung 3: modifizierter Prozeßgraph

graph aufgebaut der lediglich aus Kanten besteht die über Prozessorgrenzen verlaufen (Abb. 3). Nun wird für alle Knoten einer Auswertungsebene jeweils der längste Pfad innerhalb des modifizierten Prozeßgraphen bestimmt. Je länger der Pfad des Knotens, desto früher sollte er auf dem Prozessor berechnet werden. In Abb. 3 besitzen die Knoten *3* und *4* und die Knoten *2* und *5* denselben Auswertungsindex. Die längsten Pfade der Knoten ergeben sich zu (externe Kommunikationskosten = 5):

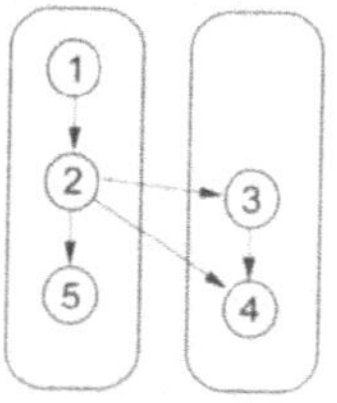

Abbildung 4: Schedule

Knoten	längster Pfad / Kosten
5	5 / 20
2	2-3 / 20 + 5 + 20 = 45
3	3 / 20
4	4 / 10

Für die Berechnung des Schedule werden entsprechend der Auswertungsreihenfolge Kanten zwischen den Knoten auf einem Prozessor eingeführt (Abb. 4). Damit ist der Schedule über das gesamte System bestimmt. Die *Schedule-Length* entspricht der Länge des längsten Pfades im Prozeßgraphen und gibt auch die Laufzeit für einen Simulationszyklus an. Für das Beispiel aus Abb. 4 ergibt sich der längste Pfad im Prozeßgraphen zu *1-2-3-4 = 65*. Die Ordnung für die Berechnung des Schedule ist mit $O(N_{pm}^{3})$ mit N_{pm} als Anzahl der Prozeßknoten recht hoch.

2.3   Zusammenfassung von Knoten im Prozeßgraph

Die Auswertung der Zielfunktion ist abhängig von der Anzahl der zu verteilenden Prozeßknoten. Durch Zusammenfassen von sequentiellen Strukturen in dem Prozeßgraph kann die Anzahl und damit auch die Optimierungszeit stark reduziert werden. Zudem wird das Verteilungsergebnis positiv beeinflußt, da Verteilungen von sequentiell abhängigen Knoten vermieden werden. Für die Zusammenfassungen werden alle Knoten entlang des längsten Pfades zu einem Knoten zusammengefaßt. Diese Vorgehensweise wird für die jeweils noch nicht zusammmgefaßten Komponenten solange wiederholt bis alle Knoten betrachtet wurden (Abb. 5).

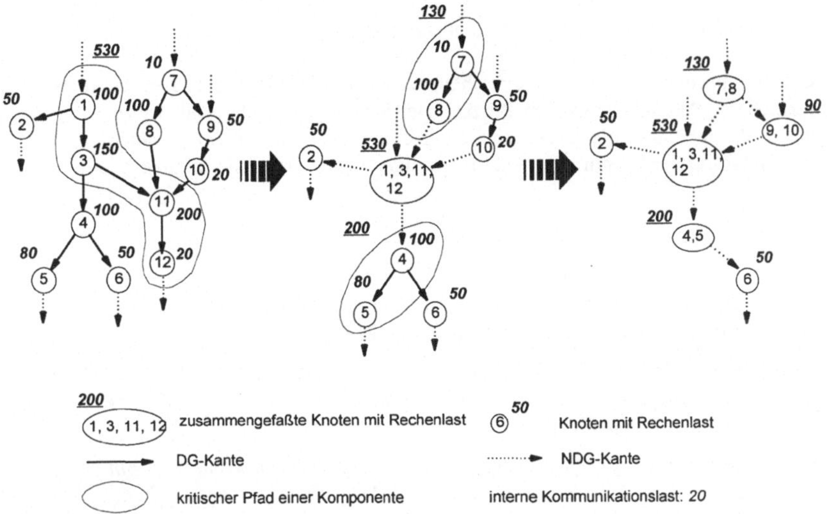

Abbildung 5: Zusammenfassung von Prozeßknoten

3   Ergebnisse

Die Verfahren für die Lastverteilung sind in dem Programm **LoDiT** (Load Distribution Tool) unter Win32 und Unix implementiert. Das Programm wurde in der objektorientierten Programmiersprache Smalltalk entwickelt, da komplexe, dynamische Datenstrukturen besonders gut in dieser Sprache abgebildet werden können. **LoDiT** erlaubt sowohl die graphische als auch die textuelle Eingabe des Prozeß- und Prozessorgraphen. Bei der automatischen Verteilung können Plazierungen von Prozeßknoten vorgegeben werden. Über die DSC-Schnittstelle ist **LoDiT** in die CAMeL-Entwicklungsumgebung integriert [HONE95].

Die Lastverteilungsverfahren wurden anhand von DSC-Modellen verifiziert. Hier sollen die Ergebnisse für zwei Modelle, ein Modell des seriellen Hybridfahrzeugs (219 Knoten, 297 Kanten, 17. Ordnung) und das Modell einer McPherson Vorderachse (502 Knoten, 817 Kanten, 30. Ordnung) vorgestellt werden. Als Lastverteilungsverfahren wurde *Loss of Parallelism* mit dem zusammengefaßten Graph verwendet. Bei Verwendung des nicht zusammengefaßten Graphen in Kombination mit den beiden Zielfunktionen *Loss of Parallelism* und *Schedule-Length* ergeben sich ähnliche Ergebnisse, allerdings bei unterschiedlich langen Optimierungszeiten. Als Zielhardware dient ein Transputernetzwerk mit 3, 4 oder 8 in Reihe geschalteten Transputern T800 20 Mhz. In Tabelle 1 ist der Speedup, d. h. das Verhältnis der sequentiellen Berechnungszeit zur parallelen Berechnungszeit aufgeführt.

	Hybridfahrzeug	Vorderachse
max. erreichbarer Speedup	3,6	2,8
3 Transputer	1,93	2,35
4 Transputer	1,89	1,2
8 Transputer	1,72	1,1

Tabelle 1: berechneter Speedup für Hybridfahrzeug und Vorderachse

Ein besserer Speedup läßt sich nur erreichen, wenn die recht langen Kommunkationszeiten zur Zeit verfügbarer Parallelrechner den Prozessorleistungen besser angepaßt werden. Entscheidend ist dabei nicht unbedingt die Bandbreite des Kommunikationsmediums, sondern eher die Zeitspanne vom Aufruf der Kommunikation bis zur eigentlichen Datenübertragung.

Literatur

[BOKH87]   Bokhari, S. H..: *Assignment Problems in Parallel and Distributed Computing*, Kluwer Academic Publishers, Norwell, MA, 1987.

[HAHN94]   Hahn, M., Homburg, C.;Richert, J.: *DSS-DSL-DSC. Die drei Ebenen einer Modellbeschreibungssprache für mechatronische Systeme*, ASIM'94, 9. Symposium Simulationstechnik, Stuttgart, 10.-13. Oktober 1994.

[HONE94]   Honekamp, U.; Naumann, R.; Homburg, C.; Sczyrba, C.: *Ein Werkzeug zur parallelen Simulation mechatronischer Systeme unter Echtzeitbedingungen*, Echtzeit'94, Hamburg, 14.-16. Juni 1994.

[HONE95]   Honekamp, U.; Stolpe, R.: *Design and Application of a Distributed Simulation- and Runtime-Platform for Mechatronic Systems in the Field of Robot Control*, MeRoCon, Proceedings of the third Conference on Mechatronics and Robotics, October 4-6, 1995, Paderborn / ed. by Joachim Lückel, B. G. Teubner Stuttgart,

[LAAR87]   van Laarhoven, P. J. M.; Aarts, E. H. L.: *Simulated Annealing: Theory and Applications*, D. Reidel Publishing Company, Dordrecht, Holland, 1987.

[NAND92]   Nanda, A. K.; DeGroot, D.; Stengert, D. L.:*Scheduling Directed Task Graphs on Multiprocessors using Simulated Annealing*, IEEE 12th International Conference on Distributed Computing Systems, Yokohama, June 9-12, 1992.

[TOWS86]   Towsley, D.: *Allocationg Programs Containing Branches and Loops within a Multiple Processor System*, IEEE Transactions on Software Engineering, Vol. SE-12, No. 10, October 1986.

Echtzeitmodelle von dynamisch veränderlichen Totzeiten

R. Hohmann
Otto-von-Guericke-Universität Magdeburg
Institut für Simulation und Graphik
Postfach 4120, 39016 Magdeburg

Kurzfassung

Für die Hardware-in-the-Loop-Simulation ist eine konstante Taktzeit zur Integration des Modells und zur Kommunikation mit der realen Umgebung charakteristisch. Doppelt verkettete Ringe sind eine geeignete Datenstruktur für Modelle von variierenden Totzeiten als Funktion der Zeit oder einer abhängigen Variablen. Bei glatten Eingangssignalen ist es ausreichend, einen neuen Wert erst nach mehreren Takten zu speichern. Wenn eine Prognose-Zeitfunktion als obere Schranke der sich dynamisch ändernden Totzeit bekannt ist, kann die Ringdimension an die aktuellen Anforderungen angepaßt werden. Die Prognosefunktion ist jedoch zu korrigieren. Feste Totzeiten als ganzes Vielfaches der Taktzeit modelliert ein einfacher "take out - put in" Algorithmus.

1. Einleitung

Totzeitmodelle (time delay models) für die Hardware-in-the-Loop-Simulation (HIL) sind Untersuchungsgegenstand. Sie sind Teil des Submodells, das in eine reale Umgebung eingebettet ist. Charakteristisch für diese Art der Echtzeit-Simulation, bei der das Modell mit der realen Umgebung "schritthält", ist eine konstante Taktzeit (frame time) Δt zwischen zwei Takten, zu denen die Kommunikation zwischen realer und simulierter Systemkomponente erfolgt. Damit hier Simulationsresultate zur Verfügung stehen, ist ein Zeitabschnitt der Modellzeit Δt in einer Rechenzeit $< \Delta t$ zu simulieren, da auch Zeit für die Ein-Ausgabe benötigt wird. Doppelt verkettete Ringe, die sich leicht in beiden Richtungen lesen und beschreiben lassen, mit einer Dimension proportional zum gespeicherten Abschnitt Vergangenheit (history data), sind eine geeignete Datenstruktur. Taktweise werden in diesen Puffer die Eingangswerte eingetragen und der zugehörige Ausgang als Eingangswert vor der Totzeit ermittelt. In die dynamische Datenstruktur können Elemente während der Laufzeit eingefügt oder aus ihr entfernt werden. Ist eine Prognose-Zeitfunktion als obere Schranke der sich verändernden Totzeit vorgegeben, kann man so die Ringdimension an die aktuellen Anforderungen anpassen. In allgemeinen Simulationssystemen, wo auch Integrationsverfahren mit variabler Schrittweite implementiert sind, speichert man entweder nach jedem Integrationsschritt ein Wertepaar Tastzeitpunkt/Eingangswert ab und schätzt die notwendige Ringdimension oder gibt eine besondere Tastperiode für das Totzeitmodell vor [1].

2. Modelle
2.1. Basis-Modell

Mittels zweier Zeiger wird der aktuelle Eingangswert $x(t_i)$ in den Puffer geschrieben und der Ausgangswert $y(t_i)$ durch Interpolation zwischen gespeicherten Stützstellen berechnet. Dabei schreitet der Schreibzeiger taktweise von einem Element des Ringes zum folgenden fort, während der Lesezeiger proportional zur gerade gültigen Totzeit in die entgegengesetzte Richtung läuft, wo zwei benachbarte, die Totzeit einschließende Werte, zur Interpolation aus dem gespeicherten Abschnitt Vergangenheit gelesen werden (Abbildung 1).

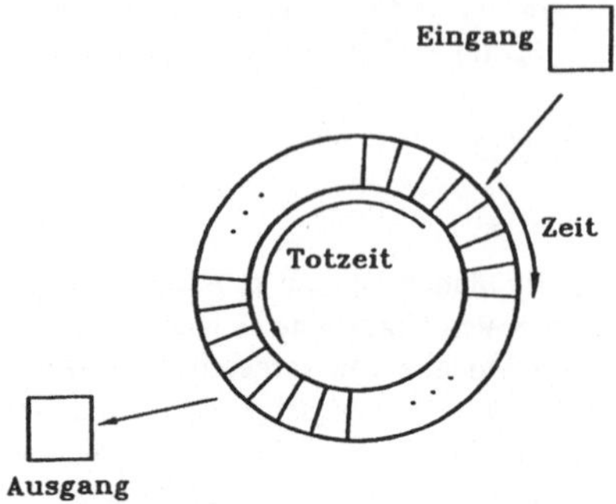

Abbildung 1. Ringförmige Modellstruktur mit Speicherplätzen für Eingang und Ausgang.

Im Basismodell dient die maximale Totzeit Tt_{max} als Prognosefunktion nullter Ordnung. Damit resultiert ein Ringpuffer der konstanten Dimension n, die von der Taktzeit und der maximalen Totzeit abhängt.

$$n \ \geq \ \text{trunc}((Tt_{max}+\Delta t)/\Delta t)+1 \tag{1}$$

Die Trunc-Funktion bildet den ganzzahligen Teil des Arguments. Die Ringdimension muß mindestens so groß sein, daß Interpolation zwischen zwei Stützstellen auch bei $Tt = Tt_{max}$ möglich ist. Ein weiteres Element wird für den Wert $x(t_i)$ der Eingangsfunktion zum aktuellen Tastzeitpunkt $t_i = i \cdot \Delta t$ $(i = 0,1,2,...)$ benötigt. Die lineare Interpolation des Ausgangswertes $y(t_i)$ erfolgt zwischen den beiden dynamischen Stützstellen, die um l und $(l+1)$ Einheiten der Taktzeit in die Vergangenheit zurückreichen. Dazu "hangelt" sich der Lesezeiger entlang der dynamischen Datenstruktur um l und $(l+1)$ Elemente zurück.

$$l \ = \ \text{trunc}(Tt/\Delta t) \tag{2}$$

Die Totzeit Tt zwischen Eingang und Ausgang kann explizit von der Zeit t oder einer abhängigen Variablen $z(t)$ abhängen.

$$Tt \ = \ Tt(t,z) \tag{3a}$$

Zu den Taktzeitpunkten t_i gilt dann

$$Tt_i \ = \ Tt(t_i,z_i). \tag{3b}$$

Somit folgt als linear interpolierte Ausgangsgröße $y_i = y(t_i)$

$$y_i \ = \ x(t_i-Tt_i) \ = \ x[l]+(x[l+1]-x[l])/\Delta t \cdot (Tt_i-l\cdot\Delta t). \tag{4}$$

Bei $t = 0$ haben alle Ringelemente dengleichen Anfangswert y_0. Diesen Wert nimmt auch der Ausgang y_i an, bis die unabhängige Variable t_i soweit fortgeschritten ist, daß sie die gegenwärtige Totzeit Tt_i erreicht hat [4].

2.2. Glatte Funktionen

Für glatte Funktionen $x(t)$ ist es ausreichend, einen neuen Wert erst nach m Takten

$$\Delta T = m \cdot \Delta t \tag{5}$$

zu speichern. Das Zeitintervall $k \cdot \Delta t$, mit $k = 0(1)m\text{-}1$, zwischen dem aktuellen Eingangswert und dem nächsten im Ring gespeicherten Wert variiert zwischen 0 bis $(m\text{-}1)$ Einheiten der Taktzeit Δt, während das Intervall für benachbarte Speicherplätze im Puffer konstant ΔT ist. Nach m Takten wird der Eingang in den Puffer geschrieben und k auf $k = 0$ zurückgesetzt. Die Linearinterpolation von Ausgangswerten zwischen den Stützstellen findet zu jedem Takt statt, entweder innerhalb des variablen Intervalls $k \cdot \Delta t$ oder mittels der Ringwerte.

Wenn die Totzeit Werte $Tt_i < k \cdot \Delta t$ annimmt, dann interpoliert man zwischen Eingang und dem nächsten Ringelement. Für $Tt_i \geq k \cdot \Delta t$ erfolgt die Interpolation mit einer reduzierten Totzeit

$$Tt_{i\,\text{rest}} = Tt_i - k \cdot \Delta t \tag{6}$$

in gleicher Weise wie im Basismodell zwischen den gespeicherten Werten im Puffer; es hat sich lediglich das Zeitintervall zwischen den Elementen zu ΔT verändert (Abbildung 2).

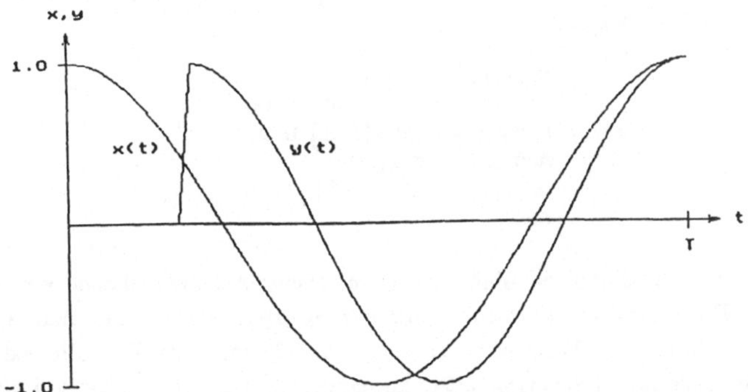

Abbildung 2. Interpolation des Ausgangs $y(t)$ für $x(t) = \cos(t)$ bei veränderlicher Totzeit $Tt = \pi/2 - t/4$ und einem Schreibintervall $\Delta T = 10 \cdot \Delta t$, mit 400 Schritten Δt im Bereich $0 \leq t \leq 2\pi$.

2.3. Prognose-Funktion

Wenn eine obere Schranke für die variierende Totzeit $Tt(t)$ als Zeitfunktion $Tpr(t)$ (Prognose-funktion[1]) angegeben werden kann, läßt sich die Ringdimension an die aktuellen Anforderungen anpassen. Die maximale Totzeit stellt eine solche Schranke nullter Ordnung dar. Der gesamte Puffer wird hier jedoch nur für Tt_{max} benötigt. Die dynamische Datenstruktur erlaubt das Einfügen oder Entfernen von Elementen während der Laufzeit. Aus dem Ring kann zu jedem Takt eine

---

[1] nach einem Gespräch mit Prof. G. Schwarze, Berlin

beliebige Anzahl von Zellen am Ende des gespeicherten Abschnitts Vergangenheit entfernt werden, was die Dimension sprungartig reduziert und den gespeicherten Zeitabschnitt der Eingangsgröße ebenso verkürzt. Das Einfügen eines neuen Elements mit dem aktuellen Eingangswert $x(t_i)$ am Anfang erfordert jedoch genau die Taktzeit, so daß sich der Ring und damit der verfügbare Abschnitt Vergangenheit nur stufenweise erweitern läßt.

Im Zeitintervall $0 \leq t \leq m \cdot \Delta t$ (Δt Taktzeit) sei die Prognosefunktion

$$Tpr = Tpr(t) \tag{7}$$

mit der Eigenschaft

$$Tpr(t) \geq Tt(t) \tag{8}$$

vorgegeben. Zu den Takten $t_i = i \cdot \Delta t$ ($i = 0(1)m$) muß der Puffer nach (1) dann mindestens die Dimension

$$n[i] = \text{trunc}(Tpr(t_i)/\Delta t) + 2 \tag{9}$$

haben. Im allgemeinen ist diese Feldfunktion zu korrigieren, da bei jedem Takt nicht mehr als ein Element eingefügt werden kann. Die minimale korrigierte Ringdimensionen $ncor[i]$ resultiert, indem man schrittweise nach dem folgenden Algorithmus (Pascal) vom Intervallende zum Zeitnullpunkt $t = 0$ zurückläuft:

```
ncor[m] := n[m];
for i := m-1 downto 0 do begin
if n[i] >= ncor[i+1] then
ncor[i] := n[i] else
ncor[i] := ncor[i+1]-1
end;
```

$$\tag{10}$$

Die korrigierte Feldfunktion ist minimal, weil einerseits am Intervallende nur die mindestens erforderliche Dimension bereitgestellt wird, d.h. $ncor[m] = n[m]$ gilt und andererseits der Algorithmus während des Fortschreitens vom Intervallende zum Zeitnullpunkt versucht, die Dimension maximal mit -1 *Element/Schritt* zu reduzieren. Für $n[i] < ncor[i+1]$ fällt $ncor[i]$ stets mit -1 *Element/Schritt*, indem die korrigierte Feldfunktion entweder $n[i]$ folgt oder sich stufenweise bis zum Auftreffen auf das darunter liegende $n[i]$ verringert (freier Abstieg). Dies entpricht einem Zuwachs von 1 *Element/Takt* in positiver Richtung, womit der Puffer erweiterbar ist. Da zu jedem Takt eine beliebige Anzahl von Elementen am Ende entfernt werden darf, folgt $ncor[i]$ im Algorithmus jeder Zunahme von $n[i]$. Für eine korrigierte Dimension gilt stets

$$ncor[i] \geq n[i]. \tag{11}$$

Somit erfüllt auch die Feldfunktion $ncor[i]$ die Forderung (1) an Ringdimensionen.

Auf diese Weise wird ein Sprung $n[i+1] - n[i] > 1$ durch eine lineare Treppenfunktion mit der positiven Steigung von 1 *Element/Takt* ersetzt (Abbildung 3). Für die dynamische Änderung des Puffers ist die Differenz der Dimensionen

$$del[i] = ncor[i+1] - ncor[i] \qquad (i = 0(1)m-1), \tag{12}$$

mit $del[i] \leq 1$ maßgebend [5]. Falls keine Prognosefunktion existiert, macht man zunächst einen Lauf mit fester Ringdimension, der dann das experimentelle $Tt(t)$ liefert, aus dem sich eine Prognosefunktion ableiten läßt.

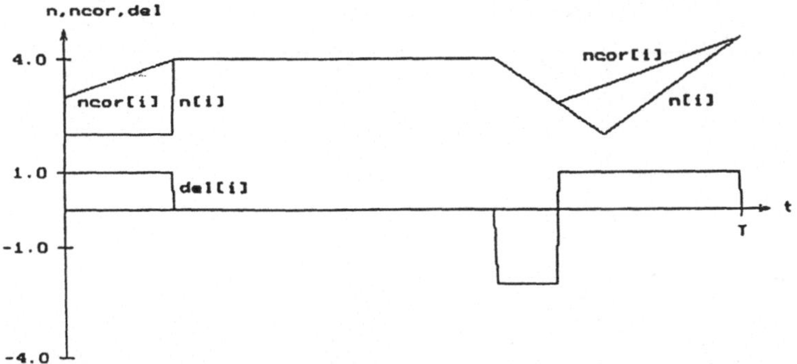

Abbildung 3. Prognosefunktion mit minimaler Ringdimension $n[i]$, korrigierter Dimension $ncor[i]$ und Differenz $del[i]$ aufeinander folgender Dimensionen (Skala).

2.4. Konstante Totzeit

Wenn die Totzeit einen festen Wert

$$Tt = n \cdot \Delta t \tag{13}$$

besitzt, ist ein "take out - put in" Algorithmus ausreichend, wo ein Ringelement zunächst gelesen und danach der aktuelle Eingangswert wieder in dasselbe Element geschrieben wird (Abbildung 4). Dies ist ein extrem schneller Algorithmus, der einen Spezialfall der allgemeinen Modellstruktur darstellt [3].

Tabelle 1 zeigt die Ein-Ausgangs-Beziehung des Algorithmus. Nach $t_i \geq n \cdot \Delta t$ erscheint die getastete Eingangsfunktion $x(t_i - Tt)$ als Treppenkurve $y(t_i)$ am Ausgang. Vorher wird der konstante Anfangswert y_0 aus dem Puffer gelesen. Betrachtet man in Blockschaltbildern von Regelsystemen Abweichungen vom stationären Arbeitspunkt, so ist der Anfangswert Null. Falls die Ausgangs-funktion $y(t)$ für $t < 0$ vorgegeben ist, sind die $y(i \cdot \Delta t)$ mit $i = -n(1)-1$ in dieser Reihenfolge, beginnend mit dem ersten Ringelement, abzuspeichern.

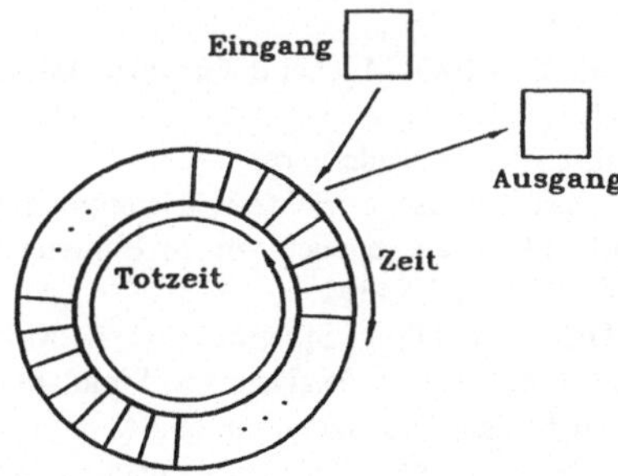

Abbildung 4. Ringförmige Modellstruktur für konstante Totzeit.

Zeit t_i	Ringelement	lesen $y(t_i)$	schreiben $x(t_i)$
0	1	y_0	x_0
Δt	2	y_0	x_1
$2\Delta t$	3	y_0	x_2
$3\Delta t$	4	y_0	x_3
.	.	.	.
$(n\text{-}1)\Delta t$	n	y_0	x_{n-1}
$n\Delta t$	1	x_0	x_n
$(n+1)\Delta t$	2	x_1	x_{n+1}
$(n+2)\Delta t$	3	x_2	x_{n+2}
.	.	.	.

Tabelle 1. "Take out - put in" Algorithmus.

3. Schlußbetrachtung

Zur Modellierung von Transporteffekten verzögert der Totzeit-Operator eine Variable zeitlich. Wenn mehr von einer dynamisch veränderlichen Totzeit für die Hardware-in-the-Loop-Simulation bekannt ist, als die maximale Totzeit und eine obere Schranke ihres Zeitverlaufs als Prognosefunktion vorgegeben ist, läßt sich die Ringdimension des Modells an die jeweiligen Anforderungen anpassen. Für glatte Funktionen ist es ausreichend, einen neuen Wert erst nach mehreren Takten zu speichern. Zwischen den Stützstellen wird jedoch zu jedem Takt ein Ausgangswert linear interpoliert. Feste Totzeiten als ganzes Vielfaches der Taktzeit lassen sich mittels eines sehr schnellen und einfachen "take out - put in" Algorithmus modellieren. Zeitlineare Totzeiten erzeugen Frequenzverschiebungen von harmonischen Eingangsgrößen [4].

Die obigen Algorithmen für veränderliche Totzeit ohne und mit Prognosefunktion wurden zunächst in Turbo-Pascal implementiert. Das Echtzeit-Simulationssystem DSP-CITpro der Firma dSPACE stellt eine leistungsfähige Basis für technische Anwendungen dar. In dem neuen graphischen Zugang SIMULINK unter Windows für Blockschaltbilder, können besondere Icons der Algorithmen kreiert werden [2] [6].

Literatur

[1] ACSL Reference Manual, Edition 10.0, Mitchel & Gauthier Associates [MGA] Inc., Concord MA, USA, 1991.

[2] DSP-CITpro, User Manual, dSPACE, Paderborn, 1993.

[3] R. Hohmann und D. Adler: Zyklische Echtzeit-Totzeitmodelle, Simulationstechnik, 6. Symposium in Wien, Tagungsband, herausgegeben von F. Breitenecker, I. Troch, P. Kopacek, Vieweg-Verlag, Braunschweig, 1990, S. 390-394.

[4] R. Hohmann: Real-Time Delay Modelling, Systems Analysis Modelling Simulation, Proceedings of the IMACS Symposium on Systems Analysis and Simulation, Berlin 26-30 June 1995, edited by A Sydow, Gordon and Breach Publishers, pp. 693-696.

[5] R. Hohmann: Time Delay Models Using Prognosis Function, Systems Analysis Modelling Simulation, Berlin, 1996, in Vorbereitung.

[6] SIMULINK, Dynamic System Simulation Software, The MathWorks, Inc., 1993.

Modellierung von Skin-Effekten im Zeitbereich

H. G. Brachtendorf, G. Welsch und R. Laur
Institut für Theoretische Elektrotechnik
und Mikroelektronik
Universität Bremen
28334 Bremen
email: brachtd@item.uni-bremen.de

Zusammenfassung

Diese Arbeit stellt ein Simulationsmodell für die Verluste infolge von Skin-Effekten vor. Da die Modellierung ausschließlich im Zeitbereich vorgenommen wird, entfallen aufwendige Transformationen zwischen Zeit- und Frequenzbereich. Das entstehende Modell ist sehr kompakt und läßt sich durch ein SPICE2-kompatibles Makromodell realisieren. Der Gültigkeitsbereich des Modells kann a priori angeben und die Genauigkeit bei nur mäßig steigendem Realisierungsaufwand beliebig erhöht werden.

Einleitung

Skin-Effekte beeinflussen häufig negativ das Systemverhalten. Beispielsweise sind sie in Transformatoren neben den Hystereseverlusten die Hauptursache der thermischen Verluste, die abgeführt und daher bei der Dimensionierung berücksichtigt werden müssen. Zusätzlich beeinflussen Skin-Effekte das dynamische Verhalten, was z.B. bei der Auslegung von Asynchronmotoren auch vorteilhaft genutzt wird.

Bei verlustbehafteten Leitungen sind die von Skin-Effekten erzeugten Verluste nur von geringem Interesse. Vielmehr interessiert hier die Dämpfung und Disperson des Signals. Es ist bekannt, daß bei verlustbehafteten Leitungen der ohmsche Widerstand der Leitung näherungsweise proportional mit $\sqrt{j\omega}$ ansteigt, wobei $j = \sqrt{-1}$ und ω die Kreisfrequenz ist.

In diesem Beitrag werden Simulationsmodelle zur Berücksichtigung von Skin-Effekten für leitende Materialien mit kreisförmigen oder rechteckigen Querschnitt angegeben. Ausgehend von den Maxwellschen Gleichungen erhält man ein System von partiellen Differentialgleichungen mit zusätzlichen Randbedingungen. Diese partiellen Differentialgleichungen werden durch ein Finite-Differenzen- (FD-) Ansatz diskretisiert. Das Diskretisierungsgitter ist frei wählbar. Man erhält dann ein System von gewöhnlichen Differentialgleichungen (ODE's). Es zeigt sich, daß durch ein problemangepaßtes Gitter mit nicht-äquidistanten Gitterabständen ein außerordentlich kompaktes Modell entwickelt werden kann, das gegenüber einem FD-Ansatz mit äquidistantem Gitterabständen zu einem wesentlich kleineren System von ODE's führt. Dieses System von ODE's wurde effizient als Makromodell für den Schaltungssimulator SPICE realisiert. Der Gültigkeitsbereich des Modells hängt vom Verhältnis der Eindringtiefe zum Gitterabstand ab. Durch Anpassen des Gitterabstandes läßt sich daher jeder gewünschte Gültigkeitsbereich und jede erwünschte Genauigkeit erzielen.

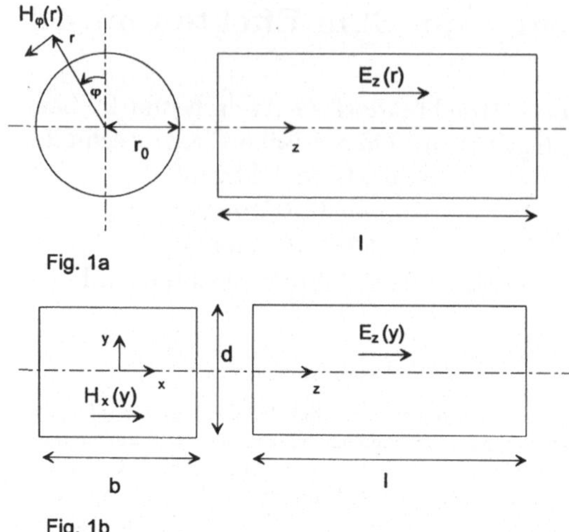

Abbildung 1: Die Leitergeometrien, für die das Skin-Effekt-Modell entwickelt wurde zusammen mit den positiven Vorzeichenrichtungen der elektrischen und magnetischen Feldkomponenten

In diesem Beitrag sind Vektoren durch Fettdruck gekennzeichnet.

Die Differentialgleichungen

Gegeben seien zwei Leiter der Länge l mit kreisförmigen oder rechteckigem Querschnitt (Abb. 1). Das Material des Leiters sei linear, homogen und isotrop. Zusätzlich werde angenommen, daß der Verschiebungsstrom im Leiter vernachlässigt werden kann. Die Maxwellschen Gleichungen lauten dann

$$\boldsymbol{\nabla} \times \boldsymbol{E} \;=\; -\mu \frac{\partial \boldsymbol{H}}{\partial t} \tag{1}$$

$$\boldsymbol{\nabla} \times \boldsymbol{H} \;=\; \sigma \, \boldsymbol{E}. \tag{2}$$

Ferner sei der Durchmesser klein gegenüber der Leitungslänge l und diese wiederum klein gegenüber der Wellenlänge des Signals, so daß ein quasistationärer Ansatz zulässig ist. Die elektrischen und magnetischen Feldkomponenten sind dann von der z-Richtung unabhängig (Abb. 1). Schließlich werde für den rechteckigen Leiterquerschnitt angenommen, daß $d \ll b$ sei. Die Gleichungen (1,2) lauten dann für einen Widerstand der Länge l

$$\frac{\partial H_\varphi(r)}{\partial r} \;+\; \frac{1}{r} H_\varphi(r) \;=\; \sigma \, E_z(r) \tag{3}$$

$$\frac{\partial E_z(r)}{\partial r} \;=\; \mu\,\frac{\partial H_\varphi(r)}{\partial t} \tag{4}$$

bei kreisförmigen Querschnitt und

$$\frac{\partial H_x(y)}{\partial y} \;=\; \sigma\,E_z(y) \tag{5}$$

$$\frac{\partial E_z(y)}{\partial y} \;=\; \mu\,\frac{\partial H_x(y)}{\partial t} \tag{6}$$

bei rechteckigem Querschnitt. Für eine Induktivität sind in Abb. 1 die elektrischen und magnetischen Feldkomponenten zu vertauschen.

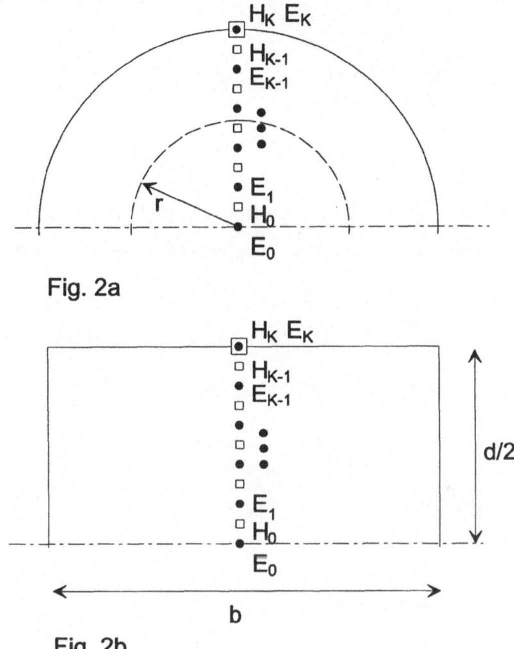

Abbildung 2: Diskretisierungsgitter mit äquidistanten Gitterabständen. Kreise kennzeichnen die Diskretisierungspunkte für das elektrische und Quadrate für das magnetische Feld

Finite-Differenzen-Diskretisierung mit äquidistantem Gitter

Die partiellen Differentialgleichungen (3,4) bzw. (5,6) werden nun durch ein Gitter mit $K+1$ Gitterpunkten und äquidistantem Gitterabstand $a = \frac{r_0}{K}$ bzw. $a = \frac{d}{2K}$ diskretisiert. Um die

Genauigkeit an den inneren Gitterpunkten zu erhöhen, ist das Diskretisierungsgitter des elektrischen Feldes gegenüber dem des magnetischen Feldes verschoben (Abb. 2).

Mit den Abkürzungen $H_k = H_\varphi((k+1/2)a)$, $E_k = E_z(k \cdot a)$ und unter Berücksichtigung daß $H_\varphi(0) \equiv 0$ erhält man bei einer Finite-Differenzen-Diskretisierung (FD) der partiellen Differentialgleichungen (3) und (4) folgendes System von gewöhnlichen Differentialgleichungen (ODE's)

$$\frac{E_k - E_{k-1}}{a} = \mu \frac{\partial H_{k-1}}{\partial t} + O(a^2) \quad k = 1, \dots, K \tag{7}$$

$$\frac{H_k - H_{k-1}}{a} + \frac{H_k + H_{k-1}}{2k\,a} = \sigma E_k + O(a^2) \quad k = 1, \dots, K-1 \tag{8}$$

für die inneren Gitterpunkte und

$$\frac{H_K - H_{K-1}}{a/2} + \frac{H_K + H_{K-1}}{2(K-1/4)\,a} = \sigma E_K + O(a) \tag{9}$$

$$\frac{H_0}{a/4} = \sigma E_0 + O(a) \tag{10}$$

auf dem Rand. Dabei bezeichnet $O(\cdot)$ die Ordnung des Diskretisierungsschemas.

Mit gleicher Rechnung führt die Diskretisierung von (5,6) zu dem System von ODE's

$$\frac{E_k - E_{k-1}}{a} = \mu \frac{\partial H_{k-1}}{\partial t} + O(a^2) \quad k = 1, \dots, K \tag{11}$$

$$\frac{H_k - H_{k-1}}{a} = \sigma E_k + O(a^2) \quad k = 1, \dots, K-1 \tag{12}$$

und auf dem Rand

$$\frac{H_K - H_{K-1}}{a/2} = \sigma E_K + O(a) \tag{13}$$

$$\frac{H_0}{a/2} = \sigma E_0 + O(a). \tag{14}$$

Diese Gleichungssysteme liefern $2K+1$ Gleichungen für $2K+2$ Unbekannte. Eine weitere Zwangsbedingung ist auf dem äußeren Rand für das elektrische Feld gegeben

$$E_K = V/l, \tag{15}$$

wobei V die Spannung über dem Widerstand ist. Die Gleichungssysteme (7-10) bzw. (11-14) liefern mit (15) eine eindeutige Lösung für alle konsistenten Anfangswerte.

Die Abbildung 3 zeigt zwei Schaltungsrealisierungen des Gleichungssystems (11-14). Dabei ist $C = L = a \cdot \mu$ und $H_K = i/2b$. Die obere Schaltung führt zu einem kleineren Gleichungssystem unter Verwendung der modifizierten Knotenanalyse und ist daher vorzuziehen.

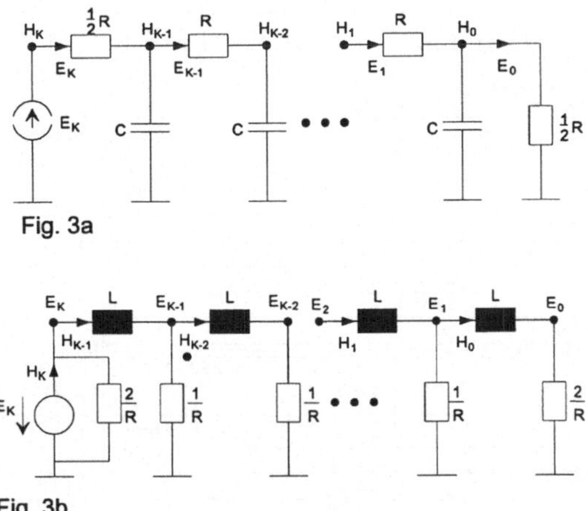

Abbildung 3: Zwei Schaltungsrealisierungen des Skin-Effekt-Modells

Zur Modellierung einer Spule mit leitfähigem Kernmaterial wird die Gleichung (15) ersetzt durch

$$H_K = \frac{w \cdot i}{l},\qquad(16)$$

wobei w die Anzahl der Windungen und i der Strom durch die Induktivität ist.

Nicht-äquidistantes Diskretisierungsgitter

Bei starkem Skin-Effekt ist die Eindringtiefe, die definiert ist durch

$$\Delta x = \frac{1}{\sqrt{\pi f \sigma \mu}}\qquad(17)$$

wesentlich kleiner als der Durchmesser des Leiterquerschnitts. Tatsächlich ist das Innere des Leiters annähernd feldfrei. Um den starken Skineffekt modellieren zu können muß bei äquidistantem Gitterabstand eine sehr große Zahl von Diskretisierungspunkten gewählt werden, was zu erheblichen Simulationszeiten führt. Sinnvoll ist daher ein problemangepaßtes Gitter dessen Gitterweite zum Leitermittelpunkt hin zunimmt. Es wurden daher verschiedene Gitter untersucht, wobei der Gitterabstand zur Leitermitte hin jeweils um einen konstanten multiplikativen Faktor c vergrößert wird. Der Paramter c wurde zwischen 1 und 3 gewählt.

Simulationsergebnisse

Zur Untersuchung des Gültigkeitsbereichs des Modells eignet sich besonders der Frequenzbereich, da für die hier benutzten Geometrien im Frequenzbereich die exakten Lösungen

$\frac{\Delta x}{r_0}$	analytical		$c=1$ $\frac{a}{r_0}=0.125$		$c=2$ $\frac{a}{r_0}=3.92\cdot10^{-3}$	
	R/Ω	$\omega L/\Omega$	R/Ω	$\omega L/\Omega$	R/Ω	$\omega L/\Omega$
6.61	1	$5.7\cdot10^{-3}$	1	$5.68\cdot10^{-3}$	1	$5.5\cdot10^{-3}$
2.09	1	0.057	1	$5.68\cdot10^{-2}$	1	$5.48\cdot10^{-2}$
0.66	1.109	0.54	1.11	0.538	1.096	0.519
0.21	2.66	2.376	2.84	2.13	2.588	2.29
$6.61\cdot10^{-2}$	7.82	7.56	7.49	1.88	7.623	7.276
$2.09\cdot10^{-2}$	24.15	23.9			23.55	22.694
$6.61\cdot10^{-3}$	75.89	75.6			76.54	64.67
$2.09\cdot10^{-3}$	239.45	239				

$\frac{\Delta x}{r_0}$	$c=2.5$ $\frac{a}{r_0}=9.83\cdot10^{-4}$		$c=3$ $\frac{a}{r_0}=3.05\cdot10^{-4}$	
	R/Ω	$\omega L/\Omega$	R/Ω	$\omega L/\Omega$
6.61	1	$5.29\cdot10^{-3}$	1	$5.1\cdot10^{-3}$
2.09	1	0.0528	1	$5.1\cdot10^{-2}$
0.66	1.091	0.501	1.088	0.481
0.21	2.549	2.217	2.557	2.168
$6.61\cdot10^{-2}$	7.357	7.148	7.469	6.885
$2.09\cdot10^{-2}$	22.93	22.896	22.91	21.62
$6.61\cdot10^{-3}$	73.38	70.68	71.38	67.73
$2.09\cdot10^{-3}$	235.12	204.25	224.0	209.7

Tabelle 1: Simulationsergebnisse eines Widerstandes

bekannt sind [1]. Ein Widerstand mit Wirbelstromverlusten kann im Frequenzbereich durch eine Parallelschaltung eines Widerstands und einer Induktivität modelliert werden

$$R + j\omega L = \frac{kl}{2\pi r_0\sigma}\,\frac{J_0(k\,r_0)}{J_1(k\,r_0)}, \tag{18}$$

wobei $k = (1-j)/\Delta x$ und $J_0(k\,r_0)$ and $J_1(k\,r_0)$ Bessel-Funktionen 0-ter bzw. 1-ter Ordnung sind. Die Tabelle 1 vergleicht die analytischen mit den simulierten Ergebnissen für verschiedene Werte des Parameters c für einen Frequenzbereich von sieben Dekaden bei $K = 8$ Diskretisierungspunkten. Die Simulationsergebnisse sind in ausgezeichneter Übereinstimmung mit den analytischen Zahlenwerten, solange die Eindringtiefe Δx größer als der kleinste Gitterabstand a ist. Insgesamt erhält man für $c = 2.5$ ein optimales Modell hinsichtlich der Genauigkeit und der Frequenzbreite.

Literatur

[1] Küpfmüller, K.: "Einführung in die theoretische Elektrotechnik", Springer-Verlag, Berlin, 1959.

Simulation und zustandsabhängige Regelung ereignisgesteuerter Systeme

H. Westphal*— S. Fiedler*
⋆ Institut für Automatisierungstechnik
⋆ Institut für Mathematische Stochastik
Universität Magdeburg, PF 4120, 39016 Magdeburg

Zusammenfassung: Zustandsübergangsmodelle werden sehr erfolgreich eingesetzt, um z.B. die Dynamik von diskreten Systemen zu simulieren. Eine Klasse solcher Modelle sind die stochastischen PETRI-Netze.
In diesem Beitrag wird am Beispiel eines Kommunikationssystems aufgezeigt, wie die Zustandsübergangsraten der dem stochastischen PETRI-Netz unterlagerten stochastischen Prozesse zur Simulation und zustandsabhängigen Regelung von diskreten Systemen eingesetzt werden können. Es wird eine Politik zur Simulation und zustandsabhängigen Regelung von ereignisgesteuerten Systemen mit abzählbarem Zustandsraum dargestellt.
Dadurch ist es möglich, ein stochastisches PETRI-Netz als Zustandsbeobachter mit in die zustandsabhängige Regelung einzubeziehen. Als Oberbegriff für diese Art der Simulation und zustandsabhängigen Regelung von ereignisgesteuertern Systemen wird der Begriff *Equalizer* eingeführt.

1 Einleitung

In [1] wurde eine Latenz- und Bandbreiteanalyse von Kommunikationssystemen vorgestellt und in [2] hinsichtlich einer allgemeinen Modellbildung, Simulation, Analyse und Systemoptimierung mittels stochastischer PETRI-Netze weitergeführt. Am Beispiel von [2] wurde dann in [3] gezeigt, wie aus einem stochastischen PETRI-Netz Modell das zugehörige MARKOV-Modell ermittelt werden kann. Dieser Beitrag erweitert die bisherigen Arbeiten um eine systematische und allgemeine Methodologie zur simulativen Ermittlung, Analyse und systemzustandsabhängigen optimalen Regelung von ereignisgesteuerten Systemen und zielt auf eine Resourcenplanung- und Optimierung.

2 Anwendung stochastischer PETRI-Netze zur Synthese eines Zustandsreglers

Die von C.A. PETRI eingeführten PETRI-Netze (Stellen/Transitionen-Netze) dienen der funktionalen Analyse von parallelen, nebenläufigen Systemen. Erfüllte Bedingungen oder die Anzeige des Auftretens bestimmter Zustände werden durch Marken dargestellt. Die Dynamik des modellierten Prozesses wird durch den Markenfluß innerhalb des Netzes nachgebildet, und die Schaltregeln bestimmen wann Transitionen schalten. Durch das Schalten einer Transition werden die Marken vom Vorbereich der Transition entfernt und dem Nachbereich hinzugefügt. Eine funktionale Analyse des Markenflusses und der Invarianz der Markenbelegung eines PETRI-Netzes kann durch Bestimmung der T- und S-Invarianten geschehen. Treten Konflikte im Netz auf, muß eine geeignete Konfliktlösungsstrategie die erlaubte Transitionenschaltfolge vorgeben. In [4] ist die Vorgehensweise am Beispiel gezeigt.

Zur Veranschaulichung der Anwendung der T-Invarianten zur Systemsteuerung werden die T-Invarianten in [4] als Transitionenschaltfolgen (Prioritäten), die durch Berücksichtigung der Transitionsgewichte und der Wahrscheinlichkeiten das Sytemverhalten steuern, definiert. Ein stochastisches PETRI-Netz (SPN) wird als Sieben-Tupel: $SPN = (\mathbf{p}, \mathbf{t}, \mathbf{b}, \Pi, \Xi, \mathbf{cap}, \mathbf{m}^0)$ mit einem Stellenvektor $\mathbf{p} = (p_1, \ldots, p_m)$, einem Transitionenvektor $\mathbf{t} = (t_1, \ldots, t_n)$, einem Kantenvektor $\mathbf{b} = (b_1, \ldots, b_r)$, $\mathbf{b} \subseteq (\mathbf{p} \times \mathbf{t}) \cup (\mathbf{t} \times \mathbf{p})$, der Transitionenschaltfolge $\Pi = (\boldsymbol{\pi_1}, \ldots, \boldsymbol{\pi_n})$, einem stochastischen Komponentenvektor $\Xi = (\xi_1, \ldots, \xi_n)$, einem Kapazitätsvektor $\mathbf{cap} = (cap_1, \ldots, cap_m)$ und dem Anfangsmarkierungsvektor $\mathbf{m}^0 = (m_1^0, \ldots, m_m^0)$ definiert.

Anmerkung 1: Für steuerungstechnische Anwendungen ist zu beachten, daß das direkte Abziehen einer Marke von einer Stelle und das Hinzufügen der Marke auf derselben Stelle nicht in der Inzidenzmatrix erscheint.

Zur Beschreibung eines PETRI-Netzes dient die Inzidenzmatrix $\mathbf{C}$ mit $\mathbf{C} = \mathbf{C}^+ - \mathbf{C}^-$, $\mathbf{C} = [c_{ij}]_{m,n}$ (d.h. $i \in \{1, \ldots, m\}$ und $j \in \{1, \ldots, n\}$), $c_{ij} = c_{ij}^+ - c_{ij}^-$. Dabei sind $c_{ij}^+ = w_{j,i}$ das Gewicht der Kante von Transition j zur Stelle i (Eingangskanten in Stelle i) und $c_{ij}^- = w_{i,j}$ das Gewicht der Kante von Stelle i zur Transition j (Ausgangskante aus Stelle i).

In den weiteren Ausführungen wird das Beispiel aus [3] mit der Inzidenzmatrix $\mathbf{C} = [c_{ij}]_{17,19}$ (17 Stellen und 19 Transitionen), dem Kapazitätsvektor $\mathbf{cap} = (cap_1, \ldots, cap_{17})$ (cap_i ist die vorgegebene maximal mögliche Markenanzahl in Stelle p_i), und der Anfangsmarkierung (Anfangszustand) $\mathbf{m}^0 = (m_1^0, \ldots, m_{17}^0)$ verwendet.

Das Schalten einer aktivierten Transition t bewirkt einen Übergang von der Markierung m (Zustand des PETRI-Netzes) zur Markierung $\mathbf{m}'$, $\mathbf{m} \overset{t}{\to} \mathbf{m}'$. Ein Vektor $\mathbf{ti} = (ti_1, \ldots, ti_{19})$, ($ti_j = k_j$ bedeutet: Transition j schaltet k_j mal) für welchen folgende Gleichung gilt: $\mathbf{C} * \mathbf{ti} = 0$ heißt T-Invariante (positiv ganzzahlige Lösung des diophantischen Gleichungssystems). Die Menge aller positiv ganzzahligen Lösungen werden als $\mathbf{TI_{min}}$ bezeichnet. Das k_j-malige Schalten der Transition j führt wieder zur Anfangsmarkierung. Durch T-Invarianten, die als positive Linearkombination der Elemente der Menge $\mathbf{TI_{min}}$ gebildet werden, können auf einfache Weise analytisch Pfade und Zyklen im PETRI-Netz analysiert und generiert werden. Der Pfad, der zum Beispiel durch das k_j-malige Schalten der Transition j wieder zur Anfangsmarkierung führt, kann mittels Linearkombinationen der Elemente der Menge $\mathbf{TI_{min}}$ erweitert werden, um zum Beispiel das Durchlaufen mehrerer Zyklen im modellierten System zu ermöglichen. Die Abbruchbedingung des Durchlaufens der Zyklen kann durch den Kapazitätsvektor $\mathbf{cap} = (cap_1, \ldots, cap_m)$, der die Zyklen beinhaltet, als Randbedingung definiert werden. Diese Vorgehensweise der Modellierung, Analyse und Steuerung eines ereignisgesteuerten Systems mittels eines stochastischen PETRI-Netzes bedarf einer strukturierten Vorgehensweise. Das bedeutet, daß erst nach der Entwicklung und funktionalen Analyse des PETRI-Netzes, welches das funktionale Verhalten des zu simulierenden Systems widerspiegelt, das stochastische Systemverhalten in das PETRI-Netz integriert wird. Durch Definition des erlaubten, des optimalen und des sub-optimalen Systemverhaltens werden mittels positiver Linearkombinationen der Elemente der Menge $\mathbf{TI_{min}}$ die gewünschten Pfade und Zyklen des PETRI-Netzes, also das gewünschte Systemverhalten definiert. Die Aufgabe des Ingenieurs ist, basierend auf den Elementen der Menge $\mathbf{TI_{min}}$, einen Zustandsbeobachter (*supervisory controller*) für das zu regelnde ereignisgesteuerte System zu generieren. Der Zustandsbeobachter muß das gewünschte und möglichst das optimale Systemverhalten durch Adaption der Systemparameter unter allen möglichen Anfangs- und Randbedingungen sicherstellen.

Anmerkung 2: Durch Anwendung des oben aufgeführten Verfahrens kann die Synthese eines Zustandsreglers rein analytisch erfolgen, und das Ergebnis kann formal bewiesen werden.

3 Die unterlagerten zeitabhängigen Systemtrajektorien

Um PETRI-Netze besser analysieren zu können, betrachtet man Teilmengen des Zustandsraumes. Das in diesem Artikel verwendete Beispiel eines stochastischen PETRI-Netzes des FDDI (Fibre Distributed Data Interface) Kommunikationssystems ist u.a. in [3] aufgezeigt. Um die Komplexität des Beispiels zu verringern, wird für den Entwurf der Simulation und zustandsabhängigen Regelung von ereignisgesteuerten Systemen im weiteren nur die Untermenge des Zustandsraumes (reachability set) $RS(\Pi)$ berücksichtigt, die bezüglich des Leistungsverhaltens des zu simulierenden Systems zu berücksichtigen ist. Um dieses zu erreichen, trennen wir uns von den Systemzuständen, die das funktionale, aber nicht das dynamische Verhalten des Systems repräsentieren. Für das betrachtete PETRI-Netz aus [3] wurden die erlaubten 38 Markierungen durch das in [3] aufgezeigte Verfahren (das die zeitlosen Markierungen eliminiert) auf die in Abbildung 1 gezeigten 16 zeitbehafteten Markierungen reduziert, und wir erhalten die erlaubte (allowed) zeitbehaftete (timed) Erreichbarkeitsmenge $RS(\Pi_{\text{all tim}})$ (Teilmenge des Zustandsraumes des zu simulierenden Systems).

Der zeitbehaftete Erreichbarkeitsgraph in Abbildung 1 beinhaltet somit sämtliche Information, die zur Leistungsanalyse des modellierten Systems notwendig ist. Die Nummerierung der Markierungen des Erreichbarkeitsgraphen wurde zur Veranschaulichung beibehalten. Alle nicht aufgeführten Markierungen sind zeitlos.

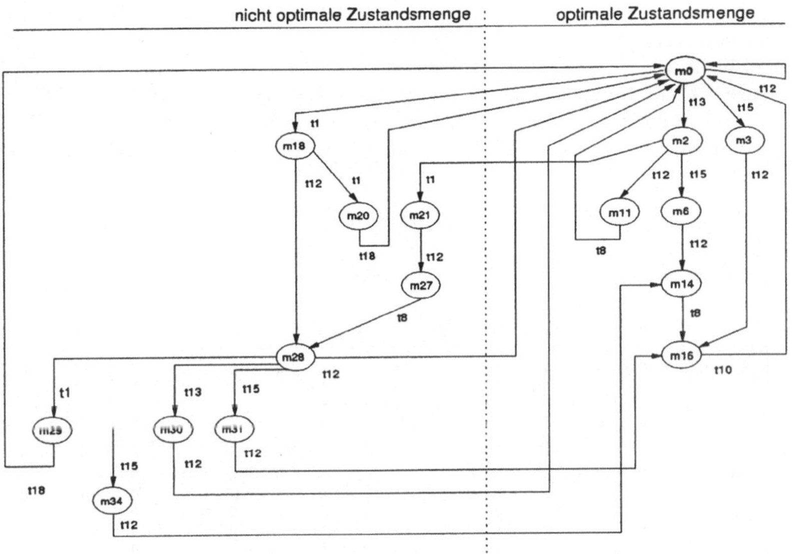

Abbildung 1: Der zeitbehaftete Erreichbarkeitsgraph $RS(\Pi_{\text{all tim}})$.

Die optimale Teilmenge der zeitbehafteten Erreichbarkeitsmenge $RS(\Pi_{\text{tim opt}})$ des stochastischen PETRI-Netzes ist als die Menge aller optimalen Markierungen definiert. Im Beispiel sind es $M_{\text{opt}\,0,\ldots,6}$, welche ausgehend von m^0 erreicht werden können. Betrachten wir nun $RS(\Pi_{\text{tim opt}})$ mit $RS(\Pi_{\text{tim opt}}) \subset RS(\Pi_{\text{all tim}})$ und die erlaubte (allowed) Transitionenschaltfolge $\Pi_{\text{all}\,1,\ldots,n}$.

Schaltet im Zustand $\mathbf{m}$ eine aktivierte Transition j, so entsteht ein neuer Zustand $\mathbf{m}'$. Wir kehren aus dem Zustand $\mathbf{m}^0$ wieder in den Zustand $\mathbf{m}^0$ zurück, wenn eine Folge von

Transitionen aus $\Pi_{\mathrm{all}\,1,\dots,n}$ in der angegebenen Reihenfolge schaltet: $\mathbf{m}^0 \xrightarrow{\;\Pi_{\mathrm{all}\,1,\dots,n}\;} \mathbf{m}^0$.
$\mathbf{RS}\,(\Pi_{\mathrm{tim\ opt}})$ besteht im Beispiel aus 7 Markierungen. Es gilt: $\mathbf{M}_{\mathrm{all}\,0,\dots,15} \subset \mathbf{M}_{\mathrm{all}\,0,\dots,37}$
und $\mathbf{M}_{\mathrm{opt}\,0,\dots,6} \subset \mathbf{M}_{\mathrm{tim}\,0,\dots,15}$.
Zum Beispiel sei eine Transitionenschaltfolge $\Pi_{\mathrm{tim\ opt}_1} = (t_{13}, t_{15}, t_{12}, t_8, t_{10})$ betrachtet,
und wir erhalten $\mathbf{m}_{\mathrm{opt}_0} \xrightarrow{t_{13}} \mathbf{m}_{\mathrm{opt}_2} \xrightarrow{t_{15}} \mathbf{m}_{\mathrm{opt}_6} \xrightarrow{t_{12}} \mathbf{m}_{\mathrm{opt}_{14}} \xrightarrow{t_8} \mathbf{m}_{\mathrm{opt}_{16}} \xrightarrow{t_{10}} \mathbf{m}_{\mathrm{opt}_0}$.
Anmerkung 2: Es soll angeführt werden, daß die Elimination der zeitlosen Markierungen die
Komplexität der Darstellung vermindert und somit für die Veranschaulichung des im folgenden dargestellten Verfahrens zur zustandsabhängigen Regelung ereignisgesteuerter Systeme
sinnvoll ist. Durch die Elimination der zeitlosen Markierungen sind nicht alle für eine Regelung des Systemverhaltens verwendbaren Markierungen im zeitbehafteten (reduzierten)
Erreichbarkeitsgraphen enthalten.

4 Leistungsmodellierung und zustandsabhängige Regelung

Ein stochastisches PETRI-Netz mit exponentialverteilten Schaltzeiten kann als eine
MARKOV-Kette mit stetiger Zeit (CTMC, continous time MARKOV chain) betrachtet
werden, deren Zustände isomorph zur Menge der Markierungen sind. Ein endlicher Zustandsraum einer CTMC ist eine Familie von Zufallsgrößen mit Werten im Zustandsraum, welche
stückweise konstant sind. Der Zustand einer MARKOV-Kette entspricht einer greifbaren
(tangible) Markierung in der Erreichbarkeitsmenge $\mathbf{RS}\,(\Pi_{\mathrm{tim}})$ des PETRI-Netz Beispiels,
siehe auch Abbildung 1.
Als Zustandsübergangsraten werden die Schaltraten γ_i der entsprechenden Transition i des
stochastischen PETRI-Netzes definiert. Aus dem betrachteten stochastischen PETRI-Netz
Modell kann eine ergodische zeitkontinuierliche MARKOV-Kette generiert werden [3]. Nun
können die stationären Wahrscheinlichkeitsdichtevektoren ω wie folgt berechnet werden:

$$\omega\,\Gamma = 0 \qquad \forall\,\omega\,:\ \sum_{i=1}^{|s(\Pi_{\mathrm{tim}})|} \omega_i = 1, \tag{1}$$

$$\Gamma = \begin{array}{c|cccccccccccccccc}
 & 0 & 1 & 2 & 3 & 4 & 5 & 6 & 7 & 8 & 9 & 10 & 11 & 12 & 13 & 14 & 15 \\
\hline
0 & \Sigma_0 & \gamma13_0 & \gamma15_0 & 0 & 0 & 0 & 0 & \gamma1_0 & 0 & 0 & 0 & 0 & 0 & 0 & 0 & 0 \\
1 & 0 & \Sigma_1 & 0 & \gamma15_1 & \gamma12_1 & 0 & 0 & 0 & 0 & \gamma1_1 & 0 & 0 & 0 & 0 & 0 & 0 \\
2 & 0 & 0 & \Sigma_2 & 0 & 0 & 0 & \gamma12_2 & 0 & 0 & 0 & 0 & 0 & 0 & 0 & 0 & 0 \\
3 & 0 & 0 & 0 & \Sigma_3 & 0 & \gamma12_3 & 0 & 0 & 0 & 0 & 0 & 0 & 0 & 0 & 0 & 0 \\
4 & \gamma8_4 & 0 & 0 & 0 & \Sigma_4 & 0 & 0 & 0 & 0 & 0 & 0 & 0 & 0 & 0 & 0 & 0 \\
5 & 0 & 0 & 0 & 0 & 0 & \Sigma_5 & \gamma8_5 & 0 & 0 & 0 & 0 & 0 & 0 & 0 & 0 & 0 \\
6 & \gamma10_6 & 0 & 0 & 0 & 0 & 0 & \Sigma_6 & 0 & 0 & 0 & 0 & 0 & 0 & 0 & 0 & 0 \\
7 & 0 & 0 & 0 & 0 & 0 & 0 & 0 & \Sigma_7 & \gamma1_7 & 0 & 0 & \gamma12_7 & 0 & 0 & 0 & 0 \\
8 & \gamma18_8 & 0 & 0 & 0 & 0 & 0 & 0 & 0 & \Sigma_8 & 0 & 0 & 0 & 0 & 0 & 0 & 0 \\
9 & 0 & 0 & 0 & 0 & 0 & 0 & 0 & 0 & 0 & \Sigma_9 & \gamma12_9 & 0 & 0 & 0 & 0 & 0 \\
10 & 0 & 0 & 0 & 0 & 0 & 0 & 0 & 0 & 0 & 0 & \Sigma_{10} & \gamma8_{10} & 0 & 0 & 0 & 0 \\
11 & \gamma12_{11} & 0 & 0 & 0 & 0 & 0 & 0 & 0 & 0 & 0 & 0 & \Sigma_{11} & \gamma1_{11} & \gamma13_{11} & \gamma15_{11} & 0 \\
12 & \gamma18_{12} & 0 & 0 & 0 & 0 & 0 & 0 & 0 & 0 & 0 & 0 & 0 & \Sigma_{12} & 0 & 0 & 0 \\
13 & \gamma12_{13} & 0 & 0 & 0 & 0 & 0 & 0 & 0 & 0 & 0 & 0 & 0 & 0 & \Sigma_{13} & 0 & \gamma15_{13} \\
14 & 0 & 0 & 0 & 0 & 0 & 0 & \gamma12_{14} & 0 & 0 & 0 & 0 & 0 & 0 & 0 & \Sigma_{14} & 0 \\
15 & 0 & 0 & 0 & 0 & 0 & \gamma12_{15} & 0 & 0 & 0 & 0 & 0 & 0 & 0 & 0 & 0 & \Sigma_{15}
\end{array} \tag{2}$$

wobei $\Gamma = [\gamma_{ij}]$, Gleichung 2, die quadratische Transitionsratenmatrix für das Gleichgewicht
darstellt. Sie wird auch die Generatormatrix der MARKOV-Kette genannt; siehe auch Abbildung 1.
Die Elemente γ_{ij} bezeichnen die Übergangsraten der Transitionen der MARKOV-Kette
vom Zustand (state) i zum Zustand j; $|s(\Pi_{\mathrm{tim}})|$ ist die Anzahl der greifbaren Zustände

des unterlagerten stochastischen Prozesses und wird im folgenden gleich N gesetzt, i.e. $N := |s(\Pi_{tim})|$; $\omega = (\omega_1, \ldots, \omega_N)$ ist die stationäre Wahrscheinlichkeitsdichte (Zeilenvektor), i.e. ω_i ist die Aufenthaltswahrscheinlichkeit der MARKOV-Kette im Zustand i, wenn sich das System im stochastischen Gleichgewicht befindet.

Mit der quadratische Matrix $\Psi = [\psi_{ij}]$, Gleichung 3,

$$\Psi = \Gamma\,\theta + \mathbf{I} \tag{3}$$

kann Gleichung 1 folgendermaßen geschrieben werden, Gleichung 4,

$$\omega\,\Psi = \omega \qquad \forall\,\omega : \sum_{i=1}^{N} \omega_i = 1 \tag{4}$$

Mit dem Skalar θ: $\theta \leq \frac{0.99}{max\,\gamma_{ii}}$ (wegen guter Konvergenz) wird Ψ eine stochastische Matrix:

$$\sum_{j=1}^{N} \psi_{kj} = 1,\ k \in \{1, \ldots, N\}. \tag{5}$$

Die dem stochastischen PETRI-Netz unterlagerte Transitionsübergangsratenmatrix Ψ zeigt Gleichung 6. Die Matrix Ψ wird Transitionswahrscheinlichkeitsmatrix genannt.

$$\Psi = \begin{pmatrix}
 & 0 & 1 & 2 & 3 & 4 & 5 & 6 & 7 & 8 & 9 & 10 & 11 & 12 & 13 & 14 & 15 \\
\hline
0 & \psi_{00} & \psi_{01} & \psi_{02} & 0 & 0 & 0 & 0 & 07 & 0 & 0 & 0 & 0 & 0 & 0 & 0 & 0 \\
1 & 0 & \psi_{11} & 0 & \psi_{13} & \psi_{14} & 0 & 0 & 0 & 0 & \psi_{19} & 0 & 0 & 0 & 0 & 0 & 0 \\
2 & 0 & 0 & \psi_{22} & 0 & 0 & 0 & \psi_{26} & 0 & 0 & 0 & 0 & 0 & 0 & 0 & 0 & 0 \\
3 & 0 & 0 & 0 & \psi_{33} & 0 & \psi_{35} & 0 & 0 & 0 & 0 & 0 & 0 & 0 & 0 & 0 & 0 \\
4 & \psi_{40} & 0 & 0 & 0 & \psi_{44} & 0 & 0 & 0 & 0 & 0 & 0 & 0 & 0 & 0 & 0 & 0 \\
5 & 0 & 0 & 0 & 0 & 0 & \psi_{55} & \psi_{56} & 0 & 0 & 0 & 0 & 0 & 0 & 0 & 0 & 0 \\
6 & \psi_{60} & 0 & 0 & 0 & 0 & 0 & \psi_{66} & 0 & 0 & 0 & 0 & 0 & 0 & 0 & 0 & 0 \\
7 & 0 & 0 & 0 & 0 & 0 & 0 & 0 & \psi_{77} & \psi_{78} & 0 & 0 & \psi_{711} & 0 & 0 & 0 & 0 \\
8 & \psi_{80} & 0 & 0 & 0 & 0 & 0 & 0 & 0 & \psi_{88} & 0 & 0 & 0 & 0 & 0 & 0 & 0 \\
9 & 0 & 0 & 0 & 0 & 0 & 0 & 0 & 0 & 0 & \psi_{99} & \psi_{910} & 0 & 0 & 0 & 0 & 0 \\
10 & 0 & 0 & 0 & 0 & 0 & 0 & 0 & 0 & 0 & 0 & \psi_{1010} & \psi_{1011} & 0 & 0 & 0 & 0 \\
11 & \psi_{110} & 0 & 0 & 0 & 0 & 0 & 0 & 0 & 0 & 0 & 0 & \psi_{1111} & \psi_{1112} & \psi_{1113} & \psi_{1114} & 0 \\
12 & \psi_{120} & 0 & 0 & 0 & 0 & 0 & 0 & 0 & 0 & 0 & 0 & 0 & \psi_{1212} & 0 & 0 & 0 \\
13 & \psi_{130} & 0 & 0 & 0 & 0 & 0 & 0 & 0 & 0 & 0 & 0 & 0 & 0 & \psi_{1313} & 0 & \psi_{1315} \\
14 & 0 & 0 & 0 & 0 & 0 & 0 & \psi_{146} & 0 & 0 & 0 & 0 & 0 & 0 & 0 & \psi_{1414} & 0 \\
15 & 0 & 0 & 0 & 0 & 0 & \psi_{155} & 0 & 0 & 0 & 0 & 0 & 0 & 0 & 0 & 0 & \psi_{1515}
\end{pmatrix} \tag{6}$$

Die stationäre Wahrscheinlichkeitsverteilung ω kann iterativ durch Gleichung 7 berechnet werden.

$$\omega^{j+1} = \omega^{j}(\,\Gamma\,\theta + \mathbf{I}\,). \tag{7}$$

Gilt $|\omega^{j} - \omega^{j-1}| \leq$ **eps** (vordefiniert), wird die Iteration nach dem $j - ten$ Schritt beendet.

Anmerkung 3: Die Matrix Ψ wird durch den Iterationprozess *nicht* geändert, und die stationären Wahrscheinlichkeitsverteilungen hängen *nicht* von der initialen Wahrscheinlichkeitsverteilung $\omega_{init} = (\omega_{init\,1}, \ldots, \omega_{init\,N})$ ab.

Mit der stationären Wahrscheinlichkeitsverteilung $\omega = (\omega_1, \ldots, \omega_N)$ erhält man die mittlere Schaltrate der Transitionen pro Zeiteinheit. Die mittlere Schaltrate $\overline{\gamma_i}$ von t_i pro Zeiteinheit ist in Gleichumg 8 gegeben:

$$\overline{\gamma}_i = \sum_{j=1}^{N} \omega_j \, \frac{\gamma_{i_j}}{-\Sigma_i} \ \text{mit} \ \Sigma_i = - \sum_{j=1}^{n} \gamma_{i_j}, \ \forall \, j \neq i \ \text{und} \ \text{s}\,(\Pi_{t_i}) \in \text{s}\,(\Pi_{\text{tim}}) \qquad (8)$$

wobei γ_{i_j} die Schaltrate von t_i darstellt, nachdem das System in Zustand j war und $-\Sigma_i$ ist die Summe der Schaltraten der Transitionen t_i, die den speziellen Zustand j verlassen. Hiermit kann eine Vektornotation für die mittlere Schaltrate definiert werden:

$$\overline{\gamma} = (\overline{\gamma}_1, \ldots, \overline{\gamma}_n) \qquad (9)$$

Für eine Leistungsmodellierung und zustandsabhängige Regelung ereignisgesteuerter Systeme kann somit eine Matrixnotation für die zustandsabhängige (markierungsabhängige) mittlere Schaltrate $\overline{\gamma}_{i_j}$ definiert werden:

$$\overline{\Gamma}^{\text{T}} = [\overline{\gamma}^{i^{\text{T}}}, \ldots, \overline{\gamma}^{n^{\text{T}}}] \qquad (10)$$

mit $\overline{\gamma}^i = (\overline{\gamma}_{i_j}, \ldots, \overline{\gamma}_{i_n})$ und $\overline{\gamma}_{i_j} = \omega_j \, \frac{\gamma_{i_j}}{-\Sigma}$. Die Visualisierung der zustandsabhängigen Zustandswahrscheinlichkeiten wird als *Equalizer* definiert und dient bei Adaption der Systemparameter der Veranschaulichung der Nichtlinearitäten.

Literaturverzeichnis

[1] H. Westphal and D. Popović. Latenz,- und Bandbreiteanalyse dezentraler Transputer-Systeme basierend auf Hochleistungs-Kommunikationslinks. In A. Sydow, editor, *Fortschritte in der Simulationstechnik, Band 6, ASIM 93, Vieweg, Wiesbaden*, GMD-FIRST, GI-ASIM, 8.Symposium Simulationstechnik, pages 429 – 432, Berlin, 27 - 30 September 1993.

[2] H. Westphal and J.M. Spaus. Simulation, Analyse und Optimierung dezentraler, ereignisgesteuerter Systeme. In G. Kampe und M. Zeitz, editor, *Fortschritte in der Simulationstechnik, Band 7*, pages 337 – 342. GI ASIM-9. Symposium Simulationstechnik, Stuttgart, Vieweg Braunschweig Wiesbaden, 10 - 13 Oktober 1994.

[3] H. Westphal. On the Analysis and Optimal Supervisory Control of Distributed Complex Dynamic Systems. In A. Sydow, editor, *Gordon & Breach Publishing House*, 5th International Association for Mathematics and Computers in Simulation (IMACS) Symposium on System Analysis and Simulation (SAS), GMD FIRST, Berlin, Germany, 26 - 30 June 1995.

[4] H. Westphal. *On mathematical modelling and analysis of FDDI-based communication systems for integral plant automation*. VDI Verlag, Fortschritt-Berichte, Düsseldorf, Germany, 1996.

Verifikation des Entwurfs eines intelligenten Hauses durch Simulation

Werner Dilger
Technische Universität Chemnitz-Zwickau, Fakultät für Informatik, 09107 Chemnitz
Tel.: 0371/5311529, Fax: 0371/5311465, e-mail: dilger@informatik.tu-chemnitz.de

Zusammenfassung

Die fortschreitende Entwicklung der Gebäudesystemtechnik macht die Idee des *intelligenten Hauses* realisierbar. Der Entwurf eines solchen technischen Systems erfolgt ausgehend von Szenarien, in denen außer der Wirkungsweise des Systems auch noch Ereignisse und Zustände der Umgebung, auf die das System reagieren soll, beschrieben sind. Diese Informationen kann man für einen simulativen Test von Entwürfen nutzen.

1. Einleitung

Technische Geräte bestimmen die Funktionen eines Gebäudes in immer stärkerem Maß. Bisher werden diese Geräte auf herkömmliche elektromechanische Weise bedient und sie sind Einzelsysteme, d.h. sie arbeiten unabhängig voneinander. Die Informationstechnik ermöglicht die Integration von Einzelsystemen, wodurch eine höhere Funktionalität erreicht werden kann. Dadurch werden aber die Automationssysteme zunehmend komplexer und ihre an den Anforderungen der Nutzer orientierte Realisierung immer aufwendiger. In diesem Beitrag wird dargestellt, wie der Entwurf eines Gebäudeautomations-(GA-)-Systems durch ein Simulationsverfahren verifiziert werden kann.

Im folgenden Abschnitt wird zunächst das Prinzip der Gebäudeautomation und ihre technische Realisierung beschrieben. In Abschnitt 3 wird beschrieben, in welchen Schritten der Entwurf eines intelligenten Hauses sowie Beschreibungen von Umgebungen aus vorgegebenen Szenarien abgeleitet werden. Die erstellten Entwürfe werden dann anhand der Umgebungen durch einen Algorithmus getestet, der in Abschnitt 4 dargestellt ist. Im Schlußabschnitt 5 wird u.a. die Verwendung eines Simulationsverfahrens begründet.

2. Was ist Gebäudeautomation?

Die GA erstreckt sich auf alle technischen Einrichtungen eines Gebäudes, die sich steuern und regeln lassen. Dazu gehören Einrichtungen für Beleuchtung, Gebäudeklima, Gebäudeschutz, Kommunikation und Transport. Für die informationstechnische Steuerung dieser Geräte werden sie an einen Feldbus angeschlossen und, soweit notwendig, an das Stromnetz. Durch Definition des Nachrichtenaustauschs zwischen den Geräten können dann unterschiedliche Funktionen realisiert werden. Die physikalische Installation bleibt dabei völlig unverändert, die Konfiguration des Netzes erfolgt mittels eines PC.

Es gibt verschiedene Systeme für die GA, u.a. den European Installation Bus (EIB), der Batibus und das Local Operating Network (LON), vgl. [EIBA 93], [Müller 91a], [Scherer 95].

Nach diesen Systemen besteht ein GA-System aus zwei Ebenen, der physikalischen und der logischen Ebene. Zur physikalischen Ebene gehört alles, was hardwaremäßig vorhanden ist, d.h. Geräte, Kopplungseinheiten und Leitungen. Zur logischen Ebene gehört alles, was zur Kommunikation zwischen den Geräten erforderlich ist. Die Nachrichten bestehen bestehen im Wesentlichen aus Werten bestimmter Variablen.

3. Der Entwurf eines Gebäudeautomations-Systems

Ein GA-System dient unterschiedlichen Zwecken und erfaßt verschiedene technische Einrichtungen in einem Gebäude. Aus diesem Grund lassen sich die Anforderungen an ein solches System nicht durch eine einzige Funktion definieren. Statt dessen werden verbal formulierte Szenarien verwendet, die Situationen und prozeßartige Abläufe beschreiben. Ein Beispiel für solche Szenarien ist das folgende:

> Szenario *Gebäudeschutz*
> Wenn im Eingangsbereich ein bewegtes Objekt registriert wird, dann soll die Eingangsfront beleuchtet werden. Bei Dunkelheit soll nach einigen Sekunden auch der Hausflur beleuchtet werden. Alle eingeschalteten Leuchten sollen nach einer festen Zeit automatisch wieder ausgeschaltet werden, aber auch manuell ausgeschaltet werden können.

Von Szenarien dieser Art aus erfolgt der Entwurf eines GA-Systems. Die Szenarien enthalten Informationen über Zustände der Umgebung und Ereignisse in der Umgebung und Informationen über die Reaktion des Gebäudes auf die Umgebung. Aus der zweiten Art läßt sich der Entwurf des GA-Systems ableiten, aus der ersten Art lassen sich Beschreibungen der Umgebung ableiten, die für eine Simulation des Entwurfs genutzt werden können. Voraussetzung für beide Aufgaben ist eine formalisierte Repräsentation der Szenarien. Damit erfordert der Entwurf eines GA-Systems drei Schritte, nämlich Repräsentation von Szenarien, Systementwurf und Ableitung von Umgebungen.

3.1. Repräsentation von Szenarien

Reaktionen eines GA-Systems auf bestimmte Ereignisse in der Umgebung drücken sich in Änderungen von Parameterwerten der Geräte aus. Für die Wiedergabe der Szenarien muß deshalb bestimmt werden, welche Parameter die Geräte zumindest brauchen, und wieviele Exemplare eines jeden Typs. Weitere Anforderungen werden in Schritt 3.2 aufgestellt. Die Parameter werden in einer Parameterliste aufgeführt, die aus Paaren oder Tripeln der Form

Name   Wertebereich   bzw.   Name   Wertebereich   Defaultwert

besteht. Die Wertebereiche der Parameter, mit Ausnahme von Zeitparametern, werden als diskret angenommen. Ein Beispiel für eine Parameterliste ist die folgende für den Gerätetyp *Bewegungsmelder*:

Parameter   status   {aktiv, inaktiv}   aktiv
              bewegungsimpuls   {0, 1}   0

Die Geräte lassen sich in Sensoren und Aktoren unterteilen. Ereignisse sind dann Veränderungen der Werte bestimmter Sensorparameter, Reaktionen Veränderungen der Werte bestimmter Aktorparameter. Außerdem ist das Erreichen eines vordefinierten Zeitpunkts ein Ereignis. Ist $\{p_1, ..., p_n\}$ eine Menge von Parametern und ist VAL_j der Wertebereich des Parameters p_j, dann ist $(\{(p_1, val_1), ..., (p_n, val_n)\}, i)$ eine Situation und $(\{(p_1, val_1, val_1'), ..., (p_n, val_n, val_n')\}, t)$ mit $val_j \neq val_j'$ für mindestens ein j ein Ereignis bzw. eine Reaktion, wobei $val_j, val_j' \in VAL_j$, t repräsentiert einen Zeitpunkt und i ein Zeitintervall. val_j wird als der alte, val_j' als der neue Wert das Parameters p_j interpretiert.

Bei der Repräsentation eines Szenarios geht es um die Identifizierung von Funktionen, die Zuordnung von Geräten zu diesen Funktionen, die Lokalisierung der Geräte, die Definition der Geräteparameter und vor allem den Aufbau von Ablaufdiagrammen. Im Ablaufdiagramm wird nur die Ausgangssituation dargestellt. Alle übrigen Situationen ergeben sich aus den Ereignissen und Reaktionen. In [Dilger 96] findet man Beispiele zur Illustration dieser Entwurfsphase. Hier wird nur das Ablaufdiagramm für das Szenario Gebäudeschutz wiedergegeben, vgl. Abbildung 1.

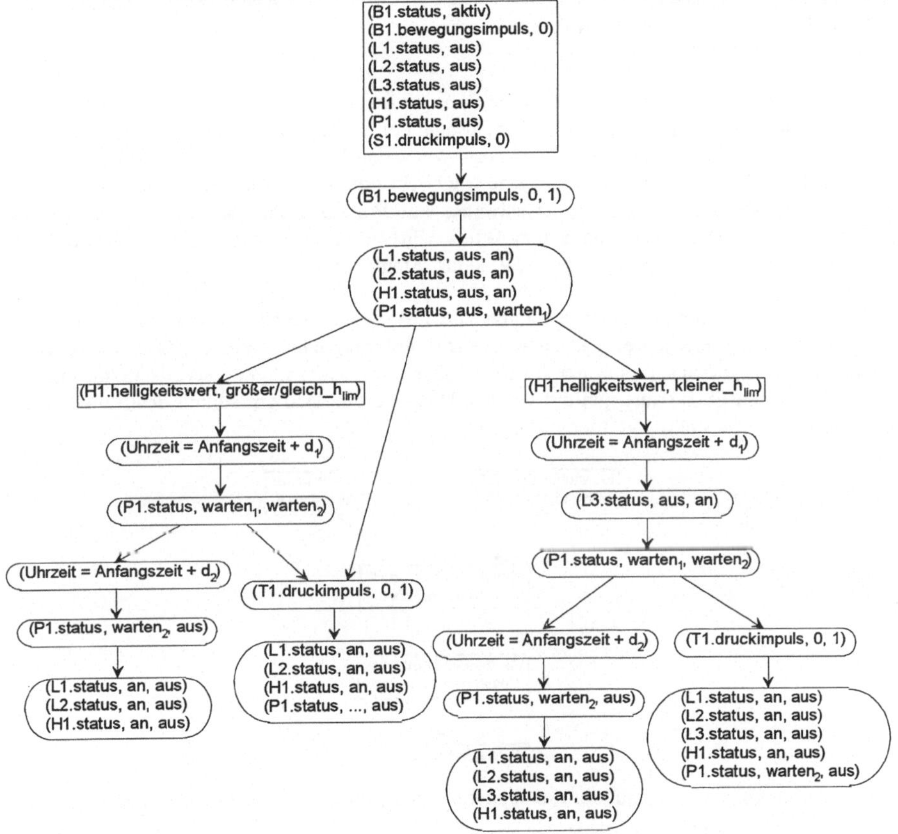

Abbildung 1: Ablaufdiagramm für das Szenario Gebäudeschutz. B1 - Bewegungsmelder, Li - Leuchten, H1 - Helligkeitssensor, P1 - Prozeßsteuerung, T1 - Taster

3.2. Systementwurf

Ein einzelnes Szenario erfaßt nur einen Ausschnitt des GA-Systems. Dieser ist durch den Verwendungszweck und in den meisten Fällen zusätzlich durch einen bestimmten Bereich im Haus gegeben. Beim Entwurf des GA-Systems sind zwei Aufgaben zu lösen:

1. Spezifizierung der Funktionsweise der einzelnen Gerätetypen.
2. Festlegung der Wirkungszusammenhänge zwischen den Geräten durch Definition von Gruppen und Nachrichten.

Die Gerätemodelle werden als Objekte wie folgt definiert:

Gerät	⟨Name des Gerätetyps⟩
Typ	⟨Typ der Oberklasse von *Gerät*⟩
Parameter	⟨Liste der Parameter, die von *Gerät* manipuliert werden können⟩
Variablen	⟨Liste lokaler Variablen⟩

Zustand$_1$, ..., Zustand$_n$

Die Einträge in die Variablenliste haben die Form ?x ist Gerätetyp, wobei ?x eine Variable ist, die eine Instanz von Gerät repräsentiert. Ein Zustand besteht aus der Angabe des Status und einer Liste von Regeln. Regel haben die übliche Form von wenn-dann-Aussagen mit Bedingungen und Aktionen. Eine Bedingung ist entweder eine Nachricht oder ein Boolescher Ausdruck über den Parametern des Geräts. Eine Aktion ist entweder eine Wertzuweisung an einen Parameter oder das Senden einer Nachricht. Eine Sende-Aktion wird mit sende ⟨Nachricht⟩ bezeichnet. Eine Nachricht ist ein Tripel der Form (Absender, Inhalt, Empfänger)

Die für die einzelnen Szenarien erstellten Entwürfe müssen gegeneinander abgeglichen werden, um die Installierung des gesamten Systems mit möglichst geringer Zahl von Geräten durchzuführen. Erst danach kann der Entwurf auf der logischen Ebene vervollständigt und auf der physikalischen Ebene durchgeführt werden. Daraus ergibt sich ein Ablauf des Entwurfs wie in Abbildung 2 dargestellt. Vgl. hierzu [Dilger 96].

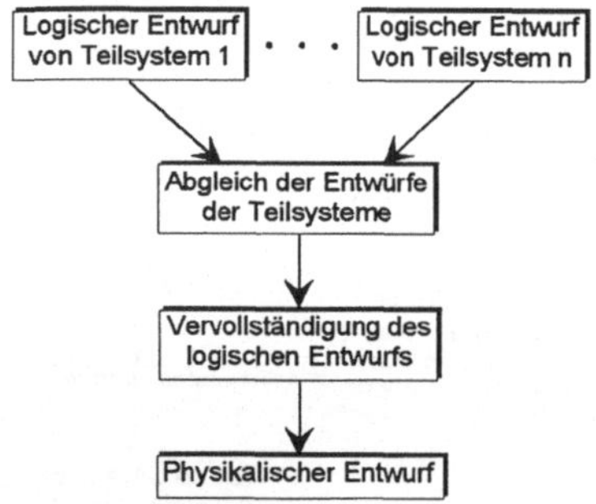

Abbildung 2: Ablauf der Konfigurierung des Gebäudeautomations-Systems.

In der ersten Phase des Systementwurfs werden vor allem die Gerätemodelle definiert und die Kommunikationspfade festgelegt. Ein Beispiel für ein Gerätemodell ist das folgende Objekt:

Gerät	Bewegungsmelder
Typ	Sensor
Parameter	status {aktiv, inaktiv} aktiv
	beweg-impuls {0, 1} 0
Variablen	?b1, ?b2 ist Bewegungsmelder

status = aktiv
<u>wenn</u> beweg-impuls = 1 <u>dann</u> sende (?b1, an, Empfänger), beweg-impuls $\leftarrow$ 0, status $\leftarrow$ inaktiv
<u>wenn</u> (?b2, an, ?b1) <u>dann</u> status $\leftarrow$ inaktiv

status = inaktiv
<u>wenn</u> (Absender, aus, ?b1) <u>dann</u> status $\leftarrow$ aktiv

3.3. Ableitung von Umgebungen

Eine Umgebung ist durch eine Folge von Situationen und Ereignissen in der Umwelt gegeben, die für die Funktionsweise des zu konfigurierenden GA-Teilsystems relevant sind. Situationen und Ereignisse können unvollständig durch Teilmengen der relevanten Sensorparameter beschrieben sein. Ist S eine Menge von Situationen und E eine Menge von Ereignissen, dann ist die Menge der Umgebungen über S und E folgendermaßen definiert:

$$U = \{(s_1, ..., s_m, e_1, ..., e_n) \mid s_i \in S, e_j \in E, m, n \in IN\}$$

Die Umgebungen können direkt aus den Ablaufdiagrammen für die Szenarien durch Bestimmung der Ereignisse und Situationen in den Pfaden und eventuelle Umordnung abgeleitet werden. Für das Szenario *Gebäudeschutz* ergibt sich u.a. die folgende Umgebung:

(((H1.helligkeitswert, kleiner_h_{lim}), [t_1, t_3]),
 ((B1.bewegungsimpuls, 0, 1), t_1), ((Uhrzeit = Anfangszeit + d_1), t_2), ((T1.druckimpuls, 0, 1), t_3))

4. Verifikation

Bei der Verifikation soll das GA-System ausgehend von einer Anfangssituation und einer Umgebung eine Folge von Reaktionen erzeugen, die einem Pfad durch das Ablaufdiagramm des Szenarios entspricht. Die Reaktionen sind die in den Regeln beschriebenen Aktionen. Die Bedingungsteile der Regeln sind entweder Nachrichten oder Boolesche Ausdrücke. Im ersten Fall ist die Bedingung erfüllt, wenn eine Nachricht des beschriebenen Typs vorliegt, im zweiten Fall, wenn der Ausdruck wahr ist. Der folgende Algorithmus führt die Verifikation durch.

1. t $\leftarrow$ Anfangszeit
2. U $\leftarrow$ aktuelle Umgebung.
3. G $\leftarrow$ Liste der Geräte des Szenarios.
4. S $\leftarrow$ Menge der Anfangswerte der Geräteparameter. ; aktuelle Situation
5. S' $\leftarrow$ S.   ; dient zum Vergleich mit S, S = S' $\Rightarrow$ Stop
6. A $\leftarrow \emptyset$.   ; Liste der Reaktionen
7. Führe für jedes Gerät g in G die folgenden Schritte durch:
   7.1. Bestimme den aktuellen Zustand s von g aus S.
   7.2. Arbeite die Regeln von s nach folgender Vorschrift ab:
         Ist die Bedingung erfüllt, dann führe die Aktionen entsprechend ihrer Form aus:
         7.2.1. sende (g, Inhalt, g'): Führe die Aktion durch, füge die Nachricht an das Ende
                 von A an.

7.2.2. p ← Wert: Führe die Aktion durch, füge (p, alter_Wert, Wert) an das Ende von
A an.
Falls (g.p, alter_Wert) in S enthalten, ersetze den Eintrag durch
(g.p, Wert).
Ist die Bedingung aufgrund des ersten Ereignisses e ∈ U erfüllt, entferne e aus U.
7.3. Falls S = S', Stop mit Ausgabe von A.
8. t ← t+d.
9. Gehe zu Schritt 7.

Bei Eingabe der obigen Umgebung des Szenarios Gebäudeschutz erzeugt der Algorithmus unter
der Variablen A eine Folge von Reaktionen, die dem rechten Pfad im Ablaufdiagramm von
Abbildung 1 entspricht.

5. Schluß

In [Hader 95] sind Kriterien dafür genannt, wann der Einsatz der Simulation sinnvoll ist und
analytische Modelle nicht in Frage kommen oder nicht möglich sind. Das erste Kriterium ist die
zu große Komplexität der Struktur des Objekts. Dies trifft für ein GA-System zu. Hader nennt als
einen der Zwecke der Simulation den Test von Domänenobjekten auf die Erfüllung vorgegebener Restriktionen. In diesem Sinn wird die Simulation hier benutzt. In Haders Vorschlag für eine
Simulationskomponente in einem Konfigurationswerkzeug werden sog. *Simulationsmethoden* als
Voraussetzung für das Simulieren genannt. Diesen entsprechen hier die Gerätemodelle.

Die GA-Technik bietet die Möglichkeit einer besseren Nutzung der Ressourcen in einem
Gebäude, insbesondere der Einsparung von Energie und der flexibleren Nutzung der installierten
technischen Systeme. Diesen Vorteilen steht die erhöhte Komplexität eines GA-Systems gegenüber, die erhöhte Anforderungen an die Planer technischer Systeme in einem Gebäude stellt.
Durch die Simulation des Entwurfs vor der tatsächlichen Ausführung des Automations-Systems
können Entwurfsfehler in einem Stadium entdeckt werden, in dem die Behebung der Fehler
keinen großen Aufwand darstellt.

Literatur

[Dilger 96]
W. Dilger: Das intelligente Haus als Konfigurationsaufgabe. In: Sauer, Günther, Herzberg
(Hrsg.): Planen und Konfigurieren 96, Proceedings des PuK-96. Proceedings in Artificial
Intelligence 3, infix, St. Augustin, 1996, 160 - 171.

[EIBA 93]
EIBA: EIB Handbook Issue 2.1. Brüssel 1993.

[Hader 95]
S. Hader: Einsatz von Simulationsverfahren bei der Konfigurierung. In: Günter (Hrsg.): Wissens-
basiertes Konfigurieren. Ergebnisse aus dem Projekt PROKON. Infix, St. Augustin, 1995.

[Müller 91a,b]
R. Müller: LON - das universelle Netzwerk. Teil 1 und 2. Elektronik 22/23, 1991.

[Scherer 95]
K. Scherer: Innovative Informationstechnik für Intelligente Haussysteme. Workshop "Das Intelligente Haus", Bonn 1995.

Modellbildung und Simulation in der Ökonomie
Methodologische Probleme und Entwicklungstrends

J.-A.Müller
Fachbereich Informatik/Mathematik
HTW Dresden, F.-List-Platz 1
Dresden 01069

Abstract: *Ökonomische Systeme stellen komplexe vernetzte Systeme dar, deren Beherrschung ein „soft systems thinking" erfordert. Für die Modellbildung und Simulation bedeutet das, ein ganzheitliches Herangehen zu realisieren, die ungenügende A-priori-Information über das Untersuchungsobjekt zu berücksichtigen, Vagheit und Unschärfe der Systemgrößen zu erfassen und dem Nutzer den hohen Aufwand bei der Modellbildung durch einen rechnergestützten Entwurf zu erleichtern.*

1. Einleitung

Obwohl die Methodik der Simulation in den letzten Jahren umfassend entwickelt wurde, eine Vielzahl von Simulationssystemen eine effektive Realisierung der Simulation auf dem Computer ermöglicht und überzeugende Anwendungen in fast allen Anwendungsbereichen vorliegen, bleibt die Anwendung der Simulation in der Ökonomie hinter ihren Einsatzmöglichkeiten weit zurück. Die entscheidenden Ursachen dafür liegen gegenwärtig im Wesentlichen in der ersten Etappe jeglicher Simulation - in der Modellbildung - begründet. Jeder traditionellen mathematischen Modellbildung haftet der Makel an, daß mit mathematischer Modellierung einerseits stets entkompliziert wird, aber andererseits anstelle Vagheit und Unschärfe die Details genau erfaßt werden müssen.

Ökonomische Systeme stellen komplexe vernetzte „large scale systems" („ill-defined systems") dar, deren Beherrschung ein „soft systems thinking" erfordert. Danach ist bei der Modellierung komplizierter Systeme prinzipiell davon auszugehen, daß Modelle keine Repräsentanten der Realität sind, sondern lediglich Ausschnitte, hilfreiche Konstruktionen zur Reduzierung der Komplexität. Sie sind ein unvollständiges Abbild, eine zweckgerichtete Idealisierung der komplizierten realen Systeme. Für eine Objektivierung der Modellergebnisse wird eine Hybridisierung der alternativen Modelle oder eine Kombination der Modellergebnisse sinnvoll bzw. zwingend notwendig.

Für die Modellbildung bedeutet das u.a.
- ein ganzheitliches Herangehen zu realisieren,
- die ungenügende A-priori-Information über das Untersuchungsobjekt zu berücksichtigen,
- Vagheit und Unschärfe der Systemgrößen zu erfassen,
- dem Nutzer den hohen Aufwand bei der Modellbildung durch einen rechnergestützten Entwurf zu erleichtern.

Für die weitere Entwicklung der „Simulation ökonomischer Systeme" kommt der „soft systems methodology" auch im Zusammenhang mit qualitativer Modellierung und Simulation, Fuzzy-Modellierung, Selbstorganisation mathematischer Modelle, Evolutionsstrategien u.a. große Bedeutung zu.

309

2. Ganzheitliches Herangehen

Untersuchung und Widerspiegelung ökonomischer Entwicklungen erfordern sowohl quantitative als auch qualitative Aspekte zu berücksichtigen. Anstelle eines quantitativen Reduktionismus im Zusammenhang mit einer vorschnellen Orientierung auf die Problemlösung ist erst einmal die Problemformulierung zu unterstützen. Ein ganzheitliches Systemherangehen hat die Einheit von quantitativer und qualitativ-holistischer Analyse, d.h. im vorliegenden Fall die Einheit von mathematischer Modellierung und einzelwissenschaftlicher, politischer und sozialer Analyse zu realisieren. Die Systembildung und die Aufteilung in formalisierbare und nichtformalisierbare Modellkomponenten beinhaltet eine Erfassung des vernetzten Systems in seiner Ganzheit. Moderne Softwaretools (GAMMA, SM-Tools) unterstützen die Erstellung und zweidimensionale Visualisierung von Kausaldiagrammen (Wirkungsdiagrammen) (Tafel 1) im Rahmen eines multipersonellen Entscheidungsprozesses (die FOKUS-Methodik [KAH94] erfaßt drei - und mehrdimensionale Beziehungen). Eine anschließende rechnerunterstützte Einflußanalyse ermöglicht die Strukturierung des Systems, eine für die spätere Modellierung geeignete Dekomposition, die Auswahl wesentlicher Szenariengrößen sowie eine Ausbreitungsanalyse.

methodischer Schritt	*Unterstützung durch GAMMA*
Problemfeld abgrenzen, d.h. Situation beschreiben, Untersuchungsfeld begrenzen und Aufgabenstellung definieren	ohne
Zielsetzung formulieren	ohne
Zielgrößen und Einflußgrößen ermitteln, relevante Faktoren auswählen	Erfassung der Einflußgrößen in Masterlisten mit Kommentar
Kausaldiagramm (Wirkungsnetz) abbilden, d.h. Ziel - und Einflußgrößen in kausale Beziehung bringen	freie Plazierung der relevanten Einflußgrößen als Elemente eines Wirkungsnetzes, verbinden durch Pfeile
Wirkungsarten (Intensität, Richtung, Art, Zeitverhalten) beschreiben	farbige Kennzeichnung der Einflußgrößen, Verbindungspfeile; Zuordnung von +, -, Wahl von Strichstärken
Auswertung (Einflußanalye, Ausbreitungsanalyse)	farbige Einflußmatrix, Untersuchung der Wirkungsausbreitung

Tafel 1: Visualisierung mit GAMMA

3. A-priori-Information

Die Anwendung von Simulationssystemen setzt unter Anwendung induktiver oder hypothetisch-deduktiver Methoden eine mathematisch-quantitative Modellierung des Untersuchungsobjektes voraus, wobei zudem die Modellklasse durch das jeweilige Simulationssystem vorgegeben ist. Eine geeignete Wahl der Modelle setzt offensichtlich bereits umfangreiche A-priori-Information über das Verhalten des Prozesses aber auch detaillierte Kenntnisse der mathematischen Grundlagen voraus, die in der Regel beim Nutzer aus ökonomischen Bereichen nicht vorhanden sind.

Für viele ökonomische und ökologische Systeme ist kennzeichnend, daß die vorhandene A-priori-Information über das zu untersuchende komplizierte System, d.h. über die wichtigsten Einflußgrößen, funktionelle Abhängigkeit der Ausgangsgröße von den Einflußgrößen und Stör-

größen, nicht ausreicht, um im konkreten Anwendungsfall mit Hilfe der theoretischen Systemanalyse die Modellstruktur zu bestimmen und die erforderlichen Hypothesen der experimentellen
Systemanalyse zu überprüfen.

Für ökonomische Systeme führt mithin die Modellbildung zur Projektion der Unbestimmtheit
der Ausgangssituation, gekennzeichnet durch Subjektivität der theoretischen Kenntnisse, unvollständige A-priori-Information, unvollständige Datenbasis, Unsicherheit der Parameterschätzung
und Pragmatik, in eine Unbestimmtheit der Modellergebnisse. Die in Abschnitt 5 behandelten
Entwurfsmethoden (insbesondere induktive) erhöhen die A-priori-Information. Gleichzeitig kann
eine hybride Methodologie, in der theoretische und experimentelle Systemanalyse integriert die
A-priori- und A-posteriori-Information für die Simulation aufbereiten, die Modellbildung objek-
tivieren.

4. Unbestimmtheit

Der Grad der Formalisierbarkeit und quantitativen Meßbarkeit variiert in verschiedenen Anwendungsbereichen aber auch innerhalb der Ökonomie selbst, die aus der Sicht der Gesellschaft
als funktionales Teilsystem (sozial-ökonomischer Aspekt), als Teilsystem der Ressourcen
(produktionstechnischer Aspekt) und als relativ selbständiges System (wirtschaftsorganisato-
rischer Aspekt) gesehen werden kann. Qualitative und quantitative Bewertungen der Eigenschaften und Systemwerte stellen lediglich Endpunkte einer kontinuierlichen Skala dar:

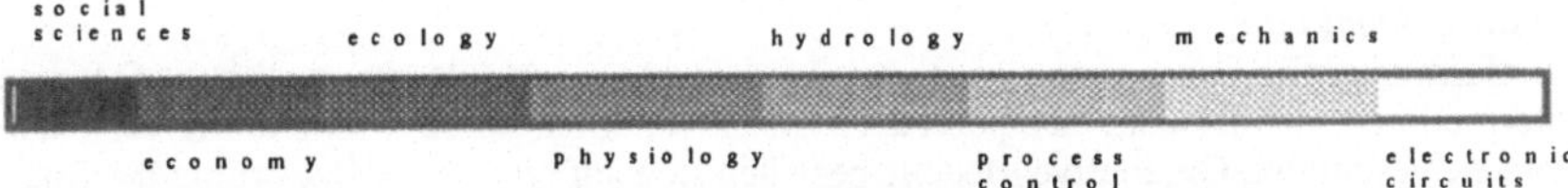

Die den traditionellen Simulationssystemen zugrundeliegenden Modellstrukturen erfordern eine
adäquate Erfassung des Problems in scharfen Modellen, d.h. alle wesentliche Information über
Lösungsraum und Ziele ist vorhanden und das Problem ist gut strukturiert.

Ökonomische, ökologische und soziale Systeme erfordern auf Grund der signifikanten
Schwierigkeiten bei der Komplexitätsbeherrschung (Beobachtbarkeit, Zufall, Evolution, Anwe-
senheit des Menschen u.a.) und der Subjektivität, mit der das Individuum eine gegebene Situation
erfaßt (nicht Fakten sondern Meinungen über Fakten) und versteht, ein neues Systemherangehen.
Für derartige Systeme ist eine abgeschwächte mathematische Beschreibung erforderlich, die den
Anforderungen der Modellierung ökonomischer Systeme adäquat ist. Es ist eine Beschreibungs-
form zu finden, die der vorliegenden Unbestimmtheit der Untersuchungsobjekte entspricht, zumindest ist jedoch die Beschreibung mit einer weniger detaillierten Sprache als der Sprache der
Differenzengleichungen vorzunehmen. Entsprechend den Arten der Unbestimmtheit ergeben sich
unterschiedliche Möglichkeiten ihrer mathematischen Erfassung.

1. Vorhandene A-priori-Information über die Verteilung: stochastische Simulation

Geht es lediglich um die Erfassung der unterschiedlichen Wahrscheinlichkeiten des Eintretens von Ereignissen, empfiehlt sich bei der Modellierung die Verwendung der stochastischen
Simulation bzw. der Monte-Carlo-Methode. Die stochastische Unbestimmtheit projeziert sich in
die stochastische Unbestimmtheit der Ergebnisgrößen. Es sind lediglich Wahrscheinlichkeitsaus-
sagen möglich, mittlere Aussagen und Punktschätzungen sind abzulehnen, wenn sie nicht mit
entsprechenden Schätzintervallen versehen werden.

2. Unvollständige A-priori-Information über die Verteilung : Adaption und Lernen

Für praktische Anwendungen ist jedoch davon auszugehen, daß die Verteilungsfunktionen
unbekannt sind. Aufgaben der Modellierung bei unzureichender A-priori-Information über die

Verteilungen führen zur Anwendung der Theorie der Adaption und des Lernens, wobei schrittweise die Unbestimmtheit durch Eintreten neuer Information reduziert werden kann. Die Ergebnisse bleiben stochastisch unbestimmt, lediglich der Methodenapparat hat sich geändert. Verwiesen sei auf die „informationelle Theorie der Identifikation" [ZYP87], die ausgehend vom vorhandenen Niveau der A-priori-Information einen eindeutigen Zusammenhang zwischen optimalen Identifikationsalgorithmen einerseits und mathematischem Modell, Gütekriterium und Klasse der Verteilungsfunktionen andererseits angibt.

3. Subjektive Wahrscheinlichkeit: Expertenschätzung

Eine für den Fall unzureichender A-priori-Information weitverbreitete Herangehensweise ist die Expertenschätzung. Dabei wird davon ausgegangen, daß sich die Unbestimmtheit eines Ereignisses nunmehr aus der subjektiven Sicht der einzelnen Experten ergibt. Ihre Bewertung erfolgt durch die subjektive Wahrscheinlichkeit (quantitatives Maß für den Grad der Überzeugtheit vom Eintreffen von Ereignissen).

4. Fuzzy-Modellierung

Hierbei geht es um eine Modellierung, bei der das Systemmodell unter Verwendung einer Beschreibungssprache entwickelt wird, die auf der Fuzzy-Logik basiert und Fuzzy-Prädikate verwendet. Die Unschärfe, die in dem Begriff „fuzzy" steckt, ist offensichtlich von der stochastischen Unbestimmtheit abzugrenzen. Bei letzterer liegt ein Ensemble von Ereignissen vor, wovon bei jeder Messung ein bestimmtes („scharfes") quantitatives Einzelereignis eintritt. Über Stichproben gelangt man zu statistischen Aussagen mit größerer Bestimmtheit. Bei der Fuzzy- Beschreibung liegt eine Unschärfe vor, die auch in jedem einzelnen Ereignis vorhanden ist und z.B. durch eine Anhäufung der Messungen nicht verringert werden kann.

5. Qualitative Simulation

Im umfassenden Sinne kann man die Fuzzy-Modellierung auch als eine qualitative Modellierung interpretieren, bei der man das qualitative Systemverhalten durch Verwendung der natürlichen Sprache beschreibt. Qualitative Modelle beziehen sich auf eine grobe Bewertung der Signal- und Parameterwerte, z.B. auf symbolische Werte (anstelle Zahlenwerte) [LUN93]. Verwendet werden charakteristische Werte des Wertebereiches - sogenannte Schwellwerte. Diese markanten Werte ergeben bestimmte Qualitäten, d.h. qualitative Zustands-, Eingangs- und Ausgangsgrößen. Aufzustellen ist ein Modell, das den qualitativen Verlauf der Zustandsgrößen in Abhängigkeit vom qualitativen Verlauf der Inputs und einem qualitativ bekannten Anfangszustand liefert. Lunze [LUN93] gelingt es nachzuweisen, daß nichtdeterministische Automaten eine zweckmäßige Form qualitativer Modelle darstellen. Eine Alternative stellt die Beschreibung mit Hilfe von Clustern dar, die anstelle einer Trajektorie ein Trajektorienbündel erfassen [IVA92,93].

5. Rechnergestützter Modellentwurf

Entscheidend für eine überzeugende Anwendung der Simulation sind leistungsfähige Tools zur Entwicklung entsprechender mathematischer Modelle. Eine erfolgreiche Anwendung jeglicher Simulationssoftware (noch mehr bei Berücksichtigung der in Punkt 2-4 aufgezeigten Erweiterungen) setzt jedoch Kenntnisse und Erfahrungen beim Anwender voraus, die der normale Nutzer nicht hat. Beim typischen Anwender von Simulationssystemen, z.B. bei der Früherkennung kritischer Entwicklungen in ökonomischen und ökologischen Systemen, haben wir es mit einem nicht programmierenden und nicht modellierenden Nutzer zu tun, der sich nur für die eigentliche Aufgabenlösung interessiert und kaum Spezialkenntnisse für die dialogorientierte Modellerstellung mitbringt. In diesem Fall wird zumindest eine Unterstützung bei der

- Auswahl geeigneter Methoden und Modelle für gegebene Aufgaben;
- Anwendung der ausgewählten Methoden und Modelle in einer Weise, die den wohldefinierten Anwendungsbedingungen dieser nicht widerspricht;

- Interpretation der erhaltenen Ergebnisse unter Berücksichtigung der innewohnenden Hypothesen und Darstellung in einer für den Nutzer verständlichen Form

erforderlich. Da der Nutzer in der Regel aber auch nicht die notwendige Zeit für den Rechnerdialog aufbringen kann, vielfach massenhaft Modellvarianten erstellt werden müssen und generell wenig Zeit für die Erstellung komplexer Entscheidungen vorhanden ist, wird unabhängig von obiger Problematik eine weitergehende Automatisierung notwendig.

5.1 Gleichungsorientierte Systemanalyse (deduktive Modellwahl)

1. Simulationssysteme: fachgebietsorientierter Zugang

Ziel der Weiterentwicklung von Softwaremodulen, die der Modellbildung dienen, muß es sein, daß der Nutzer auf der Grundlage seiner fachspezifischen Erfahrungen ohne spezielle programmier- und rechentechnische, aber auch mathematisch-kybernetische und statistische Fachkenntnisse die Modellerstellung selbständig auf einer ihm vertrauten Ebene durchführen kann. Die vorhandenen Simulationssysteme beruhen in der Regel auf einem mathematischen Formalisierungskonzept und enthalten Sprachelemente, die es erlauben, ein Modell entsprechend diesem abzubilden. Anforderungen an ein Strukturierungskonzept ausgehend von einer traditionellen Problemsicht des Fachgebietes, werden dagegen kaum erfüllt. Zumindest fehlen weitgehend fachverständliche Modellnotationen.

Die historisch entstandene Arbeits- und Denkweise ist in den meisten Einzelwissenschaften durch eine überwiegend nichtformale Problembearbeitung und nichtformale Fachsprache charakterisert. Wesentlich für die nichtformale Denkweise z.B. in den Wirtschaftswissenschaften ist, daß eine aggregierte Problemsicht üblich ist. In der Auseinandersetzung mit zu modellierenden Prozessen ist mit Elementen komplexerer Natur zu operieren, das Problem ist nach Handlungsträgern, die durch eine Vielzahl von Merkmalen, Zuständen und Situationen sowie einer eigenen Datenwelt gekennzeichnet sind, zu strukturieren. Mögliche derartige Strukturkategorien für ökonomische Systeme (Triebkräfte, Umweltgrößen, Reproduktionseinheiten, Bilanzgrößen etc.) wurden von Mönch [MÖN89] vorgeschlagen. Der objektorientierte Zugang zur Simulation eröffnet hierfür neue Realisierungsmöglichkeiten.

2. Modellerstellungssysteme

Erforderlich werden rechnerunterstützte Arbeitsplätze, die die Modellbildung unterstützen (Modellerstellungssystem). Derartige Arbeitsplätze haben zunehmend jene Aktivitäten bei der Modellerstellung zu unterstützen, die auf dem Wissen und der Erfahrung der Experten auf dem Gebiet der Modellierung beruhen. Es existiert gegenwärtig eine große Anzahl mathematischer, statistischer, kybernetischer u.a. Methoden zur Unterstützung der dabei erforderlichen theoretischen und experimentellen Systemanalyse, die auch in verschiedenen Softwarepaketen enthalten sind. Ihrer umfangreichen Anwendung, insbesondere für komplizierte nichttechnische Systeme, stehen jedoch methodologische, erkenntnistheoretische aber auch erhebliche handwerkliche Probleme entgegen. Dazu gehören Anforderungen, die sich aus einer sachkundigen Anwendung entsprechender Pakete an die Nutzer stellen. Ein umfassender Einsatz derartiger Software wird bislang dadurch erschwert, daß im allgemeinen der Nutzer der Programmpakete

- nicht nur gute Kenntnisse dieser Werkzeuge, Verfahren und Modelle, sondern auch Erfahrungen bei ihrer Anwendung besitzen muß;
- nur unzureichend über die ihnen zugrundeliegenden Hypothesen und Anwendungsbedingungen informiert wird;
- nicht vor Mißbrauch dieser Methoden und Modelle gewarnt wird und diese auch nicht vor Mißbrauch geschützt werden;
- keine oder nur unzureichende Führung durch den Analyse- und Modellierungsprozeß erhält.

3. Wissensbasierte Systeme der Modellbildung

Wissensbasierte Aktivitäten bei der Modellerstellung sind bei der Formulierung der Aufgabenstellung, Systemanalyse, Formalisierung, Auswahl der Modellstruktur, Auswahl der Verfahren der Parameterschätzung, Modellvalidierung, Versuchsplanung und Interpretation der Modellergebnisse erforderlich. Erfolgversprechend scheinen Methoden der künstlichen Intelligenz zur Auswahlberatung, Nutzerführung und Interpretation der erhaltenen Ergebnisse. Eine andere Möglichkeit bietet der Einsatz wissensbasierter Methoden direkt zur Modellerstellung, wie z.B. bei der regelbasierten Modellbildung [KEL95].

Wissensbasierte Methoden der Künstlichen Intelligenz unterstützen zwar Auswahlberatung und Nutzerführung, ihr Beitrag zur Modellerstellung selbst kann jedoch nur gering sein. Ursache dafür ist einerseits, daß diese Verfahren auf einer Extraktion des Wissens auf einem äußerst subjektiven und kreativen Bereich - der Modellbildung - beruhen (knowledge engineering bottleneck). Andererseits lassen sich auf diese Weise die in Abschnitt 3 und 4 erwähnten wesentlichen Probleme der Modellierung komplizierter Systeme, wie
- ungenügende A-priori-Information über das zu modellierende System;
- große Anzahl von unbestimmten (linguistischen) und/oder nicht erfaßbaren Einflußgrößen;
- mangelnde Zeit zur theoretischen Systemanalyse;
- inadäquate Beschreibungsmethoden für vorhandene Unbestimmtheit;
- massenhafter Anfall von Vorhersagen
nicht lösen.

4. Selbstorganisierende Generierung strukturierter Prozeßmodelle

Vorrangig im Zusammenhang mit der gleichungsorientierten (theoretischen) Systemanalyse hat sich eine deduktive Herangehensweise im Rahmen der automatischen Modellwahl herausgebildet und erhielt hier den Namen Evolutionsmodellierung [VER92]. Die Evolution der Modelle erfordert eine durch theoretische Systemanalyse begründete allgemeine Modellklasse als ursprüngliche Organisation (z.B. ein endlicher Automat als allgemeingültiges Modell dynamischer Systeme).

Diese Modellklasse enthält alle alternativen Modellvarianten, die durch Mutationen entstehen. Im ökonomischen Bereich sind derartige Herangehensweisen im Zusammenhang mit der systemdynamischen Modellierung [KEL80], der ökonometrischen Modellierung und der Modellierung von Wachstumsprozessen [MÜL94] bekannt. In neueren Publikationen [MAR95] werden genetische Algorithmen genutzt, um selbstorganisierend strukturierte mathematische Prozeßmodelle zu erstellen (z.B. Blockschaltbild aus preselektierten typischen Bauelementen). Erforderlich dazu ist die genetische Darstellung der Modellindividuen.

In allen Fällen ist die Modellgüte entsprechend der Güte der Aufgabenlösung zu bewerten. Wird dies in „data driven" Ansätzen durch irgendwelche Output-Anpassungsmaße ersetzt, entsteht die Gefahr, aus der Menge adäquater Modelle ein beliebiges auszuwählen, was zwar bezüglich Anpassung jedoch nicht bezüglich der Aufgabenlösung günstig ist.

5.2 Wissensextraktion aus den Daten (induktive Modellwahl)

Einige der aufgeführten Probleme können durch eine Wissensextraktion aus den Daten, wie sie mit Hilfe Neuronaler Netze aber auch durch Selbstorganisation mathematischer Modelle ermöglicht wird, gelöst werden. Beide Entwicklungsrichtungen der automatischen Modellgenerierung beruhen auf dem gleichen wissenschaftlichen Fundament:
- Black-box-Methode als prinzipielle Herangehensweise an die Analyse von Systemen auf der Grundlage der Input-Output-Realisierungen;
- Konnektionismus, d.h. Darstellung komplizierter Funktionen mit Hilfe von Netzwerken elementarer Funktionen.

314

Auf diese Weise generierte Modelle sind in der Regel „non-physical models" (overfitted oder underfitted) und zur optimalen Steuerung nur bedingt verwendbar. Zu bevorzugen ist ihr Einsatz in der prediktiven Steuerung.

1. Neuronale Netze

Zur Zeit ist es sehr modern, Neuronale Netze überall da anzuwenden, wo traditionelle Methoden der Mathematik, Kybernetik, Statistik u.a. scheinbar versagen. Offensichtlich reichen die Prinzipien jedoch nicht aus, um die Probleme der Modellbildung, wie z.B. Integration der A-priori-Information, Verwendung innerer Kriterien und ill-posed task, zu überwinden. Berücksichtigt man weiterhin u.a.:

- daß Neuronale Netze nichts weiter darstellen, als nichtlineare (im Spezialfall auch lineare) multivariate Regressionsmodelle;
- daß die verwendeten weitgehend heuristischen, empirisch begründeten Lernregeln zur globalen Suche in einer hochdimensionalen multimodalen Fehlerfläche mit den theoretisch begründeten Verfahren zur nichtlinearen Optimierung bezüglich Konvergenz, Effizienz u.a. nicht konkurrieren können;
- daß entsprechend dem Mengenprinzip der Modellbildung und der ill-posed task für eine gegebene Architektur eine unendliche Anzahl gleichwertiger Neuronaler Netze existiert,

so wird erkennbar, daß auf diesem Wege kaum bessere Ergebnisse zu erreichen sind, als Experten der mathematischen Statistik mit ihren ausgefeilten Methoden erreichen [SAR94].

2. Selbstorganisation

Dazu gehören u.a. parametrische und nichtparametrische Algorithmen der induktiven Modellbildung (Tafel 2), die den hohen Aufwand der Modellerstellung durch einen rechnerunter-

Variablen	parametrisch	nichtparametrisch
kontinuierlich	- Combinatorial - Multilayered Iterational - Objective System Analysis - Harmonical - Multiplicative-additive	- Hard algorithm of Objective Computer Clustering (with dipols construction) - Soft algorithm of OCC (with clustering trees construction) - Analog Complexing
diskret	- Harmonical rediscretization	- Multilayered Statistic Decisions Algorithm

Tafel 2: Spektrum der induktiven Auswahlalgorithmen

stützten Entwurf im Rahmen der Simulationssysteme und ihrer Experimentierumgebung reduzieren können. Zu den bereits formulierten 2 Prinzipien (black box, connectionism) kommt eine induktive Herangehensweise. Sie beruht auf der Nutzung

- der kybernetischen Prinzipien der Selbstorganisation, d.h. einer adaptiven Generierung des Netzwerkes ohne subjektive, deduktive Vorgabe;
- des Prinzips der äußeren Ergänzung (Unvollständigkeitstheorem nach Gödel), wodurch erst die objektive Wahl eines Modells optimaler Kompliziertheit ermöglicht wird;
- des von Tichonov begründeten Prinzips der Regularisierung von ill-posed tasks.

SelfOrganize! [LEM95] ist ein leistungsfähiges Softwaretool, das zur Modellierung und Vorhersage komplexer Systeme geeignet ist. Es ermöglicht die automatische Synthese von Zeitreihen- und Input - Output - Modellen sowie von zur schrittweisen Vorhersage geeigneten Gleichungssystemen bei minimaler A-priori-Information über das zu modellierende Objekt. Diese A-priori-Information umfaßt

- die Auswahl geeignet scheinender beobachteter, abgeleiteter oder synthetisierter Variablen, die zur Beschreibung des Objektes als Eingangs- und/ oder Ausgangsgrößen relevant sein könnten,
- die allgemeine Spezifizierung des Modells als linear oder nichtlinear sowie seiner Dynamik.

Neben der Synthese eines optimal komplexen Netzwerkmodells findet in SelfOrganize! zusätzlich eine Optimierung der Struktur der einzelnen Transferfunktionen (Neuronen) statt. Für jedes Neuron wird aus einer Klasse allgemeiner Transferfunktionen entsprechend dem PESS-Kriterium die optimale Transferfunktion ausgewählt. Das generierte Netzwerk stellt eine Komposition verschiedener, a priori unbestimmter partieller Modelle dar. Dieser Algorithmus besitzt die Fähigkeit, lineare oder nichtlineare Modelle optimaler Kompliziertheit in Abhängigkeit von der Objektstruktur und einer sinnvollen Reduzierung der Komplexität bezüglich der vorhandenen Rauschdispersion in den Daten zu generieren. Die flexible Netzwerksynthese wird noch dadurch verstärkt, daß zur Erzeugung neuer Modellkandidaten in einer Generation nicht nur die besten Modelle der vorhergehenden Generation, sondern die aller vorhergenden Generationen sowie alle Eingangsvariablen herangezogen werden können.

Aufgrund dieser minimalen Erfordernis unsicherer A-priori-Information, begründet in der induktiven Herangehensweise an die Modellierung, ist es mit SelfOrganize! möglich, auf einfache, schnelle, konsistente und objektive Weise Analyse-, Klassifikations- und Vorhersageaufgaben komplexer ökonomischer, ökologischer, sozialer, technischer u.a. Systeme zu lösen.

Für stark verrauschte Stichproben empfehlen sich nichtparametrische Auswahlalgorithmen, die zu einer abgeschwächten Beschreibung in Form von Clustern oder von Pattern (Analogiemethode) [IVA92,93] führen. Insbesondere die Analogiemethode nutzt dabei die Unbestimmtheit der Prozesse selbst zur adäquaten Beschreibung.

Literatur

[IVA92]   A.G. Ivachnenko, J.-A. Müller: Parametric and nonparametric procedures in experimental system analysis. SAMS, 9 (1992), 157-175.

[IVA93]   A.G. Ivachnenko, G.A. Ivachnenko, J.-A. Müller: Self-organization of optimum physical clustering of a data sample for a weakened description and forecasting of fuzzy objects. Pattern recognition and image analysis 3 (1993) no. 4, 417- 422.

[KAH94]   E. Kahle: Die Entwicklung einer systemisch-ganzheitlichen Unternehmensanalyse. Arb-bericht 01/94 Universität Lüneburg.

[KEL80]   R. Kelcharju: General frame of ressources, structure and trade. DYNAMICA, 6(1980) 1.

[KEL95]   H.B. Keller: Learning rules for modelling dynamic systems behaviour. EUROSIM'95. Elsevier Science 1995. 123-128.

[LEM95]   F. Lemke: SelfOrganize! - software tool for modelling and prediction of complex systems. SAMS, 20 (1995), no.1-2, 17-28.

[LUN93]   J. Lunze: Ein Ansatz zur qualitativen Modellierung und Regelung dynamischer Systeme. at 41(1993) 12, S.451-460.

[MAR95]   P.Marenbach, K.D.Bettenhausen, B. Cuno: Selbstorganisierende Generierung strukturierter Prozeßmodelle. at 43(1995) 6, 277-288.

[MÖN89]   M. Mönch: Anwendung des Simulationssystems SONCHES zur Modellierung ökonomischer Prozesse. HfÖ Berlin, Forschungsinformation 14 (1989)3, 20-33.

[MÜL94]   J.-A.Müller: Selbstorganisation von Vorhersagemodellen. HTW-Berichte 2(1994)3, 235-240.

[MÜL95]   J.-A. Müller, F. Lemke: Self-Organizing modelling and decision support in economics. In „Proceedings of the IMACS Symposium on Systems Analysis and Simulation". Gordon and Breach Publ. 1995, 135-138.

[SAR94]   W.S. Sarle: Neural networks and Statistical Models. SUGI 19. Dallas 1994, S. 1538-1549.

[VER92]   A.F. Verlan u.a.: Evolutionsmethoden in der Computermodellierung . Naukova dumka , Kiev 1992.

[ZYP87]   J.Z. Zypkin: Informationelle Theorie der Identifikation. Verlag Technik Berlin 1987.

Modellierung und Simulation umweltgerechter Prozesse der Oberflächenbehandlung

Dipl.-Ing. H. Schultz, Dr.-Ing. S. Hauser
Institut für Automatisierungstechnik
TU Dresden

Zentrale Zielsetzung für den Entwurf und den Betrieb von Anlagen der Oberflächentechnik sind wirtschaftlich optimale Lösungen zur Prozeßführung bei hoher Anlagensicherheit. Sich weltweit verknappende Ressourcen und immer schärfere Forderungen zum Umweltschutz zwingen zusätzlich zu effizienten Materialeinsatz und geringer Umweltbelastung.

Diese Forderungen sind in der Oberflächenbehandlung nur durch Realisierung geschlossener Kreisläufe für Prozeßlösungen und Spülwässer zu erfüllen. Diese Kreisläufe verringern jedoch die Transparenz der Prozesse. Der Entwurf und Betrieb nach oben genannten Gesichtspunkten gestalteter Systeme erfordert umfangreiche Kenntnisse zum statischen und dynamischen Verhalten der einzelnen Prozeß- und Spülbäder sowie der zur Stoffkreislaufschließung notwendigen peripheren Systeme (Regeneratoren, Konzentratoren).

Ein wesentliches Hilfsmittel zur Untersuchung derartiger Systeme ist die Simulationstechnik.

Einsatzmöglichkeiten der Simulationstechnik

Die Simulationstechnik bietet Unterstützung beim Entwurf und im Betrieb von Verfahren der Oberflächentechnik (Bild 1).

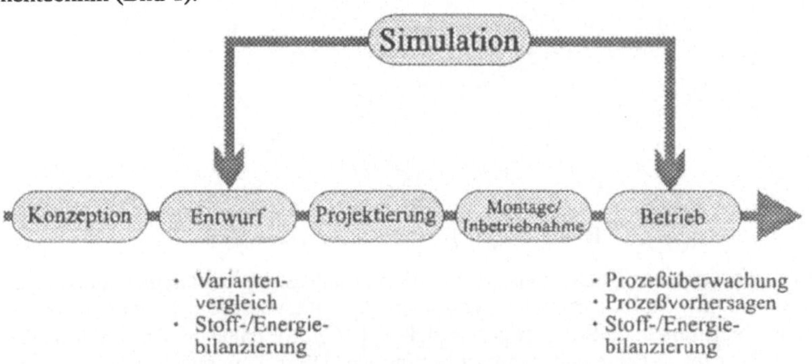

Bild 1. Einsatzschwerpunkte der Simulation

Im Entwurfsstadium ist die Simulationstechnik ein wichtiges Hilfsmittel bei der Beurteilung verschiedener Varianten und für die Auswahl einer optimaler Anlagenstruktur. Hier gewonnene Stoff- und Energiebilanzen bilden die Grundlage für eine ökonomische und ökologische Bewertung der entwickelten Systeme [REUT95].

Durch Auswertung von Simulationsexperimenten während des Betriebes einzelner Prozeßstufen und kompletter Anlagen der Oberflächentechnik können gewonnene Ergebnisse Unterstützung bei der Prozeßführung geben. Durch Vergleich von Simulationsergebnissen mit am Prozeß gewonnenen Meßgrößen können einerseits Rückschlüsse auf Unregelmäßigkeiten und Prozeßstörungen gezogen werden, anderseits bietet dieser Vergleich die Möglichkeit, Modelle zu validieren und zu verbessern. Durch vorauseilende Simulation können zu erwartende Prozeßzustände vorhergesagt werden. Zusätzlich können gewonnene Simulationsergebnisse Meßergebnisse ergänzen und somit die Erarbeitung von Stoff- und Energiebilanzen unterstützen.

Eigenschaften von Modellen und daraus resultierende Anforderungen an ein Simulationssystem

Grundlage jeder Simulation bilden Modelle. Unter einem Modell versteht man ein Abbild eines Objektes, wobei das Modell für die Lösung der Simulationsaufgabe wesentliche Eigenschaften des Objektes nachbildet, während unwesentliche Eigenschaften vernachlässigt werden.

Entsprechend der Zielstellung der durchzuführenden Simulationsexperimente unterscheiden sich die Modelle in ihrer Detailliertheit. Für die dargestellten Aufgaben werden die Modelle durch eine theoretische und/oder experimentelle Prozeßanalyse gewonnen (Bild 2).

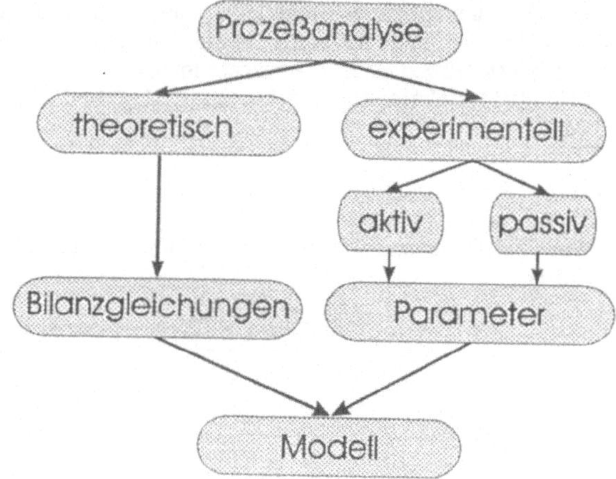

Bild 2. Möglichkeiten zur Prozeßanalyse

Ziel der theoretischen Prozeßanalyse sind Masse- und Energiebilanzgleichungen, die auf der Grundlage von physikalischen und chemischen Zusammenhängen gewonnen werden. Diese Gleichungen bestimmen die Struktur der Modelle [HAGE93], dagegen sind die Modellparameter auf diesem Weg im allgemeinen nicht zu bestimmen. Diese können durch eine experimentelle Prozeßanalyse, das heißt durch gezielte (aktive) Experimente und / oder durch Auswertung im normalen Betrieb gewonnenem Datenmaterials bestimmt werden. Außerdem bietet die experimentelle Prozeßanalyse Unterstützung bei der Modellierung von Prozessen, deren mathematische Beschreibung nicht oder nur mit sehr hohem Aufwand zu gewinnen wäre. Durch den Einsatz der statistischen Versuchsplanung kann der Aufwand für die Durchführung von Experimenten minimiert werden.

Für eine effektive Nutzung der Modelle ist deren rechentechnische Umsetzung auf der Grundlage eines bedienfreundlichen Basissimulationssystems notwendig. Ein zur Untersuchung von Prozeßstufen der Oberflächentechnik mit geschlossenen Stoffkreisläufen (Bild 3) eingesetztes Simulationssystem sollte folgende Bedingungen erfüllen:

318

- Darstellung der meist kontinuierlichen Vorgänge in den Prozeßbädern sowie Regeneratoren und Konzentratoren,
- Darstellung von diskreten Ereignissen vor allem in den Spülbädern,
- Beschreibung der diskreten Transportvorgänge im Zusammenhang mit dem Warentransport und
- Beschreibung von sowohl kontinuierlichen als auch diskreten Stoffströmen zur Schließung von Stoffkreisläufen.

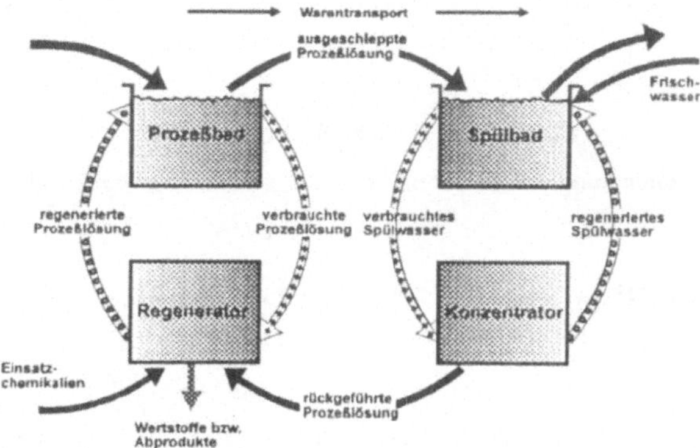

Bild 3. Prozeßstufe der Oberflächentechnik mit geschlossenen Stoffkreisläufen

Zusätzlich muß das System

- einen hierarchisch strukturierten Aufbau von Prozeßstufen sowie kompletter, aus verschiedenen Prozeßstufen bestehender Anlagen,
- die Austauschbarkeit von Basismodellen (Prozeßbad, Regenerator, ...) unterschiedlicher Detailliertheit zur Anpassung der Modelle an unterschiedliche Simulationsaufgaben,
- eine einfache und übersichtliche Parametrierung der verwendeten Teilmodelle,
- eine übersichtliche tabellarische und grafische Präsentation von Ergebnissen sowie
- die übersichtliche Verwaltung einzelner Experimente und Simulationsergebnisse

ermöglichen.

Das für die oben genannten Problemstellungen in der Oberflächentechnik geschaffene Simulationssystem baut auf dem Basissimulationsprogramm SIMPLEX II |SCHM91] auf.

Allgemeiner Modellaufbau eines Prozeßbades

Die Modelle zur Beschreibung von Prozeßbädern lassen sich vereinfacht in die Modellbereiche „Warenstrom", „Reaktion" und „Stoffstrom" gliedern (Bild 4).

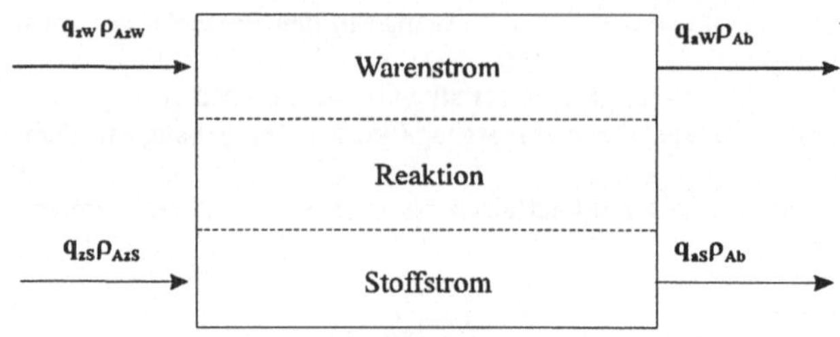

Bild 4. Modellaufbau für Prozeßbäder

In der folgenden Gleichung ist die vereinfachte Massebilanz bezüglich eines Inhaltstoffes A dargestellt.

$$\frac{dm_A}{dt} = q_{zW} \cdot \rho_{AzW} - q_{aW}\rho_{Ab} - r_A \cdot V \cdot M_A + q_{zS} \cdot \rho_{AzS} - q_{aS}\rho_{Ab} + \dots$$

			Indizes	
m	Masse		z	Zulauf
q	Volumenstrom		a	Ablauf
ρ	Dichte		W	Warenstrom
V	Volumen		S	Stoffstrom
M	Molare Masse		b	Bad
r	Reaktionsgeschwindigkeit		A	Stoff A

Im Modell muß diese Bilanz für alle am Prozeß beteiligten Stoffe aufgestellt werden.

Im Modellbereich „Warenstrom" wird der Transport der Ware durch das Bad nachgebildet. Hier werden alle Masse- und Konzentrationsänderungen berechnet, welche durch an der Ware haftende Prozeßlösung und Spülwasser verursacht werden. Außerdem werden die Aufenthaltszeiten der Ware im Bad nachgebildet.

Im Modellbereich „Reaktion" werden alle prozeßspezifischen Reaktionen beschrieben. Das Volumen und die Dichte der Prozeßlösung ist dabei im allgemeinen sowohl von auf das Bad wirkenden Stoffströmen als auch von den Stoffkonzentrationen abhängig. Zusätzlich zu den oben genannten Reaktionen müssen für verschiedene Stoffe mitunter auch Verdunstungs- und Zersetzungsprozesse berücksichtigt werden.

Im Modellbereich „Stoffstrom" werden Volumenströme (Zudosierung, Verwerfung, Kreislaufführung) und daraus resultierende Masse- und Volumenänderungen dargestellt. Diese müssen entsprechend der Betriebsweise eines eventuell vorhandenen peripheren Systems zeitdiskret oder kontinuierlich beschrieben werden.

Zur Modellierung der Prozesse in Spülsystemen können ähnliche Modellbeschreibungen verwendet werden. Der Modellbereich „Reaktion" beschränkt sich dabei im allgemeinen auf die Beschreibung von Masse- und Volumenänderungen durch Verdunstung.

Der gewählte einheitliche Aufbau der Modelle ist für die Beschreibung unterschiedlichster Prozeß- und Spülbäder geeignet.

Eine allgemeine Beschreibung der Vorgänge in Regeneratoren und Konzentratoren ist dagegen durch die Verschiedenartigkeit und Komplexität der hier ablaufenden Prozesse im allgemeinen nicht möglich.

Im folgenden werden am Beispiel eines Spülsystems die Möglichkeiten der Simulation zur Strukturierung und Parametrierung einer solcher Anordnung gezeigt. Die Untersuchung von

Spülsystemen besitzt großen praktischen Wert, da diese Anordnungen bei der Anlagenauslegung meist überdimensioniert und häufig auch falsch betrieben werden.

Simulationsbeispiel: Auslegung eines Spülsystems

Nach der Bearbeitung der Ware im Prozeßbad muß die auf der Oberfläche haftende Prozeßlösung durch Spülen so weit verdünnt werden, daß nachfolgende Prozeßbäder nicht oder nur geringfügig gestört werden. Vom Gesetzgeber wird zur Reduzierung des Spülwasserverbrauchs eine aus mindestens drei Spülstufen (Kaskaden) bestehende Spülbadanordnung vorgeschrieben. Das eingesetzte Spülwasser wird dabei im Gegenstrom durch die Spülbäder geführt (Bild 5).

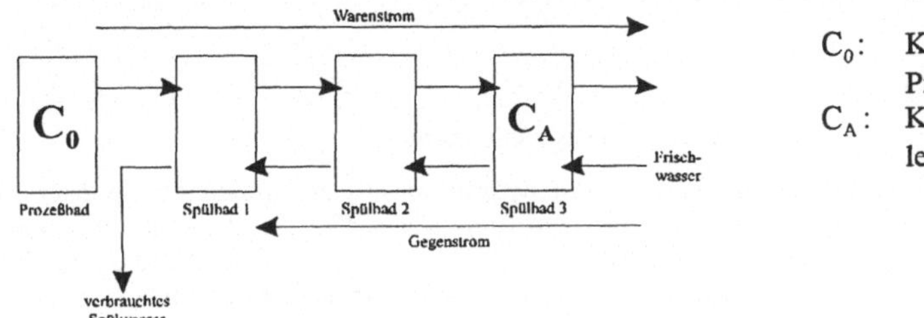

C_0: Konzentration im Prozeßbad

C_A: Konzentration der letzten Spülstufe

Bild 5. Stoff- und Volumenströme eines Spülsystems

Ein wichtiges Merkmal zur Beurteilung von Spülsystemen ist das damit erreichbare Mindestspülkriterium

$$R = \frac{C_0}{C_A}$$

Zusätzlich müssen bei der Auslegung derartiger Systeme meist noch weitere, vom konkreten Einsatzfall abhängige Vorgaben wie

- maximaler Frischwassereinsatz,
- Konzentrationsbereich des verbrauchten Spülwassers oder
- maximale Kapazität eines zusätzlich eingesetzten Konzentrators

berücksichtigt werden.

In der Literatur, z.B. /SÜSS89/, werden zumeist analytische Lösungen zur Beschreibung der Eigenschaften von Spülsystemen vorgestellt. Diese verwenden im allgemeinen Vereinfachungen wie

- kontinuierlicher Warenstrom und Spülwasserstrom,
- die am Werkstück haftende Flüssigkeitsmenge ist klein gegenüber der zum Spülen verwendeten Wassermenge,
- ideale Durchmischung der Stoffe auf der Ware und im Spülbad und
- gleiche spezifische Ausschleppung aus dem Aktivbad und den Spülbädern.

Diese, in vielen Anwendungen zutreffenden Vereinfachungen, führen bei extrem wassersparenden Spülsysteme zu größeren Fehlern.

Durch eine weitgehend exakte Simulation der Prozesse können diese Mängel behoben werden. Zusätzlich können durch Simulation in ihrer Struktur auch komplexe Spülsysteme untersucht und optimale Betriebsweisen bestimmt werden. Bild 6 zeigt eine Auswahl von für einen realen Prozeß möglichen Spülbadanordnungen.

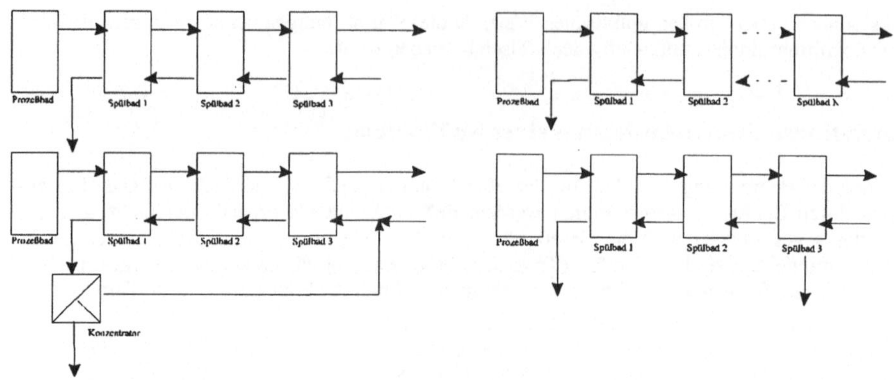

Bild 6. Spülsystemvarianten

Detaillierte Informationen zu allen für ein System wichtigen Größen ermöglichen einen fundierten Variantenvergleich und somit eine umweltgerechte Auslegung und optimale Parametrierung von Spülsystemen. Beispielhaft sind in Bild 7 für die durch exakte Simulation für den quasistationären Zustand gewonnener Stoff- und Volumenströme dargestellt.

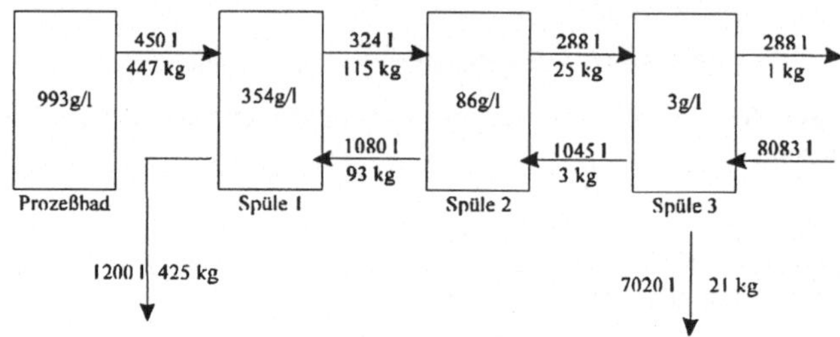

Bild 7. Stoff- und Volumenströme eines ausgewählten Spülsystems

Darüberhinaus gibt der ebenfals mittels Simulation gewonnene zeitdiskrete Verlauf von einzelnen Prozeßgrößen Hinweise für einen zweckmäßigen Betrieb eines solchen Spülsystems.

Literatur

[HAGE93]   Hagen, J.: Chemische Reaktionstechnik.
           Weinheim, u.a.: VCH Verlagsgesellschaft 1993
[REUT95]   Reuter, E.: Simulation und Optimierung einer chemischen Reaktion mit
           überlagerter Rektifikation. VDI-Fortschritt-Berichte, Reihe 3 Nr. 394.
           Düsseldorf: VDI-Verlag 1995
[SCHM91]   Schmidt, B.: SIMPLEX II - ein Simulationssystem der neuen Generation.
           Material zum Tutorium in Dresden 1991
[SÜSS89]   Süß,M.; Ziegler,K.: Möglichkeiten der Spülwasserrückführung aus
           Kaskadenspülsystemen.
           Galvanotechnik 80 (1989) 9, S. 2995-2999

322

Modellierung und Simulation im Bauwesen

Prof. Dr.-Ing. habil. Georg Hohmann; Dr.-Ing. Wolfram Griesbach
Professur Computergestützte Techniken
Hochschule für Architektur und Bauwesen Weimar - Universität -
D-99421 Weimar

Kurzfassung

Bauwerke prägen unsere Städte, Dörfer und Landschaften. Sie besitzen in der Regel eine lange Lebensdauer und erfordern bei ihrer Errichtung und Nutzung große materielle und finanzielle Aufwendungen. Es werden daher hohe gestalterische, funktionale, technische und ökonomische Anforderungen gestellt. Diese lassen sich in den vorbereitenden Phasen mittels Simulation hinreichend abschätzen. In diesem Beitrag werden räumliche Simulationstechniken in der Architektur/Stadt- und Regionalplanung, Zuverlässigkeitsanalysen von Tragwerken sowie die Simulation von Prozeßabläufen bei der Errichtung von Bauwerken diskutiert.

1. Einleitung

Kaum eine andere Branche steht so sehr im Blick der Öffentlichkeit wie das Bauwesen. Bauwerke sind für jeden sichtbar und somit der kritischen Beurteilung von Fachleuten und Laien ausgesetzt. Bei großen öffentlichen Bauvorhaben beginnen umfangreiche Diskussionen oft bereits in der Planungsphase. So sollte sich das einzelne Bauwerk gut in seine Umgebung (Natur, vorhandene Bebauung) einordnen. Die Weichen hierfür werden bereits im Rahmen der Stadt- und Raumplanung (Bebauungsplanung, Verkehrsanlagen, Anlagen der Verkehrsberuhigung, Ver- und Entsorgung, Umweltschutz) gestellt.

Der Lebenszyklus eines Bauwerkes verläuft in den Phasen Planung, Realisierung, Nutzung und Abriß. Infolge neuer Nutzungsanforderungen können sich die Phasen Planung, Realisierung und Nutzung wiederholen.

Sowohl in den einzelnen Etappen der Stadt- und Raumplanung als auch in den Lebensphasen eines Bauwerkes verwendet der Architekt bzw. der Bauingenieur die unterschiedlichsten Modelle (u.a. graphisches, gegenständliches, numerisches Modell). Hierbei handelt es sich in der Regel um statische Modelle mit deterministischen Parametern. Erst in Verbindung mit einer Computersimulation bzw. -animation sind die technischen, funktionalen und gestalterischen Zusammenhänge eines Bauwerkes vorab hinreichend abschätzbar. Gleiches gilt für den Herstellungsprozeß des Bauwerkes (Phase der Realisierung).

2. Räumliche Simulationstechniken in der Architektur, Stadt- und Regionalplanung

Die Anwendungsbreite räumlicher Simulationstechniken in der Architektur, Stadt- und Regionalplanung ist beträchtlich. Sie reicht von der Umweltgestaltung bis zur ästhetisch befriedigenden Umsetzung technischer Details. Der Einsatz von Simulationstechniken dient dabei dem Zweck, die Aussagekraft des darzustellenden Entwurfs zu steigern.

Als räumliche Simulationstechniken kommen in der Architektur zur Anwendung [1]:
- Raumsimulation in wahrer Größe (1:1)
- Endoskopische Raumsimulation
- Stereoskopische Raumsimulation
- Holografische Raumsimulation
- Computergestützte Simulation.

Abbildung 1 verdeutlicht, welche modellhaften Darstellungen den einzelnen Simulationstechniken zugrunde gelegt werden können.

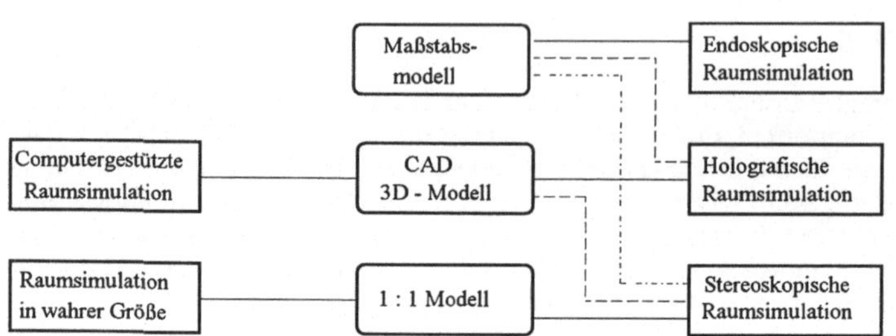

Abbildung 1: Verbindungen zwischen modellhaften Darstellungen
und räumlichen Simulationstechniken [1]

Hinsichtlich des umfassenden Einsatzes räumlicher Simulationstechniken im Rahmen des Architekturentwurfs wurde die Bezeichnung *Simulation Aided Architectural Design (SAAD)* eingeführt. Hierbei handelt es sich um simulationsbezogene Entwurfsprozesse, d. h., Entwurfsprobleme werden bereits zu einem frühen Zeitpunkt erkannt. Angestrebt wird dabei eine Integration traditioneller und neuzeitlicher Arbeitsweisen bzw. Darstellungstechniken.

Zunehmend gilt das Interesse dem Erlebbarmachen von gedachter Architektur im "bildlichen Durchschreiten" des Geplanten. Für die computergestützte Bearbeitung sind dabei zwei Wege gangbar [2]:

1. Echtzeitsimulation auf leistungsfähigen Rechnern (mindestens 25 Bilder pro Sekunde)
2. Videoanimation durch vorab Berechnung von Einzelbildern und deren Aufzeichnung auf Vidoeband

Der zweite Weg lag einem Projekte von Architekturstudenten der TH Darmstadt zugrunde. Unter dem Titel "bauhaus - Avantgarde der 20er Jahre" wurden 30 hauptsächlich nicht realisierte Projekte aus dem Bauhaus und der Architektur-Avantgarde aus den Anfängen unseres Jahrhunderts (von Gropius über Mies van der Rohe bis Le Corbusier) erlebbar gemacht und auf einem Kolloquium unserer Universität vorgestellt [3]. Diese Arbeiten sind für uns von besonderem Interesse, da demnächst, besinnend auf die Tradition, eine Namensänderung in *Bauhaus-Universität Weimar* erfolgen wird.

Auf zurückliegenden Tagungen wurde schwerpunktmäßig aus dem Bereich der Stadt- und Regionalplanung zur Simulation von Verkehrssystemen sowie aus dem Bereich der Architektur zum rationellen Medieneinsatz (Heizung, Lüftung, ...) vorgetragen. Darauf soll an dieser Stelle nicht weiter eingegangen werden.

Havarien in Gebäuden lassen sich, wie die Erfahrung leider zeigt, trotz moderner Technik, nicht ganz ausschließen. Der möglichen Räumung von Gebäuden im Katastrophenfall ist daher bei der Planung besondere Aufmerksamkeit zu schenken. Auch hierbei können Planungsentscheidungen mittels Simulationsrechnungen unterstützt werden [4].

3. Zuverlässigkeitsanalyse von Tragwerken mittels Simulation

Ausgehend von der architektonischen Modellierung (Tragwerksmodell) erfolgt die weitere rechnergestützte Bearbeitung des Tragwerkes innerhalb folgender Teilprozesse mit den zugeordneten Teilproduktmodellen [5]:
- Statische Modellierung (Statisches Modell)
- Numerische Modellierung (Numerisches Modell)
- Bemessung (Bemessungsmodell)
- Konstruktive Modellierung (Konstruktionsmodell).

In Abbildung 2 ist der Zusammenhang zwischen den Teilprozessen bzw. Teilproduktmodellen dargestellt.

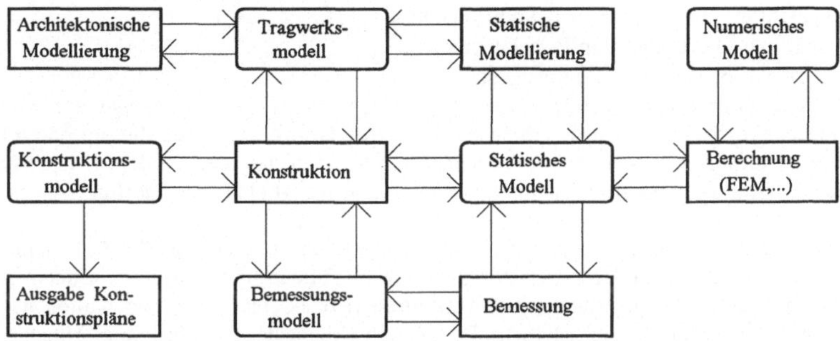

Abbildung 2: Teilprozesse und Teilproduktmodelle [4]

Das Hauptziel dieser Teilprozesse besteht darin, solche Tragstrukturen zu entwickeln, welche einerseits in der Lage sind, auftretende Lasten aufzunehmen und andererseits möglichst wirtschaftlich gefertigt werden können. Da weder die Lasten, die geometrischen Abmessungen noch die Materialeigenschaften exakt angebbar sind, wird in jüngster Zeit auch im Bauwesen zunehmend die Zuverlässigkeitsanalyse von Tragwerken mittels Simulation durchgeführt.

Für die Berechnung komplizierter statisch und dynamisch beanspruchter Tragwerke hat sich die Methode der finiten Elemente durchgesetzt. Die Berechnung der Versagenswahrscheinlichkeit auf der Grundlage von Zufallsgrößen führt auf die Auswertung n-facher Integrale. Da eine geschlossene Lösung in der Regel sehr aufwendig ist, kommt die Monte-Carlo-Simulation zum Einsatz. Um den damit verbundenen Rechenaufwand zu mindern, wird statt der Grenzzustandsfläche $g(X_1, X_2, \ldots, X_n)$ eine Ersatzfläche $\overline{g}(X_1, X_2, \ldots, X_n)$ betrachtet, die über nur wenige FE-Rechnungen konstruiert wird. Im allgemeinen Fall stellt $\overline{g}$ eine Näherungsfläche von g dar, die diese nur in der Umgebung bei $g = 0$ möglichst gut approximieren muß [6], [7].

Lassen sich schon die Materialeigenschaften nicht eindeutig voraussagen, so gilt dieses in besonderem Maße für das Verhalten des Baugrundes. Eine wichtige Ingenieuraufgabe ist in diesem Zusammenhang der Standsicherheitsnachweis bei seismisch beanspruchten Tragwerken, um entsprechende Folgen für Gesundheit und Leben von Personen zu vermeiden. Mittels Simulation unter realen Erdbebeneinwirkungen lassen sich zufällige Ausprägungen der Anregungscharakteristiken berücksichtigen [8], [9], [10].

Ferner wurden Sicherheit und Wirtschaftlichkeit im Tunnelbau durch Computersimulation des Vortriebes nachgewiesen. Um dabei die Gebirgsstruktur möglichst wirklichkeitsgetreu zu modellieren und den Aufwand in Grenzen zu halten, wird die Methode der finiten Elemente mit der Methode der Randelemente gekoppelt. Mittels Aussagen über die geologischen Verhältnisse kann bestimmt werden, wie Stützmittel (z. B. Felsanker) effizient einzusetzen sind [11]. Ebenso ist der zeitliche Ablauf beim Vortrieb eines Tunnels näherungsweise durch Simulation bestimmbar [12].

4. Simulation von Prozeßabläufen bei der Errichtung von Bauwerken

In der Bauproduktion sind folgende Teilbereiche unterscheidbar:
- Gewinnung und Herstellung von Baustoffen
- Stationäre Fertigung von Bauelementen
- Nichtstationäre Baustellenprozesse.

Die beiden erstgenannten Teilbereiche entsprechen in ihren Produktionssystemen weitgehend den Verfahrens- bzw. Fertigungssystemen der Industrie. Umwelteinflüsse, die auf deren Produktionsprozesse störend wirken können, werden soweit möglich begrenzt, indem beispielsweise in geschlossenen Produktionsstätten gearbeitet und ein kontinuierlicher Transport der Arbeitsgegenstände angestrebt wird.

Nichtstationäre Baustellenprozesse sind dadurch gekennzeichnet, daß ihr Ablauf nicht vollständig vorhersehbar ist, sondern einer Vielzahl von Einflüssen und Störungen unterworfen sein kann. Überdies ist das Spektrum der Bauwerksarten (Hoch-, Tief-, Verkehrsbauten usw.) sehr vielfältig. Jedes Bauwerk für sich stellt im Prinzip ein Unikat dar, welches unter Umständen aus einer anderen Kombination von Baustoffen besteht sowie in Konstruktion und Bauverfahren variiert.

Zur Planung und Steuerung der Baustellenprozesse sind daher Methoden einzusetzen, welche eine große Anpassungsfähigkeit, die Darstellung paralleler Vorgänge, die Erfassung plötzlicher Störungen sowie stochastische Parameter zulassen. Hiervon ausgehend wurden bereits in den 70er und 80er Jahren spezielle Simulationsansätze entwickelt [13], [14], [15].

In der Praxis stellt der Einsatz von Simulationsverfahren jedoch bisher die Ausnahme dar. Dort dient in den meisten Fällen das Balkendiagramm bzw. die Netzplantechnik als Planungshilfsmittel. Dabei ist der Informationsgehalt der Netzplantechnik eindeutig geringer gegenüber der Simulation. So lassen sich Fragen nach der Produktivität von Einsatzmitteln, Leistungsreserven bzw. Ursachen von Leistungsminderungen mit der Netzplantechnik kaum beantworten.

Deterministische Berechnungen ergeben in der Regel kürzere Gesamtdauern gegenüber stochastischen, d. h., sie fallen zu optimistisch aus. Zwar läßt innerhalb der Netzplantechnik die Methode PERT Ansätze mit stochastischen Dauern zu, es wurde jedoch mehrfach nachgewiesen, daß die Ergebnisse (Erwartungswert, Streuung) erhebliche Fehler aufweisen.

Der Übergang von der Netzplantechnik zur Simulation kann dadurch erleichtert werden, indem Netzpläne auf der Grundlage von Petri-Netzen dargestellt werden und auf dieser Basis ein Wechsel zur Simulation erfolgt [16]. Die Simulation mittels Netzstrukturen bildete daher bei uns in den zurückliegenden Jahren einen Schwerpunkt der Forschungsarbeiten. Dabei wurden variierte Evaluationsnetze (E-Netze) zugrunde gelegt [17], [18]. Die Zweckmäßigkeit dieses Weges konnte in einer praktischen Anwendung im Stahlbau nachgewiesen werden [19]. Die Struktur eines solchen Simulationssystems sowie der zugehörige Modellansatz wurden auf dem 8. Symposium Simulationstechnik vorgestellt [20].

Dieser von uns eingeschlagene Weg der Simulation von Bauprozessen auf der Grundlage bestimmter Klassen von Petri-Netzen konnte durch Arbeiten an anderen Universitäten bestätigt werden [21], [22].

5. Abschließende Bemerkungen

Neben den hier dargestellten traditionellen Anwendungsfeldern zeichnen sich neue Gebiete für den Einsatz von Simulationstechniken ab. Diese sind u. a. mit den Schlagworten "Intelligent Building" und "Facility Management" belegt. Hierbei handelt es sich um die zunehmende Ausstattung von Bauwerken mit künstlicher Intelligenz (Bussysteme, Sensoren, Aktoren) sowie die rechnergestützte Bewirtschaftung von Gebäuden.

Die praktischen Simulationsanwendungen im Bauwesen liegen, wie zum Teil auch in anderen Bereichen, noch weit hinter den durch Hard- und Software gegebenen Möglichkeiten zurück. Die Gründe hierfür sind u. a. in dem noch unzureichenden Ausbildungs- und Kenntnisstand sowie in psychologischen Vorbehalten gegenüber dieser neuen Arbeitstechnik zu suchen.

Es muß immer wieder die Frage zulässig sein, wo Simulation beginnt und wo sie endet. Der Simulationsbegriff darf nicht zu sehr ausgeweitet, aber auch nicht eingeengt werden.

Interessant erscheint in diesem Zusammenhang eine Schrift unter dem Titel "Das Gespenst der Simulation" [23], verfaßt von Professor Engell, Medienwissenschaftler an unserer Universität. Herr Engell beginnt seine Ausführungen mit dem Satz: Ein Gespenst geht um in der Medienwissenschaft, das Gespenst der Simulation." Und er beklagt an anderer Stelle: "Ein Vorbild zu verzerren, zu verstellen oder gar vorzutäuschen, d. h., etwas als Nachbild auszugeben, was gar kein Vorbild hat, hierauf hat sich der Simulationsbegriff in der Medienwissenschaft verengt."

Literatur

[1] *Martens, B.*: Räumliche Simulationstechniken in der Architektur
Frankfurt a. M.: Europäischer Verlag der Wissenschaften 1995

[2] *Kretzschmar, H. u. a.*: Computergestützte Bauplanung
Berlin: Verlag für Bauwesen 1994

[3] bauhaus - Avantgarde der 20er Jahre
CAD Projekte von Architektur-Studenten der TH Darmstadt 1994

[4] *Ziermann, H.*: Rechnergestützte Analyse von Personenströmen in Gebäuden; Dissertation
Weimar: Hochschule für Architektur und Bauwesen 1984

[5] *Meißner, U.; Rüppel, U.*: Objektorientierte Integration von Prozessen der Entwurfs- und Tragwerksplanung, IKM-Abstracts
Weimar: Hochschule für Architektur und Bauwesen 1994

[6] *Thieme, D.*: Finite Elemente und Monte-Carlo-Simulation für die Sicherheitsberechnung von Tragwerken; IKM-Abstracts
Weimar: Hochschule für Architektur und Bauwesen 1994

[7] *Eibl, J.; Schmidt-Hurtienne, B.*: Nichtlineare Traglastermittlung von Stahlbetonstrukturen nach Eurocode 2 - Stochastische Finite Elemente; Tagungsheft Baustatik - Baupraxis
Weimar: Hochschule für Architektur und Bauwesen 1996

[8] *Meskouris, K.; Zahlten, W.*: Seismische Schädigungsanalyse von Stahlbetonhochhäusern; Tagungsheft Baustatik - Baupraxis
Weimar: Hochschule für Architektur und Bauwesen 1996

[9]   *Wunderlich, W. u. a.*: Einfluß des Bodens auf das Tragverhalten erdbebenerregter Flüssigkeitstanks;
      Tagungsheft Baustatik - Baupraxis
      Weimar: Hochschule für Architektur und Bauwesen 1996

[10] *Schroeder, P.*: Schwingungserscheinungen bei Schrägseilbrücken infolge nichtstationärer
      stochastischer Erdbebenbeanspruchung; IKM-Abstracts
      Weimar: Hochschule für Architektur und Bauwesen 1994

[11] *Beer, G.*: Numerische Simulation im Tunnelbau; Tagungsheft Baustatik - Baupraxis
      Weimar: Hochschule für Architektur und Bauwesen 1996

[12] *Thurner, G.; Weigl, G.*: Leistungsprognosen beim Schildvortrieb durch Simulation; IKM-Abstracts
      Weimar: Hochschule für Architektur und Bauwesen 1994

[13] *Becher, B.*: Modellierung des Montageprozesses mehrgeschossiger Mehrzweckbauten als Beitrag
      zur Automatisierung der technologischen Vorbereitung; Dissertation
      Weimar: Hochschule für Architektur und Bauwesen 1975

[14] *Heldt, F.*: Simulation des Bauablaufes zur Errichtung linienförmiger Bauwerke; Dissertation
      Weimar: Hochschule für Architektur und Bauwesen 1978

[15] *Nghiem, N. V.*: Ein Beitrag zur automatengestützten Ermittlung der Montagedauer bei
      mehrgeschossigen Mehrzweckgebäuden aus Stahlbetonfertigteilen; Dissertation
      Weimar: Hochschule für Architektur und Bauwesen 1981

[16] *Hain, J.*: Suche optimaler Wege in erweiterten Petri-Netzen; Diplomarbeit
      Weimar: Hochschule für Architektur und Bauwesen 1991

[17] *Hohmann, G.*: Ein Beitrag zur Modellierung, Simulation und Steuerung in CAD/CAM-Systemen
      des Bauwesens; Dissertation B
      Weimar: Hochschule für Architektur und Bauwesen 1984

[18] *Schmidt, R.*: Beitrag zur Modellierung und rechnergestützten Simulation technologischer Prozesse
      mit Hilfe variierter Evaluationsnetze; Dissertation
      Weimar: Hochschule für Architektur und Bauwesen 1990

[19] *Alkadi, G.*: Ein Beitrag zur Projektierung von flexiblen Fertigungssystemen im Bauwesen mittels
      Prozeßsimulation; Dissertation
      Weimar: Hochschule für Architektur und Bauwesen 1989

[20] *Hohmann, G.; Günther, A.*: MOSINET - ein objektorientiertes Simulationssystem und dessen
      zugehöriger Modellansatz; Tagungsband 8. Symposium Simulationstechnik
      Wiesbaden: Vieweg Verlag 1993

[21] *Franz, V.*: Planung und Steuerung komplexer Bauprozesse durch Simulation mit modifizierten
      höheren Petri-Netzen; Dissertation
      Kassel: Gesamthochschule - Universität 1989

[22] *Iwan, G.*: Beitrag zur Anwendung der Simulation und Reihenfolgeoptimierung bei der Analyse von
      Bauproduktionsprozessen
      Düseldorf: VDI-Verlag 1992

[23] *Engell, L.*: Das Gespenst der Simulation
      Weimar: Verlag und Datenbank für Geisteswissenschaften 1994

328

Simulation von Prozeßkosten
bei der Gestaltung von Produktionssystemen

Gert Zülch, Bernd Brinkmeier
ifab - Institut für Arbeitswissenschaft und Betriebsorganisation
Universität Karlsruhe (TH), Kaiserstraße 12, 76128 Karlsruhe

Kurzfassung

Die Simulation von Prozeßkosten stellt im Rahmen einer organisatorischen Umgestaltung von Produktionssystemen eine wertvolle Entscheidungsunterstützung dar. Sie kann als strategisches Werkzeug für eine gezielte Verbesserung von Gestaltungslösungen, die bereits im Planungsstadium angreift, herangezogen werden, wobei eine gezielte Verbesserung der Wirtschaftlichkeit von geplanten Systemen möglich wird. Grundlage der Berechnung stellt eine ressourcenorientierte Prozeßbewertung dar. Durch die Übertragung der Ansätze auf die Simulation eröffnet sich als Besonderheit die Möglichkeit, bereits im Planungsstadium die Auswirkungen verschiedener Ressourcenkombinationen oder Belastungssituationen bereits im voraus zu untersuchen. Hierdurch läßt sich z.B. - bezogen auf die Herstellkosten im Untersuchungszeitraum - quasi eine "prognostizierte Nachkalkulation" durchführen, die als Hilfe für Investitions- oder Make-or-buy-Entscheidungen herangezogen werden kann oder mit der das Erreichen anvisierter Zielkosten überprüft werden kann.

1.   Bewertung von Reorganisationsmaßnahmen

Die Notwendigkeit zur Verbesserung der organisatorischen Leistungsfähigkeit hat die produzierenden Betriebe auf nahezu allen Sektoren erfaßt. Trotz der vielfältigen Berichte über die positiven Auswirkungen organisatorischer Veränderungen, wie beispielsweise die Einführung von Gruppenarbeit oder von objektorientierten Formen der Aufbauorganisation, muß die Auswahl einer zu realisierenden Organisationsstruktur stets in Abhängigkeit von der gegebenen Produktionssituation erfolgen (vgl. Schelle u.a. 1992, S. 306).

In diesem Zusammenhang spielt die prospektive Abschätzung möglicher Auswirkungen einer veränderten Organisation auf die Leistungsfähigkeit eines Produktionssystems eine entscheidende Rolle. Bereits im Planungsstadium müssen quantifizierte Aussagen daruber gemacht werden können, wie sich die Produktivität des Systems oder dessen logistische Parameter verändern, wenn die eine oder andere Organisationsform realisiert werden soll. An einem Simulationsmodell lassen sich Planungslösungen schnell und einfach bezüglich ihrer Auswirkungen auf das dynamische Systemverhalten quantitativ bewerten. Hierdurch können teure Fehlplanungen verhindert bzw. rechtzeitig korrigiert werden.

Durch die Untersuchung der Auswirkungen neuer Formen der Arbeitsorganisation oder des Einsatzes neuer Betriebsmittel auf die Produktivität des Unternehmens lassen sich Strukturen und Ressourcen bereits vor ihrer Realisierung im Einsatz optimieren. Voraussetzung für derartige Untersuchungen sind organisationsorientierte Simulationsverfahren, die eine Untersuchung umfassender produktionslogistischer Fragestellungen erlauben (vgl. z.B. Brinkmeier 1995; Grobel 1992).

2. Ressourcenorientierte Prozeßbewertung

Die zunehmende Diversifikation und Verflechtung von Unternehmensabläufen sowie der Einsatz integrierter Produktionssysteme führen zu immer komplexeren Unternehmensstrukturen und steigenden Planungsumfängen. Die Folge daraus sind weitreichende Veränderungen der Kostenstruktur produzierender Unternehmen, die sich vor allem in einem abnehmenden Einfluß direkter Fertigungskosten und einem überproportionalen Ansteigen der Gemeinkosten niederschlägt. Gemeinkostenzuschläge, die Spitzenwerte von mehreren hundert Prozent erreichen können, machen deutlich, daß eine Erhöhung der Kostentransparenz durch eine verursachungsgerechte Kostenzuordnung geschaffen werden sollte. Für die eigentliche Kostenreduzierung müssen bereits in der Planungsphase Reduzierungspotentiale ausgewiesen werden, um den Nutzen von Produktänderungen, Reorganisationsmaßnahmen oder Investionen transparent zu machen (Eversheim 1995).

Die Schaffung von Kostentransparenz setzt eine detaillierte, produkt- und prozeßabhängige Kostenerfassung voraus. Als Basis für die Ermittlung der Kosten kann ein Ressourcenmodell herangezogen werden, mit dem für die Prozesse der Wertverzehr von Ressourcen beschrieben werden kann. Durch die Modellierung der Unternehmensprozesse in sog. Durchlaufplänen, die die einzelnen auftragsbezogenen Aktivitäten (Arbeitsprozesse bzw. Arbeitsgänge) enthalten, ist eine gesamtheitliche Erfassung der Auftragsbearbeitung, über alle Bearbeitungsstufen hinweg, möglich.

3. Ermittlung von Prozeßkosten mit dem Simulationsverfahren FEMOS

Das Simulationsverfahren FEMOS wird seit 1988 am Institut für Arbeitswissenschaft und Betriebsorganisation der Universität Karlsruhe entwickelt und seit längerem in zahlreichen Forschungs- und Industrieprojekten eingesetzt (vgl. z.B. Zülch 1995, Grobel 1992). Konzepte zur Bewertung von Planungslösungen mit Hilfe der Simulation orientieren sich allerdings bisher hauptsächlich an den logistischen Zielgrößen Durchlaufzeit, Termintreue, Auslastung und Bestände (vgl. z.B. Zülch, Grobel, Jonsson 1995). Für die Realisierung einer umfassenderen Bewertung von Planungslösungen muß diese logistische Sichtweise um die Ermittlung von Kostenkennzahlen erweitert werden. Hierzu wurde das Simulationsverfahren FEMOS um Ansätze aus der Prozeßkostenrechnung ergänzt (vgl. Zülch, Brinkmeier 1996).

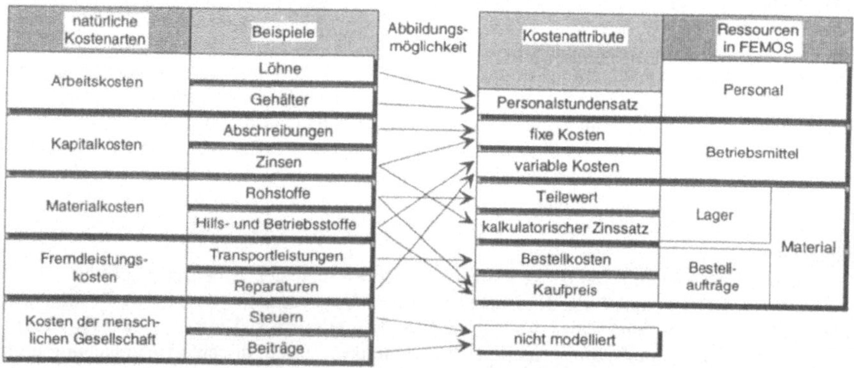

Abb. 1: Abbildung von Kostenarten im Simulationsverfahren FEMOS

Für die Berechnung von Kostenkennzahlen auf der Basis von Simulationsergebnissen ist zunächst die statische Modellierung von Kostenattributen notwendig. Hierbei werden Kostengrößen im

Simulationsmodell als statische Bezugsgrößen für die anschließende Berechnung der Kostenkennzahlen abgebildet (Abb. 1).

Die detaillierte Protokollierung jeder Durchführung einer Auftragsaktivität mit den dazugehörigen Arbeitsplätzen, Personaltypen und dem bearbeiteten Auftrag ermöglicht eine dynamische Anpassung der statischen Kostenfaktoren. Die modellierten Kostenfaktoren werden mit Simulationsergebnissen verrechnet und daraus verschiedene Kennzahlen berechnet. Zum Beispiel wird der (statische) Personalstundensatz mit der Auslastung verrechnet. Es können sowohl Kennzahlen zu einzelnen Ressourcen (wie z.B. der kalkulatorische Personalstudensatz) als auch aggregierte Größen (wie Herstellkosten von Zwischen- und Endprodukten oder Prozeßkosten) berechnet und dargestellt werden. Die Prozeßkosten PK eines Prozesses n berechnen sich hierbei aus:

$$PK_n = AK_n + BK_n + MK_n + LK_n \tag{1}$$

Legende:

PK	$= Proze\beta kosten$	MK	$= Materialkosten$
AK	$= Personalkosten$	LK	$= Lagerhaltungskosten$
BK	$= Betriebsmittelkosten$	n	$= Index\,für\,Prozesse$

Die Berechnung der verschiedenen Kostenanteile der Prozeßkosten kann beispielhaft anhand der Personalkosten AK aufgezeigt werden:

$$AK_n = \sum_p \sum_m TEP_{n,m,p} \cdot LOS \cdot SPF_{m,p} + \sum_p \sum_m TRP_{n,m,p} \cdot SPF_{m,p} \tag{2}$$

mit:

$$SPF_{m,p} = \frac{SRB_{m,p}}{SAS_{m,p}} \cdot PKF_m \tag{3}$$

Legende:

LOS	$= Losgröße$	PKF	$= statischer\,Personalkostenfaktor$
SPF	$= simulierter\,Personalkostenfaktor$	SRB	$= Summe\,von\,Rüst-\,und\,Bearbeitungszeiten$
TEP	$= Zeit\,pro\,Einheit\,Personal$	SAS	$= Summe\,der\,Arbeitsstunden$
TRP	$= Rüstzeit\,Personal$	m	$= Index\,für\,Personen$
		p	$= Index\,für\,Perioden$

Die Berechnung von Prozeßkosten eines Prozesses basiert auf der Berechnung der verbrauchten bzw. der in Anspruch genommenen Ressourcen. Damit läßt sich in Fertigungsbereichen, in denen die Materialflußkette parallel zur Prozeßkette des Auftrags liegt, für jeden Prozeß die Wertschöpfung analysieren, da die Wertschöpfung der vorangegangenen Prozesse in die eingehenden Materialkosten eines Prozesses eingerechnet ist. Diese Prozeßkostendarstellung ermöglicht eine genaue Analyse der Wertschöpfungskette, da die Ressourceninanspruchnahme jedes Prozesses ausgegeben wird.

Weiterhin ist die Festlegung von Hauptprozessen möglich, mit denen Herstellungskosten für einzelne Baugruppen oder Abschnitte des Auftragsdurchlaufs ermittelt werden können. Hierzu werden Einzelprozesse (bzw. Teilprozessen; vgl. IFUA 1991) zu Hauptprozessen aggregiert. Bei der Zusammenstellung von Hauptprozessen können weiterhin indirekte Tätigkeiten, wie z.B. Instandhaltung oder Managementaufgaben zugeordnet werden. Die Verrechnung dieser indirekten Tätigkeiten kann dabei volumenabhängig (leistungsmengeninduziert) oder volumenunabhängig (leistungsmengenneutral) vorgenommen werden. Aufgrund dieser Unterteilung ergibt sich z.B. die Möglichkeit, Leitungsfunktionen unabhängig vom Auftragsvolumen umzulegen und Tätigkeiten, wie z.B. im Rahmen der Qualitätssicherung, direkt auftragsbezogen zu verrechnen.

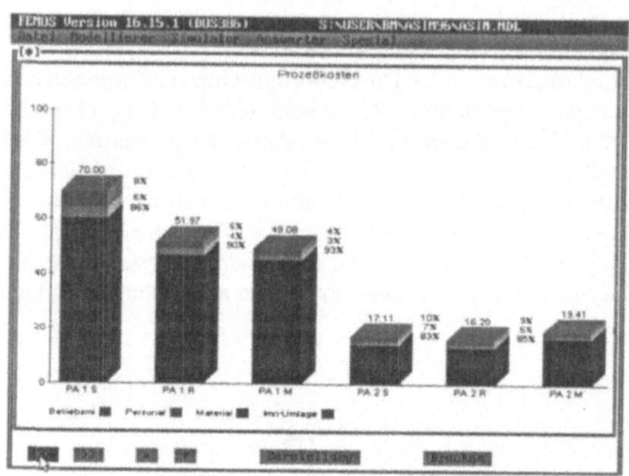

Abb. 2: Darstellung von Prozeßkosten im Simulationsverfahren FEMOS

Auf der Basis von Simulationsprotokollen können im Auswerter des Verfahrens Kostenkennzahlen, vor allem Prozeßkosten (vgl. Abb. 2) und Hauptprozeßkosten sowie Herstell- und Auftragskosten, berechnet und dargestellt werden. Mit den simulierten Prozeßkosten steht ein Instrumentarium zur Verfügung, mit dem gezielt Entscheidungen über die Beschaffung und Konfiguration von Ressourcen getroffen werden können, da die finanziellen Auswirkungen entsprechend prognostiziert werden können.

Literatur

Brinkmeier, Bernd: Simulationsunterstützte Gestaltung von kundenorientierten Produktionsstrukturen. In: Innovative Produktentwicklung und Produktionssystemplanung. Hrsg.: Grabowski, H.; Rude, S.; Zülch, G.. Karlsruhe: Universität (TH), 1995, S. 367-384. (Veröffentlichungen des Sonderforschungsbereiches 346: Rechnerintegrierte Konstruktion und Fertigung von Bauteilen, Bd. 1).

Eversheim, Walter: Prozeßorientierte Unternehmensorganisation: Konzepte und Methoden zur Gestaltung "schlanker Organisationen". Berlin, Heidelberg u.a.: Springer, 1995.

Grobel, Thomas: Simulation der Organisation rechnerintegrierter Produktionssysteme. Karlsruhe Universität: Institut für für Arbeitswissenschaft und Betriebsorganisation, 1992. (ifab-Forschungsberichte, Band 3 - ISSN 0940-0559)

IFUA Horváth & Partner (Hrsg): Prozeßkostenmanagement. München: Vahlen, 1991.

Schelle, H.; Schnoop, R.; Hoppe, M.: Ein Simulationssystem zur Gestaltung von zeiteffizienten Abläufen in der Produkt- und Verfahrensentwicklung. In: Operations Research Proceedings 1991. Hrsg.: Gaul, W.; Bachem, A.; Habenicht, W. u.a. Berlin u.a.: Springer-Verlag, 1992, S. 303-311.

Zülch, Gert: Aspekte weiterführender Forschungsarbeiten zur Simulation der Arbeitsorganisation. In: Neuorientierung der Arbeitsorganisation. Hrsg. Zülch, Gert. Karlsruhe Universität: Institut für Arbeitswissenschaft und Betriebsorganisation, 1995, S. 109-132. (ifab-Forschungsberichte, Band 8 - ISSN 0940-0559)

Zülch, Gert; Brinkmeier, Bernd: Simulation of Activity Costs for the Reengineering of Production Systems. In: Ninth International Seminar on Production Economics. Pre-Prints, Volume 3, 1996, S. 229-245.

Zülch, Gert; Grobel, Thomas; Jonsson, Uwe: Indicators for the Evaluation of Organizational Performance. In: Benchmarking - Theory and Practice. Hrsg.: Rolstadås, Asbjørn. London u.a.: Chapman & Hall, 1995, S. 311-321.

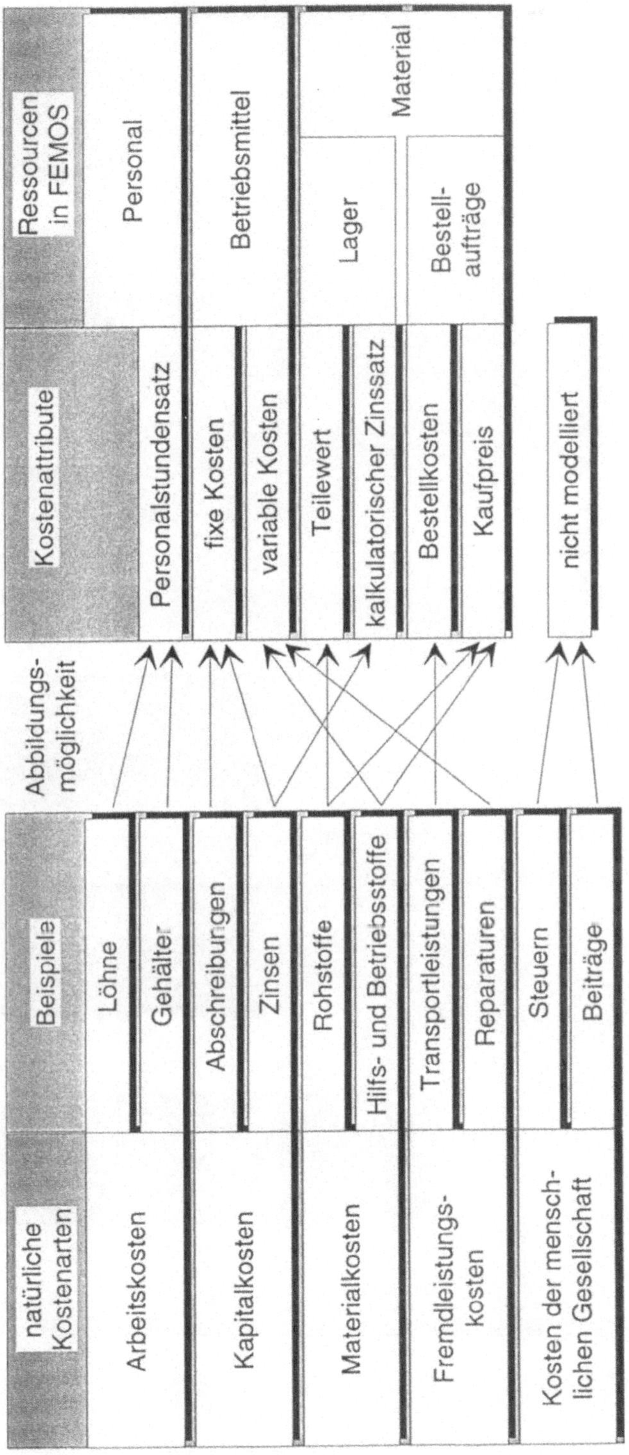

natürliche Kostenarten
Beispiele
Abbildungsmöglichkeit
Kostenattribute
Ressourcen in FEMOS
Arbeitskosten
Löhne
Gehälter
Personal
Personalstundensatz
Kapitalkosten
Abschreibungen
Zinsen
fixe Kosten
variable Kosten
Betriebsmittel
Materialkosten
Rohstoffe
Hilfs- und Betriebsstoffe
Teilewert
kalkulatorischer Zinssatz
Lager
Fremdleistungskosten
Transportleistungen
Reparaturen
Bestellkosten
Kaufpreis
Bestellaufträge
Material
Kosten der menschlichen Gesellschaft
Steuern
Beiträge
nicht modelliert

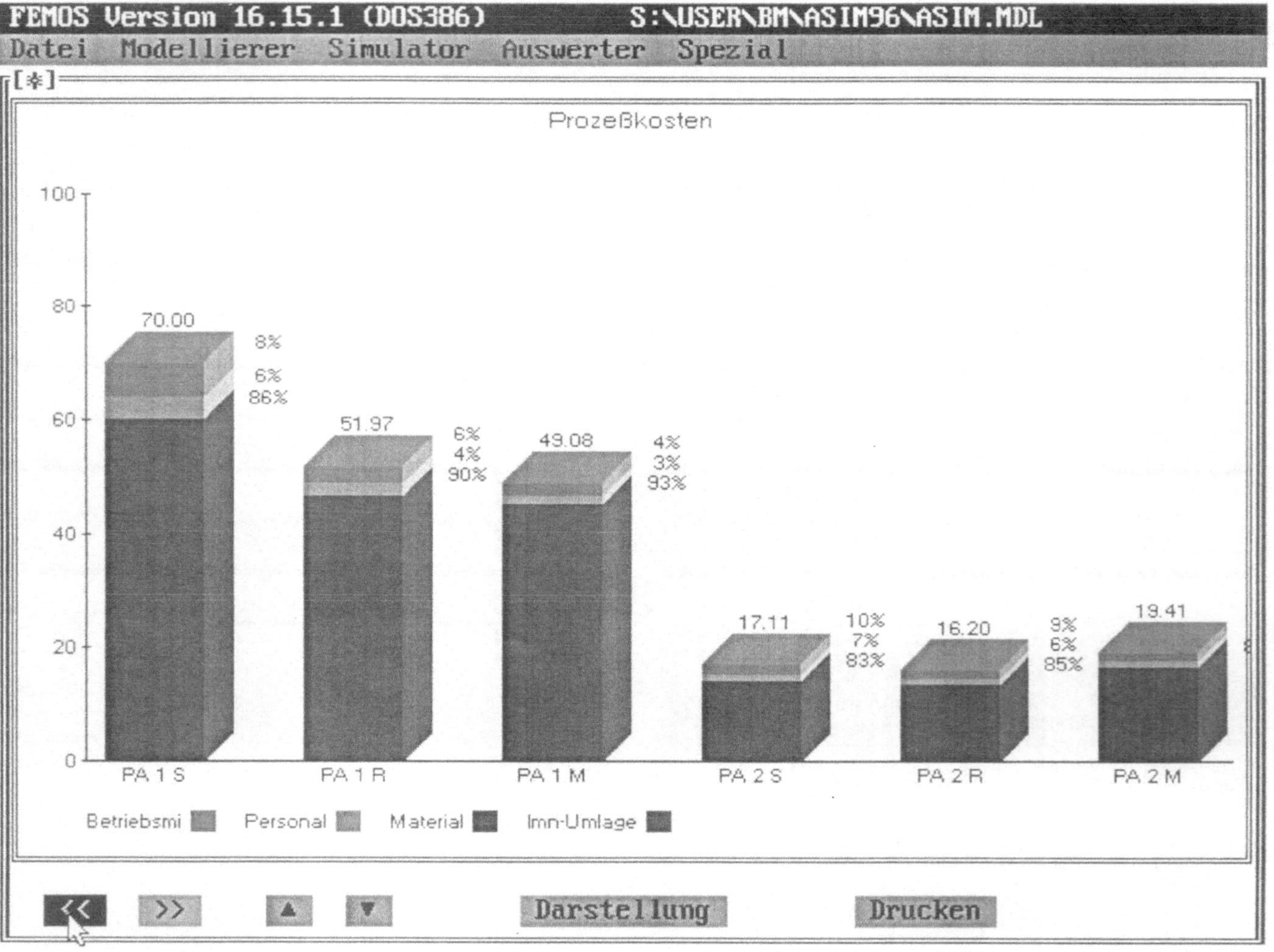

FEMOS Version 16.15.1 (DOS386)   S:\USER\BM\ASIM96\ASIM.MDL
Datei Modellierer Simulator Auswerter Spezial
[*]
ProzeßKosten
100
80
70.00
8%
6%
86%
60
51.97
6%
4%
90%
49.08
4%
3%
93%
40
20
17.11
10%
7%
83%
16.20
9%
6%
85%
19.41
0
PA 1 S
PA 1 R
PA 1 M
PA 2 S
PA 2 R
PA 2 M
Betriebsmi   Personal   Material   Imn-Umlage
<<   >>   ▲   ▼   Darstellung   Drucken

Modellierung und Simulation von Grundwasserprozessen

Peter-Wolfgang Gräber
Institut für Grundwasserwirtschaft
Technische Universität Dresden
Mommsenstraße 13, D - 01062 Dresden

Abstract: Die Simulation von Prozessen des Boden- und Grundwasserbereiches ist eine der Voraussetzungen für die Steuerung und Überwachung solcher Anwendungsfälle wie: Die Förderbrunnen in Wasserwerken oder Entwässerungssystemen in Tagebauen oder Baugruben, sowie die Sanierung von Altlasten und Deponien. In diesem Zusammenhang müssen physikalische, chemische und biologische Prozesse berücksichtigt werden. Die Modellierung der physikalischen Prozesse führt auf ein System von partiellen Differentialgleichungen und auf ein System von chemischen Reaktionsgleichungen. Die biologischen Prozesse werden meist als Quell-/ Senkenterme der physikalischen bzw. chemischen Prozesse betrachtet. Die Modellierung erfolgt mit den Methoden der theoretischen und experimentellen Prozeßanalyse. Die dabei entstehenden partiellen Differentialgleichungen werden mittels gängiger Quantisierungsverfahren (FEM, FDM, FVM) in ein Gleichungssystem überführt, welches zum einem bis zu mehreren Millionen Unbekannte haben kann und zum anderen durch eine starke Nichtlinearität gekennzeichnet ist. Die effektive Lösung des Gleichungssystems stellt ein Hauptproblem für eine sinnvolle Simulation der Grundwasserprozesse dar. Neben der numerischen Behandlung werden zunehmend auch die Methoden der Wissensverarbeitung und der Unscharfen Mengen eingesetzt, um den Schwierigkeiten bei der Prozeßanalyse und der Parameterbestimmung entgegen zu wirken.

1 Einführung

Grundwasserprozesse sind mit vielen Bereichen des täglichen Lebens und der Industrie direkt oder indirekt verknüpft. Wesentliche Bereiche sind die Trinkwasserversorgung, die Braunkohlengewinnung und -verarbeitung sowie die Altlasten und Deponien.

Das Trinkwasser wird sowohl im Freistaat Sachsen als auch bundesweit zu 60% bis 70 % aus Grundwasser bereitgestellt. In lokalen Zentren erfolgt dies bis zu 100 %. Allein dafür werden im Freistaat Sachsen durch die 2055 Trinkwasserschutzgebiete 13 % der Landesfläche reserviert. Zur optimalen Hebung des Grundwassers hinsichtlich der Menge und Beschaffenheit sind entsprechende Szenarienanalysen und Berechnungen notwendig.

Bei der Braunkohlengewinnung müssen enorme Wassermengen gehoben werden, um die 100 m bis 500 m tiefen Tagebaue zu entwässern. Im Lausitzer Revier entspricht die Wassermenge ca. die 80- bis 100-fache Menge der geförderten Kohle. Neben der optimalen Gestaltung des Absenkungstrichters haben sich in letzter Zeit vor allem Problem mit der Stillegung von Tagebauen ergeben. So ist z. B. im Laufe der Zeit im Gebiet der Lausitz ein Absenkungstrichter, infolge der Bergbauaktivitäten, von einer Fläche von ca. 2 000 km^2 und einem Wasserdefizit von rund 13 Mrd. m^3 entstanden. Überläßt man den Wiederauffüllungsprozeß der Natur, so wären ca. 70 bis 100 Jahre notwendig. Um weitere Schäden für die Umwelt, für den Menschen und für die Industrie zu verhindern, muß dieser Prozeß durch künstliche Flutungskonzeptionen optimiert werden, wozu Großraumsimulationen von Nöten sind. Neben der mengenmäßigen Gestaltung/Steuerung dieser Prozesse sind die Wasserbeschaffenheitsprobleme mindestens ebenso gravierend. So haben wir es mit Problemen der extremen Versauerung (bis zu einem pH-Wert von kleiner 2) infolge der Pyritverwitterung und mit der Kontamination durch organische Stoffe

(CKW, PAK, Phenole, Benzin usw.) infolge der Braunkohlenverarbeitung in Kokereien, Raffinerien u. ä. zu tun.

Altlasten und Deponien gefährden im zunehmenden Maße das Grundwasser. Die schädigende Wirkung tritt auf Grund der großen Zeitkonstanten solcher Prozesse erst jetzt in Erscheinung, obwohl die Ursachen vielleicht 30 oder 100 Jahre zurückliegen. Besonders sind Schadstoffe im Zusammenhang des Betreibens chemischer Anlagen (z.B. Buna, Wolfen, Bitterfeld), militärischen Liegenschaften (z. B. Truppenübungsplätzen, Flughäfen), Gaswerken, Chemikalienumschlagplätze u. a. in den Boden gelangt. Eine besondere Gefahr geht von den Deponien auch dadurch aus, daß diese durch den Wiederanstieg des Grundwasser in den Bergbauregionen der Lausitz und des Mitteldeutschen Raumes jetzt bis in das Grundwasser reichen und eine Mobilität der Schadstoffe aufgrund der geänderten geohydraulischen und chemischen Bedingungen einsetzt. Dies trifft insbesondere auf Deponien zu, die in ehemalige Tagebaurestlöcher eingebracht sind.

Die Untersuchung, die Überwachung und Steuerung dieser komplexen Systeme ist nur mittels fundamentierter Modelle und Simulationstechniken über Szenarienanalysen möglich, wobei heute noch das unvollständige Wissen über die Prozeßabläufe und Prozeßzustände sowie über die Systemparameter limitierende Faktoren sind.

2 Modellbildung

In der Boden- und Grundwasserzone finden physikalische und/oder chemische aber auch biologische Prozesse statt, die bei den eingangs erwähnten Problemstellungen dominierend in Erscheinung treten. Grundlage für die Simulation dieser Prozesse bzw. der Szenarioanalyse für bestimmte Gefährdungsabschätzungen bilden die Modelle. Dabei werden sowohl die theoretische als auch die experimentelle Modellbildung/Prozeßanalyse bei den physikalischen und chemischen Prozessen eingesetzt. Biologische Vorgänge, meist die Aktivitäten von Mikroorganismen, werden als Quell-/Senkenterme bzw. in Form von chemischen Reaktionsgleichungen angesetzt.

Die physikalischen Prozesse lassen sich in die sogenannten Mengenströmungs- und die Stoffprozesse einteilen. Die Benutzung des Energie- und Massenerhaltungsgesetzes führt auf folgendes System von gekoppelten partiellen Differentialgleichungen, bei denen für die Stoffprozesse nur der Transport angesetzt wurde.

- die dynamischen Grundgleichung des Mengenproblems $\qquad$ $\vec{v} = k \, \mathrm{grad} \, h$

- die Bilanzgleichung des Mengenproblems $\qquad$ $\mathrm{div}\, \vec{v} = S_0 \dfrac{\delta h}{\delta t} - w$

- die Grenzbedingungen des Mengenproblems

Bei der Modellbildung für den Stoff- und Energietransport muß für jeden Wasserinhaltsstoff bzw. bei nichtmischbaren Stoffprozessen für jede Stoffgruppe und für jede Phase im Mehrphasensystem Boden (z. B. flüssig (Wasser, Öle), fest (Gesteinsmatrix), gasförmig (Luft, Gase)) dieses Gleichungssystem aufgestellt werden. Für jedes Teilsystem müssen die Bilanzgleichungen definiert werden, die sich aus folgenden Teilen zusammen setzen.

- die dynamischen Grundgleichungen für den Stofftransport
    - Transport durch Dispersion $\qquad$ $\vec{g}_1 = \vec{D} \, \mathrm{grad} \, P$
    - Transport durch Konvektion $\qquad$ $\vec{g}_1 = \vec{v} \, P$

- die Bilanzgleichung für den Stoffstrom $\qquad$ $\mathrm{div}\, \vec{g} = \left(n_0 + \alpha \right) \dfrac{\delta P}{\delta t} - w_g$

- die Grenzbedingungen für den Stoffstrom.

Die Verkopplung der Gleichungen innerhalb eines jeden Teilsystems ist durch die Austauschterme gegeben. Über die Teilsysteme hinweg erfolgt sie durch die interne Reaktionsterme.

Transport = interne Reaktionen + Speicherung + Austausch + externe Quellen

Zu diesen Grundgleichungen kommen noch die chemischen Reaktionsgleichungen (Stoffwandlungsprozesse) und biologische Wachstumsprozesse hinzu.

Das mathematische Modell besteht damit aus einem System von gewöhnlichen bzw. partiellen Differentialgleichung und algebraischen Gleichungen, deren Koeffizienten meist eine Funktion des Ortes, der Zeit und des Potentials sind. Damit ist das System nichtlinear und sowohl orts- als auch zeitvariant. Die Prozesse im Boden- und Grundwasserbereich sind durch eine hohe Komplexität, einer schlechten Kondition, einem großem Bereich der Zeitkonstanten und einer hohen Unsicherheit der Eingangsparameter gekennzeichnet.

Die Grundgleichungen lassen sich jeweils für den Strömungs- und den Stoffprozeß zusammenfassen und man erhält zwei nichtlineare partielle Differentialgleichungen (PDGL) zweiter Ordnung:

- die Leitungsgleichung für den Strömungsprozeß (parabolische PDGL)

$$\mathrm{div}\left(k_{(x,y,z)}\,\mathrm{grad}\,h\right) = S_0\frac{\delta h}{\delta t} - w \tag{1}$$

- die Konvektions-Diffusions-Gleichung für den Stofftransport (hyperbolische PDGL)

$$\mathrm{div}\left(\vec{D}\,\mathrm{grad}\,P - \vec{v}P\right) = \left(n_0 + \alpha\right)\frac{\delta P}{\delta t} - w_g \tag{2}$$

Die Verkopplung des Mengen- und des Stoffstromes erfolgt über die Kennwerte der Wasserbeschaffenheit (Temperatur T, Stoffkonzentration C, kinematische Zähigkeit ν und Dichte ρ) und über die Kennwerte der unterirdischen Strömungsvorgänge (Filtergeschwindigkeit $\vec{v}$, Speicherinhaltsänderung $C \cdot \partial\rho / \partial t$ sowie innere Strömungsquellen und -senken w).

Diese komplexe Form der Systembeschreibung wird oft durch vereinfachte Formen, bei denen der eine oder andere Prozeß vernachlässigt wird oder die Abhängigkeit von der einen oder anderen unabhängigen Variablen außer acht gelassen wird, angenähert. Eine grundlegende Vereinfachung entsteht durch die entkoppelte Betrachtungsweise der Strömungs-, Transportprozessen und chemischer Kinetik. Wesentliche Vereinfachung erhält man auch durch die Reduzierung des mehrdimensionalen Raumes auf eine Ortskoordinate und/oder der Zeitvariablen. Folgendes soll exemplarisch diese Vorgehensweise an oft verwendeten und ingenieurmäßig bedeutungsvollen Beispielen demonstrieren.

Brunnengleichung

Unter der Voraussetzung vereinfachter Strömungsbedingungen sowie der Betrachtung im Zylinderkoordinatenraum und der Integration über der Höhe z durch eine Transformation, z. B. des so genannten GRINSKIJ-Potentials Φ, erhält man für das rotationssymmetrische Strömungsfeld folgende Gleichungen :

stationäre Strömung:
$$\frac{d^2\Phi}{dr^2} + \frac{1}{r}\frac{d\Phi}{dr} + \frac{w}{k} = 0 \tag{3}$$

„undichter" Strömungsleiter (Leaky aquifer):
$$\frac{d^2 Z}{dr^2} + \frac{1}{r}\frac{dZ}{dr} - \frac{Z}{B^2} = 0 \tag{4}$$

nichtstationäre Strömung:
$$\frac{\partial^2 Z}{\partial r^2} + \frac{1}{r}\frac{\partial Z}{\partial r} - \frac{Z}{B^2} = a\frac{\partial Z}{\partial t} \tag{5}$$

Für diese Gleichung sind von THEIS u. a. analytische Lösungen gefunden wurden. Diesen Gleichungen kommt die große Bedeutung zu, daß sie für viele ingenieurmäßige Untersuchungen, die lokalen Charakter tragen (ca. 200 m Ausdehnung, z. B. Baugruben) und für die die hydrogeologischen Verausetzungen erfüllt sind, brauchbare Ergebnisse liefert. Außerdem bilden sie die Grundlage Verfahren zur indirekten Parametererkundung, z. B. der sogenannten Pumpversuche. Ähnliche Voraussetzungen trifft man auch bei der parallelen Grabenströmung an, wobei die PDGL folgende Form hat:

parallele Grabenantrömung

$$\frac{\partial^2 Z}{\partial x^2} - \frac{w}{k} = a\,\frac{\partial Z}{\partial t} \tag{6}$$

Bedeutung haben die eindimensionalen Prozesse auch bei der Untersuchung sog. Stromröhren.

Horizontalebene Grundwasserströmungsgleichung

Die horizontalebene Grundwasserströmungsgleichung stellt neben der Brunnengleichung einen Fundamentalsatz für die Betrachtung der Strömungsprozesse dar. Mittels der DUPUIT-Annahmen, die einen vereinfachten Grundwasserleiter charakterisieren, und einer Integraltransformation zur Beschreibung der Profildurchlässigkeit, der Transmissibilität T, ergibt sich die Strömungsgleichung zu:

$$\mathrm{div}\!\left(T_{(x,y)}\,\mathrm{grad}\,z_R\right) = S\,\frac{\partial z_R}{\partial t} - w_N \tag{7}$$

Diese Gleichung kann für jedes Grundwasserstockwerk getrennt angesetzt werden und über hydraulische Fenster die Kopplung zwischen den Grundwasserleitern erzielt werden. Diese Gleichung bildet die Grundlage der meisten hydrogeologischen Großraummodelle, so auch für die Bergbaugebiete des Mitteldeutschen und des Lausitzer Raumes.

Eindimensionaler Stofftransport

Für den Stofftransport spielt die Modellierung der eindimensionalen Prozesse eine ebenso große Rolle, da sie teilweise analytisch lösbar sind und zum anderen die Basis bilden für die Modelleichung (z. B. bei so genannten Säulenversuchen) und die indirekte Parameterestimation darauf zurückgreift (z. B. Tracerversuche). Als Beispielsgleichungen lassen sich ableiten:

Wärmetransport infolge von Niederschläden in der ungesättigten Bodenzone durch Wasser (Index w) und durch Luft (Index L):

$$\frac{\partial}{\partial z}\!\left(k_w\,\frac{\partial}{\partial z}\!\left(\frac{p_w}{\rho_w}+z\right)\right) = \frac{\partial n_w}{\partial t} - w_w \tag{8}$$

$$\frac{\partial}{\partial z}\!\left(k_L\,\frac{\partial}{\partial z}\!\left(\frac{p_L}{\rho_L}+z\right)\right) = \frac{\partial n_L}{\partial t} - w_L \tag{9}$$

eindimensionaler Transport durch:

Konvektion:

$$\varepsilon\,\frac{\partial C}{\partial t} = -q\,\frac{\partial C}{\partial x} \tag{10}$$

Dispersion:

$$\frac{\partial^2 C}{\partial z^2} = a\,\frac{\partial C}{\partial t} \tag{11}$$

Dispersion und Konvektion:

$$MD_1\,\frac{\partial^2 C}{\partial x^2} - q\,\frac{\partial C}{\partial x} = \varepsilon\,\frac{\partial C}{\partial t} + \lambda C - w \tag{12}$$

Dabei werden die drei Fälle unterschieden, bei denen λ und/oder w gleich bzw. ungleich von Null sind.

3 Simulation

Die Simulation ist sehr eng an die Modellbildung geknüpft. Für die unterschiedlichen Formen der partiellen Differentialgleichungen können die verschiedensten Methoden und Techniken zur Simulation benutzt werden. Es werden dabei sowohl kontinuierliche, wie z.B. analytische Lösungen, Integraltransformationen) als auch diskontinuierliche, wie z. B. Finite Differenzen, Finite Volumen, Finite Elemente, Blockmodelle, aber auch stochastische Verfahren (Randow-Walk, Particel Tracking) eingesetzt. Im folgenden soll auf einige exemplarisch eingegangen werden.

Historisch gesehen haben die analytischen Methoden der direkten Lösung der PDGL's und die Analogiemodelle eine große Verbreitung erlangt. Bei den analytischen Methoden werden die PDGL's direkt einer Lösung zugeführt oder über Integraltransformationen wie der LAPLACE-Transformation und/oder dem GIRINSKIJ-Potential, und deren Rücktransformationen gelöst. Typisches Beispiel dafür ist die Brunnengleichung.

Analogiemodelle unterteilen sich in die physikalisch ähnlichen Modelle (z. B. Sandmodelle, Säulendurchlaufversuche, Spaltmodelle) und in die physikalisch unähnlichen wie z. B. die Elektroanalogiemodelle, die durch die numerischen Modelle der Computer zuückgedrängt werden. Für die Ausbildung hatten die Elektroanalogiemodelle auf Grund ihrer guten Anschaulichkeit eine große Bedeutung. Bei den numerischen Methoden unterscheidet man auf der einen Seite numerische Berechnung der analytischen Lösungen, so z. B. die numerische Integration, die Lösung der BESSEL- und ähnlicher Funktionen, die numerische LAPLACE-Transformation und auf der anderen Seite die numerischen Verfahren zur Lösung von Feldproblemen wie z. B. die Finiten Differenzen, die Finiten Volumina, die Finiten Elemente oder die Blockmodelle. Wesentliche Simulationsmodelle sind MODFLOW, MODPATH, ASM, PCGEOFIM, FEFLOW, um nur einige zu nennen. Große Bedeutung hat die numerische Simulation auch durch die stochastische Modellierung gewonnen.

4 System CAE-Grundwasser

Das im Institut für Grundwasserwirtschaft der TU Dresden in Entwicklung befindliche CAE-System Grundwasser soll dem Fachmann, z. B. dem Geohydrologe, dem Wasserwirtscahftler, bei der Steuerung und Überwachung der Grundwasserprozessse unterstützen (z.B. [GRÄB90], [GRÄB91]).

Mit Hilfe von Dienstprogrammen des CAE-Systems Grundwasser soll sowohl die Datenerfassung, Datenaufbereitung und der Berechnungsverlauf als auch die Ergebnisauswertung effizienter gestaltete werden. Des weiteren ist ein Rahmen zu schaffen, in dem Programme mit unterschiedlichen Aufgabenprofilen eingeordnet werden können.

Bei dem System CAE-Grundwasser handelt es sich um ein umfangreiches Softwaresystem mit sehr unterschiedlichen Funktionen und relativen großen zu verarbeitenden Datenmengen. Das setzt die sorgfältige Konzeption der Struktur des Systems voraus. Das CAE-System ist schematisch in Primärdatenkreis, Modellbibliothek, Ergebnisspeicher und Toolbox/Benutzerschnittstellen strukturiert. Das Grobkonzept sieht so aus, daß der Nutzer über Einzelprogramme, die in einer Toolbox enthalten sind, sowohl auf die Datenbasis, die Modellbibliothek als auch auf die Ergebnisdaten zugreifen kann. Der Verfahrensablauf wird ebenfalls über die Toolbox-Algorithmen gesteuert. In der Regel entscheidet sich der Nutzer zunächst für ein Modell, das zur Lösung der anstehenden Aufgaben am besten geeignet ist. Die folgenden Schritte sind dann die Formierung der konkreten Modelldaten aus der Datenbasis, die Berechnung des Problems und die objekt-spezifische Auswertung der Modellergebnisse. Daran kann sich bei Entscheidungsprozessen eine Variantenformulierung und eine Szenarioanalyse anschließen. Das heißt, die Modelldaten werden modifiziert und der Gesamtablauf wiederholt.

Ein wichtiger Schritt, der in der Regel vor der eigentlichen Berechnung durchzuführen ist, ist die Modelleichung, da die Primärdaten oftmals mit beträchtlichen Unschärfen behaftet sind. Als Folge des Eichungsprozesses, der oft aufwendiger als die eigentliche Berechnung ist, sind sowohl die Modelldaten als auch die Primärdaten zu modifizieren.

Im Folgenden soll auf die einzelnen Komponenten des CAE-Systems näher eingegangen werden.

Die DATENBASIS ist in drei Blöcke aufgeteilt:
- informationsadäquate Daten
- verarbeitungsadäquate Daten
- Modelldaten.

Hierbei sind die informationsadäquaten Daten die Daten, wie sie vom Erkunder oder Beobachter gesammelt wurde. Generell kann man sie in Punkt-, Linien- und Zeitdaten gliedern.

Die informationsadäquaten Daten werden von verschiedenen wasserwirtschaftlichen Einrichtungen erfaßt, wobei oft „hauseigene" Erfassungs- und Speicherverfahren verwendet werden. Seitens des CAE-Systems sind deshalb Konvertierungsprogramme vorzusehen, die diese Daten in eine den Bearbeitungsprogrammen zugänglichen Form überführen. Hier ist auch die Schnittstelle zu den GIS-Systemen, speziell dem Umweltinformationssysteme (UIS) des Freistaates Sachsen, zu realisieren. Desweiteren enthält das CAE-System ein Programm zur Digitalisierung von Karten.

Die informationsadäquaten Daten sind in der Regel als direkter Input für die Simulationsmodelle noch nicht verwendbar. So wird von den Modellen eine raum-/zeitliche Gebietsbeschreibung verlangt, während die geologischen Daten zunächst nur für einzelne Punkte des Untersuchungsgebiet vorliegen. Außerdem sind die geologischen Daten nach geohydrologischen Gesichtspunkten zu bearbeiten (Ausgrenzung von Grundwasserleitern und -stauern, Herstellung von Zusammenhängen zwischen den einzelnen Bohrpunkten, Plausibilitätsuntersuchungen). Ganglinien sind zu schematisieren und auf Meßfehler zu prüfen. Aus den Nierderschlagswerten meteorologischer Stationen ist die Grundwasserneubildung eines Gebietes als Zeitfunktion zu ermitteln. Für diese Bearbeitungen stehen in der Toolbox Programme bereit.

Das Ergebnis dieser Bearbeitung ist das verarbeitungsadäquate Datenmodell. Die entsprechenden Daten liegen dann als dBase/ACCES- oder Textdateien bzw. als GKS-Metafiles vor.

Das verarbeitungsadäquate Datenmodell ist noch vollkommen unabhängig von den Simulationsmodellen, es berücksichtigt lediglich die allgemeinen Forderungen der Modelle. Die Transformation der verarbeitungsadäquaten Daten in die Modelldaten erfolgt durch modellspezifische Interface-Programme der Toolbox. Dieser Schritt erfolgt nach der Konzeption des Modells (Festlegung des Untersuchungsgebietes und seiner inneren und äußeren Randbedingungen, Modelldiskretisierung). Grundsätzlich ist festgelegt, daß die Modelldaten Textdateien sind, so daß ihre Bearbeitung sowohl durch modellspezifische Service-Programme als auch durch beliebige Textprozessoren-Programme erfolgen kann.

Mit der strikten Trennung von Datenbasis und Modell ist eine hohe Flexibilität des Systems gegeben. Änderungen von Modellen bzw. das Hinzufügen neuer Modelle in die Modellbibliothek bedingen nicht gleichzeitig das Ändern der kompletten Datenbasis, sondern nur der Interfacemodule und der Modelldaten. Bei Modell-Updates werden zusätzliche Programme bereitgestellt, die „alte" Modelldaten in evtl. neue Formate konvertieren und „neue" Daten aus dem verarbeitungsadäquaten Modell den Modelldaten hinzufügen.

Um die Flexibilität des Systems zu erhöhen ist weiterhin die Möglichkeit geschaffen worden, die Modelldaten „per Hand" mit modellspezifischen Erfassungsprogrammen zu erzeugen.

Für die SIMULATION von geohydraulischen Prozessen liegt inzwischen eine große Anzahl von Rechenverfahren vor. Generell werden die Lösungsverfahren in verschiedene Klassen eingeteilt:

* nach der Aufgabe
    - Lösung des Mengen- (Filtrations-) Problems,
    - Lösung des Beschaffenheits- (Migrations-) Problems,
    - Identifikation von Parametern (Lösung der umgekehrten Aufgabe),
* nach der Dimension (räumlich und zeitlich),
    - ein-, zwei- oder dreidimensional,
    - stationär oder instationär,
* nach dem Einsatzbereich,
    - gesättigte,
    - ungesättigte Zone

Als mathematisches Lösungsverfahren kommen zum Einsatz:
- analytische Lösungen für einfache Strömungsprobleme
- Finite-Differenzen- und Finite-Volumen-Verfahren für komplexere Probleme
- Random-Walk-Methode für die Simulation von Schadstoffausbreitungen.

Alle Berechnungsprogramme lagern ihre Ergebnisse in speziellen Ergebnisdateien aus. Diese Berechnungsergebnisse sind
- Grundwasserstände,
- Volumenströme über Randbedingungen,
- Stoffkonzentrationen,
- indirekt identifizierte Parameter

Mit Ausnahme der identifizierten Parameter stehen diese Ergebnisse prinzipiell für alle Modellelemente und für alle durch das Programm ausgeführten Zeitschritte zur Verfügung. Aus praktischen Gründen wird jedoch vorher selektiert, welche speziellen Ergebnisse abgespeichert werden, denn normale Grundwassermodelle haben mehrere Tausend bis Millionen Elemente und für eine Berechnung sind im Durchschnitt mehr als 100 Zeitschritte erforderlich. Es entstehen also neben der Datei mit den zu druckenden Ergebnissen zwei Files für spezielle Auswertungen. Das sind:
- Ganglinien der Wasserstände oder Konzentrationen,
- Isolinien der Wasserstände oder Konzentrationen,
- 3-D-Darstellungen und
- Stromlinien.

Die Dateistruktur der Ergebnisdaten ist im System nicht fest vorgeschrieben, jedoch existieren Empfehlungen. Für die konkrete Auswertung mit einem in der Toolbox enthaltenen Programm gibt es wieder Interface-Programme, die die modellspezifischen Ergebnisdaten in die Form, die die Auswerteprogramme erfordern, konvertieren. Damit ist das System auch nach unten hin für Erweiterungen oder Modifikationen offen.

Es sei noch angemerkt, daß die Auswerteprogramme auch für die Darstellung der verarbeitungsadäquaten und der Modell-Daten verwendet werden können. So können z. B. Isolinien der Grundwasserleitersohlen oder Stromlinien aus einem gemessenen Anfangszustand eines Grundwassersysteme konstruiert werden.

Zur Zeit sind im Institut für Grundwasserwirtschaft verschiedene Teile unter Ausnutzung der Windsow-Utilities des CAE-Systems-Grundwasser realisiert, während andere nur in einer MS-DOS-Oberfläche mit nachgeschalteter GKS-Grafik zur Verfügung stehen.

5 Formelzeichen

a	geohydraulische Zeitkonstante	α	Sorptionskoeffizient
B	Speisungsfaktor	ε	Speicherkoeffizient
C	Konzentration	λ	Geschwindigkeitskoeffizient
$\bar{D}$	Dispersionskoeffizient	Φ	GRIRINSKIJ-Potential
$\vec{g}_1, \vec{g}_2, \vec{g}_3, \vec{g}$	spezifischer Stoffstrom		
h	Standrohrspiegelhöhe		
k	Durchlässigkeitskoeffizient		
M	Mächtigkeit		
P	Stoffpotential		
p	Druckverhältnisse		
q	spez. Stoffstrom		
S_0	spezifischer Speicherkoeffizient		
$\vec{v}$	Filtergeschwindigkeit		
w, w_g	Quell-/Senkenintensität		
Z	Potentialdifferenz		

6 Literatur

[ARNO91] W. Arnold: *Beitrag zur Modelllierung und digitalen Simualtion von Mehrphasen-/Mehrmigranten-Prozessen im Untergrund*, Diplomarbeit, Techn. Univ. Dresden, Fak. Bau-, Wasser- und Forstwesen, 1991

[BUSC93] K.-F. Busch, L. Luckner, K. Tiemer: *Geohydraulik*, Gebrüder Bornträger, Berlin, Stuttgart. 1993

[GOTT94] Th. Gottschalk.: *Analyse und Testung von Software im Rahmen der Altlastenbehandlung*, Diplomarbeit, Techn. Univ. Dresden Fak. Forst- Geo- und Hydrowissenschaften, 1994

[GRÄB90] P.-W. Gräber: *Entwicklung von CAD-Elementen zur Beeinflussung nichttechnischer Prozesse im Boden- und Grundwasserbereich*, Wissensch. Zeitschrift der Techn. Univ. Dresden, Dresde, 39(1990), H. 5, S. 181-187

[GRÄB91] P.-W. Gräber: *Beitrag zur Entwicklung von geräte- und programmtechnischen Komponenten für die Steuerung und Überwachung nichttechnischer Systeme am Beispiel des Boden- und Grundwasserbereiches*; Habilitationsschrift Techn. Univ. Dresden, Fakultät für Elektrotechnik/Elektronik, 1991, 175 S.

[GRÄB91] P.-W. Gräber, B. Gutt, O. Kemmesies, W. Arnold: *Einheitliche Window- und Schnittstellengestaltung für das Pre- und Postprozessing innerhalb der CAE-Software für Boden- und Grundwasserprozesse*; Dresden: Techn. Univ. Dresden, Proc. 2. Dresdner Informatiktage, 1991, S. 83 - 91

[KINZ95] W. Kinzelbach, R. Rausch: *Grundwassermodellierung*, Gebrüder Bornträger, Berlin, Stuttgart. 1995

[KOLR94] H. Kolrep: *Entwicklung eines Windows-gestützten CAE-System „Grundwasser"*, Diplomarbeit, Techn. Univ. Dresden, Fak. für Informatik, 1994

Massiv-parallele Simulation von Grundwasserprozessen

P.-W. Gräber — P. Gottschling
Institut für Grundwasserwirtschaft
TU Dresden
Mommsenstraße 13
01062 Dresden

1 Einleitung

Auf dem Gebiet der Simulation von Grundwasserprozessen existieren viele Anwendungen, die eines enormen Berechnungsaufwandes bedürfen. Zu nennen wären hier die Parameteridentifikation, die Ankopplung an Oberflächengewässer und die Simulation von Tagebaufolgelandschaften. Eine Langzeitsimulation der Tagebaulandschaft Leipzig/Halle oder der Lausitz dauert auf einem schnellen seriellen Rechner einige Tage. Der Zweck dieser Simulationen ist es, die Auswirkung verschiedener Maßnahmen zu analysieren. Hier gestatten die langen Rechenzeiten nur, einen begrenzten Umfang an Szenarien zu untersuchen. Unsere Arbeit zielt darauf ab, derartige Berechnungen durch die Nutzung von parallelen Hochleistungsrechnern im Minutenbereich zu realisieren.

Voraussetzung dafür sind Algorithmen, die sich gut parallelisieren lassen und gleichzeitig eine hohe numerische Effizienz aufweisen. Die Methode der konjugierten Gradienten läßt sich mit geringem Mehraufwand auf parallelen Rechnerarchitekturen einsetzen und besitzt mit einer geeigneten Vorkonditionierung auch einen guten numerischen Wirkungsgrad. Die hierarchische Vorkonditionierung weist für elliptische Differentialgleichungen (stationäre Simulation) eine ähnliche Konvergenzrate wie Mehrgitterverfahren auf und ist auch effektiv parallelisierbar. In dieser Arbeit wurde untersucht, wie sich dieses Verfahren in parallelisierter Form für nichtlineare, parabolische Differentialgleichungen (instationäre Simulation) einsetzen läßt.

2 Hierarchische Vorkonditionierung

Das Konzept der von YSERANTANT [3] entwickelten hierarchischen Vorkonditionierung ist der Mehrgitter-Methode ähnlich. Beide Algorithmen profitieren von der Tatsache, daß partielle Differentialgleichungen mit verschiedenen Gittergrößen diskretisiert werden können und die Lösung auf einem bestimmten Gitter durch die Lösung auf einem gröberen Gitter approximiert werden kann und hochfrequente Fehleranteile besser korrigiert werden können. Aus diesem Grund wird für die Berechnung statt eines einzelnen Gitters eine Hierarchie von Gittern definiert, bei der im Normalfall die groben Gitter in den feinen Gittern enthalten sind.

Die Konvergenz der Methode der konjugierten Gradienten ohne und mit hierarchischer Vorkonditionierung wird hier relativ zur Konvergenz stationärer Strömungsprozesse hergeleitet. Zweidimensionale stationäre Prozesse lassen sich als selbstadjungierte und positiv definite, ebene, elliptische Randwertprobleme formulieren. Die Konditionszahlen der Koeffizientenmatrizen, die bei der Diskretisierung mit konstantem Gitterabstand h dieser partiellen Differentialgleichungen

entstehen, verringern sich von $O\left(\left(\dfrac{1}{h}\right)^2\right)$ auf $O\left(\left(\log\dfrac{1}{h}\right)^2\right)$.

Es sei $Ax = b$ das Gleichungssystem, das aus der Diskretisierung des stationären Strömungsprozesses hervorgeht, und $\tilde{A}x = \tilde{b}$ das Gleichungssystems des entsprechenden instationären Prozesses. Die Matrix $\tilde{A}$ hat bei der Diskretisierung der Ableitung nach der Zeit in impliziter Form die Gestalt $\tilde{A} = A + cI, c > 0$. Das Produkt dieser Matrix mit der Vorkonditionierungsmatrix des stationären Prozesses C^{-1} läßt sich in

$$\tilde{A}C^{-1} = \left(A + cI\right)C^{-1} = AC^{-1} + cIC^{-1} \approx I + cC^{-1} \tag{1}$$

aufspalten.

Es wird deutlich, daß zumindest für kleine c dieselbe Vorkonditionierung wie im stationären Fall verwendet werden kann. Im betrachteten Beispiel beträgt $c = \Delta x \Delta y S / \Delta t$, wobei S ein unveränderlicher physikalischer Parameter ist. Demzufolge ist die Konvergenz umso besser, je kleiner die Schrittweiten der Ortsdiskretisierung und je größer die Schrittweiten der Zeitdiskretisierung gewählt werden. Die in der Simulation von Grundwasserprozessen üblichen Gitterabstände und Zeitschritte gestatten es, das Gleichungsystem $\tilde{A}x = \tilde{b}$ durch die hierarchische Vorkonditionierung sehr effektiv zu lösen.

Auf der anderen Seite verbessert sich die Konvergenz des cg-Algorithmus' ohne Vorkonditionierung für wachsende c. Die Konvergenzrate des Verfahrens (siehe [1]) beträgt

$$\frac{\sqrt{\mu} - \sqrt{\nu}}{\sqrt{\mu} + \sqrt{\nu}} \quad \text{mit } \exists \mu, \nu . \forall y \in \Re^{n} . \nu(y, y) \leq (Ay, y) \leq \mu(y, y). \tag{2}$$

Die Konvergenz bei der instationären Simulation kann über eine Zerlegung des Skalarproduktes hergeleitet werden:

$$\left(\tilde{A}y, y\right) = ((A + cI)y, y) = (Ay, y) + (cIy, y) = (Ay, y) + c(y, y), \quad \text{für } \forall y \in \Re^{n}. \tag{3}$$

Durch Einsetzen in Formel (2) ergibt sich die Konvergenzrate für die Lösung des instationären Problems (linke Seite von Formel (4)). In [2] wurde nachgewiesen, daß diese kleiner ist als die Konvergenrate des entsprechenden stationären Problems

$$\frac{\sqrt{\mu + c} - \sqrt{\nu + c}}{\sqrt{\mu + c} + \sqrt{\nu + c}} < \frac{\sqrt{\mu} - \sqrt{\nu}}{\sqrt{\mu} + \sqrt{\nu}}, \quad \text{für } c > 0. \tag{4}$$

Weiterhin ist zu erkennen, daß sich das Konvergenzverhalten bei Verkürzung des diskreten Zeitschrittes verbessert.

Beide Konvergenzbetrachtungen zusammen ergeben, daß sich das cg-Verfahren mit hierarchischer Vorkonditionierung und das Basisverfahren für beliebige Zeitschritte ergänzen (vgl. auch Tabelle 1).

Diese theoretischen Betrachtungen wurden empirisch an einem Beispiel bestätigt. Das betrachtete Problem war das Verhalten des Grundwasserspiegels in einem quadratischen Gebiet. Die Fläche wird auf zwei gegenüberliegenden Seiten von Kanälen begrenzt. Einer der beiden Kanäle hat einen Wasserstand von konstant 12 Metern und der andere Kanal hat zum Zeitpunkt t_0 ebenfalls ein Potential von 12 Metern, das aber auf 6,66 Meter gesenkt wird. Der Einfachheit halber soll angenommen werden, daß die Absenkung so schnell verläuft, daß bei der Modellierung im nächsten Zeitschritt schon der endgültige Wasserstand erreicht ist, unabhängig davon, wie kurz die Zeitschritte gewählt werden. Die beiden verbleibenden Ränder werden durch wasserundurchlässige Schichten begrenzt. In der Mitte des Gebietes befindet sich ein Brunnen mit einer konstanten Förderleistung. Die Modellierung des Problems war zweidimensional, instationär und nichtlinear.

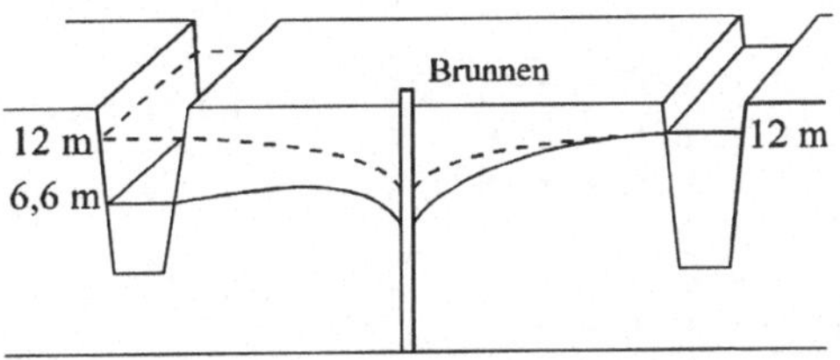

Abbildung 1: Darstellung des Wasserspiegels im Querschnitt

Das dem physikalischen Problem entsprechende nichtlineare Gleichungssystem wurde mit Hilfe mehrerer linearer Gleichungssysteme gelöst. Ein neues lineares Gleichungssystem wurde aufgestellt, indem die Koeffizientenmatrix abhängig vom letzten Iterationswert der linearen Berechnung (bzw. vom Startwert) berechnet wurde. Es hat sich als vorteilhaft erwiesen, die lineare Aufgabe nach einer vorgegebenen Anzahl von Iterationen (in diesem Beispiel etwa 20 bis 30) abzubrechen, da die nur geringfügig genauere Koeffizientenmatrix im nächsten linearen Gleichungssystem bei Verwendung der exakten Teillösung den verbleibenden Berechnungsaufwand nicht rechtfertigt. Diese Technik reagiert jedoch sehr empfindlich auf eine Verschlechterung der Konvergenzrate, weil dann unter Umständen bei Abbruch der linearen Berechnung noch keine wesentlich genaueren Werte vorliegen und die folgenden linearen Teilrechnungen gegen einen von der nichtlinearen Lösung weiter entfernten Wert konvergieren (und dies auch recht langsam).

Tabelle 1: Iterationszahl pro Zeitschritt für die Lösung des nichtlinearen Problems

Δt	17×17		65×65		257×257	
	hier.	ohne	hier.	ohne	hier.	ohne
¼ h	56-61	12	201-241	33-35	436-545	78-83
½ h	56-57	13-15	164-193	49-51	377-425	94-97
1 h	56-59	18	137-144	60-64	284-361	132-137
2 h	56-61	24-27	117-125	69-74	263-285	194-205
4 h	57-65	32-34	98-110	74-80	224-263	292-311
8 h	33-70	44-48	85-98	91-93	241-261	507-549
16 h	68-71	58-60	83-97	122-129	228-257	892-972
32 h	68-75	67-70	84-98	181-189	223-263	>1000

3. Parallelisierung

Die in dieser Arbeit verwendete Parallelisierung ist die Methode der Gebietszerlegung (domain decomposition). Das Gebiet wurde so zerlegt, daß sich die Teilgebiete zwar nicht überlappen, aber genau auf den Geitterpunkten berühren. Diese Gitterpunkte werden als innere Randpunkte bezeichnet. Abbildung 2 zeigt die Zerlegung im Falle von vier Prozessoren.

Die Parallelisierung beruht darauf, daß die Koeffizientenmatrix so zerlegt werden kann, daß die Summe der Teilmatrizen die Koeffizientenmatrix ist und daß Teilmatrizen in allen Spalten, die nicht zu Punkten des Teilgebietes gehören, Null sind. Das heißt, daß eine Matrix-Vektor-

Multiplikation so berechnet werden kann, daß der einem Prozessor zugeordnete Teilvektor mit der dem Prozessor zugeordneten Teilmatrix multipliziert wird und anschließend die Teilergebnisse addiert werden. Durch die Definition der Teilmatrizen ist im ersten Teil der Operation keine Kommunikation nötig.

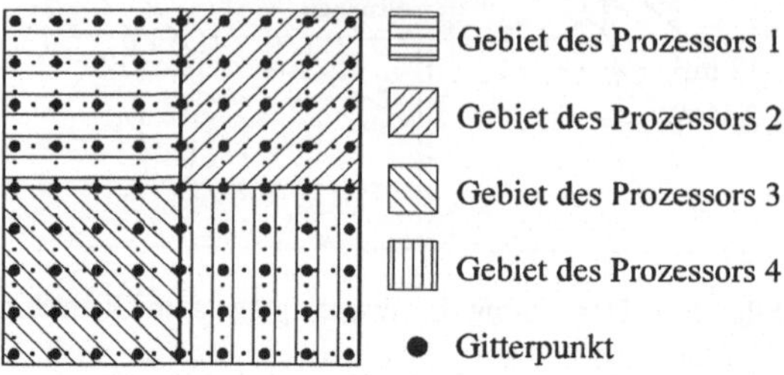

Abbildung 2: Gebietszerlegung auf vier Prozessoren

Aus dieser Darstellung lassen sich für das parallelisierte cg-Verfahren zwei Typen von Vektoren ableiten, die sich jedoch nur auf den inneren Randpunkten unterscheiden. Die Vektoren vom Typ I sind so definiert, daß auf allen Prozessoren, denen ein gemeinsamer Gitterpunkt zugeordnet ist, derselbe Wert gespeichert wird. Bei Vektoren vom Typ II besitzen die Prozessoren unterschiedliche Daten für denselben Gitterpunkt und der korrekte Wert ist die Summe über alle Prozessoren. Einen solchen Vektor stellen zum Beispiel die Ergebnisse des ersten Schrittes der oben beschriebenen Matrix-Vektor-Multiplikation dar.

Im parallelisierten cg-Verfahren entstehen, wie im obigen Beispiel, Vektoren vom Typ II aus der Multiplikation von Vektoren des Types I mit der Koeffizientenmatrix. Eine Überführung von Vektoren des Types II in den Typ I ist nur durch Austausch und Addition aller innerer Randpunkte möglich. Glücklicherweise ist dies im verwendeten Algorithmus nur einmal pro Iteration nötig.

In der gewählten Zerlegung sind die Gitterpunkte entlang des inneren Randes auf zwei Prozessoren und an den Ecken des Teilgebietes sogar auf vier Prozessoren verteilt. Ein Prozessor, dem ein Teilgebiet im Inneren zugeordnet wurde, benötigt demnach Daten von acht Prozessoren für die Transformation vom Typ II zu Typ I. Eine Kommunikationsprozedur, die entsprechend dieser Abhängigkeit programmiert wird, enthält acht Kommunikationsphasen. Außerdem sind viele Parallelrechner über eine Gittertopologie gekoppelt, und eine diagonale Kommunikation muß über eine indirekte Übertragung realisiert werden. Dadurch entsteht ein zusätzlicher Organisations-Overhead.

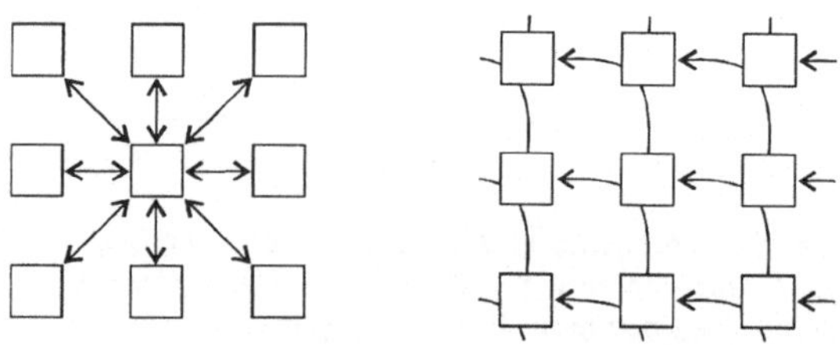

Abbildung 3: Klassischer Datenaustausch
links: Datenabhängigkeiten; rechts: Indirekte Übertragung

Ein wesentlich effektiverer Algorithmus läßt sich entwickeln, wenn berücksichtig wird, daß die Prozessoren nach der ersten Übertragung zum Teil über Daten anderer Prozessoren verfügen. Diese können in den folgenden Übertragungen mitgesandt werden. Auf diese Weise kann mit dem folgenden Algorithmus die Anzahl der Kommunikationsphasen reduziert werden.

```
sende (Norden, oberen_Rand)
     empfange (Vektor_Süd)
sende (Osten, rechten_Rand ⊗ Vektor_Süd [M])
     emfange (Vektor_West ⊗ Ecke_Südwest)
sende (Süden, Vektor_West [N] ⊗ unteren_Rand)
     empfange (Ecke_Nordwest ⊗ Vektor_Nord)
sende (Westen, Vektor_Nord [1] ⊗ linken_Rand ⊗ Vektor_Süd [1])
     empfange (Ecke_Nordost ⊗ Vektor_Ost ⊗ Ecke_Südwest)
```

In dieser Pseudoprogrammiersprache bezeichnet $\otimes$ die Konkatenation der Zahlen, N die Anzahl der Zeilen des Teilgebietes und M die Anzahl der Spalten. Der Einfachheit halber ist der Algorithmus nur für die Teilgebiete im Inneren formuliert wurden. Genauer gesagt, die Überprüfung, ob die einzelnen Seiten des Randes zum Inneren Rand gehören, wurde weggelassen. Dieser Algorithmus hat zwei wesentliche Vorteile. Zum einen werden vier Übertragungen eingespart, was bei den heutzutage üblichen Start-up-Zeiten ein wesentlicher Faktor sein kann. Zum anderen finden nur Kommunikationen mit jeweils vier Prozessoren statt. Auf einer Gitter-Topologie bedeutet dies außerdem, daß nur Übertragungen zwischen den physisch verbundenen Knoten nötig sind - im Gegensatz zum ersten Algorithmus.

Die Gesamtmenge der übertragenen Daten ist identisch mit derjenigen des klassischen Kommunikationsalgorithmus'. Die zu übertragende Datenmenge kann durch eine partielle Addition der einem Gitterpunkt zugeordneten Teilwerte verringert werden. Auf diese Weise kann der Austausch zweier Zahlen eingespart werden und mit einer zusätzlichen subtraktiven Korrektur nach der Kommunikation sogar die Übertragung dreier Zahlen.

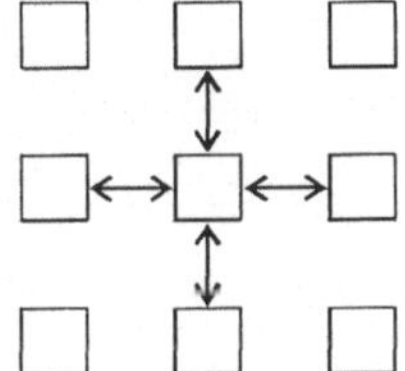

Abbildung 4: Datenübertragung der optimierten Kommunikation

Die Methode der konjugierten Gradienten erfordert die Berechnung von zwei Skalarprodukten pro Iterationsschritten. In der parallelen Version des cg-Algorithmus' kann das Skalarprodukt lokal mit den Teilvektoren ermittelt werden und anschließend global zusammengefaßt werden. Die Reduktion der Teilergebnisse kann in $\log_2 p$ Schritten (p sei die Anzahl der Prozessoren) erfolgen, sofern die Prozessoren voll vermascht, als Baumstruktur oder als Hypercube verbunden sind. Baumstrukturen sind jedoch unvereinbar mit Gittertopologien, die in der anderen Kommunikation gefordert werden. Im Gegensatz dazu kann ein Gitter in einen Hypercube und trivialer-

weise in das vollvermaschte Netzwerk eingebettet werden. Insbesondere für große Prozessor-
zahlen ist der Hypercube wesentlich billiger.

Eine Simulation des Beispielproblems auf verschiedenen Parallelrechnern hat gezeigt, daß auch
auf anderen Rechnerarchitekturen hohe Geschwindigkeitsgewinne durch Parallelisierung erzielt
werden können. Entscheidend dafür ist der schnelle Austausch der inneren Randpunkte. Dies
verlangt eine gute Abbildung der Gitterstruktur des Programms und eine schnelle Kommunikation. Bei kleineren Gitterpunktzahlen (bis etwa 1000 Unbekannte) sind die Start-up-Zeiten der
Kommunikation von größerem Einfluß als die Übertragungsgeschwindigkeiten. Abbildungen 5
und 6 zeigen die Rechenzeiten und Speedups ausgewählter Parallelrechner für eine Diskretisierung mit 66 000 Gitterpunkten.

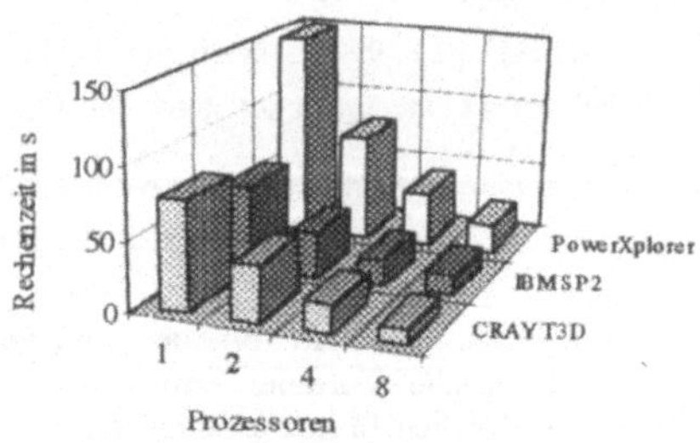

Abbildung 5: Rechenzeiten auf verschiedenen Parallelrechnern

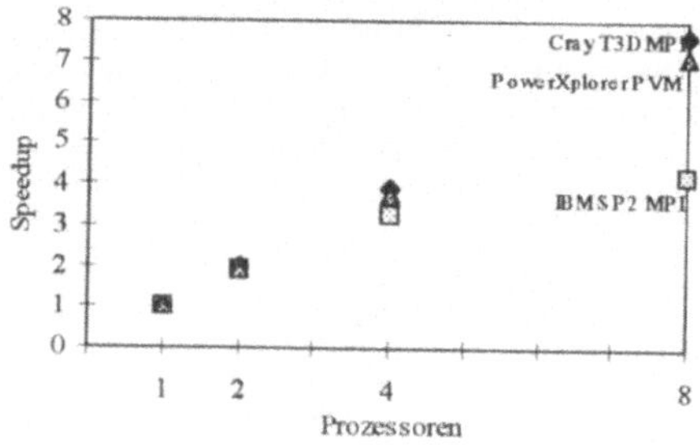

Abbildung 6: Geschwindigkeitsgewinne durch Parallelisierung

Literaturverzeichnis

[1]   Ch. Großmann, H.-G. Roos: *Numerik partieller Differentialgleichungen.* Stuttgart, Teubner, 1992

[2]   P. Gottschling: *Untersuchungen zum Verhalten des parallelisierten hierarchischen cg-
Algorithmus' bei nichtlinearen, zeitvarianten Grundwasserströmungsprozessen.* Diplomarbeit, TU Dresden, Dresden, 1995.

[3]   H. Yserentant: *On the Multi-Level Splitting of Finite Element Spaces.* in: Numer. Math
49, pp. 379-412 (1986).

[4]   P.-W. Gräber, I. Schäfer: *Parallele Simulation von Grundwasserströmungen.* in
Wissenschaftl. Berichte FZKA 5622, Forschungszentrum Karlsruhe, 1995, S. 39 - 49

Hydrogeological Model for Evaluating Groundwater Resources of the Central Region of Latvia

A.Spalviņš[1], R.Janbickis[1], J.Šlangens[1], E.Gosk[2]

[1] Riga Technical University, Environment Modelling Centre
9 Ausekla Street, Riga, LV-1010, Latvia
[2] Geological Survey of Denmark and Greenland
8 Thoravej, Copenhagen NV, DK-2400, Denmark

Abstract: The paper explains design principles of the Regional Model (REMO) "Large Riga" created as a tool for investigating the groundwater reserves and the quality of the central part of Latvia. An original Geological Data Interpolation (GDI) routine has been developed to prepare a REMO input: a geometry and maps of permeability and boundary condition surfaces. Calibration algorithms for adjusting REMO parameters have been designed and successfully used. REMO has reached such a degree of credibility that it has been possible to make the first forecasts of the future development for the Riga groundwater system and to prepare an atlas of digital hydrogeological maps.

1. Introduction

At present, about half of the drinking water for Riga is provided by the Daugava river and a few lakes. In the future, the contribution of these highly contamination vulnerable surface sources may be reduced and groundwater withdrawal accordingly increased. The hydrogeological REgional MOdel (REMO) "Large Riga" has been developed since 1993 [SPAL 95,3] for investigating groundwater quality and reserves available to support an increase of the withdrawal. Moreover, REMO has made it possible to organise regional hydrogeological data from the central part of Latvia in a three dimensional (3D) computerised model.

The area covered by REMO "Large Riga" comprises 168km·156km = 26,208 km^2 (Fig.1). The modelled area is approximated in the xy plane by a uniform 4km·4km grid. In the vertical direction, REMO contains 9 aquifers separated by semipervious strata (Fig.2). Thus the 3D grid of REMO contains: $N = N_x \cdot N_y \cdot N_z = 43 \cdot 40 \cdot 9 = 15,480$ nodes where N_x, N_y and N_z are the numbers of columns and rows in the xy-grid and the number of aquifers (z-sections), respectively.

REMO includes (Fig.1) the central part of Latvia, the northern part of Lithuania and a large part of the Gulf of Riga. The central part of REMO (104 km by 92 km) is surrounded by a 32 km wide buffer zone which supplies adequate external boundary conditions on rectangular borders for any of the REMO z-section 1, 2,..,8. These borders form four vertical side planes - the shell of REMO. The majority of the REMO aquifers and semipervious strata are discontinuous within the modelled area [SPAL 96,1].

The piezometric surface, *relh* (Fig.2), serves as a boundary condition for the Quaternary section 1, while the piezometric head at the lowest aquifer *D2pr* fixes boundary conditions for the section 8 of REMO. The top layer of REMO, section 0- *relh*, includes a dense hydrographic network of rivers, lakes and the Gulf of Riga. The surface *relh* combines data on the elevation of the landscape and of the above mentioned hydrographic units.

349

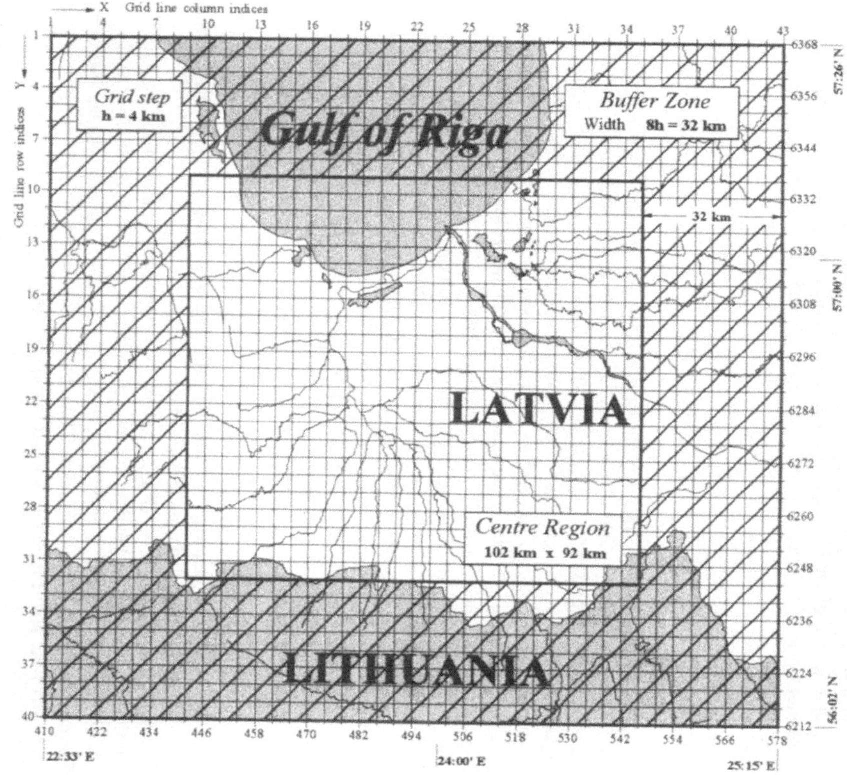

Fig. 1. REMO grid plane view

Fig. 2. REMO vertical schematization

Name	Geological code	No. and code of REMO section	
Top piezometric surface	relh	0.	relh
Quaternary	zQ#	1. (z)	zQ#
Quaternary	Q	1. (xy)	Q
Quaternary	gQ	2. (z)	gQ
Ketleru	D3ktl	2. (xy)	D3fm#
Žagares	D3žg		
Švētes	D3šv		
Tērvetes	D3tr		
Mūru	D3mr		
Akmenes	D3ak		
Kursas	D3kur		
Joniškļu	D3jn		
Elejas	D3el	3. (z)	D3el#
Arnulas	D3aml		
Stipinu	D3stp	3. (xy)	D3dg#
Katlešu-Ogres	D3ktl+og		
Daugavas	D3dg		
Daugavas	D3dg	4. (z)	D3sl#
Salaspils	D3slp		
Pļaviņu	D3pl	4. (xy)	D3pl
Pļaviņu	D3pl	5. (z)	D3am#
Amatas	D3am		
Amatas	D3am	5. (xy)	D3am
Gauja upper	D3gj2	6. (z)	D3gj2
Gauja upper	D3gj2	6. (xy)	D3gj2
Gauja lower	D3gj1	7. (z)	D3gj1
Gauja lower	D3gj1	7. (xy)	D3gj1
Burtnieku	D2brt	8. (z)	D2brt
Burtnieku	D2brt	8. (xy)	D2ar#
Arikula	D2ar		
Narvas	D2nr3		
Narvas	D2nr2	9. (z)	D2nr#
Narvas	D2nr1		
Pērnavas	D2pr	9. (xy)	D2pr

\# - united layer
zQ - upper moraine, aeration zone included

Aquifer
Semipervious stratum

2. Mathematical model

The vector p of piezometric head is the solution of the following algebraic system of linear REMO 3D grid equations:

$$A\,p = b \ , \tag{1}$$
$$A = A_{xy} + A_z - G \ , \tag{2}$$
$$b = -G\,\psi + \beta \tag{3}$$

where the matrices A_{xy}, A_z and G represent: block transmissivities of aquifers, links of semipervious strata (s-strata) and elements connected with boundary conditions ψ of the first kind, respectively. The vectors p, b are mean annual values. Fixed piezometric head ψ on REMO sections 0, 9 and on the vertical shell are used as boundary conditions. The vector β accounts for groundwater fluxes and can be regarded as a boundary condition of the second kind. The vector b, equation (3), integrates the above conditions ψ and β. The system (1) is obtained under the assumption that the water flow in aquifers is horizontal and in the s-strata vertical (no vertical hydraulic gradient exists within an aquifer). Therefore, REMO should be regarded as a semi 3D model.

Non-zero positive coefficients of A_{xy}, A_z represent, in the REMO grid, the horizontal links $(a)_{xy}{}^{z}$ and the vertical ones $(a)_{z}{}^{xy}$, accordingly. These links are computed as follows:

$$(a = k \cdot m)_{xy}{}^{z} \ , \tag{4}$$
$$(a = h^2 \cdot k_0/m_0)_{z}{}^{xy} \tag{5}$$

where: $x = 1, 2,\ldots, 43$; $y = 1, 2,\ldots, 40$; $z = 1, 2,\ldots, 9$; m and m_0 represent the thickness of the aquifer and the s_z-stratum, k and k_0 - permeabilities of the aquifer and the stratum of the z-th section and h is the REMO grid step size. Many of the layers are discontinuous and, for these regions, $m_0 = 0$ or $m = 0$; $(a)_{xy}{}^{z} = 0$ or $(a)_{z}{}^{xy} = \infty$. In the model ∞ has been replaced by 10^7. Therefore, the system (1) formally holds a uniform 3D grid, even if some fragments of the real geological environment are non-existent.

The coefficients defined by equations (4) and (5) are obtained by applying the corresponding m- , k-maps and m_0-, k_0-maps. These maps have been generated by the GDI programme using the corresponding initial data [SPAL 94,1]. In REMO the above maps are used as an initial try for the real values of A_{xy}, A_z elements. Their final values are the result of computer aided REMO calibration procedures [SPAL 95,2].

The p-vector obtained by solving the system (1) can be related to the "undisturbed" conditions using the superposition principle.

$$p = p_s - s \tag{6}$$

where p_s is the vector representing a hypothetical state without an anthrophogenic groundwater withdrawal ($\beta = 0$; $\psi \neq 0$) and s is the drawdown caused by such a withdrawal, if $\beta \neq 0$ and $\psi = 0$.

The system (1) is solved by applying the Nested Factorization - Conjugate Gradients (NF CG) type algorithm [SPAL 94,2] adapted from [APPL 83]. If REMO is run on PC 486/66, then the vector p is obtained after 10 to 20 seconds.

3. The Geological Data Interpolation Programme

The results of (4), (5) can be computed if the corresponding digital m- and m_0-maps and k- and k_0-maps are produced. The widely used SURFER programme has proved to be not reliable enough for generating these maps because unjust negative values of m, m_0 and k, k_0 often resulted from positive initial data. To overcome this problem, the Geological Data Interpolation (GDI) programme has been developed for REMO [SPAL 94,1; SPAL 95,1]. It was used to generate the above geological maps for (4), (5) and ψ -maps for REMO sections: 0-*relh*, 9-*D2pr* and other piezometric surfaces. GDI produces interpolation surfaces σ corresponding to solutions of associated boundary problems related, accordingly, with the geometry (m, m_0), permeability (k, k_0) and other features of the system (1) to be modelled:

$$\partial(v_x\, \partial\sigma/\partial x)\,/\,\partial x + \partial(v_y\, \partial\sigma/\partial y)\,/\,\partial y + \partial(v_z\, \partial\sigma/\partial z)\,/\,\partial z = 0 \qquad (7)$$

where parameters v_x, v_y, v_z enable to control a shape of σ. Initial data σ_{in} serve for (7) as boundary conditions of the first kind. The solution σ is characterized by: $\sigma_{max} > \sigma > \sigma_{min}$ (max-min principle); it carries minimized energy.

An approximation of the problem (7) on the grid of (1) gives the following algebraic system solved by the NF CG algorithm - the one already developed for (1):

$$V\,\sigma = f \qquad (8)$$

where V - the interpolation matrix; σ, f - vectors of the requested GDI results and of fluxes related with given σ_{in}. By choosing v_x, v_y, v_z of (7), it is possible to control the weight of pointwise initial data source and lines. The process of generating the maps for (4), (5) is usually carried out by solving a 2D problem of (7) ($v_z = 0$) on the grids of the system (1) z-sections. GDI employs not only scattered pointwise initial data, it also extensively uses more organized information provided by various lines: borders of layers ($m = 0$ or $m_0 = 0$), isolines of elevations, coastlines of rivers, lines of water divides, traces of tectonic faults, etc.

As a typical GDI result, the isometric diagram of the surface 0-*relh* is shown in Fig.3. It has been created on $h/2 = 2$ km xy-grid applying about 3000 scattered elevation data points, information on REMO hydrographic network and a set of water divide lines.

First attempts have been made to use the GDI for obtaining 3D interpolation surfaces: a) within the REMO calibration procedure [SPAL 95,2]; b) for generating the REMO 3D geometry parameters m, m_0 [SPAL 96,2]. The last approach is especially advantageous, hence, the GDI 3D-version enables to exclude errors of the REMO vertical size.

4. Experimental results and conclusions

In 1995 the first successful try to calibrate the parameters of the most important and productive Devonian artesian aquifers *D3gj2*, *D3gj1* and *D2ar#* (sections 6, 7 and 8 of REMO) was accomplished and obtained results have been published as an atlas of digital hydrogeological maps [SPAL 96,1]. The data about other REMO sections are included in the atlas to advance spatial understanding of the regional water movement in the central Latvia. Local errors of the REMO simulated piezometric head for the sections 6, 7, 8 are within ± 2 metres. In Fig.4

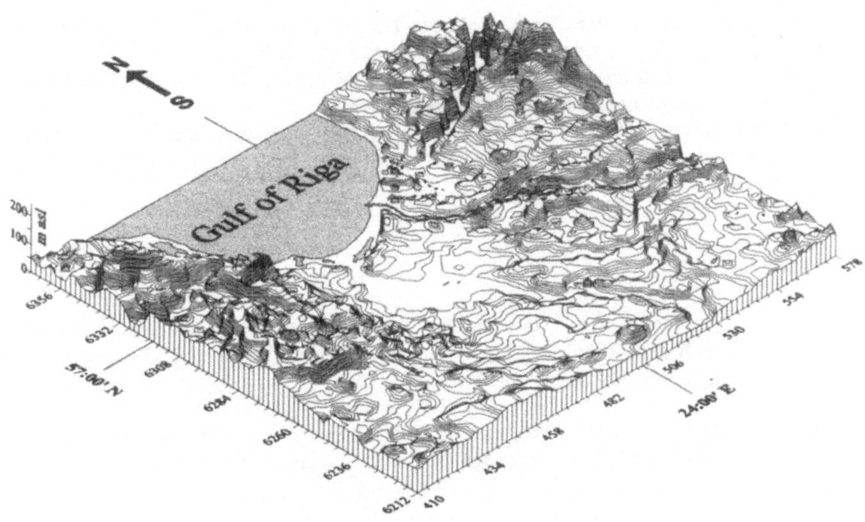

Fig. 3. The isometric diagram of the surface 0-relh generated
by the GDI programme; z-print interval = 4 metres

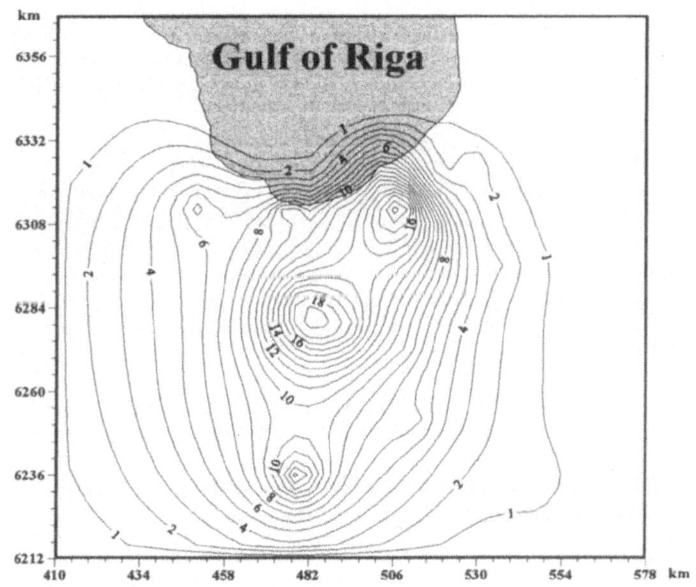

Fig. 4. The REMO computed depression cones,
the D2ar# aquifer, 1990 conditions

the depression cone of the aquifer $D2ar\#$ is shown. The two major maximums of the drawdown there are created by a groundwater withdrawal of the towns Riga and Jelgava.

All of the REMO grid maps are hydraulically balanced because they are components of the equation (1) representing a united multiaquifer environment.

The REMO system is developing and accumulating an increased amount of information. It can be used not only for the studies of water movement but also to check and correct hydrogeological data.

5. References

[SPAL 96,1] A. Spalviņš et al.: *Hydrogeological Model "Large Riga". Atlas of Maps* - Riga-Copenhagen, 1996. - 102 p. (Boundary Field Problems and Computers; 37-th issue; bilingual: Latvian and English).

[SPAL 96,2] A. Spalviņš et al.: *Creating Detailed Subregions by Applying Network Lenses* // Proc. of XIV Symposium on Electromagnetic Phenomena in Nonlinear Circuits, Poznan, 1996.

[SPAL 95,1] A. Spalviņš and J.Šlangens: *Updating of Geological Data Interpolation Programme* // Boundary Field Problems and Computers / Proc. of International Seminar on Environment Modelling. - Riga-Copenhagen, 1995.- Vol. 1.- P. 175 - 192.

[SPAL 95,2] A. Spalviņš and R.Janbickis: *Algorithms for Calibrating Regional Hydrogeological Model "Large Riga"* // Boundary Field Problems and Computers / Proc. of International Seminar on Environment Modelling. - Riga-Copenhagen, 1995. - P. 217 - 225.

[SPAL 95,3] A. Spalviņš et al.: *Development of Regional Hydrogeological Model "Large Riga"* // Boundary Field Problems and Computers / Proc. of International Seminar on Environment Modelling. - Riga-Copenhagen, 1995. - P. 145 - 158.

[SPAL 94,1] A. Spalvins, J.Slangens: *Numerical Interpolation of Geological Environment Data* // Boundary Field Problems and Computers / Proc. of Latvian-Danish Seminar on Groundwater and Geothermal Energy. - Riga - Copenhagen, 1994. - P. 181 - 196.

[SPAL 94,2] A.Spalvins, J.Slangens: *Comparison of Numerical Methods Used for Hydrogeological Models* // Ibid [SPAL 94,1], 1994. - P. 129 - 147.

[APPL 83] I.R.Appleyard, I.M.Chesire: *Nested Factorization* // Proceedings of the Reservoir Simulation Symposium in San Francisco. - San Francisco, 1983. P. 315 - 324.

Vergleich numerischer Mehrphasenströmungsmodelle zur Simulation von NAPL-Migrationsvorgängen in porösen Medien

Gerhard Schäfer [1], Rainer Helmig [2], Pierre Le Thiez [3]

(1) Institut de Mécanique des Fluides, URA 854 CNRS - Université Louis Pasteur, Institut Franco Allemand de Recherche sur L'Environnement (IFARE), 2 rue Boussingault, F- 67000 Strasbourg, France
(2) Institut für Wasserbau, Universität Stuttgart, Pfaffenwaldring 61, D- 70550 Stuttgart, Germany
(3) Institut Français du Pétrole, Division Gisements, BP 311, F-92506 Rueil-Malmaison Cedex, France

Kurzfassung

Numerische Mehrphasenströmungsmodelle werden verstärkt zu Prognoserechnungen hinsichtlich der Ausbreitung organischer Kontaminanten im Untergrund eingesetzt. Der vorliegende Beitrag analysiert die charakteristischen Merkmale dreier Rechencodes und zeigt anhand der ausgewählten 1D und 2D Vergleichsstudien (in homogenen porösen Medien) auf, inwieweit Unterschiede in der numerischen Formulierung die Simulation der NAPL-Migration beeinflussen. Die Validierung der verwendeten numerischen Modelle wird in weitergehenden Arbeiten auf der Grundlage von gezielten experimentellen Untersuchungen im Rahmen der Forschungseinrichtung VEGAS (Stuttgart) und IFARE (Strasbourg) durchgeführt werden, um deren Tauglichkeit sowohl in der Beschreibung des Infiltrationsprozesses als auch in der Sanierungssituation zu testen.

1. Einleitung

In den zurückliegenden zwei Jahrzehnten wurden europaweit zahlreiche durch Mineralölprodukte verursachte Boden- und Grundwasserverunreinigungen festgestellt. Neben den Leckagen aus Heizöl- und Brennstofftanks ist vor allem das unfallbedingte Ausfließen von Mineralölprodukten aus Tanklastzügen eine der Hauptursachen dieser Kontaminationen. Diese Flüssigkeiten zeichnen sich durch eine geringe Wasserlöslichkeit und eine im Vergleich zu Wasser geringe Oberflächenspannung aus und tragen daher üblicherweise die angelsächsische Bezeichnung NAPL (Non-Aqueous-Phase-Liquid). Quantitative Aussagen über die Gefährdung der Grundwasserqualität, die durch die Migration von NAPL-Produkten im Untergrund entstehen, sind nur mit Hilfe numerischer Mehrphasenmodelle möglich. Desweiteren sind in natürlichen heterogenen Porengrundwasserleitern quantitative Aussagen über die räumliche Verteilung der NAPL-Produkte erforderlich, um in situ Sanierungsmaßnahmen optimal zu gestalten, wozu numerische Mehrphasenströmungsberechnungen einen wichtigen Beitrag liefern können.

2. Formulierung der Mehrphasenströmung

Konzepte mathematischer Modelle zur Beschreibung von Mehrphasenströmungsvorgängen in porösen Medien basieren auf der Erstellung von Bilanzgleichungen an einem repräsentativen Elementarvolumen, die die Massenerhaltung im Dreiphasensystem Wasser-NAPL-Luft jeder Fluidphase α ausdrücken (siehe Gleichung (1)) und die Vorgabe eines Fließgesetzes pro Fluidphase α beinhalten. Im weiteren werden drei Fluidphasen betrachtet: Phase α = w (Wasser), n (NAPL), a (Luft).

$$div(\rho_\alpha \mathbf{v}_\alpha) + \frac{\partial(\phi \rho_\alpha S_\alpha)}{\partial t} = q_\alpha \tag{1}$$

wobei ϕ die Porosität des Lockergesteins, S_α den Sättigungsgrad des Porenraums mit Fluidphase α, ρ_α die Dichte der Phase α (kg/m^3), v_α den Filtergeschwindigkeitsvektor der Phase α (m/s) und q_α den Quell/Senkenterm (kg/m^3/s) darstellen.

Unter Vernachlässigung des Impulsaustausches zwischen den Fluidphasen, kann das für Einphasensysteme im laminaren Strömungsregime geltende Darcy-Gesetz auf ein Mehrphasensystem erweitert werden:

$$\mathbf{v}\alpha = -\frac{k \cdot k_{r\alpha}}{\mu_\alpha}\left(\mathbf{grad}\, p_\alpha + \rho_\alpha \cdot \mathbf{g}\right) \tag{2}$$

wobei p_α den Druck in Fluidphase α, $k_{r\alpha}$ die relative Permeabilität der Phase α, μ_α die dynamische Viskosität der Phase α (kg/m/s), k die Permeabilität des Lockergesteins (m^2) und g die Erdbeschleunigung (m/s^2) repräsentieren.

Die Interaktion der drei Fluide untereinander wird durch das Hinzuziehen von zusätzlichen Gleichungen beschrieben:

(a) Nebenbedingung (die drei Fluide belegen die Gesamtheit des Porenraums):

$$S_w + S_n + S_a = 1 \tag{3}$$

(b) Kapillardruck (Pc) -Sättigungsbeziehungen (S):

$$p_n - p_w = P_{Cnw}(S_w, S_a)$$
$$p_a - p_n = P_{Can}(S_w, S_a) \tag{4}$$

(c) Relative Permeabilität (k_r)- Sättigungsbeziehungen (S):

$$k_{r\alpha} = k_{r\alpha}(S_w, S_a) \tag{5}$$

Das nichtlineare Gleichungssystem (1) und (2) läßt sich in vielen praktischen Anwendungsfällen unter Annahme, daß die Luft unendlich mobil -d.h. die Viskosität der Luft vernachlässigbar klein - ist, auf jeweils eine Bewegungsgleichung für die Wasserphase und NAPL-Phase beschränken.

3. Verwendete numerische Simulationsmodelle

Der Schwerpunkt des vorliegenden Beitrags liegt auf dem detaillierten Vergleich dreier numerischer Mehrphasenströmungsmodelle: MUFTE, RESCOPP und SWANFLOW.

MUFTE ist ein am Institut für Wasserbau der Universität Suttgart entwickeltes Finite-Element-Modell mit Wahlmöglichkeit der Diskretisierungsmethode (wie z.B Petrov-Galerkin-Verfahren mit mass-lumping, gemischt-hybride Verfahren, etc.)[HELM96]. Es ermöglicht unter der Annahme einer unendlich mobilen Gasphase die Berechnung von Zweiphasen (NAPL/Wasser)-Strömungen in ungesättigten und gesättigten Porengrundwasserleitern. Das numerische Problem ist mit den Primärvariablen NAPL-Sättigung und Wasserdruck formuliert.

Das Finite-Differenzen-Modell RESCOPP, das am Institut Français du Pétrole im Rahmen des EUREKA-Projekts "RESCOPP" entwickelt wurde, ist ein dreidimensionales Simulationsprogramm, das die Berechnung der Strömung und des Transports dreier mobiler Phasen (Gas, Wasser, NAPL) in Porengrundwasserleitern ermöglicht [LETH94]. Das nichtlineare Gleichungssystem wird mit Hilfe eines Newton-Raphson-Verfahrens implizit gelöst. Die Primärvariablen sind der Gasdruck und die Sättigungen der Gas- und Wasserphase.

SWANFLOW ist ein kommerziell erhältliches Finite-Differenzen-Modell [FAUS85], das am Institut de Mécanique des Fluides, Strasbourg für die Belange des Modellvergleichs modifiziert wurde. Es ermöglicht die Berechnung von dreidimensionalen Zweiphasenströmungen in der gesättigt /ungesättigten Bodenzone. Das numerische Problem ist mit den Primärvariablen NAPL-Druck und Wassersättigung formuliert.

4. Vergleichsstudien

<u>(1) eindimensionaler Verdrängungsvorgang von Öl durch Wasser</u>
Die analytische Lösung von Buckley and Leverett [BUCK42], die die instationäre Verdrängung
von Öl durch Wasser in einem eindimensionalen, horizontalen System beschreibt, stellt das
Standardverfahren zur Verifizierung von Zweiphasenprozessen ohne bzw. mit vernachlässigbar
kleinen Kapillardruckeinflüssen dar (Bild 1).

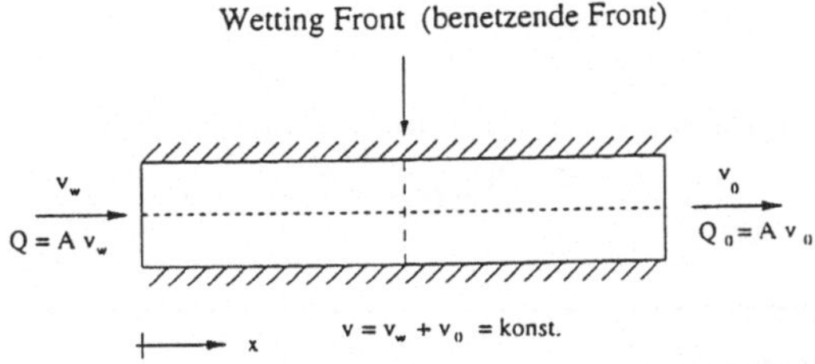

Bild 1:   Buckley-Leverett-Problem (nach R. Helmig [HELM96])

Ziel der Vergleichsstudien ist eine Gegenüberstellung der numerischen und analytischen
Lösungen. Die gewählten Simulationsparameter lauten wie folgt:

Permeabilität k $= 10^{-7} [m^2]$
Porosität ϕ $= 0.2 [-]$
Dichte des Wassers ρ_w $= 1000 [kg/m^3]$
Dichte des Öls ρ_n $= 1000 [kg/m^3]$
dynamische Viskosität des Wassers μ_w $= 0.001 [kg/m/s]$
dynamische Viskosität des Öls μ_n $= 0.001 [kg/m/s]$
Massenfluß der Wasserphase m_w $= 0.0015 [kg/s]$
Massenfluß der Ölphase m_n $= 0.0015 [kg/s]$
Längenabmessung des porösen Mediums L $= 300 [m]$

   Die numerischen Berechnungen werden an 1D-Elementen mit einer räumlichen Diskretisierung
von ($\Delta x = 9.375$ m) durchgeführt. Die gewählten Anfangsbedingungen beschreiben den Druck der
Ölphase konstant mit ($p_n = 2 \cdot 10^5$ N/m^2) und die Wasserrestsättigung mit ($S_w = 0.2$). Als Dirichlet-
sche Randbedingungen werden am linken Rand (x=0) die Sättigung der Wasserphase mit ($S_w =$
0.8) und der Druck der nicht benetzenden Fluidphase (Öl) mit ($p_n = 2 \cdot 10^5$ N/m^2) vorgegeben; am
rechten Modellrand (x=L) wird der ausströmende Massenfluß der Ölphase ($m_n = 0.0015$ kg/s)
zeitkonstant angesetzt.
   Zur Beschreibung der Relative Permeabilität-Sättigungsbeziehungen k_{rw} und k_{rn} wird die
Corey-Funktion verwendet:

$$k_{rw} = S^{*4} \qquad \text{mit} \quad S^* = (S_w - S_{wr}) / (1 - S_{wr} - S_{nr})$$
$$k_{rn} = (1 - S^*)^2 \cdot (1 - S^{*2}) \qquad S_{wr} = S_{nr} = 0.2 \tag{6}$$

In Bild 2 sind die auf der Basis von MUFTE (unter Zugrundelegen des gemischt-hybriden
Diskretisierungsverfahrens) und SWANFLOW numerisch berechneten Sättigungsfronten (S_w) der
eindringenden Wasserphase nach 1500 Tagen dargestellt. Die mit MUFTE simulierte Sättigungsfront stimmt gut mit der exakten, analytischen Lösung überein, wohingegen sich die Simulationsergebnisse von SWANFLOW erst mit abnehmendem räumlichen Diskretisierungsintervall der
exakten Lösung annähern.

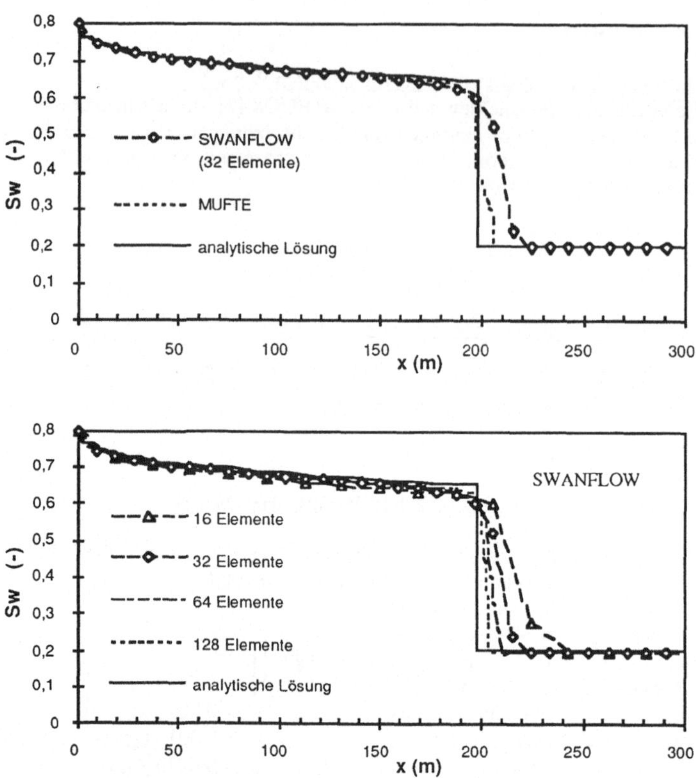

Bild 2:   Sättigungsfront der Wasserphase nach 1500 Tagen

(2) <u>zweidimensionaler Infiltrationsvorgang von NAPL in Lockergestein</u>
Zum Vergleich der drei Rechencodes wurde ein anwendungsorientiertes zweidimensionales Testbeispiel gewählt, das die in Bild 3 dargestellten Abmessungen und Randbedingungen aufweist. Die Simulation beschreibt die Infiltration eines Dieselkraftstoffes ("light NAPL") in ein wasserungesättigtes poröses Medium (homogener Mittelsand), welche kontinuierlich über 4 Stunden an der oberen Modellberandung erfolgt. Die räumliche Diskretisierung wurde auf (5 cm x 5 cm) festgelegt, um eine ausreichend gute Auflösung des Infiltrationsvorgangs zu erreichen; die Zeitschrittgröße vaiierte in den durchgeführten Rechenläufen zwischen 3 und 10 Sekunden.
   Die gewählten hydraulischen Eigenschaften des porösen Mediums und Dieselkraftstoffes orientieren sich an den am IFARE und Institut Français du Pétrole in Laborversuchen vorab ermittelten Kenndaten [ARNA95] und lassen sich wie folgt zusammenfassen:

Permeabilität / Porosität des Sandes	k	$= 8.15\ 10^{-11}\ [m^2]$	ϕ	$= 0.39\ [-]$
Van Genuchten-Parameter	α_{VG}	$= 4.8\ 10^{-4}\ [m^2/N]$;	n_{VG}	$= 3.25\ [-]$
Wasserrestsättigung	S_{wr}	$= 0.16\ [-]$		
Dichte/ dynamische Viskosität des Öls	ρ_n	$= 850\ [kg/m^3]$	μ_n	$= 0.0022\ [kg/m/s]$
Oberflächenspannungen	σ_{an}	$= 0.02\ [N/m]$	σ_{aw}	$= 0.05\ [N/m]$
Grenzflächenspannung	σ_{nw}	$= 0.03\ [N/m]$		

Im Dreiphasensystem Luft/NAPL/Wasser ist die Vorgabe der konstitutiven Beziehungen für die Berechnung von Infiltrationsprozessen erforderlich:

(a) Kapillardruck -Sättigungsbeziehungen

In den Studien wurde einheitlich die von [PARK87] vorgeschlagene Parametrisierung der Kapillardrucksättigungsbeziehung verwendet, die sich aus den bekannten physikalischen Kenndaten, wie Van Genuchten-Parameter, Oberflächenspannungen, Wasserrestsättigung, etc., ableitet:

$$P_{Cnw} = p_n - p_w = \frac{1}{\alpha_{va}\beta_{nw}}\left[S_e^{n_{va}/(1-n_{va})} - 1\right]^{1/n_{va}} \quad \text{mit} \quad S_e = \frac{S_w - S_{wr}}{1 - S_{wr}} \quad \text{und} \quad \beta_{nw} = \frac{\sigma_{aw}}{\sigma_{nw}} \quad (7)$$

$$P_{Can} = p_a - p_n = \frac{1}{\alpha_{va}\beta_{an}}\left(\left[\frac{S_n + S_w - S_{wr}}{1 - S_{wr}}\right]^{n_{va}/(1-n_{va})} - 1\right)^{1/n_{va}} \quad \text{mit} \quad \beta_{an} = \frac{\sigma_{aw}}{\sigma_{an}} \quad (8)$$

(b) Relative Permeabilität - Sättigungsbeziehungen:

Die im Dreiphasensystem formulierte relative Permeabilität-Sättigungsbeziehung für die nichtbenetzende Flüssigkeit (NAPL) basiert auf dem ersten Modell von Stone [AZIZ79]:

$$k_{rn} = \frac{S_n(1 - S_{wr})k_{rnw} \cdot k_{ran}}{(1 - S_w)(S_n + S_w - S_{wr})} \quad (9)$$

wobei k_{mw} und k_{ran} die Relative Permeabilität-Sättigungsfunktionen der NAPL-Phase in einem Zweiphasensystem (Wasser/NAPL) und (Luft/NAPL) darstellen, die sich im Rahmen dieser Studie an den von [PARK87] abgeleiteten Beziehungen orientierten. Die in der ursprünglichen Form des Stoneschen Modells vorkommenden Parameter S_{nr} und k_{rncw} wurden mit dem Zahlenwert 0 und 1 angesetzt. Für die Wasserphase wird die entsprechende relative Permeabilität-Sättigungsbeziehung durch den von [PARK87] veröffentlichten Ansatz vorgegeben:

$$k_{rw} = \sqrt{S_e}\left[1 - (1 - S_e^{n_{va}/(n_{va}-1)})^{(n_{va}-1)/n_{va}}\right]^2 \quad \text{mit} \quad S_e = \frac{S_w - S_{wr}}{1 - S_{wr}} \quad (10)$$

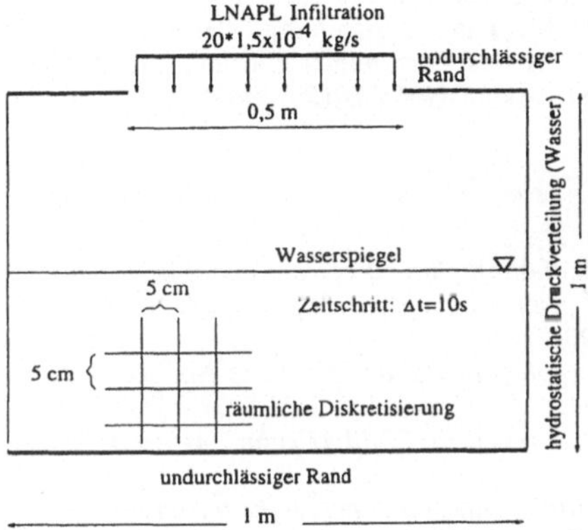

Bild 3:   Vertikalebenes Testbeispiel

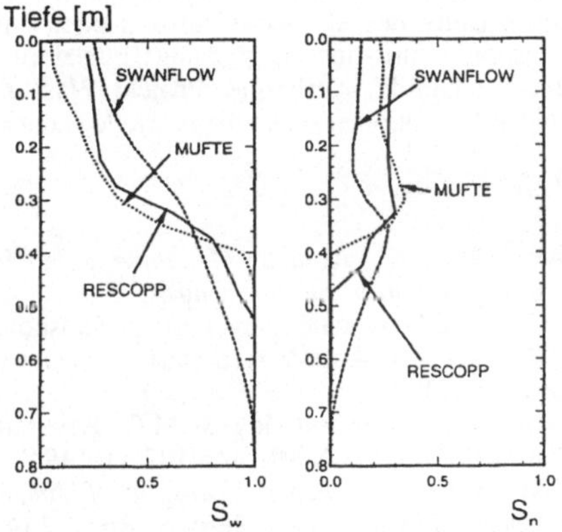

Bild 4: Berechnete Sättigungsprofile nach 2h

Die Ergebnisse der numerischen Vergleichsstudie sind in Bild 4 und 5 dargestellt: Bild 4 zeigt Dieselkraftstoffsättigungs- und Wassersättigungsprofile auf der vertikalen Symmetrieachse des Modellgebiets nach zweistündiger Infiltrationsdauer, die mit MUFTE (Petrov-Galerkin-Verfahren mit mass-lumping), SWANFLOW und RESCOPP auf der Basis der o.a konstitutiven Beziehungen berechnet wurden; in Bild 5 sind die dazugehörigen Isolinien der Sättigung des Dieselkraftstoffes wiedergegeben. Die Vergleichsrechnungen zeigen, daß sich die mit SWANFLOW erzielten

Simulationsergebnisse deutlich von denjenigen mit MUFTE und RESCOPP unterscheiden. So erreicht der Dieselkraftstoff bereits nach weniger als 2 Stunden den Wasserspiegel. Dies ist auf die von Faust [FAUS85] eingeführte implizite Verwendung des modifizierten ersten Modellansatzes von Stone zurückzuführen; im Rechencode SWANFLOW wird so aufgrund einer überschätzten relativen Zweiphasendurchlässigkeit der "Öl"phase im Luft/NAPL-System die Durchlässigkeit des NAPL im Dreiphasensystem deutlich größer vorgegeben, was sich dann in einer "leichteren" Infiltration und schnelleren Migration des Dieselkraftstoffes ausdrückt. Desweiteren erweist sich, daß MUFTE einen steileren vertikalen Verlauf der Ölfront als RESCOPP voraussagt; Ursache hierfür ist ein im Programmsystem MUFTE implementiertes Upwinding-Verfahren höherer Ordnung, das scharfe Frontverläufe gut approximiert.

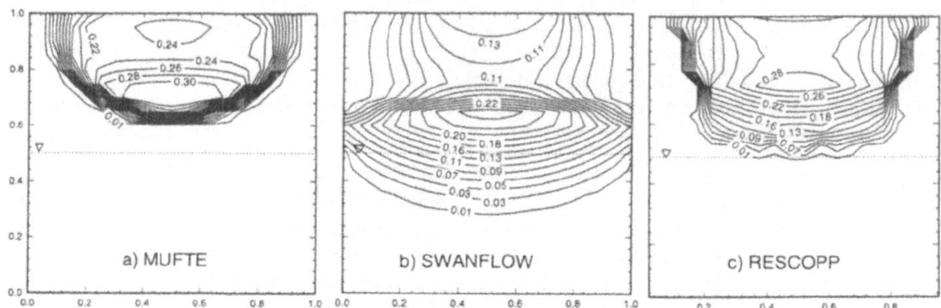

Bild 5:   Dieselkraftstoffsättigung nach 2 Stunden: a) MUFTE, b) SWANFLOW, c) RESCOPP

Danksagung

Die dargestellten Studien wurden durch die finanzielle Unterstützung des französischen Teilinstituts des Deutsch-Französischen Instituts für Umweltforschung (IFARE/DFIU) in Strasbourg mit einer Ergänzungsfinanzierung seitens des Forschungszentrums Technik und Umwelt GmbH, Karlsruhe, Projekt Wasser-Abfall-Boden (PWAB)(PW 94157) ermöglicht. Beiden Institutionen sei an dieser Stelle gedankt.

Referenzen

[ARNA95]   Cl.. Arnaud : *Mécanismes de décontamination d'un aquifère alluvial pollué par du gazole. Evaluation sur site contrôlé d'une technique hydraulique assistée par tensio-actifs.* Thèse de doctorat, Université Louis Pasteur, Strasbourg, 1995
[AZIZ79]   K. Aziz & A. Settari : *Petroleum reservoirs simulation*, Elseviers Applied Science, New York, 1979
[BUCK42]   S.E. Buckley & M.C. Leverett: *Mechanism of Fluid Displacements in Sands.* Transactions of the AIME, 146:107-116, 1942
[FAUS85]   C. R. Faust: *Transport of immiscible fluids within and below the unsaturated zone: a numerical model,* Water Resourc. Res., 21 (4) pp 587-596, 1985.
[HELM96]   R. Helmig: *Gekoppelte Strömungs-und Transportprozesse im Untergrund - Ein Beitrag zur Hydrosystemmodellierung.* Bei der Fakultät 2 der Universität Stuttgart eingereichte Habilitationsschrift, 327 S., April 1996.
[LETH94]   P. Le Thiez & J. Ducreux: *A 3-D numerical model for analyzing hydrocarbon migration into soils and aquifers,* in Computer Methods and Advances in Geomechanics, Siriwardane & Zaman (eds.), Balkema, Rotterdam, pp 1165-1170, 1994.
[PARK87]   J.C. Parker, R.J. Lenhard, T. Kuppusamy : *A parametric model for constitutive properties governing multiphase flow in porous media*, Water Res.. Res., 23 (4) pp 618-624, 1987.

Parameteridentifikation für die Simulation der Mengenströmung im Mitteldeutschen Bergbaurevier

Dietrich Sames - Frieder Häfner

Ingenieurbüro für Grundwasser GmbH, Nonnenstraße 9, 04229 Leipzig -
TU Bergakademie Freiberg, Institut für Bohrtechnik und Fluidbergbau,
Agricolastraße 22, 09596 Freiberg

Kurzfassung

Die dringend erforderliche Gestaltung der Bergbaufolgelandschaft im Mitteldeutschen Braunkohlerevier ist eng verbunden mit dem Wiederanstieg des Grundwassers, der Füllung der Restlöcher mit Wasser und der Herstellung eines sich weitgehend selbst regulierenden Wasserhaushaltes. Ein modernes Hilfsmittel zur Prognose der sich zukünftig einstellenden Grundwasser- und Restseewasserstände ist die numerische Simulation. Die Beschaffung repräsentativer Daten stellt das Schlüsselproblem dar. Mit der Parameteridentifikation steht dem Anwender ein Werkzeug zur Verfügung, das es erlaubt, aus einem historischen meßtechnischen Prozeß die Daten so zu kalibrieren, daß die Meßwerte bestmöglich reproduziert werden. Das im Programmsystem PCGEOFIM® implementierte Verfahren nutzt die Sensitivitätsmethode der Parameteridentifikation und führt im Ergebnis auf Parameter, die die gemessenen Spiegelhöhen und die gemessenen hydraulischen Gradienten mit minimaler Abweichung widerspiegeln.

1. Einführung

Bei der numerischen Simulation stellt die Beschaffung repräsentativer Daten das Schlüsselproblem dar. Im Untersuchungsgebiet existieren i. allg. nur einige Bohrungen. Ein erfahrener Geologe mit guten Ortskenntnissen baut mit Hilfe dieser Daten das geometrische Modell auf. Die Durchlässigkeitskoeffizienten sind aus Siebanalysen des Grundwasserleitermaterials und daraus ermittelten Kornverteilungskurven an den Bohrungen bekannt und können auch aus dem geologischen Aufbau des Aquifers größenordnungsmäßig geschlossen werden. Auch die Vorgabe der Parameter entwässerbare und wiederauffüllbare Porosität, Speicherkoeffizient, Grundwasserneubildung und Leakage-Faktor basiert auf langjährigen Erfahrungswerten bzw. mit Hilfe von Approximationsfunktionen ermittelten Kennwerten.

Bei jeder Modellierung schließt sich an die Phase des Modellaufbaus die Eichphase an. Durch gezielte Veränderung von Parametern und Randbedingungen wird versucht, die Ergebnisse der numerischen Simulation mit den gemessenen Pegelständen möglichst genau in Übereinstimmung zu bringen. Die Parameteridentifikation unterstützt den Modellierer in der Eichphase, indem sensitive Parameter so verändert werden, daß die berechneten Standrohrspiegelhöhen möglichst genau mit den gemessenen Pegelwasserständen übereinstimmen. Das im Programmsystem PCGEOFIM implementierte Verfahren nutzt die Sensitivitätsmethode der Parameteridentifikation.

Als Zielfunktion wird der aus der Gaußschen Fehlerquadratsumme berechnete mittlere quadratische Fehler definiert. Eine Spezialität stellt die Einbeziehung des hydraulischen Gradienten dar (s. u.). Ausgewiesen wird die Standardabweichung σ in m. Vorgegeben werden auch bei der Parameteridentifikation alle Parameter. Zusätzlich werden in bestimmten Teilgebieten des Untersuchungsgebietes Zonen definiert. Nur in diesen Zonen werden Parameter identifiziert. Zonen können z.B. sein:

- größere Bereiche eines Grundwasserleiters zur Identifikation des k_f-Wertes,
- Kippengebiete zur Identifikation des k_f-Wertes und/oder der Porosität,
- der oberste Grundwasserleiter unter bebauten Flächen zur Identifikation der Grundwasserneubildung in diesen Gebieten,
- ein Grundwasserleiter zur Identifikation des Leakage-Faktors und/oder des Speicherkoeffizienten,
- Teile eines äußeren Randes zur Identifikation des Randzuflußes.

Für jeden zu identifizierenden Parameter einer Zone wird ein Zonenfaktor definiert, der zu Beginn der Identifikation den Wert Eins besitzt. Nun wird eine Simulation der Mengenströmung durchgeführt und der mittlere quadratische Fehler berechnet. Außerdem wird die Sensitivität der einzelnen Zonenfaktoren ermittelt. Die Sensitivität ist ein Maß für die Beeinflußung der Zielfunktion durch den Zonenfaktor.

Mit Hilfe des Gauß-Newton-Verfahrens werden für die sensitivsten Zonen neue Zonenfaktoren bestimmt, die zu einem kleineren mittleren quadratischen Fehler führen. Dieses Verfahren wird iterativ fortgesetzt bis das Minimum erreicht ist.

2. Mathematische Grundlagen

Die Standrohrspiegelhöhen werden in Grundwasserbeobachtungsrohren gemessen. Bekannt sind die Koordinaten des Pegels und die Zuordnung zu einem Grundwasserleiter. Zu vorgegebenen Zeiten mißt der Pegelmesser die Spiegelhöhe, so daß die Meßwerte in der Form $h^g(x_m, y_m, k_m, t_m)$ vorliegen. Dabei bezeichnen h^g die gemessene Spiegelhöhe zur Zeit t_m am Ort x_m, y_m, k_m und m die Numerierung für Ort und Zeit, insgesamt M Meßwerte.

Im Ergebnis einer PCGEOFIM-Simulation erhält man das Feld $h(i,j,k,t)$ für vorgegebene Zeitpunkte t. Mit i,j,k werden die finiten Volumenelemente bezeichnet. Es wird nun angenommen, daß die Standrohrspiegelhöhen für alle Zeiten berechnet werden, für die Pegelmeßwerte vorliegen. So ist nur eine örtliche aber keine zeitliche Interpolation erforderlich, um die berechneten Werte mit den gemessenen vergleichen zu können. Die Interpolation erfolgt grundwasserleiterbezogen, indem die nächsten Nachbarn im Grundwasserleiter k gesucht werden und mit $1/r^2$ gewichtet gemittelt werden. Im Ergebnis erhält man $h^b(x_m, y_m, k_m, t_m)$.

Bei der Beurteilung der erreichten Anpassung spielt neben der Abweichung der Pegelmeßwerte von den berechneten Spiegelhöhen die Strömungsrichtung eine große Rolle. Eine Messung der Strömungsgeschwindigkeit ist im Aquifer nicht möglich. Bekannt ist aber der hydraulische Gradient. Er berechnet sich aus der Differenz benachbarter Pegelmeßwerte, die aber im gleichen Grundwasserleiter aufgeschlossen sein müssen. Der Gradient ist angenähert proportional der Strömungsgeschwindigkeit. In die Zielfunktion für die Parameteridentifikation gehen die mittlere quadratische Abweichung und der hydraulische Gradient für ausgewählte Pegel ein:

$$J(f_1, f_2, \ldots, f_z) = \sum_m (h^b_m - h^g_m)^2 + \sum_{\text{Gradient } m1\text{-}m2} [(h^b_{m1} - h^b_{m2}) - (h^g_{m1} - h^g_{m2})]^2 \tag{1}$$

Die Zielfunktion J ist von den z Zonenfaktoren f abhängig, die die berechneten Standrohrspiegelhöhen beeinflussen und so zu bestimmen sind, daß die Zielfunktion ein Minimum annimmt. Mit der TAYLOR-Entwicklung

$$h^b_m (f_1, f_2, \ldots, f_z) = h^b_m (f_1^0, f_2^0, \ldots, f_z^0) + \sum_i (\partial h^b_m / \partial f_i) (f_i - f_i^0) + \ldots \qquad (2)$$

ergibt sich (zur Vereinfachung der Schreibweise bleibt im folgenden der Gradient unberücksichtigt):

$$J(f_1, f_2, \ldots, f_z) = \sum_m [h^b_m(f^0) + \sum_i (\partial h^b_m / \partial f_i) (f_i - f_i^0) + \ldots - h^g_m]^2 \ \text{-->} \ \min. \qquad (3)$$

Die Formel (3) beschreibt näherungsweise die Abhängigkeit der Zielfunktion von den Zonenparametern. Für die Standardabweichung σ ergibt sich daraus:

$$\sigma(f_1, f_2, \ldots, f_z) \approx \sigma(f_1^0, f_2^0, \ldots, f_z^0) + \sum s_i (f_i - f_i^0) , \qquad (4)$$

$$\sigma(f_1^0, f_2^0, \ldots, f_z^0) = [\sum_m (h^b_m(f^0) - h^g_m)^2 / (M-1)]^{1/2}, \qquad (5)$$

$$s_i = \sigma_0 \sum_m (\partial h^b_m / \partial f_i) (h^b_m(f^0) - h^g_m) / \sum_m (h^b_m(f^0) - h^g_m)^2 \qquad (6)$$

Die Größe s_i beschreibt die Sensitivität der Standardabweichung in Bezug auf eine Änderung des Zonenfaktors f_i im Punkt $f_1^0, f_2^0, \ldots, f_z^0$.

Für die Bestimmung "verbesserter" Zonenfaktoren kommen nun nur solche Zonen in Betracht, die auch eine wesentliche Verbesserung der Zielfunktion ergeben. Ein Vergleich der Sensitivitäten zeigt, welche Zonen im Punkt $f_1^0, f_2^0, \ldots, f_z^0$ ausgewählt werden sollten. Die Änderung selbst ergibt sich aus der notwendigen Bedingung $\partial J / \partial f_i = 0$ für ein Minimum. Aus Gl. (3) bekommt man z Gleichungen zur Ermittlung optimaler Zonenfaktoren:

$$\sum_m \sum_{i=1}^{z} (\partial h^b_m / \partial f_i)(\partial h^b_m / \partial f_i)(f_i - f_i^0) = \sum_m (\partial h^b_m / \partial f_i)(h^b_m(f^0) - h^g_m) , \qquad (7)$$
$$j = 1, 2, \ldots, z$$

Nicht sensitive Zonen bleiben durch Streichen der entsprechenden Zeilen und Spalten im Gleichungssystem unberücksichtigt. Die Lösung des Gleichungssystems (7) liefert i. allg. Zonenfaktoren, die zu einer kleineren Zielfunktion bzw. zu einem kleineren Fehler σ führen. Auf Grund der Nichtlinearitäten in der partiellen Differentialgleichung kann es aber sein, daß eine Lösung von (7) auf eine Zielfunktion führt, die größer ist als im vorangegangenem Iterationsschritt. Auch in diesem Fall ist die Lösung brauchbar: Neben dem Wert der Zielfunktion an den beiden Punkten $f_1^0, f_2^0, \ldots, f_z^0$ und $f_1, f_2, \ldots, f_z$ ist der Gradient am Anfangspunkt bekannt. So ergeben sich neue Zonenfaktoren durch parabolische Interpolation in Gradientenrichtung.

3. Parameteridentifikation für die stationäre Strömung

Die Parameteridentifikation für die stationäre Strömung soll am Beispiel eines Aquifers vorgestellt werden, der aus zwei Grundwasserstockwerken besteht, die durch zwei Fenster miteinander verbunden sind. Die hydrogeologische Situation ist in Abb. 1 beschrieben: Die östliche Begrenzung bildet ein Fluß, im Norden und im Süden wird eine geschlossene Kontur angenommen, die Speisung des Gebietes erfolgt durch Randzuflüsse am westlichen Rand und durch die Grundwasserneubildung. Im Gebiet befindet sich ein Kiessee sowie sieben Entnahmebrunnen im oberen Grundwasserleiter und ein Brunnen im unteren. Messungen liegen an zehn Meßstellen vor, je fünf im oberen und unterem Grundwasserstockwerk.

Der große Vorteil der Parameteridentifikation für die stationäre Strömung liegt in der Unabhängigkeit der Lösung der partiellen Differentialgleichung

$$\text{div } (k_f \text{ grad } h) = S \, \partial h/\partial t - q \tag{8}$$

vom Anfangszustand. In (8) bezeichnen k_f den Parameter k_f-Wert, h die Standrohrspiegelhöhe, q den Parameter Quell-Senken-Belegung (Randflüsse und Grundwasserneubildung) und S den Speicherkoeffizienten.

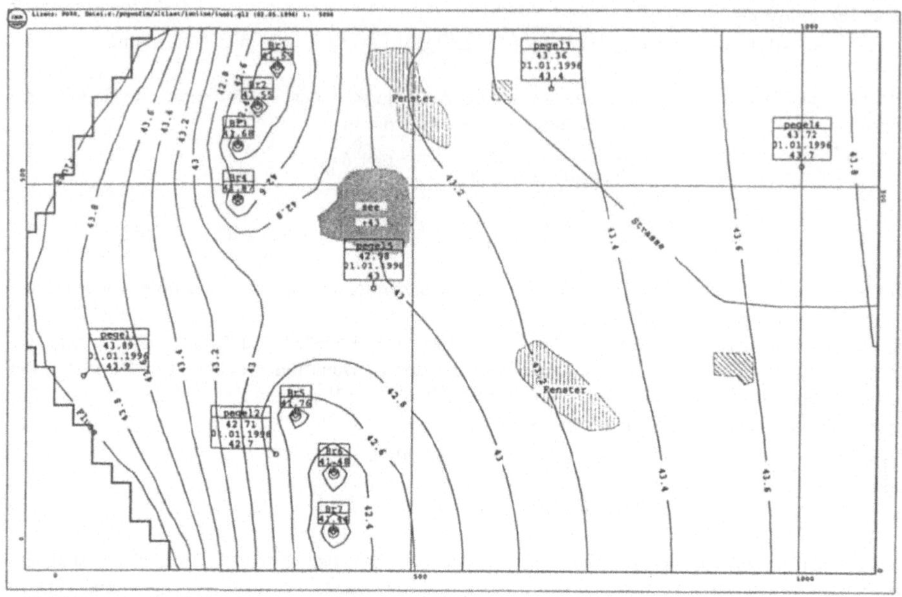

Abbildung 1: Isolinien im oberen Grundwasserleiter mit berechneten und gemessenen Pegeln

Fünf Zonen wurden definiert:

kf-1: k_f-Werte oberes Grundwasserstockwerk,

kf-2: k_f-Werte im Gebiet der Fenster,

kf-3: k_f-Werte unteres Grundwasserstockwerk,

gw-1: die Grundwasserneubildung im oberen Grundwasserstockwerk,

ra-1: der östliche Randzufluß.

Bei der Identifikation werden die Parameter k_f und q aus (8) mit den entsprechenden Zonenfaktoren multipliziert und das stationäre Problem pro Iterationsschritt sechs mal gelöst, um die Sensitivitäten und die verbesserten Zonenfaktoren zu bestimmen. In Tabelle 1 sind die Iterationsnummer n, die Standardabweichung σ und die Zonenfaktoren mit den zugehörigen Sensitivitäten aufgelistet. Deutlich erkennt man die Veränderung der Sensitivität nach Änderung der Zonenfaktoren. Eine Anpassung der Grundwasserneubildung ist nicht notwendig, da der Beitrag zur Zielfunktion immer um eine Größenordnung unter dem der übrigen Zonenfaktoren liegt.

Das Ergebnis der Anpassung wird in Abb. 1 dargestellt. Die Übereinstimmung zwischen gemessenen und den berechneten Pegelmeßwerten ist ausgezeichnet. Das muß auch so sein, da das zu Grunde liegende Modell die Meßwerte hundertprozentig repräsentieren kann: die Pegelganglinien wurden zuvor numerisch berechnet.

Tabelle 1: Stationäre Parameteridentifikation

		Zonenfaktoren					Sensitivität in m				
n	σ in cm	kf-1	kf-2	kf-3	gw-1	ra-1	kf-1	kf-2	kf-3	gw-1	ra-1
0	84.6	1.00	1.00	1.00	1.00	1.00	0.0829	0.0467	0.8870	0.0033	0.0254
1	56.0	1.00	1.00	1.50	1.00	1.00	0.0077	0.0315	0.3480	0.0012	0.0139
2	41.1	1.00	1.00	2.25	1.00	1.00	-0.0855	0.0149	0.0968	-0.0012	-0.0030
3	27.4	0.50	1.00	3.38	1.00	1.00	-0.1820	0.0028	0.0468	0.0020	0.0354
4	14.9	0.25	1.00	5.06	1.00	1.00	-0.0823	0.0023	0.0406	0.0146	0.1630
5	11.7	0.20	1.00	5.06	1.00	1.50	1.0600	0.0034	0.0683	0.0230	0.2160
6	10.4	0.22	1.00	5.02	1.00	1.50	0.1610	0.0028	0.0531	0.0183	0.1960
7	3.6	0.21	1.00	5.02	1.00	2.25	0.0439	0.0026	0.0522	0.0190	0.1780
8	1.9	0.21	1.00	5.02	1.00	2.53	-0.0017	0.0015	0.0000	0.0020	0.0010
9	1.6	0.21	1.44	5.02	1.00	2.53	-0.3200	0.0003	-0.0151	-0.0063	-0.0792

4. Parameteridentifikation für die instationäre Strömung

Stationäre Strömungsverhältnisse werden sich im Mitteldeutschen Bergbaurevier erst in Jahrzehnten einstellen. Die gegenwärtige Situation ist gekennzeichnet vom Wiederanstieg des Grundwassers und Füllung der Restlöcher, nachdem die bergbaulichen Wasserhaltungen in vielen Gebieten eingestellt wurden. Die Lösung der partiellen Differentialgleichung (8) wird in einer solchen Situation ganz wesentlich von den Anfangsbedingungen beeinflußt. Es ist deshalb erforderlich, aus den gemessenen Standrohrspiegelhöhen und den im zu untersuchenden Gebiet vorhandenen Vorflutern, Restlöchern und Seen eine Anfangslösung zu konstruieren.

Für eine Tertiärmulde im Bereich des Mitteldeutschen Braunkohlereviers soll der Grundwasserwiederanstieg von drei Restlöchern prognostiziert werden. Die Braunkohlegewinnung erfolgte im Tiefbau und im Tagebau. Der untertägige Abbau führte zu unregelmäßigen Senkungen der quartären Braunkohlendecksedimente, so daß neben Gefügeauflockerungen auch Schichtvermischungen auftreten. Der übertägige Bergbau hinterließ Restlöcher, die mit Abraum und später mit Asche teilweise gefüllt wurden.

Die komplizierte hydrogeologische Situation wurde in einem aus fünf Grundwasserleitern bestehenden geometrischen Modell abgebildet:
1. Holozäne Ablagerungen in den Bachauen,
2. Sande und Kiese im ungestörten quartären Deckgebirge, Kippen in devastierten Bereichen,
3. Quartäre Grundwasserleiter direkt über dem Kohleflöz, Kippen in devastierten Bereichen,
4. Gefügeauflockerungen und Schichtvermischung infolge des Tiefbaus und Kippen,
5. Tertiäre Sande und Kiese im Liegenden des Kohleflözes.
Erkundungsergebnisse für Durchlässigkeitskoeffizienten, Porositäten, Speicherkoeffizienten, Grundwasserneubildung und Leakage-Faktoren liegen im Untersuchungsgebiet nicht vor. Die Vorgabe dieser Parameter erfolgte auf der Grundlage von Erfahrungswerten. Mit Hilfe der instationären Parameteridentifikation wurde das Modell kalibriert.

Im Untersuchungsgebiet befinden sich zehn Grundwasserpegel. Die Pegelmeßwerte liegen für einen fünfjährigen Meßzeitraum mit insgesamt 115 Meßwerten vor. Angepaßt wurden die k_f-Werte in 11 Zonen, der Leakage-Faktor für die Grundwasserleiter 4 und 5, die Grundwasserneubildung und der Speicherkoeffizient für den gespannten Spiegel. Die Sensitivitätsanalyse zeigte, daß nur sechs k_f-Zonen und der Speicherkoeffizient die Pegelmeßwerte signifikant beeinflussen. Im Verlauf der Parameteridentifikation wurde die

Standardabweichung von 2,30 m auf 0,67 m reduziert. Wesentlich kleinere Werte waren nicht zu erwarten, da im Modell die Grundwasserneubildung auf Grund fehlender Messungen zeitkonstant angenommen werden mußte, die Pegelmeßwerte in den oberen Grundwasserleitern aber den typischen jahreszeitlichen Gang der Grundwasserneubildung widerspiegeln. In Abb. 2 ist der iterative Prozeß der Parameteridentifikation und jeweils die Sensitivität der fünf sensitivsten Zonen zu sehen. In Abb. 3 werden die Meßwerte des Pegels "weu10" mit den berechneten Spiegelhöhen vor und nach der Kalibrierung verglichen. Im Ergebnis der Kalibrierung wird der zu erwartende Wasserstand in dem Restloch, welches keinen Abfluß hat, um einen Meter höher prognostiziert als mit den ursprünglichen Annahmen. Die Zukunft wird zeigen, ob die instationäre Parameteridentifikation auf ein Modell geführt hat, das die Tertiärmulde angemessen beschreibt.

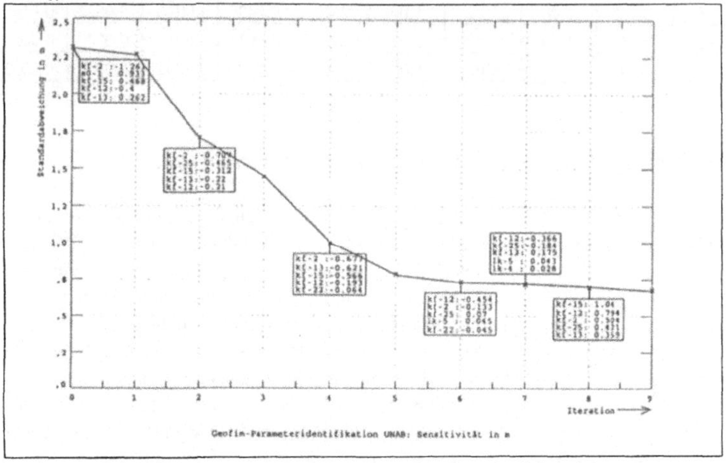

Abbildung 2: Iterative Verbesserung der Standardabweichung

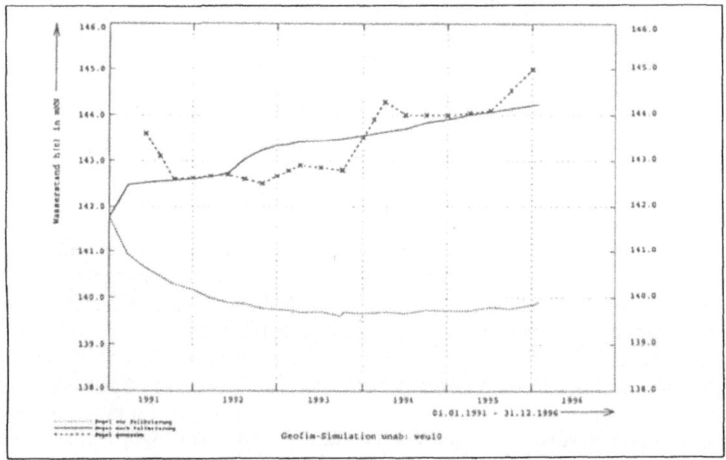

Abbildung 3: Vergleich Meßwerte mit berechneten Spiegelhöhen vor und nach der Kalibrierung

Einfache Steuerungsmodelle für Grundwasserleitersysteme

G. Otte
Fraunhofer Institut für Informations- und Datenverarbeitung ITTB
Außenstelle für Prozeßsteuerung Dresden,
Zeunerstraße 38, 01069 Dresden

D. Schäfer
Grundwasser Consulting Ingenieurgesellschaft
Weg am Krankenhaus 2, 15711 Königs Wusterhausen

Kurzfassung

Die Bewirtschaftung von Grundwasserleitersystemen durch Förderung und künstliche Anreicherung des Grundwassers entspricht einem Steuerungsproblem, für dessen Behandlung man ein Modell benötigt. Die im Bereich der Wasserwirtschaft für Szenarioanalysen verwendeten finitisierten Grundwassermodelle sind wegen ihres Umfanges für die Behandlung von Steuerungsaufgaben ungeeignet. Die Verwendung vereinfachter Modelle für diese Aufgabe ist bekannt, bietet jedoch auf der Grundlage der bisher bekannt gewordenen Vereinfachungen nur sehr beschränkte Möglichkeiten. Im Vortrag wird eine neuartige, sehr kompakte und einfach auswertbare Form vereinfachter Modelle skizziert und in einer wasserwirtschaftlichen Anwendung vorgestellt.

1. Einführung

Die Modellierung räumlich ausgedehnter Prozesse führt über Finitisierungsansätze häufig auf sehr hochdimensionale Modelle, die für die Untersuchung von Szenarien und die Lösung mittel- und langfristiger Planungsaufgaben gut geeignet sind, deren Betrieb jedoch einen Zeitaufwand erfordert, der für online-Anwendungen sowie ständig durchzuführende Steuerungs- und Optimierungsaufgaben nicht zur Verfügung steht. Derartige Anwendungen werden zusätzlich erschwert, wenn diese Modelle nur im Rahmen spezieller Simulationssysteme realisiert werden und nicht portierbar sind. Für viele Anwendungen wird die Komplexität des ursprünglichen Modells nicht benötigt. Hier bietet sich die Verwendung vereinfachter Modelle an, die dem speziellen Anwendungsziel angepaßt sind.

Auf eine solche Situation trifft man auch bei der Bewirtschaftung der Ressourcen von Grundwasserwerken. Die Notwendigkeit einer fundierten Steuerung dieses Prozesses wächst mit der Anzahl der Entnahmeelemente und dem Einsatz einer künstlichen Grundwasseranreicherung. Die in der Wasserwirtschaft für Szenarioanalysen üblichen geohydrologischen Simulationsmodelle für das dynamische ortsabhängige Prozeßverhalten, die in der Regel als große Dateien innerhalb spezieller Simulationssysteme vorliegen, sind Aufgrund ihrer Form und ihres Umfanges als Prozeßmodelle für den Entwurf und Betrieb einer Steuerung nicht direkt geeignet, Haimes [1], Bear [2]. Einen Ausweg bietet die Verwendung vereinfachter Modelle. Klassischer und überwiegend genutzter Zugang zur Optimierung von Wasserressourcen ist die ATF - die 'Algebraic Technological Function', auch als influence function oder Einflußfunktion bekannt - von Maddock [3]. Die ATF entspricht der Gewichtsfunktion der Systemtheorie. Eine Gegenüberstellung der Vorteile und der Probleme von ATF-Anwendungen gibt Gorelick [4]. Mit der ATF kann nur eine relativ geringe Anzahl von Ein- Ausgangsbeziehungen beschrieben werden, sonst wird auch dieses Modell zu unhandlich. Eigenbewegungen des Systems können mit Gewichtsfunktionen nicht erfaßt werden.

Andere Formen vereinfachter Modelle liegen vielen regelungs- und steuerungstechnischen Anwendungen zugrunde. Einen Überblick über Verfahren zur Modellvereinfachung aus dieser Sicht findet man z.B. bei Troch, Müller, Fasol [5]. Für die Vereinfachung hochdimensionaler Systeme sind Verfahren auf der Grundlage von Markov-Parametern oder Momenten von besonderer Bedeutung, weil diese aus dem ursprünglichen Modell auf verschiedenen Wegen sehr einfach bestimmt und mit leistungsfähigen Realisierungsalgorithmen ausgewertet werden können, vgl. Rossen, Lapidus [6], Kamwa u.a. [7]. Die Anwendung dieser Verfahren auf Modelle, die durch Finitisierung räumlich kontinuierlicher Prozesse entstanden sind, ist nur bedingt zulässig, auch wenn die Approximationsverfahren auf das finitisierte Modell formal anwendbar sind. Es besteht jedoch ein sehr enger Bezug zwischen der Bestimmung eines vereinfachten Modells als partielle Realisierung und dem bereits 1958 von Worobjow [8] publizierten und in dieser Hinsicht abgesicherten Verfahren zur Approximation beschränkter Operatoren nach der Momentenmethode. Das Ansatz von Worobjow ordnet sich in das Verfahrensschema nach Galerkin ein, mit dem Vorschlag, Momente des Operators als Basisfunktionen zu verwenden.

Im Abschnitt 2 wird ein Zugang zur Modellreduktion kurz erläutert, der auf einem verallgemeinerten Momentenansatz und einem ingenieurmäßigen Verfahren zur Bestimmung dieser Momente über die Gewichtsfunktion beruht und mit dem dynamisches, ortsabhängiges Verhalten approximiert werden kann. Im Abschnitt 3 wird eine darauf beruhende Anwendung aus dem Bereich der Wasserwirtschaft vorgestellt.

2. Modellvereinfachung

Die zu vereinfachende Modellbeziehung sei die Operatorgleichung (1)

$$\dot{x} = Ax + Bu \tag{1}$$

in der A eine endliche Matrix oder ein Differentialoperator, d. h. ein linearer Differentialausdruck mit den dazugehörigen Randbedingungen sein kann. In vielen Anwendungen ist A eine reelle Matrix sehr hoher Ordnung, die über einen Finitisierungsansatz entstanden ist. Eine Näherungslösung einer gewählten niedrigen Ordnung n findet man formal über einen Ansatz (2)

$$x_a = z_1(t)\psi_0 + z_2(t)\psi_1 + z_3(t)\psi_2 + z_4(t)\psi_3 + \cdots z_n(t)\psi_{n-1} \tag{2}$$

in dem die Basiselemente ψ_i zum Definitionsbereich von A bzw. A^{-1} gehören und im Lösungsraum vollständig sind. Spezialfälle dieses Ansatzes sind bekanntlich die Entwicklung nach Eigenfunktionen oder die FEM. Ein besonderes Problem ist hierbei die Wahl geeigneter Basiselemente. Für beschränkte Operatoren schlägt Worobjow [8] vor, Iterierte von A als Basiselemente zu verwenden, die man man aus den Beziehungen (3) erhält, siehe Tabelle. Im regelungstechni schen Sprachgebrauch werden diese Iterierten als Markov-Parameter bezeichnet. Viele als Mo

(3)	(4)	(5)
$\psi_0 = B$	$\psi_0 = A^{-1}B$	$\psi_0 = (A-\mu E)^{-1}B$
$\psi_1 = AB$	$\psi_1 = A^{-2}B$	$\psi_1 = (A-\mu E)^{-2}B$
$\psi_2 = A^2B$	$\psi_2 = A^{-3}B$	$\psi_2 = (A-\mu E)^{-3}B$
$\vdots$	$\vdots$	$\vdots$
$\psi_n = A^nB$	$\psi_n = A^{-n-1}B$	$\psi_n = (A-\mu E)^{-n-1}B$
$\psi_i = A\psi_{i-1} \ i=1,2,3...$	$\psi_i = A^{-1}\psi_{i-1} \ i=1,2,3...$	$\psi_i = (A-\mu E)^{-1}\psi_{i-1} \ i=1,2,3...$

dell wichtige Operatoren, insbesondere Differentialoperatoren sind jedoch unbeschränkt, für sie
existieren die Markov-Parameter nicht. Unbeschränkte Operatoren können aber beschränkte
Inverse haben. In diesem Fall können geeignete Basiselemente ψ_i aus den Beziehungen (4)
bestimmt werden, vgl.[8]. Diese Basiselemente entsprechen im regelungstechnischen Sprachgebrauch den Momenten. Eine Ausweitung des Anwendungsbereiches derartiger Approximationen
und beeinflußbare Aproximationseigenschaften findet man mit Momenten, in die, in Erweiterung
des Ansatzes (4), eine Verschiebung μ eingeführt wird (5). Der Operator $(A-\mu E)^{-1}$ existiert
und ist beschränkt, wenn die gewählte Zahl μ nicht zum Spektrum von A gehört, vgl. Neumark
[9]. Unter dieser Voraussetzung existieren die verschobenen Momente (5).

Für die Praktikabilität dieses Ansatzes ist es wesentlich, die ψ_i mit einem ingenieurmäßig
anwendbaren Verfahren zu bestimmen. Das ist auf der Grundlage von Simulationsrechnungen
möglich. Es kann gezeigt werden, daß die Momente nicht nur nach den Beziehungen (4) und (5),
sondern auch auf Grundlage der zu (A,B) gehörenden Gewichtsfunktion (6),

$$g(t) = \exp(At)B \tag{6}$$

die hier im Sinne von Butzer, Behrens [10] zu verstehen ist, definiert und bestimmt werden können. Für die Momente nach (4) gilt die Beziehung (7)

$$\psi_i = \frac{(-1)^{i+1}}{i!} \int_0^\infty t^i g(t)\,dt, \, i = 0,1,2,\ldots \tag{7}$$

Den verschobenen Momenten nach (5) entspricht im Zeitbereich die Beziehung (8)

$$\psi_i = \frac{(-1)^{i+1}}{i!} \int_0^\infty e^{-\mu t} t^i g(t)\,dt, \, i = 0,1,2,\ldots \tag{8}$$

Man erkennt einen wichtigen Unterschied zwischen den bekannten Momenten nach (7) und den
verschobenen Momenten nach (8) im Zeitbereich: der Kern $e^{-\mu t} t^i$ bleibt für alle t beschränkt.

Die Beziehungen (7) und (8) erlauben die Bestimmung der ψ_i durch Simulationsrechnung.
Dazu werden die Gewichtsfunktionen für jeweils eine Eingangsgröße und alle in das reduzierte
Modell einzubeziehenden Ausgangsgrößen bestimmt. Dieses Vorgehen entspricht der Vorgehensweise bei der Bestimmung der ATF. In einem nachfolgenden Rechenschritt werden entsprechend (8) für ein vorgegebens μ die verschobenen Momente bestimmt.

Mit n+1 Momenten als Basisfunktionen der Ordnung i=0...n kann in bekannter Weise nach
der Beziehung (2) die Approximation x_a bestimmt werden. Der Weg sei nur kurz an Hand der
unverschobenen Momente (7) skizziert. Auf die Beziehung (1) wird formal A^{-1} angewandt, in
das Ergebnis wird (2) eingesetzt, man erhält (9) mit dem Fehler ε.

$$A^{-1}(\dot{z}_1(t)\psi_0 + \dot{z}_2(t)\psi_1 + \cdots \dot{z}_n(t)\psi_{n-1}) - z_1(t)\psi_0 - z_2(t)\psi_1 - \cdots z_n(t)\psi_{n-1} - A^{-1}Bu = \varepsilon \tag{9}$$

Wegen $A^{-1}\psi_i = \psi_{i+1}$ entsteht daraus die Beziehung (10), die den Operator A^{-1} selbst nicht
mehr enthält

$$\dot{z}_1(t)\psi_1 + \dot{z}_2(t)\psi_2 + \cdots \dot{z}_n(t)\psi_n - z_1(t)\psi_0 - z_2(t)\psi_1 - \cdots z_n(t)\psi_{n-1} - \psi_0 u = \varepsilon \tag{10}$$

Die Forderung, daß die Projektion des Fehlers ε auf den durch die Elemente $\psi_0 \ldots \psi_{n-1}$ auf-
gespannten Raum (11) verschwindet,

$$(\psi_i, \varepsilon) = 0 \quad i = 0 \cdots n - 1 \tag{11}$$

führt nach einigen Zwischenschritten und einer zusätzlich eingeführten Zeitdiskretisierung (t→k)
auf die n Bestimmungsgleichungen für die z_i, zusammengefaßt in (12)

$$z_{k+1} = A_n z_k + B_n u_k \tag{12}$$

ergänzt um die hier vektoriell geschriebene 'Ausgangs'-beziehung (2)

$$X_{a,k} = \begin{pmatrix} \psi_0 & \cdots & \psi_{n-1} \end{pmatrix} Z_k \tag{13}$$

Die Beziehungen (12) und (13) bilden das reduzierte Modell für die eine (skalare) Eingangsgrösse u_k. A_n ist eine Zahlenmatrix n.ter Ordnung, B_n ein entsprechender Vektor und z_k der Vektor der in (2) eingeführten Hilfszustandsgrößen. Bei Verwendung der verschobenen Momente muß am zeitkontinuierlichen Zwischenergebnis noch eine dem Wert μ entsprechende Rückverschiebung vorgenommen werden. Für die Anwendung des Verfahrens ist es wichtig, daß nach der Bestimmung der Momente aus den Gewichtsfunktionen via Simulation die weitere Rechnung mit der Auswertung von (10), (11) einsetzt, also weder der Operator A oder seine Inverse explizit benötigt werden. Dieser Rechenweg muß für jede Eingangsgröße, die in das reduzierte Modell einbezogen werden soll, wiederholt werden. Das gesamte reduzierte Modell besteht dann aus der Summe dieser Teilmodelle.

Eine Besonderheit dieser reduzierten Modelle besteht darin, daß bei kleiner Ordnung n der zeitabhängigen Beziehung (12) die Dimension des Vektors x_a nach (13) sehr groß sein kann. Ein Simulation, bei der x_a nur für einen Endzeitpunkt benötigt wird, erfordert bis zu diesem Zeitpunkt nur die Auswertung der Rekursionsbeziehung (12) und erst als letzten Rechenschritt die Auswertung von (13). Damit werden auf einfacher Rechentechnik sehr schnelle Simulationsrechnungen möglich. Aufgrund seines Umfanges und seiner Form ist dieses Modell besonders geeignet zur Überprüfung von Kurzzeitscenarien und zur Optimierung des Anlagenbetriebes.

3. Anwendung reduzierter Modelle als Kontroll- und Steuerungsmodell eines Grundwasserleiters

Das erläuterte Verfahren zur Modellreduktion wurde zur Erstellung eines Kontroll- und Steuerungsmodells für einen Grundwasserleiter verwendet [11], [12], [13], [14]. In Gebieten mit unzureichendem natürlichen Dargebot kann die Förderung von Grundwasser durch künstliche Anreicherung dem Bedarf angepaßt werden, so daß eine Überbeanspruchung des Dargebotes vermieden werden kann. Förderung und Anreicherung sind neben den natürlichen Einflüssen die »steuernden« Eingangsgrößen eines komplizierten orts- und zeitabhängigen Systems. Durch die Förderung wird der Grundwasserspiegel abgesenkt, durch die Anreicherung wieder angehoben. Dabei hat jede Fördereinrichtung und jede Anreicherungsanlage einen funktionell anderen orts- und zeitabhängigen Einfluß auf den Grundwasserspiegel. Die zugehörige Fördermenge oder Anreicherungsmenge entspricht einer zeitabhängigen Eingangsgröße. Wie bei anderen dynamischen Systemen, die mehreren unabhängigen steuernden Einflüssen unterliegen, ist eine den Bewirtschaftungszielen unter Berücksichtigung der aktuellen Situation im Grundwasserleiter und dem Bedarf entsprechende Festlegung dieser Steuergrößen praktisch nur auf der Basis eines ständig verfügbaren Modells möglich. Das trifft in um so stärkerem Maße zu, je mehr solcher Einflußgrößen ständig untereinander und in ihrem Einfluß auf das Gesamtsystem abzustimmen sind.

Für das Einflußgebiet des Wasserwerkes stand ein verifiziertes Simulationsmodell des Grundwasserleiters zur Verfügung. Dieses beschreibt die hydrologischen Verhältnisse in fünf Modellschichten in einem Raster von 80*100 Elementen unterschiedlicher Größe, von denen in jeder Schicht ungefähr 7000 Elemente einbezogen sind. Das Simulationsmodell enthält demnach 21000 Elemente. Von besonderem Interesse ist der hydrodynamische Zustand im obersten Grundwasserleiter in der direkten Umgebung des Wasserwerkes, dargestellt in ungefähr 5000 Elementen. Auf das System wirken 15 unabhängige Eingangsgrößen, die das natürliche Dargebot, die Fördermengen mehrerer Brunnengalerien und die künstliche Grundwasseranreicherung über mehrere Anreicherungsanlagen erfassen. Das reduzierte Modell war demnach für ein System mit diesen 15 Eingangsgrößen und den 5000 Ausgangsgrößen zu errichten.

Der Berechnug der Gewichtfunktionen ging die Bestimmung eines stationären Zustands des Grundwasserleiters voraus, des 'Arbeitspunktes'. Ausgehend von diesem Arbeitspunkt wurden nacheinander für jede der 15 Eingangsgrößen, also in 15 Simulationsrechnungen die Gewichtsfunktionen aller 21000 Elemente bestimmt. Registriert wurden davon (15 mal) 5000 Gewichtsfunktionen mit durchschnittlich 300 nichtäquidistanten Zeitpunkten. Für jede Eingangsgröße wurde separat ein reduziertes Teilmodell erstellt. Dabei zeigte es sich, daß mit einem Teilmodell 3. Ordnung (14) der Druckverlauf in den 5000 einbezogenen Elementen schon sehr genau, mit

$$z_{k+1} = A_3 z_k + B_3 u_k$$
$$x_{a,k} = (\psi_0 \quad \psi_1 \quad \psi_2) z_k \tag{14}$$

einem Fehler im Zentimeterbereich gegenüber dem ursprünglichen Simulationsmodell, wiedergegeben werden kann.

In diesem Teilmodell ist A_3 eine (3,3)-Matrix, x_a ist ein aus 5000 Elementen bestehender Vektor und demensprechen ist die aus den Spalten ψ_i bestehende Ausgangsmatrix von der Dimension (5000,3). Das gesamte reduzierte Modell besteht aus der Summe von 15 derartigen Teilmodellen, die bei dieser Anwendung alle von gleicher Ordnung gewählt wurden.

Das reduzierte Modell und ein auf auf seiner Basis arbeitender Beobachter sind die zentralen Bestandteile des 'Kontroll- und Steuerungsmodells', das, auf einem PC realisiert, die folgenden Aufgaben löst:
- Bereitstellung und Sicherung von Daten für die Prognoserechnung
- Bereitstellung und Sicherung von Daten für die Zustandsbestimmung
- Simulation, Prognoserechnung auf Basis des reduzierten Modells
- Zustandsbestimmung auf Basis des reduzierten Modells
- grafischen Auswertung und Sicherung der Simulationsergebnisse

Das KSM ermöglicht eine ständige, grafisch unterstützte Übersicht über den aktuellen Systemzustand in dem durch die 5000 Elemente dargestellten Gebiet und erlaubt es, künftige Entwicklungen unter dem Einfluß vorgesehener Steuerungsgrößen für einen vorgegebenen Zeithorizont zu prognostizieren. Die Nutzung des KSM verringert betriebswirtschaftliche Verluste dadurch, daß durch die Simulation ungünstige Auswirkungen vorgesehener Eingriffe schon vor deren Ausführung erkannt und damit verhindert werden können.

4. Zusammenfassung

Skizziert wird ein Verfahren zur Modellreduktion auf der Grundlage verschobener Momente, mit dem einfache und schnell auswertbare Modelle für dynamische, ortsabhängige Prozesse erstellt werden können. Ein auf solchen Modellen beruhendes Kontroll- und Steuerungsmodell wurde für den Grundwasserleiter eines Wasserwerkes erstellt und befindet sich beim Anwender im praktischen Einsatz.

5. Literatur

[1]   Haimes Y.,Y.: Hierachical analysis of water resorurces systems - modeling and optimization of large-scale systems
      McGraw-Hill Inc.1977, S. 403 uf

[2]   Bear J.: Hydraulics of groundwater
      McGraw-Hill Inc.1979, Kap. 12

[3]   Maddock T., III.: Algebraic technological function from a simulation modell
      Water Ressources Res., 8, No. 1, Feb.1972

[4]   Gorelick St., M.: A review of distributed parameter gruondwater management modelling
      methods
      Water resources research, vol. 19 No.2 pp 305-319, April 1983

[5]   Troch I., Müller P. C., Fasol K.-H.: Modellreduktion für Simulation und Reglerentwurf
      Automatisierungstechnik 40(1992)2,45-53 , Automatisierungstechnik 40(1992)3,93-99

[6]   Rossen R. H., Lapidus L.: Minimum realizations and system modeling
      AIChE J. 18(1972) 4, S. 671-684, AIChE J. 18(1972) 5, S. 881-892

[7]   Kamwa I., u.a.: A minimal realization approach to reduced-order modelling and modal
      analysis for power system response signals
      IEEE Tr. Power Systems, Vol. 8, No. 3 August 1993

[8]   Worobjow J. W.: Die Momentenmethode in der angewandten Mathematik
      VEB Deutscher Verlag der Wissenschaft, Berlin 1961

[9]   Neumark M. A.: Lineare Differentialoperatoren
      Akademie-Verlag, Berlin 1967

[10] Butzer P.L.; Berens H.: Semi-Groups of Operators and Approximation
      Springer-Verlag Berlin Heidelberg NewYork 1967

[11] Schäfer, D., Otte, G., Nillert, P.: Dokumentation zum Kontoll- und Steuerungssystem
      (KSM) Wasserwerk Spandau Teil 3 Aufbau, Gestaltung, Anwendung
      Firmenunterlagen GCI, Berlin, 1992

[12] Nillert P., Otte G.,Schäfer D.,Vermeiren R.: Dokumentation zur Erweiterung und Qualifi-
      zierung des Kontroll- und Steuerungsmodells (KSM) Spandau
      Firmenunterlagen GCI, Königs Wusterhausen, 1993

[13] Nillert, P., Schäfer, D., Otte G., Vermeiren, R., Dlubek, H., Rohrbach, L.: Entwicklung
      eines Kontroll- und Steuerungsmodells (KSM) im Grundwasserwerk Spandau
      In: L. Luckner (Hrsg.):2. Dresdner Grundwasserforschungstage am 25.3.1993 an der TU
      Dresden "Zu rezenten Problemen der Grundwasserbewirtschaftung und des Grundwasser-
      schutzes im Freistaat Sachsen", S.193-205

[14] Otte G.: Ein Verfahren zur Reduktion hochdimensionaler Prozeßmodelle und seine Anwen-
      dung zur Modellierung von Grundwasserleitersystemen
      FhG IITB-Mitteilungen 1993, S. 71-79

Ausweisung von Grundwasserschutzgebieten unter der Verwendung von numerischen und wissensbasierten Methoden[*]

St. Pühl und P.-W. Gräber

Technische Universität Dresden, Institut für Grundwasserwirtschaft,
Mommsenstraße 13, 01062 Dresden, Tel. (0351) 257970, Fax (0351) 2579712
e-Mail: {puehl, graeber}@hgwrs1.wasser.tu-dresden.de

Zusammenfassung

Eine computergestütze Beratung zur Ausweisung von Grundwasserschutzgebieten soll den zuständigen Behörden die Überprüfung, die Neuausweisung, die Erhebung zusätzlicher Daten und die Zusammenarbeit mit Ingenieurbüros erleichtern.

Die inhomogene Wissensgrundlage erfordert eine Kombination von numerischen und analytischen Methoden (sogenannte CAE-Systeme) und unscharfen Entscheidungskalkülen (Fuzzy-Systeme). Der Nutzer läßt sich mit Hilfe eines Workflow-Management-Systems und eines Expertensystems beim Ablauf der Ausweisung unterstützen.

Durch die Integration der vier werkzeugbasierten Teilsysteme und Standardpaketen mit Tcl/Tk und mit SGML-Dokumenten wird für das Beratungssystem eine offene Architektur realisiert.

1 Effizienter Grundwasserschutz

Durch die hohe Anzahl der Bemessungen von Grundwasserschutzgebieten [3] und ihre steigende Komplexität (z. B. durch Altlasten) arbeiten die staatlichen Fachbehörden in Sachsen mit privaten Ingenieurbüros zusammen. Eine computergestützte Beratung soll das Verfahren zur Ausweisung von Grundwasserschutzgebieten so weit wie möglich unterstützen, um den Vorgang und die Kontrolle der Bemessung für den Auftraggeber und den Auftragnehmer zu rationalisieren.

1.1 Einsatz des Beratungssystems

Ziel des Beratungssystems ist die Konstruktion der Schutzgebietsgrenzen im Umweltinformationssystem (UIS) des Sächsischen Landesamtes für Umwelt und Geologie. Folgende Teilaufgaben sind deshalb vom Beratungssystem zu leisten:

- das Überprüfen vorhandener Ausweisungen, d. h. auch einzelner Zonen und Werte,

- die Berechnung von Neuausweisungen,

- Vorschläge zur Erhebung nicht vorhandener oder unzureichender Daten (z. B. Parameterschätzungen oder die Planung neuer Messungen).

---

[*]Gefördert durch das Stipendienprogramm der Deutschen Bundesstiftung Umwelt

Das Beratungssystem soll helfen, die Grundlagen der Entscheidung aufzudecken und die naturwissenschaftlichen und juristischen Gültigkeitsbereiche zu klären. So nimmt die computergestützte Beratung der Bearbeiterin oder dem Bearbeiter Arbeit ab — nicht die Verantwortung für die Entscheidung.

Dabei ist auf eine gute Bedienbarkeit durch »Computerlaien« und damit auf die Anpassung an die üblichen Arbeitsbedingungen zu achten.

1.2 Der Anspruch an den Ablauf einer Ausweisung

Der Entwurf der Schutzbestimmungen, d. h. die wissenschaftlich-technische Festlegung der drei Schutzzonen, wird durch einen verwaltungstechnischen Ablauf unterstützt. Vor dem Entwurf der Schutzbestimmungen findet ein Anhörungsverfahren für alle Träger öffentlicher Belange statt. Der Entwurf wird dann von allen Betroffenen und allen am Verfahren Beteiligten erörtert. Nach verschiedenen Änderungen, die einen erneuten Entwurf nachsichziehen, ist Ergebnis eine allgemein verbindliche Rechtsverordnung [4].

Der Anspruch an diese Vorgehensweise zur Ausweisung von Grundwasserschutzgebieten ist geprägt von der Analyse individueller Einzelfälle. Deshalb wird gefordert, daß Richtlinien und Verordnungen »in keinem Fall pauschal angewandt werden« [2] dürfen und »nicht als starre Vorschrift angesehen werden« [1] können. Andererseits sollen die Methoden realistisch und praxisnah sein, um eine schnelle, billige, reproduzierbare, vergleichbare und einfache Analyse zu erhalten.

1.3 Fuzzy-Systeme ergänzen CAE-Systeme

Betrachtet man die inhomogene Wissensgrundlage zur Bemessung der einzelnen Schutzzonen von ihrer Erfaßbarkeit her, so lassen sich zwei Bereiche unterscheiden: (1) Fakten, gut beschreibbares, sicheres Wissen und (2) vages, schwer formalisierbares Wissen. Der Bereich der Fakten umfaßt:

- empirisches Wissen aus Datenbanken,

- analytische Berechnungsverfahren bzw. numerische Simulation,

- Konstruktionsrichtlinien, d. h. Gesetze und Verordnungen.

Der Bereich des schwer formalisierbaren Wissens besteht aus:

- Risikoabschätzungen, die Sicherheitszuschläge für die Schutzzonen ermitteln,

- heuristischem Fachwissen und Erfahrung, das Parameter abschätzen und deren Güte bewerten kann oder Berechnungsmethoden auswählt und

- allgemeinen technischen und wirtschaftlichen Informationen, die oft die Ausweisung oder die Neubemessung provozieren.

Während des Ablauf der Ausweisung (siehe Abbildung 1 am Beispiel der Zone II) sind vor allem Entscheidungen zu treffen, die auf schwer formulierbarem Wissen beruhen. Innerhalb des Beratungssystems verbessern Fuzzy-Systeme (FKBS) diese Entscheidungen, indem Vorschläge, die mit einer gewissen Unsicherheit behaftet sind, ermittelt werden.

Dieses Wissen kann administrativen oder naturwissenschaftlichen Hintergrund haben und dient dann z. B. zur Bewertung der Güte von Parametern, der Auswahl bestimmter Verfahren oder der Anpassung der berechneten Grenzen an den Kataster.

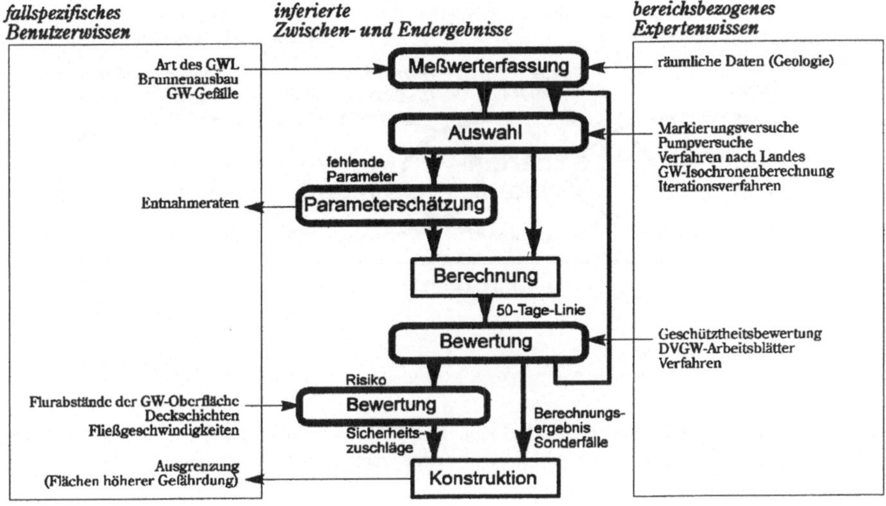

Abbildung 1: Der grobe Ablauf der Beratung für die Ausweisung der Schutzzone II zeigt die Kombination von CAE-Systemen und Fuzzy-Systemen

Die Berechnung und die Konstruktion der Grenzen werden von sogenannten CAE-Systemen ausgeführt. Da eine Reihe guter Programme dafür existieren, sollen diese in das Beratungssystem eingebunden werden. Das geplante Vorgehen zeigt, daß die KI-basierten Fuzzy-Systeme die analytischen bzw. numerischen CAE-Systeme nicht ersetzen, sondern ergänzen.

1.4 Die Unterstützung durch Workflow und Expertensytem

Fuzzy-Systeme und CAE-Systeme lösen bei der Ausweisung von Grundwasserschutzgebieten die Frage: »Wie erhält wer was?« an der Schnittstelle zwischen den Parametern und dem Prozedere. Abbildung 2 zeigt beispielhaft, wie sich die Aufgabenbereiche der beiden Systeme überschneiden.

Für eine Beratung, die den Menschen bei der Entscheidungsfindung unterstützen soll, reicht dies jedoch allein nicht aus. Die Schnittstellen zwischen dem Prozedere der Ausweisung und den Personen, die damit arbeiten, leisten ein Workflow-Management-System (WMS) [6] und ein Expertensystem (XPS) [5]. Das Expertensystem stellt das notwendige Kontrollwissen bereit — vor allem Gesetze und Verordnungen. Das Wissen wird dabei entweder direkt im Ableitungswissen verwendet, oder es steht als Referenz- bzw. Nachschlagewerk bereit. Das Workflow-Management-System organisiert den Ablauf der Ausweisung. Das administrative Vorgehensweise der Ausweisung wird durch elektronische Dokumente unterstützt. An der Schnittstelle »Wie macht wer was?« überschneiden sich die Aufgabenbereiche ebenfalls.

Die Überschneidungen der einzelnen Aufgabenbereiche lassen sich nur durch das Trennen von Steuerung und Funktionalität realisieren, um eine flexible Modularisierung zu erreichen.

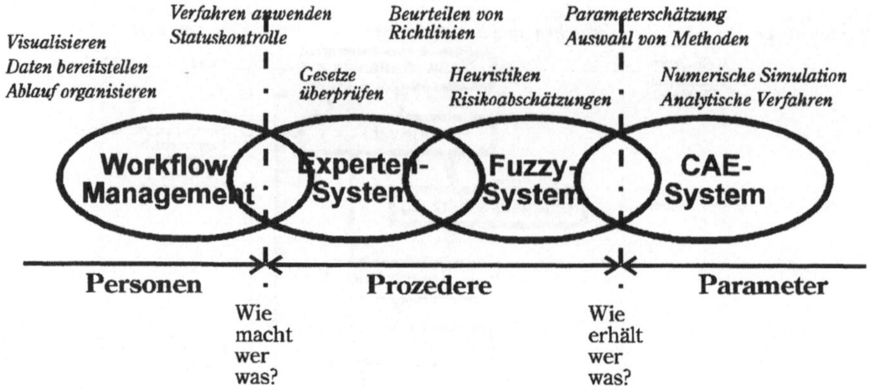

Abbildung 2: Die Aufgabenbereiche der vier Teilsysteme überschneiden sich bei der Beratung zur Ausweisung von Grundwasserschutzgebieten

2 Rahmenkonzept für die Realisierung

Die Realisierung und Integration der vier Teilsysteme ist geprägt von einem werkzeugorientierten Konzept. Der Einsatz des Beratungssystems in den Behörden und Ingenieurbüros erfordert die Realisierung der folgenden Eigenschaften bei der Integration der werkzeugorientierten Teilsysteme und der Pakete (siehe Abbildung 3).

2.1 Plattformunabhängigkeit durch Tk

In der Grundwasserwirtschaft werden verschiedene Computerarchitekturen verwendet: Workstations für die graphikintensiven GIS-Anwendungen und vor allem PCs in den verschiedenen Ingenieurbüros und Labors. Damit wird die Plattformunabhänigkeit des Beratungssystems zur Grundvoraussetzung.

Die Werkzeuge des Beratungssystems sollen in C/C++ (ANSI/ISO-Standard) realisiert werden, um die Funktionalität portieren zu können. Durch das getrennte Entwickeln der graphischen Benutzerschnittstelle (GUI) und des Anwendungskerns läßt sich der Code effizient auf verschiedenen Computerarchitekturen implementieren. Nutzt man das plattformunabhängige graphische *tool kit* Tk [9], braucht man die Benutzerschnittstelle nicht mehrfach zu codieren.

Tk erlaubt ein deskriptives Erstellen der graphischen Benutzeroberfläche, die durch ein Skript verwaltet wird. Es vereinfacht das Anpassen des Beratungssystems an geänderte Arbeitsweisen oder das Einbinden neuer Werkzeuge bzw. Applikationen. Externe Entwickler können sich so auf die Funktionalität ihrer Werkzeuge konzentrieren.

2.2 Flexibilität durch Tcl

Die gängigen CAE-Systeme müssen als externe Software aufgerufen werden können. Hinzu kommen einige Werkzeuge für kleinere Aufgaben, die sich schnell ändern können, z.B. Datenfilter oder Programme externer Entwickler. Fuzzy-Entwicklungsumgebungen wie Fuz-

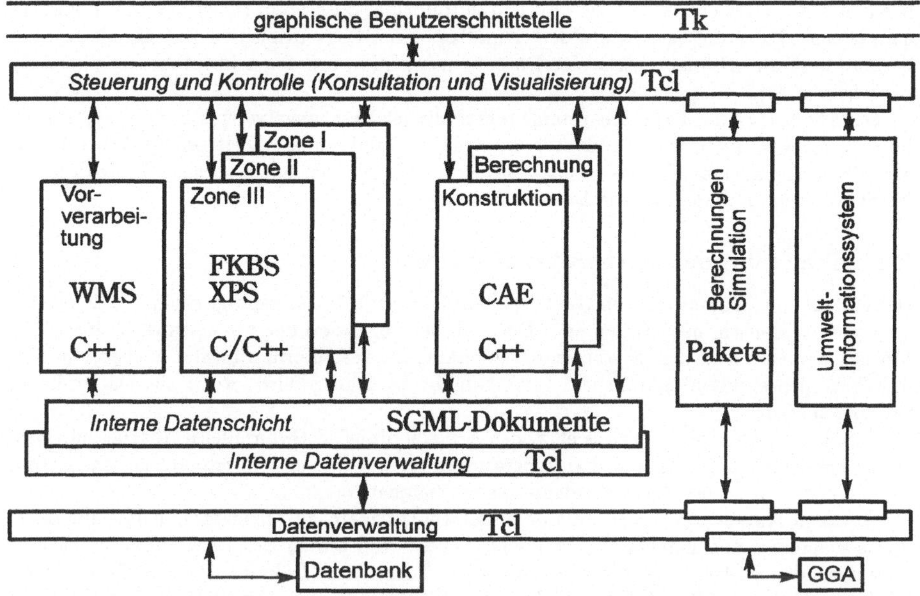

Abbildung 3: Die Architektur des Beratungssystems: Werkzeuge und Paketintegration

zyCLIPS [8] exportieren die Fuzzy-Systeme als C-Code. Die Übersicht und Austauschbarkeit erfordern separate Fuzzy-Systeme für die verschiedenen Entscheidungsprobleme. Sie werden wegen der Komplexität teilweise hierarchisch strukturiert.

Die Integration dieser verschiedenen Komponenten geschieht durch die Skriptsprache Tcl [9]. Die mit Tcl festgelegte Kontrollstruktur ist genau wie Tk plattformunabhängig und wird durch die in Tk realisierte graphische Benutzeroberfläche bedienbar. Damit wird die hybride Struktur des Beratungssystems vor dem Nutzer verborgen.

Die Flexibilität durch die interpretierte Skriptsprache Tcl kombiniert mit der werkzeugorientierten Struktur des Beratungssystems läßt sich verwenden, um verschiedene Ausprägungen des Beratungssystems zu erstellen. So paßt sich das Beratungssystem an die verschiedenen Rollen der Nutzer an.

2.3 Dokumentierbarkeit durch SGML

Die verschiedenen Arten von Projektdaten erhalten durch Dokumente (= thematisch kohärente Informationsmengen) eine einheitliche Darstellung, die mit dem Standard SGML beschrieben werden.

SGML als strukturorientierter Standard hat eine erweiterbare und zugängliche Semantik, mit der die Parameter zur Ausweisung von Grundwasserschutzgebieten und administrative Informationen der Ausweisung ausgezeichnet werden. Die Dokumente werden so maschinell verarbeitbar und datenbankfähig. Die mit SGML standardisierten Dokumente bilden die Datenschnittstelle der einzelnen Werkzeuge und damit der einzelnen Arbeitsschritte.

Ein großer Teil der benötigten Daten zur Ausweisung von Grundwasserschutzgebieten befindet sich in Datenbanken bzw. im Umweltinformationssystem (UIS). Um die Funktionalität eines Expertensystems auf der Grundlage einer konventionellen Datenbank zu realisieren, muß die Abfragesprache der Datenbanken, SQL, um einen Präprozessor erweitert werden, z.B. [7].

Der zweite Teil des Expertensystems innerhalb des Beratungssystems besteht aus einem Nachschlagewerk für Gesetze und Verordnungen, da in absehbarer Zeit keine Integration in das UIS (in Form eines FIS) vorgesehen ist. Erweiterungen der Skriptsprache Tcl realisieren die SGML-Handhabung und die Datenbankabfragen.

2.4 Transparenz durch »Assistenten«

Der Ablauf zur Ausweisung von Grundwasserschutzgebieten ist geprägt durch Veränderungen: neue Varianten, neue Daten, etc. Der Abarbeitungsstand der Ausweisung ist durch die Präsenz der Daten in den Dokumenten ableitbar, da der Informationsfluß vollständig auf den Dokumentenfluß abbildbar ist. Eine Aufgabe wird ausgeführt, wenn alle Daten dafür vorhanden sind.

Dies ist die Voraussetzung für effiziente Arbeitsteilung, z.B. paralleles Abarbeiten. Das komponentenorientierte Konzept des Beratungssystems für den Einzelplatz ist damit (im späteren Stadium) auch für Mehrplatzsysteme geeignet.

Um dem Nutzer die Arbeit mit dem Beratungssystem zu erleichtern, helfen ihr oder ihm sogenannte »persönliche Assistenten«. Diese Assistenten des Beratungssystems unterstützen den Nutzer z.B. beim Ausfüllen der Formulare (Dokumente) oder beim Anlegen neuer Vorgänge. Der Nutzer wird aktiv geführt, und rollenspezifische Aspekte werden berücksichtigt.

Zusammengefaßt wird dies im einem Workflow-Management-System (WMS) [6], das aus einer erweiterbaren Kombination von Werkzeugen und der Skriptsprache Tcl besteht.

Literatur

[1] DIN 2000. Zentrale Trinkwasserversorgung, 1975.

[2] Deutscher Verein des Gas-und Wasserfachs. DVGW Technische Regeln Arbeitsblatt W 101: Richtlinien für Trinkwasserschutzgebiete, 1. Teil: Schutzgebiete für Grundwasser, 1993.

[3] Sächsisches Landesamt für Umwelt und Geologie. Fakten zur Umwelt, 1994.

[4] Sächsiches Staatsministerium für Umwelt und Landesentwicklung. Trinkwasserschutzgebiete in Sachsen, 1994.

[5] P.-W. Gräber et al. *Einsatz von Expertensystemen im Zusammenhang mit der Steuerung und Überwachung von Prozessen im Boden- und Grundwasserbereich.* 2. Dresdner Informatiktage, Proceedings, Technische Universität Dresden, Fakultät Informatik, 1991.

[6] S. Jablonski. Workflow-Management-Systeme: Motivation, Modellierung, Architektur. *Informatik Spektrum*, 18:13–24, 1995.

[7] L. Neugebauer. Einbettung von Interpolationsvefahren in die Abfragesprache SQL zur Bearbeitung von Umweltmeßdaten. In *Einsatz von Umweltinformationssystemen.* Springer, 1991.

[8] R.A. Orchard. *FuzzyCLIPS Version 6.02A User's Guide.* National Research Council Canada, 1994.

[9] J.K. Ousterhout. *Tcl und Tk.* Addison-Wesley, 1995.

Klärende Simulation - Simulation für den Umweltschutz am Beispiel biologischer Kläranlagen

Ulrich Jumar
Institut für Automation und Kommunikation e.V. Magdeburg
Steinfeldstraße 3
39179 Barleben

Zusammenfassung

Die Akzeptanz der Simulation als Mittel zur Optimierung umweltrelevanter Anlagen der biologischen Abwasserreinigung nimmt spürbar zu. Der Beitrag benennt das Einsatzspektrum der Simulation bei der Planung von Kläranlagen, dem Steuerungsentwurf und der Betriebsführung. Die Modellsituation erweist sich trotz der komplexen biologischen und chemischen Prozesse als vergleichsweise günstig. Eine formalisierte Notation der mathematischen Modelle eröffnet den Zugang zu einer aufwandsarmen Implementierung neuer Ansätze. Die problematische Kalibrierung der Simulationsmodelle ist insbesondere im Fall einer angestrebten automatischen Modellanpassung eine Herausforderung, der sich Experten der Siedlungswasserwirtschaft sowie der Regelungstechnik und Systemtheorie mit vereinten Kräften stellen. Das Ergebnis ist der Schlüssel zu einer on-line Simulation, die in Kopplung mit dem Prozeßleitsystem einer Kläranlage für Zwecke der Prognose und Zustandserfassung sehr effizient einsetzbar ist.

1. Kurze Einleitung

Spricht man von Simulationstechniken im Bereich des Umweltschutzes, verbindet sich hiermit zumeist die Vorstellung von Modellen der großräumigen Ausbreitung von Schadstoffen in der Luft, im Wasser oder Boden. Tatsächlich wurde auf dem Weg, die Komplexität derartiger Modelle zu beherrschen und brauchbare Analyse- und Prognoseaussagen abzuleiten, viel erreicht. Dennoch soll sich der vorliegende Beitrag mit einer anderen Anwendung beschäftigen: der Simulation von Kläranlagen. Die öffentliche Diskussion um steigende Abwassergebühren, vereinzelte Fehlplanungen von Kläranlagen und nicht zuletzt die steigenden Anforderungen an eine geringe Belastung der Gewässer durch Abwasser untermauern die Relevanz der Thematik. Zuweilen wird bei aller berechtigten politischen Diskussion der Probleme das Potential innovativer technischer Lösungen und aktueller Forschungs- und Entwicklungsergebnisse übersehen. Doch gibt es gerade aus den Ingenieurwissenschaften gute Ansätze für verbesserte Reinigungsverfahren, verfeinerte Planungsinstrumente und den optimierten Betrieb von Kläranlagen. Ein solcher Ansatz ist zweifellos die Simulation.

2. Aussichtsreiche Einsatzmöglichkeiten

Simulation im Abwasserbereich heißt, sich mit Modellen zu beschäftigen, die die komplexen biologischen und chemischen Prozesse der Abwasserreinigung hinreichend genau beschreiben. Bei der Reinigung kommunaler Abwässer ist es zudem häufig notwendig und sinnvoll, Niederschlags-Abflußmodelle und das Kanalnetz in die Simulationsuntersuchungen einzubeziehen [HÄR 95], da die Optimierung von Stadtentwässerungssystemen eine ganzheitliche Betrachtung erfordert. Die Kläranlagen selbst sind komplexe verfahrenstechnische Einrichtungen mit mehreren Prozeßstufen, von der mechanischen Reinigung und Vorklärung angefangen, über die biologischen Reinigungsstufen und die Nachklärung bis zur anschließenden Schlammbehandlung. Hierbei dominieren im Bereich der kommunalen Abwasserreinigung bezüglich des wasserseitigen Teils nach dem sogn. Belebtschlammverfahren arbeitende Anlagen.

In der chemischen Verfahrenstechnik sind Methoden der dynamischen Simulation seit vielen Jahren etabliert. Die Nutzung von Simulationstechniken für Kläranlagen steht demgegenüber erst am Anfang; eine wachsende Bedeutung zeichnet sich jedoch ab:

- Bei der Planung von Kläranlagen eingesetzt, hilft die Simulation, Investitionskosten zu sparen. Die statische Auslegung der Anlagen nach verbindlichen Vorschriften wird durch Hinzunahme von Untersuchungen zum Dynamikverhalten verfeinert. Anlagen-Konfigurationen lassen sich unter den aktuellen Bedingungen des Kläranlagenzulaufs vergleichen. Bereits im Planungsstadium einer Anlage können durch Simulation Erfahrungen mit der Kläranlage gesammelt werden, s. z.B. [HOE 94], [LOD 95].

- Eine intelligente Automatisierung senkt die Betriebskosten einer Kläranlage. Für die Entwicklung von Steuerungen und Regelungen, die bei minimalen Betriebskosten eine hohe Prozeßstabilität sichern, ist die Simulation bekanntlich ein entscheidendes Hilfsmittel, s. z.B. [HAU 95], [JUM 96].

- Um das Reinigungspotential einer Kläranlage auszunutzen, sind flexible Betriebsstrategien erforderlich. Die Simulation vergrößert das Verständnis für die Prozesse der Abwasserreinigung und gestattet das Erproben neuer Konzepte zur bestmöglichen Betriebsführung bei unterschiedlichen Situationen, s. z.B. [SPI 94], [WOL 95], [DOH 95].

In einigen der angeführten ausgewählten Literaturstellen wird von erzielten Kosteneinsparungen in zweistelliger Millionenhöhe berichtet, zu denen die Simulation ganz wesentlich beigetragen hat.

3. Ermutigende Modellsituation

Die meisten mathematischen Modelle zur Simulation von Belebtschlamm-Kläranlagen basieren auf dem von der International Association on Water Quality (IAWQ) erarbeiteten Model ASM 1 [HEN 87]. Dieses Modell bietet mit angemessener Detailliertheit eine allgemein akzeptierte Grundlage für verfahrenstechnische und regelungstechnische Untersuchungen biologischer Kläranlagen. Die Modellsituation ist damit vergleichsweise günstig und übersichtlich. Allerdings werden in diesem Ansatz die Prozesse der erweiterten biologischen Phosphorelimination nicht modellmäßig erfaßt. Dies leistet das Modell ASM 2 [HEN 94], das momentan Gegenstand intensiver fachwissenschaftlicher Diskussion ist und in verschiedenen Pilotvorhaben auf seine praktische Verläßlichkeit hin untersucht wird. Parallel zu diesen Modellen der IAWQ-Arbeitsgruppe wurden in jüngster Zeit weitere Ansätze veröffentlicht, die ebenfalls versuchen, neben der Stickstoff- und CSB-Elimination (CSB - Chemischer Sauerstoffbedarf) die erweiterte biologische Phosphorelimination zu beschreiben, z. B. [ANT 95], [WEN 92].

Die im Belebtschlamm ablaufenden biologischen Prozesse allein erlauben noch nicht die Simulation des wasserseitigen Teils einer Kläranlage. Hierzu ist zusätzlich die Modellierung von Sedimentationsprozessen in Vor- und Nachklärbecken erforderlich. Hierfür gibt es unterschiedlich detaillierte Ansätze, die von idealen Feststoffabscheidern, über Modelle mit Unterscheidung von Trenn- und Eindickzone, Modelle mit Einteilung in mehrere horizontale Schichten und Schichtenmodelle mit Unterteilung in verschiedene Flockenfraktionen bis hin zu Modellen mit mehrdimensional verteilten Parametern reichen.

Auf dieser Grundlage lassen sich Simulationssysteme aufbauen, bei denen die Nachbildung einer Kläranlage aus Modellblöcken weitestgehend grafisch erfolgt. Die Blöcke einer exemplarischen Modellbibliothek [SIM 95] sind gruppiert in

- Modelle des Zulaufs zur Kläranlage (Tagesgang, konstanter Zulauf, Regenereignis ....)

- Belebungsbecken (Nitrifikationsbecken mit Drucklufteintrag oder Oberflächenbelüfter, Denitrifikationsbecken, Anaerobbecken ...) und Speicherbecken

- Vorklärer und Nachklärer (Vorklärmodell, einfaches Nachklärmodell, detaillierte Schichtenmodelle ....)

- Verbindungs- und Verteilungselemente (Teiler und Mischer für Abwasser- und Schlammströme, Strangaufteilung und -vereinigung ....)

- Blöcke zum Messen, Steuern und Anzeigen (Meßblöcke für O_2, NH_4-N, NO_3-N, Trockensubstanz und Volumenstrom, Handsteller, diverse Regler ...)

- nutzerdefinierte Blöcke und Funktionen.

Das Bild 1 verdeutlicht an einer derzeit im Bau befindlichen Kläranlage mit ca. 200.000 Einwohner-Werten den hierarchischen Aufbau eines Simulationsmodells. Eine Straße der Kaskadenanlage besteht aus drei hintereinandergeschalteten Kaskaden. Am Beispiel der detaillierter gezeigten zweiten Kaskade wird die Nachbildung eines langgestreckten Reaktionsbeckens durch vier verschaltete Rührkesselreaktoren deutlich.

Gewöhnlich stützt sich die Festlegung von als näherungsweise volldurchmischt angenommenen Abschnitten auf konstruktive Merkmale wie Einbauten, Ein- und Ausläufe, Zwischenwände, Rührer etc. Der Bearbeiter ist dabei jedoch stark auf Erfahrungen angewiesen. Als Ausweg bietet sich eine Absicherung der Annahmen zur Dekomposition bzw. eine direkte Unterstützung letzterer durch systematische strömungstechnische Untersuchungen an [HOL 95]. Man darf vermuten, daß die in der Literatur zu verzeichnende große Bandbreite von Modellparametern und teilweise sogar widersprüchliche Angabe einzelner stöchiometrischer und kinetischer Konstanten u.a. aus ungünstig konstruierten (Kurzschlußströmungen, Totzonen) oder ungenau modellierten (Anzahl und Verschaltung der Rührkessel) Anlagen resultiert, vgl. auch [WAT 94].

4. Formalisierte Modellnotation

Anders als auf den meisten Gebieten der Prozeßtechnik, wurde mit den Arbeiten der IAWQ erfolgreich versucht, durch eine spezielle Matrix-Notation für die Modellbeschreibung einen geeigneten „Standard-Rahmen" der Modellbildung zu schaffen. Die Spezifika der beschriebenen Prozesse lassen dies zu, und es hat sich herausgestellt, daß ein solcher formalisierter Ansatz ganz wesentlich zur Verbreitung und Transparenz der Modelle einerseits und zum Schaffen einer einheitlichen Verständigungsbasis andererseits beiträgt. Zugleich erfordert die von verschiedenen wissenschaftlichen Schulen international vorangetriebene stürmische Entwicklung neuer Modelle zur biologischen Abwasserreinigung eine geeignete Methodik, um von theoretischen Modellansätzen aufwandsarm und fehlerfrei zu Modellimplementierungen zu gelangen.

Ein einfacher biologischer Abbauprozess mit der Beschreibung des Wachstums der Biomasse unter Zehrung des Substrates kann beispielsweise in Differentialgleichungs-Darstellung wie folgt beschrieben werden:

$$\frac{dX}{dt} = \left(\mu_{max} \frac{S}{K+S} - b \right) X$$

$$\frac{dS}{dt} = -\frac{1}{Y} \mu_{max} \frac{S}{K+S} X$$

mit X als Biomasse, S als wachstumslimitierendem Substrat, μ_{max} als maximaler Wachstumsrate, Y als Yield- oder Ertragskoeffizient, K als Halbsättigungskonstante und b als Zerfallskonstante.

Biologisch laufen zwei Prozesse ab: das Wachstum der Biomasse, dessen Geschwindigkeit durch das Vorhandensein von Substrat über die Monod-Kinetik S/(K+S) limitiert wird und proportional zur vorhandenen Biomasse abläuft, und ein Abbauprozeß mit einer linearen Kinetik (proportional zur vorhandenen Biomasse). In der Matrix-Notation ergibt sich:

Komponente Prozeß	S	X	Prozeßgeschwindigkeit
1. Wachstum	$-\dfrac{1}{Y}$	1	$\mu_{max} \dfrac{S}{K+S} X$
2. Abbau		-1	$b\,X$

Für jede Komponente existiert eine Spalte und für jeden ablaufenden Prozeß eine Zeile. Die Prozeßgeschwindigkeit für jeden Prozeß wird in der letzten Spalte angegeben. Die Matrixelemente selbst sind die stöchiometrischen Faktoren, mit denen die einzelnen Stoffe bei den entsprechenden Reaktionen entstehen und vergehen. Die kompakte Matrix-Notation des ASM 2 mit seinen 19 kinetischen Prozessen und ebenfalls 19 berücksichtigten Stoffgruppen füllt im Kleindruck eine DIN A4-Seite, so daß sich die Wiedergabe hier verbietet. Ausgehend von der skizzierten formalisierten Beschreibung der biologischen und chemischen Prozesse wird in [ALE 96] ein Weg aufgezeigt, unter Nutzung von Software zur symbolischen Formelmanipulation zu einer automatisierten Implementierung neuer Modelle zu gelangen.

5. Problematische Kalibrierung der Simulationsmodelle

Modelle der biologischen Abwasserreinigung enthalten viele Parameter, die nicht oder nur kompliziert einer direkten Messung zugänglich sind. Diese auch für die Prozeßtechnik allgemein gültige Tatsache erschwert die Modellkalibrierung. Es kommt hinzu, daß - anders als üblicherweise in der chemischen Industrie - auch der Zulauf einer kommunalen Abwasserreinigungsanlage eine stark schwankende und schwer faßbare Größe ist. Eine bloße Ermittlung der üblichen Abwasserinhaltsstoffe ist nicht ausreichend; vielmehr muß eine detaillierte Einteilung der Fracht bezüglich der physikalischen Eigenschaften (gelöst, partikulär), des Anteils an Biomasse und der Abbaubarkeit vorgenommen werden (Fraktionierung des Zulaufs zur Kläranlage). Nur bei größeren Anlagen sind on-line Meßgeräte auch im Anlagenzulauf üblich, so daß für die wichtigsten Größen Tages- und Wochenganglinien vorliegen. Zumeist muß ein spezielles Abwassermeßprogramm, z.B. mit 2-h-Mischproben, absolviert werden, das dann einen erheblichen Teil der Kosten einer Simulationsstudie ausmacht [LOD 95], [DOH 95].

Bemerkenswert ist, daß den statischen Auslegungsvorschriften für Kläranlagen andere Ansätze zugrunde liegen als den verbreiteten dynamischen Simulationsmodellen. Hieraus resultiert einerseits eine Schwierigkeit, andererseits eröffnet sich ein Weg zu einer Grobkalibrierung, bei der zunächst die Übereinstimmung des stationären Verhaltens des dynamischen Simulationsmodells mit dem statischen Auslegungsfall der Anlage erzwungen wird.

Eine erfolgreiche Modellkalibrierung erfordert i.a. ein hohes Maß an verfahrenstechnischem Wissen und praktischer Erfahrung. Allerdings wird der erforderliche Aufwand wesentlich durch den angestrebten Verwendungszweck des Modells bestimmt. Zuweilen wird übersehen, daß z.B. für vergleichende qualitative Untersuchungen verschiedener regelungstechnischer Konzepte einer Kläranlage bereits ein grob angepaßtes Simulationsmodell völlig ausreichend ist.

Die prinzipiellen Schwierigkeiten, die bisher publizierten Modelle zu kalibrieren bzw. die Parameter dieser Modelle zu identifizieren, werden bei Versuchen deutlich, diese Modelle *automatisch* an den Prozeß anzupassen, vgl. Punkt 6. Erste Erfolge sind insbesondere bei der Verwendung vereinfachter Modellansätze - meist an Prozessen mit Batch-Charakter und damit prinzipiell besserer Identifizierbarkeit - zu verzeichnen [NIE 94], [CAR 94]. Hierbei wird i.a. auf die Theorie erweiterter Kalman Filter zurückgegriffen. Gute Resultate werden häufig dann erreicht, wenn mit sehr einfachen Modellen gearbeitet werden kann, z.B. [SCH 94], [RAP 93], [MOR 92], [JEP 93], [CHE 93], ausreichende on-line Messungen vorhanden sind und hinreichende Prozeßanregung gegeben ist. Ein spezielles, sehr erfolgreiches Einsatzgebiet der on-line Prozeßbeobachter sind die intelligenten auf Respirometrie beruhenden Bio-Sensoren, z.B. [VAN 94], [BRO 94].

Als noch nicht gelöst muß dagegen die automatische Kalibrierung komplexer Modelle, wie z.B. des ASM 1 oder ASM 2, angesehen werden [AYE 94]. Die bekannten Absichten, diese Modelle on-line zu implementieren, zeigen aber, daß an der Herausforderung intensiv gearbeitet wird [WIT 94], [OTT 94], [SPI 94].

6. Erfolgversprechende Kopplung mit der Leittechnik

Der Entwicklungsweg der Simulation in der Verfahrenstechnik läßt sich für den - vielleicht eher etwas konservativen - Bereich der Abwasserreinigung nachzeichnen. So erweisen sich on-line Simulationsmodelle, die mit dem Leitsystem der Anlage gekoppelt oder in dieses integriert sind, als eine praktisch bedeutsame Erweiterung [SPI 94], [HAU 95]. Drei Einsatzfälle erscheinen dem Autor als charakteristisch: die Trainingssimulation, die Nutzung der Simulation zur Prognose und das modellbasierte Gewinnen meßtechnisch nicht zugänglicher Prozeßinformationen. Insbesondere die letztgenannte Zielsetzung ist auch unter dem Forschungsaspekt noch mit zahlreichen offenen Problemen verknüpft (z.B. Methode zum ständigen automatischen Abgleich eines wie detailliert erforderlichen Modells?). Die Perspektiven sind allerdings vielversprechend:

- Einsatz modellgestützter Regelungsverfahren, die als besonders leistungsfähig bekannt sind,

- Erhalt vertiefter Prozeßinformationen über nicht meßbare interne Größen,

- modellgestützte Prozeßüberwachung und damit Früherkennung von kritischen Situationen,

- Erkennung meßtechnischer Probleme, Ausfall von on-line Sensoren.

Bei der weiteren Novellierung des Abwasserabgabengesetzes und der Angleichung an die EU-Norm werden tatsächliche Schadstofffrachten gegenüber der heute geforderten Einhaltung von Spitzenwerten in den Vordergrund rücken. Damit gewinnen modellgestützte Steuerungen und Regelungen an Bedeutung. Durch verbesserte Automatisierung erreichte günstigere Ablaufergebnisse werden dann nämlich „belohnt", selbst wenn die Grenzwerte bereits eingehalten wurden.

Das Potential einer optimierten Meß-, Steuer- und Regelungstechnik scheint auch bei neuen Kläranlagen noch keineswegs ausgeschöpft. Mathematische Modelle der Prozesse der biologischen Abwasserreinigung und Simulationssysteme sind nach Ansicht des Autors wichtige Bausteine zukünftiger Systemlösungen.

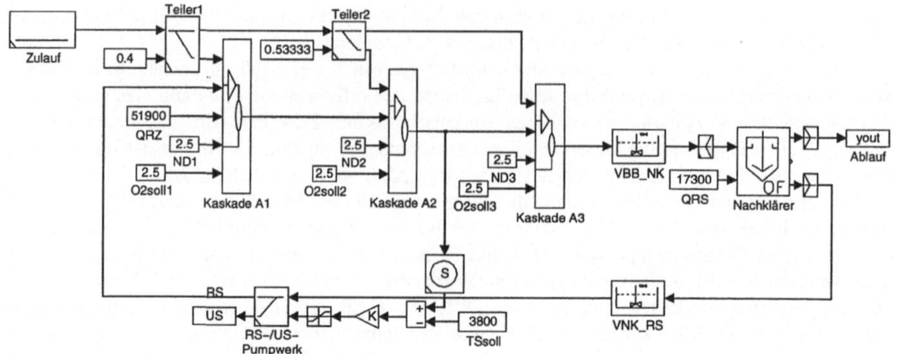

Bild 1a: Signalflußplan des Modells einer Straße der Kaskaden-Belebungsanlage mit Nachklärung

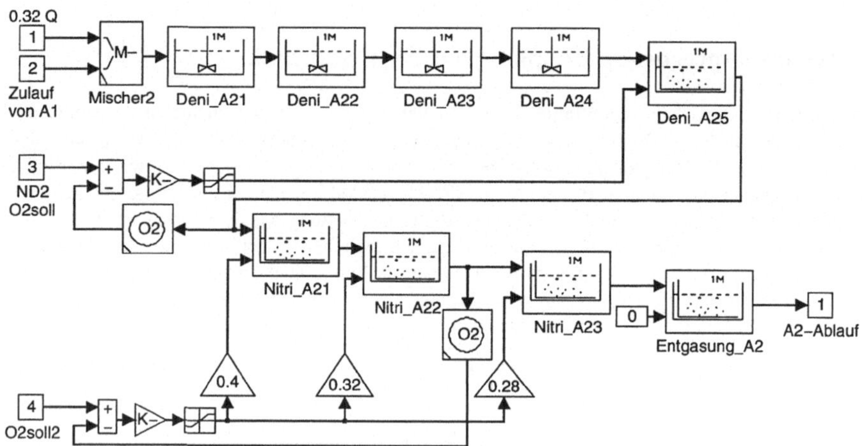

Bild 1b: Detaillierung des Signalflußplanes für die zweite Kaskade

Ausgewählte Literatur

[ALE 96]   Alex, J.; Jumar, U.: *Ein Zugang zur formalisierten Beschreibung und Implementierung von Simulationsmodellen am Beispiel der biologischen Abwasserreinigung.* Tagungsunterlagen zum 6. Treffen des Arbeitskreises 5 der GI Fachgruppe 6.6.1 „Werkzeuge für Simulation und Modellbildung in Umweltanwendungen", Magdeburg, 13.-15. März 1996.

[ANT 95]   Ante, A.; Hesse, H.; Voß, H.: *Mikrokinetisches dynamisches Modell der Bio-P.* In: „BIO-P Hannover, Int. Konferenz zur vermehrten biologischen Phosphorelimination", Veröffentlichungen des Institutes für Siedlungswasserwirtschaft und Abfalltechnik der Universität Hannover, H. 92, 1995.

[AYE 94]   Ayesa, E.; Carstensen, J.; Jepson, U.; Vanrolleghem, P.: *Report working group meetings COST-682 on „Identification of the dynamic processes in WWTP" and „Control of WWTP".* C.E.I.T., San Sebastian , 20-23 September 1994.

[BRO 94]   Brouwer, H.; Klapwijk, A.; Keesman, K.J.: *Modelling and control of activated sludge plants on the basis of respirometry.* Wat. Sci. Tech. 30(1994), No. 4, pp. 265-274.

[CAR 94]   Carlsson, B.; Lindberg, C.-F.; Hasselblad, S.; Xu, S.: *On-line estimation of the respiration rate and the oxygen transfer rate at kungsängen wastewater treatment plant in uppsala.* Wat. Sci. Tech. 30(1994), No. 4, pp. 255-263.

[CHE 93]   Chen, J.; Beck, M.B.: *Modelling, control and on-line estimation of activated sludge bulking.* Wat. Sci. Tech. 28(1993), No. 12, pp. 249-256.

[DOH 95]   Dohmann, M.: Einsatz der Prozeßsimulation bei Kläranlagen. ATV-Kongreß '95, ATV-Landesgruppentagung Bayern, Weiden i. d. Oberpfalz, 11.-13.10.1995. In: Berichte der Abwassertechnischen Vereinigung e.V., H. 45, S. 123-133.

[HÄR 95]   Härtel, L. et al.: *Kläranlagensimulation im Vergleich. Zweiter Arbeitsbericht der Gruppe Gesamtemissionen.* Korresp. Abwasser 42(1995), H. 6, S. 970-980.

[HAU 95]   Haupt, M.; Jumar, U.; Sundheim, A.-K.: *Neue Wege zur Modellierung und Optimierung biologischer Kläranlagen.* In: Handbuch Wasserversorgungs- und Abwassertechnik, Bd. 2, Abwassertechnik. Essen: Vulkan-Verlag, 1995, S. 73-128.

[HEN 87]   Henze, M.; Grady Jr, C.P.L.; Gujer, W.; Marais, G.v.R.; Matsuo, T.: *Activated Sludge Model No. 1.* IAWPRC Scientifical and Technical Report No. 1, IAWPRC task group on mathematical modelling for design and operation of biological wastewater treatment, London, 1987.

[HEN 94]   Henze, M.; Gujer, W.; Mino, T.; Matsuo, T.; Wentzel, M.C.; Marais, G.v.R.: *The Activated Sludge Model No. 2.* IAWQ Scientific and Technical Reports, Task group on mathematical modelling for design and operation of biological wastewater treatment, pp. 1 - 9.3, London, 1994.

[HOE 94]   Hoen, K.; Schuhen, M.; Köhne, M.: *Dynamische Simulation von Kläranlagen - Ein Hilfsmittel für den planenden Ingenieur?* Korresp. Abwasser 41(1994), H. 5, S. 760-771.

[HOL 95]   Holthausen, E.: *Numerische Simulation in Belebung und Nachklärung. Eine Methode zur Optimierung.* Korresp. Abwasser 42(1995), H. 10, S. 1812-1819.

[JEP 93]   Jeppson, U.; Olsson, G.: *Reduced order models for on-line parameter identification of the activated sludge process.* Wat. Sci. Tech. 28(1993), No. 11-12, pp. 173-183.

[JUM 96]   Jumar, U.: *Erfahrungen aus einer regelungstechnischen Piloterprobung an einer Kläranlage.* Zum GMA-Kongreß'96, Baden-Baden, 9.-11- September 1996 eingereichter Beitrag.

[LOD 95]   Loder, W.: *Die gläserne Kläranlage - Erfahrungen aus der praktischen Anwendung der dynamischen Simulation von Belebungsanlagen.* abwassertechnik 46(1995), H. 5, S. 25-30.

[MOR 92]   Moreno, R.; de Prada, C.; Lafuente, J.; Poch, M.; Montague, G.: *Non-Linear Predicitive Control of Dissolved Oxygen in the Activated Sludge Process.* „Modelling and Control of Biotechnical Processes". Selected Papers from the IFAC Symposium, Colorado, USA, Pergamon Press, 1992, pp. 289-293.

[NIE 94]   Nielsen, M.K.; Madsen, H.; Carstensen, J.: *Identification and control of nutrient removing processes in wastewater treatment plants.* Proceedings 3rd IEEE conference on control applications, Glasgow, 24-26 August 1994, Vol. 2, pp. 1005-1010.

[OTT 94]   Otterpohl, R.; Rolfs, Th.; Londong, J.: *Optimizing operation of wastewater treatment plants by offline and online computer simulation.* Wat. Sci. Tech. 30(1994), No. 2, pp. 165-174.

[RAP 93]   Rappl, C.; Röck, H.: *Non-linear filter application for the control of a wastewater-treatment process.* 12th World Congress IFAC, Sydney, 18-23 July 1993, Preprints Vol. 8, pp. 227-230.

[SCH 94]   Schaffranietz, U.; Röck, H.: *A hybrid controller combining model- and knowledge based methods applied to a bioprocess.* Proceedings 3rd IEEE conference on control applications, Glasgow, 24-26 August 1994, Vol. 3, pp 1695-1700.

[SIM 95]   SIMBA 3.0+ - *Simulation der biologischen Abwasserreinigung*, zur Verwendung mit MATLAB/ SIMULINK. Handbuch, Institut für Automation und Kommunikation, Magdeburg, 1995.

[SPI 94]   Spiller, K.; Schmitt, J.: *Innovatives Bewirtschaftungs- und Bedienungskonzept für die Kläranlage Cottbus.* gwf Wasser-Abwasser 135(1994), Nr. 4, S. 213-222.

[VAN 94]   Vanrolleghem, P.; Van Daele, M.: *Optimal experimental design for structure characterization of biodegration models: On-line implementation in a respirographic biosensor.* Wat. Sci. Tech. 30(1994), No. 4, pp. 243-253.

[WAT 94]   Warson, B.; Rupke.; Patry, G.: Modelling of full-scale Wastewater Treatment plants: How detailed should it be? Wat. Sci. Tech. 30(1994), No. 2, pp. 141-147.

[WEN 92]   Wentzel, M.C.; Ekama, G.A.; Marais, G.v.R.: *Processes and modelling of nitrification denitrification biological excess phosphorous removal systems - A review.* Wat. Sci. Tech. 25(1992), No. 6, pp. 59-82.

[WITT 94]   Witteborg, A.; Hamming, R.A.; Wetterauw, M.: *Modelling of full scale treatment plant - A case study.* FAB'94, Brugge, Belgium 1994.

[WOL 95]   Wolter, Ch.; Hölzer, D.; Hahn, H.H.: *Anwendung der dynamischen Simulation zur Verbesserung der Stickstoffelimination einer Belebtschlammanlage.* Korresp. Abwasser 42(1995), H. 9, S. 1496-1507.

Simulation nicht normalverteilter Störgrößen bei biotechnologischen Prozessen

Michael Kinder, Wolfgang Wiechert

Abt. Theoretische Biologie, Universität Bonn,
Kirschallee 1, D-53115 Bonn

Abstract: Am Beispiel einer konkreten biotechnologischen Anwendung werden einige Möglichkeiten der stochastischen Simulation aufgezeigt. Damit werden Erkenntnisse über die Robustheit bzw. Sensitivität des zur Prozesskontrolle eingesetzten Kalman-Filters gewonnen. Die zugrunde liegende Modellierung beruht auf stochastischen Differentialgleichungen, auf deren analytische, numerische und statistische Behandlung kurz eingegangen wird. In Simulationsstudien wird der Einfluß der stochastischen Größen demonstriert. Behandelt werden weiterhin Auswirkungen, die eine ungenaue Systemkenntnis mit sich bringen. Ergänzend zur klassischen Theorie wird hier auch der Einfluß von nicht normalverteiltem Meß- und Systemrauschen untersucht.

1. Einleitung

Der Simulation biotechnologischer Prozesse kommt im Hinblick auf zeit-, kosten- und personalintensive Fermentationen eine besondere Bedeutung zu. Bei stochastisch verrauschten Meßsignalen ist zur Bioprozeßkontrolle der Einsatz spezieller Verfahren, wie etwa eines Kalman-Filters oder eines Minimalvarianz-Reglers gefragt. Gerade bei stark verrauschten Messungen oder bei einer nicht normalverteilten Meßcharakteristik ist der Aufwand zur Ermittlung geeigneter Regelstrategien bzw. robuster Parametrisierungen sehr groß.

Als praktisches Beispiel wird auf eine Fütterungsstrategie zur Optimierung der Raum-Zeit-Ausbeute bei einer Hochzelldichtefermentation, [Sau95], eingegangen. Der Kontrolle

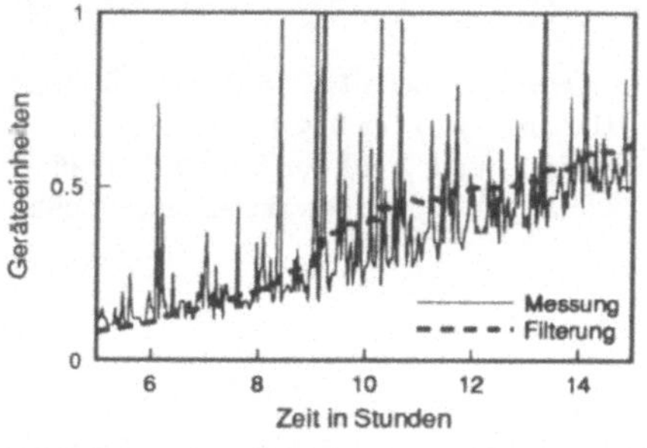

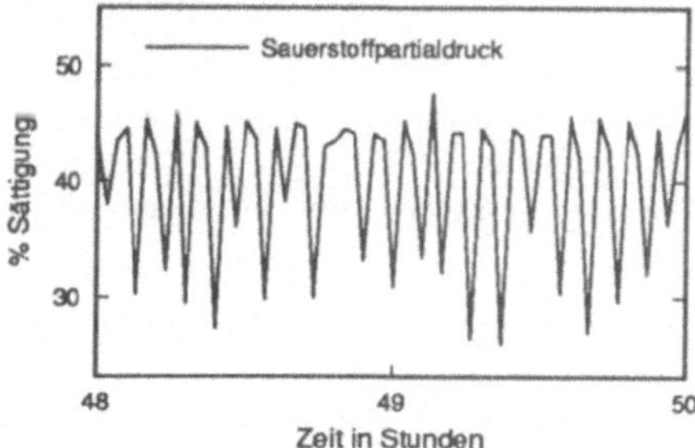

Abbildung 1: Beispiele für nicht normalverteilte Störgrößen, *links*: Durch Gasblasen erzeugtes asymmetrisches Meßrauschen einer Trübungssonde, *rechts*: Diskontinuierlicher Substratzufluß, indirekt durch die Sauerstoffsonde angezeigt, Meßdaten einer Fermentation von T.Sauer, [HFSG95] [Sau95]

der Fermentation während der Batch und der Fed-Batch-Phase dient u.a. ein erweiterter Kalman-Filter, [Kin96a]. Um die Aussagekraft der erzielten Ergebnisse beurteilen zu können, wird die Filterungsstrategie in Simulationsstudien auf ihre Sensitivität bzw. Robustheit gegenüber Modellierungsunschärfen und stochastischen Störgrößen qualitativ und quantitativ untersucht. Motiviert durch die Fermentationspraxis, Abb. 1, werden auch die Auswirkungen nicht normalverteilter Störgrößen analysiert.

2. Modellierung

Das Wachstum von Mikroorganismen in einem Fermenter, deren Substrat- und Sauerstoffverbrauch, deren Produktbildung sowie weitere Zustandsgrößen werden durch gewöhnliche Differentialgleichungen beschrieben, [Del87]. Im vorliegenden Beispiel beschränkt sich das System

$$\dot{X} = \mu(S) \cdot X - \frac{F}{V} \cdot X \tag{1}$$

$$\dot{S} = -\frac{\mu(S)}{Y_{XS}} \cdot S + \frac{F}{V} \cdot (S_{in} - S) \tag{2}$$

auf die Biomassekonzentration X sowie die Substratkonzentration S. Weitere zeitabhängige Größen sind der Zufluß F und das Reaktorvolumen V. Konstanten für die Fermentation sind die Substratkonzentration im Zulauf S_{in} und der spezifische Ertragskoeffizient (Yield) Y_{XS}. Die substratabhängige Wachstumsrate ist in diesem Beispiel durch

$$\mu(S) = \mu_{max} \frac{S}{(S + K_S)(1 + S/K_I)} \tag{3}$$

gegeben, [Sau95], [Del87]. Die Ausdrücke K_S, K_I und μ_{max} sind spezifische, mikrobiologische Konstanten.

Analog zur Praxis wird nur die on-line Messung der Biomassekonzentration mittels einer *Trübungssonde* simuliert. Diese zeitdiskreten Messungen

$$y(t_k) = X(t_k) + c \cdot v_X(t_k) \tag{4}$$

sind mit einem Meßfehler v_X, idealerweise weißem Rauschen, behaftet. In diesem Beispiel wird eine Fermentation mit den Eckdaten $F = 0$ (Batch-Phase) für $0 \leq t < 40$ und $F > 0$ (Fed-Batch-Phase) für $40 \leq t \leq 80$ simuliert. Dabei wird für $t \geq 40$ der Substratzufluß F exponentiel vergrößert, um eine konstante Substratkonzentration zu gewährleisten, [Sau95].

3. Stochastische Simulation

Addiert man zu den Gleichungen 1 und 2 die Zufallsanteile

$$(a_X \cdot X + b_X) \cdot w_X \qquad \text{bzw.} \qquad (a_S \cdot S + b_S) \cdot w_S \quad , \tag{5}$$

wobei $a_X, b_X, a_S, b_S \in \mathbb{R}^+$, und w_X, w_S Prozesse stetigen, unabhängigen, *weißen Rauschens* sind, erhält man *stochastische Differentialgleichungen*, [Arn73], [Øks92].

Unter bestimmten Regularitätsbedingungen erhält man als Lösung einen speziellen Markov-Prozess, einen *Diffusionsprozess*, dessen *Drift* durch die deterministischen Gleichungen

388

1 und 2 gegeben ist. Die *Diffusion* ist durch einen über die Parameter a_X, a_S bestimmten zustandsabhängigen und einen über die Parameter b_X, b_S bestimmten absoluten Anteil gegeben.

Zur Simulation werden die durch 1-5 gegebenen Gleichungen mit dem stochastischen Euler-Algorithmus numerisch integriert, [KW96]. Man erhält strenge Konvergenz der Ordnung 0.5 bzw. schwache Konvergenz der Ordnung 1. Verfahren höherer Ordnung, die sich nicht mehr direkt von deterministischen Algorithmen ableiten lassen, findet man in [KP92].

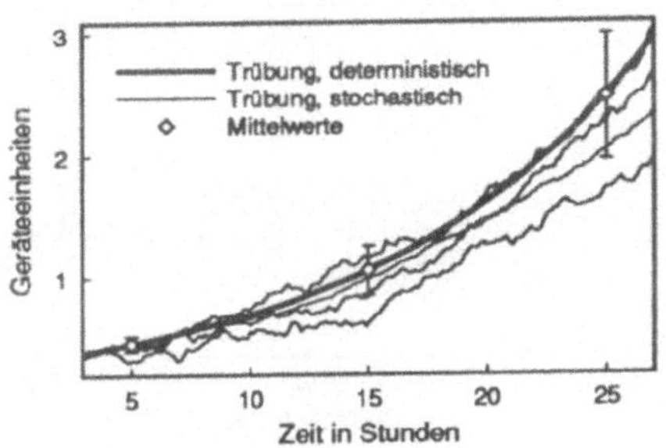

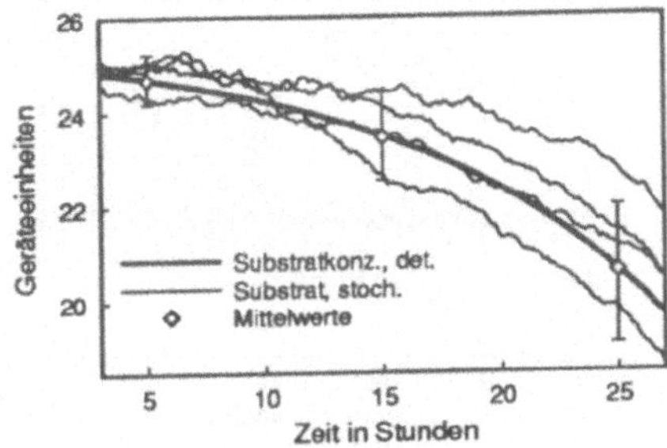

Abbildung 2: Deterministische und stochastische Simulation (zeitl. Ausschnitt) der Biomassekonzentration (=Trübung) und der Substratkonzentration, Mittelwerte und Konfidenzintervalle (90%) auf der Basis von 1000 Simulationen

Neben einer pfadweisen Simulation, die bereits Eindrücke des Systemverhaltens liefert, ist die statistische Analyse des stochastischen Systems von Bedeutung. Die Wahrscheinlichkeitsdichte der Pfade ist durch die *Fokker-Planck-Gleichung* gegeben, [Arn73] [KP92]. Diese partielle Differentialgleichung ist i.a. analytisch nicht und numerisch nur mit einem entsprechend hohen Aufwand zu lösen und daher zur statistischen Analyse ungeeignet. Hier werden anhand von Simulationsreihen Erwartungswert und Konfidenzintervalle geschätzt. In [KW96] werden dazu Methoden vorgeschlagen, die im Gegensatz zu der Vorgehensweise in [KP92] auch bei einer nicht unimodalen Verteilung praktikabel sind.

4. Kalman-Filterung (EKF)

Zur Glättung des Trübungssondensignals und zur Schätzung der Substratkonzentration sowie der Wachstumsrate wird ein erweiterter, kontinuierlich-diskreter *Kalman-Bucy-Filter* (EKF), [Kre80], verwendet. Der EKF extrapoliert aufgrund eines vorgegebenen Modells den Systemzustand, a priori Schätzung, und mittelt diesen mit einer neuen Messung. Die Gewichtung hängt dabei von den stochastischen Parametern ab. Man erhält die a posteriori Schätzung. Der Kalman-Filter liefert bei genauer Systemkenntnis in gewisser Hinsicht *optimale* Schätzwerte. In der Praxis ist man jedoch eher an einer *robusten* Schätzung interessiert, da das tatsächliche System nur approximiert werden kann. Die Güte der Schätzung hängt ganz entscheidend von der Güte des Modells und der Kenntnis der Parameter ab. Nur in der Simulation ist genau bekannt, inwieweit das Modell für den Kalman-Filter und das die Meßdaten erzeugende System übereinstimmen. Unterschiedliche Abhängigkeiten der Schätzung von der Modellgüte werden in den folgenden Abschnitten untersucht.

Alternativ zu dem Modell aus Abschnitt 2 kann ein gröberes Wachstumsmodell mit weniger Parametern für manche Zielsetzung besser geeignet sein, [Kin96a].

5. Sensitivität gegenüber Rauschparametern

Zunächst wird der Fall betrachtet, daß das deterministische System genau bekannt ist und nur die stochastischen Parameter aus der Gleichung 5 zu schätzen sind. In Abhängigkeit von dem Bereich, in dem sich das System befindet, hat die unterschiedliche Parametrisierung keine oder eine sehr große Auswirkung, Abb. 3, [Kin96b]. Eine zu sensitive Filterung kann zu starken Oszillationen führen, die eine Wachstumsratenschätzung unmöglich machen.

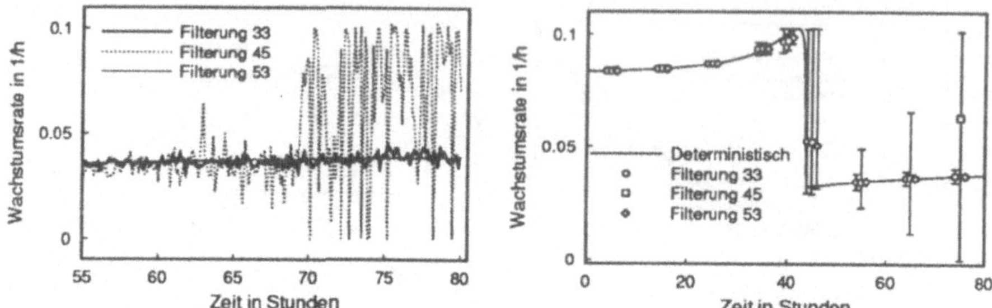

Abbildung 3: Schätzung der Wachstumsrate durch den EKF mit verschiedenen Parametrisierungen, *links:* drei einzelne Realisationen mit ganz unterschiedlicher Charakteristik, *rechts:* Mittelwerte und Konfidenzintervalle (90%), 1000 Simulationen

6. Unschärfen des Wachstummodells

Das im Abschnitt 2 eingeführte Modell beschreibt Mikroorganismen, die sich in der exponentiellen Wachstumsphase befinden. Tatsächlich gibt es aber auch andere physiologische Zustände, wie etwa die *Lag-Phase*, in der der Mikroorganismus nicht wächst. In der Simulation wird das durch die Modifizierung von Gl. 3 zu $\mu(S) = 0$ ausgedrückt.

Es zeigt sich, daß die Filterung der direkt meßbaren Biomassekonzentration davon kaum betroffen ist, Abb. 4. Bei der Schätzung der Substratkonzentration ist die systematische Verzerrung auch nicht so groß und nur bei einer sehr trägen Parametrisierung gut sichtbar.

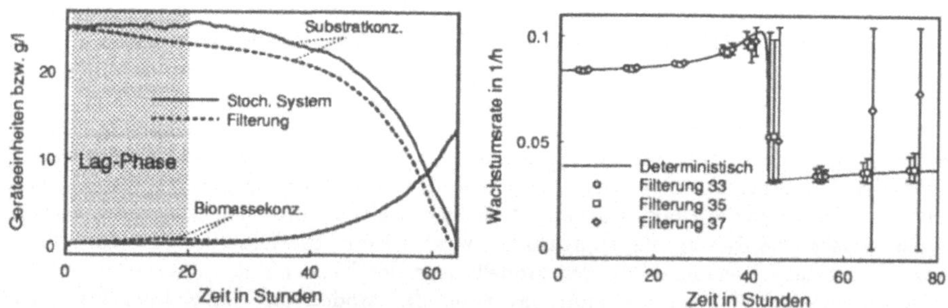

Abbildung 4: Beispiele für die Abhängigkeit der Filterung von Modellunschärfen, *links:* Simulation einer unvorhergesehenen Lag-Phase, Vergleich der simulierten Systemzustände mit der systematisch abweichenden Schätzung, *rechts:* Schätzung der Wachstumsrate bei Vorgabe falscher K_S-Werte im Vergleich mit der deterministischen Vorgabe

In der Praxis läßt sich die Halbsättigungskonstante K_S, Gl.3, experimentell oft nur schlecht bestimmen, was auf die Schätzung der Wachstumsrate große Auswirkungen haben kann. Gibt man für den EKF fäschlicherweise einen doppelt so großen K_S-Wert an, Filterung 35, Abb. 4, so hat das nur geringe Auswirkungen. Im umgekehrten Fall, Filterung 37, kommt es dagegen zu erheblichen Oszillationen.

7. Nicht normalverteiltes Meßrauschen

Bei der Trübungsmessung kann es durch Luftblasen zu Meßfehlern kommen, die offensichtlich nicht normalverteilt sind, Abb. 1. Deren Modellierung kann auf unterschiedliche Arten erfolgen, [KW96] [Wie90].

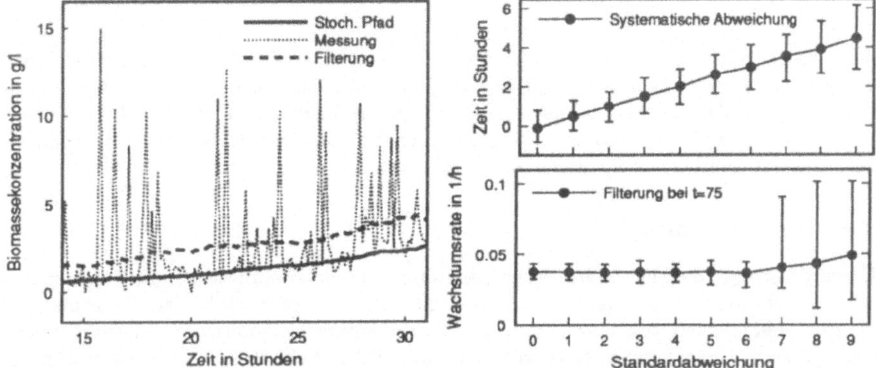

Abbildung 5: Asymmetrisches Meßrauschen und dessen Auswirkungen, *links:* systematische Fehlschätzung der Biomassekonzentration *rechts:* Abhängigkeit der Filterung von der Standardabweichung des Rauschens, Mittelwerte und Konfidenzintervalle (90%), je 200 Simulationen, *oben:* systematische zeitliche Fehleinschätzung des Substratverbrauches, *unten:* Schätzung der Wachstumsrate an einem ausgewählten Zeitpunkt, vgl. Abb. 3,4

Die Kalman-Schätzung beruht auf der Normalverteilung, bei der große Abweichungen nur selten und im Mittel symmetrisch auftreten. Bei asymmetrischem Meßrauschen mit gelegentlich auftretenden (hier 20%) Ausreißern liefert der EKF mit einem systematischen Fehler behaftete Schätzwerte. In dieser Situation liefern einfache, nicht modellgestützte Schätzer oft viel bessere (=robustere) Ergebnisse, [Kin96b].

Das Maß der Fehlschätzung hängt auch von der Varianz der Ausreißer ab, allerdings auf ganz unterschiedliche Weise. Betrachtet man den Zeitpunkt, an dem das Substrat praktisch verbraucht ist, so nimmt der Grad der systematischen Abweichungen proportional zu, wogegen sich die Verteilung der Pfade kaum ändert, Abb. 5. Betrachtet man zu einem kritischen Zeitpunkt die Schätzung der Wachstumsrate, so bleibt die Güte der Schätzung auch bei wachsenden Ausreißern etwa konstant, bis sie sich plötzlich sprunghaft verschlechtert.

8. Nicht normalverteiltes Systemrauschen

In dem vorliegenden Fermentationsbeispiel erfolgt die Substratgabe nicht kontinuierlich, sondern tropfenweise, Abb. 1. Sowohl die Größe der Tropfen als auch deren zeitlicher Abstand

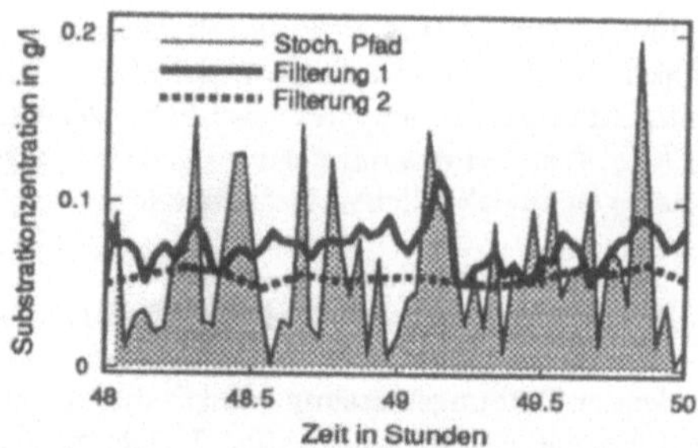

Abbildung 6: *links:* Simulation einer diskreten Dosierung, *rechts:* Auswirkung auf die Schätzung der Substratkonz. (1), Vergleich mit Filterung bei stetiger Dosierung (2)

variieren stochastisch. Das kann mittels einer C^∞-Funktion mit zufälligen Parametern modelliert werden, Abb. 6. Dadurch erhält man für jeden Pfad eine Realisation eines Diffusionsprozesses mit jeweils derselben Diffusion, aber mit unterschiedlicher Drift. Für die Filterung bedeutet das eine zufällige, asymmetrische Abweichung vom Modell, was als nicht normalverteiltes Systemrauschen aufgefaßt werden kann.

9. Zusammenfassung

Es wurde gezeigt, daß die stochastische Simulation ein relativ einfaches und sehr geeignetes Mittel zur systematischen Analyse von Strategien zur Prozeßkontrolle ist. Exemplarisch wurde die Abhängigkeit von unterschiedlichen Störeinflüssen demonstriert, charakterisiert und quantifiziert. Dabei konnte festgestellt werden, daß Abweichungen von der Normalverteilung ähnliche Auswirkungen auf die Kalman-Filterung haben, wie andere Modellunschärfen.

Literatur

[Arn73]   L. Arnold. *Stochastische Differentialgleichungen.* R.Oldenbourg Verlag, 1973
[Del87]   H. Dellweg. *Biotechnologie.* VCH, 1987
[HFSG95] D. Hambrecht, E. Frank, T. Sauer, E.A. Galinski. Kultivierungsverfahren im Bioreaktor und Bearbeitung verrauschter Meßsignale. Technical report, Institut für Mikrobiologie und Biotechnologie, Universität Bonn, 1995
[Kin96a] M. Kinder. Filterung verrauschter Trübungssondensignale zur Bioprozesskontrolle. Technical report, Theoretische Biologie, Universität Bonn, 1996
[Kin96b] M. Kinder. *Stochastische Simulation biotechnischer Prozesse zum Entwurf von Reglern und Filtern.* PhD thesis, Universität Bonn, 1996
[KP92]   P.E. Kloeden, E. Platen. *Numerical Solution of Stochastic Differential Equations.* Springer Berlin, Heidelberg, 1992
[Kre80]   V. Krebs. *Nichtlineare Filterung.* R.Oldenbourg, München, 1980
[KW96]   M. Kinder, W. Wiechert. Stochastic simulation of biotechnical processes. *Mathematics and Computers in Simulation,* 1996
[Øks92]   B. Øksendal. *Stochastic Differential Equations.* Springer, 1992
[Sau95]   T. Sauer. *Untersuchung zur Nutzung von Halomonas elongata für die Gewinnung kompatibler Solute.* PhD thesis, Universität Bonn, 1995
[Wie90]   W. Wiechert. *Interaktive Datenanalyse bei biotechnischen Prozeßdaten.* PhD thesis, Universität Bonn, 1990

Simulation eines komplexen biologischen Abwassereinigungsverfahrens

J. Jungblut[*], M. Sievers, A. Vogelpohl
Clausthaler Umwelttechnik-Institut GmbH, Leibnizstr. 23, 38678 Clausthal-Zellerfeld
[*]E-Mail: jungblut@informatik.tu-clausthal.de

B.R. Bracio, D.P.F. Möller
Institut für Informatik, TU Clausthal, Erzstr. 1, 38678 Clausthal-Zellerfeld

Kurzfassung

Dargestellt wird die Modellbildung und Simulation eines neuartigen Verfahrens zur biologischen Abwasserreinigung. Es handelt sich um ein dreistufiges Verfahren, dessen Besonderheiten zum einen in der Reihenfolge der Prozesse, zum anderen in der daraus resultierenden engen Kopplung von erster und dritter Stufe liegen. Ausgehend von bekannten Modellierungsansätzen wird ein eigenständiges Simulationsmodell entwickelt, dessen Anwendbarkeit im Vergleich von Meßwerten und Simulationsergebnissen nachgewiesen wird.

1. Einleitung

An die Qualität gereinigten Abwassers werden seitens der Gesetzgebung steigende Anforderungen in Form immer strengerer Grenzwerte gestellt. Um dieser Herausforderung gerecht zu werden, sind bauliche Maßnahmen bei Kläranlagen ebenso notwendig wie die Entwicklung neuartiger, häufig komplexerer Abwasserreinigungsverfahren. Beides ist mit hohen Kosten verbunden. Zur Entscheidungsunterstützung sowohl in der Planung als auch beim Betrieb von Abwasserreinigungsanlagen bietet sich die Simulation an, mit deren Hilfe es insbesondere möglich ist, die Leistungsfähigkeit der Anlage bei Belastungsschwankungen zu untersuchen. Auf diese Weise ergänzt die Simulation die bislang weitgehend verwendeten statischen Ansätze, die beispielsweise für die Dimensionierung von Kläranlagen herangezogen werden, um eine dynamische Methode.

Die biologische Abwasserreinigung beruht darauf, daß die im Abwasser enthaltenen Schadstoffe von Bakterien als Nährstoffe genutzt und umgewandelt werden. Weit verbreitet ist die Verwendung des Belebtschlammverfahrens, das eine technische Umsetzung des natürlichen Selbstreinigungsprozesses darstellt. Die Bakterien kommen entweder in einem Belebungsbecken frei schwimmend mit dem Abwasser in Kontakt oder sind in einem speziellen Reaktor auf einem vom Abwasser umspülten Trägermaterial, dem sogenannten Festbett, immobilisiert.

Anhand eines neuartigen Verfahrens, das vom Institut für Thermische Verfahrenstechnik der Technischen Universität Clausthal gemeinsam mit der Clausthaler Umwelttechnik-Institut GmbH entwickelt wurde, soll die Modellierung und Simulation biologischer Abwasserreinigungsanlagen beschrieben werden.

2. Verfahrensbeschreibung

Das Verfahren besteht aus einem dreistufigen Prozeß, der hinsichtlich der Verfahrensführung einer nachgeschalteten Denitrifikation entspricht (Abbildung 1). In der ersten Stufe erfolgt eine weitgehende Kohlenstoffelimination nach dem Belebtschlammverfahren. Hier kann über eine Reduzierung der Belüftung eine Adsorption und Speicherung der im Zulauf vorhandenen gelösten organischen Kohlenstoffverbindungen an beziehungsweise in die Bakterien gezielt eingestellt werden.

Die zweite Stufe besteht aus einer Nitrifikation in einem Festbettreaktor. Durch die Immobilisierung der Bakterien werden zum einen eine gute Abbauleistung und eine große Betriebssicherheit erreicht, zum anderen ergibt sich so eine Trennung vom gemeinsamen Schlammsystem der ersten und dritten Stufe.

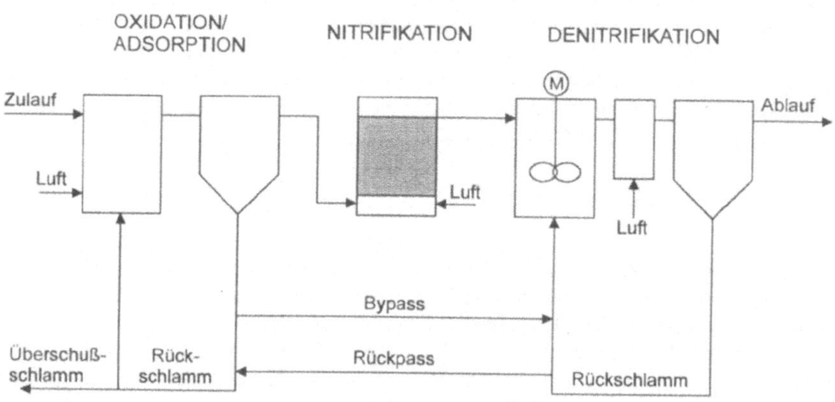

Abbildung 1: Verfahrensschema

Das aus der Nitrifikation abfließende Abwasser wird in der nachfolgenden dritten Stufe nach dem Belebtschlammverfahren denitrifiziert. Die erste und dritte Stufe verfügen jeweils über ein Absetzbecken, in dem der Belebtschlamm durch Sedimentation abgetrennt und in das jeweilige Reinigungsbecken zurückgeführt wird.

Die Besonderheit des Verfahrens liegt darin, daß ein Teilstrom des hochbeladenen Schlamms aus der ersten Stufe in Form eines Bypasses an der Nitrifikation vorbei direkt der dritten Stufe zugeführt wird und dort als Substratlieferant für die Denitrifikation dient. Da gleichzeitig ein Rückstrom aus der Denitrifikation in die erste Stufe existiert, ergibt sich eine enge Kopplung von erster und dritter Stufe, die im wesentlichen die Komplexität des Verfahrens bedingt.

Der Bypassvolumenstrom ist im Hinblick auf eine optimale Prozeßführung so einzustellen, daß einerseits möglichst wenig mit Ammonium und CSB (Chemischer Sauerstoffbedarf) belastetes Abwasser an der Nitrifikation vorbeigeführt wird, andererseits aber ausreichend Kohlenstoffverbindungen für die Denitrifikation zur Verfügung gestellt werden.

Die Leistungsfähigkeit des Verfahrens wurde mit Hilfe einer Pilotanlage [Sie93, Sie95] nachgewiesen, die über eine umfangreiche Meß- und Regelungstechnik verfügt. Die Online-Meßinstrumente sind an ein Prozeßleitsystem gekoppelt, so daß kontinuierlich Messungen durchgeführt werden können. Zusammen mit ergänzenden Laboruntersuchungen, die insbesondere zur Bestimmung nicht online meßbarer Prozeßgrößen herangezogen werden, konnte eine Vielzahl von Meßwerten ermittelt werden. Gleichzeitig waren genaue Beobachtungen des dynamischen Prozeßverhaltens möglich, die Eingang in die Modellierung fanden.

3. Modellbildung

3.1 Bekannte Modellierungsansätze

Als Standardmodelle für das Belebtschlammverfahren gelten das von einer Arbeitsgruppe der IAWQ (International Association on Water Quality) entwickelte Activated Sludge Model No.1 (ASM1, [Hen87]) und dessen Weiterentwicklung, das Activated Sludge Model No.2 (ASM2, [Hen94]). Das ASM1 modelliert den Abbau von Kohlenstoffverbindungen und die Stickstoffelimination mit Nitrifikation und Denitrifikation, während das ASM2 darüberhinaus die Vorgänge der biologischen und chemischen Phosphorelimination beschreibt.

Das ASM2 beinhaltet 19 zum Teil aggregierte Stoffkonzentrationen, deren Zu- beziehungsweise Abnahme mit Hilfe von Differentialgleichungen erster Ordnung dargestellt werden können. Die Gleichungen beruhen auf Massenbilanzen, wobei von vollständig durchmischten Reaktoren ausgegangen wird, so daß über den gesamten Reaktor bilanziert werden kann. Berücksichtigt werden die zu- und abfließende Fracht sowie die Konzentrationsänderung aufgrund biochemischer Prozesse.

Für die Modellgleichungen ergeben sich auf diese Weise Differentialgleichungen der folgenden Gestalt:

$$\frac{dc_{ab}}{dt} = \frac{\dot{V}_{zu}}{V} \cdot c_{zu} - \frac{\dot{V}_{ab}}{V} \cdot c_{ab} \pm r \tag{1}$$

Die Gleichungen hängen vom Reaktorvolumen V, von den Volumenströmen ($\dot{V}_{zu}, \dot{V}_{ab}$) und den Konzentrationen (c_{zu}, c_{ab}) in Zulauf und Ablauf sowie von der Reaktionsrate r ab. Die Reaktionsrate wird addiert oder subtrahiert, je nachdem, ob sich die betrachtete Konzentration durch die Reaktion vergrößert oder verkleinert. Da der Modellierung die Annahme eines vollständig durchmischten Reaktors zugrunde liegt, ist die Ablaufkonzentration gleich der Konzentration innerhalb des Reaktors.

Die Reaktionsrate ist zum einen abhängig von der Konzentration der an der entsprechenden Reaktion beteiligten Bakterien, zum anderen von solchen Einflußfaktoren wie Konzentrationen an Substrat und gelöstem Sauerstoff. Während für die Bakterienkonzentration von einer proportionalen Abhängigkeit ausgegangen wird, wird die Abhängigkeit der Reaktionsrate von anderen Einflüssen durch die Multiplikation sogenannter Monod-Terme ausgedrückt. Ein Monod-Term besitzt folgende Gestalt:

$$f(x) = \frac{x}{K + x} \tag{2}$$

Dabei wird K als (halbmaximaler) Sättigungskoeffizient bezeichnet, da f(x) für x = K gerade den Wert 0.5 annimmt. Mit Hilfe der Sättigungskoeffizienten wird demzufolge bestimmt, wie stark der Einfluß von Konzentrationsänderungen auf die jeweilige Prozeßrate ist. Daher kommt der Bestimmung der Koeffizienten eine wichtige Bedeutung im Rahmen der Modellierung zu.

3.2 Änderungen

In Anlehnung an das ASM2 wurde ein reduziertes Modell mit nur 10 Stofffraktionen entwickelt. Eine Erweiterung der bestehenden Modellansätze war notwendig, da die Adsorption und Speicherung von Kohlenstoffverbindungen eine wesentliche Eigenschaft des dreistufigen Verfahrens ist, die auch im vollständigen ASM2 nicht berücksichtigt wird. Insbesondere mußten die Adsorption selbst und ihr Einfluß auf die Denitrifikation beschrieben werden. Zu den wichtigsten Ergänzungen gehören die folgenden Punkte:

- In der ersten Stufe werden vorzugsweise schwer abbaubare Verbindungen adsorbiert, wobei von einem Adsorptionsgleichgewicht zwischen der im Abwasser herrschenden Konzentration und der Beladung der Bakterien auszugehen ist.
- Es erfolgt eine Umwandlung der adsorbierten Stoffe in leicht abbaubare Substanzen, die dann in Form von gespeichertem Kohlenstoff für die Denitrifikation zur Verfügung stehen. Ein Teil der adsorbierten Menge besteht aus partikulären Stoffen, die über eine Hydrolyse direkt für die Denitrifikation nutzbar werden.

Aus Gründen der Übersichtlichkeit wurde das Gesamtmodell aus mehreren Teilmodellen zusammengesetzt, wobei für die Reaktoren der drei Stufen und die Absetzbecken der ersten und dritten Stufe eigene Komponenten erstellt wurden. Ergänzend dazu gibt es einfach aufgebaute Hilfskomponenten, die die Zusammenführung und Aufteilung von Strömen beschreiben.

Um der Komplexität des Gesamtprozesses begegnen zu können, wurde bei der Modellierung ein schrittweises Vorgehen verwirklicht, indem die einzelnen Stufen des dreistufigen Verfahrens zunächst separat betrachtet wurden. Möglich war diese Vorgehensweise, weil mit Hilfe der Pilotanlage gezielte Messungen im Zulauf und Ablauf der jeweiligen Stufe durchgeführt werden können.

Der erste Schritt bestand in der Modellierung der Nitrifikation im Festbettreaktor, die in [Vog95] näher dargestellt wird. Da diese zweite Stufe über ein eigenes, von der ersten und dritten Stufe getrenntes Schlammsystem verfügt, konnte dieser Teilprozeß eigenständig beschrieben werden. Aus diesem Grund war auch eine von der Betrachtung des Gesamtverfahrens unabhängige Validation der Nitrifikation möglich.

Im zweiten Schritt wurden erste und dritte Stufe gleichzeitig modelliert, was aufgrund der durch die enge Kopplung über Bypass- und Rückpassvolumenstrom entstehenden Wechselwirkungen sinnvoll erscheint.

Anschließend erfolgte die Zusammenfassung der Teilmodelle zu einem Gesamtmodell, so daß das komplette Verfahren simuliert werden konnte. Da in der zweiten Stufe unter normalen Betriebsbedingungen von einer vollständigen Nitrifikation ausgegangen werden kann, wurde zunächst eine vereinfachte Version der zweiten Stufe berücksichtigt. Sie beinhaltet keine Dynamik, sondern nur eine vollständige Umwandlung von Ammonium in Nitrat und eine Weitergabe der anderen, nicht an der Reaktion beteiligten Stoffkonzentrationen. Erst nachdem die Simulation des Gesamtmodells erste Erkenntnisse geliefert hatte, wurde die zweite Stufe mit ihrer kompletten Dynamik integriert.

Bei der Betrachtung des Gesamtmodells zeigte sich, daß einige biologische Teilprozesse noch nicht hinreichend genau nachgebildet waren, was Änderungen der Modellierung notwendig machte. Diese bedürfen einer sorgfältig überlegten Vorgehensweise, da Abwandlungen eines Teilprozesses aufgrund der starken Abhängigkeiten der Prozesse voneinander teilweise erhebliche Auswirkungen auf das Verhalten anderer Teilprozesse haben. Hier bietet sich die Durchführung gezielter Batch-Versuche an, die zusätzliche Erkenntnisse für die Modellbildung liefern und so zu einer schrittweisen Verfeinerung des Simulationsmodells beitragen können.

4. Simulationergebnisse

Anhand einer Extremsituation, die sich beim Betrieb der Pilotanlage aufgrund eines technischen Problems ergab, werden Meßwerte und Simulationsergebnisse gegenübergestellt. Die für die Denitrifikation wichtige Substratzufuhr über den Bypassvolumenstrom fiel für mehrere Stunden komplett aus; in den in Abbildung 2 dargestellten Graphiken umfaßt diese Störung den Zeitraum von 20,5 bis 34,5 Stunden. Die Abbildung zeigt zum einen die TOC-Konzentration (TOC = total organic carbon) in der ersten Stufe, zum anderen die Nitratkonzentration in der dritten Stufe.

Der Ausfall des Bypassvolumenstroms hat einen Anstieg der Nitratkonzentration im Ablauf der dritten Stufe zur Folge. Interessant ist in diesem Zusammenhang die Beobachtung, daß der Anstieg erst mehrere Stunden nach Beginn der Störung beginnt, was darauf schließen läßt, daß zunächst noch adsorbierte Kohlenstoffverbindungen zur Denitrifikation genutzt werden und erst nach deren Verbrauch nicht mehr beziehungsweise nur noch bedingt denitrifiziert werden kann. Die Denitrifikation setzt erst wieder mit der Inbetriebnahme des Bypassvolumenstroms ein, was sich unmittelbar im Abbau der Nitratkonzentration niederschlägt.

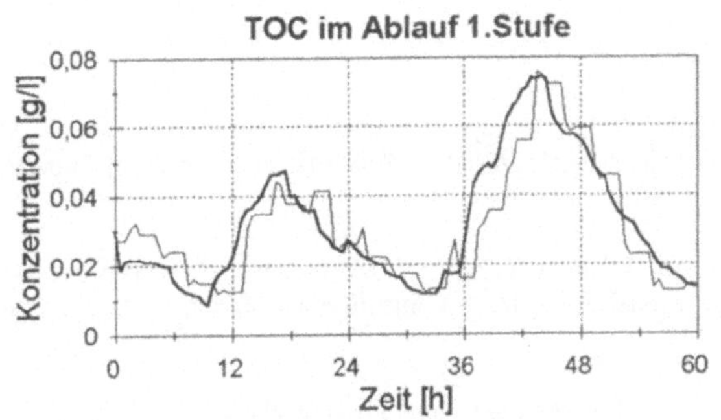

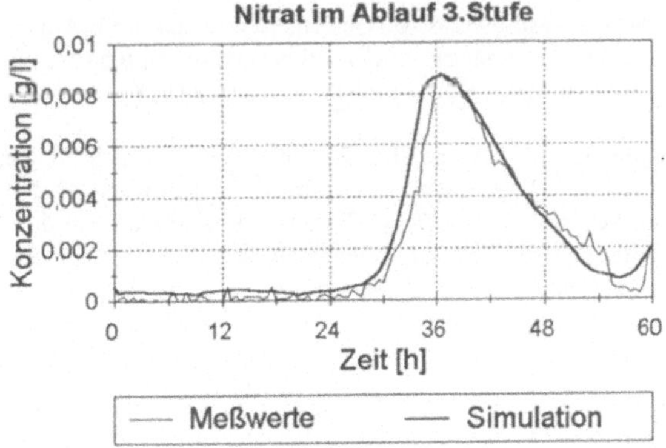

Abbildung 2: Vergleich von Meßwerten und Simulationsergebnissen

Selbst für die Phase des Bypassausfalls, die eine außergewöhnliche Situation darstellt, kann eine gute Übereinstimmung zwischen gemessenen und simulierten Werten beobachtet werden. Ähnlich gute Ergebnisse zeigten sich beim Vergleich mit einer Vielzahl anderer Meßreihen, die unter weniger extremen Betriebsbedingungen ermittelt wurden.

5. Zusammenfassung

Es wurde die Modellbildung und Simulation eines neuartigen, dreistufigen Verfahrens zur biologischen Abwasserreinigung beschrieben, wobei einerseits bekannte Modellansätze Berücksichtigung fanden, andererseits aufgrund der Besonderheiten des Prozesses eigene Ergänzungen notwendig waren. Im Vergleich von Meßwerten und Simulationsergebnissen konnte die Brauchbarkeit des Modells nachgewiesen werden. Weitere Forschungsaktivitäten zielen darauf ab, das Modell zur Regelung und Optimierung der Anlage einzusetzen.

Die Autoren danken der VW-Stiftung für die Finanzierung des Projekts.

Literatur

[Hen87]   M. Henze, C.P.L. Grady, W. Gujer, G.v.R. Marais and T. Matsuo: Activated Sludge Model No.1, IAWPRC Scientific and Technical Reports No.1, IAWPRC, London 1987

[Hen94]   M. Henze, W. Gujer, T. Mino, T. Matsuo, M.C. Wentzel, G.v.R. Marais: Activated Sludge Model No.2, IAWQ Scientific and Technical Reports No.3, IAWQ, London 1994

[Sie93]   M. Sievers: Entwicklung und Inbetriebnahme einer Pilotanlage zur Behandlung komplexer Abwässer, Cuvillier Verlag, Göttingen 1993

[Sie95]   M. Sievers, B. Morawe, S.-U. Geißen, A.Vogelpohl, G. Anger, F. Jürschick, M. Högl: Neues Verfahren zur Stickstoffelimination: Ergebnisse eines Pilotversuches auf der KA Landshut, Korrespondenz Abwasser 42, 8 (1995)

[Vog95]   A. Vogelpohl, M. Sievers, D.P.F. Möller, B.R. Bracio, J. Jungblut: Dynamic Simulation of Wastewater Treatment - The Process of Nitrification, in: F. Breitenecker and I. Husinsky (Editors), Proceedings of the 1995 EUROSIM Conference, EUROSIM '95, Vienna, Austria, 11-15 September 1995, Elsevier 1995, S. 915-920

Versuchsplanung und Diskriminierung zur Parametrisierung makrokinetischer Modelle in der Biotechnologie

R. Takors , W. Wiechert, D. Weuster-Botz, C. Wandrey

Institut für Biotechnologie, Forschungszentrum Jülich GmbH

D - 52 425 Jülich

Abstract: Am Beispiel der methylotrophen Hefe *Candida boidinii* wird ein neuartiges Verfahrenskonzept zur Makrokinetikbestimmung vorgestellt. Wesentliche Hauptziele dieses Konzeptes sind sowohl die effiziente Bestimmung einer ausgewählten Kinetik als auch die Diskriminierung des passenden makrokinetischen Modells. Während für die erste Aufgabenstellung ein D-Optimales Design verwendet wird, kommt zur Kinetikerkennung ein parametersensitives Verfahren zum Einsatz. Beide Ansätze wurden nicht nur in Simulationsrechnungen sondern auch experimentell getestet. Die Anwendbarkeit dieser Methoden steht im Mittelpunkt der Untersuchungen.

1. Einleitung

Die Beschreibung mikrobieller Stoffumwandlungen in biotechnologischen Prozessen wird oftmals mit Hilfe makrokinetischer Modelle durchgeführt. Diese modellieren Wachstum, Substratverbrauch und Produktbildung und bilden die Grundlage zur Reaktorwahl, Prozeßführung und -auslegung.Makrokinetische Parameter werden in der Regel nach der Fließgleichgewichtsmethode in kontinuierlichen Versuchen ermittelt. Aufgrund des „sukzessiven" Herantastens an den Auswaschpunkt sind lange Versuchszeiträume notwendig. Ebenso ist es z.B. bei Vorliegen einer Substratüberschußinhibierung nicht möglich im Chemostaten Betriebspunkte im Inhibierungsbereich einzuregeln. Oftmals erfolgt eine Auswertung der Experimente erst nach Durchführung aller Messungen. In der Regel erweisen sich dann einige Meßpunkte als überflüssig. Dagegen wären ergänzende Meßpunkte für eine genaue Parameteranpassung oder Kinetikerkennung oft wünschenswert. Ziel einer effektiven Kinetikbestimmung ist daher die Minimierung der Experimentenanzahlbei gleichzeitiger Erhöhung der Kinetikgenauigkeit. Dies schließt ebenfalls das Erkennen des passenden makrokinetischen Modells mit ein (Kinetikdiskriminierung).

2. Methodik

Grundlage der effizienten Kinetikbestimmung ist eine **Versuchsplanung**, die gezieltinteressante Meßpunkte zur Kinetikermittlung vorschlägt. Diese werden in einer Versuchsanlage **nutristatisch** (d.h. durch Einregelung einer bestimmten Substratkonzentration im Fermenter) eingestellt. Dabei wird ein modellgestützter parameteradaptiver Regelkreis (Kalman-Filter) in Verbindung mit einem Minimalvarianzregler (MV3) verwendet. Durch die nutristatische Fahrweise ist es möglich, auch Betriebspunkte mit hohen Substratkonzentrationen bei Vorliegen einer Substratüberschußinhibierung einzuregeln. Der entsprechende makrokinetische Parameter kann dadurch genau bestimmt werden. Die Gefahr eines „wash-out" entfällt.

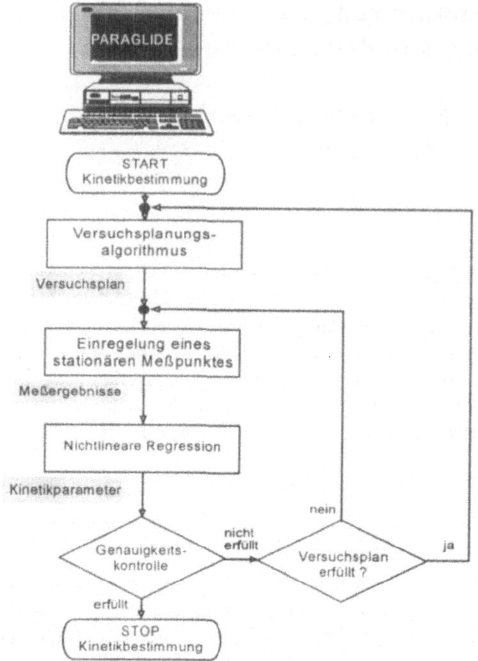

Nach Einstellen der vorgeschlagenen stationären Betriebspunkte werden mit Hilfe nichtlinearer Regression die makrokinetischen Parameter bestimmt. Eine anschließende Überprüfung zeigt, ob diese bereits ausreichend genau sind oder das passende Kinetikmodell erkannt ist (Abb. 1).

Die Versuchsplanung kann für unterschiedliche Zielsetzungen eingesetzt werden. Einerseits schlägt sie Meßpunkte derart vor, daß ein ausgewähltes kinetisches Modell möglichst genau und effizient bestimmt wird. Andererseits werden Meßpunkte so berechnet, daß aus einer Vielzahl unter-schiedlicher konkurrierender Modelle das passende Kinetik-modell ermittelt wird.

Abb. 1: Prinzipskizze der Kinetikbestimmung

Grundlage der Versuchsplanung eines bekannten makrokinetischen Modells ist die Fisher-Informationsmatrix, die im sequentiellen D-Optimal Design Verwendung findet. Ausgehend vom ursprünglich univariaten Versuchsplanungsansatz ([BoLu59]) wurde die Methodik für multivariate Applikationen erweitert. Damit ist das Verfahren für die Bearbeitung biotechnologischer Aufgabenstellungen anwendbar. Bei der Versuchsplanung zur Modelldiskriminierung kann entweder eine gewichtete Fehlerquadratmaximierung oder ein erweiterter, parametersensitiver Ansatz ([BoHi67]) ausgewählt werden. Um diesen Diskriminierungsansatz für biotechnologische Anwendungen einsetzen zu können, mußte einerseits eine Erweiterung vom univariaten zum multivariaten Ansatz durchgeführt werden. Andererseits konnte keine konstante Varianz der Messungen zugelassen werden, sondern es mußte eine variable Meßfehlervarianz berücksichtigt werden. Die Verwendung dieses Ansatzes bietet zum einen die Möglichkeit aus vorhandenen Meßdaten das passende makrokinetische Modell zu erkennen und es mit einer hohen Modellwahrscheinlichkeit zu versehen. Zum anderen ermöglicht er eine diskriminierende Versuchsplanung, deren Ziel es ist, Meßpunkte derart vorzuschlagen, daß eine eindeutige Modellerkennung nach möglichst wenigen Messungen möglich ist.Modellbildung, Versuchsplanung, und -auswertung sind im Computerprogramm *PARAGLIDE* implementiert. Die verwendete Programmiersprache ist C++. Bei der Kinetikmodellierung können maximal zwei Substrate und zwei Produkte berücksichtigt werden. Dabei sind unterschiedliche Modelle für Substrat- oder Produktinhibierung, Substratlimitierung, Maintenance-Terme und verschiedene Ansätze der Produktbildung verfügbar.

3. Konzeptvalidierung

Die Validierung des Konzeptes zur effizienten Bestimmung eines bekannten Kinetik-modells erfolgt am Beispiel der methylotrophen Hefe *Candida boidinii*. Die Verwendung dieses Organismus bietet die Möglichkeit eine Zwei-Substratkinetik (Methanol, Sauerstoff) mit wachstumsgekoppelter Produktbildung (Formiatdehydrogenase - FDH) zu modellieren.
Die inhibierende Wirkung des Methanols wird ebenfalls berücksichtigt. Damit können Wachstum (O), Substratverbrauch (•) und Produktbildung (◻) folgendermaßen modelliert werden:

$$\mu = \mu_{max} \frac{c_{MeOH}}{c_{MeOH} + K_{s,MeOH} + \dfrac{c^2_{MeOH}}{K_{i,MeOH}}} \frac{c_{O_2}}{c_{O_2} + K_{s,O_2}}$$

$$Y_{x,MeOH} = \frac{\mu \cdot Y_{x,MeOH,max}}{Y_{x,MeOH,max} \cdot m_{MeOH} + \mu}$$

$$\sigma_{MeOH} = \frac{\mu}{Y_{x,MeOH,max}} + m_{MeOH}$$

$$Y_{x,O_2} = \frac{\mu \cdot Y_{x,O_2,max}}{Y_{x,O_2,max} \cdot m_{O_2} + \mu}$$

$$\sigma_{O_2} = \frac{\mu}{Y_{x,O_2,max}} + m_{O_2}$$

$$Y_{FDH,x} = \frac{\mu \cdot Y_{FDH,x,max}}{Y_{FDH,x,max} \cdot m_{FDH} + \mu}$$

$$\pi_{FDH} = \mu \cdot Y_{FDH,x}$$

Basis der **Simulationsrechnungen** zur Überprüfung des Konzeptes sind experimentelle Daten einer bereits durchgeführten Kinetikbestimmung für ein nicht optimiertes Medium. Diese kinetischen Parameter werden verwendet, um stationäre Betriebspunkte der Versuchsplanung zu berechnen. Durch Bilanzierung lassen sich daraus entsprechende Zustandsgrößen ermitteln, welche mit einem zufälligen, maximal 10%igen idealen weißen Rauschen belegt werden. Die verrauschten Zustandsgrößen bilden wiederum die Grundlage zur Ermittlung der kinetischen Meßgrößen, die zur nichtlinearen Parameter-regression herangezogen werden. Vorgeschlagene Messungen werden simuliert und das Verfahren sequentiell (gemäß Abb.1) betrieben.

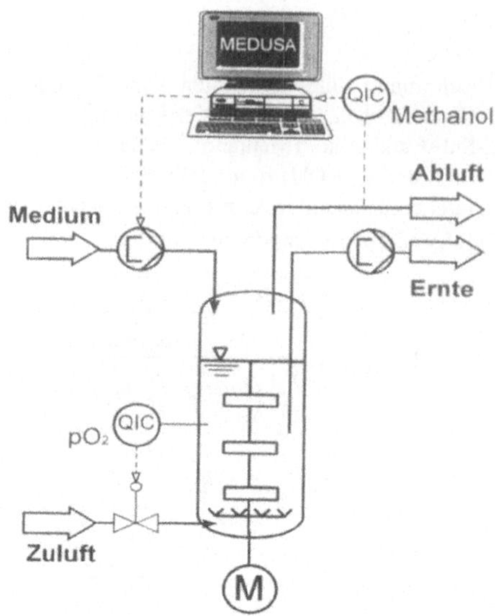

Abb. 2: Prinzipskizze des Versuchsaufbaus Fermentationen werden in einem 4l Versuchsreaktor durchgeführt. Durch Abgas-analytik wird online die Methanol-Konzentration im Fermenter bestimmt und zur nutristatischen Regelung einem Meßdatenerfassungsprogramm (*MEDUSA*) übergeben (Abb.2). Die Ein-stellung bestimmter Gelöstsauerstoffkonzentra-tionen erfolgt mit Hilfe einer pO_2-Sonde in Verbindung mit einem P-Regler zur Zuluftregulierung. Die Bestimmung der Biomasse- und Produktkonzentration geschieht offline.

4. Ergebnisse

Am Beispiel von *Candida boidinii* kann gezeigt werden, daß bereits wenige Messungen genügen, die 10-parametrige Makrokinetik zur Modellierung von Wachstum, Substrat-verbrauch und Produktbildung ausreichend genau zu bestimmen. **Simulationsrechnungen** belegen, daß nach einem Versuchsplan mit 12 simulierten Messungen, die Ungenauigkeit der ermittelten Parameter weniger als 10% beträgt. Dabei wurde von einem Meßrauschen der Einflußgrößen von 10% ausgegangen. **Experimentelle Untersuchungen** bestätigen das Ergebnis. In einem Bereich von 1-35 $g_{Methanol}$/l und 1-100% Sauerstoff-Sättigung wurden vom Versuchsplanungsalgorithmus Meßpunkte vorgeschlagen und diese nutristatisch im Fermenter eingeregelt. Dabei wurden mehrmals Meßpunkte im Inhibierungsbereich ausgewählt, was die Notwendigkeit einer nutristatischen Regelung zur Kinetikbestimmung verdeutlicht.

Sowohl Simulationsrechnungen als auch die offline-Auswertung experimenteller Datensätze haben gezeigt, daß die Verwendung des in *PARAGLIDE* implementierten, parametersensitiven Diskriminierungsansatzes zur Erkennung der „richtigen" Makrokinetik geeignet ist. Aus dem Meßdatensatz der Kinetikbestimmung konnte aus einer Menge von 10 konkurrierenden Modellen das passende makrokinetische Modell eindeutig erkannt werden.

5. Literatur

[BoHi67]   G.E.P.Box, W.J. Hill
             Discrimination Among Mechanistic Models Technometrics, Vol.9, No.1, 1967

[BoLu59]   G.E.P. Box, H.L. Lucas
             Design of Experiments in Nonlinear Situations 1959, Biometrika, 46, 77-90

Simulationsgestützte Optimierung von Verpackungsanlagen

J. Hennig, M. Weiß
Institut für Konstruktionstechnik und Anlagengestaltung
Gostritzer Straße 61-63
01217 Dresden

Kurzfassung

Dargestellt wird der Einsatz eines branchenspezifischen Simulators für die Analyse und Optimierung von komplexen Verpackungsanlagen in der Nahrungsgüterindustrie. Bedingt durch die hohe Produktivität, den großen Umfang und die durchgängige Verkettung moderner automatisierter Verpackungsanlagen ist die Beurteilung der Dynamik des Verpackungsprozesses und damit der Leistungsfähigkeit mit herkömmlichen Überschlagsrechnungen nicht mehr genau genug möglich. Durch die Simulation des Verpackungsprozesses können wesentlich genauere Informationen gewonnen und damit die Planungssicherheit bei Neuanlagen und bei vorgesehenen Veränderungen bedeutend erhöht werden. An typischen Optimierungsproblemen wird gezeigt, daß durch den Zuschnitt des Simulationssystems auf Verpackungsanlagen das Aufwand-Nutzen-Verhältnis bei der Lösung von Simulationsaufgaben sehr günstig ist.

1. Kennzeichnung von Verpackungsanlagen

Moderne Verpackungsanlagen umfassen heute große zusammenhängende Produktionsabschnitte in der Nahrungsgüterproduktion. So beginnt beispielsweise eine Getränkeabfüllanlage bei der Zuführung der auf Paletten gestapelten Kästen mit Rücklaufflaschen und endet mit der Abgabe der gesicherten Palettenladung von Kästen mit verkaufsfertigen Flaschen. Sie enthält etwa 70 verkettete Anlagenelemente und produziert bis 100.000 Flaschen in der Stunde. In manchen Bereichen ist die Produktivität noch wesentlich höher; z. B. werden Zigaretten mit mehr als 10.000 Stück je Minute hergestellt und verpackt, Bonbons mit mehr als 1.500 Stück je Minute eingewickelt. Auf den Verpackungsprozeß wirken eine Vielzahl von stofflichen, maschinentechnischen und organisatorischen Einflüssen, so daß sein Ablauf Schwankungen unterliegt, wodurch das erzielbare Produktionsergebnis mit herkömmlichen Mitteln nicht sicher prognostiziert werden kann.

Die wesentlichsten Einflüsse auf die Dynamik des Verpackungsprozeßverlaufes sind Schwankungen im Stofffluß an Materialeingängen in die Anlage, zustandsabhängige Steuerungseinwirkungen an Anlagenelementen (z. B. der Arbeitsgeschwindigkeit in Abhängigkeit von Speicherbelegungen), stochastische Funktionsstörungen von Anlagenelementen, Eingriffe der Bedienpersonen und organisatorische Beeinflussungen des Verpackungsprozesses. Diese Einflüsse wirken nicht gleichmäßig auf alle Anlagenelemente, sondern bilden örtlich und zeitlich veränderliche Schwerpunkte, die sich unterschiedlich auf die Produktivität, also auf die je Produktionsschicht erzielbare Menge qualitätsgerecht verpackter Produkte, auswirken. Der Anlagenprojektant muß aber bereits in der Planungsphase die vertraglich zugesicherte Leistungsfähigkeit der Anlage möglichst genau abschätzen, um einerseits nicht unter dem Planungsziel zu bleiben und andererseits teuere Überdimensionierung zu vermeiden. Zur Zeit wird dieses Problem auf der Grundlage von Erfahrung und mit empirischen Faustformeln, die summarische Kenngrößen wie Wirkungsgrad und Nennausbringung der Anlagenelemente berücksichtigen, mit nur geringer Treffsicherheit gelöst. Die Folge sind häufig lange Inbetriebnahmezeiten, Nachbesserungen und Vertragsstreitigkeiten. Ähnlich sind die Schwierigkeiten, wenn abgeschätzt werden muß, ob sich der

Aufwand für die Verbesserung einer vorhandenen Verpackungsanlage durch die zu erreichende Mehrproduktion gedeckt wird.

2. Kennzeichnung des Simulationssystems PacSi

Das Simulationssystem PacSi wurde mit der Absicht entwickelt, die aus der Analyse zahlreicher Verpackungsanlagen vorliegenden Daten effektiv zu verarbeiten und diese für die Analyse und Optimierung von Verpackungsanlagen im Planungsstadium zu nutzen. Es entstand so ein Werkzeug für die Erhöhung der Effizienz und Zielsicherheit des Anlagenentwurfes. Aus diesem Grunde und weil umfangreiche Kenntnisse zum Betriebsverhalten von Verpackungsmaschinen und Verpackungsanlagen vorhanden waren, wurde das Simulationssystem als branchenorientierter Simulator für die Verpackungstechnik mit einem die Funktion und das Verhalten der wichtigsten Elemente von Verpackungsanlagen widerspiegelnden Modellvorrat aufgebaut. Die Grundelemente, die in verschiedenen funktionellen Varianten vorhanden sind, sind Maschinen, Förderer, Verteilungen, Zusammenführungen, Speicher, Zuführungen und Abführungen.
Zum Aufbau eines Simulationsmodells einer Verpackungsanlage werden die 2D-Modellelemente aus der Elementebibliothek gegriffen und durch Mausklick in der Matrix der Bildschirmoberfläche plaziert. Die Verbindung der Elemente entsprechend der Verkettungsstruktur erfolgt weitgehend automatisch. Es entsteht so ein realitätsnahes Modellayout der Anlage.

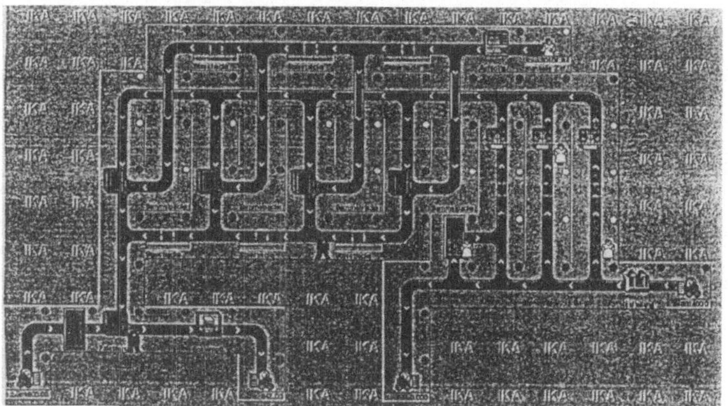

Abbildung 1: Beispiel eines Modellayouts einer Verpackungsanlage

Durch die Parametrisierung werden die Modellelemente dimensioniert und bezüglich ihres Verhaltens beschrieben. Zur Unterstützung dieses Vorganges gibt es für jede Elementeart spezielle Eingabemasken.
Zum Beispiel sind für die Parametrisierung einer Maschine einzugeben:
     technische Leistungsdaten (Arbeitsgeschwindigkeit, Inhalt, . . .),
     Steuerung (Stellbereich, Führungsgrößen, Steuerungsart. . . .),
     Ausfallverhalten (Verteilungsfunktion Ausfallabstand, Verteilungsfunktion Ausfalldauer).

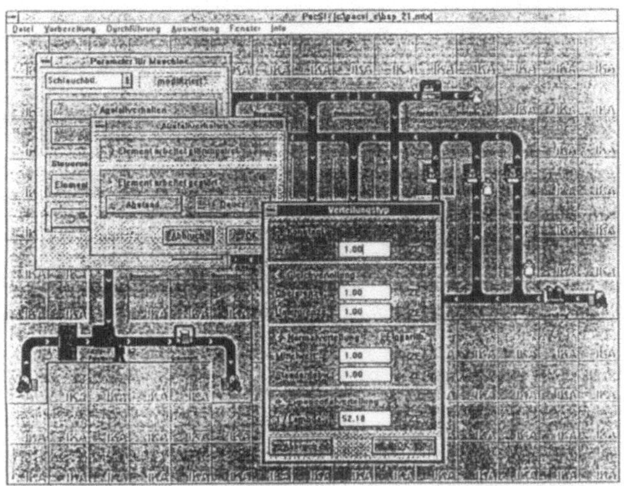

Abbildung 2: Masken zur Parametrisierung

Für den unternehmensspezifischen Zuschnitt des Simulationssystems kann eine grafisch angepaßte Oberfläche und eine Elementebibliothek mit systematisch strukturiertem und vollständig parametrisierten Elementevorrat aufgebaut werden. Abbildung 3 zeigt einen Ausschnitt eines solchen in drei Ebenen (A;B;C) gegliederten Systems für den Getränkeanlagenbau. Mit einem solchen System lassen sich Simulationsexperimente sehr einfach und schnell auch ohne informationstechnische Kenntnisse durchführen. Für neu entwickelte oder zugekaufte Anlagenelemente lassen sich die Modellelemente ohne großen Aufwand erarbeiten, so daß die Elementebibliothek mit dem Produktsortiment des Unternehmens wächst.

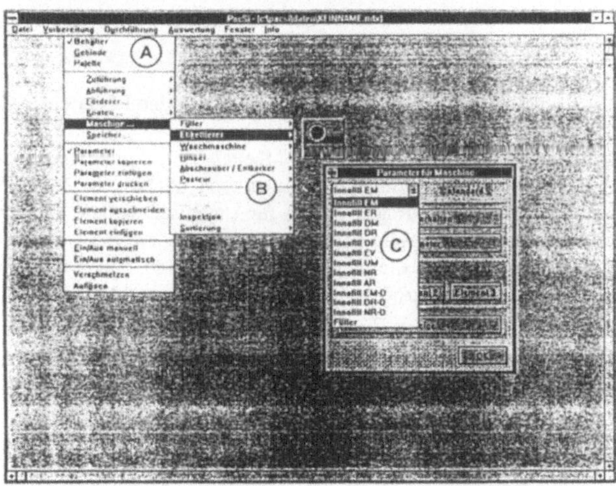

Abbildung 3: Masken einer unternehmensspezifischen Elementebibliothek

Beim Start eines Simulationslaufes mit einem erstellten Anlagenmodell werden die Zustände Stau, Mangel, Störung und ordnungsgemäße Funktion an jedem Element durch Farbpunkte sowie die Speicherfüllung und die momentane Arbeitsgeschwindigkeit durch Farbbalken angezeigt. Durch diese Animation erhält man ein hinreichend gutes Bild von der Dynamik des Verpackungsprozesses. Außerdem können an jedem Element beliebige Größen als Zahlenwerte angegeben werden. (siehe Abbildung 1)

Die bei der Simulation auf die Festplatte geschriebenen Ergebnisse können z. B. mit einem Tabellenkalkulationsprogramm in beliebiger Weise ausgewertet werden, beispielsweise als Verlaufsdiagramm des Verpackungsprozesses an einem ausgewählten Punkt der Anlage, wie das Abbildung 4 für eine Getränkeanlage zeigt.

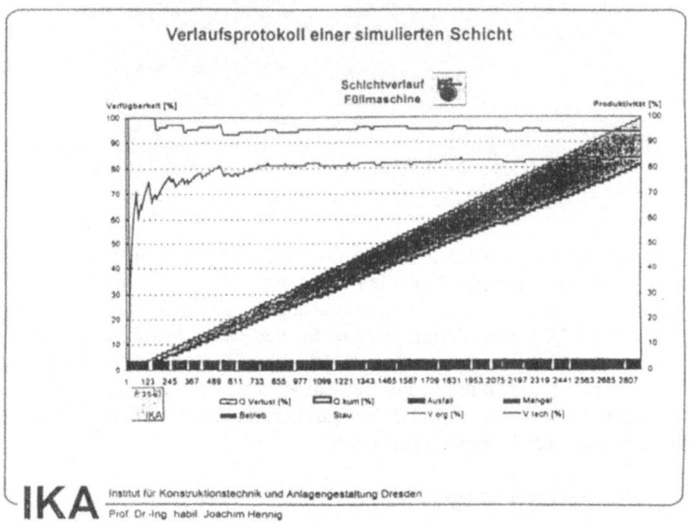

Abbildung 4: Verlaufsprotokoll einer simulierten Schicht für den Füller einer Getränkeanlage

Da Verpackungsanlagen mit hohen Taktzahlen arbeiten, eine große Anzahl von Elementen haben und der Verpackungsprozeß sehr stark stochastisch abläuft, muß die Simulationsgeschwindigkeit sehr hoch sein. In der Regel müssen für statistisch sichere Ergebnisse mit einer Modellvariante 20 bis 30 Simulationsläufe durchgeführt und ausgewertet werde. Da das Simulationssystem PacSi speziell für diese Bedingungen entwickelt wurde, dauert bei diesem ein Simulationslauf bei einer durchschnittlich großen Anlage nicht länger als 5 Minuten..

3. Ausgewählte Optimierungsprobleme bei Verpackungsanlagen

Maschinenabstimmung
Bei größeren reihenverketteten Anlagen, beispielsweise bei Getränkeabfüllanlagen, ist die richtige Leistungsabstimmung der einzelnen Maschinen aufeinander entscheidend für die Produktivität der Anlage. Da jede Maschine einen anderen Wirkungsgrad besitzt und außerdem die Forderung

besteht, daß der Füller so wenig wie möglich durch Mangel oder Stau in seiner Funktion gestört
wird, ist es nicht einfach, für jede Maschine den günstigsten Wert für die Einstellausbringung zu
finden. Durch Simulation der Anlage mit veränderter Einstellung findet man die günstigste Variante recht leicht. Das Ergebnis kann z. B. für eine Getränkeabfüllanlage so wie in der Abbildung
dargestellt aussehen.

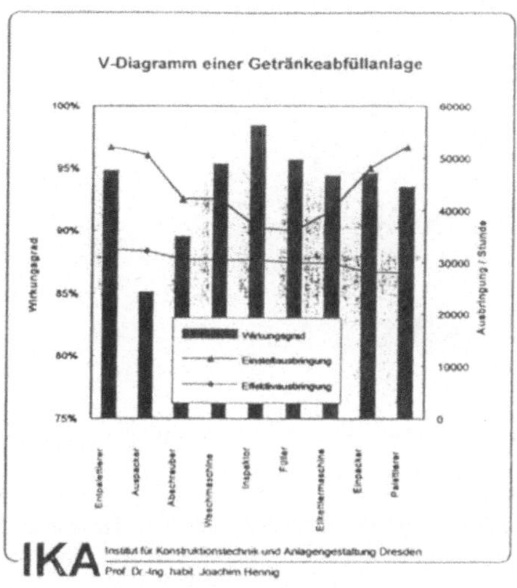

Abbildung 5:   V-Diagramm einer Getränkeabfüllanlage für eine
günstige Maschinenabstimmung

Anzahl parallelgeschalteter Maschinen

In manchen Branchen, beispielsweise in der Süßwarenindustrie, müssen für eine Verpackungsstufe (z. B. Einzeleinschlag) mehrere Maschinen parallelgeschaltet werden, um die nachfolgende
Verpackungsstufe, insbesondere die Endverpackung, auszulasten. Wegen des stochastischen Aus-
fallverhaltens der Maschinen ist es schwierig, die richtige Anzahl von Maschinen zu bestimmen.
Gesucht wird der optimale Kompromiß aus hergestellter Menge je Schicht und zeitlicher Auslastung der Maschinen. Durch Simulation von Varianten mit unterschiedlicher Maschinenanzahl
sowie Auswertung der erzeugten Packungsmenge und der Maschinenauslastung erhält man quantitative Grundlagen für die Entscheidung (siehe Abbildung 6).

Speicherdimensionierung

Speicher (Puffer) dienen in Verpackungsanlagen zum Ausgleich von zeitlichen Schwankungen
des Stoffflusses und der daraus entstehenden Differenz zwischen Produktangebot und Produktbe-
darf an einer Maschine. Sie erhöhen die Produktivität und die Stabilität des Verpackungsprozesses, verursachen aber zusätzliche Kosten und selbst auch Störungen. Gesucht wird daher die für
den gewünschten Effekt notwendige Speichergröße. Diese hängt von der statistischen Verteilung
des zeitlichen Materialflusses ab, der wiederum von der statistischen Verteilung des Ausfallab-
standes und der Ausfalldauer der für den Speicher relevanten Anlagenelemente bestimmt wird.
Mit pauschalen Überschlagsrechnungen ist dieses Problem nur sehr ungenau

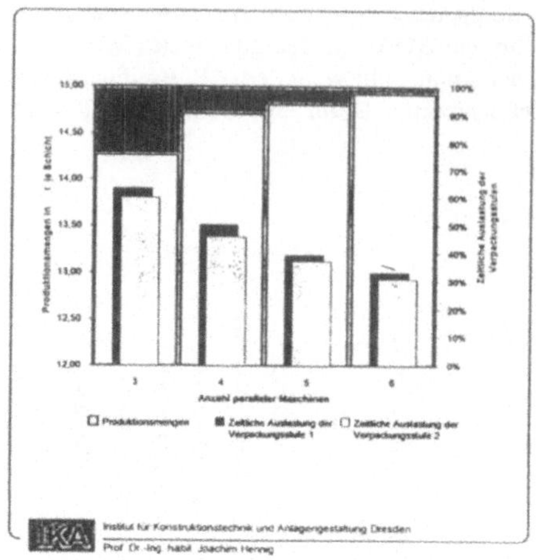

Abbildung 6: Produktionsmenge und Auslastung parallelgeschalteter Maschinen

zu lösen. Mit dem Simulationssystem ist es aber möglich, bei Simulationsläufen den Speicherinhalt über eine beliebige Produktionszeit zu erfassen und danach grafisch auszugeben. Man erkennt dann sehr leicht, wie oft der Speiche leer oder voll war, ob er tendenziell überläuft oder zu groß dimensioniert war. Durch Variantenvergleich läßt sich schnell statistisch gesichert die richtige Speichergröße finden.

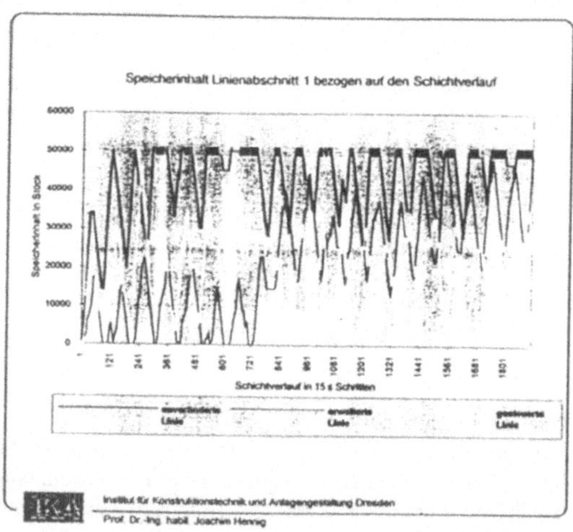

Abbildung 7: Verlauf des Speicherinhalts während einer Produktionsschicht für drei Varianten

Verteilung von Produktströmen

In einem mehrstufigen Verpackungsprozeß wird die Verteilung der Produktströme innerhalb der Anlage durch die Verkettung und damit durch die Gestaltung der Förderwege zwischen den Maschinen festgelegt. Die Art dieser Verteilung ist entscheidend für die Auslastung der einzelnen Zweige und Maschinen der Verpackungsanlage und damit auch für die erreichbare Produktivität.

Das Problem ist dann trivial, wenn etwa in einem zweistufigen Verpackungsprozeß die erste und die zweite Verpackungsstufe durch jeweils die gleiche Anzahl parallelgeschalteter Maschinen realisiert werden und immer eine Maschine der ersten Stufe unverzweigt mit einer Maschine der zweiten Stufe verbunden ist. Die Auslastung der Anlage ist dabei aber wegen der geringen Flexibilität in der Regel am geringsten.

Meist ist aber die Anzahl der Maschinen in den einzelnen Verpackungsstufen aus Produktivitätsgründen unterschiedlich. Dann muß die Verteilung der Produktströme gesteuert werden. Je freizügiger diese Verteilung gestaltet wird, desto besser kann sich die Anlage der jeweiligen Prozeßsituation anpassen, aber desto größer ist auch der dafür notwendige technische Aufwand. Als Entscheidungshilfe bei der Suche nach dem optimalen Kompromiß wurden drei Varianten simuliert:

A) direkte Zuordnung von jeweils vier Maschinen,

B) eingeschränkt steuerbare Zuordnung von drei auf vier Maschinen,

C) freie Verteilung der Produktströme von drei auf vier Maschinen.

Das Maß für die Effektivität der Verteilung sind die erzielbare Produktionsmenge und die Auslastung der Anlage. Die Ergebnisse in Abbildung 8 zeigen, daß mit größerem Verteilaufwand und damit zunehmender Flexibilität die Anlage deutlich produktiver arbeitet. Anhand der Simulationsergebnisse kann für die konkreten Bedingungen der notwendige Aufwand festgelegt werden

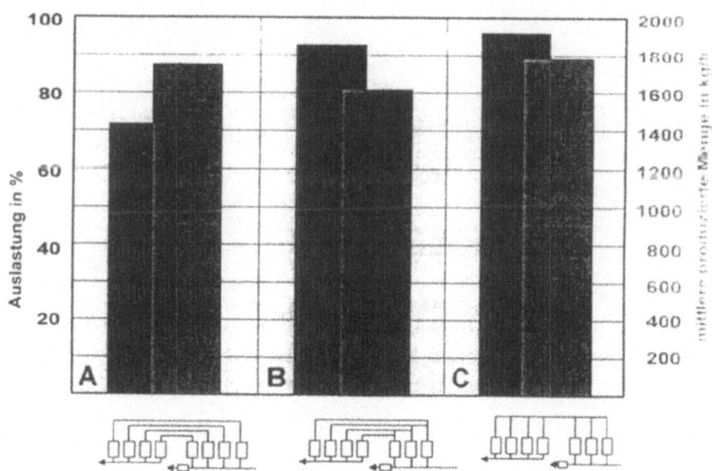

Abbildung 8: Produktionsmenge und Auslastung für unterschiedliche Produktstromverteilung

4. Schlußbemerkungen

Zahlreiche Simulationsprojekte haben gezeigt, daß die Simulation heute ein unverzichtbares Arbeitsmittel bei der effektiven Optimierung komplexer Verpackungsanlagen ist. Es hat sich auch herausgestellt, daß die Verwendung eines branchenorientierten Simulationssystems im Vergleich zu einem universellen Simulator wesentlich günstiger ist. Das liegt an dem viel geringeren Modellierungsaufwand und den kürzeren Simulationszeiten.

Zur Lösung hyperbolischer Differentialgleichungen mit wandernden Diskontinuitäten

Peter Heusser und Jürgen Halin
ETH Eidgenössische Technische Hochschule Zürich
Institut für Energietechnik
Clausiusstr. 33, CLT C1
CH-8092 Zürich, SCHWEIZ

Einführung

Die Simulation thermohydraulischer Systeme ist in der Energie- und Verfahrenstechnik von zentraler Bedeutung. In der Kraftwerkstechnik werden beispielsweise zur Simulation solcher Systeme weltweit ausschliesslich bekannte Codes wie TRAC [1], CATHARE [2] oder RE-LAP5 [3] eingesetzt. Bei den Codes wird zur Beschreibung der Navier-Stokes-Gleichungen, d.h. gekoppelter hyperbolischer partieller Differentialgleichungen für die Bilanzen von Dichte, Massenstrom und Energie, folgende wohlbekannte Methodik gewählt:

1. Linearisierung nichtlinearer Terme
2. Approximation örtlicher Ableitungen mittels finiter Differenzenverfahren niedriger Ordnung

Die Vorteile dieser Verfahren bestehen darin, dass sie zu einfachen, leicht implementierbaren Algorithmen mit wohlbekannten Eigenschaften führen. Als nachteilige Aspekte sind die geringe Genauigkeit aufgrund der lokalen Approximationen erster Ordnung und die mangelhafte Erfassung der Modelldiskontinuitäten und die aus solchen fehlerbehafteten Approximationen resultierende grosse Zahl benötigter Diskretisierungsintervalle zu erwähnen. Die Grösse der entstehenden Gleichungssysteme führt zu äusserst zeitaufwendigen Lösungen und ist ausserdem, trotz einfacher Gleichungsbeziehungen je Gitterpunkt sehr speicherintensiv.

Im Rahmen einer Dissertation wurde ein neuer Lagrange-artiger Diskretisierungsalgorithmus entwickelt, der eine seiner Fehlerordnung entsprechende Erfassung der Diskontinuitäten erlaubt. Anhand einer typischen thermohydraulischen Anwendung, der Simulation eines Verdampfungsrohres, wird gezeigt, wie sich verschiedene Verfahren unterschiedlicher Ordnung zur Integration über Ort und Zeit gesamthaft auf den Lösungsablauf auswirken. Hierbei spielt die Einbindung der Diskontinuitäten, insbesondere die sich bewegenden Phasengrenzen zwischen Ein- und Zweiphasengebieten, eine besondere Rolle. Dieses Verfahren zur Simulation zeitlich wandernder Diskontinuitäten, mit dem auch leicht Nichtlinearitäten in den Modellgleichungen behandelt werden können, hat gegenüber herkömmlichen Methoden die Vorteile, die numerische Stabilität zu erhöhen und dabei die Rechengenauigkeit signifikant zu steigern.

Allgemeines Gleichungssystem

Das zu lösende Gleichungssystem basiert auf einer vereinfachten Beschreibung des Verdampfungsprozesses in der Anlage. Diese enthält einen *Vorwärmer*, in dem die Temperatur des unterkühlt eintretenden Wassers kontinuierlich bis zur Sättigungstemperatur ansteigt. Der Beginn des Siedens an der Verdampfungsfront kennzeichnet den Übergang zum Zweiphasengebiet, der *Verdampfungsregion*, in dem die Dampfqualität von null auf eins ansteigt. Für diesen Bereich wird das Homogene Gleichgewichtsmodell (HEM) verwendet; d.h. Druck, Temperatur und Geschwindigkeit sind lokal für beide Phasen identisch. Stabilitätsanalysen im Frequenzbereich haben gezeigt, dass dieses Modell Instabilitäten in Verdampfungsrohren adäquat beschreibt [4]. Als letzter Bereich folgt der *Überhitzer*, wo die Temperatur des reinen Gases bis zum Rohrende kontinuierlich weiter ansteigt.

Diese vereinfachte Darstellung enthält Zweiphasenübergänge, wo die Reibung und der Wärmestrom von der Wand zum Fluid sich stark, eventuell sogar diskontinuierlich, ändern.

In verfeinerteren Modellen, die verschiedene Fliessformen beinhalten (Blasensieden, Film-
sieden etc.) können die wandernden Grenzen gleichbehandelt werden.

Die Erhaltungsgleichungen für Masse, Impuls und Energie sind im Falle des HEM identisch
mit denen der Einphasengebiete. Die hier verwendeten Erhaltungsgleichungen, gültig für alle
drei Bereiche, basieren auf der konservativen totalen Enthalpiebeschreibung [5], da dies die
meist verbreitetste Form, auch für verfeinerte Zweiphasenmodelle, ist.

Das System der für variable Anfangs- und Randbedingungen zu lösenden eindimensionalen
partiellen Differentialgleichungen mit den abhängigen Variablen ρ, G und ρh^0, und die durch
die allgemeine algebraische Zustandsgleichung implizit gegebene Grösse p, lautet wie folgt:

$$\frac{\partial \rho}{\partial t} = -\frac{\partial}{\partial z} G \tag{1}$$

$$\frac{\partial G}{\partial t} = -\frac{\partial}{\partial z}\left(\frac{G^2}{\rho}\right) - \frac{\partial p}{\partial z} - f + g \tag{2}$$

$$\frac{\partial \rho h^0}{\partial t} = -\frac{\partial G h^0}{\partial z} + q''' + \frac{\partial p}{\partial t} \tag{3}$$

$$\rho = \rho\left(G, h^0, p\right), \tag{4}$$

wobei: ρ = Dichte, G = Massenmoment, h^0 = totale Enthalpie, p = Druck, f = Reibungsterm, g = Gravitationsterm, q''' = Wärmequelle, t = Zeit und z = Ortskoordinate.

Der Reibungsterm f hängt mit dem Moment wie folgt zusammen:

$$f = \tfrac{1}{2}\frac{\zeta}{\rho} \mid G \mid G, \tag{5}$$

mit einem empirischen Widerstandskoeffizienten ζ, der von der Strömung abhängig ist. Die
Wärmequelle q''' kann folgendermassen beschrieben werden:

$$q''' = \frac{P}{A}(1 - \beta)q'' + \beta H(T_w - T), \tag{6}$$

mit einem Wärmeübergangskoeffizienten H, und dem Parameter β zur Bestimmung, ob
Wärmestrom q'' ($\beta = 0$) oder Wandtemperatur T_w ($\beta = 1$) bestimmt. Die Temperatur T
ist im Einphasenbereich durch die spezifische Enthalpie h definiert, welche selbst von den
Systemvariablen abhängt:

$$h = c_p T, \qquad h^0 = h + \frac{1}{2}\frac{G^2}{\rho^2} - gz\cos\varphi \tag{7}$$

Vorwärmer

Im flüssigen Einphasenbereich wird die Zustandsgleichung durch eine sogenannte Boussinesq-
Approximation beschrieben:

$$\rho = \rho_0 + \alpha(T - T_0). \tag{8}$$

Verdampfer

Im Zweiphasenbereich, im Falle des HEM, gelten Sättigungsbedingungen, so dass alle thermodynamischen Grössen Funktionen des lokalen Druckes sind. Zusätzlich sind die Mischungs-
dichte und die Enthalpie in Funktion der Gleichgewichtsdampfqalität x gegeben:

$$\left.\begin{aligned}
\rho_l = \rho_l(p), \quad \rho_g &= \rho_g(p), \\
h_l = h_l(p), \quad h_g = h_g(p), \quad T &= T_{sat}(p) \\
\frac{1}{\rho} = \frac{x}{\rho_g} + \frac{(1 - x)}{\rho_l}, & \\
h = (1 - x)h_l + x h_g &
\end{aligned}\right\} \tag{9}$$

wobei h_l und h_g die spezifischen Sättigungsenthalpien, und ρ_l und ρ_g die Sättigungsdichten
für die rein flüssige und die rein gasförmige Phase sind.

Überhitzer

Im gasförmigen Einphasenbereich ist die perfekte Gasgleichung meistens adäquat:

$$\rho = \frac{p}{RT}, \tag{10}$$

wobei R die Gaskonstante für Wasserdampf ist.

Die Randbedingungen am Ein- und Auslass können verschiedene Kombinationen von Druck
p und Massenmoment G sein: (p_{in}, p_{out}), (p_{in}, G_{out}) oder (G_{in}, p_{out}).

Verwendete Approximationen

Zur Diskretisierung der Differentialgleichungen wird ein standardmässig versetztes Gitter (staggered-mesh) verwendet [6]. Fluideigenschaften werden in den Zellzentren und Flussgrössen an den Zellübergängen evaluiert, Fig. 1.

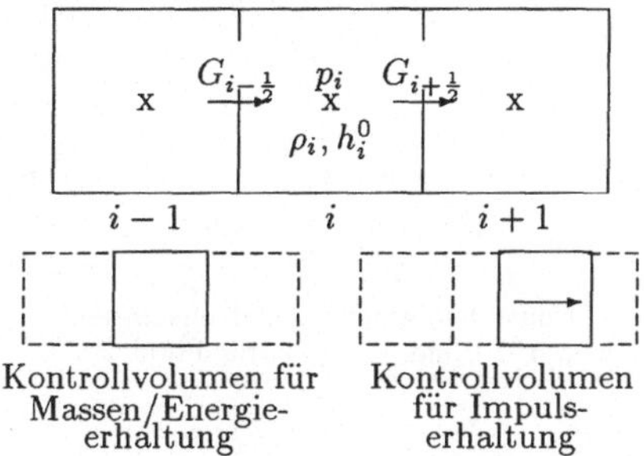

Fig. 1: Disposition der abhängigen Variabeln im versetzten Gitter

Die Diskretisierung der Konvektionsterme wird mit Verfahren verschiedener Ordnung vollzogen, welche auf Taylor-Reihen-Entwicklungen basieren. Die Massenerhaltungsgleichung (1) diskretisiert mit einem "upwind"-Verfahren 3. Ordnung ergibt:

$$\frac{\partial \rho_i}{\partial t} = \begin{cases} \dfrac{G_{i-\frac{5}{2}} - 3G_{i-\frac{3}{2}} - 21G_{i-\frac{1}{2}} + 23G_{i+\frac{1}{2}}}{24\Delta z} + O(\Delta z^3) & \text{falls } G > 0 \\[2ex] \dfrac{23G_{i-\frac{1}{2}} - 21G_{i+\frac{1}{2}} - 3G_{i+\frac{3}{2}} + G_{i+\frac{5}{2}}}{24\Delta z} + O(\Delta z^3) & \text{falls } G < 0 \end{cases} \tag{11}$$

Analoge Approximationen verschiedener Ordung sind auch für die Konvektionsterme der Impuls- und Energiegleichungen entwickelt.

Diskretisierung an wandernden Diskontinuitäten

Die Diskretisierung der Konvektionsterme und des Druckgradienten müssen im Falle einer wandernden Diskontinuität so angepasst werden, dass die Flussgrössen *nicht* über die Diskontinuität gemittelt werden. Eine Momentaufnahme zeigt Fig. 2, wo *Fluid 1* die Region links und *Fluid 2* die Region rechts der Diskontinuität I belegt. Da die Diskretisierungsalgorithmen Werte über die Diskontinuität benötigen, werden diese zusätzlich benötigten Werte duch Extrapolationsalgorithmen derselben Ordnung bestimmt, so dass nicht über die Diskontinuität gemittelt wird. Die Impulserhaltungsgleichung erhält eine spezielle Behandlung. Es werden zwei vollständig getrennte, diskretisierte Erhaltungsgleichungen je für Fluid 1 und Fluid 2 an der virtuellen Zellgrenze $j + \frac{1}{2}$ aufgestellt:

$$\frac{\partial G'_{j+\frac{1}{2},1}}{\partial t} = -\frac{\left.\frac{G^2}{\rho}\right|_{j+\frac{1}{2},1}}{\partial z} - \frac{\partial p_{j+\frac{1}{2},1}}{\partial z} - f_{j+\frac{1}{2},1} + g_{j+\frac{1}{2},1} \tag{12}$$

$$\frac{\partial G'_{j+\frac{1}{2},2}}{\partial t} = -\frac{\left.\frac{G^2}{\rho}\right|_{j+\frac{1}{2},2}}{\partial z} - \frac{\partial p_{j+\frac{1}{2},2}}{\partial z} - f_{j+\frac{1}{2},2} + g_{j+\frac{1}{2},2} \tag{13}$$

Diese werden mittels Extrapolationsalgorithmen derselben Ordnung und der Bedingung, dass der Druck und der Massenstrom an der Phasengrenze I kontinuierlich sind, analytisch zu einer Gleichung zusammengeführt. Diese beschreibt die zeitliche Veränderung des Massenstroms an der Phasengrenze in Abhängigkeit der zwei virtuellen Impulserhaltungsgleichungen:

$$\left.\frac{\partial G}{\partial T}\right|_I = C_{PI,1}\left[-\left.\frac{\partial \frac{G^2}{\rho}}{\partial z}\right|_{j+\frac{1}{2},1} - f_{j+\frac{1}{2},1} + g_{j+\frac{1}{2},1}\right] + C_{PI,2}\left[-\left.\frac{\partial \frac{G^2}{\rho}}{\partial z}\right|_{j+\frac{1}{2},2} - f_{j+\frac{1}{2},2} + g_{j+\frac{1}{2},2}\right]$$

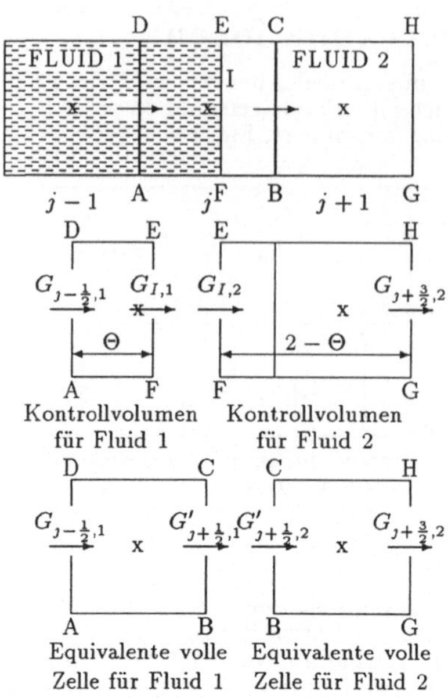

Fig. 2: Zweizellen Konfiguration

$$-\left.\frac{\partial p}{\partial z}\right|_{j+\frac{1}{2}} + \sum_{o=-n}^{+n} C_o(\Theta)\frac{\partial G_{j+\frac{1}{2}+o}}{\partial t}, \tag{14}$$

wobei $C_{p_I,1}$ and $C_{p_I,2}$ von der Ordnung und Form der Diskretisierung des Druckgradienten abhängen. Alle anderen Konstanten (C_o) sind durch die Extrapolationsalgorithmen für die Impulsberechnung an der Phasengrenze bestimmt. Die so erhaltene Differentialgleichung für den Impuls an der Phasengrenze vernachlässigt, dass die Diskontinuität wandert. Eine zusätzliche Korrektur muss eingefügt werden, um dem gerecht zu werden:

$$\left.\frac{\partial G_I}{\partial t}\right|_{Korrigiert} = \left.\frac{\partial G_I}{\partial t}\right|_{z=konst.} + \frac{\partial\Theta}{\partial t}\left.\frac{\partial G}{\partial z}\right|_I. \tag{15}$$

Lokalisierung der Phasengrenze

Die Strategie mit doppelter Berücksichtigung der Phasengrenze benötigt spezifische Informationen über die Lokalität dieser Grenze, was durch Θ (Fig. 2) ausgedrückt wird. Die Lokalität ist in Abhängigkeit des Systemvektors bestimmt. Hier wird eine passende Strategie für das HEM entwickelt, welche jedoch prinzipiell auch für andere Applikationen anwendbar ist. Die typische Situation in der Nähe einer Phasengrenze ist in Fig. 3 dargestellt. In der Vorwärmzone, auf der linken Seite, nimmt die spezifische Enthalpie des Wassers kontinuierlich zu. Gleichzeitig nimmt die Sättigungsenthalpie mit dem Druck ab. Die beiden Kurven kreuzen sich an der Verdampfungsfront. Die funktionale Abhängigkeit von h_{sat} von p wird mittels Interpolationspolynomen ermittelt. Durch die oben beschriebe Diskretisierung sind h und p nur an den Zellzentren genau bestimmt. Im Allgemeinen ändern sich die Gradienten von h und h_{sat} an der Phasengrenze diskontinuierlich. Interpolationen über die Phasengrenze sind daher nicht geeignet. Die Lokalität der Phasengrenze wird hier als gewichteter Mittelwert der separat berechneten Lokalitäten von links und von rechts evaluiert. Im Falle linearer Approximationen der beiden Schnittpunkte (Θ_L und Θ_R gemessen von den jeweiligen Zellzentren) ergibt sich:

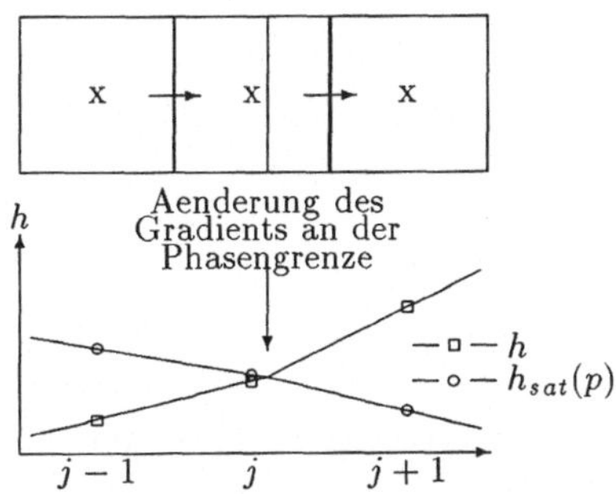

Fig. 3: Enthalpiegradienten nahe der Phasengranze

$$\Theta_L = \frac{h_{\text{sat}}(p_J) - h_J}{(h_{\text{sat}}(p_{J-1}) - h_{J-1}) - (h_{\text{sat}}(p_J) - h_J)}$$

$$\Theta_R = \frac{h_{\text{sat}}(p_{J+1}) - h_{J+1}}{(h_{\text{sat}}(p_{J+2}) - h_{J+2}) - (h_{\text{sat}}(p_{J+1}) - h_{J+1})}$$

$$\Theta_J = \Theta_L \frac{1}{\Theta_L + \Theta_R} + \frac{1}{2}. \tag{16}$$

Dieser Algorithmus benötigt keine Interpolation über die Phasengrenze.

Resultate

Mit der oben entwickelten Methodik der Lagrange-artigen Einbindung der wandernden Diskontinuität ist es möglich, Algorithmen verschiedenster Ordnung miteinander zu vergleichen. Die folgenden Rechenbeispiele wurden zuerst im Ort und in der Zeit mit linearen Algorithmen diskretisiert. Die resultierende verbrauchte Rechenzeit (CPU) wird als Vergleichsbasis verwendet. Als Anfangswerte gelten Resultate von stationären Berechnungen, und als Randbedingung werden ein konstanter Druckabfall, 0.1% grösser als für die Anfangswerte, und die Einlasstemperatur gegeben. Für diese Parameter resultiert ein grenzstabiles Systemverhaltem mit "Limit-Cycle". Zusammengefasste Resultate sind in Tabelle 1 dargestellt.

Nodalisierung:	25	50	75	100	125
Euler:	50.2	134.1	334.9	508.9	1047.0
Grösste Δt:	0.025	0.013	0.09	0.007	0.005
Runge-Kutta:	67.3	95.2	216.4	383.7	369.1
Grösste Δt:	0.70	1.00	0.70	0.69	0.68
Speed-up:	0.75	1.41	1.55	1.33	2.84

Tabelle 1: Runge-Kutta vs. Euler, für verschiedene Nodalisierung

Das Systemverhalten ist, bis zu einem gewissen Grad, abhängig vom Lösungsalgorithmus. Im Falle von linearen Zeitintegrationen (Euler) mit nur 25 Gitterpunkten resultiert eine gedämpfte Schwingung. Bei Anwendung des Integrationsverfahrens nach Runge-Kutta ist das schwingende Systemverhalten schon stärker entwickelt. Fig. 4 zeigt den signifikanten Unterschied der beiden Resultate. Beim Runge-Kutta-Algorithmus reichen bereits 50 Gitterpunkte aus, um einen identischen "Limit-Cycle" mit etwa gleicher Genauigkeit, wie mit 125 Punkten zu erhalten. Um mit dem semi-impliziten Euler-Algorithmus den "Limit-Cycle" als Systemverhalten zu erhalten, werden mindestens 100 Punkte benötigt. Bemerkenswert ist die reduzierte Effizienz der Runge-Kutta Integration bei 100 Punkten. Dies kann auf die nicht vorteilhafte Kombination der Lagrange-artigen Erfassung der Phasengrenze mit dem Euler-Gitter zurückgeführt werden. Hierdurch wird die Integrationsschrittweite signifikant

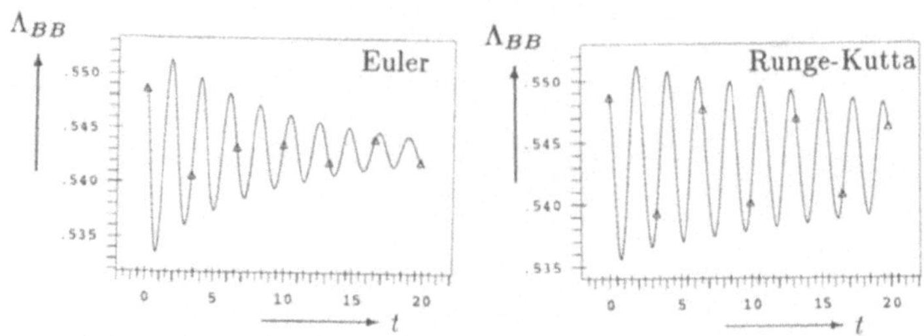

Fig. 4: Einfluss der Ordnung der Integration (25 Punkte)

reduziert. Generell müssen die Anzahl der Gitterpunkte der Problemstellung angepasst werden: schnelle Transienten benötigen mehr Gitterpunkte.

Der Einfluss örtlicher Approximationen unterschiedlicher Ordnung auf die Integration wird in [7, 8] beschrieben. Die im vorliegenden Paper verwendeten Algorithmen 3. Ordnung zeigen, dank erhöhter numerischer Stabilität, ähnliche CPU-Zeiten wie lineare Algorithmen, Tabelle 2. Die Genauigkeit ist entsprechend höher.

Randbedingung::	Δp	G_{in} mit Periode $= 20s$	G_{in} mit Periode $= 0.2s$
A: Euler:			
Linear:	508.9	3816.8	752.4
B: Runge-Kutta:			
Linear im Raum:	383.7	1091.4	712.8
3. Ordnung:	389.6	1101.3	670.0

Tabelle 2: Runge-Kutta vs. Euler, für verschiedene Ortsapproximationen

References

[1] *Taylor* D.D. et al, "Trac-BD1/MOD1: An Advanced Best-Estimate Computer Program for Boiling Water Transient Analysis. Vol 1: Model Description", NUREG/CR-3633, EGG-2294, 1984.

[2] *Micaelli* J. C. et al, "CATHARE 1: Descriptif général du code", EDF-CEA-FRAMATOME Report No. NOTE/TT/EM/84-13, 1984.

[3] *Ransom* V.H. et al, "RELAP5/MOD2 Code Manual. Vol. 1: Code Structure Systems, Models and Solution Methods", NUREG/CR-4312, EGG-2396 Rev. 1, 1987.

[4] *Rizwan-Uddin* and Dorning J. J., A Chaotic Attractor in a periodically-Forced Two-Phase Flow System, *Nucl. Sci. Engng.*, 100, 393, (1988).

[5] *Harlow* F. H. and Amsden A. A., Flow of Interpenetrating Material Phases, *J. Comp. Phys.*, 18, 440, (1975).

[6] *Harlow* F. H. and Amsden A. A., Numerical Calculation of Multiphase Flow, *J. Comp. Phys.*, **17**, 19, (1975).

[7] *Heusser*, P., Halin, J. & Smith, B., 'Zur Lösung hyperbolischer Differentialgleichungen mit verschiedenen Verfahren zur Orts- und Zeitintegration', 8. Symposium in Simulationstechnik, Berlin, 1993.

[8] *Patel*, M. K., Markatos, N. C. & Cross, M., 'A Critical Evaluation of Seven Discretisation Schemes for Convection-Diffusion Equations', Int. J. for Numerical Methods in Fluids, Vol. 5, pp 225-244, 1985.

Eine ACSL-Anwendung zur Simulation strukturierter biologischer Modelle

A. Kremling und E. D. Gilles
Institut für Systemdynamik und Regelungstechnik
Universität Stuttgart; 70550 Stuttgart

Kurzfassung

Das vorgestellte ACSL-Programmsystem erlaubt die Modellierung und dynamische Simulation des Wachstums- und Produktbildungsverhaltens von Mikroorganismen. Es basiert auf einem neuen, modular aufgebauten Modellierungskonzept. In diesem Programmsystem stehen vordefinierte Macro-Unterprogramme zur Verfügung, die reaktionskinetische Ansätze zur Beschreibung von enzymatischen Reaktionen und von Prozessen der Genexpression enthalten. Kinetische Parameter sind, soweit sie aus der Literatur bekannt sind, in Datenfiles abgelegt.

1. Einleitung

Zelluläre Vorgänge ergeben sich in der Regel aufgrund des Zusammenwirkens einer Vielzahl von Teilvorgängen. Einzelne Teilvorgänge sind seitens der Biologie bereits auf molekularer Ebene gut untersucht und verstanden, können aber im Zusammenwirken ohne das Hilfsmittel der mathematischen Modellierung und der dynamischen Simulation nicht analysiert werden. In der Literatur sind eine Reihe von Programmsystemen beschrieben, z. B. [Mendes, 1993; Belova, 1995], die eine Simulation von Modellen einzelner Stoffwechselwege erlauben. Diese Programmsysteme stellen teilweise eine Auswahl von reaktionskinetischen Ansätzen zur Verfügung, die der Benutzer auswählen und parametrieren kann. Einige Systeme erlauben auch eine Analyse des stationären Zustandes und geben die entsprechenden Koeffizienten der „Metabolic Control Analysis" aus [Letellier, 1991]. Programme, die zusätzlich auch die Simulation von Prozessen der Genexpression erlauben, sind selten [Stoffers, 1992]. Hierzu sind in der Literatur aber bereits einige mathematische Ansätze zu finden [Lee, 1984], die zusammengestellt sind und im vorgestellten Programmsystem Verwendung finden sollen.

2. Modellierungskonzept

Die vorgestellte ACSL-Anwendung basiert auf einem neuen, modular aufgebauten Modellierungskonzept [Breuel, 1995]. Dabei wird die biologische Phase als homogen betrachtet und der Phase ein durchschnittliches Verhalten zugewiesen. Segregierte Modellansätze sowie stochastische Ansätze für Reaktionsraten werden zunächst nicht betrachtet. Das Wachstums- und Produktbildungsverhalten der Zellen wird durch die Wechselwirkung zwischen einem Stoffwechsel- und einem Regulationsnetzwerk beschrieben, welche über Stoff- und Informationsflüsse miteinander gekoppelt sind (Abbildung 1).

Das Regulationsnetzwerk umfaßt die Gesamtheit der Stoff- und Signalflußwege, die zur DNA-Replikation und Genexpression gehören. Alle sonstigen Stoffwechselwege, die – ausgehend von den Substraten – materiell zur Synthese der Zellstrukturelemente und den Produkten beitragen, bilden zusammen das Stoffwechselnetzwerk. Eine Dekomposition der Netzwerke führt zu immer kleineren Teilbereichen des Metabolismus bis hin zu kleinsten strukturellen Modellbausteinen, die als elementar bezeichnet werden. Diesen elementaren

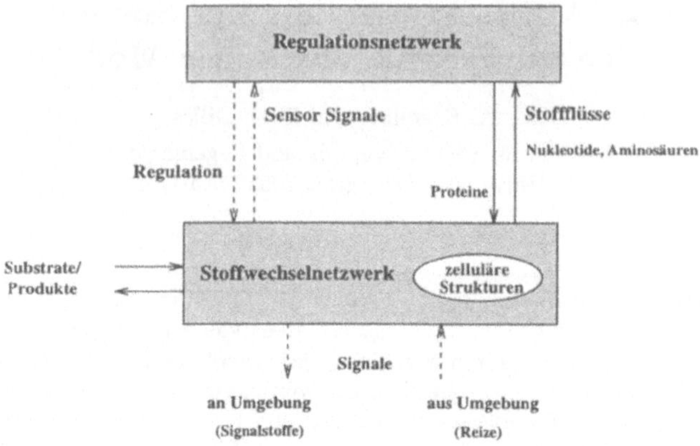

Abbildung 1: Stoffwechsel- und Regulationsnetzwerk

Modellbausteinen ist ein Verhalten in Form von mathematischen Gleichungen zuzuordnen. Für das Stoffwechselnetzwerk sind Stoffspeicher und Stoffwandler elementare Modellbausteine. Stoffspeicher sind einzelne Metabolite aus einem bestimmten Teilbereich bzw. Energie- oder Redoxäquivalente, welche in vielen Reaktionen eine Rolle spielen. Ihr Verhalten wird in Form einer Bilanzgleichung beschrieben, welche die Zu- und Abflüsse des Metaboliten aufsummiert. Stoffwandler stellen einzelne enzymkatalysierte Reaktionsschritte dar. Ihr Verhalten wird durch eine Vielzahl von bekannten Reaktionsmechanismen beschrieben, wie sie in der Literatur zu finden sind. Für das Regulationsnetzwerk ist neben den bereits vorgestellten Bausteinen noch die Klasse der Signalwandler definiert, die die Regulation der Transkription, Translation und Replikation beschreiben soll. Die mathematische Beschreibung der Signalwandler erfolgt durch algebraische Gleichungen. Zur Modellreduktion können die elementaren Modellbausteine zu höher aggregierten Funktionseinheiten zusammengefaßt werden.

Das neue Modellierungskonzept geht über bereits vorhandene Ansätze hinaus, die nur einen mathematischen Apparat zur Beschreibung von biologischen Systemen zur Verfügung stellen [Nielsen, 1992]. Das Konzept soll Grundlage eines rechnergestützten Modellierungswerkzeugs sein, welches mit modernen Methoden der Wissensverarbeitung und Wissensrepräsentation zu erstellen ist. Mit diesem Werkzeug sollte es dann möglich sein, Modelle direkt am Rechner formulieren und modifizieren zu können. In diesem Beitrag wird ein auf ACSL basierendes Simulationsprogramm vorgestellt, in welchem die Modellbausteine als Macro-Unterprogramme zur Verfügung stehen und Modellbibliotheken für die reaktionskinetischen Ansätze im Stoffwechsel- und im Regulationsnetzwerk angelegt sind.

3. Mathematische Ansätze zur Beschreibung des Stoffwechsels

Eine Übersicht über aktuelle Arbeiten zu mathematischen Modellen ist bei [Nielsen, 1994] zu finden. „Strukturierte" biologische Modelle berücksichtigen zellinterne Metabolite. Zwei Klassen sind hier zu unterscheiden. Kompartmentmodelle teilen die Biomasse in ihre Hauptbestandteile auf. Bei solchen Modellen finden in der Regel formalkinetische Ausdrücke Verwendung, die empirisch ermittelt sind [Bentley, 1989]. Die Bildungs- und Abbauraten r_{ij}

der einzelnen Kompartimente c_i hängen dabei von den Konzentrationen anderer Kompartimente und von den Substraten im Medium ab. Bei metabolisch strukturierten Modellen werden Gleichungen für einen detaillierten Stoffwechselpfad, bspw. die Glycolyse angegeben, [Galazzo, 1990]. Die verwendeten reaktionskinetischen Ausdrücke r_{ij} repräsentieren den mechanistischen Prozess der Stoffumwandlung zwischen zwei Metaboliten c_i und c_{i+1}. Hier hängt r_{ij} neben der Poolgröße der Substrate zusätzlich noch von Effektoren ab, die die Aktivität des entsprechenden Enzyms modifizieren können. Als Bilanzgleichung einer intrazellulären Größe gilt für beide Modellklassen

$$\frac{dc_i}{dt} = \sum_j r_{ij} - \mu\, c_i \, , \tag{1}$$

wobei μ die Wachstumsrate und j die Anzahl der Reaktionen ist, bei denen der Stoff c_i gebildet oder verbraucht wird.

In den mathematischen Ansätzen für die Genexpression bei *Escherichia coli* sind Terme, die die Regulation der Transkription und der Translation beschreiben sowie Terme, die den eigentlichen Stoffstrom beschreiben, zu berücksichtigen:

$$r_{syn} = \eta\, h(\text{Substrat}) \, . \tag{2}$$

Hierbei ist r_{syn} die Syntheserate der mRNA oder des Proteins und η die Transkriptionsbzw. die Translationseffizienz. Der Einfluß des Substrates – Nukleotide oder beladene tRNA – wird durch den Ausdruck $h(\text{Substrat})$ erfaßt.

Beispiel: Transkription

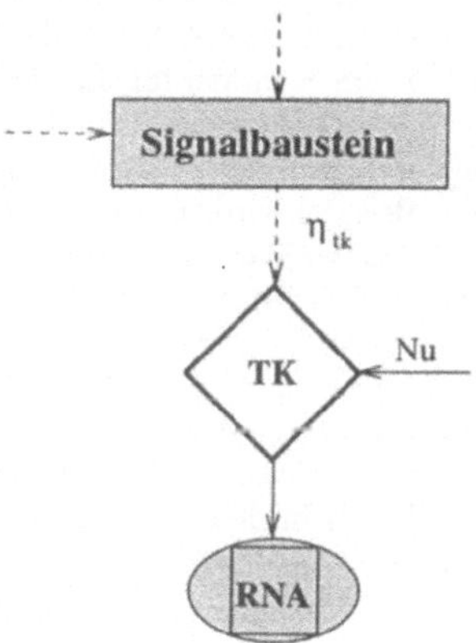

Abbildung 2: Modellbausteine für die Synthese von RNA

Abbildung 2 zeigt die Modellbausteine für die Synthese von RNA: der Signalbaustein gibt die Effizienz η_{tk} an den Stoffwandler Transkription (TK) aus. Dieser hat als weiteren Eingang die Konzentration des Substrates Nu. Die Syntheserate aus TK wird in der Bilanzgleichung der RNA berücksichtigt.

In die Berechnung von η_{tk} geht die Initiationsfrequenz f_i der Transkription ein. Sie wird gewöhnlich aus der Kettenverlängerungskonstanten k und dem Abstand d der RNA-Polymerasemoleküle auf der DNA berechnet: $f_i = \frac{k}{d}$. Diese Größe ist direkt nur sehr schwer zu ermitteln. Als Maß für die Initiation wird daher die Affinität der RNA-Polymerase für den Promotor verwendet. Dabei wird der Anteil der belegten Promotoren ψ_{pro} an der Gesamtzahl der Promotoren berechnet. An die den Strukturgenen vorgelagerte Kontrollsequenz binden neben der RNA-Polymerase weitere Proteine, die bspw. als Repressorprotein oder Aktivatorprotein (z. B. CAP) wirken. Bei den mathematischen Ansätzen wird davon ausgegangen, daß die einzelnen Bindungsstellen (Promotor *pro*, Operator *ope*) unabhängig voneinander sind und somit für jede Bindungsstelle der mit dem Regulatorprotein belegte Anteil ψ berechnet werden kann. Die Affinität der Regulatorproteine zur spezifischen DNA-Sequenz kann durch bestimmte Moleküle (Effektoren) erhöht oder erniedrigt werden. So wird in einem

Modell für die „Stringente Kontrolle" bei *Escherichia coli* die Menge an RNA-Polymerase
Moleküle in einen aktiven Anteil zur Transkription der stabilen RNA und in einen inaktiven Anteil aufgespalten. Die RNA-Polymerase wird durch den Effektor ppGpp inaktiviert
[Codon, 1995]. Dieser Mechanismus kann analog zu der Vorgehensweise von [Lee, 1984] in
Reaktionsgleichungen abgebildet werden, die Grundlage für die algebraischen Gleichungen
des Signalwandlers sind.

Für die Effizienz der Transkription η_{tk} wird folgender Ansatz gemacht:

$$\eta_{tk} = f_{i_{max}}\, g\,(\psi_{pro}, \psi_{ope}, \cdots)\, c_{DNA}\,(x, \mu) \tag{3}$$

wobei $f_{i_{max}}$ die maximale Initiationsfrequenz ist und die Funktion g den Einfluß der Regulatorproteine und Effektoren wiederspiegelt mit $0 \leq g \leq 1$. Der Term c_{DNA} ist die
Konzentration des Gens in der Zelle und hängt von der Position x des Gens auf dem Genom
und der spezifischen Wachstumsrate μ ab.

4. Aufbau des ACSL – Programmsystems

Das ACSL-Programm besitzt einen modularen Aufbau, indem für die einzelnen Bausteine
aus dem Modellierungskonzept Macro-Unterprogramme definiert werden.

Für die Bilanzgleichung eines intrazellulären Metaboliten steht das Macro `ibilanz` zur
Verfügung, welches die Reaktionsraten an denen der Metabolit beteiligt ist, aufsummiert.
Es sind nur die stöchiometrischen Koeffizienten und die Namen der Reaktionen anzugeben.
Der Verdünnungsterm wird automatisch im Macro berücksichtigt. Die reaktionskinetischen
Ansätze sind in einer Modellbibliothek zusammengestellt und mit Kommentaren versehen.
Diesen Kommentaren ist zu entnehmen, ob ein detaillierter Mechanismus der Kinetik zu
Grunde liegt oder ob der Ansatz formalkinetischer Natur ist. Bei einem rein mechanistischen
Ansatz werden zusätzlich Informationen über die Eigenschaften des Enzyms, Art und Weise
möglicher Wechselwirkungen und die Art der Modellreduktion im Kommentar angegeben.
Die Zuweisung eines reaktionskinetischen Ansatzes aus der Modellbibliothek erfolgt durch
Aufruf der Bezeichnung. Zur Kennzeichnung der Reaktionsrate kann bspw. das Genkürzel
Verwendung finden: `REAKpfk = kin1(pfk, ...)`. In diesem Beispiel wird für die Reaktion
der Phosphofruktokinase `pfk` die Kinetik `kin1` ausgewählt. Als erster Parameter wird durch
den Namen des Enzyms ein Verweis auf das Datenfile gemacht und damit die entsprechenden
Parameter für das Phosphofruktokinase-Enzym eingelesen.

Das Macro für die Bilanzgleichungen für extrazelluläre Substrate oder Produkte `sbilanz`
besitzt neben Termen, die die Wechselwirkung mit der biologischen Phase beschreiben, einen
Term, der die Art der Prozeßführung (Batch, Fed-Batch, Konti) berücksichtigt. Das Macro
`prozess` berechnet dabei den Term $\frac{q_{zu}}{V(t)}$ für einen einzigen Zulauf in den Fermenter. Hier
ist q_{zu} die Zuflußrate in den Fermenter und $V(t)$ das Fermentervolumen. Für jedes Substrat
ist die Konzentration im Zulauf anzugeben. Die Biomasse wird über das Macro `xbilanz`
ermittelt. Da in der Literatur für die Wachstumsrate μ eine Reihe von Ansätzen zu finden
sind, kann hier entweder ein Ausdruck aus der Modellbibliothek Verwendung finden oder
ein beliebiger algebraischer Ausdruck eingesetzt werden.

Das Aufstellen der Gleichungen für die Transkription eines Gens oder die Translation
einer mRNA erfolgt durch den Aufruf des Macros `trans`. Das Macro gibt die Syntheseratete $r_{i_{syn}}$ zurück. Für die unterschiedlichen Vorstellungen der Wechselwirkungen zwischen
Proteinen und Nukleinsäuren ist eine zweite Modellbibliothek angelegt, in der die algebraischen Gleichungen abgelegt sind. Für die meisten Ansätze ist keine analytische Lösung der
Gleichungen möglich. Hier liegen Differential-Algebra Systeme vor, die mit dem DASSL

420

Integrator in ACSL gelöst werden.

Die kinetischen Parameter für die einzelnen Reaktionen sowie die Bindungskonstanten für die Protein-Nukleinwechselwirkungen sind in Datenfiles abgelegt. Für eine Reihe von Genen und Operons sind die Daten für die Bindungsstellen Promotor und Operator fast vollständig vorhanden [Lee, 1984]. Daten, die die Prozeßführung betreffen, wie bspw. die Zuflußrate oder das Anfangsvolumen des Fermenters liegen in einem separaten Datenfile.

Beispiel: Kompartmentmodell

Für ein Kompartmentmodell, bei dem die Biomasse X in die Bestandteile RNA (SRNA), Protein (PROT) und Zellrest (REST) aufgeteilt ist, sollen die entsprechenden Gleichungen angegeben werden. Für die Reaktionsraten r_{ij} werden aus der Modellbibliothek die formal-kinetischen Ausdrücke ausgewählt. Das limitierende Substrat ist Ammonium (AM). Es wird nur durch die Proteinsynthese mit der Rate *prot_syn* verbraucht. Durch eine Ammoniumlimitation kommt es zu einem Anstieg des Effektors ppGpp, welcher die Synthese der SRNA hemmt. Die Regulation der RNA-Synthese über ggGpp ist für die spezifische Wachstumsrate μ entscheidend. Für einige Organismen ist ein linearer Zusammenhang $\mu = m\,c_{SRNA} + d$ zwischen Wachstumsrate μ und RNA-Konzentration c_{SRNA} gezeigt [Nielsen, 1992]. Der Ansatz für μ wird im Macro **xbilanz** vereinbart.

Hauptprogramm

```
eAM   =   sbilanz(AM, prot_syn)
          komp1
eX    =   xbilanz(X)
```

Netzwerk **komp1**

! Zuweisung der Kinetiken

```
REAKsrna_syn   =   trans(rrn, mrna, iPPGPP, 1, iRNAPoly, kin_gen5)*MG_SRNA
REAKprot_syn   =   kin_form1(prot_syn, iSRNA, iPROT, eAM)
REAKrest_syn   =   kin_form2(rest_syn, iSRNA, iPROT, iREST)
REAKpg_syn     =   kin_form3(pg_syn, eAM)
REAKpg_abb     =   kin_form4(pg_syn, iPPGPP)
```

! Algebraische Gleichungen

$$\text{iDNA\_rrn} = (a_1\ \text{mue} + a_2)/(a_3\ \text{mue} - a_4)$$
$$\text{iDNA\_mrna} = (b_1\ \text{mue} + b_2)/(b_3\ \text{mue} - b_4)$$

! Bilanzgleichungen

```
iSRNA    =   ibilanz(srna, 1, srna_syn)
iPROT    =   ibilanz(prot, 1, prot_syn)
iREST    =   ibilanz(rest, 1, rest_syn)
iPPGPP   =   ibilanz(ppgpp, 1, pg_syn, (-1), pg_abb)
```

Das Hauptprogramm ruft nur die Bilanzgleichungen für Biomasse und Substrat auf. Extrazelluläre Größen sind mit e, intrazelluläre mit **i** und Reaktionsraten mit **REAK** gekennzeichnet und mit nachfolgendem Namen versehen. Die Gleichungen für die intrazellulären Metabolite werden durch **komp1** aufgerufen.

Im Netzwerk **komp1** werden die entsprechenden Aufbau- und Abbauraten für die Makromoleküle vereinbart und die Bilanzgleichungen angegeben. Die Ausdrücke **kin_form1**, **kin_form2**, **kin_form3**, **kin_form4** sind Aufrufe zur Modellbibliothek für die kinetischen Reaktionsraten. Der Ausdruck **trans** ruft die entsprechenden Gleichungen für die Transkription auf. Der Aufruf bezieht sich auf Modell **kin_gen5**, wo ein einfacher Mechanismus der Interaktion von RNA-Polyemerase, ppGpp und der Promotorsequenz abgelegt ist. Die Konzentration der Gene für stabile RNA (DNA_rrn) und die Konzentration der Gene für mRNA (DNA_mrna) werden als algebraische Gleichungen in Abhängigkeit der spezifischen Wachstumsrate μ angenommen (Parameter a_i,b_i). Diese beiden Größen gehen in der Berechnung der Transkriptionsrate der RNA ein. Die Konzentration der RNA-Polymerase wird als konstant betrachtet.

Literatur

[Belova, 1995]   O. E. Belova, V. A. Likhoshvai, S. I. Bazhan and V. A. Kulichkov: A computer system for analysis and integrated description of regulation of the molecular-genetic system of interferon induction and action. *Computer Applications in the Biosciences* 11, pp. 213–218, 1995.

[Bentley, 1989]   W. E. Bentley and D. S. Kompala: A novel structured kinetic modeling approach for the analysis of plasmid instability in recombinant bacterial cultures *Biotechnology and Bioengineering* 33, pp. 49-61, 1989.

[Breuel, 1995]   G. Breuel, E. D. Gilles and A. Kremling: A systematic approach to structured biological models. *Proc. 6th Conference on Computer Applications in Biotechnology*, DECHEMA, pp. 199–204, 1995.

[Codon, 1995]   C. Codon, C. Squires and C. L. Squires: Control of rRNA transcription in *Escherichia coli*. *Microbiological Reviews* 59, pp. 623–645, 1995.

[Cooper, 1991]   S. Cooper: *Bacterial Growth and Division*. Academic Press, Inc., 1991.

[Galazzo, 1990]   J. L. Galazzo and J. E. Bailey: Fermentation pathway kinetics and metabolic flux control in suspeded and immobilized *Saccharomyces cerevisiae*. *Enzyme Microb. Technol.* 12, pp. 162–172, 1990.

[Lee, 1984]   S. B. Lee and J. E. Bailey: Genetically structured models for *lac* promoter-operator function in the *Escherichia Coli* chromosome and in multicopy plasmids: *lac* operator function. *Biotechnology and Bioengineering* 26, pp. 1372–1382, 1984.

[Letellier, 1991]   T. Letellier, C. Reder and J.-P. Mazat: CONTROL: software for the analysis of the control of metabolic networks. *Computer Applications in the Biosciences* 7, pp. 383–390, 1991.

[Mendes, 1993]   P. Mendes: GEPASI: A software package for modelling the dynamics, steady state and control of biochemical and other systems. *Computer Applications in the Biosciences* 9 pp. 563–571, 1993.

[Nielsen, 1992]   J. Nielsen and J. Villadsen: Modelling of microbial kinetics. *Chemical Engineering Science* 47, pp. 4225–4270, 1992.

[Nielsen, 1994]   J. Nielsen and J. Villadsen: *Bioreaction Engineering Principles*. Plenum Press, 1994.

[Stoffers, 1992]   H. J. Stoffers, E. L. L. Sonnhammer, G. J. F. Blommestijn, N. J. H. Raat and H. V. Westerhoff: METASIM: object-oriented modelling of cell regulation. *Computer Applications in the Biosciences* 8, pp. 443–449, 1992.

MESAP-III: Ein entscheidungsunterstützendes System für die Simulation von Energie- und Umweltsystemen

Christoph Schlenzig
Abteilung Systemtechnische Grundlagen und Methoden (SGM)
Institut für Energiewirtschaft und Rationelle Energieanwendung IER
Universität Stuttgart
Pfaffenwaldring 31
D-70550 Stuttgart

Abstract: Im Bereich der nationalen und regionalen Energie- und Umweltplanung müssen heute große Mengen an Informationen verarbeitet werden, um eine systematische Analyse der strategischen Entscheidungsoptionen durchzuführen. Während Planungsinstrumente zur Simulation von Energiesystemen eine große Vielfalt hinsichtlich der wissenschaftlichen Methoden erreicht haben, sind im Bereich der Datenverwaltung große Defizite zu verzeichnen. Vorgestellt wird das modulare Planungssystem MESAP (Modular Energy System Analysis and Planning Environment), das verschiedene mathematische Algorithmen für die Analyse von Energiesystemen anbietet und sich durch ein hohes Maß an Benutzerfreundlichkeit auszeichnet. Durch eine Trennung von Daten und Algorithmen konnte eine Standardisierung der Datenbankstruktur erreicht werden. Die Auslegung der Datenbank als Informationssystem erlaubt ein einfaches und schnelles Retrieval selbst bei großen Datenmengen und eröffnet neue Dokumentationsmöglichkeiten für Daten und strategische Vorgehensweise bei der Analyse. Insgesamt wird eine größere Transparenz der Modellierung erreicht.

1 Einleitung

Die Komplexität der Fragestellungen im Bereich der nationalen und regionalen Energie- und Umweltplanung hat ständig zugenommen. Heute zählt die Diskussion über eine umweltverträgliche Energieversorgung und eine Begrenzung des Ausstoß an Luftschadstoffen zu den beherrschenden Themen, selbst auf internationaler Ebene. Für die Planung bedeutet dies, daß immer größere Mengen an Informationen verarbeitet werden müssen, um eine systematische Analyse der strategischen Entscheidungsoptionen durchzuführen.

Während Planungsinstrumente zur Simulation großer Energiesysteme bis heute eine große Vielfalt hinsichtlich der wissenschaftlichen Methoden erreicht haben sind im Bereich der Datenverwaltung große Defizite zu verzeichnen. Unterschiedliche Datenstrukturen erschweren die Vernetzung verschiedener Instrumente, und das, obwohl heute in der Regel mehrere Planungsinstrumente zur Untersuchung der vielfältigen Aspekte eingesetzt werden müssen. Es erfordert viel Erfahrung, die verschiedenen, oft sehr komplexen Datenformate kennenzulernen und mit Ihnen zu arbeiten. Die Transparenz der Analyse leidet, denn die Überprüfung der Daten ist für ungeübte Benutzer nahezu unmöglich, insbesonders auch wegen der eingeschränkten Benutzerfreundlichkeit der Software.

Der Umfang der Datenbanken ist auf die für das Modell notwendigen Daten und Berechnungsergebnisse beschränkt. Andere Daten, wie Planungsziele, historische oder allgemeine statistische Daten können nicht gespeichert werden. Eine Fallstudie kann daher nicht vollständig dokumentiert werden. Um die Planung zu vervollständigen oder um die Datenbasis systematisch weiterzuführen, müssen zusätzliche Informationssysteme eingeführt werden.

2 MESAP - ein modulares Planungssystem

Das IER hat 1984 mit der Entwicklung des modularen Planungssystems MESAP (Modular Energy System Analysis and Planning Environment) begonnen. MESAP wird für nationale, regionale und kommunale Energie- und Umweltplanung eingesetzt sowie für ganzheitliche Bilanzierung, Technikkettenanalyse und für das betriebliche Energie- und Umweltcontrolling. Zusätzlich bietet MESAP die Möglichkeit, Energie- und Umweltinformationssysteme aufzubauen.

MESAP ist modular aufgebaut und integriert unter einer einheitlichen Benutzeroberfläche verschiedene Operations Research Methoden: die lineare Simulation, die lineare und nichtlineare Programmierung (LP, NLP), die dynamische Programmierung (DP), die gemischt ganzzahlige Programmierung (GGLP) und die dynamische Investitionsrechnung. Die Module werden durch das gemeinsame relationale Datenbanksystem *NetWork* integriert. Bild 1 zeigt einen Überblick über das MESAP-System. Die erste Version von MESAP wurde auf einer UNIX-Workstation implementiert und umfaßte mehrere FORTRAN-Modelle. Als Datenbanksystem kam das an der Universität Stuttgart entwickelte hierarchische Datenbanksystem RSYST zum Einsatz. Ab 1987 wurde MESAP auf PC´s unter dem Betriebssystem DOS portiert. Die dritte Generation von MESAP wird seit 1991 für PC´s mit einer „Windows" orientierten graphischen Benutzeroberfläche entwickelt.

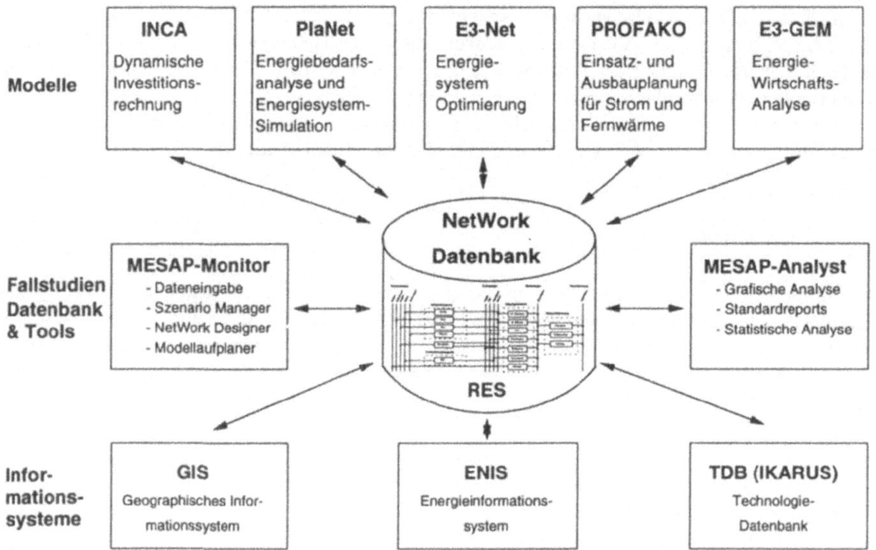

Bild 1: Das MESAP-III Planungssystem

Das MESAP-Konzept unterscheidet drei Ebenen. Die mittlere Ebene der allgemeinen Werkzeuge im Zentrum umfaßt die fallstudien-orientierte Datenbank *NetWork*, den *MESAP-Monitor* mit dem *NetWork Designer* und den *MESAP-Analyst*. Der *MESAP-Monitor* übernimmt Dateneingabe, Zeitreihenverwaltung, Retrieval, Szenarioverwaltung und die Organisation mehrerer Modellläufe. Der *NetWork Designer* ermöglicht die Eingabe des RES als Grafik am Bildschirm. Der *MESAP-Analyst* erlaubt wie ein Spreadsheet die Zusammenstellung von Daten und Ergebnissen als Tabelle, Grafik oder Standardbericht sowie einfache statistische Analysen.

Auf der Modellebene bietet MESAP die Module *INCA* zur dynamischen Investitionsrechnung, *PlaNet* zur Bedarfsanalyse und Energiesystemsimulation, E^3-*Net* zur Optimierung von Energiesystemen, *PROFAKO* zur Einsatz- und Ausbauplanung von Strom und Fernwärmesystemen sowie E^3-*GEM* zur Untersuchung der Wechselwirkung zwischen Energiesystem und Volkswirtschaft.

Die untere Ebene bietet Schnittstellen zu zentralen Informationssystemen wie zu der IKARUS-Technologiedatenbank, dem am IER entwickelten Energie- und Umweltinformationssystem *ENIS* und zu geographischen Informationssystemen. *ENIS*, erlaubt es, spezielle und fachübergreifende Zeitreihen zur Energiewirtschaft systematisch zu speichern und zugänglich zu machen. *ENIS* enthält z. B. volkswirtschaftliche Rahmendaten, Energiedaten, Technikdaten, Umweltdaten, Verkehrsdaten, etc. Beliebige Datenanalysen lassen sich durchführen und als Berichte und Grafiken darstellen. Vorbereitete Übersichten, Berichte und Grafiken zu allgemeinen Fragestellungen der Energiewirtschaft stehen zur Verfügung. *ENIS* verwendet die gleiche Tabellenstruktur wie *NetWork* und kann daher innerhalb einer Fallstudie mit *NetWork* koexistieren. Die während der Modellierung in *NetWork* erfaßten Daten können den Grundstock für ein allgemeines Informationssystem bilden.

3   Das Referenzenergiesystem (RES)

Das MESAP-Konzept basiert auf einem prozeßorientierten Ansatz. Das Energie- und Umweltsystem wird als Netzwerk von Prozessen und Gütern dargestellt, dem „Referenzenergiesystem" (RES). Das RES bildet für die verschiedenen volkswirtschaftlichen Sektoren alle Materialströme des Energiesystems und die verschiedenen Umwandlungen von der Ressource bis zur Dienstleistung ab. Das Konzept des RES wurde in den siebziger Jahren vom Entwicklungsteam des MARKAL-Planungsinstruments in Brookhaven (USA) entwickelt. Das Referenzenergiesystem ist ein bipartiter Graph und basiert auf der Petri-Netz-Theorie. Es enthält zwei Sorten von Objekten, wie in Bild 2 dargestellt: Güter und Prozesse. Güter (Commodities) sind alle mengenmäßig erfaßbaren Materialströme, wie z. B. Energieträger, Gase und andere Ressourcen, aber auch Industriegüter, Schadstoffe oder Dienstleistungen. Güter entsprechen den „Stellen" im Petri-Netz.

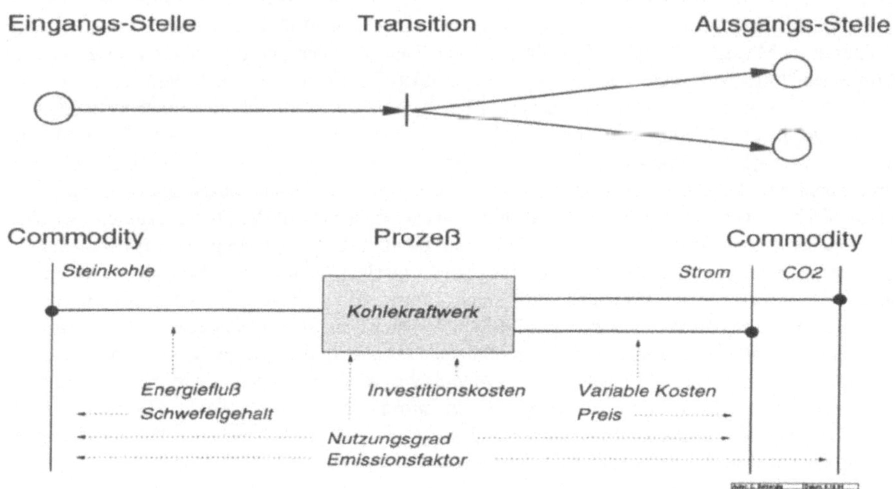

Bild 2: Die Bestandteile eines Referenzenergiesystems

Prozesse sind in der Lage, Güter in andere Güter zu transformieren. Sie entsprechen den „Transitionen" im Petri-Netz. Prozesse müssen nicht Energiekonversionstechnologien sein, sie können z. B. auch ein Stahlwerk oder ein Fahrzeug darstellen. Prozesse und Güter sind durch Links verbunden, die den Fluß eines Gutes in oder aus einem Prozeß darstellen. Im RES müssen sich Prozesse und Güter immer abwechseln. In Bild 2 verbraucht der Prozeß „Kohlekraftwerk" die Commodity „Steinkohle" und erzeugt die Commodities „Strom" und „Kohlendioxid".

Alle Informationen, die sich auf Energie- und Umweltsysteme beziehen, lassen sich durch Attribute beschreiben und eindeutig im RES lokalisieren. Die Informationen lassen sich in fünf Gruppen einteilen. „P-Attribute" beziehen sich auf Prozesse, wie z. B. die absoluten Investitionskosten oder die Lebensdauer des Kohlekraftwerks. „C-Attribute" beziehen sich auf Commodities, wie z. B. der Schwefelgehalt der Kohle oder der Preis des Stroms. „PC-Attribute" wiederum beziehen sich auf Prozeß-Commodity-Kombinationen, also einen Link, wie z. B. der Steinkohleverbrauch des Kohlekraftwerks oder die variablen Kosten des Kohlekraftwerks bezogen auf die Stromerzeugung. „PCC-Attribute" stellen für einen Prozeß einen funktionalen Zusammenhang zwischen zwei Links her, wie der Nutzungsgrad, der für ein Kohlekraftwerk den Fluß des erzeugten Stroms ins Verhältnis zur Menge verbrauchter Kohle setzt oder der Emissionsfaktor. Die letzte Gruppe sind „G-Attribute", die sich auf das gesamte RES beziehen, wie z. B. die Diskontrate.

4   MESAP-Designprinzipien

Bei der MESAP-Entwicklung standen von Anfang mehrere Designprinzipien im Vordergrund: Standardisierung der Datenschnittstelle, Modularisierung, Flexibilität und Anpassungsfähigkeit, Entscheidungsunterstützung, Benutzerfreundlichkeit Erschwinglichkeit und Portierbarkeit.

4.1   Standardisierte Datenschnittstelle

Der wesentliche Aspekt des MESAP-Konzepts in der dritten Generation ist die klare Trennung von Topologie des Energiesystems, Datenverwaltung und mathematischer Struktur der Modelle. Dieses neue Konzept machte eine Standardisierung der Datenstruktur erst möglich. Das MESAP-Datenbanksystem *NetWork* orientiert sich in seiner relationalen Datenstruktur ausschließlich an der Topologie des Energiesystems und nicht am prozeduralen Datenfluß oder an der mathematischen Struktur eines Modells wie andere Datenbanken. Die Topologie des Energiesystems wird generell in Form eines "Referenzenergiesystems" (RES) abgebildet. Durch die relationale Struktur konnte die Datenredundanz insbesonders für das Szenario-Management auf ein Minimum reduziert werden.

NetWork ist die einheitliche Schnittstelle für alle MESAP-Energiesystemmodelle. Diese Module enthalten nur mathematische Algorithmen, während die Datenverwaltung von *NetWork* übernommen wird. Daten und Ergebnisse können über die gemeinsame Schnittstelle ausgetauscht werden. Die Standardisierung der Datenschnittstelle hat drei Vorteile. Erstens wird der Datenaustausch zwischen verschiedenen Planungsinstrumenten einfacher und dadurch eine Koppelung verschiedener Methoden möglich. Zweitens wird der Austausch von Daten zwischen Fallstudien vereinfacht, da auch dann die gleiche Datenstruktur verwendet wird, wenn verschiedene Planungsinstrumente zum Einsatz kommen. Dies erhöht die Wiederverwendbarkeit der meist aufwendig erhobenen Daten. Drittens wird durch die Standardisierung der Datenschnittstelle langfristig die Integration neuer Methoden in bestehende Instrumente und damit die methodische Weiterentwicklung selbst harmonisiert. Standardisierungen haben in der Vergangenheit in Informatik und Ingenieurwissenschaften erhebliche Weiterentwicklungen möglich gemacht. Das MESAP-Konzept versucht, die Vorteile einer Standardisierung auch in dem Bereich der Energie- und Umweltplanung nutzbar zu machen.

426

4.2 Modularisierung

Die Standardisierung der Datenschnittstelle und die Trennung von Daten und Algorithmen ermöglicht eine Modularisierung der Methoden. Daher bietet MESAP für viele Fragestellungen einen geeigneten Ansatz an. Das modulare Design macht es einfach, bestehende Module zu erweitern oder neue Module hinzuzufügen. Die offene Datenschnittstelle ermöglicht den Datenaustausch mit kommerziellen Softwarepaketen wie Tabellenkalkulation, Datenbanksystemen und Textverarbeitung.

4.3 Flexibilität und Anpassungsfähigkeit

Ein Hauptziel von MESAP ist die Flexibilität bezüglich der zeitlichen und räumlichen Auflösung der Analyse, die vom Anwender frei gewählt werden kann. Der Aggregationsgrad und damit der Detaillierungsgrad der Analyse ist ebenfalls frei, da das Referenzenergiesystem beliebig gestaltet und strukturiert werden kann. So lassen sich Anzahl und Verknüpfung der Brennstoffe und Technologien sowie die Strukturierung der Sektoren vom Benutzer festlegen. Für die Analyse werden unterschiedliche mathematische Methoden angeboten, um die Analyse optimal an die Fragestellung, die Zielsetzung und die zur Verfügung stehenden Daten anzupassen.

4.4 Entscheidungsunterstützung

MESAP unterstützt alle Phasen der Energieplanung - von der Definition der Problemstellung über die Modellierung bis hin zur Erfolgskontrolle. Eine wichtige Komponente der Entscheidungsunterstützung ist dabei die lückenlose Dokumentation der Vorgehensweise im Rahmen einer Fallstudie. Sie fördert die Transparenz bei der Modellierung, was nicht nur die Arbeit erleichtert sondern auch die Nachvollziehbarkeit und damit die Glaubwürdigkeit der Ergebnisse erhöht. MESAP unterstützt die Dokumentation einer Fallstudie in mehreren Bereichen. Der Modellierer kann seine strategische Vorgehensweise in der Fallstudie dokumentieren, indem er die untersuchten Probleme, Ziele, Szenarien und Maßnahmen beschreibt und mit seinen Annahmen im Datensatz in Verbindung setzt. Dokumentiert werden auch die Struktur des Energiesystems (RES), des Gleichungssystems sowie die Annahmen und Ergebnisse für die Modellrechnungen. Die Herkunft und Modifizierung der Daten kann lückenlos erfaßt werden, wobei diese Arbeit so weit wie möglich automatisiert wurde.

Im Bereich der Modellierung unterstützt MESAP die Erstellung und Verwaltung des Gleichungssystems. Die Szenariotechnik wird durch das Konzept hierarchischer „Case families" unterstützt, wobei die Datenverwaltung auf die Erfordernisse der Szenariotechnik hin gestaltet wurde. Werkzeuge zur Erstellung von Tabellen, Grafiken und Standardberichten erleichtern die Auswertung der Modelläufe. Hilfsmittel für eine Bewertung der Modellergebnisse, insbesonders bei einer multikriteriellen Bewertung stehen zur Verfügung. Die Erfolgskontrolle (Monitoring) wird dadurch erleichtert, daß die MESAP-Modellierungsdatenbank *NetWork* als Informationssystem weitergeführt werden kann. Sollen die Berechnungen nach einer gewissen Zeit aktualisiert werden, läßt sich die Modellierungsperiode leicht verschieben.

4.5 Benutzerfreundlichkeit

MESAP-III bietet eine „Windows"-orientierte grafische Benutzeroberfläche. Der Ablauf der Programme ist menügesteuert, die Dateneingabe maskenorientiert. Konsistenzchecks fangen mögliche Fehler schon während der Dateneingabe ab. Ein kontext-sensitives Hilfesystem erklärt die Funktionalität des Programms.

4.6   Erschwinglichkeit

Der Preis der Hardware ist bestimmend für die Erschwinglichkeit eines Planungsinstruments.
MESAP-III wurde für PC's unter DOS/Windows bzw. Windows 95 entwickelt. Hardware und
Software sind daher für weniger als 15,000.- DM erhältlich. MESAP-III in der Basiskonfiguration
besteht aus der Datenbank, den Eingabe- und Analysetools sowie einem Rechenmodul.

4.7   Portierbarkeit

MESAP-III wurde mit Visual Basic entwickelt. Als relationales Datenbankformat kommt die
Microsoft Access Engine zum Einsatz. Die zunehmende Unabhängigkeit der Betriebssysteme von
der Hardware und die Tatsache, daß beide Produkte inzwischen eine sehr weite Verbreitung als Ent-
wicklungsplattform genießen, stellt sicher, daß MESAP-III auch auf zukünftige Hardware portierbar
sein wird. MESAP ist netzwerk- und multiuserfähig. Eine Client-Server Version ist in Vorbereitung.

5   MESAP - Datenbank *NetWork*

Die MESAP-Datenbank *NetWork* kann als Datenbank für die Modellrechnungen und als Informationssystem für Fallstudien genutzt werden. Als <u>Modellierungsdatenbank</u> ist *NetWork* die zentrale
Plattform für angekoppelte Energiesystemmodelle, wo Systemdaten, Modellannahmen und Berechnungsergebnisse für beliebig gestaltete Netzwerke gespeichert werden. Als <u>Informationssystem</u>
erlaubt *NetWork*, alle zusätzlich zur Modellierung erhobenen Daten in der gleichen Datenbank zu
speichern und zu dokumentieren. Auch Informationen, die nicht zur Berechnung verwendet werden,
wie z. B. historische Daten, können abgelegt werden. Neben der damit erreichten Vollständigkeit der
Datenbasis zeichnet sich *NetWork* durch einen einfachen, standardisierten Zugriff auf die Daten aus.
Retrievalfunktionen erlauben es auch dem ungeübten Benutzer, durch den Datenbestand zu
navigieren und gespeicherte Informationen schnell und einfach wiederzufinden. Zusätzlich zum
vorhandenen Retrieval-Key kann der Benutzer sein eigenes Schlüsselsystem für die Datenbank
aufbauen. Weitere Funktionen sind das „Unit Conversion Handling", das es ermöglicht, Daten in der
Originalmaßeinheit zu speichern und vor dem Modellauf automatisch in die für eine konsistente
Berechnung notwendige Einheit umzurechnen. Die Dokumentation von Herkunft, Qualität und Änderungen der Daten ist soweit wie möglich automatisiert. Mehrere zentrale Tools zur Dateneingabe,
Datenanalyse und zur graphischen Darstellung des RES stehen allen Modellen zur Verfügung.

6   MESAP - Modelle

Das Modul *INCA* ermöglicht eine detaillierte dynamische Investitionsrechnung für einen Technik-
vergleich von Kraftwerkssystemen. *INCA* bestimmt für jedes Kraftwerk den Nettobarwert, die Amor-
tisationszeit und die spezifischen Gestehungskosten in Abhängigkeit der Auslastung. Es ermöglicht
eine betriebswirtschaftliche und eine volkswirtschaftliche Evaluierung.

Das Modul *PlaNet* ist ein lineares Netzwerkmodell zur Nachfrageanalyse und zur Simulation von
Energiesystemen. Es berechnet Energie-, Schadstoff- und Kapazitätsbilanzen für beliebige Refe-
renzenergiesysteme (RES). Eine detaillierte Kostenrechnung bestimmt für jede Technologie die jähr-
lichen Investitionskosten, Brennstoffkosten, fixe und variable Betriebskosten sowie die spezifischen
Gestehungskosten aller Güter des RES. Zusätzlich werden die über den gesamten Beobachtungszeit-
raum abdiskontierten Kosten des Energiesystems bestimmt. Eine Implementierung auf Multi-Prozes-

sor-Parallel-Rechner für zeitlich und räumlich hoch aufgelöste Simulationen ist in Vorbereitung.

Das Modul E^3-Net ist ein lineares Modell zur Optimierung von Energiesystemen. Es dient zur Analyse der Entwicklung des Energiesystems unter vorgegebenen Randbedingungen und ermöglicht die Ermittlung kosteneffizienter Minderungsstrategien energiebedingter Schadstoffe. E^3-Net verwendet den Ansatz der linearen Programmierung und kann ebenso wie *PlaNet* Energiesysteme von der Dienstleistung bis zur Primärenergie abbilden. In der Regel werden die gesamten abdiskontierten Systemkosten als Zielfunktion minimiert, wobei die zu deckende Energienachfrage vorgegeben ist und z. B. die CO_2-Emissionen des Energiesystems begrenzt werden. E^3-Net liefert den kostengünstigsten Zubau an Technologien, der die Energienachfrage deckt und die Randbedingungen erfüllt.

Das Modul *PROFAKO* zur Kraftwerkseinsatz- und -ausbauplanung optimiert die Fahrweise von Kraft-Wärme-Kopplungsanlagen bei vorgegebener Tagesganglinie. Der Kraftwerkspark kann in seiner Erzeugungsstruktur flexibel abgebildet werden. Für die Optimierung der elektrischen und thermischen Energieerzeugung wird die gemischt-ganzzahligen linearen Programmierung eingesetzt.

Weitere Module zu den Themengebieten integrierte Ressourcenplanung (IRP) und ganzheitliche Bilanzierung sind in Vorbereitung.

7 MESAP - Externe Datenbanken

Eine gute Datenbasis ist die wichtigste Voraussetzung für die Modellierung und mithin für die energiepolitische Entscheidungsfindung. Deshalb wurde vom Bundesministerium für Bildung, Wissenschaft, Forschung und Technologie in Deutschland das Projekt *IKARUS* gefördert. Ein Hauptziel dieses Projekts war es, eine konsistente, vollständige und validierte Energie-Datenbank für Deutschland zu erstellen. Die *IKARUS* Datenbank unterscheidet die Bereiche Primärenergie (TP3), Umwandlung (TP4), Haushalte (TP5), Industrie und Kleinverbraucher (TP6) und Verkehr (TP7). Um diese umfangreiche Datenbasis auch in MESAP nutzen zu können, stehen „SQL-Links" zur Verfügung, die es ermöglichen, Daten aus der *IKARUS*-Technologiedatenbank in *NetWork* zu importieren und dort den Planungsmodulen zur Verfügung zu stellen. Zusätzlich bietet, wie oben schon erwähnt, *ENIS* die Möglichkeit, ein eigenes Informationssystem aufzubauen. Alle *ENIS*-Daten stehen ebenfalls für die Planung mit MESAP-Modulen zur Verfügung.

Im Bereich der kommunalen Energieplanung spielen geographische Informationssysteme (GIS) eine zunehmend wichtige Rolle zur Dokumentation der Infrastruktur, z. B. des kommunalen Energieversorgungssystems. Die GIS-Schnittstelle von *NetWork* erlaubt zunächst, GIS-Daten direkt mit in die RES-orientierte Planung einzubeziehen. Da ein RES eine vereinfachte Abbildung des realen Energiesystems darstellt, findet dabei eine Datenaggregation statt. Andererseits ermöglicht sie es, Strategien und ihre Auswirkungen im GIS kartographisch zu visualisieren.

8 Schlußbetrachtung

MESAP ist ein flexibles Analysewerkzeug für die Energie- und Umweltplanung, welches alle Phasen des Planungsprozesses unterstützt. Eine standardisierte Datenschnittstelle vereinfacht die Kopplung unterschiedlicher Modellierungsmethoden. Die Gestaltung der Datenbank als Informationssystem ermöglicht eine gute Dokumentation der Daten und eine transparente Darstellung der inhaltlichen Vorgehensweise bei der Fallstudie. Die flexible Struktur zusammen mit einer leistungsfähigen Datenbank stellen die Funktionalität zur Verfügung, die notwendig ist, um in einer sich ständig verändernden Welt eine kontinuierliche, begleitende Planung zu ermöglichen.

Literatur:

Blesl, M., Schlenzig, C., Steidle, T., Voß, A.: <u>Entwicklung eines Energieinformationssystems</u>. Forschungsbericht Band 23, Institut für Energiewirtschaft und Rationelle Energieanwendung, IER, Universität Stuttgart, 1996.

Voß, Alfred; Schlenzig, Christoph; Reuter, Albrecht: <u>MESAP III: A Tool for Energy Planning and Environmental Management - History and new Developments</u>. In: Hake, J.-Fr.; Kleemann, M.; Kuckshinrichs, W.; Martinsen, D.; Walbeck, M.: <u>Advances in System Analysis: Modelling Energy-Related Emissions on a National and Global Level</u> (Konferenzen des Forschungszentrums Jülich ; Bd. 15 : 375)

Schlenzig, C.: <u>A Standardized Relational Database for Process Engineering Oriented Network System Analysis Models</u>. Institut für Energiewirtschaft und Rationelle Energieanwendung, IER, Universität Stuttgart, 1994

Federal Ministry of Education, Science, Research and Technology: <u>IKARUS - Instruments for Greenhouse Gas Reduction Strategies. Results of a Development Project of the BMBF</u>. Bonn, 1995.

Müller, D., Schweiker A., Reuter A., Voß, A.: <u>Entwicklung eines Energieinformationssystems</u>. In: Forschungs- und Entwicklungsprogramm "Energiewirtschaft und rationelle Energieanwendung", Institut für Energiewirtschaft und Rationelle Energieanwendung IER, Universität Stuttgart, Oktober 1993.

Schlenzig, C. et al.: <u>Konzept für ein Modell zur Energiebedarfsanalyse und Simulation der Energieversorgung</u>. IER, Universität Stuttgart, March 1993.

Reuter, A., <u>Entwicklung und Anwendung eines mikrocomputergestützten Energieplanungs-instrumentariums für den Einsatz in Entwicklungsländern</u>. (Development and Application of the MESAP System in Developing Countries), Dissertation, Institut für Energiewirtschaft und Rationelle Energieanwendung IER, Universität Stuttgart, IER Research Publications, Volume 10, November 1991

Reuter, A.: <u>MESAP - Microcomputer-based Energy Sector Analysis and Planning System</u>. Overview brochure, University of Stuttgart, August 1990.

INTEGRALE DYNAMISCHE MODELLE IN AUFGABEN DER IDENTIFIKATION KONTINUIRLICHER SYSTEME.

A.F.Werlan

Institut für Modellierungsprobleme in der Energetik
der Ukrainischen Nationalen Akademie der Wissenschaften,
ul. Generala Naumova, 15,
252680 Kyiv, Ukraine.

Während die Systemdynamikaufgaben komplizierter werden, und die Klasse der zu untersuchenden dynamischen Objekte sich erweitern, wird immer offensichtlicher die Notwendigkeit der weiteren Etwicklung und Vervollkommung verwandter Methoden der mathematischen Modellierung. Zu den aktuellen Problemen in dieser Richtung gehören Effektivitätserhöhung analytischer Methoden der qualitativen Untersuchung von Dynamikaufgaben, effektive Widerspiegelung in Modellen solcher Forschungsverfahren, wie Dekomposition und Makromodellierung, Möglichkeitsgewinnung der Verwendung großer Mannigfaltigkeit der numerischen Modellrealisierung für die Algorithmenanpassung zu einer engeren Aufgabenklasse, Modelluniversalitätserhöhung, Verbesserung der Lösungsmethoden von gewissen traditionell schwierigen Dynamikaufgaben, insbesondere der inversen Aufgaben, die sich durch die Eigenschaften der Nichtkorrektheit (ill-posed) unterscheiden.

Ein positiver Beitrag in die Lösung jedes von diesen Problemen kann aufgrund der Anwendung von Integralgleichungen (IG) hinzugefügt werden. Der gegebene Zugang entspricht genau der Integralgleichungsmethode in der mathematischen Modellierung.

Eine der wichtigen Aufgaben ist die Aufgabe des Aufbaus und der Begründung der hochpräzisen Methoden und Algorithmen der Parameterberechnung (parametrische Identifikation) von kontinuirlichen dynamischen Objekte. Die Aktualität der Erarbeitung solcher Methoden und Algorithmen hat sich besonders vergrößert in Verbindung mit ihrer Anwendung zu den Aufgaben der Defektsdetektion und -beseitigung, das heißt mit der Diagnostik der technischen Objekte.

Die vorgelegte Arbeit berührt einen Fragenkreis, der hauptsächlich mit dem Aufbau und der Begründung numerischer Algorithmen der Parameterberechnung von linearen nichtstationären Objekten mit den konzentrierten Parametern verbunden ist. Als das zur ausgewählten Elementenklasse adäquate mathematische Modell sind die linearen Integralgleichungen von Volterra der dritten Art [1,2] vorgeschlagen.

$$a_1(t)y(t) + \int_{G_1(t)} K_1(t,\tau)y(\tau)d\tau + L(t) = a_2(t)f(t) + \int_{G_2(t)} K_2(t,\tau)f(\tau)d\tau, \qquad (1)$$

wo $a_i(t), K_1(t,\tau), K_2(t,\tau), L(t)$ die zu bestimmende Parameter sind; y und f sind entsprechend die Aus- und Eingangssignale; $G_1(t)$ sind die Variablen des Integrierungsgebietes aus R^1. Im folgenden wird es für die Darlegungseinfachheit angenommen, daß $G_1(t) = G_2(t) = [0,t]$.

Dabei wird es angenommen, daß Eingangs- f(t) und Ausgangssignalwert y(t) experimental zu den Zeitpunkten t_i und τ_i gemessen werden:

$$0 \le t_0 < t_1 < ... < t_{N_f} \le T; \ 0 \le \tau_0 < \tau_1 < ... < \tau_{N_y} \le T \qquad (2)$$

mit bestimmten Fehlern

431

$$\tilde{f}(t_i) = f(t_i) + \sigma_i, \; \max_{0 \le i \le N_f} |\sigma_i| = \sigma; \tag{3}$$

$$\tilde{y}(\tau_j) = y(\tau_j) + \varepsilon_j, \; \max_{0 \le j \le N_y} |\varepsilon_j| = \varepsilon, \tag{4}$$

wobei $\tilde{f}$ und $\tilde{y}$ die annähernden und f und y die genauen Signalwerte sind.

Der traditionelle Zugang basiert sich bei der Lösung solcher Aufgaben, in der Regel, auf der Anwendung gewöhnlicher Differentialgleichungen [3,4] der Art

$$\sum_{i=0}^{r} a_i(t) y^{(i)}(t) = \sum_{j=0}^{s} b_j(t) f^{(j)}(t), t \in [0, T], \tag{5}$$

wo $a_i(t)$ und $b_i(t)$ die zu bestimmenden variablen Koeffizienten sind. Es entstehen bei solchem Zugang die Schwierigkeiten, die mit der Verarbeitung experimental definierter Funktionen $\tilde{f}$ und $\tilde{y}$ verbunden sind.

Das Quadraturalgorithmus [5,6] für die Berechnung der unbekannten Parameter in (1) kann man gewinnen unter der Voraussetzung, daß in (2)-(4) die Meßzeitpunkte t_i und τ_i der Signalen $f(t)$ und $y(t)$ zusammenfallen, $t_i = \tau_i$, $i = \overline{1, N}$, wo $N = N_y = N_f$, und für die Integralberechnung die Quadraturformeln folgender Art verwendet werden:

$$\int_0^{t_i} x(\tau) d\tau = \sum_{j=0}^{N_i} w_{ij} x(t_j) + r_i[x], N_i = \overline{1, N}, i = \overline{1, N}, \tag{6}$$

wo w_{ij} die Gewichte sind; $t_i = \tau_i$ sind die Knoten der Art (4); $r_i[x]$ ist das Restglied der Quadraturformel, $N = N_y = N_f$.

In solcher Weise, dadurch, daß das Modell (1) in den Punkten $t_i, i = \overline{1, N}$ der Art (2) vorher durch die Kollokationsmethode diskretisiert wird, und die Restglieder weggelassen werden, ergibt sich entsprechend (6) das folgende System aus den N+1 linearen algebraischen Gleichungen bezüglich unbekannter Parameter:

$$a_1(0) y(0) + L(0) = a_2(0) \tilde{f}(0);$$

$$a_i(t_i) \tilde{y}(t_i) + \sum_{j=0}^{N_i} w_{ij} K_1(t_i, t_j) \tilde{y}(t_j) + L(t_i) = a_2(t_i) \tilde{f}(t_i) + \sum_{j=0}^{M_i} w_{ij} K_2(t_i, t_j) \tilde{f}(t_j), \tag{7}$$

$$M_i, N_i = \overline{1, N}, i = \overline{1, N}.$$

Wenn irgenwelche zusätzliche Information über die unbekannten Parameter $a_\nu(t_i)$, $K_\nu(t_i, t_j)$, $L(t_i)$, $\nu = \overline{1, 2}$ fehlt, so ergeben sich im System (7) 2(N+2)(N+3) Unbekannten, das heißt in diesem Fall einige Schwierigkeiten in der Lösung des unterdeterminierten SLAG erscheinen. Dieses könnte vermieden werden, unter der Voraussetzung, beispielsweise, daß die unbekannten Parameter in (1) der polynomischen Art sind, d.h.

$$a_\nu(t) = \sum_{k=1}^{m_\nu} \alpha_{\nu k} \beta_{\nu k}(t); \tag{8}$$

$$K_\nu(t,\tau) = \sum_{k=1}^{P_\nu} \sum_{s=1}^{Q_\nu} c_{\nu rs}\,\varphi_{\nu r}(t)\,\psi_{\nu s}(\tau); \qquad (9)$$

$$L(t) = \sum_{k=1}^{1} \lambda_k \gamma_k(t), \qquad (10)$$

wo $\alpha_{\nu k}, \lambda_{\nu k}, c_{\nu rs}$ die unbekannten konstanten Koeffizienten sind, und $\{\beta_{\nu k}\}_{k=1}^{m_\nu}$, $\{\gamma_{\nu k}\}_{k=1}^{l_\nu}$, $\{\varphi_{\nu k}\}_{k=1}^{P_\nu}$ und $\{\psi_{\nu s}\}_{s=1}^{q_\nu}$ sind die bestimmten Systeme der linear unabhängigen Funktionen, $\nu = \overline{1,2}$.

Wenn

$$N = m = m_1 + m_2 + l_1 + l_2 + P_1 Q_1 - 1, \qquad (11)$$

so ist die Gleichungsanzahl in (7) gleich der Anzahl der Unbekannten. Sicher bleiben dabei folgende offene Fragen: Auswahl der Funktionen $\beta_{\nu k}$, $\varphi_{\nu k}$, $\psi_{\nu s}$, γ_k ; Existenz und Einzigkeit der Lösung von SLAG (7), Einfluß der Fehler σ_i und ε_i in (3) und (4) auf die Genauigkeit der Berechnung unbekannter Parameter. Diese Fragen können in bestimmtem Maße in einem speziellen, aber genügend wichtigen Falle gelöst werden, wenn die gesuchten Parameter $a_\nu(t)$, $L(t)$ und $K_\nu(t,\tau)$ durch die folgenden Relationen bestimmt werden:

$$a_1(t) \equiv 1, \; a_2(t) \equiv 0; \qquad (12)$$

$$K_1(t,\tau) = K(t-\tau) = \sum_{j=1}^{m} q_j \frac{(t-\tau)^{j-1}}{(j-1)!}, m \in N; \qquad (13)$$

$$K_2(t,\tau) = \frac{(t-\tau)^{m-1}}{(m-1)!}; \qquad (14)$$

$$L(t) = \sum_{j=1}^{m-1}\left(c_j \frac{t^j}{j^i} + q_j \sum_{k=0}^{m-j-1} c_k \frac{t^{k+j}}{(k+j)!}\right), \qquad (15)$$

wo q_i unbekannt sind, und c_i sind die bekannten konstanten Größen.

Es ist nich schwer zu merken, daß die Gleichung (1) unter den gewählten Parameterwerten $a_\nu(t), L(t), K_\nu(t,\tau)$ der Differentialgleichung der Art

$$y^{(n)}(t) + q_1 y^{(m-1)}(t) + \ldots + q_m y(t) = f(t), \qquad (16)$$

$$y^{(j)}(0) = y_j, j = \overline{0, m-1}$$

äquivalent ist.

Für den Aufbau von SLAG bezüglich unbekannter Parameter q_i in (6) lassen wir uns die Gleichung (1) unter der Berücksichtigung (12)-(15) folgenderweise umformen:

$$\sum_{j=1}^{m} q_j \left[\frac{(t-s)^{j-1}}{(j-1)!}\, y(s)ds - \sum_{k=0}^{m-j-1} c_k \frac{t^{k+j}}{(k+j)!} \right] =$$

$$= \int\limits_0^t \frac{(t-s)^{m-1}}{(m-1)!} \, f(s)ds + \sum_{j=0}^{m-1} c_k \frac{t^k}{k!} - y(t), \; c_{-1} = 0. \tag{17}$$

Durch die Diskretisierung dieser Gleichung in den Punkten $t_i, i = \overline{0,N}$ werden die Anzahl der experimentellen Daten und die Anzahl der unbekannten Parameter ausgeglichen. In unserem Fall führt das zur Aufgabe der Minimierung der Summe von Disparitätsquadraten in den Punkten t_j folgender Art:

$$\rho := \sum_{l=1}^N \left[\sum_{j=1}^m q_j \left(\int\limits_0^{t_i} \frac{(t_i - s)^{j-1}}{(j-1)} \, y(s)ds - \sum_{k=0}^{m-j-1} c_k \frac{t^{k+j}}{(k+j)!} \right) - \right.$$

$$\left. - \int\limits_0^{t_i} \frac{(t_i - s)^{m-1}}{(m-1)!} \, f(s)ds + \sum_{j=0}^{m-1} c_j \frac{t_i^j}{j!} - y(t_i) \right]^2 \tag{18}$$

Jetzt, nachdem, daß, wie üblich, für $l = \overline{1,m}$ $\partial\rho / \partial q_l$ gleich Null gefordert wird, bekommen wir das System aus m linearen normalen Gleichungen bezüglich m unbekannter Parameter q:

$$Bq=b, \tag{19}$$

wo $B = \left[B_{lj} \right]_{i,j=1}^m, b = \left(b_1, \ldots, b_m \right)'$;

$$B_{lj} = \sum_{i-1}^N \varphi_j(t_i) \varphi_l(t_i); \tag{20}$$

$$\varphi_v(t) = \int\limits_0^t \frac{(t-s)^{v-1}}{(v-1)!} \, y(s)ds - \sum_{k=0}^{m-v-1} c_k \frac{t^{k+v}}{(k+v)!}, v = \overline{1,m}; \tag{21}$$

$$b_1 = \sum_{i=1}^N \varphi_l(t_i) \left[\int\limits_0^{t_i} \frac{(t_i - s)^{m-1}}{(m-1)!} \, f(s)ds - \sum_{k=0}^{m-1} c_k \frac{t_i^k}{k!} - y(t_i) \right]. \tag{22}$$

Um die Sperrigkeit zu vermeiden betrachten wir ausführlicher einen einfachen, aber wichtigen speziellen Fall der Berechnung von Parametern q_i unter der Voraussetzung, daß in (18) $\rho \equiv 0, m = N$. Dabei bekommen wir entsprechend (21) statt des Systems (19) das System

$$Aq=a, \tag{23}$$

wo $A = \left[A_{ij} \right]_{i,j=1}^m, a = \left[a_1, \ldots, a_m \right]'$,

$$A_{ij} = \varphi_j(t_i); \tag{24}$$

$$a_j = \int\limits_0^{t_i} \frac{(t_i - s)^{m-1}}{(m-1)!} \, f(s)ds + \sum_{k=0}^{m-1} c_k \frac{t_i^k}{k!} - y(t_i). \tag{25}$$

Lassen wir uns für die Integralberechnung in (24) und (25) die Quadraturformeln (6) verwenden, die für eine beliebige, hinsichtlich Riemann integrierbare Funktion folgenderweise aussehen:

434

$$\int\limits_0^{t_i} \left(t_i - s\right)^{\nu} u(s)\,ds = \sum_{j=0}^{L_i} N_{ij}\left(t_i - t_j\right)^{\nu} u\left(t_j\right) + r_{i\nu}[u], \tag{26}$$

wo $1 \le L_i \le N_i, r_{i\nu}[u]$ die Restglieder dieser Formel sind, und die anderen Größen sind in (6) bestimmt worden.

Durch die Weglassung der Restglieder der Quadraturformeln (entsprechend $r_{ij}[y]$ und $r_{im}[f]$) und unter der Berücksichtigung, daß Ein- und Ausgangssignalwerte experimentell mit bestimmten Fehlern gegeben sind, kommt man vom System (23) zum folgenden System bezüglich der annähernden Werte von Vektorkomponenten $\tilde{q} = (\tilde{q}_1, \dots, \tilde{q}_m)'$:

$$\tilde{A}\,\tilde{q} = \tilde{a}, \tag{27}$$

wo
$$\tilde{A} = \left[\tilde{A}_{ij}\right]_{i,j=1}^{m}, \quad \tilde{a} = \left[\tilde{a}_1, \dots, \tilde{a}_m\right]'; \tag{28}$$

$$\tilde{A}_{ij} = \frac{1}{(j-1)!} \sum_{k=0}^{N_i} w_{ik}\left(t_i - t_k\right)^{j-1} \tilde{y}(t_k) - \sum_{l=0}^{m-j-1} c_l \frac{t_i^{l+j}}{(l+j)!}; \quad 1 \le N_i \le N; \tag{29}$$

$$\tilde{a}_i = \frac{1}{(m-1)!} \sum_{k=0}^{M_i} w_{ik}\left|t_i - t_k\right|^{m-1} \tilde{f}(t_k) - \tilde{y}(t_k) + \sum_{\nu=1}^{m-1} c_\nu \frac{t_i^{\nu}}{\nu!}; \quad 1 \le M_i \le N. \tag{30}$$

Für die Schätzung des Quadraturalgorithmusfehlers der Berechnung der Parameter von integralen dynamischen Modellen aus dem System (27) werden in die Betrachtung die Kubiknorm des Vektors $x = \left(x_1, \dots, x_m\right), \quad \forall m \in N$

$$\|x\|_I = \max_{1 \le i \le m} |x_i| \tag{31}$$

und die ihr untergeordnete Norm der Matrizen

$$x = \left[x_{ij}\right]_{i,j=1}^{m}; \quad \|x\|_I = \max_{1 \le i \le m} \sum_{j=1}^{m} |x_{ij}|. \tag{32}$$

eingeführt. Für die absolute und relative Fehler des Quadraturalgorithmus (27)-(30) der Berechnung der Parameter $\{q_i\}_{i=1}^{m}$ des Modells (1) und die Bedingungen (12) (15) sind die folgenden Schätzungen berechtigt:

$$\|\Delta q\|_I \le \|A^{-1}\|_I \left[h_m(\sigma, \varepsilon) + \mu(\varepsilon) \|\tilde{q}\|_I \right]; \tag{33}$$

$$\frac{\|\Delta q\|_I}{\|q\|_I} \le \tau(A) \frac{\mu_m(\varepsilon)}{\|a\|_I}, \tag{34}$$

wo $\|A^{-1}\|$ die Norm der Art (32) für die zu A inverse Matrix ist, $q = (q_1, \dots, q_m)'$,

$$\eta_m(\sigma, \varepsilon) = \frac{GW_m T^{m-1} + R_m[f]}{(m-1)!} + \varepsilon; \qquad \mu_m(\varepsilon) = \sum_{j=1}^{m} \frac{\varepsilon W_m T^{j-1} + R_m^*[Y]}{(j-1)!};$$

$$W_m = \max_{1 \le i \le m} \sum_{v=1}^{m} |w_{iv}|; \quad R_m[f] = \max_{1 \le i \le m} |r_{im}[f]|; \quad R_m^*[y] = \max_{1 \le i \le m} \sum_{j=1}^{m} \frac{|r_{ij}[y]|}{(j-1)!},$$

und die Größen $\sigma, \varepsilon, r_{im}$ und r_{ij} wurden früher bestimmt; τ (A) ist die Konditionszahl der Matrix A, die durch die folgende Formel berechnet wird:

$$\tau(A) = |A|_I \|A^{-1}\|_I, \quad \Delta q = \tilde{q} - q.$$

Die Untersuchungen der vorgeschlagenen Methode auf den Modellaufgaben haben ihre große rechnerische Stabilität gezeigt. Außerdem ist mit ihrer Hilfe die Reihe praktischer Aufgaben gelöst worden, unter anderem folgende Aufgaben für die Objekte mit den verteilten Parametern:

- Prüfung von Nichtdrahtresistoren, bei denen mit Hilfe der Kurve eines Stroms, der eine Reaktion auf Hochspannungsimpulse ("energetischer Sprung") darstellt, ein dynamisches Modell gebaut wird, dessen Parameter die Defektenart bestimmen;

- Modellierung der gradienten thermoelektrischen Empfänger zwecks einer Modellanwendung für die Meßgenauigkeitserhöhung durch die inverse Verarbeitung der Ausgangssignale;

- Prozeßmodellierung in den RS-Elementen aus einer Mikroleitung für die Projektierung elektrotechnischer Anlagen.

Literatur

1. Brikman M.S. Integrale Modelle in der modernen Steuerungstheorie. Riga: "Znanije", 1979. - 224 S. (in Russisch).

2. Werlan A.F., Moskaliuk S.S. Mathematische Modellierung von kontinuirlichen dynamischen Systeme. Kiew: "Naukowa Dumka", 1988. - 287 S. (in Russisch).

3. Angelo G. Lineare Systeme mit variablen Parametern. Analyse und Synthese. - M.: "Maschinostrojenije", 1974. - 288 S. (in Russisch).

4. Ejkhoff P. Grundlagen der Identifizierung der Steuersysteme. - M.: "Mir", 1975. - 676 S. (in Russisch).

5. Werlan A.F., Sisikov V.S. Integralgleichungen: Methoden, Algorithmen, Programme. Handbuch. - Kiew: "Naukowa Dumka", 1986. - 544 S. (in Russisch).

6. Whitfield A.H., Messali N. Integral-eguation approach to system identification // Int.J.Contr. - 1987. - 45. N4. - P. 1431-1445.

VHDL-A - Erste Erfahrungen mit dem neuen Sprachstandard

Ewald Hessel , Manfred Melzig

Hella KG
52558 Lippstadt

Kurzfassung: Die Modellbeschreibungssprache VHDL-A (IEEE PAR 1076.1), die analoge Erweiterung von VHDL, soll die werkzeugunabhängige Modellierung gemischter Systeme ermöglichen. In diesem Beitrag wird über die Erfahrungen berichtet, die dabei mit einem Werkzeugprototypen gemacht wurden. Es hat sich dabei erneut gezeigt, daß die Sprache für die Modellierung speziell von Steuer- und Regelsystemen grundsätzlich gut geeignet ist. Allerdings konnte der eingesetzte Prototyp derzeit nur einen begrenzten Teil des Sprachumfangs abdecken. Weitere kritische Anmerkungen beziehen sich auf die Unterstützung der Modellierung sowie die Simulation selbst.

1. Einführung

Der Wunsch nach einer werkzeug- und technologieunabhängigen Modellierungssprache ist aus den unterschiedlichsten Gründen schon seit längerer Zeit vorhanden. Bisher gab es lediglich im Bereich der Elektronik einen gewissen Standard (SPICE2G.6) , der von verschiedensten Simulatoren unterstützt wurde. Besonders große Probleme treten dann auf, wenn gemischte Systeme z.B. aus den Gebieten Elektronik, Mechanik, Regelungstechnik mit digitalen und analogen Modellteilen geschlossen simuliert werden müssen. Die einzige Lösung ist bisher die Kopplung unterschiedlicher Simulatoren, was jedoch mit hohem Aufwand verbunden ist. Weitere Probleme sind der Modellaustausch zwischen Entwicklungspartnern, die unterschiedliche Werkzeuge verwenden, sowie der Wechsel zu einem neuen Simulationswerkzeug ohne Verlust der vorhandenen Modelle. Das MSR-Konsortium, in welchem deutsche Automobilhersteller und Zulieferer gemeinsam an einem neuen Vorgehensmodell zur Entwicklung von Steuer- und Regelsystemen im Kfz arbeiten, hat sich für VHDL-A (IEEE PAR 1076.1), die Erweiterung von VHDL um Beschreibungselemente für analoge Modellteile, als zukünftiges Austauschformat für Verhaltensmodelle entschieden. Eine Studie zu diesem Thema hat ergeben, daß VHDL-A alle wesentlichen Beschreibungselemente enthält, die für derartige Modelle notwendig sind [1]. Da VHDL-A ein IEEE-Standard ist, ist anzunehmen, daß sich diese Sprache international als Standard durchsetzen kann.

Bisher ist der Standard IEEE PAR 1076.1 nicht endgültig verabschiedet Aus diesem Grunde kann es auch noch keine entsprechenden Tools geben. Es gibt aber bereits einige Prototypen, die - allerdings begrenzt - den jetzt bekannten Sprachumfang unterstützen.

2. Modellierung und Simulation

2.1 Prototypen

Die bisher bekannten Prototypen von Simulatoren mit VHDL-A Unterstützung sind SABER (Fa. Analogy), ELDO (Fa. Anacad / Mentor Graphics) und SPECTRE (Fa. Cadence). Diese Firmen sind auch aktiv an der Festlegung des Standards beteiligt. Grundsätzlich sind diese Simulatoren als etwa gleichwertig einzustufen sowohl im Hinblick auf ihre Unterstützung von VHDL-A als auch von ihrer ursprünglichen Herkunft aus dem Bereich der Schaltkreissimulation. Sie besitzen alle bereits einen Prozessor zur Unterstützung einer eigenen Spracherweiterung, die um die Syntax von VHDL-A erweitert wurde. Ohne Bewertung wurde der Simulator SPECTRE (protoVHDL-A) eingesetzt, weil dafür bereits die entsprechende Umgebung im Hause verfügbar war.

2.2 Simulation eines geschlossenen Regelkreises

Als Testbeispiel wurde ein typisches System aus dem Bereich der Steuer- und Regelsysteme verwendet, in dem ein großer Teil der uns interessierenden Funktionalitäten enthalten ist:

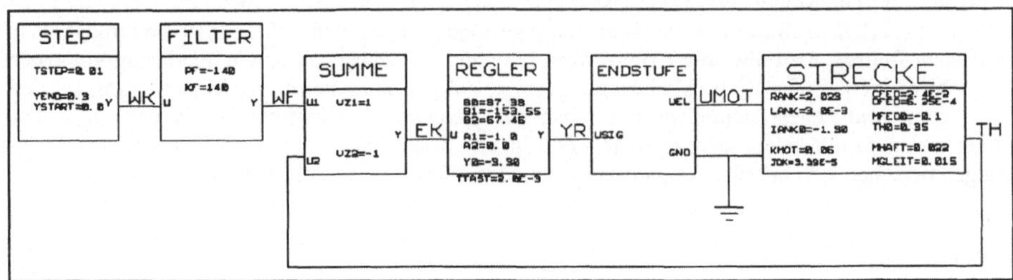

Bild 1: Modellübersicht

2.2.1 Signalfluß- / Energiefluß-Modellierung

Prinzipiell sind in dem Beispiel beide Modellierungsformen vorhanden. Die Kopplung zwischen ENDSTUFE und STRECKE ist Energiefluß, alle anderen Kopplungen sind Signalfluß. SPECTRE als ein typischer Schaltkreissimulator stellt zur Zeit die Mechanismen der Signalflußkommunikation noch nicht zur Verfügung. Es wurde deshalb für diese Verbindungen ein Energiefluß mit der NATURE SignalFlow eingeführt und hiervon nur die ACROSS-Variable benutzt.

```
NATURE SignalFlow IS       NATURE rotational IS       NATURE electrical IS
    ACROSS A;                  ACROSS O;                  ACROSS V;
    THROUGH T;                 THROUGH M;                 THROUGH I;
END SignalFlow;            END rotational;            END electrical;
```

Bild 2: Benutzte NATUREs

Dadurch ist für die entsprechenden Modellteile keine definierte Festlegung von Eingangs- und Ausgangsgröße möglich. An jedem Block kann so prinzipiell Eingang und Ausgang vertauscht werden. Funktionell bedeutete diese Modellierungsart jedoch keine Einschränkung.

2.2.2 Kontinuierliche / diskrete Modellierung

Der gesamte Sprachumfang von VHDL-A ermöglicht die Modellierung sowohl von zeitkontinuierlichen als auch von zeitdiskreten Modellteilen. In diesen Beispiel wurden der FILTER zeitkontinuierlich, der REGLER zeitdiskret modelliert. Für die Erprobung stand uns allerdings nicht der VHDL-Sprachumfang, der erst durch die Simulatorkopplung von SPECTRE und LEAPFROG verfügbar gewesen wäre, zur Verfügung. protoVHDL-A besitzt einige vordefinierte Funktionen, die es aber dennoch leicht ermöglichten, ein getaktetes System zu modellieren.

Der Befehl **time()** liefert die aktuelle Simulationzeit, **break_point(next_takt)** erzwingt einen Rechenschritt zu dem aktuellen Zeitpunkt. Allerdings wird durch diese Modellierung

438

```
#pragma vhdl                          #pragma vhdl

NATURE SignalFlow IS                  NATURE SignalFlow IS
   ACROSS A;                             ACROSS A;
   THROUGH T;                            THROUGH T;
END SignalFlow;                       END SignalFlow;

ENTITY filter IS                      ENTITY regler IS
  GENERIC( pf : REAL := -10;            GENERIC(ttast:REAL:=2.0e-3;
           kf : REAL := 10);                    ... :REAL:= ...);
  PORT(u , y : SignalFlow);            PORT(u , y : SignalFlow);
END filter;                           END regler;

ARCHITECTURE cont OF filter IS        ARCHITECTURE disc OF regler IS
   VARIABLE xd : REAL;                   VARIABLE ... :REAL;
   VARIABLE x : REAL := 0.0;          BEGIN
BEGIN                                  RELATION BEGIN
  RELATION BEGIN                        IF time()>=next_takt THEN
    xd  := u.A + pf*x;                    next_takt:=next_takt+ttast
    x   := INTEG(xd,0.0);                break_point(next_takt);
    y.A <= kf*x;                           y1 := y.A;
  END RELATION;                          u1 := u0;
END cont;                                u0 := u.A;
                                       END IF;
                                     y.A <= b0*u0+b1*u1-a1*y1;
                                   END RELATION;
                                   END discrete;
```

Bild 3: Kontinuierlicher FILTER / diskreter REGLER

nicht sichergestellt, daß zu dem jeweiligen diskreten Rechenschritt auch der Simulator neu aufgesetzt wird.

2.2.3 Unstetige Ereignisse

Für die Modellierung von Unstetigkeiten stellt VHDL-A Modellierungskonstrukte wie z.B. für den Schwellwertdurchgang zur Verfügung. Ähnlich hierzu existiert in protoVHDL-A für die Ermittlung von Nulldurchgängen die Funktion threshold(...).

```
mZwi := mMot-mDk;
                                --- Eintritt von Haftung ?
HaftEintritt := threshold(thd,0) AND (abs(mZwi)<MHaft);
IF HaftEintritt THEN
   Haftung := 1;
END IF;
                                --- Austritt aus Haftung ?
HaftAustritt := threshold((abs(mZwi)-MHaft),0);
IF HaftAustritt AND Haftung THEN
   Haftung := 0;
END IF;
                                --- Reibmoment je nach Reibzustand
  :
                                --- DK-winkel und Ableitungen
thdd   := (mZwi-mReib) / jdk;
IF Haftung THEN
   thd := 0;
ELSE
   thd := INTEG(thdd,0.0);
END IF;
th := INTEG(thd,th0);
```

Bild 6: Reibungsmodellierung

Eine gezielte Änderung der Zustandsvariablen, wie z.B. Rücksetzen der Geschwindigkeit von ungefähr Null auf exakt Null beim Übergang vom Gleiten in Haften ist aber z.Z. nicht möglich. Mit der etwas abenteuerlichen Konstruktion, die Integration von thdd in eine IF-Schleife zu setzen, wird verhindert, daß die Position th im Zustand Haften weiter driftet. Das Simulationsergebnis zeigt das Einrasten der Position beim Überschwingen aufgrund der Reibung.

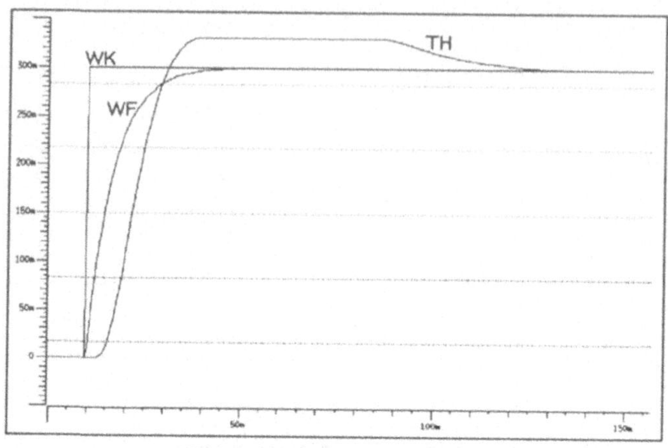

Bild 7: Simulationsergebnisse

2.2.4 Prozedurale Beschreibung / simultane Gleichungen

Die Beschreibungsmöglichkeiten von protoVHDL-A sind durchgängig prozedural. Es wird dabei zwischen Zuweisungen an interne Variablen ":=" und Zuweisungen an Ausgänge "<=" unterschieden. Das Konzept hinter dem <= Operator zeigt deutlich die Wurzel von SPECTRE als Schaltkreis-Simulator.

Y <= k*X bedeutet: An dem Y benannten Ausgang liegt eine durch k*X gesteuerte (Spannungs- bzw. Strom-) Quelle. Wenn innerhalb des Modells z.Z. auch nur prozedurale Beschreibungen möglich sind, so ist SPECTRE als "Spice"-Ableger sehr wohl in der Lage, die Knoten- und Maschengleichungen der Anschlußverknüpfungen auszuiterieren. So sehen wir kein prinzipielles Problem, auch simultane Gleichungen im Modell zu lösen.

2.2.5 Graphische Kopplung / Kopplung durch VHDL-A Syntax

Das Gesamtmodell, wie in Bild 1 dargestellt, wurde mit dem graphischen Frontend CONCEPT erstellt. Parameter können dabei in die einzelnen Komponenten eingegeben werden und werden an die entsprechenden VHDL-A Modelle weiter gereicht.

Wie bereits im Einleitungsvortrag "Einheitliche Modellierung mit VHDL-A" [2] erörtert, bietet VHDL-A keine Ausdruckmittel für den Austausch von Graphikinformationen. VHDL-A ist aber sehr wohl in der Lage hierarchische Modelle zu erstellen. Die Verkopplung der Einzelkomponenten erfolgt durch entsprechendes Mappen von Parameter und der Erzeugung der entsprechenden Port-Verknüpfungen. In dem Teil STRECKE ist der Motor durch die Kopplung von Einzelkomponenten modelliert worden.

Um Simulationsmodelle austauschen zu können ist es deshalb sinnvoll die graphischen Hierarchisierung eines Modells in eine entsprechende VHDL-A Hierarchisierung um zu setzen. So können Modell nur durch die Weitergabe des VHDL-A Kodes ausgetauscht werden.

```
        :
        :
  ENTITY res IS                    ENTITY dk IS
     GENERIC( r : REAL:=0.0);         GENERIC(rank :REAL:=2.023;
     PORT(pin,nin:electrical);                 lank :REAL:=0.003;
  END res;                                     iank0:REAL:=1.85;
                                               kmot :REAL:=0.06;
  ARCHITECTURE bas_r OF res IS                    :              );
     :                              PORT(u,gnd : electrical;
  END bas_r;                                th  : SignalFlow);
                                   END dk;
  ENTITY ind IS
     GENERIC( l : REAL:=1.0;       ARCHITECTURE bas_dk OF dk IS
              i0 : REAL:=0.0);        SIGNAL n1,n2 : electrical;
     PORT(pin,nin:electrical);        SIGNAL welle : rotational;
  END ind;                              :
                                   BEGIN
  ARCHITECTURE bas_i OF ind IS        R1 : res
     :                                    GENERIC MAP(r => rank)
  END bas_i;                              PORT MAP(u, n1);
                                      L1 : ind
  ENTITY emk IS                           GENERIC MAP(l=>lank,
     GENERIC( k : REAL:=1.0);                        i0=>iank0)
     PORT(pin,nin:electrical;               PORT MAP(n1, n2);
          welle :rotational);         E1 : emk
  END emk;                                 GENERIC MAP(k => kmot)
                                          PORT MAP(n2,gnd,welle);
  ARCHITECTURE bas_e OF emk IS         RELATION BEGIN
     :                                      :
  END bas_e;                                :
                                       END RELATION;
                                   END bas_dk;
```

Bild 9: Beispiel einer protoVHDL-A Hierarchisierung

2.2.6 Packages

Im protoVHDL-A sind bereits etliche Funktionen (mathematische, trigonometrische, aber auch protoVHDL-A spezifische) vordefiniert. Um die Austauschbarkeit von VHDL-A Modellen sicher zustellen, ist es dringend notwendig, auf einen Standardsatz an vor definierten Funktionen zu greifen zu können. Im IEEE-Komittee wird bereits über einige derartige Packages diskutiert.

2.2.7 Simulationsergebnisse

Das hier vorgestellte Beispiel wurde sowohl als ACSL-Modell auf einem PC als auch als VHDL-A Modell auf einer UNIX Workstation simuliert. Die Rechenleistung der Hardware ist dabei annähernd gleich. Das ACSL-Modell lief auf dem PC um den Faktor 7 schneller.

Hier wird deutlich, das VHDL-A Simulatoren nicht nur auf dem, aus der Schaltkreissimulation üblichen Verfahren, die Knoten- und Maschengleichungen auszuiterieren, aufsetzen sollten. Gerade Modelle in Signalflußkopplung ermöglichen, daß die zugrunde liegende Gleichungen sequentiell abgearbeitet werden. ACSL sortiert hierzu die Gleichungen [5]. Weitergehende Ansätze wie z.B. DYMOLA ermöglichen ferner Modelle, in den Modellkomponenten über Energieflüsse gekoppelt sind in einen sequentiell abzuarbeitenden Gleichungssatz zu überführen [6].

Das obige Beispiel ist typisch für Modelle, wie sie für regelungstechnische Analysen bisher mit Werkzeugen wie ACSL, Simulink, o.a. modelliert wurden. Da z.B. für Optimierungsaufgaben diese Modell sehr häufig zu berechnen sind, oder für HiL-Simulationen in Echtzeit laufen müssen, ist die Frage der Simulationsperformance für die Auswahl eines geeigneten Simulationswerkzeuges eine entscheidende Frage.

441

3. Kritische Beurteilung der Sprache und des Prototypen

Wie das Beispiel gezeigt hat, deckt die Syntax der Sprache den Funktionsumfang ab, der für mechatronische Systeme erforderlich ist. Unklar ist immer noch, in welcher Form Netzlisten im SPICE-Format, die ja von elektronischen Systemen oft vorhanden sind, eingebunden werden können. Die heute verfügbaren Prototypen können Modelle im SPICE-Listen-Format direkt integrieren, da sie ja aus diesem Bereich kommen, so daß hier zunächst kein Problem auftritt. Unklar ist noch, wie zukünftige VHDL-A Simulatoren damit umgehen. Denkbar wäre z.B. ein spezielles SPICE-Package, in dem das Verhalten von SPICE Modellen in VHDL-A modelliert ist.

Der verwendete Prototyp SPECTRE der Fa. Cadence kommt ganz eindeutig aus dem Bereich der analogen Elektronik. Der unterstützte Sprachumfang von VHDL-A kommt demnach ebenfalls aus diesem Bereich. Die freie Modellierung elektrischer und elektronischer Komponenten oder ähnlicher Modelltypen aus anderen Bereichen ist damit relativ gut möglich.

Auch die Einbindung von VHDL-A Modellen in vorhandene Systeme ist bereits gut gelöst: Direkt bei der grafischen Systembeschreibung über CONCEPT kann man neue Blöcke als VHDL-A Modelle mit ihren Anschlüssen definieren. Die Modellbeschreibung wird danach automatisch syntaktisch formal soweit vorbereitet, daß lediglich das reine Verhalten zwischen den Anschlüssen noch in Textform hinzugefügt werden muß.

Eine erhebliche Einschränkung der Modellierung liegt nach unserer Meinung jedoch darin, daß lediglich ein Typ von Verbindungen unterstützt wird, nämlich die energieerhaltenden.

Nicht abgedeckt werden von SPECTRE rein digitale Systeme, die mit VHDL modelliert werden. Hierzu zählen auch getastete (diskrete) analoge Systeme sofern sie VHDL Syntax verwenden. Dafür bietet Cadence z.Z. die Kopplung mit einem VHDL-Simulator über eine Backplane an.

4. Ausblick

Wie sich bei unserem Beispiel gezeigt hat, sind die heute angebotenen Prototypen noch keine echten VHDL-A Simulatoren. Der Funktionsbereich, der durch VHDL-A abgedeckt wird, ist sehr universell. Neben energierhaltenden analogen Systemen können allgemeine Differentialgleichungen, rückwirkungsfreie Komponenten der Regelungstechnik , diskrete analoge Systeme sowie rein digitale Systemteile beschrieben und nahezu beliebig gemischt werden. Ein Simulator, der derartige Systeme geschlossen simulieren kann, muß nicht nur die vollständige Sprachsyntax verstehen, sondern muß auch geeignete Algorithmen zur Simulation der unterschiedlichen Modelltypen besitzen. Ein weiteres Problem ist die Kopplung von zeitkontinuierlichen und zeitdiskreten Systemteilen.

Um in absehbarer Zeit zu kommerziell einsetzbaren Werkzeugen zu kommen, ist es wichtig, daß möglichst bald eine erste Festschreibung des Standards erfolgt. Danach erst können Anbieter diese Sprache verbindlich implementieren. Zunächst wird es vermutlich nur Simulatoren geben, die wie die Prototypen nur einen Teilbereich abdecken, in welchem sie auch bisher ihren Schwerpunkt hatten. Der universelle Sprachstandard fordert aber gerade dazu heraus, die Leistungsfähigkeit dem Sprachstandard entsprechend zu erweitern.

Literatur

[1] I. Bausch-Gall. Eignung von VHDL-A zur Modellierung mechanischer und hydraulischer Systeme. MSR-Studie, 1995

[2] E. Moser, R. Neul: Einheitliche Modellierung mit VHDL-A. Vortragsmanuskript *ASIM Tagung*, 1996.

[3] A. Vachoux. VHDL-A: Analog and mixed-mode extension to VHDL. In *EUROSIM Simulation Congress*. EUROSIM, 1995

[4] Cadence Design Systems Inc.: protoVHDL-A. A Reference Manual. Preliminary Draft, 1996.

[5] Mitchell & Gauthier Associates. ACSL Reference Manual, 10.1 edition, 1993

[6] Dynasim AB. Dymola - Dynamic Modeling Language. User's Manual. Version 1.9.11, 1994

Simulation nichtlinearer Kleinsignalverzerrungen bei Verhaltensmodellierung

Eva Wilk[1], Jan Wilk[2]

[1]Hochschule für Film u. Fernsehen „Konrad Wolf"
Karl–Marx–Str. 33/34
D–14482 Potsdam
Tel.: 0331/7448-589, Fax: 0331/7448-590

[2]Universität der Bundeswehr
Elektronik und Nachrichtenverarbeitung
D–22039 Hamburg
email: jan.wilk@unibw-hamburg.de

Zusammenfassung Vorgestellt wird die für einen eigenen experimentellen Schaltungs-simulator konzipierte und realisierte Verhaltensschnittstelle , die vom Benutzer definierte Modellgleichungen automatisch differenziert. Die so entstandenen symbolischen Ableitungen werden für beliebige Arbeitspunkte numerisch ausgewertet, und die Daten werden in geeigneter Weise mit dem Simulatorkern verknüpft. Zur Verzerrungsanalyse der in SPICE–Syntax beschriebenen Schaltung werden Klirrstromquellen für die Modelle automatisch generiert und in der Analyse berücksichtigt. Die Schnittstelle hat nur wenige, gut definierte Verbindungspunkte mit dem Simulatorkern und läßt sich an herkömmliche Simulationsprogramme anpassen.
Eine neue Form von Verhaltensmodellen sind Neuromodelle [3], die auf einer Approximation des Elementverhaltens mittels künstlicher neuronaler Netze basieren. Unter Ausnutzung der spezifischen Struktur vorwärtsgekoppelter neuronaler Netzen haben wir eine Neuromodell–Schnittstelle entwickelt, deren konsequente Ausnutzung auch die Kleinsignal-Verzerrungsanalyse mit diesen speziellen Verhaltensmodellen ermöglicht.

1 Einführung

Mit Hilfe der Verzerrungsanalyse können die Harmonischen und Intermodulationen berechnet werden, die im Kleinsignal–Betriebsfall in einer nichtlinearen elektrischen Schaltung entstehen. Dazu werden sogenannte Klirrstromquellen entwickelt, die sich aus Ableitungen und komplexen Spannungen der nichtlinearen Zweige einer elektrischen Schaltung zusammensetzen. Aufgrund der Kleinsignal–Annahme können Harmonische und Intermodulationen höherer als dritter Ordnung als vernachlässigbar klein angenommen werden.
Die Nichtlinearitäten werden durch Taylor–Reihen angenähert. Dies ermöglicht ein sukzessives Vorgehen beim Berechnen des Einflusses der Nichtlinearitäten zunehmender Ordnung: Zur Simulation der Störfrequenzen werden an jeden Zweig nacheinander und einzeln Klirrstromquellen hinzugefügt, die das nichtlineare Verhalten der jeweiligen Ordnung, unter Berücksichtigung des Einflusses niedrigerer Ordnungen, modellieren. Daraufhin werden die unabhängigen Variablen der gesamten Schaltung bei der jeweiligen Störfrequenz durch eine Kleinsignalanalyse ermittelt.
Der größte Aufwand in der Ermittlung der Klirrstromquellen liegt in der Berechnung der Ableitungen. Sie müssen in den Simulatorquelltext eingefügt und während der Laufzeit jeweils berechnet werden. Numerische Differentiationsverfahren vermeiden das analytische Ableiten und sind im allgemeinen schneller, jedoch ungenauer.
Verhaltenssimulatoren erlauben dem Modellentwickler (oder dem Anwender), eigene Modelle

über eine definierte Schnittstelle anzugeben. Aufgrund des hohen Aufwands für den Modellentwickler bzw. eingeschränkter Fähigkeiten der Verhaltensschnittstellen können nichtlineare Kleinsignal–Verzerrungen bisher von Verhaltenssimulatoren nicht berechnet werden. Da diese Analyse im Kleinsignalbetrieb verhältnismäßig schnell und sehr genau ist, haben wir eine Verhaltensschnittstelle konzipiert und für einen eigenen experimentellen Simulator, MODSIM, realisiert, die mit Hilfe einer automatischen Differentiation der Modellgleichungen die Verzerrungsanalyse ohne zusätzlichen Aufwand für den Anwender ermöglicht.

Der Einsatz neuronaler Netze in der Modellierung von Bauelementen und Teilschaltungen ist ein aktueller Forschungsschwerpunkt [3]. Zur Simulation von Schaltungen unter Verwendung von solchen *Neuromodellen* mit herkömmlichen Schaltungssimulatoren müssen die ermittelten Strukturen neuronaler Netze in Ersatzschaltungen aus dem Schaltungssimulator bekannten Bauelementen umgewandelt werden, was zu einer Erhöhung der Entwicklungs– und Simulationszeit führt. Zur direkten Berücksichtigung von Neuromodellen in der Simulation elektrischer Schaltungen wurde eine Schnittstelle entwickelt. Sie bietet die Möglichkeit, das sehr effiziente Modellierungsverfahren mittels neuronaler Netze ohne Umwege über Ersatzbeschreibungen der Simulation elektrischer Schaltungen verfügbar zu machen. Ihre konsequente Ausnutzung ermöglicht die Kleinsignal–Verzerrungsanalyse mit diesen speziellen Verhaltensmodellen.

2 Schaltungsanalyse unter Verwendung von Verhaltensmodellen

Die analyseabhängigen Informationen zu den gebräuchlichen Modellen elektronischer Bauelemente sind bei Schaltungssimulatoren im Quelltext implementiert. Verhaltenssimulatoren ermöglichen dem Modellentwickler, zusätzliche Modelle über eine exakt dokumentierte Schnittstelle, ohne Eingriff in den Programmcode des eigentlichen Simulators, z.B. in C–Code zu definieren. Die zur Linearisierung erforderlichen ersten Ableitungen werden entweder numerisch approximiert (SABER), oder der Benutzer muß sie analytisch erstellen und als Gleichungen programmieren (SPECTRE). Für die Kleinsignal–Verzerrungsanalyse ist der Aufwand zur Programmierung von Verhaltensmodellen bisher unvertretbar hoch.

2.1 Automatische Differentiation der Modellgleichungen

Bei der von uns entwickelten Verhaltensschnittstelle können in einfacher Notation Modellgleichungen benutzerdefinierter Modelle angegeben werden. Die Gleichungen werden Dateien gespeichert, auf die über den Dateinamen zugegriffen wird. Modellparameter werden in eigenen Dateien gespeichert. So ist der Aufbau einer Modellbibliothek möglich.
Die Gleichungen werden aus den angegebenen Dateien einmal eingelesen und in Postfixnotation stackorientiert abgelegt. Durch automatisches Differenzieren werden, ebenfalls in Postfixnotation, die Ableitungen der benutzerdefinierten Gleichungen symbolisch erstellt.
Zum Einlesen der Elementbeschreibungen verwendet der Eingabeprozessor der Schnittstelle einen Parser. Jeder Satz von Modellgleichungen (der von beliebig vielen Einzelelementen benutzt werden kann) wird nur einmal eingelesen und auf Stacks in UPN–Norm (Postfixnotation) gespeichert. Die Verhaltensschnittstelle enthält Routinen zum automatischen, symbolischen Differenzieren der Modellgleichungen. Die Vorteile sind: erhebliche Arbeitser-

leichterung für den Modellentwickler und exakte, nicht numerisch approximierte, analytische Ableitungen, die zur Laufzeit des Simulationsprogramms numerisch ausgewertet werden.

Für die Verzerrungsanalyse werden auch die Ableitungen höherer Ordnung automatisch erstellt. Dynamische Modellbeschreibungen erster Ordnung werden mit den Integrationsverfahren des Simulators ausgewertet.

Die Geschwindigkeit in der Simulation von Verhaltensmodellen wird durch eine Optimierung der Ableitungen (Zusammenfassung von Termen) beschleunigt. Aufgrund der stackorientierten Ablage der Gleichungen zur Laufzeit ist diese Verhaltenschnittstelle wesentlich schneller als ein Interpreter. Das vereinfachte Zusammenwirken von Modellentwickler, Anwender und Simulationsprogramm wird in den Abbildungen 1 und 2 dargestellt. Die dunkel unterlegten Aktionen im Simulatorkern (jeweils links) und in der Verhaltensschnittstelle (rechts) sind modellabhängig, werden aber in dem vorgestellten Werkzeug automatisch ausgeführt.

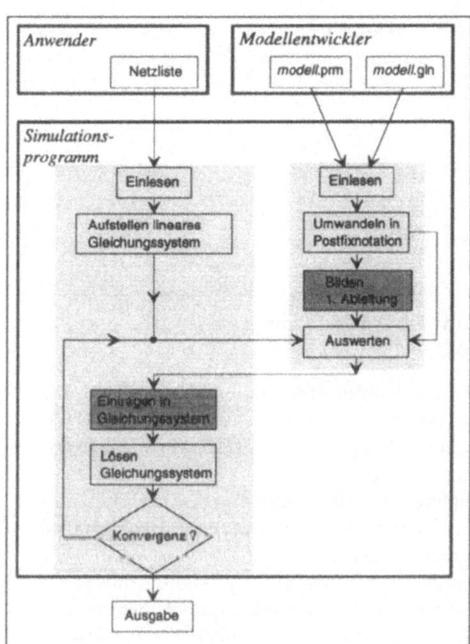

Abbildung 1: Gleichstromanalyse

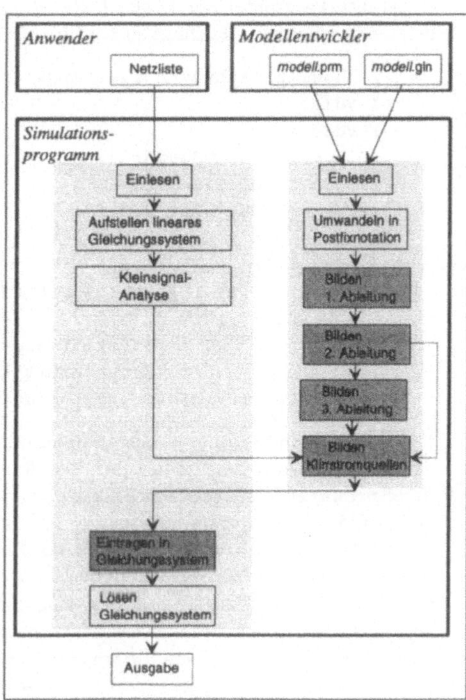

Abbildung 2: Verzerrungsanalyse

2.2 Beispiel zur Kleinsignal-Verzerrungsanalyse

Die Funktion und das Zusammenwirken von Netzliste, Gleichungsdatei und Parameterdatei sollen am Beispiel des Diodenmodells veranschaulicht werden.

In der Netzliste kann auf nichtlineare Elemente, deren Beschreibung sich in einer Datei befindet, über den Kennbuchstaben Q bzw. q und den Namen der Datei zugegriffen werden. Eine Netzliste hat beispielsweise die folgende Form:

```
**Testschaltung
V1 1 0 DC 0.65
V2 2 1 AC 0.01 0
R1 2 3 100
q1 3 0 element in1
.MODEL element diode
.OPTIONS PIVTOL 1.e-11, MAXITER 20
.INIT in1 vdio = .64
**** Analyse
.op
.AC LIN 10 10 20
.disto r1 1 0.9 1.3468e-7 1.0
```

Konstante Parameter der Diode befinden sich in einer eigenen Datei `DIODE.PRM`. Die modellbeschreibenden Gleichungen sind in ASCII–Form in der Datei `DIODE.GLN` abgelegt:

```
% Modellgleichungen fuer diode mit 0 inneren Knoten;
X vdio;
V vdio 1 2;
A  k = 1.3806226e-23;
A  q = 1.6021918e-19;
A  tk = TREF+ DTA+ 273.15;
A  vt = k/q * tk;
A  nvt = 1/ (vt);
A V_krit = vt* log(vt / (sqrt (2.0) * IS));
I 1 2 vdio ? i0 = 0, 0.0 :
            i0 = IS*(exp (vdio*nvt) - 1.0), V_krit:
            i0 = IS*nvt*exp(V_krit*nvt)*(vdio-V_krit+vt) - IS;
Q 1 2 csperr = cj*(1 - vdio/vd)^(-p)
```

Der Deklaration der unabhängigen Spannung und der Knoten innerhalb des Modells, durch deren Potentialdifferenz sie bestimmt ist, folgt die Deklaration von Konstanten (`k,q`) und von Teilgleichungen (`tk`, `vt`, `nvt`, `Vkrit`). Die Stromgleichung der Diode (`i0`) ist in Abhängigkeit von der Diodenspannung (`vdio`) abschnittweise definiert .
Hierbei ist natürlich, wie auch sonst bei Beschreibung von Bauelementverhalten über eine Verhaltensschnittstelle, der Modellentwickler verpflichtet, auf grundsätzliche Bedingungen zu achten. So muß zur Simulation von nichtlinearen Elementen die Existenz einer stetigen ersten Ableitung gewährleistet sein, da ansonsten im ungünstigen Fall keine Konvergenz erreicht werden kann. Sollen die von einem Verhaltensmodell verursachten nichtlinearen Verzerrungen simuliert werden, müssen die modellbeschreibenden Gleichungen bis zur dritten Ableitungen nach allen unabhängigen Variablen differenzierbar sein.
Die Berechnung der Klirrstromquellen ist nicht mehr, wie in SPICE Simulatoren, fest im Quelltext programmiert, da die Modellgleichungen und die Abhängigkeiten der nichtlinearen Elemente dem Simulatorkern nicht bekannt sind. Eine systematische Berechnung und Speicherung der Ableitungen, der Übertragungsfunktionen und der schon ermittelten komplexen Zweigspannungen wird ausgenutzt, um – nur aufgrund der Angabe von Zweiggleichungen und Zweigknoten – die Klirrstromquellen zusammenzustellen und somit das Modell für die Verzerrungsanalyse automatisch zu generieren.
Exemplarisch wurden die Klirrgüten einer Diode simuliert, die dem experimentellen Simulator (MODSIM) nur in Form der oben angebenen Dateien und der Netzliste bekannt ist,

und anschließend mit den Ergebnissen einer Simulation mit SPICE verglichen.
Wie die folgende Gegenüberstellung zeigt, sind die Ergebnisse einer Verzerrungsanalyse der
Schaltung in SPICE – mit integriertem Diodenmodell für die Verzerrungsanalyse – und
MODSIM – unter Verwendung des Verhaltensmodells und der verallgemeinerten Verzer-
rungsanalyse – identisch.

	MODSIM		SPICE	
DC–Analyse	V_3	$= 0.6221$ V	V_3	$= 0.6221$ V
AC–Analyse	v_{RL}	$= 5.19\text{e-}03$ V	v_{RL}	$= 5.19\text{e-}03$ V
Verzerrungs–Analyse	HD2	$= -33.0101$ dB	HD2	$= -33.01$ dB
	DIM2	$= -26.9895$ dB	DIM2	$= -26.99$ dB
	SIM2	$= -26.9895$ dB	SIM2	$= -26.99$ dB
	HD3	$= -68.2670$ dB	HD3	$= -68.27$ dB
	DIM3	$= -58.7245$ dB	DIM3	$= -58.72$ dB

3 Schaltungsanalyse unter Verwendung von Neuromodellen

Eine angepaßte Schnittstelle zur direkten Berücksichtigung von Neuromodellen in der Simulation elektrischer Schaltungen bietet die Möglichkeit, die sehr effizienten Modellierungsverfahren mittels neuronaler Netze ohne Umwege über Ersatzbeschreibungen zur Simulation
elektrischer Schaltungen verfügbar zu machen.
Die Parameter des neuronalen Netzes, das zur Modellierung verwendet wird, werden in
Abhängigkeit vom Klemmenverhalten des nachzubildenden Bauelementes durch Training
festgelegt. Die Struktur des Netzes liegt jedoch im Prinzip fest – und damit die Differen-
tiationen des Verhaltens dieser Struktur nach unabhängigen Variablen. Es müssen nur die
aufgrund des Trainings ermittelten Parameter in die Gleichungen, die die Netzstruktur beschreiben, und in die Ableitungen dieser Gleichungen eingesetzt werden. Somit liegen automatisch, bzw. schon verallgemeinert programmiert, die ersten Ableitungen vor – und für
die Verzerrungsanalyse lassen sich die zweiten und dritten Ableitungen entsprechend vor-
bereiten. Abbildung 3 zeigt beispielhaft eine Funktion $f(x)$, die Approximation durch das
neuronale Netz, $net(x)$, und den relativen Fehler $Fehler = (f(x) - net(x))/f(x) \cdot 100$. Die
Ableitung der Funktion $f(x)$, $f'(x)$, wird approximiert, indem in der Schnittstelle die mathematische Beschreibung der Netzstruktur, mit der $f(x)$ approximiert wird, abgeleitet wird.
Die Ableitung $f'(x)$ muß also nicht speziell trainiert werden, sondern ergibt sich aus der Ableitung $net'(x)$ der Approximationsfunktion $net(x)$. Abbildung 4 zeigt die Ableitung $f'(x)$,
die Approximation der Ableitung, $net'(x)$, und den relativen Fehler. Es ist zu sehen, daß
der relative Fehler unter 0.4 % liegt und damit die Approximation der Ableitung die Genauigkeit der Approximation der Funktion $f(x)$ erreicht, obwohl sie nur auf die Netzstruktur
und die trainierten Parameterwerte und nicht mehr auf die Funktion $f(x)$ zurückgreift. Das
vorgestellte Verfahren zur Ermittlung der Ableitungen wurde entwickelt, um das Konvergenzverhalten des Neuromodells zu verbessern. Da die Transferfunktionen analytisch sind
und die Struktur des Netzes bekannt ist, können nach dem gleichen Verfahren auch die
Ableitungen zweiter und dritter Ordnung des Ausgangsverhaltens nach den Eingangsvariablen analytisch ermittelt werden. Diese Ableitungen ermöglichen eine Approximation des
Neuromodells mittels Taylorreihen. Mit der Störungsmethode und den Verfahren zur Ver-

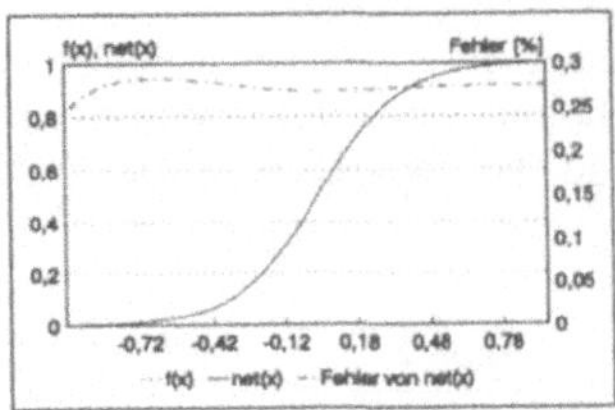

Abbildung 3: Ausgangsfunktion $f(x)$, trainierte Funktion $net(x)$ und Approximationsfehler

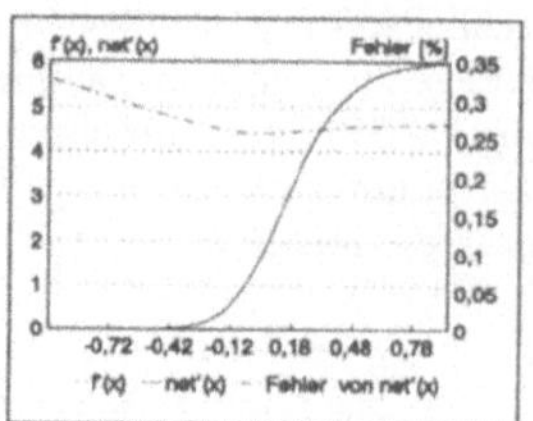

Abbildung 4: Ableitung $f'(x)$ der Ausgangsfunktion, Ableitung $net'(x)$ von $net(x)$, und Approximationsfehler

zerrungsanalyse werden die durch das nichtlineare Verhalten entstehenden Harmonischen berechnet.

4 Ergebnisse und Diskussion

Die vorgestellte Modellschnittstelle kann modellbeschreibende Gleichungen in sehr allgemeiner und benutzerfreundlicher Form einlesen und verarbeiten. Für die Analyse der Verzerrungen werden die Ableitungen erster bis dritter Ordnung in symbolischer Form durch automatisches Differenzieren erstellt. Eine geeignete Systematisierung der Berechnung der Klirrstromquellen ermöglicht eine Verzerrungsanalyse für Schaltungen mit – physikalisch sinnvollen – Verhaltensmodellen. Die Modellschnittstelle läßt sich ohne großen Aufwand an alle Simulationsprogramme anbinden, wenn die Arbeitspunktwerte übernommen und die Eintragungen ins linearisierte Gleichungssystem übergeben werden können (s. Abbildungen 1 und 2).

In kürzester Zeit können mit Hilfe geeigneter Neurosimulatoren Makromodelle oder auch Bauelementmodelle entwickelt werden. Die so modellierten Elemente oder Bauelementgruppen können über die entwickelte und hier vorgestellte Neuro–Schnittstelle in einen Schaltungssimulator eingebunden werden.

Das trainierte neuronale Netz ist eine Approximation des physikalischen System. Mit dem geschilderten Ansatz, basierend auf der Struktur des Netzes analytische Gleichungen der Ableitungen aufzustellen, vermeidet man Ungenauigkeiten aufgrund numerischer Differentiationsverfahren und erhält die für die Verzerrungsanalyse benötigten Koeffizienten.

Literatur

[1] E.-H. Horneber: „Simulation elektrischer Schaltungen auf dem Rechner", Springer–Verlag Berlin ..., 1. Auflage 1985

[2] H.C. DeGraaff, F.M. Claassen: „Compact Transistor Modelling for Circuit Design", Springer Verlag Wien New York 1990, pp. 114ff

[3] Jan Wilk, Eva Wilk, Rainer Laur: „A new approach to the synthesis of macromodels", EUROSIM, Barcelona, Juni 1994

Intelligente Agenten und objektorientierte Modellspezifikation

Prof. Dr. Bernd Schmidt
Lehrstuhl für Operations Research
und Systemtheorie
Universität Passau
94030 Passau

Stichworte: Intelligente Agenten, individuenorientierte Simulation, objektorientierte Modellspezifikation

1. Intelligente Agenten

In neuerer Zeit ist die Untersuchung von realen Systemen in den Vordergrund gerückt, die aus intelligenten Agenten bestehen, die miteinander kooperieren /1/. Hierbei sind u.a. zwei Aufgabenstellungen von besonderem Interesse.

* Strategien und dezentrale Steuerung
  Es sollen individuelle Strategien entwickelt werden, denen die einzelnen Agenten folgen und die
  sicherstellen sollen, daß ein gemeinsames Ziel auch ohne zentrale Steuerung erreicht werden
  kann.

* Emergantes Verhalten
  Durch die Kooperation von intelligenten Agenten entsteht gelegentlich ein stabiles System, das
  auf der nächsthöheren Abstraktionsebene ein neues, globales Verhalten zeigt. Es ist die Aufgabe,
  dieses globale Verhalten auf Grund der individuellen Eigenschaften der intelligenten Agenten
  und ihrer Interaktionen zu erklären.

1.1 Eigenschaften intelligenter Agenten

Intelligenten Agenten werden in der Literatur unterschiedliche Eigenschaften zugesprochen, die
allerdings nicht alle für jeden Anwendungsfall nötig und nützlich erscheinen. (Siehe hierzu /1/, /2/).
Besondere Bedeutung haben die folgenden:

* Eigenständiges Verhalten
  Jeder Agent ist durch eigenständiges Verhalten gekennzeichnet. Es besteht zunächst aus der
  sogenannten Eigendynamik, die ein intelligenter Agent aus sich heraus ohne Input aus der
  Umwelt an den Tag legt. Hierzu kommt die induzierte Dynamik, die beschreibt, wie der intelligente Agent auf Grund eines Inputs aus der Umwelt reagiert.
  Von besonderer Bedeutung sind in diesem Zusammenhang Strategien, die das Verhalten eines
  intelligenten Agenten bei der Verfolgung von Zielvorstellungen leiten.

* Individuelle Weltsicht
  Jeder intelligente Agent hat ein je eigenes Bild der externen, ihm umgebenden Welt. Dieses sogenannte konzeptuelle Modell beschreibt, wie der intelligente Agent die Welt sieht. Das
  konzeptuelle Modell wird in der Regel unvollständig sein. Unter Umständen ist es sogar falsch.

  Von besonderem Interesse ist die Art und Weise, wie der intelligente Agent sein konzeptuelle
  Modell der ihm umgebenden Umwelt auf Grund der ihm zukommenden Informationen aufbaut.

* Kommunikations- und Kooperationsfähigkeit

  Intelligente Agenten können mit ihrer Umwelt und mit anderen intelligenten Agenten Information austauschen. Über die Kommunikationsmöglichkeit muß sich ein intelligenter Agent Information über seine Umwelt beschaffen, die ihn in den Stand setzt, sein konzeptionelles Modell aufzubauen. Weiterhin ist die Kommunikationsmöglichkeit mit anderen intelligenten Agenten die Voraussetzung für gemeinsames Handeln auf ein Ziel hin.

* Intelligentes Verhalten

  Wie bereits im Begriff *Intelligente Agenten* deutlich wird, werden Verhaltensmöglichkeiten wie Lernfähigkeit, logisches Schließen, Aufbau eines Umweltmodells zur Orientierung in einer zunächst unbekannten Umgebung und dgl. gefordert.

* Räumliche Beweglichkeit

  Gelegentlich wird von intelligenten Agenten auch räumliche Beweglichkeit gefordert. Die räumliche Beweglichkeit zeichnet in der Tat zahlreiche intelligente Agenten aus. Auf der anderen Seite gibt es Elemente in der realen Welt, die nicht räumlich beweglich sind und die man dennoch zu den intelligenten Agenten zählen möchte. Aus diesem Grund wird an dieser Stelle die räumliche Beweglichkeit nicht zu den notwendig erforderlichen Eigenschaften der intelligenten Agenten gezählt.

1.2 Beschreibungsmöglichkeit von Modellen mit intelligenten Agenten

Die objektorientierte Modellspezifikation ermöglicht die Beschreibung von eigenständigen Modellkomponenten, die miteinander kommunizieren bzw. miteinander wechselwirken (siehe hierzu /3/).

Es zeigt sich, daß sich die objektorientierte Modellspezifikation daher in idealer Weise zur Beschreibung von Modellen mit intelligenten Agenten eignet.

Man beobachtet, daß Modelle mit intelligenten Agenten programmiert werden, indem man auf eine höhere Programmiersprache wie z.B. C++ zurückgeht. Das Bemühen, Simulationsmodelle auf der untersten Ebene der Beschreibungsmöglichkeiten mit Hilfe einer Programmiersprache direkt zu implementieren, verschenkt alle Vorteile und Leistungen der gegenwärtigen Simulationstechnik und bedeutet einen Rückfall in die Steinzeit. Das umso mehr, als sehr leistungsfähige, objektorientierte Modellspezifikationssprachen bereit stehen, die das Gewünschte leisten.

2. Das Modellkonzept

Ein allgemeines Konzept für Modelle mit intelligenten Agenten muß Beschreibungsmöglichkeiten einmal für die Agenten selbst und dann für ihre Kommunikation bereitstellen.

2.1 Die Beschreibung eines intelligenten Agenten

Die interne Struktur eines intelligenten Agenten zeigt Bild 1. Einen vergleichbaren Ansatz findet man z.B. in /4/.

Der intelligente Agent empfängt Information von außen. Das können z.B. unmittelbare Sinneseindrücke sein oder gezielt verschickte Nachrichten von anderen Agenten.

Es ist sinnvoll, diese einlaufenden Informationen als Botschaften zu modellieren, die ein ganz einfaches Protokoll einhalten (siehe Bild 2).

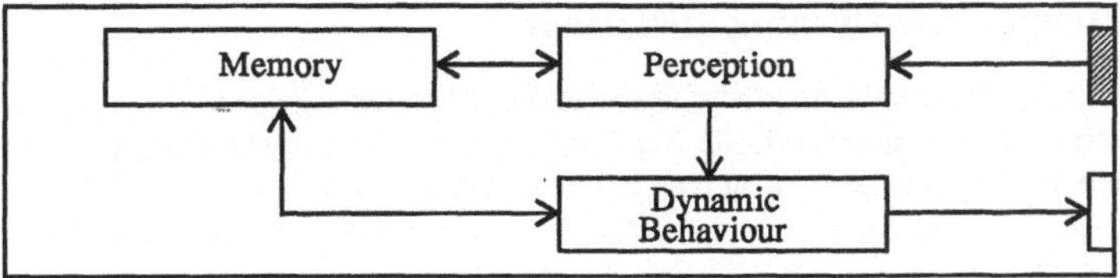

Bild 1: Die Struktur einer Modellkomponente für einen intelligenten Agenten

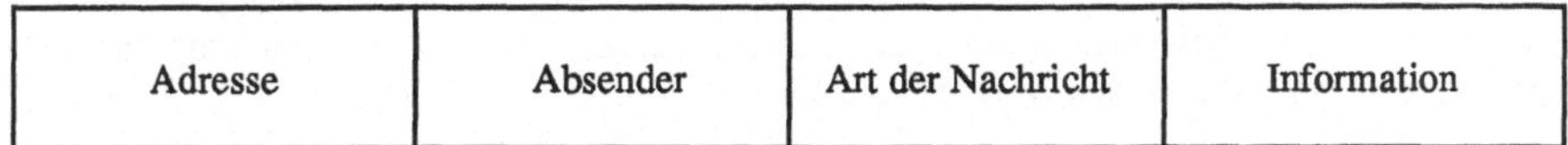

Bild 2: Aufbau einer Botschaft

2.1.1 Die Komponente Perception

In der Komponente Perception besteht die Möglichkeit, die einlaufende Nachricht zu modifizieren. Hiermit soll der Tatsache Rechnung getragen werden, daß ein Agent in der Regel die Nachricht nicht vollständig und unverzerrt aufnimmt, sondern aus seiner eigenen, individuellen Sichtweise heraus interpretiert. Das ist der Grund, warum verschiedene Agenten identische Informationen unterschiedlich wahrnehmen. Die Tatsache der selektiven Wahrnehmung wird hiermit modellierbar.

Die Art und Weise der Vorverarbeitung von Information in der Komponente Perception hängt vom Weltbild und damit vom konzeptionellen Modell des Agenten ab, das sich im Memory befindet. Es muß daher eine Verbindung von Memory zur Perception geben.

In gleicher Weise ist eine Verbindung von der Komponente Dynamic Behaviour zur Komponente Perception erforderlich, da eine Aktion des Agenten dazu führen kann, die Nachrichtenaufnahme zu verbessern. Ein Beispiel wäre ein Roboter, der seine Kamera schärfer einstellt, wenn ihm deren Fehlverhalten aufgefallen ist.

2.1.2 Die Komponente Memory

Die Komponente Memory enthält das Weltbild bzw. das konzeptuelle Modell, das sich der Agent von seiner Umwelt gemacht hat.

Die Komponente Memory wird in einem ersten Schritt die vorverarbeiteten Informationen sammeln, die aus der Komponente Perception stammen. Es handelt sich hier zunächst um einfaches Tatsachen- und Faktenwissen.

Dieses Tatsachen- und Faktenwissen kann unter Umständen weiter verarbeitet werden. Denkbar wären z.B. Abstraktion, Idealisierung, logisches Schließen, usw. Diese Weiterverarbeitung ist abhängig von der Komponente Dynamic Behaviour. Diese Komponente muß daher auf die Komponente Memory zugreifen können.

2.1.3 Die Komponente Dynamic Behaviour

Die Komponente Dynamic Behaviour beschreibt das Verhalten des Agenten.

Hierzu gehört zunächst das individuelle Eigenverhalten, das unabhängig von äußeren Inputs ist. Beispiele wären der Alterungsprozeß, autonome Bewegungen, usw.

Weiterhin zählt hierzu das unmittelbare, reaktive Verhalten und Grund eines Inputs. Beispiel wäre neben zahllosen anderen der Pawlow'sche Reflex.

Um bedingte Reflexe modellieren zu können, ist eine direkte Verbindung der Komponente Perception zur Komponente Dynamic Behaviour unter Umgehung der Komponente Memory erforderlich.

Die dritte Möglichkeit umfaßt den interessanten Fall, daß ein intelligenter Agent auf Grund seines konzeptionellen Modells reagiert, das er sich von der ihm umgebenden realen Welt gemacht hat. In diesen Bereich fallen bewußtes Handeln nach einer Strategie unter Berücksichtigung der realen Gegebenheiten, wie sie sich dem Agenten darstellen.

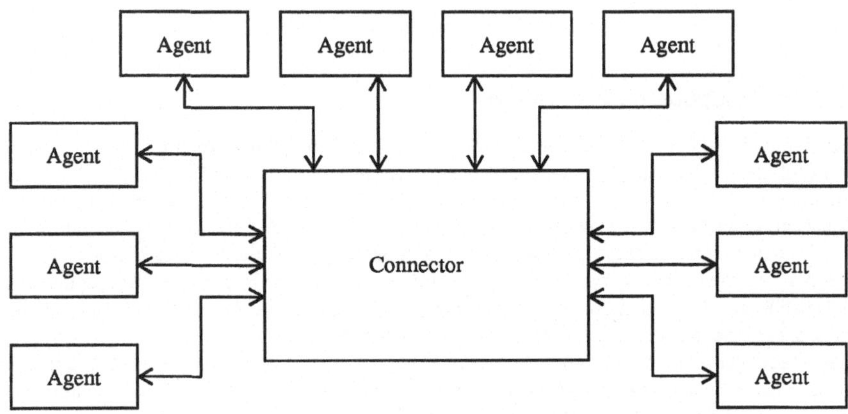

Bild 3: Die Komponente Connector als Zentralverteiler für Botschaften

2.2 Die Kommunikation zwischen den Komponenten

Die intelligenten Agenten können Botschaften von einer Art austauschen, die Bild 2 zeigt. Grundsätzlich kann jeder Agent mit jedem Agenten kommunizieren. In der Realität wird das jedoch nur mit denjenigen Partnern geschehen, die dem Agenten auf Grund seines internen Umweltmodells im Memory bekannt sind. Wollte man diesen Sachverhalt unmittelbar modellieren, ergäbe sich eine sehr unübersichtliche Kommunikationsstruktur. Es erscheint daher sinnvoll, einen zentralen Verteiler Connector einzufügen, dessen einzige Aufgabe darin besteht, einlaufende Botschaften an die richtige Adresse weiterzuleiten. Es ergibt sich damit eine Struktur, die Bild 3 zeigt. Die Strukturähnlichkeit zwischen realem System und Modell wird hierdurch nicht entscheidend eingeschränkt.

3. Das Cobweb-Modell

Die Modellstruktur für Systeme mit intelligenten Agenten, die in Kapitel 2 beschrieben wurde, soll als grundsätzlicher Vorschlag aufgefaßt werden, der angibt, wie ganz allgemein vorgegangen werden kann. (Zum Cobweb-Modell siehe /5/)

Es zeigt sich, daß die vorgeschlagene Modellstruktur in idealer Weise zur objektorientierten Modellspezifikation paßt. Die in /3/ aufgeführten Eigenschaften einer objektorientierten Modellspezifikation kommen zum Tragen:

* Eigenständigkeit der Komponenten
  Jeder Agent ist eine in sich geschlossene, autarke Einheit, die unabhängig von ihrer Umgebung aktionsfähig ist.

* Klassenkonzept
  Da es sich bei intelligenten Agenten in der Regel um sehr zahlreiche Individuen oft gleicher Art handelt, ist es bequem, für alle Individuen gleicher Art zunächst eine Klassenbeschreibung zu geben. Die Individualisierung erfolgt durch Attributierung.

* Hierarchischer Modellaufbau
  Er trägt zur Übersichtlichkeit bei, einen einzelnen Agenten nach Bild 1 aus drei Teilkomponenten aufzubauen.

Die Leistungsfähigkeit des vorgeschlagenen, allgemeinen Ansatzes soll an einem Beispiel deutlich gemacht werden.

3.1 Der Aufbau des Modells Cobweb

Das Cobweb-Modell umfaßt zahlreiche Produzenten, Verkäufer und Käufer, die Güter erzeugen, verkaufen und verbrauchen. Untersuchungsziel ist die Frage nach einem stabilen Endpreis der Güter.

3.1.1 Die Produzenten

Die Produzenten produzieren die Güter in Abhängigkeit des aktuellen Preises, den sie auf dem Markt erzielen. Sie folgen bei ihrem Verhalten der Preis-Produkt-Kurve nach Bild 4.

Je höher der Preis ist, umso mehr werden sie Produkte erzeugen. Die Erzeugung beginnt bei einem Mindestpreis von P_0. Im vorliegenden Fall wird der Einfachheit halber ein linearer Zusammenhang angenommen. Die Gerade ist jedoch ohne Schwierigkeit durch eine beliebige Kurve ersetzbar, die auch in Form einer Tabellenfunktion vorliegen kann.

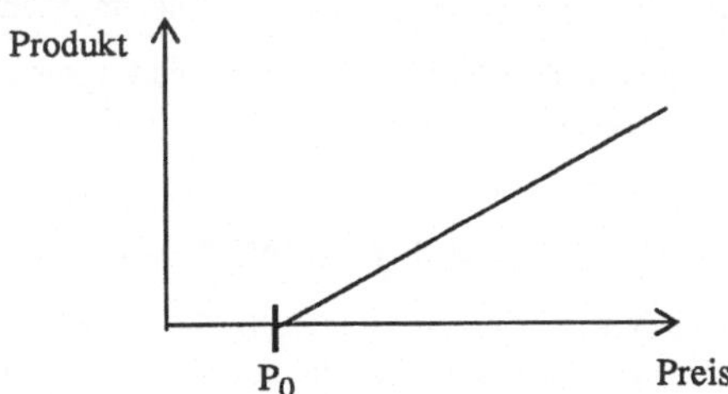

Bild 4: Die Preis-Angebot-Kurve

Die Besonderheit des Cobweb-Modells liegt in der Tatsache, daß die Produkte nicht sofort auf dem Markt erscheinen, sondern eine Verzögerungszeit dazwischen geschaltet wird. Hiermit wird dem Sachverhalt Rechnung getragen, daß in der Regel Zeit vergeht zwischen dem Entschluß, auf Grund des gegenwärtigen Preises zu produzieren und der Verfügbarkeit des fertigen Produktes als Angebot auf dem Markt.

Das Verhalten eines Produzenten wird daher durch die folgenden beiden Gleichungen beschrieben:

    Produkt (i)   = f (Preis(i))
    Angebot (i)   = g (Produkt(i - 1))

Die Menge des zu produzierenden Gutes zur Zeit i sei Produkt(i). Sie ergibt sich als Funktion des aktuellen Preises zur Zeit i. Das tatsächliche Angebot auf dem Markt zur Zeit i ergibt sich als Funktion aus der Menge von Produkten, die zur Zeit i - 1 in Produktion gegangen sind und zur Zeit i als fertiges Angebot auf dem Markt erscheinen können.

3.1.2 Die Käufer

Die Käufer richten ihren Verbrauch nach dem Preis aus. Sie folgen der Preis-Nachfrage-Kurve (siehe Bild 5). P_0 ist der maximale Preis, von dem an keine Nachfrage mehr besteht..

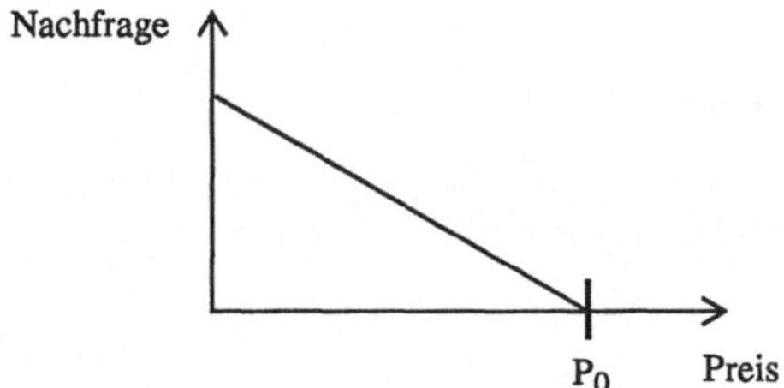

Bild 5: Die Preis-Nachfrage-Kurve

3.1.3 Die Verkäufer

Die Verkäufer repräsentieren den Markt, auf dem Angebot und Nachfrage zusammentreffen. Die Verkäufer legen den Preis fest, der sich aus der Differenz zwischen Angebot und Nachfrage ergibt. Ist die Nachfrage größer als das Angebot, wird der Preis steigen und umgekehrt.

Der neue Preis P(i) ergibt sich aus dem alten Preis P(i - 1) aufgrund folgender Berechnung:

    P(i) = P(i - 1) + h(Nachfrage - Angebot)

3.2 Die Kommunikation zwischen den intelligenten Agenten

Die drei Klassen von intelligenten Agenten tauschen wechselseitig Information aus. Diese Informationen legen im Memory das konzeptuelle Modell fest, das die Agenten von der Umwelt haben. Im vorliegenden einfachen Beispielmodell verfügen die Agenten über Informationen der folgenden Art:

* Erzeuger
  Aktueller Preis aller dem einzelnen Erzeuger bekannten Verkäufer

*   Käufer
    Aktueller Preis aller dem einzelnen Käufer bekannten Verkäufer

*   Verkäufer
    Angebot und Nachfrage aller dem einzelnen Verkäufer bekannten Erzeuger und Käufer

Auf Grund dieser Informationen kann jeder Marktteilnehmer sein individuelles Verhalten festlegen. Z.B. kann der Käufer den Verkäufer mit dem minimalen Preis auswählen.

Der Informationsaustausch erfolgt nach dem Konzept nach Bild 3 mit Hilfe von Botschaften:

*   Es gibt Informationsbotschaften, mit Hilfe deren sich die Marktteilnehmer über die aktuellen Preise sowie über das aktuelle Angebot bzw. die aktuelle Nachfrage informieren können.

*   Weiterhin gibt es Informationen, die bekanntgeben, welche Warenmengen auf Grund des Preises angeboten bzw. abgenommen werden.

3.3 Die Modellergebnisse

Bild 6 zeigt die Modellergebnisse, die sich durch das freie Spiel der Kräfte auf dem Markt ergeben haben. Man sieht, daß sich der Preis auf einen stabilen Endpreis zuentwickelt. Dieses Verhalten wird erwartet und entspricht den bekannten Ergebnissen des Cobweb-Modells.

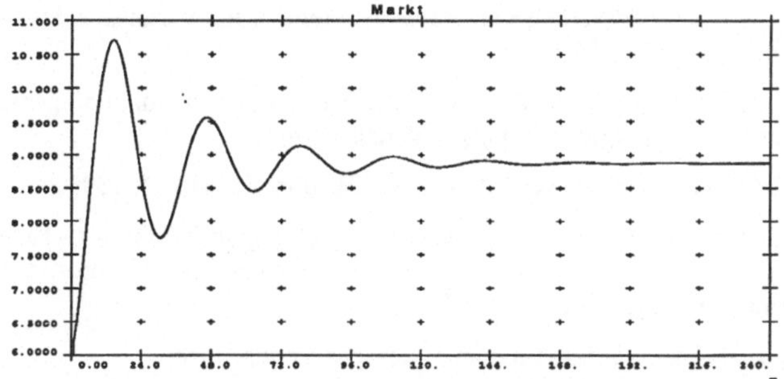

Bild 6: Das Verhalten des Preises

Die vorliegenden Ergebnisse nach Bild 6 gehen von sehr einfachen Marktteilnehmern aus. So wird z.B. die Komponente Perception noch nicht genutzt. Weiterhin enthält das Modell noch keine taktischen Maßnahmen zwischen Marktteilnehmern wie z.B. Preisabsprachen, usw. Einer weiteren Verfeinerung des Modells steht jedoch nichts im Wege. Die in Kapitel 2 vorgeschlagene Modellstruktur macht das möglich.

Damit ist an einem Beispielmodell exemplarisch gezeigt, wie Modelle mit intelligenten Agenten aufgebaut werden können. Die objektorientierte Modellspezifikation erweist sich hierbei als nützlich und sinnvoll. Es gelingt ein Modellaufbau, der das wichtige Kriterium der Strukturähnlichkeit zwischen System und Modell erfüllt. Schnelle und übersichtliche Modellentwicklung, leichte Modifizierbarkeit, gute Modellpflege und gute Modellwartbarkeit ergeben sich daraus. In dieser Beziehung ist eine direkte Implementierung mit einer höheren Programmiersprache, ob objektorientiert oder nicht, auf jeden Fall unterlegen.

4. Einsatzfelder

Eine Modellstruktur nach Bild 1 bis Bild 3 eignet sich besonders für individuenbasierte Modellierung aus dem Bereich Wirtschaftswissenschaften /6/, /7/ und Soziologie /8/, /9/. Die Untersuchung von Strategien mit dezentraler Steuerung und von emergenten Verhalten ist in gleichem Maße von Interesse.

Dazu kommen Modelle aus dem technischen Bereich, wie z.B. der Robotik. Auch hier versucht man, Systeme so aufzubauen, daß sie über ein Modell der Umwelt verfügen, auf Grund dessen sie agieren bzw. reagieren.

Es soll noch angemerkt werden, daß sich das allgemeine Konzept nach Bild 1 bis Bild 3 auch zur Modellierung von Systemen eignet, die aus zahlreichen, miteinander wechselwirkenden Individuen bestehen, die nicht notwendig intelligent sein müssen. Hierzu zählen z.B. Systeme aus der Ökologie. In diesem Fall würde die Komponente Memory stark vereinfacht werden können oder ganz entfallen. Die Verbindung der Komponente Perception zur Komponente Dynamic Behaviour wäre dann von besonderer Bedeutung.

Individuenbasierte Simulation, insbesondere individuenbasierte Simulation mit intelligenten Agenten erweist sich als neues, zukunftsweisendes Forschungsgebiet mit interessanten Anwendungsgebieten. Die objektorientierte Modellspezifikation ist hierbei ein brauchbares und angemessenes Werkzeug.

Literatur:

/1/ Sundermeyer, K.; Modellierung von Agentensystemen, in: Verteilte Künstliche Intelligenz; B.I. Wissenschaftsverlag, 1993

/2/ Moffat, D., Fridga, N.H.; Where there's a Will, there's an Agent; in: Intelligent Agents; Lecture Notes in Artificial Intelligence, Springer Verlag 1994

/3/ Schmidt, B.: Die objektorientierte Modellspezifikation, SiP Heft 1, 1996

/4/ Coldas, J.C., Coelho, H.; Strategic Interactions in Oligopolitic Markets - Experimenting with Real and Artificial Agents, in: Artificial Social Systems; Lecture Notes in Artificial Intelligence, Springer Verlag, 1992

/5/ Lancester, K.; Moderne Mikroökonomie; Campas Verlag, 1983

/6/ Heike, H.-D., Beckmann, K., Ritz, H., Rothkirch, Chr., Wößner, Chr.; Micro Macro Simulation of the Household and Enterprise Sector in a 4GL Environment, in: M. DalCin, U. Herzog, G. Bolch, A. Riza Kaylan (eds.): Proceeding of the European Simulation Symposium, ESS'95, 1995, S. 568-572

/7/ Unseld, S.D.; Wissensbasierte Simulation einer Organisation; vdf, Zürich, 1988

/8/ Saam, N.; Computergestützte Theoriekonstruktion in den Sozialwissenschaften, Society for Computer Simulation International, Erlangen/San Diego 1995

/9/ Gilbert, N., Doran J.; Simulating Societies - The Computer Simulation of Social Phenomena; UCL Press, 1994

Multiagenten-Systeme und verteilte Simulation

Stefan Baldi

EUROPEAN BUSINESS SCHOOL
Fachgebiet Wirtschaftsinformatik
Schloß Reichartshausen
D-65375 Oestrich-Winkel

Stefan.Baldi@ebs.de

Peter Gmilkowsky

Technische Universität Ilmenau
Lehrstuhl für Wirtschaftsinformatik I
Postfach 0565
D-98684 Ilmenau

Peter.Gmilkowsky@Wirtschaft.TU-Ilmenau.de

Abtract: Multiagenten-Systeme stellen ein in jüngerer Zeit diskutiertes Konzept zur Abbildung von verteilten Problemlösungsprozessen und komplexen dezentralen Koordinationsformen dar. In diesem Beitrag sollen die Unterschiede und die Gemeinsamkeiten mit den Ansätzen der verteilten Simulation herausgearbeitet werden. Außerdem wird auf Fragen der Integration sowie auf die jeweiligen Lösungsansätze für die Koordination dezentraler Einheiten eingegangen.

1 Einordnung der Konzepte

Ein Multiagenten-System ist ein dezentrales System, das aus mehreren eigenständig und nebenläufig arbeitenden Subsystemen – den Agenten – besteht, die zusammen eine Menge von Aufgaben durchführen oder eine Menge von Zielen verfolgen. Ein Agent verfügt über einen mentalen Zustand, der Komponenten des menschlichen Problemlösens (z.B. Ziele, Annahmen, Verpflichtungen) in symbolischer Form repräsentiert. Durch ein individuelles Verhalten können der eigene Zustand und der Zustand der Umwelt im Laufe der Zeit verändert werden. Agenten kommunizieren durch Nachrichtenaustausch miteinander.

Multiagenten-Systeme sind aufgrund ihrer Struktur und ihres Abstraktionsniveaus – zwischen neuronalen Netzen und verteilten Expertensystemen [BALDI 96] – besonders geeignet, Anforderungen der betrieblichen Modellierung zu erfüllen. Das betriebliche Geschehen wird, orientiert an Objekten der Realität, durch eine Menge von unabhängigen und asynchron arbeitenden Einheiten abgebildet, die miteinander interagieren.

Ereignisorientierte Simulationsmodelle können zur Nutzung von Parallelität in verschiedener Granularität partitioniert werden [FERSCHA 96]:

- Auf der *Anwendungsebene* können mehrere Simulationsexperimente mit unterschiedlichen Modellparametern gleichzeitig durchgeführt werden.

- Auf der *Prozedurebene* können einzelne Programmfunktionen parallel ausgeführt werden.

- Auf *Komponentenebene* besteht die Möglichkeit, einzelne Modellkomponenten parallel auszuführen.

- Auf *Ereignisebene* werden einzelne Ereignisse auf unterschiedlichen Prozessoren nebenläufig ausgeführt. Das Simulationsmodell wird hierfür in eine Menge von interagierenden logischen Prozessen unterteilt.

Während verteilte Simulation primär die Entwurfs- bzw. Realisierungsphase von Informationssystemen abdeckt, zielen Multiagenten-Systeme verstärkt auf eine Beschreibung von dezentralen Verhalten auf der Ebene des Fachkonzepts. Aus diesen Schwerpunkten ergeben sich unterschiedliche Anforderungen an entsprechende Beschreibungssprachen. Die Modellierungssprache auf der Ebene des Fachkonzepts muß sich an den Eigenschaften der abzubildenden realen Welt orientieren. Im Rahmen des Entwurfs liegt dagegen der Schwerpunkt auf der technischen Umsetzung. Entwurfsziel ist hier – neben anderen allgemeingültigen Zielen der Softwareentwicklung – vor allem die Beschleunigung von Simulationsexperimenten durch gleichzeitige Nutzung vorhandener Rechnerleistung.

2 Integration von Multiagenten-Systemen und verteilter Simulation

Multiagenten-Systeme können auch als Simulation von dezentralen intelligenten Komponenten betrachtet werden. Dabei steht neben der Berücksichtigung von zeitbezogenen Aktionen die Nutzung von Techniken aus dem Bereich der Künstlichen Intelligenz im Vordergrund (z.B. Wissensrepräsentation, Schlußfolgerungsfähigkeiten, Lernfähigkeit). Ein Zusammenwirken beider Ansätze ist in verschiedener Weise denkbar:

- *Implementierung von Multiagenten-Systemen mit verteilten Simulationssystemen* [CHIONGLO 95]: Die konzeptionell vorhandene Parallelität in Multiagenten-Modellen wird so auch physisch auf ein Mehrprozessorsystem umgesetzt. Die Verteilung erfolgt hierbei am einfachsten auf Komponentenebene. Die Agenten stellen als autonome Einheiten eine natürliche Form der Partitionierung dar.

- *Einsatz von Simulationssystemen als Testumgebung für die Erprobung von Multiagenten-Systemen* [ANDERSON 95]: Bei einer innovativen und noch relativ schlecht verstandenen Technik, wie Multiagenten-Systeme sie darstellen, spielt die Simulation eine besondere Rolle, um neue Lösungen zu entwickeln und zu testen. Viele Multiagenten-Systeme agieren daher in Simulationsumgebungen. Über die genaue Abbildung der Umgebung der Agenten hinaus, muß es möglich sein, daß die Agenten über ihre Sensoren das Simulationsmodell individuell wahrnehmen und zugleich über ihre Aktoren den weiteren Simulationsverlauf beeinflussen können. Um einen allgemeingültigen Ansatz zu definieren, sollten die Schnittstellen möglichst wenig Annahmen über die Funktionsweise und Leistungsfähigkeit der Agenten voraussetzen.

- *Rückgriff auf Multiagenten-Architekturen, um in Simulationssystemen intelligentes Verhalten zu integrieren*: Einige Komponenten eines Simulationsmodells können die Struktur von intelligenten Agenten aufweisen. Dazu kann auf die Methoden zur Repräsentation der Komponenten des mentalen Zustands und zur Verhaltensbeschreibung von Agenten zurückgegriffen werden.

- *Gebrauch von Simulationssystemen zur Entscheidungsunterstützung von Agenten*: Die Annahmen eines Agenten über den Zustand seiner Umwelt werden in heutigen Multiagenten-Systemen über Fakten repräsentiert. Zum Teil werden hierfür auch temporale Logiken genutzt.

Zusätzliche Mächtigkeit könnte erreicht werden, wenn die Agenten in der Lage wären, dynamische Modelle der Umwelt als Grundlage für Entscheidungen zu nutzen. Im Sinne einer lokalen Sichtweise können sich dabei die Umweltmodelle mehrerer Agenten unterscheiden.

3 Synchronisation und Koordination

Sowohl in Multiagenten-Systemen als auch in verteilten Simulationssystemen stellen Synchronisation und Koordination zentrale Fragestellungen dar. Koordination bezeichnet allgemein das Management der Abhängigkeiten zwischen Aktivitäten [MALONE 94]. Verbreitete Grundtypen für solche Abhängigkeiten sind:

- Mehrere Aktivitäten benötigen für die Ausführung dieselbe *Ressource* (z.B. Speicherplatz oder Geld), deren Kapazität begrenzt ist. Einen häufig auftretenden Spezialfall stellt dabei die begrenzte Möglichkeit von Aufgabenträgern dar, mehrere Aktivitäten zeitgleich durchzuführen.

- Es besteht eine *Produzenten/Konsumenten-Beziehung* zwischen Aktivitäten. Eine Aktivität ist dabei für die Durchführung auf das Ergebnis einer anderen Aktivität angewiesen. Neben der Verfügbarkeit gehört dazu auch, daß das Ergebnis in einer von der zweiten Aktivität verarbeitbaren Form vorliegt.

- Mehrere Aktivitäten müssen *gleichzeitig* durchgeführt werden bzw. dürfen nicht gleichzeitig durchgeführt werden, ohne daß eine Produzenten/Konsumenten-Beziehung besteht.

- Durch die *hierarchische Anordnung* von übergeordneten und untergeordneten Aktivitäten ergeben sich zu berücksichtigende Abhängigkeiten.

Erfolgt die verteilte Simulation auf Ereignisebene, so sind primär Produzenten/Konsumenten-Beziehungen, im Sinne von kausalen Zusammenhängen, zwischen Ereignissen von Bedeutung. Während konservative Verfahren der Synchronisation die Verletzung von Kausalitäten verhindern, beruhen optimistische Verfahren darauf, Verletzungen der Kausalität zu erkennen und ggf. zu behandeln. Falls die Anzahl der parallel ablaufenden logischen Prozesse im Rahmen der Simulation größer ist als die Anzahl der verfügbaren Prozessoren, tritt dazu die Ressourcen-Abhängigkeit auf, die eine Einplanung der Prozesse auf den Prozessoren erfordert.

Neben "harten" Nebenbedingungen, die z.B. die Durchführung einer Aktivität vor einer anderen unbedingt erforderlich machen, spielen in Multiagenten-Systemen auch "weiche" Nebenbedingungen eine Rolle. So kann die Durchführung einer bestimmten Handlung eines Agenten die Handlungen eines anderen Agenten wesentlich vereinfachen [VON MARTIAL 92]. Durch diese zusätzlichen Beziehungen wird das Koordinationsproblem wesentlich komplizierter.

Dazu kommt die Schwierigkeit, daß der einzelne Agent durch seine Annahmen nur eine lokale Sicht des Gesamtgeschehens hat, in dem seine Aktionen nur einen kleinen Teil darstellen. Der Zustand der Umgebung kann sich unerwartet ändern und auch das Ergebnis von eigenen Aktionen kann nicht sicher prognostiziert werden.

Multiagenten-Systeme zeichnen sich auch dadurch aus, das sich die Ziele eines Agenten im Laufe der Zeit ändern können. Übergeordnete Ziele müssen dafür in untergeordnete Ziele und entsprechende Handlungen umgesetzt werden. Aus diesem Grund spielen hierarchische Abhängigkeiten zwischen Aktivitäten in Multiagenten-Systemen eine wichtige Rolle.

Bei der Modellierung auf den verschiedenen Ebenen können wiederkehrende Strukturmuster identifiziert werden, die das Zusammenwirken von Modellierungskomponenten für die Lösung von spezifischen Problemstellungen beschreiben. So können auf der Ebene des Fachkonzepts für Multiagenten-Systeme verschiedene Grundmuster für die Koordination eingesetzt werden. Hierzu gehören, neben der hierarchischen Steuerung oder Regelung, die Verwendung von gleichberechtigten Verhandlungen in teilautonomen Bereichen oder die Verwendung von Marktmechanismen [BALDI 96]. Diese Organisationsstrukturen müssen dann im Rahmen der Umsetzung sowohl auf der Ebene des DV-Konzepts als auch auf der Ebene der technischen Implementierung umgesetzt werden.

4 Fazit

Multiagenten-Systeme und verteilte Simulation stellen zwei Bereiche dar, die in vielschichtiger Wechselbeziehung zueinander stehen. Die Realisierung von Multiagenten-Systemen kann von Erfahrungen im Bereich der verteilten Simulation profitieren, während umgekehrt neue Konzepte für die Repräsentation dezentralen intelligenten Verhaltens entwickelt werden. Einen möglichen praktischen Einsatzbereich für einen solchen integrierten Ansatz stellt eine Kopplung von Multiagenten-Systemen und verteilter Simulation in der operativen Steuerung von Fertigungssystemen dar.

5 Literatur

[ANDERSON 95]   J. ANDERSON, M. EVANS. *A Generic Simulation System for Intelligent Agent Designs.* Applied Artificial Intelligence, 9, 1995, S. 525 – 560.

[BALDI 96]   S. BALDI. *Konzeption eines agentenbasierten Leitstandsystems zur dezentralen Fertigungsplanung und -steuerung.* Tectum Verlag, Marburg, 1996.

[CHIONGLO 95]   J. F. CHIONGLO. *TOVEsim: A Simulation Executive for TOVE.* Enterprise Integration Laboratory, Department of Industrial Engineering, University of Toronto, 1995.

[FERSCHA 96]   A. FERSCHA. *Parallel and Distributed Simulation of Discrete Event Systems.* In A. Y. Zomaya (Hrsg.): Parallel and Distributed Computing Handbook. McGraw-Hill, 1996, S. 1003 – 1041.

[MALONE 94]   T. W. MALONE, K. CROWSTON. *The Interdisciplinary Study of Coordination.* ACM Computing Surveys, 26 (1), 1994, S. 87 – 119.

[VON MARTIAL 92]   F. VON MARTIAL. *Coordinating Plans of Autonomous Agents.* Springer-Verlag, Berlin u.a., 1992, S. 83 ff.

Evolutionäre Algorithmen zur Optimierung von Mehr-Lager-Systemen mit Transport

Peter Köchel - Jens Arnold
Professur Modellierung und Simulation
Fakultät für Informatik
TU Chemnitz-Zwickau
09107 Chemnitz

Abstract: Das Problem, optimale Bestellentscheidungen für ein Mehr-Lager-System mit
Transporten zwischen den Lagern zu bestimmen, kann i.allg. nicht auf analytischem Wege gelöst
werden. Wir stellen einen Zugagng vor, der Evolutionäre Algorithmen und Simulation zu einer
evolutionären Optimierung kombiniert. Verschiedene numerische Beispiele zeigen die Praktikabilität des vorgeschlagenen Zuganges und geben einen Eindruck über seine Leistungsfähigkeit

1. Einleitung

Die klassischen Optimierungsverfahren versagen, wenn z.B. bei komplexen Fragestellungen die
Zielfunktion nicht in analytischer Form vorliegt. Einen Ausweg boten in der Vergangenheit
stochastische Suchverfahren. In letzter Zeit wurden speziell innerhalb der Informatik
verschiedene Hard- und Softwarevoraussetzungen geschaffen, um Prinzipien der Evolution
effizient zur Lösung derartig komplizierter Aufgaben einsetzen zu können.
Im Vortrag wird gezeigt, wie Evolutionäre Algorithmen zur Untersuchung komplexer
Entscheidungsprobleme aus der mathematischen Lagerhaltungstheorie genutzt werden können
und daß sie in Kombination mit Simulation zu akzeptablen Lösungen führen.

2. Das Entscheidungsproblem

Das zu untersuchende Entscheidungsproblem kann folgendermaßen beschrieben werden (vgl.
Köchel, 1982). Es seien N Lager gegeben, die alle ein und dasselbe Produkt im Verlaufe eines in
Perioden eingeteilten unendlichen Planzeitraumes lagern. Der Bedarf einer Periode sei durch
einen zufälligen Vektor beschrieben. Zu Beginn einer Periode sind Bestellentscheidungen (BE)
zu fällen, die für jedes Lager den verfügbaren Produktvorrat festlegen. Im Verlaufe einer Periode
wird ein zufälliger Bedarf aus diesem Vorrat bedient. Zusätzlich zur BE besteht am Periodenende
die Möglichkeit, mittels einer Transportentscheidung (TE) vorhandene Restbestände so
umzuverteilen, daß bisher unbefriedigter Bedarf noch bedient wird. Bei Köchel (1982) sind zur
Bewertung der BE, der TE sowie vorhandener Restbestände bzw. aufgetretener Fehlmengen
lineare Kostenfunktionen angenommen. Das Entscheidungsproblem besteht nun darin, solche BE
und TE zu wählen, so daß die für eine Periode zu erwartenden Kosten minimiert werden. Für
N=2 Lager kann die Zielfunktion analytisch angegeben werden. Für mehr als 2 Lager schlägt
Köchel (1982) eine Näherungslösung vor. In Köchel (1990) wird zu gegebener BE das Verhalten
des N-Lager-Systems simuliert und eine Schätzung des Zielfunktionswertes bestimmt. Unter
Ausnutzung der Konvexität der Zielfunktion wird eine gegebene BE so lange modifiziert, bis
keine wesentliche Verbesserung der Zielfunktion mehr erreicht werden kann. Diese Kombination

von Simulation und Optimierung ist anwendbar für beliebig viele Lager mit beliebig verteiltem Bedarf und auch für den Fall unvollständiger Information (wenn gewisse Systemparameter wie z.B. Erwartungswert des Bedarfes unbekannt sind).

Bisher kaum untersucht sind Mehr-Lager-Systeme mit Fixkosten. Hauptursache dafür ist der Umstand, daß in einem solchen Falle die optimalen Entscheidungen eine recht komplizierte Struktur aufweisen. Dadurch werden sowohl die Beschreibung von Entscheidungsmengen, welche die optimalen Entscheidungen enthalten, als auch analytische Untersuchungen entsprechender Zielfunktionen überaus erschwert bzw. gänzlich unmöglich. Als einen Ausweg schlagen wir die Verwendung von Evolutionären Algorithmen in Kombination mit Simulation vor.

3. Evolutionäre Optimierung

Die Idee der Evolutionären Algorithmen (siehe z.B. Kinnebrock, 1994) basiert auf dem biologischen Prinzip der Evolution. Mittels Reproduktion, Rekombination und Mutation wird über mehrere Generationen erreicht, daß sich Individuen (Lösungen) immer besser an eine gegebene Umwelt anpassen (optimiert werden). Neben der Suche nach Individuen mit hinreichend großer Fitness geht es u.a. auch darum, den „richtigen" (geeignet an das betrachtete Entscheidungsproblem angepaßten) Evolutionären Algorithmus zu finden. Dazu gehört neben der Wahl der Wahrscheinlichkeiten für Reproduktion, Rekombination und Mutation vor allem auch die Definition eines Individuums und die (möglichst adaptive) Wahl der Populationsgrößen und der Anzahl zu untersuchender Generationen.

Für das oben beschriebene Mehr-Lager-System wird ein entsprechender Evolutionärer Algorithmus entworfen und mittels Simulation auf seine Güte untersucht. Dabei beschränken sich die Untersuchungen auf Systeme mit fixen Bestellkostenanteilen der folgenden zwei Formen:

a) Fixer Bestellkostenanteil $K > 0$, sobald die BE in einer positiven Bestellmenge für das Gesamtsystem resultiert.

b) Fixer Bestellkostenanteil $K_i > 0$ für Lager i , sobald die BE in einer positiven Bestellmenge für Lager i resultiert, i=1(1)N.

Die gewählte Vorgehensweise soll kurz am Beispiel des Falles a) erläutert werden. Ausgangspunkt ist die Feststellung, daß fixe Bestellkostenanteile allein die optimale BE, nicht aber die TE beeinflussen.

Untersuchungen zur Struktur der Lösung für Mehr-Lager-Modelle mit Fixkostenanteilen führen zum Ergebnis, daß die optimale BE als Verallgemeinerung einer (s, S) - Strategie für den 1-Lager-Fall (vgl. z.B. Girlich/Köchel/Küenle (1990)) eine sogenannte (σ, S)-Struktur hat : Befindet sich der Vektor der Bestände vor einer BE (zu Periodenbeginn) in der Menge σ, so wird auf den Vorratsvektor $S = (S_1, ..., S_N)$ erhöht; andernfalls wird im gesamten System nichts bestellt. Die simulationsgestützte Optimierung der BE kann somit in zwei Etappen erfolgen. In einer ersten Etappe wird der optimale Vorratsvektor S^* bestimmt. Bei der Lösung dieses Problems spielen Fixkosten noch keine Rolle. Die Suche nach der optimale Menge σ^* erfolgt in einer zweiten Etappe. Dabei wird die Lösung entscheidend von den Fixkosten beeinflußt.

Dem in Abschnitt 2 beschriebenem Entscheidungsproblem entsprechend wird für die erste Etappe ein Vorratsvektor S als Individuum festgelegt. Die Fitness für ein Individuum $S = (S_1, ... , S_N)$ stellt dann gerade die negativen zu erwartenden Systemkosten bei Start zu Periodenbeginn mit Vorratsvektor S und optimaler TE am Periodenende dar. Für $N > 2$ kann i.allg. diese Fitness nur mittels Simulation der Arbeitsweise des Lagersystems bestimmt bzw. geschätzt werden. Zum

Einsatz von Evolutionären Algorithmen in dieser ersten Etappe gibt es gute Erfahrungen. So werden in Arnold/Köchel (1996) für ein 4-Lager-System erfolgreich Evolutionäre Algorithmen in Kombination mit einer Simulation des Lagersystems für die Bestimmung eines optimalen Vorratsvektors S* eingesetzt.

Für die zweite Etappe ergibt sich das Problem, daß jedes Individuum eine (zumindest bei stetigem Bedarf unendliche) Menge repräsentieren muß. Der Ausweg über Struktureigenschaften der optimalen Bestellmenge σ^* ist verbaut, da bezüglich der Struktur nur bekannt ist, daß bei Konkavität der Fitnessfunktion aus Etappe 1 (z.B. im Falle linearer Kostenfunktionen für unbenötigtes, fehlendes bzw. zu transportierendes Produkt) die Menge der Punkte aus R^N, in denen nicht bestellt wird, konvex ist. Aus diesem Grunde beschränken wir uns auf die Untersuchung von Klassen speziell strukturierter Mengen σ und die Bestimmung einer „besten" Menge in jeder Klasse sowie den Vergleich zwischen den „besten" Vertretern der unterschiedlichen Klassen. Die kostenmäßige Bewertung einzelner Lösungsvorschläge ergibt sich wieder aus der Fitness der entsprechenden Individuen, die mittels Simulation der Arbeitsweise des Lagersystems geschätzt wird.

Im wesentlichen werden zwei Klassen von Mengen σ betrachtet, die den folgenden Fällen entsprechen.

Fall I . Keine Bestellung innerhalb einer „Rechteck"-Menge.

Zu gegebenem S* sei $\mathbf{b} = (b_1, b_2, ..., b_N)$ ein Vektor mit $\mathbf{b} < S^*$. Dann gelte

$\sigma = \{ \mathbf{x} = (x_1, x_2, ..., x_N) \in R^N : \exists$ mindestens ein Lager i' mit $x_{i'} \leq b_{i'} \}$.

Fall II. Keine Bestellung innerhalb einer „Dreiecks"-Menge.

Zu gegebenem S* sei eine Hyperfläche H im R^N definiert, die zwischem dem Punkt S* und dem Koordinatenursprung verläuft. Dann gelte

$\sigma = \{ \mathbf{x} = (x_1, x_2, ..., x_N) \in R^N : \mathbf{x} \leq H \}$.

Weitere Fälle werden kurz diskutiert.

4. Schlußbemerkungen

Anhand zahlreicher Experimente mit verschiedenen Mehr-Lager-Systemen werden einerseits Empfehlungen zur Wahl eines Evolutionären Algorithmus gegeben, und andererseits wird gezeigt, daß die vorgestellte Methode ein effektiver Weg ist, um für Mehr-Lager-Systeme (fast-)optimale Lösungen zu finden.

Literatur

Arnold, J.; Köchel, P. (1996). Evolutionary Optimization of a Multi-location Inventory Model with Lateral Transshipments.
9th Intern. Working Seminar on Product.Economics, Igls, Pre-Prints, v.2, 401-412

Girlich/Köchel/Küenle (1990).   Steuerung dynamischer Systeme: mehrstufige Entscheidungen
                                 bei Unsicherheit.
                                 Fachbuchverlag, Leipzig

Kinnebrock, W. (1994).   Optimierung mit genetischen und selektiven Algorithmen.
                                 R.Oldenbourg Verlag, München Wien.

Köchel, P. (1982).   Ein dynamisches Mehr-Lager-Modell mit Transportbezie-
                                 hungen zwischen den Lagern.
                                 Mathematische Operationsforsch.Statist., Ser. Optimization,
                                 v.13, 267-286.

Köchel, P. (1990).   Näherungsweise Bestimmung optimaler Entscheidungen
                                 mittels Simulation: Systeme mit diskreter Zeit.
                                 In "Modellierung, Analyse und Simulation diskreter Systeme
                                 mit Netzen",ausgewählte Beiträge zum 2.Problemseminar,
                                 W.-Pieck-Univ. Rostock, Sektion Informatik und GI der DDR,
                                 49-56.

State Events und Cross-Compiling

Johannes Plank, Roland Triendl, Felix Breitenecker
Abteilung Simulationstechnik, TU-Wien
jplank@ws1.atv.tuwien.ac.at

1. Einleitung

Die Beschreibung von zustandsbedingten Unstetigkeiten, sogenannten *State Events*, ist in kontinuierlichen Simulationssystemen erforderlich
- zur Formulierung *strukturvariabler Systeme* und
- zur vereinfachten Beschreibung im Vergleich - zum Gesamtsystem - *rasch ablaufender Vorgänge*.

Bestehen in einem Simulationssystem geeignete Routinen diese Unstetigkeiten in ein Modell aufzunehmen und damit der entsprechenden Berücksichtigung in den numerischen Berechnungen zuzuführen, so spricht man von *State Event Handling*.

Der vorliegende Bericht befaßt sich in diesem Zusammenhang mit der Problematik der unterschiedlichen Darstellungsform von State Events in verschiedenen Simulationssprachen für kontinuierliche Systeme. Als Anwendung wird der an der Abteilung für Simulationstechnik der Technischen Universität Wien entwickelte Cross-Compiler „Sloff" vorgestellt, der zur Übersetzung blockorientierter Modelle aus MATLAB/SIMULINK in CSSL-Format-Modelle dient.

2. State Events

Die Behandlung von State Events ist im Gegensatz zu *Time Events* sehr aufwendig. Es sind Algorithmen notwendig, die das State Event in ein Zeitereignis umwandeln und so das Abarbeiten im Simulationsablauf ermöglichen.

Bei der Klassifizierung von State Events kann man zwei Hauptgruppen unterscheiden: **endlich große Sprünge in Parametern** (inkl. Zustandsvariablen) und **strukturelle Änderungen**. In dieser zweiten Klasse sind Änderungen der rechten Seiten der systembeschreibenden Differentialgleichungen (ausgenommen Parameterwechsel, die ja in die erste Klasse fallen) aber auch Dimensionsänderungen zusammengefaßt. Kombinationen aus beiden Klassen lassen sich in der zweiten subsummieren. Die Unterscheidung ist insofern auch sinnvoll, da genau betrachtet die erste Klasse den Start eines neuen Experimentes, die zweite jedoch eine andere Simulation, da ja ein neues Modell vorliegt, bedeutet. Zu bemerken ist außerdem, daß ein State Event nicht unbedingt eine Unstetigkeit in den Lösungkurven zur Folge haben muß.

Bei der Beschreibung von State Events unterscheidet man zwischen der Beschreibung der Bedingung des State Events und der Beschreibung des jeweiligen Ereignisses. Die Beschreibung der Bedingung erfolgt im Simulationsmodell. Die Bedingung die ein oder mehrere State Events auslöst ist von Zustandsvariablen abhängig und daher muß „ständig" ihr Erfülltsein überprüft werden. Wenn die Bedingung erfüllt ist, werden die dynamischen Berechnungen gestoppt, das Ereignis wird genauer lokalisiert und abgearbeitet. Ob die Abarbeitung auf Modellebene oder Runtime-Ebene erfolgt ist von System zu System verschieden, wie weiter unten kurz gezeigt wird.

Die gebräuchlichste Form, die Bedingung für State Events in Simulationsmodellen zu beschreiben, sind sogenannte *Discontinuity Functions* (df),

$$\Phi_i\big[t, x(t)\big] \quad i = 1, \ldots, m$$

algebraische Gleichungen von Zustandsvariablen, die, wenn eine Bedingung für ein Ereignis erfüllt ist, eine Nullstelle haben. Aus numerischen Gründen sollte man davon absehen, durch Multiplikation mehrere df's zu einer df zu kombinieren.

Die einfachste Form die Bedingung zu formulieren ist ein *Conditional Termination* zu verwenden. Diese Möglichkeit ist grundsätzlich in allen Simulationssprachen möglich.

Die Bearbeitung eines State Events in einem Simulationslaufes kann man in 4 Stufen gliedern:

1. *Detecting* - das Erkennen, daß ein Ereignis eintritt,
2. *Locating* - das Lokalisieren, das genauere Einordnen des Ereignisses in den zeitlichen Ablauf
3. *Passing* - das Abarbeiten des Ereignisses und
4. *Restarting* - die Wiederaufnahme der Berechnungen der Dynamik.

Diese Stufen werden üblicherweise nicht seriell von 1 bis 4 durchlaufen. Punkt 1 und 2 werden durch Wiederholung des verganenen Integrationsschrittes mit kleineren Schrittweiten oft solange wiederholt, bis ein den Genauigkeitswünschen entsprechender *Zeitpunkt* für Punkt 3 gefunden ist.

Wird ein Conditional Termination verwendet, wird bereits nach Punkt 1 die Simulationsrechnung beendet. Die restlichen Schritte werden dann - wenn möglich - auf Runtime-Ebene durchgeführt. Vielfach ist auch die Verwendung von Makros möglich.

Der wichtigste Punkt ist natürlich der erste, da erst nach dem Erkennen, daß die Bedingung für ein State Event erfüllt wurde, die nachfolgenden gestartet werden können. Andereseits muß das Erkennen ein einfacher und billiger Algorithmus sein, da er während des Simulationslaufes ständig ausgewertet werden muß.

Methoden, die auf Vorhersagen oder auf zusätzlichen Informationen beruhen, sind derzeit (noch) nicht gebräuchlich.

In den gängigen Simulationssystemen ist ein State Event Handling in unterschiedlicher und zum Teil nur in eingeschränkter Form möglich. Was für alle Systeme zutrifft, ist die gleiche Form des Detecting: die Bedingung, daß ein Ereignis eintritt, ist erst dann erfüllt, wenn am Ereignis bereits vorbeigerechnet wurde, der Nullstellendurchgang der df im letzten Integrationsschritt passiert ist. Die weitere Vorgehensweise besteht dann in unterschiedlicher Art:

in MOSIS, ACSL, ESL z.B. erfolgt mittels verschiedener Algorithmen eine genauere Einordnung des Ereignisses, in MATLAB/SIMULINK wird das Ereignis am Ende dieses letzten Integrationsschrittes abgearbeitet. Durch Verwendung des *Hit-Crossing* Blocks kann man allerdings eine Schrittweitenverkürzung in der Nähe des Ereignisses erreichen und damit ebenfalls eine genauere Lokalisierung. SIMNON bietet überhaupt nur die Möglichkeit des *Conditional Termination*, des zustandsabhängigen Stoppens der Simulationsrechnung.

Diese Art der Ereignisbehandlung beinhaltet zwei große Probleme:

1. die Erfüllung der Bedingung für ein Ereignis wird nur durch den Vergleich der Auswertung der Discontinuity Function am Beginn und am Ende eines Integrationsintervalls festgestellt (Probleme bei stark oszillierenden df's, schleifenden Schnitten,...)
2. am Ereignis wird in allen Fällen „vorbeigerechnet", obwohl dieses Ereignis auch die Grenze der Gültigkeit der systembeschreibenden Gleichungen darstellen kann.

3. Cross-Compiling

Die Übersetzung von Modellen aus der blockorientierten, graphischen Modellbeschreibung von MATLAB/SIMULINK in gleichungsorientierte CSSL-Format-Modelle ist wegen der sehr unterschiedlichen Struktur der Modellbeschreibung sehr schwierig. Insbesondere ist die Übersetzung von State Events komplex.

Die folgenden Punkte zeigen einige Hauptprobleme auf, die sich aus der speziellen Modellbeschreibung in MATLAB/SIMULINK ergeben:

1. Daten, die der Modellstruktur statisch zugeordnet sein müßten, werden dynamisch bei der Abarbeitung erzeugt, z.B. Datenstrukturen, wie die Dimension von Vektorsignalen.

2. Blöcke, deren Modellschnittstelle konfigurierbar ist, wie z.B. Anzahl der Ein- und Ausgänge verschiedener Instanzen eines Blocktyps.

3. Modellparameter können beliebige MATLAB-Ausdrücke enthalten. Diese müssen dann den beschränkteren Möglichkeiten der Zielsprache angepaßt werden.

4. Modellparameter, die den built-in/Fcn-Block verwenden, der während der Simulation kontinuierlich ausgewertet wird, aber in einer statischen Modellbeschreibung keine Entsprechung findet.

4. Der Cross - Compiler SLOFF

Der Prototyp des *Cross-Compilers* unterstützt die Übersetzung von MATLAB/SIMULINK-Modellen in die CSSL - Sprache der Simulationsumgebung MOSIS. Zusätzlich können die Modelle graphisch dargestellt und Modellparameter angezeigt werden.

SLOFF 0.50 verfügt über folgende wesentliche Merkmale:

- **verläßliche Erkennung der SIMULINK Modellbeschreibung**
- rekonstruiert Modelle aus SIMULINK1.2 und SIMULINK1.3 M-Files
- **stellt die Modellbeschreibung graphisch dar**
- Hierarchie kann mit Maus besucht werden
- Anzeige aller Parameter möglich
- offene Kanten werden gekennzeichnet
- **übersetzt die hierarchische Modellstruktur in Gleichungsform**
- CSSL Struktur
- compilierbare Modellbeschreibung
- Teilmodellhierarchie bleibt implizit erhalten (über Namen)
- die wichtigsten funktionellen Blöcke
- **übersetzt callback M-Files in eine Initial Section**
- M-Files nur mit einigen elementaren Matrizenoperationen
- **Hinweise und Kommentare begleiten die Übersetzung**
- zur Beurteilung der Übersetzungsqualität
- kommentiert unbekannte Blöcke
- warnt bei offenen Kanten, offenen Ports von Teilmodellen
- **erweiterbar, weil modular aufgebaut**
- Anpassung an ACSL, VHDL-A, ESL, SYSTEM-BUILD, etc. möglich
- **eigenständiges, unabhängiges Programm, keine Fremdkomponenten**
- **Berücksichtigung von Ereignissen**
- Eine z-Transformation (z^{-1}-Block) wird in eine Discrete Section mit zeitabhängigem Scheduling mittels der tevent-Anweisung übersetzt.
- Der Reset Integrator Block wird in eine Discrete Section mit zustandsabhängigem Scheduling in der sevent-Anweisung übersetzt

Der Cross-Compiler muß anders als SIMULINK, zwischen symbolischer und interpretativer Auswertung unterscheiden, denn das Ziel ist nicht die interpretative Simulation von Modellblöcken, sondern die Übersetzung in eine gut lesbare, effiziente, compilierbare Modellbeschreibung. Hinsichtlich der Sprache MATLAB fallen dabei folgende Aufgaben an:

1. Abarbeitung der Befehle zur Modellkonstruktion: Die Modellbeschreibung ist in SIMULINK als M-File graphisch gespeichert. Erst beim Simulationslauf bauen die enthaltenen Konstruktionsbefehle eine aus Blockinstanzen bestehende hierarchische Struktur des Modells auf. Es werden Modellparameter klassifiziert, ausgewertet und im entsprechenden Block bzw. System eingetragen. Die Verbindungsstruktur der Blöcke, sowie die Position der Ein- und Ausgänge sind im M-File nicht explizit angegeben und müssen daher von SLOFF in einem aufwendigen Verfahren rekonstruiert werden.

2. Übersetzung statischer Modellparameter (z.B. Matrizen)

3. Übersetzung dynamisch ausführbarer Modellparameter (z.B. Ausdrücke)

4. Übersetzung von MATLAB-Anweisungen (Callback): Bei der Synthese der Modellbeschreibung müssen die Befehle zur Modellkonstruktion ausgewertet und umgesetzt werden. Andererseits ist zu bedenken, daß dabei semantische Information verlorengeht, die aber dennoch in der Zielsprache ankommen sollte.

Bei der Entwicklung des Cross-Compilers wurden alle 4 Teilaufgaben berücksichtigt, wobei sie für die Punkte 2 und 4 nur teilweise gelöst sind. Eine vollständige Übersetzung der Sprache MATLAB war im Rahmen der Aufgabenstellung weder sinnvoll noch erforderlich, daher wurde für SLOFF eine speziell attributierte Grammatik entwickelt, die zur Abarbeitung von unter SIMULINK abgespeicherten M-Files ausreicht und darüberhinaus die Übersetzung von Modellparametern und Callback M-Files unterstützt.

Besonderes Augenmerk wurde auf die unterschiedliche Darstellungsform und daraus resultierender spezieller Probleme bei Time und State Events gelegt.

4. Beispiel - springender Ball

Das Beispiel darf als wohlbekannt vorausgesetzt werden.

Das zu beschreibende Ereignis ist die plötzliche Richtungsumkehr und Verringerung der Geschwindigkeit des Balles beim Auftreffen auf dem Boden. Ist also die Bedingung *Höhe=0* erfüllt, wird das Ereignis „Auftreffen" ausgelöst. Nach obiger Klassifizierung ist dieses Ereignis der ersten Klasse zuzuordnen. Die Discontinuity Function ist hier einfach gleich der Zustandsvariable Höhe.

Zur Übersetzung wird das mit dem SIMULINK Paket mitgelieferte Beispiel *bounce.m* verwendet. SLOFF analysiert das SIMULINK Modell und erstellt neben dem Syntaxbaum auch eine graphische Repräsentation auf, die der von SIMULINK entspricht (Abb. 1).

Dem Reset Integrator mit dem Namen Velocity kann über eine eigene Leitung ein neuer Zustand und damit auch ein neuer Wert für den Ausgang vorgegeben werden. Er besitzt dazu noch einen dritten Eingang, über den die Umschaltung gesteuert werden kann. Für den Zustandswechsel sollte der Zeitpunkt des Ereignisses möglichst genau erkannt werden. Hier hilft das Teilmodell Hit Crossing mit, das die Integrationsschrittweite in der Nähe des Aufschlagpunktes reduziert.

Bei der Übersetzung wird das Hit Crossing Modell eliminiert, weil es keine Ausgänge besitzt. Für das Zustandsereignis wird in MOSIS eine eigene Discrete Section verwendet. Diese Section enthält die Anweisung zur Veränderung der Geschwindigkeit, die ereignisgesteuert ausgeführt werden soll. Das Ereignis wird mit der sevent-Anweisung vorprogrammiert. Das erste Argument ist ein zu testender Ausdruck, das zweite verlangt die Erkennung eines Nulldurchgangs vom negativen zum positiven Wert, schließlich folgt der Name der Discrete Section, die aufgerufen werden soll. Das Signal am Eingang des Reset Integartors wird zum Zeitpunkt des Ereignisses erwartungsgemäß von 0 auf 1 geändert, daher muß es im Ausdruck des sevent Statements noch um 0.5 verschoben werden, um auf einen Nulldurchgang testen zu können.

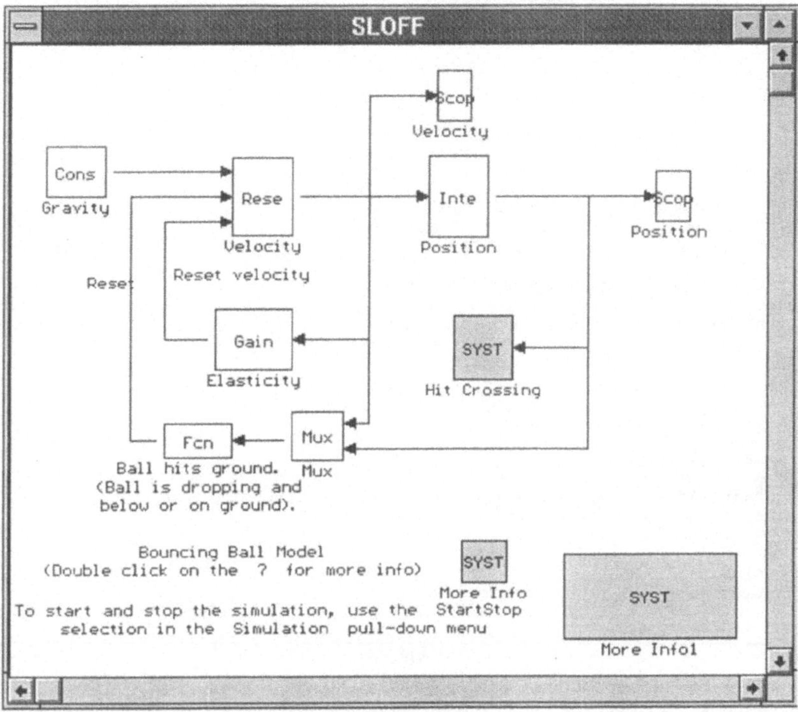

Abbildung 1

Die von SLOFF erzeugte Übersetzung sieht folgendermaßen aus:

```
// sys = [bounce]
// SL/M-File V1.30 wurde erkannt
//      System bounce aus dem SIMULINK/M-File: bounce.m

#include "mosis.mh"

model bounce()
{
  double ic;
  double cross;
  double tol;
  vector Mux_1[2];
  double Ball0hits0ground_1;
  state Position_1;
  state Velocity_1;
  const Gravity_1 = -9.81;                              // Constant
```

```
  double Elasticity_1;

  initial
  {
    ic = 15;             // unknown value
//    cross = ??;        // unknown value
//    tol = ??;   .      // unknown value
  }

// warnings
  // System Hit0Crossing without Outports
  // SYSTEM  []

dynamic
{
  derivative
  {
    Mux_1 = {Velocity_1, Position_1};                       // Mux
    Ball0hits0ground_1 = (Mux_1[1]<=0)&&(Mux_1[0]<0);       // Fcn
    Elasticity_1 = -0.8 * Velocity_1;                       // Gain

    Position_1 `= Velocity_1, 10;                           // Integrator
    Velocity_1 `= Gravity_1, ic;                            // Reset Integ.
    sevent(Ball0hits0ground_1-0.5, 0, Velocity__RES);       // -+. crossing
  }
}
  discrete Velocity__RES    // change state
  {
    Velocity_1 = Elasticity_1;
  }
  /*  Reset velocity  */
  /*
    To start and stop the simulation, use the "StartStop"
    selection in the "Simulation" pull-down menu
  */
  /*
    Bouncing Ball Model
    (Double click on the "?" for more info)
  */
}
```

Abb. 2

Für dieses Beispiel konnte SLOFF das Zustandsereignis erahnen, weil ein Reset Integrator verwendet wurde. Der fehlende Zero Crossing Block, der zur exakteren Ansteuerung erforderlich ist, wurde in der Übersetzung mit einer Discrete Section beschrieben.

Literatur

TRIENDL, R.: Cross-Compiling von Simulationssprachen, Diplomarbeit, TU-Wien, 1996

AUGUSTIN, D.C., STRAUSS, J.C., FINEBERG, M.S., JOHNSON, B.B., LINEBARGER, R.N., und SANSOM, F.J., „The Sci continuous system simulation language (CSSL)", *Simulation*, vol. 9, 1967, S.281-303

GEAR, C.W.; ØSTERBY,O.: *Solving Ordinary Differential Equations with Discontinuities, in* ACM Transactions on Mathematical Software, Vol. 10, No. 1, March 1984, pp. 23-44

Entwicklung einer Kopplung zwischen den Simulationswerkzeugen Statemate und Simulink

D. Hötzer, M. zur Heiden und A. Wohnhaas
Forschungsinstitut für Kraftfahrwesen und Fahrzeugmotoren Stuttgart
— FKFS — Pfaffenwaldring 12, D–70569 Stuttgart

Zusammenfassung

In diesem Beitrag wird die Einbindung von aus Simulink erzeugtem C–Code in Statemate vorgestellt. Daneben wird über die Realisierung einer Simulatorkopplung mittels der seriellen Schnittstelle zwischen Statemate und Simulink berichtet. Statemate läuft im vorliegenden Fall auf einer DECstation 5000 unter Unix, Simulink auf einem PC unter Microsoft Windows 3.11. Beide Möglichkeiten werden aufgezeigt und im Hinblick auf eine Weiterverarbeitung des automatisch generierten C–Codes bewertet. Die Kopplung über die serielle Schnittstelle erweist sich in vielen Fällen als die bessere Lösung. Dies liegt vor allem an der schnelleren Laufzeit in der Simulation und der einfacheren Anpassung bei sich ändernden Modellen auf beiden Werkzeugen. Anhand eines Beispiels, bei dem ein in Statemate spezifizierter Zustandsgraph mit Hilfe eines Streckenmodells überprüft wird, soll die Wahl der Simulationsparameter diskutiert werden.

1 Einleitung

Es ist zu erwarten, daß sich in den nächsten Jahren der Einsatz von CASE–Tools[1] bei der Spezifikation und Entwicklung von neuer Steuergeräte–Software im Automobilbau durchsetzen wird. Das CASE–Tool Statemate [1] wird derzeit für diesen Einsatz überprüft und in ersten Projekten bereits parallel zur konventionellen Entwicklung eingesetzt. In diesen Pilotprojekten hat sich gezeigt, daß Statemate für Modellierungen nicht geeignet ist, bei denen es darum geht, kontinuierliche Streckenmodelle und Regelalgorithmen einzubinden. Aus diesem Grund besteht die Notwendigkeit, auf andere Softwarewerkzeuge auszuweichen und Kopplungsmöglichkeiten zu untersuchen. Als geeignet erweist sich hier das Simulationswerkzeug Matlab/Simulink [2] mit dem dazu erhältlichen Realtime–C–Codegenerator.

2 Möglichkeiten der Simulatorkopplung

Grundsätzlich existieren zwei Möglichkeiten, die beiden Simulationswerkzeuge Statemate und Simulink miteinander zu koppeln. Diese sind der

- indirekte Datenaustauch über importierten C–Code und der
- direkte Datenaustausch über eine offene Schnittstelle.

Simulatorkopplung durch Import von C–Code
Im Falle des indirekten Datenaustausches wird der von einem der beiden Werkzeuge automatisch generierte C–Code in die Code–Import–Schnittstelle des jeweiligen anderen Werkzeugs eingebunden. In Simulink wird diese Schnittstelle durch die S–Functions [3] bereitgestellt. Statemate stellt dafür zwei unterschiedliche Schnittstellen zur Verfügung, eine für die Simulationsumgebung und eine für den generierten C–Code. Erstere scheidet für eine Anwendung,

---

[1] Computer Aided Software/System Engineering: Ingenieurs–Tätigkeit in Verbindung mit rechnergestützten Werkzeugen; besonderes Gewicht auf der Entwicklung von Software in frühen Entwicklungsphasen.

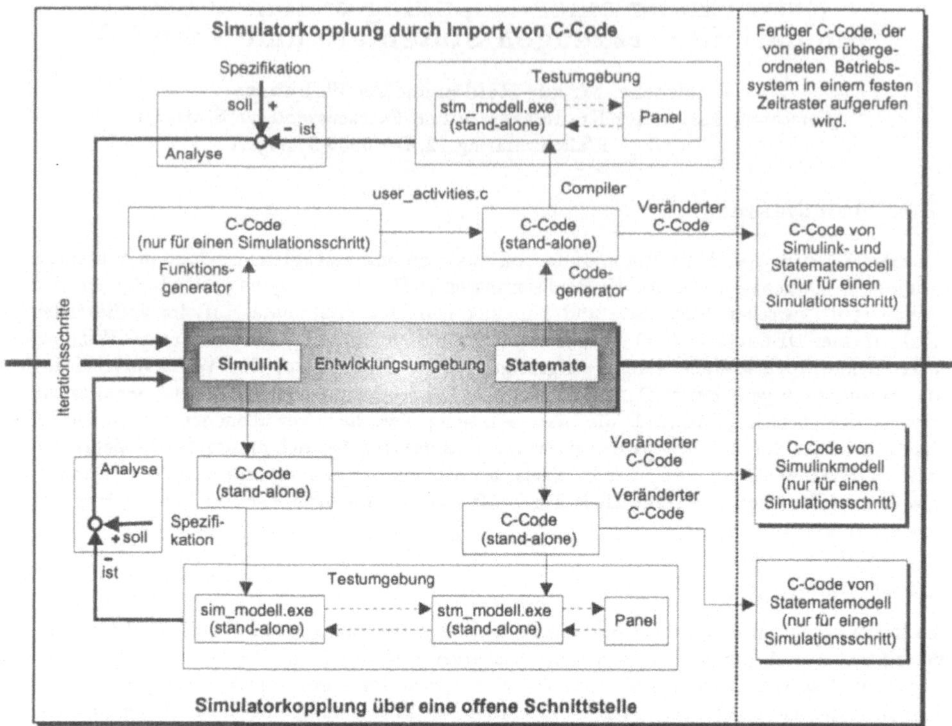

<u>Bild 1:</u> Funktionsentwicklung mit Simulink und Statemate bis zum fertigen C–Code. Einsatz der Simulatorkopplung durch Import von C–Code (oben) oder über eine offene Schnittstelle (unten).

die annähernd Echtzeitverhalten erfordert, aus. Bei der Einbindung von Statemate–Code mittels der S–Functions in Simulink ergeben sich Schwierigkeiten, da der Aufruf des importierten Codes automatisch in jedem Integrationsschritt erfolgt, der Statemate–Code jedoch ereignisorientiert arbeitet. Problemloser gestaltet sich die Einbindung von externem C–Code in den Statemate–Code. Diese Einbindung kann als Task mittels dem aus Simulink generierten stand–alone C–Code[2] erfolgen, wobei nach dem Zurückschreiben der Ausgangssignale nach Statemate eine bestimmte Zeitspanne, die der Abtast–Periode entspricht, abgewartet werden muß. Im Hinblick auf eine spätere Integration in ein übergeordnetes Betriebssystem eines Fahrzeug–Rechners, das den Aufruf übernimmmt, ist es allerdings zu bevorzugen, nur den Code für einen Integrationsschritt einzubinden. Gleichzeitig wird die Transparenz des Statemate–Modells verbessert, weil die Kontrolle über den zeitlichen Aufruf der Funktion in einem Statechart[3] erfolgt.

---

[2]stand–alone C–Code: Mit dem Real–Time Workshop erzeugter, ablauffähiger C–Code für ein Simulationsexperiment.

[3]Statechart: Durch erweiterte Zustandsgraphen werden hier die zeitlichen Abläufe beispielsweise von Funktionen beschrieben.

472

In <u>Bild 1</u> (oben) ist die Entwicklung von Funktionen über die Einbindung von C–Code von der Spezifikation bis zum fertigen C–Code dargestellt. Der automatisch generierte C–Code aus Simulink wird über das File `user_activities.c` in den stand–alone C–Code von Statemate eingebunden und dann compiliert. Da der Realtime–Workshop die Generierung eines reinen Funktionscodes für einen Simulationsschritt nicht unterstützt, sondern nur einen stand–alone Code erzeugt, müssen Veränderungen im generierten Code vorgenommen werden. Am Institut wurde ein Funktionsgenerator entwickelt, der diesen Vorgang automatisiert [4]. Wie im Bild dargestellt, wird das Modell über ein Panel[4] mit der Soll–Spezifikation verglichen und über mehrere Iterationsschritte angeglichen.

Simulatorkopplung über eine offene Schnittstelle

Wird eine Kopplung angestrebt, die auf einen Datenaustausch über Codeeinbindung verzichtet, muß eine Schnittstelle geschaffen werden, die während der Laufzeit der Simulationen dafür sorgt, daß Daten zwischen den Modellen ausgetauscht werden. Eine Synchronisation kann durch Simulink (Simulink: Master, Statemate: Slave) oder Statemate (Statemate: Master, Simulink: Slave) erfolgen. Aus Gründen der Realisierbarkeit wird die Synchronisation über Statemate auf Ebene der Statecharts gewählt. Die Testumgebung besteht jetzt aus zwei Simulationen, die zu bestimmten Zeiten miteinander kommunizieren, vgl. Bild 1 (unten).

Bewertung der beiden Möglichkeiten

In der Praxis erweist sich, insbesondere bei der Entwicklung von Steuergerätefunktionen, die subjektiv bewertet werden müssen und deshalb mit einer akzeptablen Ausführungsgeschwindigkeit ablaufen sollen, eine Kopplung über eine offene Schnittstelle als die bessere Lösung, da beide Simulationen auf unterschiedlichen Rechnern parallel ablaufen. Desweiteren muß der eingebundene Code nicht aktualisiert werden, wenn Änderungen an den Modellen vorgenommen werden. Im folgenden wird deshalb im Detail auf die Entwicklung einer Simulatorkopplung über die serielle Schnittstelle eingegangen.

3   Simulatorkopplung über die serielle Schnittstelle RS 232

Die Simulatorkopplung war auf einer Workstation (Statemate) und einem PC unter MS Windows 3.11 (Simulink) zu realisieren. Die Entscheidung, die Kopplung über die RS 232–Schnittstelle zu realisieren und nicht etwa über eine wie bei Workstations übliche Netzwerkverbindung, beispielsweise mit TCP/IP oder UDP/IP, wurde vor allem wegen der zu erwartenden Schwierigkeiten bei der zeitgleichen Kommunikation und Simulation des PCs unter Windows gewählt. Zu dem ist einer serielle Kommunikation programmtechnisch einfacher zu realisieren. Die Nachteile im Vergleich zu einer Netzwerkverbindung sind: die relativ geringen Übertragungsgeschwindigkeiten und die Notwendigkeit einer direkten Kabelverbindung zwischen den beiden Rechnern über ein sogenanntes Nullmodemkabel. Der vermeintliche Nachteil des geringeren Datendurchsatzes über die RS 232 stellt sich in der Praxis nur dann als relevant dar, wenn kleine Kommunikationsintervalle (s.u.) verlangt sind oder sehr viele Daten übertragen werden müssen.

<u>Bild 2</u> zeigt das Vorgehen und die Einbindung zur Ansteuerung und Bereitstellung von Funktionalitäten zur Datenübertragung über eine RS 232–Schnittstelle in Form von zusätzlichen C–Modulen. Diese erlauben dem Simulationsmodell das direkte Versenden und Empfangen eines Datensatzes, der mit dem Modell auf der anderen Maschine ausgetauscht werden soll. Versuche und Bestätigungen aus der Literatur [5] zeigen, daß es notwendig ist, den Empfang von Daten jederzeit und unabhängig vom jeweiligen Rechenzustand des Simulationsmodells

---

[4] Panel: Grafische Oberfläche zur Erzeugung von Eingangs- und Darstellung von Ausgangssignalen.

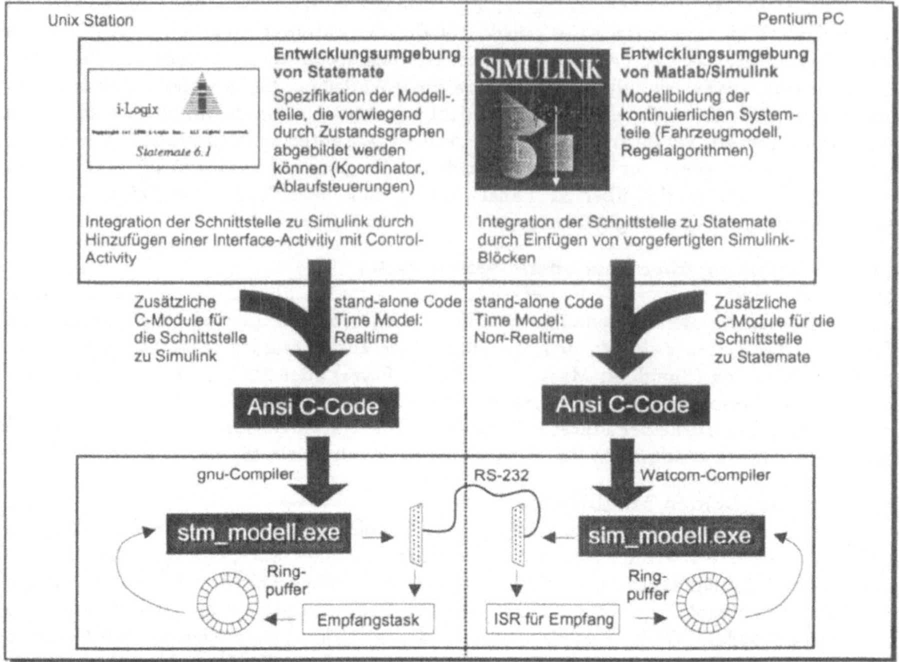

<u>Bild 2:</u> Vorgehensweise und Funktion der Simulatorkopplung

zu gewährleisten, um Datenverluste bei der Übertragung zu vermeiden. Deshalb wird eine Parallelisierung zwischen der Ausführung des Modells und dem Datenempfang vorgenommen. Die so anfallenden empfangenen Daten werden in einem Ringpuffer zwischengespeichert und bei nächster Gelegenheit vom jeweiligen Modell weiterverarbeitet.

Unterschiede im Aufbau der C–Module ergeben sich dort, wo sich die Hardware von Workstation und des PC unterscheidet. Durch die Multitasking–Fähigkeiten von Unix wird der Empfangsteil durch einen separaten, im Hintergrund laufenden Prozeß realisiert. Bei der Pufferung wird die Methode des Memory–Sharings eingesetzt [6]. Da ein PC diese Möglichkeit nicht besitzt, muß die vorhandene Hardware direkt programmiert werden, um deren Möglichkeiten auszuschöpfen [7]. Beim Eintreffen eines Datensatzes wird ein Interrupt von der Schnittstelle ausgelöst, und die Daten können durch die ablaufende Interrupt–Service–Routine(ISR) in den Puffer übertragen werden.

Der zeitliche Ablauf während einer gekoppelten Simulation ist in <u>Bild 3</u> dargestellt. Statemate übernimmt die Rolle des Masters, der den Slave (Simulink) synchronisiert. Nach dem einmaligen Senden der Initialisierungsparameter (Schrittweite, Simulationsendzeit, usw.) an Simulink, verschickt Statemate zu Beginn jedes Kommunikationsintervalls Δt_k einen Datensatz, worauf in Simulink die Berechnung eines Simulationsschrittes ausgelöst wird. Danach werden die von Statemate benötigten Daten zurückgeschickt. Beide Simulationen können bis zur nächsten Kommunikationszeit parallel weiterrechnen.

Zu beachten ist, daß drei verschiedene Zeitachsen aufgetragen sind. Die reale Zeit entspricht der Zeit, die der Benutzer, der in Interaktion mit der Simulation steht, empfindet.

474

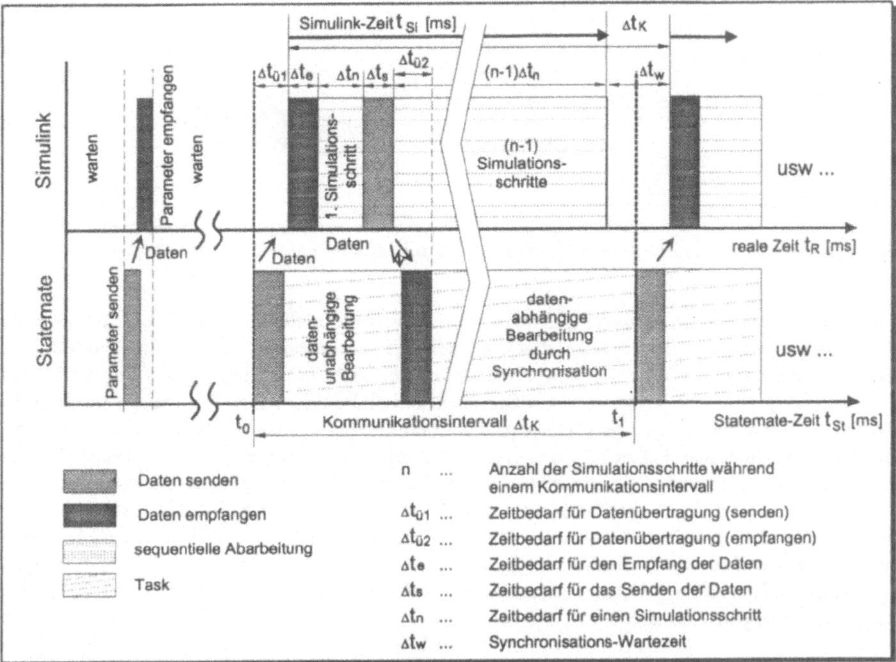

<u>Bild 3:</u> Zeitlicher Ablauf der Simulatorkopplung

Die Statemate–Zeit sollte der realen Zeit weitestgehend entsprechen, kann aber durch die begrenzte Berechnungsgeschwindigkeit der verwendeten Hardware langsamer ablaufen. Die Simulink–Zeit, die mit der Statemate–Zeit synchronisiert wird, richtet sich nach der gewählten numerischen Integrationsschrittweite h. Damit die Zeiten der beiden Simulatoren miteinander synchronisiert werden, müssen die Bedingungen

$$n \cdot h = \Delta t_K \quad \text{und} \quad \Delta t_e + \Delta t_s + n \cdot \Delta t_n \leq \Delta t_K \tag{1}$$

erfüllt sein. Die Wahl der Parameter h, Δt_K und n muß für jede Anwendung neu getroffen werden. Zum besseren Verständnis dieser Bedingung, wird im nächsten Abschnitt die Wahl der Parameter an einem Simulationsbeispiel vorgestellt.

4 Wahl der Parameter anhand eines Simulationsbeispiels

Ein mit Statemate spezifizierter Zustandsgraph, der beispielsweise für eine Ablaufsteuerung im Fahrzeug benötigt wird, soll mittels eines in Simulink modellierten dynamischen Streckenmodells verifiziert und getestet werden, vgl. <u>Bild 4</u>. Über ein Bedienpanel kann der Anwender interaktiv in die gekoppelte Simulation eingreifen. An das Simulink Modell werden zu Beginn eines Kommunikationsintervalls 3 Float–Variablen verschickt und von Statemate werden 6 Float–Variablen empfangen.

Damit sich die Uhren von Statemate und Simulink untereinander synchronisieren, darf die Kommunikationsschrittweite nicht beliebig klein gewählt werden. Zunächst muß vor einer

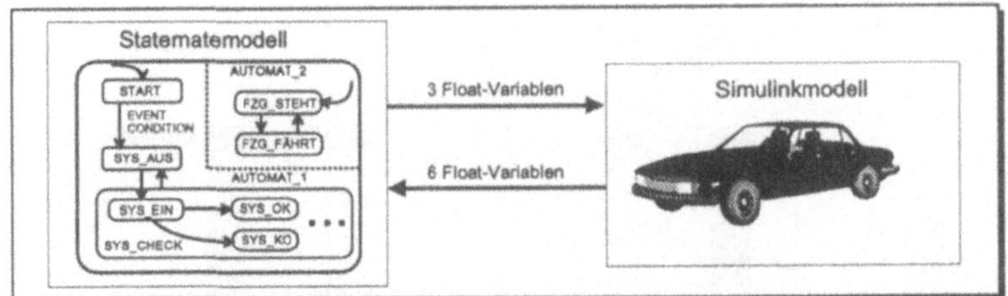

<u>Bild 4:</u> Simulationsbeispiel: Zustandsgraph wird mit einem Fahhrzeugmodell getestet.

Kopplung mit Statemate der reale Zeitbedarf des Streckenmodells für einen Simulationsschritt Δt_n ermittelt werden. Im vorliegenden Fall soll die Berechnung des Simulinkmodells pro Iteration 2 ms erfordern. Für den Empfang und das Senden von Daten werden ein Zeitbedarf von $\Delta t_e + \Delta t_s \approx 2$ ms geschätzt. Das Streckenmodell benötigt für eine stabile numerische Integration mit dem Euler–Vorwärts–Verfahren eine Simulationsschrittweite von $h = 3$ ms. Damit die Ungleichung (1) erfüllt ist, ergibt sich die Forderung $n \geq 2$ und damit für das Kommunikationsintervall $\Delta t_k = n \cdot h \geq 4$ ms. Bei einer Übertragungsgeschwindigkeit von 38400 Baud dauert die Datenübertragung $\Delta t_{\ddot{u}1} + \Delta t_{\ddot{u}2} \approx 7,5$ ms. Damit Statemate noch genug Zeit bleibt, neue Ausgangsdaten für das Streckenmodell zu berechnen, muß in dieser Anwendung das Kommunikationsintervall Δt_K größer als $\Delta t_{\ddot{u}1} + \Delta t_e + \Delta t_n + \Delta t_s + \Delta t_{\ddot{u}2} = 11,5$ ms gewählt werden. Bei einer Integrationsschrittweite von $h = 2$ ms und einer Wahl von $\Delta t_K = 18$ ms ergibt sich $n = 9$.

5 Ausblick

Für komplexe Modelle, die untereinander große Datenmengen in kleinen Kommunikationsintervallen austauschen, stößt die Kopplung über die serielle Schnittstelle an ihre Grenzen. Für diese Anwendungen muß eine Netzwerkkommunikation durchgeführt werden. Diese wird am Institut voraussichtlich unter Win95 und Unix entwickelt. Eine andere Möglichkeit, die zu erwartenden Schwierigkeiten mit dem PC zu umgehen, besteht in der Portierung des generierten C–Codes auf Unix. Damit kann die Kopplung über Shared Memory auf einer Workstation erfolgen. Man büßt dadurch jedoch die komfortableren HiL–Kopplungsmöglichkeiten am PC ein.

6 Literatur

[1] N.N.: *Statemate, User and Reference Manual Volume 1 and 2, Release 6.0.* i–Logix, 1995.

[2] N.N.: *Matlab and Simulink, User und Reference Manual.* Math Works, 1995.

[3] N.N.: *Matlab, External Interface Guide.* Math Works, 1992.

[4] Krüger, A.: *Entwicklung und Anwendung eines Verfahrens zur automatisierten Generierung von Echtzeitsteuergerätesoftware mit Hilfe eines CASE–Tools.* Diplomarbeit, 1996.

[5] Kainka, B.: *Messen, Steuern, Regeln über die RS 232–Schnittstelle.* Franzis–Verlag GmbH, München. 4. Auflage.

[6] Rochkind, M. J.: *UNIX Programmierung für Fortgeschrittene.* Carl Hanser Verlag, München, Wien 1991.

[7] Hartung, W.; Felsmann, M.; Stiller, A.: *PC–Bausteine.* c't, Magazin für Computertechnik (1988), S. 204–216.

Das Systemmodell als Grundlage für die Integration von Simulationssystem und Datenbank

Jochen Wittmann

Lehrstuhl Modellierung und Simulation von Informatiksystemen
Universität Rostock, Fachbereich Informatik
18051 Rostock
wittmann@informatik.uni-rostock.de

1   Motivation

Beobachtet man die Entwicklung von Simulationssoftware in den vergangenen Jahren, so ist zu erkennen, daß mit dem Umfang und den Möglichkeiten des jeweiligen Simulationssystems die Aufgaben für die Verwaltungskomponente zunehmend wächst. Diese Beobachtung wird man zunächst auf dem Gebiet der Modellerstellung machen, auf dem die Verwaltungskomponente durch die Möglichkeit des modular-hierarchischen Modellaufbaus, den Wunsch nach Modellkopplung usw. gefordert ist. Analoges gilt aber auch für die Unterstützung des Anwenders in der Phase des Experimentierens. Als Stichworte seien genannt: Experimentverwaltung, Methodenschnittstellen, verteilte Experimentausführung... Durch diese neuen Funktionalitäten wächst der Umfang eines Simulationssystems und der zu verwaltenden Datenmenge beträchtlich an, was zu neuartigen Anforderungen bezüglich der Gestaltung von Simulationssoftware führen muß.

2   Neue Anforderungen an Simulationssoftware

Die neuen Anforderungen liegen im Bereich der Verwaltung der im Simulationssystem gespeicherten Informationen über Modell(-hierarchie), Experiment(-hierarchie) und -daten sowie die verwendeten Experimentiermethoden. Das System muß diesbezüglich den folgenden drei Anfoderungen gerecht werden (siehe auch [Witt93])·

- Transparenter Zugriff auf die gespeicherte Information über Modelle, Experimente, Methoden und Ergebnisdaten

- Sicherung der Konsistenz der gespeicherten Information

- Gewährleistung der Reproduzierbarkeit der Experimentergebnisse

Wesentlich ist dabei, daß die sich nicht nur die Quantität der Daten vermehrt hat, sondern auch neue qualitative Anforderungen bestehen. Gerade in komplexen Modellen im Umweltbereich, aber auch in der Fertigungstechnik, sind vielfältige Zusatzinformationen notwendig, die den Sprachumfang einer Modellbeschreibungssprache übersteigen und auf andere Weise abgelegt werden müssen. In der Regel geschieht dies durch ausführliche Kommentierung des Modells, manchmal jedoch auch mit Hilfe einer separaten Datenbank [Benz95], [Abel93].

Analoges gilt für den Bereich der Experimentdurchführung (die Verwaltung von Experimenten inklusive Experimentbeschreibungen, Modelläufen, Zwischen- und Endzuständen) und der Analyseverfahren (statistische Methoden, graphische Verfahren).

Zur Lösung dieser Anforderungen wird in herkömmlichen Simulationssystemen mit Modell- und Experimentbanksystemen gearbeitet, die in der Regel auf einem selbstverwalteten Dateibaum basieren [Lang89] [Mart96]. Nachteil dieser Vorgehensweise ist einmal die Tatsache, daß sämtliche konsistenzsichernden Maßnahmen explizit durch aufwendige Dateizugriffe implementiert werden müssen und andererseits keinerlei Unterstützung durch eine komfortable Suchfunktion geleistet wird.

3 Lösungsidee: Datenbankkonzepte zur Realisierung von Simulationssoftware

Aus diesem Grund erscheint es sinnvoll, Konzepte der Datenbanktechnik herzunehmen, um die in Quantität und Qualität gestiegenen Anforderungen der Simulationstechnik zu erfüllen. Grundlegend ist dabei zunächst die Aufstellung eines entsprechenden Datenmodells. Dieses soll hier skizziert werden, eine vollständige Darstellung ist aus Platzgründen nicht möglich.

3.1 Ein Datenmodell zur Verwaltung der Experimentdaten

Ungeachtet der Unterschiede im Detail bieten aktuelle Simulationssysteme [Schm92] zumindest die Durchführung und Verwaltung von verschieden parametrisierten Simulationsläufen an, die zudem an beliebigen Stellen unterbrechbar und fortsetzbar sein sollten. Folglich muß eine Experimentstruktur verwaltet werden, die wenigstens die einzelnen Simulationsläufe mit ihren Unterbrechungsstellen, die Anfangs- und Endzustände der Modellgrößen sowie die Komponenten der verwendeten Modellkonfiguration umfassen sollte. Das entsprechende Datenmodell geht folglich vom Experimentbegriff aus und baut sich mit Hilfe der Relationen „besteht aus", „benötigt"und „erzeugt"einen Abhängigkeitsbaum auf.

Beispiel: Ein Experiment besteht aus verschiedenen Simulationsläufen. Ein Simulationslauf benötigt einen Anfangszustand, Steuerparameter und eine Liste der aufzuzeichnenden Modellgrößen. Ein Simulationslauf erzeugt einen Endzustand und eine für jede aufgezeichnete Größe eine Zeitfunktion.

3.2 Ein Datenmodell zur Verwaltung der Experimentiermethoden

Während der Ansatz, für die Experimentverwaltung eine Datenbank zu verwenden, nicht neu ist, soll diese Idee nun auf die Verwaltung sämtlicher Experimentiermethoden im Sinne von [Brei91] ausgeweitet werden. Dies ist möglich, wenn man jeder verwendeten Methode einen Namen vergibt, einen Verweis auf das Experiment, in dem sie verwendet wird, sowie einen Verweis auf je eine Liste mit Input- bzw. Outputparametern. Diese Listen können, um die Sprechweise der relationalen Datenbanken zu verwenden, wiederum in Relationenform dargestellt werden.

Zur Sicherung einer konsistenten Methodenanwendung kann man diese Daten nun um eine weitere Relation ergänzen, in der für jeden Methodentyp (z.B. ein Aufzeichnungsverfahren) die benötigten Methodenparameter mit ihren jeweiligen Wertebereichen vermerkt sind. Jede verwendete Methode erhält dann zusätzlich einen Verweis auf diese Relation, so daß die konsistente Methodenanwendung im Simulationsexperiment auf die Sicherung der

Konsistenzbedingungen in der Datenbank beim Eintrag einer neuen, konkreten und damit mit Namen versehenen Methode reduziert ist.

3.3 Ein Datenmodell zur Verwaltung der Modellbeschreibung

Nachdem die Verwaltung von Experimentstruktur und Methoden in einem (relationalen) Datenmodell gelungen ist, liegt es nahe, auch die Modellbeschreibung in dieser Form abzulegen. Hier sind zwei Ebenen zu unterscheiden:

Auf der Ebene der hierarchischen Modelle, die aus vorgefertigten Komponenten bestehen, ergeben sich keinerlei Schwierigkeiten. Die Komponente der jeweils höheren Ebene kann über die Relation „besteht aus"aus den Basisbausteinen zusammengesetzt werden.

Auf der zweiten Ebene werden dann diese Basisbausteine weiter zerlegt. So läßt sich sogar das Simulationsmodell, das bisher analog einem Programmstück meist in einer eigenen Datei gehalten wurde, in relationaler Form darstellen. Letztlich besteht es nämlich nur aus einem Deklarationsteil für die verwendeten Modellgrößen sowie der Angabe von Differentialgleichungen und Ereignissen.

Für die Modellgrößen sind anzugeben: Name; Name der Komponente, in der die Größe verwendet wird; Typ (Zustandsgröße, Parameter, Konstante); Definitionsbereich, ... Gleichungen beinhalten im wesentlichen den Namen der berechneten Größe sowie die Berechnungsformel. Ereignisse bestehen aus einer Ereignisbedingung und der Beschreibung der Zustandsänderung. Sämtliche Informationen sind in datenbanknaher Relationenform angebbar.

Es ist offensichtlich, daß bei einer derartigen Formulierung sämtliche Typprüfungen, Konsistenzkontrollen und Schnittstellenüberprüfungen, die sich auf simulationsspezifische Semantik beziehen, auf Datenbankseite durch entsprechende Integritätsbedingungen formuliert und überwacht werden können.

4 Das Systemmodell

An dieser Stelle ist festzuhalten, daß sowohl Modellbeschreibung als auch Experimentbeschreibung in einheitlicher Form vorliegen, die zudem die Speicherung in einer Datenbank erlaubt. Vor diesem Hintergrund ergeben sich nun auch methodische Aspekte, die einer näheren Betrachtung wert sind:

Im Rahmen der Datenbanktechnik nimmt das sogenannte **Datenmodell** eine zentrale Stellung ein. Es beinhaltet eine genaue Spezifikation der zu verwaltenden Daten sowie der zwischen diesen Daten bestehenden Beziehungen.

Demgegenüber wird für ein Simulationssystem ein **Simulationsmodell** im Mittelpunkt des Interesses stehen. Dieses Modell liegt in einer Modellbeschreibungssprache vor, die in der Regel Bestandteil des Systems ist. Darüber hinaus bietet ein Simulationssystem Algorithmen zur Berechnung der Trajektorien für die einzelnen Größen des Modells (numerische Integration, Ereignisbehandlung). Neuere Systeme zeichnen sich zusätzlich durch Komponenten zur Verwaltung der entstehenden Daten aus, wobei die für die Simulation spezifische Semantik dieser Daten berücksichtigt wird.

Die Gemeinsamkeit der beiden Ansätze fällt bei dieser Gegenüberstellung deutlich ins Auge: die Beschäftigung mit Modellen als Abbild der Realität. Ebenso deutlich läßt sich der Unterschied formulieren: In Datenbanken sind Modelle der **statischen Beziehungen** zwischen den Daten abgelegt, während die Modelle der Simulationstechnik auf die Spezifikation der **dynamischen Beziehungen** im abgebildeten realen System zugeschnitten sind.

In analoger Weise sind auch die Methoden zu unterscheiden, die auf den jeweiligen Modellen arbeiten: Das Datenbankverwaltungssystem bietet eine Anfrageschnittstelle, z.B. SQL, um den **aktuellen Zustand** des modellierten Systems aus der Datenbank zu extrahieren, sowie Methoden, um die Anfragen auszuführen und die Ergebnismenge anzuzeigen. Demgegenüber verfügt das Simulationssystem über Methoden, aus der abgelegten Modellspezifikation einen **zukünftigen Zustand** des Systems herzuleiten.

Unter diesem Gesichtspunkt wird klar, daß das Systemmodell, bestehend aus den unter 3.1 bis 3.3 beschriebenen Informationen als integrierendes Element eines Modell- und Experimentiersystems fungieren kann. Das Systemmodell selbst zeichnet sich nun dadurch aus, daß es sowohl die Beschreibung der statischen Beziehungen des untersuchten Wirklichkeitsausschnittes beinhaltet als auch Regeln (nämlich Differentialgleichungen und Ereignisse), aus denen sich die Systemdynamik ableiten läßt.

Die Entscheidung, ob es sich bei einem vorliegenden System um ein Datenbanksystem oder ein Simulationssystem handelt, ist folglich ausschließlich an den im System integrierten Methoden zu erkennen. Arbeiten diese ausschließlich auf dem statischen Datenmodell, so handelt es sich um eine Modell- bzw. Experiment- Datenbank, erzeugen die Methoden jedoch neue Informationen, indem sie die Methode Simulation anwenden, so handelt es sich um ein Simulationssystem.

5 Implementierungskonzept mit Hilfe eines Datenbanksystems

Ein Implementierungskonzept für ein Informationssystem, das das beschriebene Systemmodell beinhaltet und auf der Basis eines Datenbanksystems entwickelt ist, mag das Gesagte unterstreichen und präzisieren:

- Modell- und Experimentstruktur als Datenmodell:

  hier ist den obigen Ausführungen nichts hinzuzufügen.

- Informiere-Funktionen als Abfragen:

  Zunächst fällt auf, daß ein beträchtlicher Teil der Funktionen einer Experimentierumgebung aus reinen Informationsfunktionen besteht: Im Experimentbereich sollte es möglich sein, alle Teilmodelle eines hierarchisch strukturierten Modells aufzulisten, alle Simulationsläufe eines Experimente müssen angezeigt werden können, usw. Im Modellbereich sollte im Sinne der erweiterten Dokumentation eine Liste der Eingangs- und/oder Ausgangsgrößen eines Modells erstellt werden können, eine Liste sämtlicher Gleichungen, in denen eine bestimmte Modellgröße vorkommt, usw.

  Tatsächlich stellen diese Informiere-Kommandos für das vorgeschlagene Konzept nur reine Abfragen dar, die leicht durch SQL-Statements realisiert werden können.

- Konsistenzforderung als Datenabhängigkeiten:

  Die Konsistenzforderung für die Modell- und Experimentverwaltung findet sich auf Datenbankseite im Konzept der Datenabhängigkeit wieder. Datenabhängigkeiten schränken die gültigen Einträge in der Datenbank ein. Aufgrund von semantischen Bedingungen verbieten sie formal korrekte Einträge in der Datenbank, zu denen es in der realen Welt, die die Datenbank abbilden soll, kein Äquivalent gibt.

Mit diesem Konzept lassen sich nun auf einfachste Weise die Probleme lösen, die oben
als Konsistenzforderung angesprochen wurden. Zum Beispiel ist zu fordern, daß zu jedem Modell immer auch sämtliche dort aufgelisteten Teilmodelle in der Datenbank enthalten sein müssen. Damit würde das Datenbankverwaltungssytem weder eine Änderung noch ein Löschen eines dieser Teilmodelle erlauben, da diese Aktionen die im
Datenmodell verankerten Abhängigkeiten verletzen würde.

Man erkennt, daß sich wesentliche Elemente der Verwaltungskomponente von Simulationssystemen auch in Datenbanksystemen wiederfinden und dort in allgemeiner Form
bereits gelöst sind. Dem Benutzer wird lediglich die Spezifikation dieser Abhängigkeiten beim Entwurf des Datenmodells abverlangt. Die Einhaltung der Datenabhängigkeiten stellt hingegen das Datenbankverwaltungssystem ohne weiteres Zutun sicher.

- Abarbeitung mit Transaktionskonzept:

Im allgemeinen geht man davon aus, daß alle aufgerufenen Methoden über eine eigene
Fehlerbehandlung verfügen und auch im Fehlerfall im System einen physisch und logisch konsistenten Zustand hinterlassen. Weitere Fehlermöglichkeiten ergeben sich auf
Betriebssytemebene beim Lesen oder Schreiben im Dateisystem. Hier beschränken sich
bestehende Systeme jedoch auf die Verwendung einer sicheren Grundfunktionalität, so
daß ein Ausfall erstens sehr unwahrscheinlich ist und zweitens der Datenverlust nicht
so schwerwiegend zu bewerten ist wie in Standard-Datenbankanwendungen.

Dieser Aspekt wird jedoch in einem anderen Zusammenhang vermehrte Beachtung auf
sich ziehen: Da ist einmal die Forderung, die Modellsammlung gleichzeitig nicht nur
einem Benutzer zugänglich zu halten, sondern einen echten Mehrbenutzerbetrieb auf
Modellen und Experimenten zu ermöglichen. Zur Lösung der dadurch auftretenden
Schutz- und Synchronisationsprobleme scheint das Transaktionskonzept der Datenbanktechnik bestens geeignet.

- relationales versus objektorientiertes Datenbankkonzept

Ein wesentlicher Aspekt des Implementierungskonzeptes ist beim derzeitigen Stand
der Überlegungen noch offen: Die Frage nämlich, ob zur Realisierung eine relationale
Datenbank verwendet werden soll oder ob sich nicht auch objektorientierte Konzepte
anbieten. Für die Verwendung objektorientierter Datenbanksysteme sprechen die einfache Integration von Zeitreihen sowie von simulationsspezifischen Methoden, für die
relationalen Systeme spricht der standardmäßig angebotene Funktionsumfang sowie
die ausgearbeitete Benutzeroberfläche. Von besonderem Interesse sind in diesem Zusammenhang auch die neueren, objektorientierten Erweiterungen relationaler Systeme,
die die Vorteile beider Ansätze, zumindest bezüglich des hier geforderten Anwendungs-
spektrums, in sich zu vereinigen scheinen.

Die Darstellung im Rahmen dieses Beitrag beschränkt sich bewußt auf die relationale
Sicht, um zu zeigen, wie weit dieses Konzept trägt.

Die Vorteile dieses Ansatzes fassen die folgenden Punkte zusammen:

- Modell-, Experimentstruktur, Methoden und Daten werden in einheitlicher Form verwaltet.

- Für den Zugriff auf die Informationen steht mit der Anfragesprache des Datenbanksystems eine einheitliche und sehr komfortable Suchfunktion zur Verfügung.

- Die beschriebenen Konsistenzforderungen sind über Datenabhängigkeiten und Integritätsbedingungen des Datenbanksystems abbildbar.

- Das Konzept ist sehr änderungs- und erweiterungsfreundlich; es müssen jeweils nur einzelne Einträge in bereits vorhandenen Tabellen geändert bzw. eingefügt werden.

6 Ausblick

Es zeigt sich, daß eine Weiterführung der hier geäußerten Gedanken interessante Aspekte auch für die Bereiche Zeitunterstützung in Datenbanken sowie die automatische Experimentgenerierung enthalten. In beiden Fällen erlaubt die Gleichbehandlung von Experiment-, Modell- und Methodenbeschreibung eine übergreifende Sicht auf das Problem und macht damit eine integrierte und effiziente Lösung eines Simulationsproblems erst möglich.

Literatur

[Abel93] **Abels, Stephanie:**
Modellierung und Optimierung von Montageanlagen in einem integrierten Simulationssystem; München, 1993

[Benz95] **Benz, Joachim:**
ECOBAS - Dokumentation mathematischer Beschreibungen ökologischer Prozesse
in: Umweltwissenschaften, Band4, Eberhard Blottner Verlag, (im Druck)

[Brei91] **Breitenecker, Felix:**
Fortschritte in der Simulationstechnik - Methodologie, Implementation, Anwendung
in: Tavangarian, D.: Fortschritte in der Simulationstechnik, 7. Symposium in Hagen, Braunschweig, 1991

[Lang89] **Langer, Klaus-Jürgen:**
Entwurf und Implementierung eines Simulationssystems mit integrierter Modellbank- und Experimentverwaltung
Dissertation am Institut für math. Maschinen und Datenverarbeitung
Universität Erlangen-Nürnberg, 1989

[Mart96] **Martini, Falk:**
Struktur und Verwaltung von Simulationsbanken als integrativer Bestandteil moderner Simulationssysteme
Universität Rostock, Preprint des Fachbereichs Informatik, 1996
(erscheint demnächst)

[Schm92] **Schmidt, Bernd:**
Simulationssysteme der 5. Generation
in: Sydow, A.: Fortschritte in der Simulationstechnik - 8. Symposium in Berlin
Braunschweig 1993

[Witt93] **Wittmann, Jochen:**
Eine Benutzerschnittstelle für die Durchführung von Simulationsexperimenten
Dissertation am Institut für math. Maschinen und Datenverarbeitung
Universität Erlangen-Nürnberg, 1993

Strukturierte Branchenspezifikation von Simulationssoftware - dargestellt am Beispiel von ARENA Templates

André Mellin, Wilfried Krug
DUAL-ZENTRUM GmbH Dresden

Überblick

Die Schaffung eines durchgehenden Anwenderbezuges stellt derzeitig das wichtigste Entwicklungsfeld dar, um das Anwendungspotential für die computerunterstützte Simulationstechnik in einem größeren Maße als bisher auszunutzen. Ein Fortschritt zur Erreichung dieses Anwenderbezuges, ist mit der Entwicklung der Simulationssoftware ARENA (Systems Modeling) vollzogen worden. Die Entwicklungsstrategie war, den Anwendungsnutzen der Simulationstechnik für den Endanwender als Arbeitsmittel erheblich zu steigern und die Voraussetzung von spezifischem Fachwissen von der Simulation auf das Notwendigste zu reduzieren. Den Kern hierfür bilden Modellierungsvorlagen (Templates). Ausgehend von diesem Softwarekonzept wird im Rahmen dieses Vortrages beispielhaft gezeigt, welche Anwendungsmöglichkeiten mit diesen Templatestrukturen zu erreichen sind. Insbesondere wird dargestellt, wie eine individuelle Branchenidentität innerhalb dieses Templatekonzeptes realisiert wird. Desweiteren werden die Anforderungen aufgezeigt, welche bei der Spezifikation des Templates hinsichtlich einer Branche zu berücksichtigen sind.

1. Templatehierarchien innerhalb einer Simulationsumgebung

Die Simulationssoftware ARENA ist eine vollständige Simulationsumgebung für die Bearbeitung aller elementaren Stufen innerhalb einer Simulationsstudie. Der konzeptionelle Aufbau von ARENA basiert auf Objektorientierung, hierarchischer Modellierung und dem Templatekonzept [WE95]. Bild 1 zeigt schematisch den Aufbau.

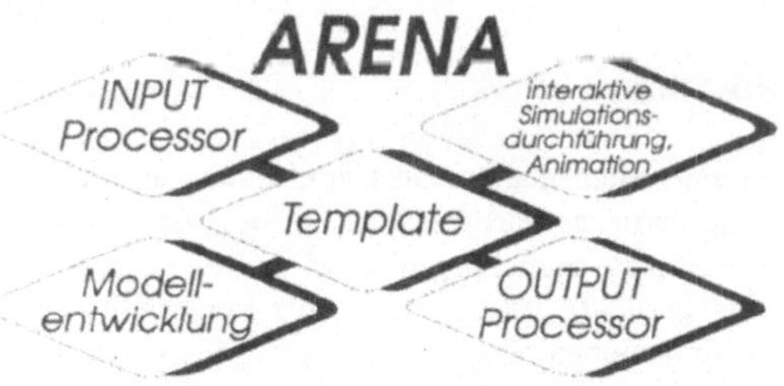

Bild 1: Simulationsumgebung ARENA

Das Template stellt eine validierte Modellierungsvorlage dar, in der charakteristische Modellbasen für die vom Anwender problemspezifisch zu entwickelnden Modelle vorhanden sind. Diese sind, z.B. entgegen den sehr allgemeinen Modulkonzepten der 3. und 4. Generation von Simulationssoftware [DU94], vom Nutzer selbstständig modifizierbar, erweiterbar und entwickelbar. Durch das Template wird gleichzeitig Anwendungsflexibilität und Spezialisierung hinsichtlich des Aufgabengebietes erreicht, da eine vorhandene Modellspezifikation (z.B. in Form einer Branchen-applikation) weiter konfigurierbar wird. Jeder Modellkomponente können beliebig Beschreibungen zugeordnet werden, die den Umgang für alle Anwenderkreise ermöglicht [SM94].

Diese Templates sind das Basiselement für die Erstellung von Wissensbausteinen von Branchen. Sie bilden damit die Voraussetzung, um den Modellbildungsprozeß entscheidend zu verkürzen und die Qualität der Simulationsstudie zu erhöhen. In Bild 2 sind abhängig von den Anwendungshierarchien die Ausführungen für das Template verdeutlicht.

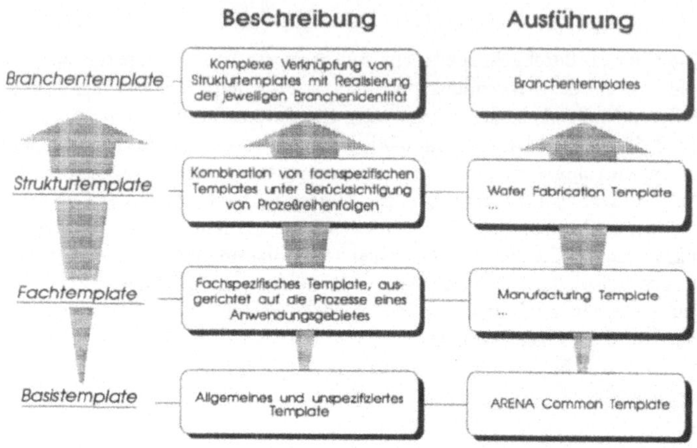

Bild 2: Anwendungshierarchien von Templates

Der Entwurf und die Gestaltung von Templates erfolgt mit der interaktiven Programmier-umgebung ARENA Professional Edition (PE). Diese Umgebung ist direkt an die ARENA Grundstruktur angelehnt und ermöglicht es ohne spezielle Programmierkenntnisse auszukommen [DP94].

2. Branchenspezifikation

Grundsätzlich kann von einer elementaren Branchenidentität gesprochen werden, auf die ein bestimmter Wirtschaftszweig zurückgeführt werden kann, wobei zur Abgrenzung auf herstellungs- oder materialbezogene Merkmale zurückgegriffen wird. Der Branchenkern wird individuell geprägt und stellt z.B. das Produkt, das Erzeugnis, die hergestellten Rohstoffe, die gelieferten Dienstleistungen bzw. Informationen oder auch die erzeugte Energie dar. Aus diesem Branchenkern leiten sich wiederum die verwendeten Technologien, die Prozesse, die Prozeßreihenfolgen (Abläufe) und die Art der Organisation ab. Äußere Einflüsse (z.B. wirtschaftliche Bedeutung, Marktsituation, u.s.w.) wirken auf die Branche ein und beeinflussen den beschriebenen Branchenaufbau zurück bis zum Branchenkern.

Ziel ist es diese Branchenidentität zunächst mit Hilfe einer Abbildungssystematik in eine Entwurfsstruktur zu gliedern und danach in einem Template abzubilden (siehe Bild 3).

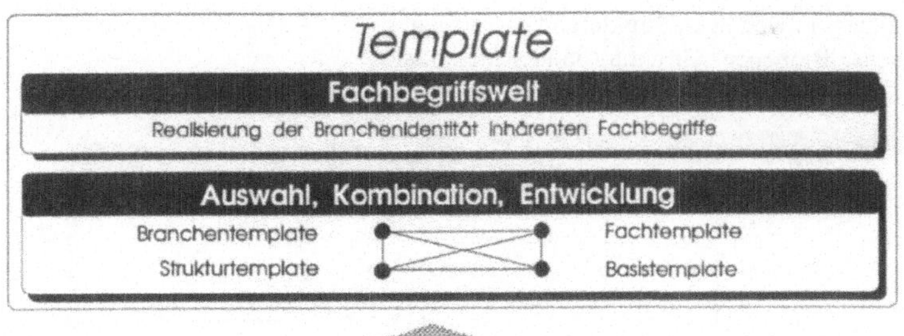

Bild 3: Branchenspezifikation von ARENA Templates

Den größtmöglichen Nutzen erbringt das Template, wenn die Identifikation des Anwenders mit dem Template gegeben ist und die Abbildung der Branchenidentität entspricht. Diese Identifikation erfolgt durch die Umsetzung der jeweiligen Fachbegriffswelt, die jeder Branche inhärent ist und bei der Analyse der Branchenidentität berücksichtigt werden muß.

Die Entwurfsstruktur wird in ein Template übertragen, indem eine Kombination der in Kapitel 1 beschriebenen Templates aus unterschiedlichen Hierarchien ausgewählt und abhängig von der Übereinstimmung und der Existenz der Modellbasen angepaßt oder völlig neu erstellt wird [KR89]. Durch die Offenheit ist die Verwendung von bereits vorhandenen Strukturen möglich (z.B. Waferfabrication-, Advanced Manufacturing Template).

3. Nutzungsapplikationen

Im folgenden wird beispielhaft die Ausführung der charakterisierten Hierarchie für ein Branchentemplate beschrieben. Die identifizierten Hauptprozesse sind dabei die Entwicklungsgrundlage für das Branchentemplate. Ein Hauptprozeß der Branche der Verbrauchsgüter- und Nahrungsmittelindustrie ist der Verpackungsprozeß. Für die Investitionsgüterindustrie ist dies, z.B. neben der Teilefertigung, die Montage. Aus den Fachtemplates lassen sich diese Prozesse mit den entsprechenden Teil- und Hauptfunktionen vollständig modellieren.

Die Strukturtemplates stellen eine differenziertere Modellbasis zur Verfügung. Mit ihnen ist es möglich Teilsysteme, in denen Abläufe stattfinden, zum Modellaufbau auszuwählen. In Strukturtemplates sind z.B. sowohl gesamte Montagesysteme oder Verpackungsanlagen alsauch einzelne Teilmodule zur Modellierung vorhanden. Auf der Ebene des Branchentemplates stehen alle zur

Modellbildung notwendigen Strukturen zur Verfügung. Bild 4 zeigt die Übersicht der
beschriebenen Branchen-, Struktur- und Fachtemplates.

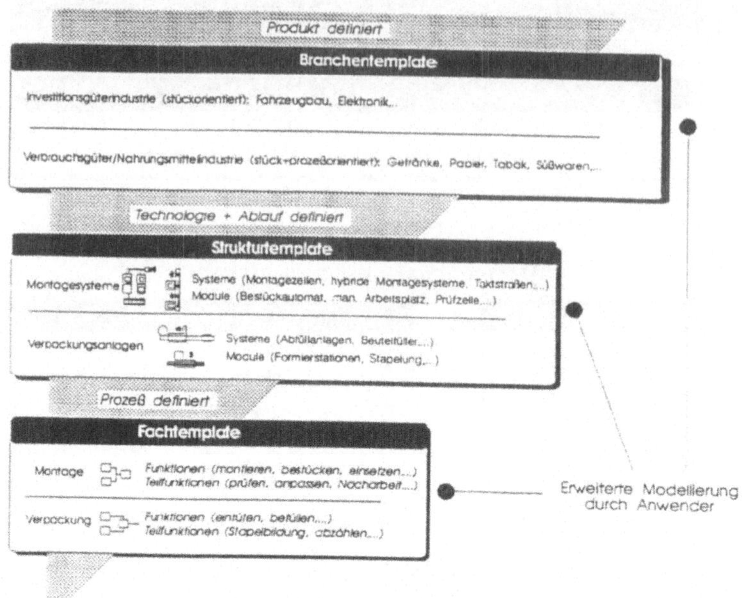

Bild 4: Beispiele für Branchen-, Struktur- und Fachtemplates

Die Templates sind für den Benutzer weiterhin frei konfigurierbar, um eventuell notwendige
Anpassungen vorzunehmen oder für die Modellierung notwendige und nicht vorhandene
Elemente zu ergänzen. Dabei wird jeder Modellbaustein nach der Methode der Referenz-
modellierung eineindeutig, redundanzfrei, konsistent und disjunkt für die jeweilige Branche
abgebildet [IP91].

Literatur

[WE95]   Weigl, K. H.: **PREACTOR and ARENA-A Powerful Combination in
          Industry,** Proceedings of the 1995 European Simulation Multiconference,
          1995

[DU94]   Krug, W., Mellin, A., Schebesta, M.: **Generations, Development and Uses
          of Simulationssoftware,** Proceedings of CISS, Hrsg.: Halin, J., Karplus, W.,
          Rimane, R., Zürich 1994

[SM94]   Systems Modeling Corporation: **ARENA Professional Edition Reference
          Guide,** Systems Modeling Corporation, 1994

[DP94]   Davis, D. A., Pegden, C. D.: **ARENA: A SIMAN/CINEMA based hierarchical
          Modeling System,** Systems Modeling Corporation, 1994

[KR89]   Krug, W.: **Simulation für Ingenieure in CAD/CAM-Systemen,** Verlag
          Technik Berlin, 1989

[IP91]   **Integrierte Produkt- und Prozeßmodellierung,** Proceedings, Klausur-
          konferenz Wartburg, 1991, S.1 - 35 Herausgeber: W. Krug, H. Grabowski

Embedded System Design mit der integrierten Entwicklungsumgebung ASCET

Ulrich Lefarth; Ulrich Baum; Thomas Beck; Thomas Zurawka

ETAS Entwicklungs- und Applikationswerkzeuge für elektronische Systeme GmbH & Co. KG,
Markgröninger Str. 45, 71701 Schwieberdingen
Tel. 0711/811-3618, Fax: 0711/811-3626,
E-Mail: {ullefart, ulbaum}@si.bosch.de; {etesw_be, etesw_zu}@siiks.a1.bosch.de

Kurzfassung: Am Beispiel der Kfz-Steuergeräteentwicklung wird der Entwicklungskreislauf für ein durchgängiges Embedded System Design aufgezeigt und die Anforderungen an die benötigten Entwurfswerkzeuge abgeleitet. Mit ASCET wird dann eine Entwicklungsumgebung vorgestellt, die diesen Entwicklungskreislauf effizient unterstützt. Dabei wird auf den Funktionsumfang von ASCET eingegangen, die unterstützten Offline- und Online-Simulationsplattformen dargestellt und abschließend die realisierten Archivierungs-, Dokumentations- und Testmöglichkeiten beschrieben.

1 Einleitung

Steigende Anforderungen an die Qualität und Leistungsfähigkeit technischer Systeme, stetig kürzer werdende Innovationszyklen und die Notwendigkeit einer schnellen Adaptierbarkeit an veränderte Randbedingungen erfordern bei der Systementwicklung verstärkt den durchgängigen Einsatz integrierter Reglerbausteine, sogenannter **Embedded Control Systems.** Anwendungsbeispiele im Umfeld der Kraftfahrzeugtechnik sind Steuergeräte für Anti-Blockier-Systeme, Anti-Schlupf-Regelungen, Fahrdynamikregelungen, elektronische Kraftstoffeinspritzung und elektronisches Motormanagement. Um die über Embedded Systems erzielbare Leistungssteigerung jedoch optimal ausschöpfen zu können, ist eine durchgängige Rechnerunterstützung von der frühen Entwurfsphase mit ersten Verhaltensmodellen über ein sukzessives Prototyping bis hin zu einer abschließenden automatischen Codegenerierung für das Seriensteuergerät unabdingbar. Dabei ist sowohl eine konsistente Bedienphilosophie der Entwicklungswerkzeuge als auch eine durchgängige Modell-, Daten- und Projektverwaltung zu gewährleisten. Abb. 1 stellt den Entwurfskreislauf beim Embedded System Design schematisch dar.

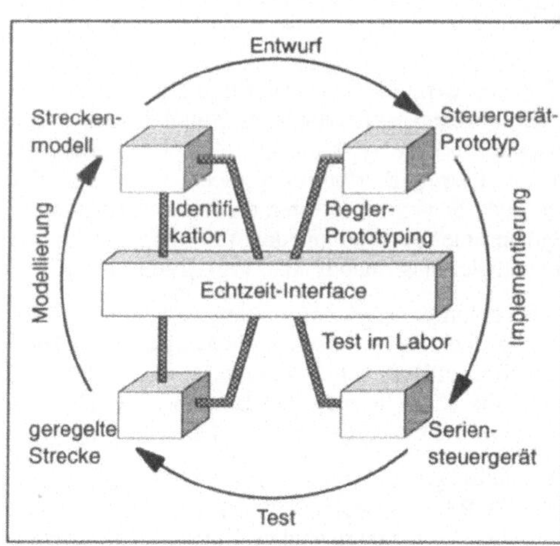

Abbildung 1: Entwicklungskreislauf

2 Besonderheiten beim Embedded System Design

Angesichts des hohen Kostendrucks bei den Automobilherstellern erfolgt die Entwicklung von Embedded Control Systems meist unter restriktiven Randbedingungen in Bezug auf Rechenzeit und Speicherbedarf. Heute eingesetzte Steuergeräte basieren z. B. auf Siemens C167 oder INTEL 196 Prozessoren. Hierbei handelt es sich um 16 Bit-Prozessoren, die keine Gleitkommarecheneinheit aufweisen. Damit unterliegen selbst prototypische Implementierungen den Restriktionen des Zielsystems [Eppinger 95]:

- keine Gleitkommarecheneinheit,

- das Rechenraster ist nicht frei wählbar,

- die Rechenleistung ist beschränkt.

Wird bei der Modellierung aber explizit auf die Restriktionen des jeweiligen Zielprozessors eingegangen, ist der Entwurf bei einem Wechsel der Zielhardware nicht wiederverwendbar.

Eine weitere Besonderheit beim Embedded System Design resultiert aus der engen Ankopplung an den technischen Prozeß, z. B. einen Verbrennungsmotor, der geregelt und gesteuert wird und in dem Vorgänge parallel ablaufen und asynchrone Ereignisse auftreten können. Die Korrektheit eines Steuergerätes hängt damit nicht nur von der logisch korrekten Verarbeitung der Signale ab (funktionale Verknüpfung der Eingangsdaten mit den Ausgangsdaten), sondern auch von dem Zeitpunkt, zu dem das Ergebnis an den technischen Prozeß ausgegeben wird. Hierdurch spielt beim Embedded System Design der Aspekt der Echtzeit immer eine entscheidende Rolle.

Für eine Entwicklungsumgebung zum Embedded System Design resultieren daraus, zusätzlich zu den Anforderungen an konventionelle CAE-Umgebungen (vgl. [Taylor 91]), die Anforderungen:

- automatische Codegenerierung für spezielle Zielprozessoren und

- Echtzeitfähigkeit.

3 Die Entwicklungsumgebung ASCET

Die integrierte Entwicklungsumgebung ASCET ist mit dem Ziel konzipiert und realisiert worden, den skizzierten Entwurfskreislauf durchgängig und effizient zu unterstützen. Simulationstechnisch sind dabei zwei Felder abzudecken, die zeitdiskrete und die zeitkontinuierliche Simulation. Die reine Steuergeräteentwicklung erfolgt dabei über zeitdiskrete Beschreibungsmechanismen, die Formulierung der ebenfalls zum Gesamtsystem gehörigen Sensoren, Aktoren etc. über zeitkontinuierliche Beschreibungsformen. Dabei ist eine gemeinsame Behandlung der Teilkomponenten hinsichtlich einer integrierten, ganzheitlichen Systementwicklung unabdingbar (vgl. [Lefarth 95]).

Die speziell aus der Entwicklung von Steuergeräten resultierenden Anforderungen werden über das Teilmodul ASCET-SD (Software Development) abgedeckt. Hierzu zählen die Modellierung der zu implementierenden Algorithmen (Daten- und Kontrollfluß, objektorientierte Beschreibungselemente, Zustandsautomaten, Prozesse etc.) und die Modellierung der Betriebssystemsoftware (Definition von Tasks, Zuordnung von Algorithmen zu Tasks, Festlegung des Scheduling etc.).

Die Anforderungen, die aus dem Entwurf der mechanischen, elektronischen etc. Systemkomponenten resultieren, werden mit dem Teilmodul ASCET-RS abgedeckt. Auf der Basis der um eine Eventbehandlung ergänzten Zustandsdarstellung wird der rechnergestützte Entwurf der "kontinuierlichen" Systemkomponenten, d. h. die Streckenmodellierung und -simulation ermöglicht. Problemangepaßte Lösungsverfahren stellen dabei eine numerisch effiziente Auswertung sicher.

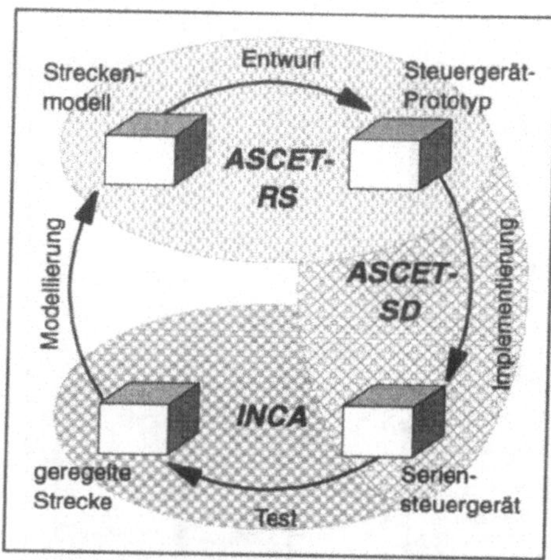

Abbildung 2: Entwicklungswerkzeuge

Innerhalb der integrierten Entwicklungsumgebung ASCET sind beide Module effizient miteinander verknüpft, wodurch eine hybride Simulation gewährleistet ist.

Da das Prototyping einen wesentlichen Teilaspekt darstellt, unterstützt ASCET, im Rahmen von Hardware-in-the-Loop-Anwendungen, die flexible Integration realer Systemkomponenten in den Entwicklungsprozeß.

Bei der abschließenden Realisierung des Seriensteuergerätes gewährleistet eine automatische Codegenerierung die Berücksichtigung der konkreten Randbedingungen des gewählten Embedded Systems (vgl. Kap. 2).

Die Applikation des Seriensteuergerätes erfolgt mit dem Applikationssystem INCA.

Identische Oberflächenelemente bei Entwicklungs- und Applikationswerkzeugen gewährleisten eine konsistente Benutzungsumgebung, die Unterstützung des Applikationsstandards ASAP II eine Durchgängigkeit zwischen Entwicklung und Applikation. Um den Benutzer beim rechnergestützten Experimentieren effizient zu unterstützen, sind durchgängige Interaktionsmöglichkeiten und eine Online-Visualisierung aller Informationen realisiert. Dies gilt sowohl für eine Offline- als auch für eine Online-Experimentdurchführung.

Über die Integration einer Projekt- und Modelldatenbank werden sowohl einer notwendigen Teamarbeit als auch einer Variantenverwaltung Rechnung getragen. Die standardmäßige Bereitstellung einer umfangreichen Kfz-Modellbibliothek bietet darüber hinaus eine effiziente Unterstützung bei der Modellerstellung.

4 Von ASCET unterstützte Simulationsplattformen

Folgt man der bisherigen Argumentation, muß eine Simulationsplattform zur Unterstützung des Embedded System Design folgende Ausprägungen von Simulationsexperimenten unterstützen:

- Offline-Simulation zur interaktiven Modellbildung mit kurzen Interaktionszyklen und effizienten Analysemöglichkeiten;

- Online-Simulation zur flexiblen Integration realer Systemkomponenten in den Entwurfszyklus, dies ermöglicht die schrittweise Realisierung der modellierten Systemkomponenten und gestattet die Nutzung bereits existierender Komponenten. Das Steuergerätemodell muß die Restriktionen des Seriensteuergerätes vollständig berücksichtigen, z. B. begrenzte Wortlänge, Integer-Arithmetik oder Zykluszeiten;

- Online-Simulation mit Integration des entwickelten Seriensteuergerätes. Hierzu ist eine automatische Codegenerierung für das jeweilige Seriensteuergerät, z. B. Integer-Codegenerierung, erforderlich.

Abbildung 3 stellt das in diesem Zusammenhang von ASCET unterstützte Spektrum dar:

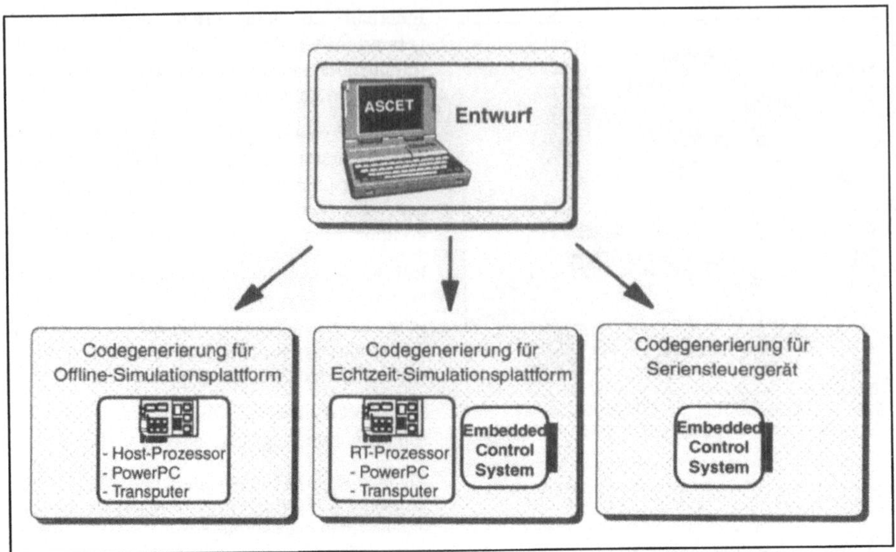

Abbildung 3: Codegenerierung mit ASCET

Interaktive Änderungen an Modellparametern, an der Konfiguration des Lösungsverfahren oder an der Auswahl der zu visualisierenden oder zu archivierenden Modellinformationen bedingen dabei keine erneute Codegenerierung und sind damit auch Online möglich.

Bei interaktiven Modelländerungen (Modellstruktur, Modelldynamik) gewährleisten dynamische Compilier-, Binde- und Lademechanismen sowohl für eine Offline- als auch für eine Online-Simulation kurze Codegenerierungszeiten und damit kurze Interaktionszyklen.

Da das derzeitige Einsatzspektrum von ASCET vorwiegend im Automotive-Umfeld angesiedelt ist, werden standardmäßig die hier verwendeten Schnittstellen unterstützt, z. B. AN, CAD/QSPI, EL-SA und ETK.

Die unterstützten Hardware-Simulationsplattformen reichen vom Host-Prozessor bis zu echtzeit-fähigen Multi-Prozessor-Architekturen (PowerPC/VMEbus-Systeme, PowerPC mit Transputer-IO, Transputer-Systeme mit Transputer-IO, Transputer/VMEbus-Systeme mit VMEbus-IO), die für die verschiedensten Aufgabenstellungen individuell skalierbar sind. Um einen Standalone-Betrieb der verwendeten Echtzeit-Simulationsplattform zu gewährleisten, können die zur Verfügung stehenden PowerPC/Transputer-Karten mit einem 8..32 MBytes shared FLASH RAM ausgestattet werden.

Eine automatische Codegenerierung für Seriensteuergeräte erfolgt derzeit für den Siemens C167, die Codegenerierung für weitere Prozessoren ist in Arbeit.

Als Betriebssystem wird das im Automotiveumfeld etablierte Echtzeitbetriebssystem ERCOS (Embedded Real-Time Control Operating System) unterstützt. Über eine durchgängige Einbindung in die ASCET-Entwicklungsumgebung stehen dem Entwickler ein komfortabler Debugger und Performance Monitor zur Verfügung.

5 Modell-, Daten- und Experimentverwaltung

Innerhalb der ASCET-Entwicklungsumgebung findet eine klare Trennung von Modell, Daten und Experiment statt. Neben einer klaren Strukturierung der Software bietet dies die Möglichkeit, eine Vielzahl von Experimenten mit einem Modell durchzuführen.

Alle entwickelten Module (Modelle, Daten und Experimente) unterliegen einem Versionsmanagement. Es können Versionen und Editionen der Module in einer Datenbank existieren. Versionen sind fest und nicht mehr durch den Anwender veränderbar, Editionen sind editierbar und können im Rahmen der Entwicklung vom Anwender modifiziert werden. Zustandsübergänge (Version -> Edition und umgekehrt) werden durch den Anwender gesteuert.

Da nur noch selten ein einzelner Entwickler isoliert an einer Aufgabenstellung arbeitet, erfolgt die Speicherung aller Elemente in einer Multi-User-Datenbank. Der Zugriff wird durch das Datenbanksystem synchronisiert. Hierüber läßt sich die Arbeit im Team organisieren und Arbeitsabläufe effizienter und weniger fehleranfällig gestalten. Abb. 4 stellt die zur Verfügung stehenden Möglichkeiten zusammenfassend dar.

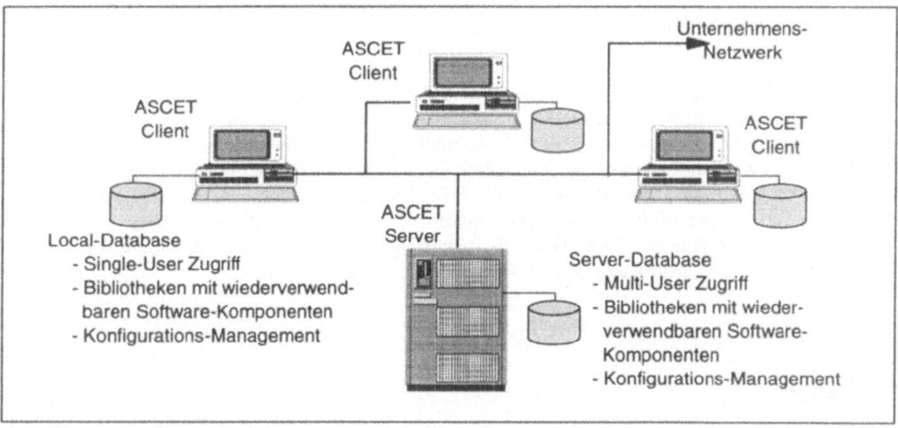

Abbildung 4: Datenbankmanagement

6 Dokumentation

Die in einer Datenbank enthaltene Information kann flexibel dokumentiert werden. Im Rahmen der Dokumentgenerierung bestimmt der Anwender die Auswahl der zu dokumentierenden Elemente. Er legt die Gestaltung und das Ausgabeformat über Dokumentationsskripte fest. Darüber hinaus unterstützt das Dokumentationssystem die Erzeugung von Varianten, die für unterschiedliche Zielgruppen (Kunde, Entwickler) bestimmt sind und somit eine spezielle Kombination der in der Datenbank vorhandenen Information enthalten. Die Generierung der jeweiligen Varianten wird über ein vom Anwender konfigurierbares Klassifikationsschema gesteuert.

7 Test

Für den Test von Seriensteuergeräten wurde mit ASCET ein Laborfahrzeug modelltechnisch realisiert. Es beinhaltet parametrierbare Umgebungs- und Fahrermodelle, ein Modell des Verbrennungsmotors mit seinen Aggregaten, Stellern und Sensoren sowie ein parametrierbares Längsdynamikmodell des Fahrzeuges. Parametrierbare Modelle des Katalysators und der Lamda-Sonden gestatten neben der Simulation eines intakten Systems auch die Fehlersimulation mit defekten Bauteilen.

Über eine Experimentbeschreibungssprache lassen sich Testszenarien aufbauen, die dann automatisch abgespielt werden können. Dieser Aspekt wird zunehmend wichtiger, da inzwischen mehr als 50 % des Steuergeräte-Programmcodes auf Diagnosefunktionen entfallen. Über definierte Testszenarien ist eine automatisierte Plausibilitätsprüfung der Eingangssignale effizient und reproduzierbar durchführbar.

8 Zusammenfassung

Mit der Entwicklungsumgebung ASCET steht dem Anwender eine durchgängige Werkzeugumgebung zum rechnergestützten Embedded System Design zur Verfügung. Sie unterstützt alle Phasen des Entwurfs, angefangen von ersten Verhaltenssimulationen über ein sukzessives Prototyping mit effizienten Hardware-in-the-Loop Mechanismen bis hin zu einer abschließenden automatischen Codegenerierung für das Seriensteuergerät. Eine durchgängige Modell-, Daten- und Versionsverwaltung auf Basis einer Multi-User-fähigen Datenbank und komfortable Dokumentationsmechanismen gewährleisten eine effiziente Teamarbeit im Rahmen komplexer Entwicklungsprojekte und einen effektiven Informationsaustausch zwischen Kunden und Entwicklern.

9 Literatur

[Eppinger 95] Eppinger, A.; Kricke, C. A.; Ebinger, B.: Interaktive Hardware-in-the-Loop-Simulation - Anwendungsgebiete im Steuergeräte-Entwicklungsprozeß. VDI Berichte Nr. 1189, Düsseldorf (VDI-Verlag) 1995.

[Lefarth 94] Lefarth, U.: Computer-Aided Development of Mechatronic Systems. IEEE/IFAC Joint Symposium on Computer-Aided Control System Design CACSD 94, Tucson, Ariz., 1994, S. 561-567.

[Taylor 91] Taylor, J. H.; Rimvall, M.; Sutherland, A.: Future Developments in Modern Environments for CACSD. Preprints of the IFAC Symposium on Computer-Aided Design in Control Systems, Swansea, UK, 1991, pp. 549-557.

Simulatorkopplung durch Übersetzung
SMI - Simulation Module Interface

Ronald Ruzicka
SIMUTECH
Hadikgasse 150
A-1140 Wien

Abstract: Der Beitrag zeigt zwei Beispiele der Kopplung von Simulationssprachen durch Übersetzung. Die Methode der Übersetzung ergibt insbesondere dann Vorteile, wenn man die Probleme der Taktung und der Kommunikation leicht in den Griff bekommen möchte. Im ersten Beispiel wird unter Verwendung des Bondgraphtools BAPS ein SIMUL_R/BAPS Modell in ACSL übersetzt und dort simuliert. Einen wesentlich eleganteren Ansatz stellt das vorzustellende SMI dar, welches die Modulbildung in Teilmodellen erlaubt. SMI-Module können untereinander beliebig gekoppelt werden, im Idealfall aus jedem Simulationssprachenmodell erzeugt und in jede Simulationssprache eingebettet werden. Vorteile, Entwicklungsstand und noch zu lösende Probleme werden angeführt.

1. Motivation

Im Sinne der auch in der Simulationswelt immer weiter um sich greifenden ganzheitlichen Sichtweise der Realität ist Simulatorkopplung derzeit ein sehr aktuelles Thema. Durch die Vielfalt der verwendeten Simulatoren ergeben sich jedoch viele Stolpersteine bei der integrativen Simulation eines Gesamtmodells.

Das große Problem bei der Kopplung von digitalen Simulationssprachen - und darunter wird i.a. die Simulatorbackplane verstanden [HESS95] - besteht neben der (EDV-technischen) Schnittstellenproblematik in

- der Synchronisation zu bestimmten Kommunikationszeitpunkten und
- der richtigen Taktung der Rechnung.

Zwischen zwei Kommunikationen der unterschiedlichen Simulatoren bzw. Modelle mit Zeitschrittweite h werden autonom (d.h. für jedes Modell separat) mehrere Rechenschritte durchgeführt. Unabhängig davon, wie exakt diese Rechnung auch sein mag, läßt sich einfach zeigen, daß für das - verteilte - Gesamtmodell immer ein

$$\text{Rechenfehler } O(h) = f*h$$

zu veranschlagen ist. Dies entspricht dem Euler-Verfahren! Je nach dem verwendeten Verfahren kann der Vorfaktor f kleiner oder größer ausfallen.

Ein zweites Problem entsteht, wenn durch die Kopplung von Teilmodellen algebraische Schleifen, also implizite Modelle, auftreten. Diese würden zur Lösung im Prinzip zumindest einen den Teilmodellen übergelagerten Algorithmus benötigen - über diese Tatsache schwindelt man sich meist numerisch hinweg. Beide numerischen Probleme gelten im übrigen auch für die Parallelisierung von Simulationsmodellen auf Teilmodellebene [RUZI93]!

Die Kopplung führt also zwangsläufig zu ungenauer Rechnung:

⊗ viele Gesamtmodelle werden dadurch **unsimulierbar**, oder

⊗ man muß die Schrittweite so herabsetzen, daß es zu erheblichen **Rechenzeitproblemen** kommt (als Richtwert bei Modellen aus der Praxis: Faktor 100)

2. Lösungsansätze

Obige Probleme lassen sich nur durch gemeinsame Rechnung der Modelle vermeiden. Zieht man weiters in Betracht, daß meist die Teilmodelle schon vorhanden sind und sie also in ein Gesamtmodell eingebracht werden müssen, so bleibt nur ein Weg: die Teilmodelle - aus unterschiedlichen Simulatoren - müssen in irgendeiner Form **übersetzt** werden. Zwei Wege bieten sich an: die

1. Verkopplung der Teilmodelle in einer Zielsprache durch Übersetzung (Abb. 1)
2. Modularisierung als *Component Ware* (Abb. 3)

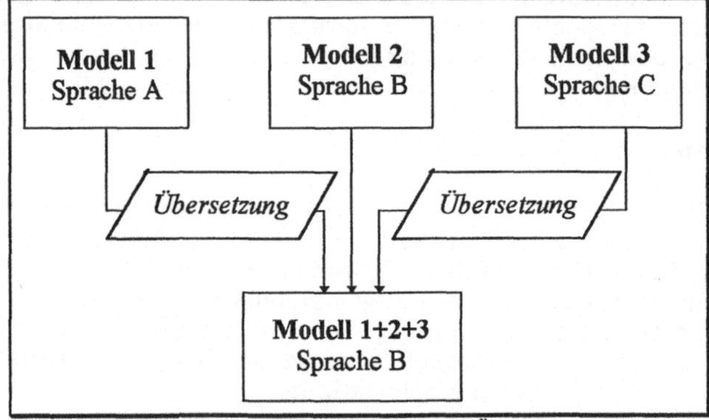

Abbildung 1:   Kopplung durch Übersetzung.

2.1 Übersetzung

Bei der Übersetzung wird eine Zielsprache ausgewählt, die

- notwendigerweise die Modelleigenschaften aller Teilmodelle darstellen kann
- sinnvollerweise eine der Teilmodellsprachen ist (hier also Sprache B)

Als Beispiel sei hier das Bondgraphtool BAPS [RUZI88] genannt, das u.a. auch ein Subset von SIMUL_R [SIMU95] (Sprache A) versteht. Das BAPS/SIMUL_R Modell wurde in ACSL als Zielsprache (Sprache B) übersetzt und in dieses Modell ein bestehendes ACSL Modell inkludiert. Abb. 2 zeigt die Struktur von BAPS.

Die Vor- und Nachteile dieses Verfahrens sind rasch erklärt:

+ man erhält prinzipiell die Möglichkeit, zwei Modelle unterschiedlicher Simulationssprachen ohne numerische Probleme zu verknüpfen

+ der Zwischencode ist leicht übersetzbar (neue *Linker* für andere Sprachen können relativ rasch erstellt werden)

494

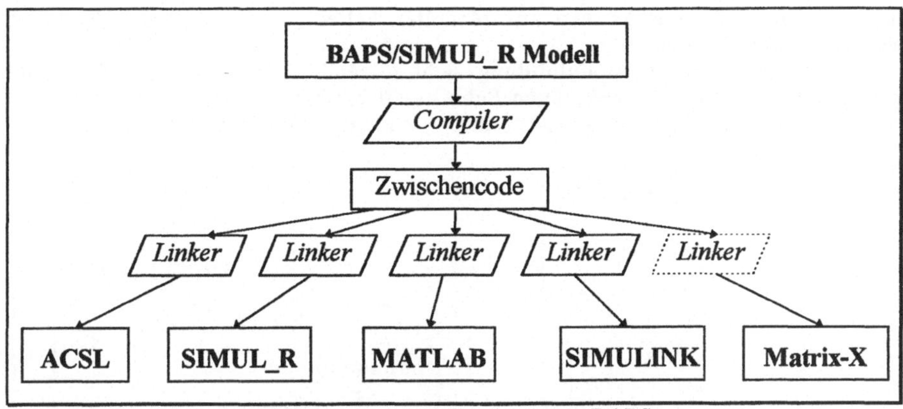

Abbildung 2:   Die Struktur von BAPS.

– es bestehen starke Einschränkungen im Modellbereich:
 ♦ keine Programmtexte (C, Fortran) direkt verwendbar (Subroutinen)
 ♦ spezielle Funktionen haben unterschiedliche Argumente (z.B. Impuls)
 ♦ gewisse sprachliche Elemente nicht portierbar:

in ACSL -	SIMUL_R's PDE
in Matlab -	SIMUL_R's discrete sections
in SIMUL_R -	Matlab Module

– Zusammenführen von Hand nötig, da Teilmodellbildung zu wenig unterstützt
– Programmtexte müssen vorhanden sein

Gerade der letzte Punkt - das Vorhandensein der Programmtexte - ist im industriellen Alltag oft ein Problem: in den Teilmodellen steckt unbezahlbar viel Know-How, das im Detail nicht an andere weitergegeben werden kann. Sehr wohl wäre es möglich die Funktionalität des Teilmodells als Blackbox zu übergeben - aber dann kann der Anwender nicht selbst übersetzen ...
Die Lösung kann die Modulbildung sein.

2.2 Modulbildung

ComponentWare ist ein Modebegriff aus der Informatik, der teilweise den Begriff Objektorientierung ersetzt bzw. ergänzt. Beispielsweise bietet die Programmierumgebung *VisualBasic* von Microsoft die Möglichkeit der einfachen Ergänzung von VisualBasic Programmen durch zukaufbare Komponenten anderer Hersteller: z.B. für Datenbankzugriffe, graphische Editoren, Multimedia.
Auf die Simulationstechnik übertragen bedeutet dies die Modularisierung von Teilmodellen. Bei Bearbeitungsmodulen wird dies bereits verwendet: z.B. Matlab Toolboxes, SIMUL_R userdefined functions.
Unter Modulbildung im Modellbereich versteht man also die Möglichkeit, Teilmodelle in Module zu verpacken, die dann - idealerweise - von jedem Simulator als Teilmodelle eines Gesamtsystems simuliert werden können; und, was noch wich-

tiger ist: diese Module können aus Modellen beliebiger Simulatoren abgeleitet werden. Soweit die Idee.

Der Vorgang bei der Modulbildung sieht folgendermaßen aus: Module (ohne Rechenalgorithmen!) mit genormten Schnittstellen (Abb. 3) werden zu einem gemeinsamen Modell zusammengefaßt (Abb. 4) und von einem Simulator gerechnet.

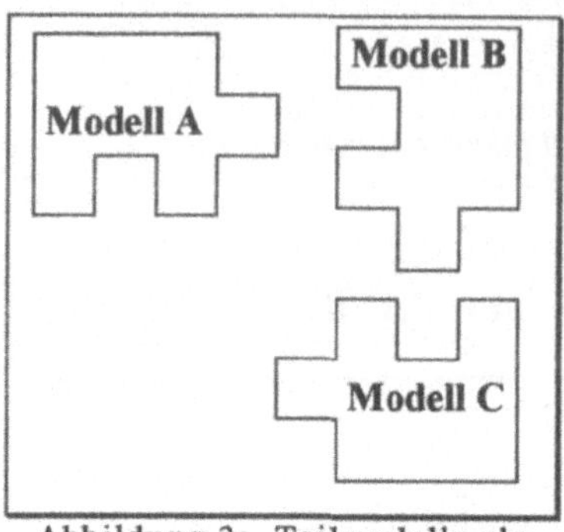

Abbildung 3: Teilmodelle als Module

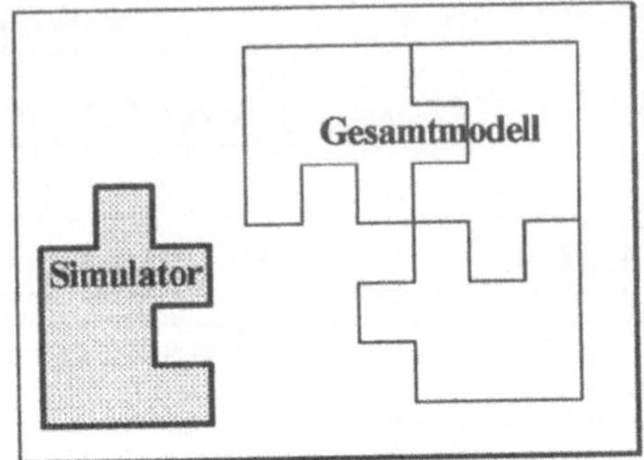

Abbildung 4: Gemeinsame Simulation von Modulen

☺ alle Simulatoren können Module nach der Schnittstellendefinition erzeugen

☺ alle Simulatoren, die die Schnittstellen beinhalten, können die Modelle rechnen

3. SMI - Das Simulation Module Interface

3.1 Definition

Um die Modulbildung überhaupt zu ermöglichen, ist eine Schnittstellendefinition von Nöten. Hierzu wurde das *Simulation Module Interface* eingeführt, eine Sammlung von genormten Funktionsaufrufen und Strukturen (in C, via Interfaces auch in Fortran). Folgende Komponenten sind darin enthalten:

- **Modellstruktur:**
    - ◆ Integranden (als System 1. Ordnung)
    - ◆ algebraische Gleichungen (implizit oder explizit)
    - ◆ Zeit- und logische Ereignisse (z.B. als discrete sections)

- **Modellgrößen:**
    - ◆ Eingänge
    - ◆ Ausgänge
    - ◆ algebraische Abhängigkeiten
    - ◆ Informationen; z.B.Anzahl der Zustandsgrößen, implizit/explizit

Wichtig ist hierbei insbesondere, daß nicht nur implizite Teilmodelle gerechnet werden können, sondern auch Vorkehrungen getroffen sind, die die Lösung eines *impliziten Gesamtmodells* ermöglichen - informatisch gesprochen also die Umsortierung der Gleichungen innerhalb des Moduls erlaubt.

Prinzipiell wurde SMI dafür entwickelt, compilierten Code weiterzugeben - also etwa DLLs unter MS-Windows. Jedoch bleibt es dem Ersteller vorbehalten, auch die hinter den Funktionsaufrufen steckenden SMI-Funktionen - also die Modellstruktur und die Modellvariablen - an Anwender weiterzugeben.

3.2 Einordnung

Wie ist SMI mit anderen Schnittstellendefinitionen zu vergleichen?

Matlab/Simulink Mex-Files	SMI-ähnlich, eine proprietäre Schnittstelle, enthält aber keine Vorkehrungen für DAEs (implizite Modelle) und Ereignisse [MATH92]
Simulink SimStruct	SMI-ähnlich, nicht proprietär, enthält aber keine Vorkehrungen für Ereignisse [MATH94]
Matrix-X/SystemBuild Block-Script; User Code Block	eine proprietäre Schnittstelle, kann in C-Code übersetzt werden [INTE92]
DSblock	SMI-ähnlich, nicht proprietär, implizite Modelle und Ereignisverwaltung möglich, aber keine impliziten Gesamtmodelle [OTTE95]
VHDL-A	neue, im Stadium der Normierung befindliche Simulationssprache (entspricht eher Variante 2.1); der Sourcecode wird benötigt; relativ aufwendige Erstellung von Compilern aus anderen Simulationssprachen in VHDL-A [VACH95]

Vor- und Nachteile der Modulbildung sind:

* praktisch jeder derzeit am Markt befindliche Simulator könnte als Modulgenerator verwendet werden
* als Simulator können verwendet werden, die
    ⇒ die Schnittstellendefinition erfüllen
    ⇒ algebraische Schleifen (im Gesamtmodell) erkennen und lösen können
    ⇒ diskrete Ereignisse behandeln können
- Simulatorspezifische-, nicht-Standard-C-Funktionen müssen als Bibliothek mitgegeben oder emuliert werden
+ klare Modul- und Bibliotheksbildung
+ einfache Austauschbarkeit (Arbeitsgruppen)
+ kein "O(h)" Problem mehr
+ einfache Modulkopplung (*connect* in parallelen Programmiersprachen)
+ jeder Anwender kann mit *seinem Simulator modellieren* (Module generieren)
+ jeder Anwender kann mit *seinem Simulator simulieren* (Module benützen)
+ Modelle können ohne Source weitergegeben werden (Wissensschutz)
+ ein neuer Markt für mehrfach verwendbare Module entsteht

3.3 Stand der Entwicklung

Der derzeitige bzw. in Kürze implementierte Stand der Entwicklung stellt sich wie folgt dar (ein Pfeil vom SMI Symbol in eine Sprache bedeutet, diese kann SMI simulieren; ein Pfeil in SMI hinein: die Modelle der Simulationssprache können in SMI Module umgewandelt werden), siehe Abbildung 5:

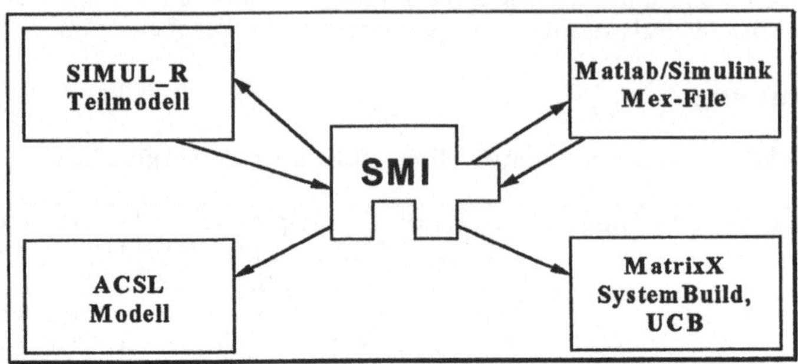

Abbildung 5:   Entwicklungsstand SMI

4. Zusammenfassung

Simulatorkopplung durch Übersetzung ist der einzig gangbare Weg, um durch die Modellverbindung entstehende numerische Probleme zu lösen. SMI bietet einen umfassenden Ansatz zur Modularisierung und simulatorunabhängigen Erstellung und Simulation von Teilmodellen.

5. Literatur

[HESS95]   E. Hessel: *Model exchange - illusion or future reality?*, Proc. 1995 Eurosim Conference, Wien, Elsevier

[INTE92]   Integrated Systems: *SystemBuild Block Library Reference Guide*, Santa Clara, CA, 1992

[MATH92]   The MathWorks Inc.: *SIMULINK User's Guide*, Natick, Massachusetts, 1992

[MATH94]   The MathWorks Inc.: *SIMULINK Release Notes Version 1.3*, Natick, Massachusetts, 1994

[OTTE95]   M.Otter: *The DSblock model interface for exchanging model components*, Proc. 1995 Eurosim Conference, Wien, Elsevier

[RUZI88]   R.Ruzicka: *SIMUL_R - eine Simulationssprache mit speziellen Befehlen zur Modelldarstellung und -analyse*, Informatik Fachberichte 179, Proc. 5. Symp. Simulationstechnik Aachen, Springer, 1988

[RUZI93]   R.Ruzicka: *SIMUL_R PARALLEL - hardware-in-the-loop Simulation mit Transputern unter Windows*, Fortschritte in der Simulationstechnik 6, Proc. 8. Symp. Simulationtechnik, Vieweg, Berlin, 1993

[SIMU95]   SIMUTECH: *SIMUL_R - User's Guide 2.50*, Wien, 1995

[VACH95]   A. Vachoux: *Analog and Mixed-Mode Extensions to VHDL*, Proc. 1995 Eurosim Conference, Wien, Elsevier

SIMFUZZY -
ein in eine Simulationsumgebung
integriertes Fuzzy Regelungsmodul

Ronald Ruzicka
SIMUTECH
Hadikgasse 150
A-1140 Wien

Abstract: Der Beitrag stellt eine Methode der Integration von Fuzzy Reglern in Simulationsprogramme vor, wie sie bei Sprachen vom CSSL Typ verwendet werden kann. Insbesondere unterstützt dieser Ansatz den Simulationspraktiker, der die Fuzzy Technik als ein Hilfsmittel und nicht unbedingt als Hauptzweck benützen möchte. Durch die Einbettung in die Simulationsumgebung wird ein hohes Maß an Flexibilität erreicht. Der Fuzzy Modul SIMFUZZY implementiert diese Methode in der Simulationssprache SIMUL_R.

1. Warum schon wieder ein neues Fuzzy System ?

Die Antwort ist einfach: weil die Simulationsanwender es wollten! So weit, so gut; aber was steckt dahinter?

Die Mehrheit aller derzeit am Markt befindlichen Fuzzy-Regelungsprogramme stellt dem Benutzer bequeme Möglichkeiten zur Definition seiner Fuzzy Regler zur Verfügung. Die Simulationsseite wird meist jedoch stark vernachlässigt. Die Kopplung der mit reinen Fuzzy Tools erzielten Ergebnisse mit bestehenden Simulationssprachen erfolgt i.a. nach einem der folgenden Verfahren:

- C-Code, der den Fuzzy Regler implementiert, wird erzeugt
- unter MS-Windows kann mittels DDE auf das Fuzzy System zugegriffen werden
- "zu Fuß" umsetzen der im Fuzzy System berechneten Resultate in die Zielsimulationssprache

C-Code wird von den meisten am Markt befindlichen Programmsystemen erzeugt [VALT94]. Es ist jedoch in den meisten Simulationssprachen relativ zeitaufwendig diesen Code zu inkludieren - insbesondere muß diese Integration nach Änderung des Fuzzy Reglers erneut durchgeführt werden.

Einige wenige Simulationssysteme erlauben die Kommunikation mittels DDE - ein zwar eleganter, aber sehr langsamer Mechanismus [REHF94].

Bei vielen Zielsimulationssprachen bleibt meist nur der dritte Weg, wie etwa in ACSL. Dieser ist meist mit einer völligen Neuimplementierung der Fuzzy Verfahren gleichzusetzen.

Der Simulationsspezialist geht jedoch von seinem Modell aus. Er möchte z.B. einen bisher verwendeten Regler durch einen Fuzzy Regler ersetzen. Er wünscht sich also ein Modul, das Fuzzy-Control einfach handhabbar in seine Simulationsmodelle inkludiert.

2. Ziele der Entwicklung eines integrierten Fuzzy Moduls

Die Wünsche des Simulationsspezialisten müssen die Ziele der Entwicklung einer integrierten Fuzzy Umgebung sein:

* Zugriff auf alle den Regler beschreibenden Größen von der gewohnten Simulationsoberfläche aus; d.h. die Reglerparameter stehen wie normale Modellvariable/konstanten zur Verfügung
* Optimierung der beschreibenden Größen - möglichst automatisch, mit vorhandenen Werkzeugen
* Möglichkeit der Anbindung von neuronalen Netzen - zur Reglerauslegung ("Neuro-Fuzzy")
* automatische Bedienbarkeit; z.B. durch eine Scriptsprache
* portierbare Formulierung der Regeln, Parameter und Resultate
* optional: Verwendbarkeit auf speziellen Zielprozessoren

Der Fuzzy Regler sollte im *Modell* wie ein normaler anderer Regler definiert und verwendet werden können.

Die Parameter und Regeln, die in der Reglerauslegungsphase einem interaktiven Prozeß unterworfen sind, sollten in der *Laufzeitumgebung* angebbar sein.

3. SIMFUZZY - ein SIMUL_R Modul

In einem ersten Schritt wurden die oben genannten Bedingungen in dem Fuzzy Modul SIMFUZZY der Simulationssprache SIMUL_R zusammengefaßt [RUZI88].

Die textuelle Modellierungsseite von SIMUL_R entspricht dem CSSL Standard. Die Modelle werden übersetzt und zu einer Laufzeitumgebung ("Runtime-Interpreter") gebunden. Die Laufzeitumgebung ist mit sogenanten "Userdefined functions" erweiterbar. SIMFUZZY ist als solche implementiert.

3.1 Das Modell

Das Modell (Abbildung 1) enthält die Reglerdefinition mit Namen, Anzahl der Eingänge und Ausgänge, maximale Anzahl der linguistischen Variablen und der Stützpunkte der linguistischen Variablen in Form eines Makroaufrufes von *#fuzzy_define*.

Die linguistischen Variablen werden als Tabellenfunktionen beschrieben und, wie auch alle Reglerparameter, im Makro automatisch angelegt.

Der Regleraufruf erfolgt im Makro *#fuzzy_control* unter Angabe des Reglernamens und der Eingangs- und Ausgangsgrößen. Jeder Regler kann auch mehrmals aufgerufen werden.

```
#include 'fuzzy.def'              " Makros definieren "

simfuzzy {
   ...
   #fuzzy_define(contr,3,2,5,10)    " Regler definieren: 3 Eingänge,
                                                         2 Ausgänge "

   DYNAMIC {
      DERIVATIVE {
              #fuzzy_control(contr,t1,t2,x,y,z)   " Regleraufruf "
              x=...
              y=...
         }
      }
   }
```

Abbildung 1:   Fuzzy Reglerdefinition im Modell.

Der Fuzzy Regler kann ganz analog auch im graphischen Beschreibungs-
werkzeug SIMDRAW angegeben werden.

Durch den *#fuzzy_define* Aufruf werden also alle benötigten Reglergrößen als
Modellvariable angelegt. Sie können durch *contr...* angesprochen werden:

- Operationstypen
- Faktoren (z.B. Gamma)
- Zugehörigkeitsfunktionen als Tabellenfunktionen

3.2 Die Laufzeitumgebung

Im Runtime-Interpreter von SIMUL_R - und analog auch in einer entsprechenden Menü/Dialogoberfläche - werden sämtliche Reglerparameter gesetzt.
Die Zugehörigkeitsfunktionen - also die Ordinaten der Tabellenfunktion - können
graphisch editiert werden.

Bei textueller Eingabe im Interpreter wird - wie oben erwähnt - die userdefined
function **SIMFUZZY** aufgerufen, deren Benutzung hierarchisch erfolgt: zuerst die
Angabe des Reglernamens, dann der Name der Regel oder der linguistischen Variablen. Wird der Name weggelassen, so werden alle Regeln oder Variablen
angesprochen.

SIMFUZZY bietet alle üblicherweise von einer Fuzzy-Umgebung gewünschten
Eigenschaften, wie verschiedene Aggregat- (z.B. *fuzzyand*), Inferenz- und Akku-
mulationstypen, vordefinierte Formen der Zugehörigkeitsfunktion (z.B. *triangle*)
und Glättung/Kontrastierung (*dilate*).

Im Abbildung 2 sind einige Befehle beschrieben, die zum Regler in Abbildung 1
passen.

Die solchermaßen angegebenen Regeln und Parameter können auch auf einer
Scriptdatei ("Commandfile") mittels *SIMFUZZY contr list* gesichert werden.

```
SIMFUZZY contr in i1,i2,i3;                              Benennung der inputs und
SIMFUZZY contr out o1, o2;                               outputs

SIMFUZZY contr variable l1,l2,l3,l4;                     Benennung der linguist.
                                                         Variablen

SIMFUZZY contr rule reg1 (1):(o1==l1)=(i1==l4)&&(i2==l2);   Regeldefinition
SIMFUZZY contr rule reg1 aggregate fuzzyand(0.5), inference cut;
                                                         Regel reg1: Aggregat- und
                                                         Inferenztyp

SIMFUZZY contr rule accumulate maximum,
                output maximum;                          Accumulation und Aus-
                                                         gangsgrößenbest.

SIMFUZZY contr variable l1 = triangle (0,1,3,4),         setzt l1 als Dreieck,
                l3 = dilate, l4 = contrast;              glättet l3,
                                                         kontrastiert l4

SIMFUZZY contr list ('zustand.txt');                     schreibt den contr Zu-
                                                         stand als SIMFUZZY
                                                         Befehle in zustand.txt
```

Abbildung 2:   Laufzeitbefehle zur Reglerdefinition.

Dadurch, daß die Fuzzyparameter als Modellvariablen (z.B. der Aggregattyp, Γ-Wert) und die Zugehörigkeitsfunktionen als Tabellenfunktionen (Befehl LTABLE bei SIMUL_R) vorliegen, sind sie dem interaktiven Prozeß der Fuzzy-Regler-Auslegung (z.B. auch einer automatischen Optimierung mittels der SIMUL_R Funktionen OPTCONPAR oder GENOPT) zugänglich.

4. Zusammenfassung

Die hier vorgestellte Fuzzy Regler Methode und ihre Implementierung im Modul SIMFUZZY ist so konzipiert, daß sie in ähnlicher Form auch allen anderen (CSSL-) Simulationssprachen zur Verfügung gestellt werden kann. Sie gewährleistet dem Benutzer einer Simulationssprache eine optimale und flexible Integration in seine Simulationsumgebung.

5. Literatur

[REHF94]   U.Rehfueß: *Das Siemens Fuzzy-Entwicklungswerkzeug SieFuzzy*, Proc. 9. Symposium Simulationstechnik Stuttgart 1994, Vieweg, 1994
[RUZI88]   R.Ruzicka: *SIMUL_R - eine Simulationssprache mit speziellen Befehlen zur Modelldarstellung und -analyse*, Informatik Fachberichte 179, Proc. 5. Symposium Simulationstechnik Aachen, Springer, 1988
[RUZI94]   R.Ruzicka: *Optimierung technischer Systeme mittels Evolutionsstrategien - ein Standardverfahren in SIMUL_R*, Proc. 9. Symposium Simulationstechnik Stuttgart 1994, Vieweg, 1994
[VALT94]   v.Altrock, *Fuzzy Logic - Werkzeuge*, Oldenbourg, 1994

MSP: Eine neue Simulationssprache unter Unix mit besonderer Eignung zur Erfassung von Unstetigkeiten und zur Parameteroptimierung

H. Jürgen Halin[†], Rudolf Flütsch[††] und Ulrich Hack[†††]

[†]ETH Zürich, Institut für Energietechnik
Clausiusstr. 33, CLT C1
CH-8092 Zürich, SCHWEIZ
[††]BioSpectra AG, Zürcherstr. 137, CH-8952 Schlieren, SCHWEIZ
[†††]RWTH Aachen, Rogowski-Institut für Elektrotechnik
Schinkelstr. 2, D-52062 Aachen, BRD

Abstract: Es wird eine neue Simulationssprache MSP (<u>M</u>odellpaket zur <u>S</u>imulation und <u>P</u>arameteranpassung) vorgestellt, die für die und in Zusammenarbeit mit der biotechnologischen Industrie entwickelt wurde, deren Anwendungsbereich jedoch das gesamte Gebiet der kontinuierlichen Simulation erfasst. Diese Sprache ist nach modernen Gesichtspunkten der Informatik konzipiert und weist "state of the art" numerische Verfahren auf.

1. Einführung

Das Konzept der heute am weitest verbreiteten Simulationssprachen wie ACSL [1] und CSSL-IV [2], die dem 1967 publizierten CSSL-Standard der "Society for Computer Simulation" folgen, ist beinahe schon dreißig Jahre alt. Kennzeichnend hierfür sind: a) die Programmstruktur (bestehend aus "Initial"-, "Model"- und "Terminal"-Sektion, wobei in der "Model"-Sektion noch "Derivative"- und "Discrete"-Untersektionen vorhanden sein dürfen), b) das automatische Sortieren von Anweisungen in der "Derivative"-Sektion, c) die Übersetzung des vom Benützer geschriebenen "source code" in einen Zwischencode in Fortran, der dann übersetzt und mit weiteren Systemroutinen der jeweiligen Simulationssprache und Fortran geladen und zu einem ausführbaren Programm gelinkt wird, d) die Ausführung des Programmes unter der Kontrolle eines "run-time command interpreter", d) der Auswahlmöglichkeit unter verschiedenen Integrationalgorithmen, usw.

Die auf dem Markt vertretenen Simulationssprachen haben sich seit ihrer Einführung ständig weiterentwickelt. Trotzdem weisen sie wesentliche Einschränkungen auf, die nicht oder nur schwer eliminiert werden können, da sie nicht mit dem in der Zwischenzeit längst veralteten Grundkonzept in Einklang zu bringen sind.

In den letzten 30 Jahren hat sich die Welt der Ingenieure und Wissenschaftler unter dem Einfluss der Informatik stark gewandelt. Neue Sprachen wie 'C', 'Pascal' oder etwa 'Modula' wurden entwickelt, neue Betriebssysteme wie 'OS/2' oder 'Unix' wurden kreiert, für rechenintensive Anwendungen gerade im Bereich der Simulation gelangten Hochleistungsrechner wie Vektor- und Parallelcomputer auf den Markt, Computergrafik und Animation erlaubten neue Darstellungsformen sowohl der Modelle als auch der Resultate, objektorientierte Programmierung, symbolisches Rechnen und die Einbindung hochentwickelter Programmpakete für Spezialaufgaben, wie zum Beispiel MATLAB, boten und bieten völlig neue Möglichkeiten.

2. Die Sprache MSP

MSP wurde konzipiert, um zahlreiche methodische und konzeptionelle Mängel bisheriger, aber teilweise veralteter Simulationssprachen zu überwinden und um dabei von den Vorteilen neuer Informatikkonzepte und neuerer numerischer Methoden Gebrauch zu machen. Wesentliche Entwicklungsschritte von MSP sind in [3]-[5] beschrieben.

Zu den Besonderheiten von MSP gehören:

- Lauffähig unter UNIX bzw. LINUX.

- Offenes, modulares Sprachkonzept.

- Quellencode in 'C', der von einem Precompiler in 'C'-Zwischencode übersetzt wird.

- Benützerroutinen sind zulässig in 'FORTRAN', 'C' oder 'Maple V'.

- Zahlreiche Integrationsalgorithmen für steife und nicht-steife Differentialgleichungen und für 'DAEs' (differential-algebraic equations) [6]-[10].

- Spezielle Vektoroperationen und, was für partielle Differentialgleichungen wichtig ist, zahlreiche 'state-of the-art'-Algorithmen zur Lösung grosser linearer Gleichungssysteme mit schwacher, blockweiser Besetzung.

- Automatische Lokalisierung von Unstetigkeiten mit minimalem Programmieraufwand.

- Für Parameteroptimierungsaufgaben stehen die Routinen des NASA-Codes 'CONMIN' [11] sowie Routinen aus der 'IMSL-Library' zur Verfügung.

- Über ein Interface besteht eine Anbindung an die Sprache 'Maple V', um beispielsweise symbolische Berechnungen durchzuführen oder um die zahlreichen fortschrittlichen, grafischen Möglichkeiten von Maple zu nutzen. 'MSP'-Daten können beliebig nach 'Maple' exportiert und 'Maple'-Daten nach 'MSP' importiert werden.

- 'Compilation', 'Linking' und Programmablauf können unter Verwendung von X-Windows direkt aus dem 'Emacs'-Editor gestartet werden. Tritt beispielsweise bei der Kompilation ein Fehler auf, so wird der Fehler angezeigt, wobei der 'Cursor' des Editors direkt in die entsprechende Programmzeile springt.

- Der Programmablauf ist interaktiv unter Kontrolle eines 'run time interpreters', der in seinen Möglichkeiten erheblich über das hinausgeht, was beispielsweise die bekannte Simulationssprache ACSL bietet. Unter anderem gestattet der 'Interpreter' die Ausführung von Rechnungen, ähnlich wie ein programmierbarer Taschenrechner, wobei auch der Aufruf und die Ausführung selbstgeschriebener Funktionen zulässig ist.

3. Beispiele

Das gesamte Konzept von MSP wird mittels eines aus [12] entnommenen Beispiels verdeutlicht.

In diesem Beispiel soll die Anfangsphase des Flugs einer dreistufigen Saturn-Rakete simuliert werden. Unter idealisierenden Annahmen lautet die Newton'sche Bewegungsgleichung einer senkrecht startenden Rakete:

$$m_j(t-trel) \cdot acc(t) = \dot{m}_j \cdot V_{out,j} - m(t) \cdot g(t) - \frac{1}{2} \cdot \rho(t) \cdot d_j \cdot V(t)^2 \, ,$$

mit

$$\text{(Geschwindigkeit)} \qquad V(t) = \int_0^t acc(t') \, dt'$$

$$\text{(Höhe)} \qquad alt(t) = \int_0^t V(t') \, dt'$$

$$\text{(Gravitationskonst.)} \qquad g(alt(t)) = 32.17 \cdot \left(\frac{r_e}{r_e + alt} \right)^2$$

$$\text{(Luftdichte)} \qquad \rho(t) = 0.00238 \cdot \exp\left(- \frac{alt}{24000} \right) ,$$

wobei m die Masse der Rakete zum Zeitpunkt t, bezogen auf die relative Zeit trel seit dem Start der aktuellen Stufe, acc die aktuelle Beschleunigung, $\dot{m}$ den aktuellen Massenstrom, V_{out} die Austrittsgeschwindigkeit der Verbrennungsgase, g den aktuellen Wert der Erdbeschleunigung, ρ die höhenabhängige Luftdichte, d den Widerstandskoeffizienten und V den momentanen Wert der Geschwindigkeit bezeichnen. m, $\dot{m}$, V_{out} und d sind mit einem Index j versehen (j=1,2,3), der die gerade brennende Stufe kennzeichnet. Alle übrigen Beziehungen sind in [12] erläutert bzw. folgen aus dem nachstehenden MSP-Programm:

```
/*************************************************************/
/*                                                         */
/*     MSP Sample Program: Saturn Three-Stage Rocket    */
/*                                                         */
/*************************************************************/
PROGRAM ROCKET

GLOBAL
/*************************************************************/
/*                                                         */
/*              GLOBAL - SECTION                          */
/*                                                         */
/*************************************************************/

CONSTANTS /*-------------------------------------------*/
          MASS [4]  = { 0.0  148820.0   32205.0.   8137.0 }
          FLOW [4]  = { 0.0     930.0      81.49     14.75}
          VOUT [4]  = { 0.0    8060.0    13805.   15250 0}
          DRAG [4]  = { 0.0     510.0     460.0     360 0}
          BURNT [4] = { 0.0     150.0     359.0     479 0}
          RADEARTH  = 2.09088e+07 /* radius of earth   */
```

```
            TREL      = 0.0             /* rel. time since  */
                                        /* j-th stage       */
STATES /*-------------------------------------------------*/
            VEL,                        /* velociyty(t)     */
            ALT                         /* altitude(t)      */
INITCS /*-------------------------------------------------*/
            VEL_0 = 0.0                 /* velocity(0)      */
            ALT_0 = 0.0                 /* altitude(0)      */
INTEGER/*                                                  */
            j;                          /* stage index      */
REAL   /*********************************************/
            REST_MASS,                  /* rest mass at     */
                                        /* start of present */
                                        /* stage            */
            TOT_MASS,                   /* actual mass(t)   */
            G,                          /* gravity const.   */
            RO,                         /* air density      */
            ACC                         /* acceleration     */
END; /*                   of GLOBAL                         */


/***********************************************************/
/*                  CONTROL - SECTION                      */
/***********************************************************/
CONTROL
        /*---------------INITIALIZATION---------------*/
        j             = 1;
        REST_MASS     = MASS[1]+MASS[2]+MASS[3];
        /*------------SIMULATION CONTROL-------------*/
        OPTIMIZER     = NO_OPTIMIZER;
        INTEGRATOR    = LSODAR;
        TSTART        = 0.0;
        TFIN          = 1000.0;
        DT            = 5.0;
        /*------------------RUN--------------------*/
        RUN;
END; /*                   of CONTROL                        */


/***********************************************************/
/*                  MODEL - SECTION                        */
/***********************************************************/
MODEL
    PROCEDURE( j,TOT_MASS = )
        if ( EVENT(T,GT,BURNT[1]) && (j==1) ) {
            TREL         = BURNT[j];
            j            = 2;
            REST_MASS = MASS[2] + MASS[3];
        }
        if ( EVENT(T,GT,BURNT[1]+BURNT[2])
                            && (j==2) ) {
            TREL         = TREL + BURNT[j];
            j            = 3;
            REST_MASS = MASS[3];
```

```
                }
                if ( EVENT(T,GT,BURNT[1]+BURNT[2]+BURNT[3]) {
                     FLOW[3] = 0.0;
                }
                TOT_MASS = REST_MASS - FLOW[j]
                           * (TREL - BURNT[j]);
        END/*                      of PROCEDURE                    */

   /**************************************************************/
   /*                 Additional Equations                      */
   /**************************************************************/
        G   = 32.17 * ((RADEARTH / (RADEARTH+ALT))**2);
        RO  = 0.00238*exp(-ALT/24000.0);
        ACC = (FLOW[j]*VOUT[j]-TOT_MASS*G
              -0.5*DRAG[j]*RO*VEL**2)/TOT_MASS;
        INTEGRL( VEL, ACC );
        INTEGRL( ALT, VEL );
   END; /*                         of MODEL                       */

   END; /*                         of PROGRAM                     */
```

Im Program werden zunächst einige "globale" Vereinbarungen getroffen: Die Deklaration und Initialisierung von Konstanten (der Indexwert j=0 wird nicht verwendet, und der Stufenzähler j läuft hier deshalb von 1 bis 3), die Deklaration der Zustandsvariablen, deren Anfangsbedingungen samt Initialisierungen, sowie die Deklaration von Größen der Typen REAL bzw. INTEGER.

Im nachfolgenden "CONTROL"-Teil wird der Stufenzähler j auf 1 gesetzt und die Restmasse, die bei Zündung der ersten Stufe aus der Summe der Massen aller Stufen besteht, ermittelt. Sodann wird festgelegt, daß keine Parameteroptimierung ausgeführt werden soll (default) und daß der Integrationsalgorithmus LSODAR (default) verwendet werden soll. Die Simulation läuft von TSTART=0≤t≤TFIN=1000 Sek. mit Output nach jeweils DT=5 Sek. . Die nachfolgende "RUN"-Anweisung bewirkt wahlweise die Ausführung eines einzelnen Integrationsschrittes mit der Rückgabe der Programmkontrolle an den "CONTROL"-Teil oder die Ausführung des gesamten Runs.

Im "MODEL"-Teil steht zunächst eine "PROCEDURE", die in ihrer Argumentliste drei Outputgrößen aufweist und in der die Anweisungen unsortiert bleiben. Das neuartige Sprachelement

```
        if ( EVENT( operand1, operator, operand2 ) ) {
        ... ...
        }
```

bei dem "operand1" und "operand2" für zeitabhängige arithmetische Ausdrücke stehen und bei dem der "operator" eine arithmetische Vergleichsoperation bezeichnet (equal, not equal, less equal, less, greater equal, greater), gestattet auf einfache Weise die Formulierung und Behandlung diskontinuierlicher Vorgänge. Dies schließt reine Zeitereignisse ("time events") sowie Zustandsereignisse ("state events") ein, deren Lage in effizienter Weise bis nahezu auf Maschinengenauigkeit bestimmt werden kann. Anweisungen, die zwischen den geschweiften Klammern stehen, werden bei der Lokalisierung eines Ereignisses ("event") nur einmalig ausgeführt.

Wie bei ACSL und CSSL-IV kann ein hier nicht angegebenes "command file" verwendet werden, um für die Ausführung die Art und Form des Outputs, gewünschte Parameteränderungen usw. festzulegen.

4. Referenzen

[1]   ACSL
      Advanced Continuous System Simulation Language, Reference Manual,
      Mitchell and Gauthier Assoc., Concord, Mass., USA, 1993

[2]   CSSL-IV
      Continuous System Simulation Language, User Guide and Reference Manual
      Nilsen Assoc., Chatsworth, Cal., USA, 1987

[3]   H.J. Halin
      "MSP - Ein Modellpaket zur Simulation und Parameteranpassung"
      Interner Bericht, ETH Zürich, Institut für Energietechnik, 1993

[4]   Ulrich Hack
      "Entwicklung eines C-Precompilers für MSP", Semesterarbeit in Technischer Informatik
      an der ETH Zürich bei H.J. Halin und T. Noll (RWTH Aachen), 1994

[5]   Rudolf Flütsch
      "Entwicklung eines run-time-Systems für MSP: Eine Sprache zur Simulation
      biotechnologischer Prozesse und zur Parameteranpassung", Diplomarbeit in Informatik
      an der ETH Zürich bei H.J. Halin und W. Gander, 1996

[6]   A.C. Hindmarsh
      "ODEPACK: A Systemized Collection of ODE Solvers"
      in Numerical Methods for Scientific Computation, R.S. Stepleman, editor
      North-Holland Publishing Company, 1983

[7]   E. Hairer, S.P. Noerstett, G. Wanner
      "Solving Ordinary Differential Equations, Vol, I: Nonstiff Problems"
      Springer-Verlag, Berlin - Heidelberg - New York, 1986

[8]   E. Hairer, G. Wanner
      "Solving Ordinary Differential Equations, Vol, II: Stiff and Differential-Algebraic
      Problems"
      Springer-Verlag, Berlin - Heidelberg - New York, 1986

[9]   K.E. Brenan, S.L. Campbell, L.R. Petzold
      "Numerical Solution of Initial-Value Problems in Differential-Algebraic Equations"
      North-Holland Publishing Company, New York, 1989

[10] W.E. Schiesser
      "Computational Mathematics in Engineering and Applied Science: ODEs, DAEs, and
      PDEs"
      CRC Press, Boca Raton - Ann Arbor - London - Tokyo, 1994

[11] G.N. Vanderplaats
      "Numerical Optimization Techniques for Engineering Design with Applications"
      McGraw Hill, New York, 1984

[12] F.H. Speckart, W.L. Green
      "A Guide to using CSMP - The Continuous System Modeling Program"
      Prentice-Hall, Inc., Englewood Cliffs, N.J., USA, 1976

Eine neue Generation hochleistungsfähiger Echtzeitsimulatoren auf der Basis des Alpha AXP Prozessors

Rainer Otterbach, Ulrich Kiffmeier
dSPACE GmbH
Technologiepark 25
33100 Paderborn

Kurzfassung

Der Beitrag stellt eine neue Hardware-Architektur vor, die auf der Basis des Alpha 21164 RISC Prozessors speziell für den Einsatz in Hardware-in-the-Loop (HIL) Simulationen entwickelt und optimiert wurde. Neben der reinen Rechenleistung spielt bei HIL Simulationen die Anbindung von I/O Peripherie eine wesentliche Rolle. Zur Entlastung der Alpha CPU von den zum Teil umfangreichen und damit zeitaufwendigen I/O Aufgaben wird ein digitaler Signalprozessor (TMS320C40) als I/O Koprozessor eingesetzt. Erste Benchmark-Ergebnisse für typische HIL Simulationsmodelle belegen die Leistungsfähigkeit des Alpha Systems in diesem Anwendungsbereich. Die Abhängigkeit der erzielbaren Simulationsschrittweite von den numerischen und programmtechnischen Eigenschaften eines Modells wird diskutiert. Das Alpha System ist in eine Entwicklungsumgebung eingebettet, die alle Schritte von der Analyse über Entwurf bis hin zum Echtzeittest integriert. Ausgehend von SIMULINK Blockdiagrammen, die auch die Netzwerkebene eines Multiprozessorsystems beschreiben können, werden Echtzeitprogramme automatisch generiert. Die Codegenerierung beinhaltet die Erzeugung der Funktionsaufrufe für die grafisch spezifizierten I/O Schnittstellen und für die echtzeitfähige Datenkommunikation zwischen den beteiligten Prozessoren.

1. Einleitung

Für Entwurf und Realisierung regelungstechnischer Systeme stehen inzwischen leistungsfähige Werkzeuge zur Verfügung, die grafische Programmieroberflächen, automatische Codegenerierung und Echtzeitsimulation integrieren [HANS95]. In vielen Anwendungsbereichen hat sich die Hardware-in-the-Loop (HIL) Simulation als Standardtestmethode durchgesetzt. Dabei werden Teile eines Systems durch mathematische Modelle ersetzt, während die zu testenden elektronischen oder mechanischen Komponenten in einem geschlossenen Regelkreis mit dem Simulationsrechner verbunden werden [HANS93] [KROH95]. Da die Aussagekraft eines solchen Tests nicht zuletzt auch von der Exaktheit und Realitätsnähe der verwendeten mathematischen Modelle abhängt, ist ein Trend zu immer komplexeren HIL Simulationsmodellen zu beobachten. Diese Modelle müssen innerhalb fest vorgegebener Taktraten, d.h. unter harten Echtzeitbedingungen, gerechnet werden.

Bild 1: Alpha 21164 System mit I/O Karten

Für diese Aufgabenstellung sind in den vergangenen Jahren u.a. digitale Signalprozessoren erfolgreich eingesetzt worden. Die Verbesserung der DSP Technologie im High-End Bereich verläuft inzwischen allerdings nur noch in mäßigen Schritten. Dies betrifft insbesondere die für die Echtzeitsimulation wesentliche Gleitkomma-Rechenleistung, bei der die allgemein verwendbaren RISC Prozessoren mittlerweile deutlich im Vorteil liegen. Dieser Beitrag stellt eine neue Hardware-Architektur vor, die auf der Basis des derzeit schnellsten verfügbaren RISC-Prozessors, des Alpha AXP 21164, speziell für den Einsatz in Hardware-in-the-Loop Simulatoren entwickelt wurde (Bild 1). Mit seiner superskalaren 64-Bit Architektur kann der Alpha Prozessor bis zu vier Instruktionen gleichzeitig ausführen und erreicht in der 300 MHz Version eine Gleitkomma-Rechenleistung von bis zu 600 MFLOPS.

2. Benchmarks

Die führende Position des Alpha 21164 Mikroprozessors gegenüber anderen, heute verfügbaren RISC Prozessoren ist unbestritten [GEPP95]. Im Hinblick auf regelungstechnische Anwendungen ist ein Vergleich der RISC CPUs Alpha 21164 und PowerPC 604 mit einem digitalen Signalprozessor wie dem TMS320C40 interessant, der sich auf die Berechnung typischer HIL Simulationsmodelle bezieht. Tabelle 1 faßt die pro Simulationsschritt benötigten Rechenzeiten für drei verschiedene HIL Modelle zusammen. Hieraus resultieren die in dem Benchmark-Diagramm (Bild 2) dargestellten Speedup Faktoren. Als Bezugswert dienen die Rechenzeiten des TMS320C40 Signalprozessors. Der erzielbare Speedup Faktor ist abhängig von den numerischen und programmtechnischen Eigenschaften eines Simulationsmodells.

Prozessor	Fahrdynamik	Benzinmotor	Teleskop
TMS320 C40 / 50 MHz	2100 µs	570 µs	2950 µs
PowerPC 604 / 100 MHz	770 µs	180 µs	3100 µs
Alpha 21164 / 300 MHz	290 µs	54 µs	710 µs

Tabelle 1: Rechenzeiten typischer HIL Simulationsmodelle

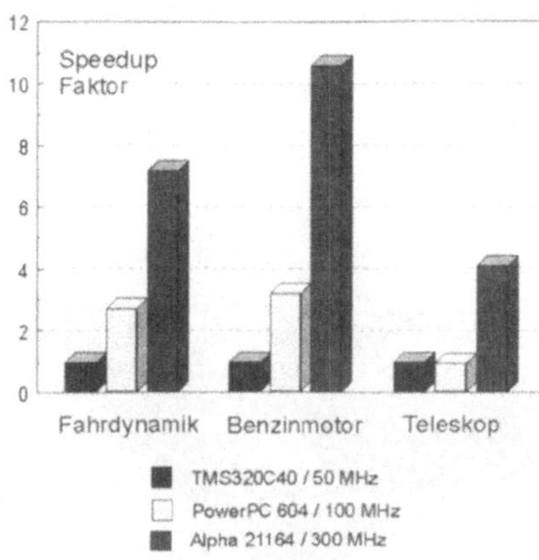

Bild 2: HIL Benchmarks

Das Modell des Benzinmotors ist ein typisches SIMULINK-Modell, das sowohl lineare wie nichtlineare Anteile enthält. Bei Modellen dieser Art erreicht der Alpha Prozessor eine bis zu elffach höhere Rechengeschwindigkeit als der DSP. Der Speedup Faktor für den PowerPC liegt bei etwa 3.

Das 3D-Fahrdynamik-Modell ist ein handprogrammiertes Simulationsmodell. Es besteht aus einer Vielzahl von Einzelfunktionen, die in jedem Simulationsschritt nacheinander aufgerufen werden müssen. Diese für cache- und pipeline-orientierte RISC Architekturen ungünstige Programmstruktur begrenzt die Rechengeschwindigkeit der Alpha CPU, die allerdings immer noch um den Faktor 7 über der des DSP liegt. Die im Vergleich zur schlanken, hochgetakteten Alpha Architektur komplexere Hardwarestruktur des PowerPC wird von dem Programm-aufbau kaum beeinträchtigt, so daß der Geschwindigkeitsvorteil gegenüber dem DSP nahezu unverändert bei etwa Faktor 3 liegt.

Die Benchmark-Ergebnisse des Teleskop-Modells zeigen, daß die Alpha CPU selbst bei typischen DSP-Algorithmen noch eine um den Faktor 4 höhere Rechenleistung als der C40 erreicht, während der PowerPC hier sogar einen geringfügig schlechteren Wert aufweist. Die wesentlichen Komponenten dieses Modells sind lineare Zustandsraumdarstellungen, d.h. der generierte Code besteht überwiegend aus längeren Sequenzen von Multiply-Accumulate Operationen, die von einem DSP besonders effizient abgearbeitet werden können.

3. Hardware-Architektur

Voraussetzung für die volle Ausnutzung der Rechenleistung des Alpha 21164 Prozessor sind die drei nachfolgend beschriebenen Merkmale des für Echtzeitanwendungen optimierten Board Designs (vgl. Bild 3).

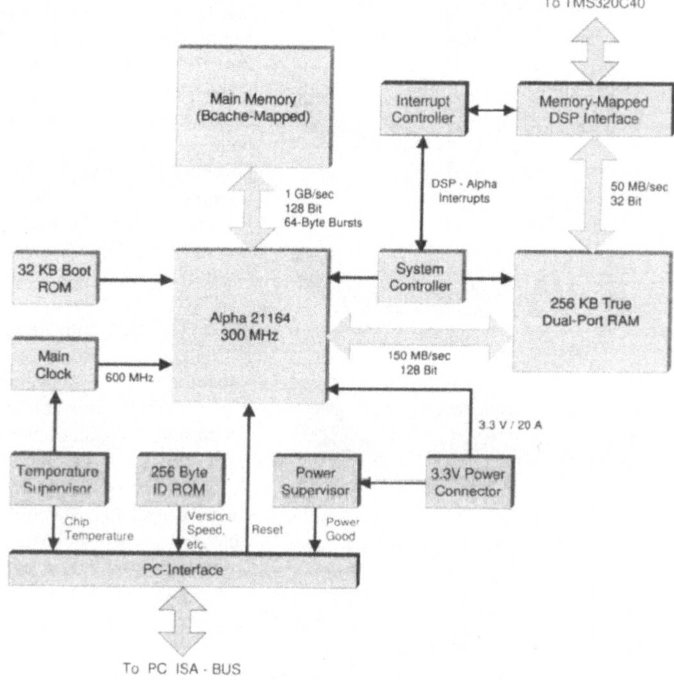

Bild 3: Blockschaltbild des Alpha Boards

(1) Der Alpha Prozessor wird als reiner Number Cruncher für die Berechnung des Simulationsmodells eingesetzt. Er wird unterstützt durch einen TMS320C40 DSP, der als I/O Koprozessor für die Bedienung peripherer I/O Boards und für die Datenkommunikation zuständig ist. Ein echtes Dual-Port Memory ermöglicht in Verbindung mit einem gegenseitigen Interrupt-

mechanismus den Aufbau leistungsfähiger Kommunikationskanäle zwischen Alpha CPU und Signalprozessor. Das Dual-Port Memory ist über einen separaten Adressbus mit der Alpha CPU verbunden. Damit sind Übertragungsbandbreiten von über 150 MByte/sec zwischen Alpha CPU und Dual-Port Memory erreichbar.

(2) Der Hauptspeicher des Alpha Boards ist vollständig als Backup-Cache ausgelegt, d.h. *alle* Datentransfers zwischen CPU und externem Speicher können mit der maximal möglichen Cache-Zugriffsrate gefahren werden. Auf Basis der derzeit verfügbaren SRAM Bausteine kann das Board mit 8MByte Speicher ausgerüstet werden. Diese Speichergröße reicht selbst für die aufwendigsten heute bekannten Hardware-in-the-Loop Simulationsmodelle aus.

(3) Das Alpha Board wird als PC-Einsteckkarte betrieben. Allerdings verfügt es nicht über ein eigenes Memory Interface zum Host PC, da dies den Datendurchsatz des Speichersystems insgesamt ungünstig beeinflußen würde. Alle Datentransfers zwischen Alpha CPU und Host PC werden stattdessen mit Hilfe des I/O Koprozessors über das Dual-Port Memory abgewickelt. Die ISA-Bus Schnittstelle des Alpha Boards besteht lediglich aus einigen I/O Ports für Reset und grundlegende Hardware Checks.

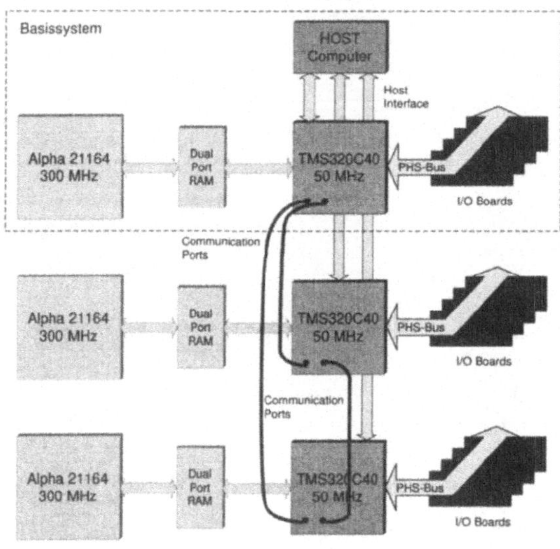

Bild 4: Aufbau eines Alpha HIL Simulators

Bild 4 zeigt einen möglichen Gesamtaufbau eines Alpha HIL Simulators. Die Grundkonfiguration umfaßt neben dem Alpha Board die Signalprozessorkarte mit dem C40 Koprozessor. Das DSP Board beinhaltet die Schnittstellen zu den peripheren I/O Karten und zum Host Computer. Ohne weitere Parallelisierung erreicht dieses Basissystem die in dem Benchmark-Diagramm (Bild 2) dargestellte Rechenleistung.

Das System kann modular ausgebaut werden, um die steigende Komplexität zukünftiger Simulationsmodelle zu bewältigen. Die Alpha CPUs in einem solchen Multiprozessorsystem werden indirekt über die C40 Communication Ports miteinander verbunden, so daß sie nicht mit der Datenübertragung im Netzwerk belastet werden. Unabhängig von der Simulationsleistung können durch Hinzufügen weiterer Signalprozessorkarten auch die Kapazitäten im I/O Bereich erweitert werden. Jedes DSP Board bietet einen zusätzlichen I/O Koprozessor sowie ein separates Interface zu I/O Peripheriekarten.

4. Softwareunterstützung

Neben einer leistungsfähigen Hardware benötigt der Regelungstechniker für Hardware-in-the-Loop Simulationen und den schnellen Reglerentwurf eine Entwicklungsumgebung, die alle Schritte von der Modellanalyse über Entwurf bis hin zur Echtzeitimplementierung nahtlos integriert. Wesentliche Bestandteile einer solchen Entwicklungsumgebung, die auch für das Alpha System zur Verfügung steht, sind die automatische Codegenerierung aus Blockdiagrammen und der einfache Zugriff auf die Zielhardware zur Steuerung und Beobachtung des Echtzeitexperiments. Alle benötigten Funktionen für den Betrieb des Alpha Boards, der C40 Koprozessorkarte und der I/O Boards sind in Bibliotheken zusammengefaßt und über C Schnittstellen aufrufbar. Eingeschlossen sind optimierte Routinen für die Interprozessorkommunikation, die harten Echtzeitanforderungen genügen. Alle diese Funktionen stehen sowohl für die automatische Codegenerierung als auch für den Handprogrammierer zur Verfügung.

Bild 5 zeigt am Beispiel des Fahrdynamik-Modells, wie hierarchisch organisierte SIMULINK Blockdiagramme zur Programmierung eines Alpha HIL Simulators eingesetzt werden können. Auf der obersten Hierachieebene (*Netzwerkebene*, Bild 5a) wird die Topologie des Prozessornetzwerks beschrieben [KIFF95]. In diesem Fall besteht das System aus einer Alpha CPU und einem ihr zugeordneten DSP, die über logische Kommunikationskanäle miteinander verbunden sind. Da der DSP die I/O Peripherie mit fester Abtastschrittweite bedienen muß, gibt er interruptgesteuert den Zeittakt vor, während das Alpha Programm als rein datengetriebener Prozeß läuft. Auf den nachfolgenden Hierachieebenen (*Applikationsebenen*) werden das von der Alpha CPU berechnete Simulationsmodell (Bild 5b) und die I/O Aufgaben des DSP (Bild 5c) spezifiziert.

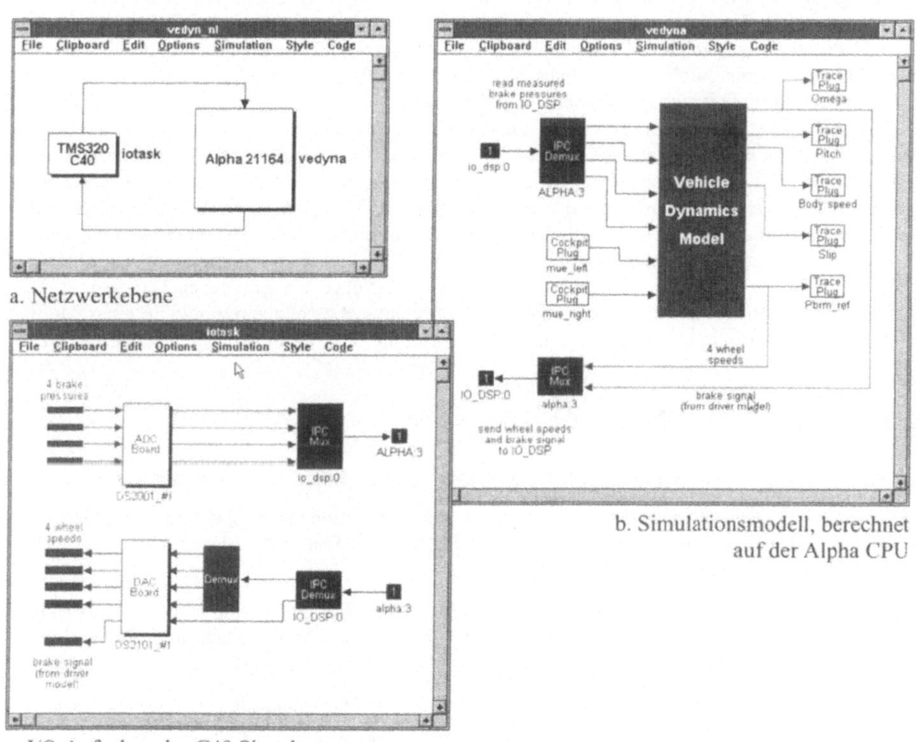

a. Netzwerkebene

b. Simulationsmodell, berechnet auf der Alpha CPU

c. I/O Aufgaben des C40 Signalprozessors

Bild 5: Blockdiagramm-orientierte Programmierung von Alpha Systemen

Die logischen Datenverbindungen zwischen den beiden Applikationen auf der Alpha CPU und dem DSP werden mit Hilfe der IPC (*Interprocessor Communication*) Multiplexer- und Demultiplexer-Blöcke definiert. Bei der Codegenerierung werden diese Blöcke automatisch in Funktionsaufrufe umgesetzt, die im Falle des Alpha Boards die Kommunikation über die Dual-Port Memory Schnittstelle realisieren. Kommunikationskanäle zwischen Signalprozessoren werden, falls vorhanden, über entsprechende Funktionsaufrufe für die C40 Communication Ports realisiert.

Auch die Peripherieschnittstellen können mit Hilfe vordefinierter Bibliotheken von I/O Board Icons grafisch spezifiziert werden. Die entsprechenden Aufrufe der I/O Funktionen werden automatisch in den generierten Code eingebaut. Neben der reinen Bedienung der Peripheriehardware kann der DSP selbstverständlich die I/O Daten auch für das auf der Alpha CPU berechnete Simulationsmodell vor- bzw. nachbearbeiten. In einem solchen Fall würde das SIMULINK Blockdiagramm der DSP-Applikation neben den I/O Board Icons weitere Verarbeitungsblöcke enthalten.

5. Zusammenfassung

Systeme auf Basis des Alpha 21164 RISC Prozessors eröffnen bei der Echtzeitsimulation in der Regelungstechnik neue Dimensionen. Das in diesem Beitrag vorgestellte Alpha System ist für aufwendige HIL Simulationen, aber auch für zeitkritische Anwendungen im Bereich Rapid Control Prototyping, geeignet. Eingeschlossen sind diejenigen Echtzeitapplikationen, die bisher, wenn überhaupt, nur durch Einsatz eines Multiprozessorsystems und Inkaufnahme der dadurch verursachten Parallelisierungsprobleme realisierbar waren.

Die auf harte Echtzeitanwendungen zugeschnittene Board Architektur erlaubt die volle Ausnutzung der Rechenleistung des Alpha Chips. Für die Bedienung der I/O Peripherie wird ein TMS320C40 DSP als Koprozessor eingesetzt. Über die Communication Ports des C40 kann das System beliebig skaliert werden, und zwar sowohl im I/O Bereich durch zusätzliche Signalprozessoren als auch, falls erforderlich, im Bereich der Simulationsleistung durch weitere Alpha CPUs. Die automatische Codegenerierung aus SIMULINK Blockdiagrammen bietet eine komfortable Möglichkeit, das Alpha System zu programmieren. Neben der grafischen Darstellung des Simulationsmodells umfaßt die Blockdiagrammbeschreibung die Netzwerktopologie eines Multiprozessorsystems, die Interprozessorkommunikation und die Spezifikation der I/O Schnittstellen.

6. Literatur

[GEPP95]   L. Geppert: *Solid State*. IEEE Spectrum January 1995, IEEE, New York, NY.

[HANS93]   H. Hanselmann: Hardware-in-the-Loop Simulation as a Standard Approach for Development, Customization, and Production Test. SAE Paper #930207, SAE, Warrendale, PA, 1993.

[HANS95]   H. Hanselmann: *DSP in Control: The Total Development Environment*. International Conference on Signal Processing Applications and Technology, Boston, MA, 1995.

[KIFF95]   U. Kiffmeier: *Automatic Code Generation for Multi-DSP Networks on the Basis of SIMULINK Block Diagrams*. EUROSIM Congress 95, Session "Software Tools and Products", Wien, 1995.

[KROH95]   H. Krohm, V. Gheorghiu: Hardware-in-the-Loop Simulation for an Electronic Clutch Management System, SAE Paper #950420, SAE, Warrendale, PA, 1995.

Problemorientierte massiv parallele Simulationsumgebung für dynamische Netzobjekte

V.A. Svjatnyj, V.V. Rasinkov

Technische Universität Donezk,
Artemstr. 58, 340000 Donezk,Ukraine

T. Bräunl, A. Reuter, M. Zeitz

Universität Stuttgart,
Postfach 801140, 70511 Stuttgart, Deutschland

1. Einführung

Der Ausgangspunkt für die Entwicklung der massiv parallelen Simulationsumgebung (MP-SU) [ANOP94] war die Simulation von Bewetterungsnetzen in Kohlengruben [SVJA90]. Die Simulation von dynamischen Netzmodellen mit realen Dimensionen ist nur durch die Nutzung von parallelen Simulationstechniken effizient durchzuführen.

Mit Hilfe einer parallelen Simulation dieser dynamischen Netzobjekte werden die folgenden Forschungs- und Entwicklungsaufgaben untersucht: Projektierung und Berechnung von bergbau- und sicherheitstechnisch optimalen Bewetterungssystemen; Untersuchung der gasdynamischen Strömungsverhältnisse; Entwicklung der prozeßleittechnischen Automatisierungs- und Sicherheitssysteme; Ausbildung und Schulung des Bedienpersonals. Die verteilte und problemorientierte MPSU wurde im Rahmen einer mehrjährigen Zusammenarbeit zwischen der Technischen Universität Donezk und der Universität Stuttgart konzipiert, implementiert und experimentell untersucht.

In dem Beitrag wird als Beispiel einer typischen Simulationsaufgabe für die MPSU das dynamische Simulationsmodell für ein reales Bewetterungsnetz vorgestellt. Außerdem werden der Aufbau, die Implementierung und die Komponenten der MPSU beschrieben. Wegen der in der MPSU implementierten parallelen Algorithmen für dynamische Systeme mit verteilten Parametern wird auch auf [FELD96] in diesem Band verwiesen.

2. Dynamisches Gasnetzmodell

Das beispielhaft betrachtete Simulationsmodell für ein Bewetterungsnetz in Kohlegruben umfaßt einen topologischen, einen aerodynamischen, einen gasdynamischen und einen automatisierungstechnischen Teil [SVJA90]. Das topologische Netzmodell wird als Graph $G(U, Q)$ mit $n = |U|$ Knoten und $m = |Q|$ Zweigen dargestellt. Die Parameter des Graphs sind für reale Netze $n \geq 100, m \geq 200$. Deshalb sind die Topologiebeschreibung und -änderung für solche Netze aufwendige und fehlerhafte Aufgaben bei der Durchführung einer Simulation. Die Codierung des Graphen $G(U, Q)$ mit den Nummern AK_j und EK_k für die Anfangs- und Endknoten erfolgt mit Hilfe der Tabelle

$$AK_j, EK_k, Q_i \quad j, k = 1, ..., n; \quad i = 1, ..., m. \tag{1}$$

Die Luftströme $Q_i(t)$ werden als Komponenten in dem Vektor $Q(t)$ zusammengefaßt und durch die aerodynamischen Modellgleichungen beschrieben

$$AQ(t) = 0,$$
$$SK\dot{Q}(t) + SRZ(Q) = SH(Q). \tag{2}$$

515

Hier sind A die Inzidenzmatrix, S die Maschenmatrix, K und R diagonale Parametermatrizen sowie $H(Q)$ der Vektor der Ventilatorcharakteristiken. In dem Vektor $Z(Q) = [Q_1|Q_1|, \ldots, Q_m|Q_m|]^T$ werden die nichtlinearen Eigenschaften der Zweige berücksichtigt.

In dem gasdynamischen Netzmodell werden die Prozesse für die Methankonzentrationsänderung in den Bewetterungsstollen der Abbauabteilungen mit Hilfe der folgenden Gleichungen beschrieben:

$$
\begin{aligned}
T_{Me}\dot{Q}_{Me} + Q_{Me} &= Q_{0Me} + \beta\dot{Z}, \\
V_V\dot{C}_V + (Q_V + Q_{Me})C &= Q_{Me}, \\
V_A\dot{C}_A + (Q_A + Q_{MeA})C_A &= Q_{MeA}, \\
V\dot{C} + (Q + Q_{MeAD} + Q_{MeD})C &= Q_{MeAD} + Q_{MeD}, \\
Q_{MeAD} = (Q_A + Q_{MeA})C_A, \quad M_{MeD} &= (Q_V + Q_{Me})C.
\end{aligned}
\tag{3}
$$

Dabei bedeuten: $Q_{Me}, Q_{MeA}, Q_V, Q_A$ die Vektoren der Methanströme in dem "Alten Mann" (Me) und im Abbau (MeA) bzw. der Luftströme im "Alten Mann" (V) und im Abbau (A); C_V, C_A, C sind die Vektoren der Methankonzentrationen im "Alten Mann" (V), im Abbau (A) und in der Strecke; die diagonalen Matrizen $T_{Me}, \beta, V_V, V_A, V$ enthalten die gasdynamischen Parameter des Bewetterungsmodells.

In dem Automatisierungssystem wird der Vektor $Q_S(t)$ für die Sollwerte der Luftströme mit einem aufgrund von Sicherheitsüberlegungen abgeleiteten Algorithmus aus den simulierten Zustandsvariablen $\Delta R(t)$ und $\Delta H(t)$ berechnet:

$$
\begin{aligned}
\Delta\dot{R} &= F_R(Q, Q_S, \Delta R, C, C_S, \Delta H, \dot{\omega}), \\
\Delta\dot{H} &= F_H(Q, Q_S, \Delta R, C, C_S, \Delta H), \\
Q_S &= F_C(Q, C, \Delta R, \Delta H).
\end{aligned}
\tag{4}
$$

Zu dem differential–algebraischen Netzmodell (1)–(4) gehören noch die entsprechenden Anfangsbedingungen.

3. Struktur und Implementierung der MPSU

Die Funktionalität und der Aufbau der entwickelten Simulationsumgebung (MPSU) ergeben sich aus den verschiedenen Teilaufgaben bei der simulationstechnischen Untersuchung von dynamischen Netzmodellen [ZEIT87], [SVJA90], [ANOP94]. Die MPSU umfaßt eine benutzerfreundliche Bedienoberfläche, die Werkzeuge für die Spezifikation und Parametrierung der Netzobjekte, den topologischen Analysator, einen Gleichungs- und Codegenerator, eine Bibliothek der parallelen Lösungsalgorithmen [FELD96] sowie die Grafikprogramme für die Visualisierung der Simulationsergebnisse.

Diese Komponenten bilden die Simulationssoftware der verteilten MPSU [SVJA90] und sind in der parallelen Programmiersprache PARALLAXIS-III und in C++ auf dem massiv parallelen SIMD(single-instruction-multiple-data)–Rechner MP-1216 in einer UNIX–Umgebung implementiert. PARALLAXIS basiert auf dem sequentiellen MODULA-2, das um eine Reihe von maschinenunabhängigen Parallelkonstrukten erweitert wurde [BRÄU92], [BRÄU93]. Dadurch sind PARALLAXIS und die damit implementierte MPSU auf unterschiedlichen massiv parallelen SIMD–Rechnern einsetzbar.

Die experimentellen Untersuchungen mit der entwickelten MPSU wurden für vereinfachte Netzobjekte auf einem PC-Debugger und für reale Grubenbewetterungsnetze mit dem

516

Rechner MP-1216 durchgeführt. Dabei war es möglich, von einem Arbeitsplatz in Donezk auf die in Stuttgart implementierte MPSU zuzugreifen.

4. Beschreibung der MPSU-Komponenten

Die **Benutzungsoberfläche** (BOF) soll in erster Linie dem Personal, das in Gruben für Sicherheitsfragen zuständig ist, den Zugang zu den MPSU–Ressourcen erleichtern. Außerdem muß die BOF den Modellentwickler bei der Modellerstellung und den Anwender bei den simulationstechnischen Untersuchungen unterstützen. Für diese Aufgaben stehen die folgenden **Funktionsgruppen** zur Verfügung:

FP - zur **P**räsentation der problemorientierten MPSU mit einer grafischen Darstellung der MPSU–Strukur, einer Beschreibung der MPSU–Ressourcen, eine automatische Dokumentation der durchgeführten Simulationsexperimente und einem Demo-Modell des untersuchten Netzobjektes.

FS - zur **S**chulung der verschiedenen MPSU–Benutzer auf den folgenden Gebieten: bergbautechnische Charakteristiken der Bewetterungsnetze; Netztopologien; Modellgleichungen der verschiedenen Prozesse in den Zweigen und dem Netz; Strukturen von parallelen·Simulationsmodellen; Testbeispiele; Methoden zur Modellanpassung und Identifikation für Gasnetze; Beispiellösung von ausgewählten Aufgabenstellungen; Verfahren zur Visualisierung der Simulationsergebnisse.

FM - für das interaktive **M**odellieren von Netzobjekten: tabellarische Spezifikation von Netztopologien nach (1) und Eingabe der Parameter; graphische Darstellung des Netzes; detaillierte Betrachtung von Netzausschnitten; Verwendung des topologischen Analysators; Visualisierung von Baum und Antibaum sowie der Inzidenz- und Maschenmatrizen; Überprüfung der topologischen Lösungen; rechnergeführte Eingabe der Modellgleichungen für Zweige und Knoten; Bedienung des Gleichungs- und Codegenerators einschließlich der Visualisierung und Prüfung der generierten Gleichungen; Herleitung, Programmierung, Debugging und Test des parallelen Simulationsmodells.

FA - für die interaktive **A**nalyse von Simulationsmodellen: Auswahl, Planung und Durchführung der Simulationsexperimente; Formulierung der benötigten Simulationsdaten und Eingangsfunktionen; Visualisierung, Analyse und Dokumentation der Simulationsergebnisse; Modellarchivierung.

FD - zur Unterstützung der zwischen **D**onezk und Stuttgart verteilten Version der MPSU mit Arbeitsplätzen für die Modellentwickler an der TU Donezk und für die Anwender in den Donezker Kohlegruben.

Die **problemorientierte Spezifikation** der Simulationsobjekte wird in der Tabellenform (1) interaktiv durchgeführt. Damit erfordert die MPSU von den Benutzern einen minimalen Programmiereraufwand bei der Numerierung der Zweige und Knoten, der Eingabe der Parameter und der Beschreibung der Netzobjekte [ANOP94, ANOP95].

Der **topologische Analysator** transformiert die Spezifikation der Netze in funktionsvollständige Matrizen und Vektoren [ANOP95]. Für die parallele und sequentielle Bearbeitung der spezifizierten Modelle werden verschiedene Algorithmen angeboten und in ihren Eigenschaften analysiert.

Der **Gleichungs– und Codegenerator** funktioniert abhängig von den topologischen Matrizen und Vektoren, von den Gleichungsarten für die Zweigprozesse und von den Knotenbilanzen [SVJA90, ANOP94]. Hierfür wurden Codierungsalgorithmen entwickelt, implementiert und erprobt.

Die **Bibliothek der parallelen Lösungsalgorithmen** ist für aerodynamische Netzobjekte mit konzentrierten Parametern und mit verteilten Parametern [FELD96] konzipiert und ermöglicht für Modellgleichungen der Form (1)–(4) die Bearbeitung der folgenden Aufgaben: Berechnung der natürlichen Luftstromverteilung mit dem iterativen Festlegungsverfahren; Bearbeitung von Projektierungsaufgaben für neue Gruben; Bestimmung der aerodynamischen Parameter bei der Erweiterung von Bewetterungsnetzen; Entwicklung von Steuerstrategien für das Bewetterungssystem; Untersuchung der gasdynamischen Prozesse; Simulation der Sicherheitsmaßnahmen; Vorhersage der Sicherheitssituation für eine geplante Produktion; modellgestützte Projektierung der Automatisierungs– und Sicherheitssysteme.

Alle Komponenten der MPSU haben einen interaktiven Teil für den Benutzerzugriff und werden in ihrer Anwendung über die Benutzungsoberfläche unterstützt.

5. Zusammenfassung

Die entwickelte problemorientierte MPSU ist arbeitsfähig und wird für die Entwicklung von Prozeßleitsystemen sowie für die Untersuchung von Sicherheitsproblemen in den Kohlegruben der Ukraine benutzt. Dabei ermöglicht die zwischen Donezk und Stuttgart verteilte Realisierung der MPSU eine in jeder Beziehung flexible und effiziente Durchführung von simulationstechnischen Untersuchungen für sehr unterschiedliche Bewetterungsanlagen.

Literatur

[ANOP94]   A.J. Anoprijenko, T. Bräunl, A. Reuter, V.A. Svjatnyj, M. Zeitz: *Massiv parallele Simulationsumgebung für dynamische Systeme mit konzentrierten und verteilten Parametern.* In G.Kampe, M.Zeitz (Hrsg.): Tagungsband 9. Symposium Simulationstechnik ASIM'94 in Stuttgart, Verlag Vieweg 1994, 183–188.

[SVJA90]   V.A. Svjatnyj: *Simulationsverfahren für aerogasodynamische Netzobjekte.* Fachtagung der Gesellschaft für Informatik in Stuttgart 1990, Tagungsband 1, 476–483.

[FELD96]   L.P.Feldmann, V.V.Lapko, V.A. Svjatnyj, I.I.Trub, T. Bräunl, A. Reuter, M. Zeitz: *Algorithmen einer massiv parallelen Simulationsumgebung für dynamische Systeme mit verteilten Parametern.* 10. Symposium Simulationstechnik ASIM'96 in Dresden 1996, in diesem Band.

[ANOP95]   A.J. Anoprijenko, T. Bräunl, L.P. Feldmann, V.V. Lapko, A. Reuter, V.A. Svjatnyj, M. Zeitz: *Massive parallel models of net dynamic objects.* In F.Breitenecker, F.Husinsky (Edits.): Proceedings of the 1995 EUROSIM Conference, EUROSIM'95, Vienna, Elsevier 1995, 237–242.

[ZEIT87]   M.Zeitz: *Simulationstechnik.* Chemie–Ingenieur–Technik 59 (1987), 464–469.

[BRÄU92]   T. Bräunl: *Simulation system for massive parallelism.* International Journal in Computer Simulation 2 (1992), 231–250.

[BRÄU93]   T. Bräunl: *Parallel Programming.* Prentice–Hall 1993.

Algorithmen einer massiv parallelen Simulationsumgebung für dynamische Systeme mit verteilten Parametern

L.P. Feldmann, V.V. Lapko, V.A. Svjatnyj, I.I. Trub

Technische Universität Donezk,
Artemstr. 58, 340000 Donezk, Ukraine

T. Bräunl, A. Reuter, M. Zeitz

Universität Stuttgart,
Postfach 801140, 70511 Stuttgart, Deutschland

1. Einleitung

Die Simulation von komplexen dynamischen Systemen mit verteilten Parametern (DSVP) wird mit einer massiv parallelen Simulationsumgebung (MPSU) effizient realisiert [ANOP94], [SVJA96]. Wichtigster Teil der MPSU ist eine Bibliothek mit parallelen Algorithmen zur numerischen Lösung von partiellen Differentialgleichungen (PDGL), von gewöhnlichen DGL und von algebraischen Gleichungen (AGL). Außerdem befinden sich in der Bibliothek verschiedene Hilfsprogramme zur Durchführung von simulationstechnischen Untersuchungen. In dem Beitrag werden die in der MPSU verfügbaren parallelen Lösungsalgorithmen für DSVP bzw. PDGL betrachtet.

2. Lösungsalgorithmen für PDGL

PDGL und DSVP werden nach den folgenden Gleichungstypen und deren Lösungsverfahren klassifiziert: parabolisch, elliptisch, hyperbolisch und Spezialformen. Nachfolgend werden die für SIMD(Single-Instruction-Multiple-Data)–Rechensysteme geeigneten Algorithmen untersucht, die am besten die in den diskretisierten Modellgleichungen von DSVP erhaltene potentielle Parallelität ausnutzen. Die Effizienz der parallelen Algorithmen wird mit der folgenden Formel bestimmt

$$E_p = \frac{S_p(n)}{p} \leq 1 \,. \tag{1}$$

Dabei sind $S_p(n) = T_1(n)/T_p(n)$ die parallele Beschleunigung, $T_1(n)$ die Lösungszeit des "besten" sequentiellen Algorithmus, $T_p(n)$ die Lösungszeit des parallelen Algorithmus mit $p > 1$ Prozessoreinheiten (PE) und n die Zahl der Aufgab $T_p(n)$ die Lösungszeit des parallelen Algorithmus menparameter. Der Effizienzgewinn ist abhängig von dem Parallelitätsgrad der Algorithmen und von der für den Datenaustausch benötigten Transferzeit.

2.1. Parabolische Systeme

Die numerische Lösung des eindimensionalen Randwertproblems für $u(x,t)$

$$\frac{\partial u}{\partial t} = a^2 \frac{\partial^2 u}{\partial x^2} + f(x,t), \quad t > 0, \quad 0 < x < 1 \tag{2}$$

$$u(x,0) = \varphi(x), \quad u(0,t) = \psi(t), \quad u(1,t) = \xi(t)$$

mit Hilfe des expliziten Differenzschemas führt zu den folgenden Berechnungsgleichungen für die Gitterfunktion v_n^k

$$v_n^0 = \varphi_n, \quad n = \overline{0, N+1}$$
$$v_n^{k+1} = \sigma^2 v_{n-1}^k + (1 - 2\sigma^2)v_n^k + \sigma^2 v_{n+1}^k + \tau f_n^k, \quad n = \overline{1, N} \tag{3}$$
$$v_0^k = \psi^k, \quad v_{N+1}^k = \xi^k.$$

Hier sind $\sigma^2 = a^2\tau/h^2$ und τ, h die zeitliche und örtliche Gitterschrittweite. Zur Berechnung des Ergebnisses zum Zeitpunkt $k+1$ werden Werte aus dem Zeitpunkt k herangezogen. Dieser Algorithmus hat an jedem Zeitschritt die maximale Parallelität $S_N(N) = N$ und eignet sich sehr gut für eine SIMD-Realisierung, weil in jedem Zeitschritt nur zwei Daten zwischen Nachbar-PE ausgetauscht werden. Für die Realisierung des Algorithmus werden N PE gebraucht. Seine Effizienz hängt von der Rechenkomplexität der Funktionen $f(x,t)$, $\psi(t)$, $\xi(t)$ ab und wird für eine als homogen angenommene Randwertaufgabe (2) mit dem Wert $E_N(N) = 0,75$ abgeschätzt. Die Anwendung des Algorithmus wird wegen der expliziten Zeitintegration durch die bekannte Stabilitätsbedingung $\tau \leq h^2/(2a^2)$ eingeschränkt.

Die Approximation des Randwertproblems (2) mit dem impliziten Differenzschema liefert das dreidiagonale Gleichungssystem

$$v_n^0 = \varphi_n, \quad n = \overline{0, N+1}$$
$$\sigma^2 v_{n-1}^{k+1} - (1 + 2\sigma^2)v_n^{k+1} + \sigma^2 v_{n+1}^{k+1} = -v_n^k - \tau f_n^k, \quad n = \overline{1, N} \tag{4}$$
$$v_0^{k+1} = \psi^{k+1}, \quad v_N^{k+1} = \xi^{k+1}.$$

Zur Lösung solcher Gleichungen sind eine Reihe von parallelen Algorithmen bekannt [MART89; SAMA89; EVAN85; HOCK86; ORTE91]. Zuerst wird das Verfahren der parallelen zyklischen Reduktion [ORTE91] betrachtet. Dieses Verfahren beruht auf dem *Thomas*-Algorithmus zur Lösung von dreidiagonalen algebraischen Gleichungen [MARS76]. Zur Erläuterung des Verfahrens werden drei benachbarte Gleichungen von (4) mit den variablen Koeffizienten $\alpha_n, \beta_n, \gamma_n$ ohne Zeitindex sowie mit der rechten Seite g_n abgekürzt dargestellt:

$$\beta_{n-1}v_{n-2} - \alpha_{n-1}v_{n-1} + \gamma_{n-1}v_{n-1} = g_{n-1}$$
$$\beta_n v_{n-1} - \alpha_n v_n + \gamma_n v_{n+1} = g_n \tag{5}$$
$$\beta_{n+1}v_n - \alpha_{n+1}v_{n+1} + \gamma_{n+1}v_{n+1} = g_{n+1}, \quad n = \overline{2, N-1}.$$

In diesen Gleichungen werden die Unbekannten v_{n-1} und v_{n+1} eliminiert. Dadurch ergeben sich die Gleichungen

$$\beta_{n-2}^{(1)}v_{n-4} - \alpha_{n-2}^{(1)}v_{n-2} + \gamma_{n-2}^{(1)}v_n = g_{n-2}^{(1)}$$
$$\beta_n^{(1)}v_{n-2} - \alpha_n^{(1)}v_n + \gamma_n^{(1)}v_{n+2} = g_n^{(1)} \tag{6}$$
$$\beta_{n+2}^{(1)}v_n - \alpha_{n+2}^{(1)}v_{n+2} + \gamma_{n+2}^{(1)}v_{n+4} = g_{n+2}^{(1)}, \quad n = \overline{2, N-1}$$

mit den Formeln für die neuen Koeffizienten

$$\beta_n^{(1)} = \frac{\beta_{n-1}\beta_n}{\alpha_{n-1}}, \quad \alpha_n^{(1)} = \alpha_n + \frac{\beta_n\gamma_{n-1}}{\alpha_{n-1}} + \frac{\beta_{n+1}\gamma_n}{\alpha_{n+1}}, \quad \gamma_n^{(1)} = \frac{\gamma_n\gamma_{n+1}}{\alpha_{n+1}},$$

$$g_n^{(1)} = \frac{\beta_n g_{n-1}}{\alpha_{n-1}} + g_n + \frac{\gamma_n g_{n+1}}{\alpha_{n+1}}.$$

In (6) gilt $v_j = 0$ für alle $j < 0$ und $j > N + 1$. Diese Schreibweise erlaubt eine parallele Elimination der Unbekannten in (6). Dieser Prozeß kann rekursiv fortgesetzt werden und nach $q = \log_2(N-1)$ Schritten gibt es in jeder Gleichung nur eine Unbekannte v_n. Im letzten Schritt $q+1$ werden alle Unbekannten parallel berechnet. Bei der Implementierung mit dem SIMD-System werden in jedem Schritt die Koeffizienten in (6) von den $(N-1)$ PE berechnet und die berechneten Werte an die entsprechenden Nachbar-PE übergeben. Die Lösung des Gleichungssystems (5) erfordert insgesamt $(q+1)$ Schritte. Bei jedem Schritt (außer dem letzten) muß jede PE vier Werte übergeben. Ein Vergleich der seriellen (SERICR) und der parallelen (PARACR) zyklischen Reduktion liefert

$$S_N(N) \approx \frac{N(t_f + t_g) - \log_2 2N}{(t_f + t_u)\log_2 N} = O\left(\frac{N}{\log_2 N}\right).$$

Dabei sind t_f die bei der sequentiellen Realisierung benötigte Zeit für die Berechnung der Koeffizienten des Systems (6), t_u die Zeit des parallelen Datenaustausches im SIMD-System und t_g die Berechnungszeit der Unbekannten v_n aus (6). Wenn t_u als mittlere Ausführungszeit für die arithmetischen Operationen angenommen wird, dann ergibt sich für die zyklische Reduktion (5) die Effizienz des Algorithmus näherungsweise zu $E_N(N) \approx (\log_2 N)^{-1}$.

Für die Lösung von mehrdimensionalen parabolischen Randwertaufgaben stehen in der MPSU explizite und implizite Verfahren zur Verfügung [ANOP94], [SVJA96]. Die expliziten Differenzengleichungen haben wie im eindimensionalen Fall eine natürliche maximal mögliche Parallelität. Auch hier stellen die numerischen Stabilitätsbedingungen für die Praxis eine Einschränkung dar. Für den Großteil der Anwendungen werden deshalb solche impliziten Algorithmen bevorzugt, die für alle Zeitschritte stabil sind.

Eine besonders günstige Möglichkeit für parallele Lösungen bieten die nach dem Zerlegungsverfahren aufgebauten Differenzenschemen [SAMA89]. Als Beispiel für eine zweidimensionale parabolische Randwertaufgabe wird die folgende PDGL mit den entsprechenden Anfangs- und Randbedingungen für $u(x, y, t)$ betrachtet

$$\frac{\partial u}{\partial t} = a^2 \left(\frac{\partial^2 u}{\partial x^2} + \frac{\partial^2 u}{\partial y^2} \right) + f(x, y, t), \quad t > 0, \quad 0 < x, y < 1. \tag{7}$$

Mit dem eindimensionalen Zerlegungsverfahren bekommt man die folgenden Bestimmungsgleichungen für die Gitterfunktionen $v_{m,n}^k$, wenn die gleiche Gitterschrittweite h für x und y gewählt wird.

$$\frac{\tilde{v}_{m,n} - v_{m,n}^k}{\tau} = a^2 \frac{\tilde{v}_{m-1,n} - 2\tilde{v}_{m,n} + \tilde{v}_{m+1,n}}{h^2} + 0.5 f_{m,n}^k$$

$$\frac{v_{m,n}^{k+1} - \tilde{v}_{m,n}}{\tau} = a^2 \frac{v_{m-1,n}^{k+1} - 2v_{m,n}^{k+1} + v_{m+1,n}^{k+1}}{h^2} + 0.5 f_{m,n}^{k+1}. \tag{8}$$

Die Bestimmung der Lösung $v_{m,n}^k$ erfolgt in jedem Zeitschritt k in zwei Etappen: zuerst die Berechnung der Zwischenwerte $\tilde{v}_{m,n}$ und dann die Berechnung der Werte $v_{m,n}^{k+1}$ für den neuen Zeitpunkt $k+1$. In jeder Etappe stellen die Differenzengleichungen ein dreidiagonales Gleichungssystem dar, welches am effizientesten mit dem in (6) dargestellten Verfahren der zyklischen Reduktion bzw. mit dem *Thomas*-Algorithmus zu lösen ist. Falls ein quadratischer Ortsbereich (x, y) für die PDGL (7) angenommen wird, dann ist wegen des Parallelitätsgrads des Algorithmus das PARACR-Verfahren für N^2 am effizientesten und besitzt die Beschleunigung

$$S_{N^2}(N^2) = \frac{N\{t_f[N - \log_2 N] + t_g N\}}{(t_f + t_u)\log_2 N} = O\left(\frac{N^2}{\log_2 N}\right).$$

Bei der Lösung des Systems (8) mit nur N PE hat das SERICR-Verfahren einen Vorteil:

$$S_{N^2}(N^2)_{paracr} = O(N/log_2 N), \quad S_{N^2}(N^2)_{sericr} = O(N) \, .$$

Dieselbe Bewertung bekommt man beim Verfahren der alternierenden Richtungen und bei anderen Zerlegungsschemen sowie für deren Anwendungen auf dreidimensionale parabolische PDGL.

2.2. Elliptische Systeme

Die Parallelitätsbewertungen der Algorithmen für elliptische DSVP bzw. PDGL werden am Beispiel der folgenden Randwertaufgabe für die Funktion $u(x, y)$ durchgeführt

$$\frac{\partial^2 u}{\partial x^2} + \frac{\partial^2 u}{\partial y^2} = f(x, y), \quad 0 < x < 1, \quad 0 < y < 1 \, .$$

Die zugehörige Differenzengleichung für die Gitterfunktion $v_{m,n}$ lautet

$$(v_{m-1,n} + v_{m+1,n} - 4v_{m,n} + v_{m,n-1} + v_{m,n+1})/h^2 = f_{m,n}, \quad m, n = \overline{1, N}. \tag{9}$$

Dabei wird angenommen, daß die Funktion $u(x, y)$ und die Gitterfunktion $v_{m,n}$ auf dem Gebietsrand bekannt sind. Das Gleichungssystem (9) umfaßt N^2 fünfdiagonale Gleichungen. Eine Analyse der Lösungsalgorithmen für solche Systeme wurde in [MART89] bezüglich der Parallelisierungsmöglichkeiten und Effizienz in Abhängigkeit von der Zahl der PE und Aufgabenparameter durchgeführt. Es gibt drei Verfahren, die für die SIMD-Realisierung im Rahmen der MPSU [ANOP94], [SVJA96] geeignet sind: das bekannte Verfahren der oberen Relaxation, das Verfahren der alternierenden Richtungen und das Multigrid-Verfahren. Das letzte Verfahren ist auch als *Fedorenko*-Verfahren [MART89] bekannt, und dessen Idee soll kurz erläutert werden. Um die Norm des ursprünglichen Fehlers in den Gleichungen (9) um den Faktor e zu verringern, erfordert dieses Verfahren $O(N^2)$ arithmetische Operationen. Für die Lösung der Gleichungen (9) wird das Iterationsschema benutzt

$$\begin{aligned} v_{m,n}^{k+1} \;=\; & v_{m,n}^k \\ & + \; \tau \left[\frac{v_{m-1,n}^k - 2v_{m,n}^k + v_{m+1,n}^k}{h^2} + \frac{v_{m,n-1}^k - 2v_{m,n}^k + v_{m,n+1}^k}{h^2} - f_{m,n} \right] . \end{aligned} \tag{10}$$

Für diese Aufgabe konvergiert der Iterationsprozeß, jedoch ist die Konvergenz auf einem Gitter mit kleiner Schrittweite h langsam. Deshalb werden nach der k-ten Iteration mit der Formel (10) die Gitterschrittweite verdoppelt und die neuen Gitterfunktionen $\varepsilon_{m,n}$ mit der folgenden Formel berechnet

$$\frac{\varepsilon_{m-1,n} + \varepsilon_{m+1,n} - 4\varepsilon_{m,n} + \varepsilon_{m,n-1} + \varepsilon_{m,n+1}}{(2h)^2} = r_{m,n}^k \, . \tag{11}$$

In dieser Formel ist $r_{m,n}^k = (v_{m-1,n} + v_{m+1,n} - 4v_{m,n} + v_{m,n-1} + v_{m,n+1}/(2h)^2 - f_{m,n}$ eine Lösungsdifferenz, die mit der Gleichung (9) bestimmt wird. Die iterative Lösung von (11) erfolgt in Analogie zu der Formel (10)

$$\begin{aligned} \varepsilon_{m,n}^{p+1} \;=\; & \varepsilon_{m,n}^p + 4\tau \left[\frac{\varepsilon_{m-1,n}^p + \varepsilon_{m+1,n}^p - 4\varepsilon_{m,n}^p + \varepsilon_{m,n-1}^p + \varepsilon_{m,n+1}^p}{(2h)^2} - r_{m,n}^k \right] \\ \varepsilon_{m,n}^0 \;=\; & 0 \, . \end{aligned}$$

Durch die größere Gitterschrittweite nimmt der Fehler $e^p_{m,n-1}$ schneller ab. Falls die Konvergenzbeschleunigung mit dem vergrößerten Gitter nicht reicht, wird die Gitterschrittweite nochmals verdoppelt. Nach der Konvergenz der Lösung wird die Genauigkeit erhöht, indem man zu einem Gitter mit verkleinerter Schrittweite zurückkehrt. Hierzu werden die letzte mit der größeren Schrittweite berechnete Korrektur und die mit der halbierten Schrittweite berechnete Korrektur interpoliert und bei der iterativen Bestimmung der Lösung verwendet.

Das Multigrid-Verfahren läßt sich besonders einfach in einem SIMD-System mit $p = N^2$ Prozessoren implementieren. Bei $p < N^2$ Prozessoren wird ein gemischter sequentiell-paralleler Algorithmus mit einem verfeinerten Gitter und ein paralleler Algorithmus mit einem großen Gitter empfohlen. Es wurde auch eine Modifikation dieses Algorithmus untersucht. Bei der Berechnung der Korrekturen in Gitterknoten mit großer Schrittweite kann man gleichzeitig die Berechnungen der Korrekturen in den inneren Knoten des verfeinerten Gitters durchführen. Diese Modifikation verkleinert die Zahl der parallelen Iterationen und vergrößert den Parallelitätsgrad.

2.3. Hyperbolische Systeme

Zur parallelen Lösung von eindimensionalen hyperbolischen Randwertaufgaben zweiter Ordnung werden explizite und implizite Differenzenschemen benutzt. Ähnlich wie bei parabolischen PDGL erweist sich das Verfahren der parallelen zyklischen Reduktion als besonders effizient für die Lösung der impliziten Approximationsgleichungen.

Bekanntlich sind hyperbolische PDGL auch mit Hilfe des Charakteristiken-Verfahrens lösbar. Hierfür wurden parallele Algorithmen entwickelt, um die Charakteristiken sowie die unbekannten Funktionen auf den entsprechenden Charakteristiken zu berechnen. Dabei bedeutet die große Menge der in den PE zu speichernden Daten eine gewisse Schwierigkeit bei der Lösung von hyperbolischen Systemen. – Zur numerischen Lösung von zweidimensionalen hyperbolischen DSVP wurden parallele Algorithmen entwickelt, die ein vektorielles Zerlegungsverfahren realisieren. Dieses Verfahren ist eine Verallgemeinerung des für parabolische PDGL entwickelten Zerlegungsverfahrens [MART89].

2.4. Spezielle Systeme

Reale DSVP werden oft durch nichtlineare PDGL verschiedener Typen beschrieben. Als Beispiel wird in [SVJA90] eine nichtlineare dynamische Randwertaufgabe für die örtlich verteilten Filtrations- und Massenströme in Bewetterungsanlagen von Kohlegruben untersucht und hierfür ein auf dem Linienverfahren basierender Lösungsalgorithmus angewendet. Bei der Simulation von solchen DSVP spielen die topologieabhängigen Approximationen sowie die Methoden für deren Spezifikation eine wichtige Rolle. Für die Simulation dieser Systeme ist es zudem zweckmäßig, im Rahmen der MPSU die parallelen DSVP-Modelle als problemorientierte Lösungen zu entwickeln [ANOP94].

3. Die Programmbibliothek für die parallele DSVP-Simulation

Die Bibliothek der MPSU umfaßt neben den numerischen DGL- und AGL-Verfahren die parallelen Algorithmen für die beispielhaft dargestellten Lösungsverfahren von PDGL. Außerdem gehören zu dieser Bibliothek die folgenden Hilfsprogramme zur Durchführung von simulationstechnischen Untersuchungen [SVJA96]: eine Korrektheitsprüfung der Aufgabenstellung; die Skalierung des Lösungsgebietes; Ein- und Ausgabeprozeduren; ein symbolischer Interpreter für die Eingabe von Funktionen; parallele numerische Algorithmen der Matrix-

Algebra; parallele und kombinierte Algorithmen für eine Graphenanalyse; Programme zur Visualisierung der Simulationsergebnisse; die Komponenten der Bedienoberfläche.

4. Implementierung

Alle Algorithmen und Hilfsprogramme sind mit der parallelen Programmiersprache PARALLAXIS-III [BRÄU93] realisiert und wurden anhand von verschiedenen Testaufgaben erprobt. Ein Teil der Hilfsprogramme und die Bedienoberfläche sind in C++ implementiert. Zukünftig soll die MPSU-Bibliothek um weitere parallele Algorithmen insbesondere für nichtlineare DSVP und deren Kopplung mit konzentriertparametrischen Systemen ergänzt werden.

5. Zusammenfassung

Die bisherigen Untersuchungen und Erfahrungen zeigen, daß die entwickelte MPSU für DSVP ein leistungsfähiges Werkzeug für verschiedene simulationstechnische Untersuchungen darstellt. Mit diesem Simulationswerkzeug ist es möglich, praktische DSVP-Probleme sehr effizient und benutzerfreundlich zu untersuchen.

Literatur

[ANOP94]   A.J. Anoprijenko, T. Bräunl, A. Reuter, V.A. Svjatnyj, M. Zeitz: *Massiv parallele Simulationsumgebung für dynamische Systeme mit konzentrierten und verteilten Parametern.* In G.Kampe, M.Zeitz (Hrsg.): Tagungsband 9. Symposium Simulationstechnik ASIM'94 in Stuttgart, Verlag Vieweg 1994, 183–188.

[MART89]   G.I. Martschuk: *Verfahren der numerischen Mathematik (in Russisch).* Nauka, Moskau, 1989.

[SVJA96]   V.A. Svjatnyj, V.V.Rasinkov, T. Bräunl, A. Reuter, M. Zeitz: *Problemorientierte massiv parallele Simulationsumgebung für dynamische Netzobjekte.* 10. Symposium Simulationstechnik ASIM'96 in Dresden, in diesem Band.

[SAMA89]   A.A. Samarskyj, A.V. Gulin: *Numerische Verfahren (in Russisch).* Nauka, Moskau, 1989.

[EVAN85]   Ed. D.J. Evans: *Parallel processing system.* London, 1985.

[HOCK86]   R.W. Hockney, C.R. Jesshope: *Parallel computers.* Bristol, 1986.

[ORTE91]   J.M. Ortega: *Introduction to parallel and vector solution of linear systems.* New York, 1991.

[MARS76]   D.Marsal: *Die numerische Lösung partieller Differentialgleichungen in Wissenschaft und Technik.* Zürich 1976.

[SVJA90]   V.A. Svjatnyj: *Simulationsverfahren für aerogasodynamische Netzobjekte.* Fachtagung der Gesellschaft für Informatik in Stuttgart 1990, Tagungsband 1, 476–483.

[BRÄU93]   T.Bräunl: *Parallel Programming.* Prentice-Hall 1993.

Benutzeroberfläche und Datenverwaltung für Systeme gekoppelter Simulatoren

Achim Gratz*   Rainer G. Spallek*

7. Juni 1996

Zusammenfassung

Die in ihrem Umfang rapide zunehmende Nutzung von Simulationssystemen und gekoppelten Simulatoren in vielen Zweigen von Industrie und Wissenschaft verändert die Anforderungen an die Benutzerschnittstelle vollkommen. Die Simulationssysteme werden in immer stärkerem Maße von ungeübten und mit den Interna der Programme nicht vertrauten Benutzern bedient. Beim Einsatz solcher Systeme in großem Maßstab fallen umfangreiche Datenbestände an, die organisiert und ausgewertet werden müssen. Es wird eine konzeptionelle Variante vorgestellt, die auf der Nutzung vorhandener Technologien und standardisierter bzw. allgemein verfügbarer Komponenten beruht. Die Anwendung wird am Beispiel der Entwicklung und Fertigung mikroelektronischer Schaltungen erläutert, kann aber auch auf andere Anwendungsgebieten der Simulationstechnik übertragen werden.

1 Einordnung und allgemeine Anforderungen

In einer Zeit, in der *time to market* ein Konzept von höchster Wichtigkeit ist, erlangen Simulationssysteme eine zentrale Bedeutung im Entwicklungs- und Produktionsprozeß. Heutige Simulationssysteme sind so umfangreich, daß die damit verbundene Komplexität zu extrem langen Einarbeitungszeiten führt. Dies steht in diametralem Gegensatz zu dem Bestreben, diese leistungsfähige und teure Software auf breiter Ebene einzusetzen.

Grafische Benutzerschnittstellen[1] werden eingesetzt, um die Vielfalt der Bedienmöglichkeiten und Resultate für den Benutzer überschaubar zu machen. Dabei wird oft übersehen, daß auch die Benutzerschnittstelle selbst mit Komplexität behaftet ist, die zunächst erst einmal bewältigt werden will. Die entlastende Wirkung grafischer Oberflächen basiert im wesentlichen auf der Präsentation der Daten in einer vom Benutzer intuitiv erfaßbaren Weise. Dazu werden Analogien und Metaphern eingesetzt, die idealerweise aus dem realen Umfeld abgeleitet sind[2]. Wenn diese Modelle der Vorstellungswelt des Benutzers nicht entsprechen, geht diese Intuitivität verloren und der Nutzen einer grafischen Oberfläche ist aufgehoben oder verkehrt sich sogar in das Gegenteil: der Benutzer ist verwirrt und „sieht den Wald vor lauter Bäumen nicht". Für den Benutzer ist es daher hilfreich, wenn sogenannte *style guides* existieren und auch durchgesetzt werden, welche die elementaren Bedienvorgänge und das optische Erscheinungsbild (*look and feel*) als Fundament für alle Anwendungen verbindlich festlegen. Zu keinem Zeitpunkt sollte überflüssige Information angezeigt werden. Da

---

*Institut für Technische Informatik, Technische Universität Dresden
email der Autoren: gratz@ite.inf.tu-dresden.de, rgs@ite.inf.tu-dresden.de

[1]GUI – *graphical user interface*
[2]Schreibtisch (*desktop*), Fenster (*windows*) usw.

jedoch das Informationsbedürfnis ständig wechselt, sollte die Entscheidung letztendlich dem Benutzer überlassen bleiben. Komplexe Programmsysteme sollten sich den grundverschiedenen Arbeitsweisen beispielsweise von Experten und Anfängern anpassen lassen, anstatt umgekehrt eine Anpassung der Benutzer an das Programm zur Bedingung zu machen. Dadurch wird die Akzeptanz durch die Benutzer gesteigert und auch der Schulungsaufwand verringert. Da technische Simulationen oft sehr lange dauern, erwartet der Benutzer zu Recht Informationen über den Bearbeitungsstand und Eingriffsmöglichkeiten im Falle eines Fehlverhaltens des Simulators, ohne den Systemadministrator bemühen zu müssen. Für den Benutzer ist es ärgerlich und zeitraubend, wenn nicht sämtliche Simulationstools von einer solchen „Kommandozentrale" aus überwacht und gesteuert werden können. Im Zeitalter der Rechnernetze sollte es auch kein Problem mehr darstellen, entfernte Rechnerkapazität zu nutzen. Bei sehr rechenintensiven und langwierigen Aufgaben kann auch eine Migration der *laufenden* Simulation auf einen anderen Rechner notwendig werden.

Ein wichtiges Charakteristikum beim Einsatz von Simulationssystemen ist der hohe Wiederholgrad einzelner Aufgaben. Oft werden Simulationen zur Optimierung weniger Parameter eingesetzt. Es bietet sich daher an, einen Fundus an wiederverwendbaren Modulen anzulegen, die bei Bedarf in modifizierter Form wiederverwendet werden. Ein weiteres Problem stellt die Flut an Daten dar, die allein in einem einzigen Simulationslauf erzeugt werden kann. Eine Analyse der Datenabhängigkeiten und eine Automation der Wiederherstellung aller oder ausgewählter Ergebnisse nach inkrementellen Änderungen (die in der Praxis sehr häufig vorkommen) entlastet den Benutzer von langweiliger Routine. Dieser sollte auch nicht mit solchen Fragen belastet werden wie etwa, ob Zwischenergebnisse sofort gelöscht werden können oder aus Effizienzgründen gespeichert werden müssen. Da man in der Regel die Resultate in einer bestimmten Reihenfolge erhalten möchte und nicht ständig alle Ergebnisse zur Bewertung benötigt, ist es jedoch unabdingbar, daß solche „Sichten" in ein Projekt einfach erstellt und gewartet werden können.

Für größere Projekte ist zusätzlich eine leistungsfähige Versionskontrolle, Projekt- und Dokumentenverwaltung erforderlich, die auch die Verwendung konkurrierender Versionen zuläßt. Die Vergabe von Zugriffsrechten an einzelne Benutzer muß dabei an die Art der Information gebunden sein, die in der Regel nur grob durch die Organisation in Files wiedergespiegelt wird. Eine Abbildung der Organisations- und Informationsstruktur im Unternehmen auf diese Datenverwaltung ist zumindest auf längere Sicht erforderlich. Dies geht jedoch weit über den Anwendungsbereich von Simulationssystemen hinaus, so daß von dieser Seite nur die Möglichkeiten bereitzustellen sind, die eine Zusammenarbeit mit sogenannten MIS (*management information system*) ermöglichen. Alle diese Unternehmensdaten sind von beträchtlichem Wert und sind vor Zerstörung, unberechtigtem Zugriff und Ausspähung zu schützen, außerdem ist die Verfügbarkeit zu garantieren. Zusätzlich sind die Aspekte des Datenschutzes zu beachten, soweit persönliche Daten mit abgespeichert sind. Auch diese Probleme sprengen den Rahmen des hier diskutierten, sind jedoch im Kontext einer unternehmensweiten Informationsstrategie zu berücksichtigen. Eine Dokumentenverwaltung wie hier beschrieben, die Dokumente mit Attributen wie Wichtigkeit, Ableitbarkeit aus anderen Dokumenten und Aufwand zur Wiederherstellung versehen kann, erleichtert die Implementierung einer geeigneten Backupstrategie. Wie immens nützlich das sein kann, wird klar, wenn man sich vor Augen hält, daß weltweit operierende Unternehmen über Datenbestände von mehreren Terabyte verfügen.

2 Stand der Technik – Beispiel Mikroelektronik

In der Mikroelektronikindustrie werden eine ganze Reihe von Simulatoren auf unterschiedlicher Abstraktionsebene eingesetzt: Prozeß-, Bauelemente-, Netzwerk- und Logiksimulatoren bilden das Grundgerüst, mit dem die Entwicklung von Technologien und Produkten unterstützt wird. Die Notwendigkeit des Überganges zur Simulation komplexer Systeme wurde im Zusammenhang mit Schaltkreisentwürfen recht bald erkannt, wobei einzelne Systemteile aus Gründen des Aufwandes und der einzusetzenden Modelle auf vollkommen unterschiedlichem Abstraktionsniveau behandelbar sein müssen. Neben den Problemen der Datenverwaltung, die sich ganz einfach aus der Menge der Daten, der Anzahl der beteiligten Entwurfsingenieure und der Komplexität der Aufgabe selbst ergeben, entstehen auch noch Konsistenzprobleme durch die Anwendung unterschiedlicher Entwurfsstrategien in den meist verteilt arbeitenden Gruppen. Informelles Wissen, das Know-How der Mitarbeiter wird, wenn überhaupt, nur über die Berichtstätigkeit fixiert und ist in der Regel der Datenverarbeitung nicht zugänglich.

Die Integration der Tools im Bereich des Schaltungs- und Systementwurfes ist zumindest in Bezug auf eine einheitliche Bedienung mittels grafischer Oberflächen relativ weit fortgeschritten, jedoch sind die Benutzerschnittstellen oft entgegen den *style guides* der jeweiligen Grafikoberfläche geschrieben und verkörpern eine von Hersteller zu Hersteller sehr unterschiedliche Bedienphilosophie. Hier zeigt sich deutlich die Abkunft dieser Systeme von proprietären Lösungen, die später mehr schlecht als recht auf neue Systemplattformen[3] portiert wurden. Wenn verschiedene Komponenten eines sogenannten *frameworks* von unterschiedlichen Herstellern stammen (was fast immer der Fall ist), wird der Benutzer oft mit einer inkonsistenten Schnittstelle zwischen den einzelnen Tools konfrontiert, was dem Begriff des *frameworks* einen schlechten Ruf eingebracht hat. Entwurfssysteme sind in aller Regel mit einer integrierten Datenbanklösung ausgestattet, die aber meist mangelnde Interoperabilität mit Standard-Datenbanksystemen aufweisen. Die Datenkonsistenz ist meist nur dann gesichert, wenn bestimmte äußere Organisationsprinzipien eingehalten werden, die von den Benutzern oft als lästig empfunden und daher gern umgangen werden. Die integrierten Datenbanken sind außerdem bei bestimmten Operationen gegenüber Störungen sehr empfindlich. Beschädigte Datenbanken sind wegen der vielfältigten Bezüge innerhalb der Datenbank nur sehr schwer, unter Informationsverlust oder auch gar nicht wiederherstellbar, so daß die meisten Systeme schon von vorneherein eine Reihe von Backups vorhalten, auf die in diesen Fällen zurückgegriffen werden kann. Hierdurch entsteht in vielen Fällen eigentlich unnötiger mehrfacher Aufwand bei der externen Datensicherung.

Die Technologiesimulation (Simulation des technologischen Herstellungsprozesses) ist entwickelt sich erst in der letzten Zeit zu einem ähnlich unentbehrlichen Werkzeug in der Praxis, wie die CAD-Systeme für den Schaltkreisentwurf. Daher gilt noch allzuoft das Motto: „Von Experten — für Experten", wenn auch in den letzten beiden Jahren verstärkte Anstrengungen von Seiten der Anbieter zu erkennen sind, für deutlich bessere Benutzerfreundlichkeit zu sorgen. Die grafischen Benutzerschnittstellen im Technologiesimulationsbereich bieten jedoch noch nicht viel mehr als eine Maus-Bedienung der darunterliegenden (skriptgesteuerten) Simulatoren. Interessanter sind da schon die Ansätze, die Produktionssteuerung sowie Planung und Auswertung von Experimenten (DOE – *design of experiments*) sowie die Simulatoren in einer konsistenten Weise zu integrieren. Hierzu ist zu bemerken,

---

[3] Einige frühe Grafikworkstations sind praktisch ausschließlich für den Entwurf integrierter Schaltungen konzipiert gewesen, was zu dem Bonmot Anlaß gegeben haben dürfte, daß ein Gutteil der Entwicklung schnellerer Mikroprozessoren nur dazu diente, noch schnellere Mikroprozessoren entwickeln zu können.

daß diese Programme ziemlich einseitig auf die Bedürfnisse der Produktion ausgerichtet sind
(aus Sicht der Anbieter verständlich, denn hier liegt der größere Markt).

Auf der anderen Seite ist eine zunehmende Nutzung der Internet- und insbesondere der
WWW-Technologie[4] zur Verfügbarmachung von lokalen und unternehmensweiten Spezifikationen und Dokumenten zu beobachten. Dabei werden oft vorher genutzte proprietäre Systeme abgelöst. Eine Datenbank im Hintergrund versieht dabei unverändert ihren Dienst als zentrale Dokumentenverwaltung weiter, während die Benutzerschnittstelle, meist mit deutlich
verbesserter Präsentation und Funktionalität durch einen HTML-Browser[5] abgelöst wird.
Die im WWW hauptsächlich verwendete HTML-Sprache stellt eine Untermenge von SGML[6]
dar. Während die meisten HTML-Browser sich auf die Anzeige von HTML-Dokumenten beschränken, gibt es auch Produkte, die den vollen Sprachumfang von SGML beherrschen
und damit gezielt für eigene Zwecke erweiterbar sind. Es muß erwähnt werden, daß das
im WWW zur Informationsübermittlung benutzte HTTP-Protokoll[7] in der Lage ist, beliebige Dokumente auch mit komplexer Struktur zusammen mit der Information über den
Dokumententyp zu übertragen und daß die Liste der unterstützten Dokumententypen auf
einfache Weise erweitert werden kann. HTML ist gegenwärtig nicht in der Lage, das Layout
von Dokumenten zu beschreiben. Für diese Aufgabe wird oft PDF[8] von Adobe eingesetzt, da
für alle wichtigen Plattformen Betrachter frei verfügbar sind. Die Datenblätter der meisten
Hersteller können mittlerweile so aus dem Internet bezogen werden, bei Bedarf ist immer
noch ein Ausdruck möglich. Alle größeren Mikroelektronik-Firmen setzen Datenbanken für
die Verwaltung unterschiedlichster Daten aus Entwicklung, Produktion und Verwaltung ein.
Der Trend geht dahin, diese Daten in einer einzigen Datenbank zusammenzufassen und an
jeder Stelle des Unternehmens verfügbar zu haben. Damit werden neue Anwendungen sowohl für Management als auch Produktion und Entwicklung möglich, die Zugriff auf diese
Informationen erfordern.

3 Anforderungsprofil – Beispiel mikroelektronische Fertigung

Die Technologie zur Herstellung mikroelektronischer Bauelemente ist sehr kompliziert und
umfaßt eine Vielzahl einzelner technologischer Schritte. Um den Herstellungsprozeß zu beherrschen, sind technologische Spezifikationen zu beachten, die relativ häufig geändert werden. Solche Dokumente dürfen nur von autorisierten Stellen herausgegeben werden und sind
bei Veralten sofort zu ersetzen bzw. zu vernichten. Dies ist am einfachsten zu realisieren,
wenn der Zugriff auf diese Spezifikationen ausschließlich am Bildschirm (online) erfolgt und
keinerlei Ausdrucke existieren.[9] Für die Dokumentenverwaltung ist es unumgänglich, alle von
einer Änderung betroffenen Anwender vor der Freigabe zu konsultieren. Ein damit zusam-
menhängendes Problem ergibt sich daraus, daß es nötig sein kann, verschiedene Versionen
eines Dokumentes für verschiedene Anwender gleichzeitig verfügbar zu halten; z.B. um für
bestimmte Produkte den Zertifizierungsprozeß nicht noch einmal durchlaufen zu müssen.

---

[4]WWW – *World-Wide-Web*

[5]HTML – *Hyper-Text Markup Language*, eine Beschreibungssprache für die logische Struktur von
Hypertext-Dokumenten

[6]SGML – *Standard Generalized Markup Language* (Standard ISO/IEC 8879)

[7]HTTP – *Hyper-Text Transfer Protocol*

[8]PDF – *Portable Document Format*

[9]Gewöhnlich existiert eine zentrale Auslage für kontrollierte Dokumente. Diese werden der Bequemlichkeit
wegen gerne kopiert, besonders wenn der eigene Arbeitsplatz weit entfernt ist. Damit ist die Kontrolle über
die Dokumente ausgehebelt. Am Bildschirm angezeigte Dokumente lassen sich natürlich ausdrucken, jedoch
kann hier über die Software und eine geeignete Organisation der Arbeitsabläufe eher eingegriffen werden.

Ebenso ist es oft wünschenswert, nicht ständig den vollen Umfang des Dokumentes allen Anwendern zugänglich zu machen.

Nicht weniger wichtig ist der Erfahrungsschatz der Mitarbeiter. Einige Firmen bestehen beispielsweise darauf (auch aus Gründen des Geheimnisschutzes), daß Notizbücher und Laborkladden bei einem Ausscheiden in der Firma verbleiben. Der Idealzustand wäre aber, wenn die internen Berichte, Aufzeichnungen und Notizen in einer Datenbank erfaßt würden. Eine solche Erfassung wird aber von den Benutzern nicht akzeptiert werden, wenn sie als Bedrohung der Privatsphäre empfunden würde oder auch nur umständlich anzuwenden ist. Die Einführung eines solchen Systems stellt daher nicht nur ein Problem von Hard- und Software dar, sondern vielmehr auch ein organisatorisches. Das gilt selbstverständlich für alle Formen des Softwareeinsatzes, tritt aber durch die extreme Konsequenz des Ansatzes in einer neuen Qualität zu Tage.

4 Lösungsvorschlag

Ausgehend von der Forderung, eine plattformunabhängige Benutzerschnittstelle mit hoher Verbreitung und Akzeptanz nachzunutzen, drängt es sich geradezu auf, einen WWW-Browser zur Realisierung zu verwenden. Volle Interaktivität ist dabei über eine integrierte Java-Schnittstelle herzustellen, wie z.B. von HotJava und Netscape 2.0 demonstriert. Die damit gleichzeitig verwirklichte Client-Server-Architektur und der hohe Standardisierungsgrad läßt einen guten Investitionsschutz erwarten, da Upgrades auf den Server beschränkt bleiben. Auf der Serverseite werden die Simulatoren über SGML-Definitionen und Transformationsregeln für die Darstellung eingebunden. Da über SGML eine Trennung von Struktur und Darstellung erreicht wird, wird es möglich, einen Wechsel der Software ohne Änderung der Präsentation für die Anwender durchzuführen. Für die Softwareanbieter ergibt sich der Vorteil, daß sie sich wieder auf Ihre Kernkompetenz konzentrieren können.

Die Datenverwaltung ist unter Anwendung des ohnehin für die Benutzerschnittstelle realisierten Client-Server-Prinzips einem Server zu übertragen. Dieser nimmt die Authentifikation und Integritätsprüfungen vor. Dabei ist es unter Nutzung von SGML und Benutzerprofilen zum Beispiel möglich, für einen Benutzer nur Teile von Dokumenten zugreifbar zu machen. Das Problem der Verwendung möglicherweise inkonsistenter Daten ist für Anwendungen, die über Files gesteuert werden, nur schwer vollkommen transparent zu lösen. Unter der Bedingung, daß diese Anwendungen nur über die Benutzerschnittstelle gestartet werden können und die Steuerfiles *on the fly* generiert werden, kann die Datenkonsistenz dennoch garantiert werden. Diese Vorgehensweise erleichtert auch die Verwaltung konkurrierender Versionen, die bei größeren Projekten eine unabdingbare Notwendigkeit darstellt.

Geht man davon aus, daß die Dokumente in einer Datenbank gespeichert werden, so ist sinnvollerweise die kleinste Einheit der Speicherung nicht mehr das gesamte Dokument. Je nach Anwendung bieten sich z.B. Absätze an. Ein Dokument liegt somit nicht mehr als unteilbare Einheit vor, sondern wird per Datenbankabfrage aus seinen logischen Bestandteilen zusammengesetzt. Dabei ist es kein Problem mehr, das Dokument vollkommen auf den Anwender und seine momentanen Informationsbedürfnisse zuzuschneiden. Ebenso lassen sich ungewollte Redundanzen vollständig vermeiden, wodurch Konsistenzprüfungen drastisch vereinfacht werden. Der Zugriffsschutz wird vom Betriebssystem unabhängig und kann wesentlich feiner gegliedert werden. Da für die Datenbank kein Unterschied zwischen kontrollierten Daten und Anwendernotizen besteht, können diese über denselben Mechanismus verwaltet werden. Der Anwender selbst kann über Attribute die Sichtbarkeit seiner Anmerkungen für andere steuern. Freigegebene Dokumente können von Anwendern als benutzt markiert werden, so daß eine Benachrichtigung dieser Anwender vor einer eventuellen Änderung erfolgen kann. Auch hier ist es wieder von Vorteil, daß nur die relevanten Abschnitte eines Dokumentes auf diese Weise „eingefroren" werden müssen. Durch eine entsprechende Abfrage der Datenbank ist leicht festzustellen, ob auf Informationen nicht mehr Bezug genommen wird, was die Elimination von „toter Dokumentation" wesentlich vereinfacht.

Zusammenfassend lassen sich hier die wesentlichen Elemente des Intranet-Prinzipes erkennen:

- intgrierter Zugriff auf alle Unternehmensdaten, unabhängig von Plattform und Format,

- standardisierte Kommunikationstechnologie und offene Schnittstellen,

- durchgängige Client-Server-Strategie und kontrollierter Zugriff auf sensitive Informationen,

- intelligente Informationsaufbereitung orientiert an den Bedürfnissen des Informationssuchenden, der Detaillierungsgrad ist steuerbar,

- beschleunigte Anwendungsentwicklung und geringerer Schulungsaufwand durch Verwendung standardisierter Technologien, Applikationen und Applikationsbausteine,

- einheitliche und intuitive Benutzerschnittstelle (z.B. der HTML-Browser).

5 Stand der Realisierung

Erklärtes Ziel der Implementierung ist die möglichst ausschließliche Verwendung von standardisierter Software. Für die Benutzeroberfläche fiel daher die Wahl auf einen HTML-Browser mit integrierter Java-Schnittstelle. Dies garantiert auch eine Verfügbarkeit auf allen relevanten Plattformen einschließlich PC. Die Client-Server-Funktionalität für die Datenverwaltung würde über das HTTP-Protokoll abgewickelt werden können, jedoch bietet sich an, über JDBC[10] direkt auf eine Datenbank zuzugreifen. Das ursprüngliche angedachte Konzept würde dadurch insofern modifiziert, daß eine Datenbank explizit erforderlich ist, was auf Grund der ohnehin stehenden Anforderungen an die Datenverwaltung keine Komplikation darstellt. Die benötigten Server-Module können zu einem großen Teil in Perl geschrieben werden, welches ebenfalls auf allen in Frage kommenden Plattformen verfügbar ist und für den angestrebten Aufgabenbereich die effizienteste portable Lösung darstellt, es fallen im wesentlichen Filter-Aufgaben an. Auch für Perl existieren Anbindungen an SQL-Datenbanken[11]. Die Implementierung wird sich auf Grund des Umfanges auf Teilaspekte beschränken müssen und mit der Projektverwaltung (inkrementelle Änderungen, Modulkonzept, hierarchische Sichten) beginnen. Ungeklärt ist zur Zeit noch, inwieweit die verfügbare Versionsverwaltungssoftware auf ein nicht File-orientiertes Konzept mit multiplen Versionen übertragbar ist. Es ist zu erwarten, daß der Einsatz einer Datenbank hier die benötigte Grundfunktionalität liefert und „nur" noch Fragen der Konsistenz extern behandelt werden müssen.

---

[10]JDBC – *Java Data-Base Connectivity*, eine Programmierschnittstelle zum Zugriff auf Datenbanken

[11]SQL – *Structured Query Language*, eine Abfragesprache für Datenbanken, die als Standard SQL89, SQL92 und mehreren weiterentwickelten Dialekten existiert, die in hoffentlich naher Zukunft in einen neuen Standard münden werden.

Parameterjustierung mit Induktiven Lernverfahren

Rainer Barton
Institut für Flugmechanik,
Deutsche Forschungsanstalt für
Luft und Raumfahrt (DLR)
Lilienthalplatz 7, 38108 Braunschweig

Helena Szczerbicka
Fachbereich 3 - Informatik,
Universität Bremen

Postfach 330440, 28334 Bremen

e-mail: {barton,helena}@informatik.uni-bremen.de

1 Abstrakt

Die Parameterjustierung eines Modells ist die Suche nach der Belegung der Parameter eines Modells, die eine Abweichung zwischen dem Systemverhalten und der Modellausgabe minimieren. Im folgenden Beitrag stellen wir ein Vorgehen zur Parameterjustierung eines Black-Box Modells unter Anwendung von Verfahren des Maschinellen Lernens vor. Der Vorteil des Vorgehens liegt in der kostensparenden Wiederverwendung von Informationen vorangegangener Auswertungen des Modells.

2 Einleitung

Die zielgerichtete Modellierung von Systemen durch Modelle und Auswertung der Modelle durch eine Simulation hat eine wichtige Rolle im Systemenwurf, der Systemkonfiguration und der Systemverwaltung. In der Regel werden Modelle aus einer Spezifikation abgeleitet und mit Hilfe einer Modellierungstechnik aufgebaut (z.B. Warteschlangen, Stochastische Petrinetze oder Differentialgleichungen), die eine allgemeine, parametrisierte Abbildung des Systems in ein Modell zuläßt. Bevor jedoch ein Modell eingesetzt werden kann, muß die Genauigkeit der Wiedergabe des Systemverhaltens durch die Modellausgabe maximiert werden. Parameterjustierung ist für uns die Suche eines Modells der Modellmenge mit einer minimalen Abweichung zwischen einer Systemausgabe und der Modellausgabe.

Im Weiteren beschreibt die Funktion g das Verhalten eines Systems mit $y_g = g(\vec{x})$, wobei $\vec{x} \in I\!\!R^n (n \in I\!\!N)$ die Systemeingänge und $y_g \in I\!\!R$ der Systemausgang sind. Die Funktion f definiert eine Menge von Modellen mit $y_f = f(\vec{x}, \vec{\alpha})$, die durch eine geeignete Belegung von Parametern an ein System angepaßt werden sollen. $\vec{\alpha} \in I\!\!R^m (m \in I\!\!N)$ definiert unterschiedliche Modelle und $\vec{x}$ ist der Eingabevektor des jeweiligen Modells.

Unter der Vorgabe einer Systemansteuerung $\vec{x}_0$ ist eine Parameterjustierung die Bestimmung einer Menge von $\vec{\alpha}$, für die gilt:

$$\vec{\alpha}_0 \in \left\{ \vec{\alpha} \mid \vec{\alpha} \in \mathcal{A} \;\wedge\; \min_{\alpha} \| f(\vec{x}_0, \vec{\alpha}) - g(\vec{x}_0) \| \right\} \tag{1}$$

$\vec{\alpha}_0$ ist eine mögliche Belegung des Parametervektors. $\mathcal{A}$ bezeichnet eine Menge von Randbedingungen, die auf Grund von einer große Anzahl von Parametern, dem Mangel an der

Beschreibung eines Modells (Black-Box) oder den hohen Kosten eines Simulationslaufes einen Einfluß auf die Auswahl eines $\vec{\alpha}_0$ bei einer Parameterjustierung haben kann.

Wir betrachten im Weiteren eine Parameterjustierung eines zeitunabhängigen Systemausgangs mit Hilfe eines Maschinellen Lernverfahrens, das auf vorhandenen Auswertungsergebnissen aufbaut. Der Schwerpunkt des Verfahrens liegt in der Wiederverwendung von im Vorfeld berechneten Modellauswertungen und Bestimmung von Bereichen, in denen ein $\vec{\alpha}_0$ liegen kann.

3 Abgrenzung zu Optimierungsverfahren

Die Problemstellung der Parameterjustierung läßt sich auf eine Extremwertsuche (siehe Definition 1) transformieren und durch Optimierungsstrategien lösen. Unterschiedliche Optimierungsverfahren wie Genetische Algorithmen, Simulated Annealing und Hill-Climbing (siehe [1] oder [2]) können diese Aufgabe lösen, sind allerdings häufig in der Praxis nicht praktikabel. Aufrufe der Optimierungsverfahren veranlassen die Generierung von Auswertungspunkten, die temporär bezüglich eines Aufrufes berechnet werden und unabhängig von bisher auf dem Modell durchgeführten Simulationsläufen sind. Besonders bei der Verwendung von mehreren Optimierung können die gleichen oder nahe beieinander liegende Ausgangspunkte mit der Modellfunktion f mehrfach bestimmt werden. Das führt zu einer Explosion der Kosten der Optimierung.

Unser Ansatz liefert eine Lösung zu diesem Problem, indem vorausgegangene Simulationen und Messungen zielgerichtet wiederverwendet werden. Ein Maschinelles Lernverfahren erlaubt Aussagen über Punkte im Auswertungsraum, die nicht explizit durch eine Simulation bestimmt werden. Es unterteilt den Auswertungsraum in Bereiche, die eine Prognose der Abweichung der Auswertungspunkte bezüglich der Systemausgabe während der Parameterjustierung erlauben. Damit kann eine Optimierung ohne Generierung von zusätzlichen Auswertungspunkten möglich sein.

4 Maschinelles Lernen

Unter Maschinellen Lernen kann die Darstellung von Wissen und die geeignete Interpretation dieser Informationen verstanden werden. Ein Teilbereich des Maschinellen Lernens ist Induktives Lernen (siehe [3], [4], [5]).

Daten werden beim Induktiven Lernen als eine Informationsmenge angesehen, die ein Lernverfahren in eine Wissensbasis transformiert. Ein Interpretationsprozeß nutzt die Wissensbasis, um Aussagen über bekannte und unbekannte Daten zu folgern.

Das Induktive Lernverfahren benötigt zur Bestimmung der Wissensbasis eine Menge C von Klassen und eine Beziehung zwischen den Elementen einer Teilmenge der Datenmenge $\mathcal{X}$ und Elementen der Klassenmenge C. Eine Teilmenge der Daten $\mathcal{F} \subseteq \mathcal{X}$ wird Beispiele genannt und bildet die Informationsmenge des Lernverfahrens. Für die Elemente der Menge $\mathcal{F}$ ist eine Relation mit einer Klasse definiert:

$$\forall f_i \in \mathcal{F} \; \exists c_j \in C : \quad f_i \sim c_j \tag{2}$$

Das Ziel des Induktiven Lernens ist die Definition einer Funktion $h : \mathcal{X} \rightarrow C$, die eine Darstellung der Wissensbasis ist. Mit der Klassifikationsfunktion werden alle Elemente der

Menge $\mathcal{F}$ entsprechend der Relation aus Gleichung 2 auf Elemente der Klassenmenge C abgebildet und alle anderen Elemente der Datenmenge $\mathcal{X}$ können einer Klasse $c_j \in C$ zugeordnet werden.

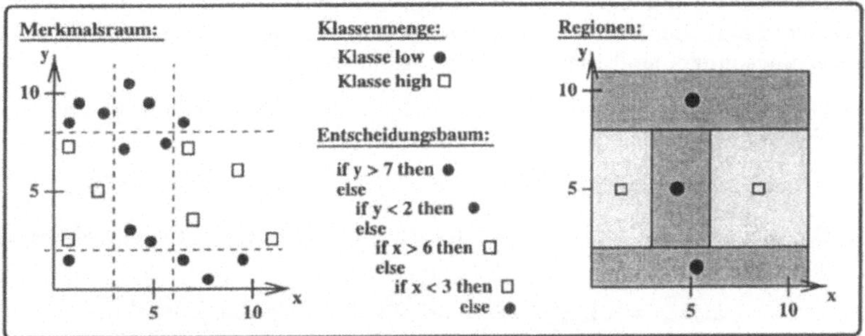

Abbildung 1: Generalisierung von Auswertungspunkten

Der von uns verwendete Algorithmus C4.5 [3] konstruiert aus einer Menge von Daten und den jeweiligen Klassen einen Entscheidungsbaum (Abbildung 1). Aus dem Entscheidungsbaum werden Regeln extrahiert, die Regionen mit gleichen Klassen zusammenfassen. Die Darstellung der Informationen durch die Regionen erlaubt die Klassifikation bekannter Beispiele und unbekannter Daten.

5 Vorgehen

Die Funktion $f(\vec{x}_0, \vec{\alpha})$ ist eine Black-Box Darstellung einer Modellmenge, aus der ein Modell bestimmt wird, das ein Systemverhalten $g(\vec{x}_0)$ nachbildet. Die Abweichungen einer Modellausgabe und des Systemverhaltens wird mit einer Zielfunktion bewertet. Um Aussagen über den Parameterraum und eine zielgerichtete Generierung von weiteren Auswertungspunkten zu ermöglichen, werden die Ergebnisse im nächsten Schritt zu einer Definition von Klassen und die Erzeugung von Relationen genutzt. Dann generalisiert ein Induktives Lernverfahren die Relationen durch Regeln, die als Regionen interpretiert werden. Die Regionen ermöglichen eine Identifikation von Parameterbereichen, in denen das Modell am Besten das System wiedergibt. Das Verfahren iteriert, bis eine festgelegte Regionengröße oder ein ausreichender Genauigkeitsgrad erreicht wird und kann dann zur Bestimung des lokalen Optimums ein klassisches Optimierungsverfahren benutzen. Eine Bestimmung neuer Auswertungspunkte ist nötig, wenn der erreichte Genauigkeitsgrad nicht ausreichend oder zu wenig Auswertungen in einer Region sind:

1. Eine Zielfunktion $\phi : \mathcal{S} \to I\!R_0^+$ der Parameterjustierung (siehe Definition 1) bewertet eine Übereinstimmung der Elemente der Menge der N bekannten Modellergebnisse $\mathcal{S}$ mit dem Systemverhalten $g(\vec{x}_0)$:

$$\mathcal{S} = \{s_i | \forall i \in [1, \dots, N] : s_i = (\vec{\alpha}_i, y_i) \text{ mit } y_i = f(\vec{x}_0, \vec{\alpha}_i)\} \tag{3}$$

Die Funktion $\phi(s_i) = |y_i - g(\vec{x}_0)|$ bestimmt die Abweichung der Modellausgabe und des Systemverhaltens und definiert die Menge der Bewertungen R_ϕ der Zielfunktion:

$$R_\phi = \{r_i | r_i = (\vec{\alpha}_i, p_i) \wedge s_i = (\vec{\alpha}_i, y_i) \in \mathcal{S} \wedge p_i = \phi(s_i)\} \tag{4}$$

Um weitere Aussagen über den Parameterbereich zu generieren, werden das Minimum $\min_\phi$ und das Maximum $\max_\phi$ aller Zielfunktionsbewertungen p_i bestimmt.

2. Für das Klassifikationskriterium des Lernverfahrens werden die zwei Mengen *low* und *high* definiert, die abhängig von dem überdeckten Wertebereich $p_i \in [\min_\phi, \max_\phi]$ und von einem Parameter $\epsilon \in (0,1)$ ermittelt werden. Je größer ϵ ist, desto mehr (weniger) Auswertungspunkte sind Element der Menge *low* (*high*):

   - Die Menge *low* definiert einen Bereich, in denen die Zielfunktionsbewertungen vielversprechend sind:

   $$low \;=\; \{j \,|\, j \in I\!R \;\wedge\; \min_\phi \leq j \leq \min_\phi + \epsilon\,[\max_\phi - \min_\phi]\} \tag{5}$$

   - Die Menge *high* definiert einen Bereich, in denen die Zielfunktionsbewertungen nicht ausreichend sind:

   $$high \;=\; \{j \,|\, j \in I\!R \;\wedge\; \min_\phi + \epsilon\,[\max_\phi - \min_\phi] < j \leq \max_\phi\} \tag{6}$$

Die Menge T bildet die Beispiele des Maschinellen Lernverfahrens (siehe Kapitel 4):

$$T = \left\{ t \mid t = (\vec{\alpha}_i, c) \;\wedge\; r = (\vec{\alpha}_i, p_i) \in R_\phi \;\wedge\; c = \left\{ \begin{array}{ll} \text{LOW} & \text{falls } p \in low \\ \text{HIGH} & \text{falls } p \in hight \end{array} \right. \right\} \tag{7}$$

3. Das Lernverfahren C4.5 wird angewendet, daß die Elemente der Menge T als Beispiele benutzt und in einem Entscheidungsbaum abbildet. Die im Entscheidungsbaum enthaltenen Regeln der Form

   $$\text{IF } \vec{u} \leq \vec{\alpha}_i \leq \vec{v} \text{ THEN } \phi(\vec{\alpha}_i, y_i) \in low \;\wedge\; \text{Klasse} = \text{LOW} \tag{8}$$

   werden als Regionen betrachtet, in denen nur Elemente einer Klasse liegen (siehe Kapitel 4) und einen Raum vom Punkt $\vec{u}$ zum Punkt $\vec{v}$ aufspannen. Durch die Regionen werden Bereiche bestimmt, in denen die Abweichungen der Ausgaben der Funktion f im Verhältnis zur Funktion g am kleinsten sind. Das sind genau die Regionen, die das Lernverfahren in die Klasse LOW abbildet.

4. Die Regionen der Klasse LOW definieren die Einschränkung des Parameterraums des Modells, da nur noch Auswertungspunkte berücksichtigt werden, die eine entsprechende Region betreffen. Wenn weniger als eine vorgegebene oder bestimmte Zahl k von Simulationsergebnissen in einer Region vorliegen oder die Ergebnisse der Zielfunktion qualitativ nicht ausreichen, berechnet eine Sampling-Strategie (z.B. Monte Carlo Sampling, Äquidistante-Abstände) neue Auswertungspunkte. Zusammen mit den alten Auswertungspunkten der Region bilden sie die Menge S in einer erneuten Iteration (ab Schritt 1) des Verfahrens.

5. In den eingeschränkten Parameterräumen wird zur Bestimmung einer optimalen Parameterbelegung, ein klassisches Optimierungsverfahren (z.B. Hill-Climbing) eingesetzt, wenn für den Wertebereich der Region gilt: $\max_\phi - \min_\phi \leq \Delta$ mit $\Delta > 0$.

   Je kleiner Δ ist, desto häufiger wird das Vorgehen iterieren und desto besser wird der Startpunkt des Optimierungsverfahrens (Konvergenzkriterium) sein. Falls es nicht möglich ist, ein Optimierungsverfahren einzusetzen, werden zur Auswahl der Parameterbelegung alle Elemente der Region der Klasse *low* im Betracht gezogen. Zusätzliche Kriterien können dann die Auswahl des α beeinflussen wie z.B. die Realisierbarkeit von bestimmten physikalischen Größen.

Hat das Modell mehrere unabhängige Ausgangsgrößen des Systems nachzubilden, wird das Verfahren wiederholt. Durch die Wiederverwendung der vorhandenen Simulationsdaten (siehe Kapitel 6) entsteht die Möglichkeit, ohne neue Simulationsauswertungen das Vorgehen durchzuführen.

6 Beispiel

Zur Veranschaulichung der Parameterjustierung betrachten wir die Modellfunktion f und ein System mit den zwei Ausgängen g_1, g_2:

$$g_1\left(\binom{3}{5}\right) = 0 \qquad g_2\left(\binom{3}{5}\right) = 1 \qquad f\left(\binom{3}{5}, \alpha\right) = (\alpha - 3)^2 - 5 \text{ mit } \alpha \in [-10; 10] \qquad (9)$$

Die Zielfunktionen der Parameterjustierung sind $\phi_1(\alpha) = |f(\binom{3}{5}, \alpha)|$ und $\phi_2(\alpha) = |f(\binom{3}{5}, \alpha) - 1|$. Das Verfahren startet mit vorhandenen Modellauswertungen im Bereich $-10 \leq \alpha \leq 10$ (Abbildung 2 a). Der Parameter ϵ für die Klassenbildung (siehe Schritt 2 des Vorgehens) hat den Wert $\epsilon = 0.5$. Eine gitterartige Sampling-Strategie wird angewendet, wenn weniger als fünf Auswertungspunkte in einer Region LOW enthalten sind. Für die Annäherung an ein lokales Optimum gilt: $\Delta = 1$.

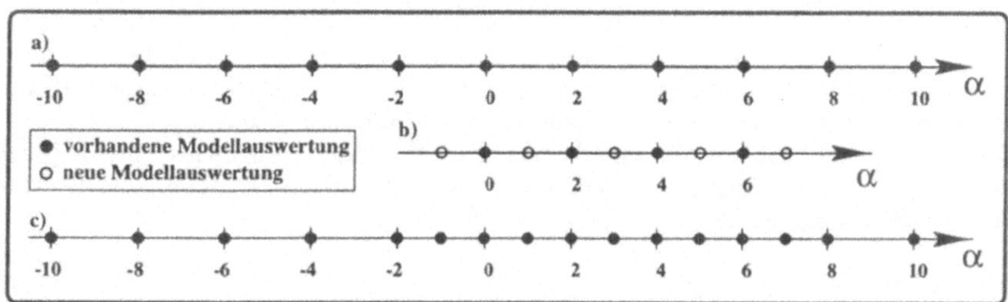

Abbildung 2: Modellauswertungen

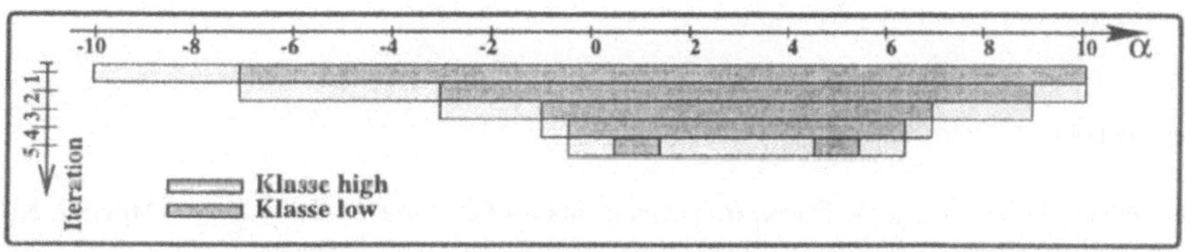

Abbildung 3: Klassenbildung im Verlauf der Interation

Betrachtet wir zuerst eine Parameterjustierung der Funktion f an die Funktion g_1. Das Maschinelle Lernverfahren erzeugt in jeder Iteration Regionen der α (Abbildung 3), die ϵ-abhängig gebildet werden. Nach der dritten Iteration des Verfahrens sind in der Region LOW nur vier Auswertungspunkte enthalten. Aufgrund der Sampling-Strategie werden zusätzliche Auswertungspunkte bestimmt (Abbildung 2 b). Nach der fünften Iteration des Vorgehens (siehe Abbildung 3) sind hinreichend kleine Regionen gefunden wurden:

$$\text{IF } \left(\tfrac{1}{2} \leq \alpha \leq \tfrac{3}{2}\right) \text{ OR } \left(\tfrac{9}{2} \leq \alpha \leq \tfrac{11}{2}\right) \text{ THEN } \phi(\alpha) \in [1, 2] \qquad (10)$$

in denen ein Hill-Climbing Algorithmus gestartet wird, der die bestmögliche lokale Lösung bestimmt. Die gesuchten Werte $\alpha_1 = 3 - \sqrt{5}$ und $\alpha_2 = 3 + \sqrt{5}$ werden von den Regionen der letzten Iteration des Verfahrens überdeckt.

Betrachten wir nun eine Parameterjustierung bezüglich des zweiten Systems g_2. Die mit der Funktion f ausgewerteten Parametervektoren (siehe Abbildung 2, Teil c) erlauben eine Parameterangleichung ohne Generierung von Auswertungspunkten. Das Verfahren findet die besten Parameterkombinationen $\alpha = 1$ und $\alpha = 5$. Zusätzlich werden Regionen angegeben, die ggf. alternative Lösungen aufdecken:

$$\text{IF } (\tfrac{1}{2} \leq \alpha \leq \tfrac{3}{2}) \text{ OR } (\tfrac{9}{2} \leq \alpha \leq \tfrac{11}{2}) \text{ THEN } \phi(\alpha) \in [0,3] \tag{11}$$

7 Zusammenfassung und Ausblick

Im Beitrag wird ein Verfahren für eine Parameterjustierung vorgeschlagen. Das Vorgehen benutzt vorhandene Daten von Modellauswertungen und benötigt eine Generierung von neuen Daten für eine Verfeinerung der Ergebnisse. Maschinelles Lernen wird eingesetzt, um die Informationen von vorhandenen Daten zu generalisieren. Im ersten Schritt des Verfahrens werden Parameterräume gefunden, in denen die potentielle minimale Abweichung des Modells vom System liegen kann. Sie werden in den folgenden Iterationen verfeinert und die optimalen Belegungen der Modellparameter kann gefunden werden.

Das Verfahren eignet sich für die Parameterjustierung komplexer Modelle, da es eine Wiederverwertung bekannter Modellauswertungen erlaubt. Wegen der Wiederverwendung vorhandener Simulationsauswertungen besitzt das Verfahren bei der mehrfachen Parameterjustierung eines Modells zusätzliche Vorteile gegenüber bekannter Optimierungsalgorithmen, weil Bereiche bestimmt werden, die weitere Lösungen aufdecken können.

Zur Zeit wird die Problematik von zeitabhängigen Ausgängen untersucht und in Zukunft wird das Verfahren im Rahmen einer Validierung und Optimierung des Flugversuchfeldträger ATTAS der DLR angewendet.

Danksagung

Wir bedanken uns bei Herrn P. Saager (DLR) und Herrn H. Heutger (DLR) für nützliche Hinweise und anregende Diskussionen.

Literatur

[1] Lawrence Davis (editor), *"Genetic Algorithms and Simulated Annealing"*, Morgan Kaufmann Publishers 1987

[2] Horst R., Tuy H., *"Global Optimization, Deterministic Approaches"*, Springer Verlag, 1990

[3] J. R. Quinlan, *"C4.5: Programms for Machine Learning"*, Morgan Kaufmann Publishers, 1993

[4] Quinlan J.R., *"Induction of Decision Trees"*, Machine Learning 1 (1986), Kluwer Academic Publisher, Boston, pp. 81-106

[5] Salzberg S., *"A Nearest Hyperrectangle Learning Method"*, Machine Learning, 6 (1991), Kluwer Academic Publisher, Boston, pp. 251-276

Die EUROSIM Comparisons
Dokumentation und Ergebnisse

F. Breitenecker
Technische Universität Wien, Abt. Simulationstechnik / ARGESIM
Wiedner Haupstraße 8-10, A - 1040 Wien
Email: `Felix.Breitenecker@tuwien.ac.at`

Kurzfassung. Simulationssprachen, Simulatoren und Simulationsumgebungen erleichtern die Modellbildung und das Experimentieren jeglicher Art von Prozessen wesentlich. Dennoch ist nicht jeder Simulator für jede Aufgabe gleich gut geeignet. Eine wesentliche Entscheidungsgrundlage ist daher ein Vergleich der Möglichkeiten, die ein Simulator bietet. Dieser Beitrag stellt im ersten Teil die seit fünf Jahre laufenden *EUROSIM Comparisons on Simulation Tools and Simulation Techniques* (*EUROSIM Comparions*) vor, charakterisiert die einzelnen Comparisons, gibt eine Übersicht über bisherige Lösungen und beschreibt die Dokumentation und Auswertung über WWW. Der zweite Teil beschäftigt sich mit einem spezifischen Comparison, dem *Dining Philosophers Problem*, der nicht nur Modellbildung und Features für Experimente vergleicht, sondern auch verschiedene Analysemethoden betrachtet.

Vergleich von Simulationssoftware

Um nun eine geeigneten Simulator auswählen zu können, muß sein Leistungsumfang und Anwendungsorientierung bekannt und mit anderen Sprachen vergleichbar sein.

Die Frage der Vergleichbarkeit wurde bereits früh erkannt: Anwendergruppen und Hersteller entwickelten *Benchmarks*. Diese Benchmarks sind relativ umfangreiche Simulationsaufgaben aus verschiedenen Anwendungsbereichen, die bestimmte Eigenschaften testen sollen. Nachteil dieser Benchmarks ist, daß sie relativ umfangreich und ihre Beschreibung in der Simulationssprache nicht rasch nachvollziehbar sind; um vergleichen zu können, muß sich der Benutzer relativ tief in mehrere Simulationssprachen einarbeiten.

F. E. Cellier versuchte in mehreren Arbeiten, Simulationssprachen direkt zu vergleichen: es werden bestimmte Vergleichsfeatures definiert und innerhalb von Vergleichsmatrizen angegeben, ob eine Sprache dieses Feature anbietet oder nicht. Nachteil dieser Art des sehr konzentrierten Vergleiches ist die Tatsache, daß nur angegeben ist, ob ein bestimmtes Feature angeboten wird oder nicht. Nicht ersichtlich ist, wie dieses Feature verwendet wird, wie einfach oder kompliziert es anzuwenden ist.

Die *ARGE Simulation News* (*ARGESIM*) an der Technischen Universität Wien hat in der von ihr herausgegebenen Zeitschrift *EUROSIM Simulation News Europe* (*SNE*) seit 1990 eine weitere Art des Vergleiches von Simulationssoftware, die *EUROSIM Comparisons on Simulation Tools and Simulation Techniques* (*EUROSIM Comparisons*) ausgeschrieben, die als Vergleichsbasis den Mittelweg zwischen Benchmarks und Vergleichsmatrizen wählen. Die Zeitschrift *SNE* ist die gemeinsame Mitgliederzeitschrift der Europäischen Simulationsvereinigungen, die sich 1990 zum Dachverband *EUROSIM* (Federation of European Simulation Societies) zusammenschlossen. Derzeit wird *SNE* von den Editoren I. Husinsky und F. Breitenecker im Auftrag von *ASIM* und *EUROSIM* herausgegeben. *SNE* erscheint zusätzlich als Addendum zu *Simulation Practice and Theory* (*SIMPRA*), der wissenschaftlichen Zeitschrift von *EUROSIM*.

Die EUROSIM Comparisons - Beschreibung

Die *EUROSIM Comparisons* basieren auf einfachen Modellen, die leicht überschaubar sind (bis vier Zustandsgrößen). Jeder Vergleich testet einige wenige Features (auf Modell-, Analyse und bzw. oder Experimentierebene) durch Vorgabe von bestimmten Aufgaben (meistens drei). Die EUROSIM Comparisons sind so gestaltet, daß sie auf einer Seite kompakt dokumentiert werden können und alle wesentlichen Merkmale und Ergebnisse beinhalten: kurze Beschreibung des Simulators bzw. Werkzeuges, Modellbeschreibung des Comparison (Modell Source, Graphik, Blöcke,..), und Ergebnisse der Aufgaben.

SNE schreibt abwechselnd einen „kontinuierlichen" und einen „diskreten" Vergleich aus. Der erste kontinuierliche Vergleich *Lithium Cluster Dynamics* (EUROSIM Comparison *C1*) wurde 1990 im ersten *SNE (SNE 0*, November 1990) beschrieben, er stammt aus der Physik. Drei verkoppelte Differentialgleichungen beschreiben die Konzentration von bestimmten Molekül-konglomeraten unter äußeren Einwirkungen (das System ist steif). Der Comparison testet die Effektivität der Integrationsalgorithmen, die logarithmische Ergebnisdarstellung, die Komfortabilität der Parametervariation und die Berechnung des eingeschwungenen Zustandes.

Aus dem Gebiet der Elektrotechnik stammt der zweite kontinuierliche Softwarevergleich *Generalized Class-E Amplifier* (*C3*), ausgeschrieben in *SNE 2* (Juli 1991). Ein lineares System vierter Ordnung beschreibt die Dynamik eines Verstärkers, wobei die Tücke in einer zeitabhängigen Widerstandsgröße liegt, die sehr schnell die ON- und OFF- Periode des Verstärkers schaltet. Der Comparison testet die Möglichkeiten der Eigenwertberechnung, die Integration bei Schaltvorgängen, die Beschreibung und Änderung von Tabellen und die Möglichkeiten zur Re-Initialisierung.

SNE 4 schreibt den dritten kontinuierlichen Vergleich *Two State Model* (*C5*) aus. Ein einfaches im Prinzip lineares System zweiter Ordnung ändert seine Parameter zustandsbereichs-abhängig: die Parameter der rechten Seiten der Gleichung ändern sich unstetig. Die drei Aufgaben dieses Comparison vergleichen die Möglichkeiten zur Beschreibung von Unstetig-keiten, zur Lokalisierung von Unstetigkeiten (Zustandsereignissen) und die Genauigkeit der numerischen Algorithmen.

Im März 1993 wurde in *SNE 7* der vierte kontinuierliche Comparison ‚*Constraint Pendulum* (*C7*) ausgeschrieben. Er basiert auf dem Modell eines Fadenpendels, das an einen Nagel anschlägt und beim Anschlag seine Dynamik unstetig ändert. Neben Grundaufgaben, wie der Simulation bei verschiedenen Anfangslagen, sollen lineares und nichtlineares Modell verglichen werden, ferner wird eine Randwertaufgabe gestellt. Die Möglichkeiten zur Beschreibung von State Events, zum Vergleich verschiedener Modelle und zur Lösung von Randwertaufgaben werden getestet.

SNE 17 (Juli 1996) schreibt den fünften kontinuierlichen Comparisons aus, *Fuzzy Control of a Two Tank System* (*C9*). Dieser Comparison testet Möglichkeiten zur Beschreibung und Simulation eines Fuzzy Reglers für eine nichlineare Strecke. Die Aufgaben sind die Beschreibung der Fuzzy Logik mit verschiedenen Basisfunktionen, die Implementierung des Modelles und der Vergleich verschiedener Regler, sowie Änderungsmöglichkeiten in den Gewichtsfunktionen.

Der erste diskrete Comparison *Flexible Assembly System* (*C2*) wurde in *SNE 1*, März 1991, ausgeschrieben. Aufgabenstellung war die Modellbildung eines flexiblen Fertigungssystemes, bestehend aus mehreren gleichartigen Verarbeitungszellen an einem Förderband. Die zu testenden Eigenschaften sind die Verwendung von Teilmodellen, die Möglichkeiten für komplexer Steuerungsstrategien, und die Modellparameter - Optimierung.

Der zweite diskrete Comparison, *Dining Philosophers' Problem* (*C4*), ausgeschrieben in *SNE 3*, November 1991, trägt einem Trend zur Verwendung von Petrinetzen als Beschreibungs-

538

grundlage Rechnung und versucht auch die Ebene der unterschiedlichen Analysemethoden zu diskutieren. Er verlangt Modellbildung und Analyse dieses bekannten Problem *der Dining Philosophers*. Aufgabenstellungen sind die Modellbeschreibung (als Netz oder ereignis- bzw. prozeßorientiert), die Netzanalyse und Simulation und die Anwendung von Prioritätsregeln.

Der dritte diskrete Comparison *Emergency Department - Follow-Up Treatment* (*C6*, ausgeschrieben in *SNE 7*, November 1992) beschäftigt sich mit den Abläufen in der Unfallambulanz eines Krankenhauses, ausgehend von erhobenen realen Daten. Dieser Comparison, in der Struktur ähnlich einer flexiblen Fertigung, testet die Möglichkeiten der Modellbeschreibung im Allgemeinen, die Beschreibung komplexer, teilweise heuristischer Steuerungsstrategien, und die Möglichkeiten zur Minimierung der durchschnittlicher Verweilzeit der Patienten durch Änderungen der Verfügbarkeit bzw. Kapazitäten der Ärzte bzw. Geräte.

In *SNE 16* (März 1996) wurde der vierte diskrete Comparison *Canal-and-Lock System* (*C8*) definiert. Er verlangt die Beschreibung eines an sich einfachen Schleusensystems, allerdings verbunden mit einer komplexen Steuerungslogik. Die Aufgaben sind Modellbeschreibung von Schleusensystem und Steuerungslogik (Aufwandsvergleich), Validierung mit deterministischen Daten, und Features zur Anwendung von Varianzreduktionsverfahren (Antithetische Zufallszahlen, korrellierte Zufallszahlen).

Eine Besonderheit stellt der in *SNE 10* (März 1994) ausgeschriebene *Comparison of Parallel Simulation Techniques* (*CP*) dar. Er soll die Effizienz von Parallelisierungsstrategien und zur Verfügung stehender Soft- und Hardware für „parallele Simulation" an Hand dreier Testbeispiele diskutieren: eine hierarchisch organisierbare Monte Carlo- Studie, ein stark verkoppeltes Räuber-Beute- System und ein (nach Diskretisierung einer partiellen Differentialgleichung) schwach verkoppeltes großes System gewöhnlicher Differentialgleichungen. Der Vergleich ist kein Vergleich der Leistungsfähigkeit von Parallel- bzw. Vektorrechnern oder anderen Mehrprozessorstrukturen, sondern ein Vergleich der Effizienz der Parallelisierung von Simulationsaufgaben.

Die EUROSIM Comparisons - Entwicklung und Auswertung

Die Idee dieser Art von Softwarevergleichen stellte sich als erfolgreich heraus. Viele Anwender bzw. Hersteller sandten ihre Lösung der Vergleiche ein. Die Autoren der Comparisons veröffentlichen vorläufige Zusammenfassungen der eingesandten Lösungen in *SNE*. Bis dato sind zu den Comparisons 108 Lösungen eingelangt, in der folgenden Tabelle aufgeschlüsselt nach Comparison und *SNE* - Ausgabe.

	1	*2*	*3*	*4*	*5*	*6*	*7*	*8*	*9*	*10*	*11*	*12*	*13*	*14*	*15*	*16*	*17*	*Ges*
C1	5	4	4	1	4		1			1	2	1		3		1		27
C2		4	3	5		2	2	1		2	2							21
C3			3	5	1		1				1	1		1	1		1	15
C4				2	1	2	2											7
C5					2	1						1			1		1	6
C6							1	1	2	1								5
C7								3	2	2		2	3	2		1	1	16
CP										1	2	3	1				1	8
C8																1	1	2
C9																1		1

Im Rahmen der Lösungen stellten sich generelle, nicht unumstrittene Trends der Entwicklung von Sprachen heraus, bzw. wurden interessante Fragen aufgeworfen:

* Beschreibung von Differential-Algebraischen Systemen, Verwendung der Jakobimatrix (Frequenzbereichsanalyse) Abgrenzung Programmen der Regelungstechnik, Graphische Modellbildung für Windows-Oberflächen, keine Abkehr von textueller Gleichungs- bzw. Blockbeschreibung, Austauschbarkeit von Modellbeschreibungen (Minimal-CSSL-Norm), Fehlen von kombinierten Systemen, Fehlen von Optimierungsmöglichkeiten,

* Trend zu spezialisierten Simulatoren (Fertigung), keine kombinierten Simulatoren, Dominanz der graphischen Beschreibungen, Probleme bei komplexen Steuerungsstrategien, Verstärkung und Überbewertung der Animationsfeatures, geringe Unterstützung statistischer Analysemöglichkeiten, teilweise Trend zu hoher Benutzerfreundlichkeit bei gleichzeitigem „Verstecken" des mathematisch - informatischen Hintergrundes

Die Comparisons heben sich als Vergleichsbasis in der Simulationslandschaft etabliert. Ihre Fortsetzung, Dokumentierung und Auswertung wird daher immer umfangreicher und aufwendiger. Derzeit entwickelt *ARGESIM* im Rahmen eines Projektes eine Datenbank, die einerseits Definition, Lösungen und Auswertungen der Comparisons verwalten helfen soll und andererseits Beschreibungen und Demo- Versionen von Simulationssprachen katalogisieren und zur Verfügung stellen soll. Verfügbar gemacht werden diese Informationen durch direkte Übertragung der Zusammenfassungen, Berichte etc. auf den WWW - Server und FTP Server `http://argesim.tuwien.ac.at` bzw. `ftp://simserv.tuwien.ac.at` der *ARGESIM*.

Der WWW Server bietet in seinem Index neben der *ARGESIM* - WWW Homepage Informationen über *EUROSIM, ARGESIM, ASIM, SNE*, über die Software Comparions, über Simulations-tagungen und über *SIMPRA*, sowie TU Wien - spezifisch über die Abteilung Simulationstechnik (*SIMTECH*), über das Institut für Technische Mathematik (*TU - E114*), über die Seminare der Reihe „Seminare aus Modellbildung und Simulation" und über die MATLAB- und ACSL - Betreuung an der TU Wien an; Hotlinks runden das Informationsangebot ab:

Der Einstieg in die Homepage der Comparisons bietet generelle Informationen über die Comparisons und Verweise auf die einzelnen kontinuierlichen bzw. diskreten Comparisons. Jeder Comparisons selbst wird durch fünf Punkte dokumentiert (s. nebenstehend).

Unter **Definition** findet sich die Ausschreibung des Comparisons (ev. mit späteren Kommentaren), unter **Remarks** werden Kommentare und etwaige weitere Links veröffentlicht.

Comparison 4
Dining Philosophers

☐ Definition
☐ Sample Solution
☐ Solutions
☐ Evaluations
☐ Remarks

Sample Solution bietet eine (oder zwei) „Musterlösungen" an, die ab *C8* gemeinsam mit der Ausschreibung im selben *SNE* veröffentlicht werden (wodurch für erwartete Lösungen ein einheitlicheres Bild erhofft wird);

Solutions verweist auf die von der Datenbank erzeugte Tabelle der bisherigen Lösungen (s. nebenstehend). Den Autoren der Lösungen wird Gelegenheit gegeben, ihre Lösung (u.a. kommentiert und in erweiterter Form) ebenfalls über WWW verfügbar zu machen (durch Mitsenden eines HTML-Files oder durch Verweis auf ihre Homepage), was in der Tabelle durch einen weiteren Link angezeigt wird. Ebenso wird auf eine eventuell vorhandene, am FTP Server abgelegte Demo-Version des Simulators verwiesen, mit kurzer Beschreibung und Spezifikation der Demo (ebenfalls über die Datenbank verwaltet).

Comparison 1 - Solutions

Simulation Language:	Location:
ESACAP	SNE1, p. 23
NAP2	SNE1, p. 24
ACSL	SNE1, p. 25
FSIMUL	SNE1, p. 26
SIMUL_R	SNE1, p. 27
XANALOG	SNE2, p. 21
HYBSIS	SNE2, p. 22
ESL	SNE2, p. 23
SIL	SNE2, p. 24
386-MATLAB	SNE3, p. 30
SIMULAB	SNE3, p. 31
DYNAST	SNE3, p. 32
DP ᵃ	SNE2

SIMULATOR	SNE #	SNE p.	Modelling Model Description	Task a) Algorithms Gear, Euler, RK	Task a) Ratio RKF:Gear	Task b) Parameter Sweep	Task b) Logarithmic Plots	Task c) Steady St. Finder
ESACAP	1	23	equations	BDF		model	standard	long-term
NAP2	1	24	graphical	Mod. Gear		model	standard	long-term
ACSL	1	25	equations	Gear, RKF, AM	15,9	manual RTI	standard	iteration
FSIMUL	1	26	graphical	RK4, Impl.Heun, AM		model	standard	long-term
Simul_R	1	27	equations	Euler, RK4		RTI	standard	iteration
XANALOG	2	21	graphical	RK4, (Mod.) Euler		model	standard	iteration
HYBSYS	2	22	equations	Euler, RK4, AM		RTI	standard	iteration
ESL	2	23	equations	RK4, Gear, AB	60	model	standard	iteration
SIL	2	24	equations	Stiff alg.		RTI	manual mod.	iteration
Matlab	3	30	equations	RKF		model	standard	iteration
SIMULAB	3	31	graphical	RK5, Gear, Linsim	28,1	model	standard	iteration
Dynast	3	32	equations	Gear (Newton-R.)		model	standard	long-term
Prosign	3	33	graphical	Simpson, AB		model	standard	iteration
Desire	4	30	equations	Gear		model	manual mod.	not given
EXTEND	5	32	graphical	Euler, Trapez		model	standard	long-term
I Think	5	33	graphical	Euler, RK	1,7	model	standard	long-term
ACSL	5	34	equations	Euler, RK4, Gear	8,4 / 5,7	RTI	standard	iteration
STEM	5	35	equations	RKF, Gear	21,6	model	manual mod.	iteration
TUTSIM	7	30	equations	AB, Euler		model	standard	iteration
MATRIXx	10	26	graphical	RK4, Stiff Solver		model	standard	iteration
Saber	11	26	equations	Gear, Trapez		model	standard	iteration
Simnon	11	27	equations	RK(F), DP		RTI	standard	long-term
mosis	12	28	equations	Euler, RK(F), Stiff	25,3	RTI	standard	iteration
Simnon	14	28	equations	RK(F), DP		RTI	standard	long-term
PowerSim	14	29	graphical	Euler, RK		model	manual mod.	long-term
IDAS	14	31	graphical	Euler, Trapezoidal		RTI	standard	long-term
20-Sim	16	34	equations	Euler, RK4, BDF	16	manual RTI	manual mod.	long-term

Der Verweis **Evaluations** referenziert einerseits etwaige in SNE oder anderswo veröffentlichte Zusammenfassungen bzw. Evaluierungen, andererseits verweist er auf eine aus der vorher erwähnten Datenbank erzeugte Vergleichstabelle, bei der die Modellbeschreibungsform und die Informationen und Ergebnisse zu den (drei) gestellten Aufgaben aller eingesandten Lösungen nach bis zu drei Kriterien gegenübergestellt werden.

Für den Comparison *C1 Lithium Cluster Dynamics* ist auf der Seite zuvor diese Tabelle in verkürzter Form angegeben. Die vollständige Tabelle beinhaltet weitere Informationen über die verwendeten Lösungsalgorithmen und zu jedem Kriterium genaue Spezifikationen, und zu vielen Angaben weitere Details und Kommentare.

Comparsion C4 - *Dining Philosophers* Problem

Neben dem Vergleich der Parallelisierungsstrategien (*CP*) stellt der Comparison *C4 Dining Philosophers* Problem eine Besonderheit dar. Er beschäftigt sich nicht nur mit Modellbeschreibung und Experimenten, sondern auch mit unterschiedlichen Analysemethoden - der Netzanalyse (z.B. mit Petri- Netzen) einerseits und mit der Zeitberechsanalyse („Simulation") andererseits - ideal wäre eine Verbindung beider Methoden. Bei der Definition wurden die Aufgaben aus diesem Grund sehr allgemein gehalten.

Dieser Comparison ist einerseits stark diskutiert, andererseits sind erst wenige Lösungen eingelangt. Im folgenden wird daher eine Analyse versucht, mit dem Ziel einer verbesserten Aufgaben- bzw. Lösungsformulierung, verbunden mit der exemplarischen Vorstellung unterschiedlicher Lösungsansätze.

Bei der anschaulichen Fragestellung handelt es sich um ein Beispiel, daß 1968 von E.W. Dijkstra eingeführt wurde, um die Problematik der Koordination von Prozessen in parallelen System, die sich Resourcen teilen müssen, anschaulich darzustellen.

Fünf (chinesische) Philosophen sitzen um einen runden Tisch, mit jeweils einer Schüssel Reis vor sich. Sie denken die meiste Zeit, doch ab und zu müssen auch Philosophen essen. Zu diesem Zweck liegt zwischen je zwei Philosophen genau ein Stäbchen. Um essen zu können muß ein Philosoph seine beiden benachbarten Stäbchen ergreifen, d.h. benachbarte Philosophen können nie gleichzeitig essen (Abb. 1). Aufgabe ist, daß die Philosophen möglichst problemlos zu ihren Mahlzeiten kommen, wenn sie Lust dazu haben. Vor allem ist es wichtig, das Verhungern eines oder mehrerer Philosophen zu verhindern. Sie verhungern z.B. genau dann, wenn jeder das Stäbchen auf der gleichen Seite nimmt, und sie so ins Philosophieren vertieft sind, daß es keinem auffällt. Diese Situation wird Deadlock genannt.

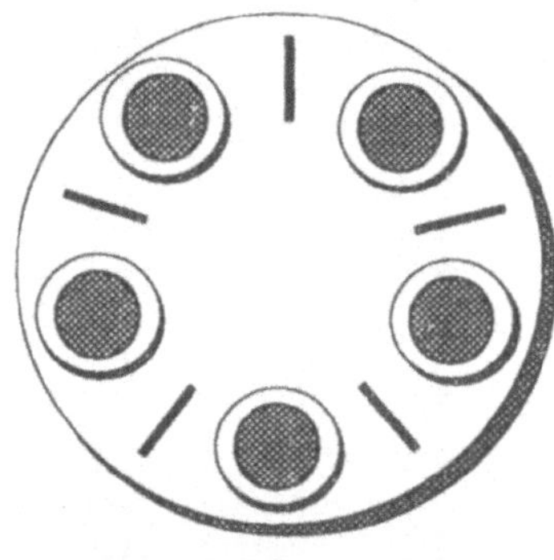

Dining Philosophers Problem

Wie muß eine Lösung des Problems aussehen ?

- Jeder Philosoph befindet sich genau in einem der 3 Zustände Essen, Denken, Hungrig
- Jedes Stäbchen liegt entweder auf dem Tisch, oder wird von einem der beiden benachbarten Philosophen gehalten.
- Ein Philosoph kann nur essen, wenn er im Besitz beider benachbarter Stäbchen ist.
- Ein Stäbchen kann nicht von zwei Philosophen gleichzeitig gehalten werden.
- Es darf keine Deadlocks geben, kein Philosoph darf verhungern
- Die Lösung soll effizient sein: d.h.: hohe Auslastung der Stäbchen, geringe Wartezeiten und gerechte Verteilung

Ein Problem liegt auch darin, daß man parallele Prozesse auf „normalen Rechnern" (mit von Neumann - Struktur) und mit üblichen Simulatoren nicht wirklich parallel ablaufen lassen kann. Man muß sich also Gedanken darüber machen, nach welchen Kriterien die Reihenfolge des Ergreifens der Stäbchen definiert wird, wenn zwei Philosophen „gleichzeitig" zugreifen, oder ob man diese Einschränkung, zumindest im Modell, auch umgehen kann.

Die ersten Punkte der zuvor beschriebenen Anforderungen an eine Lösung kann durch Analyse des Netzes erfolgen („statische" Methoden), um jedoch die Effizienz zu überprüfen, muß man sich der Simulation bedienen (die alleine allerdings nicht als Analysewerkzeug ausreicht, da sie wieder nicht die Grundvoraussetzungen überprüfen kann).

Ein Problem stellen die möglichen Deadlocks dar. Allgemeine Überlegungen erlauben die Angabe von Bedingungen für bzw. zur Verhinderung eines Deadlocks, die u.a. als Kommentare zu Lösungen in SNE veröffentlicht wurden. Zu erwähnen ist auch noch der einfache Deadlockfall, bei dem alle Philosophen hungrig sind und alle gleichzeitig nach einem Stäbchen greifen.

Gesucht werden daher „sichere" Lösungen, die teilweise durch Netzanalyse, teilweise allerdings nur mehr in der Zeitbereichssimulation zu verifizieren sind:

1) Man nimmt an, daß hungrige Philosophensofort ein freiwerdendes Stäbchen ergreifen, d.h. die Überprüfung, ob es frei ist, und das Aufnehmen sind eine unteilbare Operation.
2) Die Philosophen stehen beim Denken an ihren Plätzen, zum Essen dürfen sich jedoch maximal vier Philosophen hinsetzen.
3) Vier bestimmte Philosophen nehmen prinzipiell zuerst das linke Stäbchen und dann erst das rechte, der fünfte verfährt genau umgekehrt.
4) Jeder Philosoph wartet, bis beide Stäbchen frei sind, um sie dann gleichzeitig aufzunehmen.
5) Die Philosophen nehmen beliebig benachbarte freie Stäbchen. Im Falle eines Deadlocks wird ein Philosoph einfach aufgefordert, sein Stäbchen zurückzulegen.
6) *Hygienische Lösung*: Zu den fünf Philosophen kommen noch 5 Kellner (pro Philosoph einer). Die Stäbchen liegen, wenn sie nicht benutzt werden, nicht auf dem Tisch, sondern sind immer im Besitz eines Kellners, der sie für seinen Philosophen verwaltet. Nach dem Essen sind die Stäbchen schmutzig und werden erst beim Wechsel zwischen zwei Kellnern wieder gereinigt. Wenn ein Philosoph hungrig ist teilt er das seinem Kellner mit, und dieser verlangt daraufhin von seinen Nachbarkellnern die benötigten Stäbchen. Sobald er sie hat kann der Philosoph anfangen zu essen.

Bisher wurde zu diesem Comparison sieben Lösungen eingesandt. Es ist daran gedacht, durch gezieltes Anschreiben von Simulationsspezialisten auf diesem Gebiet, weitere Lösungen zu erhalten. Die Lösungen sind in folgender Tabelle zusammengefaßt, wobei Modellbeschreibungsmethodik und Analyseverfahren vermerkt sind. Eine vergleichende Tabelle ähnlich der zu Comparison C1 ist in Vorbereitung:

PROGRAM	SNE	Page	Methode	Net Analysis - Simulation
DESMO	4	44	Process description, textual	Net analysis and Simulation
GPSS/H	4	43	Process description, textual	Simulation
SIMUL_R	5	37	Process description, graphical	Simulation, Deadlock-Check
PACE	6	34	Petri Net, graphical	Net analysis
PAN	6	33	Petri Net, textual	Net analysis
POSES	7	34	Petri Net, graphical	Net analysis
NETLAB	7	35	Petri Net, graphical	Net analysis

Für die Netzanalyse stellen sich Petrinetze als ein sehr geeignetes Werkzeug heraus, vielfach wird das Problem selbst ja bereits als Petrinetz formuliert (siehe nebenstehend). In **PAN** wird das Netz textuell durch die Angabe von *places* und *transitions* definiert, woraus direkt der *reachability graph, transition conflicts* und andere Netzeigenschaften berechnet werden. Weiters sind aber nur beschränkt Prioritätsänderungen möglich.

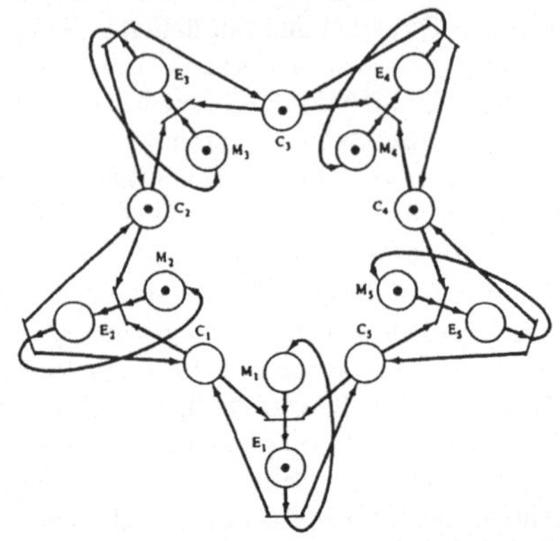

NETLAB arbeitet ebenfalls *mit state-transition nets*, erlaubt aber graphische Netzeingabe (ähnlich zur nebenst. Abb.)

Ebenfalls mit Petrinetzen arbeitet **PACE**, mit ähnlichem Leistungsumfang wie **NETLAB**. **POSES** hingegen erlaubt weitergehende Analysen auch im Zeitbereich, indem verschiedene Typen von Petrinetzen verwendet werden, u.a. mit zeitbehafteten Transitionen. In der eingesendeten Lösung wird das Modell mit einem *condition / event net* beschrieben.

Ein völlig anderer Zugang ist durch diskrete Simulatoren mit prozeßorientierter Modellbeschreibung gegeben. Eine „klassische" Lösung mit GPSS/H (nebenan) sieht die Philosophen als *entities*, die *stations* durchlaufen (SEIZE-ADVANCE-RELEASE a stick). In der der Modellbeschreibung können beliebige Prioritäten angegeben werden („Hygenische Lösung" durch weiteree *stations* möglich). Die Erkennung von Deadlocks erfordert die Programmierung eines aufwendigen Makros.

```
          ·GENERATE   0,0,,5,,2PB
           ASSIGN .........
. . . . . . . . . . . . . . . .
THINK      ADVANCE      4,2
           TRANSFER     BOTH,GRABL,GRABR
GRABL      SEIZE        PB(LINKE)
           ADVANCE      0.25
           SEIZE        PB(RECHTE)
           ADVANCE      0.25
           TRANSFER     ,EAT
GRABR      SEIZE        PB(RECHTE)
. . . . . . . . . . . . . . . . . . . . . . . . . . .
EAT        ADVANCE      4,2
           RELEASE PB(LINKE),PB(RECHTE)
           TRANSFER....THINK
```

Mit prozeßorientierter Modellbeschreibung arbeiten **SIMUL_R** und **DESMO**, allerdings mit moderneren Implementierungen, mit mehr Features und C(++) - Ansätzen. Beide Simulatoren erlauben beliebige Experimente mit Prioritäten und Modellerweiterungen. Zusätzlich kann das Vorhandensein eines Deadlocks überprüft werden. Bei **DESMO** ist dies als Prozedur eingebaut, die an entsprechender Stelle aufgerufen werden. In **SIMUL_R** wird einfach ein WAIT_EVENT abgesetzt, das einen einfach zu programmierenden DO-block überprüft. Diese Sprache bietet auch Animationsfeatures an, darüber hinaus ist sie eine echt kombinierter Simulator, der auch kontinuierliche Prozesse simulieren kann (u.a. alle *EUROSIM* Comparisons!).

544

Das 5-Philosophen-Problem und
die Modellspezifikation mit Simplex II

Prof. Dr. Bernd Schmidt
Lehrstuhl für Operations Research
und Systemtheorie
Universität Passau
94030 Passau

Die Modellspezifikation des 5-Philosophen-Problems mit Hilfe von SIMPLEX-MDL zeigt die folgenden Sachverhalte:

* **Es gibt eine strenge Trennung zwischen der Strukturbeschreibung** (Siehe Bild 1 und Bild 2) **und der Beschreibung der einzelnen Komponenten.** Auf diese Weise wird eine weitgehende Strukturähnlichkeit zwischen System und Modell erreicht.

* **Die Modellspezifikation der Basiskomponenten ist nahezu selbstdokumentiert und intuitiv verständlich.** Dadurch wird eine bequeme Pflege und Wartbarkeit sichergestellt. Zugleich erreicht man eine leichte Modifizierbarkeit bei Änderungswünschen.

* **Die Probleme, für die das 5-Philosophen-Problem eigentlich als Beispiel- und Demonstrationsmodell dienen soll, sind die Verklemmung und die geordnete Behandlung gleichzeitiger Ereignisse. Beide Aufgaben lassen sich mit SIMPLEX-MDL ohne aufwendige Hilfskonstruktion lösen.**

* Das Modell soll solange laufen, bis sich eine Systemverklemmung eingestellt hat und alle Philosophen mit einer Gabel in der linken Hand dasitzen. Dieser Zustand soll protokolliert und der Simulationslauf daraufhin gezielt beendet werden.

1 Die Modellstruktur

In Simplex-MDL ist der Anwender in der Lage, die Granularität seines Modells selbst zu bestimmen. Das heißt, er kann angeben, welche Funktionen bzw. welche Eigenschaften die Komponenten haben sollen, aus denen er sein Modell aufbauen will.

Es bietet sich an, das Modell so zu zerlegen, daß jeder Philosoph und jeder Ablageplatz für eine Gabel zu einer eigenständigen Komponente werden. Man kann dann in bequemer Weise vom Klassenkonzept Gebrauch machen.

Eine weitere Entscheidung für das Modellkonzept sieht vor, daß die Gabeln als mobile Komponenten tatsächlich physisch vom Ablageplatz zu den Philosophen bewegt werden. Man kann argumentieren, daß bei dieser Spezifikationsweise die Strukturähnlichkeit zwischen System und Modell am größten ist. Es werden also nicht nur Variablen umgesetzt.

In SIMPLEX-MDL wird streng zwischen den sogenannten Basiskomponenten und den Strukturkomponenten unterschieden. Die Basiskomponenten beschreiben die einzelnen Komponenten mit ihrem dynamischem Verhalten. Die Strukturkomponenten legen fest, wie die Basiskomponenten miteinander verschaltet werden.

Unter den angegebenen Entwurfsentscheidungen hat die Strukturkomponente ein Aussehen, das Bild 1 zeigt.

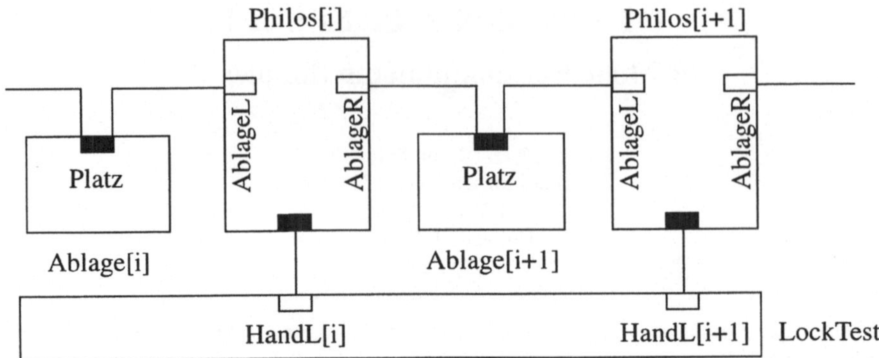

Bild 1: Die Struktur des Modells

Man sieht, daß der Platz in der Komponente Ablage mit der AblageR bzw. AblageL in den beiden benachbarten Philosophenkomponenten verbunden ist. Über diese Verbindungen laufen die Gabeln, wenn es die entsprechenden Bedingungen erlauben.

Syntaktisch haben die Verbindungen die folgende Form:

Ablage[2]. Platz - - -> Philos[1].   AblageL

Ablage[2]. Platz - - -> Philos[2].   AblageR

Zusätzlich wird eine eigene Komponente LockTest eingeführt. Sie hat die Aufgabe, die Systemverklemmung zu erkennen und das Modell gezielt zu beenden. Diese Komponente ist über Verbindungen mit allen Philosophen verknüpft und kennt den Zustand der linken Hand.

Bild 2 zeigt die vollständige Spezifikation der Strukturkomponente.

```
 1 HIGH LEVEL COMPONENT Tisch
 2 DIMENSIONS
 3    AnzP := 5                    # Anzahl der Philosophen
 4 SUBCOMPONENTS
 5    ARRAY[AnzP] Philos,      # Array für Philosphen
 6    ARRAY[AnzP] Ablage,      # Array für Ablagen
 7    LockTest
 8 COMPONENT CONNECTION
 9    Philos{ALL i}.HandL  --> LockTest.HandL[i];
10    Ablage{i OF 2..AnzP}.Platz  --> Philos[i].AblageL;
11    Ablage{i OF 2..AnzP}.Platz  --> Philos[i-1].AblageR;
12    Ablage[1].Platz --> Philos[1].AblageL;
13    Ablage[1].Platz --> Philos[AnzP].AblageR;
14 INITIALIZE
15    Philos{i OF 1.. AnzP}.PhilNum := i;  # Philosophen
16                                         # numerieren
17 END OF Tisch
```

Bild 2: Die Strukturkomponente Tisch

Die Modellspezifikation wird besonders kompakt durch die in SIMPLEX-MDL verfügbaren Arrays von Komponenten. Auf diese Weise läßt sich das Ziehen der Komponenten vereinfachen. (Siehe Zeile 9-11).

Anmerkungen:

* Durch den komponentenweisen Aufbau und den Einsatz von Arrays ist es möglich, ohne größere Änderungen die Anzahl der Philosophen zu modifizieren. Das geschieht ausschließlich durch das Setzen der Dimensionierungsvariable AnzP (siehe Zeile 3).

* In den Zeilen 5-7 wurden jeweils 5 identische Ausprägungen der Klasse Philos bzw. Ablage erzeugt. Durch INITIALIZE kann jede Ausprägung individuell mit Parametern versehen werden. Im vorliegenden Fall erhält jeder Philosoph intern eine eigene Nummer. (Siehe Zeile 15.)

Die Modellstruktur nach Bild 3 entspricht der Struktur des ursprünglichen Systems. Die textuelle Modellspezifikation in Bild 4 wiederum repräsentiert sehr klar den internen Modellaufbau. **Auf diese Weise soll der wichtigen Anforderung nach Strukturähnlichkeit bzw. konzeptioneller Nähe zwischen System und Modell entsprochen werden. Man erkennt im Modell sofort die Struktur des Systems wieder.**

Eine ausführliche Beschreibung zu den Möglichkeiten, die SIMPLEX-MDL zur Strukturbeschreibung von Modellen bereitstellt siehe /1/ und /2/.

2 Die Spezifikation der Basiskomponenten

In der Strukturkomponente Tisch nach Bild 2 wurden die Ausprägungen der Klasse Philos und Ablage sowie die einzelne Komponente LockTest miteinander verbunden. Ganz getrennt und unabhängig voneinander lassen sich die einzelnen Basiskomponenten deklarieren.

Bei der Basiskomponente Philos handelt es sich zunächst um eine Klassenbeschreibung, aus der in der Strukturkomponente Tisch 5 Ausprägungen mit jeweils eigener Parameterversorgung erzeugt werden.

Die Basiskomponente Philos enthält die Dynamikbeschreibung in einer zustandsorientierten Weise. Für die beiden Zustandsübergänge

essend - -> denkend

denkend - -> hungrig

ist die Zeit bekannt, zu der sie ausgeführt werden müssen. Es handelt sich also um ein zeitabhängiges Ereignis (siehe Bild 3, Zeile 33-46) Falls sich der Philosoph im Zustand essend befindet, legt er die Gabeln aus der linken bzw. rechten Hand auf die linke bzw. rechte Ablage zurück (Zeile 34 und 35) Anschließend geht er in den Zustand denkend über.

Befindet sich der Philosoph im Zustand denkend wird ohne weitere Aktionen der Zustand zunächst auf hungrig gesetzt. (Siehe Zeile 43)

Immer wenn der Philosoph sich im Zustand hungrig befindet und sich auf der Ablage zu seiner Linken eine Gabel befindet, kann er diese Gabel in seine linke Hand nehmen. (Zeile 50) Das geschieht sofort und unmittelbar, nachdem die Bedingung wahr geworden ist.

```
 1 BASIC COMPONENT Philos
 2 MOBILE SUBCOMPONENTS OF CLASS Gabel
 3 LOCAL DEFINITIONS
 4 VALUE SET
 5     Zustd:  ('denkend','hungrig','essend')
 6 DECLARATION OF ELEMENTS
 7 CONSTANTS
 8     AnzP (INTEGER)          := 5
 9 STATE VARIABLES
10     Zustand (Zustd)         := 'denkend',
11     TNext   (REAL)          := 0.0,
12     PhilNum (INTEGER)       := 1
13 RANDOM VARIABLES
14                     # Naechste Essenszeitdauer
15     TEssen(REAL)   : IUNIFORM(LowLimit:=1,UpLimit:=10),
16                     # Naechste Denkzeitdauer
17     TDenken(REAL)  : IUNIFORM(LowLimit:=1,UpLimit:=10)
18 TRANSITION INDICATORS
19     RGabel
20 LOCATIONS
21     HandL(Gabel) := 0 Gabel,  # Hand f. linke Gabel
22     HandR(Gabel) := 0 Gabel   # Hand f. rechte Gabel
23 SENSOR LOCATIONS
24     AblageL(Gabel),      # Ablageplatz linke Gabel
25     AblageR(Gabel)       # Ablageplatz rechte Gabel
26 DYNAMIC BEHAVIOUR
27 ON START DO
28     TNext^ := T + TDenken;
29     Zustand^ := 'denkend';
30 END
31 # Auf naechsten Ereigniszeitpunkt reagieren
32 ON ^T >= TNext^ DO
33     IF Zustand = 'essend' DO
34         HandL^: TO AblageL SEND Gabel[1];
35         HandR^: TO AblageR SEND Gabel[1];
36         Zustand^ := 'denkend';
37         TNext^ := T + TDenken
38         DISPLAY("T=%f: Phil. %d gibt Gabeln frei\n",
39                 T,PhilNum);
40     END
```

Bild 3: Die Komponente Philos

```
41      ELSIF Zustand = 'denkend'
42      DO
43          Zustand^ := 'hungrig';
44          DISPLAY("T=%f: Phil. %d ist hungrig\n",
45                  T,PhilNum);
46      END
47 END

48 WHENEVER (Zustand='hungrig') AND (NUMBER(AblageL)=1)
49 DO
50      HandL^: FROM AblageL GET Gabel[1];
51      DISPLAY("T=%f: Phil. %d nimmt linke Gabel\n",
52              T,PhilNum);
53 END

54 WHENEVER (Zustand='hungrig') AND (NUMBER(AblageR)=1)
55 DO
56      SIGNAL RGabel;
57 END

58 ON RGabel
59 DO
60      IF (NUMBER(AblageR)=1)
61      DO
62          HandR^: FROM AblageR GET Gabel[1];
63          DISPLAY("T=%f: Phil. %d nimmt rechte Gabel\n",
64                  T,PhilNum);
65      END
66 END

67 WHENEVER (Zustand='hungrig')
68 AND (NUMBER(HandL)=1) AND (NUMBER(HandR)=1)
69 DO
70      TNext^ := T + TEssen;
71      Zustand^ := 'essend';
72      DISPLAY("T=%f: Phil. %d geht in Zustand essend
                ueber\n",T,PhilNum);
73 END

74 END OF Philos
```

Bild 3: Die Komponente Philos

Von besonderer Bedeutung ist an dieser Stelle der Konfliktfall des gleichzeitigen Zugriffs von zwei Philosophen auf die Gabel zwischen ihnen. Die Strategie verlangt, daß in diesem Fall der rechte Philosoph bevorrechtigten Zugang haben soll. Das wird erreicht, indem der Zugriff eines Philosophen auf die Gabel zu seiner Rechten bei gleicher Zeit um einen Takt verzögert wird. Auf diese Weise wird sichergestellt, daß der rechte Philosoph seine linke Gabel sofort konfliktfrei aufnehmen kann.

Eine ausführliche Beschreibung der Zeitfortschaltung mit Hilfe von Takten zur Lösung des Problems der Gleichzeitigkeit findet man in /3/ und /1/.

Der Philosoph wird zur rechten Zeit unter Berücksichtigung der Vorrangregel auch seine rechte Gabel aufnehmen (Zeile 62) Sobald er beide Gabeln besitzt, kann er in den Zustand essend übergehen (Zeile 71)

Bild 3 zeigt die vollständige Modellspezifikation für die Komponente Philos. Die Beschreibung der Ereignisse ist nahezu selbstdokumentierend und unmittelbar verständlich. Wiederum soll hiermit die Strukturähnlichkeit zwischen System und Modell in den Vordergrund gestellt werden. In einer Modellspezifikation nach Bild 3 ist es sehr einfach, den Sachverhalt zu durchschauen und beispielsweise Änderungen durchzuführen. In gleicher Weise lassen sich die Komponenten Ablage und LockTest spezifizieren.

3 Ergebnis

Es wird zunächst eine Situation protokolliert, in der zwei benachbarte Philosophen zugleich in den Zustand hungrig übergehen und beide gleichzeitig die mittlere Gabel aufnehmen möchten. Man sieht, wie nach der verabredeten Vorrangregel der rechte Philosoph die mittlere Gabel erhält.

```
T=341.000000: Phil. 5 gibt Gabeln frei
T=343.000000: Phil. 1 ist hungrig
T=343.000000: Phil. 4 ist hungrig
T=343.000000: Phil. 5 ist hungrig
T=343.000000: Phil. 1 nimmt linke Gabel
T=343.000000: Phil. 5 nimmt linke Gabel
T=344.000000: Phil. 2 gibt Gabeln frei
T=344.000000: Phil. 1 nimmt rechte Gabel
T=344.000000: Phil. 1 geht in Zustand essend ueber
```

Zum Zeitpunkt T=343 ergibt sich eine Situation in der Phil. 1, Phil. 4 und Phil. 5 zufällig zugleich hungrig werden. Zu dieser Zeit sind nur die zwei Gabeln zwischen Phil. 1 und Phil. 5 bzw. zwischen Phil. 4 und Phil. 5 frei.

Der Strategie entsprechend nimmt Phil. 1 und Phil. 5 die linke Gabel. Für Phil. 4 bleibt nichts übrig.

Zum Zeitpunkt 344 gibt Phil. 2 seine Gabeln frei. Somit kann Phil. 1, der bereits die linke Gabel besitzt, die rechte Gabel aufnehmen und in den Zustand essend übergehen.

Weiterhin wird die Situation dargestellt, in der sich eine Systemverklemmung ergibt und alle Philosophen jeweils eine Gabel in der linken Hand halten.

```
T=759353.000000: Phil. 5 geht in Zustand essend ueber
T=759355.000000: Phil. 3 nimmt rechte Gabel
T=759355.000000: Phil. 3 geht in Zustand essend ueber
T=759358.000000: Phil. 3 gibt Gabeln frei
T=759360.000000: Phil. 5 gibt Gabeln frei
T=759361.000000: Phil. 1 ist hungrig
T=759361.000000: Phil. 2 ist hungrig
T=759361.000000: Phil. 3 ist hungrig
T=759361.000000: Phil. 4 ist hungrig
T=759361.000000: Phil. 5 ist hungrig
T=759361.000000: Phil. 1 nimmt linke Gabel
T=759361.000000: Phil. 2 nimmt linke Gabel
T=759361.000000: Phil. 3 nimmt linke Gabel
T=759361.000000: Phil. 4 nimmt linke Gabel
T=759361.000000: Phil. 5 nimmt linke Gabel
Deadlock, jeder Philosoph hat seine linke Gabel genommen
```

Literatur

/1/   Schmidt, B.; SIMPLEX II; SCS Publication, San Diego 1995

/2/   Eschenbacher, P.; Konzeption einer deklaritiven und zustandsorientierten Sprache zur formalen
       Beschreibung und Simulation von Warteschlangen- und Transportmodellen; SCS Publication,
       San Diego 1995

/3/   Schmidt, B.; Das Problem der Gleichzeitigkeit bei der objektorientierten Modellspezifikation;
       SiP, Heft 2, 1995

550

Simulation des 5 Philosophen-Problems in SLX

James. 0. Henrikson,Wolverine Software Coorporation, e-mail : wolverine@intr.net
Fritz Preuß, Technische Universität Dresden, e-mail : preuss@iis144.inf.tu-dresden.de
Thomas Schulze, Universität Magdeburg, e-mail : TOM@isg.cs.uni-magdeburg.de

Abstract

SLX ist ein objektorientiertes Simulationssystem mit einer eigenen SLX-Sprache zur Modell-beschreibung. Nach einer kurzen Einführung in SLX wird eine Lösung für das klassische 5 Philosophen-Problem mit SLX vorgestellt. Schwerpunkt ist hierbei die kontrollierte Behandlung zeitgleicher Ereignisse.

1 Einführung in SLX

SLX ist ein von der Wolverine Software Corporation entwickeltes Simulationssystem. Die Grundkonzepte dieses Systems wurden erstmalig von Henriksen (1993) und (1995) charak-terisiert. SLX besteht logisch aus dem SLX-Kernel und einer Entwicklungskomponente zum Erstellen benutzerangepaßter Simulatoren. Der SLX-Kernel stellt Datenstrukturen und Anwei-sungen zur Simulation auf einem elementaren Level bereit.

In die SLX-Entwicklung sind langjährige Erfahrungen aus Implementierung, Betreuung und Verkauf des GPSS/H eingeflossen. Ein großer Teil des SLX-Kernels basiert auf den effizienten Verarbeitungsroutinen des GPSS/H. Für einige Bereiche des Kernels, wie z.B. Zufallszahlen-erzeugung oder Listenverwaltungen wurden die internen GPSS/H-Algorithmen direkt übernom-men. Für andere Bereiche, wie die Puck-Verwaltung, war es notwendig, existierende GPSS/H-Algorithmen zu modifizieren, bzw. neu zu implementieren.

Eine wesentliche Eigenschaft des SLX-Simulationssystems ist seine geschichtete Architektur. Für diesen Entwurf sprechen folgenden Gründe :
1. Schichtenmodelle haben eine breite Akzeptanz gefunden. Sie erlauben die Nutzung unter-schiedlicher Abstraktionslevel, die in großen und komplexen Modellen eine große Rolle spielen.
2. Der Abstand der Schichten in SLX-Simulatoren wird durch den Entwickler des Simulators selbst bestimmt. Mögliche Schichten im SLX liegen somit in einem vernünftigen Abstand zueinander.

Für das SLX-Simulationssystem wurde eine SLX-Sprache entwickelt. Diese Sprache besitzt bezüglich der Syntax Ähnlichkeiten mit der Sprache C. Die SLX-Sprache wird direkt von einem SLX-Compiler verarbeitet. Auf der Basis der leistungsstarken und elementaren Bestandteile des SLX-Kernels besteht für den Entwickler keine Veranlassung, auf eine tieferliegende Sprache hinabzusteigen. Dieser Abstieg ist in SLX nicht möglich und nicht notwendig. Darüber hinaus beinhaltet der SLX-Kernel eine vollständige Fehlerkontrolle, wie z.B. auf unzulässige Pointer und auf Feldzugriffe außerhalb der zulässigen Feldgrenzen. Die möglichen Schichten über dem Kern nutzen selbstverständlich diese Leistungen des Kerns. Ein Einführung in die SLX-Sprache, der SLX-Datenstrukturen und Schlüsselkonzepte des Simulorkerns wird in Schulze/Henriksen (1996) gegeben.

2 Modellspezifikationen mittels der SLX-Sprache

2.1 SLX-Objekte

Ein reales System besteht aus einzelnen, eigenständigen Komponenten, die in wechselseitigen Beziehungen stehen. Zur Nachbildung dieser eigenständigen Komponenten stellt die SLX-Sprache den Typ Objekt bereit. Damit ist jedoch SLX keine objektorientierte Sprache im klassischen Sinn. Die SLX-Objekte lassen sich in zwei Kategorien einteilen: aktive und passive Objekte. **Passive Objekte** benutzt man zur Abbildung von Komponenten des realen Systems, die selbst keine Aktionen ausführen. Ein typisches Beispiel dafür ist ein Parkplatz, der als passives Objekt von aktiven Objekten (den Pkws) belegt und wieder frei gegeben wird. Es wird unterstellt, daß der Parkplatz selbst keine Manipulationen an den Fahrzeugen vornimmt. **Aktive Objekte** dagegen führen Aktionen mit anderen Objekten aus, wobei diese passiv oder aktiv sind. Der Ablauf der dynamischen objektspezifischen Aktionen wird in einer Ablaufbeschreibung, der sog. *Action Property* spezifiziert.

Jedes SLX-Objekt besteht aus zwei Teilen, dem Definitionsteil der verwendeten Attribute zur Beschreibung der Zustandsgrößen und Initialisierungsparameter sowie dem Beschreibungsteil für die sog. *Properties*. Properties lassen sich mit Standardmethoden aus der objektorientierten Programmierung vergleichen. Alle SLX-Objekte verfügen über die folgenden Properties :

Bezeichner	Aktionen
initial	Ausführung der Aktionen bei der Erzeugung des Objektes. (Konstruktor)
final	Ausführung der Aktionen bei der Vernichtung des Objektes (Destruktor)
report	Ausführung der Aktionen durch Abarbeitung der REPORT-Anweisung für dieses Objekt
clear, reset	Ausführung der Aktionen durch Abarbeitung von CLEAR- bzw. RESET-Anweisungen zum Rücksetzen statistischer Attribute

Aktive Objekte sind durch die Verwendung der Action -Property gekennzeichnet.

2.2 Action-Property

Die Action-Property beschreibt das zeitliche Verhalten eines aktiven Objekts durch Aktionen. Diese Aktionen lassen sich in zeitlose oder zeitbehaftete Aktionen einteilen. Alle Veränderungen oder Abfragen an Attribute anderer Objekte oder an eigenen Attributen sind zeitlose Aktionen. Diese Aktionen werden mit Anweisungen beschrieben, wie sie auch aus anderen Modellbeschreibungssprachen bekannt sind.

Die zeitverbrauchenden Aktionen lassen sich in zwei unterschiedliche Arten klassifizieren: die berechnete (finite) und die bedingungsabhängige Zeitverzögerung. Berechnete Zeitverzögerungen werden verwendet, um z.B. die Bearbeitung eines Teils auf einer Maschine nachzubilden. Die SLX-Sprache stellt hierfür die *advance* -Anweisung zur Verfügung. Die Abarbeitung der Action-Property wird um die angegebene Zeit unterbrochen.

Eine bedingungsabhängige Zeitverzögerung wird mittels der *wait-until* -Anweisung beschrieben. In dieser Anweisung wird eine Bedingung spezifiziert und die Abarbeitung der Action-Property solange unterbrochen, bis die Bedingung erfüllt ist. Die Bedingung wird als Boolescher-Ausdruck formuliert, in den eigene oder Attribute anderer Objekte sowie globale Variablen der Modellbeschreibung einfließen.

Eine Spezialform der bedingungsabhängigen Zeitverzögerung liegt vor, wenn die Bedingung nicht explizit in diesem Objekt beschrieben werden kann. Pkws einer Autovermietung werden als aktive Objekte nachgebildet und während ihres Verweilens auf dem Parkplatz der Autovermietung haben sie selbst keinen Einfluß auf die Auswahl der Fahrzeuge. Diese Auswahl wird von einem Dispatcher vorgenommen. In der Beschreibung der zeitlichen Verhaltens werden die Pkws mittels der *wait* -Anweisung in einen passiven Zustand versetzt. Dieser passive Zustand kann nur durch ein anderes Objekt beendet werden.

3 Konzeptionelles 5-Philosophen-Modell

Auf die Beschreibung des 5-Philosophen-Problems wird hier nicht weiter eingegangen. Das Problem des gleichzeitigen Zugriffs tritt nicht auf, da vereinbarungsgemäß zuerst jeder hungrige Philosoph versucht, seine linke Gabel zu greifen. Er wartet mit dem Zugriff auf seine rechte Gabel, bis alle anderen hungrigen Philosophen die Zugriffe auf ihre linke Gabel beendet haben. Die Reihenfolge des Zugriffe wird durch den Wert der Identifikationsnummer der Philosophen bestimmt. Der Philosoph mit der höheren Nummer greift vor einem Philosophen mit einer niedrigeren Nummer zu.

Eine Systemverklemmung entsteht dann, wenn alle Philosophen zum gleichen Zeitpunkt hungrig sind und alle auf ihre linke Gabel zugegriffen haben.

Das 5-Philosophen-Problem kann mit zwei unterschiedlichen Modellansätzen nachgebildet werden. Der eine Ansatz betrachtet die Philosophen als unmündige Personen, die keine eigenen Entscheidungen treffen können. Die Ablaufsteuerung liegt in Händen eines Gurus (Dispatchers), der den Philosophen die entsprechenden Befehle übermittelt. Im anderen Ansatz verzichten die Philosophen auf eine übergeordnete Steuerung. Sie verwenden zur Konfliktlösung Informationen über ihre eigene Zustände.

Der Lebenslauf eines Philosophen besteht aus einer zyklisch sequentiellen Folge der Aktivitäten Denken, Hungern und Essen. Für die ganzzahlige Zeitdauer des Denkens und des Essens wird eine Gleichverteilung zwischen 1 und 10 Zeiteinheiten angenommen. Die Zeitdauer des Hungerns ergibt sich aus der jeweiligen Situation.

Für unser Modell legen wir die Modellkomponenten Philosoph und Gabeln fest. Im ersten Ansatz besteht die Komponente Philosoph aus dem Attribut Indent.Nr und den Aktionen *Denken*, *Hungern* und *Essen*. Die Zeitdauer der dynamischen Aktionen Denken und Essen läßt sich mittels Verteilungsfunktionen beschreiben.

Die Komponente Gabeln ist passiv und benötigt daher keine Beschreibung von Aktionen. Jede Gabel besitzt ein Zustandsattribut, welches die beiden Werte { frei , in_gebrauch} aufweist.

Die Aktion Hungern muß weiter untersetzt werden. Die Spezifikation erfordert ein weiteres Attribut für die Komponente Philosoph. In diesem Attribut wird der Zustand des Philosophen während der Aktion Hungern beschrieben. Ein Philosoph kann sich in einem der folgenden Zustände befinden: { ohne_Gabeln, alle_Gabeln, linke_Gabel, rechte_Gabel} . In Abhängigkeit von einem der möglichen Zustände trifft der Philosoph seine Entscheidungen während der Hungerperiode. Jeder Philosoph beginnt das Hungern im Zustand ohne_Gabeln und im Zustand alle_Gabeln beendet er die Aktion.

Zur Darstellung der Untersetzung für die Aktion Hungern im konzeptionellen Modell wird ein PASCAL-ähnlicher Pseudocode verwendet. Bild 1 zeigt den Pseudocode für die Aktion Hungern.

Hinter der verbalen Beschreibung *'Versuche linke Gabel zu nehmen'* verbirgt sich eine einfache zeitlose Anfrage an das Attribut Zustand der Modellkomponente Gabel. Bei einem Wert gleich frei, wird diese Gabel belegt. Die Beschreibung *'Warte auf andere hungrige Philosophen'* bedeutet ein zeitloses Unterbrechen der Aktion Hungern. Alle anderen hungrigen Philosophen, die ebenfalls auf eine linke Gabel zugreifen müssen, überprüfen auch ihre Zugriffsmöglichkeiten.

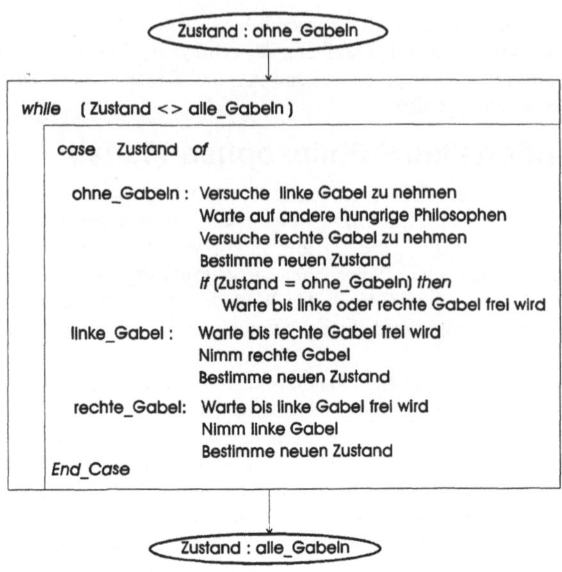

Bild 1 : Beschreibung der Aktion Hungern

Die Aktion *'Bestimme neuen Zustand'* ermittelt zeitlos aus den erfolgten Änderungen an der Komponente Gabel den neuen Zustand des Philosophen. Die Notation *'Warte bis rechte Gabel frei wird'* beschreibt ein bedingungsabhängiges zeitbehaftetes Warten des Philosophen bis in der Komponente Gabel ein Zustand eintritt, der dem wartenden Philosophen ein Zugriff gestattet. Mit der Beschreibung *'Nimm rechte Gabel'* wird das zeitlose Verändern der Komponente Gabel charakterisiert.

4 Modellbeschreibung mit der SLX-Sprache

Das konzeptionelle Modell ist in ein SLX-Modell zu überführen. Bei der Translation wird eine Zuordnung von Komponenten des konzeptionellen Modells zu Elementen des SLX-Modells vorgenommen :

Komponenten	SLX-Modellelemente	
	Datentyp	Bezeichner
Philosoph	active object	o_philosopher
Gabeln	boolean array	forks_busy

Das Objekt o_philosopher erhält die folgenden Attribute :

```
object o_philosopher ( in integer number )
  {
    //          ******  Attributes   *******
    integer ident_nr;                      // philosophers number
    integer left_fork_number;      // left fork number
    integer right_fork_number;     // right fork number
```

```
boolean left_fork_in_hand ;
boolean right_fork_in_hand;
enum ( all_forks, left_fork , right_fork , without_forks )    behavior ;
//        **** Initial *****
...
```

Die vorhandene Informationsredundanz über den Zustand des Philosophen während der Hungerphase wird aus Modellierungsaspekten akzeptiert. Allen Attributen werden in der initialproperty die entsprechenden Werte zugewiesen.

```
initial
   {
  ident_nr = number ;
  left_fork_number  =  ident_nr ;
      right_fork_number =  ( ident_nr + 1 ) % 5;
      left_fork_in_hand = FALSE;
      right_fork_in_hand = FALSE;
      behavior = without_forks ;
   } // end of initial
```

In der Action-Property erfolgt die Beschreibung des dynamischen Verhaltens der Philosophen. Das Verhalten ist durch einen Zyklus der Teilaktivitäten Denken, Hungern und Essen charakterisiert. Die Teilaktivitäten Denken und Essen erfordern ein zeitbehaftetes Warten, wobei die Wartezeit finit ist. Der folgende Ausschnitt zeigt die Beschreibung der Teilaktivität Denken:

```
ACTIVE->priority = 10 + ident_nr;
seed= irand( seed );              // integer random generator
advance seed%10 + 1 ;             // random [1..10]
```

Die Teilaktivität Hungern wird analog zu der Beschreibung im konzeptionellen Modell umgesetzt.

Im folgenden wird die Translation der Teilaktivität *Warte auf andere hungrige Philosophen* in ein SLX-Modell gezeigt. Für den Zugriff auf die rechte Gabel wurde vereinbart, daß alle Philosophen zu erst einen Zugriff auf die linke Gabel ausführen. Zur Modellierung dieses Verhaltens wird die Sortierreihenfolge in der aktuellen Ereignisliste berücksichtigt. Zu jedem aktiven Objekt existiert in SLX mindestens ein sog. Puck, der ein Prioritätsattribut besitzt. Mit Hilfe unterschiedlicher Prioritätswerte für die Pucks, der Veränderung des Prioritätswertes und des Neustarts der aktuellen Ereignisliste ist eine Modellierung dieser Teilaktivität kurz und übersichtlich möglich. Der folgende Ausschnitt zeigt Teile aus dem SLX-Modell, in dem das Verhalten von hungrigen der Philosophen nachgebildet wird.

```
....
case without_forks :
    if ( not forks_busy [ left_fork_number ] )
        { forks_busy[ left_fork_number ]  = TRUE;
         left_fork_in_hand = TRUE;
         behavior = left_fork  ; }
     /* Set down priority */
     ACTIVE->priority = ident_nr;
     yield;   // Restart of CEC
```

Die Priorität ergibt sich aus der Indentifikationsnummer des Philosophen und wird zur Durchführung der Teilaktion 'Versuche linke Gabel zu nehmen' mit einem Offset von 10 versehen. Damit 'stehen' diese Philosophen bei der Behandlung zeitgleicher Ereignisse vorn. Nach der Ausführung dieser Teilaktion wird die Priorität heruntergesetzt, der Puck wird mit der niedrigeren Priorität wieder in die Ereignisliste eingeordnet und die Ereignisliste muß wieder neugestartet werden. Hierfür stellt SLX die yield-Anweisung bereit.

Die Teilaktivität 'Warte bis linke oder rechte Gabel frei wird' läßt sich einfach mit der 'wait-until'-Konstruktion umsetzen. Das SLX-Laufzeitsystem überprüft automatisch den Zustand von Operanden in dem Booleschen-Ausdruck. Es muß mindestens ein Operand als sog Control-Variable definiert werden.

```
/* take right fork ? */
if ( not forks_busy [ right_fork_number ] )
   {  forks_busy[ right_fork_number ] = TRUE;
      right_fork_in_hand = TRUE;
      get_new_behavior ( ME ); }
/*** make decision ***/
if ( behavior ==  without_forks  )
   { /** wait until left or right fork will be free **/
    ACTIVE->priority = 10 + ident_nr;
    wait until ( ( not forks_busy [ left_fork_number ] )
             ||
             ( not forks_busy [ right_fork_number ] ));
   }
break; // end case without_forks
```

5 Simulationsergebnisse

Die Simulation wurde auf einem 386-PC mit 50Mhz Taktfrequenz durchgeführt. Es wurden 10 Simulationsläufe mit unabhängigen Startzahlen für den Zufallszahlengenerator absolviert. Die Ergebnisse dieser 10 Läufe sind in der folgenden Tabelle zusammengetragen.

	Minimum	Maximum	Mittelwert	Standardabweichung
Zeitpunkt für Deadlock in ZE	358645	3 344605	1375432	999094
Rechenzeit in Sekunden	5.99	55	22.6	16.4

6 Literatur

Henriksen, J. (1993) SLX. THE SUCCSSOR TO GPSS/H. In Proceedings of the 1993 Winter Simulation Conference, eds. G.W. Evans, M. Mollaghasemi, E.C. Russell, and W.E. Biles, pp. 263-268

Henriksen, J. (1995) AN INTRODUCTION TO SLX. In Proceedings of the 1995 Winter Simulation Conference, ed. C. Alexopoulos, K. Kang, W. R. Liliegdon, and D. Goldsman. , pp. 502-509

Schulze,Th. und J.Henriksen (1996) EINFÜHRUNG IN SLX - DEN GPSS/H NACHFOLGER. In Tagungsband 'Simulation und Animation für Planung, Bildung und Präsentation 96', ASIM-Mitteilungen Heft 54, Bd. 2, Seiten 397-418, ed. Breitenecker,

Dining Philosophers

Create!

Michael Rüger
Institut für Simulation und Graphik
Otto-von-Guericke Universität
Universitätsplatz 2
D-39106 Magdeburg

1. Create! Simulatorentwicklungsumgebung

Create! besteht aus einer Reihe von Werkzeugen zur Modellierung, Analyse und Simulation diskreter Systeme. Ursprünglich gedacht als eine Entwicklungs- und Anwendungsumgebung für logistische und produktionstechnische Systeme, hat es sich als allgemein anwendbar erwiesen. Es existieren zur Zeit Anwendungswerkzeuge in den Bereichen

- Simulation
  - Create! Struktur   Simulator zur Fabrikstrukturplanung
  - Create! LSG   Simulator zur strategischen Planung
- statische Analyse
  - Create! LogiChain   Modellierung und Analyse von Prozeßketten
- Entwicklung
  - Create! Generic   Entwicklung bausteinbasierter Systeme

Alle Instrumente basieren auf einer objektorientierten Programmierumgebung, die einem Anwendungsentwickler Toolkits zur Erstellung der Benutzeroberfläche und eine Reihe von Modulen zur externen Datenverwaltung etc. bereitstellt [Rüger 1995a]. Sowohl Bausteine als auch Typen können durch Spezialisierung aus vorhandenen abgeleitet werden. Grundlage der Bausteinspezifikation ist ParSEC, ein modifiziertes endliches Automatenkonzept [Rüger 1991, Rüger 1995b].

2. Create! Modellierungsphilosophie

Ein Create!-Modell besteht aus Elementen (=Bausteinen) die miteinander verbunden sind. Über diese Verbindungen werden Objekte (=Typen) ausgetauscht.

Element   Verbindung   **Objekt**

Abbildung 1: Create! Grundelemente

Es werden zwei Arten von Verbindungen unterschieden:
- ohne Protokoll
  das Objekt wird verschickt und muß vom Nachfolger sofort verarbeitet werden
- mit Protokoll (handshake)
  die Verbindung besteht aus mehreren Leitungen, über die die Bausteine sich über den Zeitpunkt der Übergabe eines Objektes "einigen"

2.1.ParSEC-Sprachkonzept

ParSEC ist eine objekt-orientierte, schwach typisierte Programmiersprache. Sie lehnt sich an C bzw. C++ an, d.h gehört zu den imperativen Sprachen und unterstützt objekt-orientierte Konzepte wie Vererbung sowie Namen- und Parameterpolymorphismus. ParSEC ist ein modifiziertes endliches Automatenkonzept: ParSEC = **par**allel **s**tate **e**vent **c**ondition

Automaten definieren den Ablauf von Prozessen durch Angabe von Zuständen und Transitione. Transitionen werden ausgelöst durch Signale. Die Transitionen werden mit Aktionen (Programmierung) beschriftet und definieren so das Verhalten eines Prozesses. Ein Baustein (s.o.) enthält in der Regel einen oder mehrere Automaten (=Prozeßdefinitionen).Es werden zwei Arten von Transitionen unterschieden:

- Unguarded Transition:
  Ein Automat befindet sich in einem Zustand S. Ein für diesen Zustand definiertes Signal s bewirkt einen Zustandsübergang des Automaten in den für den Erhalt von Signal s bei Zustand S festgelegten Folgezustand

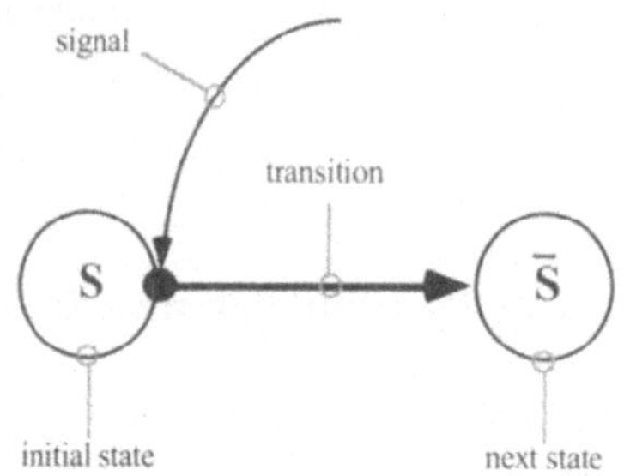

Abbildung 2: Unguarded Transition

- Guarded Transition:
  Ein Signal löst einen bedingten (bewachten, Guard = Wächter) Zustandsübergang aus. Ein Signal s sei für den Zustand S eines Automaten vereinbart. Im Gegensatz zu einer Unguarded Transition, bei der es für ein Signal einen eindeutigen Folgezustand gibt, existieren bei einer Guarded Transition zwei Folgezustände - in Bild 5 werden sie mit S' und S" bezeichnet. Über die Auswertung des Wahrheitswertes einer frei spezifizierbaren Bedingung erfolgt die Wahl des Folgezustandes. Im folgenden Bild führt der FALSE-Zweig der Bedingung zu Folgezustand S", entsprechend der TRUE-Zweig zu Folgezustand S'.

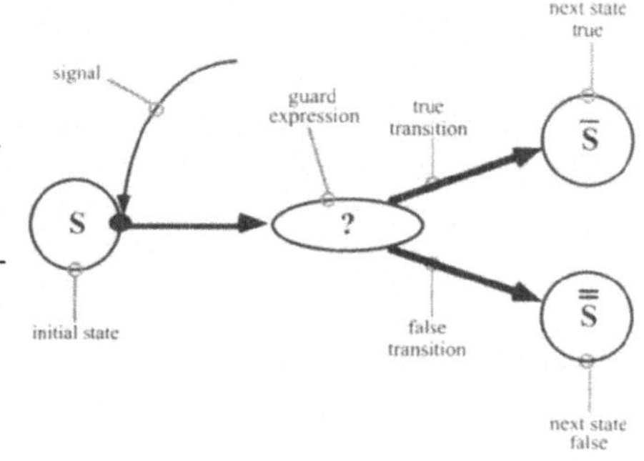

Abbildung 3: Guarded Transition

Die Schnittstelle zwischen zwei Bausteinen sind entweder durch einfache Verbindungen realisiert (ohne handshake) oder durch sogenannte Stecker (Abb. 4). Diese bestehen aus mehreren Pins und Guards, über die Bausteine ein vereinbartes Protokoll zur Übergabe von Objekten abwickeln. Je nach Ausrichtung als Stecker (Plug) oder Buchse (Socket) werden die Pins als Ein- oder Ausgänge interpretiert. Eine besondere

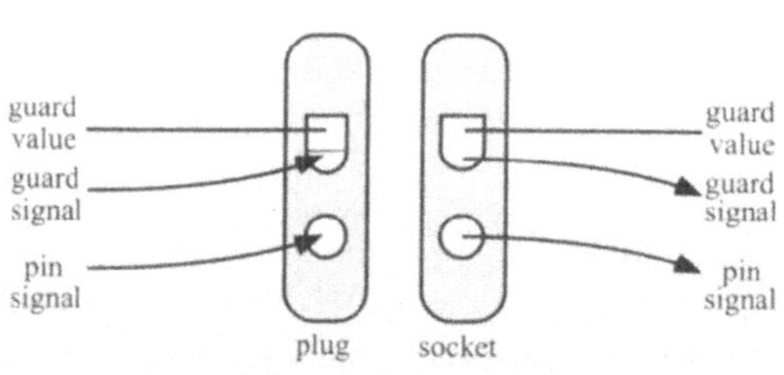

Abbildung 4: Verbindungsstecker

Rolle spielen die Guards. Diese können entweder den Wert true oder false tragen, senden aber zusätzlich ein Signal, wenn sich ihr Wert von false nach true ändert. Mit diesem Mechanismus kann sehr effizient die Aufnahmebereitschaft eines Nachfolgers geprüft bzw. signalisiert werden.

3. Das Modell der 5 Philosophen

Das 5 Philosophen Problem soll hier nicht zum wiederholten
Male beschrieben werden, dies ist bereits in [Eurosim 1991] geschehen. Zwei Dinge gilt es aber dennoch an dieser Stelle festzulegen, um diese Variante eindeutig festzulegen:

* Essen- und Denkzeiten sind ganze Zahlen im Intervall 1-10
* die Philosophen greifen immer zuerst nach der linken Gabel
  und erst nach deren Erhalt nach der rechten. Bei gleichzeitigem Zugriff auf eine Gabel erhält der rechte Philosoph den
  Vorrang.

Von den verschiedenen Möglichkeiten, dieses Problem in Create! zu modellieren, wurde eine nicht unbedingt effiziente, dafür
aber "saubere" Lösung gewählt. Jeder Philosoph und jeder Platz

Abbildung 5: Die 5 Philosophen

mit einer Gabel werden als Baustein spezifiziert, wobei jeder Baustein genau einen Prozeß, nämlich
den Philosophen bzw. die Gabel enthält. Eine andere, deutlich effizientere Variante wäre die Realisierung eines "Philosophen-Problem"-Bausteins, der beide Prozesse mit jeweils der Vielfachheit
fünf enthalten hätte.

In den beiden folgenden Abschnitten werden nun diese beiden Bausteine bzw. vor allem der jeweils darin enthaltene Prozeß beschrieben. Die in Abb. 6 enthaltenen graphischen Symbolen dienen
dabei als Grundlage der bildlichen Darstellung der Automaten. Die gewählten Bezeichner sind der
englischen Sprache entnommen, da dieses Beispiel im WWW zugänglich gemacht werden soll.

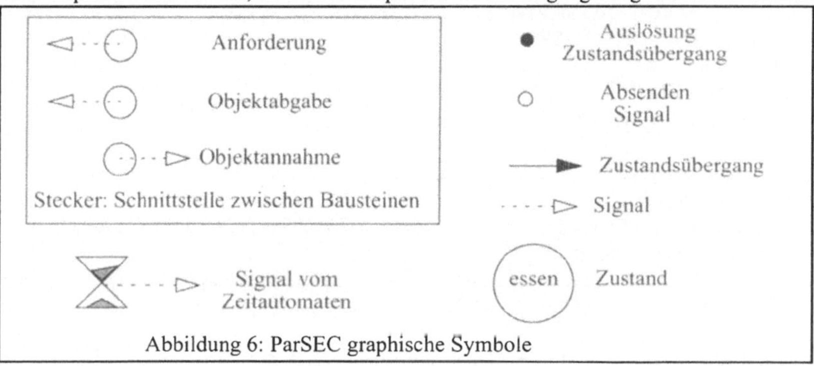

Abbildung 6: ParSEC graphische Symbole

3.1. Der Philosoph

Ein Philosoph ist definiert durch den Automaten `stateOfMind`. Dieser enthält die drei für einen
Philosophen charakteristischen Zustände `thinking`, `hungry` und `eating`. Als "Schnittstellen"
mit der Außenwelt besitzt der Philosoph lediglich die zur rechten und linken Gabel. Die an diesen
Schnittstellen stattfindende Kommunikation wird durch folgendes Kommunikationsprotokoll beschrieben:

* Objektanforderung es wird eine Gabel angefordert
* Objektannahme die Hand hat die Gabel gegriffen (die Gabel trifft ein)
* Objektabgabe die Gabel wird wieder auf ihren Platz gelegt

Dieses Protokoll ist zwischen den beiden Kommunikationspartnern festgelegt und muß genau in dieser Reihenfolge abgewickelt werden. Ist dies nicht der Fall, treffen Signale in dafür nicht vorgesehenen Zuständen ein, was bei richtiger Modellierung der Automaten zu einem Simulationsfehler führt. Wünschenswert wäre an dieser Stelle eine Möglichkeit wie in der Kommunikationstechnik, bei der ein vereinbartes Protokoll und sowie die dieses Protokoll definierenden Automaten verifiziert werden können.

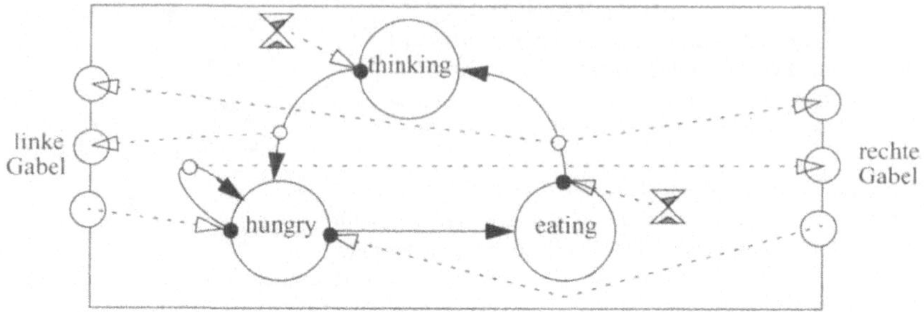

Abbildung 7: Der Philosophen Automat `stateOfMind`

Doch zurück zum Philosophen. Zu Simulationsbeginn befindet sich dieser im Zustand denken. In der Initialisierungsphase wurde zudem ein Signal im Zeitautomaten eingetragen, welches den Ablauf der Denkzeit signalisieren wird:

```
schedule hunger
      after thinkTime()
      for stateOfMind;
```

Die Funktionen

```
thinkTime ()
{^think.next()}
```

bzw.

```
Integer eatTime ()
{^eat.next()}
```

berechnen – ziehen – die jeweils nächste Zeit aus der vereinbarten Gleichverteilung.
Der Ablauf ist nun wie folgt:

- trifft im Zustand `thinking` das Signal `hunger` ein, geht der Philosoph in den Zustand `hungry` über und fordert mit dem Signal `left.requestIn()` seine linke Gabel an
- beim Eintreffen der linken Gabel, signalisiert durch das Signal `objectIn` vom linken Stecker, geht der Philosoph erneut in den Zustand `hungry` über und fordert seine rechte Gabel mit dem Signal `right.requestIn()` an.
- trifft auch die rechte Gabel ein, signalisiert durch das Signal `objectIn` vom rechten Stecker, geht der Philosoph in den Zustand `eating` über und trägt in den Zeitautomaten ein Signal für das Ende der Essenszeit mit
  `schedule done after eatTime() for stateOfMind`
  ein
- trifft das Signal `done` ein, geht der Philosoph wieder in den Zustand `thinking` über und trägt an dieser Stelle das Signal für das Ende der Denkzeit im Zeitautomaten mit
  `schedule hunger after thinkTime() for stateOfMind`
  ein, aber nicht ohne vorher die beiden Gabeln wieder freizugeben mit
  `left.objectOut() bzw. right.objectOut()`

560

3.2. Die Gabel

Die Modellierung der Gabel läßt sich ähnlich wie die des Philosophen ohne weitere Hilfsmittel mit einem Automaten vornehmen. Leider zeigen sich hier die Grenzen der graphischen Darstellung – eine vollständige Abbildung aller Signale und Zustandsübergänge ist nicht mehr sinnvoll. Es sollen deshalb an dieser Stelle nur zwei Ausschnitte des Automaten graphisch umgesetzt werden, und zwar die Abbildung eines einfachen Zugriffs ohne Konflikte und die Regelung des gleichzeitigen Zugriffs.

Für den ersten Fall greifen wir den Zugriff durch den rechten Philosophen (Abb. 8) bei verfüg-

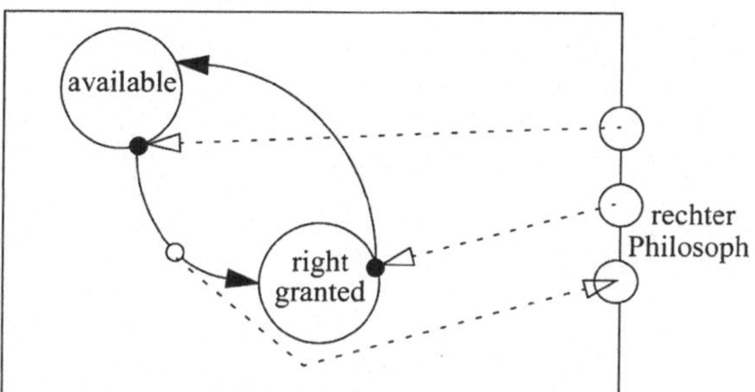

Abbildung 8: Zugriff durch den rechten Philosophen

barer Gabel heraus. Dieser hat auf jeden Fall Vorrang vor einem eventuellen gleichzeitigen Zugriff durch den linken Philosophen, sodaß wir dies hier nicht berücksichtigen müssen:

- trifft von rechts die Anfrage nach der Gabel ein, signalisiert durch das Signal `reque-stIn` vom rechten Stecker, geht die Gabel in den Zustand `right granted` über und signalisiert dem Philosophen die Übergabe der Gabel durch `right.objectIn()`
- die Freigabe der Gabel durch den Philosophen wird durch das Eintreffen des Signals `objectOut` vom rechten Stecker signalisiert, worauf die Gabel wieder in den Zustand `available` übergeht.

Trifft im Zustand `right granted` eine Anfrage von links ein, geht die Gabel in den Zustand `left requested` über. Dies bewirkt, daß bei der Freigabe durch den rechten Philosophen die Gabel in den Zustand `left granted` übergeht, und so die Gabel direkt an den linken Philosophen weitergereicht wird. Dies gilt entsprechend auch für den symmetrischen Fall, soll hier aber aus Platzgründen nicht im Detail erläutert werden.

Eine Besonderheit ist die Behandlung des gleichzeitigen Zugriffs auf eine Gabel. Wie in den meisten anderen Simulatoren auch (siehe auch [Schmidt 1991]), gibt es in Create! keine Gleichzeitigkeit im eigentlichen Sinne, da Ereignisse zwar zum gleichen Simulationszeitpunkt geschehen können, dies aber in der rechentechnischen Behandlung der Ereignisse natürlich sequentiell erfolgt. Um aber, wie in diesem Fall das Phänomen der Gleichzeitigkeit in den Griff zu bekommen, nutzen wir gerade die sequentielle Abarbeitung der Ereignisse, um eine Gleichzeitigkeit festzustellen.

Es gilt hier zwei Fälle zu unterscheiden:

- die rechte Anforderung kommt vor der linken
  Da die rechte Seite Vorrang vor der linken hat, können wir die Gabel direkt vergeben. Trifft die linke Anforderung ein, wird diese so behandelt, als wäre sie zu einem späteren Zeitpnkt eingetroffen (siehe oben)
- die linke Anforderung kommt vor der rechten

An dieser Stelle müssen wir "warten", ob noch eine Anforderung von rechts kommt. Dazu tragen wir ein Signal `check left` in den Zeitautomaten mit der Zeitverzögerung 0 ein. Eine eventuelle Anforderung von rechts ist zu diesem Zeitpunkt bereits im Zeitautomaten eingetragen, sodaß unser Signal garantiert "später" behandelt wird.

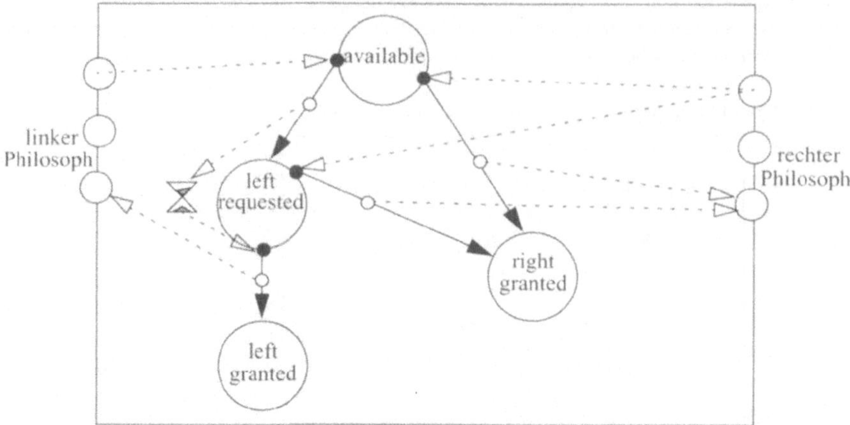

Abbildung 9: Gleichzeitiger Zugriff durch beide Philosophen

3.3. Ergebnis

Es wurden insgesamt sieben Läufe durchgeführt. Für jeden Lauf wurden die Startwerte der Verteilungen geändert, um so ein unterschiedliches Verhalten des Systems zu bewirken. Ein Lauf wurde mit identischen Startwerte durchgeführt, um zur Validierung des Systems einen sofortigen Deadlock zu provozieren. Das Eintreten eines Deadlocks variierte zwischen 220.000 und 12.000.000 Zeiteinheiten, die dafür benötige Simulationszeit lag auf einer SUN Sparc10 zwischen 60 sec und 50 min.

Der provozierte Deadlock trat nach 10 Zeiteinheiten und einer Simulationszeit von 0.04 sec ein.

Literatur

Eurosim 1991

    Comparison 4: Dining Philosophers Problem, In: EUROSIM, nr. 3, 1991

Rüger 1990

    Rüger, M., U. Hoppe, und H. Kirchner. 1990. Objektorientierte Modellierung von Bausteinen innerhalb der Simulatorentwicklungsumgebung Create!. *Fortschritte in der Simulationstechnik*, Vol. 1, 140-144, Wien.

Rüger 1995a

    Rüger, M. und T. Behlau: Create!: an object-oriented IDE for discrete event simulation. *In: Proceedings of the 1995 Winter Simulation Conference*, 775 - 780, Washington DC

Rüger 1995b

    Rüger, M.: Building discrete event simulators with Create!. *In: Proceedings Session "Software Tools and Products"*, Argesim Report No. 2, Wien, 1995, S. 21 - 24

Schmidt 1991

    Schmidt, B.: Das Problem der Gleichzeitigkeit bei der objektorientierten Modellspezifikation, In: SiP, Heft 2, 1995

Autorenverzeichnis